friends 프렌즈 시리즈 08

프렌즈 동유럽

박현숙 · 김유진 지음

Eastern Europe

중앙books

| 지은이의 말 |

인디 Say

설레는 가슴으로 유럽을 찾은 지도 20년이 다 돼갑니다. 1994년에 떠난 3개월간의 유럽 여행길이 계속 돌고 돌아 지금까지 이어져 왔으니 저는 아마도 전생에 유럽과 깊은 인연을 맺고 태어난 듯 싶습니다.

20세기 끝머리의 동유럽은 막 공산주의를 버리고, 민주화하면서 세상을 향해 문을 활짝 열었던 시기였습니다. 당시 제 눈에 비친 동유럽은 참 소박하기 그지없었습니다. 물질적으로는 가난한 나라들이었지만 문화유산도, 사람도 때 묻지 않은 순수함 그 자체였으니까요. 그래서 저는 동유럽에 매료된 것 같습니다. 언제나 일반적인 것보다는 색다른 것을 좋아하는 제겐 명성 자자한 서유럽의 어느 나라보다도 잘 알려지지 않은 동유럽이 참 좋았답니다.

동화 같은 풍경의 체코, 자연과 음악에 젖어 사는 삶이 얼마나 행복한지 알려준 오스트리아, 똑똑한 위인의 나라 폴란드, 유난히 머리 크고 다리 짧은 친근한 외모의 사람들이 환영해준 헝가리. 그리고 지적인 나라 슬로베니아, 1994년도의 순수했던 동유럽을 연상케 하는 소박한 루마니아, 이제야 알았지만 전 세계인들이 죽기 전에 꼭 한번 여행하고 싶어 한다는 크로아티아까지… 잠시 눈을 감고 동유럽을 떠올려보니 제 안에 남은 동유럽의 이미지는 이런 느낌이네요. 동유럽을 여행하는 내내 행복했던 순간들이 떠오르기도 하고, 여전히 가시지 않은 동유럽 여행의 즐거움을 책을 통해 나눌 수 있어 더 행복합니다.

2년의 세월을 들여서 완벽한 동유럽 가이드북을 만들고 싶었지만, 마무리하는 지금 아쉬움이 참 많이 남습니다. 하지만 이게 시작이라는 생각으로 더 많은 나라와 도시를 여행하며 동유럽의 새로운 여행지를 발굴해서 소개하고 싶습니다. 삶의 무게와 과중한 스트레스로 지금 행복하지 않다면 하던 일을 멈추고 재충전의 시간을 갖길 바랍니다. 거창할 필요는 없습니다. 그저 마음 속을 하얀 도화지처럼 비우고, 그 도화지에 동유럽에서 보낸 행복한 순간들로 하나하나 채워 나가보세요. 준비물은 열린 마음과 유머 감각만 있으면 된답니다.

취재부터 마무리까지 언제나 함께한 유진이에게 참으로 고맙다는 말과 그동안의 작업이 즐거웠다는 말을 하고 싶습니다. 그리고 작업할 때마다 괴팍해지는 절 너그럽게 받아주신 부모님과 언니, 동생, 언제나 저를 자랑스럽게 생각하는 모든 친구들에게 감사하다는 말을 전하고 싶네요.

박현숙

닉네임 : 인디 honeyquest@naver.com

1994년 3개월간의 유럽 배낭여행을 시작으로 지금까지 유럽을 20번 넘게 여행 했다. 20대엔 여행 컨설턴트로 활동하며 배낭여행 전문 업체 블루에서 10년간 근무했고, 30대엔 유럽 가이드북 저자로 활동 중이다.

여행경력 : 유럽 25회, 중국 3회, 상해 10회, 인도 2회, 네팔 2회, 터키 2회, 홍콩 3회, 태국 5회, 말레이시아 2회, 싱가포르 2회, 괌, 베트남, 캄보디아, 대만, 호주, 일본, 그리스, 이집트, 캐나다 어학연수 1년

관련저서 : 프렌즈 유럽, 프렌즈 스페인 · 포르투갈, 유럽 여행 바이블, 쁘띠 프렌즈 동유럽, 유럽 100배 즐기기 & 손에 잡히는 동유럽(2002. 7 ~ 2008. 3), 상하이몽 소책자, 7박 8일 바르셀로나, 어느 멋진 일주일 싱가포르, 프렌즈 크로아티아

Thanks to

양질의 취재를 위해 아낌없는 후원을 해 주신 트레블 메이트와 김도균 사장님, 생생한 여행 정보를 제공해 주신 아이엠투어와 황진영 사장님, 취재 내내 가볍고 성능 좋은 OM-D E-M10 카메라를 대여해준 올림푸스, 현지 취재를 위해 철도패스를 협찬해 주신 레일유럽과 신복주 소장님, 호텔의 취재와 정보 수집에 도움을 주신 호텔패스와 강선진 차장님 그리고 유용한 정보와 사진을 협찬해 주신 체코, 오스트리아, 독일 관광청, 프렌즈 이탈리아 저자 황현희 님, 개정에 도움을 준 이가혜 님, 동유럽 책을 위해 애써주신 모든 분들. 진심으로 고맙습니다.

삐삐 Say

김유진

저는 답답한 사람입니다. 화를 낼 일이 있거나 속상한 일이 있어도 다른 사람에게 화내지 않습니다. 저는 융통성이 없습니다. 그래서 한 가지 일을 시작하면 그 일을 끝내고 다른 일을 해야지 한 번에 여러 가지 일을 해내지 못합니다. 저는 보이는 그 모습 그대로 사람을 믿고 좋아합니다. 그래서 때로는 마음의 상처도 입으면서, 주변인들에게 요즘 세상엔 사람을 그렇게 믿으면 안 된다고 혼이 나기도 합니다. 저는 인상이 차가워 보인다는 얘기를 자주 듣습니다. 그렇지만 웃음도 많고 마음도 따뜻합니다.

그래서 저는 저와 닮은 인도를 지독히 좋아합니다. 무엇을 해도 'No Problem'인 나라. 그런데 참 이상하지요? 그렇게 좋아하는 인도를 두고 제가 인디 님을 만나 동유럽과 인연을 맺고 사랑하게 되다니요.

처음 크로아티아를 여행할 때 사람들은 대부분 인상이 차가워 보였습니다. 하지만 얘기를 해 보면 누구보다 마음이 따뜻하고 웃음도 인정도 많았습니다. 말이 통하지 않아 속을 알 수 없는 데다 무슨 일이 있어도 화를 잘 내지 않는 체코인들은 참 답답하게 느껴졌습니다. 융통성 없는 걸로 치면 루마니아 사람들도 둘째 가라면 서러웠답니다.

이렇게 TV에서만 본 외국을 실제 그 나라에 가서 온몸으로 부딪치며 여행하는 건 확연히 다릅니다. 낯선 도시를 여행하는 일은 늘 흥미롭습니다. 이건 그 어떤 대단한 일들이 생겨서가 아니라 바로 생길 것이라는 기대감 때문입니다. 서울에서 매일 출퇴근하면서 회사원으로 하루를 사는 것도 좋았지만 일상이라는 거 말고도 세상엔 또다른 일이 있다는 것을 인디 님이 알려주셨습니다. 그래서 선택한 동유럽 여행은 내가 어디서 어떻게 살고 있는지 돌아보게 해주었습니다.

여행은 운이 좋은 사람이거나 한가한 사람들 또는 돈 많은 사람들만 가는 게 아닙니다. 떠나는 건 일상을 버리는 게 아니고 돌아와 더 즐겁게 살기 위해서입니다. 사랑하면 닮는다더니 생각해 보니 동유럽 사람들과 제가 닮은 것 같네요. 앞으로 여러분이 느낄 동유럽은 어떤 곳일까요?

저에게 기회를 주고 손잡아 주며 이끌어 주신 인디 님께 깊은 감사를 드립니다. 도움을 주신 모든 분들과 힘든 시간을 함께해 주고 기다려준 가족들과 친구들, 그리고 누구보다 기뻐하고 자랑스러워하실 아빠에게 제 노력을 바칩니다.

닉네임 : 삐삐 eugene1224@naver.com

1998년 대학교 1학년 겨울방학 때 인도로 첫 해외여행을 떠났다. 몇 번의 방학을 더 인도에서 보내고 난 후 다른 곳으로 눈을 넓히기 시작했다. 여행이 좋다는 단순한 이유로 여행사에 취직했고, 회사에서 만난 인연으로 머릿속에 알던 지식들을 풀게 되었다. 아직 갈 길이 멀고 이제 언덕 하나 넘었지만 이 일은 언제나 즐겁다.

여행 및 유학 : 유럽 6회 이상. 인도 6회 이상. 네팔. 태국 6회 이상. 홍콩 2회 이상. 뉴질랜드, 싱가포르, 하와이, 시드니(호주). 미국(뉴욕, LA, 샌프란시스코, 샌디에이고, 라스베이거스). 상해 3회 이상(중국). 도쿄(일본) 등 여행. 2000년 6월~2001년 3월 뉴질랜드 (오클랜드) 어학연수

관련저서 : 유럽 여행 바이블, 프렌즈 크로아티아

Special Thanks to

언제나 열정적으로 우리를 이끌어준 에디터 손모아 님, 해마다 개정판을 위해 수고를 아끼지 않으시는 책임 에디터 박근혜, 문주미 대리님, 존재만으로도 든든한 정아 언니, 자잘한 실수 하나까지도 찾아내 우리의 감탄사를 자아내게 한 꼼꼼한 교정자 김강희 님, 책을 예쁘게 디자인해 주신 제플린의 정태영 실장님과 정현아&김원영 님, 양재연 선배, 그리고 이 책이 발간될 수 있도록 애써주신 보이지 않은 곳에서 일하는 모든 분들. 감사합니다. 고맙습니다. 그리고 쌩유~

『프렌즈 동유럽』 일러두기

Route 동유럽 여행을 위한 베스트 추천 루트

『프렌즈 동유럽』에서 추천하는 루트는 8일, 14일, 21일 세 가지 일정으로 나눠 제시했다. 전체 일정을 한눈에 볼 수 있도록 표로 만들었으며, 지도와 함께 비교하며 보면 이해가 빠르다. 실제 교통 어드바이스와 일정 어드바이스를 통해 여행자가 직접 일정을 짤 수 있는 응용팁을 제시했다. 자신의 취향에 따라 일정을 가감하여 나만의 여행 루트를 디자인해 보자.

국가 · 도시 매뉴얼

도시 크기별로 대 · 중도시, 근교 도시 총 3개의 형태로 구분된다.

이런 사람 꼭 가자
그 도시의 핵심을 잘 짚어 여행지 선정에 도움을 준다.

저자 추천
준비 없는 겉핥기식 여행이 아닌 좀더 깊이 있는 여행을 위한 정보를 제공한다.

대도시

중소도시

근교 도시

1 국가 개요

간략한 소개, 거기에 읽는 재미와 현지에서 꼭 필요한 실용정보를 꼼꼼하게 체크할 수 있다. 국가 기초 정보에는 간추린 역사, 한국과의 관계, 여행시기와 기후 등 여행하기 전 알아둬야 할 국가의 이해도를 높였다. 오리엔테이션에서는 현지 관광에서 실질적으로 꼭 필요한 치안, 예산, 현지 교통 등의 정보를 수록했다. 그밖에 현지 음식과 추천 요리, 쇼핑 품목, 스포츠를 비롯하여 나라마다 특성 있는 엔터테인먼트 등을 소개한다.

2 여행의 기술 **인포메이션 & 가는 방법**

여행의 기술만 잘 이해하면 초보여행자라도 누구나 쉽게 현지에 익숙해질 수 있다.
여행 전 유용한 정보에는 시내 관광에 필요한 모든 기초 정보를 수록했다. 가는 방법과 시내 교통에서는 그 도시로 들어가는 국제 · 국내 교통편과 시내를 효율적으로 돌아다닐 수 있는 시내 교통편까지 최대한 자세히 소개했다.

3 ○○완전정복
도시마다 효율적인 관광 동선과 적절한 관광시간을 제시하여 계획을 짤 수 있도록 했으며. 관광명소 중에서도 하이라이트와 Best Course를 클로즈업했다.

4 Route **하루 만에 ○○와 친구되기**
낯선 도시에 대한 두려움을 빨리 해소하고 하룻동안 핵심 볼거리를 알차고 재미있게 관광할 수 있도록 추천 코스를 만들었다. 해당 볼거리에는 미션 Mission을 설정해 놓아 여행의 재미를 더해준다. 하루 만에 친구되기의 1일 예산은 €1≒1,302원(2018년 4월 기준)으로 책정했다.

5 보는 즐거움 · 먹는 즐거움 · 사는 즐거움 · 노는 즐거움 · 쉬는 즐거움의 의미
보는 즐거움 기본 볼거리에 충실하면서도, 요즘 뜨는 새로운 볼거리 개발과 취향을 고려한 마니아적인 곳까지 소개했다.

먹는 즐거움 배낭 여행자를 고려해 저렴한 곳을 중심으로 현지 전통 레스토랑, 아시안 레스토랑까지 다양하게 소개했다. 유럽에서 맛의 향연을 즐기자.

사는 즐거움 명품 숍에서 슈퍼마켓, 벼룩시장까지 커버했다. 우리에게 잘 알려지지 않은 현지 브랜드와 유럽에서 특히 저렴하게 구입할 수 있는 생활용품까지, 유럽의 쇼퍼홀릭이 되자.

노는 즐거움 즐길 줄 아는 트랜디한 당신을 위해 준비한 엔터테인먼트. 럭셔리 클래식 공연에서 연인과 함께하는 로맨틱한 크루즈까지 소개했다.

쉬는 즐거움 저렴하고 허물 없이 묵을 수 있는 호스텔과 민박 등을 샅샅이 그리고 소상하게 알려서 여행 만족도를 한껏 높이도록 했다.

볼거리에 대한 기준

국가, 도시, 볼거리를 망라하고 특징 있는 곳에 아래의 아이콘을 표시했다.

*유네스코 세계적으로 보전 가치가 인정된 세계문화유산이 있는 곳

*핫스폿 전 세계적으로 인기몰이를 하고 있는 요즘 뜨는 곳

*마니아 하나의 포커스를 두고, 개인의 취향을 고려한 곳

*꽃누나 코스 TV 프로그램 〈꽃보다 누나〉가 다녀가 화제가 된 곳

● 유네스코 ● 핫스폿 ● 마니아 ● 꽃누나 코스

지도에 사용한 기호

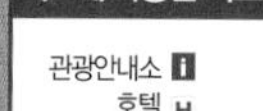

관광안내소, 호텔, 선착장, 주차장, 강 또는 호수, 철도, 역, 우체국, 묘지, 메트로, 트램, 박물관, 병원, 케이블카, 쇼핑가, 인터넷, 화장실, 분수, 뷰포인트, 버스정류장, 풍차, 페리 또는 유람선 승선장, 랜드마크, 도로, 공원, 땅, 다리, 성당, 공항, 성, 타워

이 책에 실린 정보는 2019년 3월까지 수집한 정보를 바탕으로 하고 있습니다. 따라서 현지의 물가와 여행 관련 정보(입장료, 운영시간, 교통요금, 운행시각, 숙소)는 수시로 바뀔 수 있습니다. 새로운 정보나 변경된 내용이 있다면 아래로 연락주시기 바랍니다.

저자 이메일 honeyquest@naver.com, eugene1224@naver.com

Eastern Europe

Contents

U ŠVEJKA

7208

Eastern Europe

Contents

573 여행 실전

609 여행 준비

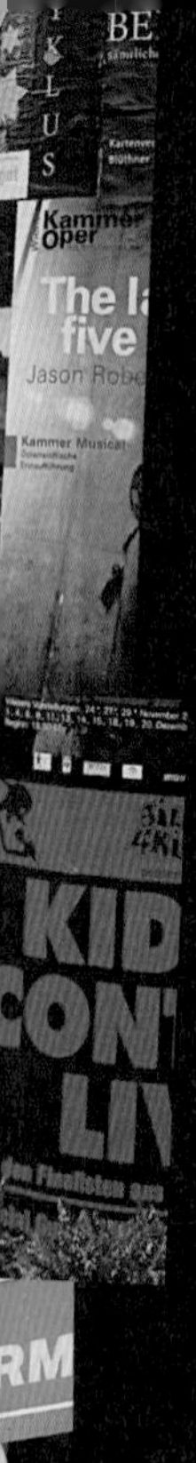

1 프라하 ⓘ 총각
사기꾼 같은 구시가지 상인들에 질려 있던 우리에게 순박한 미소를 건네주던 인포메이션 센터 직원. 덕분에 체코인에 대한 인상이 한순간에 바뀌었다.

2 Kiss, Kiss, Kiss~!
풍경에 취해, 음악에 취해, 분위기에 취해 연인들은 일제히 뽀뽀를 한다. 카를 다리는 사랑을 부르는 다리, 연인들을 위한 다리!

3 스마일~! 찰칵!
열차에서 내려 제일 처음 만난 오스트리아인은 안전운행을 책임지는 정비사 아저씨들이었다. 스마일~! 이라고 외치는 내 카메라에 대고 진짜 스마일을 해준 고마운 분들!

4 세상에서 가장 멋진 무대
상점이 가득한 거리 한복판에 말끔한 정장을 입은 첼로 연주가가 나타났다. 연주가 시작되는 순간 거리는 세상에서 가장 멋진 무대가 되었다. 이곳이 바로 음악의 도시, 빈이다.

5 친구가 사진 찍어준다. 저기봐~
나란히 앉아 계시는 헝가리 할머니들 모습이 너무 귀여워 슬쩍 벤치 한가운데 끼어 앉았다. 그 모습을 사진에 담으려 하는데 옆자리의 할머니가 사진 찍는 순간 앞을 보라 주의(?)를 주신다.

6 순박한 루마니아 할머니들
길을 묻는 동양인에게 성의껏 길을 알려주신 부쿠레슈티 할머니. 입고 계신 전통의상이 인상적이라 사진 한 장 찍자고 청하자 차렷 자세로 바로 경직되셨다.

7 선한 미소의 블레드 성 직원
선한 미소를 보내니, 선한 미소로 답해준다. 사진 한 장을 찍자고 하니 쑥스럽다고 함께 찍자고 한다. 덕분에 외국인과 함께 찍은 기념사진 한 장을 건졌다. 앗싸~

8 플레트나 뱃사공의 노랫가락
노래 불러드릴까요? 그가 던진 첫 마디다. 잘 생긴 외모만큼 목소리도 멋져 노래가 끝난 후 박수와 탄성이 절로 나온다.

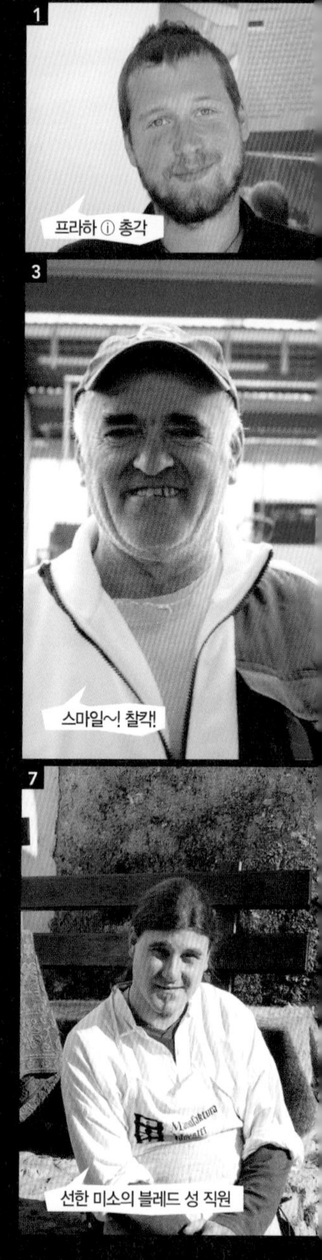

미소 띤 행복한 사람들을 만나고 싶다면

먼저 미소를 보내보자. 그러면 상대도 미소로 답해 줄 것이다.
기분 좋은 여행을 원한다면 즐거운 마음으로 모든 걸 바라보면 된다.
우리가 동유럽에서 만난 사람들은 그렇게 모두 행복해 보였다.
우리 마음처럼…

2
키스를 부르는 다리
2
사랑을 부르는 다리
2
연인들을 위한 다리
4
세상에서 가장 멋진 무대
8
플레트나 뱃사공의 노랫가락
6
순박한 루마니아 할머니들
5
친구가 사진 찍어준다. 저거봐~

9 크로아티아 사람들

유난히 하얀 피부와 금발. 아드리아 해를 닮은 파란 눈동자 때문일까? 다른 어느 곳보다 사람들 인상이 차갑게 느껴진다. 하지만 인사 한 마디면 금세 눈꼬리는 내려가고 입꼬리는 올라간다.

10 여행만 하지 말고 이것도 먹어보렴!

두브로브니크 구시가의 마을 광장에는 매주 토요일이면 이렇게 작은 장이 선다. 상인들도 선해 보이고 파는 물건에도 절로 믿음이 간다.

11 나와 함께 춤을~

한 남자가 전통 의상을 차려입고, 통기타와 하모니카를 연주하면서 목청껏 노래를 부른다. 지나가는 사람들은 신나는 음악에 흥이 나고, 어느새 그와 함께 춤을 춘다.

12 아름다운 폴란드 신부

세상의 모든 신부는 다 아름답다. 카메라에 담긴 신부의 모습이 너무 아름다워서 엄지손가락을 치켜세웠더니 신부가 환하게 웃는다.

13 상부상조? 친구 사귀기

혼자 온 여행자는 또다른 여행자에게 사진을 찍어 달라고 부탁을 한다. 그러다 마음이 통하면 혼자는 둘이 되기도 한다.

14 거리의 웃음 바이러스

우연히 거리에서 그를 만나면 마음을 활짝 열고 반겨주길. 그의 동작 하나하나에 웃음을 날려주면 우리를 더욱 행복하게 한다.

15 개구쟁이들

지방에서 수학여행을 온 아이들은 서로 사진을 찍어주며 즐거워한다. 단체사진을 찍는 아이들의 모습이 순수해 보여 몰래 촬영하는 순간 개구쟁이들이 내 카메라를 보고 브이를 날린다.

9

크로아티아 사람들

10

여행만 하지 말고
이것도 먹어보렴!

14

꼬마 아가씨! 우리 악수할까?

미소 띤 행복한 사람들을 만나고 싶다면

9 크로아티아 사람들

9 크로아티아 사람들

1 아름다운 폴란드 신부

11 나와 함께 춤을

13 상부상조? 친구 사귀기

15 개구쟁이들

14 거리의 웃음 바이러스

저자가 꼽은 동유럽의 볼거리 베스트 10

동유럽에는 유네스코가 지정한 세계문화유산과 자연유산, 우리의 오감을 만족시켜주는 미술작품, 영화 속 배경으로 유명해진 관광명소 등 고대와 중세, 현대를 아우르는 풍성한 볼거리들이 가득하다. 동유럽 여행에 매료되고 싶다면 'BEST 10' 은 절대 놓치지 말자.

Best 1★ 세계문화유산 / 유럽에서 가장 아름다운 천문시계

똑같은 시계를 두 번 만들지 못하도록 시계 장인의 눈을 멀게 했다는 전설이 깃든 프라하 최고의 명물. (P.74)

Best 2★ 세계문화유산 / 연금술사들의 작업장 황금소로

프라하 천년의 역사를 상징하는 프라하 성에 있는 황금소로는 연금술사들이 살던 곳으로, 마치 난쟁이들이 황금을 만들기 위해 고심했을 것 같은 비밀스런 장소다. (P.97)

Best 3 세계문화유산 / 세계 300대 건축으로 손꼽는 체스키크루믈로프 성

남부 보헤미안 숲 속에 꼭꼭 숨어 있던 비밀의 성. 13세기부터 왕이 살던 곳으로 오랜 역사만큼이나 재미있는 전설도 많이 전해온다. 특히 귀신 이야기가 흥미롭다. (P.132)

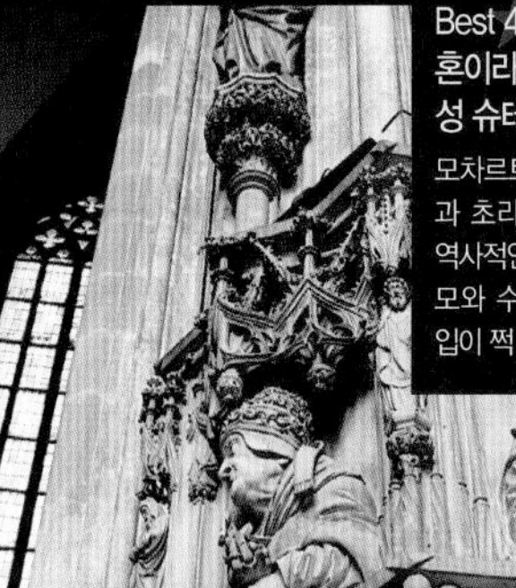

Best 4 빈의 상징이자 혼이라 일컬어지는 성 슈테판 대성당

모차르트의 화려한 결혼식과 초라한 장례식을 치른 역사적인 장소로 엄청난 규모와 수많은 예술 작품에 입이 쩍 벌어진다. (P.205)

Best 5 합스부르크 왕가의 수집품을 전시한 미술사 박물관

합스부르크 왕가가 수집한 7,000여 점의 예술품을 소장하고 있는 미술관으로 런던의 내셔널 갤러리, 파리의 루브르 박물관과 어깨를 견줄 만한 곳이다. (P.214)

Best 6 영화 〈쉰들러 리스트〉의 촬영지, 카지미에슈

중세부터 크라쿠프에 거주했던 폴란드 유대인의 역사가 생생하게 살아 있는 장소. 영화의 유명세와 함께 크라쿠프에서 가장 각광받는 여행지다. (P.516)

Best 7 인간물고기가 사는 포스토이나 동굴

포스토이나 동굴은 세계에서 두 번째로 긴 카르스트 동굴로 수명이 100년이나 되는 희귀 물고기가 산다. (P.470)

Best 8 세계문화유산 / 죽기 전에 꼭 가봐야 하는 곳, 두브로브니크

한없이 푸르른 아드리아 해에 신기루처럼 떠 있는 성채도시. 영국의 극작가 버나드 쇼는 "두브로브니크를 보지 않고는 천국을 논하지 말라"라는 말을 남겼다. (P.424)

Best 9 세계문화유산 / 고대 로마 황제의 디오클레티안 궁전

디오클레티아누스 황제는 은퇴 후 이곳 스플리트에서 여생을 마감하기 위해 295년에 궁전을 지었다. 3세기의 궁전은 지금까지 고스란히 남아 있어 전설이 아니라 신화가 됐다. (P.403)

Best 10 드라큘라의 전설이 깃든 브란 성

루마니아 트란실바니아 지방은 흡혈귀 드라큘라로 유명하다. 일명 '드라큘라 성'으로 불리는 음침한 브란 성에 가면 루마니아의 실존 인물로 알려진 드라큘라와 소설 속 드라큘라를 만날 수 있다. (P.359)

여행 중에 가장 기억에 남는 게 뭐냐고 묻는다면 그저 눈으로 감상했던 관광명소보다 눈과 몸으로 직접 부딪혀 경험한 '체험의 기억'이라 말할 것이다. 관광보다 더 즐거운 체험여행 베스트를 각자의 취향에 따라 꼽아보자! 동유럽 여행의 즐거움은 배가 된다.

Best 1 프라하 : 카를 다리에서 소원 빌기

간절히 이루고 싶은 소원이 있다면 성 요한 네포무크 동상 앞에서 기를 모아 소원을 빌어보자. 신성함마저 느껴지는 고요한 새벽녘이라면 더욱 효험이 있지 않을까.
(P.86)

Best 2 프라하 : 인형극 보기

피노키오에게 생명을 불어 넣은 할아버지처럼 전문가의 손길이 닿은 모든 인형들은 마치 살아 있는 것처럼 움직이기 시작한다. 신나는 음악을 들으며 익살스런 인형들의 연기에 신나게 웃고 나면 스트레스가 말끔히 사라진다. (P.114)

Best 3 빈 : 오페라 감상하기

화려한 무대, 꾀꼬리 같은 성악가의 노래와 오케스트라의 연주가 어우러진 오페라 공연은 단 한 번의 감상만으로도 쉽게 매료된다. 입장료도 영화 한 편 값이라면 절대 뿌리칠 수 없는 유혹이다. (P.244)

Best 4 빈 : 전통카페에서 커피 마시기

300년 전통의 빈 카페는 예부터 지식인들과 예술가들의 모임 장소였다. 빈이 낳은 수많은 예술가들은 이곳 카페에 모여 토론하고, 사색하며 수많은 예술작품을 탄생시켰고, 지금도 그 전통은 이어지고 있다. 카페 문화의 본고장 빈에서의 카페 체험은 수많은 예술가들의 숨결을 느낄 수 있는 환상 체험이기도 하다. (P.241)

Best 5 부다페스트 : 터키식 온천하기

우리나라의 목욕탕처럼 냉탕 온탕이 있고, 사우나 시설까지 갖춘 게 터키식 온천이다. 거기에 수영장도 있어 하루 종일 물놀이를 즐길 수 있다. 물 위에서 체스를 즐기고, 맛있는 간식을 먹고 연인끼리 데이트를 즐기는 터키식 온천여행을 느긋하게 즐겨라. (P.340)

Best 6 ★ 크라쿠프 : 소금광산에서 엽서 보내기

유럽에서 가장 유명한 소금광산 비엘리츠카. 소금광산 지하 125m 지점에는 유럽에서 가장 깊은 곳에 위치한 우체국이 있다. 희미한 조명에 의지해 써보는 엽서는 어떤 느낌일까? 소금광산, 소금으로 빚은 조각작품, 광부들의 깊은 신앙심을 느낄 수 있는 소금성당 등 쓸 이야기가 참 많다.
(P.522)

Best 7 ★ 플리트비체 : 플리트비체에서 하이킹하기

요정들의 호수로 알려져 있는 플리트비체 국립호수공원은 2박 3일을 머물며 하이킹을 즐기기에 그만이다. 하이킹 삼매경에 빠지다 보면 호수, 바람 그리고 내가 저절로 하나가 된다.
(P.385)

Best 8 두브로브니크 : 구시가지에서 아파트 렌탈하기

유럽의 최남단 두브로브니크에서는 호텔보다 개인 아파트를 빌리는 게 최고다. 구시가지를 산책하며 반나절 돌아보고 숙소로 돌아와 맛있는 요리를 해 먹고, 근교의 섬에 들러 해양 스포츠와 해수욕을 즐기고 한밤중에는 와인파티를 즐기며 빈둥거리는데 최고다. (P.440)

Best 9 블레드 : 플레트나를 타고 행복의 종치기

율리안 알프스의 보석으로 불리는 블레드에 가면 에메랄드빛 호수가 있다. 잘 생긴 뱃사공을 골라 플레트나에 오르면 호수에 깃든 맑은 기운이 몸과 마음을 정화시켜 준다. 호수 한가운데 있는 섬에 닿으면 예배당에 들러 행복의 종을 쳐 보자. 소설 속 주인공처럼 "아름다운 사랑하게 해 주세요"라고 소원도 빌어보자. (P.464)

Best 10 브라쇼브 : 시기쇼아라행 열차 타고 풍경 감상하기

브라쇼브에서 시기쇼아라 구간은 유레일패스 회사에서 뽑은 가장 멋진 풍경의 열차 구간이다. 아름다운 자연과 소박한 루마니아 시골 마을 풍경을 감상하다보면 어느새 드라큘라의 생가가 있는 시기쇼아라에 도착한다. (P.363)

저자가 꼽은 동유럽의 데이트 장소 베스트 5

영화 속에서나 봤던 동유럽을 실제로 여행하다보면 우리나라와 너무 다른 이국적인 풍경에 쉽게 매료된다. 이 멋진 순간을 사랑하는 사람과 함께할 수 있다면 이보다 좋은 일이 있을까? 동유럽의 로맨틱한 장소들을 따라가며 사랑하는 이와 멋진 데이트를 즐겨보자.

Best 1 부다페스트 : 도나우 강 디너 크루즈

도나우 강 크루즈는 유럽에서도 손에 꼽히는 크루즈이다. 특히 늦은 밤에 즐기는 디너 크루즈는 연인들의 로망! 클래식 음악이 흘러나오고, 달빛과 조명에 물든 야경을 감상하며 와인 잔을 기울이다보면 어느새 행복감이 밀려온다. 세계에서 가장 아름답다는 부다페스트의 야경을 사랑하는 사람과 함께하는 순간이다. (P.336)

Best 2 체코 프라하 : 카를 다리에서 키스하기

프라하의 구시가지를 지나 좁은 골목길을 따라 블타바 강이 있는 카를 다리에 이르면 시야가 확 트이면서 그림 같은 풍경이 펼쳐진다. 이 순간 세상의 모든 연인들은 아름다운 풍경에 취해 자연스럽게 키스를 나눈다. 이 행복한 순간을 당신과 함께할 수 있음에 감사하며~ (P.84)

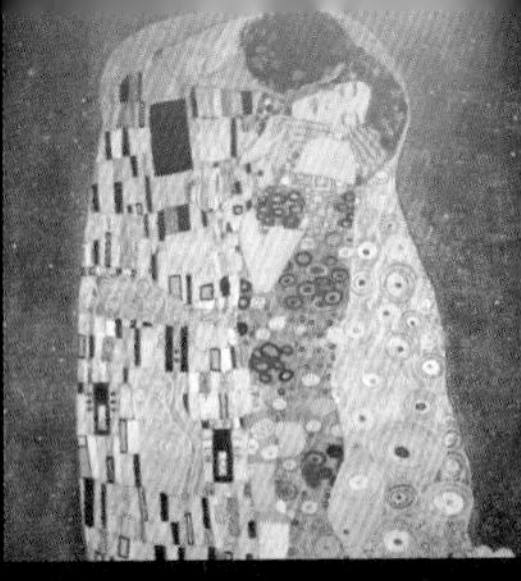

Best 3 오스트리아 빈 : 클림트의 작품 '키스' 감상하기

벨베데레 궁전 안 전시실에는 유난히 어두운 곳이 있다. 한쪽 벽면은 온통 검은색으로 칠해져 있고 벽 가운데에 황금빛으로 빛나는 클림트의 '키스'가 은은한 조명을 받으며 걸려 있다. 연인들은 그림 속의 여자와 남자 주인공이 되어 이 달콤한 순간이 영원하길 빈다. 그림 속의 연인처럼~ (P.226)

Best 4 크로아티아 자다르 : 석양 무렵 구시가 해변 길 산책하기

온통 붉은 빛으로 물든 자다르의 해변 산책로는 너무나 아름답다. 연인끼리 손을 잡고 도란도란 이야기를 나누며 하루를 마무리하기에 그만이다. 산책로가 끝나는 곳에는 세상에서 하나 뿐인 바다 오르간이 있고 하루 종일 해를 받아들인 해맞이 광장에서 화려한 빛의 향연이 펼쳐진다. (P.391)

Best 5 크로아티아 흐바르 : 조용한 섬에서 보내는 둘만의 휴가

라벤더 향 가득한 흐바르 섬은 세상에서 가장 아름다운 섬으로 손꼽는 곳이자 크로아티아에서 가장 사랑 받는 여름 휴양지 중 하나이다. 둘만의 아주 특별한 추억을 만들고 싶다면 전설 속에 존재할 거 같은 이 낯선 섬에서 며칠 동안 머물며 둘만의 휴가를 즐겨보자. (P.410)

저자가 꼽은 동유럽의 자연 여행 베스트 5

매일매일 바쁜 하루하루를 사는 우리에게 꼭 필요한 여행은 자연과 함께하는 여행이 아닐까? 편안한 복장에 운동화를 신고 배낭 하나 둘러매고 동유럽의 자연 속으로 여행을 떠나보자. 자연 속에서 걷고 명상을 하면서 나 스스로를 치유하고 회복하는 기막힌 체험을 할 수 있다.

Best 1 슈트로브스케 플레소 : 포프라드스케 플레소 하이킹

거친 숨을 몰아쉬며 오르막길을 오르고, 굽이굽이 절벽 길을 따라 가다 지쳐갈 즈음 호수가 나온다. 산 위 호수 '포프라드스케 플레소'를 만나는 순간 그 동안의 고생이 순식간에 사라진다. 그리고 호숫가 산장에서 맛보는 슬로바키아 전통음식과 따뜻한 차 한 잔은 평생 잊을 수 없는 추억이 된다. (P.569)

Best 2 스타리 스모코베츠 : 리프트를 타고 스칼나테 플레소 오르기

두 번의 케이블카, 한 번의 체어리프트를 타고 타트리 산맥 중 3번째로 높은 롬니츠키 슈티트봉 Lomnický štít까지 단숨에 올라가는 다이나믹한 체험을 할 수 있다. 발 아래 천길 낭떨어지가 펼쳐지고 하늘과 맞닿은 최고봉에 오르면 세상을 다 가진 느낌이랄까? (P.566)

Best 3 베르히테스가덴 : 켈슈타인하우스 & 쾨니히 호수

영국 BBC 방송국에서 선정한 '죽기 전에 봐야 할 100곳' 중 하나. 황금으로 된 엘리베이터를 타고 켈슈타인하우스에 오르면 그림 같은 산 아래 풍경에 반하고 유람선을 타고 미끄러지듯 쾨니히 호수를 유람하다보면 베르히테스가덴과 사랑에 빠지게 된다. (P.278)

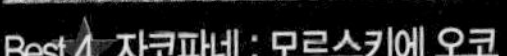

Best 4 자코파네 : 모르스키에 오코

지각 변동에 의해 바닷물이 그대로 융기되어 형성된 소금 호수로 등산로를 따라 3시간을 오르다 보면 만나게 된다. 세상에 산 위에 이렇게 넓은 호수가 있다니? 그저 에메랄드빛 물빛만 바라봐도 기분이 좋아진다. (P.556)

Best 5 체코 스위스 국립공원 : 바위 대문

스위스보다 더 아름답다고 해 지어진 이름. 영화 〈나니아 연대기〉와 〈자랑스런 공주님〉의 배경이 되었으며 덴마크의 동화 작가 안데르센이 이곳에 머물며 〈눈의 여왕〉의 일부를 집필했다. 1~2시간의 등산으로 정상까지 올라가면 자연이 만들어낸 '바위 대문'이 나온다. (P.104)

MONET *bis*
PICASSO
Die Sammlung
BATLINER

6.4.2008

Mi 10 bis 21 Uhr, Albertinaplatz 1, 1010 Wien

Partner der Albertina

BERTINA

동유럽 여행을 위한 **베스트 추천 루트**

체코, 오스트리아, 헝가리는 동유럽 여행의 Big 3 국가. 그중 프라하, 빈, 부다페스트 등은 동유럽 여행의 하이라이트다. 요즘 뜨는 여행지인 크로아티아와 슬로바키아, 슬로베니아는 사람들에게 잘 알려지지 않은 숨은 보석 같은 곳으로 천혜의 자연을 만끽하며 휴식과 치유의 여행지로 적당하다. 루마니아와 폴란드는 소설과 역사 관련 테마 여행지로 드라큘라와 제2차 세계대전으로 기억되는 곳이다.

추천 루트는 여행 기간, 여행지, 동선 등을 고려해 8일, 14일, 21일로 나눠 소개한다. 8일 일정은 동유럽 하이라이트, 14일 일정은 동유럽 핵심일주, 21일 일정은 동유럽 완전 일주가 가능한 루트다. 일정과 교통 어드바이스를 상세히 다뤄 쉽게 따라 할 수 있도록 제시했다. 스스로 여행을 계획하고 루트를 짜는 여행자도 읽기만 하면 쉽게 응용할 수 있다.

추천 루트 보는 법

★**Best of Best** 여행 기간별로 소개한 일정 중 가장 인기 있는 일정을 소개
★**여행 총 경비** 항공권, 철도패스, 숙박, 현지 여행 경비 등을 포함한 대략적인 여행 경비 제시 (단, 숙박료는 유스호스텔 도미토리 기준)
★**실제 관광시간** 이동시간을 제외한 각 도시별 실제 관광시간 제시
★**준비내역** 항공권, 열차, 버스, 페리 티켓 등 여행을 위한 필수 준비 내역
★**교통 어드바이스** 전문가의 비법 전수 1-교통의 모든 것
★**일정 어드바이스** 전문가의 비법 전수 2-일정의 모든 것

지도 범례 편도 이동 / 왕복 이동
★열차 4:30은 열차로 4시간 30분 소요를 의미함.

Travel 8Days 베스트 추천 루트

허니문과 휴가지로 가장 많이 선호하는 8일 일정은 짧고, 굵게, 그리고 재미있게 여행할 수 있다. 특히 도시마다 개성이 넘치기 때문에 개인의 취향에 따라 자유롭게 도시를 선택해서 여행할 수 있다. 단, 기간이 짧은 만큼 시간을 적절하게 활용하는 것이 8일 일정의 관건. 비용이 더 들더라도 가장 빠른 비행기, 빠른 교통수단, 관광지와 가장 가까운 숙소 등을 예약하는 건 선택이 아니라 필수임을 명심하자.

Best of Best! 프라하 + 빈(부다페스트) 8일

일수	도시	교통편	상세 여행 일정
1일	인천→프라하	비행기	도착 후 휴식
2일	프라하		전일 자유 여행
3일	프라하		전일 자유 여행
4일	프라하→빈	주간열차	반나절 자유 여행 후 주간열차 이용해 빈으로 이동
5일	빈		전일 자유 여행
6일	빈(↔부다페스트)	주간열차	부다페스트로 당일치기 여행
7~8일	빈→인천	비행기	비행기 이용. 인천 공항 도착

여행 총 경비 180~200만 원

실제 관광시간 프라하(2일), 빈(1일 반), 부다페스트(1일)

준비내역

❶ 유럽 왕복 항공권-프라하 IN, 빈 OUT/대한항공 또는 유럽계 항공사 추천

❷ 프라하-빈 구간 열차 티켓, 부다페스트를 갈 예정이라면 빈-부다페스트 왕복 열차 티켓

교통 어드바이스

우리나라 직항편인 대한항공이나 1회 경유하는 유럽계 항공사를 이용하자. 프라하-빈 구간 열차 티켓은 현지에서 직접 구입하거나 우리나라에서 미리 구입해 가면 된다. 티켓 구입시 프라하를 더 여행하고 싶다면 늦은 오후에 출발하는 티켓을, 빈 관광에 더 비중을 두고 싶다면 이른 새벽에 출발하는 티켓을 구입하자. 야간열차도 있으니 원한다면 이용해 보자.

일정 어드바이스

동유럽 여행에서 가장 인기 있는 루트! 자신의 취향에 따라 프라하→빈→부다페스트 여행도 가능하다. 위의 일정으로 여행하고 싶다면 프라하와 빈을 집중적으로 여행할 것을 권하고 싶지만 부다페스트 여행을 원한다면 빈에 머물며 당일치기 근교여행으로 다녀오자. 결심이 서지 않았다면 현지에서 결정하고 열차 티켓도 현지 역에서 구입하면 된다. 단, 일정이 너무 빠듯하므로 1~2일 정도 일정을 늘려 여행할 것을 추천한다. 일정을 늘리면 부다페스트에서 1박 하면서 온천도 즐기고 여유롭게 시내 관광을 할 수 있어 여행이 훨씬 알차진다.

모차르트와 온천을 만나다! 빈 + 잘츠부르크 + 부다페스트 8일

일수	도시	교통편	상세 여행 일정
1일	인천→잘츠부르크	비행기	도착 후 휴식
2일	잘츠부르크		전일 자유 여행
3일	잘츠부르크→빈		주간열차 이용해 빈으로 이동. 반나절 자유 여행
4일	빈		전일 자유 여행
5일	빈→부다페스트	주간열차	주간열차 이용해 부다페스트로 이동. 반나절 자유 여행
6일	부다페스트		전일 자유 여행
7~8일	부다페스트→인천	비행기	비행기 이용. 인천 공항 도착

여행 총 경비 190~210만 원
실제 관광시간 잘츠부르크(1일), 빈(2일), 부다페스트(2일)
준비내역
❶ 유럽 왕복 항공권–잘츠부르크 IN, 부다페스트 OUT/ 유럽계 항공사 추천
❷ 잘츠부르크–빈, 빈–부다페스트 구간 열차 티켓

교통 어드바이스

우리나라에서 출발하는 항공사는 1회 경유하는 유럽계 항공사를 이용하면 편리하다. 잘츠부르크–빈, 빈–부다페스트 간 열차는 수시로 운행된다. 여행하고 싶은 도시의 비중에 따라 오전 또는 오후에 출발 열차를 이용하자. 열차 티켓은 현지에서 직접 구입하거나 우리나라에서 구입해 가면 된다.

일정 어드바이스

모차르트의 주활동 무대였던 빈과 영화 〈사운드 오브 뮤직〉의 촬영지 잘츠부르크의 문화유산을 감상하고, 물의 도시 부다페스트에서 터키식 온천을 즐기며 여행을 마무리 하는 코스로 음악과 영화, 자연이 만나는 문화 여행이다. 단, 짧은 여행 중 잦은 이동이 부담스럽다면 빈에 머물며 잘츠부르크, 부다페스트 등을 당일치기로 다녀와도 된다. 위의 일정 중 잘츠부르크에서 하루를 더 늘리면 독일의 베르히테스가덴을 당일치기 근교 여행으로 다녀올 수 있다.

꿈의 여행지 크로아티아를 가다! 빈 + 두브로브니크 8일

일수	도시	교통편	상세 여행 일정
1일	인천→두브로브니크	비행기	도착 후 휴식
2일	두브로브니크		전일 자유 여행
3일	두브로브니크(↔모스타르)	버스	전일 자유 여행 또는 모스타르로 당일치기 여행
4일	두브로브니크→빈	비행기	비행기 이용해 빈으로 이동 후 반나절 시내 자유 여행
5일	빈		전일 자유 여행
6일	빈		전일 자유 여행 또는 부다페스트로 당일치기 여행
7~8일	빈→인천	비행기	비행기 이용. 인천 공항 도착

여행 총 경비 160~180만 원
실제 관광시간 두브로브니크(2일 반), 빈(2일)
준비내역
❶ 유럽 왕복 항공권–두브로브니크 왕복 / 오스트리아 항공 추천

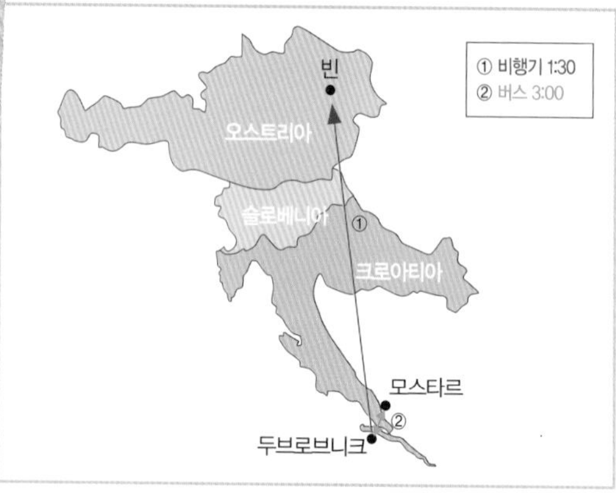

교통 어드바이스

우리나라에서 출발하는 항공사는 2회 경유하는 오스트리아 항공을 이용하면 된다. 항공권은 두브로브니크 왕복으로 예약하고, 돌아오는 편에 빈에서의 스톱오버를 요청하면 위의 스케줄로 여행할 수 있다. 독일항공을 이용하면 프랑크푸르트+두브로브니크 여행도 가능하다.

일정 어드바이스

죽기 전에 꼭 여행해야 하는 곳으로 꼽히는 크로아티아의 두브로브니크는 짧은 휴가를 이용해 여행하기에 좋은 도시. 성곽 안에 숙소를 정하고 가벼운 옷차림, 가벼운 신발을 신고 돌아보는 구시가는 환상 그 자체다. 구시가가 지루해질 때쯤 근교에 있는 보스니아-헤르체고비나의 모스타르로 당일치기 여행을 다녀오자. 다리를 사이에 두고 무슬림과 기독교 마을이 존재하는 곳으로 동서양 문화 화합의 장이다. 특히 터키의 영향을 받은 무슬림 마을은 이국적인 동양의 문화가 물씬 풍긴다. 거기에 예술의 도시 빈까지 여행한다면 풍부한 예술적 감성으로 충만하게 될 것이다.

체코에 미치다! 프라하 8일

일수	도시	교통편	상세 여행 일정
1일	인천→프라하	비행기	도착 후 휴식
2일	프라하		전일 자유 여행
3일	프라하		전일 자유 여행 또는 카를로비바리로 당일치기 여행
4일	프라하		전일 자유 여행 또는 올로모우츠로 당일치기 여행
5일	프라하		전일 자유 여행 또는 체스키크루믈로프로 당일치기 여행
6일	프라하		전일 자유 여행 또는 카를슈테인 성 또는 드레스덴(독일) 당일치기 여행
7~8일	프라하→인천	비행기	비행기 이용, 인천 공항 도착

여행 총 경비 160~180만 원
실제 관광시간 프라하(5일)
준비내역
❶ 유럽 왕복 항공권–프라하 왕복 / 대한항공 또는 체코 항공, 유럽계 항공사 추천

① 버스 1:55
② 열차 3:30 또는 버스 2:50
③ 열차 2:15 또는 버스 2:15
④ 열차 0:40
⑤ 열차 0:50 또는 버스 1:30
⑥ 열차 1:30
⑦ 열차 3:13 또는 버스 2:15

교통 어드바이스

시간을 최대한 절약하고 싶다면 비싸더라도 직항편인 대한항공 또는 체코 항공을 이용하자. 비용이 부담 된다면 1회 경유하는 유럽계 항공사도 무난하다. 프라하에서 근교로의 여행은 행선지에 따라 열차 또는 버스를 이용해야 하며, 티켓은 현지에서 그때그때 구입하면 된다.

일정 어드바이스

유럽에서 가장 여행하고 싶은 도시 프라하를 보헤미안처럼 자유분방하게 5일간 여행할 수 있는 일정! 첫째 날은 프라하 구시가를, 둘째 날은 프라하 성을, 셋째 날은 뒷골목을 거닐고, 넷째 날은 마리오네트(인형극)공연과 클래식 공연을 감상하고, 다섯째 날은 블타바 강을 유람하자. 또는 2일간은 프라하 시내를 여행하고 3일간은 프라하 근교 도시들을 하나하나 돌아보는 것도 좋다. 마시는 온천으로 유명한 카를로비바리, 프라하에 이어 두 번째로 많은 문화재를 보유하고 있는 중세 도시 올로모우츠, 남부 숲 속에 꼭꼭 숨어있는 체스키크루믈로프 등은 보석같은 숨은 여행지이다. 그밖에 산꼭대기에 있는 아름다운 성 카를슈테인 성, 은의 왕국으로 불리는 쿠트나호라, 반나절 하이킹을 즐길 수 있는 체코 스위스 국립공원, 독일의 드레스덴 등도 인기 있는 당일치기 여행지다.

Travel 14days 베스트 추천 루트

여행 기간이 2주라면 동유럽을 취향대로 마음껏 돌아볼 수 있다. 평소에 꼭 여행해 보고 싶은 나라와 도시를 선정해 너무 급하게도, 느슨하지도 않게 계획을 세워보자. 그동안 꿈꿔왔던 동유럽 여행이 될 것이다. 여행 스타일도 내 맘대로, 하지만 시간 절약과 피곤한 여행을 피하고 싶다면 항공 및 숙소 예약은 출발 전에 하는 게 좋다.

Best of Best! 체코 + 오스트리아 + 헝가리 14일

일수	도시	교통편	상세 여행 일정
1일	인천→프라하	비행기	도착 후 휴식
2일	프라하		전일 자유 여행
3일	프라하		전일 자유 여행
4일	프라하		전일 자유 여행
5일	프라하→체스키크루믈로프	주간버스 또는 주간열차	주간버스 이용해 체스키크루믈로프로 이동. 반나절 자유 여행
6일	체스키크루믈로프		전일 자유 여행
7일	체스키크루믈로프→잘츠부르크	주간버스	주간버스 이용해 잘츠부르크로 이동. 도착 후 휴식
8일	잘츠부르크		전일 자유 여행
9일	잘츠부르크→빈	주간열차	주간열차 이용해 빈으로 이동. 반나절 자유 여행
10일	빈		전일 자유 여행
11일	빈→부다페스트	주간열차	주간열차 이용해 부다페스트로 이동. 반나절 자유 여행
12일	부다페스트		전일 자유 여행
13~14일	부다페스트→인천	비행기	비행기 이용. 인천 공항 도착

여행 총 경비 240~260만 원

실제 관광시간 프라하(3일), 체스키 크루믈로프(1일 반), 잘츠부르크(1일 반), 빈(2일), 부다페스트(2일)

준비내역

❶ 유럽 왕복 항공권-프라하 IN, 부다페스트 OUT/유럽계 항공사 추천

❷ 동유럽 철도 패스

교통 어드바이스

유럽계 항공사를 추천한다. 도시 간 이동은 열차만 이용하는 경우 동유럽 철도 패스를 구입해 가는 게 편리하고, 비용을 절약하고 싶다면 현지에서 필요에 따라 구입하면 된다. 체코 내에서는 저렴한 고속버스를 이용하고, 오스트리아, 헝가리는 2등석칸 열차를 이용하자. 체스키크루믈로프에서 잘츠부르크 이동할 때는 열차는 3번 이상 갈아타야 하는 번거로움이 있으니 한 번에 가는 버스(빈 셔틀 P.130 참조)를 이용하자. 잘츠부르크, 빈, 부다페스트 간에는 열차가 수시로 운행하므로 어느 도시를 더 비중 있게 여행할지에 따라 열차 이동 시간을 조절하자.

일정 어드바이스

프라하 여행 일정이 여유로워 하루는 근교로의 여행도 가능하다. 리틀 프라하로 불리는 동화 같은 마을 체스키크루믈로브에서의 1박을 하자. 잘츠부르크는 시내뿐만 아니라 근교의 잘츠카머구트도 놓치지 말자.

동유럽 핵심 4개국! 폴란드 + 체코 + 오스트리아 + 헝가리 14일

일수	도시	교통편	상세 여행 일정
1일	인천→바르샤바	비행기	도착 후 휴식
2일	바르샤바		전일 자유 여행
3일	바르샤바→크라쿠프	주간열차	주간열차 이용해 크라쿠프로 이동. 반나절 자유 여행
4일	크라쿠프		전일 자유 여행
5일	크라쿠프→프라하	야간열차	전일 자유 여행 후 야간열차 이용해 프라하로 이동
6일	프라하		전일 자유 여행
7일	프라하		전일 자유 여행
8일	프라하→빈	주간열차	반나절 자유 여행 후 주간열차 이용해 빈으로 이동
9일	빈		전일 자유 여행
10일	빈		전일 자유 여행
11일	빈→부다페스트	주간열차	주간열차 이용해 부다페스트로 이동. 반나절 자유 여행
12일	부다페스트		전일 자유 여행
13~14일	부다페스트→인천	비행기	비행기 이용. 인천 공항 도착

여행 총 경비 260~280만 원

실제 관광시간 바르샤바(1일 반), 크라쿠프(2일), 프라하(2일 반), 빈(2일 반), 빈(2일), 부다페스트(2일)

준비내역

❶ 유럽 왕복 항공권-바르샤바 IN, 부다페스트 OUT/유럽계 항공사 추천

❷ 동유럽 철도 패스

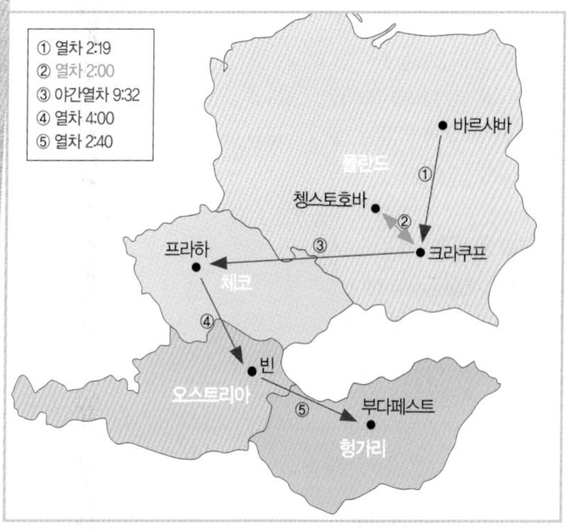

교통 어드바이스

우리나라에서 출발하는 유럽계 항공사를 이용하면 무난하다. 도시 간 이동은 열차만 이용하는 경우 동유럽 패스를 구입해 가는 게 편리하다. 볼거리가 많은 크라쿠프 여행을 위해 바르샤바에서 이른 아침에 열차를 타야 한다. 유일하게 야간열차를 이용해야 하는 크라쿠프와 프라하 구간은 쿠셰트나 침대칸을 이용하는 게 편리하다. 그 밖에 프라하, 빈, 부다페스트로의 이동은 열차가 수시로 운행되므로 어느 도시를 더 비중 있게 여행할지에 따라 열차 이동 시간을 조절하면 된다. 프라하, 빈 등의 역은 출발 도시와 열차 시간 등에 따라 이용하는 역이 달라지니 주의하자. 철도패스에서 남는 날짜는 근교 여행을 할 때 사용하면 된다.

일정 어드바이스

중세시대 유럽 최대의 고도 크라쿠프와 프라하를 중심으로 여행할 수 있어 더욱 흥미로운 루트다. 특히 크라쿠프는 폴란드의 옛 수도이자, 세계문화유산인 소금광산과 제2차 세계 대전 당시 나치의 악명 높았던 아우슈비츠 수용소가 근교에 있어 더욱 유명하다. 거기에 세계인이 사랑하는 낭만의 도시 프라하, 천재 음악가들의 활동무대였던 빈, 유럽에서 가장 아름다운 수도 중 하나로 손꼽는 부다페스트까지 더하면 동유럽의 핵심 4개국을 여행할 수 있다. 2주간의 열정적인 여행의 마무리로 부다페스트의 온천을 즐기며 여행의 피로를 풀어보자. 프라하에서 하루를 더 늘리면 독일의 드레스덴을 당일치기 근교 여행으로 다녀올 수 있다.

✚동유럽의 알프스 타트리와 동유럽 3개국 여행!
폴란드 + 슬로바키아 + 오스트리아 14일

일수	도시	교통편	상세 여행 일정
1일	인천→바르샤바	비행기	도착 후 휴식
2일	바르샤바		전일 자유 여행
3일	바르샤바→크라쿠프	주간열차	주간열차를 이용해 크라쿠프로 이동, 반나절 자유 여행
4일	크라쿠프		전일 자유 여행
5일	크라쿠프→자코파네	주간버스	주간버스를 이용해 자코파네로 이동, 반나절 자유 여행
6일	자코파네		카스프로비 산 또는 모르스키에 오코 오르기
7일	자코파네→스타리 스모코베츠	주간버스	주간버스를 이용해 스타리 스모코베츠로 이동, 반나절 자유 여행
8일	스타리 스모코베츠		타트란스카 롬니차로 이동 후 전일 자유 여행
9일	스타리 스모코베츠		슈트로브스케 플레소로 이동 후 전일 자유 여행
10일	스타리 스모코베츠→빈	주간열차	주간 열차 이용 후 빈으로 이동 후 휴식
11일	빈		전일 자유 여행
12일	빈		전일 자유 여행
13~14일	빈→인천	비행기	비행기 이용, 인천 공항 도착

여행 총 경비 220만 원~

실제 관광시간 바르샤바(1일), 크라쿠프(1일 반), 자코파네(2일), 스타리 스모코베츠(2일 반), 빈(2일)

준비내역

❶ 유럽 왕복 항공권-바르샤바 IN, 빈 OUT/유럽계 항공사 추천

❷ 바르샤바-크라쿠프, 포프라드-빈 구간 열차 티켓, 크라쿠프-자코파네, 자코파네-스타리 스모코베츠 구간 버스 티켓

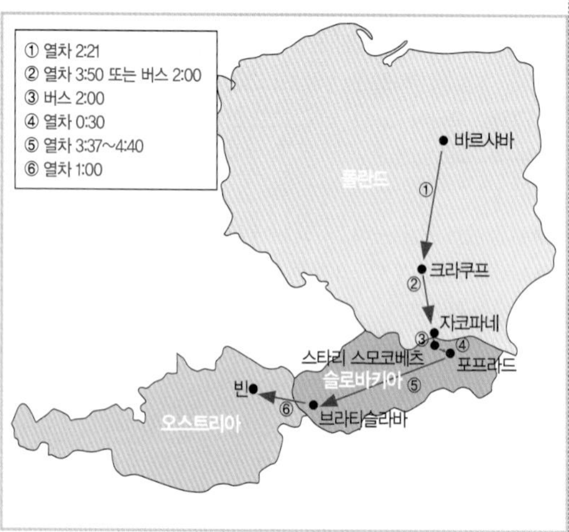

교통 어드바이스

우리나라에서 출발하는 유럽계 항공사를 이용하면 무난하다. 도시 간 이동에 필요한 열차와 버스 티켓은 현지에서 그때그때 구입하는 게 낫다. 여름 성수기에 타트리 국립공원을 여행하려면 티켓 확보 여부가 관건이다. 각 도시에 도착할 때마다 미리 다음 도시로의 이동 티켓부터 구입해 두는 게 안전하다.

일정 어드바이스

동유럽의 알프스로 불리는 타트리 국립공원을 중심으로 여행하고 싶은 사람에게 추천하는 루트. 6일 동안 자코파네와 스타리 스모코베츠에 머물며 타트리 국립공원에서 가장 아름답다는 봉우리들로 배낭하나 둘러매고 도시락을 준비해 하이킹을 떠나자. 6일 동안 자연의 품에 안겨 제대로 된 힐링의 시간을 즐길 수 있다. 단, 등산화, 등산복 등 하이킹을 위한 철저한 준비가 필요하다. 스키 마니아라면 겨울철 스키 여행 루트로도 추천한다. 스타리 스모코베츠에서 포프라드까지는 타트리 전기 철도로 이동, 포프라드에서 브라티슬라바로 다시 열차를 환승해 빈으로 이동해야 한다.

✚동슬로바키아의 비소케 타트리와 핵심 동유럽 3개국 여행!
체코 + 슬로바키아 + 오스트리아 + 체코 14일

일수	도시	교통편	상세 여행 일정
1일	인천→프라하	비행기	도착 후 휴식
2일	프라하		전일 자유 여행
3일	프라하		전일 자유 여행
4일	프라하→포프라드	야간열차	전일 자유 여행 후 야간열차 이용해 포프라드로 이동
5일	포프라드→스타리 스모코베츠	주간열차	주간열차 이용해 스타리 스모코베츠로 이동. 전일 자유 여행
6일	스타리 스모코베츠		타트란스카 롬니차로 이동 후 전일 자유 여행
7일	스타리 스모코베츠		슈트로브스케 플레소로 이동 후 전일 자유 여행
8일	스타리 스모코베츠→빈	주간열차	주간 열차 이용 후 빈으로 이동 후 휴식
9일	빈		
10일	빈		
11일	빈→부다페스트	주간열차	주간 열차 이용 후 부다페스트로 이동 후 반나절 자유 여행
12일	부다페스트		전일 자유 여행
13~14일	부다페스트→인천	비행기	비행기 이용. 인천 공항 도착

여행 총 경비 285만 원
실제 관광시간 프라하(3일), 스타리 스모코베츠(3일), 빈(2일), 부다페스트 (1일 반)
준비내역
❶ 유럽 왕복 항공권–프라하 IN, 부다페스트 OUT/유럽계 항공사 추천
❷ 프라하–포프라드, 포프라드–빈은 구간 열차 티켓, 빈–부다페스트는 열차 또는 유로라인 버스 티켓

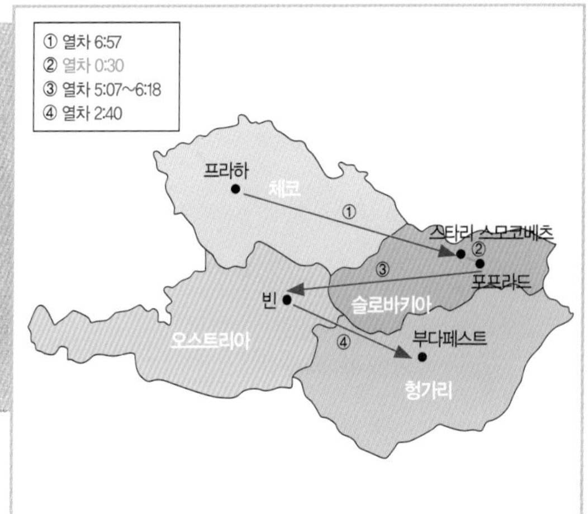

교통 어드바이스
우리나라에서 출발하는 유럽계 항공사를 이용하면 무난하다. 도시간 이동을 위한 열차 티켓은 현지에서 그때그때 구입하자. 비소케 타트리에서는 타트리 전기 철도를 이용하면 된다. 프라하와 포프라드까지는 7시간 정도 걸리는 주간열차도 운행된다. 야간열차가 싫다면 새벽에 출발해 점심시간쯤에 도착하는 주간열차를 이용하자.

일정 어드바이스
핵심 동유럽 3개국과 슬로바키아의 국립공원에서 하이킹이나 스키도 즐기고 싶은 사람에게 추천하는 루트. 좀 더 여유롭게 여행하고 싶다면 과감하게 부다페스트를 생략해도 괜찮다. 빈과 프라하의 일정을 늘려 근교 도시까지 여행해 보거나 스타리 스모코베츠의 일정을 늘려 좀 더 다양한 하이킹을 즐겨보는 일정도 가능하다. 그래도 부다페스트를 포기할 수 없다면 빈에 머물며 당일치기 근교 여행으로 다녀오는 것도 방법이다.

드라큘라의 고향 루마니아와 핵심 동유럽 3개국 여행! 헝가리 + 루마니아 + 오스트리아 + 체코 14일

일수	도시	교통편	상세 여행 일정
1일	인천→부다페스트	비행기	도착 후 휴식
2일	부다페스트		전일 자유 여행
3일	부다페스트		전일 자유 여행 또는 도나우벤트로 당일치기 여행
4일	부다페스트→브라쇼브	야간열차	전일 자유 여행 후 야간열차 이용해 브라쇼브로 이동
5일	브라쇼브		전일 자유 여행
6일	브라쇼브		브란성으로 당일치기 여행
7일	브라쇼브→빈	야간열차	시기쇼아라로 당일치기 여행 후 야간열차 이용해 빈으로 이동
8일	빈		전일 자유 여행
9일	빈		전일 자유 여행
10일	빈→프라하	주간열차	주간열차 이용해 프라하로 이동. 반나절 자유 여행
11일	프라하		전일 자유 여행
12일	프라하		전일 자유 여행
13~14일	프라하→인천	비행기	비행기 이용. 인천 공항 도착

여행 총 경비 260~280만 원

실제 관광시간 부다페스트(3일), 브라쇼브(3일), 빈(2일 반), 프라하(2일 반)

준비내역

❶ 유럽 왕복 항공권-부다페스트 IN, 프라하 OUT/유럽계 항공사 추천

❷ 부다페스트-브라쇼브, 브라쇼브-빈 구간 열차 티켓, 야간열차는 구간티켓+쿠셰트 예약 열차 티켓, 빈-프라하 구간 열차 티켓

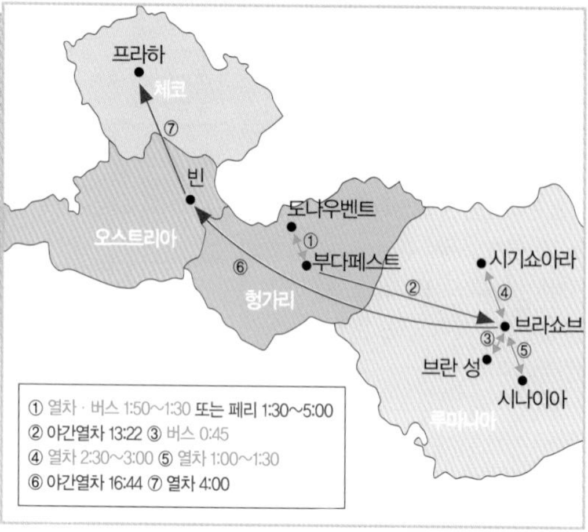

교통 어드바이스

우리나라에서 출발하는 유럽계 항공사를 이용하면 무난하다. 4개국을 모두 여행할 수 있는 철도패스가 없어 현지에서 그때그때 구입하거나, 출발 전에 구간티켓을 구입해 가야 한다. 일정상 야간이동이 2번이나 있어 부담이 크지만 수도 부쿠레슈티를 가지 않고 루마니아 최대 명소인 브라쇼브만을 여행할 수 있는 최상의 방법이다. 야간열차 이동 시 편의와 안전을 위해 쿠셰트나 침대칸 이용은 필수다.

일정 어드바이스

드라큘라가 탄생한 루마니아의 트란실바니아 지방을 여행하고 싶은 사람에게 추천하는 루트. 루마니아 최대의 관광지 브라쇼브에 짐을 풀고 그 일대를 여행해 보자. 드라큘라 성으로 알려진 브란성과 드라큘라가 탄생한 시기 쇼아라 등은 절대 놓칠 수 없다. 일정상 장시간 항공 이동을 고려해 부다페스트 일정을 3일로 제시했는데, 체력이 가능하다면 부다페스트에서 머무는 하루 정도는 여행하고 싶은 도시에 더 할애해도 좋다. 부다페스트에서 도나우벤트, 프라하에서 카를슈테인 성, 체코 스위스 국립공원, 독일의 드레스덴, 브라쇼브에서 시나이아 등 원하는 도시에서 하루를 늘려 당일치기로 근교여행을 즐겨보자.

여행자들의 로망 크로아티아와 슬로베니아를 가다! 크로아티아 + 슬로베니아 14일

일수	도시	교통편	상세 여행 일정
1일	인천→경유지	비행기	경유지 도착 후 휴식
2일	경유지→두브로브니크	비행기	비행기 이용해 두브로브니크로 이동. 반나절 자유 여행
3일	두브로브니크		전일 자유 여행
4일	두브로브니크→스플리트	주간버스	주간버스 이용해 스플리트로 이동. 반나절 자유 여행
5일	스플리트		전일 자유 여행 또는 트로기르와 시베니크로 당일치기 여행
6일	스플리트→자다르	주간버스	주간버스 이용해 자다르로 이동. 반나절 자유 여행
7일	자다르→플리트비체	주간버스	주간버스 이용해 플리트비체로 이동. 반나절 자유 여행
8일	플리트비체		전일 자유 여행
9일	플리트비체→자그레브	주간버스	주간버스 이용해 자그레브로 이동. 반나절 자유 여행
10일	자그레브→류블랴나	주간버스	주간버스 이용해 류블랴나로 이동. 반나절 자유 여행
11일	류블랴나		포스토이나 동굴로 당일치기 여행
12일	류블랴나		블레드 호수로 당일치기 여행
13~14일	류블랴나→인천	비행기	비행기 이용. 인천 공항 도착

여행 총 경비 235~255만 원

실제 관광시간 두브로브니크(2일 반), 스플리트(2일 반), 자다르(1일), 플리트비체(2일 반), 자그레브(반 일), 류블랴나(2일 반)

준비내역

❶ 유럽 왕복 항공권-두브로브니크 IN, 류블랴나 OUT/유럽계 항공사 추천

교통 어드바이스

우리나라에서 출발하는 가장 편리한 항공사는 독일항공. 2회 경유해도 스케줄이 좋은 오스트리아 항공도 이용할 만하다. 단, 경유지인 프랑크푸르트 또는 빈에서 두브로브니크행 당일 연결편이 없어 1박을 해야 하는 경우도 있다. 시간적 여유가 있다면 경유지 스톱오버로 예약해 2~3일 정도 머물며 여행하는 것도 좋다. 크로아티아와 슬로베니아는 열차보다는 버스노선이 발달한 곳으로 그때그때 버스터미널 매표소에서 구입하면 된다. 일정상 야간이동이 없어 부담이 적다. 단, 너무 늦은 시간에 도착하는 스케줄이라면 도착지 숙소 정도는 미리 예약해 두는 센스를 발휘하자.

일정 어드바이스

아드리아 해의 진주 크로아티아와 발칸반도에서 가장 잘살고 지적인 나라 슬로베니아를 돌아볼 수 있는 일정이다. 두 나라의 모든 도시는 규모도 작고 하루만 도보로 돌아보면 웬만한 볼거리는 다 감상할 수 있다. 하지만 주변에 유명한 유적지, 아름다운 섬, 알프스 산과 호수 등이 산재해 있어 어느 도시든 여유 있게 머물며 근교여행까지 즐길 수 있다. 천혜 비경으로 알려진 플리트비체 국립호수공원까지 여행할 수 있으므로 하이킹도 즐길 겸 등산화를 준비해 가자. 류블랴나에서 이탈리아의 베네치아까지는 열차로 4시간 정도 소요되니 원한다면 이탈리아의 베네치아에서 여행을 마무리 하는 것도 추천한다.

Travel 21days 베스트 추천 루트

14일 일정이 대도시 중심의 여행이었다면 21일 일정은 동유럽의 대도시와 근교, 그리고 작은 중세시대의 마을까지 여행할 수 있다. 여유있게 여행할 수 있어 더욱 흥미진진한 일정이다. 또한 동유럽 여행을 마친 후 일정을 추가하면 이탈리아나 발칸반도의 남쪽에 위치한 터키, 그리스까지도 여행할 수 있으니 시간이 허락되는 여행자에게 추천하고 싶다.

중세시대의 체스키크루믈로프와 오스트리아 최고의 비경 할슈타트를 가다! 동유럽 일주 21일 ①

일수	도시	교통편	상세 여행 일정
1일	인천→바르샤바	비행기	도착 후 휴식
2일	바르샤바		전일 자유 여행
3일	바르샤바→크라쿠프	주간열차	주간열차 이용해 크라쿠프로 이동. 반나절 자유 여행
4일	크라쿠프		전일 자유 여행
5일	크라쿠프→프라하	야간열차	전일 자유 여행 후 야간열차 이용해 프라하로 이동
6일	프라하		전일 자유 여행
7일	프라하		전일 자유 여행 또는 카를로비바리, 쿠트나호라로 당일치기 여행
8일	프라하		전일 자유 여행 또는 올로모우츠로 당일치기 여행
9일	프라하→체스키크루믈로프	주간버스	주간버스 이용해 체스키크루믈로프로 이동. 반나절 자유 여행
10일	체스키크루믈로프→잘츠부르크	주간버스	주간버스 이용해 잘츠부르크로 이동. 도착 후 휴식
11일	잘츠부르크		전일 자유 여행
12일	잘츠부르크→할슈타트	주간열차	주간열차 이용해 할슈타트로 이동. 반나절 자유 여행
13일	할슈타트→빈	주간열차	주간열차 이용해 빈으로 이동. 반나절 자유 여행
14일	빈		전일 자유 여행
15일	빈→브라쇼브	야간열차	전일 자유 여행 후 야간열차 이용해 브라쇼브로 이동
16일	브라쇼브		시기쇼아라로 당일치기 여행
17일	브라쇼브		브란 성으로 당일치기 여행
18일	브라쇼브→부쿠레슈티		주간열차 이용해 부쿠레슈티로 이동. 반나절 자유 여행
19일	부쿠레슈티		전일 자유여행
20~21일	부쿠레슈티→인천	비행기	비행기 이용. 인천 공항 도착

여행 총 경비 335~355만 원

실제 관광시간 바르샤바(1일), 크라쿠프(2일 반), 프라하(3일), 체스키크루믈로프(1일), 잘츠부르크(1일), 할슈타트(1일), 빈(2일 반), 브라쇼브(2일 반), 부쿠레슈티(1일)

준비내역

❶ 유럽 왕복 항공권-바르샤바 IN, 부쿠레슈티 OUT/유럽계 항공사 추천

❷ 동유럽 철도 패스, 빈/브라쇼브 & 브라쇼브/부쿠레슈티 구간 열차 티켓

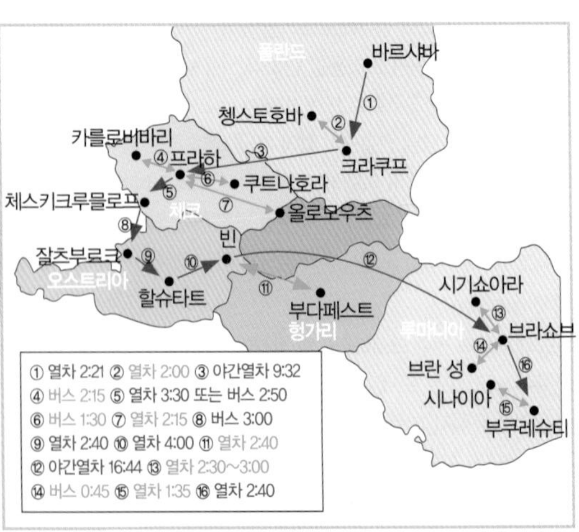

교통 어드바이스

우리나라에서 출발하는 유럽계 항공사를 이용하는 게 가장 편리하다. 철도패스는 발칸지역에 속하는 루마니아를 제외하고는 동유럽 철도패스를 이용하면 된다. 단 5일짜리 패스를 구입하고 남은 구간은 현지에서 구입하거나, 우리나라에서 구간티켓을 구입해 가면 된다. 프라하에서 체스키크루믈로프까지는 버스와 열차 모두 이용할 수 있는데 조금이라도 빨리 가고 싶다면 버스를, 환승하더라도 두량짜리 꼬마열차를 타보고 싶다면 열차를 이용하자. 체스키크루믈로프에서 잘츠부르크까지는 열차를 3번 이상 갈아타야 하는 번거로움이 있으니 한 번에 가는 버스(빈 셔틀 P.130 참조)를 이용하면 편리하다. 빈에서 브라쇼브까지는 꽤 긴 열차이동인 데다 열차 안에서의 치안도 고려해 반드시 침대칸 또는 쿠셰트 등을 이용하자. 또한 매우 열악한 열차를 타게 될 것이니 너무 놀라지 말자. 열차는 브라쇼브를 거쳐 부쿠레슈티, 불가리아의 소피아까지 운행된다. 브라쇼브 도착시간에 맞춰 하차할 수 있도록 신경 써야 한다.

일정 어드바이스

3주간의 동유럽 일주에서 가장 인기 있는 루트. 폴란드에서 루마니아까지의 종단여행이 될 것이다. 일정 중 체코에서 가장 아름답다는 체스키크루믈로프에서 하룻밤 머물 수 있어 좋고, 잘츠부르크를 포함해 오스트리아 최고의 비경을 자랑하는 할슈타트에서 1박을 하고 빈으로 이동해서 좋다. 여행을 마친 후 부쿠레슈티에서 야간열차를 타면 불가리아의 소피아로 연결되며, 소피아 관광 후 터키의 이스탄불이나 그리스로의 여행도 가능하다.

Best of Best! 동유럽 최고의 여행지 프라하 + 크로아티아를 가다 동유럽 일주 21일 ②

일수	도시	교통편	상세 여행 일정
1일	인천→프라하	비행기	도착 후 휴식
2일	프라하		전일 자유 여행
3일	프라하		전일 자유 여행
4일	프라하		전일 자유 여행
5일	프라하→빈	주간열차	주간열차 이용해 빈으로 이동. 반나절 자유 여행
6일	빈		전일 자유 여행
7일	빈		전일 자유 여행 또는 부다페스트로 당일치기 여행
8일	빈→잘츠부르크	주간열차	주간열차 이용해 잘츠부르크로 이동. 반나절 자유여행
9일	잘츠부르크		전일 자유 여행
10일	잘츠부르크→류블랴나	주간열차	주간열차 이용해 류블랴나로 이동. 반나절 자유 여행
11일	류블랴나		포스토이나로 당일치기 여행
12일	류블랴나		블레드 호수로 당일치기 여행
13일	류블랴나→자그레브→스플리트	주간열차 또는 주간 버스, 야간버스	주간열차 이용해 자그레브로로 이동. 반나절 자유 여행. 야간버스 이용 스플리트로 이동
14일	스플리트		전일 자유 여행
15일	스플리트		전일 자유 여행
16일	스플리트→두브로브니크	주간버스	주간버스 이용해 두브로브니크로 이동. 반나절 자유여행
17일	두브로브니크		전일 자유여행
18일	두브로브니크		모스타르로 당일치기 여행
19일	두브로브니크		흐바르 섬으로 당일치기 여행
20~21일	두브로브니크→인천	비행기	비행기 이용. 인천 공항 도착

여행 총 경비 350~370만 원

실제 관광시간 프라하(3일), 빈(2일 반), 잘츠부르크(2일), 류블랴나(2일), 자그레브(반일), 스플리트(2일), 두브로브니크(3일)

준비내역

❶ 유럽 왕복 항공권-프라하 IN, 두브로브니크 OUT/독일 또는 오스트리아 항공

교통 어드바이스

우리나라에서 출발하는 독일항공이 가장 편리하며, 2회 경유하는 오스트리아 항공사도 이용해 볼 만하다. 단, 최종목적지까지 당일 연결이 되지 않는 비행 스케줄의 경우 경유지에서 1박 해야 함을 명심하자. 위의 도시들은 유레일패스로 여행할 수 있으므로 프라하-빈, 빈-잘츠부르크, 잘츠부르크-류블랴나, 류블랴나-자그레브 등 4개국 4일 셀렉트 패스를 구입하는 것이 좋다. 그밖에 크로아티아에서는 버스 또는 페리를 이용하는 게 편리하고 계절에 따라서는 페리를 타 보는 것도 색다른 맛이다. 별도의 철도패스 없이 현지에서 그때그때 구입해도 상관없다.

일정 어드바이스

우리나라 사람들이 가장 여행하고 싶어 하는 프라하와 크로아티아를 모두 돌아볼 수 있고, 거기에 오스트리아와 슬로베니아까지 여행할 수 있는 환상의 일정. 위의 일정에서 크로아티아 여행에 더 집중하고 싶다면 빈에서 열차를 타고 바로 자그레브로 넘어가면 된다. 자그레브 일대의 근교도시를 여행하고, 플리트비체 국립호수공원을 여행하자. 버스를 타고 스플리트로 이동한 후 페리를 타고 두브로브니크로 가는 방법도 있다. 특히, 두브로브니크-이탈리아 간은 페리 또는 항공노선이 발달해 있으므로 두브로브니크에서 페리를 타고 앙코나로 이동한 후 열차를 타면 바로 로마 여행도 가능하다. 로마와 피렌체, 베네치아 등을 관광 후 우리나라로 귀국하면 된다.

Czech 체코

체코, 알고 가자

1 National Profile

국가 기초 정보

정식 국명 체코 공화국 Česká Republika **수도** 프라하 **면적** 7만 8,867㎢(한반도의 약 1/3)
인구 1,644만 명 **인종** 슬라브계 체코인 **정치체제** 내각책임제(대통령 밀로시 제만 Milos Zeman)
종교 무교 40%, 가톨릭 39%, 프로테스탄트 6%, 희랍 정교 4%, 기타 11%
공용어 체코어 **통화** 코루나 Koruna(Kč), 보조통화 할레슈 **Haléřů**
1Kč=100Haléřů / 지폐 20 · 50 · 100 · 200 · 500 · 1000 · 2000 · 5000Kč / 동전 1 · 2 · 5 · 10 · 20 · 50Kč, 10 · 20 · 50Haléřů / 1Kč≒54원(2019년 3월 기준)

간추린 역사

체코의 역사는 5세기 무렵 이 땅에 슬라브인이 정착하면서 시작된다. 830년경 모라비아 지방을 중심으로 형성된 모라비아 왕국은 지금의 체코 · 슬로바키아 · 폴란드 동부를 차지한 거대한 제국이었다. 하지만 906년 아시아계 기마민족인 마자르족이 침략해 옴으로써 슬로바키아를 빼앗기고 만다. 이후 400여 년에 걸쳐 보헤미아의 프르제미슬 가의 통치를 받는다.
프르제미슬 가는 독일의 오토 대제의 지원을 받아 마자르족을 몰아내고 프라하를 중심으로 독자적인 보헤미아 왕국을 세운다. 그러나 1307년 바츨라프 3세가 서거하면서 보헤미아 왕조는 단절되고 독일계 룩셈부르크 왕조의 지배를 받게 된다. 1346년 신성로마 제국의 황제 카를 4세는 체코를 눈부시게 발전시킴으로써 유럽의 정치 · 경제 · 문화의 중심지로 거듭나게 한다. 이 무렵 체코의 성직자이자 학자인 얀 후스가 주도한 종교개혁운동이 보헤미아 전역을 휩쓸었다.
15세기 중엽부터 시작된 오스만투르크의 침략을 계기로 1918년까지 300여 년간 합스부르크 왕가의 지배를 받는 암흑기가 시작된다. 하지만 18~19세기에는 민족부흥운동이 일어났고, 체코를 대표하는 음악가 드보르자크 · 스메타나 등이 활동했다. 제1차 세계대전 때 합스부르크 왕가가 붕괴되면서 체코슬로바키아에도 독립의 햇살이 비치기 시작했다. 그러나 20여 년이 지난 후 발발한 제2차 세계대전으로 인해 다시 독일의 통치를 받다가 구소련군에 의해 해방되면서 1946년 사회주의 국가가 된다.
이후 사회주의 체제를 거부하고 자유주의를 갈망하는 시민운동이 거세게 일어난다. 1968년 1월에 시작된 '프라하의 봄', 1988년 구소련의 개혁 열풍, 1989년의 베를린 장벽 붕괴 등 민주화의 물결이 동유럽에 일면서 체코슬로바키아 역시 급변화를 겪는다.
1989년 시민 포럼이 주도한 시민혁명으로 공산정권이 무너지고 1990년 6월 민주정부인 체코슬로바키아 연방공화국으로 거듭나게 된다. 1993년에 체코와 슬로바키아가 분리되고 2004년에는 EU에 가입해 관광대국으로 급부상하면서 나날이 눈부신 발전을 하고 있다.

공휴일(2019년)
1/1 신년
4/19 성 금요일*
4/22 부활절 연휴*
5/1 노동절
5/8 해방 기념일
7/5 종교기념일
7/6 얀 후스 추모일
9/28 제헌절
10/28 독립기념일
11/17 자유민주주의 기념일
12/24~26 크리스마스 연휴
*해마다 날짜가 바뀌는 공휴일

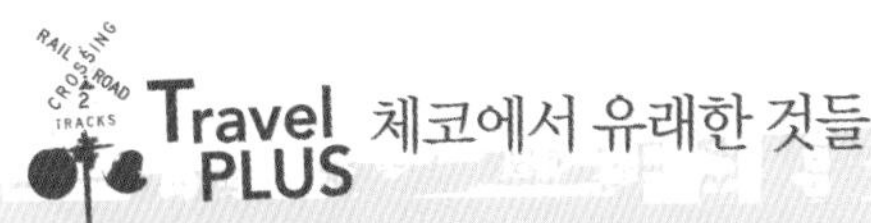

Travel PLUS 체코에서 유래한 것들

맥주 브랜드의 대명사 버드와이저가 체코의 한 지방 맥주에서 유래한 것처럼 오늘날 우리가 살면서 많이 접하게 되는 단어들이 체코에서 유래했다는 사실을 아는가?

로봇 Robot

로봇은 체코어로 '일한다'는 뜻을 가진 Robota라는 단어에서 유래한다. 로봇은 1920년 체코슬로바키아의 작가 K. 차페크의 희곡 『로섬의 인조인간』에 처음 등장하는데 인간과 똑같이 정신적 · 육체적 노동은 하되 인간의 정서와 영혼을 갖지 못한 인조인간을 다룬 드라마다.

달러 Dollar

달러 역시 체코어에서 유래한다. 16세기 동남부 보헤미아 지방의 성 요아힘 St. Joachim 골짜기에서 양질의 은광이 발견되면서 이곳의 은화가 유럽의 국제통화로 자리잡게 되었다. 이 화폐가 요아힘스탈러 그로센 Joachimsthaler Groschen으로 불리다 간단하게 탈러 Taler로, 음운변화를 일으켜 달러 Dollar가 되었다.

소프트렌즈

일찍이 1888년경 하드렌즈가 스위스에서 탄생했지만 높은 제작비와 부작용으로 일반화되지 못했다. 그후 1960년경 체코의 오토 비흐테를레 Dr. Otto Wichterle와 림 Dr. D. Lim이 착용이 간편한 부드러운 소프트렌즈를 개발해 오늘에 이른다.

체코 사람들은 맥주를 즐기지만 과음하지는 않으며 맥주 한 잔에 인생을 논한다. 또한 세계의 문화에 대한 호기심이 강하고 그 문화에 대해 논하는 것을 즐긴다. 교육 수준이 꽤 높은 편이고 악기 연주가 정신계발에 좋다고 여겨 어릴 때부터 한두 가지의 악기를 배운다. 체코에 유명한 음악가와 문호가 많은 이유도 바로 이러한 까닭이 아닐까. '여러 언어를 알면 여러 인생을 산다'라는 체코의 속담이 있다. 우리나라에서 경쟁력 강화와 성공을 위해 영어를 배워야 한다는 절대적인 이유보다 훨씬 철학적이고, 다른 나라의 언어를 배운다는 데 즐거운 동기 부여를 주는 그들의 사고를 엿볼 수 있다.
체코인은 가족 · 행복 그리고 작은 것에 감사할 줄 알고 국가와 민족에 대한 자긍심이 강하다. 중국인들처럼 체코 또한 자신들이 세상의 중심이라고 여기고 있다는 사실. 사람들은 흔히 체코인을 '바게트'에 비유한다. 겉은 딱딱하지만 속은 부드럽다는 의미다. 무관심해 보이지만 세상에 대한 깊은 호기심, 빠름보다는 느림과 신중함, 실리를 추구하는 실용주의, 인형극에서 보여주는 유머 감각 등 체코인에게서는 배울 점이 참 많다.

사람과 문화

- 체코에서 꽃 선물은 연애 감정을 표현하는 방법이다.
- 체코어는 '세상에서 가장 발음하기 어려운 언어'로 기네스북에 올라 있다.

지역정보

중부 유럽에 자리잡고 있는 체코는 독일 · 슬로바키아 · 오스트리아 · 폴란드와 국경을 접하고 있다. 역사적으로 다른 2개의 지역으로 나뉘는데 동부는 모라비아 지방이며, 서부는 숲에 둘러싸여 있는 보헤미아 지방이다. 서부 보헤미안 지방의 수도는 프라하, 동부 모라비아의 수도는 브르노다.

여행시기와 기후

내륙에 위치하고 있는 체코는 해양성 기후와 여름과 겨울의 기온차가 심한 대륙성 기후의 혼합형이다. 여름 평균기온은 30℃를 웃돌며 비가 자주 내리고, 겨울 평균기온은 -10℃를 밑돌고 눈이 자주 내린다.

여행하기 좋은 계절 6~8월은 여름, 9~10월은 가을. 4계절 어느 때나 매력적인 여행지지만 관광객이 적어 여행하기에 좋고 쾌적한 시기는 가을이다.

여행 패션 코드 한여름이라도 밤에는 서늘하기 때문에 긴소매옷이 필요하고, 겨울에는 방한과 미끄럼 방지를 위해 운동화보다는 등산화가 안전하다.

2 Orientation

현지 오리엔테이션

체코 관광청 www.czechtourism.com **국가번호** 420 **비자** 무비자로 90일간 체류 가능(셍겐 조약국) **시차** 우리나라보다 8시간 느리다(서머타임 기간에는 7시간 느리다).

전압 220V, 50Hz(콘센트 모양이 우리나라와 동일)

전화

국내전화 체코의 모든 전화번호에는 지역번호가 포함돼 있다. 프라하 시내 통화시 2로 시작되는 모든 번호를, 시외 통화시 0을 포함한 모든 번호를 입력하면 된다.

- 시내전화 : 예) 프라하 시내 224 123 456
- 시외전화 : 예) 프라하→체스키크루믈로프 0337 123 456

치안과 주의사항

1. 2013년 외국인 체류법이 개정됨에 따라 여행자 보험증서 항목이 강화되었다. 체코 여행기간 동안의 의료서비스와 Repatriation(본국 송환) 항목이 필히 포함되어야 하며, 항목 당 보장 금액이 €30,000 이상의 보험가입증서가 필요하다. 이를 어길 시 1,500Kč의 벌금이 부과된다. 따라서 체코를 방문하는 모든 여행자는 영문 보험증서를 꼭 소지하고 다녀야 한다.

2. 호텔 · 레스토랑 · 카페 등에서 팁은 금액의 10% 정도가 적당하다.

3. 프라하의 구시가에 있는 레스토랑과 쇼핑센터 등에서 바가지가 심하고 환전 사기도 심하다.

4. 치안은 대체로 안전하나 관광객이 많은 프라하에서는 소매치기와 바가지요금을 조심해야 한다.

5. 노천카페, 패스트푸드점에서는 잠시 방심한 사이 가방을 도난당하는 사례가 많다.

긴급 연락처

응급 전화 SOS(경찰·소방·응급) 112 **앰블런스 전화** 155 **경찰 전화** 158 **한국대사관** 주소 Slavičkova 5, 160 00Praha 6-Bubenec(프라하) 전화 234 090 411 비상연락 휴대폰 725 352 420 가는 방법 메트로 A선 Hradčanskà 역에서 도보 5분

예산 짜기

체코의 물가는 우리나라에 비해 저렴한 편이지만 세계적인 관광도시인 프라하만큼은 우리나라와 비슷하거나 비싼 편이다. 게다가 프라하 시내 관광 외에 밤에 즐길 만한 다양한 엔터테인먼트, 갖가지 쇼핑 품목, 흥미로운 근교 도시 등 매력적인 요소들이 워낙 많아 체코에서의 예산은 넉넉하게 짜는 게 좋다.

1일 예산 하루 만에 프라하와 친구되기(P.64)

숙박비 도미토리 450Kč~

교통비 1회권 32Kč, 1일권 110Kč

3끼 식사 아침 70Kč~, 점심 피자 또는 파스타 200Kč~, 저녁 레스토랑 300Kč~

입장료 프라하 성 350Kč, 구시청사 탑 105Kč, 인형극 또는 각종 공연 400Kč~

기타 경비 엽서 · 물 · 소품류 등 100Kč~

1일 경비 =〉2,117Kč≒11만 4,318원(2019년 3월 기준)

※하루 만에 친구되기 코스에서 최대 비용을 산출한 것으로, 무엇을 먹고, 어떤 공연을 관람하는지에 따라 대략 8~10만 원 내외로 1일 경비를 산출하면 된다.

영업시간

관공서 월~금 09:00~17:00, 토 08:00~12:00

우체국 월~금 08:00~12:00, 14:00~18:00

은행 월~금 09:00~17:00

상점 월~금 09:00~18:00, 토 09:00~12:00

레스토랑 월~토 11:00~24:00

현지어 따라잡기

기초 회화

안녕하세요	[아침] 도브리 덴 Dobrý den!
	[점심] 도브레 라노 Dobréráno!
	[저녁] 도브리 베체르 Dobrý věcer!
헤어질 때	아호이 Ahoj 또는 차우 Cau
고맙습니다	제쿠유 밤 Děkuju vám
실례합니다	프로민테 Promiňte
미안합니다	프로민테 Promiňte
도와주세요	포모츠 Pomoc
맛있다	토 예 도브레 To je dobré
계산해 주세요	콜리코 코 스토이 Kol' ko to stojí?
네	아노 Ano
아니오	네 Ne

표지판

입구	브호드 Vchod
출구	비호드 Východ
	또는 뷔스뚭 Výstup
환승	프레스투프 Přestup
화장실	자호드 Záhod
경찰서	폴리치스타 Policista
역	나드라지 Nádraží
버스터미널	아우토부소베 나드라지 Autobusové Nádraží
매표소	따끼야 Taquilla
플랫폼	안덴 Andén
출발	오데즈디 Odjezdy
도착	프르제즈디 Přijezdy

숫자

1	예덴 Jeden
2	드바 Dva
3	트르지 Tři
4	치티르지 Čtyři
5	페트 Pět
6	셰스트 Šest
7	세듬 Sedm
8	오슴 Osm
9	데베트 Devět
10	데세트 Deset
100	스토 Sto
1000	티시츠 Tisíc

현지 교통 따라잡기

비행기(P.622 참고)

우리나라에서 출발하는 직항편은 대한항공이 있고 그밖에 유럽계 항공사 경유편을 이용해야 한다. 저가 항공은 유럽 각지에서 운항한다. 특히 영국의 여러 도시에서 프라하로 운항하는 비행기가 많다.

이탈리아 · 스페인 · 그리스 · 크로아티아에는 저가 항공을 많이 운항하고 있어 짧은 시간 안에 원하는 여행지만 돌아보는 데 아주 편리하다. 비 · 성수기에 따라 운항이 중단되거나 편수가 줄어드니 미리 확인해 두자.

한국↔체코 취항 항공사 : KE, OK, KL, AF, LH, BA, SK, OS, AZ 등
유럽↔체코 저가 항공사 : easyJet, SkyEurope, Smartwings, Meridiana, Norwegian 등

철도

국제선은 폴란드 · 독일 · 오스트리아 · 슬로바키아 · 헝가리 등지에서 운행되는 열차편이 가장 많다. 유레일패스로 체코 전역은 물론, 뮌헨 · 빈 · 암스테르담 · 취리히 · 베네치아 등으로 운행하는 열차를 별도의 추가요금 없이 자유롭게 이용할 수 있어 매우 편리하다.
가장 최근에 도입된 초고속열차 Supercity(Pendolino)를 비롯해 국제선인 IC · EC, 고속열차 Expres · Rychlik 등은 시설도 좋다. 그밖에 Spesny · Osobni 같은 완행열차는 시설이 낙후돼 있고 워낙 느려 소도시로 이동하는 게 아니라면 피하는 게 좋다. 체코에서는 2인 이상이면 단체요금을 적용받을 수 있으니 최대한 활용하자. 만 26세 미만 학생은 2등석에 한해 최고 30%까지 할인받을 수 있다.

버스

스튜던트 에이전시 Student Agency는 체코를 대표하는 버스 회사로, 국내선과 국제선 모두 운행한다. 가장 인기 있는 노선은 체코↔오스트리아, 체코↔독일 구간. 다른 버스회사에 비해 요금이 좀 비싸지만 대부분 신형 버스라 장거리 여행에 좋다.

지방으로 갈 때는 버스가 빠르고 편리한 이동수단이다. 주의할 점은 체스키크루믈로프 · 카를로비바리 · 쿠트나호라 등 인기가 높은 프라하 근교 도시로 가는 버스편은 늘 사람이 많다. 당일에 티켓을 구하기가 거의 불가능하므로 반드시 예약하는 게 안심이다. 운행시간에 따라 에어콘 시설 등이 완비된 직행버스와 시설이 낡은 완행버스가 있으니 요금이 저렴하다면 한번 확인해 볼 필요가 있다.

음식의 특징

체코 음식은 육류와 감자요리가 주를 이룬다. 고기는 볶거나 튀긴 요리가 많고, 수프나 샐러드에도 고기를 곁들일 정도로 기름진 요리가 많다. 채소는 구색만 맞추는 정도. 그밖에 주변국의 영향을 받아 폴란드 · 독일 · 오스트리아 등에서 먹을 수 있는 요리도 흔하다.
체코인의 식습관을 보면 아침은 커피 한 잔에 과일 한쪽이나 요거트를 먹는 정도로 간단하고 세 끼 가운데 점심을 가장 푸짐하게 먹는다. 하지만 바쁜 현대사회에 살고 있는 그들도 요즘은 점심을 간단히 먹거나 샌드위치로 때우는 경우가 많아졌다. 점심이든 저녁이든 우리나라처럼 중요도에 따라 만찬이 된다. '술 없는 인생은 시시하다'라는 속담이 있을 정도로 체코인의 맥주 사랑은 유별나고 하루를 마감할 때는 펍에 들러 맥주 마시기를 즐긴다. 단, 과음은 하지 않는다.

추천 음식

• **베프르조 크네들로 젤로** Vepřo-Knedlo-Zelo

구운 돼지고기에 만두 모양의 밀가루 덤플링과 양배추 절임(일종의 서양 김치)을 곁들여 먹는 체코의 대표적인 주요리

• **브람보라츠카 & 굴라시** Bramboračka & Guláš

식사 대용으로도 좋은 감자 수프와 매콤한 쇠고기 수프. 빵을 곁들여 먹으면 맛있다.

• **스비츠코바** Svíčkovà

쇠고기를 살짝 익혀 레몬으로 만든 크림 소스를 곁들인 요리. 우리나라의 술빵 같은 체코식 빵이 곁들여 나온다. 고기가 부드럽고 소스는 담백하고 달콤해 우리 입맛에 그만이다.

쇼핑

세일 기간

겨울 1~2월
여름 7~8월

손으로 직접 만든 수제품의 천국이라 해도 과언이 아닌 곳이 체코다. 뛰어난 예술 감각과 타고난 손재주를 한껏 발휘한 독특한 디자인과 섬세한 마무리가 매력적이다. 가격도 합리적이어서 핸드메이드 액세서리, 생활 소품, 장식품, 그림 등이 기념품으로도 안성맞춤이다. 빈티지와 독특함을 좋아하는 사람에게 선물하는 데 그만이다.

추천 아이템

• **보헤미아 크리스털(P.118)**

보헤미아 지방에서 생산한 양질의 재료, 17세기 최초로 정교한 보석 조각기법을 크리스털에 도입, 거기에 장인정신까지 깃들어 오늘날까지 세계 최고 품질을 자랑한다. 크리스털 최고 브랜드 스와로브스키의 창시자가 보헤미아 출신이라는 사실. 가격대가 부담스럽지만 의미 있는 선물을 하고 싶다면 크리스털 와인 세트가 제격이다. 장식품, 간단한 액세서리라도 구입해 보자.

• **마리오네트(P.118)**

르네상스 시대부터 19세기까지 유럽 전역에서 성행한 움직이는 인형극은 오늘날에도 유럽 곳곳에서 상연한다. 하지만 체코만큼 발전한 나라도 없으니 동심을 사랑하고 직접 손으로 인형을 조작해 보고 싶다면 구입해 보자.

• **아르누보 작품을 모티프로 한 기념품들(P.116)**

만화적이면서 화려한 아르누보 양식의 작품은 어딜 가나 눈과 마음을 사로잡는다. 체코 곳곳에 무하와 클림트의 작품을 인용해 만든 기념품이 다양하게 있다. 특히 주얼리 박스가 예쁘다.

택스 리펀드 Tax Refund

'Tax Free'라고 적힌 한 매장에서 2,001Kč 이상 구입했을 때 20%의 세금을 돌려받을 수 있다. 쇼핑 후 매장에서 택스 리펀드 서류를 작성하고 30일 이내에 신고해야 한다. 신고는 중앙역이나 공항에서 할 수 있다.

천년의 고도 古都

프라하

Praha

중세의 모습을 고이 간직한 채 빠르게 발전하고 있는 체코의 수도 프라하. 백탑의 도시, 북쪽의 로마, 유럽의 음악학원 등 수많은 프라하의 애칭만으로도 이곳이 유럽 문화의 중심지이자 유럽인의 사랑을 듬뿍 받아 온 아름다운 도시임을 짐작케 한다. 보헤미아 왕국의 수도로 1,000년이 넘는 역사를 간직한 고도답게 중세의 기풍이 곳곳에 서려 있어 영화 · 광고 촬영지로도 대단한 인기를 누리고 있다.

프라하는 도시 전체가 박물관이라고 할 만큼 다양한 역사적인 건물들이 제 모습을 뽐내고 있다. 이 때문에 1989년에는 유네스코 세계문화유산으로 지정되었으며 해마다 1억 명의 관광객이 프라하를 찾아오고 있다. 세계 6대 관광도시에 당당히 이름을 올린 프라하는 2004년 체코의 EU 가입을 계기로 정상을 향하여 더욱 박차를 가하고 있다.

지명 이야기

Praha, Prague 어느 것이 맞는지? 프라하 Praha는 체코어, 프라그 Prague는 영어다. 둘 다 쓰이지만 발음하기 쉬운 프라하를 더 많이 애용하는 편이다.

이런 사람 꼭 가자

건축박물관을 연상케 하는 다양한 건축양식에 관심 있다면
〈프라하의 연인〉처럼 로맨틱한 분위기에 젖고 싶다면
클래식 공연을 비롯해 밤마다 펼쳐지는 다채로운 공연 문화를 즐기고 싶다면
프라하를 배경으로 한 영화와 드라마 촬영지를 찾아가 보고 싶다면

저자 추천

이 사람 알고 가자 프란츠 카프카, 스메타나, 드보르자크, 카를 4세
이 책 읽고 가자 큐리어스 『체코』, 『프라하-매혹적인 유럽의 박물관』, 『참을 수 없는 존재의 가벼움』
이 영화 보고 가자 필립 카우프먼의 〈프라하의 봄〉, 아이언 셀러의 〈프라하〉, 〈미션임파서블 1〉 〈트리플 X〉, 〈아마데우스〉, 드라마 〈프라하의 연인〉

HOTEL
THEATRE
TICKET CENTRUM
NATIONAL BLACK LIGHT THEA
DAILY PRESENTS
MUSICAL - SHOW
Marionette opera
Don Giovanni
W. A. Mozart
17.00
20.00
National Czech Company Prague
A SHOW WITH HEART
BREATHTAKING STORY
MOZART'S GIFT TO THE PRAGUE
UNFORGETABLE SOUVENIR FOR YOU
GORGEOUS MUSIC WITH WONDERFUL PUPPETS
DONT MISS DON GIOVANNI THE EVENT OF THE PRAGUE
GREAT RATES
Unterkunft
Accommodation
n The Heart Of
FRANKFURT
Located in
medieval hea
of the old tow
Kaleju Street 50,
Riga, Latvia
Tel. +371 6147214

INFORMATION 인포메이션

유용한 홈페이지

프라하 관광청 www.prague.eu
여행 · 숙소 관련 www.myczechrepublic.com
공연 티켓 www.ticketpro.cz, www.ticketsonline.cz

관광안내소

프라하에는 국영 ⓘ와 사설 ⓘ가 있는데, 주요 관광명소에는 대개 사설 ⓘ가 설치되어 있다. 국영 ⓘ에서는 무료 지도를 받을 수 있으나, 사설 ⓘ에서는 정보만 얻을 수 있을 뿐 무료 지도는 없다. 구시가 광장의 시청 건물 안과 후스 동상 맞은편에 국영 ⓘ가 있으며, 체코 전역에 관한 정보와 무료 지도를 받을 수 있다. 시내 구석구석, 구시가지 골목 등을 찬찬히 모두 돌아보고 싶다면 서점에서 지도(30Kč)를 구입하는 게 좋다.

• **중앙역 ⓘ (Map P.63-B2)**
무료 지도, 여행정보, 숙소 예약 서비스를 제공한다.
운영 월~토 10:00~18:00 휴무 일요일 · 공휴일

• **중앙 ⓘ (Map P.63-A1)**
무료 지도는 물론 다양한 여행정보를 제공하며, 콘서트 · 시티투어 · 크루즈 · 숙소 등도 예약할 수 있다.
주소 Staroměstské náměstí 1(구시청사 내)
전화 224 223 613
운영 1~2월 09:00~18:00(3~12월 ~19:00)

• **Na Můstku ⓘ (Map P.63-A2)**
주소 Rytířská 12(메트로 메트로 A선 Můstek 역 근처)
운영 09:00~19:00

• **바츨라프 광장 ⓘ (Map P.63-B2)**
주소 Václavské náměstí 운영 10:00~18:00

여행사

• **Čedok (Map P.63-A2)**
체도크는 국영여행사로 비행기 · 열차 · 공연 · 숙소 등을 예약해 준다. 친절하고 영어가 잘 통해 편리하다. 만 26세 미만은 여권이나 학생증을 제시하면 할인혜택이 있다.
주소 Na Můstku 9(메트로 A선 Můstek 역 근처 상가 안에 위치)
전화 224 224 461 홈페이지 www.cedok.com
운영 월~금 10:00~18:00 휴무 토~일요일

• **Čedok (Map P.63-A1)**
주소 Rytířská 16 전화 224 222 492
운영 월~금 09:00~19:00 휴무 토~일요일

• **Bohemia Ticket (Map P.63-B1)**
각종 공연 티켓을 수수료 없이 예매할 수 있다.
주소 Na Příkopě 16 전화 224 215 031
홈페이지 www.bohemiaticket.cz 운영 월~금 09:00~18:00, 토 10:00~17:00, 일 10:00~15:00

국영여행사 체도크

환전

환전소마다 환율과 수수료가 다르다. 거리의 눈에 띄는 곳에 있는 환전소보다 구석진 곳에 있는 허름한 환전소가 환율이 좋다. 환전소 앞에는 'We buy(구매용)' 환율표가 크게 표시되어 있게 마련인데 프라하 구시가지의 환전소에서는 'We sell(판매용)' 환율표를 크게 내걸고 여행자들을 속이고 있으니 환율표를 주의 깊게 확인하자. 여행을 마친 후 남은 체코 화폐는 국제통용 화폐로 재환전해야 하는 번거로움이 있다. 재환전시 환차와 수수료로 엄청난 손해를 보게 되니 여행 전에 쓸 만큼만 환전하는 게 현명하다.

• Praha Exchange (Map P.63–B2)

바츨라프 광장 근처 중앙우체국 옆에 위치한 환율 좋은 곳. 단, 변수가 있을 수 있으니 당일 환율표 및 수수료 여부 등은 꼼꼼히 확인하고 환전하자.

주소 Jindřišská 12/908 운영 09:00~21:00

전화 224 267 443 홈페이지 www.prahaexchange.cz

• citibank (Map P.63–B2)

시티뱅크 ATM이 구시가 곳곳에 있어 이용이 매우 편리하다.

주소 Na Příkopě 1047/17

(메트로 Můstek 역 근처)

운영 월~금 08:30~17:00

ATM 24시간 휴무 토~일요일

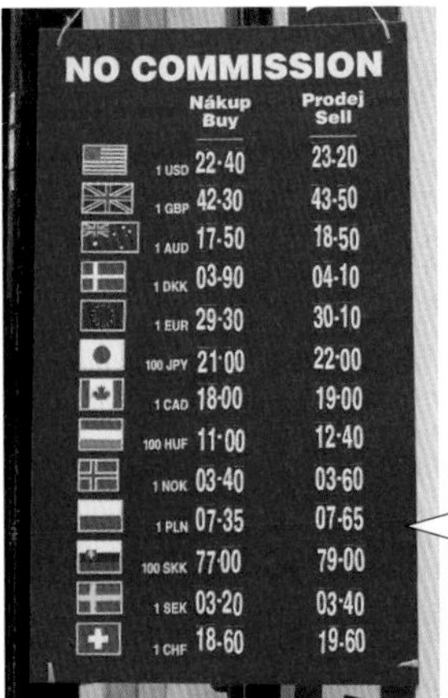

환전하려면 No Commission! Buy&Sell 환율표를 꼭 확인해야 합니다.

중앙우체국 Map P.63-B2

바츨라프 광장에 인접해 있으며 24시간 운영하고 있어 편리하다. 우편 서비스는 물론 전화카드 판매, 인터넷 서비스, 환전업무까지 한다.

환율도 비교적 좋은 편. O2 매장 안에 별도로 마련된 공중전화 박스에서는 의자에 앉아 편안하게 국제통화를 할 수 있다.

주소 Jindřišská 14 운영 02:00~24:00

슈퍼마켓

바츨라프 광장에만 해도 크고 작은 슈퍼마켓이 여러 개 있다. 그중에서도 대형 마트인 Albert가 바츨라프 광장 중앙에 있다. 공화국 광장에는 Billa · Albert가, 공화국 광장 반대편에는 Tesco가 있다.

• Tesco (Map P.63–B2)

주소 Národní 26

영업 월~토 07:00~21:00, 일 08:00~21:00

바츨라프 광장 한가운데 있는 대형 마트 Albert

경찰서 Map P.63-A2

주소 Jungmannovo náměstí 9 전화 974 851 750

가는 방법 메트로 A · B선 Můstek 역 근처

ACCESS 가는 방법

유럽 내에서는 열차, 특히 야간열차를 이용해서 가는 경우가 많다. 우리나라에서는 직항편이 운항하고 있으며, 유럽에서는 취항하는 저가 항공사도 많아져서 비행기 이용빈도도 높은 편이다.

비행기

우리나라에서 프라하로 가는 직항편으로는 대한항공 · 체코항공이 있고, 경유편으로는 유럽계 항공사를 이용해야 한다. 국제선은 시내에서 북서쪽으로 20㎞ 떨어진 프라하 바츨라프 하벨 국제공항 Letiště Václava Havla Praha에 도착한다. 3개의 터미널이 있으며 터미널 1은 영국, 북미, 중동, 아프리카, 아시아 등 장거리 전용 터미널, 터미널 2는 EU 국가 전용 터미널, 터미널 3은 VIP 또는 개인전용 터미널이다. 공항에는 ⓘ(터미널 1 08:00~20:00, 터미널 2 08:00~22:00), 숙박 예약 전문업체 등이 있으니 미처 숙소를 예약하지 못했다면 이용해 보자. 공항을 나오기 전 환전소에 들러 체코 통화 코루나로 환전하는 것도 잊지 말자. 단, 환율이 낮기 때문에 꼭 필요한 만큼만 하는 게 현명하다. ATM도 있다. 시내까지는 119번 버스, AE버스, 택시 등을 이용할 수 있다. 버스와 택시 정류장은 입국장 로비에서 나가면 바로 있고, 정류장에 버스와 택시 전용 안내데스크가 각각 마련되어 있으므로 행선지만 이야기하면 바로 노선과 요금 안내 등을 받을 수 있다.

공항정보 www.prg.aero/en/

공항 ➡ 시내

• 119번 버스+메트로

가장 저렴하게 시내까지 이동할 수 있는 방법. 단, 여러 번 갈아타야 하는 번거로움이 있다. 공항에서 버스를 타고 20분쯤 가면 메트로 A선 Nádraží Veleslavín 역에 도착한다. 역에서 메트로로 환승하면 시내 어디든지 쉽게 갈 수 있다. 티켓은 자동발매기에서 90분 안에 자유롭게 환승이 가능한 티켓을 구입하면 된다(P.58 참조).

운행 04:45~00:15

요금 32Kč(버스 · 메트로 공용권)

소요시간 45분

※100번 버스는 메트로 B선 Zličín 역으로 운행된다.

※910번 버스는 심야 버스로 23:50~03:54 운행된다.

• AE버스(Airport Express)

공항에서 구시가까지 운행하는 가장 인기 있는 교통수단. 공항의 터미널 1, 2를 지나 메트로 A선이 연결된 Dejvická 역, 중앙역인 흘라브니 역 Hlavní Nádraží, 구시가의 공화국 광장 Náměstí Republiky이 있는 마사리크 역 Masarykovo Nádraží까지 운행한다. 티켓은 운전사한테서 직접 구입하면 된다.

운행 05:30~22:00 요금 60Kč 소요시간 35분

• 택시

밤 늦은 시간에 도착했다면 택시를 이용하는 게 가장 편리하다. 외국인을 상대로 바가지요금이 심하므로 공항 전용 택시를 이용하자. 단, 일반 택시 요금보다 비싼 편이다.

Taxi Praha 220 414 414

FIX Taxi 220 113 892

요금 전용 택시 600~700Kč, 일반 택시 450~560Kč

소요시간 20분

• 프라하 공항 트랜스퍼 Prague Airport Transfers

택시와 셔틀버스의 장점을 합한 서비스를 제공한다. 홈페이지에 한국어 버전이 따로 있고 24시간 콜센터가 운영된다. 인터넷 예약 시 신용카드로 결제 또는 공항 미팅 후 지불하는 후불제도 가능하다. 2~8인까지 예약 가능하며 인원수에 따라 차량이 배정된다. 출발 전에 예약하면 양복 입은 기사님이 예약 손님의 이름을 적은 피켓을 들고 공항 입국장으로 마중 나온다.

홈페이지 www.airportprague.org

전화 800 870 888

요금 1~4인 590Kč~(€24~)

철도

프라하로 가는 일반적인 루트는 독일 · 오스트리아 · 헝가리 · 폴란드를 거쳐 들어가는데, 특히 독일에서 가는 경우가 많다. 그밖에 취리히 · 암스테르담 · 베네치아 등에서 출발하는 야간열차도 이용객이 꽤 많다.

시내에는 역이 몇 군데 있는데 대부분의 국내 · 국제선 열차는 중앙역인 흘라브니 역에서 발착한다. 또 중앙역과 메트로 C선으로 연결되는 홀레쇼비체 역은 두 번째로 큰 역으로 국내선과 일부 국제선 열차가 발착한다. 그밖에도 국내선 열차가 발착하는 마사리크 역과 스미호프 역 등이 있다.
체코 철도청 www.cd.cz

흘라브니 역 (중앙역)

Hlavní Nádraží(Hl.n) **Map P.63-B2**

중앙역은 총 3층으로, 플랫폼과 공항버스 정류장은 3층에, 각종 편의시설은 2층에, 메트로 입구 및 매표소와 스튜던트 에이전시 사무소는 1층에 위치한다. 중앙역은 복잡한 내부 덕분에 크게 남쪽과 북쪽으로 나눠졌으며 표지판으로 확인해서 찾아가는 게 제일 좋다. 메트로 C선 **Hlavní Nádraží** 역이 연결되어 있어 다른 곳으로의 이동도 편리하다. 역, 숙소, 구시가까지 3번 이상 메트로를 이용해야 한다면 24시간권을 구입하는 게 경제적이다. 역에서의 환전은 교통비 정도의 소액만 환전하고 나머지는 시내에서 하는 것이 유익하다.
2층에는 코인 로커와 약국 · 서점 · 환전소 겸 인터넷 카페 · 버거킹 · 편의점이 있고, 1층에는 매표소와 스튜던트 에이전시 사무소 · Citibank ATM · Billa 슈퍼마켓 · 신발 및 열쇠 수리점 · 카페 · 유인 짐 보관소 · 샤워장 · 화장품가게 · 신발가게 · 메트로 C선 입구가 있다.

• **매표소** 운영 03:25~00:35

• **짐 보관소**

코인 락커 운영 03:30~00:30 요금 100Kč~(동전만 사용 가능)

유인 보관소 운영 06:00~23:00 요금 작은 짐 60Kč, 큰 짐 100Kč

• **유료 화장실** 운영 03:15~00:45 요금 20Kč, 샤워실 20Kč

• **Billa** 운영 06:00~23:00(토~일요일 07:00~23:00)

• **스튜던트 에이전시** 운영 06:45~19:45

중앙역 ➡ 구시가

1층 정문을 나와 보이는 작은 공원을 가로질러 내려가면 Opletalova 거리가 나온다. 이 거리에서 왼쪽으로 5분 정도 걸어가면 바츨라프 광장이 나오고, 광장에서 내리막길을 따라 7분쯤 가면 구시가 광장에 닿는다. 중앙역에서 바츨라프 광장까지 도보 10분, 중앙역에서 구시가까지 도보 30분 정도 걸린다.

중앙역 정문

3층은 건축 당시 아르누보 양식으로 지어진 화려한 건물 내부를 감상할 수 있다.

1층 관광안내소에서 시내 지도를 얻자.

Travel PLUS 열차로 '프라하 제대로 드나들기'

유레일패스 통용국이 되면서 서유럽에서 프라하로 가는 여행이 훨씬 수월해졌다. 하지만 가까이에 있는 폴란드와 슬로바키아는 유레일 글로벌 패스에는 포함되어 있지만 셀렉트 패스의 경우 포함되어 있지 않기도 하니 그런 경우엔 국경에서부터 구간권을 따로 구입해야 한다. 어느 나라에서 열차를 이용하는지에 따라 티켓 구입과 예약 사정이 달라진다.

내게 꼭 맞는 프라하행 열차 선택하기

❶ 프라하↔취리히 워낙 인기가 높아 야간열차가 매일 2편 운행한다. 단 시간별로 독일 경유 또는 오스트리아 경유편이 있으니 셀렉트 패스를 구입한 여행자라면 패스 선택국가를 고려해 이용하자. 파리&인터라켄&프라하 또는 스위스&프라하 등 로맨틱한 도시를 선호하는 여행자에게 그만이다.

❷ 프라하↔베네치아 시즌에 따라 직행 또는 뮌헨이나 빈에서 1회 환승해야 하는 야간열차가 있다. 시간이 없어 오스트리아를 생략하고 프라하를 여행하고 싶어하는 여행자에게 추천한다.

❸ 프라하↔독일 열차편이 가장 많은 구간으로 베를린 · 뮌헨 · 프랑크푸르트 등에서 운행하는 열차가 많이 이용된다. 베를린에서 출발하는 주간열차는 드레스덴을 경유해 인기가 있다. 드레스덴은 통일 전 동독에서 가장 아름다운 중세시대 도시로 요즘 유럽에서 가장 여행해 보고 싶은 여행지 중 하나이다.
아침에 출발하면 반나절 이상 여행 후 프라하로 가도 충분하다. 뮌헨에서 출발하는 주간열차는 버스보다 오래 걸려 인기가 적다. 프랑크푸르트에서 출발하는 야간열차는 프라하에 새벽 5시 전에 도착하는 단점이 있다. 일정이나 숙박비 때문에 잠자는 시간에 이동해야 하는 경우가 아니라면 이용하지 않는 게 좋다.

❹ 프라하↔빈 가장 일반적으로 이용하는 구간으로 하루에 5편 이상 운행한다.

❺ 프라하↔부다페스트 야간열차 구간으로 슬로바키아를 경유한다. 그 탓에 국경역에서 여권 검사만 6회를 받아야 해 여간 피곤한 게 아니다. 다행히 슬로바키아가 유레일패스와 동유럽 통용국으로 예전처럼 별도의 구간 티켓을 구입할 필요는 없다.

❻ 프라하↔폴란드 바르샤바 · 크라쿠프에서 출발하는 야간열차가 있다. 폴란드 역시 유레일패스 통용국이지만 글로벌 패스가 아닌 셀렉트 3 · 4 개국 패스의 경우 포함되지 않은 경우가 있으니 본인의 패스를 보고 구간 티켓 구입 여부를 확인하면 된다.

❼ 프라하↔자그레브 뮌헨에서 1회 경유해야 하는 야간열차. 야간열차는 뮌헨을 출발해 새벽 1시쯤 잘츠부르크를, 새벽 6시쯤 류블랴나를 경유해 자그레브로 간다. 프라하에서 아침에 출발하면 뮌헨에서 반나절 정도 시내 관광 후 야간열차를 이용하는 것도 가능하다. 프라하와 크로아티아를 여행할 수 있는 환상의 열차. 프라하→자그레브→스플리트→두브로브니크 여행 후 바로 페리를 타고 이탈리아로 간다면 그야말로 이상적인 여행 코스가 될 것이다.

버스

버스는 독일과 프라하 근교 여행에 가장 많이 이용하는 교통수단이다. 행선지에 따라 비용 및 시간이 절약돼 열차보다 낫다. 버스 회사 홈페이지를 통해 출발 전 예약은 필수, 행선지에 따라 이용해야 하는 버스 회사 및 출발하는 터미널이 달라지니 미리 확인해 두자. 시내에 있는 주요버스 터미널은 플로렌츠 버스터미널, 흘라브니 역(중앙역)에 있는 버스터미널, 나 크니제치 버스터미널 등이 있다.

플로렌츠 버스터미널

Autobusové Nádraží Florenc Map P.61-C1
중앙버스터미널로 국제선과 국내 지역 버스가 운행된

다. 국제선으로는 빈 · 부다페스트 · 취리히 · 프랑크푸르트행 유로라인 버스가, 국내선은 체스키크루믈로프 · 카를로비바리 · 텔치행 버스편이 인기가 있다.
터미널은 옛날 건물과 새로 지은 건물로 나뉘어 있으며 옛날 건물에는 슬로바키아, 불가리아 등으로 운행되는 버스 회사 매표소가 있다. 새로 지은 건물에는 유로라인, 스튜던트 에이전시 회사의 매표소가 있으며 유인락커, ATM, 편의점, 카페, 버거킹 등 여행자를 위한 편의시설이 잘 갖춰져 있다.
프라하에서 당일치기로 여행하기 좋은 근교 도시들은 대부분 인기 여행지라 예매는 필수. 티켓을 구입할 때 버스가 완행인지, 직행인지, 에어콘 등의 시설이 있는지 꼼꼼히 확인해야 한다. 플랫폼 문의도 잊지 말자.

버스터미널은 메트로 B · C선 Florenc 역에 인접해 있어 시내까지 가는 데 편리하다.
홈페이지 www.florenc.cz

나 크니제치 버스터미널

Autobusové Na Knížecí **Map P.62-A2**

체스키크루믈로프행 버스 회사 중 가장 인기 있는 스튜던트 에이전시 버스가 출발하는 터미널. 메트로 B선 **Anděl** 역에서 내려 **Na Knížecí** 방향 출구로 나오면 5분 거리에 있다.
※체스키크루믈로프행 infobus, Leo express, Flixbus 버스 회사는 중앙역에서 출발하니 참고하자.

Travel PLUS 버스로 독일→프라하 간 드나들기

뮌헨에서 Student Agency Bus 타기

체코를 중심으로 운행하는 유로라인보다 저렴하고 프라하를 중심으로 근교 도시를 오갈 때도 편리하다. 만 26세 미만은 정상 요금에서 10% 할인받을 수 있고, 만 26세 미만이면서 ISIC 소지자라면 15% 할인을 받는다. 티켓은 프라하 중앙역 안에 있는 스튜던트 에이전시 사무소 또는 플로렌츠 버스터미널 매표소에서 구입할 수 있다. 인터넷 구매도 가능하고 직접 좌석도 지정할 수 있다. 인터넷 예약 후 티켓은 반드시 프린트해야 하며 버스 탑승 전 신분증(여권)과 대조를 한다. 대부분의 버스는 신형으로 커피 · 신문 · Wi-Fi (체코 내) 등이 무료 서비스로 제공된다. 티켓은 미리 예약하자. 홈페이지 www.studentagencybus.com

뉘른베르크에서 직행고속버스를 이용하자!

독일 철도청에서는 뉘른베르크↔프라하 간을 운행하는 직행고속버스 Expressbus(EXB)를 운영하고 있다. 국경 포인트는 Waidhaus Grenze, 3시간 50분 소요되며 주 6회 왕복 운행한다. 유레일패스 소지자는 무료로 이용할 수 있으며, 독일이나 체코 철도패스 소지자인 경우는 국경역 이후부터 별도 요금만 지불하면 이용할 수 있다. 단, 좌석 예약은 필수이며 수수료를 내야 한다. 당일 예약도 가능하지만 만석을 대비해 미리 예약하는 게 안심이다. 티켓은 역 매표소에서 구입하면 된다.
독일 철도청 www.bahn.de

근교이동 가능 도시

출발		도착	소요 시간
프라하 hl.n 또는 Florenc	▶▶	쿠트나호라	열차 50분 또는 버스 1시간 30분
프라하 hl.n 또는 Florenc	▶▶	체스키크루믈로프	열차 3시간 30분 또는 버스 2시간 50분
프라하 hl.n	▶▶	카를슈테인	열차 40분
프라하 hl.n 또는 Florenc	▶▶	카를로비바리	열차 3시간 13분 또는 버스 2시간 15분
프라하 hl.n	▶▶	올로모우츠	열차 2시간 15분 또는 버스 2시간 15분
프라하 hl.n	▶▶	체코 스위스 국립공원	열차 1시간 30분 (데신 역까지)

주간이동 가능 도시

출발		도착	소요 시간
프라하 hl.n	▶▶	드레스덴 Hbf	열차 2시간 19분 또는 버스 1시간 55분
프라하 hl.n	▶▶	뮌헨 Hbf	열차 6시간 또는 버스 4시간 40분
프라하 hl.n	▶▶	빈 Hbf	열차 4시간
프라하 hl.n	▶▶	베를린 Hbf	열차 4시간 30분
프라하 hl.n	▶▶	포프라드 Tatry	열차 6시간 44분

야간이동 가능 도시

프라하 hl.n	▶▶	빈 Hbf	열차 6시간 57분
프라하 hl.n	▶▶	베네치아 SL (VIA Linz Hbf)	열차 14시간 22분
프라하 hl.n	▶▶	프랑크푸르트 (Main)Süd(VIA Leipzig)	열차 12시간 22분
프라하 hl.n	▶▶	부다페스트 Keleti pu	열차 8시간 39분
프라하 hl.n	▶▶	취리히 HB	열차 14시간 18분
프라하 hl.n	▶▶	크라쿠프 Głowny	열차 8시간 22분
프라하 hl.n	▶▶	바르샤바 Centralna	열차 9시간 04분
프라하 hl.n	▶▶	자그레브 Glavni kolod (VIA 뮌헨)	열차 14시간 25분

※현지 사정에 따라 열차 운행시간 변동이 커 반드시 그때그때 확인할 것

THE CITY TRAFFIC 시내 교통

프라하의 시내 교통수단으로는 메트로 · 트램 · 버스 등이 있다. 대부분의 차량은 우리나라에 비해 낡아 보이지만 시스템이 우수하고 효율적으로 운행되고 있어 이용하기 편리하다. 여행자들이 가장 애용하는 교통수단은 메트로와 트램이며, 버스는 메트로와 트램이 닿지 않는 시 외곽으로 갈 때 이용하면 좋다.

메트로는 시내 모든 기차역과 버스터미널은 물론, 버스와 트램 정류장과도 연결돼 있어 매우 편리하다. 메트로 Můstek · Muzeum · Anděl · Můstek · Hlavní Nádraží 역 내의 교통안내센터에 비치된 대중교통 노선도를 미리 챙겨두면 매우 유용하다. 메트로 노선도 외에 트램 · 버스 노선이 함께 표시되어 있어 보기가 편하다. ⓘ에서는 유료로 판매한다.

시 교통부 www.dpp.cz

교통안내센터 운영 07:00~21:00

메트로 Metro

중앙역 1층 메트로역

메트로는 주요 관광명소를 비롯해 시내 구석구석을 연결하고 있어 시내에서 가장 빠르고 편리한 교통수단이다. 모두 A · B · C 3개 노선이 있으며 각각 녹색 · 노란색 · 빨간색으로 구분된다. 이용방법은 우리나라와 거의 같고 노선의 색깔, 출구 Výstup(Východ)와 환승 Přestup 표지판만 잘 따라 가면 된다. 역마다 안내방송이 나오지만 익숙지 않은 발음이니 노선도를 보면서 직접 확인하는 게 안전하고 수시로 사복경찰의 검표가 있으니 무임승차는 금물이다(벌금 800Kč). 또 관광명소와 연결된 주요 역은 소매치기가 많으므로 소지품 관리에 각별히 주의해야 한다. 프라하의 메트로는 1974년에 개통. 역마다 공산주의를 상징하는 조각과 장식, 벽화 등으로 꾸며 경직되고 칙칙한 인상을 풍겼다. 이런 이미지를 바꾸기 위해 프라하 시에서는 역 내 디자인을 산뜻하게 바꾸는 중이다.

운행 05:00~24:00

트램 Tramvaj

구시가를 비롯한 도심에는 공해방지에 적합한 트램이 골목 구석구석을 운행한다. 특히 블타바 강을 따라 달리는 트램은 강변의 낭만적인 풍경을 감상할 수 있고, 프라하 성 언덕으로 달리는 트램은 힘겹게 언덕을 올라야 하는 여행자의 수고를 덜어준다. 기념 삼아서라도 꼭 한번 타볼 만한 교통수단이다. ⓘ나 교통안내센터에서 노선도를 미리 챙겨두면 더욱 효율적으로 이용할 수 있다. 심야에는 50번대 트램이 운행된다.

운행 04:30~24:00, 심야 00:30~04:30

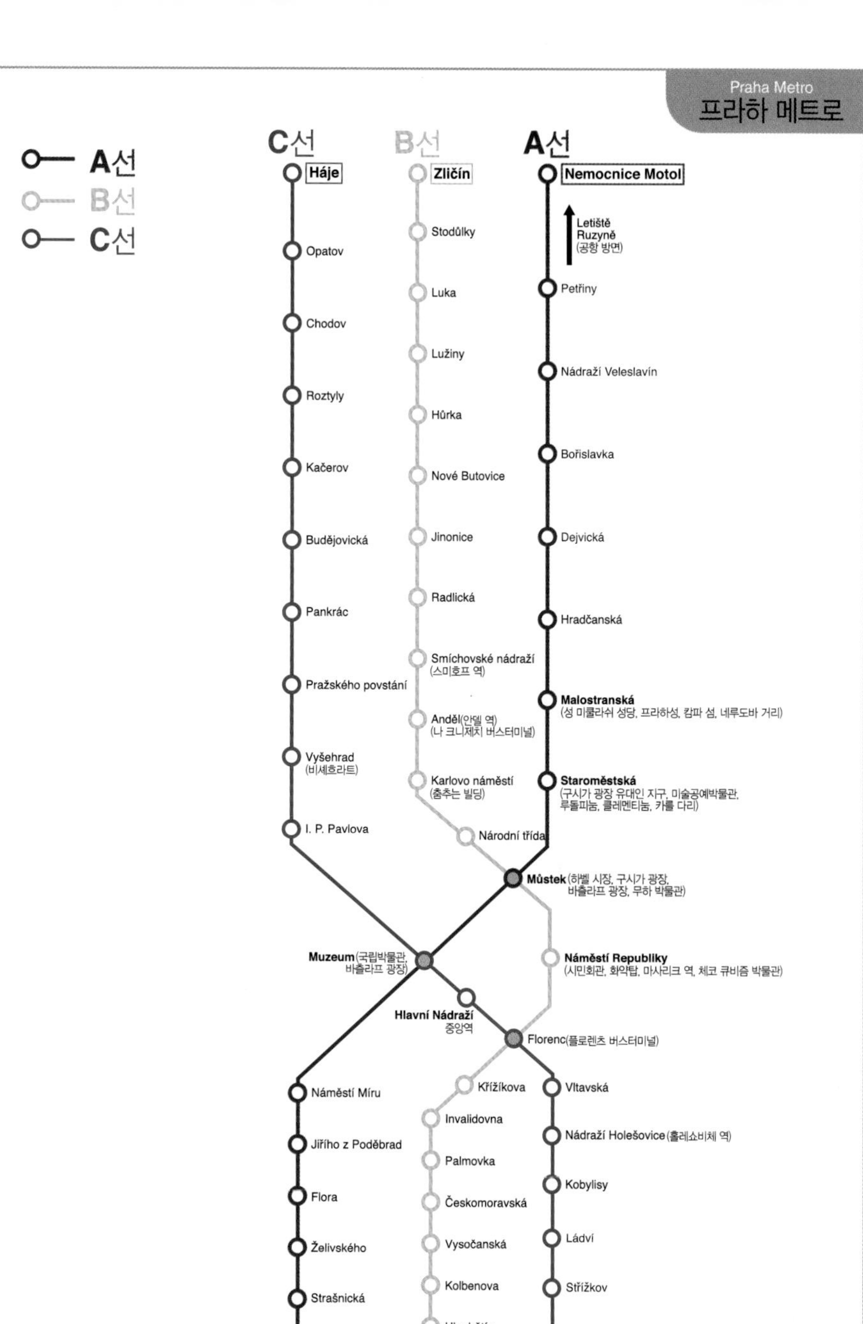

Praha Metro
프라하 메트로
A선
B선
C선
C선
Háje
Opatov
Chodov
Roztyly
Kačerov
Budějovická
Pankrác
Pražského povstání
Vyšehrad
(비셰흐라트)
I. P. Pavlova
B선
Zličín
Stodůlky
Luka
Lužiny
Hůrka
Nové Butovice
Jinonice
Radlická
Smíchovské nádraží
(스미호프 역)
Anděl(안델 역)
(나 크니제치 버스터미널)
Karlovo náměstí
(춤추는 빌딩)
Národní třída
A선
Nemocnice Motol
Letiště
Ruzyně
(공항 방면)
Petřiny
Nádraží Veleslavín
Bořislavka
Dejvická
Hradčanská
Malostranská
(성 미쿨라쉬 성당, 프라하성, 캄파 섬, 네루도바 거리)
Staroměstská
(구시가 광장 유대인 지구, 미술공예박물관,
루돌피눔, 클레멘티눔, 카를 다리)
Můstek(하벨 시장, 구시가 광장,
바츨라프 광장, 무하 박물관)
Muzeum(국립박물관,
바츨라프 광장)
Náměstí Republiky
(시민회관, 화약탑, 마사리크 역, 체코 큐비즘 박물관)
Hlavní Nádraží
중앙역
Florenc(플로렌츠 버스터미널)
Náměstí Míru
Jiřího z Poděbrad
Flora
Želivského
Strašnická
Skalka
Depo Hostivař
A선
Křížikova
Invalidovna
Palmovka
Českomoravská
Vysočanská
Kolbenova
Hloubětín
Rajská Zahrada
Černý Most
B선
Vltavská
Nádraží Holešovice(홀레쇼비체 역)
Kobylisy
Ládví
Střížkov
Prosek
Letňany
C선

티켓 구입 및 사용방법

티켓은 메트로 · 버스 · 트램 공용이며 메트로역 매표소, 자동발매기, 신문가판대 등에서 살 수 있다. 1회권은 환승 가능 여부와 유효시간, 구역에 따라 요금이 달라지므로 각자의 관광 스타일을 고려해 구입하는 게 경제적이다. 자유이용권은 개시한 시각부터 24시간, 72시간 동안 대중교통수단을 무제한 이용할 수 있어 매우 편리하다. 대중교통 이용시 주의할 점은, 탑승할 때 여행용 가방 같은 큰 짐이 있는 경우 짐에 대한 티켓을 별도로 구입해야 한다.

그밖에 동양인에 대한 사복 검표원의 불심검문이 심하니 무임승차는 꿈도 꾸지 말자! 개시한 티켓의 유효시간 역시 꼼꼼히 확인한다는 사실. 또한 소매치기와 강도도 조심해야 한다.

티켓 사용방법은 탑승 시 개찰기에 티켓을 넣고 개시하면 된다. 환승 티켓도 처음 한 번만 펀칭해야 한다.

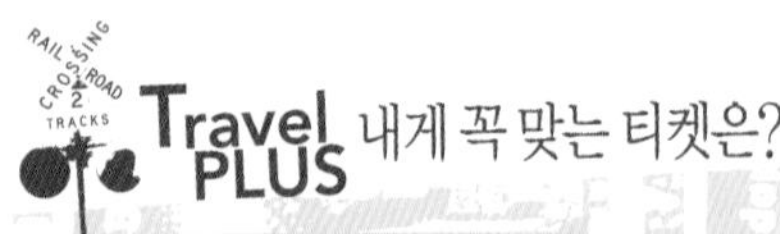

꼭 짚어 어떤 티켓을 구입하라고 추천하기 애매한 도시가 프라하다. 중앙역과 바츨라프 광장, 공화국 광장 같이 구시가와 가까운 곳에 숙소를 정했다면 특별히 대중교통을 이용할 필요가 없다. 웬만한 곳은 모두 도보로 관광이 가능하다. 하지만 숙소가 중심가에서 떨어져 있다면 체류일수에 따라 자유이용권을 구입하는 게 경제적이다. 단, 75분간 무제한 이용할 수 있는 1회권을 3회 이상 이용해야 24시간권과 동일한 요금이 나오니 동선을 고려해 조건에 맞는 티켓을 구입하자. 만약 자유이용권을 구입했다면 시내 교통수단을 최대한 활용해 관광의 재미를 더해보자.

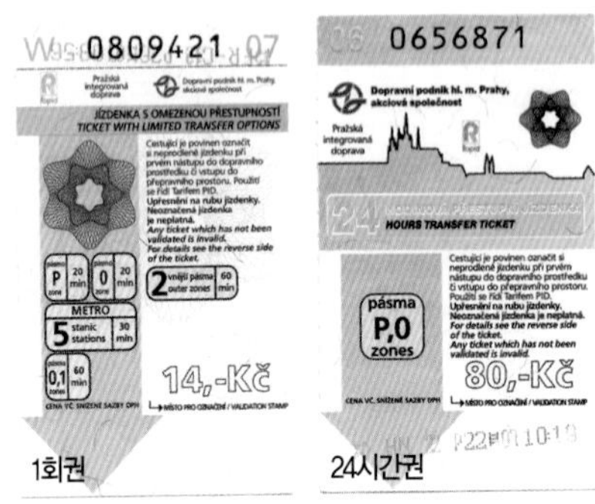

1회권　24시간권

- **대중교통 요금**

1회권

· 환승 불가 티켓 Népřestupní 24Kč

메트로 A · B · C호선 사이에서는 환승이 가능하지만 메트로, 트램, 버스 간에는 환승 불가. 이동 거리와 사용 시간에도 제한이 있다. 메트로는 탑승역 포함 5개역 이내, 개찰 후 30분간 유효하다. 버스와 트램은 개찰 후 20분간 유효, 목적지에 도착하기 전에 시간이 초과했다면 차내에서 티켓을 따로 구입해야 한다.

· 환승 가능 티켓 Přestupní 32Kč

3존 안에서 90분간 유효한 티켓으로 메트로, 트램, 버스를 자유롭게 갈아탈 수 있다. 단, 평일 20:00~05:00에 구입한 경우와 토 · 일요일, 공휴일은 개찰 후 90분간 유효하다.

※페트르진 공원행 등산열차 이용 가능

자유이용권

개찰기에 티켓을 넣고 개시한 시간으로부터 24시간, 72시간 동안 모든 대중교통수단을 무제한 이용할 수 있는 티켓이다.

· 24시간권 Jíndenka sitóvá na 1dny 110Kč

· 72시간권 Jíndenka sitóvá na 3dny 310Kč

※큰 짐이 있다면 짐 티켓을 별도로 구입해야 한다. 1개당 16Kč

• 프라하 카드 Prague Card

2~4일 동안 40개 이상의 박물관과 유명 유적지의 입장료, 대중교통을 무제한 이용할 수 있는 카드. 프라하에 3일 이상 머무는 동안 명소와 시내 구석구석을 돌아보고 싶은 사람에게 추천할 만하다. 프라하 성은 1회에 한해 입장이 가능하지만, 그밖의 관광명소는 횟수에 관계 없이 무제한 출입이 가능한 점도 매력이다.

요금 2일권 일반 1,550Kč, 학생 1,150Kč
3일권 일반 1,810Kč, 학생 1,330Kč
4일권 일반 2,080Kč, 학생 1,520Kč

택시

프라하는 세계적인 관광지지만 극심한 바가지요금을 부과해 여행자의 마음을 상하게 하는 경우가 빈번하다. 불량 택시를 피하려면 콜택시를 이용하도록 하자. 숙소 · 레스토랑 · 펍 등에서 종업원에게 부탁하면 택시를 불러준다. 길에 서 있는 택시는 되도록 타지 않는 게 좋다. 어쩔 수 없이 이용해야 한다면 AAA 사 택시를 이용하는 게 그나마 안전하다. 탑승 시 반드시 미터기를 사용하는지 확인해야 한다. 내릴 때는 요금의 5% 정도를 팁으로 주는 게 예의다.

요금 기본 40Kč(1㎞당 28Kč)

콜택시

AAA Taxi 222 333 222

City Taxi 257 257 257

Profi Taxi 261 314 151

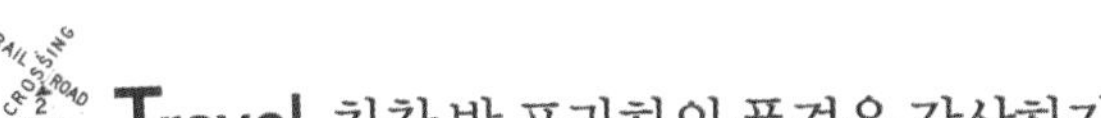

Travel PLUS 차창 밖 프라하의 풍경을 감상하자!

말라스트라나 지구를 달리는 22번 트램

17번 트램

구시가 쪽 카를 다리에서 타면 비셰흐라트까지 아름다운 블타바 강을 감상할 수 있다.

22번 트램

구시가의 슈퍼마켓 Tesco가 있는 Národní 거리에서 승차해 말라스트라나 지구, 프라하 성, 스트라호프 수도원까지 타고 가면 힘겹게 언덕을 오를 필요가 없어 편하다.

등산열차 Lanová dráha

말라스트라나 지구의 Újezd에서 출발. 중간역인 Nebozízek를 경유해 종착역인 Petřín까지 운행한다. 중간역, 종착역 모두 프라하 성과 카를 다리, 구시가 전체를 담은 풍경을 감상할 수 있으니 절대 놓치지 말자.

등산열차

블타바 강변으로 달리는 17번 트램

프라하 완전 정복

master of Praha

프라하는 블타바 강을 중심으로 동 · 서 지역으로 나뉘며, 카를 다리로 연결되어 있다. 동쪽 지역에는 중앙역과 바츨라프 광장이 있는 신시가, 구시가 광장과 유대인 지구를 끼고 있는 구시가 등이 있다. 서쪽 지역에는 흐라트차니 언덕과 프라하 성, 말라스트라 지구 등이 있다. 프라하의 관광 명소 대부분이 위의 지역에 모여 있고 무엇보다 모두 도보로 이동할 수 있어 편리하다.

시내 관광은 적어도 2~3일을 계획하도록 하자. 첫날은 바츨라프 광장, 구시가, 카를 다리, 프라하 성 등 주요 명소를 돌아보고, 둘째 날부터는 취향에 맞춰 박물관 · 건축 · 음악 · 쇼핑 등을 테마로 한 관광도 좋고, 유명 영화의 촬영 장소나 뒷골목을 산책해 보는 것도 재미가 쏠쏠하다.

볼거리만큼 즐길 거리도 풍성한 프라하에서는 공연과 이벤트도 놓치지 말자. 한낮에는 유람선을 타고 블타바 강 유람을 하고, 저녁에는 유서 깊은 장소에서 열리는 클래식 공연을 감상하자. 그래도 아쉽다면 펍에 들러 맛좋기로 소문난 체코 맥주를 마시면서 현지인들과 어울려보는 것도 추억의 한 토막으로 남을 것이다.

프라하 근교에는 세계문화유산으로 지정된 유서 깊은 도시가 많으니 시간 여유가 있다면 1~3일 정도 더 머물며 당일치기 근교 여행을 즐겨보자. 사람으로 북적거리고 소음 많은 대도시를 벗어나 소박한 시골 마을을 돌아보는 것 또한 체코 여행에서 잊혀지지 않는 색다른 경험이 될 것이다.

★이것만은 놓치지 말자!

❶베스트 뷰 포인트에서 감상하는 프라하 시내 전경 ❷인적 드문 새벽, 사람들로 붐비는 한낮, 축제 분위기를 연상케 하는 밤 등 시간별로 다른 분위기를 감상할 수 있는 카를 다리와 프라하 성 ❸맥주의 본고장 체크! 늦은 저녁 맥주홀에서 즐기는 다양한 맥주 시음 ❹관광명소에서 펼치는 1시간 남짓의 각종 공연 관람

★시내 관광을 위한 Key Point

• 랜드마크

❶동쪽 지역– 바츨라프 광장의 메트로 A · B선 Můstek 역
❷서쪽 지역– 말라스트라나 광장의 트램 12 · 22 · 23번 정류장

• 베스트 뷰 포인트

❶동쪽 지역– 구시가 광장의 구시청사 탑 ❷서쪽 지역– 프라하 성과 스트라호프 수도원, 페트르진 전망대, 캄파 지구 ❸카를 다리

Mission

아인슈타인을 찾아라!

구시가 광장에는 한때 아인슈타인이 머물렀다는 집이 있답니다. 그 증표로 건물 입구에 아인슈타인의 모습이 조각돼 있답니다. 세기의 천재 아인슈타인과 멋진 기념촬영을 해 보세요.

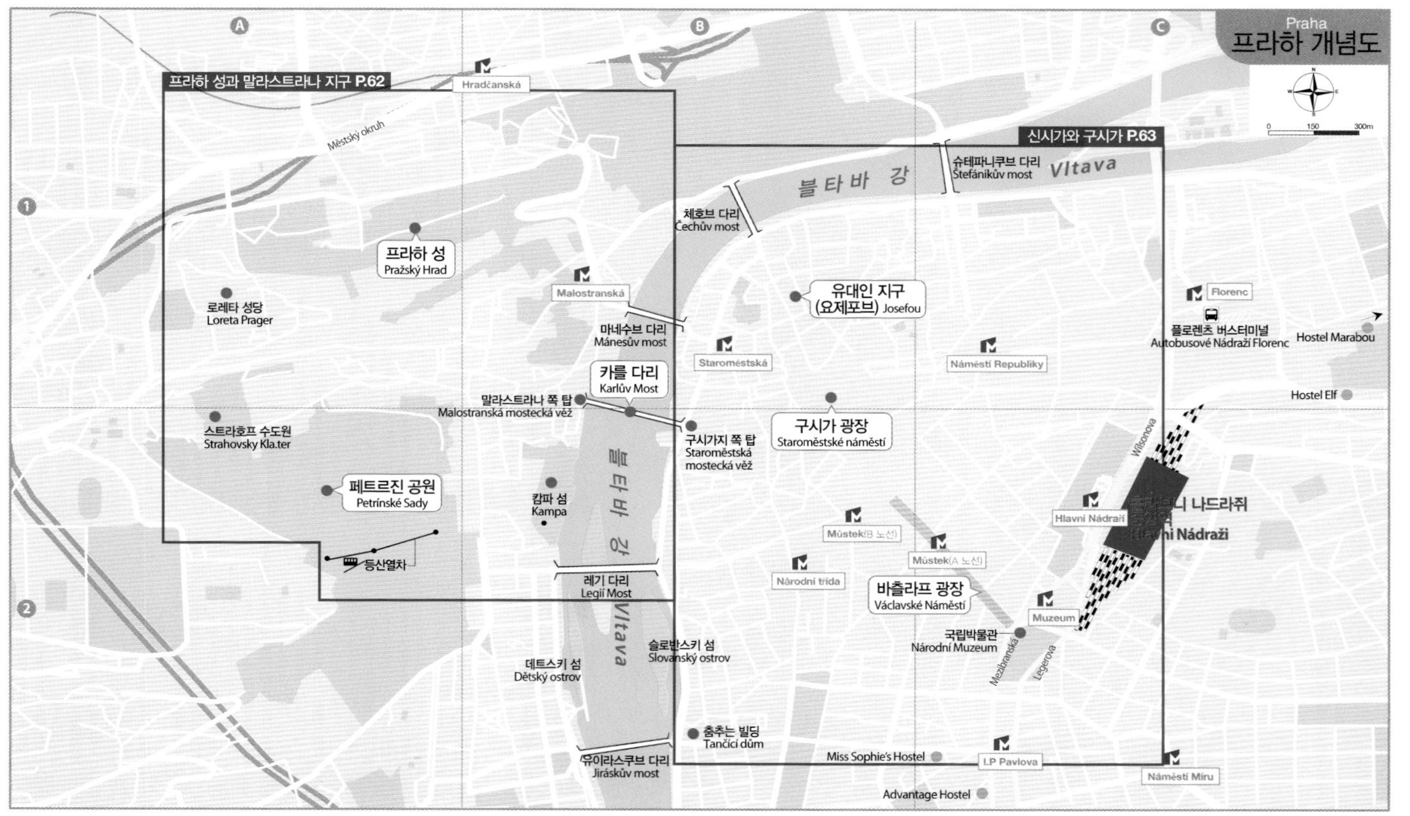

Praha
프라하 개념도
프라하 성과 말라스트라나 지구 P.62
신시가와 구시가 P.63
슈테파니쿠브 다리 Štefánikův most
블타바 강
Vltava
유대인 지구 (요제포브) Josefou
구시가 광장 Staroměstské náměstí
체흐브 다리 Čechův most
Staroměstská
구시가지 쪽 탑 Staroměstská mostecká věž
마네수브 다리 Mánesův most
카를 다리 Karlův Most
Malostranská
말라스트라나 쪽 탑 Malostranská mostecká věž
캄파 섬 Kampa
레기 다리 Legií Most
슬로반스키 섬 Slovanský ostrov
춤추는 빌딩 Tančící dům
데트스키 섬 Dětský ostrov
이라스쿠브 다리 Jiráskův most
Hradčanská
프라하 성 Pražský Hrad
페트르진 공원 Petřínské Sady
등산열차
Městský okruh
로레타 성당 Loreta Prager
스트라호프 수도원 Strahovsky Kla.ter
Náměstí Republiky
Můstek(B 노선)
Národní třída
Můstek(A 노선)
바츨라프 광장 Václavské Náměstí
국립박물관 Národní Muzeum
Mezibranská
Legerova
Muzeum
Hlavní Nádraží
Wilsonova
Florenc
플로렌츠 버스터미널 Autobusové Nádraží Florenc
Hostel Marabou
Hostel Elf
Náměstí Míru
I.P. Pavlova
Advantage Hostel
Miss Sophie's Hostel

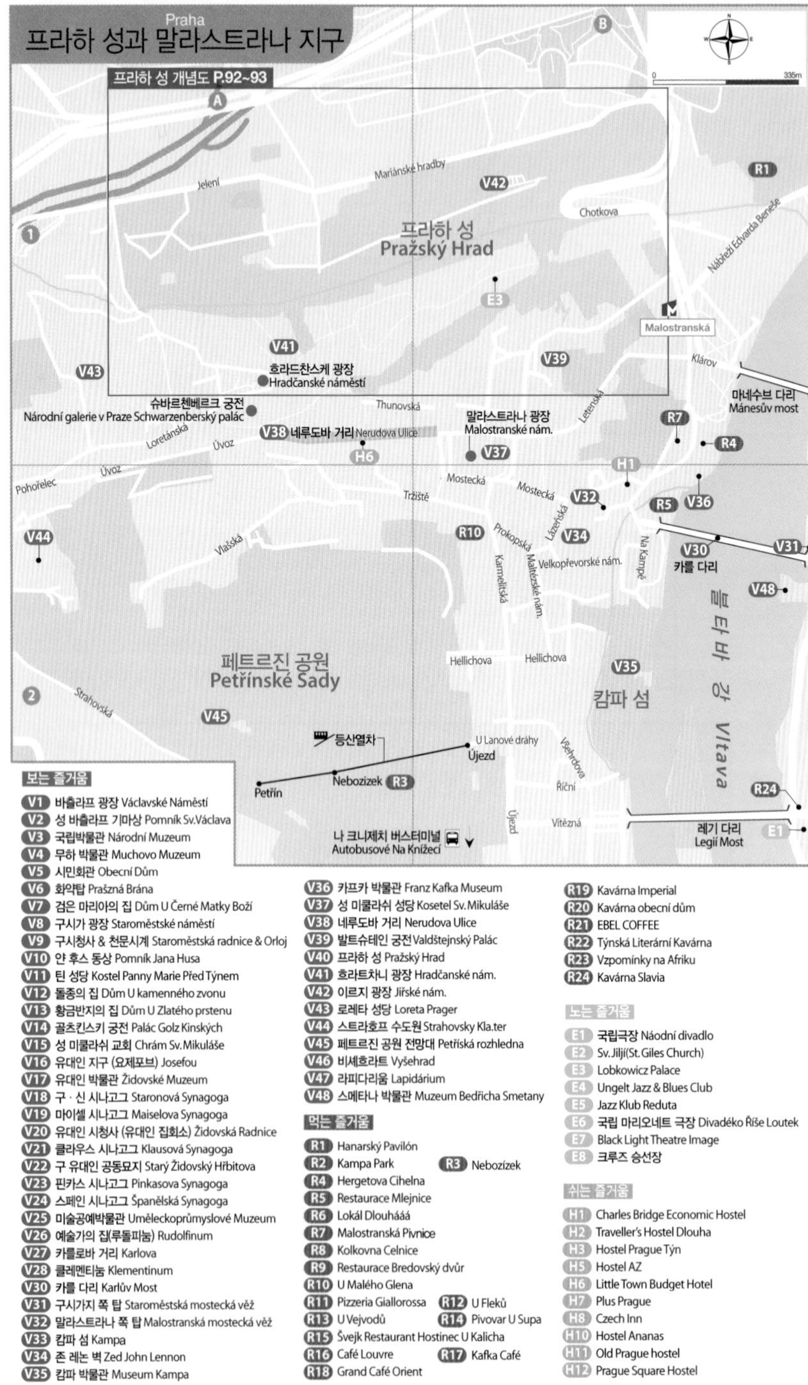
Praha
프라하 성과 말라스트라나 지구
프라하 성 개념도 P.92~93
Mariánské hradby
Jelení
Chotkova
Nábřeží Edvarda Beneše
프라하 성
Pražský Hrad
Malostranská
Klárov
호라드찬스케 광장
Hradčanské náměstí
슈바르첸베르크 궁전
Národní galerie v Praze Schwarzenberský palác
Thunovská
Letenská
마네수브 다리
Mánesův most
말라스트라나 광장
Malostranské nám.
V38 네루도바 거리 Nerudova Ulice
Loretánská
Úvoz
Pohořelec
Mostecká
Tržiště
Lázeňská
Prokopská
Na Kampě
Vlašská
Velkopřevorské nám.
카를 다리
Karmelitská
Maltézské nám.
블타바 강
Vltava
페트르진 공원
Petřínské Sady
Hellichova
캄파 섬
Strahovská
등산열차
U Lanové dráhy
Újezd
Všehrdova
Petřín
Nebozízek
Říční
Vítězná
레기 다리
Legií Most
나 크니제치 버스터미널
Autobusové Na Knížecí
보는 즐거움
V1 바츨라프 광장 Václavské Náměstí
V2 성 바츨라프 기마상 Pomník Sv.Václava
V3 국립박물관 Národní Muzeum
V4 무하 박물관 Muchovo Muzeum
V5 시민회관 Obecní Dům
V6 화약탑 Prašná Brána
V7 검은 마리아의 집 Dům U Černé Matky Boží
V8 구시가 광장 Staroměstské náměstí
V9 구시청사 & 천문시계 Staroměstská radnice & Orloj
V10 얀 후스 동상 Pomník Jana Husa
V11 틴 성당 Kostel Panny Marie Před Týnem
V12 돌종의 집 Dům U kamenného zvonu
V13 황금반지의 집 Dům U Zlatého prstenu
V14 골츠킨스키 궁전 Palác Golz Kinských
V15 성 미쿨라쉬 교회 Chrám Sv.Mikuláše
V16 유대인 지구 (요제포브) Josefou
V17 유대인 박물관 Židovské Muzeum
V18 구 · 신 시나고그 Staronová Synagoga
V19 마이셀 시나고그 Maiselova Synagoga
V20 유대인 시청사 (유대인 집회소) Židovská Radnice
V21 클라우스 시나고그 Klausová Synagoga
V22 구 유대인 공동묘지 Starý Židovský Hřbitova
V23 핀카스 시나고그 Pinkasova Synagoga
V24 스페인 시나고그 Španělská Synagoga
V25 미술공예박물관 Uměleckoprůmyslové Muzeum
V26 예술가의 집(루돌피눔) Rudolfinum
V27 카를로바 거리 Karlova
V28 클레멘티눔 Klementinum
V30 카를 다리 Karlův Most
V31 구시가지 쪽 탑 Staroměstská mostecká věž
V32 말라스트라나 쪽 탑 Malostranská mostecká věž
V33 캄파 섬 Kampa
V34 존 레논 벽 Zed John Lennon
V35 캄파 박물관 Museum Kampa
V36 카프카 박물관 Franz Kafka Museum
V37 성 미쿨라쉬 성당 Kosetel Sv.Mikuláše
V38 네루도바 거리 Nerudova Ulice
V39 발트슈테인 궁전 Valdštejnský Palác
V40 프라하 성 Pražský Hrad
V41 흐라트차니 광장 Hradčanské nám.
V42 이르지 광장 Jiřské nám.
V43 로레타 성당 Loreta Prager
V44 스트라호프 수도원 Strahovsky Kla.ter
V45 페트르진 공원 전망대 Petříská rozhledna
V46 비셰흐라트 Vyšehrad
V47 라피다리움 Lapidárium
V48 스메타나 박물관 Muzeum Bedřicha Smetany
먹는 즐거움
R1 Hanarský Pavilón
R2 Kampa Park
R3 Nebozízek
R4 Hergetova Cihelna
R5 Restaurace Mlejnice
R6 Lokál Dlouhááá
R7 Malostranská Pivnice
R8 Kolkovna Celnice
R9 Restaurace Bredovský dvůr
R10 U Malého Glena
R11 Pizzeria Giallorossa
R12 U Fleků
R13 U Vejvodů
R14 Pivovar U Supa
R15 Švejk Restaurant Hostinec U Kalicha
R16 Café Louvre
R17 Kafka Café
R18 Grand Café Orient
R19 Kavárna Imperial
R20 Kavárna obecní dům
R21 EBEL COFFEE
R22 Týnská Literární Kavárna
R23 Vzpomínky na Afriku
R24 Kavárna Slavia
노는 즐거움
E1 국립극장 Náodní divadlo
E2 Sv.Jiljí(St.Giles Church)
E3 Lobkowicz Palace
E4 Ungelt Jazz & Blues Club
E5 Jazz Klub Reduta
E6 국립 마리오네트 극장 Divadéko Říše Loutek
E7 Black Light Theatre Image
E8 크루즈 승선장
쉬는 즐거움
H1 Charles Bridge Economic Hostel
H2 Traveller's Hostel Dlouha
H3 Hostel Prague Týn
H5 Hostel AZ
H6 Little Town Budget Hotel
H7 Plus Prague
H8 Czech Inn
H10 Hostel Ananas
H11 Old Prague hostel
H12 Prague Square Hostel

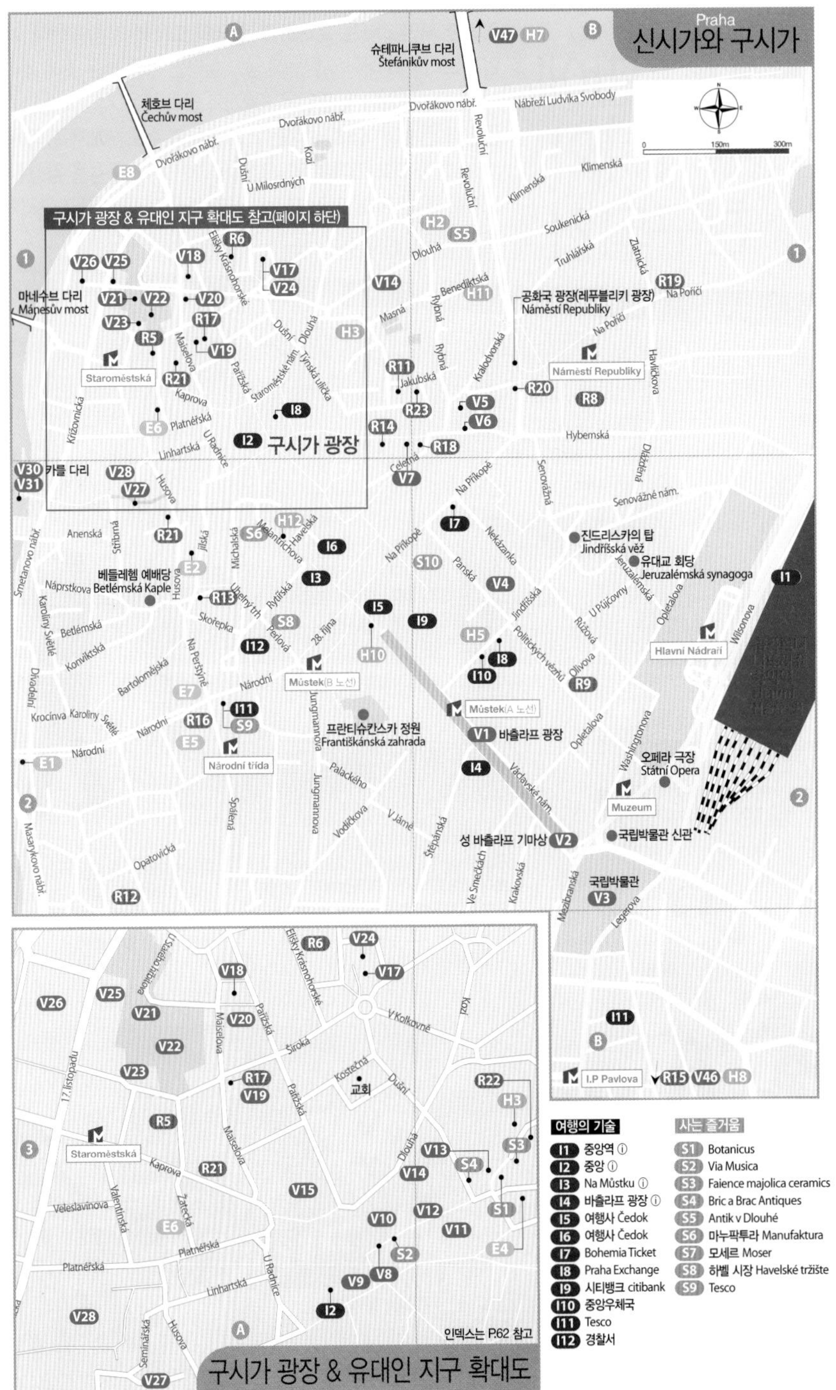
Praha
신시가와 구시가
구시가 광장 & 유대인 지구 확대도 참고(페이지 하단)
슈테파니쿠브 다리
Štefánikův most
체호브 다리
Čechův most
마네수브 다리
Mánesův most
카를 다리
구시가 광장
공화국 광장(레퓨블리키 광장)
Náměstí Republiky
진드리스카의 탑
Jindřišská věž
유대교 회당
Jeruzalémská synagoga
베들레햄 예배당
Betlémská Kaple
프란티슈칸스카 정원
Františkánská zahrada
바츨라프 광장
오페라 극장
Státní Opera
국립박물관 신관
성 바츨라프 기마상
국립박물관
Staroměstská
Náměstí Republiky
Hlavní Nádraží
Můstek(B 노선)
Můstek(A 노선)
Národní třída
Muzeum
I.P Pavlova
구시가 광장 & 유대인 지구 확대도
교회
인덱스는 P.62 참고
여행의 기술
I1 중앙역 ⓘ
I2 중앙 ⓘ
I3 Na Můstku ⓘ
I4 바츨라프 광장 ⓘ
I5 여행사 Čedok
I6 여행사 Čedok
I7 Bohemia Ticket
I8 Praha Exchange
I9 시티뱅크 citibank
I10 중앙우체국
I11 Tesco
I12 경찰서
사는 즐거움
S1 Botanicus
S2 Via Musica
S3 Faience majolica ceramics
S4 Bric a Brac Antiques
S5 Antik v Dlouhé
S6 마누팍투라 Manufaktura
S7 모세르 Moser
S8 하벨 시장 Havelské tržiste
S9 Tesco

1 day Course

하루 만에 프라하와 친구되기

위대한 시인 괴테는 프라하를 '황금의 도시'라고 칭송했다. 제일 먼저 프라하의 매력을 한눈에 담고 싶다면 가장 높은 곳에 올라가 보자. 프라하와의 첫 만남은 100개의 탑과 붉은 지붕이 물결치는 풍경이 한눈에 내려다보이는 스트라호프 수도원에서 시작해 보자. 트램을 타고 가파른 언덕길을 올라가 시내 풍경을 감상한 후 도보로 내리막길을 따라 프라하 성과 카를 다리, 그리고 구시가지를 돌아보면 처음 만난 프라하의 매력에 흠뻑 빠지게 된다.

출발

01 — 트램 22번 20분 — 02 — 도보 5분 — 03 — 도보 5분 — 04 — 도보 3분 — 05 — 도보 3분 — 06 — 도보 5분

01 Tesco 앞 트램 정류장

정류장은 메트로 B선 Národni Třída 역에서 도보 5분. 또는 메트로 A선 Můstek 역에서 Národni 거리 방향으로 100m 정도 걸어가면 Tesco가 보인다.

02 스트라호프 수도원 (P.99)

Mission 수도원 앞 뷰 포인트에서 기념 촬영을 잊지 말자!

03 로레타 성당 (P.98)

성당 탑에는 17세기에 만든 27개의 종이 있다. 매시 정각에 〈마리아의 노래〉를 연주하니 놓치지 말자.

04 프라하 성 (P.92)

프라하 성 정문 앞에 서 있는 프라하의 초대 대통령 마사리크 동상에서 기념촬영을 한 후 근위병 교대식을 구경하자.

Mission 뷰 포인트니 풍경 감상을 놓치지 말자.

05 성 비투스 대성당 (P.95)

성당 광장에 있는, 프라하의 전설에 나오는 전투의 신 Sv.Jiři가 용을 잡는 모습의 분수를 찾아보자!

06 성 이르지 성당 (P.97)

프라하에서 보존상태가 가장 좋은 로마네스크 양식의 성당. 실내는 작은 연주회장으로 사용되고 있어 일정이 맞으면 멋진 콘서트도 감상할 수 있다.

화약탑에서 바라본 구시가 풍경

프라하 성 정문

성 비투스 대성당

알아두세요

❶트램을 이용하기 위한 티켓은 한 장만 있으면 충분하므로 3회 이상 대중교통을 이용하지 않는다면 1회권만 구입해도 된다.

❷출발 전 가까운 ⓘ에 들러 시내 관련 정보와 제대로 된 지도 한 장을 얻어두자.

점심 먹기 좋은 곳 말라스트라나 지구, 카를 다리 아래에 있는 캄파 지구 주변

07 황금소로 (P.97)

난쟁이들이 살 것 같은 동화 속 예쁜 집들이 한 줄로 늘어서 있는 이곳에 카프카가 몰래 집필했다는 집이 있다. 카프카의 여동생 집이자 카프카가 몰래 집필을 했다는 집은 22번지.

07 도보 5분 08 도보 5분 09

09 발트슈테인 궁전 (P.91)

Valdštejnský Palác

동문에서 계단을 따라 내려간 다음 메트로 A선 Malostranská 역을 돌면 유럽 최후의 르네상스식 정원을 볼 수 있다. 이 정원은 영화 〈아마데우스〉 〈불멸의 연인〉 촬영장소로도 유명하다.

08 동문 (P.98)

프라하 예술 사진에 자주 등장하는 예스러운 계단이 이어진 곳. 노란 담장 위로 프라하 전경이 펼쳐진다. 동문에서 나와 오른쪽 정원으로 들어서면 멋진 무료 전망대가 나온다.

09 도보 5분 10 도보 10분 11 도보 1분 12 13

10 카를 다리 (P.84)

Mission 성 요한 네포무크 동상 앞에서 소원 빌기!

11 구시가 광장 (P.74)

Mission 〈프라하의 연인〉에 나온 소원의 벽에서 사진찍기! 촬영을 위한 설정이었다는 거 아세요?

12 구시청사 & 천문시계 (P.74)

구시청사 탑에 올라 천문시계를 올려다 보는 수많은 사람들 표정 찍어보기

13 프라하의 밤

저녁에는 다양한 공연을 감상하거나, 펍에 들러 프라하 맥주 한잔 즐기기!

©체코 관광청

©체코 관광청

프란츠 카프카

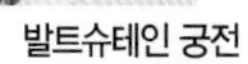

발트슈테인 궁전

카를 다리

얀 후스 동상

Theme Route 나만의 명소 발견하기

프라하의 주요 관광명소를 인파에 부대끼며 정신 없이 돌아보았다면 오늘은 뒷골목을 거닐면서 차분한 프라하의 정취를 느껴보자. 너무나 상업적이라고 느낀 프라하에 대한 인상이 한순간에 말끔히 사라질 것이다. 골목 여기저기에 있는 작고 허름한 상점에서 특이한 기념품을 발견하는 것도 재미있고, 카페에 앉아 우아하게 차 한잔의 여유를 누리는 것도 즐겁다. 무엇보다 다른 각도에서 바라보는 프라하의 인상이 더욱 정답게 다가올 것이다.

00 출발 → 도보 3분 → 01 하벨 시장 → 도보 10분 → 02 나로드니 거리 → 도보 5분 → 03 레기 다리 → 도보 5분

출발

바츨라프 광장 초입. 메트로 A · B선 Můstek 역에서 시작

하벨 시장 (P.118)

Můstek 역에서 구시가 광장으로 들어가는 초입에 있는 노천시장. 남녀노소 누구나 좋아할 만한 기념품을 많이 파는 곳이다. 물건 하나하나 구경하는 재미도 쏠쏠하다. 흥정도 가능하고, 값도 저렴해 가벼운 선물을 사기에 더할 나위 없이 좋다.

나로드니 거리 Národní

시장에서 정신 없이 쇼핑을 즐겼다면 Národní 거리에서는 카프카도, 아인슈타인도 다녀갔다는 Café Louvre(P.110)에서 차 한잔의 여유를 누려보자. 블타바 강변을 바라보면서 커피를 마시고 싶다면 거리 끝에 있는 Grand Café Slavia에 들러보자. 클래식한 분위기 속에서 나 홀로 즐기는 커피 타임은 특별하다. 거리에는 현지인들이 애용하는 상점과 고서점 등이 즐비하다.

레기 다리 Legií Most (Map P.61-B2, P.62-B2)

Národní 거리를 따라 끝까지 내려가면 국립극장과 아름다운 블타바 강 전경이 펼쳐진다. 여기서 다리를 배경으로 빨간색 트램이 지나가는 타이밍에 맞춰 기념사진을 찍어보자. 카를 다리 남쪽에 있는 레기 다리에서 바라보는 프라하 성과 카를 다리의 풍경이 정말 색다르다. 다리 입구 양쪽에는 아주 작은 인형 가게와 옷 가게가 있다. 살 만한 물건은 없지만 호기심이 일어난다면 한번 구경해 보자.

레기 다리

알아두세요

❶모든 코스는 도보로 둘러볼 수 있어 페트르진 전망대로 오르는 1회권(75분 유효)만 구입하면 된다.

❷페트르진 전망대나 캄파 섬은 녹음 짙은 공원으로 빈둥대며 책읽기 좋은 곳이다. 돗자리에 책 한 권, 거기에 간식이라도 준비했다면 완벽하다.

점심 먹기 좋은 곳 비테즈나 & 우예즈트 거리, 캄파 섬 등

비테즈나 & 우예즈트 거리 Vítězná & Újezd

다리를 건넌 후 만나게 되는 두 거리에는 유난히 레스토랑이 많다. 구시가지의 턱없이 비싼 레스토랑과는 달리 합리적인 가격에 맛도 좋은 현지 음식을 즐길 수 있다. 이곳에서 점심을 먹어보자.

페트르진 전망대 (P.100)

지친 다리도 쉴 겸 케이블카를 타고 페트르진 전망대에 올라가 보자. 녹음이 짙은 공원에서 맑은 공기를 마시면서 프라하 시내를 시원하게 전망할 수 있다. 또한 동심의 세계로 이끄는 미로의 방에 들러 실컷 웃어보자. 케이블카를 타고 내려오다 중간역에서 내리면 백만불짜리 경치를 감상하면서 차를 마실 수 있는 카페(P.98)가 있다.

캄파 섬 Kampa (P.87)

사람들로 북적거리는 카를 다리 바로 밑, 알록달록한 색상의 귀여운 집들이 즐비한 섬. 강을 따라 있는 멋진 카페에 앉아 카를 다리를 올려다볼 수도 있고 구시가지 쪽 풍경을 감상할 수도 있다.

벨코프르제보르스케 거리 Velkopřevorské (P.87)

캄파 섬에는 전설적인 그룹 비틀스의 멤버 존 레논의 얼굴을 그려 놓은 벽이 있다. 1980~1989년, 프라하 젊은이들이 반공산주의와 사회 비판에 대한 자신의 주장을 이 벽에 낙서로 표현했다고 한다. 현재 이 낙서들은 하나의 문화유산으로 지정되어 있으니 훼손하는 일은 절대 삼가자.

페트르진 전망대

존 레논의 벽화

Theme Route '왕의 길'에서 만난 프라하 건축

'왕의 길 Královská cesta'은 역대 왕들의 대관식 행렬과 왕들이 말을 타고 시정을 돌아본 루트로 프라하 성에서 카를 다리를 지나 구시가 광장의 화약탑이 있는 곳까지 이르는 거리를 말한다. 1458년, 포디 에브라트 가의 이지 왕의 행렬이 최초이며, 마지막 행렬은 1836년 페르난트 5세 때였다.

프라하 관광의 황금루트로 알려진 이 길에서는 역대 왕들의 숨결을 느껴보면서 건축박물관으로 불리는 프라하의 건축사를 한눈에 볼 수 있다. 로마네스크 · 고딕 · 바로크 · 르네상스 · 로코코 · 아르누보에서 큐비즘 · 포스트모더니즘까지 다양한 양식의 건축들을 놓치지 말자.

출발

시민회관 앞. 메트로 B선 Náměstí Republiky 역에서 시작

시민회관 & 화약탑 (P.72 · 73)

시민회관은 20세기 초 프라하를 대표하는 아르누보 건축물. 1470년에 세운 화약탑은 이후 19세기 네오고딕 양식으로 재건되었는데, 지붕의 첨탑과 전면의 장식들은 15세기 당시 그대로 남아 있다.

춤추는 빌딩

첼레트나 거리 & 호텔 파리즈

화약탑과 구시가 광장을 잇는 왕의 길. 옛날에는 시민들이 왕을 가까이서 볼 수 없었기 때문에 상점이나 술집에 들어가 창문 너머로 왕의 행차를 지켜봤다고 한다. 이 길이 지금은 당시를 추억하는 보행자 전용도로로 정비되어 화려한 상점이 즐비하다. 거리 초입에서 오른쪽으로 돌면 1904년에 지은 호텔 파리즈가 나오는데 아르누보 양식의 화려한 외관이 눈길을 사로잡는다.

호텔 파리즈 주소 U Obecního Domů 1

검은 마리아의 집 (P.73)

20세기 초에 세운 세계적인 큐비즘 건축물. 경사면과 선으로 입체감을 강조한 큐비즘 건물은 '건물의 사실적 재현'이라는 원칙을 무너뜨려 시각체계의 혁명으로 이해되었다.

시민회관

호텔 파리즈

알아두세요

①미리 ⓘ에 들러 건축 관련 정보를 얻어두자.

②도보로도 충분히 돌아볼 수 있으나 춤추는 빌딩은 트램이나 메트로를 이용하는 게 편리하다.

점심 먹기 좋은 곳 구시가 광장 또는 말라스트라나 지구 주변

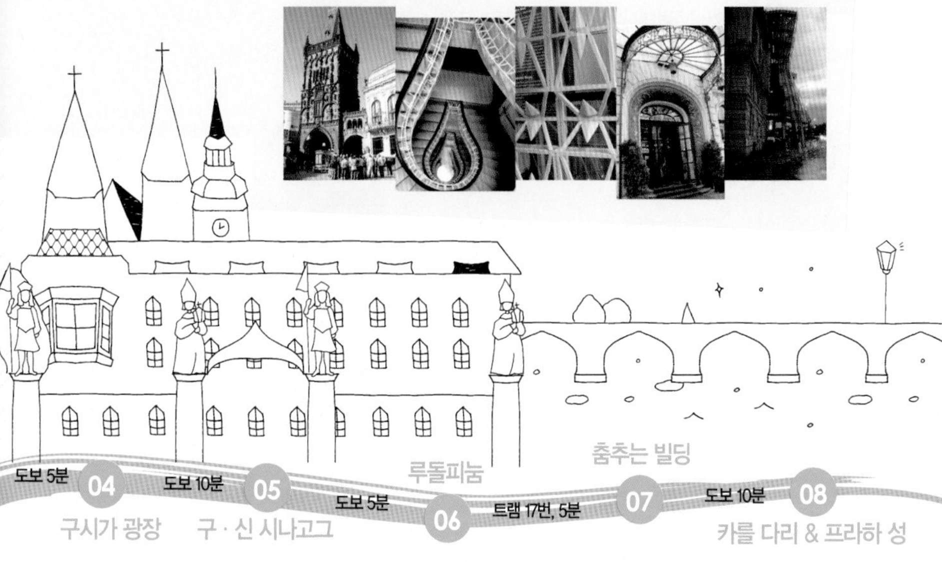

구시가 광장 (P.74)

11세기에 만든 중앙광장은 프라하의 심장부와 같은 곳이다. 고딕 양식의 구시청사와 틴 성당, 르네상스 양식의 황금반지의 집, 바로크 양식의 성 미쿨라쉬 성당, 로코코 양식의 골츠킨스키 궁전 등 저마다 다른 시대, 다른 양식으로 지은 건물들이 마치 병풍을 두른 듯 광장을 에워싸고 있는 모습이 신기할 뿐이다.

구 · 신 시나고그 (P.80)

13세기에 지은 초기 고딕 양식의 건축물로 톱날 모양의 지붕이 특징이다. 현재 유럽에서 가장 오래 된 것이며 세계 3대 시나고그 중 하나로 단조로운 모습에 비해 그 역사적인 의미가 크다.

루돌피눔 (P.82)

블타바 강변에 세운 황금빛의 음악당. 1876년 신구 양식이 어우러져 탄생한 네오르네상스 양식 건물이다. 현재 체코 필하모니 오케스트라의 본거지이자 예술가의 집으로 잘 알려져 있다.

춤추는 빌딩 (P.83)

1996년에 미국 타임지가 선정한 최고의 디자인 작품. 왕의 길에서 한참 떨어진 곳에 있지만 프라하 건축기행에서 절대 빼놓을 수 없는 건물이다.

왈츠를 추는 두 남녀의 모습에서 영감을 얻어 지었다는 이 건물은 1996년 해체주의 건축의 대가 프랭크 게리의 작품이다. 유리와 금속을 이용해 지은 건물은 마치 춤을 추는 듯한 생동감이 특징이다.

카를 다리 & 프라하 성 (P.84 · 92)

시간이 남는다면 이곳에 들러 고딕과 바로크 양식의 건축물을 감상해 보자. 카를 다리는 고딕 양식이지만 30개의 성상은 바로크 양식의 작품들이다. 바로크 양식의 메카로 불리는 말라스트라나 지구를 따라 프라하 성에 오르면 오늘의 '왕의 길'이 완성된다.

새벽녘의 카를 다리

체코 큐비즘 박물관

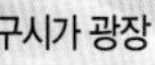
구시가 광장

예술가의 집(루돌피눔)

보는 즐거움 Attraction

중세시대에 화려한 전성기를 누린 프라하는 천 년 세월이 지난 오늘날에도 왕조시대의 풍취가 그윽하게 감돌고 있다. 백탑의 도시, 북쪽의 로마, 건축박물관, 유럽의 음악학원이라는 애칭이 붙어 있으며 지금은 유럽에서 가장 로맨틱한 도시로 사랑받고 있다. 천의 매력으로 우리를 유혹하는 프라하, 머무는 내내 어느 한순간도 지루할 새가 없다.

신시가 & 구시가

신시가와 구시가는 단지 골목 하나로 나뉘는데, 하루가 다르게 발전하는 오늘날의 프라하와 고풍의 창연한 옛 모습을 한눈에 볼 수 있다. 신시가는 프라하에서 가장 번화한 지역으로 쇼핑가가 형성된 바츨라프 광장이, 구시가는 건축박물관을 연상케 하는 곳으로 구시가 광장이 그 중심이다. 그밖에도 구시가는 유대인 지구와 블타바 강에 이르는 카를 다리까지 포함한다.

바츨라프 광장 Václavské Náměstí

Map P.63-B2

광장이라기보다는 대로 같은 느낌이 강하며 상점 · 은행 · 카페 · 호텔 등이 즐비한 프라하 제일의 번화가이자 쇼핑가다. 중세에는 말(馬) 시장이 서던 곳이며 현재의 건물은 대부분 20세기에 지은 것이다.

이 광장은 체코 현대사에 있어 중요한 성지이기도 하다. 1963년에 시작된 '인간의 얼굴을 한 사회주의' 운동은 1968년 소련을 포함한 바르샤바 동맹군의 침략으로 위기를 맞았다. 이에 대항해 시민 궐기가 일어났고, 1969년 프라하 대학 철학부의 얀 팔라흐 Jan Palach가 바츨라프 동상 앞에서 분신자살하면서 시위는 더욱 격렬해졌다. 이후에도 2명의 학생이 분신자살을 해 시위는 최고조에 이르렀지만 결국 소련의 탄압으로 실패하고 말았다. 이 사건이 바로 '프라하의 봄'이다. 1989년의 '벨벳 혁명' 때도 시민들이 광장에 모여 민주화를 쟁취했다. 이후 성 바츨라프 기마상 앞에는 희생자의 넋을 기리는 기념비가 세워졌으며 지금까지도 그들을 추모하는 헌화가 끊이지 않고 있다.

가는 방법 중앙역에서 도보 5분. 또는 메트로 A · C선 Muzeum 역(국립박물관)이나 메트로 A · B선 Můstek 역 하차

꽃으로 장식된 바츨라프 광장

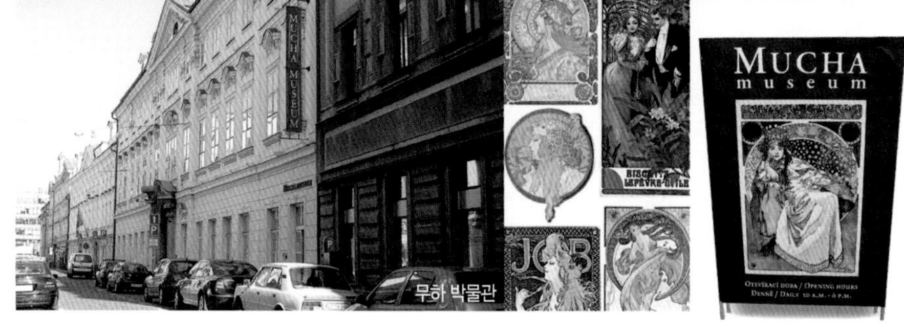

무하 박물관

성 바츨라프 기마상
Pomník Sv. Václava Map P.63-B3

성 바츨라프(907~929)는 체코의 수호성인으로, 광장의 이름도 그의 이름을 딴 것이다. 그는 883년에 성립된 체코 최초의 왕조인 프르셰미슬 왕가의 왕으로 기독교를 전파하고 국가를 내실 있게 통치한 성군이었으나 안타깝게도 이교도 귀족과 야합한 그의 동생에 의해 젊은 나이에 살해당하고 만다. 사후 성인으로 추대받은 바츨라프는 체코 기독교와 국가의 상징적인 인물로 존경받고 있다.
1912년에 국립박물관 앞에 세워진 기마상은 시민들의 만남의 장소로 애용되고 있다. 체코인이 "말꼬리 밑에서 만나자!"라고 하면 성 바츨라프 기마상 밑에서 만나자는 뜻이다.

국립박물관
Národní Muzeum Map P.63-B2

체코에서 가장 오래된 박물관. 바츨라프 광장의 남쪽 끝에 있다. 체코의 재건을 상징하기 위해 1885년부터 5년 동안 지은 네오르네상스 양식의 화려한 건축물이다. 전시관은 3개층에 걸쳐 있다. 1층에는 체코 최대의 장서를 소장하고 있는 도서관과 체코 역대 위인들의 회화와 청동흉상 등이 있고, 2층은 체코의 선사시대부터 현대에 이르는 고고학 유물과 8,000여 점의 광물 등이 전시되어 있다. 3층은 자연사박물관으로 조류 · 포유류 · 어류 · 곤충류 · 인체 관련 박제와 수집품 등이 있다. 전시물에 흥미가 없더라도 화려하고 우아한 건물 내부와 중앙천장에 그려진 아름다운 천장화는 볼 만한 가치가 충분하다.
1층 중앙홀에서는 부정기적으로 콘서트가 열린다. 정문으로 오르는 계단 위가 바츨라프 광장을 배경으로 사진찍기에 좋은 포인트다. 긴 리모델링 공사를 끝내고 마침내, 2018년 10월 28일 구관이 개장했다. 한 번에 입장 가능한 방문객 수는 300명이며, 돌아보는데 걸리는 시간은 약 90분 정도 소요된다.

홈페이지 www.nm.cz
운영 10:00~18:00 매달 첫 번째 수요일 10:00~20:00
입장료 구관 일반 250Kč, 학생 170Kč, 구관+신관 일반 350Kč, 학생 220Kč

국립박물관

● 핫스폿 ● 마니아

무하 박물관
Muchovo Muzeum Map P.63-B2

체코를 대표하는 아르누보풍 화가, 알폰세 무하 Alfonsu Muchovi(1860~1939, 프랑스 발음으로는 알퐁세 뮈샤 Alphonse Mucha)의 작품을 감상할 수 있는 박물관.
그는 프라하와 뮌헨에서 미술 공부를 하고 파리에서 데뷔했지만 후원자의 지원이 끊긴 후 궁핍한 생활을 하던 중 잡지, 달력, 행사용 인쇄물 등의 삽화를 그리게 되었다. 그러다 당시 프랑스 최고의 연극배우 '사라 베르나르 Sarah Bernhardt (1844~1923)'가 출연하는 연극의 홍보용 포스터 제작을 계기로 상업화가로 명성을 떨치게 된다. 그는 여성의 아름다움을 풍부한 곡선미와 간결한 선, 화려한 장식과 색채, 상징적 모티프 등으로 표현해 여성들의 시선을 사로잡았다. 파리와 미국을 오가며 아르누보 화가로 당대 최고의 명성을 얻었고, 1910년에 고국으로 돌아와 슬라브 민족의 부흥을 꾀하는 민족주의 화가로 활동했다. 대표작으로는 슬라브 민족의 역사와 신화를 소재로 한 20점의 연작 「슬라브 서사시」가 있다.

박물관은 1998년에 개관했으며 회화, 목탄화, 파스텔화, 석판화, 무하의 생애를 담은 사진 등 100여 점의 작품을 전시하고 있다. 그의 그림은 아직까지도 많은 홍보용 포스터와 상업용 소품에 도용되고 있어 일상생활에서도 쉽게 만나볼 수 있다. 그의 작품을 보는 순간 '아! 이 그림!'하는 것도 그런 이유에서다. 그밖에도 프라하 성 안에 있는 성 비투스 대성당의 스테인드글라스와 시민회관의 시장실 등이 그의 작품이니 놓치지 말자.

박물관 1층의 뮤지엄숍에는 무하의 작품을 다룬 기념품이 다양하게 있으니 그의 작품에 매료되었다면 그림이나 화보 등을 구입해 보자. 선물용으로도 그만이다.

주소 **Panská** 7 홈페이지 www.mucha.cz
운영 10:00~18:00 입장료 일반 240Kč, 학생 160Kč
가는 방법 메트로 A · B선 **Můstek** 역에서 도보 5분. 구시가 광장에서 도보 3분, 또는 중앙역에서 도보 10분

※'무하'는 우리나라에서만 사용하는 발음. 현지에서는 '무카'로 발음해야 알아듣는다.

• 마니아

시민회관 Obecní Dům

Map P.62-B1

화려한 아르누보 양식으로 지어져 구시가에서 유난히 눈에 띄는 건축물. 300년간의 합스부르크 왕가의 지배에서 벗어나 1918년에 체코슬로바키아 민주공화국이 선포된 역사적인 장소로, 현대 체코의 자존심을 상징하고 있다.

원래는 체코 왕조의 공관이 있던 자리였으나, 1905년에 시민회관 용도로 건물을 짓기 시작해 알폰세 무하를 비롯한 당대 최고의 미술가와 건축가가 참여하여 1912년에 완성했다. 가장 먼저 눈에 들어오는 정문에는 반원형의 모자이크화 「프라하의 경배」가 있고, 500여 개의 공간으로 이루어진 내부는 현재 콘서트홀과 전시회장으로 사용하고 있다. 주목할 만한 곳으로는 '프라하의 봄' 축제(스메타나 서거일인 5월 12일 시작)의 개막과 폐막 공연이 열리는 스메타나 홀, 무하의 작품을 맘껏 감상할 수 있는 시장 의전실, 얀 프리슬러의 벽화를 볼 수 있는 오리엔탈 살롱 등이 있다. 내부 관람은 가이드 투어로만 가능하며, 스메타나 홀에서는 항상 수준 높은 공연을 펼친다. 지하에는 아르누보 양식으로 아름답게 장식된 레스토랑과 바, 1층에는 카페 **Kavárna** 등도 있으니 차 한잔의 여유와 체코 맥주를 마시고 싶다면 이곳을 이용해 보자.

시민회관 화약탑

주소 **Náměstí Republiky** 5
홈페이지 www.obecni-dum.cz
운영 10:00~18:00
가이드 투어 290Kč(학생 240Kč)
가는 방법 메트로 B선 **Náměstí Republiky** 역에서 도보 1분. 또는 메트로 A · B선 **Můstek** 역에서 도보 5분. 또는 구시가 광장에서 도보 3분

※ⓘ에서 미리 공연정보와 가이드 투어 스케줄을 알아두자.

화약탑 전망대에서 내려다본 구시가지 풍경. 멀리 보이는 쌍둥이 뾰족탑이 틴 성당이고, 뾰족탑 너머로 보이는 건물은 블타바 강 건너에 있는 프라하 성입니다.

● 뷰 포인트

화약탑
Prašzná Brána

Map P.62-B1

중세시대에 도시를 둘러싸고 있던 성벽의 13개 탑문 중 하나. 구시가를 드나드는 출입문으로 현재 유일하게 남아 있는 것이다. 화약탑 일대는 프라하 성에 거주하던 왕이 14세기 이후 왕궁을 짓고 100여 년간 살던 곳으로 원래는 소박한 모습이었으나, 1475년에 65m의 고딕 양식으로 재탄생되었다. 화약탑이라는 명칭은 18세기 프러시아 전쟁 당시 화약저장소로 이용한 데서 유래한다. 그후 전쟁으로 훼손된 것을 19세기 말에 네오고딕 양식으로 복구해 지금의 모습이 되었다. 현재 내부는 화약탑의 역사를 소개하는 작은 전시관이 있으며, 탑 꼭대기는 고풍스러운 구시가와 프라하 성을 감상할 수 있는 전망대로 개방하고 있다.

그 옛날 왕들이 말을 타고 시정을 둘러보던 '왕의 길'이 이곳 화약탑부터 시작하여 바로 구시가 광장으로 연결하는 첼레트나 거리 Celetná Ulice로 이어진다. 마음과 눈길을 사로잡는 상점들로 가득하니 눈요기를 잊지 말자.

운영 3 · 10월 10:00~20:00, 11~2월 10:00~18:00, 4~9월 10:00~22:00 입장료 일반 100Kč, 학생 70Kč
가는 방법 시민회관 바로 옆

● 마니아

검은 마리아의 집
Dům U Černé Matky Boží

Map P.62-A1

입체파로 불리는 큐비즘은 20세기 초 피카소와 브라크를 중심으로 시작된 예술운동으로 회화뿐만 아니라 건축 · 공예 · 조각 등에도 영향을 끼쳤다. 체코는 유일하게 큐비즘 건축이 발달한 나라로, 특히 프라하 구시가지 곳곳에서 20세기 초에 세운 여러 건물을 볼 수 있다. 그 중에서도 검은 마리아의 집은 세계적인 큐비즘 건물이니 건축과 독특한 볼거리에 관심이 있다면 절대 놓치지 말자.

첼레트나 거리에 인접한 작은 광장에 자리잡고 있는 이 건물은 체코 큐비즘의 선두주자인 요제프 고차르 Josef Gocar가 건물의 재건축을 의뢰받아 1911~1912년에 백화점으로 설계한 것이다. 원래 있던 검은 성모상을 온전하게 보존하고 있어 일명 '검은 마리아의 집 Dům U Černé Matky Boží'으로 불린다. 5층 건물로 1층에서는 큐비즘 관련 전문 서적, 조각, 다양한 공예품을 판매하며, 2층은 큐비즘을 적용한 인테리어가, 독특한 오리지널 그랜드 카페 오리엔트, 3~5층은 박물관으로 체코 입체파에 헌정된 상설 전시회가 열린다. 5층에서 내려다본 달팽이 모양의 계단이 압권이다.

주소 Ovocný trh 19 홈페이지 www.czkubismus.cz
운영 화 10:00~19:00, 수~일 10:00~18:00 휴무 월요일 및 크리스마스 입장료 박물관 일반 150Kč, 학생 80Kč (계단 구경은 무료) 가는 방법 화약탑에서 도보 3분

©체코 관광청
천문시계를 올려다보고 있는 관광객들

• 핫스폿 • 유네스코

구시가 광장

Map P.63-A1·A3·B3

Staroměstské náměstí

광장 한쪽에서는 구시청사에 매달려 있는 천문시계를 보기 위해 수많은 관광객들이 하늘을 향해 시선을 고정시키고 있고, 얀 후스 동상을 둘러싼 벤치에는 휴식을 취하는 여행자들로 넘쳐난다. 이 같은 광경이 바로 연중 내내 관광객들의 발길이 끊이지 않는 구시가 광장의 일상이다.

구시가 광장은 프라하 관광의 기점이자 최고의 관광명소. 프라하 천 년의 역사가 응축되어 있는 유서 깊은 장소로 그 옛날이나 지금이나 프라하 최고의 번화가이자 심장부다. 1338년 시청사가 들어서면서 행정과 상업의 중심지로 크게 발달했으나, 그 이전부터 시장이 열린 곳이기 때문에 해외에서도 상업의 중심지로 이름을 떨쳤다.

중세시대에는 시장 외에 마상 창 시합장, 처형장으로 사용되기도 했다. 15세기에는 종교개혁가 얀 후스의 추종자들이 이곳에서 처형당했다.

근대에 들어서는 체코의 공산화와 민주화를 선포한 역사적인 장소였으며, 사회주의 시절 자유를 향한 시민들의 개혁운동 '프라하의 봄'도 이곳에서 시작되고 무산되었다.

알아두세요

구시가 광장의 모든 볼거리는 도보 2~5분 거리에 옹기종기 모여 있다. 제일 먼저 구시청사 탑에 올라 구시가 전경을 감상한 후 얀 후스 동상, 성 미쿨라쉬 교회 등을 돌아보고 여유가 있다면 틴 성당이 있는 운겔트 안으로 들어가 구시가 뒷골목 구석구석을 구경하면 된다.

가는 방법 중앙역에서 도보 30분. 또는 메트로 A · B선 Můstek 역(바출라프 광장), 메트로 B선 Náměstí Republiky 역(공화국 광장), 메트로 A선 Staroměstská 역(구시가 광장)에서 각각 도보 5분

구시가 광장에서 카를 다리로 가는 골목에서 찍은 구시가지 풍경입니다.

건축 박물관으로 불리는 구시가 광장

광장 주변은 고딕 · 바로크 · 르네상스 · 로코코 등 각기 다른 시대와 양식으로 지은 건물들이 병풍처럼 둘러싸고 있다. 건축박물관이라는 별명답게 프라하의 시대별 건축양식이 이곳에 밀집해 있으니 눈여겨 감상해 보자. 또한 시대별 건물들은 역사적 사건, 인물 등과도 관련되어 있어서 프라하 역사와 인물 등에 대해 미리 알고 가면 훨씬 재미있게 감상할 수 있다.

구시청사 & 천문시계

• 뷰 포인트

Staroměstská radnice & Orloj Map P.63-A3

프라하를 상징하는 건축물이자 구시가 광장의 명물. 구시청사에는 디자인이 독특한 천문시계가 설치되어 있어 광장을 찾은 관광객들이 넋을 잃고 바라보는 진풍경을 볼 수 있다.

최초 건물은 1338년에 완공되었으나, 수세기를 걸쳐 주변 건물을 사들이는 방식으로 증개축한 여러

구시청사 예배당에서 결혼식을 마친 신랑신부의 기념촬영

스웨덴 군대를 물리친 후 프라하 문장에는 방패와 손목 문장이 생겨났답니다! 구시가지 맨홀 뚜껑에는 프라하 문장이 새겨져 있으니 한번 확인해 보세요!

체코의 명물 천문시계

건물로 이루어진 복합단지다. 규모 · 색 · 디자인 등이 다른 건물들이 붙어 있기 때문에 어디서부터 어디까지가 구시청사인지 구분하기가 쉽지 않다. 70m 높이의 탑이 있는 서쪽 5개 건물이 구시청사이며, 북쪽 부분은 제2차 세계대전 당시 독일군의 공격으로 파괴된 이후 지금까지 공터로 남아 있다. 전쟁의 참상을 보여줌으로써 평화의 소중함을 일깨우기 위해 전화의 현장을 그대로 보존하고 있으며, 현재 기념품 등을 파는 노천시장이 열리고 있다.

구시청사 안으로 들어가는 정문은 천문시계를 바라보고 왼쪽에 있으며 건물 안에는 ⓘ · 매표소 · 예배당 · 역사박물관 · 집무실 등이 있다. 티켓을 구입하고 안으로 들어가면 천문시계가 설치된 70m 높이의 탑에 오를 수 있다. 전망대에서는 구시가뿐만 아니라 천문시계를 넋을 잃고 바라보는 각국 사람들의 표정도 구경할 수 있으니 절대 놓치지 말자.

전망대에 오르는 계단 중간에 있는 예배당은 프라하 성 안의 성 비투스 대성당을 지은 중세 최고의 건축가 파를레르가 설계한 것이다. 중세시대에는 구시가 광장에서 처형이 있는 날 사형수가 이곳에서 예배를 했다고 한다. 1620년 빌라 호라 전투에서 패한 신교 세력인 27명의 귀족은 다음해 6월 이곳에서 미사를 본 후 구시가 광장에서 잔혹하게 처형당했다. 성모 마리아 상 밑에 있는 27개의 십자가는 그들을 기리기 위한 것이다.

오늘날 예배당은 천문시계의 움직이는 12사도 인형을 가까이에서 볼 수 있는 흥미로운 장소이면서, 현지인들에게는 결혼식장으로 인기가 높아 항상 북적인다.

홈페이지 www.staromestskaradnicepraha.cz
운영 탑 월 11:00~22:00, 화~일 09:00~22:00
시청사 월 11:00~18:00, 화~일 09:00~18:00
입장료 일반 250Kč, 학생 220Kč

Travel PLUS 천문시계에 깃든 전설

정교하게 제작된 천문시계는 장인의 혼이 담긴 예술작품으로 체코를 대표하는 유물 중 하나다. 유럽에서 가장 아름다운 이 벽시계는 매시 정각이면 퍼포먼스를 펼치는데, 이를 구경하기 위해 수많은 사람들이 구름떼처럼 몰려와 하늘을 향해 고개를 쳐들고 있다.

퍼포먼스는 해골 모양의 인형(죽음을 상징)이 밧줄을 잡아당겨 모래시계를 뒤집으면 시계 위쪽 2개의 창문이 열리면서 예수와 12사도가 차례차례 지나간다. 이때 해골 옆에 있는 터번을 두른 터키인(두려움의 상징)과 반대편에 있는 지갑을 든 유대인(탐욕의 상징), 거울을 든 허영인(허무의 상징)이 각자의 몸짓을 한다. 마지막으로 황금색 수탉이 홰를 치면 끝이 난다. 30초도 안 되는 아주 짧은 퍼포먼스라 큰 기대를 하고 보면 실망하기 십상이다. 퍼포먼스는 관광객들이 "와~"하는 환호성과 함께 시작하지만 싱겁게 끝나는 마무리로 실망의 감탄사가 여기저기서 들려온다. 서로 다른 언어를 사용하는 사람들이지만 이때만큼은 한마음이 된다.

이 아름다운 천문시계는 1490년에 하누슈 Hanus라는 시계공이 만들었는데, 전설에 의하면 천문시계가 완성되자 프라하 시민들은 하누슈가 다른 곳에 이와 같은 시계를 다시는 설치할 수 없도록 그의 눈을 멀게 했다고 한다. 이에 분노한 하누슈는 자신의 손을 넣어 시계의 작동을 멈추게 했다고 한다. 실제로 16세기 얀 타보르스키가 완성할 때까지 시계는 100년 동안 멈춰 있었다고 한다. 천문시계는 천동설에 기초한 2개의 원판이 있는데 위쪽은 시간과 천체의 움직임을 나타내고, 아래의 원판은 12개월을 상징하는 달력이다.

얀 후스 동상
Pomník Jana Husa Map P.63-A3·B3

얀 후스(1372~1415년)는 체코에서 가장 존경받는 위인으로 15세기 종교개혁가 마틴 루터보다 1세기나 앞서 종교개혁을 주장한 인물로도 유명하다.

15세기, 그는 신학자로서 카를 대학 총장과 성직자를 역임하면서 특정 계층만 이해할 수 있게 라틴어로 진행하던 예배를 누구나 알아들을 수 있도록 체코어로 설교했고, 체코어 철자법 개정과 체코어 찬송가 보급에도 힘썼다. 뿐만 아니라 당시 부패한 가톨릭 교황과 성직자, 교회의 권위 등을 부정하고, 면죄부 판매에 대해서도 맹렬히 비난했다. 이로 인해 1411년에 교황으로부터 파문당한 후 1415년, 독일의 콘스탄츠에서 이단으로 몰려 화형당하고 만다. 그의 죽음은 체코 전역에 엄청난 파장을 일으켰고 이때부터 신교(후스파)와 구교(가톨릭 세력과 합스부르크 가)간의 오랜 종교전쟁이 시작된다. 전쟁 결과 300여 년에 걸친 합스부르크 가의 오랜 식민통치를 받게 되는데, 종교 · 정치 · 문화 등의 자유를 박탈당했을 뿐 아니라 심지어 모국어도 사용할 수 없게 되었다. 어둠의 시대로 불릴 만큼 암울했던 식민통치시대에 후스의 사상과 정신은 체코인의 종교뿐만 아니라 독립을 향한 민족의 핵심 사상이 되기도 했다.

구시가 광장의 얀 후스 동상은 1903년에 라디슬라프 샬로운이 제작, 얀 후스 서거 500주년이 되는 1915년에 완성해 일반인에게 공개됐다. 중앙에 얀 후스가 서 있고 한쪽에는 그를 추종하는 후스파들과 식민지배시대에 추방당한 신교도, 체코 부활을 상징하는 어머니와 아이 상으로 이루어진 이 동상은 아르누보 양식의 역동적인 모습이다. 또 '진리는 승리한다'는 의미심장한 문구가 새겨져 있다. 동상 주변에는 벤치가 있어 언제나 여행자들의 쉼터로 애용되며, 우리에게는 드라마 〈프라하의 연인〉에서 소원의 벽으로 인상 깊게 남아 있는 곳이기도 하다.

틴 성당 • 마니아
Kostel Panny Marie Před Týnem Map P.63-B3

구시가 광장에서 천문시계 다음으로 가장 눈에 띄는 건축물. 80m 높이의 2개의 첨탑과 보헤미아 고딕 양식의 특징을 잘 보여주는 크고 작은 첨탑이 눈길을 끈다. 프라하 성 안의 성 비투스 대성당 다음으로 프라하에서 성스러운 장소로 여겨지는 곳이다. 건물 외벽은 검은색과 황금색이 주류를 이루고, 마치 하늘을 향해 두 팔을 벌린 듯한 쌍둥이 첨탑은 보기만 해도 신비스럽다.

성당이 있는 운겔트 Ungelt(틴 광장)는 11세기부터 외국 상인들이 거주하면서 상거래를 하던 장소로 구시가 광장에서 역사가 가장 오래된 곳이다. 틴 성당은 14세기 중엽 고딕 양식으로 새롭게 건축되기 전까지 외국인 상인들이 예배를 드리던 곳이었으나 15세기 전반에는 후스파의 본거지로 사용되었다. 하지만 종교전쟁에서 패한 후 가톨릭 세력에게 넘어가 1621년 가톨릭 성당으로 개조되면서 첨탑 사이에 있던 후스파의 상징인 황금성배(聖杯)와 보헤미아의 왕 조각상을 녹여 마리아 상으로 만들어 버리는 수모(?)를 겪기도 했다. 뿐만 아니라 내부 예배당도 화려한 바로크 양식으로 교체해 버렸다.

관광을 위한 내부 관람은 불가능하며 미사 시간이나 공연이 있을 때만 일반인에게 개방한다. 특히 17세기에 제작된 오르간 연주와 16세기에 활동한 덴마크 출신의 천문학자 티코 브라헤 Tycho Brahé의 무덤은 놓치지 말자. 미리 ⓘ에서 미사 시간과 공연 스케줄 등을 확인해 두면 매우 유용하다.

홈페이지 www.tyn.cz 운영 1~2월 화~토 10:00~12:00/15:00~17:00, 일 09:00~12:00, 3~12월 화~토 10:00~13:00/15:00~17:00, 일 10:00~12:00
미사 시간 화~목 18:00, 금 15:00, 토 08:00, 일 09:30/21:00 ※변경될 수 있으니 ⓘ에서 확인할 것
가는 방법 운겔트에 위치. 구시가 광장에서 도보 2분

돌종의 집
Dům U kamenného zvonu Map P.63-B3

13세기 후반에 지은 고딕 건축물. 건물 모서리에 장식된 종 때문에 돌종의 집으로 불린다. 14세기 중반에는 새로운 건축기술을 도입해 마치 궁전처럼 재건축해 주목을 받았다.

18세기 프라하에 바로크 양식이 유행하면서 건물 정면을 바로크 양식으로 개조했으나 1988년 고딕 양식으로 복구해 지금의 모습을 하고 있다. 14세기 고딕 양식 건축물로 그 가치를 인정받고 있으며 현재 내부는 갤러리로 사용하고 있다. 현지인들에게 인기 있는 카페도 있으니 잠시 쉬어 갈 겸 한번 들러보자.

주소 Staroměstské nám 605/13
홈페이지 www.en.ghmp.cz
운영 화~일 10:00~20:00 휴무 월요일
입장료 일반 120Kč, 학생 60Kč
가는 방법 운겔트에 위치. 구시가 광장에서 도보 3분

얀 후스 동상

시청사 탑에서 본 구시가 광장과 틴 성당

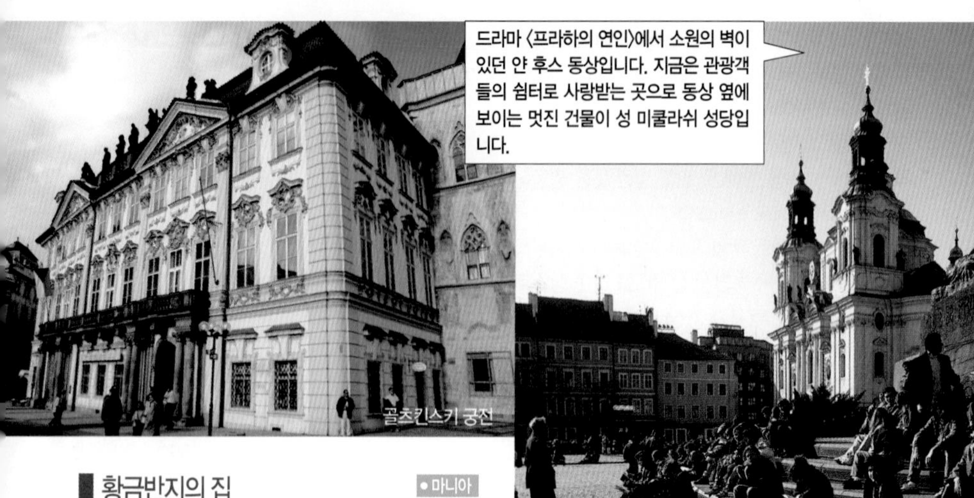

골츠킨스키 궁전

황금반지의 집

• 마니아

Dům U Zlatého prstenu Map P.63-B3

구시가 광장에서도 가장 오래된 운겔트(틴 광장)에 있는 건물. 프라하에서 좀처럼 보기 힘든 르네상스 양식의 건물로 내부는 2채로 분리된 중세시대의 집 구조가 특징이다. 1층 복도와 지하실은 증개축을 여러 차례 거듭했는데도 둥근 천장의 초기 고딕 양식을 그대로 보존하고 있어 그 가치가 높다. 복도 끝에는 15세기 말에 그린 벽화의 일부분이, 천장에는 16세기 르네상스를 주제로 한 그림이 남아 있어 중세의 느낌을 한껏 복돋워준다.

1990년부터 현대 갤러리로 운영돼 전위적이고 모던한 작품들을 감상할 수 있다. 2층에는 진귀한 예술 서적 등을 판매하는 서점이 있으며 한쪽에는 예술가들이 자주 찾는 감각적인 분위기의 카페도 있다.

주소 Ungelt, Týnská 6

홈페이지 www.en.ghmp.cz

운영 화~일 09:00~20:00

휴무 월요일

입장료 일반 150Kč, 학생 60Kč

가는 방법 운겔트에 위치. 구시가 광장에서 도보 4분

골츠킨스키 궁전

• 마니아

Palác Golz Kinských Map P.63-B3

프라하를 대표하는 로코코 양식의 화사한 건물로 분홍빛 조각 장식 등이 유난히 눈에 띈다. 틴 성당 입구를 가리고 있는 건물 옆에 있다. 우아한 백작 부인이 살고 있을 것 같은 이 건물은 18세기 골츠 백작에 의해 지어졌고 체코의 문호 카프카와도 인연이 깊다. 건물 1층에는 한때 카프카의 아버지가 운영한 상점이 있었고, 2층은 그의 가족이 살던 아파트였다. 이곳 발코니는 1948년 2월, 코트발트가 체코 민주공화국의 해체와 사회주의 국가의 탄생을 선언한 곳이기도 하다. 지금은 건물 2·3층을 국립 미술관으로 개방하고 있다.

홈페이지 www.ngprague.cz

운영 화~일 10:00~18:00 휴무 월요일

입장료 일반 150Kč, 학생 80Kč

가는 방법 구시가 광장 내

성 미쿨라쉬 교회

Chrám Sv. Mikuláše Map P.63-A3

합스부르크 왕가가 프라하를 지배하던 1735년에 완성된 바로크 양식 성당. 제1차 세계대전 때는 프라하의 유격대가 사용했고 제2차 세계대전 후에는 후스파 교회로 이용되었다. 내부는 성 미쿨라쉬(산타클로스로 알려진 성 니콜라스)의 일생을 묘사한 천장화와 프레스코화가 볼 만하다. 매일 저녁 때가 되면 클래식을 연주하는 공연장으로 이용된다. 바로크 양식의 백미로 알려진 같은 이름의 성당이 프라하 성이 있는 말라스트라나 지구에도 있으니 그곳도 놓치지 말고 보자(P.90 참고).

유대인 지구

ⓒ체코 관광청

운영 월~토 10:00~16:00, 일 12:00~16:00
입장료 일반 70Kč, 학생 50Kč
가는 방법 구시가 광장 내

• 핫스폿 • 마니아

유대인 지구 (요제포브)

Josefou Map P.63-A1·A2·A3

나치에 의해 보존된 유대인 문화의 보고. 구시가 광장에서 명품 상점이 즐비한 파르지주스카 거리 Pařížská Třída를 따라 걸어가면 프라하의 역사와 함께한 유대인들의 삶과 애환이 녹아 있는 유대인 거주지구가 나온다. 일찍이 상업의 도시로 알려진 프라하에 상술에 능한 유대인들이 모여 살기 시작한 것은 너무나 당연한 일인지도 모른다. 10세기 무렵 프라하에 유대인들이 모여들기 시작해 제2차 세계대전 전까지 유럽에서 유대인이 가장 많이 사는 도시로 꼽힐 정도였다.

어느 도시를 가든 유대인 지구가 있는 이유는 13세기 로마 제국의 법령에 따라 유대인은 기독교 주민과 분리되어 정해진 게토에서 강제로 모여 살게 했기 때문이다. 이같이 종교가 다른 소수민족으로 살아야 했던 유대인들은 온갖 박해와 차별을 받아야 했다.

프라하의 유대인 지구(게토)를 요제포브 Josefou라고 부르는데, 유대인에게 비교적 관대했던 요제프 2세의 이름을 따 지은 것이다. 13세기부터 19세기까지 프라하의 유대인들은 이곳에 살면서 그들의 종교와 문화, 전통을 지키며 살았다. 도시에서 가장 낙후했던 이곳은 19세기 말에 재개발되면서 세련된 아르누보 양식의 건물이 들어섰고 오늘날 관광명소로도 주목을 받게 되었다.

제2차 세계대전 당시 이곳이 나치의 만행에서 무사할 수 있었던 것은 인종 학살로 사라진 유대인 박물관을 만들고자 한 나치의 어처구니없는 계획 덕분이었다. 덕분에 나치가 수집한 수많은 유대인 관련 유적들이 이곳에 보관되어 있다.

유대인 지구에는 유럽에서 가장 오래된 구 · 신 시나고그(유대교 회당)를 비롯해 다양한 시나고그가 있고 각 시나고그에는 주제별로 다른 박물관을 운영하고 있다. 그밖에 유대인 묘지와 유대인 집회소 역시 흥미로운 장소다. 무엇보다 제2차 세계대전 당시 참혹하기만 한 유대인의 실상과 나치의 만행을 여실히 보여주는 증거품들을 많이 전시하고 있다.

세계적으로 영향력 있는 인물을 가장 많이 배출하고, 수세기 동안 온갖 수난과 박해를 받으면서도 그들의 종교를 지키며 살아온 유대인에 대해 관심이 있다면 프라하 역사와 문화의 일면을 차지하는 요제포브 역시 놓치지 말자. 별난 사람, 종교, 문화 그리고 그것들을 무너뜨리려는 또다른 부류의 사람들. 요제포브를 돌아보다 보면 만감이 교차하면서 나도 모르게 철학자가 된 느낌이 들게 된다.

알아두세요

구시가 광장에서 파르지주스카 Pařížská 거리를 따라 5분쯤 걸으면 유대인 지구가 나온다. 유적지들이 도보 5~10분 거리 이내에 있어 편리하고, 모두 돌아보는 데 대략 2~3시간이면 충분하다. 요제포브에 있는 유적지들은 유대인 박물관 Židovské Muzeum으로 공동 운영해 구 유대인 공동묘지, 의식의 집, 마이셀 · 핀카스 · 클라우스 시나고그 등을 한 장의 티켓으로 돌아볼 수 있다. 단, 구 · 신 시나고그는 티켓을 별도로 구입해야 한다. 매표소는 클라우스 시나고그에 있다. 세계적인 명소여서 입장료가 꽤 비싼 편이다.

홈페이지 www.jewishmuseum.cz 운영 2019년 1/1~3/29, 10/27~12/31 09:00~16:30, 3/31~10/25 09:00~18:00, 12/24 09:00~14:00 휴무 토요일, 유대인 공휴일 입장료 종합티켓 일반 500Kč, 학생 350Kč가는 방법 모든 유적지들은 구시가 광장에서 도보로 약 5~10분. 또는 메트로 A선 Staroměstská 역에서 도보 5~10분

구 · 신 시나고그 • 핫스폿

Staronová Synagoga Map P.63-A1·A3

유럽에서 가장 오래된 시나고그(유대교 회당)이자 세계 3대 시나고그 중 하나로 유대인들에게는 성스러운 장소로 알려져 있다. 1270년에 고딕 양식으로 세운 이후 16세기에는 원래 있던 건물에 새 건물을 증축해 '구 · 신 시나고그'라는 이름이 붙여졌다. 톱날 모양의 지붕이 가장 큰 특징이며, 본당에는 15세기에 만든 설교단과 팔각기둥 2개, 다비드의 별이 그려진 붉은 문장기가 걸려 있다. 건물을 둘러싼 붉은 기와집들은 유대인 율법에 따라 본당에 들어갈 수 없는 여성들이 구멍을 뚫고 내부를 들여다보면서 예배를 드린 여성 전용 예배실이다. 전설에 의하면 건축에 사용한 돌 중에는 예루살렘의 시나고그에서 가져온 것도 있다고 하여 그 옛날에는 유대인들의 성스러운 장소이자 피난처였으며 지금까지도 예배당으로 쓰이고 있다.

프라하의 유대인 역사만큼이나 오래된 시나고그에는 많은 사연과 전설이 깃들어 있다. 그 중에서도 진흙으로 빚은 인조인간 골렘 Golem 이야기는 가장 흥미롭고 유명한 이야기다. 16세기, 신비한 능력의 소유자 랍비 뢰브 Loew는 유대인 사회를 보호하기 위해 진흙으로 골렘을 빚는다. 골렘의 입 안에 생명을 불어넣는 주문이 적힌 당나귀 가죽을 넣자 골렘은 주인의 지시대로 일을 했다고 한다. 하지만 불안전한 존재여서 나중에는 유대인 지구를 파괴하고 미쳐 날뛰는 바람에 생명을 불어넣어 주는 부적을 뗀 후 구 · 신 시나고그의 다락에 가두었다고 한다. 골렘 이야기는 1921년에 처음으로 로봇이라는 단어를 만들어낸 체코의 희곡작가 체페크의 작품에도 영향을 끼쳤다.

주소 Červená 2 운영 1~3 · 11~12월 09:00~17:00, 4~10월 09:00~18:00(일~목에 해당) 휴무 토요일 · 유대교 공휴일 입장료 일반 200Kč, 학생 140Kč

마이셀 시나고그

Maiselova Synagoga Map P.63-A1·A3

유대인의 지위 향상을 위해 노력해 온 마이셀이라는 인물을 기리기 위해 16세기에 지은 시나고그. 원래는 르네상스 양식으로 지었으나 20세기 초에 네오고딕 양식으로 개축된 것이다. 지금은 18세기까지의 유대인 역사와 학문 관련 유물, 금은 세공품 박물관으로 이용하고 있다.

주소 Maiselova 10

유대인 시청사(유대인 집회소)

Židovská Radnice Map P.63-A1·A3

유대인 화합을 위한 집합장소로 유대인 관련 건물 중에서 가장 화려하다. 16세기 르네상스 양식으로 세웠다가 18세기에 와서 로코코 양식으로 개축해 오늘날 화사한 분홍색 건물로 남아 있다. 당시 유대인 건물에는 허용하지 않은 탑과 시계를 설치한 것이 특징으로 2개의 시계 가운데 아래에 있는 시계는 히브리어가 적혀 있다. 히브리어가 오른쪽에

구 · 신 시나고그

클라우스 시나고그

유대인 시청사

서 왼쪽으로 읽히는 것처럼 시계바늘도 반대 방향으로 움직이고 있다. 지금도 유대인들의 집회장소로 쓰이며 1층에 매표소와 기념품점이 있다.

주소 Maiselová 18

클라우스 시나고그
Klausová Synagoga Map P.63-A1·A3

17세기에 지은 시나고그. 현재 유대인 박물관 Židovské Muzeum으로 사용하고 있다. 유대인의 종교 · 전통 · 문화 · 생활습관 등을 보여주는 다양한 유물을 전시하고 있다. 종합티켓 판매소로 티켓 구입 및 요제포브 관련 정보도 이곳에서 얻으면 된다. 바로 옆에 있는 의식의 집 Obřadní Síň은 구 유대인 공동묘지의 시신 안치와 의식을 위한 곳이었으나, 지금은 질병과 죽음 · 무덤 관련 유대인의 유물 등을 전시한 이색적인 공간이다.

주소 U Starého hřbitova 3a

구 유대인 공동묘지
Starý Židovský Hřbitova Map P.63-A1·A3

유럽에서 가장 오래된 유대인 매장지로 요제포브에서 아주 중요한 유적지다. 1439년부터 무덤이 들어서기 시작해 1787년까지 유대인 묘지로 사용되었다. 구시가 한복판에 8만여 구의 시신이 매장된 공동묘지가 있다는 것에 놀라고 8만여 구의 시신이 아파트처럼 층층이 매장돼 있다는 사실에 또 한 번 놀라게 되는 곳이다. 죽어서도 게토를 벗어날 수 없었던 유대인의 가슴 아픈 운명을 증명해 주는 장소다. 이곳에 묻혀 있는 가장 유명한 인물로는 골렘을 만들어낸 랍비 뢰브 Loew가 있는데 존경심의 표현과 소원을 빌려는 사람들의 헌화가 끊이지 않는다.

주소 Široká 3

핀카스 시나고그
Pinkasova Synagoga Map P.63-A1·A3

프라하에서 두 번째로 오래된 시나고그. 1535년에 후기 고딕 양식으로 지은 것이다. 제2차 세계대전 당시 나치에 의해 희생된 유대인들에게 헌정한 시나고그로, 내부 벽면에는 7만 7,297명의 희생자 이름이 새겨져 있다. 1942년부터 2년간 테레진과 테레지엔슈타트 수용소에 수감된 15세 미만 어린이들이 그린 그림을 볼 수 있는 전시관은 놓치지 말자. 아이들의 그림을 통해 전쟁의 참상과 죽음에 대한 두려움이 고스란히 전해져 온몸에 전율을 느끼게 한다. 수감된 대부분의 아이들은 폴란드의 아우슈비츠 수용소에서 살해되었다고 한다.

주소 Široká 3, Josefov

스페인 시나고그
Španělská Synagoga Map P.63-A1·A3

스페인과 인연이 깊은 시나고그. 19세기 스페인 태생의 유대인들이 건립했으며 건물 내부는 섬세한 무어 양식으로 장식되어 알함브라 궁전을 연상시킬 만큼 아름답다. 지금은 18세기 이후의 체코 유대인 역사 관련 박물관으로 사용하고 있으며 실내가 워낙 아름다워 콘서트홀로도 애용되고 있다.

주소 Vězeňská 1

구 유대인 공동묘지
스페인 시나고그

• 마니아

미술공예박물관 Map P.63-A1·A3
Uměleckoprůmyslové Muzeum

1897년에 건축가 Josef Schulz가 네오르네상스 양식으로 지은 건물로, 원래 루돌피눔에서 소장하고 있던 미술공예품을 전시하고 있다. 중세부터 현대에 이르는 식기 · 공예품 · 의복 · 가구 등 희귀하고 다양한 공예품을 볼 수 있다. 주목할 만한 것으로는 16~19세기에 걸친 유리그릇 컬렉션으로 보헤미아 글라스와 베네치아 유리제품, 도자기류 등은 세계 최고를 자랑한다. 19세기 말의 영화 포스터, 책 표지 등 촌스러우면서 정겨운 상업 포스터를 볼 수 있는 전시실도 인상적이다. 1층에는 소박하지만 개성이 엿보이는 카페와 전시품을 모티프로 한 아주 특별한 기념품을 파는 상점이 있다. 본관은 재건축 후 새로 개장해서 현재 임시 전시회만 열리고 있다.

주소 Ulice17. Listopadu 2 홈페이지 www.upm.cz
운영 화~일 10:00~18:00 입장료 섬유 및 패션 일반 220Kč~, 학생 120Kč~ 가는 방법 메트로 A선 Staroměstská 역 하차, 또는 트램 17 · 18번과 버스 207번을 타고 Staroměstská 하차

• 핫스폿 • 마니아

예술가의 집 (루돌피눔) Map P.63-A1·A3
Rudolfinum

체코 필하모니 오케스트라의 본거지. 유대인 지구에 인접한 블타바 강변에 자리잡고 있다. 산뜻한 노란색이 유난히 눈길을 끄는 건물로 미술공예박물관과 마주하고 있다. 1876년에 짓기 시작해 10여 년 만에 완공된 네오르네상스 건물이다. 당시 후원자였던 합스부르크 왕가의 루돌프 왕자의 이름을 따 루돌피눔으로 이름지었으나 연주회장과 미술관으로 사용되어 '예술가의 집'이라는 별칭이 붙게 되었다. 내부에는 체코가 낳은 세계적인 음악가 드보르자크에게 바치는 드보르자크 홀 Dvořák Hall을 비롯해 크고 작은 연주회장과 미술관이 있다. 드보르자크 홀은 '프라하의 봄' 음악제가 개막되는 곳으로 체코 필하모니 오케스트라의 명성에 걸맞게 최고의 음향시설을 자랑한다. 연주회 일정표는 매표소나 ⓘ에서 얻을 수 있다. 1층 한쪽에는 클래식 전문 음반점도 있다. 루돌피눔에서 바라보는 블타바 강 전경이 매우 인상적이다.

주소 Alšovo nábřeží 12 홈페이지 www.rudolfinum.cz
투어 예약 778 468 023 운영 박스 오피스 9~6월 10:00~18:00, 7~8월 10:00~15:00 투어 요금 200Kč
가는 방법 미술공예박물관 맞은편

카를로바 거리 Map P.63-A2·A3
Karlova

12세기에 형성된 좁은 골목. 구시가 광장에서 카를 다리로 연결되는 길이다. 왕의 이름이 붙은 이 거리는 왕의 대관식 행렬과 시정을 돌아보던 '왕의 길' 중 한 곳이다. 지금은 관광객이 가장 많이 지나는 곳이며, 좁은 골목길에는 여행자의 시선을 끄는 기념품점이 즐비하다. 워낙 번화한 곳이니 도난사고에 주의해야 하며 상점이나 레스토랑 · 카페 등은 바가지가 심한 것으로도 악명이 높다. 오직 눈으로만 즐기는 게 현명하다.

가는 방법 구시가 광장에서 도보 5~10분

미술공예박물관
예술가의 집

클레멘티눔 Klementinum

Map P.63-A2·A3

1556년, 페르디난트 1세가 세력을 키우는 후스파를 견제하기 위해 성 클레멘트의 도미니크 수도원에 가톨릭 예수회 본부를 설치한 것이 시초다. 그 후 17세기 중반부터 합스부르크 왕가의 후원을 받고 3개의 교회, 예배당, 도서관, 강당, 천문대 등을 갖추게 되었다. 지금은 국립도서관·국립기술도서관으로 사용하는데, 바로크 양식의 도서실과 거울예배당을 공개하고 있다. 거울예배당에서는 콘서트도 열린다.

주소 Mariánské Náměstí 5

홈페이지 www.klementinum.com

가이드 투어 3/15~11/24, 12/15~01/10 월~일 10:00~18:00, 11/25~12/14, 1/11~3/14 일~목 10:00~17:30, 금~토 10:00~18:00

가이드 투어 요금 줄 서지 않는 빠른 입장 380Kč, 일반 300Kč, 학생 200Kč 가는 방법 ①Křižovnická 190 ②Karlova 1 ③Mariánské ńam 5 등 3개의 입구가 있다. 구시가 광장에서 도보 10분, 또는 카를 다리에서 도보 2분

● 핫스폿 ● 마니아

춤추는 빌딩 Tančící dům

Map P.61-B2

'건물이 왈츠를 추다.' 왈츠를 추는 두 남녀의 모습에서 영감을 얻어 지은 건물로 이름도 춤추는 빌딩이다.

20세기 해체주의 건축의 대가 프랭크 게리 Frank Owen Gehry의 1996년 작품으로 블타바 강변의 새로운 명물로 떠오르고 있다. 건물 전체에 최고급 금속과 유리를 사용해 모던한 느낌이 강하고, 건물 한쪽은 전체가 막 녹아내린 듯 부드러운 율동이 느껴져 언뜻 보기에도 남녀의 춤 동작을 연상케 한다. 탈전통주의·비대칭·비정형·탈양식성 등 고정관념을 깬 해체주의 양식 건물이지만, 주변에 있는 전통 양식의 옛 건물들과도 기묘하게 조화를 이루고 있어 더욱 높이 평가되고 있다. 현재 네덜란드 보험사 건물로 사용하고 있으며 카페와 고급 레스토랑 등이 들어서 있다. 구시가지 쪽 카를 다리에서 왼쪽으로 난 강변을 따라 걸어가면 색다른 각도에서 카를 다리 전경을 감상할 수 있다. 그리고 산책하듯 2개의 다리를 지나면 강변에 있는 춤추는 빌딩이 나온다. 프라하의 감각적이고 현대적인 건축물에 관심이 있다면 꼭 보자.

주소 Jiráskovo náměstí 6

가는 방법 카를 다리에서 도보 10분. 또는 메트로 B선 Karlovo náměstí 역에서 도보 5분

카를로바 거리

카를 다리의 구시가지 쪽 탑에 올라 내려다 본 구시가 풍경입니다. 정면에 보이는 건물이 클레멘티눔입니다.

카를 다리 위의 예술가들은 언제나 카메라에 담기 좋은 모델입니다.

● 유네스코 ● 핫스폿 ● 뷰 포인트

카를 다리 Karlův Most

Map P.61-B1·B2, P.62-B2

세상에서 가장 아름다운 600살의 다리. 프라하를 상징하는 3대 건축물 중 하나로 프라하 관광의 하이라이트다. 구시가 광장에서 미로처럼 얽혀 있는 좁은 골목길을 따라 걸어가면 블타바 강에 놓인 카를 다리에 쉽게 닿을 수 있다. 아름다운 블타바 강과 강 건너 펼쳐지는 프라하 성 풍경은 한 폭의 그림과 같다.

현재 보행자 전용다리로, 다리 양쪽에는 수공예품을 파는 노점이 즐비하고 다리 중간중간에서는 거리의 음악가들이 연주회를 펼친다. 프라하 최고의 관광명소답게 언제나 사람들로 붐비며 특히 낭만적인 분위기가 최고조에 달하는 석양 무렵에는 연인들의 데이트 장소로 인기가 높다. 분위기에 취해 진한 키스를 나누는 연인들을 흔히 발견할 수 있어 프라하 제일의 키스를 부르는 명소임을 실감나게 한다.

카를 다리는 시간, 날씨, 계절 등에 따라 다양한 분위기를 느낄 수 있는 특별한 장소다. 프라하를 여행하는 동안 적어도 세 번 이상 각각 다른 시간대에 들러보도록 하자.

첫 번째는 가장 번화한 한낮에 방문하여 화창한 날씨라면 구시가지 쪽 탑 전망대에 꼭 올라가 보자. 엽서 사진으로도 자주 등장하는 프라하 성과 카를 다리를 담은 멋진 풍경이 펼쳐진다. 두 번째는 황금빛으로 물든 석양 무렵에 가서 은은한 조명 아래 거리의 악사들이 들려주는 음악을 감상하면서 프라하의 낭만을 만끽해 보자. 그리고 마지막으로 인적이 드문 새벽녘에도 들러보자. 정적이 흐르는 분위기는 경건한 마음이 들게 하여 성 요한 네포무크 동상 앞에서 소원을 빌기에도 가장 좋은 시간이다. 이루고 싶은 소원이 있다면 정성껏 빌어보자.

다리의 역사

대홍수로 두 차례나 다리가 떠내려가자 카를 4세는 홍수에도 끄떡없는 튼튼한 다리를 놓을 것을 명한다. 천재 건축가 페터 파를레가 설계를 맡아 1357년에 공사를 시작해서 1402년에 총길이 520m, 폭 약 10m의 고딕 양식의 다리가 완공되었다. 처음에는 '돌다리'로 이름지었다가 다리 건설의 주역인 카를 4세의 이름을 따서 카를 다리라고 불렀다.

튼튼한 다리를 만들기 위해 보헤미아 사암에 달걀 노른자를 섞어 더욱 단단하게 했으며, 다리 밑은 크고 견고한 교각을 세웠다. 체코 전역에서 보내온 달걀의 양이 셀 수 없이 어마어마하여 더욱 유명해졌다. 유난스럽게 만든 덕분에 건축 이래 지금까지 600년이라는 오랜 세월에도 변함없이 중

카를 다리위의 조각상

인적이 드문 새벽녘의 카를 다리

엽서에서 자주 보는 이 풍경은 구시가지 쪽 탑에 올라가면 볼 수 있습니다.

세의 모습을 그대로 간직한 채 프라하의 상징으로 그 위용을 떨치고 있다. 다리 건설 후 500여 년간 블타바 강에 놓인 유일한 다리였음을 알게 된다면 프라하 역사에서 얼마나 중요한 역할을 한 건축물인지 다시 한 번 느끼게 될 것이다.

다리 양쪽에 있는 탑은 14세기의 고딕 건축물로 당시 통행료를 징수하는 곳이었으나 지금은 전망대로 개방하고 있다. 카를 다리를 세상에서 가장 아름다운 다리로 만들어준 난간의 30개 성상은 17세기 후반~18세기 초, 각기 다른 연대에 바로크 양식으로 조각된 것들이다. 현재 다리 위에 있는 동상 대부분은 복제품이고 진품은 근교의 라피다리움 박물관(P.101 참조)에서 보관하고 있다. 유럽 중세 건축의 걸작으로 꼽히는 카를 다리는 현재 상인과 예술가들의 세금으로 유지 보수되고 있다.

교탑

카를 다리 양쪽에 서 있는 구시가지 쪽 탑과 말라스트라나 쪽 탑은 세계적으로 손꼽힐 만큼 아름다운 고딕 양식의 교탑으로, 14세기 건축 당시의 원형이 그대로 남아 있어 그 가치가 아주 높다. 처음에는 망루 역할을 했으나 나중에는 통행료를 징수하는 곳으로 쓰였고 지금은 전망대로 개방되어 숨막힐 정도로 아름다운 프라하 전경을 감상할 수 있다. 특히 구시가지 쪽 탑은 한 폭의 그림 같은

카를 다리 뷰 포인트

구시가지 쪽 탑 전망대

구시가지 쪽 카를 다리 입구, 오른쪽 카를 4세 상이 있는 광장

캄파 지구

카를 다리와 프라하 성을 한눈에 볼 수 있어 최고의 전망 포인트로 인기가 높다. 구시가지 쪽 탑 상층부에는 보헤미아 문장과 성 비투스, 성 바츨라프, 카를 4세 상 등이 섬세하게 조각돼 있으니 놓치지 말고 감상해 보자.

• **구시가지 쪽 탑** Staroměstská mostecká věž
(Map P.61-B2, P.62-B2, P.63-A2)
운영 4~9월 10:00~22:00, 3 · 10월 10:00~20:00, 11~2월 10:00~18:00
입장료 일반 100Kč, 학생 70Kč

• **말라스트라나 쪽 탑** Malostranská mostecká věž
(Map P.61-B2, P.62-B2)
운영 4~9월 10:00~22:00, 3 · 10월 10:00~20:00, 11~2월 10:00~18:00
입장료 일반 100Kč, 학생 70Kč
가는 방법 프라하 성 또는 구시가 광장에서 도보로 각각 10분. 구시가 광장 방면 메트로 A선 Staroměstská 역에서 도보 7분, 또는 말라스트라나 지구 방면 메트로 A선 Malostraská 역에서 도보 7분

Say Say Say

카를 다리의 성상 이야기

카를 다리 양쪽 난간에는 1683년부터 세운 30개의 성상(聖像)이 있습니다. 성상은 대부분 체코의 성인들의 모습을 조각한 것인데, 하나하나 살펴보는 것도 무척이나 흥미롭답니다.

17세기 예수 수난 십자가

카를 다리 최초의 장식물. 히브리어로 '거룩, 거룩, 거룩한 주여'라는 문구가 쓰여 있습니다. 십자가에 대고 엉덩이를 보여 기독교를 모독한 유대인에게 벌금을 징수해 세웠다고 합니다.

성 루이트가르트

브로코프의 1710년 작품으로 카를 다리에서 가장 아름다운 조각입니다. 십자가 위에 있는 그리스도가 그의 상처에 입 맞추려는 성녀를 위해 몸을 굽히는 모습입니다.

성 비투스

브로코프의 1714년 작품으로 3세기에 순교한 비투스와 그의 발을 핥고 있는 사자 한 마리가 조각되어 있습니다.

성 요한 네포무크

1683년에 라우프뮬러의 설계로 만든 것. 카를 다리에서 가장 오래 된 것이며 유일한 동상입니다. 동상 아래에는 1729년에 성인으로 추대된 네포무크의 순교를 묘사한 부조가 있는데요, 이것을 만지면 소원이 이뤄진다고 해서 누구나 한 번씩 만지고 지나가지요. 덕분에 유난히 빤질빤질 빛이 나서 찾기는 쉽습니다. 그러나 만지는 것만으로는 소원이 이뤄지지 않습니다. 제대로 빌어야죠! ❶동상을 바라보고 오른쪽으로 조금만 걸어가 다리 난간을 보세요. ❷5개의 별이 새겨진 동판이 보일 겁니다. ❸아래 사진처럼 왼손 다섯 손가락을 올리고, 그 난간 벽을 보세요. 거기에 한 점의 쇠심이 박혀 있을 겁니다. 거기에 오른손을 얹고, 바로 바닥을 보면 같은 쇠심이 보일 겁니다. 그 쇠심에 오른쪽 다리를 올려 놓으세요. ❹지긋이 눈을 감고 소원을 빕니다. ❺소원을 빈 다음 어느 것도 만지지 말고 그대로 순교자 네포무크 부조를 왼손으로 만지면서 '이뤄지게 해주세요' 하면 됩니다.

말라스트라나 & 흐라트차니 지구

구시가에서 카를 다리를 건너면 아랫마을과 윗마을로 구분된 말라스트라나 지구와 흐라트차니 지구가 나온다. 말라스트라나는 17~18세기에 발달한 곳으로 화려한 바로크 양식의 귀족 저택이 즐비하고 블타바 강변의 캄파 섬은 산책하기 좋은 공원으로 조성되어 있다. 흐라트차니 지구는 프라하 성과 로레타 성당, 스트라호프 수도원, 페트르진 공원 등이 있는 곳으로 프라하 관광의 백미이자 최고의 전망대다.

• 핫스폿 • 뷰 포인트

캄파 섬
Kampa

Map P.61-B2, P.62-B2

전원풍이 감도는 작은 섬. 카를 다리에서 말라스트라 쪽과 연결되어 있다. 블타바 강 위의 모래톱으로, 말라스트라 지구 사이에 체르토프카 Čertovka 수로가 흐른다. 육지와 수로 사이에는 여러 개의 다리가 놓여 있으며 캄파 섬의 명물 물레방아도 볼 수 있다. 뿐만 아니라 수로 주변으로 아기자기한 건물이 늘어서 있고 작은 보트도 정박해 있어 '프라하의 베니스'로 불린다.

현재 캄파 섬 일대는 블타바 강변을 따라 알록달록하게 치장된 로맨틱한 분위기의 숙소와 레스토랑, 카페 등이 즐비해 인기가 높다. 게다가 사람들로 북적거리는 카를 다리와 달리 한적해 휴식을 취하는 데 그만이다. 하루 종일 잔디에 누워 여유로운 시간을 보내고 싶다면 이곳이 제격이다.

가는 방법 카를 다리에서 도보 3분. 또는 메트로 A선 Malostranská 역에서 도보 10분

존 레논 벽
Zed John Lennon

Map P.62-B2

캄파 섬의 Velkopřevorské 거리에는 전설적인 그룹 비틀스의 멤버, 존 레논의 얼굴이 그려진 벽이 있다. 이 벽은 1980~1989년에 프라하 젊은이들이 반공산주의와 사회비판에 대한 자신들의 생각을 낙서로 표현한 곳으로, 지금은 또 하나의 문화유산으로 보존되고 있다. 세계평화와 인간의 자유를 소중히 여기는 여행자라면 반드시 들러 기념촬영을 해보자. 단, 이곳 또한 문화재이므로 낙서는 절대 금물.

가는 방법 카를 다리에서 도보 5분

존 레논의 벽화

캄파 박물관

캄파 박물관 Museum Kampa

Map P.63-B2

예술에 대한 사랑과 헌신이 만들어낸 현대 미술 박물관. 미국인 부부 메다 밀라드코바 Meda Mládková와 그녀의 남편이 공산주의 시절 체코 예술가들을 보호하기 위해 수집했던 작품들을 많은 사람들과 함께 보기 위해 기증한 것이 박물관의 시초가 되었다. 덕분에 체코 출신 예술가 프란티섹 쿠프카 František Kupka의 초창기 인상주의 그림부터 초상화까지 모두 한곳에서 감상할 수 있으며 독점적으로 전시하고 있는 조각가 오토 구트프로인트 Otto Gutfreund의 작품도 있다. 해마다 열리는 상설 기획전도 인기가 많으니 놓치지 말자. 마당의 설치 미술은 무료로 감상할 수 있으며 박물관 입구 옆에는 다비드 체르니 David Černý의 '아기들 Mimi Kampa'이란 조각상이 있다.

주소 U Sovových mlýnů 2

전화 257 286 147

홈페이지 www.museumkampa.com

운영 10:00~18:00

입장료 일반 270Kč, 학생 160Kč

가는 방법 카를 다리에서 도보 5분 또는 트램 12 · 20 · 22 · 23번 Hellichova 역 하차 후 도보 3분

카프카 박물관 Franz Kafka Museum

Map P.63-B2

카프카 박물관

2005년 문을 연 카프카 박물관은 1999년 바르셀로나, 2002~2003년 뉴욕 유대인 박물관에 전시되었던 것을 옮겨왔다. 전시실은 실존 공간과 상상의 지형으로 나눠져 있는데, 카프카의 작가 세계에 대한 통찰력을 제공하기 위해 빛과 음악을 사용해 신비롭고 기묘한 분위기를 연출했다. 카프카는 자신의 소설에서 장소의 이름을 거론하지 않는데, 이 박물관에서 소설 속 배경이 된 프라하의 명소에 대한 힌트를 얻어 그의 시각으로 도시 곳곳을 탐험하는 재미를 맛볼 수도 있다. 서랍 형태의 장식장에는 소설 『변신』의 초판본과 그의 친필 편지, 연습장 위에 쓴 낙서와 드로잉 등이 전시되어 있다. 하이라이트는 카프카가 사랑했던 4명의 여인과의 관계를 한명씩 나눠서 설명해 놓은 것. 어떤 인연이었는지 자세한 설명과 함께 사진 또는 편지 등이 전시되어 있다. 박물관 앞은 카프카를 상징하는 'K'가 크게 써 있다. 이곳의 또 다른 매력 포인트는 데이비드 체르니 David Černý가 만든 안뜰에 세워진 분수다. 그중에서도 체코 모양의 연못 위에 마주보고 서 있는 '움직이며 오줌 누는 사람 동상 Čurající fontána'을 찾아보자. 이는 카프카의 소설 『유형지』에서 영감을 얻어 만든 작품이라고 한다.

주소 Cihelná 2b 전화 257 535 507

운영 10:00~18:00

홈페이지 www.kafkamuseum.cz

입장료 일반 200Kč, 학생 120Kč(매표소는 박물관 맞은편 카프카 숍에 위치)

가는 방법 카를다리에서 도보로 7분 또는 메트로 A선 Malostranská 역 하차 후 도보 5분. 혹은 트램 1 · 8 · 12 · 18 · 20 · 22 Malostramská 역 하차 후 도보 5분

체코 출신의 세계적인 설치 미술가 '데이비드 체르니 David Černý'

프라하를 돌아다니다 보면 생각지 못한 곳에서 기묘한 조각들을 만나게 됩니다. 바로 체코가 낳은 세계적인 설치 미술가 데이비드 체르니 David Černý의 작품입니다. 끊임없는 논란을 낳는 데이비드는 2009년 1월 대형 사고를 쳤습니다. 브뤼셀에서 열린 유럽연합(EU) 이사회 건물 개막식을 위해 체코 정부가 의뢰해 만든 대형 설치미술품 '엔트로파 Entropa'가 이유였습니다. EU 27개국 지도를 분리해 프라 모델 형태로 만든 이 작품은 각각의 나라의 문제점을 콕 찍어 묘사해 놓았습니다. 끊임없는 시위로 몸살을 앓는 프랑스 지도 위엔 '파업'이라고 적힌 빨간색 현수막을, 보수적인 가톨릭 국가인 폴란드엔 동성애를 지지하는 무지개 깃발을 세우는 신부님들의 모습을, 초콜릿으로 유명한 벨기에에는 반쯤 먹다 남은 초콜릿 봉지를, 유산균 제품이 대표적인 불가리아는 쭈그리고 앉아 볼일 보는 모습을 묘사해 놨으니 말입니다. 이로 인해 각국에선 체코 정부에 항의가 끊이지 않았다고 합니다. 살아있는 상어와 사담 후세인 인형을 함께 수조에 넣은 '상어', 2013년 10월 프라하 성이 마주보이는 블타바 강 위에 가운데 손가락만 커다랗게 뻗은 욕을 하는 손가락은 대통령에 대한 공개적인 그의 비난 메시지를 담고 있습니다.
2012년 런던 올림픽을 기념해 만든 팔굽혀 펴기 하는 '빨간 이층 버스 Londonǎ Booster'를 보면 그의 작품을 프라하에서만 만날 수 있는 건 아닌가 봅니다. 작가와 관람객이 소통하는 공간을 만드는 것이 그의 목표라고 말하는 예술가, 데이비드 체르니. 뚜렷한 철학을 가지고 만드는 작품마다 화제를 불러일으키고 있으니, 프라하 시내를 여행하면서 그의 작품들을 찾아 감상해 보는 건 어떨까요?
홈페이지 www.davidcerny.cz

1. 말 Kůň
바츨라프 광장의 성 바츨라프 기마상을 패러디한 작품으로 바츨라프 성인이 거꾸로 매달린 죽은 말을 타고 있다.
가는 방법 바츨라프 광장에서 도보 3분. 루체르나 Lucerna 쇼핑몰 안

2. 매달린 사람 Viselec
왼손을 바지 주머니에 찔러넣고, 오른손으로는 막대기에 매달려 있는 남자를 표현한 작품. 프로이트가 모델이다. 21세기 지식인의 역할에 대한 작가의 고민을 담았다고 한다.
가는 방법 Husova 거리에 위치

3. 기어가는 아기 Mimi Kampa
가는 방법 캄파 박물관 옆

4. 움직이며 오줌 누는 사람 동상 Čurající fontána
가는 방법 프란츠 카프카 박물관 앞

5. 카프카의 움직이는 두상 Socha Franze Kafky
가는 방법 메트로 B선 Národní Třída역에서 도보 3분

6. TV 타워를 기어오르는 아기들 Miminka
지즈코프 티비 타워 Žižkov TV Tower를 기어오르는 모습.
가는 방법 메트로 A선 Jiřího z Poděbrad 역에서 도보 5분

7. 총 Gun
가는 방법 구시가에서 카를교 가기 바로 전. 아모야 Amoya 중정에 위치

성 미쿨라쉬 성당 Kostel Sv. Mikuláše

Map P.62-B1

이름이 같은 성당이 프라하에 세 군데 있는데, 바로크 건축의 정수로 꼽히는 건물은 말라스트라나 광장에 있는 성 미쿨라쉬 성당이다. 1673년, 당대 바로크 건축의 거장인 디엔첸호퍼가 건축하기 시작해 그의 자손들의 손길을 거쳐 1755년에 완공되었다. 내부는 화려한 금박과 섬세한 대리석 조각으로 장식돼 있으며 '성 미쿨라쉬의 승천'을 묘사한 천장의 프레스코화가 주목할 만하다. 2,500개의 파이프가 달린 파이프 오르간은 1787년 모차르트가 직접 연주한 적도 있다. 저녁마다 정기적으로 파이프 오르간 연주회가 있으니 성당 내부도 둘러볼 겸 꼭 한번 방문해서 웅장한 오르간 선율에 귀 기울여보자.

주소 Malostranské Náměstí

홈페이지 www.stnicholas.cz 운영 3~10월 09:00~17:00, 11~2월 09:00~16:00 입장료 일반 100Kč, 학생 60Kč 가는 방법 카를 다리에서 도보 5분, 또는 메트로 A선 Malostranská 역 하차, 또는 트램 12 · 20 · 22번을 타고 Malostranské Náměstí 역에서 각각 도보 7분

네루도바 거리 Nerudova Ulice

Map P.62-A1

말라스트라나 광장에서 프라하 성으로 향하는 오르막길. 외국 대사관과 기념품점, 카페, 펍, 레스토랑 등 바로크 양식의 화려하고 멋진 건물들이 즐비하게 늘어서 있다. 거리 이름은 프라하의 국민작가로 추앙받는 얀 네루다 Jan Neruda의 이름에서 따온 것이다.

체코에는 1857년 이전까지 딱히 정해 놓은 주소 체계가 없고, 대신에 집집마다 특징을 살려 조각한 심볼이 번지수 구실을 했다고 한다. 이곳 네루도바 거리에 들어서면 3대의 바이올린 집, 금잔의 집, 붉은 양 집, 금열쇠 집, 2개의 붉은 태양 집, 백조 집, 메두사의 집 등 어린아이의 상상 속에서나 나올 법한 앙증맞은 문패를 발견할 수 있다. '2개의 붉은 태양 집'은 현재 네루도바 47번지로, 네루다가 30년 동안 살던 곳이다. 화려한 독수리 조각

파이프 오르간 연주회로 유명한 말라스트라나 지구의 성 미쿨라쉬 성당

네루도바 거리에 있는 이탈리아 대사관

3대의 바이올린 집

네루도바 거리에서는 문패를 유심히 보세요. 3대의 바이올린 집, 금잔의 집, 붉은 양 집, 금열쇠 집, 2개의 붉은 태양 집, 백조 집, 메두사의 집 등의 심볼을 볼 수 있어요.

프라하 성으로 오르는 길목인 네루도바 거리

이 새겨진 이탈리아 대사관과 근육질의 무어인 상이 조각된 '무어인 상 집'은 현재 루마니아 대사관으로 쓰이고 있다.

가는 방법 카를 다리에서 도보 5분. 또는 메트로 A선 Malostranská 역 하차, 또는 트램 12 · 22 · 23번을 타고 Malostranské Náměstí 역에서 각각 도보 7분

발트슈테인 궁전 Valdštejnský Palác

Map P.62-B1

귀족 신분으로 체코의 왕을 꿈꾸고, 자신을 전쟁의 신 마르스에 비유한 발트슈테인 장군(1583~1634)의 궁전. 페르디난트 2세 시대에 총사령관을 역임한 그의 인생은 한 편의 파란만장한 드라마와 같다. '30년 전쟁'에서 승리를 이끌어내고 왕의 신임을 얻었으며, 돈 많은 여인과 결혼함으로써 부의 기초를 다진다. 또한 당시 최대 적수인 구교와 신교, 합스부르크 제국과 보헤미아 귀족 사이를 오가며 왕을 능가하는 부와 권력을 쌓았다. 그러나 최후에는 여러 차례의 전쟁에서 패배하게 되고 스스로 왕이라는 환상에 빠져 결국 왕의 미움을 사 암살당하고 만다.

한때 프라하 성보다 더 멋진 궁전을 원했던 그는 1620년, 프라하 성 바로 아래에 발트슈테인 궁을 세웠다. 말라스트라 지구의 좁은 골목을 지나 궁전 안으로 들어서면 마치 높은 담장이라는 베일을 벗기듯 아름다운 정원이 모습을 드러낸다. 프라하에서 보기 드문 전형적인 르네상스식 정원으로 꾸며졌다. 한가운데 분수가 있고 정원 둘레는 멋진 조각들로 장식되어 있다. 하지만 이 조각 작품들은 아쉽게도 모조작이다. 진품은 스웨덴군이 약탈해 갔다고 한다.

정원 서쪽으로 가면 현재 상원의사당으로 사용하는 바로크 양식의 본궁이 나온다. 가장 볼 만한 것으로는 영화 〈아마데우스〉에 등장해 더욱 유명해진 바로크 양식의 살라 테레나 Sala Terrena. 연극 · 콘서트를 펼치는 야외음악회장으로 쓰이고 있다. 정원 한쪽 벽면을 장식한 돌 장식은 마치 석회동굴을 옮겨 놓은 듯한데, 무더운 여름에 찬물을 흘려보내면 건물 내부를 시원하게 하는 천연 에어컨 장치라고 한다. 정원을 무료로 개방하고 있으니 말라스트라나 지구와 프라하 성을 관광하는 도중에 휴식 겸 잠시 들러보는 것도 좋다.

주소 Valdštejnské náměstí 4

홈페이지 www.senat.cz 운영 정원 4~10월 월~금 07:30~18:00, 토~일 · 공휴일 10:00~18:00(6~9월 ~19:00) 궁전 11~3월 첫째 주말 · 공휴일 10:00~16:00, 4~10월 주말 · 공휴일 10:00~17:00(6~9월 ~18:00) 입장료 무료

가는 방법 메트로 A선 Malostranská 역 하차. 또는 트램 12 · 20 · 22번을 타고 Malostranské náměstí 역 하차. Malostranská 역 정문 바로 옆에 궁전으로 들어가는 문이 있다. 또는 카를 다리에서 도보 10분

발트슈테인 궁전

고서점으로 운영되는 금잔의 집

©체코 관광청 / 체코의 왕을 꿈꾸던 발트슈테인 장군의 궁전

• 유네스코 • 핫스폿 • 뷰 포인트

프라하 성 Pražský Hrad

Map P.61-A1, P.62-B2

현재 대통령 관저로 사용하고 있는 성은 프라하 관광의 최대 볼거리. 구시가지를 지나 카를 다리에 들어서면 눈앞에 펼쳐지는 멋진 풍경이 벅찬 감동으로 다가온다. 블타바 강과 언덕 위 프라하 성이 어우러져 마치 한 폭의 그림을 이루는 모습은 여행자들의 마음을 한순간에 사로잡는다.

흐라트차니 언덕 위에 자리잡고 있는 프라하 성은 9세기 중엽에 짓기 시작해 14세기에 지금의 모습으로 완공했다. 그후 다양한 건축기술이 도입되었고 18세기에 이르러 화려하고 정교한 모습을 갖추게 되었다. 길이 570m, 폭 128m로 세계 최대 규모를 자랑하며, 멀리서 보면 하나의 건물처럼 보이지만 실제는 궁전 · 정원 · 성당 등 여러 건물로 이루어져 있다. 성 안에서 눈여겨볼 만한 것으로는 12세기에 지은 구왕궁과 체코에서 가장 규모가 큰 성 비투스 대성당, 체코에서 가장 오래된 로마네스크 양식의 성 이르지 성당, 연금술사들이 살았다는 황금소로, 16세기 중반에 만든 벨베데르 정원 등이 있다.

프라하의 역사와 운명을 함께해 온 성은 체코의 주요 사건 등이 일어난 무대였다. 프라하 역사와 인물에 대해 미리 알고 가면 성 관람이 훨씬 재미있다. 뿐만 아니라 성을 거쳐간 역대 왕들이 그들의 취향에 맞춰 새로운 양식을 도입해 건물을 증개축한 덕분에 성 자체가 건축박물관으로 남아 각 시대의 문화 흔적을 볼 수 있어 흥미롭다. 또한 언덕 위에 위치해 있기 때문에 시내 풍경을 감상할 수 있는 전망대가 많다. 프라하 성 정문, 정원, 탑 등 전망대에 따라 다른 느낌으로 시내를 바라볼 수 있고 야경 역시 환상적이므로 절대 놓치지 말자.

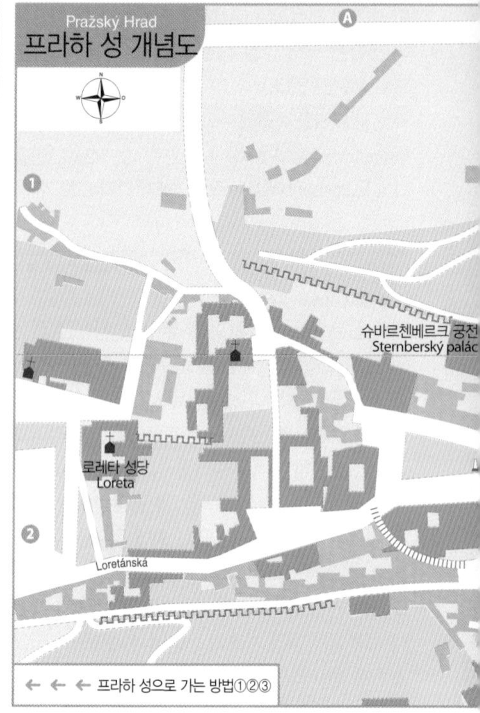

석양 무렵의 프라하 성

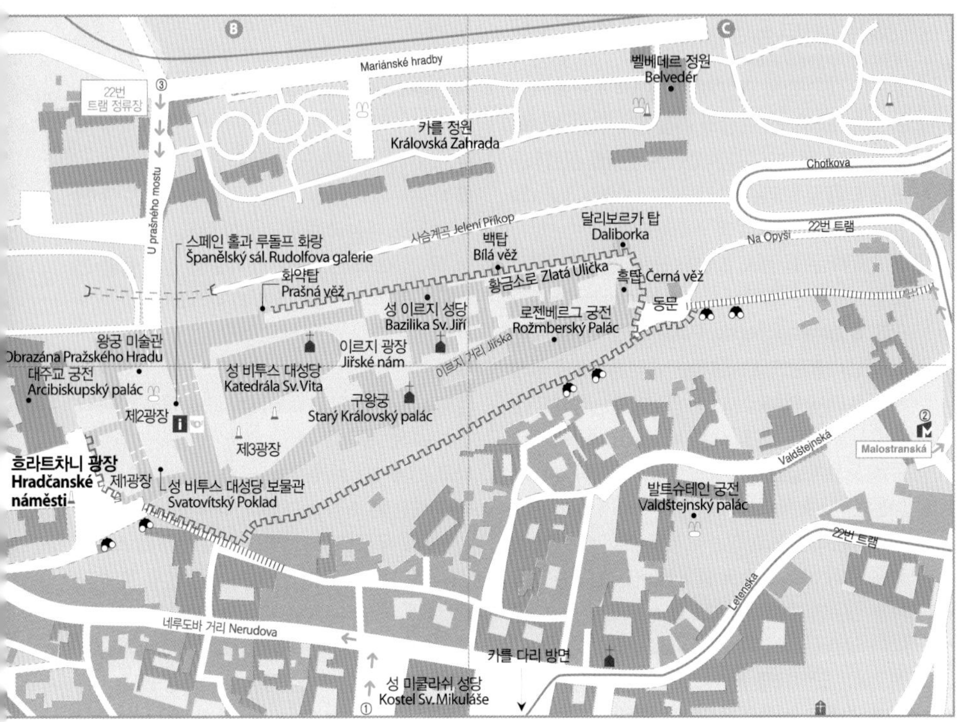

알아두세요

산책하는 기분으로 성 안을 돌아보자. 1시간 정도 소요되지만, 입장료를 받는 주요 건물 내부까지 찬찬히 돌아보려면 하루 정도 할애해야 한다. 늘 관광객으로 붐비는 곳이니 조금 여유 있게 관람하고 싶다면 아침 일찍 서두르는 게 좋다. 간단한 음료와 간식을 챙기는 것도 잊지 말자. 제2광장에 있는 ⓘ와 매표소에서 성과 관련해 필요한 정보를 미리 얻어두면 유용하다. 기념품점과 우체국 · 환전소 등도 함께 운영한다. 한국인이 운영하는 가이드 투어도 있으니 상세한 안내와 편리한 관광을 원한다면 이용해 보자. 전화나 홈페이지를 통해 미리 예약해야 한다.

프라하 성 홈페이지 www.hrad.cz

운영 06:00~22:00, 단, 구왕궁은 4~10월 09:00~17:00, 11~3월 09:00~16:00 **입장료** 무료(건물 내부 관람은 유료)

성 안의 볼거리

운영 4~10월 09:00~17:00, 11~3월 09:00~16:00

입장료 ❶A · C형 일반 350Kč, 학생 175Kč ❷B형, 성 비투스 대성당 보물관 일반 250Kč, 학생 125Kč ❸왕궁 이야기 전시관 일반 140Kč,학생 70Kč ❹왕궁 미술관 일반 100Kč, 학생 50Kč ❺성 비투스 대성당 남쪽 탑 전망대 일반 150Kč

가는 방법 ❶카를 다리 네루도바 거리를 따라 20분쯤 올라가면 정문에 도착한다. ❷메트로 A선을 타고 Malostranská 역에 내린 다음 오르막길을 따라 20분쯤 가면 동문에 도착한다. ❸시내에서 트램 22번 이용. 언덕길을 따라 프라하 성 뒤쪽 언덕까지 운행한다.

무료 도보 코스

카를 다리를 지나 네루도바 거리로 오르기 → 정문이 있는 흐라트차니 광장과 근위병 교대식 구경 → ⓘ가 있는 제2광장 → 성 비투스 대성당 → 구왕궁과 성 이르지 성당 → 황금소로 → 달리보르카 탑 → 동문과 옛 성 진입 계단 → 메트로 A선 Malostranská 역

예상 소요 시간 30분

●뷰 포인트

흐라트차니 광장 Hradčanské nám.

Map P.93-B2

드라마 〈프라하의 연인〉에서 마라톤 장면을 찍은 곳으로 프라하 성 관광의 기점이다. 광장 중앙에는 1920년, 체코에 이상적인 민주주의를 실현시킨 초대 대통령 토마슈 가리구에 마사리크 Tomáš Garrigue Masaryk의 동상이 서 있다.

성 정문(서문)을 등지고 왼쪽에는 국립전쟁박물관으로 사용하는 르네상스 양식의 슈바르첸베르크 궁전 Schwarzenberský Palác이 있고, 오른쪽에는 국립미술관으로 사용하는 슈테른베르크 궁전 Šternberský Palác이 있다. 광장에서 남쪽으로 내리막길을 따라 가면 네루도바 거리가 나오고, 북쪽의 오르막길을 따라 가면 바로 로레타 성당이 나온다.

칼과 몽둥이를 들고 있는 무시무시한 거인상이 조각된 문이 바로 성으로 들어가는 정문이다. 정문에는 근위병이 24시간 보초를 서고 있다. 매시 정각이 되면 간소하지만 근위병 교대식이 거행되고 정오에는 군악대를 동반한 화려한 교대식이 진행된다. 정문으로 들어서자마자 바로 보이는 작은 광장이 제1광장이고, 18세기 초에 세운 마티아스 문 Matyášova brána을 통과하면 제2광장과 연결된다.

제2광장

Map P.93-B2

광장 중앙에 들어서면 바로크식 분수가 제일 먼저 눈에 띈다. 오른쪽에는 매표소와 ⓘ, 성 비투스 대성당 보물관이 있고, 왼쪽에 왕궁 미술관이 있다.

성 비투스 대성당 보물관 뒤쪽으로 보이는 건물은 대통령 관저다. 입구에 국기가 걸려 있다면 현재 대통령이 머물고 있다는 표시다.

성 비투스 대성당 보물관 Svatovítský Poklad

Map P.93-B2

성 비투스 대성당 보물관은 성 십자가 예배당 안에 대관식에 쓰인 십자가와 유물함, 성배 등을 전시하고 있으니 관심 있다면 꼭 들러보자.

왕궁미술관 Obrazána Pražského hradu

Map P.93-B2

정치보다는 문학과 예술 · 건축 · 연금술에 심취했다고 전해지는 황제 루돌프 2세 Rudolf II가 수집한 미술품을 소장하고 있다. 대부분의 전시물이 괴팍하고 우울한 이미지다. '30년 전쟁'과 스웨덴군의 침략으로 많은 미술품이 소실된 후 한때 마구간으로 사용되기도 했다. 1960년에 5년여의 공사를 마치고 왕궁미술관으로 오픈, 100여 점의 회화와 4,000여 점의 예술품을 전시하고 있다. 가장 유명한 작품으로는 티치아노의 「화장하는 젊은 여인」이 있다.

운영 4~10월 09:00~17:00, 11~3월 09:00~16:00

스페인 홀과 루돌프 화랑 Španělský sál. Rudolfova galerie

Map. P.93-B2

16세기에 만든 스페인 홀과 루돌프 화랑은 루돌프 2세의 수집품을 보관하거나 연주회 또는 사교모임이 열린 대강당이다. 총 4개의 입구를 이용해 들어갈 수 있지만 지금은 체코 대통령이 공식적인 손님을 접대하는 공간으로 쓰고 있다. 일반인에게는 1년 중 체코의 독립기념일(10/28)과 해방기념일(5/8)에만 공개하므로 이 기간에 여행한다면 꼭 들러보자.

이 광장이 드라마 〈프라하의 연인〉에서 마라톤 장면을 찍은 곳입니다.

스페인 홀과 루돌프 화랑

성 비투스 대성당

성 바츨라프 예배당

성 비투스 대성당 안에 있는 스테인드글라스

얀 네포무츠키의 묘

성 비투스 대성당 전망대에서 내려다 본 제3광장

제3광장 Map P.93-B2

프라하 성 관광의 하이라이트. 체코 최대의 고딕 건축물인 성 비투스 대성당과 체코 역사에서 가장 큰 사건으로 기록된 창외 투척사건이 일어난 구왕궁이 자리하고 있다. 중후하면서도 정교한 모습이 관광객을 압도하는 성 비투스 대성당은 건물의 외관만 둘러보아도 입이 딱 벌어진다.

성 비투스 대성당
Katedrála Sv. Víta Map P.93-B1~B2

600년에 걸쳐 완성된 프라하 성의 상징. 1344년, 카를 4세의 명에 따라 10세기경의 로마네스크 양식 원형성당이 있던 자리에 성당 건축을 시작해 1929년에 와서야 완공되었다. 전체길이가 124m, 너비 60m, 첨탑의 높이는 100m에 이르고 내부의 천장 높이는 33m지만 실제로는 훨씬 높게 느껴진다. 육중한 청동문에는 바츨라프 대왕의 일대기를 묘사한 부조가 있다.

주요 볼거리로는 성당의 최고 걸작으로 꼽는 성 바츨라프 예배당 Kaple Sv. Václava과 2톤의 순은으로 제작한 얀 네포무츠키의 묘 Náhrobek Sv. Jana Nepomuckého, 성당 창을 장식한 아름다운 스테인드글라스 등이 있다.

성 바츨라프 예배당에는 그의 유물과 보물들이 보관되어 있을 뿐 아니라 14세기 예수의 고난과 함께 성인의 일대기를 그린 벽화도 남아 있다. 단, 창문 너머로만 관람할 수 있다. 지하는 카를 4세, 바츨라프 4세, 이르지 왕, 루돌프 2세 등의 관이 있는 왕실묘지다. 특이하게도 내부 한쪽에 돌을 모아 전시해 놓은 공간이 있는데 돌에는 성당을 지은 사람들의 소속 길드가 표시되어 있다. 이 표시는 백성들을 무작정 강제동원한 것이 아니라 돈을 주고 고용했음을 보여준다.

스테인드글라스는 중세시대부터 유럽 최고를 자랑해 온 보헤미아의 글라스 기술을 이용해 그리스도의 7성사, 얀 네포무츠키 이야기 등 성서의 내용을 담아 각기 다른 시기에 제작된 것이다. 그중에는 아르누보 미술의 대가인 알폰세 무하의 작품도 있으니 절대 놓치지 말자.

마지막으로 287개의 계단을 따라 성당 탑으로 올라가면 프라하 성과 말라스트라나 지구를 한눈에 내려다볼 수 있는 멋진 전망대가 나온다.

Travel PLUS 체코의 세종대왕, 카를 4세

카를 4세는 14세기 중반 보헤미아의 왕이자 신성로마 제국의 황제로 체코를 유럽의 정치 · 경제 · 문화면에서 가장 뛰어난 국가로 이끈 성군이었다. 오늘날 프라하를 대표하는 카를 다리와 프라하 성, 성 비투스 대성당과 구왕궁 등도 카를 4세 때 당대 최고의 독일 건축가인 페터 파를러 Peter Parler가 설계한 것이다. 오늘날 체코인들이 자부하는 지나간 역사의 전성기는 바로 카를 4세 시절을 말한다.

구왕궁

Starý Královský Palác Map P.93-B2

성 비투스 대성당을 마주보고 오른쪽에 있는 건물이 구왕궁이다. 9세기경부터 왕자들의 거처로 사용한 곳으로, 각 시대를 지나오면서 전대의 유산에 새로운 양식을 더해 지금과 같은 모습을 갖추게 되었다. 현재 구왕궁의 내부는 일부 방만 관광객을 위해 개방하고 있다.

구왕궁에서 가장 유명한 곳으로는 3층의 블라디슬라프 홀 Vladislavský sál. 깊이 62m, 너비 16m, 높이 13m로 중세 유럽에서 성당을 제외하고 기둥 없는 방으로는 가장 컸다고 한다. 이곳에서 왕의 대관식이나 접견식, 각종 행사 등이 열렸으며, 말을 탄 채 창을 던지는 시합을 하기도 했다고 한다. 홀 바로 오른쪽 문으로 들어가면 체코 역사에서 종교 갈등의 시발점이라 할 수 있는 '창외 투척사건'이 일어난 총독의 방이 나온다. 구왕궁 바로 밑은 프라하 성 역사 전시관 Příběh Pražského hradu이다. 꽤 큰 지하 공간에 프라하 성에서 발견된 오래된 문서나 왕관, 의복, 유골 등을 전시한다.

화약탑

Prašná věž Map P.93-B1

구시가에 있는 것과 이름이 같은 화약탑이지만 성 안의 다른 화려한 건축물들과는 달리 어둡고 칙칙한 분위기다. 1492년 블라디슬라프 2세 때 성을 지키는 요새이자 화약 저장고로 쓰기 위해 세웠는데 15세기의 화재로 소실되었다가 재건 후 종을 만들기 위한 장소로 이용되었다. 성 비투스 대성당의 18톤에 달하는 거대한 종도 이곳에서 제작되었다. 이후 연금술에 심취해 있던 루돌프 2세 때 그들의 실험장소로 이용했고 지금은 프라하 성 호위병들의 의복과 무기 및 체코 군인들의 의복 등을 전시

Travel PLUS 30년전쟁을 부른 창외 투척사건

'30년 전쟁'은 1618년부터 1648년까지 개신교와 가톨릭 간에 벌인 종교전쟁. 독일에서 시작된 종교 대립은 아우크스부르크 화의 이후에도 여전하였다. 그중 보헤미아에서 왕위 문제와 가톨릭 정책을 둘러싸고 신교도 귀족이 독일 황제에게 반항한 것을 계기로 전쟁이 발발하였다. 당시 후스파인 신교를 믿는 귀족이 많던 프라하에 합스부르크 왕가의 정통 가톨릭파인 페르디난트 2세가 보헤미아 왕으로 오게 되었다. 그는 독일의 루돌프 2세가 체코에 내려준 신앙의 자유, 즉 '칙령서'를 파기하고 신교도를 탄압하기 시작했다. 이에 머리 꼭대기까지 화가 난 신교도 귀족들은 1618년 5월 23일 1,000여 명의 시민을 이끌고 성으로 침입했다. 왕과 대면하게 된 귀족 대표들은 박해를 중지할 것을 부탁했지만 거절당하고 만다. 그러자 그들은 왕의 고문관 2명과 서기관 1명을 3층 창문 밖으로 던져버렸다. 다행이 거름덩어리 위로 떨어져 크게 다치지는 않았지만 이 사건으로 인해 결국 신교도 귀족들은 페르디난트 2세를 폐위시키고, 프리드리히를 새로운 왕으로 추대했다. 합스부르크 왕가에 치욕을 안겨준 이 사건을 '창외 투척사건'이라 한다. 이 전쟁은 덴마크 · 스웨덴 · 프랑스가 신교편에 가담하고, 스페인은 구교도를 지원하여 국제적인 전쟁으로 확산되었다. 30년에 걸친 전쟁은 베스트팔렌 조약을 체결하면서 끝이 났으며, 가톨릭 · 루터 · 칼뱅 파 모두 평등하게 신앙의 자유를 인정받았다.

화약탑

하는 군사 박물관으로 사용되고 있다.

프라하 성에는 화약탑 외에 2개의 탑이 더 있다. 하나는 16세기에 감옥으로 쓰던 것인데 지금은 중세의 고문기구들을 전시한 백탑 Bílá věž이고, 다른 하나는 예전의 감옥을 카페로 탈바꿈시킨 흑탑 Černá věž이다.

이르지 광장
Jiřské nám.

Map P.93-B1

제3광장 다음으로 주요 볼거리가 모여 있는 곳이다. 프라하에서 가장 오래된 로마네스크 양식의 성 이르지 성당, 체코인의 동심을 엿볼 수 있는 장난감박물관, 프라하 성 안에서 가장 별난 장소로 알려진 황금소로가 있다.

성 이르지 성당
Bazilika Sv. Jiří

Map P.93-B1

성인 이르지에게 봉헌한 성당. 프라하에서 가장 오래되고 보존이 잘 된 로마네스크 양식의 건물이다. 내부 벽화가 퇴색된 것만 보아도 상당히 오래되었음을 짐작케 한다. 920년에는 목조건물이었으나 1142년 대화재 이후 로마네스크 양식으로 재건되었다. 2개의 우뚝 솟은 첨탑은 각각 아담과 이브를 상징하는데, 아담의 첨탑이 더 굵다는 이유로 체코 여성들에게 비난을 받았다고 한다. 보헤미아 최초의 성녀이자 성 바츨라프의 할머니인 루드밀라의 묘가 안치되어 있는데, 루드밀라는 이교도 며느리에 의해 살해당했다고 한다. 현재 내부는 미술관으로 사용하고 있는데 음향효과가 뛰어나 콘서트홀로도 자주 이용된다. 매년 5월 '프라하의 봄' 음악제도 이곳에서 열린다.

운영 4~10월 09:00~17:00, 11~3월 09:00~16:00

장난감박물관
Muzeum Hraček

Map P.93-C1

2층으로 이루어진 장난감박물관에는 150년이 넘는 장난감 역사가 살아 숨쉬고 있다. 전통 목각인형에서 바비인형, 인형의 집, 기차, 배, 비행기 등 다양한 장난감이 나라별, 시대별로 전시되어 있다. 어린이보다는 동심을 잃은 어른들에게 향수를 불러일으키는 아주 특별한 박물관이다.

운영 09:00~17:30

황금소로
Zlatá Ulička

Map P.93-C1

수많은 사람들의 발길이 끊이지 않는 황금소로. 마치 난쟁이들이 사는 집처럼 알록달록한 파스텔톤 색상의 작고 아담한 집들이 다닥다닥 붙어 있는 좁은 골목길을 말한다. 16세기에 형성된 이 길에 황금소로라는 이름이 붙은 데는 두 가지 설이 있다. 하나는 이곳에 금박 장인들이 모여 살았기 때문이라는 설이고, 다른 하나는 금을 만드는 연금술사들이 여기에 모여 살았다는 것이다. 지금은 기념품점들이 들어서 있는데, 거리 한가운데에 있는 파란색의 22번지 집은 프란츠 카프카가 작업실로 쓰던 곳이라고 한다. 19번지에 있는 가게는 하

성 비투스 대성당 전망대에서 내려다 보이는 성 이르지 성당

황금소로 22번지는 프란츠 카프카가 작업을 했던 장소입니다.

벨 대통령의 부인 올가 여사의 재단이 운영하는 기념품점이다. 난쟁이 마을에 들어선 것처럼 입구가 작기 때문에 집 안으로 들어갈 때는 허리를 굽혀야 하는 즐거운 수고도 감수해야 한다.

카프카의 작업실 주소 Zlatá Ulička 22

운영 4~10월 09:00~17:00, 11~3월 09:00~16:00

황금소로에서 프란츠 카프카를 만나다

1·2차 세계대전을 겪은 유럽 사회는 모든 것이 무의미하고 신의 권능을 근본적으로 돌아보게 되면서 존재의 의미를 깊이 탐구하기 시작했다. 그 시대에 살면서 존재에 대해 끊임없이 연구하고 인간 소외에 대한 글을 써내려간 사람이 바로 20세기를 대표하는 실존주의 작가, 프란츠 카프카 Franž Kafka (1883~1924)다. 체코가 낳은 천재 작가 카프카는 프라하의 유대인 가정에서 태어나 체코에서 교육을 받았고 41세로 생을 마감하는 순간까지 프라하를 벗어난 적이 없었다고 한다. 현실과 환상을 오가는 그의 작품세계는 과거와 현대가 공존하는 프라하를 닮았다고 한다. 낮에는 보험회사를 다니고 밤에는 엄격한 아버지의 눈을 피해 황금소로의 작은 집에 앉아 집필을 했는데, 대표작으로 『성』 『변신』 『심판』 등이 있다.

달리보르카 탑
Daliborka Map P.93-C1

황금소로 골목이 끝나는 곳에서 계단을 내려가면 보이는 둥근 탑이다. 15세기 중반에 세워져 감옥으로 이용되었다. 공간이 너무 비좁아 죄수들은 발도 제대로 펴지 못하고 새우잠을 자야 했다고 한다. 고개를 숙이면 바로 보이는 우물 같은 구멍의 방은 한번 들어가면 죽을 때까지 나오지 못했다고 전해진다.

운영 4~10월 09:00~17:00, 11~3월 09:00~16:00

Say Say Say

달리보르카 탑의 첫 번째 수감자 '달리보르'

탑의 이름은 농노제가 시행된 때 농민반란에 가담한 죄로 처음 투옥된 달리보르의 이름을 따서 지었답니다. 보헤미아의 기사였던 달리보르는 사형될 날을 기다리며 날마다 지하감옥에서 자신의 서글픈 심정을 바이올린 선율에 담아 연주했다네요. 그 선율에 이끌려 탑 주위에 몰려든 주민들은 그의 연주를 감상하고 간수 몰래 먹을 것을 넣어줬다고 합니다. 하지만 결국 그는 사형을 당하고 말죠. 이 전설은 스메타나가 작곡한 오페라 〈달리보르〉의 소재이기도 합니다.

카를 정원 & 벨베데르 궁전
Královská zahrada & Belvedér Palác
Map P.93-B1~C1

프라하 성에 있는 정원 중에서 가장 크고 화려하다. '로열 정원'이라고도 부르는 이곳은 1534년에 페르디난트 1세가 만든 것이다. 오래된 포도원을 사들인 페르디난트는 르네상스 양식의 정원을 만들기로 결심했다. 오직 귀족을 위해 꾸민 정원에는 게임을 하거나 쉴 수 있는 공간도 있다. 제일 안쪽에는 그의 아름다운 아내를 위해 지은 르네상스 양식의 여름 별궁이 있다. 오늘날 이 궁전은 미술품을 보관하는 화랑으로 이용된다. 프라하 성 쪽에서 사슴계곡에 놓여 있는 화약교를 건넌 후 약 50m를 더 걸어가면 오른쪽에 정원으로 들어가는 입구를 찾을 수 있다.

로레타 성당
Loreta Prager Map P.92-A2

원래 팔레스타인 지방에 있던 성모 마리아의 집 Santa Casa을 13세기에 천사들이 이탈리아의 로레토 Loreto로 옮겼다는 전설이 전해진다. 17세기에는 이 전설이 모티프가 되어 가톨릭 세력을 확장할 목적으로 보헤미아 지방 30여 곳에 성모 마리아의 집을 짓게 되었다. 그중에서도 1626년에 건축한 프라하의 로레타 성당은 본래 건물의 천장 프레스코 장식과 기적을 행한다는 성모상을 그대로 재현한 것으로 유명하다. 안뜰에 있는 기적의

카를 정원&벨베데르 궁전 ⓒ체코 관광청

스트라호프 수도원의 신학의 방

스트라호프 수도원의 철학의 방

로레타 성당

성모상과 은제단, 6,000여 개의 다이아몬드로 장식된 성체 현시대(顯示臺)가 주요 볼거리다.

입구 쪽 탑에는 1694년에 페터 노이만이 암스테르담에서 만든 27개의 종이 있으며, 매시 정각 〈마리아의 노래〉를 연주한다.

주소 Loretánské nám. 7 홈페이지 www.loreta.cz
운영 4~10월 09:00~17:00, 11~3월 09:30~16:00
입장료 일반 150Kč, 학생 130Kč, 사진촬영 100Kč
가는 방법 프라하 성 정문에서 언덕길을 따라 도보 5분. 또는 트램 22번을 타고 Pohořelec 역에서 하차

• 뷰 포인트

스트라호프 수도원 Map P.61-A2, P.62-A2
Strahovský Klášter

영화 〈아마데우스〉의 촬영지로 유명한 스트라호프 수도원은 아름다운 시내 풍경을 감상할 수 있는 절호의 뷰 포인트다. 특히 녹음 짙은 페트르진 언덕 위에 있어 느긋한 산책을 즐기기는 데는 더없이 좋은 곳이다.

수도원은 12세기 금욕주의 계열의 프리몬스트라텐시안 Premonstratensian 교단을 위해 세운 것으로, 17~18세기에 바로크 양식을 첨가해 지금과 같은 모습을 갖추게 되었다. 현재 내부는 수도원의 기능이 사라지고 오래된 희귀 서적 등을 소장하고 있는 도서관과 수도원에서 수집한 보헤미아와 유럽 전역의 미술품을 전시하는 미술관, 체코 문학 박물관이 있는 성모승천성당 등이 있다.

중세시대에 개관한 도서관은 수도원 최고의 볼거리로 13만여 권에 달하는 진귀한 장서를 보관하고 있다. 특히 철학의 방과 신학의 방은 오랜 세월 수도사들이 지식을 쌓던 장소로, 화려한 바로크 양식이 돋보이고 신비로운 느낌도 든다. 12세기에 지은 성모승천성당은 모차르트가 연주를 한 장소로도 유명하니 관심이 있다면 한번 들러보자.

주소 Strahovské nádvoří 1/132
홈페이지 www.strahovskyklaster.cz
운영 미술관 09:30~17:00(점심 11:30~12:00), 도서관 매일 09:00~12:00, 13:00~17:00
입장료 미술관 일반 120Kč, 학생 60Kč, 도서관 일반 120Kč, 학생 60Kč
가는 방법 로레타 성당에서 도보 5분. 또는 메트로 A선 Malostranská 역에서 내린 후 트램 22번을 타고 Pohořeleč 역 하차

프라하의 에펠탑, 페트르진 공원 전망대

• 마니아 • 뷰 포인트

페트르진 공원 전망대
Petříská rozhledna Map P.61-A2, P.62-A2

1891년에 파리의 에펠탑을 본떠서 만든 높이 60m의 전망대. 녹음이 짙은 페트르진 언덕 공원에 있다. 주변에 미로의 방, 성 우브지네츠 성당, 천문대 등의 볼거리가 있다. 전망대를 편하게 오르려면 등산열차 Lanová Dráha를 이용하는 게 가장 좋다. 등산열차는 중간역인 Nebozizek 역을 지나 정상으로 향하는데, Nebozizek 역은 또다른 시각에서 프라하 시내를 내려다볼 수 있는 최고의 전망대다. 정류장에 내려 감상하거나, 정류장 위쪽에 고급 레스토랑 겸 카페 Nebozizek(P.106)가 있으니 이곳에서 차 한 잔의 여유를 즐기면서 눈앞에 펼치는 시내 풍경을 조망해도 좋다.

홈페이지 www.petrinska-rozhledna.cz

운영 4~9월 10:00~22:00, 10 · 3월 10:00~20:00, 11~2월 10:00~18:00

• 전망대

입장료 일반 150Kč, 학생 80Kč

가는 방법 스트라호프 수도원에서 도보 15분. 또는 말라스트라 지구의 Újezd 거리에서 등산열차를 타고 간다.

• 등산열차

운행 4~10월 09:00~23:30(11~3월 ~23:20)

요금 55Kč

프라하 시에서 운영하기 때문에 일반 대중교통 티켓으로 이용 가능. 1회권 32Kč(75분 동안 유효하며 환승이 가능하니 기억해 두자)

미로의 방
• 마니아

Bludiště

입장권을 내고 첫 번째로 들어가는 방에는 거울이 여기저기에 걸려 있어 한 사람이 여럿으로 보이고, 공간감각을 잃게 되어 진짜 사람이 어디 서 있는지 헷갈릴 정도로 신기하다. 마치 영화 〈메트릭스〉에 나오는 장면처럼 한 명이 여럿으로 보인다. 두 번째 방은 사람 모습을 짧게, 길게, 뚱뚱하게, 가늘게 보이게 하는 거울이 설치되어 있어 거울 속에 비친 우스꽝스런 모습에 웃음이 절로 난다. 10분 정도밖에 안되는 짧은 시간이지만 모처럼 실컷 웃을 수 있어 아깝지 않다. 마음만은 어린아이처럼 활짝 열고 들어가 보자.

운영 3 · 10월 10:00~20:00, 4~9월 10:00~22:00, 11~2월 10:00~18:00 입장료 일반 90Kč, 학생 65Kč

가는 방법 페트르진 전망대에서 도보 3분

시 외곽

시 외곽과 근교에도 유명한 유적지, 박물관 등이 곳곳에 있다. 그 중에서 블타바 강이 내려다보이는 비셰흐라트는 프라하의 역사가 시작된 곳으로 그 의미가 더욱 크다. 또 카를 다리의 30개 성상이 전시된 라피다리움 역시 흥미롭다. 그밖에 아름다운 자연과 숲에 둘러싸인 전설의 성이 있는 카를슈테인도 빼놓을 수 없는 근교 여행지다. 체코의 전원 풍경을 만날 수 있는 30분간의 열차 여행은 또다른 즐거움을 선사할 것이다.

• 마니아 • 뷰 포인트

비셰흐라트 Vyšehrad

Map P.63-B2

비셰흐라트는 '고지대의 성'이라는 뜻. 블타바 강기슭 바위산 꼭대기에 있다. 프라하 탄생신화의 주무대로 체코 민족의 뿌리를 상징하는 신성한 장소다. 19세기 말에는 많은 체코 예술가들이 이곳에서 영감을 얻어 민족부흥을 위한 작품활동을 펼쳤다고 한다. 가장 대표적인 예가 스메타나의 〈나의 조국〉으로 제1악장의 '높은 성'은 바로 비셰흐라트를 말한다.

비셰흐라트 성곽 입구에 들어서면 성 마르틴 성당의 로툰다 Rotunda Sv. Martina가 있다. 12세기에 완공, 프라하에서 현존하는 가장 오래된 로마네스크 양식의 건축물로 유명하다.

언덕 위에 오르면 11세기 말에 건축된 성 베드로와 바울로 성당 Bazilika Sv. Petra a Pavla이 있다. 원래는 고딕 양식 건물이었으나 세월이 흐르면서 여러 양식이 가미돼 지금의 모습이 되었다. 성당 옆은 국립명예묘지로 체코 예술사에 획을 그은 유명인들이 잠들어 있다. 비석으로나마 스메타나 · 드보르자크 · 무하 · 카프카 · 넴초바 · 네루다 등 거장들을 만날 수 있다. 특히, 스메타나의 〈나의 조국〉을 들으면서 언덕 위를 돌아본다면 더욱 의미 있는 시간이 될 것이다. 사람들로 북적대는 구시가지에서 벗어나 수수한 블타바 강 풍경을 감상하면서 산책과 휴식을 즐겨보자.

홈페이지 www.praha-vysehrad.cz

• 성 베드로와 바울로 성당

운영 11~3월 월~토 10:00~17:00, 일 10:30~17:00, 4~10월 월~수, 금~토 10:00~18:00, 목 10:00~17:30, 일 10:30~18:00 입장료 일반 50Kč, 학생 30Kč

가는 방법 메트로 C선 Vyšehrad 역 하차. 또는 카를 다리에서 트램 2 · 3 · 7 · 17 · 21 · 52번을 타고 Výtoň 역 하차. 또는 트램 7 · 14 · 18 · 24 · 53 · 55번을 타고 Albertov 역 하차

라피다리움 Lapidárium

Map P.63-B1

1981년에 네오르네상스 양식으로 지은 아름다운 건축물. 1995년 유럽에서 가장 아름다운 박물관 10위 안에 선정된 것으로 유명하다. 라피다리움이란 '돌'이라는 뜻의 라틴어로 이름에서 짐작할 수 있듯 다양한 돌조각들을 전시하는 이색적인 박물관이다. 총 8개 전시실에는 11~20세기에 걸쳐 제작, 수집된 보헤미아의 돌조각작품을 시대별, 양식별로 분류해 놓고 있다. 주목할 만한 작품으로는 훼손 방지를 위해 옮겨 놓은 카를 다리의 진품 조각품과 성 바츨라프 기마상의 원작이다. 그밖에 합스부르크 제국의 황제 청동상과 로레타 성당의 조각작품도 놓치지 말자. 건물과 전시물이 모두 흥미로운 곳이니 조각과 건축에 관심이 있는 사람은 꼭 들러보자.

주소 Výstaviště 422 홈페이지 www.nm.cz

운영 5~11월 수 10:00~16:00, 목~일 12:00~18:00 (그 외 휴무) 입장료 일반 50Kč, 학생 30Kč

입장료 일반 50Kč, 학생 30Kč
가는 방법 메트로 C선 Nádraží Holešovice 역에서 내린 후 트램 5 · 12 · 17번을 타고 Výstaviště 역 하차

스메타나 박물관 Muzeum Bedřicha Smetany
Map P.62-B2

체코의 국민 작곡가 스메타나를 만날 수 있는 박물관. 1936년 스그라피토 기법을 활용해 만든 네오 르네상스 스타일의 아름다운 건물 2층에 위치해 있다. 실내는 작고 소박한 편으로 스메타나가 사용한 피아노와 그가 그린 악보들, 지휘봉 · 초상화 등이 전시되어 있다. 블타바 강변에 위치한 탓에 홍수가 나면 전시품을 다른 곳으로 이동하기도 한다. 현재 박물관은 그의 후손들이 관리하고 있다. 박물관 바로 앞엔 그의 사망 100주년을 기념해 1984년에 만든 동상이 있다. 카를 다리와 프라하 성을 한눈에 조망할 수 있는 프라하 제일의 뷰포인트 중 하나이다.

주소 Novotného lávka 1 전화 221 082 288
홈페이지 www.nm.cz 운영 10:00~17:00 휴무 화요일

입장료 일반 50Kč, 학생 30Kč
가는 방법 구시가 쪽 카를 다리에서 국립 극장 쪽으로 내려오면 좌측에 있다.

Travel PLUS 체코인이 가장 사랑한 음악가 '스메타나'

스메타나 Bedřich Smetana(1824. 3. 2~1884. 5. 12)는 체코 민중음악의 창시자이자 지휘자, 비평가로 활동. 음악을 통해 조국의 독립과 민족의식을 고취시키는 데 생을 바친 체코의 위대한 음악가다. 그의 대표작 〈나의 조국〉은 그가 50세가 되던 1874년에 작곡을 시작해 5년여 만에 완성한 후 프라하 시에 기증했다. 보헤미아의 빛나는 전통과 역사, 자연의 아름다움 등을 주제로 해 총 6악장으로 이루어져 있다. 제1악장 '비셰흐라트'에는 국가의 전설을 담았으며, 제2악장 '블타바 강(몰다우 강)'은 세계적으로도 가장 사랑받은 곡으로 스메타나가 베토벤처럼 청력을 잃은 상태에서 작곡한 것이어서 더욱 유명하다.

300여 년에 걸친 합스부르크 가의 지배에서 벗어나기 위해 강렬하게 독립을 외치던 19세기 후반, 〈나의 조국〉은 체코인에게 조국에 대한 긍지와 자부심을 심어주었다.

해마다 열리는 프라하 최대의 축제 '프라하의 봄'은 스메타나 서거일 5월 12일이 개막일이다. 시민회관의 스메타나 홀에서 〈나의 조국〉이 연주되면서 축제의 시작을 알린다. 체코인이 가장 사랑한 음악가 스메타나에 관심이 있다면 카를 다리 주변에 있는 스메타나 박물관 Muzeum Bedřicha Smetany에서 그의 숨결을 느껴보고, 비셰흐라트에 있는 그의 무덤에 들러 경의를 표해 보자. 체코를 여행할 예정이라면 체코의 정서가 담겨 있는 스메타나의 〈나의 조국〉은 미리 꼭 감상하고 가자.

프라하 근교 여행

깊은 숲 속 왕의 보물을 숨긴 곳

카를슈테인 성

Karlštejn

14세기 독일에서 황제 대관식을 가진 카를 4세는 대관식에 사용되었던 왕관 등의 보물을 수도 프라하로 가져왔다. 그러나 언제 누가 훔쳐갈지 모른다는 생각에 하루하루가 불안하기만 했다. 그는 결국 고심한 끝에 프라하에서 약 30km 떨어진 카를슈테인에 보물을 보관하기로 결심했다.

왕의 보물창고, 카를슈테인 성

Hradkarlštejn

난공불락(難攻不落)의 지형적 위치로, 카를 4세의 선택을 받아 1348년 성을 짓기 시작해 1367년 완공했다. 산으로 둘러싸인 험난한 지형에다가 벼랑 위에 세워진 성은 요새라 부르는 게 더 어울린다. 탑에 오르면 사방이 한눈에 들어오도록 조망이 탁 트여 있다. 외부의 적을 차단하기 위함으로, 과거엔 병사들이 혹시나 숨어 있을 적을 향해 밤새 숲을 향해 소리를 질렀다고도 한다. 1422년 후스파에 의해 보물은 다시 프라하로 옮겨졌고 성도 폐쇄되었다. 이후 창고로 쓰이다가 1886년 전면적인 수리를 거쳐 지금의 모습을 갖추게 되었다.

내부는 총 3층으로 바깥에서는 보는 것보다 구조가 복잡하다. 1층 보르실스카 탑과 영주의 저택, 우물을 지나 오르막길을 올라가면 2층에 황제의 알현실이 나타난다. 3층의 성 카타리나 예배당은 반짝이는 보석과 준보석들로 치장되어 있는데 황제는 이곳에서 개인적인 용무도 보고 기도도 드렸다고 한다.

성의 최대 볼거리는 그레이트 타워에 있는 '성 십자가 예배당'. 보물이 있던 장소로, 이곳에 가려면 총 4개의 철문을 지나야 했다. 그걸로도 모자라 각 문마다 19개의 자물쇠를 채웠고 벽에는 그리스도의 천국 군대 그림을 그려서 보물을 지키게 했다. 해 · 달 · 별이 그려진 베네치아 유리로 고딕양식의 둥근 천장을 꾸몄고 벽의 하단부엔 돌에 금박을 씌워 쳐다만 봐도 눈이 부신다. 이곳에 들어갈 때면 황제도 신발을 벗었다고 하니 얼마나 귀하게 여겼는지 알 수 있다. 그러나 이렇게 꼭꼭 숨겨둔 보물도 일 년에 단 하루, 황제가 즉위식을 가졌던 그날엔 프라하로 가져와 백성들에게 보여주면서 황제의 권위를 자랑했다고 한다.

성은 오직 가이드 투어(영어 · 체코어 · 독일어)로만 돌아볼 수 있다. 당일 신청이 가능한 투어 1과 예약제로만 운영되는 투어 2가 있는데 '성 십자가 예배당'은 투어 2에 속한다. 투어 3은 탑을 방문한다. 오늘날 더 이상 보물은 없지만 가이드는 마치 보물을 지키려는 듯 방문을 잠그고 설명을 시작하는 퍼포먼스로 관광객을 설레게 한다.

홈페이지 www.hradkarlstejn.cz

운영 11~2월 10:00~15:00, 3월 09:30~16:00, 4월 09:30~17:00, 5월 09:30~17:30, 6월 09:00~17:30, 7~8월 09:00~18:00, 9월 09:30~17:30, 10월 09:30~16:30 ※투어에 따라 시간 변동이 있으니 확인 요망 휴무 월요일 요금 베이직 투어 일반 320Kč, 학생 230Kč, 성 십자가 예배당 독점 투어 일반 750Kč, 학생 530Kč, 전망대 투어 일반 260Kč, 학생 180Kč

가는 방법 프라하 중앙역이나 스미호프 Smichov 역에서 열차를 타고 카를슈테인 역 하차(약 35~40분 소요). 역에 도착해 오른쪽 가로수 길을 가다 왼쪽으로 난 큰 다리를 건넌다. Hrad라고 쓰인 표지판을 따라가다 주차장이 나오는 곳에서 반대쪽의 오르막길로 가면 된다. 역에서 성까지는 도보 약 30~40분. 산책하듯 천천히 오르면 별 무리 없이 갈 수 있다.

프라하 근교 여행

자연이 만들어낸 바위 대문이 있는 곳

체코 스위스 국립공원

Narodní Park České Švýcarsko

체코 여행 중 가벼운 등산을 즐기고 싶다면 프라하에서 당일치기 여행으로 그만인, 체코 스위스(체스케 슈비차르스코 České Švýcarsko) 국립공원에 가보자. 독일의 작센 스위스 국립공원과 국경을 맞대고 있는 곳으로, 스위스보다 더 아름답다고 해 지어진 이름이다. 영화 〈나니아 연대기〉의 배경이 되었으며 덴마크의 동화작가 안데르센은 이곳에 머물며 〈눈의 여왕〉의 일부를 집필했다고 한다.

1~2시간의 등산을 즐기며 정상까지 올라가면 바위 대문(천국의 문) Pravčická Brána이 나온다. 폭 7~8m, 높이 16m, 두께는 약 3m나 되는 바위 대문은 체코 스위스 국립공원의 마스코트로, 중부 유럽에서 자연이 만들어낸 가장 큰 작품 중 하나이다. 19세기 초 체코 왕실에서는 이곳에 매의 둥지 Sokolí hnízdo라는 성을 짓고 손님 접대용으로 사용했으며 지금은 호텔 겸 레스토랑으로 운영한다. 등산 하는 내내 기분 좋은 삼림욕은 물론이고, 소박한 현지인들과 인사도 나눌 수 있어 더 특별하다. 해가 긴 한여름에는 카메니체 강 Kamenice 협곡 여행도 놓치지 말자. 뱃사공의 안내를 받으며 보트를 타고 원시림의 좁은 협곡을 여행할 수 있다. 보트 정류장은 산 아래 마을인 흐렌스코 Hřensko에 있다.

• 바위 대문(천국의 문)

홈페이지 www.pbrana.cz

운영 4~10월 10:00~18:00, 11~3월 금~일 10:00~16:00, 12/26~1/1 10:00~16:00, 악천후에는 문을 닫음.

입장료 일반 75Kč, 학생 25Kč

가는 방법 프라하 중앙역에서 열차로 데신 Děčín 역까지 간 후(1시간 30분 소요) 역 앞 버스 정류장에서 434번 버스를 타고 바위 대문 Pravčická Brána 입구 정류장에서 하차(20분 소요). 정류장 맞은편이 산으로 오르는 등산로 입구이다.

• 데신역 ⓘ

국립공원 하이킹 지도, 434번 버스 시간표, 카메니체 강 협곡 투어 등 정보를 얻을 수 있다.

홈페이지 www.npcs.cz, www.ceskesvycarsko.cz

운영 10~4월 09:00~17:00, 5~9월 09:00~18:00

• 추천 베스트 코스

바위 대문 입구 출발 → 바위 대문 정상 도착 후 절경 감상 → Gabrielina stezka 방향으로 하산 → Hotel Mezní Louka 도착 → 앞에서 434 · 412번 버스로 Mezná로 이동 → Mezní můstek에서 보트를 타고 Edmundova soutěska 협곡을 지나 흐렌스코 마을의 Restaurant U emigranta 보트 정류장에서 하차(총 5~6시간 소요).

흐렌스코

바위대문

매의 둥지

먹는 즐거움 Restaurant

시내 곳곳에 멋진 레스토랑과 독특한 카페가 성업을 이루고 있다. 바츨라프 광장과 구시가에는 패스트푸드점, 레스토랑, 핫도그 노점이 많고, 구시가에서 카를 다리를 건너 도보 5분 거리에 있는 말라스트라나 지구에는 전통 레스토랑이 모여 있다. 최근 들어 체코의 물가가 올라 생각보다 저렴하게 레스토랑을 이용하는 게 쉽지만은 않다. 하지만 서유럽보다는 저렴한 편이니 여행의 즐거움을 위해 한 번쯤 현지 전통 레스토랑에서 먹어보자.

레스토랑

프라하의 고급 레스토랑은 대개 전망 좋은 곳에 위치하고 있어서 맛있는 요리뿐만 아니라 로맨틱한 분위기는 더할 나위 없다. 특히 영화나 드라마의 배경이 된 곳도 많으니 비싸더라도 한번 들러보자. 분위기만 즐기고 싶다면 간단한 커피 한잔도 상관 없다. 국제적인 도시답게 각국의 다양한 음식을 맛볼 수 있을 뿐 아니라, 시내에는 가격 · 양 · 맛 등 합리적이면서 우리 입맛에 맞는 레스토랑도 많다.

전망 좋은 고급 레스토랑

Hanarský Pavilón

Map P.62-B1

유대인 지구와 인터콘티넨탈 호텔을 지나 다리 건너편에 있는 언덕 위의 레트나 공원 Letenské sady 안에 있다. 〈프라하의 연인〉에 나온 네오바로크 양식의 레스토랑으로 프라하의 멋진 뷰 포인트로 유명하다. 해산물요리 전문점이며 그밖에 체코 전통 요리와 파스타 등도 있다.미리 예약하고 가야 한다. 레스토랑 앞은 멋진 무료 전망대니 풍경만 감상해도 상관 없다.

주소 Letenské sady 173 전화 233 323 641
영업 11:00~24:00 예산 주요리 600Kč~
가는 방법 메트로 A선 Malostranská 역에서 트램 12번 이용, Čechův Most 하차. 또는 A선 Hradčanská 역에서 트램 1 · 8 · 25 · 26 · 51 · 56번 이용, Sparta 역에서 하차

Hergetova Cihelna

Map P.62-B1

블타바 강에 놓인 아름다운 카를 다리를 감상하면서 식사를 즐길 수 있는 레스토랑. 음식 맛도 좋지만 창밖 풍경이 멋져 연인들의 데이트 코스로 인기가 높다. 늘 붐비므로 미리 예약하고 가는 게 좋다.

주소 Cihelná 2b 전화 296 826 103 영업 11:30~01:00
예산 주요리 395Kč~, 수프 245Kč~
가는 방법 구시가에서 카를 다리를 건넌 후 왼쪽의 Cihelna 길을 따라 도보 5분

Nebozízek

Map P.62-A2

클린턴 전 미국 대통령도 다녀갔다는 전망 좋은 레스토랑. 흐라트차니 언덕 위에 있다. 체코 전통 음식을 먹을 수 있으며 무엇보다 프라하의 야경을 감상하기에 최고의 장소다. 프라하 성과 카를 다리를 한눈에 볼 수 있다. 노천에서 즐기는 카페는 비싸지 않으니 연인과 함께라면 꼭 들러 프라하의 낭만을 만끽해 보자.

주소 Petřínské sady 411 전화 257 315 329
홈페이지 www.nebozizek.cz 영업 11:00~23:00
예산 주요리 500Kč~, 커피 45Kč~
가는 방법 말라스트라나 지구의 U lanové dráhy 거리에서 등산열차를 타고 1번째 정류장인 Nebozízek 역에 내리면 바로 있다.

Kampa Park

Map P.62-B2

카를 다리 아래 풍경을 바라보면서 식사를 즐길 수 있는 곳. 국제적인 요리를 먹을 수 있으며, 세계 유명인들이 많이 찾아온다. 품격 있는 식사를 원하는 사람에게 추천. 레스토랑에 흥미가 없다면 공원에 들러 구시가 방향으로 난 카를 다리를 감상하면서 느긋하게 휴식을 취해 보자.

주소 Na Kampě 8B
전화 800 1 52672(무료 예약번호), 296 826 112
홈페이지 www.kampagroup.com
영업 11:30~24:00 예산 주요리 695Kč~, 커피 165~200Kč, 디저트 325Kč~
가는 방법 구시가 광장에서 카를 다리를 건너 오른쪽으로 난 골목을 내려가면 나온다. 캄파 공원 바로 옆

인기 있는 현지 레스토랑

Restaurace Mlejnice

Map P.63-A1

체코식 족발 콜레뇨가 맛있는 집. 한국 여행객들 사이에서 입소문이 나면서 많이 찾는 관계로 한글 메뉴판이 따로 있을 정도다. 실내는 동굴 속에 시골 농가를 옮겨 놓은 듯한 분위기다. 콜레뇨도 맛있지만 구운 감자를 한번 튀긴 후 그 위에 볶은 양파를 얹어 치즈를 녹여주는 치즈 감자 맛은 최고다. 맥주를 곁들이고 싶다면 코젤 Kozel을 주문하자.

주소 Kožná 14, Žatecká 17(2곳) 전화 224 228 635
홈페이지 www.restaurace-mlejnice.cz
영업 11:00~23:00 예산 꼴레뇨 329Kč~ 맥주 36Kč
가는 방법 메트로 A선 Staroměstská 역에서 도보 5분

Lokál Dlouháàá

Map P.63-A1

프라하에서 가장 맛있는 필스너 우르켈 Pilsner Urquell을 마실 수 있는 곳. 플젠 맥주 공장에서 올라오는 신선한 맥주를 맥주 저장고에 넣어두고 따라주니 얼마나 맛있는지 술이 술술 들어간다는 말은 이럴 때 쓰는 것 같다. 실내는 복도식으로 바쁜 시간엔 모르는 사람과 합석도 기본이다. 한 가지 흠은 맛있는 맥주 맛에 비해 음식은 그럭저럭 먹을 만한 수준이다.

주소 Dlouhá 33 전화 734 283 874
홈페이지 lokal-dlouha.ambi.cz
영업 월~토 11:00~01:00, 일 11:00~24:00
예산 오늘의 요리 385Kč~, 맥주 35Kč~
가는 방법 구시가 광장 틴 성당 왼쪽으로 들루하 Dlouha 거리를 따라 약 400m 가다보면 나오는 작은 사거리에 있다.

Map P.62-B1

Malostranská Pivnice

카를 다리와 카프카 박물관 중간에 있는 식당으로 관광객보다는 현지인에게 더 유명하다. 석쇠에 끼워져 나오는 먹음직스러운 콜레뇨는 간도 적당해 체코 맥주와 곁들여 먹으면 그만이다. 새콤한 자두 소스에 찍어 먹는 훈제 돼지고기도 별미다. 일행이 여럿이라면 닭가슴살, 돼지다리, 구운 양파와 베이컨 등이 함께 나오는 모듬 요리를 주문하자.

주소 Cihelná 3 (말라스트라나 지구)
홈페이지 www.malostranskapivnice.cz
전화 257 530 032 영업 월~목 · 일 11:00~24:00, 금~토 11:00~01:00 예산 구운 돼지고기 249Kč~ (19% 세금과 10% 봉사료 별도) 가는 방법 구시가에서 카를 다리를 건넌 후 왼쪽의 Cihelna 길을 따라 도보 5분

Map P.63-B1

Kolkovna Celnice

2003년에 오픈한 체코 요리 레스토랑. 현지인과 관광객 모두에게 인기있다. 돼지 무릎을 바비큐해 체코식 족발로 불리는 '콜레노 Koleno'가 대표 메뉴. 맛도 좋고 양도 푸짐하니 꼭 먹어보자.

주소 V celnici 4 전화 224 212 240 영업 11:00~24:00 예산 주요리 279Kč~ 가는 방법 메트로 B선 Náměstí Republiky 역 하차, 시민회관 건너편

Map P.63-B2

Restaurace Bredovský dvůr

바츨라프 광장에 인접한 중앙우체국 근처에 있다. 체코 요리를 대표하는 돼지고기요리 전문점으로 프라하 맛집 리스트에서 항상 상위권을 차지한다. 누구나 즐길 수 있는 추천 메뉴는 39번 돼지갈비와 48번 돼지정강이 요리다. 양이 워낙 푸짐해 인원수만큼 요리를 주문하지 않아도 된다.

주소 Politických vězňů 13 전화 224 215 427 영업 월~토 11:00~24:00(일 ~23:00) 홈페이지 www.restauracebredovskydvur.cz 예산 주요리 329Kč~, 샐러드 155Kč~ 가는 방법 메트로 A · B선 Můstek 역 또는 C선 Muzeum 역에서 도보 5분

Map P.62-B2

U Malého Glena

프라하에서만 마실 수 있는 벨벳 맥주로 유명한 집. 목 넘김이 부드러운 벨벳 맥주를 맛보려는 마니아들 사이에 입소문이 자자해 저녁시간 줄서는 건 기본이다. 모든 음식이 맛있지만 추천할 만한 메뉴는 입에서 살살 녹는 립과 톡소는 소스에 찍어 먹는 콜레뇨. 한국인 여행객에게 꽤 인기 있는 곳으로 한국어 메뉴도 준비돼 있다.

주소 Karmelitská 23 (말라스트라나 지구)
전화 257 531 717 홈페이지 www.malyglen.cz 영업 11:00~24:00 예산 콜레뇨 290Kč~, 벨벳 맥주 45Kč~ 가는 방법 트램 12 · 20 · 22번의 Malostranské náměstí 역 하차 또는 메트로 A선 Malostranská 하차 후 도보 5분

Map P.63-A1

Pizzeria Giallorossa

틴 광장 뒤쪽에 있는 피자 & 파스타 전문점. 피자는 얇은 도우 위에 도톰하게 토핑을 올리고 화덕에서 구워 느끼함이 없는 담백한 맛이다. 무거운 체코식 육류 요리에 물렸다면 한번 이용해볼 만한 곳이다. 레스토랑과 테이크아웃 매장이 나란히 있고 조각 피자도 판다.

주소 Jakubská 2 전화 604 898 989 홈페이지 www.giallorossa.cz 영업 테이크아웃 월~목 · 토 11:30~24:00, 금 11:30~02:00, 일 11:30~23:00 예산 조각피자 49Kč~ 가는 방법 틴 성당에서 도보 5분

Special Column

맥주 소비량 세계 1위, 체코 맥주에 빠지다!

오랜 전통과 역사를 자랑하는 체코 맥주는 체코인의 자랑이며, 열정이다. 1인당 맥주 소비량이 전 세계에서 1위를 차지할 만큼 체코인의 맥주 사랑은 굳이 설명할 필요가 없다. 세계적으로 유명한 맥주 브랜드 중 다수가 체코의 맥주 이름에서 유래했으며 그 대표적인 예가 미국의 '버드와이저'다. 체코의 맥주 역사를 보면 1300년경, 수도원에서 흑맥주를 처음 만든 것이 시초다. 맥주를 만들 권리가 없던 일반인들은 1600년경부터 보리로 맥주를 만들기 시작했는데, 보리 품질과 물 맛이 좋아서 다른 나라에 비해 좋은 맥주를 만들 수 있었다.

체코를 대표하는 맥주는 플젠 지방의 필스너 우르켈 Pilsner Urquell과 체스케부데요비체의 부드바르 Budvar다. 오늘날 체코를 여행하다 보면 각 지방에서 생산되는 개성 만점의 특산 맥주를 마셔볼 수 있다. 뿐만 아니라 펍에서도 수제 맥주를 내놓는 곳이 많으며 개인의 이름을 붙인 맥주도 있다는 사실. 가히 맥주의 나라로 불릴 만하다.

체코 사람들은 펍에 모여 맥주를 마시면서 인생을 논하기 좋아하지만 과음하지 않는 게 음주 예절이다. 프라하를 여행한다면 다양한 체코산 맥주 시음을 놓치지 말도록! 체코어로 맥주는 '피보 Pivo'다.

체코 맥주의 특징

정통 맥주는 황금빛의 라거. 등급은 라이트 Light와 다크 Dark로 나뉘며, 도수는 10°와 12°가 있다. 이 도수는 알코올 비율이 아닌 설탕의 농도로 10°는 흑맥주, 12°는 우리가 흔히 마시는 엷은 노란색을 띠는 맥주다.

체코에서 유명한 맥주 브랜드

- 필스너 우르켈 Pilsner Urque ll 플젠 지방에서 생산. 세계 최초의 오리지널 황금빛 라거 맥주로 체코뿐만 아니라 전 세계적으로 유명한 맥주의 황제다.
- 감브리누스 Gambrinus 필스너 우르켈만큼 명성이 자자함.
- 스타로프라멘 Staropramen '노동자의 맥주'라는 별명의 프라하 특산 맥주. 체코 최고의 맥주로 손색이 없다.
- 부드바르 Budvar 오리지널 체코산 버드와이저.
- 크루쇼비치케 Krušovické 서부 보헤미아 지방 맥주로 쌉쌀한 맛이 특징.
- 레겐트 Regent 보헤미아 남부산 맥주로 단맛과 순한 맛.
- 메슈탄 & 푸르크미스트르 Měšťán & Purkmistr 맛이 좋다는 평을 받고 있는 흑맥주 브랜드들.
- 라데가스트 Radegast 모라비아의 오스트라바에서 생산. 10~12°의 맛을 낸다.
- 벨코포포비치키 코젤 Velkopopovicky Kozel 프라하 남부에서 생산. 12°의 맛을 내는 맥주로 여성의 가슴을 가리키는 선정적인 광고를 앞세운다.
- 브라니치케 Branické 프라하에 있는 조그만 양조장에서 만든 질 좋은 라거 맥주.

소문난 맥주집 U Fleků Map P.63-A2

504년 전통을 자랑하는 비어홀. 늘 관광객과 현지인들로 붐빈다. 직접 만든 흑맥주와 구운 돼지고기요리인 베프르조 크네들로 젤로 Vepřo-Knedlo-Zelo가 유명하다.

주소 Křemencova 11 전화 224 934 019
홈페이지 www.ufleku.cz 영업 10:00~23:00
가는 방법 메트로 B선 Národní třída 역에서 도보 10분

U Vejvodů Map P.63-A2

맥주의 원조인 Pilsner Urquell 생맥주가 일품이라고 소문난 곳이다. 음악과 술이 어우러져 늘 활기찬 분위기가 압권. 맥주와 체코 요리를 저렴한 가격에 실컷 먹을 수 있다. 립과 베

프르조 크네들로 젤로도 유명하다.
주소 Jilská 4
전화 224 219 999
영업 월~목 10:00~03:00, 금~토 10:00~04:00, 일 10:00~02:00
가는 방법 메트로 A · B선 Můskek 역에서 도보 3분

Pivovar U Supa Map P.63-A1

프라하에서 가장 오래된 양조장을 겸한 레스토랑. 15세기에 시작된 역사와 다르게 내부의 현대적인 인테리어가 눈길을 끈다. 입구에 들어서면 보이는 양조장과 수많은 맥주잔이 제대로 찾았구나 싶을 만큼 어떤 맥주를 시켜도 실패는 없다. 안주로 추천하는 음식은 짜지 않아서 맛있는 꼴레뇨.
주소 Celetná 22 전화 734 441 892
홈페이지 www.pivovarusupa.cz 영업 11:30~24:00
가는 방법 화약탑에서 구시가 광장 방향으로 도보 5분

Švejk Restaurant Hostinec U Kalicha Map P.63-B2

야로슬라프 하셰크의 베스트 셀러 『착한 병사 슈베이크의 모험』의 실제 배경이 되는 선술집. 문인들이 즐겨 찾는 곳으로, 소설 속 배경과 똑같이 내부를 장식했다. 시원한 맥주 한잔 마실 겸 병사 차림을 한 종업원과 기념촬영을 하고 싶다면 들러보자.
주소 Na Bojišti 12-14 전화 224 912 557
홈페이지 www.ukalicha.cz
영업 11:00~23:00
가는 방법 메트로 C선 I. P. Pavlova 역에서 도보 7분

우리나라의 맥주 이야기

타국에 와서 맛있는 맥주를 마시다 보니 '우리나라에 맥주가 들어온 건 언제지?'라는 궁금증이 생겼습니다. 우리나라에는 1876년 처음으로 맥주가 들어왔습니다.
당시에는 상류층만 맥주를 마실 수 있었고 이후 약 30년 동안은 소비량도 많지 않았습니다. 그러나 1910년 일본의 맥주 회사들이 한국의 소비시장을 감지해 지사를 내면서부터 소비량이 차츰 늘어났습니다. 1933년 대일본 맥주가 영등포에 조선맥주(지금의 하이트)를 설립한 것이 우리나라 맥주회사의 시초랍니다.

Travel PLUS 이탈리아만큼 바가지가 심한 체코 레스토랑

연중 내내 관광객들로 붐비는 프라하 구시가지에서는 어디를 가나 바가지요금이 극성을 부린다. 그 탓에 프라하의 매력에 빠져 행복해하는 많은 여행자들은 쉽게 마음이 상한다. 이탈리아의 악덕 상인과 다를 바 없는 상인들이 프라하 구시가에도 존재한다. 불쾌한 경험도 여행의 또다른 경험으로 생각한다면 관광명소가 밀집해 있고 주로 관광객들이 지나다니는 거리의 레스토랑을 이용하자. 자리에 앉으면 테이블 위에 놓인 빵과 버터 등을 맘껏 먹어라. 그리고 맛 없는 요리를 먹고 난 후 청구된 영수증을 확인하는 순간 입을 다물 수 없을 것이다. 테이블 세팅비, 빵값, 버터값, 봉사료까지 이해할 수 없는 가격들이 청구되어 있다. 종업원을 불러 따져보지만 영어를 잘 못한다는 몸짓과 뻔뻔한 그의 표정은 할 말을 잃게 만든다.

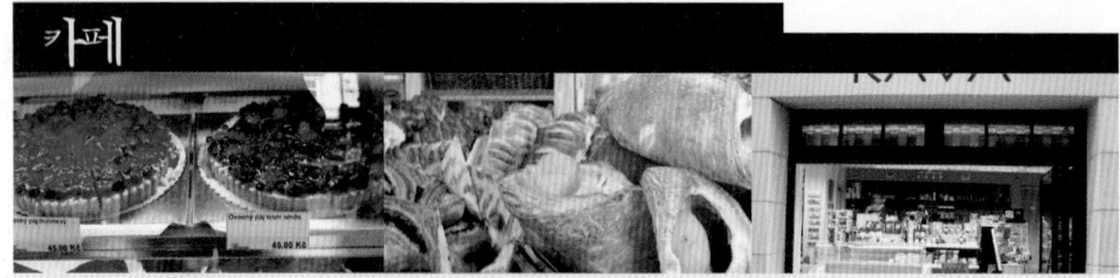

시내에는 100년 전 프라하 지식인들의 모임장소로 사랑받은 역사와 전통을 자랑하는 카페가 많다. 또 건물의 건축양식만으로도 가볼 만한 가치가 있는 곳도 있으니 커피 한 잔을 마시더라도 유명한 카페를 찾아가 보자. 아늑하면서 소박한 분위기를 좋아한다면 뒷골목에 있는 작은 카페도 놓치지 말자. 오너의 개성이 묻어나는 실내 인테리어를 구경하는 것도 즐겁고, 창문 너머 지나다니는 사람들을 구경하는 것도 재미있다.

유명한 카페

Map P.63-A2

Café Louvre

1902년에 오픈한 아르누보 스타일의 카페. 오픈 당시 프라하 지식인들의 모임장소로 자주 이용되었는데, 이 곳을 다녀간 유명인으로는 카프카 · 아인슈타인 · 차페크 등이 있다. 지금도 엘리트층 사람들이 많이 찾는 카페로 알려져 있어 현지인과 관광객들로 항상 붐빈다. 아늑하면서 중후한 멋이 흐르는 실내는 은은한 조명 아래 소곤소곤 정담을 나누기에 좋다.

주소 Národní 22 전화 224 930 949

홈페이지 www.cafelouvre.cz

영업 월~금 08:00~23:30, 토~일 09:00~23:30

예산 커피 50Kč~, 치즈케이크 69Kč~, 간단한 식사 50~100Kč, 굴라쉬 179Kč~

가는 방법 바츨라프 광장에서 도보 20분. 또는 메트로 B선 Národni Třída 역에서 도보 5분

Map P.63-A1

Kafka Café

카프카를 사랑하는 사람들이 끊이지 않는 곳이다. 어두침침한 데다가 유대인 지구 심장부인 공동묘지 옆에 있는 이 작은 카페가 유명한 까닭은 이 지역에서 태어난 위대한 실존주의 문학가 카프카의 이름을 카페 이름으로 했기 때문이다.

주소 Široká 12 전화 725 915 505

영업 10:00~20:00

예산 카프카 커피 85Kč~, 굴라쉬 155Kč~

가는 방법 유대인 지구에 위치. 구시가 광장에서 도보 10분

Map P.63-B1

Grand Café Orient

그랜드 카페 오리엔트는 세계 유일의 입체주의풍 카페로 1912년에 문을 열었다. 입체주의에 바친 '검은 마돈나' 빌딩은 체코 입체주의의 발자취 그 자체다. 이 건물 1층에는 체코 입체주의 작가들과 관련된 기념품

을 파는 숍이 있고, 3·4층에는 체코 입체주의의 진수를 볼 수 있는 박물관이 들어서 있다. 큐비즘 건축의 상징인 계단을 눈여겨보자.

주소 Ovocný Trh 19 전화 224 224 240
홈페이지 www.grandcafeorient.cz
영업 월~금 09:00~22:00, 토~일 10:00~22:00
예산 샐러드 115~175Kč~, 크레페 115Kč~, 카푸치노 65Kč~
가는 방법 구시가 광장에서 도보 3분

Map P.63-B1

Kavárna Imperial

임페리얼 호텔 1층에 위치. 입구에 들어서면 가장 먼저 독특한 모양의 기둥이 눈에 띈다. 이집트에서 로마를 거쳐 공수해 온 세라믹 타일을 사용해 건물 천장을 장식하고 붉은 조명으로 실내를 몽환적인 분위기로 연출했다. 영화 〈일루셔니스트〉를 촬영한 곳이어서 더욱 유명하다.

주소 Na Poříčí 15 전화 246 011 440
영업 07:00~23:00 홈페이지 www.cafeimperial.cz
예산 카푸치노 68Kč, 맥주 49~65Kč
가는 방법 메트로 B선 Náměstí Republiky 역에서 도보 7분

Map P.62-B2

Kavárna Slavia

1870년대에 오픈. 프라하를 대표하는 문인 카페 중 한 곳으로 블타바 강이 보이는 조용한 곳에 위치해 있다. 스메타나는 오페라 〈팔려 간 신부〉를 이곳에서 작곡했으며, 시인 릴케도 자주 찾았다고 한다. 요즘은 국립극장 배우와 감독이 계약을 체결하는 장소로 자주 이용하며 프라하를 방문하는 유명인들 또한 즐겨 찾는 명소다.

주소 Smetanovo nábřeží 1012/2 전화 224 218 493
홈페이지 www.cafeslavia.cz 영업 월~금 08:00~24:00, 토~일 09:00~24:00 예산 100Kč~
가는 방법 메트로 B선 Národní třída 역에서 도보 5분, 국립극장 맞은 편

Map P.63-B1

Kavárna obecní dům

눈길을 사로잡는 아르누보 양식의 시민회관 실내를 감상하고 싶다면 카페에 들러보자. 천장에는 카페 분위기를 더욱 우아하게 연출하는 화려한 샹들리에가 달려 있다.

주소 Náměstí Republiky 5
전화 222 002 763 영업 07:30~23:00
홈페이지 www.kavarnaod.cz
예산 브런치 210Kč~, 카푸치노 85Kč~
가는 방법 메트로 B선 Náměstí Republiky 역에서 도보 1분, 시민회관 내 위치

뒷골목에 있어 정겨운 카페

Map P.63-A1·A2

EBEL COFFEE

체코의 스타벅스라고 할 수 있는 곳. 주변 분위기가 좋아서인지, 카페 분위기가 좋아서인지 늘 사람들로 붐빈다. 쇼핑 중간에 잠시 쉬어 가기에 제격이다. 테라스석도 있다.

주소 (본점) Řetězová 9, (분점) Kaprová 11
전화 (본점) 603 823 665, (분점) 604 265 125
운영 월~금 08:00~20:00 토~일 08:30~20:00
예산 아메리카노 55Kč~
가는 방법 메트로 A선 Staroměská 역 하차 후 도보 5분

Map P.63-B3

Týnská Literární Kavárna

출판사에서 운영하는 카페로 책을 들고 드나드는 손님이 많다. 안 에 있는 정원은 조용하게 차 한잔을 즐길 수 있는 분위기. 마당에서 가끔 공개 낭독회가 열리기도 한다.

주소 Týnská 6 전화 224 827 807 홈페이지 www.tynskakavarna.cz 영업 11:00~23:00 예산 카푸치노 50Kč~ 가는 방법 구시가의 틴 성당에서 도보 5분

Map P.63-B1

Vzpomínky na Afriku

'아프리카의 추억'이라는 이름의 커피 전문점. 5~6명만 들어가도 꽉 차는 아주 작은 공간에 아프리카의 커피 관련 장식품으로 독특하게 인테리어를 꾸몄다. 구시가 광장 주변의 작은 골목에 있다.

주소 Templová 7 전화 603 441 434
영업 월~금 10:00~19:00, 토~일 11:00~19:00
예산 카푸치노 40Kč~, 카페라떼 30Kč~
가는 방법 구시가 광장과 화약탑에서 각각 도보 5분

Say Say Say

코 끝을 매료시키는 길거리 간식, 트레들로 빵!

저렴하게 끼니를 때우려는 관광객이나 현지인들에게 사랑받는 메뉴는 거리에서 흔히 볼 수있는 핫도그랍니다. 하지만 조금 특별한 맛을 찾는다면? 구시가에 있는 슈퍼마켓 Tesco 앞, 커다란 빵 모형으로 장식한 포장마차를 찾아보세요. 트레들로 Trdlo로 불리는 빵을 파는데 얼마나 맛있는지 늘 사람들이 길게 줄서 있답니다. 방금 반죽한 것을 밀대로 밀어 기다란 봉에 빙글빙글 감고 봉채 불에 올려 돌려가면서 약 7~8분을 불에 직접 굽습니다. 다 익으면 겉에 굵은 설탕을 뿌려 줍니다. 김이 모락모락 나는 따끈한 빵을 한 입 베어 물면 겉은 바삭하고 속은 부드러운 빵 맛이 담백하면서도 달콤해 입이 즐거워집니다.

노는 즐거움 Entertainment

서유럽보다 저렴하게 공연을 즐길 수 있는 것도 프라하의 매력이다. 1년 내내 연주회 · 오페라 · 콘서트가 열리고 티켓도 숙소 · ⓘ · 여행사 등에서 쉽게 구할 수 있다. 우선 거리에서 나눠주는 전단지를 살펴보자. 현악기 · 오르간 연주회, 오페라 · 인형극 등 당일 공연을 저렴하게 즐길 수 있다. 공연 관람이 1차 코스라면 그 다음 코스로는 유명한 비어홀에서 체코 맥주를 마시거나 재즈 공연을 즐겨보자. 배를 타고 블타바 강을 유람하고 싶다면 페리를 타보자.

오페라와 클래식 공연

Map P.62-B2, P.63-A2

국립극장 Náodní divadlo

유럽에서 유일하게 시민들의 성금으로 지은 진정한 시민극장. 7~8월을 제외하고 매일 공연이 있으며, 관람료도 우리나라 돈 1,500원에서 2~3만 원 정도로 수준 높은 오페라 · 발레 · 연극 공연을 부담 없이 즐길 수 있다. ⓘ나 극장 매표소에서 매달 공연 스케줄이 실린 브로셔를 얻을 수 있다.

주소 Národni 2 전화 224 901 448

홈페이지 www.narodni-divadlo.cz

요금 오페라 200~1,290Kč, 발레 100~490Kč, 연극 100~590Kč(요금은 프로그램 및 좌석에 따라 다름)

가는 방법 바츨라프 광장에서 도보 10분 또는 메트로 B선 Národní Třída 역에서 도보 5분, 또는 트램 6 · 9 · 7 · 18 · 21번 이용 Národní dívadlo 역 하차

Map P.63-A2

Sv. Jiljí(St. Giles Church)

웅장하고, 성스러운 분위기가 감도는 성당 내에서 공연하는 기타 연주회. 별다른 장치 없이도 실내에 울려 퍼지는 선율이 아름다운 곳이다. 클래식 기타 공연 외에 오르간 연주도 감상할 수 있다.

주소 Husova 8 전화 224 218 440

홈페이지 www.pragueclassicalconcerts.com/en/places/st-giles-church 공연 월 · 목~토 16:30 요금 580Kč~ 가는 방법 구시가 광장에서 도보 7분

Map P.62-B1

Lobkowicz Palace의 점심 콘서트

프라하 성에 위치하고 있으며, 비발디 · 모차르트 · 드보르자크 · 스메타나 등의 곡을 연주하는 클래식 공연. 특이하게도 점심시간에 공연이 있다. 그밖에 성 게오르게 성당 St. George's Basilica에서도 오후가 되면 프라하 로열 오케스트라의 공연이 펼쳐진다.

홈페이지 www.lobkowicz.cz 공연 매일 13:00(1시간)

요금 일반 390Kč, 학생 340Kč

Map P.62-B1, P.63-A3

성 미쿨라쉬 교회 & 성당

구시가 광장과 말라스트라나 광장에 있는 성 미쿨라쉬 교회와 성당 두 곳에서는 저녁에 수준 높은 클래식과 오르간 연주회가 있다(P.78, P.90 참조).

공연 18:00(1시간) 요금 일반 490Kč, 학생 300Kč

체코 정통 재즈

Map P.63-B3

Ungelt Jazz & Blues Club

2000년도에 오픈. 틴 성당 옆에 있는 유명한 재즈클럽. 오픈은 20:00, 공연은 21:00부터 시작한다. 술이나 음료가 포함된 입장권을 구입해야 한다. 재즈뿐만 아니라 블루스 · 펑키 · 퓨전 음악 등 다양한 장르를 연주한다. 클럽에는 CD와 기념품을 파는 코너도 있다.

주소 Týn 2 전화 224 895 787

홈페이지 www.jazzungelt.cz 운영 21:00~23:45(금~토 21:15~24:00) 입장료 350Kč(학생/65세 이상/5인 이상 단체 20% 할인)

가는 방법 구시가 광장, 틴 성당 옆에 위치

Map P.63-A2

Jazz Klub Reduta

1958년에 문을 연, 프라하에서 가장 유명한 재즈 바. 빌 클린턴이 직접 색소폰 연주를 해 더욱 알려졌지만 실력 있는 뮤지션의 공연이 호평을 받는 곳이다. 매일 다른 연주자가 다양한 장르의 음악을 연주한다.

주소 Národní 20 전화 224 933 487

영업 21:00~24:00 공연 재즈 콘서트 21:30~

예산 입장료 350Kč, 맥주 80Kč~

가는 방법 메트로 B선 Národní Třída 역 하차

오페라 인형극&이미지 공연

Map P.63-A1·A3

국립 마리오네트 극장 Divadéko Říše Loutek

프라하에서 가장 오랜 역사를 자랑하는 인형극장. 오페라 〈돈 조반니 Don Giovanni〉에 코믹한 요소를 가미해 공연한다. 자그마한 무대에서 인형을 움직이는 사람을 직접 볼 수 있으며 인형에 생명을 불어 넣는 능숙한 손놀림은 한시도 두 눈을 뗄 수 없게 만든다. 티켓은 극장 매표소나 ⓘ에서 구입하면 된다.

주소 Žatecká 1 전화 222 324 565

홈페이지 www.riseloutek.cz

공연 20:00~

요금 70Kč~(좌석과 날짜에 따라서 다름)

가는 방법 구시가 광장에서 도보 5분. 또는 메트로 A선 Staroměstská 역 근처

Travel PLUS 체코에서 마리오네트 공연이 발달한 이유는?

체코인에게 인형극은 아주 특별하다. 합스부르크 왕가의 식민지배 당시 모국어 사용을 금지당하고 독일어 사용을 강요받았다. 그 시절 가족단위의 작은 극단들은 지방을 순회하면서 사회 풍자와 비판을 담은 인형극을 체코어로 공연하였다. 비록 3세기라는 긴 세월 동안 식민지배를 받았지만 인형극을 통해 모국어를 지키고, 사회를 비판하며 민족적 자긍심을 높였다. 인형극은 18세기 말에 전성기를 누렸으며 그 전통과 신화는 지금도 계속 이어지고 있다.

Map P.63-A2

Black Light Theatre Image

구시가 광장에서 파르지주스카 Pařížská 거리 초입에 있는 카르티에 매장 옆에 위치. 수준 있는 퍼포먼스 공연을 감상할 수 있다.
주소 Národní 25
전화 222 314 448
홈페이지 www.imagetheatre.cz 요금 590Kč~
매표소 운영 월~일 10:00~20:00

크루즈 & 분수 쇼

Map P.63-A1

Evropská Vodní Doprava(EVD)

블타바 크루즈는 날씨 좋은 날 여유로운 휴식을 즐기고 싶은 여행객들에게 인기가 있다. 인기 관광명소만 도는 크루즈, 런치와 음악 공연이 포함된 크루즈, 디너와 음악 공연이 포함된 크루즈 등 종류가 다양하니 크루즈에 몸을 싣고 프라하의 색다른 멋을 즐겨보자.

• 1시간 크루즈
운항 3/22~11/3 10:00~21:00(6/1~9/30은 ~22:00)(매 30분 간격 출발), 11/5~3/21 11:00~19:00(매시 정각 출발, 12/24 제외) 요금 325Kč

• 2시간 크루즈 & 점심 & 음악공연(런치뷔페)
운항 3/16~11/4 매일 12:00, 11/3~3/15 금~일 12:00
요금 750Kč

• 2시간 크루즈 (인기 관광명소를 순회하는 크루즈)
운항 3/16~다음 해 3/15 매일 15:00, 16:30(12/24 제외)
요금 450Kč

• 나이트 크루즈 & 디너 & 음악공연(디너 뷔페)
운항 3/16~다음 해 3/15 매일 19:00(12/24 · 31 제외)
요금 990Kč

전화 224 810 032 홈페이지 www.evd.cz
승선지 Dvořákovo nábřeí의 Port(Pier no. 3)(Čechův 다리 옆, 유대인 지구에서 가깝다)
가는 방법 메트로 A선 Starome stská 역 또는 트램 17번을 타고 Pránick fakultá 역 하차

Map P.63-A1

Jazz Boat

로맨틱한 재즈 음악을 들으면서 프라하의 밤을 만끽하는 크루즈. 저녁식사는 포함되지 않으며, 배가 출출한 사람은 선상 레스토랑에서 사 먹을 수 있다. 공연 프로그램은 매일 변경된다. 이 로맨틱한 나이트 재즈 크루즈는 특히 커플 여행자들에게 인기가 있다.
전화 731 183 180 홈페이지 www.jazzboat.cz
승선시각 20:00 출발 20:30(2시간 30분 소요)
요금 790Kč~ 가는 방법 메트로 A선 Starome stská 역 또는 트램 17번을 타고 Pránick fakultá 역 하차, 게이트 2번 Čechův 다리 아래

프라하 여름 분수 쇼
Křižíkova Fontána, Výstaviště

매년 봄~9월, 박람회장인 비스타비스테 Výstaviště에서 100년 전통의 분수 쇼가 펼쳐진다. 화려하게 내뿜는 물줄기와 환상적인 조명은 프라하의 아쉬운 밤을 달래는 데 그만이다. 분수 앞에 마련된 무대에서는 현대무용과 발레 공연 등도 감상할 수 있다. 프로그램이 매일 달라지며 시기에 따라 시간이 변경될 수 있으니 반드시 ⓘ에서 확인할 것.
주소 U Výstaviště 1 전화 723 665 694
홈페이지 www.krizikovafontana.cz
공연 20:00, 21:00, 22:00, 23:00(30~40분 소요)
요금 250Kč 가는 방법 메트로 C선 Nádraží Holešovice 역에서 도보 10분. 또는 역에서 트램 12 · 17 · 24번을 타고 1번째 정류장인 Výstaviště 역 하차

사는 즐거움 Shopping

프라하는 사고 싶은 물건이 유난히 많은 곳이다. 특히 구시가지에서 카를 다리에 이르는 좁은 골목길에는 눈길을 사로잡는 기념품점이 즐비한데 핸드메이드 제품부터 아르누보를 모티프로 한 기념품, 전통 공예품, 일반 관광 기념품까지 아이템도 다양하여 한 발 떼기가 힘들 정도다. 가장 번화한 기념품 상점가는 구시가 광장 주변, 카를 다리, 프라하 성 주변이다. 옷이나 일상 생활용품을 구입하기에 좋은 곳은 바츨라프 광장과 무스테크 Staroměstské náměstí를 중심으로 한 나로드니 Národní 거리와 공화국 Republiky 광장에 현대적인 쇼핑센터가 들어서 있다. 명품 거리는 구시가 광장에서 유대인 지구를 연결하는 파르지주스카 Pařížská 거리다.

박물관 속 아트 갤러리

Map P.63-A1·A3

예술가의 집 (루돌피눔)

클래식 공연이 열리는 건물 안에는 작지만 클래식과 관련된 CD와 공연 DVD, 악보, 지도, 가이드북 등을 판매하고 있다. 멋진 건물도 둘러보고, 자동판매기의 커피 한 잔을 마시면서 휴식을 즐겨보자. 루돌피눔과 프라하 대학 사이에는 멋진 광장과 다리가 놓여 있어 프라하 전경을 한눈에 감상할 수 있다(P.82 참조).

Map P.63-A1·A3

미술공예박물관

미술관도 흥미롭지만, 입구 양쪽에 있는 작은 갤러리 숍도 볼 만하다. 작고 허름해 보이지만 미술 관련 자료, 액세서리 등 개성 넘치는 상품을 합리적인 값에 구입할 수 있다(P.82 참조).

Map P.63-A1

검은 마리아의 집

건물 자체도 볼 만하지만, 프라하의 아르누보 · 큐비즘 관련 전문서적과 기념품 등을 판매하는 1층의 숍도 놓치지 말자. 특별히 프라하에 있는 아르누보 · 큐비즘 관련 건축물을 하나하나 찾아가보고 싶다면 이곳에서 지도를 구입하자(P.73 참조).

Map P.63-B2

무하 박물관

열쇠고리와 컵받침부터 엽서, 대형 그림, 스카프, 마우스패드, 달력, 수첩, 문구류 등 다양하다. 무하 화보집, 비스켓 박스 가격은 300~1,000Kč로 고가지만 진귀한 상품이 많다(P.71 참조).

미술공예박물관에서 파는 옛날 포스터 액자

예술가의 집 1층에 있는 클래식 음악 전문숍

아르누보의 대가 무하를 비롯해 클림트 그림 등을 모티브로 해 만든 기념품들

운겔트에 있는 Via Musica

Botanicus

Antik v Dlouhé

뒷골목의 작은 선물숍

Map P.63-B3

Botanicus

틴 광장에 위치. 자연주의를 지향하는 보디숍으로 체코 전역에 체인점이 있다. 입구에서부터 향긋한 아로마 오일 향이 유혹한다. 몸에 관한 모든 제품을 취급하고 있고, 팸플릿을 통해 천연으로 제조하는 과정도 알 수 있다. 가격, 질 모두 만족스럽다.

주소 Týnský dvůr 3 전화 234 767 446

영업 10:00~18:30 홈페이지 www.botanicus.cz

가는 방법 구시가 광장의 틴 성당에서 도보 2분

Map P.63-B3

Via Musica

구시가 광장에서 틴 성당으로 들어서는 초입에 위치. 체코 출신 유명 음악가의 CD를 판매하고 티켓 예매도 가능하다. 골목에서는 항상 아름다운 선율이 흘러나온다.

주소 Staroměstské nám. 14 전화 224 826 440

영업 4~10월 10:00~20:00, 11~3월 10:00~18:00

홈페이지 www.pragueticketoffice.com

가는 방법 틴 성당 앞

Map P.63-B3

Faience majolica ceramics

틴 광장에 위치한 도자기 전문점. 공방을 직접 운영하며 도자기에 그림을 그리는 등의 간단한 작업은 가게에서 직접 한다. 도자기라 값은 제법 나가지만 크리스마스트리 장식용 종이나 주방에 놓을 이쑤시개 통, 앙증맞은 양념 통 등은 값도 싸고 예뻐 선물용으로 부담 없다.

Cat's Gallery

주소 Ungelt, Týn 4 전화 224 815 728

홈페이지 www.fajans.cz

영업 매일 10:00~19:00

예산 소금 & 후추병 250Kč~

가는 방법 구시가 광장의 틴 성당에서 도보 2분

Map P.63-B3

Bric a Brac Antiques

틴 성당 뒤 작은 안뜰에 자리 잡은 멋진 골동품 가게. 지금은 보기 힘든 타자기에서 화려한 샹들리에까지, 수천 가지의 다양한 물건이 가득한 보물 창고다. 누군가에게 줄 진귀한 선물을 찾고 있다면 상점의 선반을 잘 뒤져보자.

주소 Týnská 7 영업 11:00~18:00 가는 방법 틴 성당 앞

Map P.63-B1

Antik v Dlouhé

구시가에 위치한 골동품 전문점. 선별된 앤티크 상품과 멋스런 디스플레이, 실내를 돋보이게 하는 조명이 어우러져 눈길을 사로잡는다. 구경하는 것만으로도 즐거운 곳이니 놓치지 말자.

주소 Dlouhá 37 전화 774 431 776

영업 월~금 10:00~19:00, 토~일 12:00~18:00

가는 방법 구시가 광장에서 도보 15분

노천시장 & 그밖의 마켓

Map P.63-A1

마누팍투라 Manufaktura

천연용품 전문점. 프라하 구시가에만 3개 이상의 매장이 있다. 체코 각 지역에서 생산되는 재료를 이용해 비누, 샴푸 등을 만드는 국영기업. 맥주를 이용한 상품이 많이 있는데, 한번만 감아도 윤기가 줄줄 흐른다는 샴푸가 특히 인기 있다. 이 밖에 샤워용품이나 바디용품, 주방용품 등이 있다. 용량도 적고 가격도 저렴해 가볍게 구입해 사용해 보는 데 부담이 없다.

주소 Melantrichova 17 전화 601 310 611

홈페이지 www.manufaktura.cz 운영 10:00~20:00

예산 맥주로 만든 핸드크림 170Kč~

가는 방법 메트로 A · B선 Můstek 역 하차 후 도보 5분, 또는 하벨 시장에서 도보 3분

Map P.63-B2

모세르 Moser

체코를 대표하는 명품 브랜드, 보헤미안 글라스는 우아하고 기품 있는 디자인과 뛰어난 품질로 영국을 비롯한 유럽 각국의 왕실과 귀족들의 사랑을 한 몸에 받고 있다. 본점은 카를로비바리에 있고, 프라하에는 분점이 2곳 있다.

주소 Na Příkopě 12

전화 224 211 293 영업 10:00~20:00

홈페이지 www.moser-glass.com

가는 방법 바츨라프 광장에서 도보 5분

보헤미안 글라스

Map P.63-A2

하벨 시장 Havelské tržiště

메트로 A · B선 Můskek 역에서 구시가 광장으로 들어가는 길목 Havelská 거리에서 열리는 노천시장. 신선한 과일과 채소, 다양한 기념품 등을 저렴하게 살 수 있다. 특히 전통 인형, 크리스마스트리 장식, 어린이용 목각장난감, 체코 맥주잔, 액세서리, 엽서, 그림 등이 많으며, 그밖에 가죽가방, 색도 모양도 재미난 불량식품, 체코산 전통 비스킷, 초콜릿 등을 팔고 있다. 과일과 채소는 테스코 Tesko보다 더 저렴한 것도 많다.

이 시장의 매력은 기념품을 150~200Kč 선에서 부담없이 고를 수 있다는 것. 하벨 거리에는 시장뿐만 아니라 기념품점 · 카페 등도 늘어서 있다.

운영 08:00~20:00

가는 방법 바츨라프 광장에서 도보 5분. 메트로 A · B선 Staroměstské náměstí 역에서 도보 2분

Map P.63-A2

Tesco

대형 할인매장으로 1층에서는 의류 · 문구류 · 가정용품등을 판매하고, 지하 1층에는 대형 슈퍼마켓이 있다. 한 에 아시아 식품 코너가 있어 일본식 된장, 김, 통조림 등도 살 수 있다. 여행 중 필요한 용품이 있다면 이곳을 이용해 보는 것도 좋다.

주소 Národní 26 전화 222 815 582

영업 월~토 07:00~21:00, 일 08:00~21:00

가는 방법 메트로 B선 Národní Třída 역 앞에 위치. 또는 바츨라프 광장에서 도보 10분

하벨 시장

Travel PLUS 프라하에서 쇼핑에 흠뻑 빠지다!

프라하에서 가장 유명한 쇼핑 아이템은 보헤미안 글라스와 마리오네트 관련 상품이다. 모두 장인의 손길이 묻어나는 핸드메이드 제품으로 세계 제일을 자랑한다. 그밖에 예술가들의 혼이 느껴지는 수공예품도 인기가 있다.

대표적인 쇼핑 아이템

• 보헤미안 글라스

체코를 대표하는 브랜드. 시내를 돌아다니다 보면 화려한 조명을 받아 더욱 빛을 발하는 아름다운 보헤미안 글라스가 진열된 상점을 흔히 볼 수 있다. 예부터 유럽 왕실에서 애용해 온 보헤미안 글라스는 보헤미아 지방에서 생산한 양질의 유리 원료를 사용하고 흠집 없는 완벽한 커팅 기술과 화려하고 다양한 디자인 등으로 세계적인 호평을 얻고 있다.

• 석류석 Garnet

색과 모양이 석류와 비슷하다고 해서 라틴어에 어원을 둔 '가넷'이라고도 한다. 체코산 가넷은 보헤미아 지방산으로 투명하고 짙은 붉은색을 띠며 특히 유럽인들에게 인기가 높다. 1월의 탄생석으로 슬픔을 없애고 기쁨을 가져다주는 마력이 있다고 하니 작은 귀고리라도 구입해 보자.

• 마리오네트 Marionette

우리를 동심의 세계로 이끄는 마리오네트에 관심이 있다면 관련 상품 하나쯤 사보는 것은 어떨까. 다양한 표정을 짓는 마리오네트 상품은 꼭 프라하에서 구입하자. 마디마디를 실로 묶어 사람이 조정하는 인형은 우리의 마음을 사로잡기에 충분하다. 식민지 당시 모국어를 지키는 유일한 수단이 인형극이었기에 마리오네트 공연과 인형에 대한 체코인의 애정은 각별하다.

프라하에서 구입한 선물꾸러미

• 어린이를 위한 선물

마리오네트 인형이나 손으로 직접 만든 목각장난감이 으뜸! 그밖에도 체코를 대표하는 문구회사인 코히노르 Koh-I-Noor 색연필 등이 권할 만하다.

• 친구를 위한 선물

무하와 클림트의 그림을 넣은 액세서리 상자, 옛날 귀족들이 향수를 담았다는 유리향수병, 러시아 민속인형이나 그림 역시 좋은 선물이 된다. 카를 다리에서 파는 세상에서 하나밖에 없는 핸드메이드 액세서리도 좋다! 그밖에 음악을 좋아하는 친구라면 클래식과 재즈 CD를, 책을 좋아하는 친구에게는 고서점에서 오래된 책 한 권을 선물해 보자.

• 부모님을 위한 선물

고가품이지만 크리스털 와인잔 세트나 체코산 가넷으로 수공한 액세서리, 실내 인테리어를 업그레이드해 줄 체코 전통 도자기 등이 권할 만하다. 애주가라면 체코산 와인이나 소화에 좋다는 베헤로프카, 체코에서 가장 도수가 높은 압상트도 추천한다.

쉬는 즐거움 Hotel

유명한 관광도시답게 숙박시설도 매우 발달해 있다. 저렴한 호스텔부터 민박 · 펜션 · 호텔 · 아파트 등 형태도 다양해 취향과 예산에 따라 선택의 폭이 넓다. 예약은 ⓘ · 여행사 · 인터넷 등을 통해 할 수 있다. 중앙역에 열차가 도착하면 각 숙소에서 나온 호객꾼들이 지도와 팸플릿을 들고 호객을 한다. 특별히 정해 둔 곳이 없다면 위치 · 시설 · 요금을 따져 보고 이용해도 상관 없다. 단, 무조건 정하지 말고 우선 숙소를 확인한 후 확답을 주는 게 현명하다. 일행이 여럿이라면 단독 아파트나 개인민박을 이용하는 것도 좋다.

Map P.62-B2

Charles Bridge Economic Hostel

2012 · 2013년 체코 및 프라하 · 동유럽에서 우수 호스텔 상을 수상했다. 카를 다리에서 멀지 않은 곳에 위치해 시내 관광이 편리하며, 최근 리모델링을 마쳐 객실은 더 아늑해졌다. 인터넷과 Wifi, 수건과 네스프레소 커피 기계에서 뽑은 맛있는 커피를 무료로 제공한다. 투숙객에 한해 오전 10시와 오후 6시에 진행하는 무료 투어가 특히 인기다.

주소 Mostecká 4 전화 606 155 373 홈페이지 www.charlesbridgehostel.cz 요금 5인 도미토리 €19~
가는 방법 메트로 A선 Malostranská 역 하차 후 바로 앞에 U Lužickeno Semináře 거리를 따라 도보 5분. 또는 트램 12 · 20 · 22번 Malostranské náměstí 역 하차 후 도보 3분

Map P.63-B1

Traveller's Hostel Dlouha

규모가 제법 큰 체인 호스텔. 구시가와 유대인 지구 사이에 있어서 시내 관광하는 데 매우 편리하다. 취사 · 세탁 시설, 유 · 무선 인터넷을 모두 갖추고 있다. 주변에는 다양한 레스토랑이 모여 있어 식사를 해결하기에도 좋다. 호스텔 바로 옆에는 나이트클럽 Roxy Nord가 있다. 같은 이름의 아파트도 따로 운영하고 있으니 자세한 정보는 홈페이지를 통해 알아보자.

주소 Dlouhá 33 전화 777 738 608
홈페이지 www.travellers.cz
요금 도미토리 390~500Kč (조식 포함)
가는 방법 메트로 A선 Staroméstská 역에서 도보 5분. 또는 중앙역에서 도보 30분

Hostel Prague Týn

Map P.63-A1

2013년 우수 호스텔로 선정. 구시가 광장에 있는 틴 성당 바로 뒤에 있다. 규모가 크고, 깨끗해 이용하는 사람이 많다. 도미토리는 남녀혼용이며 2인실도 따로 있다. 예쁜 핸드메이드 상점과 갤러리가 있는 뒷골목에 위치해 꽤 운치가 있어 보인다.

주소 Týnská 19 전화 224 808 301

홈페이지 www.hostelpraguetyn.com

요금 5인 도미토리 €17.90~

가는 방법 메트로 A · B선 Můstk 역 또는 메트로 B선 Nám Republiky 역에서 내려 틴 성당이 보이는 방향으로 Týnská 거리를 찾으면 된다.

Advantage Hostel

Map P.61-C2

공식유스호스텔. 리셉션을 연중 24시간 오픈하며 아침식사와 타월을 무료로 제공하고 있다. 위치가 시내 관광하는 데 편리하고, 분위기도 깔끔해서 꽤 인기가 있으니 미리 예약하고 가자. ISIC 학생증이 있으면 약간의 할인을 받을 수 있다.

주소 Sokolská 11 전화 224 914 062

홈페이지 www.advantagehostel.cz

요금 4~7인 남녀혼합 도미토리 250Kč~(조식 포함)

가는 방법 중앙역에서 도보 20분. 또는 메트로 C선 I.P Pavlova 역에서 도보 5분

Hostel AZ

Map P.63-B2

바츨라프 광장에 인접한 중앙우체국 맞은편에 있다. 시내 중심에 있으니 입지조건은 최고. 무엇보다 친절해서 기분까지 좋아지는 곳이다. 건물의 2층에 있기 때문에 조용한 편이다. 다리미나 헤어드라이어를 무료로 사용할 수 있다. 건물 1층에는 환전소, 중식당, 피자 전문점, 인터넷 카페 등이 있다.

주소 jindřišská 5 전화 224 241 664

홈페이지 www.hostel-az.cz

요금 도미토리 320Kč~(7박 이상 시 10% 할인)

가는 방법 중앙역에서 도보 20분

Little Town Budget Hotel

Map P.62-A1

구시가 심장부에 위치하며 깨끗한 숙소. 도미토리는 내부가 넓어 쾌적하고 테라스가 있어 휴식하기에 그만이다. 특히 카를 다리, 프라하 성 등 주요 관광명소들이 도보 10분 이내에 있어 편리하다. 리셉션은 24시간 운영되며 건물 전체가 Wi-Fi 존이다.

주소 Malostranské náměsti 11(말라스트라나 광장)

전화 725 374 128, 242 406 964

홈페이지 www.little-town-budget-hotel.prague-hotels.org 요금 도미토리 350~600Kč

가는 방법 중앙역에서 메트로 C선 이용 Muzeum 역에서 A선으로 환승해 Malostranská 역 하차 후 도보 5분

Plus Prague

Map P.63-B1

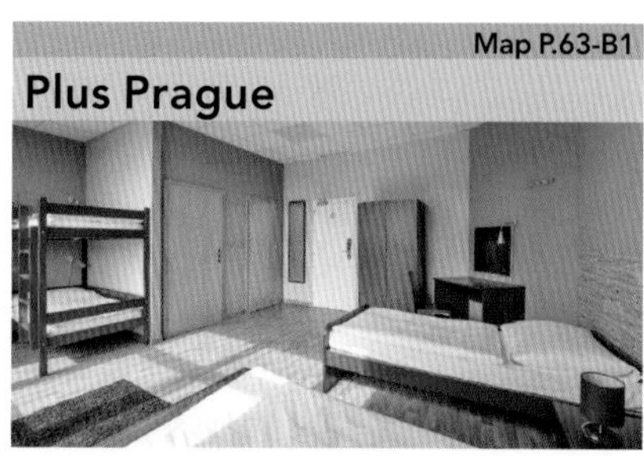

합리적인 가격에 훌륭한 시설을 갖춘 체인 호스텔로 노란색 외관은 멀리서도 눈에 띈다. 객실은 크고 밝은 편이며 파티를 즐길 수 있는 바가 있어 인기가 있다. 그밖에 인터넷, 사우나, 실내 수영장 등도 무료로 이용할 수 있다. 구시가를 가려면 메트로를 이용해야 한다.

주소 Přívozní 1 전화 220 510 046

홈페이지 www.plushostels.com

요금 도미토리 200Kč~

가는 방법 메트로 C선 Nádraží Holešovice 역에서 도보 5분

Map P.63-B2

Czech Inn

2017년 프라하에서 가장 인기가 높았던 호스텔. 19세기 건물을 현대적 디자인으로 아름답게 복원했다. 1인실부터 여러 종류의 도미토리 및 아파트먼트까지 다양한 룸 타입을 갖춘 대형 호스텔로, 시설이 매우 쾌적하고 호스텔 내 바와 카페도 있다.

24시간 리셉션, 개인 사물함, 무료 Wi-Fi가 되며, 요일별로 다양한 이벤트가 열린다. 조식 및 수건은 불포함. 숙소 앞에는 구시가와 프라하 성까지 운행하는 22번 트램이 정차한다.

주소 Francouzská 76 전화 210 011 100 홈페이지 www.czech-inn.com 요금 4~7인 도미토리 €11~ 가는 방법 메트로 C선 I.P Pavlova 역에서 도보 15분. 또는 4 · 22번을 타고 3번째 정류장인 Krymska 역 하차

Map P.61-C1

Miss Sophie's Hostel

2015년 호스텔 예약 사이트에서 1위를 차지하고, 유수 여행 가이드북에도 소개된 호스텔. 숙박객이 내 집 같이 편안하게 머물 수 있도록 최선을 다한다는 게 호스텔의 모토. 메트로역과 가까워 시내 관광이 편리하고 여행자를 위한 각종 편의시설도 갖추고 있다. IBIS 호텔 맞은편에 있는데, 건물에 간판이 없으니 번지수를 잘 확인해야 한다.

주소 Melounová 3 전화 210 011 200

홈페이지 www.miss-sophies.com 요금 더블 €50~

가는 방법 메트로 C선 I.P Pavlova 역에서 도보 5분

Map P.63-A2

Hostel Ananas

2015년에 문을 연 프라하에서 제일 큰 금연 호스텔. 바츨라프 광장 근처에 있어 관광지 어디로든 이동이 편리해 프라하를 처음 오는 여행자들에게 추천한다. 객실은 에어컨과 무료 Wi-Fi가 잘 터지고, 트윈룸, 4, 6, 8, 12인실까지 종류가 다양하다. 최대 수용 인원은 200명. 24시간 운영되는 리셉션엔 안전 금고가 있다.

주소 Václavské Nám 1 전화 775 112 405

홈페이지 hostelananas.com

요금 도미토리 230Kč~ 가는 방법 카를 다리 또는 프라하 성에서 도보 5분. 또는 메트로 A선 Malostranská 역 하차, 트램 12 · 20 · 22번으로 환승 후 Malostranské náměstí 역에서 도보 5분.

Map P.63-B1

Old Prague hostel

금연 호스텔로 인기가 있으며 무료 인터넷과 아침식사 등이 제공된다. 무엇보다 교통의 중심지 공화국 광장에 있어 구시가는 도보로 돌아볼 수 있다. 광장 일대는 현대적인 쇼핑가가 형성돼 있어 구경하는 재미가 쏠쏠하다. 대형 슈퍼마켓도 있다.

주소 Benediktská 2 전화 224 829 058

홈페이지 www.oldpraguehostel.com

요금 도미토리 320Kč~ 가는 방법 메트로 B선 Nám Republiky 역에서 도보 2분

Map P.63-A2

Prague Square Hostel

구시가 광장에 위치. 걸어서 1분 거리에 천문시계를 볼 수 있다. 인터넷과 Wi-Fi, 아침식사 및 사물함 등이 무료로 제공된다. 24시간 관광객들로 북적이는 구시가에 있어 소음이 흠이라면 흠이다.

주소 Melantrichova 10 전화 224 240 859

홈페이지 www.praguesquarehostel.com

요금 도미토리 €13~ (조식 포함) 가는 방법 메트로 A선 Staroměstské náměstí 역에서 도보 5분

Map P.63-C1

Hostel Elf

여행자를 위한! 여행자에 의한! 호스텔. 입구에 들어서면서부터 눈에 들어오는 다채로운 그래피티 벽화에서 젊은 감각을 단번에 눈치챌 수 있다. 1, 2층으로 운영하며 취사 · 세탁 시설을 갖추고 있다. 리셉션은 24시간 오픈. 인기 있는 곳이니 예약은 필수.

주소 Husitská 11 전화 222 540 963

홈페이지 www.hostelelf.com 요금 8인 도미토리 25Kč~ 가는 방법 중앙역에서 메트로 C선을 타고 Florenc 역에서 내린 후 버스 175 · 133번으로 환승해 첫 번째 정류장인 U Pamatniku 역 하차. 호스텔은 정류장 맞은편에 위치.

Map P.61-C1

Hostel Marabou

젊은층이 좋아할 만한 자유분방한 분위기의 호스텔. 중앙역에서 호스텔까지 찾아가는 데 메트로와 버스를 갈아타야 하는 번거로움은 있지만, 구시가를 도보로 관광할 수 있을 만큼 가깝다는 게 장점. 호스텔 내에 펍과 클럽이 있어 밤에는 외국인 친구들과 맥주 파티를 즐길 수 있는 곳으로, 시끌벅적한 파티 분위기를 좋아하는 사람에게 추천한다. 학생은 5% 할인받을 수 있으며 7박 이상 머물 경우 추가할인을 받을 수 있다.

주소 Koněvova 55 전화 222 581 182

홈페이지 www.hostelmarabou.com

요금 8~10인 도미토리 270~400Kč

가는 방법 중앙역에서 메트로 C선을 타고 Florenc 역에서 내린 후 버스 133번으로 환승해 3번째 정류장인 Čermínova 역 하차

Travel PLUS 1주일 이상 머문다면 아파트 렌털을 추천!

동유럽의 도시 중에서 파리만큼 오래 머물고 싶은 여행지를 꼽으라면 단연 프라하를 추천한다. 아무리 오래 머물러도 지루하지 않는 도시가 바로 프라하다. 1주일 이상 체류하면서 프라하를 느긋하게 즐기고 싶다면 아파트를 빌리자. 집주인에게서 집 열쇠를 받는 순간 마치 프라하에 내 집이 생긴 것처럼 뿌듯함과 자유가 느껴진다. 하루 종일 집에서 뒹굴고 입맛에 맞는 한국 음식도 해 먹고, 현지인처럼 여유롭게 공원도 산책해 보고, 낮잠도 즐겨보자. 밤에는 공연을 감상하고 새벽까지 펍에 앉아 현지인들과 어울려 맥주를 실컷 마셔보자. 호텔이나 호스텔에서 느끼는 것과는 다른 자유를 경험할 수 있다. 프라하에서 진정한 휴식을 원한다면 아파트를 빌려보자.

아파트는 워낙 인기 있는 숙박 형태여서 전화나 인터넷으로 미리 예약해야 한다. 미처 예약하지 못했다면 도착 당일 ⓘ나 여행사를 이용하자. 역에 나와 있는 숙박업소 직원을 통해서도 예약할 수 있으니 문의해 보자.

• 렌털 전 주의할 점

비싸더라도 가능하면 구시가를 도보로 관광할 수 있는 프라하 1지구의 아파트를 빌릴 것을 추천한다. 그밖의 지역은 메트로역이 가까운 곳이 편리하다. 현지에서 직접 예약하는 거라면 숙소의 시설을 먼저 눈으로 확인한 후 숙박여부를 결정하는 게 안전하다.

• 렌털 후 주의할 점

집을 안내받았다면 집주인이나 안내원이 떠나기 전에 집 안의 모든 가전제품 사용방법이나 스위치 위치, 주의사항 등을 알아두자. 화장실과 싱크대 배수 등도 확인하고 쓰레기 버리는 위치, 비상연락처 등도 꼼꼼히 확인해 두는 게 좋다. 체크아웃할 때는 깨끗하게 정리 정돈하는 매너도 잊지 말자.

홈페이지 www.housetrip.com/prague
www.homesweethome.cz
www.only-apartments.com
www.apartment.cz

Walking on the Street of *Praha*

프라하의 보물 같은 뒷골목 산책

1~2일 빠듯하게 유명한 곳만 둘러보기에도 시간이 부족하다구요?
하지만 프라하 여행을 완성시켜 주는 건 뒷골목 산책이라는 사실 아세요?
특히 구시가 광장에서 가장 오래된 운겔트와 블타바 강 위의 캄파 섬은
도시 안에 있는 가장 멋진 산책 코스죠. 특히, 내 시선, 내 걸음걸이에 맞춰
편안하게 즐기기에 딱이랍니다. 자, 그럼 저와 함께 산책해 보실래요?

중세에서 시간이 멈춘 뒷골목 **운겔트** Ungelt

어릴 적 읽은 동화『이상한 나라의 앨리스』를 기억하세요?
책을 읽고 있던 앨리스 앞에 흰 토끼 한 마리가 시계를 보면서 헐레벌떡 뛰어가죠.
호기심이 발동한 앨리스는 토끼 뒤를 쫓다 그만 토끼 구멍 속으로 빠지는데
그곳에 완전히 다른 세계가 펼쳐지잖아요!
시끌벅적한 구시가 광장에서 ❶ 틴 성당과 돌 종의 집 사이로 난 좁은 골목길로 쏙 빨려 들어가듯
들어가면 여기가 바로 '프라하의 이상한 뒷골목 운겔트'랍니다.
화려하지도 그렇다고 특별한 볼거리가 있는 것도 아니지만 중세 그대로 돌바닥이 깔려 있고,
미로처럼 얽혀 있는 ❷ 좁은 골목길은 놀라울 만큼 한적하고 운치가 있답니다.
거기에 아기자기한 상점과 갤러리들은 우리의 눈과 마음을 사로잡는 또 하나의 즐길 거리죠.
골목에서 처음 만난 ❸ 아주 작은 음반 가게(Via Musica)에서 흘러나오는
클래식 음악을 들으면서 발걸음을 옮겨보세요. 천장이 낮은 아주 ❹ 작은 가게들이 저마다 개성을 뽐내며
지나는 이들을 유혹할 겁니다. '내 가게가 제일이야' 하며 도도하게 앉아 있는 주인도 인상적이지만,
세상에서 하나밖에 없는 작품을 만들어내는 주인장의 손길은 감동 그 자체입니다.
❺ 초상화를 그리는 상점 출입문에는 그네 탄 인형이 인사를 건네고, 희귀한 물건으로 가득한 골동품점은
뭐부터 봐야 할 지 정신을 놓게 만드네요. 아름다운 르네상스 건물에 있어서 더욱 눈에 띄는 이곳은 손으로 직접
만든 ❻ 보헤미안 글라스 매장입니다. 북부 보헤미안 글라스 제조 공법을 그대로 사용해 만들어서 그럴까요?
눈이 부시게 반짝 반짝 빛나는 다양한 유리 제품들이 아쉬워하는 제 발을 못 가게 붙잡습니다.
다시 ❼ 좁은 골목을 지나면 갑자기 시야가 밝아지면서 생각지도 못한 ❽ 틴 광장이 나옵니다.
광장을 구경하다 은은하게 퍼지는 아로마 향에 매료됐다면 ❾ 보타니쿠스에 들러보세요.
체코에서 자랑하는 천연화장품과 아로마 상품으로 가득합니다.
산책을 즐기다 지쳤다면 EBEL 카페에 들러 커피 한 잔과 여유를 즐겨보세요.
아니면 우리를 동심의 세계로 이끌 ❿ 장난감 상점에 들러보는 것도 좋아요.
그리고 다시 발길을 돌려 앞 골목으로 걸어가면 아이템과 디스플레이가 독특한
도자기 숍이 나온답니다. 다음 코스는 발길 닿는 대로 돌아보세요.
시간을 훔쳐서라도 더 머물고 싶은 곳이 바로 이곳이니까요.

RESTAURANT
VIA MUSICA
CD SHOP
TICKETS
CONCERTS
CLASSICAL MUSIC
CD SHOP
CLASSICA MUSIC
Mucha
OPEN
PINOCCHIO
PORTRET
돌종의 집
구시가 광장
틴 성당
⑧틴 광장
Celetná 첼레트나 거리
155,- Kč

사랑과 자유, 휴식이 있는 곳 캄파 섬 Kampa

카를 다리의 엄청난 인파에 밀려 ❶ 계단 밑으로 떨어졌다면 행운이라 생각하세요.
카를 다리 밑에 녹음 짙은 공원이 나오리라곤 상상도 못했을 겁니다.

계단 밑에서 처음 만나게 되는 ❷ 나 캄페 광장은 옛날에 세탁장으로 쓰였다가 이후 도자기 시장이 서던 장소입니다. 지금은 블타바 강변의 멋진 풍경을 바라볼 수 있는 전망 좋은 호텔과 카페, 레스토랑이 즐비한 곳이죠.

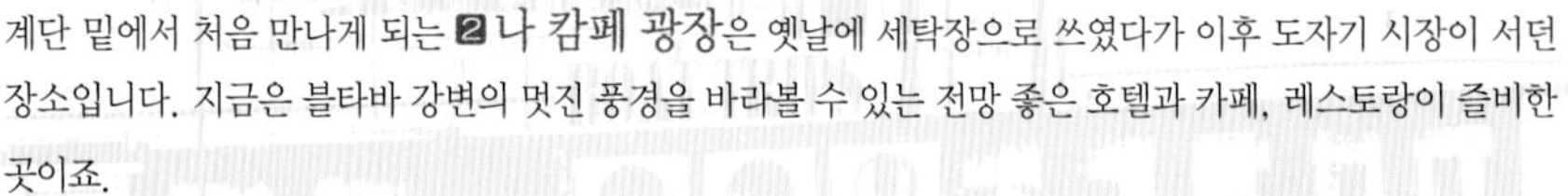

양 옆으로 즐비한 파스텔톤 건물이 어찌나 이쁜지 테마파크가 따로 없다니까요.

그럼, ❸ 아이스크림 하나 손에 들고 강변으로 걸어봐요.
아름다운 자태를 뽐내는 카를 다리가 한눈에 들어오는 게 보이나요?

이곳에서 제대로 쉬고 싶다면 강변 ❹ 노천카페에 앉아 강 건너 풍경을 감상하거나 공원에 자리를 펴고 누워 책을 읽어보는 건 어떨까요? 시간이 허락한다면 ❺ 유람선을 타고 블타바 강변을 돌아보는 것도 좋습니다.
이 모든 게 일상에 지친 우리가 꿈꿔오던 휴식이잖아요!

혹시 섬을 걷다 천연색 낙서로 가득한 벽을 발견했나요?

그렇다면 잠시 걸음을 멈춰보세요. 비틀스의 존 레논이 조각된 ❻ '존 레논의 벽'이랍니다.
공산주의 시절 프라하 젊은이들은 자유에 대한 갈망을 이곳에 낙서로 표현했다고 하네요.
참 소박하면서 귀여운 반항이 느껴지지 않나요? 젊은 날의 순수한 마음과 자유가 느껴지는 이 벽은
캄파 섬 산책에서 절대로 놓치면 안 되는 장소랍니다.

마지막으로 석양 무렵의 블타바 강너머 카를 다리와 구시가의 아름다운 풍경을 감상하는 일도 잊지 마세요.
노을빛으로 물든 로맨틱한 풍경은 키스를 부르는 마력이 있답니다.
뷰 포인트가 ❼ 럭셔리 레스토랑(Kampa Park)이라면 더욱 멋지겠죠!
혹시 혼자라면 사랑하는 사람과의 멋진 데이트를 위해
키스하기 좋은 장소들을 점찍어 두는 것도 잊지 마세요.

RESTAURANT
⑦
계단
①
카를다리 Karlův Most
Na Kampě
Na Kampě
②
③
블타바강
⑤
④
⑥
존 레논의 벽
④
노천카페
TOILETS
PAREK V ROHLÍKU
HOT DOG
Hospůdka
Na Čertovce
BOAT TRIPS
NO COVER GIRLS!
IMAGINE

보헤미아 숲 속의 숨은 보물 체스키크루믈로프

Český Krumlov

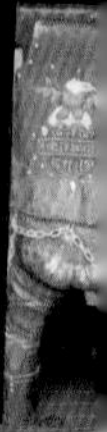

높은 언덕 위에 영주의 성이 자리잡고 있고, 그 아래로 빨간 지붕 집들이 평화롭게 펼쳐져 있다. 그리고 희한하게도 마을 전체를 S자 모양으로 휘감고 흐르는 블타바 강. 이것이 바로 세상에서 가장 아름답다는 중세시대의 마을 체스키크루믈로프의 풍경이다. 14세기부터 17세기까지 전성기를 누렸으며, 번영과 더불어 프라하 성에 버금가는 체스키크루믈로프 성을 건설하게 되었다. 이후 쇠락과 동시에 체스키크루믈로프는 역사의 뒤안길로 사라지게 되고 1990년대까지 베일에 가려져 있었다.

깊은 산 속에 있는 이 작은 마을을 잠에서 깨운 건 달콤한 왕자의 키스가 아니라 모험심에 불타는 배낭족들이었다. 전 세계에 다시 얼굴을 내민 보헤미아의 숨은 보물은 중세의 전통과 문화를 그대로 보존하고 있어 1992년에는 세계문화유산으로 지정되었고 오늘날 수많은 관광객을 불러들이고 있다.

이런 사람 꼭 가자

유럽에서 중세의 도시 중 가장 잘 보존된 곳을 여행하고 싶다면

화가 에곤 실레의 작품 속 풍경과 그에게 영감을 준 마을에 관심 있다면

INFORMATION 인포메이션

유용한 홈페이지

체스키크루믈로프 관광청 www.ckrumlov.info
열차 · 버스 시각 안내 www.ckshuttle.cz, www.beanshuttle.com, www.thetrainline-europe.com

관광안내소

• 중앙 ⓘ (Map P.131-B2)
무료 지도와 여행 · 이벤트 정보 제공, 숙소 예약, 환전, 기념품 · 서적 판매. 열차와 버스 스케줄도 확인할 수 있다.
주소 náměstí Svornosti 2(구시가 중앙광장)
전화 380 704 622
이메일 info@ckrumlov.info
운영 09:00~18:00(겨울 ~17:00, 한여름 ~19:00)
※중앙광장과 체스키크루믈로프 성에 있는 ⓘ에는 체스키크루믈로프를 상징하는 기념 스탬프가 있다. 재미 삼아 엽서나 여권에 스탬프를 찍어보자. 체스키크루믈로프 성 안에 있는 ⓘ는 인터넷 카페도 운영한다.

ACCESS 가는 방법

프라하에서 가는 게 가장 일반적이고 버스와 열차편 모두 발달해 있다. 열차는 프라하 중앙역에서 출발해 체스케부데요비체 České Budějovice에서 한 번 갈아타야 한다. 성수기에는 체스키크루믈로프까지 직행열차가 1일 1편 운행된다. 열차는 버스보다 시간이 오래 걸리고 갈아타야 하는 번거로움도 있지만 옛 정서가 묻어나는 2량짜리 꼬마열차를 타보는 경험을 하고 싶다면 이용해 보자.
버스는 이용하는 회사에 따라 나 크니제치 버스터미널, 중앙역 버스터미널, 플로렌츠 버스터미널 등에서 출발한다(P.55 참조). 가장 빠르고 편리한 교통수단이어서 늘 매진되는 사태가 벌어지니 일찌감치 티켓을 예매해야 한다.
열차나 버스를 타고 체스키크루믈로프 역에 내렸을 때 낡은 역과 황량한 주변 분위기만 보고 실망하지는 말자. 여기서부터 구시가까지 걸어가면 체스키크루믈로프의 멋진 풍경이 여행자들을 기다리고 있다.

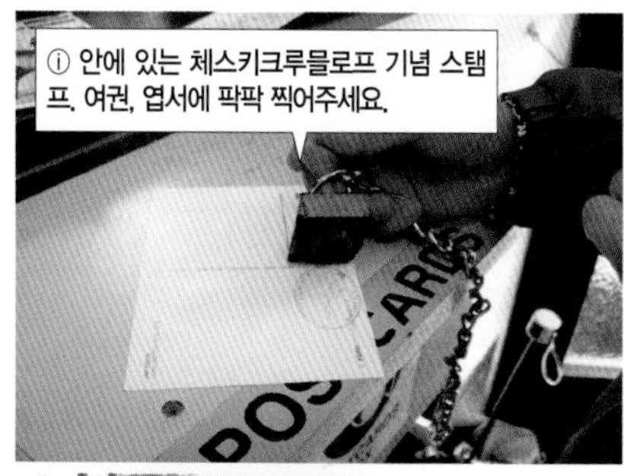

ⓘ 안에 있는 체스키크루믈로프 기념 스탬프. 여권, 엽서에 팍팍 찍어주세요.

2량짜리 꼬마열차

체스키크루믈로프 역 ➡ 구시가

역에서 구시가까지는 도보로 20~30분 정도 걸린다. 열차 도착시각에 맞춰 대기하고 있는 시내버스를 이용하면 편리하다. 도보로 가는 경우, 역에서 나와 트리다 미루 Třída Míru 거리를 따라 가면 블타바 강과 아름다운 구시가를 한눈에 내려다볼 수 있는 언덕에 다다른다. 언덕길을 내려가면 구시가로 들어가는 부데요비츠카 문 Budějovická Brána이 나온다. 문에서 구시가 광장까지 도보 약 10분.

체스키크루믈로프 버스터미널 ➡ 구시가

터미널 건물 오른쪽에 있는 주유소에서 왼쪽으로 Objížďková 거리를 따라 걸어가면 구시가지로 들어서는 Horní 거리가 나타난다. 도보 약 10분.

• 교통 요금

프라하→체스키크루믈로프

열차 편도 275Kč 버스 왕복 직행 200Kč

※역에 밤늦게 도착하는 경우 숙소에 전화를 하면 택시를 불러준다.

알아두세요

빈 셔틀 Bean Shuttle

체스키크루믈로프에 거점을 두고 운행하는 셔틀버스(봉고차)로 체코의 프라하, 오스트리아의 빈 · 린츠 · 잘츠부르크 · 할슈타트 등으로 운행한다. 그중에서 체스키크루믈로프와 할슈타트로 운행하는 노선이 가장 인기가 있다(3~4시간 소요, 약 €30~). 체스키크루믈로프에서는 위의 주요 도시로 열차가 운행된다. 단 여러 번 갈아타야 하는 번거로움과 버스에 비해 시간도 배로 소요된다. 편리함과 시간 등을 고려해 버스를 이용할 것을 추천한다.

홈페이지 www.beanshuttle.com(예약)

주간이동 가능 도시

체스키크루믈로프	▶▶	프라하 hl.n(직행 또는 VIA 체스케부데요비체)	열차 3시간 30분~4시간
체스키크루믈로프	▶▶	프라하 Florenc	버스 2시간 50분
체스키크루믈로프	▶▶	체스케부데요비체	열차 45분 또는 버스 30분

※현지 사정에 따라 열차 운행시간 변동이 크니, 반드시 그때그때 확인할 것

체스키크루믈로프 완전 정복

master of Český Krumlov

체스키크루믈로프는 프라하에서 당일치기 여행을 하거나, 프라하에서 오스트리아로 가기 전에 하루 머물기 좋은 여행지로 인기가 높다. 가장 이상적인 스케줄은 1박 이상 머물면서 여유 있게 돌아보는 것이다. 구시가가 그다지 크지는 않지만 체스키크루믈로프 성 안에 볼거리가 워낙 많아 내부 투어만 하는 데 한나절 정도 걸린다. 성과 구시가의 주요 명소까지 섭렵하려면 꼬박 하루가 필요하다.

프라하에서 당일치기로 왔다면 왕복 6시간, 시내 관광 3시간 안팎이라는 빠듯한 일정으로 정신 없이 돌아봐야 한다. 1박을 하고 오스트리아로 갈 예정이라면 프라하에서 버스를 타고 체스키크루믈로프로 와서 다음날 열차를 이용해 오스트리아로 간다면 2량짜리 꼬마열차도 타볼 수 있다.

체스키크루믈로프 여행의 묘미는 여유로운 마음으로 하나하나 세심하게 챙겨보는 것이다. 구시가는 한 바퀴 돌아보는 데 2시간이면 충분하지만 좁은 골목, 상점, 카페, 레스토랑 등 무엇 하나 개성과 정성이 깃들지 않은 곳이 없으니 느긋한 마음으로 발걸음을 옮겨보자. 게다가 여유롭고 부유해 보이는 현지인들은 체코 사람이라기보다는 오스트리아 사람처럼 느껴진다. 지리적으로 프라하보다 오스트리아가 더 가까운 탓이리라.

구시가에서는 체스키크루믈로프 관광의 하이라이트인 언덕 위의 성부터 돌아보자. 성 안의 망토 다리에서 내려다보는 구시가 풍경은 아름답기 그지없다. 성을 다 돌아본 후에는 라트란 거리, 이발사의 다리, 중앙광장, 에곤 실레 아트센터 등을 마음 가는 대로 돌아보면 된다.

★Best Course

• 랜드마크 중앙광장 Náměstí Svornosti

역 또는 버스터미널 ➡ 체스키크루믈로프 성 ➡ 라트란 거리 ➡ 이발사의 다리 ➡ 중앙광장 ➡ 에곤 실레 아트센터 ➡ 라트란 거리 ➡ 부데요비츠카 문

• 예상 소요 시간 한나절~하루

Český Krumlov
체스키크루믈로프

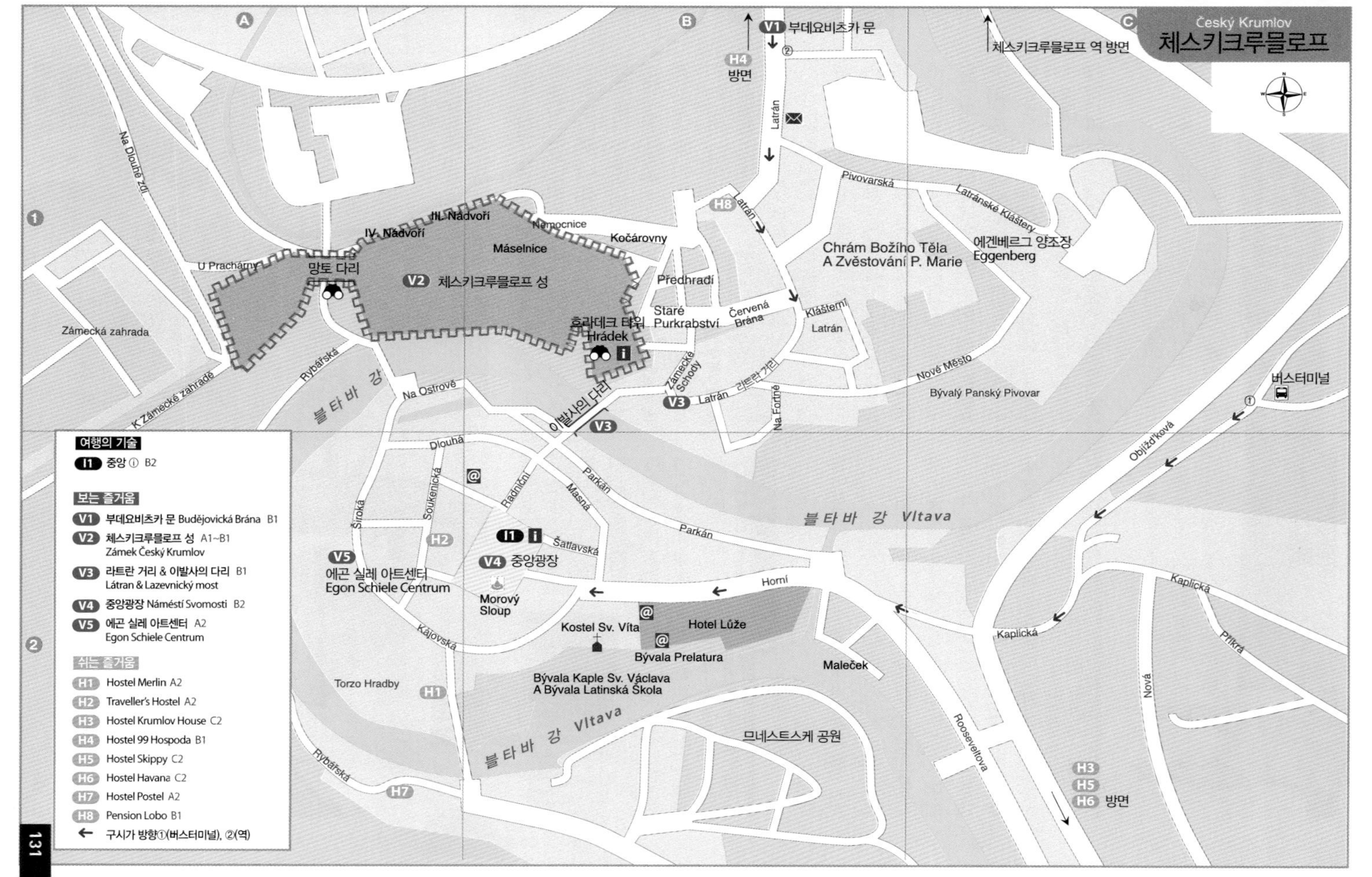

여행의 기술

- I1 중앙 ⓘ B2

보는 즐거움

- V1 부데요비츠카 문 Budějovická Brána B1
- V2 체스키크루믈로프 성 A1~B1 Zámek Český Krumlov
- V3 라트란 거리 & 이발사의 다리 B1 Látran & Lazevnický most
- V4 중앙광장 Náměstí Svomosti B2
- V5 에곤 실레 아트센터 A2 Egon Schiele Centrum

쉬는 즐거움

- H1 Hostel Merlin A2
- H2 Traveller's Hostel A2
- H3 Hostel Krumlov House C2
- H4 Hostel 99 Hospoda B1
- H5 Hostel Skippy C2
- H6 Hostel Havana C2
- H7 Hostel Postel A2
- H8 Pension Lobo B1
- ← 구시가 방향①(버스터미널), ②(역)

보는 즐거움 Attraction

블타바 강에 둘러싸여 있는 구시가 전체는 동화 속 세계를 재현해 놓은 듯 아기자기하다. 파스텔톤의 작은 집, 개성 넘치는 기념품으로 가득한 상점, 가족적인 분위기의 카페와 레스토랑 등 작지만 눈과 마음을 사로잡는 매력에 이끌려 시간 가는 줄 모르게 된다.

부데요비츠카 문 Budějovická Brána

Map P.131-B1

외부의 침략을 막기 위해 세운 성곽의 문 10개 중 유일하게 남아 있는 부데요비츠카 문은 1598년 이탈리아 건축가가 4년여 만에 세운 것이다. 구시가로 들어서는 관문으로 정면 2층에는 해시계가 설치되어 있고, 안쪽으로 들어가면 프레스코화가 그려져 있다.

가는 방법 역에서 도보 20분 또는 중앙광장에서 도보 10분

• 유네스코 • 핫스폿 • 뷰 포인트

체스키크루믈로프 성 Zámek Český Krumlov

Map P.131-A1~B1

보헤미아 성 중 프라하 성 다음으로 큰 체스키크루믈로프 성은 세계 300대 건축물에 들어 있으며 체코를 대표하는 건축물 중 하나다. 성은 13세기 중엽 대지주였던 비트코프 Vitkov가 고딕 양식으로 지었으나, 도시 최고의 황금기를 누리던 14~17세기 초에 이곳을 지배한 로젬베르크 Rožemberk 가문이 르네상스 스타일로 증개축했다. 이때의 공사로 둥근 지붕을 인 타워와 회랑이 완성되었다. 1602년 이후 합스부르크 왕가의 사유지가 되었다가 하사된 후 유난히 예술에 조예가 깊던 크루믈로프 공 Jan Kristian에 의해 화려한 바로크 양식의 건축물이 세워졌다. 이후 19세기 중반까지 슈바르젠베르크 Schwarzenberg가 로코코 양식을 새롭게 덧붙여 현재의 모습을 갖추었다.

성 내부는 4개의 정원과 큰 공원으로 이루어져 있고 사이사이에 무도회장, 바로크 극장, 예배당 등 40여 개에 달하는 건물이 들어서 있다. 라트란 거리 Latrán에서 성의 정문인 붉은 문 Cevena Brána을 들어서면 성에서 가장 오래된 흐라데크 타워 Hrádek věží가 있다. 처음 12세기 고딕 양식으로 지어졌으나 시계와 안쪽의 종, 발코니 등은 르네상스 양식으로 나중에 추가된 것이다. 현재 타워는 전망대로 사용되니 엽서에 자주 나오는 구시

부데요비츠카 문

©체코 관광청 / 체스키크루믈로프 성과 타워가 보이는 구시가지 풍경

체스키크루믈로프 성 안
망토 다리

가 풍경을 감상하고 싶다면 절대로 놓치지 말자.

성 내부 견학은 가이드 투어로만 가능한데, 2개의 투어로 나누어 각각 1시간씩 소요된다. 루트 1은 르네상스와 바로크 방, 예배당, 가면무도회장, 금으로 장식된 4륜마차 홀을, 루트 2는 슈바르젠베르크 가의 초상화 갤러리와 실내 인테리어, 미술관을 둘러보는 것이다.

여름 성수기에는 늘 관광객들로 붐비기 때문에 미리 예약하거나 아침 일찍 가야 기다리는 일 없이 투어에 참여할 수 있다. 매년 여름철이면 거울의 방, 가면무도회장, 여름 궁전 등에서 다양한 공연과 콘서트가 열린다.

전화 380 704 721

홈페이지 www.castle.ckrumlov.cz

투어 루트 1

운영 4~5월, 9~10월 화~일 09:00~16:00 (6~8월 ~17:00) 휴무 11~3월 및 월요일 소요 시간 약 55분 요금 일반 320Kč, 학생 220Kč

투어 루트 2

운영 6~8월 화~일 09:00~17:00, 9월 토~일 09:00~16:00 (그 외 휴무) 소요 시간 약 55분 요금 일반 240Kč, 학생 170Kč

박물관 및 타워

운영 11/1~12/21, 4/1~5/31, 9/1~10/31 화~일 09:00~16:00, 1/2~3/31 화~일 09:00~15:00, 6/1~8/31 09:00~17:00 입장료 일반 150Kč, 학생 110Kč

※그 외 바로크 극장 및 정원 운영시간은 미리 확인 요망

Say Say Say

체스키크루믈로프 성에 전해 오는 귀신 이야기

바로크 극장의 슬픈 사랑 이야기

아리따운 동네 처녀 에브리나는 바로크 극장에서 연극을 하는 배우였답니다. 언젠가부터 주인공인 데이비드라는 청년을 사랑하게 되는데 끝내 그의 사랑을 받지는 못했답니다. 그 상처가 너무 컸던 그녀는 결국 연극 상연 마지막 날 무대에서 스스로 목숨을 끊고 말았습니다. 이날 흘린 에브리나의 피는 닦아도 닦아도 지워지지 않고 오랜 시간 얼룩으로 남아 불행을 몰고 왔다고 하네요.

로젠베르크 가의 하얀 장갑 아가씨 이야기

15세기, 체스키크루믈로프 성에는 잔인한 성격의 영주 울리흐 2세 Ulrich II와 그의 딸 페르흐타 Perchta가 살고 있었습니다. 그는 자신의 이익을 위해 딸을 모라비아 영주인 요한 폰 리히텐슈타인 Johann von Lichtenstein과 강제로 정략결혼을 시킵니다. 세월이 흘러 임종을 눈앞에 둔 영주는 딸에게 자신의 행동에 대한 잘못을 빌어보지만 사랑 없는 결혼생활로 불행하게 살아온 그녀는 그의 사과를 매몰차게 거절합니다. 이에 노한 영주는 그녀에게 저주를 퍼붓고 눈을 감죠. 그후 영주의 딸은 체스키크루믈로프 성을 떠도는 귀신이 되어 마을의 의미 있는 기념일에는 어김없이 나타난다고 합니다. 그녀가 하얀 장갑을 끼고 있으면 마을에는 행운과 경사가, 검정 장갑을 끼고 있으면 자연재해 같은 큰 재앙이 온다고 하네요.

©체코 관광청 / 바로크 극장

라트란 거리 & 이발사의 다리
Latrán & Lazebnický Most Map P.131-B1

라트란 거리는 체스키크루믈로프 성과 중앙광장을 잇는 중세풍 거리다. 라트란은 '도둑'이라는 뜻인데, 어느 수도사가 붙인 이름으로 예수와 함께 십자가에 못 박힌 두 도둑 중 한 명이 회개한 데서 유래한다. 라트란 거리는 영화 〈일루셔니스트〉에도 등장한 곳이니 영화 속의 모습과 비교해 보는 것도 재미있다.

이발사의 다리는 라트란 거리와 강 건너 구시가를 연결하는 다리. 예전에 라트란 1번지에 이발소가 있었다고 해서 다리 이름이 유래했다. 다리 위에는 19세기에 세운 십자가에 못 박힌 예수상과 다리의 수호성인 조각상이 서 있다.

루돌프 2세의 서자와 이발사의 딸의 비극적인 사랑 이야기가 전해지는 곳이기도 하다.

가는 방법 중앙광장에서 도보 5분

• 유네스코

중앙광장
Náměstí Svornosti Map P.131-B2

13세기에 형성되어 오늘날까지 마을의 중심을 이루고 있는 이 광장은 체스키크루믈로프의 또다른 상징물이다. 구시가 중앙에 위치한 이 광장을 중심으로 마을 곳곳을 연결하는 길이 방사형으로 되어 있다.

눈여겨볼 만한 것은 두 개의 건물이 연결되어 고딕과 르네상스 양식이 혼합된 시청사 건물이다. 지금도 시청사로 이용하고 있다. 이 건물 1층에 여행자들을 위한 중앙 ⓘ가 있다. 광장 중앙에는 아름다운 분수대와 그리스 성인의 조각품이 서 있다. 작품은 1712~1716년 프라하 조각가인 마티아시 바츠라프 야켈 Matyáš Václav Jäkel이 페스트 퇴치 기념으로 세운 것이다.

그밖에 광장 주변을 둘러싼 아름다운 중세 건축물들은 호텔 · 기념품점 · 레스토랑 등으로 사용되고 있다. 해마다 열리는 각종 체스키크루믈로프의 주요 이벤트 등이 이곳에서 열린다.

가는 방법 역에서 도보 30분 또는 버스터미널에서 도보 10분

중세풍의 라트란 거리

이발사의 다리

라트란 거리의 팬시숍

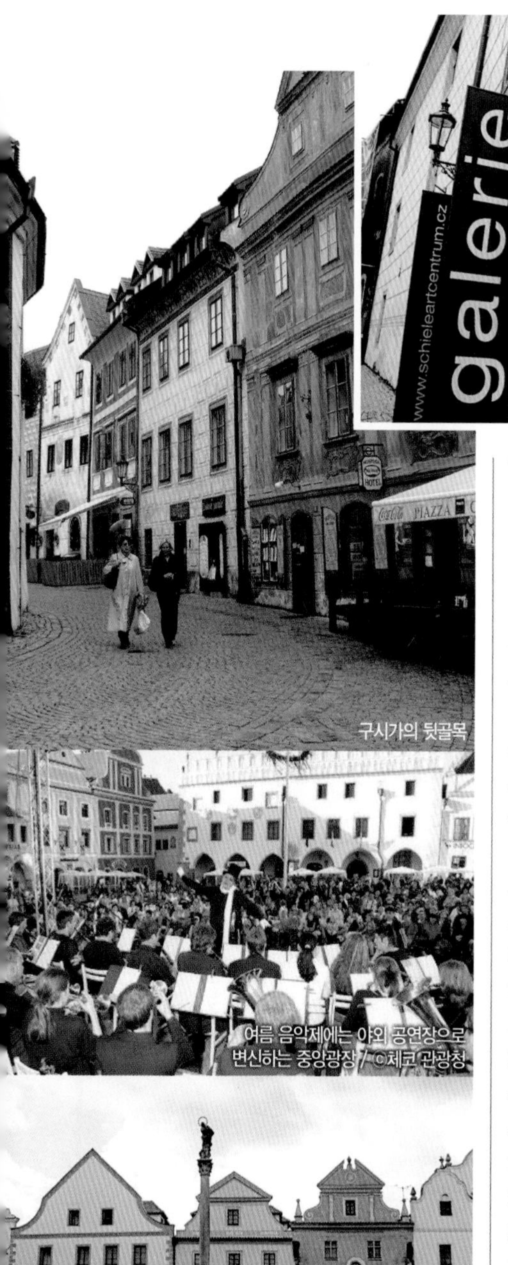

에곤 실레 아트센터

구시가의 뒷골목

여름 음악제에는 야외 공연장으로 변신하는 중앙광장 / ©체코 관광청

중세시대의 건물로 둘러싸인 중앙광장

• 마니아

에곤 실레 아트센터 Egon Schiele Art Centrum

Map P.131-A2

에곤 실레 Egon Schiele(1890~1918)는 구스타프 클림트를 소개하는 글에 자주 등장하는 화가로 오스카 코코슈카와 함께 빈에서 활동한 세기말 화가로 유명하다. 어려서부터 천재적인 드로잉 솜씨를 보였고, 클림트의 눈에 띄어 그의 제자로 있으면서 많은 영향을 받았다.

세기말의 혼란과 불안, 불안정한 가족사, 내면적인 고독과 욕망 등을 선과 색채만으로 강렬한 인상을 주는 표현주의 작품들을 남겼다. 주로 성장기의 소년과 소녀를 모델로 한 그림이 많으며 외설로 구속까지 될 만큼 적나라한 누드화를 그렸다. 제1차 세계대전 말기 스페인 독감으로 29살에 짧은 생을 마감했다.

체스키크루믈로프는 에곤 실레 어머니의 고향으로, 그가 은둔생활을 하며 그림을 그리고 싶을 때 자주 이곳을 찾았다고 한다. 1993년에 오픈한 에곤 실레 아트센터는 그의 삶과 작품세계를 보여주는 자료들을 전시하고 있다. 그 외 20세기 현대 화가들의 작품도 다수 전시한다. 입구에 들어서자마자 작고 아름다운 정원이 나오고 양 옆으로 오른쪽은 박물관과 기념품점, 왼쪽은 카페가 있다. 천재 화가 에곤 실레의 팬이라면 꼭 한번 들러보자.

주소 Široká 71
홈페이지 www.schieleartcentrum.cz
운영 10:00~18:00 휴무 월요일
입장료 일반 180Kč, 학생 90Kč, 사진 촬영 26Kč
가는 방법 중앙광장에서 도보 5분

쉬는 즐거움 Hotel

인기 관광지답게 다양한 숙소와 쾌적하고 깨끗한 시설을 자랑한다. 특히 저렴한 사설 호스텔과 예쁜 펜션이 많아 배낭족에게는 그만이다. 대부분의 숙소가 구시가 안에 있어서 시내 관광이 편리하고, 규모가 작아 가족적이고 편안한 분위기다. 일행이 2인 이상이라면 비싸더라도 예쁜 펜션에 묵어보자. 숙소정보 및 예약은 ⓘ에서 얻을 수 있다. 항상 관광객이 넘쳐나므로 미리 예약해야 한다.

Map P.131-A2

Hostel Merlin

강가에 자리잡고 있어서 발코니에서 보이는 경치가 일품이다. 무료 인터넷, 주방을 갖추고 있고 바비큐 시설도 있어서 가끔 정원에서 파티가 열린다. 커피 · 차 등을 무료로 제공하며, 자전거 대여 서비스도 있다. 근처에 Pension Merlin도 운영한다(주소 Horská 75).

주소 Kájovská 59 전화 606 256 145
홈페이지 www.hostelmerlin.com
요금 도미토리 250Kč~
가는 방법 중앙광장에서 도보 2분

Map P.131-A2

Traveller's Hostel

13세기 건물 안에 위치한 인기 호스텔. 친절한 직원 서비스와 널찍하고 깨끗한 객실이 특징이다. 기본 시설도 충실하고, 무료 Wi-Fi, 세탁 · 주방 시설도 있다. 1층의 바는 밤마다 젊은이들로 북적거린다. 호스텔 외에 아파트도 운영하고 있다. 다만, 저녁 6시면 체크인을 마감하기 때문에 늦게 도착할 경우 반드시 사전에 연락해야 한다.

주소 Soukenická 43 전화 731 564 144
홈페이지 www.travelhostel.cz
요금 6인 도미토리 370Kč~
가는 방법 중앙광장과 이발사 다리 사이에 있는 골목에 위치

Map P.131-C2

Hostel Krumlov House

원목으로 꾸민 실내와 재미있는 인테리어가 인상적이다. 테마호스텔을 찾는다면 이곳을 추천한다. 무료 인터넷, 무선 인터넷을 사용할 수 있으며, 주방 · 세탁 시설을 갖추고 있다. 커피와 차는 무료. 하이킹, 자전거 여행, 승마나 마사지 같은 엔터테인먼트 관련 예약도 해준다.

주소 Rooseveltova 68 전화 728 287 919
홈페이지 www.krumlovhostel.com
요금 도미토리 410Kč~
가는 방법 버스터미널에서 도보 약 10분, 역에서 도보 약 30분. 역에서 전화를 하면 콜택시를 불러준다(요금 100~125Kč).

Map P.131-B1

Hostel 99 Hospoda

부데요비츠카 문 바로 옆에 있다. 레스토랑도 함께 운영하고 있어서 식사를 해결하기가 편하다. 매주 목요일에는 맥주를 무료로 제공한다.
주소 Věžní 99 전화 380 712 812
홈페이지 www.hostel99.cz
요금 8인 도미토리 350Kč~, 2인실 700Kč~
가는 방법 중앙광장에서 도보 10분, 역에서 도보 20분

Map P.131-C2

Hostel Skippy

200년이나 된 건물을 예술가들이 호스텔로 개조한 곳. 아름다운 마을 풍경을 감상할 수 있는 테라스가 가장 큰 매력이다. 주방시설을 갖추고 있으며 차와 커피를 무료로 제공한다.
주소 Plešivecká 123
전화 380 728 380
홈페이지 www.hostelskippy.webs.com
이메일 hostelskippy@hotmail.com
요금 도미토리 400Kč~
가는 방법 버스터미널에서 도보 10분

Map P.131-C2

Hostel Havana

원목으로 지은 편안한 분위기의 호스텔. 방은 모두 쾌적하고 인터넷 · 세탁 · 주방 시설 등을 잘 갖추고 있다. 여름에는 야외 테이블에서 바비큐 파티도 열린다.
주소 Pod Svatým Duchem 135
전화 777 723 244
홈페이지 www.havanahostels.cz
요금 8인 도미토리 260Kč~
가는 방법 버스터미널에서 도보 20분

Map P.131-A2

Hostel Postel

총 17명밖에 묵을 수 없는 정말 작은 호스텔. 가족적인 편안한 분위기가 장점이다. 차와 커피 외에 타월까지 무료로 제공하나 인터넷은 유료다. 투숙 하루 전에 전화로 예약 확인하는 것을 잊지 말자. 보통 1~3월은 휴업.
주소 Rybářská 35 전화 776 720 722
홈페이지 www.hostelpostel.cz
요금 6인 도미토리 280Kč~
가는 방법 버스터미널에서 도보 10분. 중앙광장과 성 사이에 있는 골목에 있다.

Map P.131-B1

Pension Lobo

마을의 중심인 체스키크루믈로프 성 오른쪽에 위치하고 있어서 찾기가 쉽다. 다른 곳보다 저렴하면서 시설도 좋아 개인실에서 조용히 머물고 싶은 여행자에게 추천한다. 방도 넓어서 쾌적하게 쉴 수 있다. 요금에 아침식사가 포함된다.
주소 Latrán 73 전화 604 823 485
홈페이지 www.pensionlobo.cz
요금 2인실 1,100Kč~
가는 방법 버스터미널에서 도보 10분

남부 보헤미아의 요충지 체스케부데요비체

České Budějovice

남부 보헤미아 지방의 교통 요충지로 발달한 체스케부데요비체는 13세기 프르제미슬 오타카르 2세 Přemysle Otakar II가 건설한 도시다. 소금광산이 발달한 오스트리아 국경에 인접해 있어 일찍이 소금무역이 발달했고 지방 특산 맥주를 생산하는 양조업도 성행해 16세기에는 최고의 번영기를 누렸다. 그후 '30년 전쟁'과 1641년의 대화재로 도시 대부분이 잿더미로 변했으나 200년이 지난 19세기 중반에는 새롭게 소금무역과 양조업이 부흥하여 과거의 영광을 되찾았다.

오늘날 체스케부데요비체는 맥주 애호가라면 꼭 가봐야 할 맥주의 도시다. 이곳 지명을 딴 부데요비츠키 부드바르 Budějovický Budvar 맥주는 체스케부데요비체와 함께 걸어온 700년 역사와 전통을 자랑한다. '술 없는 인생은 시시하다'라는 체코의 속담에서 말해주듯 작은 선술집에 들러 현지인과 맥주를 마시면서 즐거운 인생을 논해 보는 재미를 놓치지 말자.

이런 사람 꼭 가자

진정한 맥주 애호가라면

버드와이저의 원조인 부데요비츠키 부드바르를 맛보고 싶다면

INFORMATION 인포메이션

유용한 홈페이지

체스케부데요비체 관광청 www.c-budejovice.cz
부데요비츠키 부드바르 양조장
www.budějovickybudvar.cz

관광안내소 Map P.140-A1

지도 구입 및 양조장 투어 관련 정보를 얻어두면 매우 유용하다. 비·성수기에 따라 운영시간 변동이 심하고 비수기에는 운영하지 않는 경우도 많다.

체스케부데요비체 역

주소 Nám. Přemysla Otakara II. 1(프르제미슬 오타카르 2세 광장) 전화 386 801 413
운영 5~9월 월~금 08:30~18:00, 토 08:30~17:00, 일 10:00~16:00, 10~4월 월·수 09:00~17:00, 화·목·금 09:00~16:00, 토 09:00~13:00

알아두세요

1832년, 합스부르크 왕가는 체스케부데요비체와 오스트리아의 린츠를 잇는 유럽 최초의 마차철도를 놓았다. 현재 시내에 그 역터만 남아 있다.

ACCESS 가는 방법

과거에도 교통의 요충지였고 현재도 남부 보헤미아와 오스트리아를 잇는 교통의 중심지다. 프라하나 오스트리아를 기점으로 남부 보헤미아 지방을 여행하려면 꼭 거쳐야 하는 곳이어서 버스와 열차 모두 발달해 있다. 특히 체스키크루믈로프행 열차와 버스편이 많다. 프라하에서 오는 경우 열차는 중앙역에서, 버스는 이용하는 버스 회사에 따라 나 크니제치 버스터미널, 중앙역 버스터미널, Roztyly 터미널 등에서 출발한다.
체스케부데요비체 역과 버스터미널 Autobusové nádraži은 대로를 사이에 두고 마주하고 있으며 지하도로 서로 연결되어 있다. 두 곳 모두 규모는 크지 않지만 교통의 중심지답게 편리한 시스템과 쾌적한 시설을 갖추고 있다. 짐을 맡기고 시내 관광을 할 예정이라면 코인로커보다는 직원이 직접 짐을 맡아주는 유인 짐 보관소를 이용하는 게 안전하다.
역을 빠져나온 후 Lannova 거리를 따라 직진하면 바로 구시가의 중심인 프르제미슬 오타카르 2세 광장이 나온다. 도보로 약 5~7분.

• 교통 요금

프라하→체스케부데요비체
버스 편도 165Kč, 열차 편도 159~266Kč

체스케부데요비체→체스키크루믈로프
버스 편도 40Kč

주간이동 가능 도시

※현지 사정에 따라 열차 운행시간 변동이 커 반드시 그때그때 확인할 것

출발		도착	소요 시간
체스케부데요비체	▶▶	프라하 hl. n	열차 2시간 22분
체스케부데요비체	▶▶	프라하 Florenc	버스 2시간 15분
체스케부데요비체	▶▶	체스키크루믈로프	열차 45분 또는 버스 30분
체스케부데요비체	▶▶	플젠	열차 1시간 53분
체스케부데요비체	▶▶	브르노	열차 4시간 23분 또는 버스 3시간 30분
체스케부데요비체	▶▶	린츠 Hbf	열차 2시간~2시간 25분
체스케부데요비체	▶▶	빈 Franz Josefs Bahnhof	열차 3시간 30분~4시간 5분

체스케부데요비체 완전 정복

master of České Budějovice

체스케부데요비체는 인기 여행지인 체스키크루믈로프로 가는 경유지로, 다른 유명 관광도시에 비하면 매력적인 볼거리는 많지 않다. 하지만 프르제미슬 오타카르 2세 광장이 있는 구시가는 한나절 정도 도보로 구경해 볼 만한 곳이니, 교통편 때문에 경유지로 잠시 들렀다면 2~3시간 정도 가볍게 둘러보기를 권한다.

맥주 애호가라면 당연히 이곳에 본고장 맥주를 마음껏 즐겨보자. 혹시 체코 여행이 맥주 테마여행이라면 이곳에 숙소를 정하고 하루는 부데요비츠키 부드바르 Budějovický Budvar 맥주의 본가 부드바르 양조장을 다녀오고, 또 하루는 열차로 2시간 거리에 있는 플젠으로 가서 필스너 Pilsner 맥주를 마셔보자. 체코 맥주의 양대 산맥으로 불리는 두 맥주를 마셔볼 수 있는 절호의 기회가 될 것이다. 그밖에도 여름 성수기에 체스키크루믈로프에 숙소를 정하지 못했다면 이곳에 짐을 풀고 근처에 있는 타보르 Tabor, 텔치 Telč 등 크고 작은 남부 보헤미아의 도시들을 여행해 보자. 오스트리아의 린츠나 잘츠부르크로 가는 직행열차도 운행되고 있어 편리하다.

★Best Course

• **랜드마크** 프르제미슬 오타카르 2세 광장 Nám. Přemysla OtakaraII

역 또는 버스터미널 → 프르제미슬 오타카르 2세 광장 → 성 미클라쉬 교회와 검은탑 → 도미니칸 수도원

• **구시가 예상 소요 시간** 2~3시간

※부데요비츠키 부드바르 양조장까지 다녀오려면 반나절 이상은 걸린다.

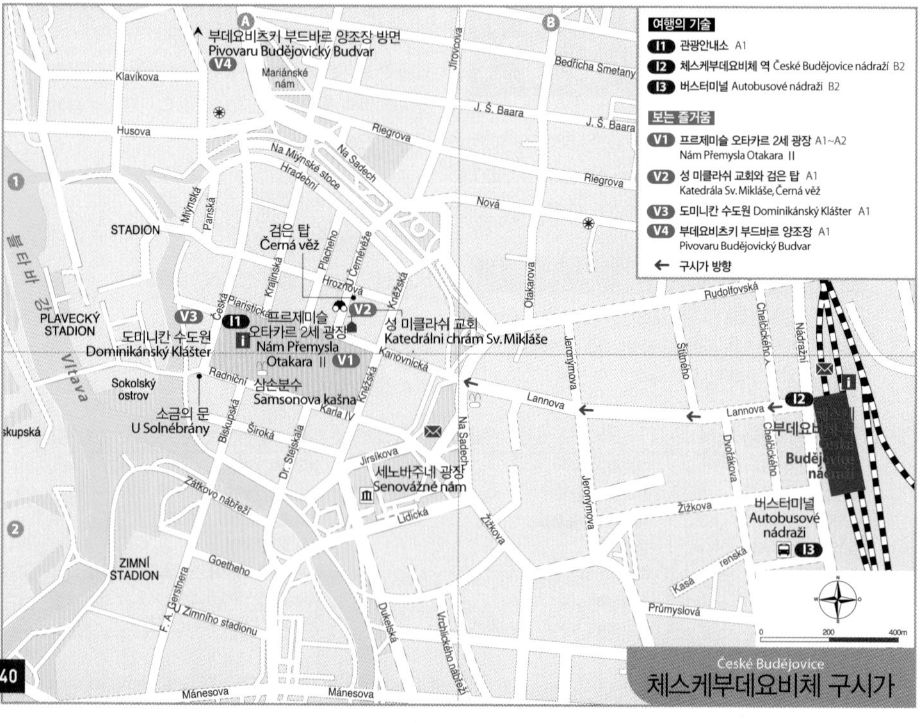

여행의 기술

- I1 관광안내소 A1
- I2 체스케부데요비체 역 České Budějovice nádraží B2
- I3 버스터미널 Autobusové nádraži B2

보는 즐거움

- V1 프르제미슬 오타카르 2세 광장 A1~A2 Nám Přemysla Otakara II
- V2 성 미클라쉬 교회와 검은 탑 A1 Katedrála Sv. Mikláše, Černá věž
- V3 도미니칸 수도원 Dominikánský Klášter A1
- V4 부데요비츠키 부드바르 양조장 A1 Pivovaru Budějovický Budvar
- ← 구시가 방향

České Budějovice
체스케부데요비체 구시가

검은탑에 오르면 마치 구시가를 휘감듯이 흐르고 있는 블타바 강과 구시가를 가득 메운 중세풍 뾰족지붕, 그리고 아름다운 프르제미슬 오타카르 2세 광장을 한눈에 바라볼 수 있다. 시내 어디서나 볼 수 있는 부드바르 로고는 세계적인 맥주의 본고장에 왔음을 실감나게 한다.

• 핫스폿

프르제미슬 오타카르 2세 광장

náam Přemysla Otakara II Map P.140-A1~A2

동유럽에서 규모가 큰 광장 중 하나로 구시가 관광의 하이라이트. 체스케부데요비체를 건설한 프르제미슬 오타카르 2세의 이름을 붙였으며 체스판 모양의 바닥이 특징이다. 광장 중앙에는 1721년에 만들기 시작해 5년 만에 완성한 도시의 상징, 삼손 분수 Samsonova Kašna가 있다. 블타바 강에서 물을 끌어와 만들었다고 한다. 광장 주변은 바로크와 르네상스 양식으로 지은 예쁜 건축물이 즐비한데, 1641년에 발생한 대화재로 거의 소실되었다가 이후 재건된 것들이다. 18세기의 바로크 양식으로 지은 시청사 Radnice 건물을 놓치지 말고 보자.

가는 방법 역에서 도보 7분

• 뷰 포인트

성 미클라쉬 교회와 검은 탑 Map P.140-A1

Katedrála Sv. Mikláše, Černá věž

1641년 대화재로 소실되었다가 이후 바로크 양식으로 재건된 성당. 성당 옆에 있는 검은탑은 도시의 상징물 중 하나로 16세기 중반에 건설하기 시작해 30여 년의 세월을 거쳐 높이 72m 탑으로 완성되었다. 종탑과 방어탑 구실을 했지만, 예부터 유럽에서는 탑의 높이가 높을수록 부를 상징했다고 하는데 검은탑을 보면 체스케부데요비체가 얼마나 부유했는지 가늠할 수 있다. 현재 탑 꼭대기를 전망대로 개방하고 있으니 멋진 도심 풍경을 감상하고 싶다면 160여 개의 계단을 오르는 수고를 마다하지 말자.

• 검은탑

개방 10:00~18:00 휴무 월요일

입장료 일반 30Kč, 학생 20Kč 가는 방법 프르제미슬 오타카르 2세 광장에서 도보로 3분

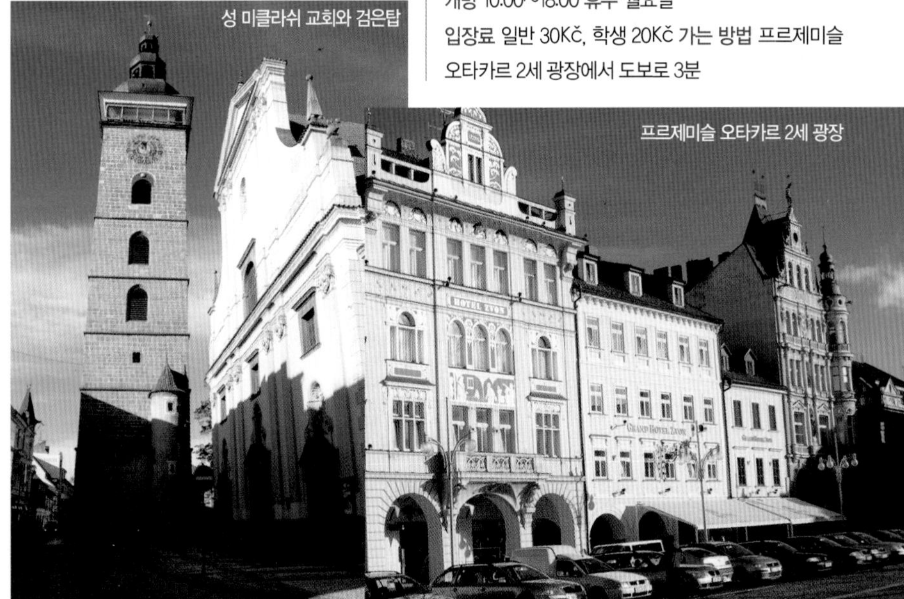

성 미클라쉬 교회와 검은탑

프르제미슬 오타카르 2세 광장

도미니칸 수도원 Dominikánský Klášter

Map P.140-A1

도시가 처음 형성된 1265년에 짓기 시작해 14세기 후반에 완성된 건물. 처음에는 고딕 양식을 채택했으나 1865년 재건축하면서 지금과 같은 바로크 양식으로 마무리했다. 현재 우측 교회당만 일반인에게 공개하고 있는데 내부는 성직자들의 생활을 그린 소박한 프레스코화가 벽면을 장식한 게 인상적이다.

가는 방법 프르제미슬 오타카르 2세 광장에서 도보 5분

● 마니아

부데요비츠키 부드바르 양조장 Pivovaru Budějovický Budvar

Map P.140-A1

원래 부드바르 맥주는 체스케부데요비체의 각 가정집에서 만들어 마시던 술로 프르제미슬 오타카르 2세가 도시 건설과 더불어 시민을 위해 맥주 양조 특권을 부여하면서 그 역사가 시작된다. 처음에는 소규모 양조장이 하나 둘 생겨났으며 18세기에 와서는 400여 개나 되는 양조장이 문을 열었다. 그후 19세기 산업혁명을 계기로 양조장협회가 서로 단합하고 지금의 자리에 대량생산을 할 수 있는 맥주 공장을 세웠다. 그것이 바로 1895년에 설립한 부데요비츠키 부드바르 Budějovický Budvar(약칭 부드바르 Budvar)다. 오늘날 체스케부데요비체 지방의 전통 맥주 제조공법을 그대로 따르고 있는 세계적인 맥주 회사로 이름을 떨치고 있다.

부드바르 맥주는 700년 전통과 변함없는 품질의 우수성으로 유명한데 그 비결은 최고의 원료를 사용하는 데 있다. 엄선된 Staatz Aroma 홉과 모라비안 보리, 그리고 부드바르만의 독특한 효모와 300m 깊이에서 퍼낸 맑고 순수한 물, 거기에 수백 년을 거쳐 내려온 전통 양조기법이 만나 세계 최고의 맥주를 생산한다. 오늘날 유럽을 포함한 약 50개국에 수출하고 있으며 우리나라에서도 맛볼 수 있다.

부드바르 본사에서는 맥주 생산과정을 볼 수 있도록 양조장 견학 프로그램을 실시하고 있다. 1시간 정도 소요되며 투어를 마친 후에는 잘 숙성된 맥주를 양조 초크에서 바로 꺼내 맛볼 수 있게 해준다. 견학만으로 아쉽다면 양조장에서 운영하는 레스토랑에 들러 부드바르 맥주와 가장 어울리는 안주와 함께 맥주를 마셔보자. 투어는 10명 이상 모여야 가능하고, 미리 예약하면 단체는 언제든지 투어를 할 수 있다. 자세한 내용은 ⓘ에 문의하자.

도미니칸 수도원

부데요비츠키 부드바르 양조장

부드바르 맥주의 모든 것

부드바르 맥주는 선명한 색상과 풍부한 거품에 눈이 즐겁고, 잔을 드는 순간 코끝을 자극하는 세련된 향에 취한다. 그리고 시원한 맥주가 입으로 들어가면 강하지 않은 쌉쌀한 맛에 반하게 된다.

Budvar Czech Premium Lager

순수 맥주 애호가를 위한 맥주. 부드바르 맥주의 원조이자 부드바르 사가 부르짖는 완벽한 맛의 라거 맥주. 엄선된 재료와 90일간 숙성으로 만들어진다.

알코올 지수 5.0%

Budvar Premium Dark Lager

프리미엄 다크 라거는 진한 맛을 즐기는 마니아를 위한 맥주로 2004년도에 탄생했다. 짙은 색과 캐러멜 향이 프리미엄 다크 라거의 특징.

알코올 지수 4.0%

Budějovický Budvar Pale Beer

누구나 즐길 수 있는 가장 대중적인 맥주.

알코올 지수 4.0%

Budvar non-alcoholic Beer

알코올 지수가 최대 0.5%를 넘지 않아 술을 잘 마시지 못하는 사람에게 적합한 맥주. 최소한의 알코올 성분과 최고급 자연산 연료로 만들었으며 풍부한 향이 특징이다.

Bud Super Strong

부드바르 사가 자랑하는 최고의 맥주로 맥주 애호가에게 추천한다. 이름처럼 알코올 지수가 가장 높고, 매우 강한 맛이 특징이다. 숙성기간이 200일간으로 진하고 풍부한 거품, 짙은 황금색, 진한 향, 아주 쌉쌀한 맛이 난다.

알코올 지수 7.6%

Pardal

부드바르 사와 체코의 맥주 애호가들이 함께 작업해 탄생한 맥주. 전통만 고집하지 않고 소비자가 생산작업에 직접 참여해 만들어낸 작품이다. 오늘날 체코를 대표하는 가장 트렌디한 맥주다.

알코올 지수 3.8%

주소 Karolíny světlé 4 전화 387 705 347

홈페이지 www.budejovickybudvar.cz 운영 3~12월 매일 09:00~17:00, 1~2월 화~토 09:00~17:00

휴무 일~월요일

양조장 투어 요금 120~180Kč ※국제학생증 ISIC 소지자 50% 할인.

가는 방법 트램 구시가지에서 Krajinská 거리 북쪽으로 걸어가면 큰 길인 Pražska 거리가 나온다. 이 거리에 있는 트램 정류장에서 2번 트램을 타고 2번째 정류장인 Budvar에서 내리면 바로 있다.

미국과 체코가 벌이는 버드와이저의 끝없는 상표 분쟁

맥주 상표의 대명사, 버드와이저 Budweiser를 모르는 사람은 없을 겁니다. 버드와이저는 원래 독일식 발음으로 체스케부데요비체에서 생산하는 맥주를 가리킵니다. 같은 맥락으로 체코를 대표하는 맥주 중 하나인 필스너 Pilsner 역시 독일식 발음으로 필스너 지방에서 생산하는 맥주를 말하죠. 그 제조 역사가 13세기부터 시작하는 체스케부데요비체의 맥주 맛은 인접국가인 독일에서도 유명했다고 합니다. 그런데 우연이었을까요? 미국의 버드와이저를 생산하는 안후이저 부시 Anheuser-Busch 사의 창업주가 독일계 이민자로 1852년부터 맥주를 생산하기 시작, 1878년에 버드와이저 상표를 등록했답니다. 이때부터 버드와이저가 체코가 아닌 미국 맥주로 탄생한 거죠. 게다가 안후이저 부시 사의 맥주는 맥주 이름뿐만 아니라 맛의 비법도 체스케부데요비체에서 가져온 것이랍니다. 이후 1895년 체스케부데요비체에 부드바르 사가 창립하면서 미국과 체코의 두 회사 간 상표 분쟁이 시작되었습니다. 이 같은 상표 분쟁으로 인해 영어로 발음하면 버드와이저가 되는 부드바르 사의 맥주는 재판 결과에 따라 미국에서는 체크바르 Czechvar, 대부분의 유럽에서는 버드와이저 부드바르 Budweiser Budvar, 그밖에는 부데요비츠키 부드바르 Budějovicky Budweiser로 상표를 바꿔 판매한답니다. 미국의 버드와이저 역시 일부 국가에서는 버드와이저나 버드라는 이름을 사용할 수 없다네요. 우리나라에서도 8년간의 긴 재판 끝에 부드바르 사가 승소함으로써 '버드와이저 부드바르'로 판매되고 있답니다. 100년도 넘게 이어지는 긴 싸움! 그래도 원조의 자존심 문제인 만큼 부드바르 사의 건투를 빌어봅니다.

사는 즐거움 Shopping

체스케부데요비체에서 탄생한 코히노르는 연필 · 색연필 · 크레파스 · 지우개 등 다양한 문구류를 제작하는 회사다. 1970년 오스트리아의 Joseph Hardtmuth가 창립했으며, 나중에 '코히노르'라는 인도의 유명한 다이아몬드 이름을 따서 붙이게 되었다. 1802년 처음으로 찰흙과 흑연을 합한 연필심을 발명해 특허를 받았고, 로고에 사자와 별이 박혀 있는 게 특징. 체코에서 가장 오래된 명품 문구 회사인 만큼 어느 문구점에서나 볼 수 있다. 가게 문을 다양한 색상의 연필로 장식했다면 그곳이 바로 코히노르 매장이다. 코히노르 지우개는 우리나라 문구점에서도 쉽게 살 수 있지만, 본고장에 왔으니 갖가지 문구류를 구경해 보고 소장용, 선물용 쇼핑도 즐겨보자.

대모라비아 제국의 수도 올로모우츠

Olomouc

프라하와 대조되는 도시 올로모우츠. 체코는 역사 · 지리 · 문화적으로 배경이 다른 보헤미아 지방과 모라비아 지방으로 크게 나뉜다. 보헤미아 지방을 대표하는 도시가 프라하라면 모라비아 지방을 대표하는 도시는 단연 올로모우츠다.

지금은 모라비아 지방의 주도가 브르노 Brno지만 9세기부터 존재한 중세국가, 대모라비아 제국의 수도는 올로모우츠였다. 덕분에 올로모우츠는 프라하에 이어 체코에서 두 번째로 많은 문화재를 보유하고 있는 중세도시다. 프라하가 연인들을 위한 도시라면, 올로모우츠는 사색에 잠기려는 나 홀로 여행자들이 즐겨 찾는 고도 古都다. 뿐만 아니라 체코에서 두 번째로 오래된 대학이 있어 언제나 거리에는 젊은이들의 활기찬 지성이 넘쳐 흐르고 있다.

이런 사람 꼭 가자

천문 시계를 감상하고 싶다면

한적하고 문화재로 가득한 중세의 도시를 여행하고 싶다면

INFORMATION 인포메이션

유용한 홈페이지

올로모우츠 관광청 www.tourism.olomouc.eu

관광안내소

• 구시가 ⓘ (Map P.147-A1)
무료 지도 제공 및 프라하와 근교 교통편을 안내해 주며, 숙소 예약도 도와준다.
주소 Horni nám.(호르니 광장 시청사 1층)
전화 585 513 385 운영 1~2월 월~금 09:00~18:00 토~일 09:00~17:00, 3~12월 09:00~19:00

• 중앙역 ⓘ (Map P.147-A1)
지도, 여행정보, 숙소 예약 서비스를 제공한다.
운영 월~금 08:00~12:00, 13:00~18:00

ACCESS 가는 방법

프라하에서 북서쪽으로 250㎞, 브르노에서는 남서쪽으로 60㎞에 위치해 있기 때문에 프라하와 브르노 관광객들에게 당일치기 여행지로 인기가 높다. 열차와 버스가 모두 운행되고 있는데 그 중에서도 빠르고 편리한 열차편을 더 많이 이용한다. 프라하에서 출발하는 열차는 운행시간, 열차 종류에 따라 중앙역과 홀레쇼비체 Holesovice 역에서 각각 출발한다. 소요시간은 2시간 15분~3시간 10분 정도로 열차마다 다르며, 고속열차인 SC · EC · IC를 이용할 때는 반드시 좌석을 예약해야 한다. 브르노에서 출발하는 열차는 직행편과 프레로브 Prerov에서 갈아타야 하는 환승편이 있는데, 운행시간에 20분 정도 차이가 있다.
국제선은 인접해 있는 슬로바키아 · 오스트리아 · 폴란드를 연결하는 열차편이 발달해 있다. 그중 빈에서 출발하는 열차는 슬로바키아를 경유해 약 3시간 거리이므로 프라하를 여행하기 전에 올로모우츠에 들러 1박을 한 후 프라하로 가거나 그 반대로 코스를 잡는 것도 무방하다. 그밖에 바르샤바와 크라쿠프로 가는 야간열차가 매일 자정에 출발한다.

올로모우츠 중앙역

Olomouc hl.n. **Map P.147-A1**

중앙역은 규모는 작지만 현대적으로 꾸며져 있어 매우 쾌적하고 편리하게 이용할 수 있다. 역에서 구시가의 핵심인 호르니 광장까지 약 2㎞ 떨어져 있으므로 걸어서 가기보다는 역 앞에서 출발하는 트램 1 · 2 · 4 · 5 · 6 · 7번을 이용하도록 하자. Koruna 쇼핑센터 앞, 또는 Hrdiun Náměstí 역에서 내린 후 1분 정도 걸으면 바로 호르니 광장에 닿는다.
올로모우츠의 대중교통수단은 최첨단 시설을 자랑한다는 사실. 차량도 최신형이지만 각 정류장과 차량 안에는 출 · 도착 시각, 도착 정류장 표시 등이 전광판을 통해 실시간 안내를 하고 있어 초행길인 여행자들도 쉽게 이용할 수 있다. 승하차 시 문은 직접 오픈버튼을 눌러야 한다. 티켓은 각 정류장 자동발매기, 신문가판대 등에서 구입할 수 있다.

역 ➡ 호르니 광장

역 앞에서 트램 1 · 2 · 4 · 5 · 6 · 7번을 타고 Koruna 쇼핑센터 앞에서 내릴 경우, 맞은편으로 보이는 길을 건너 Legionářská 길을 따라 가면 또다른 정류장인 흐르디운 광장 Hrdiun náměstí이 나온다. 이 광장에서 왼쪽으로 나 있는 8. Května 길을 따라 10m 정도 걸어가면 제일 먼저 머큐리 분수가 보인다. 분수 바로 앞의 골목 28. října 길을 따라 약 10m 가다 보면 맥도날드가 보이고 맥도날드를 지나면 호르니 광장이 나온다.

약 도보 7분.

• **열차 요금**

프라하↔올로모우츠

왕복 220Kč

• **시내 교통**

트램 1회권 14Kč

주간이동 가능 도시

출발		도착	소요 시간
올로모우츠 hl.n	▶▶	브르노 hl.n	열차 1시간 36분~2시간 14분
올로모우츠 hl.n	▶▶	프라하 hl.n	열차 2시간 18분
올로모우츠	▶▶	프라하 Florenc	버스 2시간 16분
올로모우츠 hl.n	▶▶	브르제츨라프 Breclav	열차 1시간 20분
올로모우츠 hl.n	▶▶	빈 Hbf(VIA Ceska Tretoba)	열차 2시간 18분~3시간 28분

야간이동 가능 도시

출발		도착	소요 시간
올로모우츠 hl.n	▶▶	크라쿠프 Głowny	열차 5시간 36분
올로모우츠 hl.n	▶▶	바르샤바 Centralna	열차 6시간 23분

※현지 사정에 따라 열차 운행시간 변동이 커 반드시 그때그때 확인할 것

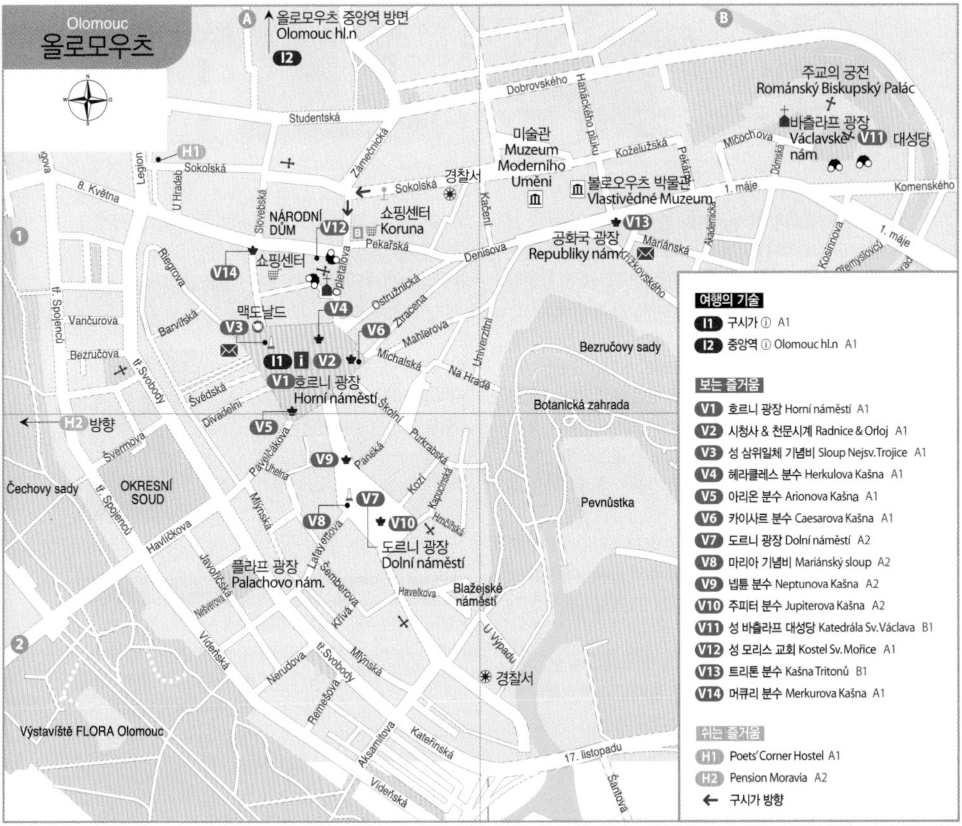

Olomouc
올로모우츠

여행의 기술

I1 구시가 ⓘ A1
I2 중앙역 ⓘ Olomouc hl.n A1

보는 즐거움

V1 호르니 광장 Horní náměstí A1
V2 시청사 & 천문시계 Radnice & Orloj A1
V3 성 삼위일체 기념비 Sloup Nejsv.Trojice A1
V4 헤라클레스 분수 Herkulova Kašna A1
V5 아리온 분수 Arionova Kašna A1
V6 카이사르 분수 Caesarova Kašna A1
V7 도르니 광장 Dolní náměstí A2
V8 마리아 기념비 Mariánský sloup A2
V9 넵튠 분수 Neptunova Kašna A2
V10 주피터 분수 Jupiterova Kašna A2
V11 성 바츨라프 대성당 Katedrála Sv.Václava B1
V12 성 모리스 교회 Kostel Sv.Mořice A1
V13 트리톤 분수 Kašna Tritonů B1
V14 머큐리 분수 Merkurova Kašna A1

쉬는 즐거움

H1 Poets' Corner Hostel A1
H2 Pension Moravia A2
← 구시가 방향

올로모우츠 완전 정복

master of Olomouc

올로모우츠 여행의 재미는 뭐니 뭐니 해도 프라하와 대조되는 체코의 또다른 매력을 찾아내는 데 있지 않을까? 첫째, 올로모우츠 역에 도착하면 제일 먼저 여유로움과 쾌적함이 느껴질 것이다. 그리고 현지인들의 상냥스런 표정이나 산뜻하게 정비된 거리의 모습은 수도인 프라하와 확연하게 대조된다. 둘째, 프라하를 상징하는 역사적인 건축물 중 하나인 천문시계가 올로모우츠에도 있다는 사실. 프라하의 천문시계가 중후함을 풍기고 있다면, 올로모우츠의 천문시계는 연한 핑크빛이 산뜻한 느낌을 준다. 이것 역시 비교해 보는 재미가 쏠쏠하다. 그리고 두 도시 모두 건축박물관을 방불케 하는 다양한 양식의 건물이 즐비하지만, 프라하의 웅장한 건축물들과는 달리 동화 속에 나올 법한 아기자기한 건물들 또한 대조적이다. 마지막으로 키스를 부르는 연인들의 도시로 불릴 만큼 늘 축제 분위기에 젖어 있는 프라하와는 달리, 차분한 마음으로 나 홀로 여행을 즐기기에 그만인 곳이 바로 올로모우츠다.

구시가는 3~4시간이면 모두 돌아볼 수 있을 만큼 작다. 하지만 유명한 유적지 외에 대학가를 둘러보고, 휴식을 취하면서 여유로운 시간을 만끽할 수 있는 도시니 가능하다면 하루 정도 머물도록 하자. 시내 관광은 핵심지구인 호르니 광장을 시작으로 도르니 광장, 가장 높은 언덕에 있는 바츨라프 광장 Václavské náměstí, 대학교와 공화국 광장 Nám. Republiky 순으로 돌아보면서 그 안의 유적지를 살펴보면 된다. 시내 관광의 하이라이트는 호르니 광장으로 광장 안에는 세계문화유산으로 지정된 성 삼위일체 기념비와 천문시계가 있다. 그리고 시내 여기저기에 흩어져 있는 분수도 놓치지 말자. 17세기부터 그리스 · 로마 신화를 테마로 세운 분수는 모두 7개. 그 가운데 마지막 작품은 2002년도에 완성된 것이다. 신화 이야기도 음미하고, 멋진 사진도 찍을 수 있어 매우 흥미롭다.

★Best Course

• **랜드마크** 호르니 광장 Horní náměstí

호르니 광장 → 성 삼위일체 기념비 → 시청사 & 천문시계 → 헤라클레스 & 카이사르 & 아리온 분수 → 도르니 광장 → 마리아 기념비 → 넵튠 & 주피터 분수 → 대학교 → 공화국 광장 → 트리톤 분수 → 바츨라프 광장 → 바츨라프 대성당 → 성 모리스 교회 → 머큐리 분수

• 예상 소요 시간 한나절~하루

중세의 모습을 그대로 간직하고 있는 구시가는 건축박물관이라 할 만큼 다양한 양식의 건물이 즐비하고, 신화 속 이야기를 다룬 분수들은 여행자의 눈과 마음을 사로잡는다. 소박한 정서를 느낄 수 있는 골목과 지성인의 메카 대학가도 빼놓을 수 없는 주요 볼거리다.

호르니 광장 Horní náměstí

Map P.147-A1

올로모우츠 관광의 핵심지구로 중세의 풍경이 그대로 남아 있는 중앙광장이다. 광장 한복판에는 세계문화유산으로 지정된 성 삼위일체 기념비가 있고, 시청사와 천문시계 그리고 헤라클레스 · 아리온 · 카이사르 분수 등이 있다. 또 광장을 둘러싼 다양한 건축물들은 레스토랑 · 카페 · 기념품점 등으로 이용되고 있다. 건물마다 각기 다른 파스텔톤 색상으로 칠해져 있어 보는 즐거움을 더해준다. 광장에서는 야외공연도 다채롭게 열려 시민들의 문화공간으로도 한몫 하고 있다.

가는 방법 역에서 트램 2 · 4 · 6번 이용, Koruna 쇼핑센터 앞에서 하차 후 도보 7분

시청사 & 천문시계 Radnice & Orloj

• 핫스폿 • 뷰 포인트

Map P.147-A1

광장 중앙에 서 있는 시청사는 1378년에 짓기 시작해 1444년에 완공된 르네상스 양식 건축물이다. 현재 내부는 홀과 예배당을 가이드 투어로만 관람할 수 있고, 1607년에 완공된 탑은 정해진 시간에만 오를 수 있다. 탑 전망대에서는 멋진 광장과 시내 풍경을 한눈에 바라볼 수 있고, 탑 벽면에는 체코에서 프라하에 이어 두 번째로 유명한 천문시계가 있다.

산뜻한 분홍색과 황금색으로 장식된 아름다운 천문시계는 광장에서도 가장 눈에 띈다. 올로모우츠를 상징하는 문화재 중 하나로, 많은 여행객이 이 천문시계를 보기 위해 올로모우츠를 온다고 해도 과언이 아니다.

천문시계가 처음 제작된 시기는 1519년이지만 제2차 세계대전 당시 심각한 손상을 입어 수차례의 복원 작업을 거쳤다. 지금의 모습은 1955년 사회주의

체코의 또다른 명물 천문시계

호르니 광장의 시청사와 천문시계

시절 완성된 것으로 중세의 기독교적인 표현은 없애고 노동자 · 운동선수 · 과학자 등을 새겨 사회주의 이념을 상징하고 있다.

매시 정각이 되면 종이 울리고 프롤레타리아 계급을 표방하는 목각인형들이 나와 음악에 맞춰 춤을 춘다. 원래 성자들로 구성된 목각인형을 대체한 것이라고 하는데 일상생활에서 흔히 볼 수 있는 일반 사람들의 모습이 더욱 친근하게 느껴진다. 중세의 종교색이 짙게 묻어나고 중후한 분위기를 풍기는 프라하의 천문시계와는 또다른 맛이니 비교하면서 감상해 보자.

• 시청사 시계탑

운영 매일 11:00 · 15:00, 나이트 투어 7/11~9/6 매주 목~금 21:00 요금 일반 25Kč

※정확한 투어 시간은 시청사 내에 있는 중앙 ⓘ에 들러 문의하자.

Say Say Say

예술적인 감각의 천문시계는 우리나라에도 있다!

체코를 여행하다 섬세하고, 미적 감각이 뛰어난 두 개의 천문시계를 보고 감동했나요? 원래 천문시계는 천문을 관측하기 위한 시계로 정밀도가 생명이죠. 그래서 그 정교함이 나중에는 예술작품으로 승화했나봅니다. 두 시계 모두 그 기능과 상징이 무엇이든 보기만 해도 신기하고 감탄사가 절로 나지요. 그런데 우리나라에도 이같이 예술감각이 돋보이는 천문시계가 있다는 사실 아시나요? 네, 혼천시계 渾天時計라는 게 있습니다. 1669년 현종 10년에 천문학자 송이영이 만든 시계로 서양식 자명종을 보고 전통 시계를 개량해 만들었다고 하네요. 현재 국보 230호로 지정돼 고려대학교 박물관에 있답니다. 체코에 있는 두 천문시계와는 달리 실내에서 정확한 시간과 천문현상까지 관찰할 수 있는 귀한 우리나라의 과학 문화재랍니다. 지금 보고 싶다구요? 그럼 만 원짜리 지폐를 펼쳐보세요. 디자인도 감각적인 혼천시계가 그려져 있습니다.

성 삼위일체 기념비

• 유네스코

Sloup Nejsv. Trojice Map P.147-A1

올로모우츠를 상징하는 대표적인 유적. 18세기 초 중부 유럽의 바로크 양식 작품 중 규모가 가장 크고, 매우 뛰어난 걸작으로 2000년 세계문화유산으로 지정되었다.

기념비는 1716년에 세우기 시작해 1754년에 완성되었는데 온드레이 자흐너 Ondrej Zahner를 비롯한 모라비아 출신의 예술가와 장인들이 참여했다. 흑사병 퇴치와 종교적인 염원이 담겨 있는 기념비는 35m 높이로 성서에 나오는 18명의 성인이 하늘을 바라보고 있으며 손에는 횃불 · 성경 · 십자가 등을 들고 있다. 맨 위에 있는 예수와 그를 돕는 2명의 성자는 믿음 · 희망 · 사랑을 상징하는 성부 · 성자 · 성신을 의미한다. 먼저 예수와 성자상을 구리로 만든 후 금을 덧씌웠다고 한다. 기념비를 보는 순간 그 규모에 놀라게 되고, 조각 하나하나를 살펴보면 그 섬세함과 아름다움에 감탄사가 절로 난다. 그리고 종교에 대한 믿음과 신념을 작품에 그대로 담은 예술가들의 혼이 느껴진다.

호르니 광장

성 삼위일체 기념비

헤라클레스 분수
Herkulova Kašna
Map P.147-A1

올로모우츠에서 두 번째로 세운 분수. 조각가 Wenzel Schüller와 Michael Mandík 등이 1687~1688년에 만든 작품이다. 전설 속 영웅의 왼손에는 독수리가 앉아 있으며 오른손에는 방망이가, 발 아래에는 히드라의 적들이 놓여 있는 형상이다. 가장 위대한 그리스의 영웅으로 키가 크고 힘센 근육질의 남성, 사자 가죽으로 만든 옷을 입고 거대한 몽둥이를 가지고 다녔다는 신화 속 헤라클레스의 이야기처럼 조각도 신화 내용과 일치하도록 만들었으며 도시를 보호한다는 상징성을 지니고 있다. 원래는 시청 북쪽에 있었으나 성 삼위일체 원주를 만들 계획으로 지금의 자리로 옮겨졌다.

아리온 분수
Arionova Kašna
Map P.147-A1

조각가 Ivan Theimer와 Angela Chiantelli 등이 1995~2002년에 만든 분수. 현대적인 아리온 분수는 시청사의 남서쪽 모퉁이에 서 있다. 분수의 주제는 유명한 그리스 가수가 부른 노래의 오래된 전설에서 따왔다. 이상한 노래에 이끌려 공격당하는 아리온이 신화에 나오는 돌고래에 의해 구출된다는 내용이다. 또한 분수 옆에 놓인 거북이는 창의적인 일을 도와준 젊은 조각가에게 바치는 선물이라고 한다. 거북이 등을 문지르면 거북이를 바다로 꼭 돌려보내 줘야 한다는 재미있는 전설도 있다. 사실 분수는 1751년에 이미 스케치가 되어 있었지만 당시 거절당하고, 1989년에 다시 채택되어 제작을 시작, 2002년에 완성했다.

카이사르 분수
Caesarova Kašna
Map P.147-A1

조각가 Wenzel Render와 Johann Geeorg Schauberger 등이 1725년에 만든 분수. 카이사르가 자신감 넘치는 표정으로 말을 타고 마이클의 언덕 너머를 바라보는 형상을 하고 있는데 마치 지금 당장이라도 뛰어나갈 것 같은 비장한 표정이 압권이다. 주피터 분수를 만든 Wenzel Render가 1725년 9월에 이 분수를 완성해 조각가로서 명성을 얻었다고 한다.

도르니 광장
Dolní náměstí
Map P.147-A2

상부 광장인 호르니 광장과 연결된 하부 광장. 중앙광장인 호르니 광장에 비해 작고 소박하지만 흑사병이 사라진 것을 기념해 세운 마리아 기념비와 넵튠 · 주피터 분수가 있다.

가는 방법 호르니 광장에서 도보 3분

마리아 기념비
Mariánský sloup
Map P.147-A2

마리아 기념비는 성 삼위일체 기념비와 같이 흑사병이 사라진 것에 대한 감사의 마음으로 1716~1723년에 세운 것이다. 처음에는 여러 분수를 조각한 Wenzel Render가 맡았으나, 이후 보헤미아에서 명성을 떨친 젊은 조각가 Tobias Schütz가 담

헤라클레스 분수

아리온 분수

카이사르 분수

도르니 광장의 마리아 기념비

당하게 되었다. 그는 원근법까지 고려한 멋진 단면도를 완성해 성 삼위일체 기념비를 능가하는 작품을 완성하려 했으나 전쟁 등 수난을 거쳐 지금의 모습으로 완성했다.

넵튠 분수
Neptunova Kašna Map P.147-A2

1683년에 조각가 Wenzel Schüller & Michael Mandík 등이 만든 첫 번째 분수. 바다말 네 마리에 둘러싸여 삼지창을 휘두르고 있는 바다의 신 넵튠을 표현했다. 로마 신화에서 바다 · 강 · 호수, 그리고 작은 샘물에 이르기까지 '물'을 다스리는 신으로, 세 개의 뾰족한 끝이 달린 삼지창을 세워 든 당당하고 늠름한 모습을 하고 있다. 또 말과 소를 좋아하여 이들을 자기의 성수 聖獸로 삼았다고 하는 신화 속 이야기를 토대로 만들었다. 비옥한 땅에 물을 뿌려달라는 기도에 대한 신의 응답을 표현한 바로크 양식의 조각품이다. 역동적인 표정을 짓는 말들은 갈증나는 여름, 목마름을 해소시켜 주듯 시원하게 물을 뿜어댄다.

주피터 분수
Jupiterova Kašna Map P.147-A2

1707년에 조각가 Wenzel Render & Phillip Sattler 등이 만든 분수. 로마어로는 주피터, 그리스어로는 제우스로, 신들의 신을 표현한 분수다. 제우스는 모든 신의 우두머리였으며 하늘을 다스리는 12신 중에 최고다. 무기는 천둥과 번개이고 헤파이스토스가 그를 위해 만든 방패도 가지고 있다. 총애한 새는 독수리였다. 주피터 분수는 올로모우츠에 있는 바로크식 분수의 마지막 완성품이다. 분수는 처음 계획했던 것보다 크기가 커졌지만 아름다운 모라비안 바로크 양식으로 지어졌다.

• 뷰 포인트

성 바츨라프 대성당
Katedrála Sv. Václava Map P.147-B1

체코에서 두 번째로 큰 첨탑을 지닌 성당. 모라바강 Morava을 내려다볼 수 있는 언덕 위에 자리잡고 있으며, 하늘을 향해 두 손을 치켜든 인간을 형상화한 것 같은 모습이 인상적이다. 성 바츨라프 대성당은 1107년에 올로모우츠 왕자가 로마네스크 양식으로 세웠으며, 1131년 주교에 의해 봉헌되었다. 하지만 1204년의 대화재로 대부분이 소실된 후, 1616년에 재건축을 하면서 바로크 양식으로 완성되었고 19세기 후반에 탑이 건설되면서 네오고딕 양식이 가미돼 지금과 같은 모습이 되었다. 성당을 지탱하는 내부 기둥과 사제석은 13세기 당시 것이라고 하니 주의 깊게 살펴보자. 성당 지하보물관에는 기독교 관련 보물을 전시하고 있고, 탑으로 올라가면 파노라마처럼 펼쳐지는 시내 전경도 감상할 수 있다. 모차르트가 이곳에서 심포니 6번을 작곡했고, 요한 바오로 2세도 방문한 의미 있는 곳이니 꼭 들러보자. 성당과 나란히 있는 건물은 현재 박물관으로 이용하고 있는 주교의 궁전 Románský Biskupský Palác이다.

• 성 바츨라프 대성당
주소 Václavské Náměstí
홈페이지 www.katedralaolomouc.cz
운영 5~9월 화~토 10:00~17:00(13:00~14:00 휴식), 일 11:00~17:00 입장료 무료

도르니 광장 넵튠 분수 주피터 분수

트리톤 분수, 성 바츨라프 대성당
성 모리스 교회

• **주교의 궁전**

홈페이지 www.muo.cz 운영 5~10월 화~일 10:00~18:00 휴무 월요일 입장료 궁전 또는 박물관 일반 70Kč, 학생 35Kč, 궁전과 박물관 일반 100Kč, 50Kč (매주 일요일과 매월 첫째 수요일은 무료)
가는 방법 호르니 광장에서 도보 10분

성 모리스 교회 Kostel Sv. Mořice
Map P.147-A1

15세기에 짓기 시작해 16세기에 완공된 고딕 양식의 교구 교회다. 아치형 천장과 스테인드글라스가 인상적이며 모라비아 지방에서 가장 큰 오르간이 이곳에 있다. 일요일 오후에는 연습용 연주를 들을 수 있지만, 오르간 공연은 주로 9 · 10월의 국제 음악제와 12월 크리스마스 음악제 기간에 열린다. 정문 오른쪽에 탑으로 오르는 계단이 있으니 날씨가 좋다면 전망대까지 올라가보자. 호르니 광장과 시내 풍경을 감상할 수 있다. 호르니 광장 북쪽에 있다.
주소 ul. 8. května 홈페이지 www.moric-olomouc.cz 운영 성당은 미사시간에만, 타워는 날씨가 좋을 때만 개방 입장료 교회 무료, 타워 일반 20Kč, 학생 10Kč
가는 방법 호르니 광장에서 도보 3분

트리톤 분수 Kašna Tritonů
Map P.147-B1

1709년에 조각가 Wenzel Render이 만든 분수. 원래는 Denisova · Ztracená · Ostružnická · Pekařská 거리 교차점에 있었으나, 트램 선로 공사로 인해 지금의 공화국 광장 Republiky náměstí으로 옮겨졌다. 분수는 로만 바로크 양식으로 거대한 물고기와 거인 2명이 해신과 물을 뿜는 돌고래를 받치고 있는 형상을 하고 있다. 원래 로마의 바르베리니 광장에 있는 트리톤 분수에서 영감을 얻어 만들었다고 하니 로마를 여행할 기회가 있다면 두 분수를 비교해 감상해 보자. 트리톤은 그리스 신화에 나오는 바다의 반신 半神으로 바다의 신 포세이돈과 그의 아내 암피트리테 사이에서 태어난 아들이다. 뿔고둥나팔을 불며 뱃길을 안전하게 돌봐주는 역할을 했다고 한다.
가는 방법 공화국 광장에 위치. 호르니 광장에서 도보 5분

머큐리 분수 Merkurova Kašna
Map P.147-A1

1727년에 완성된 머큐리 분수는 예술적인 시각에서 바로크 양식의 최고 작품이라 할 수 있다. 그리스 신화에 나오는 머큐리는 헤르메스로 불리우며 신들의 전령이자 여행자 · 무역 · 상인의 신이지만, 반면 사기꾼과 도둑의 신이라는 타이틀도 가지고 있다. 그래서 두 마리의 뱀이 꼬여 있는 형상의 지팡이를 가지고 있는데 이 같은 상징을 잘 표현해 놓았다. 올로모우츠 출신의 조각가 Wenzl Render와 티롤의 조각가 Phillip Sattler의 공동 작품이다. 호르니 광장에서 맥도날드 골목길로 들어가면 볼 수 있다.
가는 방법 호르니 광장에서 도보 1분

올로모우츠의 분수 이야기

유럽의 어느 도시를 가든 쉽게 볼 수 있는 분수는 예부터 도시에 물을 공급하기 위해 만든 것이라고 합니다. 하지만 수도관이 발달하면서 더는 분수가 필요 없게 되었죠. 그 옛날 중요한 기능을 담당한 분수의 원래 목적과는 달리 지금은 도시 미관을 살리는 하나의 예술작품으로 승화한 셈이지요. 올로모우츠 역시 처음에는 물을 공급하기 위한 목적으로 곳곳에 분수를 설치해 놓았지만 수도관이 발달하면서 불필요한 분수를 없앨까도 고민했다고 하네요. 그러나 자연과 물을 숭배한 올로모우츠 사람들은 분수의 역사적인 가치 등을 고려해 분수들을 보존하기로 결정했고 오늘날 올로모우츠를 상징하는 중요한 유적이 되었답니다. 현재 올로모우츠에는 17~18세기에 바로크 양식으로 세운 6개의 분수와 2002년도에 완성한 7번째 분수가 있습니다. 7개의 분수는 모두 그리스 · 로마 신화 이야기를 담고 있는데 전설에 의하면 올로모우츠의 창시자는 고대 로마의 정치가 카이사르였다고 하네요.

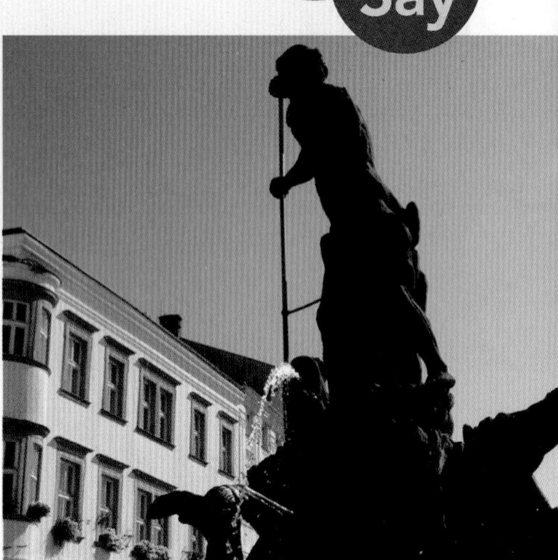

쉬는 즐거움 Hotel

올로모우츠는 대부분의 여행자들이 프라하나 브르노에서 당일치기로 다녀가는 도시이기 때문에 볼거리는 많아도 숙박시설이 그다지 발달한 편은 아니다. 하지만 아기자기하고 쾌적한 숙소들이 꽤 있어 여행자들의 마음을 사로잡는다. 호텔도 비교적 저렴해서 묵어 볼 만하다.

Map P.147-A1

Poets' Corner Hostel

구시가 중심에 있는 인기 만점의 호스텔. 규모가 작아 아쉽게도 늘 만원이니 반드시 예약하고 가도록 하자. 리셉션은 24시간 운영하며, 주방 · 세탁 · 건조 시설 등을 갖추고 있으며, 무료 인터넷, 자전거 렌털 서비스도 제공한다. 도미토리 외에 2~3인실도 있다.

주소 Sokolská Ul. 1 **전화** 775 500 730
홈페이지 www.poetscornerhostel.com
요금 8인 도미토리 300Kč~
가는 방법 역에서 트램 3 · 4 · 6 · 7번을 타고 Náměstí Hrdinů 역에서 하차 후 도보 5분

Map P.147-A2

Pension Moravia

분위기가 아늑한 개인실을 선호하는 여행자에게 추천. 5개의 룸이 각각 다른 테마로 꾸며져 있어 투숙객들의 마음을 설레게 한다. 방마다 무료 인터넷 선이 연결돼 있고, 냉장고 · 커피포트 · 드라이어 등도 비치되어 있다. 구시가에 있어 시내 관광에도 편리하다.

주소 Dvořákova 37 **전화** 603 784 188
홈페이지 www.pension-moravia.com
요금 2인실 €34~
가는 방법 역에서 버스 19번을 타고 Dvořákova 정류장에서 하차 후 도보 5분

은의 왕국 **쿠트나호라**

Kutná Hora

13세기 후반, 어느날 수도사가 포도밭을 갈다가 은광을 발견하게 된다. 이 일이 있은 후 작은 시골 마을의 운명은 하루 아침에 바뀌게 되었다. 시내에는 왕실 조폐소가 설치되고, 이곳의 은이 질이 좋다는 소문이 유럽 전역으로 퍼져 국제통화로 사용하게 된다. 은을 통해 엄청난 부와 권력을 얻은 쿠트나호라는 프라하에 뒤지지 않는 화려하고 아름다운 건물들을 짓기 시작했고, 중세에는 프라하에 이어 두 번째로 큰 도시로 번영하기에 이르렀다. 그러나 16세기 이후 은광이 고갈되고 '30년 전쟁'이 계속되면서 점점 쇠락해지며 역사의 무대에서 사라진다.

오늘날 쿠트나호라는 보헤미아 지방에 자리잡은 중세시대의 작은 마을에 지나지 않지만, 1995년 세계문화유산으로 지정되어 한때 유럽을 주름잡은 과거의 영광을 전설처럼 전해주고 있다.

이런 사람 꼭 가자

은광으로 전성기를 누리던 체코의 중세시대 마을을 여행하고 싶다면
사람의 뼈로 장식한 섬뜩한 예배당이 보고 싶다면

ⓒ체코 관광청

여행의 기술

INFORMATION 인포메이션

유용한 홈페이지

쿠트나호라 관광청 www.kutnahora.cz

관광안내소

• **중앙 ⓘ (Map P.157–A1)**
팔라츠케호 광장에 위치. 무료 지도와 각종 공연정보를 제공하며, 티켓 · 숙박 예약을 도와준다. 프라하행 버스 · 열차 시각표 등도 얻을 수 있다.
주소 Palackého Náměstí 377 전화 327 512 378
운영 4~9월 09:00~18:00,
10~3월 월~금 09:00~ 17:00, 토~일 10:00~16:00

• **세들레츠 ⓘ (Map P.157–B2)**
주소 Zámecká 279 전화 326 551 049 운영 4~9월 월~금 09:00~16:00, 10~3월 월~일 09:00~16:00

주간이동 가능 도시

쿠트나호라 hl.n	▶▶	프라하 hl.n	열차 50분
쿠트나호라	▶▶	프라하 Florenc	버스 1시간 30분

※현지 사정에 따라 열차 운행시간 변동이 크니, 반드시 그때그때 확인할 것

ACCESS 가는 방법

쿠트나호라는 프라하에서 열차나 버스를 이용해 당일치기로 다녀올 수 있다.
열차는 프라하 중앙역인 홀라브니 Hlavní 역이나 마사리크 Masarykovo 역에서 출발하는 직행열차와 콜린 Kolín에서 한 번 갈아타야 하는 열차가 있다. 소요시간이 거의 비슷해 어느 것을 이용해도 상관 없다. 역에서 해골사원이 있는 세들레츠 Sedlec 지구는 도보 5분 거리에 있고, 주요 볼거리가 모여 있는 구시가는 3㎞ 정도 떨어져 있다. 구시가까지는 도보보다는 1 · 4번 버스나 택시를 이용하는 게 편리하다.
버스는 프라하 중앙역에서 출발하며 직행은 없고 콜린 Kolín 역에서 내려 택시를 이용해야 한다(12분 소요).

• **교통 요금**
프라하 → 쿠트나호라 열차 105Kč / 버스 80Kč
시내버스 1회권 14Kč
※ 성 바르바라 성당과 세들레츠 지구의 해골 사원을 연결하는 관광버스가 다닌다.
문의 ⓘ 요금 1인 35Kč

쿠트나호라 완전 정복
master of Kutná Hora

버스터미널이 구시가와 가까우므로 프라하에서 버스를 타고 오는 게 편리하다. 우선 구시가의 중심이자 번화가인 팔라츠케호 광장 Palackého Náměstí으로 향한다. 광장에 있는 ⓘ에 들러 시내 지도를 얻고, 프라하행 버스 · 열차 스케줄을 확인해 두자. 성수기에는 광장에서 해골사원까지 운행하는 버스도 있으니 알아두면 매우 유용하다.
구시가 관광은 성 바르바라 성당을 시작으로 천천히 돌아보면 된다. 구시가 관광을 마쳤다면 1 · 4번 버스를 타고 기차역으로 이동하자. 역 근처에 있는 해골사원을 방문하면 시내 관광은 끝. 이곳에서 열차를 타고 프라하로 가면 된다. 관광 코스를 역, 해골사원, 구시가, 버스터미널 순서로 계획해도 무관하다.
중세에 통용했다는 은화와 해골사원의 뼈를 모티프로 한 기념품 등은 쿠트나호라에서만 살 수 있는 아이템으로 기념 삼아 구입해 볼 만하다.

• **랜드마크** 팔라츠케호 광장 Palackeheno námeští
• **예상 소요 시간** 5~6시간

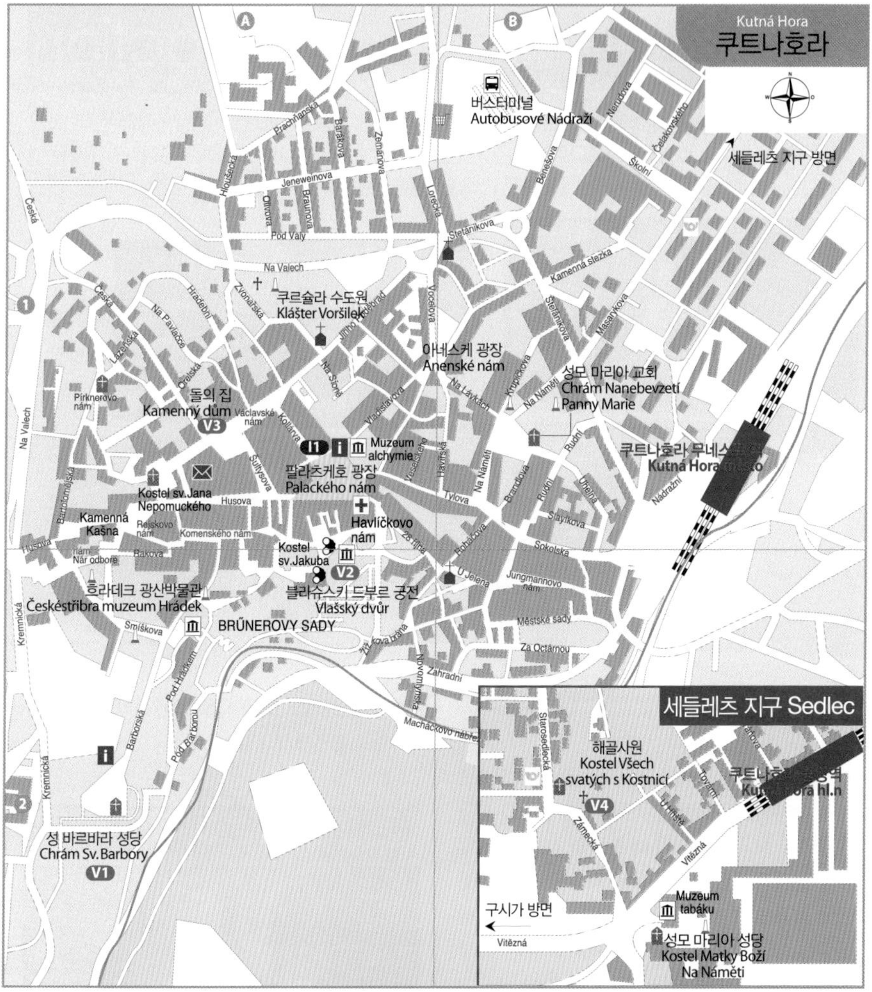
Kutná Hora
쿠트나호라
A
B
1
2
버스터미널
Autobusové Nádraží
세들레츠 지구 방면
Prachňanská
Barákova
Zemánova
Jeneweinova
Hloušecka
Olivova
Braunova
Lorecká
Benešova
Nerudova
Čelakovského
Školní
Česká
Pod Valy
Štefánikova
Na Valech
Kamenná stezka
쿠르슐라 수도원
Klášter Voršilek
Zvonařská
Hradební
Na Pavlačce
Lázeňská
Vocelova
Štefánikova
Masarykova
아네스케 광장
Anenské nám
Na Sioně
Krupičkova
Na Lavkách
Na Náměti
성모 마리아 교회
Chrám Nanebevzetí
Panny Marie
Pirknerovo nám
돌의 집
Kamenný dům
Václavské nám
V3
Orelská
Kollárova
Vladislavova
I1
Muzeum alchymie
팔라츠케호 광장
Palackého nám
Šultysova
Havířská
Na Náměti
Rudní
Na Valech
쿠트나호라 무네스토 역
Kutná Hora město
Nádražní
Bartolomějská
Kostel sv.Jana Nepomuckého
Husova
Kamenná Kašna
Rejskovo nám
Komenského nám
Havlíčkovo nám
Tylova
Brandlova
Uhelná
Šafaříkova
Husova
Nár odboje
Rakova
Kostel sv.Jakuba
28. října
Roháčova
Sokolská
V2
U Jelena
Jungmannovo nám
호라데크 광산박물관
Českéstříbra muzeum Hrádek
블라슈스키 드부르 궁전
Vlašský dvůr
Kremnická
Smíškova
BRŮNEROVY SADY
Městské sady
Za Ottárnou
Pod Hrádkem
Zahradní
Novomlýnská
Barborská
Pod Barborou
Macháčkovo nábřeží
Kremnická
성 바르바라 성당
Chrám Sv.Barbory
V1
세들레츠 지구 Sedlec
Starosedlecká
해골사원
Kostel Všech
svatých s Kostnicí
V4
Zámecká
U Hřiště
Tovární
Vítězná
쿠트나호라 중앙역
Kutná Hora hl.n
구시가 방면
Vítězná
Muzeum tabáku
성모 마리아 성당
Kostel Matky Boží
Na Náměti

여행의 기술

- I1 중앙 ⓘ A1

보는 즐거움

- V1 성 바르바라 성당 Chrám Sv.Barbory A2
- V2 블라슈스키 드부르 궁전 Vlašský dvůr A2
- V3 돌의 집 Kamenný dům A1
- V4 해골사원 Kostnice Ossuary B2

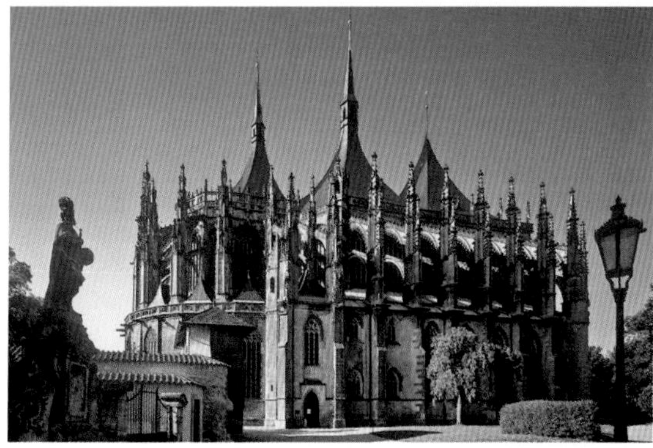

중세시대 체코는 유럽에서 가장 번영을 누린 나라 중 하나였다. 엄청난 부와 권력! 그 배경에는 쿠트나호라의 은이 있었기에 가능했다. 구시가에는 화려한 전성기의 문화유산이 많이 남아 있어 지난날의 영광을 전해주고, 해골사원에서는 덧없는 세월을 느끼게 한다.

ⓒ체코 관광청

• 유네스코 • 뷰 포인트

성 바르바라 성당 Map P.157-A2
Chrám Sv. Barbory

체코의 후기 고딕 양식을 대표하는 건축물. 1996년 세계문화유산으로 등록, 쿠트나호라 관광의 최대 볼거리다. 14세기 전성기 때 프라하 성의 성 비투스 대성당과 견줄 만한 규모로 지은 것이다. 1388년에 착공해 14년 만에 완공된 이 성당은 광부들의 수호성인인 성 바르바라를 모시고 있다. 내부에 들어서면 고딕 양식의 성모 마리아 상, 네오고딕 양식의 제단, 바로크 양식의 파이프 오르간 등을 볼 수 있으며, 복잡하면서도 섬세하게 만든 아치 형태의 천장도 눈여겨볼 만하다. 천장에는 보헤미아 왕가의 문장, 길드 문장, 리투아니아와 폴란드 왕국의 문장 등이 장식되어 있다. 성당 광장은 아름다운 시내 풍경을 바라볼 수 있는 멋진 전망대로도 손색이 없다.

운영 1~2월 10:00~16:00, 3 · 11~12월 10:00~17:00, 4~10월 09:00~18:00

입장료 일반 120Kč, 학생 90Kč

가는 방법 팔라츠케호 광장에서 도보 10분

※한국어 팸플릿도 있으니 매표소에 문의하자. 기념품으로 은화를 판매하고 있다.

블라슈스키 드부르 궁전 Map P.157-A2
Vlašský dvůr

ⓒ체코 관광청

14세기 초, 궁전 안에 주조소를 설치하고, 피렌체 출신의 화폐 주조가가 프라하 그로센 groschen이라는 은화를 만들었다. 이러한 연유에서 '이탈리아 궁전'으로도 불리었다. 당시 은 세공업자들이 은화를 주조함으로써 엄청난 돈을 벌어들였다고 하지

©체코 관광청 / 성 바르바라 성당

만, 과도한 노동 탓에 10명 가운데 1명은 청력을 완전히 잃었다고 한다. 내부에는 화재 때 검게 그을린 기둥이 남아 있는데 이 기둥을 만지면 부자가 된다는 재미있는 일화가 있다. 현재 공회당으로 이용하고 있으며, 가이드 투어를 통해서만 내부를 견학할 수 있다. 이곳에서 바라본 성 바르바라 성당 모습은 사진엽서에도 실릴 만큼 아름다운 곳이니 놓치지 말자.

주소 Nám. Havlíčkovo 552

운영 4~9월 09:00~18:00, 11~2월 10:00~16:00, 3 · 10월 10:00~17:00

입장료 일반 105Kč, 학생 65Kč

가는 방법 팔라츠케호 광장에서 도보 3분

• 유네스코

돌의 집 Kamenný dům

Map P.157-A1

후기 고딕 양식의 '돌의 집'은 체코 고딕 건축의 걸작으로 꼽힌다. 후스파 이전에 세운 건물은 1460년에 크루파 가문으로 넘어가게 되는데, 가문의 일

©체코 관광청

성당 안으로 들어가면 한국어로 된 안내문이 있습니다. 내부 관람할 때 꼭 챙겨 가세요. 성당 안 기념품으로 은화를 판매하니 기념 삼아 구입해 보세요.

성 바르바라 성당의 아치형 천장

성 바르바라 성당의 정면 모습

돌의 집

원 중 1480년대에 높은 관리였던 프롭 크루파는 이 집을 가장 호화로운 저택으로 고치기로 마음먹고 브로츠와프의 시청을 지은 브릭시우스 가우스케 Briccius Gauske를 고용해 재건축을 하게 했다. 브릭시우스 가우스케는 실레지아 지방에 있는 많은 건물을 돌아보고, 그 가운데 프로코프 가문의 저택 정면 파사드에 감명을 받아 돌의 집을 짓는 데 많은 영향을 받았다고 한다. 돌의 집을 처음 보는 순간 벽에 낸 창에 눈길이 가는데, 고딕 양식의 걸작품으로 인정받는 가장 큰 이유는 바로 삼각형 박공 창문이다. 창문에는 프로코프 가문 사람들의 모습, 꼭대기에는 예수와 2명의 천사에 둘러싸인 마리아, 그 양쪽에는 지식의 나무 밑에 아담과 이브 조각상 등이 장식되어 있다. 외관이 화려한 파사드는 19세기 말에 복원해 놓은 것이다. 1994년 유네스코 세계문화유산으로 등록된 이 건물은 현재 시립미술관으로 사용되고 있다.

주소 Václavské nám 183

운영 4 · 10월 09:00~17:00, 11월 10:00~16:00, 5~6 · 9월 09:00~18:00, 7~8월 10:00~18:00

휴무 월요일

입장료 로얄타운 일반 50Kč, 학생 30Kč, 보석관 일반 40Kč, 학생 20Kč, 로얄타운+보석관 일반 80Kč, 학생 40Kč

가는 방법 팔라츠케호 광장에서 도보 3분

• 핫스폿

해골사원 Kostnice Ossuary

Map P.157-B2

쿠트나호라의 세들레츠 Sedlec 지구에 있는 고딕풍 사원은 4만 명이나 되는 사람의 해골을 이용해 예배당을 장식한 것으로 유명하다. 1278년, 수도원장이 성지인 골고다의 흙을 가져와 이곳에 뿌렸다고 해서 성스러운 곳으로 여겨지게 되었다. 14~15세기 초에 창궐한 흑사병과 후스 전쟁에서 희생된 수만 명의 사람들을 이곳에 매장했는데 더는 시신을 안치할 수 없어 16세기 초, 앞못보는 어느 수도사가 뼈로 장식한 납골당을 만들었다. 그후 1870년에 나무조각가 프란티세크 린트 Frantisek Rint의 손길을 거쳐 오늘날과 같은 모습이 되었다.

사원 밖은 소박한 공동묘지지만 지하에 있는 이 예배당에 들어서는 순간 놀라움을 금할 수 없다. 수많은 해골과 뼈들로 구성된 3m 높이의 피라미드형 탑, 예배당 위에 걸려 있는 2.4m의 해골 샹들리에, 인골로 만든 종 등 으스스하고 섬뜩하지만 꼼꼼하게 살펴보면 아름다운 예술작품으로 깨닫게 된다. 예배당은 누구도 피할 수 없는 죽음에 대한 공포심과 삶의 허망함을 잘 묘사하고 있다. 특별한 설명이 없더라도 예배당에 들어서는 순간 사후의 내 모습이 이런 모습이겠지 하고 생각하면 아등바등 오늘을 살아가는 내 인생의 허망함과 무상함이 저절로 느껴진다.

홈페이지 www.kostnice.cz

운영 10~3월 09:00~17:00, 4~9월 09:00~18:00

휴무 12/24~25 입장료 해골사원 일반 90Kč, 학생 60Kč, 해골사원 + 성당 일반 120Kč, 학생 80Kč

※한국어로 된 팸플릿이 있으니 매표소에 꼭 문의하자.

해골사원

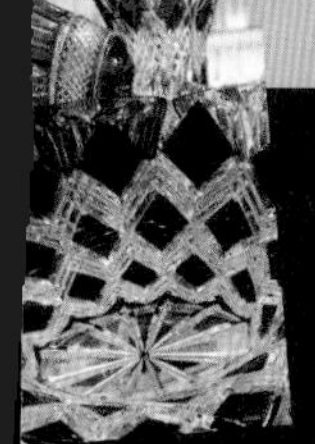

보헤미아의 온천 휴양지 카를로비바리

Karlovy Vary

카를로비바리는 '카를의 온천'이라는 뜻. 14세기 카를 4세가 사슴사냥을 하다가 온천을 발견했다고 해서 붙인 이름이다. 그후 수려한 자연경관과 온천의 탁월한 효능이 유럽 전역에 알려지면서 19세기에는 유럽 각국의 왕족과 귀족, 저명인사들이 이곳을 찾았다고 한다.

그 명성은 오늘날까지 이어져 휴양과 치료를 목적으로 찾아오는 사람들의 발길이 끊이지 않고 있다. 뿐만 아니라 해마다 7월이 되면 '동유럽의 칸 영화제'로 불리는 카를로비바리 국제영화제가 열려 전 세계의 유명 배우와 영화 팬들이 몰려든다.

여독을 풀고 재충전하는 시간을 갖고 싶다면 카를로비바리를 여행해 보자. 시내 곳곳에 있는 온천수를 마셔보고, 평화로워 보이는 마을과 주위의 울창한 숲을 바라보면서 잠시나마 자연의 품에 안겨보자.

이런 사람 꼭 가자

마시는 체코 온천을 경험해 보고 싶다면

전형적인 체코 보헤미아 지방의 작은 마을을 여행하고 싶다면

INFORMATION 인포메이션

유용한 홈페이지

카를로비바리 관광청 www.karlovyvary.cz
카를로비바리 영화제 www.kviff.com

관광안내소

• 센터 TGM ⓘ & Lázeňská ⓘ (Map P.163-A1 · B2)
무료 지도, 온천 · 숙박 정보 제공, 예약 서비스. 프라하행 버스와 열차 시각표 등도 얻을 수 있다.
주소 T.G Masaryka 53, Lázeňská 14
운영 월~금 08:00~17:00, 토~일 · 공휴일 09:00~17:00
점심시간 센터 TGM ⓘ 13:00~13:30
센터 Lázeňská ⓘ 12:00~12:30

• 버스터미널 2층 ⓘ (Map P.163-A1)
운영 월~화 10:00~18:00, 수~금 08:00~18:00, 토~일 09:00~17:00

ACCESS 가는 방법

프라하에서 서쪽으로 130km 정도 떨어져 있는 카를로비바리는 프라하에서 당일치기 또는 1박 2일 여행지로 가장 인기있는 곳이다. 프라하에서는 버스와 열차편이 모두 운행되며 특히 버스는 플로렌츠 버스터미널에서 스튜던트 에이전시 버스가, 중앙역에서는 프릭스 버스 Flixbus가 운행된다. 열차보다 소요시간이 짧고 카를로비바리 버스터미널이 구시가까지 도보 10분 거리 이내에 있어 훨씬 편리하다. 또한 카를로비바리는 워낙 인기있는 온천 휴양지이기 때문에 작지만 국제공항도 있다. 프라하에서 출발한 버스는 카를로비바리 버스터미널 바로 전 역인 Varšavská 거리의 시내버스 정류장에 내려준다. 시내버스 정류장에서 길 건너 Zeyerova 거리로 들어서면 번화가인 T.G Masaryka 거리가 나온다. 천천히 쇼핑가를 구경하면서 남쪽으로 걸어가면 테플라 Teplá 강을 따라 뻗어 있는 Zahradní 거리가 나온다. 여기서부터 주요 온천장과 볼거리 등이 모여 있는 구시가가 시작된다. 도보로 약 5~7분.

프라하로 돌아갈 때는 버스터미널까지 걸어가야 한다. 시내버스 정류장에 내려주는 것은 어디까지나 운전사의 배려라는 사실. 카를로비바리 역은 버스터미널과 붙어 있는 돌리 역 Dolni Nádraží과 오브제 강 건너 시내 북쪽에 있는 호르니 역 Horni Nádraží 두 곳이 있다. 프라하에서는 중앙역이나 홀레쇼비체 역에서 열차가 출발하는데 출발시각에 따라 역이 달라지니 주의하자. 프라하에서 출발한 열차는 카를로비바리 호르니 역에 도착한다. 호르니 역은 온천장이 모여 있는 구시가와 꽤 떨어져 있으므로 버스 12 · 13번을 이용하면 편리하다.

• 교통 요금
프라하→카를로비바리
버스 왕복 155Kč, 열차 왕복 322Kč
시내버스 1회권 18Kč

주간이동 가능 도시

※현지 사정에 따라 열차 운행시간 변동이 크니, 반드시 그때그때 확인할 것

카를로비바리 Horni.n	▶▶	프라하 hl.n	열차 3시간 13분
카를로비바리	▶▶	프라하 Florenc	버스 2시간 15분

카를로비바리 완전 정복

master of Karlovy Vary

강폭이 좁은 테플라 Teplá 강을 따라 유명 온천장과 주요 볼거리, 상점, 레스토랑, 카페, 기념품점 등이 죽 늘어서 있다. 먼저 유명 온천장이 밀집해 있는 Lázeňská 거리의 중앙 ⓘ에 들러 시내 지도와 온천 관련 정보를 얻어두자. 특히 온천욕을 즐기면서 하루 정도 숙박할 예정이라면 ⓘ를 통해 예약하면 편리하다.

구시가는 30분이면 돌아볼 수 있을 만큼 매우 작다. 프라하에서 당일치기로 왔다면 마을을 산책하며 마시는 온천과 쇼핑을 즐겨보자. 케이블카를 타고 전망대에 올라 마을 전경을 내려다보는 것도 추천한다. 단지 온천욕만 즐긴다면 1박도 충분하지만 치료와 휴양을 목적으로 장기체류하는 사람도 많다.

- **랜드마크** Lázeňská 거리
- 예상 소요 시간 4~5시간

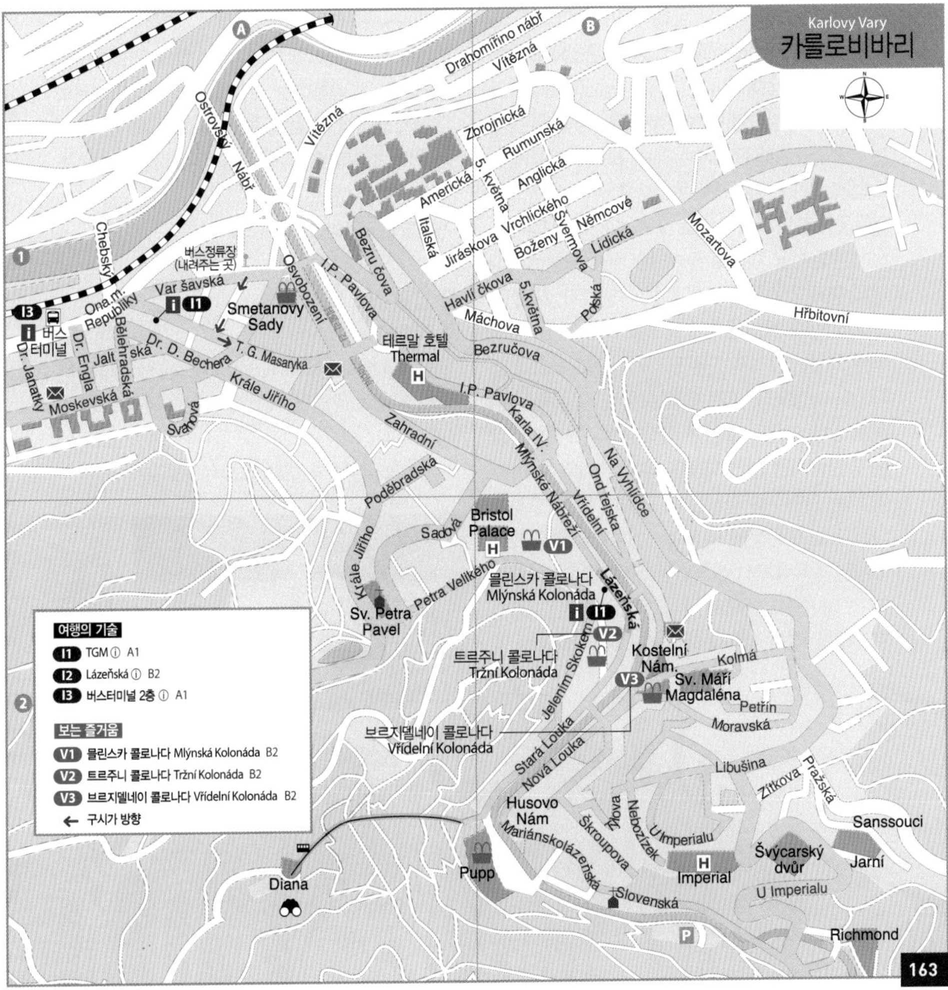

Karlovy Vary
카를로비바리

A
B
1
2
Drahomířino nábř
Vítězná
Zbrojnická
Rumunská
Americká
5. května
Anglická
Ostrovský Nábř
Italská
Jiráskova
Vrchlického
Boženy
Němcové
Švermova
Lidická
Mozartova
Chebský
Bezru čova
I.P. Pavlova
Osvobození
Havlí čkova
5.května
Polská
Hřbitovní
Máchova
버스정류장 (내려주는 곳)
Var šavská
Smetanovy Sady
I1
I3
버스 터미널
Ona.m. Republiky
Dr. Engla
Dr. Janatky
Bělehradská
Jaltská
Dr. D. Bechera
T. G. Masaryka
Krále Jiřího
Moskevská
Svahová
테르말 호텔 Thermal
Bezručova
I.P. Pavlova
Karla IV.
Zahradní
Mlýnské Nábřeží
Na Vyhlídce
Ond řejska
Vřídelní
Poděbradská
Sadová
Bristol Palace
V1
Krále Jiřího
Petra Velikého
물린스카 콜로나다 Mlýnská Kolonáda
Lázeňská
I1
V2
Sv. Petra Pavel
트르주니 콜로나다 Tržní Kolonáda
Jelením Skokem
Kostelní Nám.
Kolmá
V3
Sv. Máří Magdaléna
Petřín
Moravská
브르지델네이 콜로나다 Vřídelní Kolonáda
Stará Louka
Nová Louka
Libušina
Zítkova
Pražská
Husovo Nám
Mariánskolázeňská
Škroupova
Tylova
Nebozízek
U Imperialu
Imperial
Švýcarský dvůr
Sanssouci
Jarní
U Imperialu
Slovenská
Diana
Pupp
Richmond

여행의 기술

- I1 TGM ⓘ A1
- I2 Lázeňská ⓘ B2
- I3 버스터미널 2층 ⓘ A1

보는 즐거움

- V1 물린스카 콜로나다 Mlýnská Kolonáda B2
- V2 트르주니 콜로나다 Tržní Kolonáda B2
- V3 브르지델네이 콜로나다 Vřídelní Kolonáda B2
- ← 구시가 방향

체코에서 이름난 온천 휴양지, 카를로비바리에서는 마리아 테레지아, 베토벤과 모차르트도 즐겼다는 온천욕과 마시는 온천까지 만끽해 보고, 벤치에 한가로이 앉아 아름다운 풍경을 감상하면서 쌓인 여독을 말끔히 씻어 버리자.

카를로비바리 온천

카를로비바리의 온천은 12개의 원천으로 이루어져 있으며, 50가지가 넘는 성분을 함유하고 있다. 특히 당뇨, 혈액순환, 위장질환, 콜레스테롤 수치 저하, 스트레스 등에 치유 효과가 뛰어나다고 한다. 이곳의 온천은 온천욕 외에 마시는 온천으로도 유명한데, 18세기 데이비드 베헤르 David Becher라는 약사가 규칙적인 온천수 복용과 산책을 병행하는 치료법을 개발한 데서 유래했다고 한다. 그의 치료법에 따라 산책하면서 온천수를 마실 수 있도록 만든온천 홀과 회랑이 바로 콜로나다 Kolonáda다.

마시는 온천을 제대로 즐기려면 우선 카를로비바리의 대표 기념품인 온천 컵을 구입하자. 시내 곳곳에 있는 뜨거운 온천수를 받아 마시려면 필수! 예쁜 그림이 그려져 있는 도자기컵으로 크기나 디자인이 다양하다. 그런 다음 보름달 같은 둥근 웨하스 안에 크림을 넣은 수퍼 와플을 구입하자. 얇은 밀전병처럼 생긴 와플은 유황 냄새와 묘한 맛이 나는 온천수를 마시는 데 도움이 된다. 그리고 나서 약효가 온몸에 퍼질 수 있도록 맑은 공기를 마시면서 유유자적 산책하면 된다. 또 하나, 19세기 초 데이비드 베헤르 약사가 만들었다는 100가지 약초를 넣어 빚은 베헤로브카 Becherovka 약술도 구입해 보자. 카를로비바리의 13번째 원천으로 불리는 이 약술은 카를로비바리의 명물 중 하나다.

믈린스카 콜로나다
Mlýnská Kolonáda Map P.163-B2

19세기 말의 네오르네상스 양식 건물. 카를로비바리에서 가장 아름다운 건축물로 꼽힌다. 100개의 주랑이 늘어서 있고 12달을 상징하는 조각상이 지붕 위에 조각돼 있다. 온도가 각각 다른 4개의 온천수를 마실 수 있다.

가는 방법 버스터미널에서 도보 30분

트르주니 콜로나다
Tržní Kolonáda Map P.163-B2

카를 4세가 치료를 위해 들렀다는 온천. 카를로비바리 지명의 유래인 '카를의 온천수'가 나오는 곳이다.

가는 방법 믈린스카 콜로나다에서 도보 3분

믈린스카 콜로나다

트르주니 콜로나다

브르지델네이 콜로나다
Vřídelní Kolonáda Map P.163-B2

건물 외관은 별다른 게 없지만 실내로 들어가면 70℃가 넘는 온천수가 10m 높이로 뿜어 나오는 광경을 볼 수 있다. 또 온도가 각각 다른 온천수가 있어 취향이나 체질에 따라 골라 시음할 수 있다.

가는 방법 트르주니 콜로나다 맞은 편 위치

알아두세요

현지에서는 마시는 온천을 '워킹 콜라나다', 온천욕을 즐기는 것을 '호텔 콜로나다'라고 한다. 온천욕은 Termal호텔에서 할 수 있는데 기본적으로 온천, 수영장, 사우나, 피트니스 센터, 일광욕실, 마사지실 등을 갖추고 있어 하루 종일 시간을 보내도 지루하지가 않다. 온천 시설이 있는 호텔에서는 호텔 숙박권을 포함한 패키지를 판매하고 있으니 ⓘ에 문의해 보자. 온천욕에 수영복은 필수! 없다면 렌털도 가능하다.

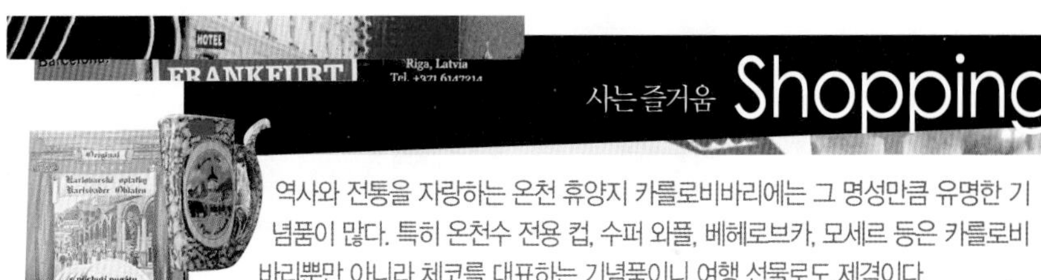

사는 즐거움 Shopping

역사와 전통을 자랑하는 온천 휴양지 카를로비바리에는 그 명성만큼 유명한 기념품이 많다. 특히 온천수 전용 컵, 수퍼 와플, 베헤로브카, 모세르 등은 카를로비바리뿐만 아니라 체코를 대표하는 기념품이니 여행 선물로도 제격이다.

쇼핑 아이템

라젠스키 포하레크 Lázeňský Pohárek

뜨거운 온천수를 안전하게 마실 수 있도록 고안해낸 도자기컵. 주전자 모양이어서 주둥이로 물을 마시면 된다. 시내 어디를 가나 이 컵을 들고 온천수를 마시는 사람들을 볼 수 있다. 온천장, 기념품점, 노점 등에서 손쉽게 살 수 있으니 색, 모양, 크기 등 마음에 드는 것으로 골라보자.

수퍼 와플 Karlovarské Oplatky

어른 얼굴 크기만한 둥근 웨하스에 바닐라 · 초코 · 시나먼 · 딸기 크림 등을 넣어 만든 과자. 포장에도 카를로비바리 그림이 그려진 수퍼 와플은 체코 전역 어디를 가나 살 수 있을 만큼 유명하다. 밀전병 같은 얇은 와플을 한 입 베어 물면 입 안에서 살살 녹는다.

베헤로브카 Becherovka

카를로비바리의 13번째 원천으로 불리는 베헤로브카는 100여 종류의 약초가 들어간 약술로 잘 알려져 있다. 특히 소화를 촉진시키는 데 좋다 하여 체코인들은 귀한 손님을 저녁식사에 초대했을 때 식전에 가볍게 마시는 술로 애용한다. 그밖에 감기에도 효능이 탁월하다고 한다. 역시 체코 대표 기념품 중 하나로 체코 어디에서나 살 수 있다. 진열장에 약초가 들어 있는 초록색 병을 발견했다면 그것이 바로 베헤로브카다.

모세르 Moser

체코를 대표하는 보헤미아 글라스 명품 브랜드. 1857년 루드비크 모세르 Ludwig Moser가 창업한 이래 우아하고 기품 있는 디자인과 우수한 품질로 영국 왕실을 비롯한 유럽 각국의 왕실과 귀족들의 사랑을 한 몸에 받아 그 명성은 오늘날까지 이어지고 있다. 본사는 카를로비바리에 있고, 프라하에는 3곳에 분점이 있다. 이곳 본사 공장에는 모세르 박물관 Skářsklé Muzeum Moser과 쇼룸, 모세르 장인들의 작업 과정을 직접 견학할 수 있는 프로그램을 실시하고 있으니 관심 있는 사람은 꼭 들러보자. 모세르 제품은 티끌 하나 없는 투명도와 흠잡을 데 없는 커팅 기술이 포인트. 구입 시 참고하자.

예부터 보헤미아 지방은 유리의 원료로 쓰이는 규석이 많아 유리 산업이 발달했는데 모세르 외에 세계적인 크리스털 브랜드 스와로브스키의 창시자 역시 이곳 출신이었다니 보헤미아가 세계적인 글라스의 본고장임에 틀림 없다.

• **모세르 본사 공장**

주소 Cpt. Jaroše 46/19 전화 353 416 242

• **모세르 박물관**

운영 09:00~17:00 입장료 일반 80Kč, 학생 50Kč

• **글라스 공장 견학**

홈페이지 www.moser-glass.com

운영 월~일 09:00~14:30(10:30~11:15 공장 휴식) 휴무 1/1, 4/17, 5/8, 9/28, 10/28, 12/24~26 투어 예약 전화 353 416 132 요금 일반 120Kč, 학생 70Kč

※박물관+공장 입장료 일반 180Kč, 학생 100Kč

※예약은 필수. 10명 이상 모여야 견학이 가능하다. 단체 견학이 예약된 날은 개별여행자도 합류할 수 있으니 전화로 미리 문의해보자.

가는 방법 시내 Tržnice 거리 버스정류장에서 1 · 2 · 22번 버스를 타고 6번째 정류장인 Sklářská Glassworks에서 하차. 약 12분 소요

라첸스키 포하레크

수퍼 와플

라첸스키 포하레크

수퍼 와플

베헤로브카

보헤미아 글라스

폐허를 딛고 화려하게 부활한 도시

드레스덴

Dresden

옛 유럽 도시의 부를 상징하는 어마어마한 규모의 성당과 높은 탑, 역대 왕들이 거주한 왕궁과 왕가의 부유함을 알 수 있는 각종 수집품들, 프랑스 베르사이유 궁전에 자극을 받아 지었다는 왕가의 정원 등 대충 둘러봐도 한때 이 도시가 얼마나 부유했는지 알 수 있다. 체코와 폴란드 국경과 인접해 있는 드레스덴은 과거 작센공국의 중심지로 17~18세기 강성왕 아우구스트 2세와 그의 아들 아우구스트 3세에 의해 최고의 전성기를 누렸다. 지금 보이는 어마어마한 규모의 바로크 건축물들은 모두 이 시기에 지어진 것으로, 당시 드레스덴을 '예술과 바로크의 도시', '독일의 피렌체'로 불렀다고 한다.

하지만 눈에 보이는 게 다는 아니다. 제2차 세계대전 당시 연합군의 융단폭격으로 도시의 80% 이상이 완전히 파괴됐고, 옛 동독 시절에는 복구를 미루다가 대부분 통일 이후에나 지금의 모습으로 복원된 것들이다. '영원한 공사현장'이라는 말이 생길 만큼 더딘 복구지만 드레스덴은 지금 전쟁의 상처를 털어내고 화려하게 부활 중이다.

이런 사람 꼭 가자

옛 동독에서 가장 아름답기로 소문난 도시를 여행하고 싶다면
작센공국의 왕가의 보물과 수집품을 감상하고 싶다면
동유럽 여행 중 독일도 여행하고 싶다면

©독일 관광청

INFORMATION 인포메이션

유용한 홈페이지

드레스덴 관광청 www.dresden.de
드레스덴 박물관 www.skd.museum
드레스덴 교통국 www.dvb.de

관광안내소

무료 시내 지도를 얻을 수 있고 유료지만 오디오 가이드, 시티 투어 등도 예약할 수 있다. 숙박 및 각종 공연 예약도 가능하며 드레스덴 시티 카드, 지역 카드 등도 구입할 수 있다.

• 중앙역 ⓘ (Map P.170-A2)
주소 Wiener Platz 4 (9~12번 플랫폼 사이에 위치)
운영 09:00~21:00

• 구시가 ⓘ (Map P.170-B1)
주소 Neumarkt 2 (프라우엔 교회 근처 QF 호텔 건물 안)
운영 월~금 10:00~19:00, 토 10:00~18:00, 일 · 공휴일 10:00~15:00

ACCESS 가는 방법

열차와 버스를 이용하는 게 일반적이다. 프라하 근교 당일치기 여행지로 인기가 많아지면서 열차, 버스 등이 하루에도 여러 대 운행된다. 열차는 2시간 간격으로 프라하 중앙역에서 드레스덴 중앙역 Dresden Hauptbahnhof까지 운행되며 2시간 20분 정도 소요된다. 버스는 하루 4~5편이 프라하 플로렌츠 역에서 드레스덴 중앙역까지 스튜던트 에이전시 버스가 운행되며 2시간 10분 정도 소요된다.
열차와 버스 모두 체코와 독일 국경을 지나야 하므로 여권은 반드시 지참해야 한다. 국경 통과 시 양국의 여권 검사가 있다. 스튜던트 에이전시 버스를 이용해 다시 프라하로 돌아가려면 하차했던 드레스덴 중앙역 앞 정류장에서 그대로 타면 된다. 매표소는 따로 없고 빈자리가 있는 경우 운전사에게 티켓을 구입해 탈 수 있다. 성수기에는 출발 전 왕복 티켓을 인터넷이나 매표소에서 구입해 두는 게 안전하다.

• 스튜던트 에이전시
홈페이지 www.studentagency.cz 요금 왕복 €24

드레스덴 중앙역 ➡ 구시가

드레스덴 중앙역에서 구시가까지는 도보로 15분 정도 소요된다. 역을 등지고 바로 보이는 비너 플라츠 Wiener Platz 광장에서 보행자 전용 거리인 프라거 거리 Prager Strasse를 따라 걷다보면 멀리서 구시가 초입에 있는 크로이츠 교회 Kreuzkirche가 보인다. 걷기 싫다면 중앙역 정문 왼쪽에 있는 트램 정류장에서 트램 7 · 8 · 11번을 타고 'Post Platz' 또는 'Albert Platz' 역에서 하차하면 된다.

요금 1회권 €2.40 (1시간 유효, 환승 가능), 1일권 €6

주간이동 가능 도시

드레스덴 Hbf	▶▶	프라하 hl.n 또는 Florenc	열차 2시간 19분 또는 버스 1시간 55분
드레스덴 Hbf	▶▶	베를린 Hbf	열차 2시간
드레스덴 Hbf	▶▶	뮌헨 Hbf(VIA Hof)	열차 6시간 25분
드레스덴 Hbf	▶▶	프랑크푸르트 Hbf	열차 5시간 16분

야간이동 가능 도시

드레스덴 Hbf	▶▶	빈 Hbf	열차 9시간 47분
드레스덴 Hbf	▶▶	부다페스트 Keleti pu	열차 11시간 29분

※현지 사정에 따라 열차 운행시간 변동이 크니, 반드시 그때그때 확인할 것

드레스덴 완전 정복

master of Dresden

프라하에서 당일치기 여행지로 인기 있는 드레스덴은 엘베 강을 중심으로 강 남쪽의 구시가와 강 북쪽의 신시가로 나뉜다. 대부분의 관광명소는 구시가에 옹기종기 모여 있어 걸어서 충분히 돌아볼 수 있다. 역에서 도보로 구시가지까지 걸어가면 제일 먼저 만나는 곳이 크로이츠 교회이다. 교회를 지나 좀 더 안쪽으로 걸어가면 바로 대성당과 프라우엔 교회가 있는 구시가의 중심지구가 나온다. 일단, 프라우엔 교회 탑에 올라 구시가 전체를 감상한 후 '유럽의 발코니'로 불리는 브뤼울 테라스로 가자. 브뤼울 테라스에서 내려다보는 엘베 강의 평화로운 풍경까지 감상하다보면 바로 드레스덴이 친근하게 느껴질 것이다. 다음은 드레스덴의 왕이 머물렀던 레지덴츠 궁, 슈탈호프의 벽화 '군주의 행렬', 후기 바로크 건축의 완벽한 표본으로 불리는 츠빙거 궁전 등을 돌아보면 된다. 반나절 정도로 짧은 여행이라면 대략 명소들을 돌아보는 정도로 여행을 마쳐야겠지만 마음에 드는 전시관이나 박물관이 있다면 한두 곳을 정해 꼭 관람해 보자. 좀 더 여유 있게 둘러보고 싶다면 1박 2일 여행도 추천한다.

★이것만은 놓치지 말자!

❶화해와 평화의 상징이 된 프라우엔 교회 방문과 탑에 올라가 보기 ❷레지덴츠 궁 안에 있는 왕가의 보물관 둘러보기 ❸츠빙거 궁전 안에 있는 도자기 컬렉션 둘러보기 ❹해질 무렵 엘베 강이 내려다보이는 브뤼울 테라스 산책하기

★Best Course

• **랜드 마크** 대성당

중앙역 → 크로이츠 교회 → 프라우엔 교회 → 브뤼울 테라스 → 알베르티눔 → 젬퍼오페라 → 츠빙거 궁전 → 대성당 → 레지덴츠 궁 → 중앙역

• **예상 소요 시간** 한나절~하루

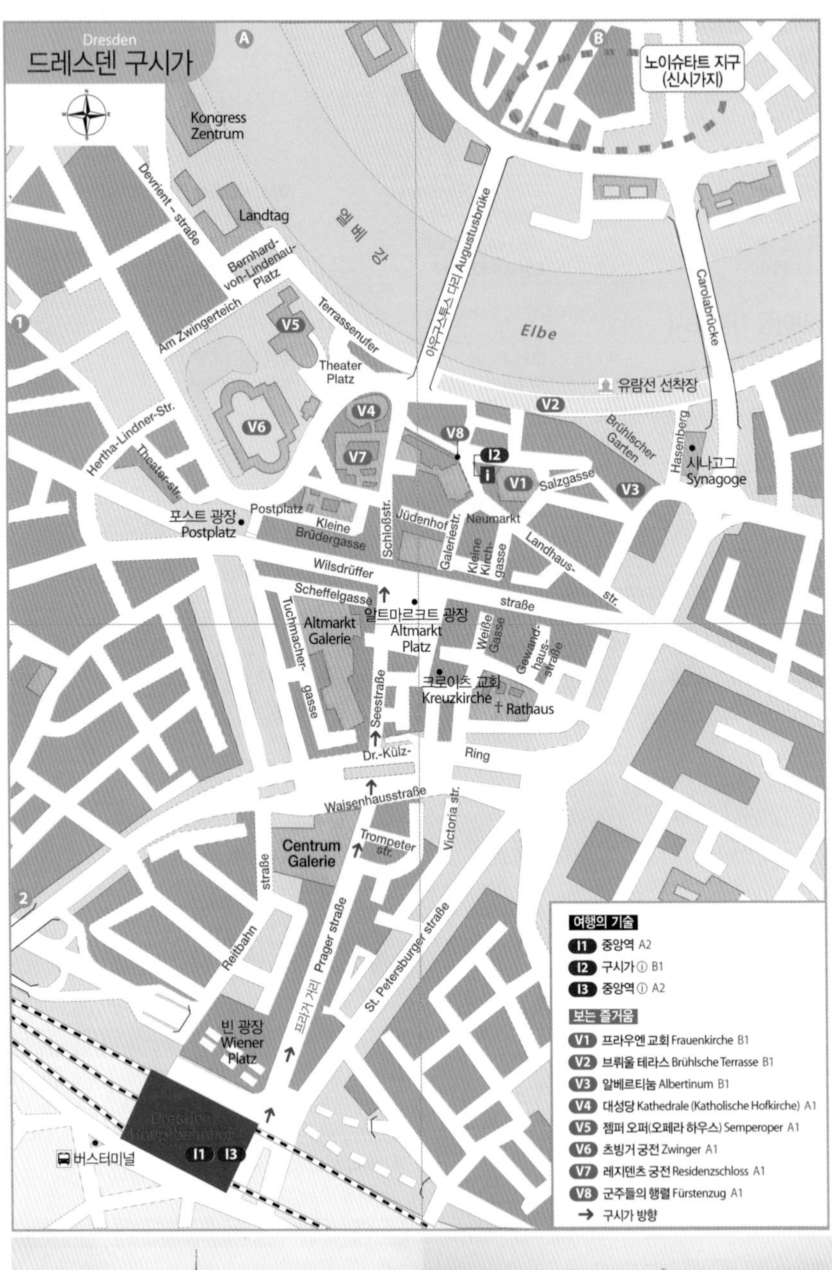

Dresden
드레스덴 구시가
노이슈타트 지구 (신시가지)
Kongress Zentrum
Devrient - straße
Landtag
엘베 강
Bernhard-von-Lindenau-Platz
Am Zwingerteich
Terrassenufer
Theater Platz
아우구스투스 다리 Augustusbrüke
Elbe
Carolabrücke
유람선 선착장
Hertha-Lindner-Str.
Theater-str.
Brühlscher Garten
Hasenberg
시나고그 Synagoge
Salzgasse
포스트 광장 Postplatz
Postplatz
Kleine Brüdergasse
Schloßstr.
Jüdenhof
Galeriestr.
Neumarkt
Kleine Kirch-gasse
Landhaus-str.
Wilsdrüffer straße
Scheffelgasse
알트마르크트 광장 Altmarkt Platz
Altmarkt Galerie
Tuchmacher-gasse
Weiße Gasse
Gewand-haus-straße
크로이츠 교회 Kreuzkirche
Rathaus
Seestraße
Dr.-Külz-Ring
Waisenhausstraße
Centrum Galerie
Trompeter str.
Victoria str.
Reitbahn straße
Prager straße
프라거 거리
St. Petersburger straße
빈 광장 Wiener Platz
버스터미널
여행의 기술
I1 중앙역 A2
I2 구시가 ⓘ B1
I3 중앙역 ⓘ A2
보는 즐거움
V1 프라우엔 교회 Frauenkirche B1
V2 브뤼울 테라스 Brühlsche Terrasse B1
V3 알베르티눔 Albertinum B1
V4 대성당 Kathedrale (Katholische Hofkirche) A1
V5 젬퍼 오퍼(오페라 하우스) Semperoper A1
V6 츠빙거 궁전 Zwinger A1
V7 레지덴츠 궁전 Residenzschloss A1
V8 군주들의 행렬 Fürstenzug A1
→ 구시가 방향

구시가의 웅장한 건축물과 왕가의 보물들을 감상하다보면 건물마다 점점이 박힌 검은색 벽돌들을 발견하게 된다. 이는 복원을 꿈꾸며 시민들이 보관했던 옛 건물의 잔해로 전쟁의 상처와 치유, 희망을 동시에 느끼게 한다.

프라우엔 교회 Frauenkirche

Map P.170-B1

세계적으로 관용과 평화의 상징이 된 곳. 루터파의 개신교회로 당대 독일 바로크 양식건축의 대가 게오르게 베어 George Bähr가 설계, 1726년에 공사를 시작해 1743년 완공했다. 이 교회의 상징은 '돌로 된 종'으로 불리는 96m의 돔이다. 1만 톤이 넘는 사암으로 만들어졌으며 내부를 지지해 주는 기둥이 없는 게 특징이다. 이 기술은 미켈란젤로가 설계한 바티칸 성 베드로 성당의 돔과 기술적인 면에서 견줄 만하다고 한다. 교회 안의 오르간은 유명 파이프 오르간 제작자 고트프리트 질버만 Gottfried Silbermannn이 1736년에 제작한 것으로, 같은 해 12월 요한 세바스티안 바흐가 이 오르간으로 연주회를 했다.

'바로크의 보석'으로 불릴 만큼 아름다운 이 건물은 2005년에 재건축 된 것으로 제2차 세계 대전 당시 연합군의 폭격(1945년 2월 15일)으로 완전히 무너져 내렸다. 전쟁이 끝난 후 드레스덴의 시민들이 교회 재건을 꿈꾸며 무너진 교회의 잔해들을 모아 번호를 매겨 보관했다고 한다. 독일이 통일한 후 시민들이 촛불을 밝히며 프라우엔 교회의 복원을 염원하는 평화운동을 시작했고, 유럽 각국으로 확산돼 교회 복원을 위한 지원이 쏟아지게 되었다. 독일 태생의 미국인 생물학자 귄터 블로베 Günter Blobel는 1999년 노벨 의학상 수상 후 받은 상금 전액을 재건 사업에 기부했으며 연합군으로 참전했던 영국인 조종사의 아들이자 공예장인이었던 알란 스미스 Alan Smith는 교회 복원 소식을 듣고 금장 십자가를 만들어 기증해 큰 감동을 줬다.

교회 내부는 밝고 화려한 분위기로 마치 클래식 공연장 같은 분위기이다. 내부 관람은 무료이며, 드레스덴의 구시가지를 한눈에 내려다 볼 수 있는 돔은 유료로 개방하고 있다. 성당 앞에 세워진 동상은 독일의 신학자이자 종교 개혁자였던 마틴 루터 Martin Luther(1483.11.10~ 1546.2.18)이다.

주소 Nuemarkt

홈페이지 www.frauenkirche-dresden.de

운영 10:00~12:00, 13:00~18:00

입장료 교회 무료, 돔 일반 €8, 학생 €5

가는 방법 중앙역에서 도보 20분, 노어마르크트 광장 Neumarkt platz에서 도보 3분

건물 벽 군데군데 박힌 검은색 벽돌은 시민들이 보관했던 부서진 파편들이다.

대성당 Map P.170-A1
Kathedrale (Katholische Hofkirche)

작센 주 최대의 가톨릭 성당. 가톨릭 국가인 폴란드의 왕을 겸임한 아우구스트 2세가 개신교의 중심지인 작센 지방을 다시 가톨릭화 하려는 목적으로 지었다. 성당은 이탈리아 건축가 가에타노 키아베리 Gaetano Chiaveri가 바로크 양식으로 1738년에 짓기 시작해 1751년에 완성했다. 종탑의 높이는 83m, 성당 외관을 3.5m에 이르는 78개의 석조 성인 상으로 장식했다. 원래는 드레스덴 궁전에 딸린 왕실 교회(가톨릭 궁전 교회 Katholische Hofkirche)로 지하에는 작센 가의 납골당이 마련되어 있다. 아우구스트 2세의 몸은 크라쿠프에 그의 심장은 이곳에 안치되어 있다.

1945년 연합군의 폭격으로 파괴되었으며 1979년에 재건축되었다. 1980년 드레스덴의 주교 메빈 Meiben에 의해 대성당이 되었으며 내부는 로코코 양식의 화려한 설교단과 제단화로 유명하다. 이곳 오르간 역시 프라우엔 교회의 오르간을 제작한 고트프리트 질버만이 제작한 것이다.

주소 Schlossstrasse 24

홈페이지 www.bistum-dresden-meissen.de

운영 월~목 09:00~17:00, 금 13:00~17:00, 토 10:00~17:00, 일 12:00~16:00

입장료 무료

가는 방법 프라우엔 교회에서 도보 5분 또는 브뤼울 테라스에서 도보 5분

브뤼울 테라스 Map P.170-B1
Brühlsche Terrasse

괴테가 '유럽의 테라스'로 칭송한 곳. 엘베강변의 아우구스트 다리 Augustusbrücke와 카롤라 다리 Carolabrücke 사이 약 500m 구간을 말한다. 원래는 도시를 보호하기 위해 구축된 성벽의 일부였지만 아우구스트 3세가 그의 사제이자 친구인 브뤼울이 이곳을 개인 정원으로 사용하도록 허하면서 지금의 모습이 됐다. 산책로로 되어 있어 유유히 흐르는 엘베강을 바라보며 휴식을 취하거나 드레스덴 여행의 시작과 마무리를 하며 사색에 젖기에 그만인 장소이다. 알베르티눔과 미술 아카데미도 이곳에 있다.

가는 방법 프라우엔 교회에서 엘베 강변 방향으로 도보 3분. 중앙역에서 도보 20분.

알베르티눔 Map P.170-B1
Albertinum

1559~1563년 무기고로 지어졌다가 19세기에 박물관으로 개조되었다. 작센 왕 알버트에 경의를 표하기 위해 알베르티눔으로 개명되었고, 1884~1887년에 르네상스 스타일로 개조되었는데, 1945년

대성당

대성당

©독일 관광청

브뤼울 테라스

드레스덴 폭격 때 다른 건물들보다 손상을 덜 입었다. 원래 작센 왕가의 보물을 전시했었는데, 2004년 새롭게 수리를 마친 레지덴츠 궁으로 보물을 옮기고 지금은 신거장 미술관 Galerie Neue Meister과 조각전시관 Skulpturen-sammlung으로 사용한다. 독일의 낭만주의부터 현대 추상미술까지의 작품 등이 전시되고 있다. 가장 유명한 작품은 독일의 낭만주의 화가인 카스퍼 데이비드 프리드 Casper David Friedrich의 풍경화 〈산 위의 십자가 Cross in the Mountains〉이다.

주소 Tzschirnerplatz 2 홈페이지 www.skd.museum
운영 화~일 10:00~18:00 휴무 월요일
입장료 일반 €14, 학생 €11
가는 방법 브뤼울 테라스 동쪽 끝에 위치

젬퍼 오퍼(오페라 하우스) Map P.170-A1
Semperoper

건축가 고트프리트 젬퍼 Gottfried Semper가 설계한 곳으로, 그의 이름을 따 정식명칭이 되었다. 네오르네상스 양식으로 지어진 이 건물은 제2차 세계대전 당시 연합군의 공습으로 파괴된 것을 1985년에 옛 모습 그대로 복원한 것이다. 1975년 오스트리아 빈에서 젬퍼의 설계도 원본이 발견되어 가능했다고 한다. 젬퍼 오퍼는 세계에서 가장 울림이 좋은 극장으로, 부에노스아이레스의 콜론극장에 이어 밀라노 스칼라 극장과 함께 공동 2위를 차지했다. 지금도 클래식, 오페라, 발레 공연장으로 쓰이고 있다. 카를 마리아 폰 베버 Carl Maria von Weber와 리하르트 바그너 Richard Wagner가 이곳에서 지휘했으며, 《방황하는 네덜란드인 Der Fliegende Holländer》과 《탄호이저 Tannhäuser Overture》를 비롯한 유명한 오페라들이 초연되었다. 드레스덴 국립관현악단 Staatskapelle Dresden은 1548년 젬퍼에서 조직되어 460년 역사를 자랑하는 세계에서 가장 오래된 오케스트라 중 하나가 되었다. 명문 드레스덴 젬퍼 오퍼 발레단은 182m의 최장신 발레리나 이상은이 활동한 곳으로 알려져 있다. 해마다 5~6월까지는 드레스덴 음악제가 열려 클래식 축제의 장이 된다. 8월을 제외하면 거의 매일 공연이 있으며 공연이 없는 낮에는 가이드 투어가 있어 내부를 돌아볼 수 있다. 가능하면 홈페이지를 통해 미리 공연 스케줄을 확인하고 티켓을 예매해 공연 감상을 해보자.

주소 Theaterplatz 2
홈페이지 www.semperoper.de
운영 월~금 10:00~18:00, 토 10:00~17:00(1~3월 10:00~13:00), 일 및 공휴일 10:00~13:00
요금 가이드 투어 일반 €11, 학생 €7
가는 방법 브뤼울 테라스에서 도보 3분

알베르티눔

©독일 관광청
젬퍼 오퍼
©독일 관광청

츠빙거 궁전 Zwinger

Map P.170-A1

'바로크 양식의 꽃'으로 불리는 건축물. 벽과 벽 사이를 뜻하는 말인 츠빙거는 옛군사 요새들 사이의 공간에 건물을 세운데서 유래된 것으로 아우구스트 2세가 프랑스의 베르사이유 궁전을 본 뒤 자극을 받아 지은 건물이다. 건축 장인이자 궁전 건축가인 마테우스 다니엘 푀펠만과 조각가 발타사르 페르모세에 의해 1710년에 시작해 22년 만에 후기 바로크 양식으로 완공되었다.

직사각형 공간에 건물을 대칭적으로 둘러 세우고 가운데를 정원으로 꾸몄으며 '크로넨토르(왕관의 문) Kronentor'를 통해 옥상 정원으로 올라가면 바로크 양식의 조각과 연못이 있다. 궁전의 하이라이트는 '요정들의 목욕탕 Nymphenbad'으로 아름다운 조각 사이로 폭포처럼 물이 흘러내린다. 그래서 츠빙거 궁전을 '드레스덴의 오아시스'라고도 부른다. 제2차 세계대전 당시 연합군의 공습으로 파괴됐고 지금의 모습은 1950~1960년에 재건한 것이다. 현재 정원은 무료로 개방하고 있으며 드레스덴 음악제 기간 동안에는 야외 공연장으로 쓰인다. 건물 안은 몇개의 구역으로 나뉘는데 알터 마이스테 회화관 Gemäldegalerie Alte Meister과 도자기 컬렉션 Porzellansammlung, 무기 박물관 Rüstkammer, 수학–물리학 살롱 Mathematisch-Physikalischer Salondl 등이 있다.

• **츠빙거 궁전** Zwinger

주소 Theaterplatz 1 홈페이지 www.skd.museum

운영 4~10월 06:00~22:00, 11~3월 06:00~20:00

입장료 일반 €12, 학생 €9

가는 방법 잼퍼 오페라에서 도보 1분

※미술관 입장은 무기 박물관, 도자기 컬렉션의 관람도 가능한 츠빙거 티켓을 구입해야 한다.

©독일 관광청
©독일 관광청

©독일 관광청

©독일 관광청

알터 마이스테 회화관(고전 명작 회화관)
Gemäldegalerie Alte Meister

아우구스트 2세의 수집품으로 선대의 왕이 도자기에 유달리 집착했던 것과는 달리 그는 미술과 음악에 애정을 가졌다. 14~18세기까지의 작품 3,000여 점을 전시하고 있으며 라파엘로의 걸작 〈시스티나의 성모〉와 베르메르의 〈편지 읽는 소녀〉, 조르조네의 〈잠자는 비너스〉, 코레의 〈거룩한 밤〉 등이 유명하다. 그밖에 루벤스, 뒤러, 렘브란트 등의 그림도 감상할 수 있다. 18세기 후반 벨로토가 그린 드레스덴의 구시가도 놓치지 말자. 지금의 모습과 별반 다르지 않아 놀랍다. 회화관은 모두 23개의 홀이 있으며 모두 돌아보는 데 최소 1시간 정도가 소요된다.

도자기 컬렉션
Porzellansammlung

아우구스트 1세는 자신의 권위를 세상에 알리기 위해 신비감을 주는 동양의 도자기에 집착했다. 그 결과 5만여 점의 도자기를 수집했고 직접 동양의 도자기를 만들도록 명해 세계적인 명성의 마이센 도자기가 탄생하게 된다. 현재 2만여 점의 도자기를 전시하고 있으며 중국, 일본 등에서 수입한 희귀한 도자기는 물론 마이센 도자기까지 세계 최고의 도자기 컬렉션을 선보이고 있다.

수학-물리학 살롱
Mathematisch-Physikalischer Salon

궁전에서 가장 오래된 박물관으로 18세기 밤하늘을 관측하기 위해 천문대가 이곳에 세워졌다. 수집품들은 16~19세기의 것으로 과학적 이해를 돕기 위해 지난 몇 세기의 측정 방법을 보여주는 매력적인 전시관이기도 하다. 빈티지 지구본, 시계, 거울, 망원경 등 흥미로운 옛 과학 장비들을 감상할 수 있다.

레지덴츠 궁
Residenzschloss

Map P.170-A1

12세기부터 400여 년 동안 작센 공국의 역대 왕들이 살던 성. 여러 차례 증개축과 복원을 거듭하면서 복합적인 양식의 건물이 되었다. 역시 제2차 세계 대전 당시 연합군의 폭격으로 파괴되었다가 복원된 것이다. 현재 박물관으로 개방하고 있으며 보물관 Grünes Gewölbe, 무기고 Rüstkammer, 인쇄전시관 Kupferstich-Kabinett, 화폐 전시관 Münzkabinett 등 4개의 전시관이 있다.

보물관
Grünes Gewölbe

보물관은 레지덴츠 궁의 하이라이트로 신보물관과 구보물관으로 나뉜다. 신보물관에는 1,000여 개가 넘는 작품들을 전시하고 있는데 이중 놓치지 말고 봐야 하는 것은 185개의 얼굴을 매우 작게 조각한 작품과 지금까지 발견된 것 중에 가장 큰 자연 녹색 다이아몬드이다. 아우구스트 3세가 1742년 라이프치히 부활절 페어에서 구입한 것으로 그 아름다움에 넋을 잃고 바라보게 된다.

구보물관에 가면 약 3,000개의 걸작을 볼 수 있는

연합군의 공습에도 기적적으로 살아남은 벽화.

군주의 행렬
©독일 관광청

데 보석 및 금으로 된 세공 예술뿐만 아니라 호박과 상아, 보석 선박, 우아한 청동 조각상으로 만들어진 것들이 벽 앞의 화려한 거울 앞에 전시되어 있다. 뿐만 아니라 금 · 은 · 에나멜 · 보석 · 상아 등으로 만들어진 타조 알도 있다. 구보물관은 하루 입장 인원을 제한, 30분 단위로 표에 찍힌 예약된 시간에만 입장이 가능하다. 워낙 인기있는 박물관이니 인터넷으로 미리 예약하는 게 좋다.

• 신 · 구보물관

주소 Taschenberg 2 홈페이지 www.skd.museum

운영 10:00~18:00

휴무 화요일 입장료 신보물관 일반 €12, 학생 €9, 구보물관 €12, 신 · 구보물관 일반 €21

가는 방법 대성당에서 도보 3분

군주들의 행렬
Fürstenzug Map P.170-B1

작센 공국을 다스린 베틴 Wettin 가문의 역대 군주들을 연대기 식으로 표현해 놓은 벽화. 레지덴츠 궁 안뜰에 마상 시합장 벽면에 길이 101m, 높이 8m, 타일 2만 5,000여 장이 사용된 모자이크 벽화로 총 93명의 사람들이 벽화 속에 묘사되어 있다. 역대 군주 35명과 함께 과학자, 예술가, 농부 등 59명이 함께 그려져 있다. 벽화의 시작은 1127~1156년까지 작센 공국을 지배했던 콘라드 왕이며 끝은 1904~1918년까지 작센 공국의 마지막 왕 프리드리히 아우구스트 3세이다. 원래는 1876년 베틴 가문의 800주년을 기념하기 위해 그린 그림으로 세월이 흘러 손상되자 1907년 마이센의 자기 타일에 그림을 그려 벽에 박았다. 벽화를 그린 화가는 빌헬름 발터로 행렬의 가장 끝부분에 그 자신도 그려 넣었다니 한번 찾아보자.

작전명 천둥소리
Thunderclap

1945년 2월 13일 밤 10시 14분, 영국 본토에서 출발한 연합군의 폭격기가 드레스덴에 첫 폭격을 시작했습니다. 3시간 후 추가 폭격, 이때 카펫을 깔 듯 폭탄을 쏟아 붓는다고 해 융단폭격 Carpet Bombing이라는 말이 생겨났다고 하네요. 영화 흥행작을 이야기하는 블록버스터 Blockbuster라는 신조어 역시 드레스덴 공습에서 유래한 말로, 폭탄 한 발이 도시의 한 블록을 날려 버릴 만큼 무시무시한 화력을 지녔다고 해 Block(블록)+Buster(날리다)를 합성해 부르게 됐답니다. 10시간 후 다시 공습이 시작됐고 천둥소리와 함께 유럽의 보석이라 불리던 드레스덴의 80%가 사라졌습니다. 그리고 수일 후 독일군의 항복을 받아냅니다. 당시 이 작전은 소련군의 독일 진격을 도와준다는 명분으로 시작됐지만 독일군보다 민간인의 희생이 컸던 만큼 여전히 논란이 되고 있습니다.

Austria 오스트리아

빈_184 잘츠부르크_252
잘츠카머구트_272 베르히테스가덴(독일)_278 인스부르크_284

오스트리아, 알고 가자

1

National Profile

국가 기초 정보

정식 국명 오스트리아 공화국 Republik Österreich **수도** 빈 **면적** 8만 3,871㎢(한반도의 약 2/5) **인구** 약 867만 명 **인종** 오스트리아계 91%, 슬라브계 4%, 터키계 1.6%, 독일계 1% **정치체제** 의원내각제(알렌산더 판데어벨렌 Alexander Van der Bellen) **종교** 가톨릭 90%, 개신교 6%, 기타 4% **공용어** 독일어 **통화** 유로 Euro(€), 보조통화 센트 Cent(¢) / 1€=100Cent / 지폐 €5·10·20·50·100·200·500 / 동전 1·2·5·10·20·50¢ / 1€≒1,305원(2019년 3월 기준)

간추린 역사

오스트리아의 역사는 6세기 초에 시작된다. 오토 3세가 통치할 당시(983~1002) '동의 나라 Österriche'라는 이름이 붙여져 지금의 오스트리아라는 국명이 탄생했다. 오스트리아 역사에서 빼놓을 수 없는 합스부르크 왕가와의 인연은 1278년 합스부르크가의 루돌프 1세가 초대 황제로 즉위하면서 시작되었고, 1918년까지 640년간 유럽 정치를 좌지우지한다. 합스부르크 왕가는 정략결혼과 쇠퇴한 영주의 소유지를 사들이는 방식으로 영토를 확장해 오스트리아·보헤미아(체코&슬로바키아)·헝가리를 중심으로 대제국을 건설했다.

1740년에는 마리아 테레지아가 왕위에 올라 근대국가의 기틀을 확립했으며 1805년 나폴레옹이 신성 로마 제국의 황제 직위를 포기하면서 오스트리아 제국을 창조, 유럽의 패권을 장악했다.

그러나 영토 확장을 위한 강압과 수탈정책에 반발한 주변국들의 독립항쟁에 부딪쳐 1867년 오스트리아-헝가리 군주국으로 규모가 축소된다. 제1·2차 세계대전을 겪으면서 오스트리아 제국은 붕괴되고 제2차 세계대전 후 미·영·소의 공동점령이라는 정치적 소용돌이를 거쳐 1955년에 영세중립을 표방하는 독립국으로 거듭난다.

오늘날 오스트리아는 풍부한 문화유산을 바탕으로 관광대국으로 발전했으며 모차르트·하이든·베토벤·슈베르트·브람스 등을 낳은 예술의 고향답게 유명 음악가의 활동 무대로도 명성을 날리고 있다.

공휴일(2019년)

1/1 신년
1/6 주현절
4/22 부활절 연휴*
5/1 노동절
5/30 예수 승천일(부활절 40일 후)
6/10 성령강림절 연휴*
6/20 성체축일*
8/15 성모 승천일
9/24 Saint Rupert (Only 잘츠부르크)
10/26 건국기념일
11/1 만성절
11/15 Saint Leopold (Only 빈)
12/8 성모수태고지의 날
12/25~26 크리스마스 연휴
*해마다 날짜가 바뀌는 공휴일

한국과의 관계

1963년 5월 22일 외교관계가 수립되었지만 1892년 6월 23일 조선왕조와 수호통상조약을 이미 맺었다는 사실. 오스트리아는 남북한 동시 수교국으로서 중립정책을 펼쳐 우리나라와는 특별한 교류가 없다가 1980년대 중반 이후 한국의 눈부신 경제발전과 국제적인 지위 향상 등으로 양국 간의 교류가 활발해졌다.

음악가 모차르트·베토벤·요한 슈트라우스, 건축가 오토 바그너와 아돌프 로스, 예술가 클림트와 에곤 실레, 정신분석학자인 프로이트, 영화배우 아놀드 슈워제네거 등 오스트리아를 대표하는 유명인들로 더 가깝게 느껴지는 나라다.

사람과 문화

안정된 정치, 탄탄한 경제, 잘 보존된 환경, 잘 정비된 사회복지제도, 수준 높은 문화 등으로 오스트리아는 유럽에서 가장 살기 좋은 나라로 손꼽힌다. 아름다운 알프스를 대변하듯 오스트리아인은 온화하고 차분한 성품을 지녔다. 또 자연이 주는 영감은 예술에도 영향을 끼쳐 세계적인 음악인과 예술인을 많이 배출했다.

오스트리아가 독일어를 사용하는 게르만족 국가라서 독일과 같을 거라 생각하는 것은 오해다. 오스트리아는 일찍이 합스부르크 제국 시절부터 여러 인종이 뒤섞여 살고 있는 다민족국가로 사고가 유연하고 합리적이다. 전통을 중시하는 보수적인 면도 강하지만 미래지향적인 면도 강하다. 저축을 중요한 덕목으로 삼고 집안의 경제권을 어머니가 쥐고 돌보는 것은 우리와 비슷하다. 오스트리아인들은 공중도덕을 매우 중요시 여긴다는 사실을 기억해 두면 좋다.

카페 Central 속 풍경

Travel PLUS 유럽 최대의 왕실 가문, 합스부르크 왕가

'힘센 그대들은 전쟁하라. 행복한 오스트리아는 결혼할지어니'.

중세 이후 근대에 이르는 유럽 역사에서 '합스부르크'는 단순한 가문 이상의 의미를 지니고 있다. 13세기부터 20세기 초반까지 약 700년 동안 유럽 전역을 통치하였고, 프랑스 왕실을 제외한 거의 모든 유럽의 왕실과 인연을 맺은 유럽 최고의 명문가다. 초기 합스부르크 가문은 스위스와 알자스에 기반을 둔 백작 집안이었다. 당시 백작이었던 루돌프 합스부르크는 연방 로마 제국의 제후들에 의해 황제로 선출되었다. 그후 황제의 칭호를 받은 루돌프 1세는 오스트리아를 점령해 합스부르크의 영지를 확보했다. 그러자 다른 제후들은 합스부르크가의 세력 확장을 견제했지만 주변국가와의 정략결혼으로 전쟁을 하지 않고도 세력을 넓혀갔다. 예를 들어 파산한 영주에게서 영토를 사들이거나 아들들에게 영토를 분할해 주고 주변 국가의 딸들과 결혼을 시킴으로써 부와 영토를 획득하는 방법 등을 선호했다. 하지만 이러한 정책 탓에 영토 분할과 계승권 분쟁을 야기해 통일국가로 나아가는 데 걸림돌이 되기로 했다. 그러나 결혼 정책으로 스페인 왕실과 헝가리 왕실과 손을 잡아 유럽 최대의 왕실 가문을 이루었고 나중에는 신성 로마 제국의 황제 자리까지 오르게 되었다. 황제 직위는 마리아 테레지아 대까지 상속되어, 여성은 왕위 계승 자격이 없음에도 불구하고 1740년 마리아 테레지아가 즉위해 40년 동안 통치했다. 이 기간 동안 오스트리아는 근대국가로 눈부시게 발전했다. 한때 왕위계승전쟁으로 큰 위기를 겪기도 했지만 마리아 테레지아는 훌륭하게 가문을 지켜내고 잃어버렸던 황제의 자리도 되찾아 남편인 스테판에게 넘겨줬다. 그리고 스테판 출신 지방의 이름을 붙여 합스부르크-로렌 왕가로 바꿔 이어 내려오다가 제1차 세계대전 이후 1918년 해체되었다. 전쟁으로 합스부르크 왕가의 재산은 몰수되었다가 1935년 되찾았지만 1938년 히틀러에게 또 다시 빼앗겼다. 그리고 오스트리아 정부에서 합스부르크 왕가의 어떠한 복귀도 금지하는 법안을 만들었기 때문에 왕가의 사람들은 1966년 이후에야 겨우 일반 시민으로서 오스트리아 땅을 다시 밟을 수 있게 되었다.

지역정보

독일 · 체코 · 헝가리 · 슬로바키아 · 슬로베니아 · 이탈리아 · 스위스 · 리히텐슈타인 등 8개 국가와 국경을 맞대고 있어 동 · 서 유럽의 가교 구실을 한다.

국토의 2/3가 동알프스 산지이며 독일에서 흘러오는 도나우 강이 오스트리아를 거쳐 헝가리로 흐른다. 총 9개 연방주로 나뉘어 있으며 각 지방의 문화와 전통 · 언어 등이 달라 지역성이 강하다. 오스트리아인이라기보다는 빈 사람이나 티롤 지방이라는 출신지 의식이 강하고 잘츠부르크 사람은 독일에, 티롤 지방 사람은 스위스에 가깝다고 생각한다.

여행시기와 기후

국토의 2/3가 산지로 이루어져 있으며 면적에 비해 기후 변화가 심한 편이다. 알프스에 면한 북부는 온대성 기후, 동부는 겨울에 추운 대륙성 기후, 서부는 강우량이 많고 온난다습하다.

여행하기 좋은 계절 5~10월. 그중에서 9월이 가장 쾌적하고 아름답다.

여행 패션 코드 잘츠부르크를 포함한 알프스 지역은 4계절 중 어느 때 가더라도 따뜻한 옷이 필요하다. 겨울에는 방한을 위한 준비가 철저해야 하고 신발은 운동화보다 등산화가 편하고 안전하다.

2 Orientation

현지 오리엔테이션

추천 웹사이트 오스트리아 관광청 www.austria.info **국가번호** 43

비자 무비자로 90일간 체류 가능(셍겐 조약국)

시차 우리나라보다 8시간 느리다(서머타임 기간에는 7시간 느리다).

전압 220V, 50Hz(콘센트 모양이 우리나라와 동일)

전화

국내전화 우리나라와 같은 방식으로 시내통화는 전화번호만, 시외통화는 0을 포함한 지역번호와 상대방 전화번호를 누르면 된다.

- 시내전화 : 예) 빈 시내 123 4567
- 시외전화 : 예) 빈→잘츠부르크 0662 123 4567

치안과 주의사항

1. 치안은 안전하지만 여행자가 많이 모이는 관광명소와 번화가, 대중교통 안에서는 소매치기를 주의해야 한다.
2. 레스토랑 · 카페 · 택시 등을 이용한 후 팁은 금액의 5~10% 정도 주는 게 적당하다.
3. 오스트리아인은 준법정신이 투철하다. 공공장소에서 침을 뱉는 행위, 트림을 하거나 콧물 등을 삼키는 행위는 삼가도록 하자. 큰 소리로 상대를 부르는 것도 예의에 어긋난다.
4. 나치나 히틀러에 대한 이야기도 삼가는 게 좋다.
5 대중교통 이용시 무임승차하다 걸리면 벌금으로 €100를 내야 한다.

긴급 연락처

응급 전화 SOS(경찰 · 응급) 133

한국대사관

주소 Gregor Mendel-strasse 25 (빈) 전화 01 478 1991 비상연락처 주간 664 8892 6758, 야간(당직) 664 527 0743 운영 월~금 09:00~12:30, 14:00~17:00

가는 방법 40a번 버스를 타고 Gregor Mendelstrasse에서 내리거나, 40 · 41번 트램을 타고 Aumann platz 하차

예산 짜기

오스트리아는 우리나라보다 물가가 비싼 편이지만 영국과 스위스에 비하면 저렴하다. 특히 저렴하게 알프스 관광을 하고 싶다면 오스트리아가 제격이다. 도시 관광을 위한 예산은 여행자의 선택에 따라 매우 유동적이다. 어디를 가나 볼거리가 풍부해 굳이 대중교통을 이용하지 않고 다닐 수 있으며 입장료도 절약할 수 있다. 공연 관람료도 선택의 폭이 넓다. 최하부터 최상까지 예산 짜기 좋은 곳이다.

1일 예산 **하루 만에 빈과 친구되기(P.196)**

숙박비 도미토리 €20~25
교통비 24시간권 €8
3끼 식사 아침 빵+차 €6, 점심 동양 퓨전 음식 €15, 저녁 맥도날드 €7
입장료 미술사박물관 €16, 왕궁 €13.90
기타 엽서 · 물 등 €10

1일 경비 =〉 €100.90≒13만 1,675원(2019년 3월 기준)
※분위기 좋은 카페가 많고 클래식 공연도 다양하므로 예산을 따로 책정해 두자.

영업시간

관공서 월~금 08:00~13:00 (목~16:00)
우체국 월~금 08:00~12:00, 13:00~17:00, 토 08:00~10:00
은행 월~금 08:30~12:30, 13:30~15:00(목 ~17:30)
상점 월~금 09:00~18:00, 토 09:00~12:00
레스토랑 12:00~23:00

현지어 따라잡기

기초 회화

안녕하세요	[아침] 구텐 모르겐 Guten Morgen
	[점심] 구텐 탁 Guten Tag
	[저녁] 구텐 아벤트 Guten Abend
평상시 인사	할로 Hallo
헤어질 때	아우프 비더제엔 Auf Wiedersehen
고맙습니다	당케 Dänke
실례합니다	엔슐디궁 Entschuldigung
미안합니다	페어짜이웅 Verzeihung
도와주세요	힐페 Hilfe
얼마예요?	비필 코스테트 다스 Wieviel kostet das?
네	야 Ja
아니오	나인 Nein

표지판

화장실	토알레트 Toilette (남 Herren, 여 Damen)
경찰서	폴리짜이바헤 Polizeiwache
병원	크랑켄하우스 Krankenhaus
기차역	반호프 Bahnhof
매표소	쉘터 Schalter
출발	아프라이제 Abreise
도착	안쿤프트 Ankunft
출구	아우스강 Ausgang
입구	아인강 Eingang
거리	스트라세 Strasse
사용 중	베제쯔트 Besetzt
비어 있음	프라이 Frei

숫자

1	아인스 Eins
2	츠바이 Zwei
3	드라이 Drei
4	피어 Vier
5	퓐프 Fünf
6	젝스 Sechs
7	지벤 Sieben
8	아흐트 Acht
9	노인 Neun
10	첸 Zehn
100	아인훈데르트 Einhundert
1000	아인타우젠트 Eintausend

빈 거리에서 클래식 공연을 안내하는 모습

현지 교통 따라잡기

워낙 많은 관광객이 찾는 곳이어서 비행기 · 열차 · 버스 등 모든 교통수단이 발달해 있다. 비행기는 빈을 중심으로 운항편수가 가장 많다. 국내이동은 열차가 가장 편리하다.

비행기(P.622 참고)

대부분의 국제선이 빈과 인스부르크로 운항되며 여름 성수기에는 잘츠부르크로 취항하는 국제선도 많다. 우리나라에서는 대한항공 직항편을 이용할 수 있으며, 경유편으로는 유럽계 항공사나 아랍에미리트 · 말레이시아 항공이 있다. 유럽 내에서는 스페인 · 독일 · 이탈리아 · 그리스 · 영국 등에서 저가 항공이 운항되고 있다.

한국↔오스트리아 취항 항공사 : KE, KL, AF, LH, BA, SK, OS, MH, EK 등
유럽↔오스트리아 저가 항공사 : SkyEurope, Air Berlin, Germanwings, easyJet, TUIfly, Thomsonfly 등

철도

'무엇이든 제대로 해야 한다'는 오스트리아 사람들의 사고답게 오스트리아의 모든 교통 시스템은 거의 완벽하다. 여행자들이 자주 이용하는 역만 봐도 한눈에 알 수 있다. 오스트리아의 모든 열차는 최상의 시설과 속도를 자랑하고 역의 모든 시설은 적재적소에 배치되어 있다. 플랫폼 주위에는 추위를 대비한 대기실, 에스컬레이터 · 엘리베이터 시설 등이 잘 갖춰져 있고 우체국도 있어 여행자를 위한 세심한 배려가 느껴진다. 기계식 코인로커는 크기에 따라 요금이 달라진다. 사용방법은 먼저 짐을 넣고 동전을 넣으면 비밀번호가 적힌 카드가 나온다. 짐을 찾을 때는 카드에 적힌 비밀번호를 누르면 로커 문이 열린다. 카드 간수에도 신경 쓰자.

음식의 특징

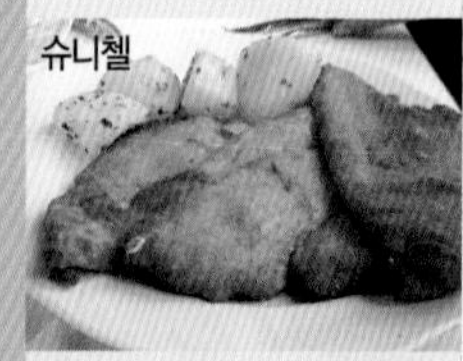
슈니첼

오스트리아 음식은 영양과 맛, 짧은 요리시간을 최우선으로 하고 육류 특히 돼지고기요리가 발달해 있다. 오스트리아 사람들은 이른 아침 6~7시에 간단한 아침을 먹고, 10시쯤 커피와 달콤한 빵 같은 간식을 먹는다. 하루 중 점심을 가장 푸짐하게 먹고 저녁을 간단하게 먹지만 약속에 따라 저녁을 푸짐하게 먹기도 한다. 식사를 시작할 때는 '맛있게 드세요'라는 의미의 '말차이트 Mahlzeit'를 외친다. 대부분의 레스토랑이 점심 메뉴를 저렴하게 제공하니 레스토랑을 이용하려면 점심시간에 맞추어 가자.

레스토랑 종류

- **바이젤** Beisel 맥주와 가정식 음식을 즐길 수 있는 동네 펍 레스토랑.
- **호이리겐** Heurigen 올해의 와인 호이에르 Heuer를 맛볼 수 있는 와인 선술집.
- **콘디토라이** Konditorei 제과점. 실내에는 커피를 마실 수 있는 테이블도 있다.

추천 음식

• 앙커 ANKER

빵 전문점으로 오스트리아 시내 어디서나 만날 수 있다. 크루아상부터 샌드위치까지 직접 구운 신선한 빵을 먹을 수 있다. 실내에 작은 테이블이 마련돼 있어 간단하게 음료와 빵을 먹기에도 좋다.

• **타펠슈피츠** Tafelspitz

프란츠 요제프 황제가 즐겨 먹었다는 오스트리아 대표 음식. 소의 허벅지살을 오랜 시간 삶은 후 얇게 썬 것으로 버터에 볶은 감자, 각종 샐러드와 곁들여 먹는다. 맛은 담백하다.

• **비너슈니첼** Wienerschnizel

커틀릿 요리 중 하나로 우리나라의 돈가스와 비슷하다. 쇠고기 · 돼지고기 · 닭 등을 얇게 저며 튀김옷을 입혀 튀긴 요리. 각종 채소 샐러드와 곁들여 먹는다.

빵 전문점

쇼핑

추천 아이템

• **제과**

왕족에게 제과를 납품했다는 유명 콘디토라이에서 판매하는 케이크 · 과자 · 사탕 등이 인기가 있다. 자허 카페(P.241)에서 살 수 있는 자허 토르테, 카페 케른트너에서 살 수 있는 엘리자베트 황후가 즐겼다는 제비꽃 사탕 등도 권할 만하다.

• **모차르트 쿠겔른(P.267)**

잘츠부르크에서 탄생한 명품 초콜릿.

• **아우가르텐**

ⓒCafé Sacher

오스트리아를 대표하는 명품 도자기. 빈의 장미 세트가 가장 유명하다.

• **미술관에서 구입한 최상의 엽서와 포스터(P.221)**

2

ⓒMozartKugel

3

ⓒAugarten

4

세일 기간

겨울 1~2월
여름 7~8월

1 자허 카페의 자허 토르테
2 모차르트 쿠겔른 초콜릿
3 빈의 장미 세트
4 미술사 박물관 숍에서 판매하는 최상의 작품엽서들

택스 리펀드 Tax Refund

한 매장에서 물건을 €75 이상 구입했을 경우 세금을 환급받을 수 있는데, 출국일로부터 1개월 이내에 구입한 물건에 한해 가능하다. 상점에서 택스 리펀드 서류를 작성할 때는 여권이 필요하다.

음악과 예술의 도시 **빈**

Wien

합스부르크 제국의 수도이자 파리와 견줄 만한 예술의 중심지!

클래식의 고향, 음악의 도시로 알려진 빈은 640여 년간 유럽의 절반을 지배한 합스부르크 제국의 수도로 미술 · 건축 · 문화 등 다양한 예술 분야가 발달한 곳이다. 보면 볼수록 이렇게 매력적인 도시가 있을까 할 만큼 예술뿐만 아니라 볼거리도 풍부하다. 합스부르크 제국 시절에는 성공을 꿈꾸는 유럽 예술가들의 활동 무대가 되어 천재 음악가 모차르트, 불후의 명작을 남긴 베토벤, 황금색의 마술사 클림트, 현대건축의 거장 오토 바그너 등 위대한 예술가들을 배출했다. 7세기 동안을 풍미한 합스부르크 제국이 남긴 풍부한 왕가의 유산과 위대한 예술가들이 남긴 작품 등은 오랜 시간 빈에 머물도록 여행자들의 발길을 잡는다.

지명 이야기

빈 Wien(오스트리아 발음)
영어로는 비엔나 Vienna, 체코어로 비덴 Viden, 헝가리어로는 베치 Bécs로 불린다.

이런 사람 꼭 가자

빈에서 활동한 위대한 음악가와 클래식에 열광한다면
클림트를 비롯해 세기말에 활동한 미술가와 건축가에 관심 있다면
7세기를 풍미한 합스부르크 왕가의 문화유산을 보고 싶다면

저자 추천

이 사람 알고 가자
음악가 | 모차르트, 베토벤, 요한 슈트라우스, 슈베르트
미술가 | 클림트, 에곤 실레, 코코슈카, 브뢰헬, 벨라스케스
건축가 | 오토 바그너, 아돌프 로스, 훈데르트 바서
이 책 읽고 가자 『주제별로 합스부르크 가』『미술사박물관』, 클림트 관련 전문서적
이 영화 보고 가자 〈비포 선라이즈〉 〈아마데우스〉 〈제3의 사나이〉

533·80·13
Immobilien
Plech & Plech
Douglas
WIENER STADT
RESTAURANT
World of
cessoires
CLINIQUE
CHANEL
VISA

INFORMATION 인포메이션

유용한 홈페이지

빈 관광청 www.wien.info
빈 숙박정보 www.youthhostel.at

관광안내소

• 중앙 ⓘ (Map P.194-B2)
무료 지도를 제공하고 공연 티켓, 숙소, 시내 투어, 도나우 강 유람 예약 등도 해준다. ⓘ에서는 '빈 합창단 공연은 언제?'라는 식으로 상세하게 문의하는 게 좋다. 그밖에 환전이 가능하고 비엔나 카드, 교통카드도 구입할 수 있다. ⓘ 앞에서 공항행 버스가 운행된다.
주소 Albertinaplatz/Maysedergasse(오페라 하우스 뒤) 전화 01 24 555 이메일 info@vienna.info
운영 09:00~19:00

• WienXtra-young info (Map P.194-B3)
청소년을 위한 여행정보를 제공하고 공연 티켓 및 저렴한 숙소를 예약할 수 있다. 만 14~26세는 Youth 할인요금을 적용해 준다. 인터넷 카페도 운영한다.
주소 Babenbergerstrasse 1(Burgring 근처) 전화 01 4000 84 100 홈페이지 www.wienxtra.at/jugendinfo
운영 월~금 14:30~18:30
휴무 토~일요일

유용한 정보지

관광명소, 교통, 공연, 음식점, 쇼핑 등 테마별 정보지가 빈 시내 모든 ⓘ에 비치돼 있다. 그 중 가이드북 〈Wien from A to Z〉가 매우 유용하고, 공연 정보를 다룬 월간지 〈Wien Programm〉도 좋다.

환전

은행 · 환전소는 케른트너 거리 주변에 많이 모여 있다. 역내 환전소는 환율이 좋지 않아 우체국이나 가까이에 있는 은행에서 환전하는 게 낫다.

• Amex (Map P.194~195-B2~C2)
주소 Kärntnerstrasse 21-23(케른트너 거리) 전화 01 515 110 영업 월~금 10:00~16:00 휴무 토 · 일요일

• Citibank International Plc.
주소 Kärntner ring 3 전화 1 717 17 100 영업 월~금 09:00~17:00 가는 방법 U4호선 Karlsplatz 역

우체국

중앙우체국은 슈테판 성당 북쪽에 위치. 서역과 남역 등 모든 역 내에 우체국이 있다. 늦은 시간까지 운영한다.

• 중앙우체국 (Map P.195-C2)
주소 Fleischmarkt 19
운영 월~금 07:00~22:00, 토~일 09:00~22:00

슈퍼마켓

번화가와 주택가 주변에서 Billa · Spar · Penny 등 대형 슈퍼마켓을 흔히 볼 수 있다. 카를 광장에 있는 슈퍼마켓은 선물용 초콜릿 · 사탕 · 과자 등도 취급한다.

경찰서

• 경찰서 (성 슈테판 대성당 근처)
주소 Brandstätte 4 전화 01 3131 021 370
주소 Kärntnertorpassage(카를 플라츠 역 근처)
전화 01 3131 021 341

ACCESS 가는 방법

비행기 · 열차편을 이용하는 게 보편적이다. 빈은 유럽 대륙의 한복판에 자리잡고 있어 서유럽과 동유럽을 연결하는 중간 기착지 구실을 한다. 교통의 중심지답게 모든 교통수단이 발달해 있고 시설과 서비스도 최상이다.

비행기

직항편은 대한항공, 경유편은 유럽계 항공사나 아랍에미리트항공, 말레이시아항공 등을 운항한다. 취항하는 항공사가 꽤 많아서 선택의 폭이 넓다. 유럽계 항공사 중에는 2회 이상 경유하는 항공편도 있으므로 미리 확인해 두자.

국제선은 도심에서 19㎞ 떨어진 슈베하트 국제공항 Flugafen Wien-Schwechat에 도착한다. EU 회원국의 항공사들은 서쪽 터미널 Pier West에, 그밖의 항공사 비행기는 동쪽 터미널 Pier Ost에서 이착륙한다. 공항에서 시내까지는 국철 S-Bahn, 고속열차 CAT, 공항버스 등을 이용한 후 메트로 U-Bahn으로 갈아타는 게 일반적이다.

슈베하트 국제공항 홈페이지 www.viennaairport.com

슈베하트 국제공항 ➡ 시내

• 국철 S7

시내로 가는 가장 저렴한 교통편. 공항에서 빈 미테 Wien Mitte 역(메트로 란트슈트라세 Landstraße 역과 동일)을 지나 빈 북역 Wien Nord까지 운행한다. 두 역 모두 U-Bahn이 연결돼 있어 환승하면 시내 어디든 갈 수 있다.

운행 04:31~23:46(30분 간격)

요금 €4.20(행선지마다 다름. 유레일패스 소지자 무료)

소요시간 빈 미테 역 25분, 북역 30분

• 공항버스 Airport Express Bus

공항에서 남역 · 서역행, 성 슈테판 대성당이 있는 링 주변의 슈베덴플라츠 Schwedenplatz행, 우노시티 UNO-City행 등 3개 노선이 있다.

운행 시내→공항 05:00~00:20, 공항→시내 04:20~23:45 요금 €8

소요시간 슈베덴플라츠 · 우노시티 20분, 서역 · 남역 30분

• 고속열차 CAT (City Airport Train)

요금은 비싸지만 최단시간 안에 시내로 갈 수 있다. 공항에서 도심 공항터미널까지 운행하며 근처에 메트로 U3 · 4호선 Landstraße(Wien Mitte) 역이 있어 이용하면 시내 어디든 갈 수 있다.

홈페이지 www.cityairporttrain.com

운행 05:38~23:35 요금 편도 €11, 왕복 €19

소요시간 도심공항터미널(빈 미테 역 근처) 16분

※빈 미테 Wien Mitte 역에서는 항공 체크인도 할 수 있고, 홈페이지 구입 시 할인된다.

• 택시

공항 로비에 택시 전용 카운터가 있다. 행선지를 말하면 바로 그 자리에서 정산하기 때문에 바가지요금을 걱정하지 않아도 된다. 팁은 내릴 때 운전사에게 직접 주면 된다.

요금 €35~50 소요시간 30분

철도

빈은 동유럽 · 발칸유럽 · 서유럽 사이에 위치해 있어 각 나라로 운행하는 열차 노선이 매우 발달해 있다. 시내에서는 중앙역, 서역, 프란츠 요제프 역이 있으며 대부분의 열차는 중앙역에서 발착한다. 단 행선지, 열차 시간 및 종류에 따라 출발하는 역이 달라질 수 있으니 미리 확인해야 한다. 모든 역은 여행자를 위한 최상의 시설을 갖추고 있다. 24시간 편의점, 샤워실, 우체국, 레스토랑과 패스트푸드점 등도 있어 야간열차 이용객들에게 편의를 제공하고 있다.

오스트리아 철도청 홈페이지 www.oebb.at

중앙역(하우프트반호프)

Hauptbahnhof(Hbf) Map P.195-C3

원래 있던 남역 Südbahnhof을 새 단장해 중앙역으로 개장했다. 스위스 · 이탈리아 · 체코 · 슬로바키아 ·

폴란드 · 크로아티아 등 서유럽과 동유럽, 잘츠부르크 · 인스부르크 · 그라츠 등 오스트리아 전역으로 열차가 운행된다.

새로 지은 중앙역은 빵집, 카페, 약국 등 약 90개의 상점이 입점해 이용객들에게 편의를 제공하고 있다. 지하에는 메트로 U1호선 Südtirolerplatz-Hauptbahnhof 역이 연결돼 있어 빈의 심장부인 슈테판 성당은 물론 빈 어디든 편리하게 이동할 수 있다.

홈페이지 www.hauptbahnhof-wien.at

서역(베스트 반호프)

Westbahnhof **Map P.194-A2**

시내 중심에 중앙역 다음으로 가장 많이 이용하게 되는 역. 국제선은 스위스 · 독일행 열차가, 국내선은 잘츠부르크, 인스부르크행 등 주로 서부행 열차가 발착한다. 2층에는 플랫폼, 여행정보 · 열차시각을 안내해 주는 infopoint, 1층에는 각종 부대시설, 지하에는 메트로 U3 · U6호선이 연결돼 있어 시내 어느 곳으로든 이동하는 데 편리하다.

홈페이지 www.bahnhofcitywienwest.at

프란츠 요제프 역

Franz-Josefs-Bahnhof **Map P.194-A3**

빈 근교나 지방으로 가는 열차는 프란츠 요제프 역에서 출발한다. 시내까지는 U6호선을 이용하거나, 역에서 5분 거리에 있는 U4호선 Friedensbrücke 역을 이용하면 편리하다.

• 코인로커

운영 24시간 요금 크기에 따라 €2/€3.50

알아두세요

도나우 강 페리 승선장

빈과 부다페스트 구간은 도나우 강을 따라 페리가 운항된다. 약 5시간 소요. 도나우 강변의 아름다운 풍경을 선상에서 여유 있게 즐기고 싶다면 이용해 보자. 페리가 출발하는 라이히스브뤼케 페리 승선장 Reichsbrücke은 U1호선 Vorgarten str. 역에서 도보 5분 거리에 있다.

근교이동 가능 도시

빈 Hbf	▶▶	그라츠 Hbf	열차 2시간 35분
빈 Hbf 또는 Westbahnhof	▶▶	잘츠부르크 Hbf	열차 2시간 22분~2시간 53분
빈 Hbf	▶▶	인스부르크 Hbf	열차 4시간 14분
빈	▶▶	그린칭	S-Bahn 1시간
빈	▶▶	제그로테	시내버스 1시간 30분

주간이동 가능 도시

빈 Hbf	▶▶	브라티슬라바 hl.st	열차 1시간
빈 Hbf	▶▶	부다페스트 Keleti pu	열차 2시간 40분
빈 Hbf	▶▶	프라하 hl.n	열차 4시간
빈 Hbf	▶▶	자그레브 Glavni Kolod	열차 6시간 44분
빈 Hbf 또는 Westbahnhof	▶▶	뮌헨 Hbf	열차 4시간
빈 Hbf	▶▶	류블랴나	열차 6시간 8분

야간이동 가능 도시

빈 Hbf	▶▶	취리히 HB	열차 8시간 35분~10시간 53분
빈 Hbf	▶▶	베네치아 SL	열차 10시간 57분
빈 Hbf	▶▶	프라하 hl.n	열차 6시간 57분
빈 Hbf	▶▶	크라쿠프 Głowny	열차 8시간 41분

*현지 사정에 따라 열차운행시간 변동이 크니, 반드시 그때그때 확인할 것

THE CITY TRAFFIC 시내 교통

빈의 시내 교통수단으로는 메트로 U-Bahn, 국철 S-Bahn, 트램 Strassenbahn, 버스 Autobus 등이 있다. 시설이 좋고, 이용도 간편해 여행자도 손쉽게 이용할 수 있다. 가장 편리한 이동수단은 주요 명소를 구석구석 연결하는 U-Bahn. U1 · 2 · 3 · 4 · 6호선으로 총 5개 노선을 운행하고 있다.

공항이나 근교를 오갈 때는 S-Bahn이 유용하며, 유레일패스 등 철도패스가 있으면 무료로 탈 수 있다.

약간 복잡해 보이는 트램은 선뜻 타볼 용기가 나지 않겠지만 바깥 풍경을 볼 수 있고 의외로 노선도 단순해 적극 추천한다. 황금노선은 구시가를 중심으로 링 Ring 안쪽을 순환하는 1 · 2번 트램과 링 안쪽 번화가와 벨베데레 궁전까지 연결하는 D번 트램 등이 있다.

버스는 시내 곳곳을 연결하지만 여행자에게는 별 인기가 없다. 정류장마다 버스 도착시각을 알리는 전광판이 있고, 트램과 버스 안에는 각 도착역을 표시하는 게시판이 있어 알기 쉽다. ⓘ, 주요 메트로 역 안에 있는 교통국 안내소에서 제공하는 무료 지도에 대중교통 노선도가 자세히 나와 있다.

빈 교통국 홈페이지 www.wienerlinien.at

티켓 구입 및 사용방법

티켓은 U-Bahn, 버스, 트램, S-Bahn(빈 시내 한정) 모두 공용이며 요금은 1~8구역에 따라 다르다. 대부분의 관광 명소는 1~2구역 안(빈 시내)에 있으니 티켓을 구입할 때 참고하자.

티켓 구입은 메트로 역, 버스와 트램 각 정류장에 있는 자동발매기를 이용하거나 담배 가게 Tabak에서 살 수 있다. 버스와 트램 안에도 자동 발매기가 있지만 수수료가 붙어 탑승 전에 구입한 것보다 비싸다.

내게 꼭 맞은 티켓은 체류기간, 여행지, 인원 등을 고려해 결정하자. 일반적으로 체류기간이 1~2일 정도라면 24시간권, 2~3일이라면 72시간권이 적당하다. 모든 티켓은 개시한 시각부터 24시간, 72시간으로 계산한다. 티켓은 처음 탑승할 때 개찰기에 넣고 날짜와 시간 등이 표시돼야 유효하다. 대부분의 교통수단은 승하차 시 승객이 직접 문을 열어야 한다. 버튼을 누르거나 손잡이를 옆으로 비틀면 자동으로 열린다. 사복 경찰의 검표가 심하므로 무임승차는 절대 금물. 걸리면 €100의 벌금을 물어야 한다. 빈번하지는 않지만 소매치기도 주의하자.

• 알아두면 유용한 대중교통 안내표지판

버스정류장

트램 정류장-2 · D번 트램 운행

메트로 역 표시 및 각종 시설 위치 안내

메트로 도착시각 표지판

메트로 역 출구 표지판

대중교통 요금

• **1회권 Einzelfahrschein**

U-Bahn, 버스, 트램, S-Bahn(빈 시내 한정) 모두 공용이며 시내(1구역)에서 한 방향으로 이동한다면 여러 교통수단으로 갈아타더라도 승차권을 다시 구입하거나 추가 요금을 내지 않아도 된다. 1시간 까지만 가능. 단, 목적지에서 출발지 방향으로 되돌아가거나 관광, 쇼핑, 식사 등을 위해 도중에 내리면 티켓을 다시 구입해야 한다.

요금 자동발매기 €2.40 (트램 내 구입 시 €2.60)

• **24시간권 24 Stunden Wien-Karte**

개시한 시각부터 24시간 유효한 프리패스 Netzkarte. 시간 안에 모든 대중교통수단을 자유롭게 이용할 수 있어 경제적이고 편리해 여행자에게 가장 유용한 티켓이다. 프라하에서 출발해 오후에 빈에 도착한 경우, 다음날 다른 도시로 야간이동을 할 예정이라면 열차 출발시각까지 계산해 티켓 개시시각을 맞추면 티켓 하나로 모두 해결할 수 있다.

요금 €8

• **48시간권 48 Stunden Wien-Karte**

요금 €14.10

• **72시간권 72 Stunden Wien-Karte**

요금 €17.10

• **8일권 8-Tage-Karte**

8일권은 1일권이 8장 붙어 있다고 생각하면 된다. 혼자서 8일간 사용해도, 2명이 4일간, 8명이 단 하루 만에 모두 사용해도 무관하다. 요금이 워낙 저렴하니 조건이 맞다면 이용할 것을 추천한다. 한 장의 티켓에 8칸이 있는데, 여럿이 사용하는 경우라도 절대로 분리해서는 안 되고 인원 수만큼 티켓을 펀칭기에 넣고 개시해야 한다. 사용한 날은 개시 후 다음날 01:00까지 유효하다.

요금 €40.80

비엔나 카드 Vienna Card

3~4일 정도 머물면서 박물관과 주요 명소를 다 둘러보고 싶다면 비엔나 카드 Vienna Card가 경제적이다. 입장료 · 관광버스 · 페리 · 대중교통 등을 할인받거나 무료로 이용할 수 있다. 또한 각종 음악회와 콘서트는 물론 레스토랑 · 쇼핑 등에 할인혜택도 있다. ⓘ, 호텔, 메트로 Stephansplatz 역 · Karlsplatz 역 · 서역 · 남역 등에서 구입할 수 있다. 단, 학생이 아닌 일반인에게 유용한 카드다. 비엔나 카드를 공항에서 구입하면 시내까지 가는 대중교통부터 할인받을 수 있다.

요금 24시간권 €17, 48시간권 €25, 72시간권 €29

추천 트램 노선

번 호	노 선	내 용
1 · 2번	시내 핵심 관광명소 노선	트램 1번은 링 안쪽으로, 2번은 링 바깥쪽을 순환한다. 주요 관광명소에 정차하기 때문에 관광객이 가장 애용하는 노선이다.
37 · 38번	빈 숲으로 향하는 노선	두 노선이 모두 빈 대학이 있는 U2호선 Schottentor Universität 역에서 출발한다. 37번은 하일리겐슈타트, 38번은 그린칭까지 운행한다.
D번	남역에서 링까지 연결되는 노선	남역에는 U-Bahn이 없기 때문에 링까지 가려면 S-Bahn을 타고 가다가 U-Bahn으로 환승해야 하는 불편함이 있다. 링에서 벨베데레 궁전 또는 남역까지 바로 가고 싶다면 D번 트램을 이용하자.

오토 바그너의 암 슈타인 호프 교회

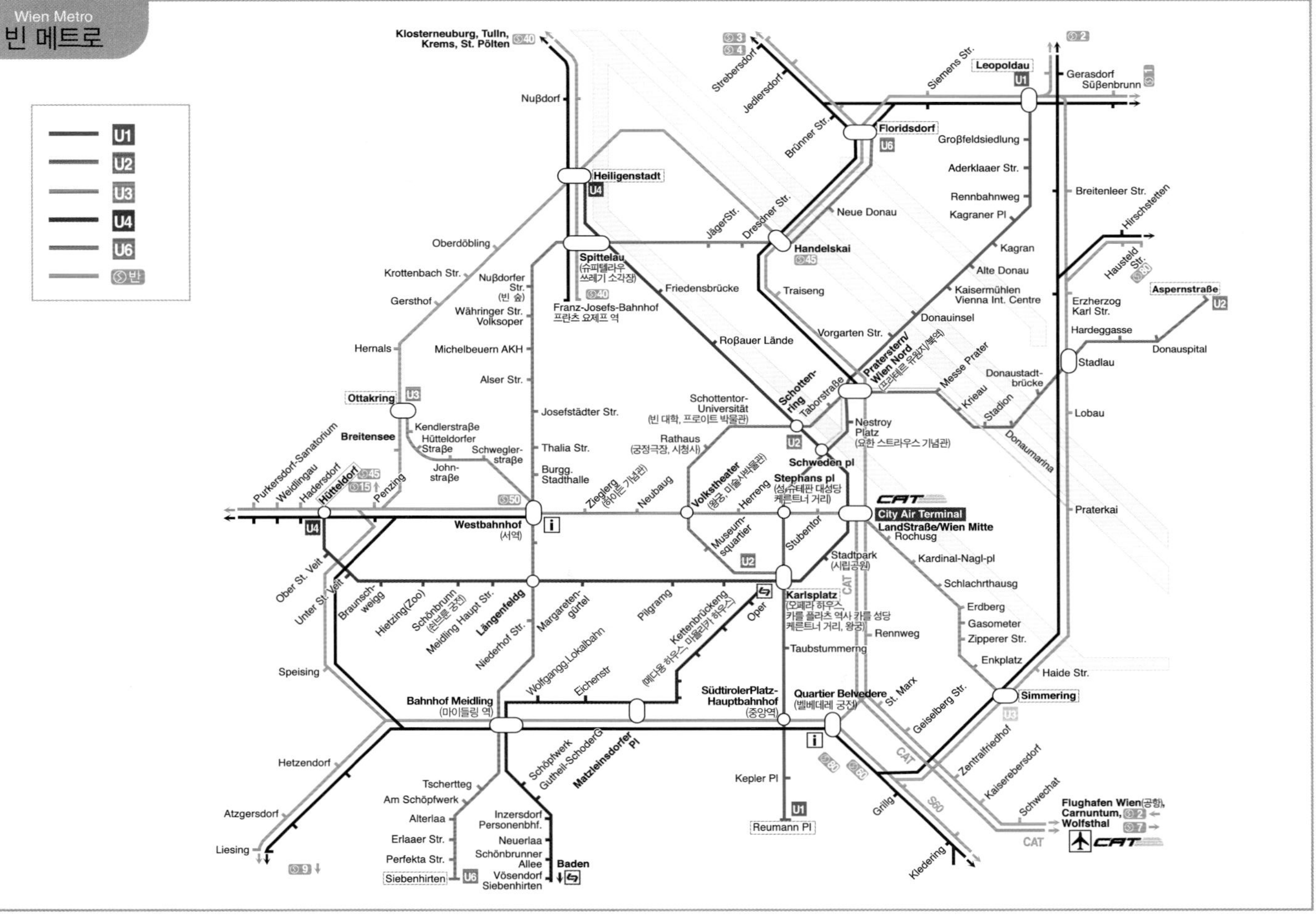
Wien Metro
빈 메트로
U1
U2
U3
U4
U6
S 반
Klosterneuburg, Tulln, Krems, St. Pölten
Nußdorf
Heiligenstadt
Oberdöbling
Krottenbach Str.
Gersthof
Hernals
Ottakring
Breitensee
Nußdorfer Str. (빈 숲)
Währinger Str. Volksoper
Michelbeuern AKH
Alser Str.
Spittelau (슈피텔라우 쓰레기 소각장)
Franz-Josefs-Bahnhof 프란츠 요제프 역
Friedensbrücke
Roßauer Lände
Jägerstr.
Dresdner Str.
Handelskai
Traiseng
Vorgarten Str.
Neue Donau
Strebersdorf
Jedlersdorf
Brünner Str.
Floridsdorf
Siemens Str.
Leopoldau
Gerasdorf
Süßenbrunn
Großfeldsiedlung
Aderklaaer Str.
Rennbahnweg
Kagraner Pl
Kagran
Alte Donau
Kaisermühlen Vienna Int. Centre
Donauinsel
Breitenleer Str.
Hirschstetten
Hausfeld Str.
Aspernstraße
Erzherzog Karl Str.
Hardeggasse
Donauspital
Stadlau
Lobau
Praterkai
Praterstern/Wien Nord (프라터르 유원지/북역)
Messe Prater
Krieau
Stadion
Donaustadtbrücke
Donaumarina
Kendlerstraße
Hütteldorfer Straße
John-straße
Schweglerstraße
Josefstädter Str.
Thalia Str.
Burgg. Stadthalle
Purkersdorf-Sanatorium
Weidlingau
Hadersdorf
Hütteldorf
Penzing
Westbahnhof (서역)
Schottentor-Universität (빈 대학, 프로이트 박물관)
Schotten-ring
Taborstraße
Nestroy Platz (요한 스트라우스 기념관)
Rathaus (궁정극장, 시청사)
Schweden pl
Stephans pl (성 슈테판 대성당 케른트너 거리)
Zieglerg. (하이든 기념관)
Neubaug
Volkstheater (왕궁, 미술사박물관)
Herreng
Museum-squartier
Stubentor
City Air Terminal
LandStraße/Wien Mitte
Rochusg
Kardinal-Nagl-pl
Schlachthausg
Erdberg
Gasometer
Zipperer Str.
Enkplatz
Haide Str.
Simmering
Stadtpark (시립공원)
Karlsplatz (오페라 하우스, 카를 플라츠 역사 카를 성당, 케른트너 거리, 왕궁)
Oper
Rennweg
Taubstummerng
Ober St. Veit
Unter St. Veit
Braunschweigg
Hietzing(Zoo)
Schönbrunn (쇤브룬 궁전)
Meidling Haupt Str.
Längenfeldg
Niederhof Str.
Margaretengürtel
Pilgramg
Kettenbrückeng (메디용 하우스, 마졸리카 하우스)
Wolfgangg.Lokalbahn
Eichenstr
Speising
Bahnhof Meidling (마이들링 역)
SüdtirolerPlatz-Hauptbahnhof (중앙역)
Quartier Belvedere (벨베데레 궁전)
St. Marx
Geiselberg Str.
Zentralfriedhof
Kaiserebersdorf
Schwechat
Flughafen Wien(공항), Carnuntum, Wolfsthal
CAT
S60
Grillg
Kledering
Schöpfwerk
Gutheil-SchoderG
Matzleinsdorfer Pl
Kepler Pl
Reumann Pl
Hetzendorf
Atzgersdorf
Liesing
Tschertteg
Am Schöpfwerk
Alterlaa
Erlaaer Str.
Perfekta Str.
Siebenhirten
Inzersdorf Personenbhf.
Neuerlaa
Schönbrunner Allee
Vösendorf Siebenhirten
Baden

빈 완전 정복

master of Wien

빈은 심장부인 링 안과 외곽 지역인 링 밖으로 크게 나뉜다. 링 안은 번화가이자 중심가로 우리나라의 4대문 안과 같다고 보면 된다. 빈 관광의 하이라이트 지역으로 주요 명소 70%가 이곳에 모여 있다. 링 안은 도보로 돌아볼 수 있으며, 또한 링을 따라 1 · 2번 트램이 다니고 있어서 더욱 편리하게 관광할 수가 있다.

링 밖으로는 세계문화유산인 쇤브룬 궁전, 클림트의 그림을 전시한 벨베데레 궁전 등이 주요 관광명소이며 대부분 대중교통을 이용해 가야 한다.

빈 관광은 적어도 3일 이상 계획해야 한다. 첫날은 링 안을 중심으로 도보와 트램을 적절히 이용해 핵심지구를 돌아보고, 둘째 날은 링 밖에 있는 주요 명소들을 돌아보면 된다. 그밖에 빈에서 활동한 천재 음악가들의 발자취를 따라가보거나, 세기말에 유행한 아르누보 건축과 미술 관련 테마관광을 해보는 것도 좋다. 그리고 수준 높은 오페라와 연주회 등을 매일 밤 감상해 보는 것도 빈에서만 누릴 수 있는 또 하나의 즐거움이다.

근교에서 당일치기로 다녀올 수 있는 곳으로는 빈 숲과 지그로테 지하동굴이 유명하다. 한나절이라도 헝가리 부다페스트를 여행하고 싶다면 하루 더 머물러보자.

Mission

안톤 필그람을 찾아라!

성 슈테판 성당 안에는 조각가 안톤 필그람이 자신의 모습을 직접 새긴 조각이 있답니다. 수줍게 방문객들을 바라보고 있는 2개의 안톤 필그람 조각을 찾아보세요. 물론 숨은 작품을 찾았으니 기념촬영은 필수겠죠!

★이것만은 놓치지 말자!

❶성 슈테판 대성당과 남탑 · 북탑 전망대에서 내려다보이는 아름다운 빈 전경 ❷100년 역사를 자랑하는 카페 문화의 본고장 빈에서 경험해 보는 전통 카페 ❸세기말의 미술가 클림트와 건축가 오토 바그너의 작품 감상 ❹단돈 영화 한 편 값에 구입한 오페라 입석 티켓과 수준 높은 오페라 공연 관람

★시내 관광을 위한 Key Point

• 랜드마크

링 안–오페라 하우스 앞. U1호선 또는 트램 1 · 2번 Karlsplatz 역

• 베스트 뷰 포인트

❶링 안–성 슈테판 대성당 첨탑 전망대

❷링 밖–쇤브른 궁전 글로리테 앞

※야경은 성 슈테판 대성당, 왕궁, 마리아 테레지아 광장, 국회의사당, 시청, 빈 대학과 보티브 성당 순으로 감상해 보자.

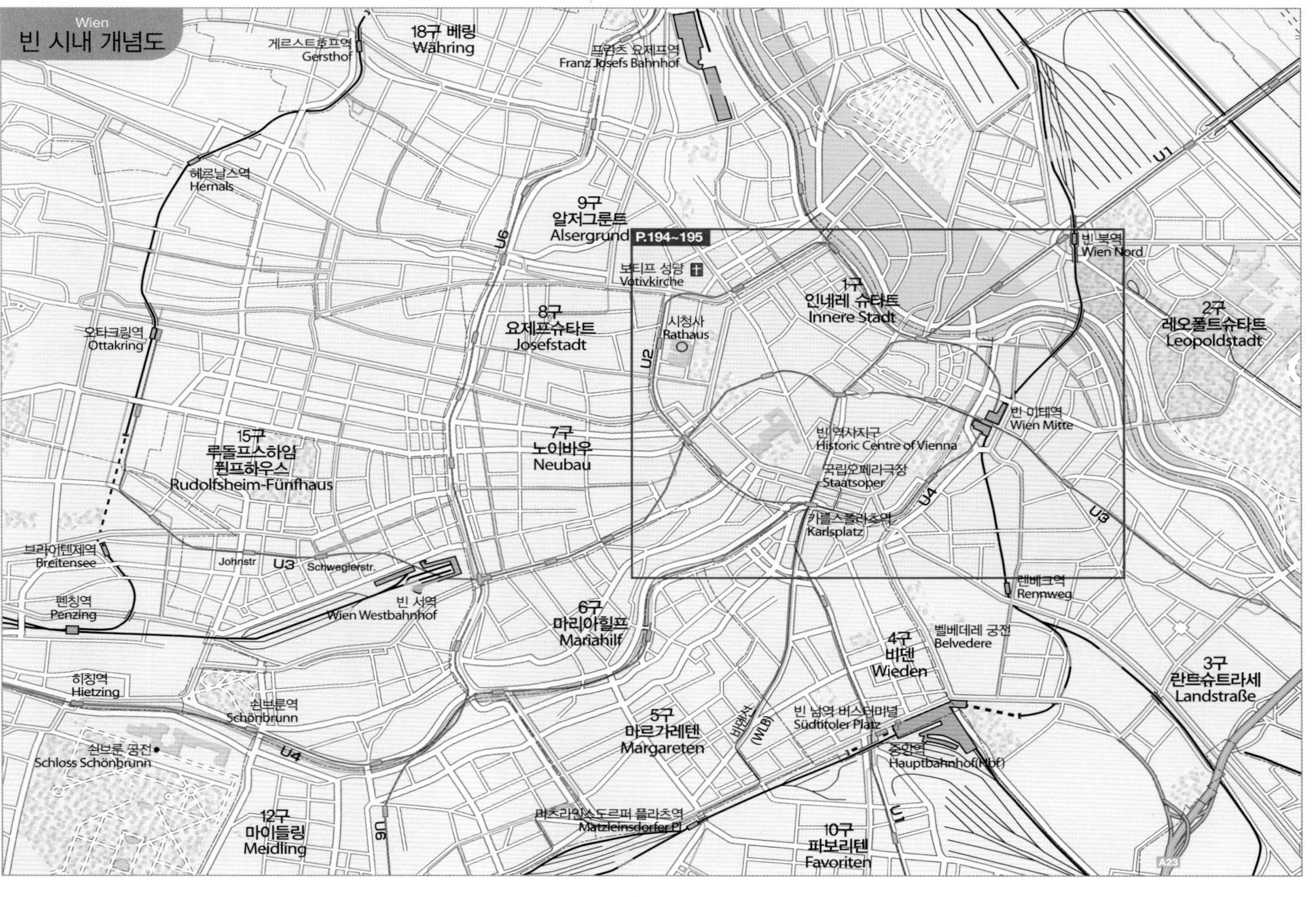

Wien
빈 시내 개념도
게르스트호프역
Gersthof
18구 베링
Währing
프란츠 요제프역
Franz Josefs Bahnhof
헤르날스역
Hernals
9구
알저그룬트
Alsergrund
P.194~195
U6
보티프 성당
Votivkirche
빈 북역
Wien Nord
U1
1구
인네레 슈타트
Innere Stadt
2구
레오폴트슈타트
Leopoldstadt
오타크링역
Ottakring
8구
요제프슈타트
Josefstadt
시청사
Rathaus
U2
빈 미테역
Wien Mitte
15구
루돌프스하임
핀프하우스
Rudolfsheim-Fünfhaus
7구
노이바우
Neubau
빈 역사지구
Historic Centre of Vienna
국립오페라극장
Staatsoper
U4
U3
카를스플라츠역
Karlsplatz
브라이텐제역
Breitensee
Johnstr
U3
Schweglerstr.
렌베크역
Rennweg
펜칭역
Penzing
빈 서역
Wien Westbahnhof
6구
마리아힐프
Mariahilf
벨베데레 궁전
Belvedere
4구
비덴
Wieden
3구
란트슈트라세
Landstraße
히칭역
Hietzing
쇤브룬역
Schönbrunn
5구
마르가레텐
Margareten
(WLB)
빈 남역 버스터미널
Südtiroler Platz
쇤브룬 궁전
Schloss Schönbrunn
U4
중앙역
Hauptbahnhof(Hbf)
12구
마이들링
Meidling
U6
마츠라인스도르퍼 플라츠역
Matzleinsdorfer Pl.
U1
10구
파보리텐
Favoriten
A23

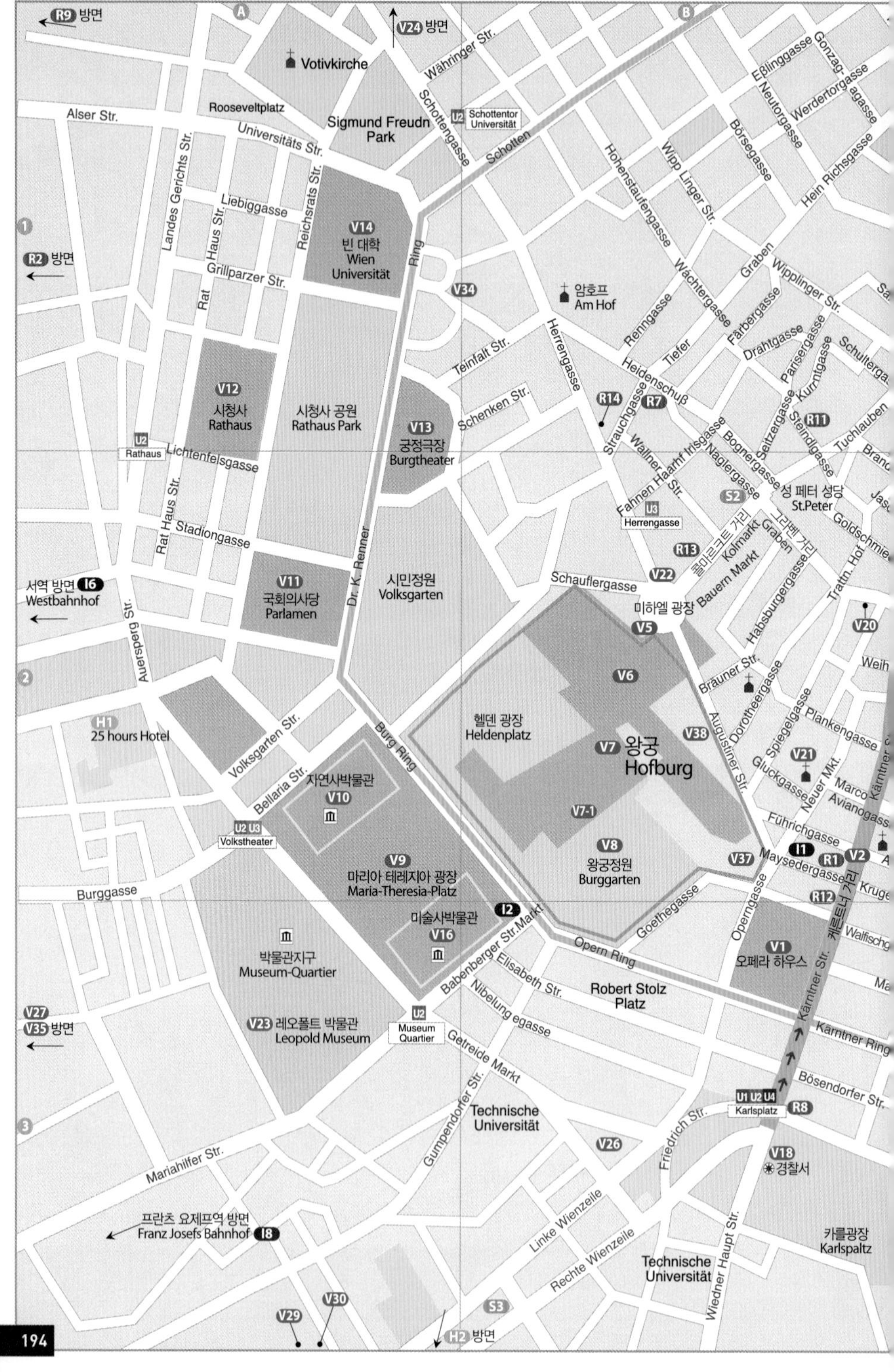
R9 방면
V24 방면
Votivkirche
Sigmund Freudn Park
Rooseveltplatz
Alser Str.
Universitäts Str.
Schottentor Universität
Schottengasse
Schotten
Währinger Str.
Landes Gerichts Str.
Liebiggasse
Haus Str.
Reichsrats Str.
V14
빈 대학
Wien Universität
Ring
Grillparzer Str.
R2 방면
V34
암호프
Am Hof
Rat
V12
시청사
Rathaus
시청사 공원
Rathaus Park
V13
궁정극장
Burgtheater
Rathaus
Lichtenfelsgasse
Rat Haus Str.
Stadiongasse
V11
국회의사당
Parlamen
Dr. K. Renner
시민정원
Volksgarten
서역 방면 I6
Westbahnhof
Auersperg Str.
H1
25 hours Hotel
Volksgarten Str.
Bellaria Str.
Burg Ring
자연사박물관
V10
Volkstheater
V9
마리아 테레지아 광장
Maria-Theresia-Platz
Burggasse
I2
미술사박물관
V16
박물관지구
Museum-Quartier
V27
V35 방면
V23 레오폴트 박물관
Leopold Museum
Museum Quartier
Babenberger Str.
Markt
Elisabeth Str.
Nibelung egasse
Getreide Markt
Gumpendorfer Str.
Technische Universität
Mariahilfer Str.
프란츠 요제프역 방면
Franz Josefs Bahnhof I8
V29
V30
H2 방면
S3
Linke Wienzeile
Rechte Wienzeile
Technische Universität
Wiedner Haupt Str.
Friedrich Str.
V26
V18
경찰서
카를광장
Karlspaltz
Karlsplatz
R8
Bösendorfer Str.
Kärntner Ring
Kärntner Str.
V1
오페라 하우스
Opern Ring
Robert Stolz Platz
Goethegasse
Operngasse
R12
Walfischg
Krugerstr
Maysedergasse
I1
R1
V2
V37
V8
왕궁정원
Burggarten
V7-1
V7 왕궁
Hofburg
헬덴 광장
Heldenplatz
V6
V5
미하엘 광장
Schauflergasse
V22
R13
Herrengasse
Augustiner Str.
V38
Bräuner Str.
Dorotheergasse
Spiegelgasse
Plankengasse
V21
Gluckgasse
Neuer Mkt.
Marco Avianogasse
Führichgasse
Kärntner
케른트너 거리
Habsburgergasse
V20
Trattn. Hof
Goldschmied
Weih
St.Peter
성 페터 성당
콜마르크트 거리
Kolmarkt
Bauern Markt
그라벤 거리
Graben
Herrengasse
Fahnen Haarhf
Wallner Str.
Naglergasse
Irisgasse
S2
Bognergasse
Seitzergasse
Steindlgasse
R11
Tuchlauben
Brand
Jaso
Strauchgasse
R14
R7
Heidenschuß
Tiefer
Renngasse
Wächtergasse
Färbergasse
Drahtgasse
Parisergasse
Kurrntgasse
Schultergasse
Wipplinger Str.
Graben
Herrengasse
Teinfalt Str.
Schenken Str.
Hohenstaufengasse
Wipp Linger Str.
Börsegasse
Hein Richsgasse
Neutorgasse
Eßlinggasse
Gonzag-agasse
Werdertorgasse

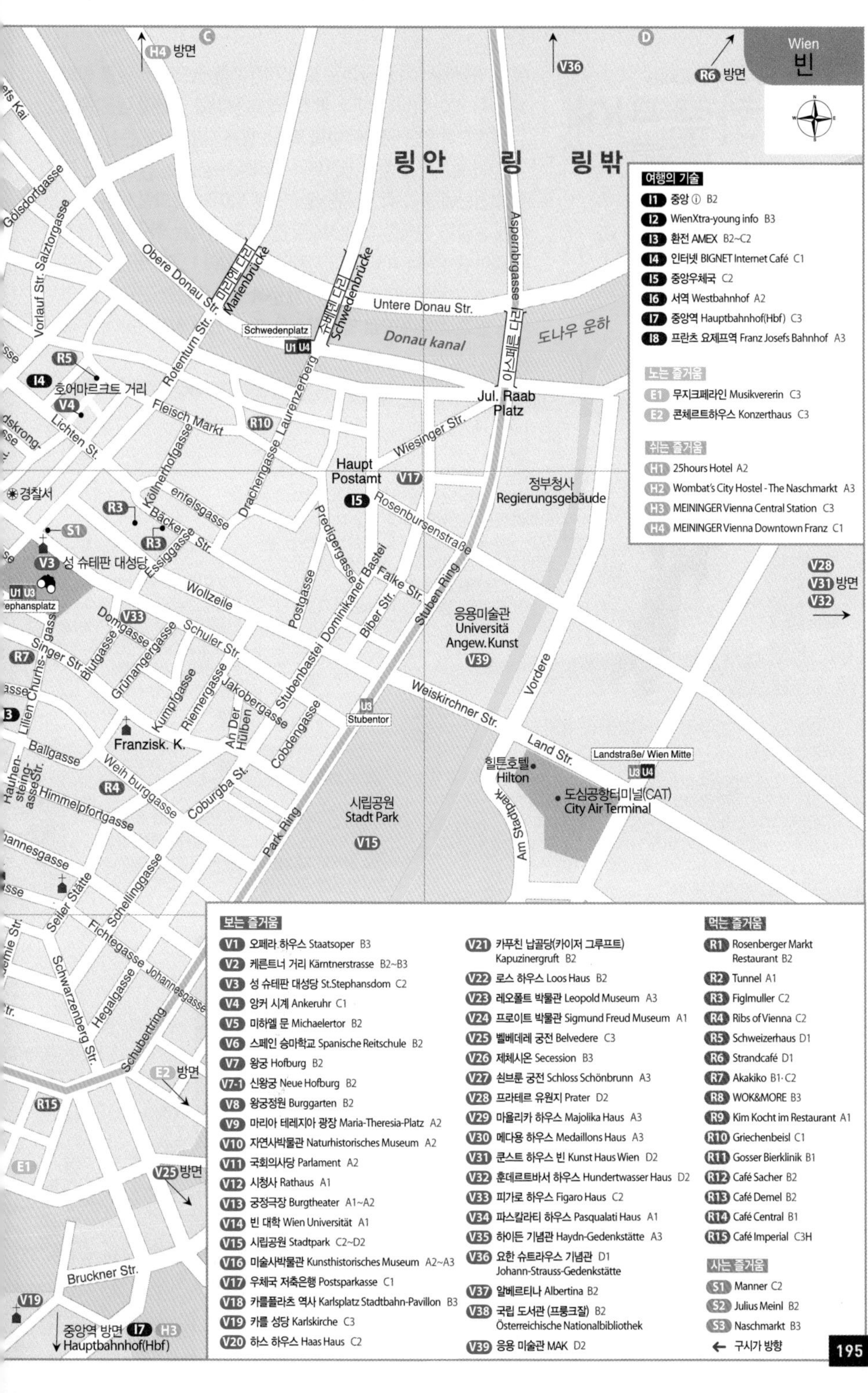
Wien
빈
링안 링 링밖
여행의 기술
I1 중앙 ⓘ B2
I2 WienXtra-young info B3
I3 환전 AMEX B2~C2
I4 인터넷 BIGNET Internet Café C1
I5 중앙우체국 C2
I6 서역 Westbahnhof A2
I7 중앙역 Hauptbahnhof(Hbf) C3
I8 프란츠 요제프역 Franz Josefs Bahnhof A3
노는 즐거움
E1 무지크페라인 Musikverein C3
E2 콘체르트하우스 Konzerthaus C3
쉬는 즐거움
H1 25hours Hotel A2
H2 Wombat's City Hostel - The Naschmarkt A3
H3 MEININGER Vienna Central Station C3
H4 MEININGER Vienna Downtown Franz C1
H4 방면
V36
R6 방면
Obere Donau Str.
마리엔 다리 Marienbrücke
슈베덴 다리 Schwedenbrücke
Asperngasse
Untere Donau Str.
Schwedenplatz
U1 U4
Donau kanal
도나우 운하
아스페른 다리
Gölsdorfgasse
Vorlauf Str.
Salztorgasse
Rotenturm Str.
R5
I4 호어마르크트 거리
V4
Lichten St.
Fleisch Markt
R10
Laurenzerberg
Jul. Raab Platz
Wiesinger Str.
Haupt Postamt
V17
I5
정부청사 Regierungsgebäude
경찰서
Köllnerhofgasse
Drachengasse
R3
Bäckerstr.
Essiggasse
S1
V3 성 슈테판 대성당
U1 U3
Stephansplatz
Rosenbursenstraße
Predigergasse
Dominikaner Bastei
Falke Str.
Postgasse
Biber Str.
Stuben Ring
Wollzeile
V33
Domgasse
Schuler Str.
R7
Singer Str.
Blutgasse
Grünangergasse
Kumpfgasse
Riemergasse
Jakobergasse
Stubenbastei
응용미술관 Universitä Angew. Kunst
V39
Vordere
V28
V31 방면
V32
Weiskirchner Str.
U3
Stubentor
Franzisk. K.
An Der Hülben
Cobdengasse
Land Str.
Landstraße/ Wien Mitte
U3 U4
Ballgasse
Weihburggasse
R4
Coburgba St.
힐튼호텔 Hilton
도심공항터미널(CAT) City Air Terminal
Am Stadtpark
Himmelpfortgasse
Park Ring
시립공원 Stadt Park
V15
Seiler Stätte
Schellinggasse
Fichtegasse
Johannesgasse
Schwarzenberg Str.
Hegalgasse
Schubertring
E2 방면
R15
E1
V25 방면
Bruckner Str.
V19
중앙역 방면 I7 H3
Hauptbahnhof(Hbf)
보는 즐거움
V1 오페라 하우스 Staatsoper B3
V2 케른트너 거리 Kärntnerstrasse B2~B3
V3 성 슈테판 대성당 St.Stephansdom C2
V4 앙커 시계 Ankeruhr C1
V5 미하엘 문 Michaelertor B2
V6 스페인 승마학교 Spanische Reitschule B2
V7 왕궁 Hofburg B2
V7-1 신왕궁 Neue Hofburg B2
V8 왕궁정원 Burggarten B2
V9 마리아 테레지아 광장 Maria-Theresia-Platz A2
V10 자연사박물관 Naturhistorisches Museum A2
V11 국회의사당 Parlament A2
V12 시청사 Rathaus A1
V13 궁정극장 Burgtheater A1~A2
V14 빈 대학 Wien Universität A1
V15 시립공원 Stadtpark C2~D2
V16 미술사박물관 Kunsthistorisches Museum A2~A3
V17 우체국 저축은행 Postsparkasse C1
V18 카를플라츠 역사 Karlsplatz Stadtbahn-Pavillon B3
V19 카를 성당 Karlskirche C3
V20 하스 하우스 Haas Haus C2
V21 카푸친 납골당(카이저 그루프트) Kapuzinergruft B2
V22 로스 하우스 Loos Haus B2
V23 레오폴트 박물관 Leopold Museum A3
V24 프로이트 박물관 Sigmund Freud Museum A1
V25 벨베데레 궁전 Belvedere C3
V26 제체시온 Secession B3
V27 쇤브룬 궁전 Schloss Schönbrunn A3
V28 프라테르 유원지 Prater D2
V29 마욜리카 하우스 Majolika Haus A3
V30 메다용 하우스 Medaillons Haus A3
V31 쿤스트 하우스 빈 Kunst Haus Wien D2
V32 훈데르트바서 하우스 Hundertwasser Haus D2
V33 피가로 하우스 Figaro Haus C2
V34 파스칼라티 하우스 Pasqualati Haus A1
V35 하이든 기념관 Haydn-Gedenkstätte A3
V36 요한 슈트라우스 기념관 D1 Johann-Strauss-Gedenkstätte
V37 알베르티나 Albertina B2
V38 국립 도서관 (프룽크잘) B2 Österreichische Nationalbibliothek
V39 응용 미술관 MAK D2
먹는 즐거움
R1 Rosenberger Markt Restaurant B2
R2 Tunnel A1
R3 Figlmuller C2
R4 Ribs of Vienna C2
R5 Schweizerhaus D1
R6 Strandcafé D1
R7 Akakiko B1·C2
R8 WOK&MORE B3
R9 Kim Kocht im Restaurant A1
R10 Griechenbeisl C1
R11 Gosser Bierklinik B1
R12 Café Sacher B2
R13 Café Demel B2
R14 Café Central B1
R15 Café Imperial C3H
사는 즐거움
S1 Manner C2
S2 Julius Meinl B2
S3 Naschmarkt B3
← 구시가 방향

1 day Course

하루 만에 빈과 친구되기

유럽 여행에서 가장 즐거운 도보 여행지를 꼽으라면 단연 빈의 링과 링 안이 아닐까 싶다. 합스부르크 왕가와 인연이 깊은 문화유산이 모여 있는 곳으로 빈의 과거 · 현재 · 미래가 공존한다. 제일 먼저 활기가 넘치는 케른트너 거리를 구경하고, 성 슈테판 대성당 첨탑에 올라 링 안 풍경을 한눈에 담아보자. 그런 다음 느긋하게 왕궁을 산책한 후 환상도로인 링 위에 있는 주요 관광명소를 돌아보면 된다. 마냥 걷다 지치면 휴식 삼아 1 · 2번 트램을 타보자. 트램은 링을 따라 순환하기 때문에 절대 엉뚱한 곳으로 갈 염려도 없고, 차창 밖으로 멋진 풍경을 볼 수 있어 일석이조다.

01 출발
메트로 U1호선 또는 트램 1 · 2번 Karlsplatz 역

도보 5분

02 오페라 하우스 & 케른트너 거리 (P.202 · 205)
우리나라의 명동 같은 번화가이자 쇼핑가! 음악의 도시답게 오페라 1번지, 오페라 하우스가 자리잡고 있고, 보행자와 쇼핑 천국인 케른트너 거리가 시작된다. 이 길 끝에 성 슈테판 대성당이 있다.
Mission 케른트너 거리 바닥 여기저기에 새겨진 빈을 빛낸 유명인의 사인 찾아보기.

도보 5분

03 성 슈테판 대성당 (P.205)
오스트리아의 혼, 빈을 상징하는 건축물! 첫눈에 보자마자 어마어마한 규모에 압도되고, 지붕을 장식한 화려한 모자이크에 또 한번 놀라게 되고, 장인의 혼이 담긴 섬세한 조각에 감탄이 나온다. 사진기에 성당 전체를 담고 싶다면 누워서 찍을 것!
Mission 첨탑 전망대에 올라 빈 시내 한눈에 보기!

도보 7분

04 그라벤 거리 & 콜마르크트 거리 (P.207)
왕궁까지 이어지는 최고의 쇼핑가, 럭셔리 거리. 합스부르크 왕가에 제과를 납품한 카페 'Café Demel (P.241)'에 들러 케이크와 커피 한 잔을 즐겨 보는 것은 어떨까.

도보 5분

05 미하엘 광장 (P.208)
역동적인 4개의 헤라클레스 조각이 인상적인 왕궁 입구가 있는 광장. 광장 맞은편에는 근대건축의 선구자 아돌프 로스의 작품이 있다.
Mission 100년 전에 지은 아돌프 로스의 로스 하우스 찾아보기.

도보 1분

케른트너 거리의 바닥 장식
성 슈테판 대성당의 지붕 장식
그라벤 광장

알아두세요

❶느긋하게 걸으면서 돌아보는 게 최고! 걷다 지치면 빨간색 1 · 2번 트램을 타보자.
❷오페라 하우스 뒤쪽에 위치한 ⓘ에서 무료 지도 얻기 및 각종 공연 예약하기
점심 먹기 좋은 곳 케른트너 거리, 오페라 하우스가 있는 카를 광장 주변

선술집, 그리헨 바이젤의 간판

06 왕궁 (P.210)
600년 동안 유럽 영토의 반을 지배한 합스부르크 왕가의 심장부다. 왕궁 내에 있는 건축물 역시 600년에 걸쳐 하나 둘 완성된 것이다.
Mission 왕궁정원에 있는 모차르트 동상을 찾아 멋진 포즈로 기념사진 찍기!

도보 5분

07 미술사박물관 & 자연사박물관 (P.214 · 222)
왕가의 수집품을 집대성한 곳! 둘러보는 데 오랜 시간이 걸리니 오늘 갈지 고려해 볼 것.

도보 5분

08 국회의사당 & 시청사 (P.223)
오스트리아 정치 1번지. 그리스 신전을 옮겨 놓은 듯한 국회의사당 앞에는 정치인이 지녀야 할 미덕을 상징하는 지혜의 여신, 아테나가 조각돼 있다. 98m 탑이 돋보이는 시청사 앞에서는 여름에는 필름 페스티벌이, 겨울에는 크리스마스 마켓이 선다. 시청사 맞은편에는 궁정극장이 있다.

도보 10분

09 빈 대학 (P.224)
오스트리아 지성의 메카! 14세기에 창설해 오늘날까지 세계적인 위인들을 배출한 명문 대학이다.
Mission 위대한 심리학자 프로이트의 흉상을 찾아 기념사진 찍기!

트램 1번 이용 Schwedenplatz 하차

10 빈에서 가장 오래된 뒷골목 거닐기 (P.207)
플라이슈마르크트 Fleischmarkt는 빈에서 가장 오래된 거리로 서민적인 분위기가 물씬 풍기는 곳이다. 링 안에서 화려한 귀족들의 삶과 서민들의 삶이 함께 공존했음을 느낄 수 있는 색다른 장소다.
Mission 브람스 · 바그너 등 예술가들이 자주 찾은 선술집 '그리헨 바이젤' 찾기.

트램 1번 이용 Stadtpark 하차

10 시립공원 (P.225)
빈 시민의 쉼터. 영국식 정원으로 꾸며져 있다. 요한 슈트라우스 동상이 서 있고, 왈츠 공연이 열리는 쿠어 살롱이 위치한 왈츠 1번지다.
Mission 왈츠의 왕, 요한 슈트라우스 동상을 찾아 똑같은 포즈로 사진 찍기!

아돌프 로스의 로스 하우스

국회의사당, 지혜의 여신 아테네 상

Theme Route

황금색의 마술사, 클림트의 데이트!

클림트의 「키스」를 사랑하는가? 오스트리아가 낳은 천재 화가 클림트는 세기말에 활동한 아르누보 미술가로 우리에게는 작가보다 「키스」라는 작품으로 더 많이 알려져 있다.

황금빛이 넘실거리는 들판에서 볼이 발그레 상기해 키스를 기다리는 여인, 그리고 사랑스러운 그녀를 부드럽게 감싸고 있는 남자... 바로 키스 전 떨림과 설렘이 극에 달하는 찰나의 모습이다. 황금색의 마술사, 여인의 화가, 몽환적 에로티시즘, 인간의 삶과 꿈, 죽음 등을 냉철하게 표현한 상징주의자 등으로 불리는 클림트. 「키스」에 매료된 사람이라면 그의 향기가 곳곳에 묻어나는 빈을 여행해 보자. 클림트와 만나는 1일 데이트, 생각만 해도 달콤하지 않는가! 그의 키스처럼.

출발

트램 D · O번 이용 Südbahnhof(남역) 또는 벨베데레 궁전 Schloss Belvedere 맞은편 하차.

01 벨베데레 궁전 (P.226)

전 세계인을 열광하게 한 클림트의 대표작 「키스」만으로도 충분히 가볼 만한 가치가 있는 벨베데레 궁전의 오스트리아 갤러리. 잠시나마 클림트의 연인이 되어 가슴으로 「키스」를 음미해 보자.

Mission 갤러리 숍에서 클림트와 오토 바그너관련 화보집 구입하기.

02 카페 Central (P.242)

클림트와 그의 연인 에밀리 플뢰게이가 자주 찾은 데이트 장소이자 19세기 빈 예술가들의 아지트. 영화 속 한 장면처럼 옛 모습을 고스란히 간직하고 있다. 클림트와 에밀리의 또다른 데이트 장소를 가보고 싶다면 첸트랄 가까이에 있는 카페 데멜(P.241)에도 가보자.

03 빈 대학 (P.224)

클림트의 그림 인생에서 최고의 비난을 받게 한 빈 대학. 빈 대학측의 주문 의뢰를 받은 클림트는 세상에서 가장 오래되고 보수적인 학문 '철학' '의학' '법학'을 자신의 철학대로 해석해 관능적으로 표현한 작품을 완성했다. 그 탓에 엄청난 비난을 받았는데, 안타깝게도 그림은 화재로 소실되어

알아두세요

난해한 그의 작품을 제대로 이해하고 싶다면 전문서적 준비는 필수다. 또한 그의 작품과 함께 전시된 오스카 코코슈카, 에곤 실레에 대한 지식이 있다면 더욱 유익한 미술 탐방이 될 것이다.

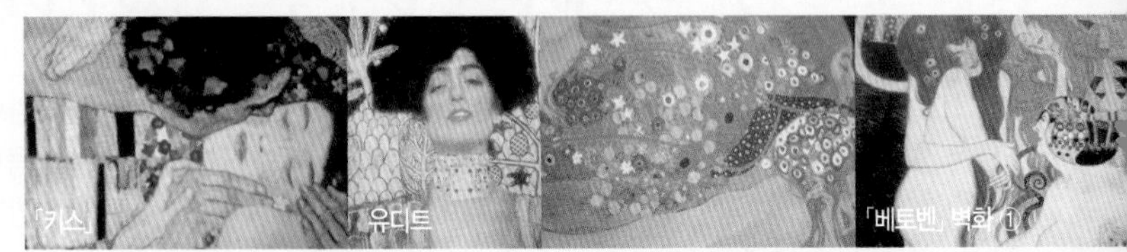
「키스」 유디트 「베토벤」 벽화 ①

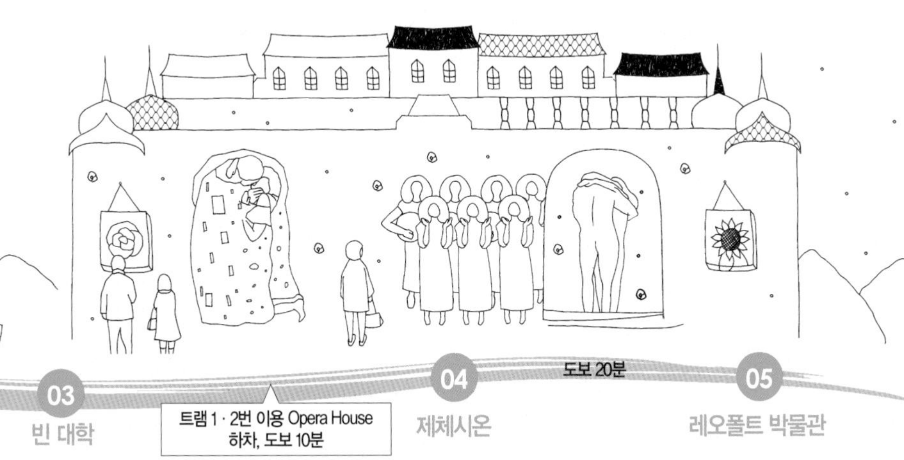

도보 20분

03 빈 대학

트램 1 · 2번 이용 Opera House 하차, 도보 10분

04 제체시온

05 레오폴트 박물관

볼 수 없지만 클림트와 인연이 깊은 곳이니 한번 들러보자. 빈 대학 맞은편에는 클림트의 천장화를 볼 수 있는 궁정극장이 있다.

04 제체시온 (P.227)

19세기 말 신양식으로 등장한 아르누보를 지지하던 빈 예술가들의 모임과 작품 전시를 위해 지은 건물. 독특한 양식의 건물 자체도 흥미롭지만, 이곳 지하에 클림트가 남긴 「베토벤」 벽화가 볼 만하다. 베토벤의 제9번 교향곡 중 마지막 악장 〈환희의 송가〉를 표현한 프레스코 벽화로 클림트의 대표작 중 하나이며 유겐트슈틸 상징주의의 걸작이다.

Mission 그림의 주제인 베토벤의 〈환희의 송가〉를 MP3에 담아 가 음악을 들으면서 그림 감상하기!

05 레오폴트 박물관 (P.222)

모던한 분위기가 흐르는 레오폴트 미술관에서는 클림트의 「죽음과 삶」, 그리고 클림트가 인정한 예술가 에곤 실레 작품을 감상할 수 있다.

※벨베데레를 제외한 볼거리는 천천히 도보로도 둘러볼 수 있다. 하지만 시간에 쫓긴다면 트램과 U-Bahn등을 적절히 활용하는 게 좋다. 레오폴트 박물관은 매주 목요일은 21:00까지 운영한다. 목요일에 이 루트를 따라 이동한다면 시간적으로 훨씬 여유로울 것이다.

「법학」 「베토벤」 벽화 ② 레오폴트 박물관 「죽음과 삶」

Theme Route

클림트를 통해 오토 바그너를 만나다

클림트가 아르누보 미술의 대가라면, 오토 바그너는 아르누보 건축의 대가로 빈이 낳은 천재 건축가다. 클림트와 동시대에 활동한 오토 바그너는 황금색을 건축에 적용한 건축계의 클림트다. 빈 시내를 거닐다 보면 클림트의 그림을 닮은 황금빛 건물을 쉽게 발견할 수 있다. 오늘날 현대건축의 선구자이며, 교육자, 빈 지식사회의 리더로 불리는 오토 바그너. 일찍이 실용성을 고려해 설계한 그의 작품은 100년 전의 건축물이라 하기에는 두 눈을 의심을 할 만큼 현대적이고 감각적이다. '키스'처럼 달콤한 황금빛 건물을 찾아보자.

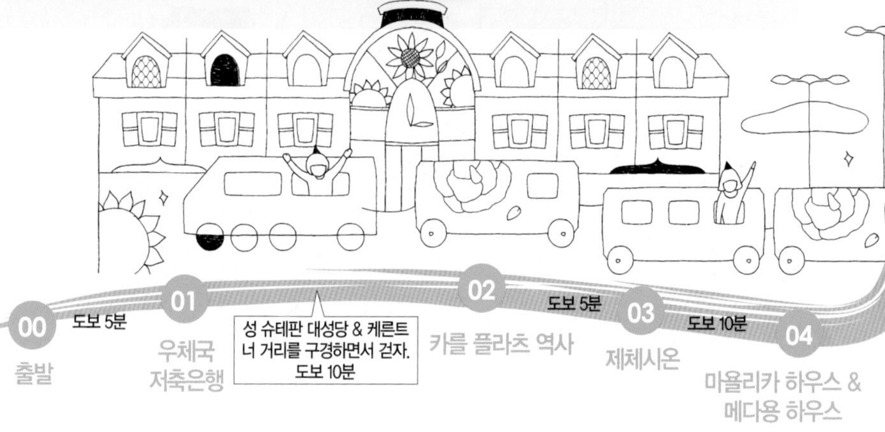

00 출발 — 도보 5분 — 01 우체국 저축은행 — 성 슈테판 대성당 & 케른트너 거리를 구경하면서 걷자. 도보 10분 — 02 카를 플라츠 역사 — 도보 5분 — 03 제체시온 — 도보 10분 — 04 마욜리카 하우스 & 메다용 하우스

출발

메트로 U1 · U4호선 Schwedenplatz 역 또는 트램 1 · 2번이 지나는 Schwedenplatz 역

우체국 저축은행 (P.232)

튼튼한 금고를 연상케 하는 우체국 저축은행. 실용성과 기능성, 미적인 요소까지 모두 충족시킨 오토 바그너 건축양식을 집대성한 건물이다. 외관이 견고한 금고처럼 보여 은행에 대한 신뢰감을 더해준다.

카를 플라츠 역사 (P.232)

황금빛 해바라기 장식이 인상적인 지하철 역사. 빈의 심장부인 카를 플라츠 역. 현대건축 공법과 자연에서 영감을 얻은 장식이 강조된 전형적인 아르누보 건축물이다. 현재 카페와 갤러리로 사용되고 있다.

제체시온 (P.227)

클림트를 비롯한 분리파 작가들의 작품 전시장으로 이용된 건물. 사각 반듯한 하얀색 건물에 둥근 황금색 지붕이 유난히 눈에 띈다. 건물은 그의 제자 요셉 올브리히 작품이다.

마욜리카 하우스 & 메다용 하우스 (P.232)

빈자일레 거리 40 · 38번지에 있는 건물. 오스트리아를 대표하는 아르누보 건축물로 딱딱해 보이는 건물에 로맨틱한

우체국 저축은행
카를 플라츠 역사
호프 파빌론

메트로 U4호선 이용 Ober St. Veit 역 하차. 버스 47A 이용 Psychiat Krankenhaus(9번째 정류장) 하차. 시내에서 30~40분

05

암 슈타인 호프 교회

장식을 덧붙임으로써 보기 좋은 미술작품으로 승화시켰다. 장미넝쿨이 늘어서 있는 듯한 건물이 마욜리카 하우스, 화려한 금메달 장식이 있는 건물이 메다용 하우스다.

암 슈타인 호프 교회 (P.232)

숲 속에 숨어 있는 황금빛 성전, 암 슈타인 호프 교회는 슈타인호프 정신병자 요양소 안에 있다. 황금빛 돔, 특이한 모습의 조각상들, 자칫 단순해 보일 수 있는 건물에 화려한 장식들을 입혀 놓아 마치 클림트의 그림을 보는 것처럼 황홀하다. 기회가 된다면 절대 놓치지 말자.

※토요일에 이 루트대로 이동할 예정이라면 시내 관광 중간에 암 슈타인 호프 교회에 오후 3시까지 도착할 수 있도록 계획하자. 토요일만 내부 관람이 가능하다. 실내에 들어서면 독일어로 건물에 대한 설명을 들을 수 있다(1시간 소요). 무조건 앉아 있지 말고, 둘러보고 사진도 찍어보자. 단, 조용해야 한다. 중간에 나와도 문제가 되지 않는다.

RAIL ROAD CROSSING 2 TRACKS

Travel PLUS

클림트와 오토 바그너 따라잡기

미술과 건축에서 황금색의 마술사로 불리는 두 사람의 작품을 함께 감상하는 건 유럽 어디서도 경험할 수 없는 아주 특별한 테마여행이 된다. 전통적인 듯 보이나 현대적이고, 현대적이면서 몽환적이라 뭐라 단정 짓긴 힘들지만 평면을 다채롭고 환상적으로 표현한 그들의 작품을 하루 만에 함께 감상해 보자.

출발 트램 D · O번 이용, Schloss Belvedere 또는 남역

↓ 도보 3분

벨베데레 오스트리아 갤러리 '벨베데레 궁전'

↓ 트램 D번 이용 Kärntner Ring 하차, 도보 10분

카를 플라츠 역사

→ 도보 5분

제체시온

↓ 도보 10분

빈자일레 거리

← 도보 15분

카페 Central

↓ 도보 20분

레오폴트 박물관

마욜리카 하우스

메다용 하우스

암 슈타인호프 교회

케른트너 거리 바닥에는 세계적인 음악가들의 사인을 새긴 타일이 깔려 있고, 도심 공원에는 유명 음악가들의 동상이 어김없이 서 있다. 사람들이 에워싸고 있는 거리 한복판에서는 거리 예술가들의 공연이 펼쳐진다. 이 모든 것이 바로 빈의 일상이다.

링 안쪽 지역

링과 링 안쪽은 빈 관광의 핵심지구로 서울의 4대문 안을 연상케 한다. 전통적인 것과 초현대적인 것이 공존하고, 오스트리아의 정치 · 경제 · 예술 · 교육 등을 이끄는 최고 심장부라 할 수 있다. 2001년, 이 지역 전체가 세계문화유산 역사지구로 지정되었다.

• 유네스코

링
Ring

1857년 프란츠 요제프 1세가 구시가를 둘러싸고 있던 성벽을 허물고 그 자리에 환상도로(環狀道路)를 건설했다. 이것이 바로 링 Ring이라는 도로로, 반지의 둥근 모양을 닮았다고 해서 붙인 이름이다. 전체 길이가 5㎞에 달하는 링 위에는 합스부르크 제국의 영광을 되살리려는 취지로, 30년에 걸쳐 지은 다양한 건축양식의 건물이 즐비하다.

가는 방법 메트로 · 버스 · 트램 등이 이곳을 지나다닌다. 그 중심에 U1 · 4호선 Karlsplatz 역 또는 U1 · 3호선 Stephansplatz 역 등이 있다.

• 핫스폿 • 마니아

오페라 하우스
Staatsoper

Map P.194-B3

성 슈테판 대성당과 함께 빈을 상징하는 건축물. 세계적인 수준의 오페라와 발레 공연이 무대에 펼

국회의사당에서 바라본 링

빈 최고의 번화가 카를 플라츠에서 바라본 오페라 하우스

쳐지며 파리의 오페라 하우스, 밀라노의 라 스칼라와 더불어 유럽의 3대 오페라 극장으로 꼽힌다. 1857년 프란츠 요제프 황제는 빈을 새롭게 정비하는 일환으로 링 건설과 그 위에 여러 채의 공공건물을 새로 짓는다는 계획을 발표했다. 건물들 중 국립 오페라 하우스는, 1년 후 설계 공모전에서 건축가 에두아르트 폰데르 뉠과 실내장식가 아우구스트 쉬카르트의 작품이 당선되었고 1863년 공사가 시작되었다. 하지만 당시 시민들은 극장의 신고전주의적 설계를 마음에 들어 하지 않아 혹독한 비평을 했다. 결국 완공을 눈앞에 두고 건축가는 자살을 하고, 실내장식가 역시 시름시름 앓다 죽었다는 비극적인 일화도 있다.

극장은 링을 중심으로 서 있는 대형 건물들 중에서는 최초 건물이며 1,642개의 좌석과 567개의 입석을 갖춘 유럽 최대 규모로 완성되었다. 1869년 5월에 모차르트의 〈돈 조반니〉가 개관 기념작으로 상연되었는데, 우아하게 차려입은 귀부인들까지 아름다운 내부를 조금이라도 일찍 보려고 극장 앞에서 긴 줄을 서는 수고도 마다하지 않았다고 한다. 또한 극장 안에는 차를 마실 수 있는 방이 따로 마련되어 있어 황제는 공연 휴식시간에 손님들을 접대하기도 했다.

그후 제2차 세계대전으로 쑥대밭이 된 빈에서 국회의사당, 시청, 오페라 하우스 가운데 무엇을 제일 먼저 재건할 것인지를 결정하는 투표에서는 건설 초기의 냉대와는 달리 오페라 하우스를 선택했다고 한다. 복원된 극장은 1955년 11월 베토벤의 〈피델리오〉 공연을 시작으로 새롭게 문을 열었다. 매년 5 · 6월에는 예술음악제, 2월에는 대무도회, 7 · 8월을 제외한 달에는 거의 매일 오페라를 공연하며, 오페라 팬을 위한 박물관 및 가이드 투어 등도 실시하고 있다.

주소 Opernring2

• 오페라 하우스 박물관

홈페이지 www.wiener-staatsoper.at

운영 화~일 10:00~18:00 입장료 일반 €3, 학생 €2

가이드 투어 일반 €9, 학생 €4

가는 방법 U1 · 2 · 4호선 Karlsplatz 역 하차 후 도보 5분

(오페라 관람기 → P.246 참조)

알베르티나 Albertina

Map P.194-B2

뒤러 Dürer의 〈토끼〉를 감상할 수 있는 미술관. 열렬한 미술 수집가였던 마리아 테레지아의 사위 알베르트 공이 브라티슬라바에 살면서 수집한 작품들을 빈으로 옮겨 전시한 것이 시초가 되었다. 리타와 헤르베르트 바틀리너 부부가 일반인으로서는 가장 많은 3,000여 점의 작품을 기증해 현재 100만 점 이상을 소장하고 있다. 에곤 쉴레의 〈오렌지 재킷을 입은 자화상〉, 드가의 〈두 댄서〉, 피카소의 〈녹색 모자를 쓴 여자〉, 뒤러의 〈기도하는 손〉, 모딜리아니의 〈셔츠 입은 여자〉, 모네의 〈수련 연못〉 외에도 앤디 워홀, 오스카 코코슈카 등 이름만 들으면 아는 예술가들의 작품을 한 자리에서 볼 수 있다. 르네상스 작품에서 미국의 팝아트까지 시대와 장르를 초월한 다양한 작품을 전시하고 있으며 영구전도 인기지만 상설 기획전도 영구전 못지않게 인기가 있다. 박물관 앞 발코니는 영화 〈비포 선라이즈〉에서 제시가 셀린느에게 시를 낭송해주던 장소이기도 하다.

주소 Albertinaplatz 1A

홈페이지 www.albertina.at

운영 10:00~18:00 (수 · 금요일 10:00~21:00)

요금 일반 €16, 학생 €11

가는 방법 오페라 하우스에서 왕궁 방향으로 도보 5분

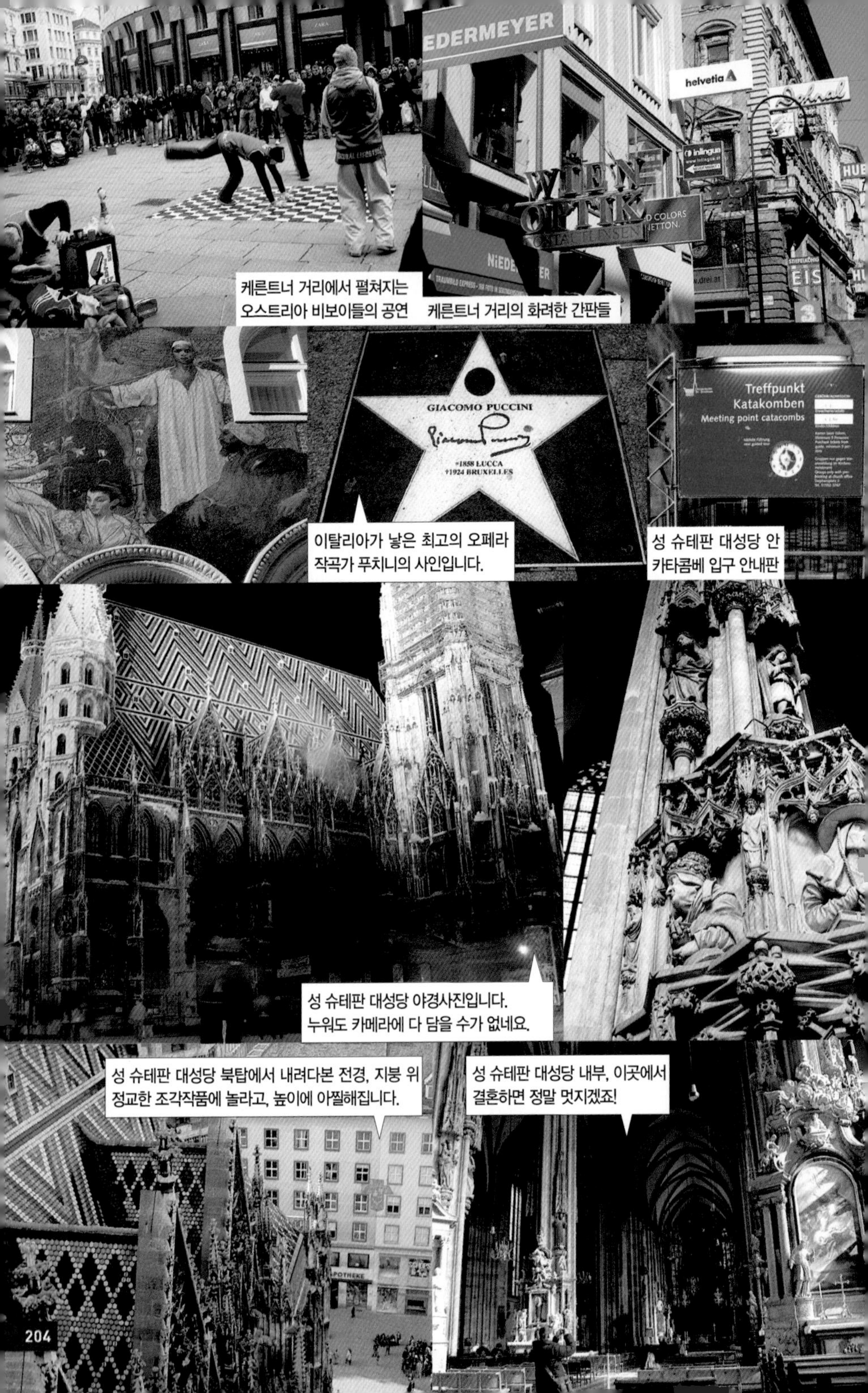

케른트너 거리에서 펼쳐지는 오스트리아 비보이들의 공연

케른트너 거리의 화려한 간판들

이탈리아가 낳은 최고의 오페라 작곡가 푸치니의 사인입니다.

성 슈테판 대성당 안 카타콤베 입구 안내판

성 슈테판 대성당 야경사진입니다. 누워도 카메라에 다 담을 수가 없네요.

성 슈테판 대성당 북탑에서 내려다본 전경, 지붕 위 정교한 조각작품에 놀라고, 높이에 아찔해집니다.

성 슈테판 대성당 내부, 이곳에서 결혼하면 정말 멋지겠죠!

케른트너 거리 Kärntnerstrasse

Map P.194-B2~B3

오페라 하우스에서 성 슈테판 대성당까지 이어지는 빈 최대의 번화가로 600m 남짓한 길이의 보행자 천국이다. 유명 전통 카페, 다양한 레스토랑, 유명 브랜드 숍 등이 밀집해 있고, 거리 예술가들의 음악 · 그림 · 묘기 등 멋진 퍼포먼스가 어우러져 언제나 활기가 넘친다.

가는 방법 오페라 하우스에서 도보 1분

• 핫스폿 • 뷰 포인트

성 슈테판 대성당 St. Stephansdom

Map P.195-C2

모차르트의 화려한 결혼식과 초라한 장례식이 거행된 성 슈테판 대성당은 빈의 상징이자 혼이라고 일컬어진다. 12세기 초 바실리카 양식으로 지은 이래 굴곡 많은 빈 역사와 함께 파괴와 재건축을 거듭해 왔으며, 오늘날 바로크의 도시 빈에서 최고의 고딕 성당으로 굳게 자리를 지키고 있다. 슈테플(Steffl=작은 스테판)이라는 애칭을 가진 137m 높이의 남쪽 탑은 고딕형의 최고 건축기술로 유명하다. 본래 이교도 성지였던 장소에 예배당이 들어섰고 1137년 주교 레진마르가 성당 건축을 시작해 1147년 완성되었다. 그후 대화재로 크게 손상을 입어 1230년부터 10년 동안 로마네스크 양식에서 고딕 양식으로 재건축하였는데, 이전보다 훨씬 큰 규모로 재탄생되었다. 1469년에 빈이 주교관구로 승격되면서 성 슈테판 성당 또한 대성당으로 승격되었다.

성당 내부에서 가장 주목할 만한 것은 16세기 모라비아 출신의 안톤 필그람의 작품인 고딕형 설교단이다. 선을 상징하는 개와 4명의 성직자, 악을 상징하는 도마뱀과 두꺼비 등이 섬세하게 조각되어 있다. 특히 재미있는 부분은 중세에는 교회와 관련된 작품에 실명을 밝히지 않는 것이 관례였는데, 그는 설교단 밑부분에 수줍은 듯이 창 밖을 내다보는 자신의 모습을 조각해 넣었다는 사실. 뿐만 아니라 컴파스와 저울을 들고 성당으로 들어오는 사람들을 내려다보는 모습도 조각해 넣었다.

북서쪽에는 거인의 문 Riesentor으로 불리는 깔때기 모양의 문이 있다. 이 문은 로마네스크 시대의 귀중한 유산으로 입구 외벽에 성 슈테판과 구약성서에 나오는 삼손의 조각상이 있으니 잘 찾아보자. 한편 화려한 기둥들과 근사한 천장에도 불구하고 실내는 늘 어두침침해 '기도를 드리기에 세계에서 가장 엄숙한 장소'라는 말이 나올 정도다.

그밖의 볼거리는 역대 황제들의 장기를 비롯해 흑사병으로 사망한 2,000여 명의 유골을 안치해 놓은 지하무덤 카타콤베, 그리고 높이 솟은 북탑과 남탑이다. 성구 보관실에 탑까지 오를 수 있는 계단 입구가 있는데 418개 계단은 그 높이만도 무려 72m에 이른다. 탑에 오르면 모자이크 모양의 타일 무늬 지붕을 볼 수 있는데 이는 성당을 장식하는 전통적인 방법 중 하나라고 한다. 지붕에 있는 국가의 문장과 '1950'이라는 글자는 제2차 세계대전으로 입은 성당의 피해와 힘들었던 복구작업을 상기시켜 준다. 화창한 날에는 빈의 전경뿐만 아니라 카르파티아 산맥과 모라비아까지 바라볼 수 있다.

홈페이지 www.stephanskirche.at

운영 월~토 06:00~22:00, 일 · 공휴일 07:00~22:00 (투어시간 월~토 09:00~11:30, 13:00~16:30, 일요일 및 공휴일 13:00~16:30)

가는 방법 U1 · 3호선 Stephans-platz 역 하차

• **통합이용권** (오디오가이드 · 북탑 · 남탑 · 카타콤베 · 보물관) 일반 €14.90

• **보물관** 운영 월~토 09:00~18:00, 일 · 공휴일 13:00~17:00
입장료 일반 €6

• **북탑** (성당 안 엘리베이터 이용)
운영 09:00~17:30 입장료 일반 €6

• **남탑** (성당 밖 계단 이용)
운영 09:00~17:30 입장료 일반 €5, 학생 €2

• **카타콤베** (입구에 투어시간 개시, 투어는 약 30분 소요, 입장료는 투어를 마친 후 가이드에게 직접 지불)
입장료 일반 €6, 학생 €3.50

※ 성당 입장 시 노출이 심한 옷은 삼가도록 하자.

● 마니아

하스 하우스
Haas Haus

Map P.195-C2

성 슈테판 대성당 앞에 떡 버티고 서 있는 포스트모더니즘 양식의 파격적인 건축물. 한스 홀라인 Hans Hollein이 설계해 1987년부터 4년여에 걸쳐 지은 것이다. 건설 당시 전통 양식의 대성당과 부조화를 우려한 시민들의 반대가 심해 건축 초기부터 어려움에 부딪혔다.

하스 하우스는 비대칭적인 구조, 검은 유리와 회색 대리석을 주로 사용해 차가운 느낌을 주는 전형적인 현대 건물이다. 하지만 광장 안에서 대성당과 기묘하게 조화를 이루고 있고, 지금은 빈 최고의 쇼핑센터로 자리매김하고 있다. 건물의 유리벽 속에 비친 대성당 모습이 매우 인상적이며, 건물 내 카페에 앉아 성 슈테판 대성당을 감상하는 것도 좋다.

가는 방법 성 슈테판 대성당 바로 앞

카푸친 납골당 (카이저 그루프트)
Kapuzinergruft

Map P.194-B2

'황제가 묻힌 지하묘지'라는 뜻의 카이저 그루프트. 합스부르크 왕가의 거의 모든 통치자들이 이곳에 묻혀 있기 때문에 왕가의 마지막 안식처라고 할 수 있다. 총 143개 무덤이 있지만 특이하게도 이곳에 묻힌 유해들은 심장이 없다. 전통적으로 합스부르크 왕가의 심장은 아우구스티네 성당에 묻혔기 때문이다. 그러나 이 관습은 1878년에 중단되었다.

이곳에는 유일하게 합스부르크 가문의 일원이 아닌 사람이 한 명 잠들어 있다. 바로 마리아 테레지아의 가정교사 겸 시녀이자 절친한 친구였던 푸히스 Fuchs 백작부인이다. '푸히스 백작부인은 평생을 나와 함께 했으니 죽어서도 같이 있어야 하네!'라는 말로 모든 반대를 무마시켰다는 일화가 있다. 마리아 테레지아와 프란츠 1세의 무덤은 화려한 바로크 양식으로 꾸며져 있어 모든 사람의 눈길을 끄는 반면, '늘 실패만 해 온 왕이 잠들어 있다'라는 문구를 넣어주길 바란 아들 요제프 2세의 관은 너무 초라해 매우 대조적이다. 이곳에 묻히지 않은 왕가의 일원 중에는 카를 1세와 비운의 왕비 마리 앙투아네트가 있다.

주소 Tegetthoffstraβe 2
홈페이지 www.kaisergruft.at
운영 10:00~18:00(목 09:00~)
휴무 11/1~2
입장료 일반 €7.50, 학생 €6.50
가는 방법 메트로 U1 · U3호선 Stephansplatz, 또는 U4호선 Karlsplatz 역 하차

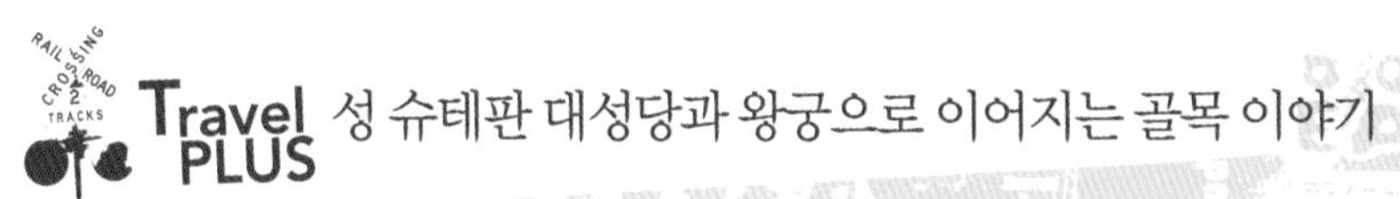

Travel PLUS 성 슈테판 대성당과 왕궁으로 이어지는 골목 이야기

링 안쪽은 빈 건설과 함께 시작된 핵심지구로 파란만장했던 빈 역사의 무대가 된 곳이다. 성 슈테판 대성당에서 왕궁으로 이어지는 거리는 화려한 번화가이며, 대성당 북쪽은 옛 서민들의 삶을 엿볼 수 있는 오래된 집들이 많다.

그라벤 Graben 거리

고대 로마 시대에 만든 개천(그라벤)을 12세기에 메워 지금과 같은 거리가 됐다. 그라벤의 이름도 여기서 유래한다. 광장 중앙에 있는 페스트 기념주는 페스트가 사라진 것을 감사하기 위해 17세기 중반 레오폴트 1세가 세운 성삼위일체상이다. 17세기 이후 왕실과 인연이 있는 세련된 상점과 카페가 들어서면서 최고의 번화가로 자리매김했다. 거리에는 현대 건축의 거장 오토 바그너와 아돌프 로스의 작품도 있으니 놓치지 말자.

콜마르크트 Kohlmarkt 거리

콜은 목탄, 마르크트는 시장. 거리의 이름은 14세기 이곳에 목탄시장이 열린 데서 유래한다. 그라벤 거리와 이어진 좁은 골목길이지만 왕궁까지 연결된 명품 거리로 세계적인 유명 브랜드 숍이 모여 있다. 왕실에 제과를 납품했다는 카페 Demel도 이곳에 자리잡고 있다.

호어 마르크트 Hoher Markt 거리

빈에서 가장 오래된 광장. 13세기까지는 어시장이, 합스부르크 왕가 시대부터는 공개 처형장 등으로 사용한 곳이다. 이 거리에는 세기말 건축양식의 하나인 유겐트슈틸로 제작된 앙커 시계가 있다. (P.208 참조)

플라이슈마르크트 Fleischmarkt 거리

성 슈테판 대성당에서 왕궁 반대쪽으로 걸어가면 나오는 서민적인 분위기의 뒷골목. 1200년부터 그리스 상인이 포도주와 옷감을 팔았던 장소로 빈에 남아 있는 오래된 골목길 중 하나다. 왕궁으로 이어지는 화려한 거리와는 대조적이어서 오히려 신선하게 느껴지는 곳이다. 그리스인들의 거주지답게 비잔틴 양식의 그리스 정교회가 서 있고, 그 옆에는 그 옛날 빈의 예술가들이 자주 찾은 선술집 그리헨바이젤 Griechen-beisel이 있다(P.239 참조).

그라벤 거리

플라이슈마르크트 거리

호어 마르크트 거리

선술집 그리헨바이젤 정문

콜마르크트 거리

그리헨바이젤 간판

• 핫스폿 • 마니아

앙커 시계 Ankeruhr

Map P.195-C1

1917년 아르누보 양식으로 설계된, 세계에서 가장 긴 장치시계. 호어 마르크트 광장 Hoher Markt 동쪽 끝에 있는 앙커 보험회사의 두 건물을 잇는 공중회랑에 있다. 시계 안에는 빈의 역사적인 12명의 인물 인형이 있다. 정각마다 2명씩 등장하는데, 배경에는 두 인물이 살던 시대의 대표적인 음악이 흘러나온다. 정오에는 12명의 인물이 모두 등장하기 때문에 광장 주변이 많은 관광객으로 붐빈다. 등장인물은 마리아 테레지아, 외젠 공, 카를 대제, 하이든 등이다. 불과 몇 초 동안 이루어지는 퍼포먼스라 눈 깜짝할 사이에 끝나 버리는 게 아쉽다.

주소 1 Hoher Markt 10-11

가는 방법 U1 · 3호선 Stephansplatz 역 하차. 성 슈테판 대성당에서 도보 5분

미하엘 문 Michaelertor

Map P.194-B2

18세기에 미하엘 광장 Michaelerplatz에 세운 왕궁 정문. 정문에는 합스부르크 왕가의 위용을 상징하는 4개의 헤라클레스 상이 생동감 있게 조각되어 있다. 정문에서 왼쪽으로 나 있는 좁은 길을 따라 가면 스페인 승마학교 정문이 나온다. 그밖에 광장 모퉁이에는 근대건축의 선구자 아돌프 로스가 1910년에 건축한 로스 하우스 Loos Hause가 있다.

가는 방법 성 슈테판 대성당에서 도보 7분. 또는 마리아테레지아 광장에서 도보 7분

로스 하우스 Loos Haus

• 마니아

Map P.194-B2

서구 근대건축의 물꼬를 튼 아돌프 로스 Adolf Loos(1870~1933)의 대표적인 건물. '장식은 범죄다'라고 말한 그의 주장을 보여주는 듯, 당시만 해도 파격적이라 할 수 있는 장식 없는 로스 하우스를 왕궁의 문 앞에 세웠다. 건축 당시 공사 중지 명령으로 경찰청에 불려가기도 했고, 매일같이 언론에서는 온갖 비난이 쏟아졌

호어 마르크트 광장의 명물, 앙커 시계

미하엘 문을 지키는 문지기 헤라클레스 상

100년 전에 건축, 서구 근대건축의 혁명으로 불린 로스 하우스

다. 뿐만 아니라 프란츠 요제프와 프란츠 레르디난트 대공은 로스 하우스에 대한 불쾌감으로 다시는 미하엘 문을 이용하지 않았다고 한다.
하지만 후대에 절제미학의 진수를 보여주는 건물로 서구 근대건축의 혁명이라고 평가받고 있다. 사실 화려한 장식으로 치장된 왕궁 건물 사이에서 단순명료한 로스 하우스는 어느 건물보다 돋보인다. 기능성 · 경제성 · 실리성 등을 살린 합리적인 건물로 건축의 새로운 시대를 열었다고 할 수 있다. 6층짜리 주상복합건물 형태이며 지금은 은행 건물로 쓰이고 있다. 근처의 콜마르크트 16번지의 만츠 서점 Manz과 그라벤 거리 13번지의 크니체 양복점 Knize은 아돌프 로스가 인테리어한 곳이어서 유명하다. 모두 100년 전통을 자랑하는 서점과 양복점이니 한번 들러보는 것도 좋다.

스페인 승마학교 Map P.194-B2
Spanische Reitschule

1572년 마리아 테레지아의 아버지 카를 6세가 세운 세계 최고의 겨울철 승마학교. 건립자에 대한 경의의 표시로 지금도 기수들이 카를 6세의 초상화에 모자를 벗고 예를 표한다고 한다. 인테리어가 우아하며 경기장에서는 마상 공연을 한다. 말에 관심이 많은 사람은 학교 맞은편에 있는 리피차너 박물관 Lipizzaner Museum에 들어가 보자. 스페인과 북아프리카산 베르베르, 아랍의 말을 교배해 탄생시킨 전설의 백마 리피차너 Lipizzaner와 관련된 그림 · 사진 · 필름 등을 볼 수 있다.

주소 Michaelerplatz 1 홈페이지 www.srs.at
운영 09:00~16:00 휴무 월요일
입장료 €5, 리피차너 박물관+스페인 승마학교 €16, 가이드 투어 일반 €18
가는 방법 미하엘 광장에서 도보 2분
※마상공연에 대한 정보는 ⓘ에서 얻자.

국립 도서관 (프룽크잘) Map P.194-B2
Österreichische Nationalbibliothek

세상에서 가장 아름다운 국립 도서관. 옛 중세 유럽 학문의 발전사를 한눈에 볼 수 있는 곳으로 과거에는 왕궁 도서관이었다. 현재 대중에게 공개되는 곳은 이 중 가장 크고 화려한 푸룽크잘이다. 도서관은 카를 4세의 명령으로 궁정 건축가 요한 베른하르트 피셔 폰 에를라흐 Johann Bernhard Fischer von Erlach의 설계에 의해 1723~1735년에 걸쳐 바로크 양식으로 완성되었다. 프룽크잘 천장의 아름다운 프레스코화는 궁정 화가 다니엘 그란스 Daniel Grans의 작품이다. 현재 고대 이집트 문서, 파피루스, 모차르트의 레퀴엠 초본과 왕가의 초상화, 고서 등이 전시되어 있다. 대부분의 전시품은 1501~1850년까지 합스부르크 왕가의 수집품, 외겐 왕자의 소장품과 기증 받은 것, 책 박람회에서 구매한 것들이다.

주소 Josefsplatz 1 홈페이지 www.onb.ac.at
운영 10~5월 화~일 10:00~18:00, 6~9월 10:00~18:00 입장료 일반 €8, 학생 €6
가는 방법 왕실 예배당에서 도보 3분

전설의 백마 '리피차너'

• 유네스코

왕궁 Hofburg

Map P.194-B2

13세기부터 오스트리아 · 헝가리 제국이 멸망한 1918년까지 합스부르크 왕국의 정궁. '도시 속의 도시'라고 할 만큼 규모가 크고 10개의 건물이 600여 년에 걸쳐 건립되었다. 지금은 대통령 집무실, 스페인 승마학교, 국립박물관 등으로 사용하고 있다. 20세기 초만 해도 이 주변은 귀족이나 세도가와 연을 맺으려는 사람들로 항상 붐볐다고 한다. 워낙 넓기 때문에 제대로 구경하려면 하루 정도는 할애해야 한다. 짧은 시간 안에 알차게 돌아보려면 꼼꼼하게 계획을 세워 두는 게 좋다.

600여 년에 걸친 왕궁 건설사

13세기 최초의 왕궁 건설
15세기 왕궁예배당 건설
16세기 아말리에 궁전 건설
17세기 레오폴트관 건설
18세기 겨울철 승마학교, 도서관 건설
19세기 광장과 정원 건설
19세기 말~20세기 초 신왕궁 건설

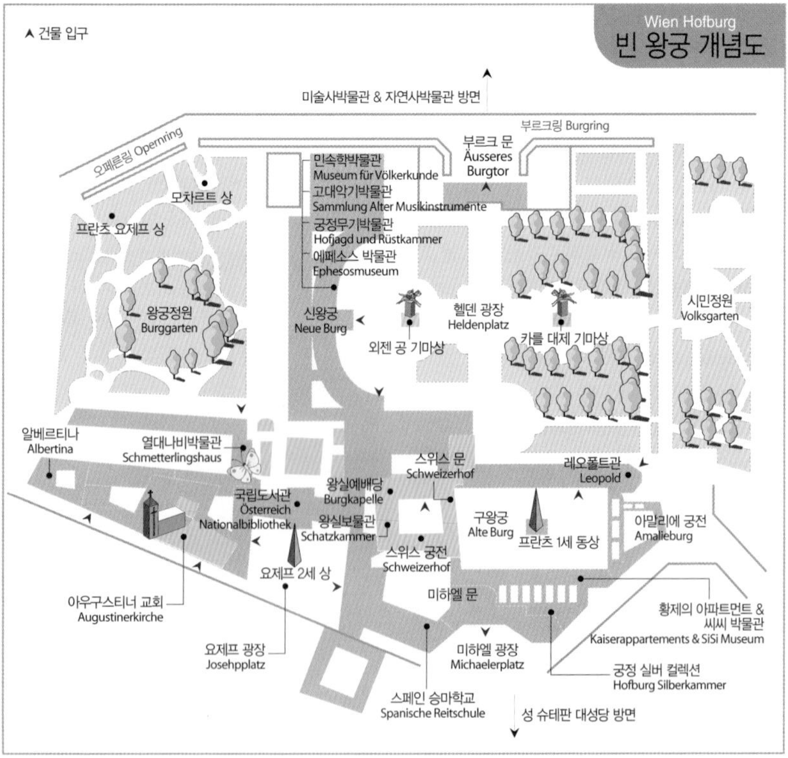

Wien Hofburg
빈 왕궁 개념도

∧ 건물 입구
미술사박물관 & 자연사박물관 방면
부르크링 Burgring
오페른링 Opernring
부르크 문 Äusseres Burgtor
민속학박물관 Museum für Völkerkunde
고대악기박물관 Sammlung Alter Musikinstrumente
궁정무기박물관 Hofjagd und Rüstkammer
에페소스 박물관 Ephesosmuseum
모차르트 상
프란츠 요제프 상
왕궁정원 Burggarten
신왕궁 Neue Burg
외젠 공 기마상
헬덴 광장 Heldenplatz
카를 대제 기마상
시민정원 Volksgarten
알베르티나 Albertina
열대나비박물관 Schmetterlingshaus
스위스 문 Schweizerhof
레오폴트관 Leopold
왕실예배당 Burgkapelle
국립도서관 Österreich Nationalbibliothek
왕실보물관 Schatzkammer
구왕궁 Alte Burg
프란츠 1세 동상
아말리에 궁전 Amalieburg
스위스 궁전 Schweizerhof
요제프 2세 상
미하엘 문
아우구스티너 교회 Augustinerkirche
황제의 아파트먼트 & 씨씨 박물관 Kaiserappartements & SiSi Museum
요제프 광장 Josehpplatz
미하엘 광장 Michaelerplatz
궁정 실버 컬렉션 Hofburg Silberkammer
스페인 승마학교 Spanische Reitschule
성 슈테판 대성당 방면

☑알아두세요

왕궁 입장은 무료지만, 각기 다른 전시관으로 사용하는 10개의 건물 관람은 유료다. 메인 문은 성 슈테판 대성당에서 좁은 골목길로 연결된 미하엘 문과 미술사박물관 맞은편에 있는 부르크 문이다. 크고 작은 광장과 2개의 큰 정원도 있어 외관만 돌아보는 데 한나절이 걸리고, 전시관을 포함해 왕궁을 제대로 돌아보려면 하루 이상의 시간이 필요하다.

홈페이지 www.hofburg-wien.at

가는 방법

①U1 · 3호선 Stephans-platz 역 하차. 성 슈테판 대성당에서 미하엘 문까지 도보 10분

②U2 · 3호선 Volkstheater 역 또는 트램 1 · 2 · D · J번을 타고 Burgring에 하차. 바로 부르크 문이 보인다. ③버스 2A · 3A번을 타고 Hofburg 역 하차

• 무료 도보 코스

미하엘 광장의 미하엘 문→스위스 문 & 스위스 궁전→왕실예배당 & 왕실보물관→신왕궁 & 헨델 광장→왕궁 정원 & 모차르트 동상에서 사진촬영

예상 소요 시간 30분

구왕궁
Alte Burg

Map P.210

13~16세기에 증 · 개축을 거듭해 지금과 같은 르네상스 양식 모습을 갖추게 되었다. 왕궁 내에서 가장 오래된 스위스 문 Schweizerhof은 16세기 건축물로 당시 황제가 스위스 군사의 호위를 받은 것에서 그 이름이 유래한다. 구왕궁 안에는 왕실보물관, 왕궁예배당, 궁정 실버 컬렉션, 황제의 아파트먼트 등이 볼 만하다.

운영 9~6월 09:00~17:30, 7~8월 09:00~18:00

황제의 아파트먼트 & 씨씨 박물관
Kaiserappartements & SiSi Museum

Map P.210

가장 먼저 시작되는 씨씨 박물관은 황후로서 인생과 생활을 간략하게 보여준다. 총 6개의 방으로 궁정생활을 보여주는 방엔 카롤린 엘리자베트 황후의 드레스와 속옷, 초상화 등이 전시되어 있다. 이 중 녹색 자수가 들어간 하얀 드레스는 오스트리아를 떠나기 전에 입었던 것이다. 아들이 죽은 후엔 입고 썼던 검은 상복과 우산, 신발 그리고 그녀를 찌른 칼 등이 전시되어 있다.

스위스 문. 유럽에서 용맹스럽기로 소문난 스위스 용병은 오스트리아의 왕도 호위했답니다.

왕가의 호화로운 생활상을 엿볼 수 있는 황제의 아파트먼트

황제의 아파트먼트는 프란츠 요제프 황제와 그의 아내 카롤린 엘리자베트 황후가 거처하던 곳. 18세기 바로크 양식의 재상 집무실 Reichskanzlerflügel과 아말리에 궁전 등 22개 방을 공개해 합스부르크 왕가의 호화로운 생활상을 엿볼 수 있다. 재상 집무실에는 11개의 방이 식당, 사교공간, 흡연실, 친위대실, 알현 대기실, 알현실, 회의실, 황제의 서재, 황제의 침실, 큰 살롱, 황제의 흡연실 순서로 있다. 그 중에서도 프란츠 1세와 페르디난트 1세의 초상화가 걸려 있는 알현실과 엘리자베트의 아름다운 초상화가 걸려 있는 황제의 서재, 침실, 큰 살롱 등이 볼 만하다.

아말리에 궁전에는 거실과 침실, 화장실, 큰 살롱, 작은 살롱, 현관 홀, 현관방, 응접실, 식당 등 12~20개의 방이 있으며 1854~1894년의 엘리자베트 황후와 관련된 물건이 많다. 특히 치장하는 데만 반나절을 소비했다는 황후의 화장실이 흥미롭다.

• 황제의 아파트먼트 & 씨씨 박물관 & 궁정 실버 컬렉션

운영 09:00~17:30, 7 · 8월 09:00~18:00

입장료 일반 €13.90, 학생 €12.90(오디오 가이드 포함)

※왕궁과 쇤브룬 궁전을 모두 돌아볼 예정이라면 ⓘ에서 씨씨 Sisi 티켓을 구입하자. 요금 일반 €29.90, 학생 €27

왕실보물관

Schatzkammer Map P.210

합스부르크 왕가와 신성 로마 제국의 보물을 전시해 놓은 곳. 왕가의 화려한 왕관과 액세서리, 왕족이 사용한 가구와 식기류, 장식품 등 진짜일까 싶을 만큼 커다란 보석과 세공의 화려함에 감탄하지 않을 수 없다. 왕실보물관은 21개의 방으로 나뉘어 있으며 방마다 번호가 매겨져 있다. 2실에 전시된 루돌프 2세의 왕관, 5실에는 나폴레옹 2세를 위한 황금 빛깔의 아기요람, 11실에 있는 신성 로마 제국의 황제 레오폴트 1세의 왕관 등은 놓치지 말자.

운영 09:00~17:30 휴무 화요일

홈페이지 www.kaiserliche-schatzkammer.at

입장료 일반 €12, 학생 €9

왕궁예배당

Burgkapelle Map P.210

1296년에 처음 세워지고 1449년 프리드리히 3세 때 재건된 고딕 양식의 건물. 7 · 8월을 제외한 일요일 아침 미사 시간마다 빈 소년합창단 Wiener Sangerknaben이 성가를 부른다. 빈 소년합창단의 공연은 09:15부터 시작하니 늦어도 08:30까지 줄을 서야 한다. 티켓은 미리 예매해 두는 게 좋으며 입석은 무료. 안으로 들어가지 못했을 때는 로비에 있는 모니터를 통해서도 감상할 수 있다.

홈페이지 www.hofmusikkapelle.gv.at

운영 월~화 10:00~14:00, 금 11:00~13:00

입장료 €10~36(스탠딩 관람은 무료)

• 빈 소년합창단

홈페이지 www.wienersaengerknaben.at

매표소 11:00~13:00, 15:00~17:00 입장료 €5~29

무스

Muth(Konzertsaal der Wiener Sängerknaben)

빈 소년 합창단은 유명하지만 공연을 보기 힘들다는 원성에 2012년 12월에 개관한 공연장. 규모는 작지만 어느 좌석에 앉든 공연을 만족스럽게 감상할 수 있다. 공연 프로그램은 모두 1 · 2부로 구성돼 있으며 1부엔 지휘자의 피아노 반주에 아이들의 합창, 아이들의 연주 등으로 진행되고, 2부엔 오케스트라 반주에 맞춰 합창을 한다. 홈페이지에서 공연 스케줄 확인 및 티켓 구입을 할 수 있다.

주소 Am Augartenspitz 1 홈페이지 www.muth.at

가는 방법 U2호선 Taborstraße 역 하차 후 도보 1분

레오폴트관

Leopoldinischer Trakt Map P.210

17세기 레오폴트 1세가 프라하에서 돌아온 후 왕궁을 베르사유 궁전처럼 치장하기 위해 세운 초기 바로크 양식의 건물. 18세기부터는 여제 마리아 테레지아가 사용했고, 지금은 대통령 집무실로 사용하고 있다.

신왕궁

Neue Burg Map P.210

헬덴 광장 Heldenplatz에 있는 말굽 모양의 거대한 건물. 궁전 앞에는 16세기에 오스만 투르크의 침략을 물리친 전략가 외젠 왕자 Prinz Eugen의 기마상이 서 있다. 1881~1931년에 건설된 궁전은 완공 5년 뒤에 합스부르크 왕국이 멸망하는 불운을 겪게 된다. 제2차 세계대전 때는 건물 중앙의 테라스에서 히틀러가 독일 · 오스트리아 합병을

말굽 모양의 신왕궁. 건물 중앙에는 합스부르크가의 문장인 머리 두 개 달린 독수리 상이 있습니다.

천상의 목소리, 빈 소년합창단의 공연

ⓒ오스트리아 관광청

무기박물관

에페소스 박물관

선언하기도 했다.

지금은 아프리카 · 남미 등에서 가져온 전리품을 소장하고 있는 민속학박물관, 빈에서 활동한 세계적인 음악가들이 사용한 악기를 전시한 고대악기박물관, 합스부르크 왕가의 무기를 전시한 궁정무기박물관, 에페소스와 사모트라키 섬에서 발굴한 고대 유물을 전시한 에페소스 박물관 등이 있다.

운영 수~일 10:00~18:00 휴무 월 · 화요일

입장료 일반 €15, 학생 €11

※신왕궁+미술사 박물관을 함께 볼 수 있는 콤보 티켓을 구입하면 여름 성수기에 미술사 박물관에 입장하려고 길게 줄 서지 않아도 된다(콤보 티켓 일반 €22).

오스트리아의 자랑, 천재 음악가 모차르트 동상

왕궁정원 Burggarten

Map P.194-B2

미술사박물관이 끝나는 지점 맞은편에 위치한 작은 정원. 꽃으로 만든 높은음자리표와 모차르트 동상이 있어 기념촬영 명소로 인기가 높다. 정원 한쪽에는 68년간 빈을 통치한 마지막 황제 프란츠 요제프 황제 동상이 서 있다.

Say Say Say

합스부르크 왕가를 움직인 여인들

마리아 테레지아 Maria Theresia

합스부르크 왕가를 대표하는 여제로, 뛰어난 정치적 수완을 발휘해 1740~1780년 무려 40여 년간 재위했죠. 카를 6세의 장녀로 태어나 결혼 후 16명의 자녀를 두었는데, 대중에게 잘 알려진 인물로는 오스트리아 국왕이었던 요제프 2세와 레오폴트 2세, 프랑스 대혁명으로 단두대의 이슬로 사라진 막내딸 마리 앙투아네트 등이 있습니다.

카롤린 엘리자베트 Karolin Elizabeth

애칭은 씨씨 Sisi. 합스부르크 왕가의 사실상 최후의 황제였던 프란츠 요제프의 황후죠. 그녀의 영화 같은 삶과 아름다운 외모는 지금까지도 화젯거리로 남아 있습니다. 카롤린 엘리자베트는 15세가 되던 해에 프란츠 요제프 황제를 파티장에서 만나게 되는데, 첫눈에 반해버린 황제는 정혼자였던 그녀의 언니를 버리고 결혼을 감행합니다. 하지만 그녀의 왕궁생활은 그다지 행복하지 못했습니다. 남편은 늘 정치에 바빠 극심한 외로움을 느꼈고 4명의 자식은 몸이 약하다는 이유로 시어머니인 마리아 테레지아에게 빼앗겼기 때문이죠. 훗날 자녀 중 두 명이 죽고 남편마저 바람을 피우자 화려한 궁정생활을 버리고 외국으로 떠돌다 1898년 스위스에서 무정부주의자의 칼을 맞고 객사하고 맙니다. 그녀는 아름다움을 유지하기 위해 심한 다이어트를 했으며, 치장하는 데만 매일 반나절 이상을 할애했다고 합니다. 영국인에게 다이애나 왕비가 있다면 오스트리아인에게는 카롤린 엘리자베트가 있다고 할 만큼 오스트리아 국민들의 사랑을 흠뻑 받고 있습니다. ⓘ에서 받은 대부분의 여행 정보지에는 그녀의 초상화가 실려 있을 정도랍니다. (부다페스트 P.320 참조)

Map P.194-A3

미술사박물관

Kunsthistorisches Museum

● 핫스폿 ● 마니아

홈페이지 www.khm.at 운영 6~8월 10:00~18:00(목 ~21:00), 9~5월 화~일 10:00~18:00(목 ~21:00)
휴무 9~5월 월요일 · 공휴일(휴무 여부는 홈페이지에서 미리 확인하자)
입장료 일반 €16, 학생 €12 가는 방법 U2호선 Museums Quartier 역 또는 U3호선 Volkstheater 역 하차. 트램 D · 1 · 2번이나 버스 57A를 타고 Burgring 하차

이렇게 보세요

❶입장권을 구입한 뒤 지하에 있는 로커에 무거운 짐을 보관하고 최상의 컨디션 만들기
❷로비에 있는 ⓘ에서 박물관 지도 구입(€0.50)
❸유명한 회화가 전시되어 있는 1층, G층 순으로 돌아보면 된다. 2층은 개인적으로 관심 있는 사람만. 시간이 없다면 주요 작품이 집중적으로 모여 있는 1층만 돌아보자.
❹각 전시실에는 소파가 놓여 있어서 관람 도중 잠시 쉬어 갈 수도 있다. 아니면 2층 로비에 있는 카페에서 달콤한 케이크와 커피 한 잔 마시는 여유를 즐겨보자.

합스부르크 왕가가 수집한 7,000여 점의 예술품을 소장하고 있는 미술박물관으로 런던의 내셔널 갤러리, 파리의 루브르 박물관과 어깨를 견줄 만하다. 박물관은 프란츠 요제프 Franz Joseph 황제의 제국광장 Kaiserfourm 건설의 일환으로 1871~1891년에 자연사박물관과 함께 르네상스 양식으로 세워 1891년에 개관했다. G · 1 · 2층으로 이루어져 있는데, G층에는 그리스 · 로마 · 이집트 등의 유물과 르네상스 시대의 조각, 1층에는 회화, 2층에는 동전과 메달 등을 전시한다.

미술관으로 들어서면 둥근 지붕으로 덮인 원형홀이 나타나는데 이런 형식의 건축을 로마 시대부터 '로툰다'라고 불렀다. 로툰다에서 정면으로 보이는 중앙계단에는 테세우스 상이 있고, 둥근 지붕을 올려다보면 프레스코화가 보인다. 헝가리 출신의 화가 미카엘 문카치

Michael Munkácsy의 「르네상스를 숭배하며」라는 1890년 작품으로 르네상스의 풍만함과 밝은 분위기가 특징이다. 1층에서 2층으로 올라가는 계단의 벽화는 거장 클림트의 작품이다. 자칫 그냥 지나칠 수 있으니 유심히 살펴보자. G층에서 1층으로 올라가는 계단 중간에는 카노바 Canova가 1757~1822년에 제작한 조각품 「켄타우르스를 죽이는 테세우스」가 전시되어 있다. 그리스의 영웅 테세우스가 친구의 결혼을 망친 반인반마 켄타우르스를 죽이는 모습으로 '야만에 대한 문명의 승리'를 의미한다. 신고전주의의 역동적인 모습을 잘 표현하고 있다.

하이라이트! 풍속화의 대가 브뢰헬

빈 미술사박물관을 대표하는 화가 가운데 한 명인 피에테르 브뢰헬 Pieter Bruegel de Dudere (1525~1569)의 작품을 놓치지 말자. 브뢰헬은 16세기에 활동한 네덜란드 출신의 천재적인 화가로 서민들의 생활상을 담은 그림을 통해 사회 비판과 풍자를 표현했다. 서민들의 소박한 농촌생활을 소재로 삼은 작품 하나 하나가 해학적이고 익살스러우며, 처음 그의 작품을 대하는 사람도 황색 · 청색 · 적색을 절묘하게 사용한 그의 화폭에서 편안함을 느낄 수 있다. 그러나 작품 대부분이 반어적인 표현으로 인간의 어리석음에 대한 충고와 교훈을 담고 있다.

「게으름뱅이의 천국」(독일 소재)에서는 스페인의 침략에 대해 저항조차 하지 않는 네덜란드인에 대한 비판을, 「바벨탑」을 통해서는 인간의 끝없는 욕심과 어리석음 등을 나타내고 있다. 그의 작품을 보면서 화가의 의도를 간파하려면 무한한 상상력이 필요하다. 가톨릭 교리에서 말하는, 지옥에 떨어질 7가지 큰 죄악 '허영 · 분노 · 음란 · 인색 · 질투 · 태만 · 식탐'이 그 단서다.

「농가의 혼례 Peasant Wedding」(1568~1569)

명절 외에 특별한 이벤트가 없는 농가에서 결혼식은 대단한 이벤트 중 하나다. 없는 살림에 엄청난 비용을 들여 음식을 장만하고 이날만은 허리띠를 풀고 배부르게 음식을 먹을 수 있다. 결혼식을 소재로 한 그림인데도 신랑 · 신부는 없다. 문짝을 뜯어 음식을 나르는 바쁜 일꾼과 허겁지겁 음식을 먹는 사람들만 있을 뿐. 결혼식은 뒷전이고 오직 관심사는 먹는 것뿐. 오늘날 우리나라의 결혼식이 이렇지 않은가 싶어 가슴에 와 닿는 작품이다. 브뢰헬은 이 작품을 통해 7가지 죄악 중 '폭음과 탐식'을 말하고 있다.

「바벨탑」 「눈 속의 사냥꾼」 「교회 봉헌 축제」

그밖에 이야기가 있는 주요 작품들

모피 毛皮 Helene Fourment 'The Fur' (1635~1640)

플랑드르 바로크의 거장 루벤스 Peter Paul Rubens(1577~1640)는 통통하고 살집 많은 여자에게 유독 관심이 많았다. 그가 살던 시대에 마른 여자는 빈곤의 상징이었고, 통통하면서 살결이 뽀얀 여자가 잘 사는 집안의 딸이라 여겨 미인으로 대접받았기 때문이다.

루벤스의 취향이 그대로 드러나는 대표작은 「모피」다. 그림의 모델은 37살 연하의 두 번째 부인이다. 인물의 자연스러운 포즈와 뛰어난 색감으로 당시에도 많은 찬사를 받았다고 한다. 어두운 배경과 모피는 여체의 뽀얀 살결을 더욱 돋보이게 하며 나체를 강조해 상황에 대한 상상을 불러일으키기 충분했다. 그리스 신화의 비너스를 흉내낸 포즈를 취하고 있으며, 무거운 모피를 한 손으로 가까스로 들어 중요한 부위를 가리고 있는 여인의 손과 홍조를 띤 붉은 얼굴에서 에로틱함이 더욱 강조되고 있다. 또다른 작품 「시몬과 에피게니아」나 「4대륙」에서도 벗은 여인들은 대부분 풍만하게 그려졌다. 그의 그림의 특징은 사실적인 묘사로 거부감 없는 자연미를 추구하는 데 있다. 그밖에도 「비너스 경배」「일데폰소 제단화」「성모 마리아의 승천」 그리고 자신의 낙천적인 모습을 담은 「자화상」 등이 있다.

왕녀 마르가리타 테레지아 시리즈

합스부르크 왕가의 스페인 국왕 펠리페 4세를 위해 40년 동안 봉직한 궁정화가 디에고 벨라스케스 Diego Rodríguez de Silvay Velázquez(1599~1660)가 펠리페 4세의 딸 마르가리타를 모델로 그린 연작. 미술사박물관이 자랑하는 또 하나의 작품이다.

Say Say Say

현대 예술계를 뒤흔든 도난 사건

2003년 5월 11일 새벽, 미술관에 도둑이 들었다고 합니다. 도난방지용 첨단감응장치와 24시간 경비요원이 있었음에도 도둑은 과감히 창문을 깨고 조각작품의 모나리자, 르네상스 예술품의 걸작이라 불리는 첼리니의 「소금상자, 살리에라 Saliera」를 훔쳐 달아났다고 합니다. 소금상자는 프랑스의 왕이 당시 천재 금 세공업자로 불리던 벤베누토 첼리니 Benvenuto Cellini에게 의뢰해 제작한 것입니다. 바다의 신과 여인의 모습을 정교하게 묘사한 높이 25㎝의 조각품으로 현재 660억 원의 가치가 있다는군요. 다행히 2006년에 작품을 되찾아 재전시를 하고 있는데 도난 사건 덕에 더욱 주목받는 작품이 되었다고 하네요.

합스부르크 왕가는 영토 확장과 권력 유지를 위해 근친끼리의 결혼도 마다하지 않았다. 그런 이유로 합스부르크 가의 사람들은 특이한 유전병을 앓았다고 한다. 그 중에서 주걱턱이 가장 유명하다. 펠리페 4세 역시 유전병을 앓았는데 입을 제대로 다물지 못해 침을 흘리고, 씹는 것조차 불편해 죽 같은 유동식만 먹다가 결국 영양결핍으로 40대에 사망했다고 한다.

「분홍 가운을 입은 왕녀 마르가리타 테레지아」
「흰옷을 입은 왕녀 마르가리타 테레지아」

비운의 왕녀로 알려진 그림 속의 주인공 마르가리타는 삼촌과 결혼해 4번째 아이를 출산하다 22세의 꽃다운 나이에 사망했다. 어려서부터 그녀를 자식처럼 아끼던 벨라스케스는 나이가 들수록 유전된 그녀의 주걱턱을 감싸주기 위해 초상화만큼은 결점을 보완하여 아름답게 그렸다고 한다. 연작은 「분홍 가운을 입은 마르가리타 테레지아」 「흰 옷을 입은 어린 왕녀 마르가리타 테레지아」 그리고 「푸른 드레스를 입은 왕녀 마르가리타 테레지아」 등 그린 순서대로 감상하면 된다. 프랑스의 음악가 라벨 Maurice Ravel은 루브르 박물관에서 그녀의 초상화를 감상한 후 영감을 얻어 〈죽은 왕녀를 위한 파반느 Pavane pour une infante defunte〉이라는 곡을 쓰기도 했다.

「분홍 가운을 입은 왕녀 마르가리타 테레지아 Infanta Margarita Teresa at age 3 in a Pink Dress」(1654)
기교나 꾸밈을 절제한 그림으로 모델의 내면을 잘 표현하고 있다. 그림 속의 왕녀는 왕녀라기보다 보드랍고 풋풋한 어린아이의 순수함을 느끼게 한다.

「흰 옷을 입은 어린 왕녀 마르가리타 테레지아 Infanta Margarita Teresa at age 5 in a White Dress」(1656)
오스트리아의 삼촌과 정략결혼하기 위해 그려진 초상화 중 두 번째 작품. 스페인 마드리드의 프라도 박물관에 있는 벨라스케스의 대표작 「시녀들」에 그려진 왕녀와 의상까지 똑같다.

「푸른 드레스를 입은 왕녀 마르가리타 테레지아 Infanta Margarita Teresa at age 8 in a Blue Dress」(1659)
다소 긴장한 듯한 표정과 어렴풋이 자신의 운명을 느끼는 듯한 여덟 살 난 왕녀의 모습을 묘사하고 있다.

홀로페르네스의 머리를 들고 있는 유디트 Judith with Holo fernes's Head (1530)

이스라엘의 조용한 마을 베둘리아에 고대 아시리아의 군대가 쳐들어온다. 그들은 마을의 남자들을 무참히 살해하고, 여자들을 겁탈했는데, 이때 귀족 출신의 과부 유디트는 적의 수장 홀로페르네스를 유혹해 술에 취하게 한 후 방에 단 둘이 남아 그의 목을 자른다. 다음날 목이 잘린 장군을 발견한 군인들은 도망치고, 유디트는 이스라엘 백성들을 구한다.

자신의 정조를 바쳐 나라를 구한 유디트의 이야기는 오랫동안 가장 인기있는 그림의 소재가 되어 수많은 화가들이 유디트를 그렸다. 르네상스 이전에는 주로 욕망을 단죄하는 겸손과 순결 그리고 믿음의 승리를 드러내기 위한 소재로 삼았지만, 르네상스 이후에는 남자를 유혹하는 팜므파탈의 이미지로 표현되었다.

루카스 크라나흐 Lucas Cranach von Ältere(1472~1553)가 그린 「홀로페르네스의 머리를 들고 있는 유디트」를 자세히 살펴 보면 목이 잘린 홀레페르네스는 반쯤 감긴 눈과 비명을 지르듯 벌어진 입, 섬뜩하게 잘린 목에서는 붉은 피가 계속 흘러내리는 것 같다. 그리고 무표정하게 적장의 목을 들고 있는 유디트의 표정이 압권이다. 이 그림은 초기 이탈리아 매너리즘을 독일식으로 표현한 작품이다. 티치아노 · 카르바조 · 보티첼리 · 아르테미시아 등 많은 화가들이 유디트 그림을 그렸고, 클림트 역시 2점의 유디트 그림을 남겼다. 클림트의 유디트는 나라를 구한 위인이라기보다는 팜므파탈로 그려졌다.

성 세바스찬 St. Sebastian (1457~1459)

성 세바스찬은 3세기 로마 제국의 황제 근위대 장교로, 사형선고를 받은 교우를 도우려다 기독교도라는 사실이 발각되어 동료들이 쏘는 화살을 맞게 된다. 하지만 구사일생으로 살아남은 그는 황제에게 복음을 전하려다 처형당하고 성인 열반에 오른 인물이다. 그후 11세기경부터 페스트에 대한 수호성인으로 추앙받았다. 중세 사람들은 장군이 맞은 화살을 흑사병과 동일시 여겨 하늘에서 내리는 벌이라 여겼다고 한다. 그 재앙을 온몸으로 막고 있는 세바스찬의 모습은 군인의 용맹스러움과 기독교 신자라는 성스러움이 합쳐져 전염병에 시달리던 사람들에게 존경의 대상이 되었다.
수많은 화살을 맞은 나신의 꽃미남으로 묘사된 순교 장면은 언제나 예술가들의 인기 소재지만, 관능적이라는 이유만으로 루터나 칼뱅 같은 16세기 종교 개혁가들의 비난을 받기도 했다.
미술사박물관에서 소장하고 있는 「성 세바스찬」은 안드레아 만테냐 Andrea Mantegna(1431~1506)의 작품으로 페스트가 돌던 중세시대에 빈 시장으로부터 의뢰받아 그린 그림이다. 고대 미술품에 관심이 많았던 그는 골동품을 수집하는 과정에서 많은 사람을 만나고 이들을 통해 고대 로마의 문화를 알아가면서 해박한 지식을 쌓아 그의 그림에 적용하였다. 그림 속에서 허물어져 가는 고대 로마 건물은 로마 제국의 멸망을 암시하고 있다. 만테냐의 대표작 「산 제노 제단화」는 처음 그려진 장소, 이탈리아 베로나의 산 제노 성당에 그대로 남아 있다.

수산나와 두 명의 장로 Susanna and the Elders (1555)

「수산나와 두 명의 장로」는 구약 외경에 나오는 이야기를 그림으로 표현한 것으로 순결의 덕은 결국 악을 물리친다는 내용이다. 수산나라는 정숙하고 아름다운 여인이 남편과 함께 행복하게 살고 있었다. 어느날 정원에서 목욕을 하는데 하녀가 잠시 자리를 뜬 사이 음욕에 눈이 먼 두 장로가 다가와 그녀의 벗은 몸을 본 것을 빌미로 소원을 들어달라고 한다. 그렇지 않을 경우 젊은 남자와 간통하는 것을 봤다고 거짓말을 하겠다고 한다.
당시 간통죄는 바로 사형이었지만 수산나는 청을 거절하고 결국 고발당한다. 그녀는 신께 기도를 드렸고 어디선가 나타난 청년 다니엘이 그녀의 무죄를 밝혀주고 사악한 두 장로는 사형을 당한다는 이야기다.
염색공(틴토레)이던 아버지로 인해 본명(Jacopo Robusti)보다 작은 염색공(틴토레토)이라는 뜻의 애칭으로 더 유명한 틴토레토(1518~1594)의 작품이다. 티치아노 · 베로네세와 더불어 16세기 말 베네치아 화단의 중심이었지만 다른 이들과 달리 평생 베네치아에서만 활동했다. 한때 티치아노의 제자로 들어가 공부를 하다 곧바로 헤어졌지만 그의 작품을 보면 티치아노의 흔적을 찾을 수 있다. 그는 인체 묘사를 중요하게 여긴 피렌체 회화와 색과 빛을 중요하게 여긴 베네치아 회화의 장점만을 수용하고 거기에 자신만의 독특한 색채를 입혔다. 르네상스 말에서 바로크 양식으로 넘어가는 과도기에 성행한 매너리즘(마니에리스모)을 발전시켜 이탈리아에 퍼뜨린 대표적인 화가다. 양식 또는 구성형식을 뜻하는 단어에서 유래한 매너리즘은 복잡한 형태와 감정을 중심으로 표현한다. 그의 대표작으로는 산 조르조 마조레 성당의 「최후의 만찬」이 있다.

롯과 그의 딸들 Loth et ses filles (1528)

뒤러 · 홀바인과 어깨를 겨루는 거장, 루카스 크라나흐 Lucas Cranach der Ältere(1472~1553)는 종교 운동가 루터의 친구로 그의 초상화나 그와 같은 운동가들의 초상화를 많이 그렸다. 종교개혁이 시작한 후에도 가톨릭 교도들에게 그림을 의뢰받은 것을 보면 그의 솜씨가 얼마나 뛰어났는지를 알 수 있다. 그의 작품 「롯과 그의 딸들」은 구약성서 창세기 19장 1~38절에 나오는 이야기다.

신은 타락과 죄악의 도시 소돔과 고모라를 불과 유황으로 심판하기로 마음먹는다. 이 같은 신의 뜻을 알고 있는 아브라함은 조카 롯에게 마을을 떠날 것을 권유하며, 절대 뒤를 돌아보지 말라고 경고한다. 그러나 이를 어긴 롯의 아내는 불타는 소돔을 보고 그 자리에서 소금기둥으로 변하고 만다. 그리고 롯과 두 딸은 산 속으로 피신한다. 이때 두 딸은 이제 지구상에 후손이 없이 그들만 있을 것을 두려워해 아버지를 유혹한다.

성경에는 근친상간이 엄격히 금지되어 있지만, 롯이 취해서 전혀 몰랐다는 전제하에 근친이 허용되었다는 사실이 아이러니하게 느껴진다. 이 이야기의 후반부는 많은 화가들이 그림의 소재로 삼는 장면 중 하나로 유일하게 크라나흐의 작품에서만 옷을 입고 있는 딸들의 모습을 볼 수 있으니 이 또한 다른 화가들의 작품과 비교해 보면 재미있다.

화가의 아틀리에 The Art of Painting (1666)

영화와 소설로 만들어져 화제가 된 「진주 귀걸이를 한 소녀」를 그린 화가 요하네스 베르메르 Johannes Vermeer(1632~1675). 네덜란드 델프트에서 활동한 그는 40여 점의 소품만을 남긴 이름 없는 화가였으나, 19세기 중반에 와서야 인정을 받고 이름을 떨치게 되었다. 특히 그의 인물화들은 하나같이 단순명료하지만 짙은 색상과 정교한 터치는 마치 살아 있는 듯한 생동감을 주어 매우 강렬한 인상을 남긴다.

베르메르의 최고작으로 알려진 이 작품은 그가 죽은 후에 그의 아내 카테리나와 11명의 아이들이 파산한 상태로 남겨졌음에도 불구하고 이 그림을 보관했다고 한다. 그림을 그리는 화가는 이젤에 그려진 월계관에 색을 칠하고 있다. 월계관은 영예를 뜻한다. 머리에 월계관을 쓴 채 트럼펫을 들고 책을 든 여인은 역사를 관장하는 신 클리오다. 그녀 뒤 벽에 걸린 지도는 세상과의 소통을 뜻한다. 화실의 커튼이 열려 있다는 것은 가려진 것을 열어 보여준다는 것이다. 「화가의 아틀리에」는 그저 화가의 일상적인 작업실을 그려 놓은 것처럼 보이지만 사실은 상징적인 요소들을 그려 넣어 화가의 사명과 역할을 그림으로 표현한 작품이다. 베르메르가 말하는 화가란 영예를 표현하는 사람으로 올바른 역사의식을 갖고 세상을 기록하는 사람을 말한다.

초원의 마돈나 Madonna in the Meadow (1506)

르네상스 시대 피렌체에서 활동한 레오나르도 다 빈치, 미켈란젤로와 함께 3대 거장으로 불리며 16세의 어린 나이에 천재 반열에 오른 라파엘로 Raffael(1483~1520)의 작품.

라파엘로는 1508년 교황 율리우스 2세의 부름을 받아 로마로 가서 교황청의 건축과 회화 등 미술 분야 총감독 책임을 맡고 일하던 중 37세에 갑자기 죽음을 맞이한다.

「초원의 마돈나」는 성모가 초원에서 노는 아기 예수와 아기 요한을 온화한 표정으로 바라보고 있는 그림이다. 아기 예수는 앞으로 닥칠 수난을 암시하는 가느다란 십자가를 잡고 있다. 자칫 딱딱할 수 있는 소재를 곡선과 색을 이용해 부드럽게 표현했고, 완벽한 삼각구도는 안정감이 있다. 라파엘로가 남긴 또다른 명작 「아테네 학당」은 바티칸 박물관에서 볼 수 있다. 플라톤과 아리스토텔레스 등 고대 그리스 학자들이 학당에 모인 것을 상상해서 그린 작품이다.

불 Allegory of Fire (1566)

15세기에 태어났지만 21세기의 예술가라 해도 과언이 아닌 화가 주세페 아르킴볼도 Giuseppe Arcimboldi(1527~1593)의 작품들은 지금 봐도 수세기 전의 것이라고 믿기지 않을 만큼 파격적이다. 그의 작품들은 모두 사물에 대한 호기심에서 비롯되었다. 과일 · 꽃 · 동물 등 일상의 사물들을 적절하게 배열해 인물의 표정과 형태를 표현한 초상화를 그려 새로운 장르를 개척했고, 오늘날 만화의 시초가 된 화가 중 하나다. 1562년 프라하의 막시밀리안 황제의 궁정에 초대되어 궁정화가로 활동하기 시작해, 루돌프 2세 치하에서 그의 솜씨는 절정에 달한다. 황제는 유럽의 다른 왕실에 그의 그림을 선물하기를 좋아했다고 전해진다. 오스트리아를 상징하는 각종 팸플릿에 자주 등장하는 「베르툰노의 모습을 한 루돌프 2세」는 황제의 흉상이 채소 · 과일 · 곡식으로 뒤범벅되어 있는 기상천외한 초상화로 자세히 보면 볼수록 신기하고 엽기적이다. 또다른 대표작 「불」은 불과 관련된 요소들로 결합되어 사람의 형상으로 완성된 초상화다. 머리카락은 활활 타오르는 장작불이고 목은 촛불, 가슴은 대포와 총 등 불을 뿜어대는 무기를 이용하기도 했다. 그의 초상화들은 정물의 축적을 통해 표현하고 있지만 그 자체를 보여주고자 한 것이 아니다. 무언가의 결실을 정물을 통해 상징적으로 보여줌으로써 그 인물을 칭송하려는 화가의 의도가 담겨 있다. 신기하고 우스꽝스러운 그의 그림들은 당시에도 큰 사랑을 받았다고 한다. 그밖에 「여름」 「겨울」 「물」 「불」 등의 연작들이 있다.

제우스와 이오 Jupiter and Io (1532)

16세기 초반의 혁신적인 화가 코레조 Antonio Allegrida da Correggio(1490~1534)는 전통을 깨는 빛과 그림자의 처리 솜씨로 예술계에 큰 파장을 불러일으켰다. 그의 작품 특징은 다른 화가의 작품에서 볼 수 없는 명암법에 있다. 색과 빛을 사용하여 사물에 균형을 주고 보는 이로 하여금 시선이

흩어지지 않고 일정한 방향을 향하게 한다. 유럽 회화에서 최초로 진정한 '밤'을 그려냈다는 평가를 받고 있는 그의 대표작 「거룩한 밤」은 독일 드레스덴의 구 거장회화관에 전시되어 있다.

「제우스와 이오」는 '주피터의 사랑'이라는 연작의 일부다. 미술사박물관에 전시된 「가니메데스의 유괴」와 베를린 카이제르 프리드리히 미술관의 「레다」를 보면 연작을 모두 감상한 셈이 된다. 제우스가 구름으로 변신하여 님프인 이오를 끌어안고 입을 맞춘다. 실제 인물이 아닌 구름과의 입맞춤을 이오가 거부하지 않고 오히려 달콤하게 이 상황을 즐기는 듯한 알 수 없는 표정이 압권이다. 제우스가 사실적인 인물로 등장하지도 않지만 초기 르네상스에서 가장 에로틱한 작품으로 꼽히고 있다. 그림을 의뢰한 곤차가 공작은 신성 로마 제국 황제 카를 5세가 만토바를 방문했을 때 이 작품을 선물로 바쳤다고 한다.

만 명의 순교 The Martyrdom of the Ten Thousand (1508)

독일 출생의 르네상스 대표 화가 알브레히트 뒤러 Albrecht Dürer (1471~1528)의 작품. 금 세공의 아들로 태어나 화가가 된 그는 틈틈이 이탈리아를 여행하면서 수채화를 그렸다. 새로운 풍경과 자연에서 느낀 생각과 감동이 작품에 잘 녹아들어 유럽 풍경화의 발전에 큰 기여를 했다.

「만 명의 순교」는 4세기 페르시아 왕 사포가 로마 황제의 지령을 받고 지금의 아르메니아에 있는 아라랏 산에서 1만 명의 그리스도 교인들을 학살한 사건을 다루고 있다. 뒤러 자신도 가장 좋아하는 작품으로, 작센 선제후인 현공 프리드리히의 의뢰를 받아 그린 것이다. 프리드리히는 이 이야기에 관심이 많아 당시의 일을 잊지 않고 기억하기 위해 완성된 그림을 벽에 걸어 두었고 순교한 사람들의 유물도 소장하고 있었다고 한다. 그림에는 총 130명의 인물이 등장하는데 모두 다양한 방법으로 죽음을 맞고 있다. 오른쪽의 커다란 터번을 쓴 사람이 학살을 주도한 페르시아 왕이며, 선혈이 낭자한 가운데 검은 옷을 입은 두 사람 중 오른쪽이 바로 뒤러 자신이다. 그가 검은 옷을 입고 있는 이유는 순교자들을 애도하기 위해서다.

카페 & 숍

박물관 카페

1층 중앙 개방된 공간에 있다. 예술작품과 다름없는 건물 실내도 감상하면서 휴식을 취하기에 그만이다. 생각보다 커피 값이 저렴하고 케이크 같은 디저트류도 있다.

예산 커피 €3.50~, 조각 케이크 €4.50~

박물관 숍

1 · G층에 있다. 메인 숍은 G층의 입구 바로 오른쪽에 있다. 최상의 작품엽서를 비롯해, 미술관 안내서, 각종 미술 관련 서적, 명작을 응용한 수첩 · 달력 · 컵받침 · 초기구 · 스카프 등 다양한 기념품을 판매한다. 소장용이나 예술을 사랑하는 친구를 위한 선물을 사기 좋은 곳이다.

운영 화~일 10:00~18:00(목 ~21:00) 휴무 월요일 예산 엽서 €1, 컵받침 €3, 수첩 €3~

● 마니아

마리아 테레지아 광장 Map P.194-A2
Maria-Theresia-Platz

자연사박물관과 미술사박물관 사이에 있는 광장. 1888년 무렵에 세운 마리아 테레지아 동상이 한가운데 있다. 동상 아래의 4개 기마상은 그녀에게 충성을 맹세한 장관들이고, 다른 조각상은 그녀의 주치의를 비롯한 귀족들이다.

● 마니아

자연사박물관 Map P.194-A2
Naturhistorisches Museum

마리아 테레지아 광장을 사이에 두고 미술사박물관과 마주보고 있는 자연사박물관은 1827년에 건립된 르네상스 양식의 건물. 이곳의 자랑은 2층의 해골 모음 전시실인데, 세계 최다 두개골 컬렉션으로 유명하다. 그밖에 실물 크기로 제작한 공룡 화석을 비롯해 유전자 수집물, 선사 · 청동기 시대의 유물, 멸종된 동물의 박제, 광물 등을 다수 소장하고 있다.

홈페이지 www.nhm-wien.ac.at
운영 목~월 09:00~18:30, 수 09:00~21:00
휴무 화요일 입장료 일반 €12, 학생 €7
가는 방법 U2 · 3호선 Volkstheater 역 하차. 또는 트램 1 · 2 · D번을 타고 Dr.-Karl-Renner-Ring 하차

● 핫스폿 ● 마니아

레오폴트 박물관 Map P.194-A3
Leopold Museum

마리아 테레지아 광장 뒤쪽으로 5분 정도 걸어가면 박물관 지구 Museums Quartier가 나온다. 원래는 18세기부터 왕가의 마구간으로 사용해 왔으나 1921년 전시장으로 용도가 바뀌어 지금은 오스트리아 현대미술의 메카로 불리는 명소가 되었다. 주로 팝아트와 사실주의 사진 작품을 전시하는 현대미술관 MuMok, 초현대식 작품을 전시하는 큐바티어 21 Quartier 21, 예술 홀인 쿤스트할레 빈 Kunsthalle Wien 등 테마별로 전시장도 다양하다. 레오폴트 박물관은 박물관 지구에서 가장 대표적인 전시장으로 모던한 느낌의 하얀색 건물이 돋보인다. 루돌프 레오폴트와 엘리자베트 레오폴트 부부가 직접 수집한 작품들을 전시한 미술관으로 클림트의 「죽음과 삶」을 비롯해 에곤 실레, 오스카 코코슈카의 작품을 감상할 수 있다. 동시대에 활동했고 각자 독특한 화풍으로 유명한 세 화가의 팬이라면 반드시 방문해 보자. 또한 그들의 삶과 연애사, 화풍 등에 대해 미리 알고 간다면 더욱 유익한 시간이 될 것이다. 모던한 건물 자체도 흥미로우니 현대건축에 관심이 있는 사람에게도 추천한다. 박물관 숍도 놓치지 말자.

주소 Museumsplatz 1
홈페이지 www.leopoldmuseum.org
운영 10:00~18:00(목 ~21:00)
휴무 화요일 입장료 일반 €13, 학생 €9
가는 방법 U2호선 Museumsquartier 역 하차. 또는 U2 · 3호선 Volkstheater 역에서 도보 3분

마리아 테레지아 광장

레오폴트 박물관에 전시된 클림트의 「삶과 죽음」

에곤 실레 「자화상」

지혜의 여신이 수호하고 있는 국회의사당

한여름 밤이면 시청 벽면에 대형 스크린이 걸리고 다양한 공연 녹화 필름을 상영합니다.

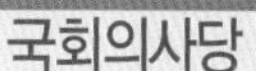

국회의사당 Parlament

Map P.194-A2

그리스 신전 양식을 모방해 1883년에 건립했으며, 합스부르크 왕국이 사라진 뒤 지금까지 오스트리아 의회의 본거지로 사용하고 있다. 건물 앞에 있는 아테네 분수 Athenebrunnen는 1902년 카를 쿤트만이 디자인한 것으로, 분수 한가운데에 지혜의 여신 아테네가 우뚝 서 있다. 밤에는 조명이 밝혀져 매우 아름답다.

홈페이지 www.parlament.gv.at

전화 01 40 110 2400

가는 방법 U2 · 3호선 Volkstheater 역 하차. 또는 트램 1 · 2 · D번을 타고 Sta diongasse/Parlament 하차

• 가이드 투어

운영 요일별로 약간씩 차이는 있지만 10:30~16:00 사이에 정각마다 투어가 있다. ⓘ에서 미리 확인할 것.

휴무 일요일 및 의회 회기 중

입장료 일반 €5, 학생 €2.50

시청사 Rathaus

Map P.194-A1

구시가의 옛 시청사를 대신해 1883년에 세운 네오고딕 양식의 멋진 건물. 힘차게 솟아오른 중앙의 첨탑은 높이 100m로 꼭대기에는 갑옷을 입고 창을 든 3m 높이의 기사상이 있다. 건물 밖 4면은 합스부르크 왕가와 오스트리아 저명인사의 동상이 에워싸고 있다. 시청사 광장 Rathaus Platz에서는 다양한 이벤트가 열리는데, 대표적인 행사로는 여름의 필름 페스티벌과 겨울의 크리스마스 마켓, 스케이트장 개장 등을 꼽을 수 있다.

홈페이지 www.wien.gv.at

가는 방법 U2호선 Rathaus 역 하차. 또는 트램 1 · 2 · D번을 타고 Rathausplatz/ Burgtheater 하차

• 가이드 투어

10명이 넘으면 내부 견학을 신청할 수 있으며, 전화로 미리 예약해야 한다.

전화 01 525 50 투어 월 · 수~금 13:00 입장료 무료

※크리스마스 마켓 11월 중순~12/26

크리스마스 마켓 홈페이지

www.wienerweihnachtstraum.at

운영 일~목 10:00~21:30, 금~토 10:00~22:00 (12/24 10:00~19:00, 12/25~26 10:00~21:30)

궁정극장 Burgtheater

Map P.194-A1~A2

연극 전용극장. 원래는 왕궁 무도회장이었으나 제2차 세계대전 때 폭격으로 상당 부분이 파괴되고, 1888년 네오바로크 양식으로 재건축돼 오늘에 이른다. 건물 안에는 클림트가 그린 「디오니소스의 제단」을 주제로 한 프레스코화가 있어 유명하다. 궁정극장 바로 옆에는 '심리학의 아버지' 프로이트가 즐겨 찾은 카페 란트만 Landtmann이 있다. 현지인에게도 인기 있는 곳이니 시간 여유가 있다면

궁정극장 정면. 옥상 중앙에는 음악의 신 아폴로가, 그리고 양쪽에는 희극의 신 탈리아와 비극의 신 멜포메네가 조각돼 있습니다.

빈 대학은 유럽에서도 우수한 명문 대학

프로이트 박물관

한번 들러보자.

홈페이지 www.burgtheater.at

가는 방법 U2호선 Rathaus 역 하차. 또는 트램 1 · D번을 타고 Rathausplatz/Burgtheater 하차

• 마니아

빈 대학 Wien Universität

Map P.194-A1

1364년 루돌프 4세가 창설. 독일어권 내에서는 가장 오래된 대학이다. 원래 성 슈테판 대성당 근처에 있었는데 링이 건설된 후 1883년 지금의 르네상스 양식 건물로 이전했다. 오랜 역사와 함께 세계적으로 유명한 학자들을 배출했는데 그 중에서도 심리학의 프로이트, 물리학의 도플러, 의학의 멘델과 빌로트, 수학의 레기오몬타누스 등이 대표적이다. 대학 내에는 유명한 학자들을 기리기 위한 기념비와 흉상들이 서 있다. 대학 건물 뒤에는 아름다운 모자이크 지붕을 한 보티프 성당 Votivkirche이 있다.

가는 방법 트램 1 · D번 이용하거나 또는 U2호선 Rathausplatz/Burgtheater 역에서 도보 3분

• 마니아

프로이트 박물관 Sigmund Freud Museum

Map P.194-A1

무의식이 행동에 영향을 준다는 것을 대중화한 정신분석학의 창시자 프로이트 박사가 빈에서 환자를 치료하면서 살던 곳이다. 1900년 빈에서 출간한 그의 가장 유명한 저서이면서 정신의학과 구별되는 정신분석을 독립적인 학문으로 자리잡게 해준 『꿈의 해석』도 바로 이곳에서 완성했다. 정신분석에 대한 논란이 끊이지 않았지만 병원 대기실에는 늘 사람들로 넘쳐났다고 한다. 1938년 히틀러가 총통이 되고 오스트리아가 합병되었다고 발표될 당시 재능 있는 사람들은 모두 오스트리아를 떠나 다른 나라로 망명했고, 프로이트 또한 같은 해 런던으로 이주했다. 오늘날 그의 자녀들의 도움을 받아 복원된 이곳을 박물관으로 사용하고 있다.

주소 Berggasse 19 홈페이지 www.freud-museum.at

운영 10:00~18:00 입장료 일반 €12, 학생 €7.50

가는 방법 U2호선 Schottentor-Universität 역 하차. 또는 트램 D번을 타고 Schickgasse 하차 후 도보 5분

응용 미술관 MAK Österreichisches Museum für angewandte kunst

Map P.195-D2

클림트의 〈스토클레 프리즈 Stoclet Frieze〉의 도안이 전시된 곳. 1863년 3월 7일 프란츠 요제프 황제가 예술 산업을 육성해야 한다는 삼촌의 조언에 따라 설립한 박물관으로, 보티프 성당과 중앙은행, 빈 대학 등을 설계한 건축가 하인리히 폰 페르스텔 Heinrich von Ferstel이 1871년 르네상스 양식의 건물로 완성했다. 내부엔 중세부터 현대까지의 가구 · 도자기 · 유리 · 직물 등을 주로 전시하고 있다. 이곳에서 가장 유명한 작품은 2층에 위치한 클림트의 〈스토클레 프리즈〉의 도안이다. 생명의 나

응용 미술관 MAK

한적한 카를 광장의 카를 성당

무를 중심으로 좌우에 기다림과 충만이라는 주제로 디자인만 4년이 걸렸다고 한다. 그림 아래에는 그가 직접 쓴 메모도 볼 수 있다. 현재 원화는 브뤼셀의 스토클레 저택 주방에 걸려 있다.

주소 Stubenring 5 홈페이지 www.mak.at
운영 수~일 10:00~18:00(화 ~22:00) 휴무 월요일
입장료 일반 €12, 화요일 18:00~22:00 입장 시 €5
가는 방법 U3호선 Stubentor 역 하차 후 도보 3분

시립공원 Stadtpark

Map P.195-C2~D2

1862년에 개원한 시민들의 휴식처. 요한 슈트라우스를 비롯해 슈베르트 · 브루크너 등의 기념상을 볼 수 있다. 빈을 소개하는 엽서나 사진에 가장 많이 등장하는 요한 슈트라우스의 바이올린 연주 동상은 공원의 상징으로 유명하다. 점심 · 저녁 시간에 맞춰 가면 노천카페에서 커피를 마시면서 왈츠를 즐길 수 있다. 또한 봄~가을에는 공원 내 쿠어 살롱 Kursalon에서 20:00부터 왈츠 공연을 감상할 수 있다.

가는 방법 U3호선 Stubantor 역 또는 U4호선 Stadtpark 역 하차

카를 성당 Karlskirche

Map P.195-C3

바로크 전성기의 건축물로 빈의 '아야소피아'로 불린다. 1713년 빈에 불어닥친 전염병은 무려 8,000명의 목숨을 앗아 갔다. 당시 황제 카를 6세는 전염병이 더 이상 돌지 않게 해 주시면 성당을 짓겠다고 신께 맹세하는데 그것이 오늘날 카를 성당의 기초가 되었다. 설계는 당대 최고의 바로크 건축가 요한 베른하르트가 맡았으며 1739년 완공되었다. 성당의 돔과 두 기둥을 보고 있자면 마치 이슬람 사원을 보는 듯하다. 정면 출입구에는 그리스 신전을 본따 만든 현관이 있다. 양 옆의 두 기둥은 로마의 트라야누스 기념비를 모델로 했다고 한다. 기둥 꼭대기에 독수리와 왕관이 조각되어 있는데, 이는 성당을 세운 카를 6세를 기념하는 것으로 땅에서의 통치권을 의미한다.

내부에서 주목할 만한 것은 1725년부터 약 5년에 걸쳐 제작된 천장의 프레스코화다. 성 카를로 보로메오가 전염병을 막아달라고 성삼위일체에 기도하는 모습이 묘사되어 있다. 성당은 전염병을 막아주는 수호성인으로 추앙된 이탈리아 밀라노의 추기경, 성 카를로 보로메오에게 봉헌되어 그를 기념하는 중요한 건축물이기도 하다. 안으로 들어가면 천장화를 가까이서 볼 수 있도록 엘리베이터와 계단이 설치되어 있다. 아슬아슬하지만 천장화를 가까이서 감상할 수 있으니 한번 이용해 보자.

주소 Kreuzherrengasse 1
홈페이지 www.karlskirche.at 운영 월~토 09:00~18:00, 일요일 및 공휴일 12:00~ 19:00
입장료 일반 €8, 학생 €4 가는 방법 U1 · 2 · 4호선 Karlsplatz 역 하차 후 도보 5분

링 외곽 지역 & 근교

빈 관광에서 빼놓을 수 없는 벨베데레 궁전과 세계문화유산으로 등록된 쇤브룬 궁전이 있다. 그밖에 빈에서 활동한 건축가들의 다양한 건물과 음악의 거장들이 잠들어 있는 중앙묘지, 영화 〈비포 선라이즈〉를 촬영한 프라테르 유원지 등이 있다. 근교에는 숲으로 우거진 빈 숲과 유럽 최대의 지하호수가 있는 지그로테 지하동굴도 있다.

● 핫스폿 ● 마니아

벨베데레 궁전 Belvedere

Map P.195-C3

'좋은(bel) 전망(vedere)의 옥상 테라스'라는 이탈리아 건축 용어에서 유래한 벨베데레는 1683년 오스트리아를 침략한 오스만투르크군을 무찌른 전쟁 영웅 외젠 왕자 Prinz Eugen의 여름 별장으로 1721~1723년에 지은 것이다. 1914년에 사라예보에서 암살당한 페르디난트 황태자가 거주한 적도 있다. 1955년 5월에는 미 · 소 · 영 · 불 4개국 외무장관이 모여 제2차 세계대전 후 10년간의 신탁통치를 마치고 오스트리아에게 완전한 자유와 독립을 부여하는 조약에 서명한 역사적인 장소이기도 하다. 벨베데레 궁전은 상궁 · 하궁 · 오랑게리로 이루어져 있으며 언덕 위에 있는 상궁과 하궁 사이에는 도미니크 지라드가 만든 프랑스풍의 아름다운 정원이 있다.

주소 Prinz Eugen-Straße 27

홈페이지 www.belvedere.at

운영 상궁 09:00~18:00, 하궁 10:00~18:00(금~21:00)

입장료 상궁 일반 €16, 학생 €13.50, 하궁 일반 €14, 학생 €11, 클림트 티켓(상궁+하궁) 일반 €20, 학생 €19

박물관 안내 팸플릿 €0.50

가는 방법 트램 D번을 타고 벨베데레 궁전 앞 하차하거나 또는 트램 O · 18번을 타고 남역에서 내려 길을 건너간다.

벨베데레 상궁 Oberes Belvedere

원래는 축제를 열기 위한 공간이었지만, 1995년에 대대적인 보수를 마치고 미술관으로 탈바꿈했다. 1층에는 20세기 예술품, 2층에는 유겐트슈틸 양식의 예술품, 3층에는 비더마이어 Biedermeier 시대의 소장품이 전시되어 있다.

가장 눈길을 끄는 것은 19세기 말~20세기 초에 활동한 오스트리아의 대표적인 화가 구스타프 클림프 Gustav Klimt(1862~1918)의 작품이다.

벨베데레 상궁

상궁은 클림트 전용 갤러리는 아니지만 그의 작품을 세계에서 가장 많이 전시하고 있고, 그와 인연이 깊은 오스카 코코슈카, 에곤 실레의 작품 등도 전시하고 있다. 늘 많은 사람들이 클림트의 작품을 보기 위해 몰리는 곳이니 여유 있게 관람하고 싶다면 오픈시간에 맞춰 입장하는 게 좋다. 갤러리 감상을 모두 마쳤다면 출구 옆에 있는 갤러리 숍도 들러보자. 질 좋은 클림트의 그림과 화보집을 구입할 수 있고 개인 소장용이나 선물용으로도 권할 만하다. 단 비용은 만만치 않다.

벨레데레 하궁과 오랑게리
Unteres Belvedere & Orangery

하궁은 외젠 왕자의 별궁이었으나 지금은 바로크 미술관으로 쓰이고 있다. 18세기 신성로마 제국의 작품이 주를 이루고 있으며 「어릿광대」라는 재미있는 표정의 두상이 유명하다. 다비드 David의 「나폴레옹」도 전시되어 있다. 하궁 옆에 있는 오랑게리는 이름 그대로 오렌지 등의 아열대식물을 비롯해 겨울 동안 식물을 보관하던 곳이었다. 지금은 미술관으로 사용하고 있으며, 오스트리아 중세 미술품과 고딕 초기 르네상스 양식의 조각과 그림을 전시한다. 가장 주목할 만한 작품으로는 12세기 말 티롤 지방의 목조작품인 슈타머베르크 십자가상과, 15세기에 루엘란트 프뤼아우프가 그린 7개의 패널화를 꼽을 수 있다.

• 마니아

제체시온 (분리파 회관)
Secession

Map P.194-B3

카를 플라츠에서 조금만 걸어가면 유난히 하얀색에 커다란 황금색 둥근 공을 이고 있는 건물이 눈에 들어온다. 19세기 말 신양식인 아르누보를 지지한 빈 예술가들의 모임과 작품 전시를 위해 지은 건물이다. 입구의 '모든 시대에는 그 시대의 예술을, 예술에는 예술의 자유를 Der zeit ihre Kunst, der Kunstihre Frei he it'이라는 황금색 문구가 인상적이다. 제체시온의 리더였던 클림트는 이곳에서 전시 공간의 여백, 부르주아 계급의 전유물이던 예술의 대중화를 위해 노동자 계급에게 무료 입장을 허용하는 등 당시로선 파격적인 시도를 했다고 한다. 오늘날 내부는 허전하게 느껴질 만큼 전시 작품 수도 적고, 장르도 현대미술품이 대부분이다. 그럼에도 이곳이 특별한 이유는 지하에 클림트가 남긴 「베토벤 프리즈」(벽화)가 있기 때문이다. 이 그림은 1902년 제체시온이 주최한 제14회 전시회의 주제 '사회의 몰이해와 고독과 싸운 베토벤'에 맞게 클림트가 내놓은 작품이다. 「베토벤 프리즈」는 클림트의 대표작 중 하나로 유겐트슈틸 상징주의의 걸작이다. 베토벤의 제9번 교향곡 중 마지막 악장 〈환희의 송가〉를 표현한 프레스코 벽화로 '행복 추구', '적대적인 힘', '행복에 대한 염원은 시를 통해 이루어진다'라는 제목으로 3면에 그려져 있다. 그림과 관련된 음악을 MP3에 담아가 음악을 들으면서 감상하면 더욱 도움이 될 것이다.

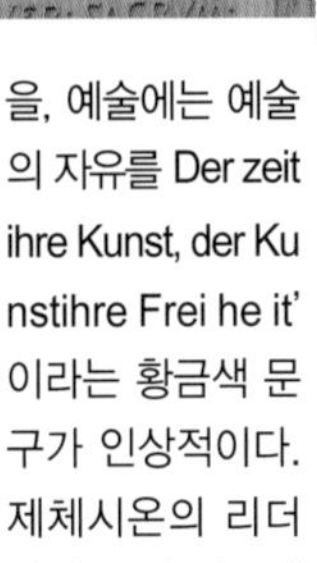

제체시온(분리파 회관)

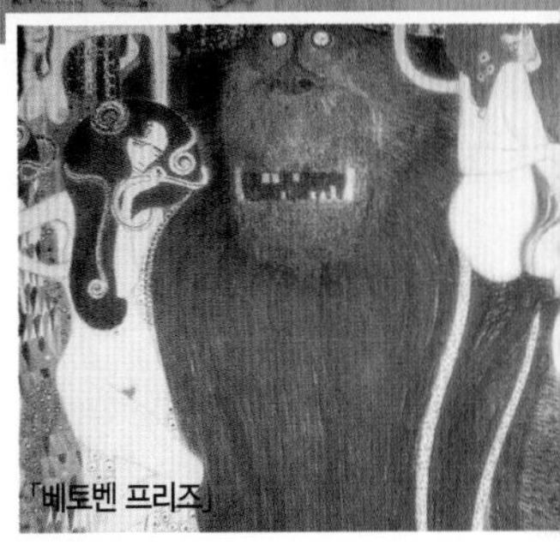

「베토벤 프리즈」

주소 Friedrichstrasse 12
홈페이지 www.secession.at
운영 화~일 10:00~18:00 휴무 월요일
입장료 베토벤 프리즈+전시회 일반 €9.50, 학생 €6
※영어 가이드 투어 토 11:00
가는 방법 U1 · 2 · 4호선 Karlsplatz 역에서 도보 5분

Travel PLUS 세기말에 활동한 오스트리아의 3대 천재 화가를 만나다

19세기말 아르누보(유겐트슈틸) 미술의 대가 클림트와 동시대에 활동한 실레 · 코코슈카는 오스트리아를 대표하는 3대 화가로 불린다. 그들은 각자 개성 넘치는 화풍과 당시로서는 파격적인 주제 선택 등으로 언제나 세간의 주목을 받았다.

● 황금의 마술사, 구스타프 클림트 Gustav Klimt (1862~1918)

「키스」는 오스트리아가 낳은 최고의 아르누보 화가 클림트의 작품이다. 사실 그는 클림트라는 자신의 이름보다 그림으로 우리에게 더 잘 알려져 있으며, 그의 그림에 반해 그에 대한 호기심을 불러일으키게 만드는 화가다. '황금색의 마술사, 여인의 화가, 매혹적 에로티시즘, 인간의 삶과 꿈, 죽음 등을 냉철하게 표현한 상징주의자'등 클림트를 표현하는 단어는 무수히 많다. 평범한 아저씨의 모습을 한 클림트는 말수가 적었지만 빈 분리파를 이끈 리더였으며, 너무도 에로틱한 그의 그림에 대해 강한 비난을 받았음에도 어떤 설명도 변명도 하지 않은 비범한 예술가였다.

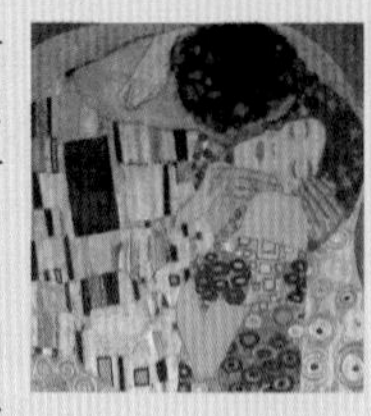

「키스」 전 세계인을 열광하게 한 클림트의 대표작. 「키스」의 주인공은 클림트 자신과 그가 평생 사랑한 에밀리 플뢰게라는 의견이 많다. 다른 그림에 비해 특별히 해석이 필요한 작품은 아니다. 지그시 바라보면서 연인들만이 느낄 수 있는 「키스」의 세계를 상상하는 것만으로도 충분하다.

「유디트 I」 서양의 많은 화가들은 구약성서에 나오는 이스라엘의 유디트라는 여인이 아시리아의 홀로페르네스 장군을 유혹한 뒤 칼로 그의 머리를 잘라 나라를 구했다는 이야기에서 연유한 그림을 많이 남겼다. 그 중에서 클림트의 「유디트 I」가 주목받는 이유는 남성을 죽음이나 고통 등 치명적인 상황으로 몰고 간 악녀, 요부 같은 팜므파탈로 그렸기 때문이다.

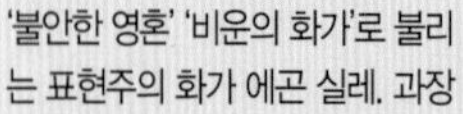

● 벌거벗은 자화상, 에곤 실레
Egon Schiele (1890~1918)

'불안한 영혼' '비운의 화가'로 불리는 표현주의 화가 에곤 실레. 과장하지 않고 상징적이면서 비틀어진 관능주의를 표현한 그의 그림들은 21세기를 살아가는 현대인들을 열광하게 만든다. 끊임없이 외설과 예술의 경계를 허물며 당시로서는 사회적 파장을 일으킬 만한 동성애나 노골적인 성행위 모습 등을 소재로 그림을 그려 성도착자라는 좋지 않은 별명까지 얻었다. 실레는 클림트와 돈독한 관계로 그와 함께 빈 분리파에서 활동하면서 왕성한 작품활동을 했다. 그리고 코코슈카가 망명한 오스트리아를 이끄는 예술가로 주목받게 되나 스페인 독감에 걸려 28세의 짧은 나이로 생을 마감한다.

「자화상」 에곤 실레의 대표작. 그에게 자화상은 자신의 모습을 묘사하는 데 그치지 않고 그 순간에 느끼는 감정까지 그림에 표출한다. 이는 그 시대에 그가 받은 그의 예술작업에 대한 사회의 억압을 도발적인 시선과 비정상적일 정도로 과장된 육체적 몸짓을 통해 그의 생각을 상징적으로 표출해 낸 그림 하나에 많은 의미를 담았다.

● 사랑에 미치다, 오스카 코코슈카
Oskar Kokoschka (1886~1980)

비평가들에게는 손가락질 받았지만 예술인들 사이에서는 극찬을 받은 코코슈카는 오늘날 표현주의 미술을 대표하는 가장 특색 있는 화가다. 프로이트의 영향을 받아 인간내면의 심리를 드러낸 초상화를 그려 분리파의 정신을 계승했고, 나치즘과 파시즘을 비판하는 풍자화도 그렸다. 클림트와는 빈 미술 공예학교에서 스승과 제자로 만났다. 섬세한 감수성의 소유자 코코슈카의 인생에서 가장 큰 파장을 일으킨 사건은 구스타프 말러의 미망인, 알마와의 사랑이었다. 그녀와의 사랑은 2년 6개월 만에 파경을 맞았지만 상심이 너무 컸던 그는 그녀와 꼭 닮은 인형을 만들어 항상 지니고 다녔다고 한다. 나중에는 그녀를 잊기 위해 전쟁에까지 참전했는데 나치즘을 비판해 '퇴폐 미술가'로 몰려 독일군에게 417점의 작품을 몰수당하는 수모까지 겪었으며, 결국 스위스로 망명하게 된다.

「바람의 신부」 한때 빈 사교계를 사로잡았던 여왕, 알마 말러와 사랑에 빠져 그린 그의 대표작. 작품 속 남녀는 코코슈카 자신과 연인 알마다. 파도치는 바다 한가운데 떠 있는 두 사람. 떠나버릴 사랑을 예감이라도 하듯 눈을 뜨고 잠들지 못하는 남자는 여인의 손을 꼭 잡고 있다. 그들 주위로 몰아치는 거센 바람에도 아랑곳 않고 오직 편안하게 잠을 자고 있는 사람은 여인뿐이다. 그림은 사랑하는 사람과 사랑받는 사람의 마음을 잘 표현했다는 찬사를 받았다. 아쉽게도 이 그림은 스위스 바젤에 있다.

• 유네스코

쇤브룬 궁전 Schloss Schönbrunn

Map P.194-A3

합스부르크 왕가의 여름 궁전. 쇤브른은 '아름다운(Schön) 분수(Brunn)'를 뜻한다. 마리아 테레지아와 그녀의 딸 마리 앙투아네트가 지내던 곳이어서 마리아 테레지아의 숨결을 가장 잘 느낄 수 있으며, 아름다운 정원과 화려한 인테리어가 유명하다. 나폴레옹의 빈 점령기(1805~1809)에는 프랑스 전시 사령부로 사용되기도 했으며, 1918년에는 제1차 세계대전에서 패한 황제 카를 1세가 오스트리아 · 헝가리 제국의 종말을 선언한 곳이기도 하다.

마리아 테레지아가 벨베데레 궁전을 인수하는 데 실패하고 이 궁전을 전면적으로 개조했는데, 궁전 외관에 칠해진 짙은 황색은 그녀가 가장 좋아하던 색이라고 한다. 구왕궁이 합스부르크 왕가의 웅장함을 상징한다면 쇤브른 궁전은 마리아 테레지아의 우아하고 여성적인 취향을 잘 반영하고 있다.

쇤브른 궁전은 프랑스의 베르사유 궁전에 종종 비교되기도 한다. 신성 로마 제국의 합스부르크 왕가와 프랑스의 부르봉 왕가는 서로 자존심이 센 라이벌 관계였기 때문이다. 실제로 크고 아름다운 베르사유 궁전을 보고 자극을 받아 쇤부른 궁전을 짓게 되었다고 한다. 두 궁전 모두 아름답지만 특히 궁전과 정원의 배치가 서로 반대라는 것이 재미있다. 쇤브른 궁전의 정원이 궁전 위쪽에 위치한 반면 베르사유 궁전의 정원은 궁전 아래쪽에 있다. 두 궁전을 서로 비교하면서 둘러보는 것도 흥미로울 것이다.

홈페이지 www.schoenbrunn.at

운영 4~6 · 9~10월 08:00~17:30, 7~8월 08:00~18:30, 11~3월 08:30~17:00

입장료 글로리에테 €4.50, 정원 €4.50

• 그랜드 투어 Grand Tour

궁 내부 전체를 돌아보는 투어. 서쪽의 마리아 테레지아와 프란츠 카를 대공의 살롱까지 볼 수 있다. 총 40개의 방을 돌아보는 데 약 50~60분 소요

입장료 일반 €20, 학생 €18(오디오 가이드 포함)

• 임페리얼 투어 Imperial Tour

궁 서쪽의 프란츠 요제프와 엘리자베트 살롱을 돌아보는 투어. 22개의 방을 돌아보는 데 약 30~40분 소요.

입장료 일반 €16, 학생 €14.50(오디오 가이드 포함)

가는 방법 U4호선 Schönbrunn 역 하차. 또는 서역에서 트램 10 · 58번을 타고 20분쯤 가면 궁전의 뒤쪽 광장에 도착한다. 바로 앞에 보이는 문이 정문이며 광장의 분수가 매우 아름답다.

※궁전 내부를 소개하는 팸플릿은 궁전에서 사지 말고 ⓘ에서 미리 얻어 놓으면 공짜!

궁전 내부

1,441개의 방 가운데 45개를 공개하고 있다. 세레모니얼 홀 Ceremonial Hall은 세례 · 생일 축하연, 연극 · 발레 공연을 위해 사용했으며 지금은 국빈 방문 때 접견실로 사용하고 있다. 나폴레옹 룸 Napoleon Room은 프랑스가 빈을 점령했을 때 나폴레옹이 침실로 쓰던 방이다. 거울의 방 Spiegelsaal은 모차르트가 6세 때 마리아 테레지아 앞에서 연주하고 마리 앙투아네트에게 구혼한 방으로 알려져 있다. 마리 앙투아네트의 방에는 프란츠 1세의 초상화가 걸려 있으며, 이어지는 아이들 방에서는 마리를 비롯한 6명의 공주들이 생활하던 분위기가 그대로 느껴진다.

흥미로운 쇤브룬 궁전의 방들

궁전의 많은 방들을 모두 돌아볼 수 없다면 우리에게 친숙한 인물들과 관련된 곳만 둘러보는 것도 좋은 방법이다.

8번 파우더 룸 Toilettezimmer 합스부르크 왕가의 여성들이 외출복을 갈아입고 치장할 때 사용하던 곳이다. 엘리자베트 황후의 유품을 전시하고 있다.

©오스트리아 관광청 / 쇤브룬 궁전 내부

쇤브룬 궁전 외부에 있는 글로리테

10번 황후의 살롱 Salon der Kaiserin 마리아 테레지아가 사용한 거실. 그녀의 자녀들이 그린 그림들로 장식되어 있다.
11번 마리 앙투아네트의 방 Marie-Antoinette Zimmer 마리아 테레지아의 막내딸 마리 앙투아네트가 사용한 방.
16번 거울의 방 Spiegelsaal 모차르트가 마리아 테레지아 앞에서 처음으로 연주를 한 곳.
21번 대회랑 Grosse Galerie 마리아 테레지아의 화려한 대연회를 비롯하여 각종 회의가 열리던 장소.
30번 나폴레옹의 방 Napoleon Zimmer 나폴레옹이 오스트리아 정복 당시 사용한 방.

궁전 외부

궁전을 나오면 드넓게 펼쳐진 공원이 보이는데 흠잡을 데 없을 만큼 아주 잘 손질되어 있다. 생동감 넘치는 넵튠 분수 Neptunbrunnen 뒤로 언덕길이 나 있고 언덕에 호수와 함께 보이는 것이 글로리테 Gloriette('작은 영광'이라는 뜻). 이것은 1747년, 프러시아를 물리친 것을 기념하며 세운 그리스 신전 양식의 건물이다. 11개의 도리스식 기둥이 서 있으며 높이가 20m에 달해 여기서 내려다보는 빈 전경이 일품이다. 지금은 카페로 운영되고 있다. 또한 작지만 식물원도 있다. 원래는 프란츠 1세의 명으로 1751년 니콜라스가 설계해 만든 동물원이었는데 1883년, 아르누보 양식의 온실이 있는 식물원으로 바뀌었다. 처음에는 해외까지 가서 희귀한 식물을 구해 와 꾸며 놓았지만 최근 들어 작은 규모로 축소되었다.

● 마니아

중앙묘지
Zentralfriedhof

1894년 5군데 묘지를 한데 모아 조성한 곳으로 베토벤, 슈베르트, 브람스, 요한 슈트라우스, 모차르트 등의 묘는 물론 역대 오스트리아 대통령의 묘도 함께 있다. 음악가 묘역은 Zentralfriedhof 2 Tor에서 묘지 정문으로 들어가 똑바로 길을 따라 올라가면 100m쯤 왼쪽에 있으며, 32-A구역 작은 표지판에 'Musiker'라고 쓰여 있다. 모차르트 기념비를 중심으로 살펴보면 기념비 뒤쪽으로 오른쪽이 슈베르트, 왼쪽이 베토벤 · 모차르트, 기념비 앞에는 요한 슈트라우스 1세가 묻혀 있다. 그밖에 요한 슈트라우스 2세와 브람스 · 브루크너 등의 묘가 있다. 중앙묘지의 가로수길은 영화 〈제3의 사나이 The Third Man〉의 마지막 장면을 촬영한 곳으로 잘 알려져 있다.

홈페이지 www.friedhoefewien.at
운영 동절기 08:00~17:00, 하절기 07:00~19:00
입장료 무료
가는 방법 U3호선 종점인 Simmering 역에서 내린 후 트램 6 · 71번을 타고 Zentralfrie dhof 2 Tor 역 하차. 또는 서역에서 트램 6번을 타고 가도 된다.

프라테르 유원지
Prater

Map P.195-D2

전에는 황제들의 사냥터였는데, 19세기부터 각종 위락시설이 들어서면서 지금의 유원지 모습으로 탈바꿈했다. 영화 〈제3의 사나이〉와 〈비포 선라이즈〉에 등장해 더욱 유명해졌다. 여기에는 1896년에 설치한 회전관람차 Das Riesenrad가 있는데, 초당 75㎝의 느린 속도로 돌아가기 때문에 연인을 위한(?) 놀이기구로 애용되고 있다.

• 프라테르 유원지

주소 Prater 7 홈페이지 www.praterwien.com

운영 24시간 입장료 공원은 무료, 놀이기구(€1.50~5)에 따라 운영시간 및 요금이 다르다.

• 회전관람차

홈페이지 www.wienerriesenrad.com

운영 1/1~1/8 · 3/6~4/28 · 10/02~11/05 · 11/18~12/30 10:00~21:45, 1/28~3/5 · 11/6~11/17 10:00~19:45, 4/29~9/3 09:00~23:45, 9/4~10/1 09:00~22:45, 12/24 10:00~16:45, 12/31 10:00~02:00

휴무 1/9~1/27

요금 일반 €10, 학생 €9

가는 방법 U1호선, 트램 O · 5 · 21번을 타고 Praterstern 역 하차

빈 숲
Wienerwald

빈 면적의 3배나 되는 녹지대로 빈의 허파 구실을 하고 있다. 산 정상에서 바라보는 빈의 전경이 무척 아름답다.

그린칭
Grinzing

도심 속에서 한적한 시골의 정취를 느끼고 싶은 여행자에게 권할 만한 곳. 빈 시내에서 비교적 가까워 부담 없이 갈 수 있는 녹지대다. 그린칭은 윗마을 Oberer Ort과 아랫마을 Unterer Ort로 나뉘어 있는데, 특히 '호이리게 선술집 Heurige'이 늘어서 있는 아랫마을이 인기가 있다. 호이리게 선술집은 그 해에 수확한 포도로 만든 화이트 와인 호이리게를 판매하는 곳으로 여름에는 큰 정원이 있는 야외에서, 겨울에는 실내에서 오스트리아 전통 음식과 함께 즐기는 맛이 일품이다. 윗마을 정상에 오르면 빈의 전경과 포도밭도 감상할 수 있다.

가는 방법 U6호선 역 하차. Nubdorferstrasse 역을 나와 오른쪽으로 내려가면 사거리가 나오는데 거기서 38번 트램을 타고 종점까지 간다.

지그로테 지하동굴
Seegrotte Hinterbruhl

19세기에 발견된 지하 동굴 안으로 들어가면 유럽 최대의 지하호수가 있다. 동굴은 제2차 세계대전 때 독일군이 무기고와 전투기 공장으로 활용하기도 했다. 지금은 관광지로 개발되어 가이드 투어로만 돌아볼 수 있다. 동굴 내부는 9℃를 유지하기 때문에 여름에도 긴소매 옷을 준비해 가는 게 좋다. 동굴 안에서는 광부들의 예배당, 와인 저장소, 나치의 비행기 공장 등을 견학하거나 수심 60m의 지하호수에서 보트 유람을 할 수 있다.

홈페이지 www.seegrotte.at

운영 4~11월 09:00~17:00, 11~3월 월~금 09:00~15:00, 토~일 · 공휴일 09:00~15:30

입장료 €12(가이드 · 요트 포함, 45분 소요)

가는 방법 S-Bahn 1 · 3호선 Mödling 역(시내에서 1시간)에서 내린 후 364 · 365번 Hinterbrühl행 버스를 타면 15분쯤 걸린다.

빈의 스타급 건축가, 오토 바그너 VS 훈데르트바서

빈은 도시 전체가 중세부터 현대에 이르기까지 다양한 건축양식의 건물이 있어 건축박물관이라 불린다. 그중에서도 오토 바그너와 훈데르트바서가 설계한 건물들은 하나의 예술작품으로 빈을 빛내고 있다.

아르누보 건축의 거장 오토 바그너
Otto Wagner (1841~1918)

세기말 빈에서 활동한 아르누보 건축의 대가. 클림트와 마찬가지로 건축에 황금색을 이용해 현대적이고 아름다운 건물을 시내 곳곳에 남겼다. 오늘날 오토 바그너에 대한 평가는 현대 건축의 선구자이며, 교육자, 빈 지식사회의 리더로 정의된다.

튼튼한 금고를 연상케 하는 우체국 저축은행
Postsparkasse[1904~1906] Map P.195-C1

오토 바그너 건축양식을 집대성한 건물. 20세기 건축물 중 최고 걸작으로 평가받고 있다. 링 안에 있는 화려한 건물들에 가려 눈에 쉽게 띄지 않을 것 같지만 간결하면서 개성 넘치는 외관은 눈길을 끌기에 충분하다. 마치 '금고'를 연상케 하는 견고한 외관은 안심하고 돈을 맡길 수 있는 신뢰감까지 안겨준다. 정문에 들어서면 요제프 황제의 부조가 있는 중앙 홀이 나오고, 중앙 홀을 지나면 지금도 운영되고 있는 은행 내부가 나온다.

주소 Georg-Coch-Plazt 2 홈페이지 www.ottowagner.com
운영 월~금 08:00~17:00 휴무 토~일요일
입장료 박물관 일반 €8, 학생 €6
가는 방법 U1 · 4호선 Schwedenplatz 역 하차 또는 트램 1 · 2번을 타고 Julius-Raab-Platz 역 하차

황금빛 해바라기에 매료되다. 카를 플라츠 역사
Karlsplatz Stadtbahn-Pavillon[1894~1898] Map P.194-B3

현대건축의 공법과 자연을 모티프로 꾸민 장식이 강조된 전형적인 아르누보 건축. 현재 쌍둥이 건물의 동쪽은 카페로, 서쪽은 작은 갤러리로 쓰고 있다. 카를 플라츠의 입구 중 오페라 하우스 반대 방향에 있다.

운영 4~10월 10:00~18:00 휴무 월요일 입장료 €5
가는 방법 U1 · 2 · 4호선 Karlsplatz 역 하차

미술작품을 연상케 하는 마욜리카 하우스
Majolika haus [1898~1899] Map P.194-A3

빈자일레 Wienzeile 거리를 걷다 보면 건물 외벽을 타고 흘러내리는 장미꽃 그림이 인상적인 건물이 눈에 들어온다. 그림처럼 보이는 장미는 이탈리아의 마욜리카 타일.
오스트리아를 대표하는 아르누보 건축물로 로맨틱한 장식 하나로 딱딱한 이미지의 건물을 보기 좋은 미술품으로 보이게 하는 효과를 이끌어 냈다. 현재 일반인이 사는 공동주택이어서 내부 관람은 할 수 없다.

주소 Linke Wienzelle 40
가는 방법 U4호선 Ketten-brückengasse 역 하차

화려한 금으로 치장된 백작부인 같은 메다용 하우스
Medaillons Haus [1898~1899] Map P.194-A3

마욜리카 하우스 바로 옆에 있는 건물. 마치 온몸을 황금빛 금으로 장식한 사치스런 백작부인 같은 느낌으로 마욜리카 하우스와는 사뭇 다른 이미지다. 이름에서 말해주듯 금메달과 야자수, 꽃으로 장식된 대표적인 유겐트슈틸 양식의 건물로 내부에 아름다운 엘리베이터가 있는 것으로 더 유명하다.

주소 Linke Wienzelle 38
가는 방법 U4호선 Ketten-brückengasse 역 하차

숲 속에 숨어 있는 황금빛 성전, 암 슈타인 호프 교회
Kirche am Steinhof [1902~1907]

시 외곽에 있는 슈타인호프 정신병자 병동에 건립됐으며, 요양소에서 가장 높은 언덕 위에 있다. 건립 초기에는 비종교인을 위한 말도 안 되는 건물이라고 비난을 받았지만 빈 대주교의 방문과 건물에 대한 그의 찬사로 유명세를 타기 시작했다. 내부 관람은 매주 토요일 오후 3시에만 가능하다. 건물은 전통적인 건축자재와 현대적인 건축자재를 함께 사용했고, 건물의 조각과 장식에 심코비츠 · 모제르 · 이데르 등이 참여했다. 내부의 스테인드글라스는 모제르의 작품으로 동쪽 창은 성인들의 정신을, 서쪽 창은 성인들의 육체를 표현했다. 건물 외부에 있는 4개의 청동천사상은 심코비츠 작품이다.

주소 Baumgartner Höhe 1 가이드 투어 토 15:00, 일 16:00 (1시간씩) 요금 €8 가는 방법 U4호선 Ober St. Veit 역 하차. 또는 버스 47A를 타고 Psychiat Krankenhaus(9번째 정류장) 하차

우체국 저축은행 카를 플라츠 역사 마욜리카 하우스

암 슈타인 호프 교회

쿤스트 하우스 빈

훈데르트바서 하우스

슈피텔라우 쓰레기 소각장

프리덴스라이히 훈데르트바서 Friedensreich Hundertwasser(1928~2000)

훈데르트바서라는 이름을 쓰기 시작한 것은 파리에서 공부하던 시절부터다. 독일어로 Hundert는 '100'을 Wasser는 '물'이라는 뜻으로 일본에 있을 때는 그 의미를 따 백수 白水라는 호를 사용하기도 했다. 사전적 의미의 백수는 깨끗하고 맑은 마음을 비유한다. 예사롭지 않은 그의 이름처럼 그의 삶도 특별했던 것 같다. 다니던 학교를 그만두고 세계를 두루 돌아다니면서 견문을 넓혔고, 오스트리아를 대표하는 화가이자 건축가로 이름을 떨쳤을 뿐 아니라 환경운동가, 반문명주의자 등으로도 왕성한 활동을 했다. 그의 이름에서, 그의 건축에서, 그의 그림에서, 즉 그의 삶 속에서 자연 사랑에 대한 절절한 메시지를 역력히 느낄 수 있다.

기인 훈데르트바서에 대한 모든 것, 쿤스트하우스 빈

Kunsthaus Wien Map P.195-D2

울긋불긋한 색상과 불규칙한 모양 등 상상 속에서나 있을 법한 공간 '쿤스트하우스 빈'은 빈의 환상파 화가 훈데르트바서가 밋밋하고 몰개성적인 현대건축에 대한 반발로 설계한 건물이다. 현재 미술관과 문화공간으로 사용하고 있는데, 미술관은 상설전시실 · 기획전시실 · 기념품점 · 커피숍 등으로 이루어져 있다. 인간의 오감을 자극하는 자연친화적인 건물은 빈의 현대건축을 대표한다 해도 과언이 아니다.

관람을 마친 뒤에는 열대우림을 연상케 하는 1층 커피숍에 앉아 휴식도 취해보고, 미술관 숍에 들러 그와 관련된 책과 엽서 · 기념품 등을 구입해 보자.

주소 Untere Weißgerberstaße 13

홈페이지 www.kunsthauswien.com 운영 10:00~18:00

입장료 박물관 €11, 박물관+기획 전시 €12

가는 방법 트램 1 · O번을 타고 Radetzkyplatz 하차, 도보 10분

메다용 하우스

이상적인 주거건물, 훈데르트바서 하우스

Hundertwasser Haus Map P.195-D2

쿤스트하우스 빈에서 10분 정도 걸어가면 밋밋한 건물들 사이에 알록달록한 색채가 눈길을 사로잡는 훈데르트바서 하우스를 발견하게 된다. 이 건물은 1985년 10월, 빈 시당국에서 이상적인 주거건물을 지어보자는 건의로 훈데르트바서에게 의뢰해 건설되었다. '현대건축에는 혼이 실종됐다'고 생각한 그는 혼이 담긴 현대인이 꿈꾸는 이상적인 주거공간을 목표로 이 건물을 지었다고 한다. 건물 외부는 다양한 모양의 창, 발코니 등이 산뜻하게 채색되어 있으며, 내부 역시 독특한 구조로 이뤄져 있다고 한다.

이 건물의 가장 큰 자랑거리로는 어린이들의 상상과 신나는 놀이를 만족시켜 줄 놀이터, 파티장이나 카페 등으로 사용하는 윈터가든 등이 있다. 내부는 일반인이 살고 있어 들어갈 수 없다. 하지만 맞은편에 훈데르트바서가 지은 기념품점 칼케 빌리지가 있으니 견학 겸 한번 들러보자.

주소 Hundertwasserhaus, Kegelgasse 34-38/ Löwengasse 41-43 가는 방법 트램 1 · O번을 타고 Radetzky platz 하차, 도보 5분

빈에서 손꼽는 관광명소, 슈피텔라우 쓰레기 소각장

Verbrennungsanlage Spittelau

메트로역에서 나오는 순간 특이한 건축물이 나타난다. 역시 그의 작품답게 강렬한 색상, 불규칙한 형태와 문양, 거기에 재미를 더해 둥근 돔까지. 도시 미관을 더욱 돋보이게 하는 외관, 게다가 공해물질을 전혀 배출하지 않는 기능성까지 갖춘 완벽한 건물이 바로 쓰레기 소각장이다.

가는 방법 U4 · 6호선을 타고 Spittelau 역 하차, 역에서 나오면 바로 보인다.

빈이 사랑한 천재 음악가들의 발자취를 따라서

그 옛날 유럽의 반을 지배한 합스부르크 제국의 수도 빈은 한때 유럽 예술인들이 성공을 꿈꾸며 모여든 예술의 메카였다. 특히 세계적인 천재 음악가들이 빈에서 동시대에 활동하면서 주옥 같은 작품들을 쏟아냈다. 대표적인 음악가로는 모차르트 · 슈베르트 · 하이든 · 베토벤이 있으며 요한 슈트라우스 부자가 그 뒤를 이어 갔다. 빈이 사랑한 천재 음악가들, 그리고 그들의 작품세계와 숨결을 느낄 수 있는 흔적들을 따라 가보고 천재들의 기를 받아보자.

신조차 질투한 세기의 천재, 모차르트와 피가로 하우스 Figarohaus

그의 일생을 그린 영화 〈아마데우스〉에서 살리에르는 이렇게 외친다. "하느님! 왜 하필 저 망나니에게 재능을 주셨습니까?"

모차르트는 어렸을 때부터 재능을 보여 6세에 순회공연으로 박수갈채를 받고, 8세 때 교향곡 1번을 작곡, 11세에 첫 오페라를 작곡, 15세 이전에 100여 곡을 작곡한 음악의 천재다. 하지만 30세에는 세상의 손가락질을 받기도 했으며, 35세라는 젊은 나이에 홀로 숨을 거두고 공동묘지에 내던져진 비운의 음악가이기도 하다.

피가로 하우스는 1995년 타임지 선정 '가장 위대한 음악'이라는 찬사를 받은 〈피가로의 결혼〉을 작곡한 집이다. 1784년부터 약 3년간 이곳에 살면서 곡을 썼고 그가 이 집에 살 때 베토벤이 찾아와 연주를 해 찬사를 받기도 했다. 2006년 모차르트 탄생 250주년을 맞이해 이 집은 박물관으로 거듭났다.

〈피가로의 결혼〉은 원래 희곡으로 1784년 프랑스에서 첫선을 보였지만 타락한 귀족을 비웃는다는 내용이 당시 사회의 정서와 맞지 않아 빈에서는 상연이 금지된다. 하지만 빈의 왕실 극작가는 황제를 설득해 이 각본에 모차르트의 곡을 입힌다. 그리고 1786년, 부르크 극장에서 모차르트가 직접 지휘를 맡고 첫 공연을 성공적으로 거둔다. 오늘날 전 세계인에게 사랑받으며 가장 많이 공연되는 오페라 중 하나다.

• 피가로 하우스

주소 Domgasse 5 홈페이지 www.mozarthausvienna.at

운영 10:00~19:00 입장료 일반 €11, 학생 €9

가는 방법 U1 · U3호선 Stephansplatz 역에서 도보 2분

인간의 한계를 넘어선 음악가, 베토벤과 파스칼라티 하우스 Pasqualatihaus

"하늘 아래 모든 사람은 평등하며 예술가는 귀족보다 천한 직업이 아니다"라는 의식 있는 말을 남긴 음악가 베토벤. 독일에서 태어난 그는 음악의 도시 빈으로 온 후 35년 동안 무려 50군데가 넘는 집을 옮겨 다녔다. 언제나 밤낮을 가리지 않고 영감이 떠오르면 쉴새없이 피아노 건반을 두들겨 집주인과 이웃 세입자와 일으킨 잦은 불화 때문이다.

오늘날 그의 이름을 전 세계에 알리게 한 〈운명〉은 귀가 들리지 초기 시작할 무렵 어느날 산책을 하다 우연히 들은 새소리에서 힌트를 얻어 곡을 썼다고 한다. 사실 우리가 아는 〈운명〉은 〈5번 교향곡〉으로 그는 원래 이 곡에 '운명'이라는 제목을 붙이지 않았다. 그의 제자 안톤 신들러가 "운명은 이렇게 문을 두드린다"고 하면서 직접 문을 두드렸다는 스승과의 일화를 말하면서 자연스럽게 부제가 정해진 것이다. 귀가 완전히 먹어 다른 사람과의 의사소통조차 어려워지면서 연주를 하기 힘들어진 베토벤은 작곡에만 힘을 썼고, 그후로 오랜 시간 산책하는 버릇이 생겼다. 악상이 떠오르면 적기 시작했지만 한번 머릿속에 떠오르면 바로 악보로 옮겨 고치지 않았던 모차르트와 달리 수십 번 고쳐 너덜너덜해지는 악보가 허다했다. 1804년에 작업하기 시작한 〈운명〉 또한 4년 뒤 완성되었다. 이 곡은 빈

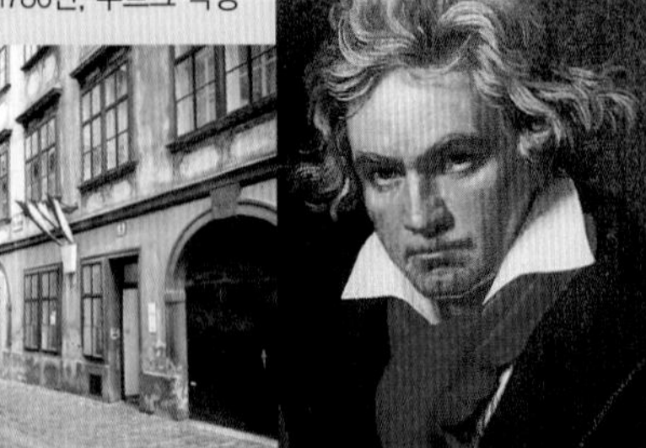

의 파스칼라티 하우스에서 탄생했다. 1804년부터 1808년까지 살다 이사간 후 2년 뒤 다시 돌아와 4년간 거주한 곳이다. 이 집의 이름은 그를 후원하고 빌려준 파스칼라티 남작의 이름을 붙인 것이다. 부르크 극장 뒤로 높은 언덕 위에 있는 5층 집인데, 이곳에 올라와 보면 빈에서도 유난히 하늘과 가까운 장소인 것 같다는 생각이 들게 한다. 지금은 빈 대학이 들어서 탁 트인 전망을 기대할 수 없지만 그가 살 당시에는 빈 시내가 한눈에 들어오는 전망 좋은 곳이었다고 한다. 베토벤은 이곳에서 〈열정〉도 탄생시킨다. 그를 진심으로 아낀 온화한 성품의 남작은 베토벤이 집을 비울 때도 그가 유난히 좋아했다는 5층만큼은 언제라도 돌아와 쓸 수 있게 비워두었다고 한다. 그가 가장 오랜 시간을 함께한 집이어서 지금도 그의 유품을 가장 많이 보관하고 있다.

• 파스칼라티 하우스

주소 Mölker Bastei 8

운영 10:00~13:00, 14:00~18:00 휴무 월요일

입장료 일반 €5, 학생 €4(매월 첫째 일요일 무료)

가는 방법 U2호선 Schottentor 역 하차, 도보 5분

교향곡의 아버지, 하이든과 하이든 기념관 Haydn-Gedenkstätte

빈이 사랑한 교향곡의 아버지, 하이든은 모범적인 생활과 상냥하고 친절한 성격으로 존경을 받았다. 고전음악의 대부였으며 주로 교향곡을 작곡했다. 음악하고는 전혀 상관 없는 대장간 집 맏아들로 태어났지만, 6세 때 그의 재능을 알아본 친척에 의해 본격적으로 음악의 길로 접어든다. 7세 때부터 무려 10년 동안 성 슈테판 대성당 합창단에서 노래를 했으나 변성기로 인해 그만두고 학생들을 가르치게 된다. 29세 때 헝가리의 에스테르하지 후작의 후원을 받아 그의 집 부악장으로 들어간 후 그곳에서 30년 동안 일하면서 그의 재능이 빛을 보게 된다. 음악을 좋아하는 후작 덕분에 아무런 간섭을 받지 않고 수많은 교향곡을 작곡하게 된다. 특히 그가 '교향곡의 아버지'로 불리면서 교향곡만 작곡한 이유는 교향곡은 균형과 조화를 잘 표현할 수 있는 음악이었기 때문이다. 그의 나이 60세에 후작이 죽은 후 다시 빈으로 돌아왔다가 얼마 후 바이올린 연주자 잘로몬의 초청을 받아 런던으로 떠난다. 영국에 머물면서 헨델의 음악에 감명을 받아 〈천지창조〉, 〈사계〉를 만든다. 그리고 영국 국가를 듣고 빈으로 돌아온 하이든은 오스트리아 국가를 만들었다. 이때 작곡한 오스트리아 국가는 현재 독일의 국가로 쓰이고 있다. 그가 돌아와서 1809년 세상을 떠나기 전까지 살던 집은 현재 하이든 기념관으로 그의 유품을 전시하고 있다. 모차르트에게는 존경받는 스승이었지만 베토벤에게는 비판을 받은 스승이기도 한 그를 마리아힐퍼 거리에서 동상으로도 만날 수 있다.

• 하이든 기념관

주소 Haydngasse 19 홈페이지 www.wienmuseum.at

운영 10:00~13:00, 14:00~18:00 휴무 월요일

입장료 일반 €5, 학생 €4(매월 첫째 일요일 무료)

가는 방법 U3호선 Zieglergass 역에서 도보 7분

왈츠의 왕, 요한 슈트라우스와 기념관 Johann-Strauss-Gedenkstätte

빈에서 태어나 빈에서 죽은 왈츠의 왕. 그의 대표작 〈아름답고 푸른 도나우 강〉은 빈의 숲과 강을 소재로 쓴 곡으로, 매년 1월 1일 무지크페라인에서 전 세계로 생중계되는 '빈 신년 음악회'에서 빈 필하모니에 의해 연주된다. 오스트리아 시민에게는 제야의 종소리와 같다고 할까? 이렇게 새해 콘서트에서 연주되는 왈츠 대부분은 슈트라우스 부자가 작곡한 것들이다. 요한 슈트라우스의 아들로 태어난 동명의 요한 슈트라우스는 아버지의 바람대로 은행가를 꿈꾸지만, 아버지가 이웃 여자와 바람이 나 집을 나가 버리자 그는 아버지에게 복수하기 위해 단시간에 많은 돈을 벌 수 있는 음악가가 되기로 결심한다. 그러나 이미 그의 아버지는 150여 곡의 왈츠를 작곡해 '왈츠의 아버지'로 불리는 유명인이었기에 아들이 빈에서 연주를 못하도록 음악활동을 방해한다. 하지만 45세로 아버지가 일찍 돌아가시자 그는 아버지와 자신의 악단을 통합시킨다. 요한 슈트라우스는 약 150곡의 왈츠 외에도 유명한 오페레타 〈박쥐〉 등을 작곡했다. 오페라보다 스케일이 작아 가볍게 즐길 수 있는 음악극이 오페레타다. 1863년부터 7년간 거주한 집에서 그는 〈아름답고 푸른 도나우 강〉을 작곡했다. 현재 그의 기념관으로 변신한 이곳 2층에 피아노 · 악보 그리고 그가 쓰던 가구 및 턱시도와 드레스까지 있어 집 주인인 요한 슈트라우스와 그의 부인만 있으면 그 시대로 돌아간 것 같은 느낌을 준다. 길가에 있는 이 기념관은 입구에 유명인의 집을 나타내는 표시인 국기가 없어 그냥 지나치기 쉬우니 잘 살펴보자.

• 요한 슈트라우스 기념관

주소 Praterstrasse 54 운영 10:00~13:00, 14:00~18:00 휴무 월요일 입장료 일반 €5, 학생 €4

가는 방법 U1호선 Nestroyplatz 역에서 도보 5분

먹는 즐거움 Restaurant

국제도시답게 볼거리 못지 않은 먹을거리도 넘쳐난다. 특히 링 안쪽 지역은 고급 레스토랑부터 패스트푸드점까지 선택의 폭이 다양하고 전통 음식뿐만 아니라 우리 입맛에 친숙한 세계적인 음식까지 골고루 맛볼 수 있다. 또 오스트리아 전통 카페 문화체험도 놓칠 수 없는 즐거움이다.

레스토랑

우리에게 가장 잘 알려진 오스트리아 전통 음식은 슈니첼이다. 일명 오스트리아 돈가스로 불리는 슈니첼을 먹어보자. 최근 오스트리아의 지식인들은 오리엔탈 요리 맛에 흠뻑 빠져 있다. 빈 사람들이 사랑하는 동양의 퓨전 요리도 즐겨보자. 무엇보다 우리 입맛에 딱이라 행복하다. 또 하나 빠질 수 없는 것은 맥주! 독일 · 체코 맥주만 맥주냐, 빈에서 즐기는 오스트리아 정통 맥주도 놓치지 말자.

전통 레스토랑

Schnitzelwirt Schmidt

슈니첼을 맛볼 수 있는 저렴한 레스토랑. 맛과 양이 가격대비 모두 만족스러워 항상 사람들로 붐빈다. 빈 서역과 미술사박물관을 이어주는 마리아 힐퍼 거리 Mariahilferstrasse 중간에 있다. 역과 박물관에서 각각 약 15분 소요.

주소 Neubaugasse 52 홈페이지 www.schnitzelwirt.co.at 전화 01 52 33 771 영업 월~토 11:00~21:30 휴무 일요일 예산 비너슈니첼+샐러드 €10~ 가는 방법 U3호선 Neubaugasse 역 하차 후, Neubaugasse 방향으로 나와 도보 10분 정도 가면 'Ottaringer'라고 쓰인 간판이 보인다.

Map P.194-B2

Rosenberger Markt Restaurant

1층은 간단한 음료를 파는 바와 기념품점. 지하 1층은 테이블, 지하 2층은 음료 · 주요리 · 디저트 등 다양하게 먹을 수 있는 뷔페 레스토랑이다. 영수증을 들고 다니면서 원하는 음식을 고르면 각 코너마다 표시를 해주고 나중에 한꺼번에 계산한다.

주소 Maysedergasse 2

전화 01 512 34 58

홈페이지 www.rosenberger.cc/en 영업 레스토랑 11:00~19:00, 숍 09:00~19:00, 카페 08:00~22:00 예산 €10 가는 방법 케른트너 거리에 인접해 있다.

Map P.194-A1

Tunnel

학생들이 많이 찾아오는 양 많고 저렴한 레스토랑. 슈

니첼부터 이탈리아 음식까지 메뉴도 다양하다. 21:00부터는 아마추어 뮤지션들의 데뷔 무대가 펼쳐지고 재즈는 물론 여러 장르의 음악을 즐길 수 있는 Bar로 변신한다.

주소 Florianigasse 39 전화 01 990 4400
홈페이지 www.tunnel-vienna-live.at
영업 월~토 09:00~02:00, 일 09:00~00:00
예산 €4~ 가는 방법 U2호선 Rathaus 역 하차, 시청 뒤쪽으로 난 Florianigasse를 따라 도보 5분

Map P.195-C2

Figlmüller

130년 전통의 식당으로 특히 슈퍼 사이즈의 슈니첼로 유명하다. 신선한 기름으로 매일 튀겨내는 지름 28cm의 슈니첼은 성인 남성이 혼자 먹기 버거운 양이다. 여자 둘이 간다면 샐러드를 곁들여 둘이 나눠 먹는 것도 추천한다. 워낙 여행자들에게 유명한 곳으로, 친절한 서비스는 기대하지 않는 게 좋다.

주소 Bäckerstraße 6, Wollzeile 5 전화 01 512 1760
홈페이지 www.figlmueller.at 영업 11:00~22:30
예산 슈니첼 €15.50, 샐러드 €4.7
가는 방법 성 슈테판 대성당에서 도보 5분

Map P.195-C2

Ribs of Vienna

1951년 문은 연 갈비&스테이크 전문점. 빈의 소문난 맛 집으로 고기 좀 먹는다는 우리나라 여행자들에게도 인기 있는 립 전문점. 1m라는 엄청난 길이의 립에 두툼한 고기가 듬뿍, 약간 짭조름한 양념 덕에 맥주와 함께 곁들여 먹으면 더 맛있다. 여느 맛집처럼 영업시간과 상관없이 음식재료가 떨어지면 문을 닫는다.

주소 Weihburggasse 22 전화 01 513 8519
홈페이지 www.ribsofvienna.at 영업 월~금 12:00~15:00, 17:00~24:00, 주말 및 공휴일 12:00~24:00
예산 Ribs of Vienna €16.90, 샐러드 €3, 마늘크림 스프 €4.60 가는 방법 트램 2번을 타고 Weihburggasse 역 하차 후 도보 3분 또는 성 슈테판 대성당에서 도보 7분

Map P.195-D1

Schweizerhaus

200년 역사를 자랑하는 식당으로 프라테르 유원지 내에 있다. 겨울엔 문을 열지 않아 슈바이처하우스가 문을 열었다면 빈에 봄이 왔다는 우스갯소리가 있을 정도다. 가장 인기 있는 메뉴로는 슈텔제 Stelze가 있다. 돼지 요리로, 겉은 바삭하고 속은 쫄깃해 맥주와 환상의 궁합을 자랑한다.

주소 Prater 116 전화 01 7280152 0
홈페이지 www.schweizerhaus.at
영업 11:00~23:00(3월 15일~10월 31일)
예산 슈틸제 1kg €19.70 (보통 2~3명이 먹는 양)
가는 방법 U1호선 Praters tern 역 하차 후 도보 3분

Map P.195-D1

Strandcafé

강을 보면서 분위기 있게 먹을 수 있는 카페 겸 식당. 연인들의 데이트 장소인 테라스는 언제나 만석이다. 이곳의 대표 메뉴는 립. 하지만 이곳의 립은 우리가 흔히 먹는 바비큐 소스가 발라진 것이 아닌 불에 구운 것이다. 처음 보면 군데군데 그을린 모습에 살짝 실망할지 모르지만 한 입 베어 물면 불에 구운 고기의 깊은 맛이 입안 가득 퍼져 립을 뜯는 손이 멈추지 않을 수 있다. 샐러드는 가격에 비해 부실하고 평범한 맛이기에 일행과 같이 갔다면 샐러드 보다는 요리를 여러 개 시켜서 나눠 먹는 게 더 낫다.

주소 Florian-Berndl-Gasse 20
홈페이지 www.strandcafe-wien.at
영업 11:00~24:00
예산 립 €14.80~, 샐러드 €5.40~
가는 방법 U-bahn Alte Donau 역 하차 후 강가 쪽으로 도보 7분

동양퓨전레스토랑

Map P.195-B1·C2

Akakiko

빈에만 10곳의 체인점을 두고 있는 일식 전문점. 현지인들에게 매우 인기가 높아 늘 사람들로 붐빈다. 전통식이라기보다는 퓨전 요리에 가까우며 회 · 우동 · 도시락 · 덮밥 종류 등 메뉴가 다양하다. 오스트리아 10대 경제인 중 한 사람으로 꼽힌 한국인이 운영하는 곳이어서 음식 맛은 한국인 입맛에 그만이다. 해물라면을 비롯해 매운맛이 나는 메뉴도 선보이고 있다. 내부는 현대적이면서 은은한 조명을 밝혀 분위기가 멋스럽다. 양도 푸짐해서 매우 만족스러운 곳. 시내에는 성 슈테판 대성당 근처 로열 호텔 맞은편과 그라벤 거리에서 안쪽으로 5분 정도 걸리는 곳에 지점이 있다.

주소 Singerstrasse 4, Heidenschuss 3

홈페이지 www.akakiko.at

전화 057 333 140, 057 333 130

영업 10:30~23:30

예산 해물라면 €13.20, 밥 종류 €10.90~, 도시락 €11.90~, 회 €15~

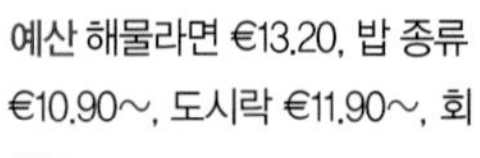

Map P.194-B3

WOK & MORE

일식과 중식을 실컷 먹을 수 있는 뷔페 레스토랑. 초밥뿐만 아니라 채소 · 고기 · 해산물 등을 골라 주방장에게 주면 원하는 소스를 넣고 즉석에서 요리해 준다.

주소 Karlsplatz 1 전화 01 505 7603

홈페이지 www.wokandmore.at 영업 10:30~23:30

예산 런치 뷔페 월~금 11:30~16:30 €9.90, 토~일 €12.90, 디너 뷔페 17:00~22:30 €14.90

가는 방법 U1 · 2 · 4호선 Karlsplatz 역에서 하차. Bösendorferstraβe 방향으로 나오면 바로 오른쪽.

Map P.194-A1

Kím Kocht im Restaurant

오스트리아에서 한식으로 유명한 김소희 셰프가 운영하는 식당. 우리나라에서 〈마스터 셰프 코리아〉라는 프로그램에 출연해 잘 알려져 있다. 건강하고 맛있는 요리로 현지인들에게도 좋은 평가를 받고 있다. 비빔밥이 가장 유명한 메뉴인데, 스파이시 치킨 비빔밥이 느끼한 속을 달래기 가장 좋다. 점심에 간다면 런치 메뉴를 선택해보자. 본점과 몇 개의 분점이 있는데, 저녁 시간에 예약 없이 간다면 기다리는 일은 다반사다.

주소 Währinger Strasse Nr. 46

전화 664 4258866

홈페이지 www.kim.wien

영업 월~금 12:00~15:00, 18:00~23:00

휴무 토 · 일요일 예산 런치 메뉴 €9.50

가는 방법 U6호선 Wien Währinger Straße-Volksoper 역에서 도보 10분

소문난 맥주집

Map P.194-B1

Griechenbeisl

13세기에 포도주와 포목점이 성행했던 빈에서 가장 오래된 골목길에 위치한 선술집. 18세기 브람스 · 바그너 · 베토벤 · 모차르트 같은 음악가들의 모임장소였다. 현재 레스토랑과 호프로 운영하고 있으며, 레스토랑 입구 지하에는 페스트로 죽은 시신을 자진해서 매장해 준 선술집 주인을 모델로 한 인형이 있다.

주소 Fleischmarkt 11 전화 01 533 1977
홈페이지 www.griechenbeisl.at
영업 11:00~01:00 예산 주요리 €21.90~
가는 방법 U1 · 4호선 Schwedenplatz 역에서 도보 5분

Map P.194-B2

Gösser Bierklinik

오스트리아의 유명한 맥주 메이커 괴서 Gösser 맥주 맛이 일품인 곳. '비어클리니크'라는 이름에서도 강조하듯 맥주가 건강에 좋다는 데 의미를 두고 있다. 호프와 레스토랑으로 운영하고 있으며 단골손님과 관광객으로 붐비는 곳이다. 성 슈테판 대성당과 가까워 찾기도 쉽다.

주소 Steindlgasse 4 전화 01 533 7598
홈페이지 www.goesser-bierklinik.at
영업 10:00~23:00 휴무 공휴일
가는 방법 U1 · 3호선 Stephanplatz 역에서 도보 10분

저렴하다! 양도 질도 최고!

빈에서 가장 저렴하면서 푸짐한 한 끼를 때우는 데는 조각 피자가 단연 으뜸이다. 여자인 경우 €1~2 정도의 피자 한쪽만 먹어도 한 끼 식사로 충분하다. 맛, 가격 모두 만족스럽다. 갓 구워낸 고소한 빵을 먹고 싶다면 ANKER를 그냥 지나치지 말자. 오스트리아 전역 어디서나 쉽게 찾을 수 있는 빵 전문점으로 크루아상부터 샌드위치까지 직접 구운 신선한 빵을 먹을 수 있다. 작은 테이블도 있어 그 자리에서 간단하게 음료와 빵을 먹기에도 좋다. 역마다 빵 굽는 냄새가 난다면 가까이에 ANKER가 있다는 증거다. 야간열차를 타고 새벽에 도착했다면 ANKER에 들러 커피와 크루아상을 먹어보자.

Travel PLUS 빈에서 즐기는 전통 커피와 달콤한 디저트 메뉴

빈에서 콘디토라이 Konditorei라는 명칭은 '제과점'이라는 뜻으로 커피와 함께 케이크를 먹을 수 있는 곳이다. 요즘 우리나라에서 유행하는 베이커리 & 카페를 생각하면 된다. 갓 뽑은 커피에 갓 구운 케이크는 환상의 궁합 그 자체다.

커피 메뉴

• 멜랑게 Melange 빈에서 가장 인기있는 커피. 블랙커피에 거품이 나는 뜨거운 우유를 타서 내온다. 이탈리아의 카푸치노와 비슷하다.

• 아인슈페너 Einspänner 우리가 알고 있는 비엔나 커피로 '말 한 마리가 끄는 마차'라는 뜻을 지니고 있다. 블랙커피 위에 휘핑크림을 얹어서 내온다.

• 슈바르처 Schwarzer 사전적으로는 아프리카 예멘과 에티오피아에서 생산되는 커피를 의미하지만, 일반적으로 에스프레소에 휘핑크림과 초콜릿 시럽을 얹어서 내온다. 우리에게는 흔히 모카 Mokka 커피로 알려져 있다. 슈바르처에 우유를 넣으면 브라우너 Brauner가 된다.

멜랑게
아인슈페너

자허 토르테

디저트 메뉴

• 자허 토르테 Sacher Torte 빈의 명물이자 세계적으로 유명한 초콜릿 케이크

• 잘츠부르거 노케를 Salzburger Nockerl 슈크림 모양의 디저트로 눈 덮인 알프스 산을 연상케 해 붙인 이름

• 아펠슈트루델 Apfelstrudel 말랑말랑한 애플파이

• 팔라트싱켄 Palatschinken 일종의 크레페

잘츠부르거 노케를
아펠슈트루델

팔라트싱켄

유명인들이 사랑한 전통 카페

빈의 카페는 예부터 지식인들과 예술가들이 모여 열띤 토론과 예술활동을 한 장소로 300년 역사와 전통을 자랑한다. 1670년, 아르메니아 상인이 커피를 처음 들여온 당시에는 궁전에서만 마시는 음료였지만 이후 점점 대중화되었다. 빈이 낳은 수많은 예술가들은 이곳 카페에 모여 토론하고, 사색하며 불후의 작품들을 탄생시켰고, 지금도 그 전통을 이어가고 있다. 카페 문화의 본고장 빈에서 맛보는 카페 체험은 수많은 예술가들의 숨결을 느낄 수 있는 절호의 기회가 될 것이다.

Map P.194-B2

Café Sacher

황제가 먹었다는 초콜릿 케이크 '자허 토르테'를 탄생시킨 카페 자허. 오페라 하우스 뒤쪽에 자리잡고 있어 찾기가 쉽다. 중후한 실내 분위기에 압도되어 들어가기 망설여질 수도 있지만 워낙 많은 관광객으로 붐비는 곳이니 자연스럽게 들어가 보자. 자허에서는 반드시 자허 토르테를 먹어보자. 1주일간 보관이 가능해 선물용으로 인기가 높다.

주소 philharmonikerstrasse 4

홈페이지 www.sacher.com 전화 01 514 561 003

영업 08:00~24:00 예산 멜랑게 €5.70, 자허 토르테 €7.10 가는 방법 케른트너 거리 초입과 오페라 하우스 바로 뒤

중후하면서 현대적인 분위기의 자허 카페

Map P.194-B2

Café Demel

카페 자허와는 오랫동안 선의의 경쟁을 다투는 곳. 200년 전통과 왕실에 제과를 납품한 것으로 유명하다. 또한, 클림트가 그의 연인 에밀리를 위해 초콜릿 케이크를 자주 사러 왔다는 후문도 있다. 케이크 종류가 다양하다는 것도 이곳의 자랑이며, 제빵 작업실을 유리문을 통해 직접 볼 수 있어 흥미롭다. 워낙 유명해 관광객으로 항상 붐빈다. 케이크 외에 사탕 · 차 등도 포장해 판매하고 있으니 기념품으로 하나쯤 구입해 볼 만하다. 무엇보다 포장 케이스가 예술품이다.

주소 Kohlmarkt 14 전화 01 535 17 170

홈페이지 www.demel.at

영업 08:00~19:00 예산 멜랑게 €5.90

가는 방법 성 슈테판 대성당에서 도보 7분

클림트와 에밀리가 즐겨 먹었다는 초콜릿 케이크. 이것이 바로 자허의 아들과 데멜의 딸이 결혼함으로써 자허 토르테의 비밀이 누설돼 탄생한 제2의 자허 토르테입니다.

Map P.194-B1

Café Central

1868년에 문을 연 카페 첸트랄은 그 당시 활동하던 수많은 예술가들의 사랑을 받은 곳. 특히 젊은 예술가들의 아지트로 이용되어 이름만 들어도 알 수 있는 유명인들이 단골손님 명단에 올라 있다. 클림트 역시 그의 연인 에밀리와 담소를 나누며 차를 마셨다고 한다. 그 밖에 미술 지망생이던 히틀러도 이곳에서 차를 즐겼고, 작가 페터 알텐베르크는 잠자는 시간 외에 모든 시간을 이곳에서 보냈다고 한다. 지금도 카페 문을 열고 들어서면 밀랍인형으로 만든 페터 알텐베르크가 창작의 고통에 고뇌하는 듯한 켕한 표정으로 사람들을 맞이한다. 입구에 들어서면 말쑥한 정장 차림을 한 웨이터가 안내해 준다. 그 명성을 보여주듯 카페 안은 자신이 좋아하는 유명인의 단골 카페에 호기심을 갖고 찾아오는 사람들로 가득하다.

주소 Herrengasse/Strauchgasse 전화 01 533 3763
홈페이지 www.cafecentral.wien/en
영업 월~토 07:30~22:00, 일 · 공휴일 10:00~22:00
예산 Café Central Kaffee €7.30, 애플파이 €4.80
가는 방법 왕궁 앞 미하엘 광장에서 도보 5분

진한 블랙커피에 휘핑크림이 멋스럽게 얹혀 나오는 Salon Ein Spänner.

홈메이드 애플파이 Haus Gemachter Apfelstrudel. 바삭바삭한 티라미수 안에 사과 과즙과 사과가 씹히는 맛이 일품이다. 강추!

Map P.195-C3

Café Imperial

1873년에 오픈한 임페리얼 호텔은 마치 왕궁 내부를 그대로 재현한 듯 격조 높은 실내 분위기가 압권이다. 실제로 개업식에는 프란츠 요제프 황제도 참석했다고 한다. 호텔은 개업 이래 지금까지 각국의 정상과 세계 유명인사들이 많이 이용하는 특급 호텔로 알려져 덕분에 1층 카페까지 유명해졌다.

카페의 규모는 작지만 호텔에 걸맞게 실내는 중후하면서 우아한 분위기. 오랜 역사와 전통을 자랑하는 카페지만 생각보다 커피 값이 저렴하고 관광객과 현지인이 골고루 찾는 곳이어서 부담 없이 이용할 수 있다.

주소 Kärntner Ring 16(임페리얼 호텔 1층)
전화 01 501 10 389
홈페이지 www.cafe-imperial.at/en
영업 07:00~23:00
예산 멜랑게 €5.80, 임페리얼 토르테 €7, 애플파이 Apple Strudel €6.5

자허 토르테만큼 유명한 임페리얼 토르테. 자허 토르테와 달리 크런치 초콜릿 맛이 난다.

품격 있는 카페 화장실

사는 즐거움 Shopping

빈 제일의 쇼핑 1번지는 케른트너 거리다. 백화점, 고급 상점가, 기념품점, 캐주얼 숍 등이 모여 있으며 케른트너 거리에 인접한 그라벤 거리, 콜마르크트 거리에는 유명 브랜드 숍이 즐비하다. 유명한 특산품으로는 수제품인 자수 제품, 스와로브스키의 크리스털 제품, 아르누보풍의 작품에서 모티프를 얻은 칠보 제품, 도자기(아우가르텐 Augarten), 전통 제과 등이 있다. 빈의 기념품들은 품질과 디자인이 모두 만족스러운 최상의 상품이지만 값이 비싸 조금 부담스럽다.

독특한 쇼핑 숍

Map P.195-C2

Manner

124년 전통의 웨하스로 유명한 곳. 헤이즐넛 크림 맛이 오리지널로, 1898년 요제프 마너에 의해 개발되었고 이후 자체적으로 포장 용기를 개발해 눅눅해지지 않는 지금의 맛을 지켜왔다. 본점에서는 웨하스 외에 초콜릿, 에코가방 등 다양한 상품을 구입할 수 있으며 저렴한 가격과 입에서 살살 녹는 맛으로 남녀노소 누구에게나 선물하기 좋다.

주소 Stephansplatz 7 전화 01 513 70 18

홈페이지 www.manner.com 영업 10:00~21:00

예산 웨하스(8개입) €8.39~ 가는 방법 성 슈테판 대성당 옆, 분홍색 간판이 눈에 띈다.

Map P.194-B2

Julius Meinl

호텔 로비처럼 고급스러운 실내장식이 인상적인 마켓. 일반 식료품은 물론 선물용으로 좋은 와인 · 치즈 · 차 · 햄 · 초콜릿 등을 판매한다. 1층에는 테이크아웃 음식점과 커피숍이 있고 2층에는 여러 개의 레스토랑이 입점해 있다. 식료품에 관심이 있는 사람이라면 절대 실망하지 않을 곳이니 꼭 찾아가 보자.

주소 Graben 19 전화 01 532 33 34

홈페이지 www.meinlamgraben.at

영업 월~금 08:00~19:30, 토 09:00~18:00

휴무 일요일

가는 방법 성 슈테판 대성당에서 도보 5분

Map P.194-B3

Naschmarkt

18세기부터 이어 오는 노천시장으로 빈 시내에서 규모가 가장 크다. 과일 · 채소 · 치즈 · 와인 · 향신료 · 포목류까지 없는 게 없다. 저렴한 가격에 향신료 같은 특별한 식료품을 구입하고 싶다면 이곳에 가보자. 뿐만 아니라 여러 나라의 음식을 먹을 수 있는 다양한 식당들이 있어서 시장 구경도 하고 식사를 해결하기에도 그만이다. 나슈마르크트 시장 서쪽 끝에서는 매주 토요일에 골동품과 중고품 등을 파는 벼룩시장 Flohmarkt이 열리니 관심 있는 사람은 아침 일찍 골동품 쇼핑에 나서보자.

주소 빈자일레 거리 Wienzeile
영업 월~금 06:00~19:30, 토 06:00~18:00
휴무 일요일 가는 방법 U4호선 Ketten Brückengasse 역 하차. 또는 U1 · 2 · 4호선 Karlsplatz 역에서 도보 15분

알아두세요

빈에는 Billa · Spar 등 다양한 슈퍼마켓 체인이 있으며, 시내 곳곳, 동네 어디에나 편의점처럼 있어 이용하기에도 편리하다. 위치에 따라 판매 품목도 달라지는데, 오페라 하우스 맞은편에 있는 Billa에서는 오스트리아의 명물, 초콜릿을 저렴하게 판매해 여행자들이 많이 찾는다.

Travel PLUS 선물용 쇼핑 리스트!

❶모차르트 쿠겔른 모차르트 얼굴이 새겨진 초콜릿
❷티롤러 프뤼겔 토르테 티롤 지방의 전통적인 방법으로 구운 쿠키. 일명 통나무 쿠키
❸그밖에 전통 카페에서 직접 만든 초콜릿과 사탕
❹미술관 숍에서 구입한 감동을 주는 작품의 그림엽서 또는 그림

노는 즐거움 Entertainment

STEHPLATZ-KASSE
STANDING AREA

음악의 도시답게 오페라와 클래식 공연이 1년 내내 끊이지 않는다. 뿐만 아니라 발레 · 뮤지컬 · 연극 · 콘서트 등도 곳곳에서 열리고 있어 취향에 따라 선택의 폭도 넓다. 공연 관련 정보는 ⓘ에서 얻을 수 있다. 일정이 빠듯해도 저렴한 값에 수준 높은 공연을 감상할 수 있는 오페라만은 놓치지 말고 보자.

영화 한 편 값에 즐기는 오페라

오페라는 '지루하다!' '정장을 차려입고 봐야 하는 상류층의 놀이문화다!'라는 오해를 사고 있다. 하지만 빈의 오페라는 절대 지루하지도, 특권층의 전유물도 아니다. 오히려 평소에 관심이 없던 사람도 단 한 번 관람하고 나면 오페라 팬이 되어 버릴 만큼 매력적이다. 게다가 저렴한 티켓도 많으니 놓치지 말고 관람할 기회를 잡아보자. 오페라는 7 · 8월을 제외한 매일 19:00와 19:30에 오페라 하우스와 민중 오페라 극장 Volksoper에서 공연한다.

• 공연정보 수집

ⓘ에서 〈Programm〉이라는 무료 정보지를 받아두자. 빈에서 1개월 동안 열리는 모든 이벤트를 상세히 소개하고 있는데 'Theater'섹션에 오페라 하우스와 민중 오페라 극장의 1개월 공연 스케줄이 자세히 실려 있다.

• 티켓 구입

티켓은 좌석에 따라 요금이 천차만별인데 가장 좋은 자리는 €300, 중간석은 €80, 최하는 €5~30, 그리고 입석 티켓 Stepläṫze은 €3~5 수준이다. 일반 티켓은 공연 1개월 전부터 판매하며 공연장 매표소나 시내의 Box Office에서 살 수 있다. 취소되거나 남은 티켓을 싸게 팔기도 하니 전화로 문의해 보자. 웹사이트를 통해 예약도 가능하다.

전화 01 514 44 2250/7880

홈페이지 www.wiener-staatsoper.at

www.culturall.com

• 입석 티켓

공연 내내 서서 관람해야 하는 입석 티켓은 1층석 Parterre/ 3층석 Balkon/ 천장석 Galerie 등이 있다. 1층석이 약간 더 비싼데 무대 중앙을 마주보고 있어 특석이 부럽지 않을 정도다. 티켓은 당일 공연 시작 1시간 전부터 판매하는데, 오페라 하우스의 오페른 거리 Opern Gasse 쪽에 입석 티켓 입구가 있다. 입구에서 줄을 서서 기다리면 차례로 들어가 대기하다가 티켓을 사서 입장하면 된다. 단, 인기 있는 유명 오페라인 경우 공연 시작 3시간 전부터 줄을 서야 한다.

• 에티켓 및 관람요령

정장 차림이 기본이지만 입석 티켓은 캐주얼 차림도 상관 없다. 단, 운동복(트레이닝복) 차림은 입장 불가. 우산 · 코트 · 가방 등은 짐 보관소에 맡기고 들어가자. 입석은 특별히 자리가 지정돼 있지 않으니 서둘러 들어가서 난간에 스카프나 리본 등을 묶어 자기 자리를 표시하자. 3시간 남짓한 공연을 계속 서서 봐야 하므로 편한 신발(흰 운동화는 안쪽)과 음료수 등은 준비하는 게 좋다. 난간 앞에는 대사를 설명하는 전광판이 붙어 있는데, 독일어와 영어 중 선택할 수 있다.

한여름 밤의 음악회 '필름 페스티벌'

오페라 공연이 없는 7 · 8월에는 시청사에 대형 스크린을 걸고 유명 오페라나 오케스트라의 연주회를 공연하는 무료 필름 페스티벌 Film Festival이 열린다. 해가 뉘엿뉘엿 넘어가는 21:00 무렵이면 어김없이 시작하는데, 시청 앞 광장은 이 페스티벌을 즐기려는 사람들로 북새통을 이룬다. 의자가 마련되어 있지만 돗자리를 펴고 누워서 봐도 되고 가볍게 맥주나 와인을 마시면서 음악을 즐겨도 상관 없다. 광장 주변에는 음료수 · 먹을거리 등을 파는 포장마차가 늘어서는데 자유로운 분위기 속에서 이 모든 것을 즐기는 것만으로도 색다른 경험이 된다. 프로그램은 시청사 입구에 붙은 일정표나 ⓘ에서 확인하자.

Map P.195-C3

무지크페라인 Musikverein

1860년대 후반에 건립. 빈 필하모니 오케스트라 외에 세계적인 연주자들이 공연하는 무대다. 무지크페라인이 유명해진 것은 전 세계적으로 방송되는 빈 신년 음악회 덕분이다. 이 공연은 보통 1년 전에 예약을 해 놓아야 입장할 수 있을 정도로 인기가 높다.

주소 Musikvereinsplatz 1

전화 01 505 81 90

홈페이지 www.musikverein.at

운영 박스 오피스 월~금 9:00~20:00(7~8월 ~12:00), 토 9:00~13:00

휴무 일요일 · 공휴일

가는 방법 U1 · 2 · 4호선 Karlsplatz 역에서 도보 3분

Map P.195-C3

콘체르트하우스 Konzerthaus

이름이 같은 공연장이 베를린에도 있어서 간혹 착각하는 경우가 있다. 빈 심포니 오케스트라의 본거지로 1913년에 개관. 내부는 1,800여 석의 대음악당, 700여 석의 모차르트 홀, 300여 석의 슈베르트 홀로 나뉘어 있으며 최고의 클래식 공연이 펼쳐진다. 팝페라 가수 임형주가 이 무대에 오른 적이 있다.

주소 Lothringerstrasse 20 전화 01 24 20 02

홈페이지 www.konzerthaus.at

운영 월~금 09:00~19:45, 토 09:00~13:00

가는 방법 U4호선 Stadtpark 역에서 도보 10분. 또는 U1 · 2 · 4호선 Karlsplatz 역에서 도보 15분

줄거리를 미리 알면 오페라가 더 재밌어진다

오페라는 모든 대사를 노래로 표현한다. 게다가 영어가 아닌 낯선 제3세계 언어라는 사실. 자막이 없다면 도저히 이해할 수 없는 외계어로 들리겠지만, 미리 줄거리를 알고 가면 오페라 가수의 연기와 멜로디만으로도 충분히 이해하고 즐길 수 있다. 아래 소개하는 오페라는 가장 유명하고 많이 공연되는 작품으로 세상의 비극적인 사랑 이야기는 모두 모여 있다.

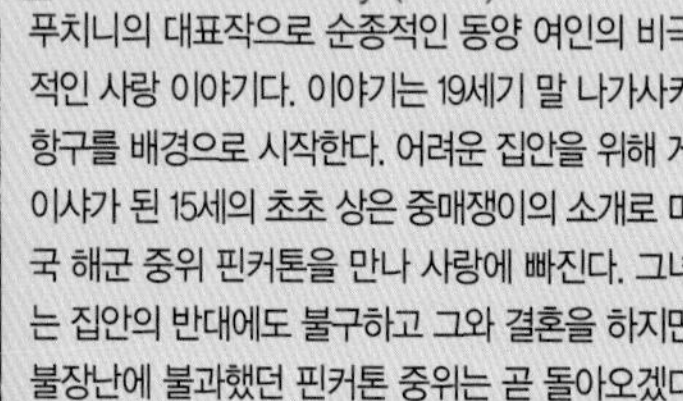

나비부인 Madama Butterfly (1904)

푸치니의 대표작으로 순종적인 동양 여인의 비극적인 사랑 이야기다. 이야기는 19세기 말 나가사키 항구를 배경으로 시작한다. 어려운 집안을 위해 게이샤가 된 15세의 초초 상은 중매쟁이의 소개로 미국 해군 중위 핀커톤을 만나 사랑에 빠진다. 그녀는 집안의 반대에도 불구하고 그와 결혼을 하지만 불장난에 불과했던 핀커톤 중위는 곧 돌아오겠다는 말을 남기고 미국으로 떠난다. 떠난 사람만을 하염없이 기다린 지 3년, 그가 탄 배가 나가사키 항으로 들어온다. 아들과 함께 그를 기다리던 초초 상은 핀커톤 중위 옆에 서 있는 미국인 부인을 보게 된다. 그녀에게 아이가 있음을 안 핀커톤 부부는 그녀의 아들을 키우겠다는 말을 건넨다. 절망에 빠진 초초 상은 '명예롭게 살지 못한다면 명예로운 죽음을 택하겠다'는 문구를 읽고 자결한다. 이를 본 핀커톤은 자신의 잘못을 뉘우치며 죽어가는 그녀 옆에 무릎을 끊고 울부짖는다. 가장 유명한 노래는 초초 상이 떠난 님을 기다리다 행복했던 나날들을 회상하며 부르는 '어느 개인 날 Un bel di vedremo'이 있다.

라 트라비아타 La Traviata (1853)

베르디의 대표작으로 파리의 동명소설이 원작. <리골레토>의 각본가에게 오페라 대본을 의뢰한 지 한 달 만에 전곡을 완성하는 기염을 토했다. 라 트라비아타는 '길 잃은 여인'이라는 뜻으로 창녀가 된 주인공 비올레타를 말한다. 어느날 24살의 순진한 귀족 청년 알프레도와 프랑스 사교계의 고급 창녀인 비올레타는 첫눈에 반해 사랑에 빠진다. 하지만 이를 안 알프레도의 아버지는 그녀에게 그의 아들과 헤어질 것을 요구하고, 결국 그녀는 그를 위해 진심을 숨긴 채 그를 떠나고 만다. 배신을 당했다고 생각한 알프레도는 비올레타를 찾아가 원망과 분노를 분출하지만 모든 것을 감수하는 비올레타. 결국 그녀의 진심을 알게 된 알프레도 아버지는 자신의 잘못을 아들에게 말하고 그들의 관계를 허락한다. 사랑을 찾아 알프레도는 비올레타를 찾아가지만, 안타깝게도 그녀는 결핵에 걸려 죽음을 맞는다.

1853년 베네치아에서의 초연에서 비올레타를 맡은 가수가 뚱뚱해 별다른 인기를 끌지 못했지만, 매력적인 여가수가 주인공을 맡으면서 큰 인기를 끌었다는 에피소드가 있다. 유명한 아리아로는 파티에서 처음 만난 비올레타와 알프레도가 함께 부르는 '축배의 노래 Libiamo libiamo ne'lieti Calici', 알프레도와 재결합해 파리로 떠나면서 부르는 '파리를 떠나 Parigi, ocara' 등이 있다. 1948년 1월, <춘희>라는 제목으로 국내에서도 공연되었다.

아이다 Aida (1871)

베르디의 작품. 1869년 12월 수에즈 운하 개통을 기념해 이집트 왕이 카이로에 건립한 오페라 극장 개막식을 위해 만든 작품이다. 이야기는 고대 이집트를 배경으로, 죽음으로 맺어지는 슬프지만 아름다운 사랑 이야기다. 포로로 잡혀와 이집트 공주의 시녀로 있는 에티오피아 공주 아이다와 이집트 무

ⓒ황현희

장 라다메스는 서로 사랑하는 사이다. 거기에 이들의 관계를 아는 이집트의 공주 암네리스는 라다메스를 사모하고 있다.
아이다는 자신의 아버지와 전쟁을 하기 위해 출전하는 라다메스를 보고 자신의 처지를 슬퍼한다. 그리고 승리를 이루고 돌아온 라다메스에게 왕은 공주와 결혼해 왕위를 계승하라는 제의를 한다. 이때 이집트에 첩자로 들어온 아이다 아버지는 그녀에게 조국을 위해 라다메스로부터 군사기밀을 알아낼 것을 강요한다. 결국 라다메스는 아이다를 위해 군사기밀을 누설하고, 둘의 사랑을 질투하던 암네리스 공주에 의해 발각된다. 사형선고를 받고 토굴에 생매장된 라다메스는 죽음을 기다리는데 토굴 안에는 이미 아이다가 그를 기다리고 있다. 둘은 죽음을 통해 이뤄진 그들의 사랑을 노래하며 서서히 조용해지면서 막이 내린다.
화려한 음악과 청중을 압도하는 무대장치로 오페라 중에서도 가장 손꼽히는 작품이다. 이 중 라다메스가 노래하는 '청순한 아이다'와 아이다가 노래하는 '이기고 돌아오라 Gloria all' Egitato'가 가장 유명하다. 또한 아이다는 뮤지컬로도 공연됐는데, 오페라가 정통 극본을 고집한다면 뮤지컬은 현대적인 요소를 많이 첨가해 역동적이라는 평가를 받는다.

카르멘 Carmen (1875)

프랑스의 작곡가 비제의 오페라. 소설『카르멘』을 오페라로 만든 작품으로 1875년 3월 파리의 오페라코미크 극장에서 초연되었다. 스페인 세비야를 배경으로, 팜므파탈 카르멘에 매료된 돈 호세의 비극적인 사랑 이야기다. 순진한 돈 호세 하사관은 담배 공장에서 일하는 집시 카르멘을 보고 첫눈에 반해 사랑에 빠진다. 그녀와의 사랑으로 군대 규율을 어긴 그는 감옥에 갇히고, 군대 이탈과 상사까지 죽이게 된다. 결국 카르멘의 꼬임에 넘어가 모든 것을 버리고 산 속으로 들어간 후 밀매업자가 된다. 카르멘을 위해서라면 무엇이든 할 수 있는 돈 호세지만, 그런 그에게 카르멘은 싫증을 느끼고 투우사 에스카미요를 좋아하기 시작한다. 그러던 중 돈 호세는 어머니의 병환으로 잠시 고향에 가게 되는데, 그 틈을 타 카르멘은 투우사 에스카미요를 보러 투우장으로 간다. 그런데 투우장에서 카르멘은 돈 호세와 마주치게 되고, 이에 분노한 돈 호세는 카르멘을 칼로 찔러 죽인다. 그리고 그 역시 자살하고 만다.
배경, 주인공, 이야기 등 어느 것 하나 자극적이지 않은 게 없어 세기의 비극적인 러브 스토리로 소설, 영화, 드라마 등의 소재가 되었다. 우리나라에서는 1950년 5월에 초연됐으며, '하바네라', '집시의 노래', '투우사의 노래', '카르멘과 호세의 이중창' 등이 유명한 곡이다.

ⓒ황현희

ⓒ황현희

쉬는 즐거움 Hotel

유명 관광도시답게 전통적인 격식을 갖춘 호텔부터 저렴한 호스텔까지 숙박시설이 다양하다. 설비 역시 유럽 최고를 자랑하며 아무리 저렴한 곳이라도 청결하고 쾌적하다. 대부분의 호텔과 호스텔은 교통의 중심지 서역 주변에 모여 있고 어느 숙소라도 메트로역과 연결되어 있으면 시내 관광하는 데 별 문제가 없다. 시 주변에도 캠핑장만 5군데가 있으니 도시 여행에 지쳤다면 ⓘ에서 정보를 구해 이용해 보자. 인기 있는 숙소는 늘 만실이므로 홈페이지나 전화를 통해 미리 예약하는 게 안심이다. 모든 숙소는 시즌에 따라 요금이 달라진다.

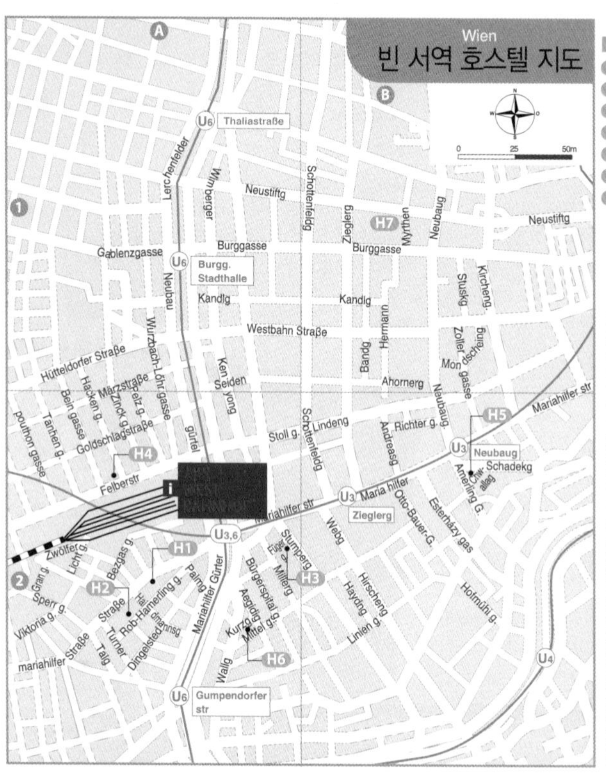

쉬는 즐거움

- H1 Wombat's City Hostel A2
- H2 Hostel Ruthensteiner A2
- H3 Westend City Hostel A2
- H4 Do Step Inn A2
- H5 K&T Boardinghouse A2
- H6 Happy Hostel A2
- H7 Jugendherberge Wien-Myrthengasse B2

Map P.248-A2

Wombat's City Hostel

빈에만 2개의 호스텔을 운영하고 있다. 코인로커 · 세탁실 · 인터넷 · 수영장 · 레스토랑 등 다양한 편의시설을 갖추고 있고 펍에서 포켓볼도 즐길 수 있다. 인라인스케이트와 자전거도 빌려주고 밤에는 비디오를 상영하며 음료수는 무료로 제공한다. 현대적이고 쾌적해서 인기가 높다.

주소 Mariahilferstrasse 137

전화 01 897 2336

홈페이지 www.wombats-hostels.com

요금 8인 도미토리 €13~

가는 방법 서역에서 도보 10분. 서역에서 Mariahilfer Steaβe 방향으로 나오면 쉽게 찾을 수 있다.

Map P.194-A3

Wombat's City Hostel -The Naschmarkt

유럽의 유명 호스텔 체인점으로 나슈마르크트 시장 근처에 위치한다. 링크 안쪽의 주요 명소들을 도보로 둘러볼 수 있다는 장점과 넓은 공간, 쾌적한 시설을 자랑한다. 빈에서도 손에 꼽는 호스텔 중 하나이다.

주소 Rechte Wienzeile 35 전화 01 897 2336

홈페이지 www.wombats-hostels.com/vienna/the-naschmarkt 요금 4인 도미토리 €24.80~

가는 방법 U4호선 Kettenbrückengasse 역에서 도보 3분

Map P.248-A2

Westend City Hostel

19세기의 Hotel Westend 건물을 개조해 2002년에 오픈한 호스텔. 방이 쾌적하고 청결하며, 직원들도 친절하다. 기본적인 시설 외에 주방 · 세탁실 · TV룸 등을 완비하고 있다.

주소 Fügergasse 3 전화 01 597 6729

홈페이지 www.viennahostel.at

요금 12인 도미토리 €17~(아침 포함)

가는 방법 서역에서 도보 5분

Map P.248-A2

Do Step Inn

호텔 · 호스텔 · 아파트먼트까지 다양한 형태의 숙소를 운영한다. 개인실을 선호하고, 조용한 분위기를 원한다면 저렴한 이곳이 제격이다. 꽤 인기가 있는 곳이니 미리 예약하고 가는 게 좋다.

주소 Felberstrasse 20

전화 01 982 3314

홈페이지 www.dostepinn.com

요금 5인 도미토리 €12~, 1인실 €40~, 2인실 €40.80~ 가는 방법 서역에서 도보 10분

Map P.248-A2

Hostel Ruthensteiner

서역 근처에 있어 시내 관광뿐만 아니라 열차 이용이 편리하며, 예쁜 야외정원이 인상적인 곳. 개인용 로커, 주방, 컴퓨터실, 바 등 여행자를 위한 시설을 잘 갖추고 있으며 가격대비 시설이 매우 깨끗하고 편안하다.

주소 Rovert HamerlingGasse 24

전화 01 893 4202

홈페이지 www.hostelruthensteiner.com

요금 8인 여성 전용 도미토리 €14.50, 10인 남성 전용 도미토리 €11.50, 조식 €3.90

가는 방법 서역에서 도보 10분. 서역에서 Mariahilfer Steaβe 방향으로 나온다. 골목 안에 있기 때문에 반드시 지도를 보면서 찾아가야 한다.

Map P.248-A2

Happy Hostel

서역에서 가깝고 시내 중심가까지도 10분 안에 갈 수 있다. 아담한 규모에 전체적으로 깨끗하게 관리되고 있다. 세탁기 · 다리미 · 주방 · 인터넷을 무료로 이용할 수 있고, 팩스 · 사진인쇄 같은 유료 서비스도 제공한다.

주소 Kurzgasse 2 전화 01 208 26 18

홈페이지 www.happyhostel.at

요금 도미토리 €20~, 2인실 €24~

가는 방법 서역에서 도보 5분. 서역에서 Mariahilfer

Gürtel 방향으로 나와 IBIS 호텔 바로 전에 왼쪽으로 돌면 Kurzgasse 거리를 찾을 수 있다.

Map P.248-B2

K&T Boardinghouse

1999년에 리모델링된 아파트를 개조한 숙소로 시내에 위치하고 있어 관광하는 데 편리하다. 방은 넓고 고전적이면서 우아하게 꾸며져 있어 기분 좋게 머물 수 있다. 예약은 필수.

주소 Chwallagassse 2 전화 01 523 2989

홈페이지 www.ktboardinghouse.at

요금 2인실 €79~ 가는 방법 서역에서 도보 10분

Map P.195-C3

MEININGER Vienna Central Station

유럽 내에 체인점을 둔 대형 호스텔로 호텔과 같이 있다. 내부는 빈의 상징 색깔인 붉은색을 적절히 사용해 감각적이고 세련된 인테리어가 눈길을 끈다. 대형 체인 호스텔인 만큼 깨끗하고 체계적으로 관리되어 믿을 만하다. 세탁시설 · 주방 · 인터넷 · 드라이어 · 로커 등의 시설을 갖추고 있다.

주소 Columbusgasse 16

전화 720 881 453

홈페이지 www.meininger-hotels.com

요금 8인 도미토리 €18~, 2인실 €26~

가는 방법 U1호선 Kepler Pl 역에서 도보 5분

Map P.195-C1

MEININGER Vienna Downtown Franz

도나우 운하가 있는 레오폴트슈타트에 위치한 호스텔. 호텔과 함께 운영되며 1인실, 2인실, 도미토리 등 약 131개 객실은 현대적이며 깨끗하게 운영되고 있다. 무료 Wifi · 세탁실 · 주방 · 개인사물함 · 자전거대여 등의 시설을 갖추고 있다. 호스텔 바로 옆에 마트가 있고, 가격대비 만족스러운 곳.

주소 Rembrandtstraße 21

전화 720 882 065

홈페이지 www.meininger-hotels.com

요금 조식 €6.5~, 4인 도미토리 €17~

가는 방법 U4호선 Roßauer Lände역에서 도보 5분

Map P.248-B2

Jugendherberge Wien-Myrthengasse

국회의사당과 시청사가 있는 링 근처에 위치한 공식 유스호스텔. 객실마다 개인 샤워실이 딸려 있고 레스토랑, 인터넷시설 등이 있다. 유스호스텔증은 필수!

주소 Myrthengasse 7 전화 01 523 63 160

홈페이지 www.hihostels.com, www.oejhv.at

요금 6인 도미토리 €18.50~

가는 방법 서역에서 U6호선을 타고 Burggasse 역에 내린 후 버스 48A로 환승해 Dr. Karl Renner Ring 하차, 도보 10분. 남역에서는 D번 트램을 이용하자.

A&T Holiday Hostel

2013년에 오픈한 곳으로, 모던하고 밝은 이미지의 숙소다. 방마다 화장실과 샤워실이 있어 편리하다. 공용 장소에서의 무료 인터넷과 코인세탁기, 드라이어, 다리미 등 여행자를 위한 세심한 서비스를 제공한다.

주소 Leibnizgasse 66

전화 01 6070 727

홈페이지 www.athostel.com

요금 4인실 €16~, 2인실 €29~

가는 방법 U1호선을 타고 Reumannplatz 역에서 하차, 도보 10분

Schlossherberge, Palace Hostel

시내 중심에서 꽤 멀지만 숲으로 우거진 언덕 위에 호스텔이 있어 색다르다. 전원적인 숙소에서 휴식을 취하고 싶다면 이곳이 최고다. 포도밭과 함께 멋진 시내 전경도 감상할 수 있다. 호스텔은 아담하고 모던한 분위기. 전망이 좋은 파노라마룸은 요금이 약간 비싸다. 버스에서 내리면 제일 먼저 웅장한 성이 보이는데 현재 고급 호텔로 운영하고 있다. 호스텔은 호텔을 바라보고 왼쪽에 있다.

주소 Savoyenstrasse 2

전화 01 481 03 00 홈페이지 www.hostel.at
요금 4인 도미토리 €16.80~
가는 방법 U3호선 Ottakring 역에서 내린 후 버스 46B 또는 146B로 환승. 버스는 호스텔 바로 앞에 정차한다.

Map P.195-C3

A&O Wien Hauptbahnhof

2013년에 문을 연 호스텔. 호텔과 같은 건물을 사용해 규모가 크며, 체크인 시간이 좀 오래 걸리는 편. 도미토리 방도 넓고 깨끗하며, 개인 사물함, 드라이어 등을 사용할 수 있다. 내부엔 코인 세탁기, 무료 Wifi, ATM, Bar등이 있으며, 지하식당엔 호스텔 이용자들을 위한 부엌이 따로 마련되어 있다. 중앙역과 가까워 편리성에 중심을 둔 여행자에게 추천한다.

주소 Sonnwendgasse 11 전화 01 602 0617 3800
홈페이지 www.aohostels.com
요금 도미토리 €12~ , 침대시트 €1.5
가는 방법 U1 중앙역Hbf에서 도보 5분. 뒤편 출구로 나와 Sonnwendgasse를 따라 이동하면 왼편에 위치.

Travel PLUS 전통의 도시 빈에서 즐기는 디자인 호텔!

25Hours Hotel

독특한 디자인과 개성 있는 인테리어, 1:1 맞춤 서비스를 지향하며 소규모로 운영되는 디자인 호텔. 25Hours 호텔은 총 217개의 객실을 갖춘 대형 디자인 호텔로, 젊은이들 사이에서 핫(hot)한 호텔이다. 지금은 보기 어려워진 서커스를 콘셉트로 하고 있다. 환상적인 서커스에 상상력을 더해 시간과 공간의 경계를 허문 게 이 호텔의 특징이다. 로비 한쪽엔 사자가 들어 있을 법한 철창 우리가 있고, 맞은편엔 공중 그네를 연상하게 하는 그네가 있다. 1층 식당은 아침엔 조식 룸으로, 저녁엔 펍으로 변신한다. 방마다 서커스를 테마로 벽에 그림을 그려 놓았는데 무시무시한 문신을 한 남자가 뱀을 감고 있다거나 호랑이가 머리를 먹으려고 입을 쩍 벌린 모습, 말을 탄 삐에로 등 만화책에서나 봄 직한 그림이 그려져 있다. "저를 사용하는 동안 물을 잠궈 주세요"라는 문구가 쓰인 용기에 들어있는 욕실 비품은 無합성 · 향료 · 색소 · 방부제로 호텔이 단순히 재미만 쫓는 게 아니라 건강과 환경에도 신경 쓰고 있음을 알 수 있다. 호텔의 요소들이 하나같이 개성과 의미를 담고 있어 머무는 내내 지루할 새가 없다. 그래도 단점을 꼽으라면 객실이 생각보다 작다.

Map P.194-A2
주소 Lerchenfelder Strasse 1-3
전화 01 521 510
홈페이지 www.25hours-hotels.com
요금 2인실 €85~(시즌과 주중, 주말에 따라 요금이 다르다)
가는 방법 U2 · U3호선 Volkstheater 역 하차 후 도보 3분

모차르트의 고향 잘츠부르크

Salzburg

전 세계에서 아름답기로 손꼽히는 도시 잘츠부르크는 웅장한 알프스 산에 둘러싸여 있는 작고 조용한 마을로 비친다. 그러나 도시의 역사를 거슬러 올라가 보면 일찍이 고대부터 소금무역의 중심지로 번영을 누렸고 798년에 대주교 관구로 지정되면서 가톨릭 문화의 중심지가 되었다. 19세기 오스트리아 영토로 편입되기 전까지 이곳을 통치한 대주교들은 로마를 닮은 건축물들을 시내 곳곳에 세워 '북쪽의 로마'라는 별명까지 얻게 되었다. 잘츠부르크의 행운은 여기서 그치지 않는다. 천재 음악가 모차르트가 탄생했으며 뮤지컬 영화 〈사운드 오브 뮤직〉의 촬영지로 유명세에 오른 후 그야말로 시들지 않는 인기를 누리고 있다. 자연은 물론 음악 · 건축 · 교육의 도시로 불리며 연중 관광객으로 북적이고, 해마다 여름이면 유럽 3대 음악제 중 하나인 잘츠부르크 페스티벌이 열려 세계적인 음악인들이 이곳으로 모여든다.

지명 이야기

Salz는 '소금', Burg는 '성'으로 Salzburg는 '소금의 성' 또는 '소금의 도시'라는 뜻을 담고 있다. 원래 바닷속이던 곳이 지구의 융기로 솟아오르면서 소금광산이 되었고, 이곳에 소금을 채취하러 온 사람들이 모여 소금의 도시를 이루었다.

이런 사람 꼭 가자

모차르트에 열광하는 팬이라면
영화 〈사운드 오브 뮤직〉을 감명 깊게 감상했다면
오스트리아 알프스를 체험하고 싶다면

여행의 기술

INFORMATION 인포메이션

유용한 홈페이지

잘츠부르크 관광청 www.salzburg.info

관광안내소

• **중앙역 내 ⓘ (Map P.257-A1)**

중앙역 플랫폼 2·3번 사이에 있는 관광안내소 ⓘ

시내 지도, 여행정보, 각종 투어와 숙소 예약 서비스 제공. 잘츠카머구트 관련 정보도 얻을 수 있다.
위치 잘츠부르크 중앙역 플랫폼 2a
전화 0662 8898 7340 운영 1~4·10~12월 09:00~18:00, 5·9월 09:00~19:00, 6월 08:30~19:00, 7~8월 08:30~19:30

• **모차르트 광장 ⓘ (Map P.257-B2)**

주소 Mozartplatz 5 전화 0662 8898 7330
운영 1~3·10/17~30·11월 월~토 09:00~18:00, 4~6·9·10/1~16·12월 09:00~18:00, 7월 09:00~18:30, 8월 09:00~19:00 (12/24~25, 31, 1/1은 문의)
휴무 일요일

슈퍼마켓

역 내, 역 정면 좌측의 FORUM 1에 Spar가 입점해 있다. 역 앞의 구시가로 가는 Rainerstraße 거리에 위치한 KIESEKL 쇼핑 센터에도 Billa가 있다.

ACCESS 가는 방법

철도

오스트리아 중앙에 자리잡고 있어 서유럽과 빈을 연결하는 대부분의 국제선이 잘츠부르크를 지난다. 특히 근교 여행이 가능한 뮌헨·인스부르크·빈에서는 잘츠부르크 행 열차편수가 많아서 편리하다. 베네치아나 부다페스트 구간은 야간열차도 있으나 너무 이른 새벽에 도착하거나, 너무 늦은 밤에 출발해 불편하다.
잘츠부르크 중앙역 Hauptbahnhof(Hbf)은 신시가지에 있으며 2층 구조의 건물이다. 플랫폼은 2층에 있으며, 1층에는 매표소, 시내·근교 교통정보를 제공하는 Infopoint, 환전소, 우체국 등이 있다.
중앙역 광장에는 시내버스 및 잘츠카머구트행 포스트버스가 서는 정류장이 있다. 역에서 시내까지는 도보 약 15~20분. 정문을 등지고 왼 으로 가다가 두 번째 터널을 지나 좌회전한 후 곧장 가면 신시가지의 중심인 미라벨 정원이 나온다. 걷기 싫다면 역 앞에서 5·6·51·55번 버스를 타고 슈타트 다리를 건넌 후 정류장 Rathaus에서 내린다. 여기서 5분 정도 걸어가면 구시가지다.

• **코인로커 (1층 4·5번 플랫폼이 연결된 통로)**

요금 크기에 따라 €2/ €2.50/ €3.50

☑알아두세요

잘츠부르크 국제공항 W.A. Mozart Flughafen
시내에서 남쪽으로 4㎞ 떨어져 있다. 공항에서 시내로 갈 때는 중앙역까지 운행하는 2·10·27번 버스(€2.50)를 이용하면 편리하다. 시내까지 그다지 멀지 않기 때문에 택시(€20~50 내외)도 이용할 만하다. 모두 15~20분 소요.
공항정보 www.salzburg-airport.com

근교이동 가능 도시

잘츠부르크 Hbf	▶▶	그문덴	열차 1시간 16분(1회 환승)
잘츠부르크 Hbf	▶▶	할슈타트	열차 2시간 19분(1회 환승)
잘츠부르크 중앙역 광장 앞	▶▶	장크트 길겐 포스트	포스트버스 50분
잘츠부르크 Hbf	▶▶	베르히테스가덴 Hbf	열차 50분 또는 버스 50분

주간이동 가능 도시

잘츠부르크 Hbf	▶▶	빈 Hbf 또는 Westbahnhof	열차 2시간 22분~2시간 53분
잘츠부르크 Hbf	▶▶	인스부르크 Hbf	열차 1시간 48분
잘츠부르크 Hbf	▶▶	린츠 Hbf	열차 1시간 10분
잘츠부르크 Hbf	▶▶	뮌헨 Hbf	열차 1시간 45분
잘츠부르크 Hbf	▶▶	류블랴나	열차 4시간 20분
잘츠부르크 Hbf	▶▶	취리히 HB	열차 5시간 24분
잘츠부르크 Hbf	▶▶	프랑크푸르트 Hbf	열차 5시간 40분
잘츠부르크 Hbf	▶▶	부다페스트 Keleti pu	열차 5시간 11분

야간이동 가능 도시

잘츠부르크 Hbf	▶▶	베네치아 SL	열차 6시간 44분

※현지 사정에 따라 열차 운행시간 변동이 크니, 반드시 그때그때 확인할 것

THE CITY TRAFFIC 시내 교통

'Obus'라는 트롤리버스 Trolleybus와 일반 버스 Autobus가 있다. 친환경 전기버스인 트롤리버스는 시내만, 일반 버스는 시내와 교외까지 운행한다. 모든 버스정류장에는 버스 노선도와 도착 시각이 표시된 전광판이 있어 이용하기 쉽다. 버스 안에도 도착역을 표시하는 게시판이 있으니 안심하고 이용해 보자. ⓘ에서 제공하는 시내 지도에는 노선도가 표시돼 있으니 참고하자. 티켓은 담배 가게나 자동 발매기 등에서 구입할 수 있고, 약간 비싸지만 운전사에게서 직접 구입해도 된다. 탑승 후 티켓을 펀칭기에 넣고 개시해야 한다.

그밖에 자전거 전용도로가 잘 정비되어 있어 자전거 여행도 인기가 있다. 대표 렌털 회사로는 벨로린트 Velorint가 있고 시내 곳곳에 대리점이 있다. 중앙역의 자전거 대여소는 24시간 운영하며, 숙소에 따라 유료 · 무료로 빌릴 수 있는 곳이 있다.

• **대중교통 요금**

1회권 €2.50

자전거 대여소 중앙역 3번 창구, 구시가 내 모차르트 광장 ⓘ 등에 있다. 요금은 1일 €20

잘츠부르크 카드 Salzburg Card

만 26세 이상 성인에게 유리한 패스. 대중교통, 시설 입장 등을 무료로 이용할 수 있고, 각종 투어와 레스토랑 · 호텔 · 상점 등에서 할인혜택을 받을 수 있다. ⓘ에서 구입할 있다.

성수기 요금 24시간 €29, 48시간 €38, 72시간 €44

※성수기(5~10월)와 비수기에 따라 요금이 달라진다.

알아두세요

1박 2일 일정으로 구시가와 근교에 있는 관광명소까지 모두 돌아볼 계획이라면 ⓘ에서 잘츠부르크 카드를 구입하는 게 경제적이다. 한나절 정도 구시가지만 돌아볼 계획이라면 굳이 살 필요 없다.

사운드 오브 뮤직 투어 Sound of Music Tour

1965년 작품인 영화 〈사운드 오브 뮤직〉은 잔잔한 감동이 담긴 내용도 내용이지만, 영화 배경으로 등장하는 그림 같은 풍경들에도 시선이 머물게 된다. 영화 배경 장소를 찾아온 여행자들을 위한 특별한 투어 코스가 있다. 바로 사운드 오브 뮤직 투어 Sound of Music Tour.

잘츠부르크에서 매일 출발하는 이 투어는 한나절 정도 소요되는데, 영화 속 주요 촬영지를 돌아보는 루트로 잘 짜여 있다. 잘츠부르크 중앙역→미라벨 정원→레오폴트스크론 성→헬브룬 궁전→논베르크 베네딕투스 수녀원→장크트 길겐 & 장크트 볼프강→몬트제 순으로 돌아보는 루트다. 투어 중간중간 가이드가 영화 속의 장면을 설명도 곁들여 준다.

예약은 숙소나 ⓘ에서 할 수 있는데, 숙소에서 예약하는 경우 투어 당일 숙소까지 마중을 나온다. 요금에는 교통비와 가이드비만 포함돼 있고 입장료나 점심값 등은 별도로 부담해야 한다. 투어를 마치고 나면 에델바이스 씨앗을 기념품으로 줘 여행자들을 즐겁게 한다.

교통이 불편해 개인적으로 하루 만에 모두 돌아볼 수 없는 곳을 짧은 시간 안에 돌아볼 수 있어 좋다. 단, 한국어 가이드는 없고 영어로만 진행되는 게 아쉽다.

여행사 홈페이지 www.salzburg-sightseeingtours.at, www.panoramatours.com

출발 미라벨 정원 앞 버스터미널

투어 09:15, 14:00(한나절 투어)

요금 City Tour €19~55, Original Sound of Music Tour €45 (잘츠카머구트 포함, 1일 투어)

※악천후에는 잘츠카머구트의 소금광산 · 얼음동굴 투어도 추천한다.

잘츠부르크를 일약 유명지로 만든 영화 〈사운드 오브 뮤직〉

로버트 와이즈 감독의 〈사운드 오브 뮤직〉은 1965년 작품입니다. 이 한 편으로 출연배우는 일약 세계적인 스타가 되었고, 덕분에 잘츠부르크는 세계적인 관광 명소가 됐죠. 그런데 정작 감독 자신조차 그렇게 대박을 터뜨리라고는 상상도 못했다네요. 이 영화는 실화를 바탕으로 하고 있는데, 잘츠부르크에 있는 논베르크 베네딕투스 수녀원의 수련수녀 마리아 폰 커트쇠라가 주인공입니다. 마리아는 폰 트랍 남작의 일곱 아이를 가르치는 가정교사로 파견된 지 얼마 후 남작부인이 됐습니다. 폰 트랍 일가는 1930년대 초까지 오스트리아에서 가족합창단으로 활동하다 1938년 미국으로 이민갔죠. 1941년 버몬트에 정착했는데 그들이 살던 트랍 패밀리 로지 Trapp Family Lodge를 현재 호텔로 이용하고 있습니다. 영화의 배경으로 등장하는 잘츠부르크의 풍경은 논베르크 베네딕투스 수녀원, 호엔잘츠부르크 요새, 미라벨 궁전과 정원, 광장과 분수대, 폰 트랍 대령이 마지막으로 〈에델바이스〉를 부른 승마학교, 성 페터 묘지, 대령이 마리아에게 사랑을 고백한 레오폴트 궁 등입니다.

잘츠부르크 완전 정복

master of Salzburg

잘츠부르크는 잘차흐 Salzach강을 사이에 두고 중앙역과 미라벨 정원이 있는 신시가지와 세계문화유산 역사지구로 지정된 구시가지로 크게 나뉜다. 시내 관광의 하이라이트는 세계문화유산으로 지정된 구시가로 모차르트의 흔적이 가장 많이 남아 있는 곳이며, 영화 〈사운드 오브 뮤직〉의 배경이 된 곳이어서 더욱 유명하다.

잘츠부르크 여행계획은 체류일과 관광 목적에 따라 달라진다. 당일치기 여행이라면 신시가지와 구시가만 돌아보는 데도 빠듯하다. 1박 2일 계획이라면 하루는 시내, 하루는 근교의 잘츠카머구트 또는 베르히테스가덴을 다녀오면 된다. 잘츠카머구트는 오스트리아 최고의 비경을 자랑하는 곳으로 영화 〈사운드 오브 뮤직〉의 무대로도 잘 알려져 있다. 독일 알프스에 위치한 휴양지 베르히테스가덴은 잘츠부르크에서 가기 좋은 당일치기 여행지로 요즘 뜨는 곳이다. 그밖에 근교 하이킹, 스키, 동굴 투어, 한여름의 클래식 축제 등 각종 레포츠와 축제를 즐길 수가 있다. 모든 정보는 ⓘ나 숙소에서 얻을 수 있으며 예약도 가능하다. 또한, 시내 지도에는 멋진 뷰 포인트가 여러 곳이 소개되어 있으니 이것 또한 놓치지 말자.

★이것만은 놓치지 말자!

❶언덕 위에 우뚝 솟아 있는 호엔잘츠부르크 요새에서 감상하는 시내 전경 ❷모차르트 생가 방문, 영화와 인연이 깊은 미라벨 정원 감상 ❸문맹을 배려한 상징적인 그림과 화려하게 치장된 간판이 수두룩한 게트라이데 거리 ❹장난꾸러기 대주교의 기발한 장치가 있는 헬브룬 궁전

★시내 관광을 위한 Key Point

• 랜드마크

❶신시가- 미라벨 광장 ❷구시가- 게트라이데 거리

• 베스트 뷰 포인트

❶신시가- 카푸치 베르크 전망대 ❷구시가- 호엔잘츠부르크 성

★Best Course

중앙역 → 미라벨 궁전과 정원 → 호엔잘츠부르크 요새 → 게트라이데 거리 → 모차르트 생가 → 대성당 지구 → 헬브룬 궁전

• 예상 소요 시간 하루

※헬브룬 궁전은 근교에 위치. 버스를 이용해야 한다.

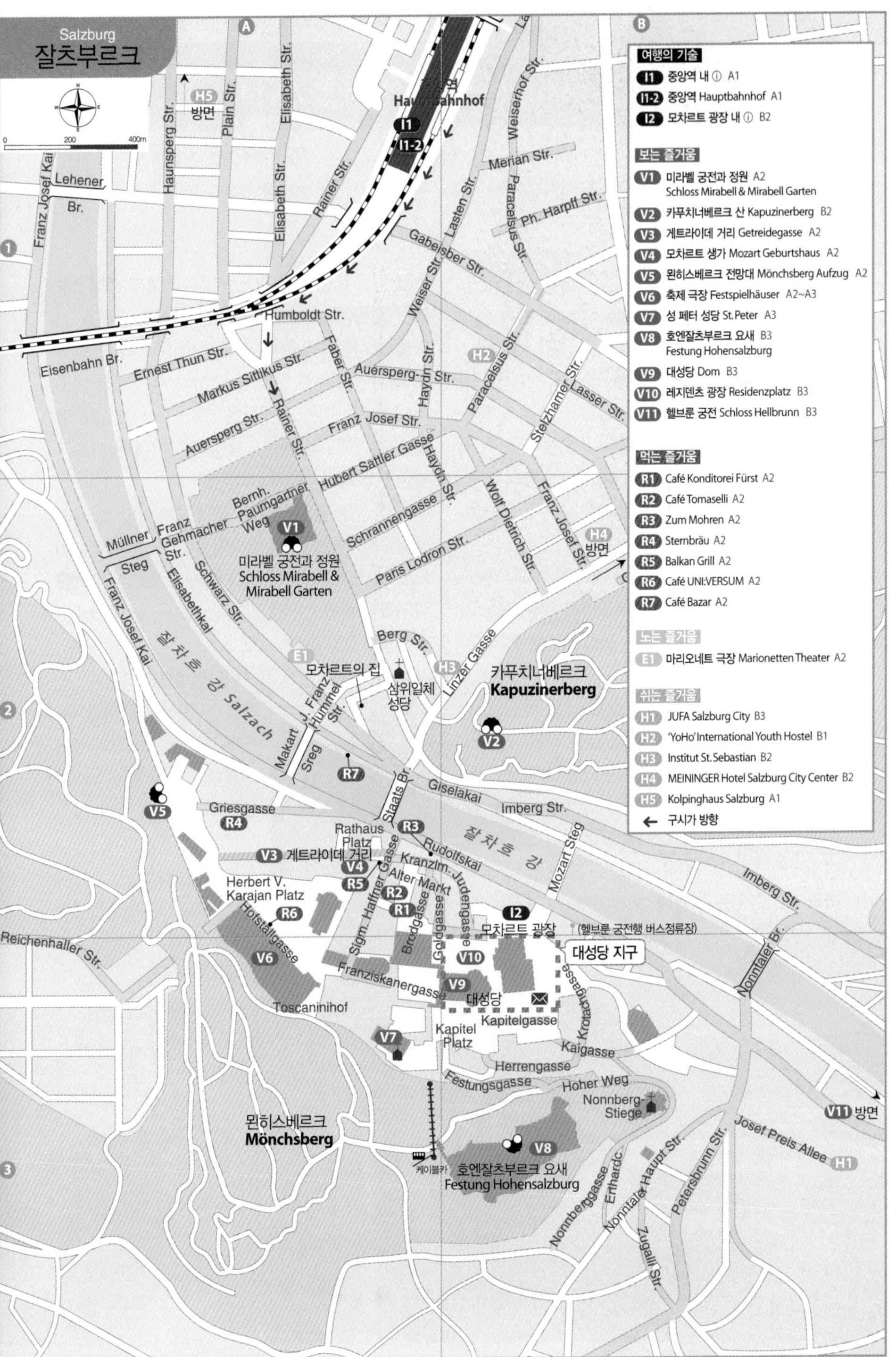
Salzburg
잘츠부르크
여행의 기술
I1 중앙역 내 ⓘ A1
I1-2 중앙역 Hauptbahnhof A1
I2 모차르트 광장 내 ⓘ B2
보는 즐거움
V1 미라벨 궁전과 정원 A2 Schloss Mirabell & Mirabell Garten
V2 카푸치너베르크 산 Kapuzinerberg B2
V3 게트라이데 거리 Getreidegasse A2
V4 모차르트 생가 Mozart Geburtshaus A2
V5 묀히스베르크 전망대 Mönchsberg Aufzug A2
V6 축제 극장 Festspielhäuser A2~A3
V7 성 페터 성당 St. Peter A3
V8 호엔잘츠부르크 요새 B3 Festung Hohensalzburg
V9 대성당 Dom B3
V10 레지덴츠 광장 Residenzplatz B3
V11 헬브룬 궁전 Schloss Hellbrunn B3
먹는 즐거움
R1 Café Konditorei Fürst A2
R2 Café Tomaselli A2
R3 Zum Mohren A2
R4 Sternbräu A2
R5 Balkan Grill A2
R6 Café UNI:VERSUM A2
R7 Café Bazar A2
노는 즐거움
E1 마리오네트 극장 Marionetten Theater A2
쉬는 즐거움
H1 JUFA Salzburg City B3
H2 'YoHo' International Youth Hostel B1
H3 Institut St. Sebastian B2
H4 MEININGER Hotel Salzburg City Center B2
H5 Kolpinghaus Salzburg A1
← 구시가 방향
Hauptbahnhof
미라벨 궁전과 정원
Schloss Mirabell & Mirabell Garten
카푸치너베르크
Kapuzinerberg
모차르트의 집
삼위일체 성당
잘차흐 강 Salzach
모차르트 광장
대성당 지구
대성당
묀히스베르크
Mönchsberg
호엔잘츠부르크 요새
Festung Hohensalzburg
케이블카
(헬브룬 궁전행 버스정류장)
H5 방면
H4 방면
V11 방면
Franz Josef Kai
Lehener Br.
Hannsberg Str.
Plain Str.
Elisabeth Str.
Rainer Str.
Lasten Str.
Weiserhof Str.
Merian Str.
Paracelsus Str.
Ph. Harpff Str.
Gabelsber Str.
Weiser Str.
Humboldt Str.
Eisenbahn Br.
Ernest Thun Str.
Markus Sittikus Str.
Faber Str.
Auersperg Str.
Haydn Str.
Lasser Str.
Stelzhamer Str.
Franz Josef Str.
Hubert Sattler Gasse
Schrannengasse
Wolf Dietrich Str.
Paris Lodron Str.
Bernh. Paumgartner Weg
Müllner Steg
Franz Gehmacher Str.
Elisabethkai
Schwarz Str.
Berg Str.
Linzer Gasse
J. Franz Hummel Str.
Makart Steg
Staats Br.
Giselakai
Imberg Str.
Griesgasse
Rathaus Platz
Rudolfskai
Kranzlm.
Judengasse
Alter Markt
Mozart Steg
Herbert V. Karajan Platz
Hofstallgasse
Sigm. Haffner Gasse
Brodgasse
Goldgasse
Reichenhaller Str.
Franziskanergasse
Toscaninihof
Kapitel Platz
Kapitelgasse
Krotachgasse
Kaigasse
Herrengasse
Festungsgasse
Hoher Weg
Nonnberg-Stiege
Nonntaler Br.
Josef Preis Allee
Nonnberggasse
Erhardpl.
Nonntaler Haupt Str.
Petersbrunn Str.
Zugalli Str.

전원적인 풍경과 중세의 향기가 그대로 배어나는 잘츠부르크. 주요 볼거리는 구시가에 옹기종기 모여 있다. 고성 · 정원 · 성당도 좋지만 아름다운 거리 풍경도 놓치지 말자. 골목골목에 들어설 때마다 색다른 모습에 절로 감탄사가 나온다.

• 뷰 포인트 • 무비

미라벨 궁전과 정원 Schloss Mirabell & Mirabell Garten

Map P.257-A2

궁전은 1606년 볼프 디트리히 대주교가 사랑하는 연인 살로메 알트를 위해 지은 것으로 두 사람 사이에는 무려 15명의 자녀가 있었다고 한다. 17세기 당시 성직자의 결혼이 금지되어 있었는데 대주교는 당당히 연인과의 관계를 밝혀 종교단체의 노여움을 샀고, 결국 요새에 감금되어 외롭게 죽음을 맞는다.

그후 궁전과 정원이 종교적 수치로 여겨지자 볼프 디트리히 대주교의 후임자, 마르쿠스 대주교는 그 명칭을 프랑스어로 '아름다운 전경'이라는 뜻의 미라벨로 바꾸었다.

궁전은 19세 초 화재로 파괴된 후 새로 복원해 오늘날 시청사로 사용하고 있다. 궁전 내부의 '대리석 방'은 모차르트 가족이 대주교를 위해 연주회를 한 장소로 오늘날 세상에서 가장 아름다운 결혼식장과 연주회장으로 사용되고 있다. 궁전보다 더 유명한 미라벨 정원은 〈사운드 오브 뮤직〉에서 마리아가 아이들과 함께 〈도레미 송〉을 부르는 장소로 깜짝 등장한 곳이다. 17세기 바로크 양식으로 만든 정원에는 사계절 꽃이 만발하며, 그리스 신화를 묘사한 중앙분수, 북쪽 문에는 유니콘 조각과 페가수스 분수 등이 볼 만하다. 무엇보다 이곳에서 바라보이는 호엔잘츠부르크 요새는 엽서에도 나올 만큼 아름답다. 중앙분수 옆에는 바로크 박물관 Barock Museum이 있다.

미라벨 정원 옆 마카르트 광장 Makartplatz에는 모차르트와 모차르트 가족이 살던 모차르트의 집 Mozart Wohnhaus이 있다. 현재 모차르트가 쓰던 악기와 유품을 전시한 박물관으로 공개하고 있다.

가는 방법 중앙역에서 도보 15분

• 미라벨 정원

운영 06:00~해 질 무렵까지 (구역마다 운영 시간이 상이하므로 사전에 확인하고 방문하자)

입장료 무료

• 모차르트의 집

운영 09:00~17:30, 7~8월 08:30~19:00

입장료 €11

미라벨 정원에서 바라보이는 호엔잘츠부르크 요새

● 뷰포인트

카푸치너베르크 산 Kapuzinerberg

Map P.257-B2

신시가에서 잘차흐 강을 건너기 전 린처 거리 Linzergasse에 들어서면 카푸치너 성당으로 오르는 아치형 문이 나온다. 오르막길을 따라 가면 카푸치너 성당이 보이고 여기서 오른쪽으로 조금만 걸어가면 아름다운 호엔잘츠부르크 요새와 구시가의 풍경을 한눈에 볼 수 있는 전망대가 나온다. 이곳에서 풍경을 감상한 후 강 쪽으로 내려오면 슈타인 거리 Steingasse가 나온다. 이 거리 9번지는 크리스마스 캐롤 〈고요한 밤, 거룩한 밤〉을 작사한 요제프 모르 Joseph Mohr의 생가다.

가는 방법 미라벨 정원에서 도보 10분

● 핫스폿

게트라이데 거리 Getreidegasse

Map P.257-A2

구시가의 대표적인 번화가. 상점마다 업종을 상징하는 독특한 문양의 간판이 걸려 있는데 열쇠 가게에는 열쇠 모양, 구두 가게에는 구두 모양 간판이 걸려 있는 식이다. 간판을 이렇게 만든 이유는 문맹률이 높았던 중세시대에 글을 모르는 사람도 물건을 살 수 있도록 하기 위해서였다. 전통방식의 간판 문화는 지금까지 이어 내려오고 있으며, 예술성과 개성이 넘치는 멋진 간판들은 이 거리를 전 세계에 아름다운 번화가로 알리게 한 일등공신이 된 셈이다.

가는 방법 중앙역에서 도보 20분. 또는 미라벨 정원에서 도보 7분

모차르트 생가 Mozart Geburtshaus

Map P.257-A2

신이 사랑한 천재 음악가 모차르트는 1756년 1월 27일 이곳에서 태어나 17세까지 유년기의 대부분의 작품을 작곡했다. 게트라이데 거리 중간에 있는 화사한 노란색 건물로 1층에는 모차르트가 청년기에 쓰던 바이올린 · 피아노, 아버지와 주고받은 편지, 침대, 초상화 등이 있다. 2층에는 오페라 관련 전시물, 3 · 4층에는 모차르트의 가족과 당시의 생활모습을 보여주는 전시물들이 있다. 모차르트의 생가를 통해 그 당시 전형적인 중산층의 생

카푸치너베르크 산에서 내려다보이는 구시가 전경

게트라이데 거리에는 개성 만점의 간판들을 많이 볼 수 있어요. 그림만으로 무슨 가게인지 맞춰 보세요.

활상을 엿볼 수 있다. 그밖에 구시가에는 모차르트 광장 Mozartplatz과 1914년에 설립한 오스트리아 명문 음악원 모차르트테움 Mozarteum 등이 있다. 카라얀도 공부한 곳이어서 더욱 유명하다.

주소 Getreidegasse 8

홈페이지 www.mozarteum.at

운영 7~8월 08:30~19:00, 그 외 시기 09:00~17:30

입장료 일반 €11, 학생 €9

가는 방법 게트라이데 거리에 위치

• 뷰 포인트

묀히스베르크 전망대 Mönchsberg Aufzug

Map P.257-A2

잘츠부르크의 아름다운 풍경을 가장 선명하게 감상할 수 있는 전망대. 관광청에서 발행한 책자에는 이곳 풍경에 흠뻑 빠져 도시 소음조차 오케스트라의 협주곡으로 들린다는 표현까지 쓰고 있다. 게트라이데 거리 근처 Griesgasse골목에 있는 엘리베이터를 타고 올라가면 된다. 특히 해 질 녘에 펼쳐지는 전경을 놓치지 말자.

홈페이지 www.moenchsbergaufzug.at

운영 월 08:00~19:00, 화~일 08:00~21:00, 7~8월 08:00~23:00 입장료 엘리베이터 편도 €2.50, 왕복 €3.80, 엘리베이터+박물관 €9.70

가는 방법 게트라이데 거리에서 도보 5분

• 무비

축제극장 Festspielhäuser

Map P.257-A2~A3

1960년에 카라얀이 건립한 극장. 잘츠부르크 페스티벌의 주공연장으로 대축제극장 Groesfestspiel haus(2,400석 규모), 대주교의 마구간을 개조해서 만든 소축제극장 Kleinesfest-spielhaus(1,300석 규모), 채석장을 개조해서 만든 승마학교 펠젠라이트슐레 Felsenreitschule 등 총 3개의 건물로 이루어져 있다.

대축제극장은 유럽 최고의 건축가 홀츠 마이스터가 설계해 당시 세계 최대 규모를 자랑했다. 소규모 오페라나 리사이틀 공연이 열리는 소축제극장은 1963년에 지금의 모습으로 레노베이션되었으며, 2006년 모차르트 탄생 250주년을 기념해 그 명칭을 모차르트 하우스 Haus für Mozart로 바꾸었다.

모차르트 생가 뒤에 있는 펠젠라이트슐레는 현지에서 가장 인기있는 공연장으로, 원래는 추기경의 여름 승마학교였는데 바위산을 뚫어 60여 개의 아치가 빙 둘러 있는 멋진 공연장으로 개조해 '동굴극장'으로도 불린다. 이곳은 〈사운드 오브 뮤직〉에서 트랍 일가가 노래 경연대회에서 〈에델바이스〉를 부른 장소이기도 하다.

축제극장은 음악제가 열리는 7 · 8월을 제외하고는 가이드 투어로 내부를 견학할 수 있으며, 극장 앞은 '카라얀 광장'으로 명명해 그를 영원히 기념하고 있다.

전화 0662 804 5500

홈페이지 www.salzburgerfestspiele.at

• 가이드 투어

운영 1~6 · 9~12월 14:00, 7~8월 09:30/14:00/15:30

휴무 12/24~26

입장료 €7

가는 방법 게트라이데 거리에서 도보 3분

※가이드 투어는 시간 변동이 있으니 미리 ⓘ에 확인하자.

잘츠부르크 페스티벌의 중심이 되는 공연장, 축제극장

Travel PLUS 20세기 최고의 마에스트로, 카라얀!

20세기 우리에게 가장 많이 알려진 지휘자가 있다면 카라얀이 아닐까 싶다. 그는 잘츠부르크가 낳은 또 한 명의 세계적인 음악가로 잘츠부르크를 빛낸 음악인이다.

카라얀 Herbert von Karajan(1908~1989)은 팔십 평생을 음악에 바쳤으며, 아헨 오페라 극장, 라 스칼라 극장, 베를린 국립 오페라 극장, 빈 필하모닉 오케스트라, 베를린 필하모니 오케스트라 등 유럽 유수의 악단을 지휘해 세계적인 명성을 얻었다. 특히 베를린 필하모니 오케스트라에서는 무려 34년간 총사령탑으로 활동했으며, 1984년에는 세종문화회관에서 연주회를 갖기도 했다.

그의 지휘가 유명한 이유는 다양한 레퍼토리와 쉬운 곡 해석으로 공연을 누구나 쉽게 이해하고, 즐길 수 있도록 대중화시킨 데 있다. 또한 미래 음반산업의 발달을 예견해 당시 꺼리던 음반 제작에도 적극적으로 참여해서 CD, 뮤직비디오 제작 등 무려 900여 종의 음반을 남겼다. 덕분에 그를 '20세기 음악의 제왕' '음악의 테크노크라트' '영상매체까지 지배한 마에스트로' '20세기 최고의 상업주의 예술가' '유럽의 음악장관' 등으로 부른다.

카라얀은 야심가였으며, 독재자형 지휘자였다고 한다. 최고의 악단을 만들기 위해 단원 선발부터 독주자 선정까지 독단적으로 결정했고, 단원의 작은 실수 하나도 그냥 지나치지 않았다고 한다. 또한 1시간짜리 교향곡부터 3시간짜리 오페라까지 모두 외워 연주회 때는 악보를 전혀 보지 않는 것으로도 유명하다.

2008년 우리나라에 클래식 열풍을 일으킨 드라마 〈베토벤 바이러스〉의 까칠한 성격의 강마에의 롤 모델이 바로 카라얀이었다는 사실. 우리에게 너무도 생소한 캐릭터 강마에를 보면 카라얀을 상상할 수 있으리라. 세 번의 이혼, 제2차 세계대전 당시 출세를 위해 나치에 가입하는 등 비도덕적인 모습도 있지만 위대한 음악인으로 높이 평가받고 있다.

• 무비

성 페터 성당
St. Peter

Map P.257-A3

1130년, 건축 초기에는 로마네스크 양식이었지만 8세기에 걸친 증축과정에서 바로크 양식으로 변모했다. 내부는 로코코 양식이며 천장화와 제단화가 눈여겨볼 만하다. 1783년 10월 26일 모차르트의 지휘로 〈다단조 미사곡〉이 처음 연주된 것을 기념해 음악제기간에는 성당에서 이 곡을 연주한다. 성당 부속 공동묘지 Peters friedhof는 잘츠부르크에서 가장 오래된 장소로 동굴을 파서 만든 카타콤베가 있다. 〈사운드 오브 뮤직〉의 종반부에 트랍 일가가 숨어 있던 으스스한 분위기의 묘지가 바로 이곳이다.

홈페이지 www.stift-stpeter.at

운영 성당 08:00~12:00, 14:30~18:30(미사 중 방문 금지), 카타콤베 5~9월 10:00~12:30, 13:00~18:00, 10~4월 10:00~12:30, 13:00~17:00(12/24~26, 31, 1/1 휴무)

※ 2018년 9월 25일~2019년 9월 22일까지 리모델링 공사로 인해 성당은 문을 닫습니다.

입장료 카타콤베 일반 €2, 학생 €1.50

가는 방법 게트라이데 거리에서 도보 5분

성당 부속 공동묘지

성 페터 성당 내부

호엔잘츠부르크에서 내려다본 아름다운 구시가 풍경

호엔잘츠부르크 요새

• 핫스폿 • 뷰 포인트

호엔잘츠부르크 요새 Festung Hohensalzburg

Map P.257-B3

잘츠부르크의 상징이자 오스트리아에서 손꼽히는 문화재로 유럽에서 가장 큰 요새다. 구시가에서 가장 높은 묀히스베르크 Monchsberg산 정상에 있어 잘츠부르크 시내 관광의 이정표 구실을 한다. 요새는 1077년 게하르트 대주교가 남독일 제후의 공격에 대비해서 건축한 이래 18세기까지 수백 년 동안 증축되었다. 외세의 침략을 막기 위해 요새까지 지은 것으로 보아 가톨릭 소국가의 당시 부와 권력이 얼마나 대단했는지를 짐작할 수 있다. 요새 외부는 견고하면서 단조로워 보이지만 내부 구조는 매우 복잡하다.

주요 볼거리는 1구역과 2구역으로 나뉜다. 1구역에서는 요새를 거쳐간 대주교와 이들이 증축한 요새의 그림을 비교한 방, 고문실, 시내의 파노라마를 감상할 수 있는 영웅탑, '잘츠부르크의 황소'로 불리는 오르간 비슷한 악기를 감상할 수 있다. 2구역에는 대주교의 방, 요새박물관, 마리오네트 박물관, Reiner 박물관, 영상실 등이 있다. 대주교의 방에서는 중세의 예술작품인 황금의 방 Goldenen Stube이 가장 볼 만하다. 요새에는 ⓘ 구실을 하는 기념품점이 있다. 성에서 내려오는 도중 오른쪽 길로 가면 〈사운드 오브 뮤직〉의 주인공 마리아가 수녀생활을 한 논베르크 베네딕투스 수도원이 나온다. 요새에서 매일밤 모차르트 공연이 있기 때문에 늦은 밤까지 개방한다. 원한다면 이곳에서 야경을 감상하도록. 공연은 10시쯤 끝나는데 이 시간에 맞춰 등산열차를 이용하면 된다.

홈페이지 www.salzburg-burgen.at

운영 1~4월 · 10~12월 09:30~17:00, 5~9월 09:00~19:00

• Fortress Card(등산열차+요새)

요금 일반 €12.90

가는 방법 가장 쉬운 방법은 Kapitelplatz의 St. Peter's Sbbey 바로 옆에서 등산열차 Festungbahn를 타고 올라가는 것. 티켓에도 왕복 요금이 포함돼 있다. 산책하기에 좋은 곳이니 도보도 추천한다. 약 20분 소요

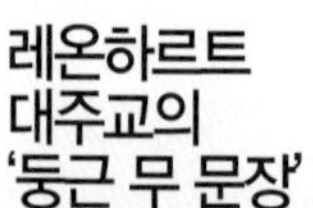

레온하르트 대주교의 '둥근 무 문장'

레온하르트 대주교(1495~1519)는 호엔잘츠부르크 요새를 지금의 모습으로 증축한 주요 인물이자 덕망이 높은 대주교로 후세까지 널리 알려져 있습니다. 그를 상징하는 문장은 방패에 둥근 무가 새겨져 있는 것으로, 어린 시절 잘못을 하거나 공상에 잠겨 딴청을 부릴 때면 삼촌이 뒤통수에 대고 무를 던졌다고 합니다. 이를 교훈삼아 어려운 일이 생길 때마다 무를 보고 심사숙고해 모든 일을 결정했다고 합니다. 성 안에는 그의 문장이 53개나 있다고 하니 숨은 보물을 찾듯 찾아보세요.

대성당 지구
Dom Quartier

Map P.257-B3

2014년 5월 17일 문을 연 대성당 지구는 잘츠부르크의 중심에 대주교 교구의 전력이 빛나는 곳으로 예술과 역사, 건축의 이야기를 담은 문화 복합 공간이다. 약 1만 5,000평방미터에 2,000개가 넘는 전시품이 있다. 내부의 볼거리는 10개의 주제로 나눠져 있는데, 밖으로 나가지 않고 볼 수 있게 모두 이어져 있다.

알아두세요

주소 Residenzplatz 1
홈페이지 www.domquartier.at
운영 10:00~17:00 (7~8월 ~18:00)
휴무 화요일, 12/24
입장료 일반 €13 학생 €10
가는 방법 게트라이데 거리에서 도보 5분

• **베스트 코스**

대성당 ➡ 레지덴츠 광장 ➡ 주교의 방 ➡ 갤러리 ➡ 대성당 테라스 ➡ 북쪽 예배당 ➡ 대성당 오르간 ➡ 대성당 박물관 ➡ 주교의 보관함 ➡ 회랑 ➡ 성 페터 박물관 ➡ 프란체스코 교회
예상 소요 시간 약 2~3시간

대성당
Dom

Map P.257-B3

모차르트가 세례를 받은 이 대성당은 당시 잘츠부르크 대주교의 막강했던 권력의 상징이라고 할 수 있다. 화재로 소실된 옛 대성당 자리에 16세기 말부터 40년에 걸쳐 이탈리아 바로크 양식으로 지은 건물이다. 성당은 1만 명을 수용할 수 있는 서유럽 최대의 규모를 자랑하며, 무엇보다 모차르트의 흔적이 그대로 배어있는 파이프 오르간이 유명하다. 6,000개의 파이프로 만든 오르간은 어린 시절 아버지를 따라 성당에 온 모차르트가 미사 시간에 연주를 해 감동을 주었다는 일화를 남겼다.
입구에 있는 3개의 청동대문은 믿음 · 소망 · 사랑을 상징한다. 해마다 여름이 되면 대성당 광장 Domplatz에서는 호프만스탈의 희곡 〈예더만 Jedermann〉 상연을 시작으로 잘츠부르크 음악축제가 열리고, 겨울에는 크리스마스 마켓이 선다.
홈페이지 www.salzburger-dom.at 운영 1~2 · 11월 월~토 08:00~17:00/일 · 공휴일 13:00~17:00, 3~4 · 10 · 12월 월~토 08:00~18:00/일 · 공휴일 13:00~18:00, 5~9월 월~토 08:00~19:00/일 · 공휴일 13:00~19:00

레지덴츠 광장
Residenzplatz Map P.257-B3

잘츠부르크에서 가장 넓은 광장. 중앙에는 잘츠부르크에서 가장 아름다운 17세기 바로크 양식의 분수가 있다. 광장 주위를 둘러싼 건물은 12~18세기에 지은 신 · 구 레지덴츠 궁전이다. 신 레지덴츠 종탑에서는 매일 세 번 종이 울리는데, 35개의 크고 작은 종들이 화음을 이루어 모차르트의 가극 〈돈 조반니〉에 나오는 미뉴에트 등을 연주한다.

주교의 방
Prunkräume der residenz

몇 세기에 걸친 대주교의 세속적인 중심지로 이곳은 르네상스와 바로크의 예술이 만난 곳이다. 화려한 천장 프레스코화와 귀중한 세라믹 타일로 만든 거울, 샹들리에 등을 볼 수 있다. 매우 호화로운 장식에서 당시의 화려하고 격식 있는 귀족 생활을 엿볼 수 있다.

갤러리
Residenzgalerie

나폴레옹 전쟁당시 손실된 대주교의 수집품을 위해 1923년에 설립된 갤러리에는 16~19세기 유럽 회화를 감상할 수 있다. 렘브란트, 루벤스 등 유명 화가의 그림 200여 점을 소장하고 있다.

대성당 테라스
Dombogenterrasse

레지덴츠와 대성당을 연결하는 다리로 테라스는 시원한 휴식터를 제공한다.

북쪽 예배당
Nordoratorium

대성당 북쪽에 위치한 예배당으로 천장의 화려한 조각들과 그림이 최대 볼거리이다. 마지막 방에는 유물들이 어떤 과정을 거쳐 복원되었는지, 박물관 전시 등에 대한 흥미로운 영상을 상영한다.

레지덴츠 광장

주교의 방

갤러리

대성당 테라스

대성당 오르간
대성당 박물관
프란체스코 교회

대성당 오르간
Domorgelempore

2층의 오르간 실로 오른간과 더불어 대성당 실내를 내려다 볼 수도 있다.

대성당 박물관
Dommuseum

1300년 예술의 보물로 섬유 · 그림 · 조각 등 바로크 중세 미술관을 옮겨온 것 같다.

주교의 보관함
Kunst-und Wunderkammer

1974년에 재건한 대주교의 보관함으로 17세기부터 모아온 주교의 소장품들을 전시하고 있다. 지구본과 망원경, 박제 동물과 묵주등 예술과 자연에 대한 주교의 호기심이 잘 드러나 있는 곳이다.

회랑
Lange Galerie

1657~1661년에 건립된 70m의 복도는 대주교가 은퇴할 때까지 여러 가지 그림들을 전시했던 곳으로 전통을 이어받아 지금은 종교적인 그림만 전시하고 있다.

성 페터 박물관
Museum St. Peter

새롭게 설계된 성 페터 박물관은 레지덴츠 궁전에서 가장 오래된 곳에 있다. 독일어권에서 가장 오래되었던 성 페터 수도원에서 보관했던 예술 작품을 전시하고 있다. 이곳의 하이라이트는 주교가 썼던 보석으로 만든 왕관이다.

프란체스코 교회 2층 내부
Franziskanerkirche

잘츠부르크에서 가장 오래된 교회 중 하나로 2층 창문을 통해 교회의 아름다운 천장을 볼 수 있다.

• 핫스폿 • 무비

헬브룬 궁전 Schloss Hellbrunn

Map P.257-B3

대주교 마르쿠스 시티쿠스가 1612~1615년에 르네상스 양식으로 지은 대주교 여름 별궁. 가장 볼 만한 곳은 '물의 정원'. 아무런 예고 없이 갑자기 의자 밑과 발 밑에서 물이 뿜어져 나와 방문자를 놀라게 한다. 이는 장난꾸러기 대주교가 성 곳곳에 자기만 아는 분수를 만들어 놓고 방문객에게 물세례(물벼락)를 베풀어 웃고 즐긴 데서 유래한다고 한다. 17세기 당시 대주교의 초대는 최고의 영예로 예법상 테이블에서 대주교보다 먼저 일어나면 안

© 오스트리아 관광청 / 대주교의 유머가 돋보이는 물의 정원

된다는 사실을 알면 더욱 흥미롭다. 대주교의 또 다른 기발한 발상을 엿볼 수 있는 인형극장은 물을 이용한 기계 작동으로 나무인형들을 움직인다. 물벼락을 맞으며 신나게 웃고 싶다면 꼭 찾아가 보자. 정원에는 〈사운드 오브 뮤직〉에서 트랍 대령이 마리아에게 프러포즈를 하고, 딸 리즈가 사랑을 고백하며 〈Sixteen Going on Seven-teen〉을 부른 12각형 유리회랑이 있다. 그밖에 궁전 주변에는 산의 경사면을 이용해서 만든 아기자기한 헬브룬 동물원, 산 반대쪽에 끝없이 펼쳐진 녹지, 바위를 깎아 만든 오페라 동굴도 볼거리다.

홈페이지 www.hellbrunn.at

운영 4·10월 09:00~16:30, 5·6·9월 09:00~ 17:30, 7~8월 09:00~18:00

Evening Tour 7~8월 19:00, 20:00, 21:00

입장료 궁전+물의 정원 일반 €12.50, 학생 €8

※물의 정원은 개별 입장이 불가하며, 지정된 시간에 가이드 투어로만 관람이 가능하다.

가는 방법 중앙역, 미라벨 정원, 구시가 모차르트 다리 Mozartsteg Brücke 앞에서 25번 버스를 타고 Schloss Hellbrunn 하차. 약 20~12분 소요. 운행편수가 많지 않으므로 정류장에서 돌아가는 버스 시각을 확인해 두자.

먹는 즐거움 Restaurant

전통 음식부터 패스트푸드까지 다양한 요리를 취급하는 레스토랑이 즐비하지만 유명 관광지인 만큼 물가가 비싸 레스토랑 이용이 만만치 않다. 하지만 신시가에 있는 쇼핑몰 푸드코트 등은 저렴해 이용할 만하다. 그밖에 전통과 역사를 자랑하는 유서 깊은 카페는 절대 놓치지 말자. 디저트로 케이크보다는 잘츠부르크의 명물 초콜릿을 먹어보자.

Zum Mohren

Map P.257-A2

16세기에 오픈, 오스트리아 가정요리를 맛볼 수 있는 레스토랑. 특히 육류요리가 정평이 나 있다. 모차르트도 자주 찾았다고 한다.

주소 Judengasse 9

전화 0662 840 680

홈페이지 www.zummohren.at

영업 월~토 12:00~22:00

예산 주요리 €12~

가는 방법 게트라이데 거리에서 도보 5분

Map P.257-A2

Sternbräu

600년 전통의 맥주집. 16세기 잘츠부르크 작은 양조장에서 시작해 2013년 대대적인 레노베이션 공사를 마치고 지금의 현대적인 모습을 갖추게 되었다. 이곳은 특히 모차르트가 즐겨 찾았던 곳으로 1777년에는 아예 노트를 들고 출근도장을 찍을 정도였다고 한다. 양조장답게 이곳의 대표 메뉴는 직접 만든 스테른 생맥주와 에델바이스 맥주. 에델바이스 맥주는 말 그대로 꽃향기가 나 여자들에게 특히 인기 만점이다. 맥주와 어울리는 안주로는 후추를 뿌려 구운 생선과 퀴노아로 지은 밥 또는 양배추 샐러드와 함께 나오는 후라이드 치킨이 맛있다.

주소 Griesgasse 23 홈페이지 www.sternbrau.com
영업 09:00~24:00(식사는 11:30~23:00)
예산 치킨요리 €12.50~
가는 방법 게트라이데 거리에 위치

Map P.257-A2

Balkan Grill

매우 인기 있는 발칸식 그릴 핫도그 집. 점심시간에 한 시간 이상 기다리는 건 기본이다. 1950년 시작된 전통 있는 가게로 주머니가 가벼운 학생들 사이에 입소문이 나면서 오늘에 이르렀다. 바삭바삭한 빵에 갓 구운 소시지를 넣고 양파와 소스를 바르고 마지막에 가루를 뿌려주면 끝이다. 다른 핫도그와 다를 게 없어 보이지만 맛의 비법은 마지막에 뿌리는 마법의 가루에 있다. 중독성 강한 매콤함으로 한번 맛보면 계속 먹고 싶어진다나.

주소 Getreidegasse 33
전화 0662 841 483
영업 월~토 11:00~19:00, 일 15:00~19:00
예산 보스나 핫도그 €3.70
가는 방법 게트라이데가세 거리 33번지 상가 내 위치

Map P.257-A2

Café Tomaselli

1703년에 문을 연 전통 카페. 한때 카라얀이 자주 찾은 곳으로 페스티벌 관계자들도 이곳 단골손님이었다고 한다. 지금도 세계적인 음악가들의 모습을 볼 수 있는 유명 카페다. 아름다운 샹들리에와 대리석 테이블에서 즐기는 갓 구운 애플파이는 입 안에서 살살 녹는 맛이 그만이다. 다양한 종류의 케이크가 맛있기로 유명하다.

주소 Alter Markt 9 전화 0662 84 4488 0
홈페이지 www.tomaselli.at
영업 월~토 07:00~19:00, 일 08:00~19:00
휴무 2월 2주간 예산 커피 €3~, 애플파이 €5~
가는 방법 게트라이데 거리에서 도보 5분

Map P.257-A2

Café Konditorei Fürst

오스트리아의 명물 초콜릿, 모차르트 쿠겔른 초콜릿을 만든 곳. 굳이 설명하지 않아도 모차르트가 그려진 다양한 초콜릿 상자로 가득한 진열대만 봐도 금방 알 수 있다. 꼭 들어가 커피와 원조 쿠겔른 초콜릿을 먹어보

자. 시내에만 두 곳이 있다.

주소 Alter Markt, Brodgasse 13

전화 0662 84 3759 0

영업 월~토 08:00~20:00, 일 09:00~20:00

예산 €3~ 홈페이지 www.original–mozartkugel.com

가는 방법 Café Tomaselli와 거의 마주하고 있다.

Map P.257-A2

Café UNI:VERSUM

대학교 옆에 있어 주 고객은 학생 및 교수님들이다. 실내는 현대적인 분위기로 커피나 차 외에 케이크 및 샐러드 , 샌드위치, 파스타 등 간단하게 한 끼를 때우기에 좋다. 학생들이 자주 찾는 곳인 만큼 음식 값이 저렴하고 오래 앉아 있어도 부담 없다.

주소 Hofstallgasse 2-4 전화 0662 8044 77900

영업 월~토 10:00~19:00 예산 카푸치노 €2.90~

가는 방법 축제극장 맞은편

Map P.257-A2

Café Bazar

1927년에 오픈. 잘차흐 강변에 위치, 강과 호엔잘츠부르크 성의 멋진 풍경을 감상할 수 있어 테라스석은 언제나 만석이다. 잘츠부르크 페스티벌 기간에는 작가, 배우, 감독, 가수와 지휘자 등 각계 예술인들로 붐빈다. 계산 시 카드는 받지 않고, 현금 결제만 가능하다.

주소 Schwarzstrasse 3 전화 0662 87 4278

홈페이지 www.cafe–bazar.at

영업 월~토 07:30~19:30, 일 · 공휴일 09:00~18:00, 7~8월 07:30~23:00 예산 카페라테 €3.80~

가는 방법 게트라이데 거리에서 도보 5분

Say Say Say

모차르트 쿠겔른 초콜릿

오스트리아가 자랑하는 모차르트 쿠겔른 초콜릿 Echte Salzburger Mozart-Kugeln은 1890년, 페스트리 제과 요리사인 폴 푸르스트 Paul Furst가 처음 만들었습니다. 다크 초콜릿을 동그랗게 만들고 캐러멜과 아몬드 등을 겹겹이 싼 것인데 보기만 해도 군침이 돌죠. 물론 맛도 일품이랍니다. 대량판매를 시작한 것은 잘츠부르크의 미라벨 사로, 지금도 초기 제조법을 그대로 따르고 있습니다. 현재 50개국에 수출도 하는데 초콜릿 포장지에 귀여운 모차르트 그림이 그려져 있죠. 오스트리아 어디서나 흔히 볼 수 있지만 아무래도 본고장인 잘츠부르크의 쿠겔른 초콜릿이 더 맛있을 것 같지 않나요?

1월의 잘츠부르크 모차르트 페스티벌을 시작으로 5월과 6월에 열리는 봄 페스티벌, 전 세계인의 음악축제인 한여름의 잘츠부르크 페스티벌, 부활절과 강림절 음악회 등 모차르트의 고향답게 1년 내내 음악 공연이 끊이지 않는다. 그밖에도 세계적인 수준의 인형극 오페라 공연 역시 빼놓을 수 없다.

잘츠부르크 페스티벌 Salzburger Festspiele

유럽의 3대 음악축제 중 하나로 1920년 이래 매년 7월 말부터 8월 말까지 1개월간 열리는 세계적인 음악축제다. 이때는 미라벨 궁전, 모차르트 하우스, 호엔잘츠부르크 요새 등 모든 유적지가 거대한 콘서트홀로 바뀌며 대개 유명 오페라 공연, 클래식 연주회, 연극 · 발레 공연 등을 한다. 세계적인 예술인들의 공연을 볼 수 있는 절호의 기회이기 때문에 많은 사람들이 축제가 끝난 바로 다음 달부터 이듬해 공연 티켓을 사기 위해 예매 전쟁(?)을 치르기도 한다. 티켓은 9월부터 팔기 시작하며, 가장 저렴한 것은 공연 하루 전이나 공연 시작 45분 전에 파는 취소 티켓과 입석 티켓. 모차르트 광장의 ⓘ에서 알아볼 수 있으며 프로그램도 안내해 준다. 축제가 열리는 여름에는 넘쳐나는 방문객들로 모든 물가가 2~3배 이상 오른다.

홈페이지 www.salzburgfestival.at

Map P.257-A2

마리오네트 극장 Marionetten Theater

〈돈 조반니〉 〈피가로의 결혼〉 〈마적〉 등 유명한 오페라 공연을 익살스런 표정의 인형을 이용해 공연하는 색다른 공연물. 프라하의 마리오네트 공연 못지 않게 유명하다.

주소 Schwarzstraße 24

전화 0662 872 406 홈페이지 www.marionetten.at

운영 월~토 09:00~13:00, 17:30~19:30 휴무 일요일

Travel PLUS 잘츠부르크 페스티벌이 유명한 이유는?

잘츠부르크 페스티벌은 천재 음악가 모차르트와 인연이 깊다. 1842년 모차르트 광장에 그의 기념동상을 세우면서 모차르트 기념음악회를 열게 되는데, 당연히 그 주체는 모차르트 연구회인 모차르테움 Mozarteum이었다. 그후 이 단체는 1877년부터 1910년 사이에 8회에 걸쳐 정기적인 모차르트 음악제를 개최했고, 이것이 바로 잘츠부르크 페스티벌의 시초가 된다. 하지만 제1차 세계대전으로 잠시 중단되었다가, 1917년 빈 예술계를 이끈 예술가들의 아이디어와 카를 1세 황제의 지지를 얻어 다시 부활하게 된다. 1920년 8월, 대성당 광장에서 호프만스탈의 연극을 시작으로 페스티벌이 부활하면서, 100년 역사를 간직한 세계 최대의 음악축제로 성장했다.

오늘날 페스티벌을 세계 최고로 끌어올린 일등공신은 음악제의 주체인 빈 필하모니 오케스트라와 고향 축제를 위해 33년간 혼신의 힘을 다한 지휘자 카라얀으로, 이들의 수준 높은 공연과 열정은 세계적인 음악가와 음악 팬들을 불러모았다.

해마다 여름이 오면 작은 알프스 마을은 아름다운 클래식 음악으로 춤을 춘다. 아름다운 풍경과 음악에 취한 사람들과 함께.

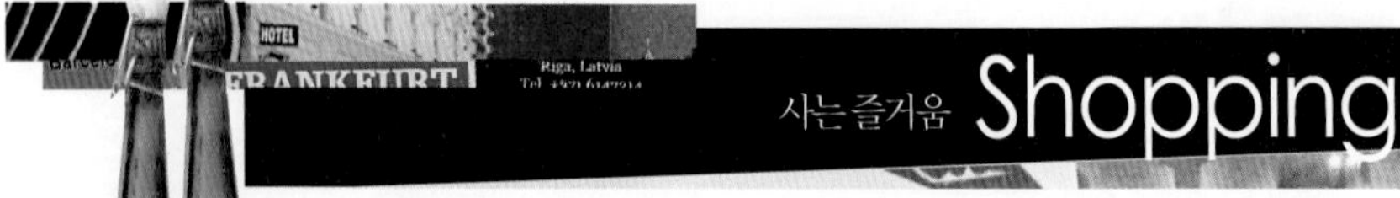

사는 즐거움 Shopping

모차르트의 고향답게 모차르트 관련 기념품이 넘쳐난다. CD를 비롯해 그의 모습을 담은 다양한 팬시용품, 초콜릿 등을 파는 상점이 많다. 그밖에 티롤 지방의 공예품 · 의상을 취급하는 상점과 1년 내내 크리스마스 용품을 파는 상점도 인기가 있다. 소금의 도시답게 잘츠부르크산 소금 역시 정평이 나 있는데, 7가지 허브가 들어 있는 소금(7 Kräuter Salz)이 가장 유명하며, 슈퍼마켓에서 구입할 수 있다. 기념품을 파는 상점은 모두 게트라이데 거리를 중심으로 좁은 골목 곳곳에 있어 걷는 내내 눈이 즐겁다.

쉬는 즐거움 Hotel

국제적인 관광도시답게 숙박시설이 다양하게 발달했다. 저렴한 호스텔이라도 현대적인 시설에 쾌적한 공간을 유지하고 있다. 잘츠부르크는 1년 내내 붐빈다. 특히 페스티벌 시즌에는 연일 객실이 가득 차므로 반드시 예약하고 가야 한다. 숙박 요금은 시즌별로 차이가 크며 잘츠부르크 페스티벌이 있는 7~8월이 가장 비싸다.

Map P.257-B3

JUFA Salzburg City

공식유스호스텔. 구시가가 가까워 시내 관광이 편리하다. 꽤 규모 있는 곳으로 도미토리 외에 2인실, 가족실도 있다. 저녁식사를 저렴하게 먹을 수 있어 좋으며, 정원이 있어 휴식하기에도 그만이다.

주소 Josef Preis Allee 18

전화 05 7083 613

홈페이지 www.jufa.eu

요금 도미토리 €16~29(시트 포함), 2인실 €90~

가는 방법 중앙역에서 5 · 25번 버스를 타고 Justizgebäude 또는 Unipark 하차 후 도보 5분

Map P.257-B2

Institut St. Sebastian

장 · 단기 체류자를 위한 기숙사로 운영하는 호스텔. 구시가와 신시가 사이에 있어서 시내 관광에 좋은 조건이다. 시설은 현대적이며 깔끔하다. 무엇보다 각 방에 화장실과 샤워실이 딸려 있어 편리하다. 10~6월까지만 운영하고, 최소 2박 이상 예약해야 한다.

주소 Linzergasse 41 전화 0662 871 3860

홈페이지 www.st-sebastian-salzburg.at

요금 도미토리 €22~ 가는 방법 중앙역에서 미라벨 정원을 지난 후, 구시가로 들어서는 Staats 다리를 건너기 전 오른쪽으로 숙소가 있는 린처 거리 Linzergasse가 나온다. 도보 20분

Map P.257-B1

'YoHo' International Youth Hostel

중앙역과 가까워서 여행자에게 인기 있는 호스텔. 인터넷과 세탁시설이 있고, TV룸에서는 〈사운드 오브 뮤직〉을 연중 상영한다. 레스토랑에서는 저렴한 값에 푸짐한 저녁을 먹을 수 있다. 샤워를 하려면 리셉션에서 토큰을 구입해야 하는 불편함이 있다.

주소 Paracelsusstrasse 9

전화 0662 879 649 홈페이지 www.yoho.at

요금 8인 도미토리 €17~(시트 포함), 2인실 €65

가는 방법 중앙역 정문을 등지고 왼쪽으로 50m 걸어가 철로 밑의 첫 번째 굴다리를 따라 200m쯤 올라가자. 오른쪽으로 가면 간판이 보인다. 도보 약 10분

Map P.257-B2

MEININGER Hotel Salzburg City Center

MEININGER 계열의 숙소로, 깔끔하고 모던한 분위기에 가격도 저렴하다. ZIB 쇼핑센터 내에 자리하고 있어 쇼핑과 관광 모두 편리하다.

주소 Fürbergstraße 18 – 20

전화 0720 8834 14

홈페이지 www.meininger-hotels.com

요금 도미토리 €24~, 2인실 €32~

가는 방법 중앙역에서 S3 열차를 타고 Salzburg Gnigl 역에서 하차 후 도보 5분

Map P.257-A1

Kolpinghaus Salzburg

주로 교환학생이나 단체 또는 장기투숙객이 머무는 숙소지만 여름에는 개인여행자들에게도 개방한다. 쾌적한 환경과 깨끗하고 편리한 시설, 많은 인원을 수용할 수 있어 여름 성수기에 그만이다. 각종 스포츠를 즐길 수 있는 코트와 정원, 옥상 등도 여행자에게 개방한다.

주소 Adolf-Kolping-Straße 10

전화 0662 4661 512

홈페이지 www.kolpinghaus-salzburg.at

요금 도미토리 €21~

가는 방법 중앙역에서 버스 6번(Itzling행)을 타고 2번째 정류장 Erzherzog-Eugen-Strasse 하차 후 도보 5분

ⓒSt.Sebastian

ⓒYoho Hostel

MEININGER Hotel Salzburg City Center

Kolpinghaus Salzburg

오스트리아 알프스 1번지 **잘츠카머구트**

Salzkammergut

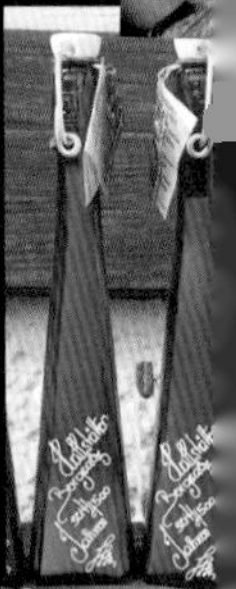

〈사운드 오브 뮤직〉의 촬영지! 스위스만큼 유명한 알프스!

잘츠부르크 동쪽에 위치한 알프스 산악 지역으로 예부터 소금광산이 많아 '소금길'이라고 불렀으며, 지명도 '소금의 영지'라는 뜻을 담고 있다. 잘츠카머구트 일대는 2,000m가 넘는 알프스에 둘러싸여 있고, 빙하가 녹아 만들어낸 76개의 호수, 그리고 그 사이에 점점이 흩어져 있는 아름다운 전원 마을이 어우러져 비경을 이루는 곳이다. 한 폭의 그림 같은 풍경은 오스트리아를 소개하는 사진 속에 자주 등장하고, 영화 〈사운드 오브 뮤직〉 촬영지로 알려지면서 더욱 유명해졌다. 등산열차를 타고 알프스 정상에 올라 아름다운 경치를 감상하고, 호수에 떠 있는 유람선을 타고 호숫가 마을을 둘러보자. 소금광산에서는 스릴 넘치는 미끄럼틀을 타보고, 소금온천에도 들러 여행의 피로를 풀어보자. 겨울이라면 알프스 산에서 즐기는 스키도 빼놓지 말자.

이런 사람 꼭 가자

오스트리아 알프스의 아름다운 전원 마을을 감상하고 싶다면
오스트리아의 세계자연유산을 감상하고 싶다면
영화 〈사운드 오브 뮤직〉 촬영지를 모두 섭렵하고 싶다면

INFORMATION 인포메이션

유용한 홈페이지

잘츠카머구트 관광청 www.salzkammergut.at

포스트버스 www.postbus.at

ACCESS 가는 방법

잘츠부르크 근교 여여행지로 인기가 높은 잘츠카머구트. 열차와 포스트버스 Post Bus가 가장 많이 운행된다. 마을에 따라서는 포스트버스만 다니거나, 열차만 다니는 곳이 있으니 행선지에 따라 이용하면 된다. 포스트버스는 잘츠부르크 중앙역 앞에서 출발한다.

잘츠카머구트행 포스트버스와 열차의 시각표 · 요금에 관한 정보 등은 중앙역 1층에 있는 Infopoint에서 얻을 수 있고, 간단한 여행정보는 플랫폼에 있는 ⓘ에서 얻도록 하자.

☑알아두세요

잘츠카머구트 카드 Salzkammergut Card

여유롭게 잘츠카머구트 일대를 여행하고 싶은 여행자에게 유용한 카드. 잘츠부르크 ⓘ, 잘츠카머구트 지역의 모든 ⓘ와 호텔, 역 등에서 판매한다. 열차, 유람선, 등산열차와 케이블카, 각종 현지 투어, 박물관 및 유적지 입장료 등을 요금의 30% 할인해 준다. 구입 후 개시일부터 3주간 유효하다.

주간이동 가능 도시

출발		도착	소요 시간
잘츠부르크 중앙역 광장 앞	▶▶	장크트 길겐	포스트버스 50분
잘츠부르크 중앙역 광장 앞	▶▶	장크트 볼프강	포스트버스 1시간 45분
잘츠부르크 중앙역 광장 앞	▶▶	몬트제	포스트버스 1시간
잘츠부르크 중앙역	▶▶	그문덴	열차 1시간 35분
잘츠부르크 중앙역	▶▶	바트이슐	포스트버스 1시간 40분 또는 열차 2시간
잘츠부르크 중앙역	▶▶	할슈타트	포스트버스 2시간~2시간 30분 또는 열차 2시간

잘츠카머구트 완전 정복

master of Salzkammergut

하루 만에 모든 지역을 돌아보는 것은 불가능하다. 관심 있는 마을을 미리 정해 놓고 돌아보거나, 시간 여유가 있다면 마음에 드는 마을에서 하루 정도 머물며 여유롭게 즐길 것을 권한다. 대부분 유스호스텔 · 펜션 등 숙박시설이 발달해 있어서 불편함이 없다. 짧은 시간에 잘츠카머구트를 돌아보고 싶다면 잘츠부르크에서 출발하는 사운드 오브 뮤직 투어(P.255)나 잘츠카머구트 투어를 이용하는 게 효율적이다. 잘츠카머구트를 여행하기에 가장 좋은 시기는 5~10월 중순이다. 그 외 시즌에는 페리 · 케이블카 등 교통편이 운행하지 않거나, 주요 관광명소 등이 문을 닫는 경우가 많다. 따라서 비수기에는 미리 ⓘ에 문의한 후 여행하는 게 현명하다.

★Best Course

• 예상 소요 시간 하루

루트 1

잘츠부르크 중앙역 포스트버스 150번, 50분 소요 → 장크트 길겐, 볼프강 호수 증기선, 50분 소요(유레일패스 할인) → 장크트 볼프강 샤프베르크 등산열차 40분(유레일패스 혜택 없음) 왕복 €39.60, 편도 €28.10 → 샤프베르크 정상

포스트버스를 타고 장크트 길겐에 도착하면 천천히 마을을 산책한 뒤 선착장에서 증기선을 타고 볼프강 호수를 유람하자. 증기선으로 장크트 볼프강에 도착한 후에는 등산열차를 타고 샤프베르크 정상에 올라 호수와 알프스 산이 어우러진 비경을 감상하자. 단, 증기선은 5~10월에만 운항한다.

루트 2

잘츠부르크 중앙역 열차 45분 → Attnang-Puchheim 역 열차 20분 → 그문덴 열차 30분 → 바트 이슐 열차 30분 → 할슈타트 역 페리 5분 → 할슈타트 시가지

열차를 이용해 여러 지역을 돌아보는 루트로 여행 내내 잘츠카머구트 주변의 아름다운 풍광을 감상할 수 있다. 잘츠부르크 · 빈 · 그라츠 역에서 출발해 Attnang-Puchheim 역에서 한 번 갈아타야 한다. 환승 후 열차는 그문덴, 바트이슐, 할슈타트 순으로 운행한다. 아름다운 경치를 감상하는 게 목적이라면 할슈타트와 그문덴, 온천욕을 즐기고 싶다면 할슈타트와 바트이슐에서 내리자. 세 도시를 하루 만에 돌아보는 것은 무리다.

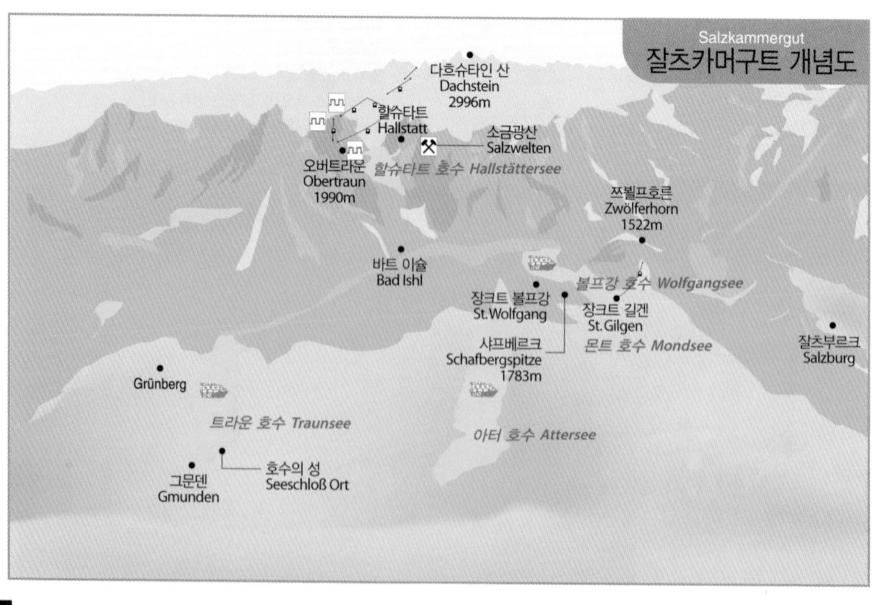

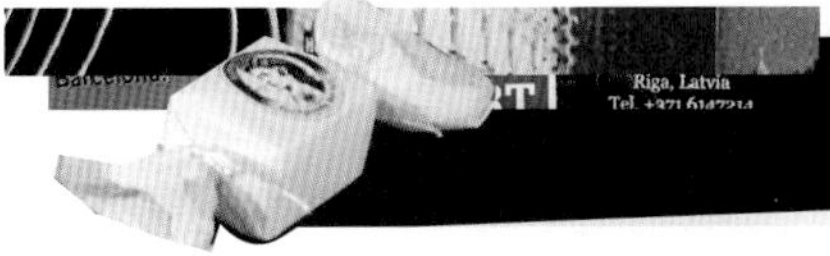

보는 즐거움 Attraction

잘츠카머구트는 오스트리아의 숨은 비경을 감상하기에 그만인 곳이다. 거창한 문화유산이나 볼거리는 없으나, 몸과 마음을 정화시켜 주는 맑은 공기와 아무리 봐도 지루하지 않은 멋진 풍경이 여행자의 발길을 붙든다.

장크트 길겐 St. Gilgen

Map P.274

볼프강 호수 Wolfgangsee에 면한 작은 마을. 모차르트의 어머니가 태어난 집이 있다. 여기서 보이는 호수의 풍경은 과연 절경이라는 게 무엇인지 한눈에 깨우쳐준다. 더 높은 곳에서 내려다보려면 포스트버스 정류장 옆에 있는 케이블카를 타고 해발 152m의 츠뵐퍼호른 Zwölferhorn 산 정상까지 올라가자(왕복 30분). 아니면 호수 선착장에서 유람선을 타고 그림엽서에나 나옴직한 호수 주변의 자연경관을 만끽하면서 장크트 볼프강 St. Wolfgang까지 간다.

가는 방법 잘츠부르크 중앙역에서 포스트버스 150번 이용, 50분 소요

• **유람선** Wolfgangsee-Schifffahrt

운항 4~10월(장크트 길겐~장크트 볼프강 40분 소요)

장크트 볼프강 St. Wolfgang

Map P.274

볼프강 호숫가에 자리잡은 조용하고 아담한 장크트 볼프강에는 수려한 경치를 감상할 수 있는 샤프베르크 산이 있다.

샤프베르크 정상 Schafbergspitze까지는 등산열차 Schafberg bahn를 타고 올라간다. 정상에서는 영화 〈사운드 오브 뮤직〉에서 마리아의 결혼식이 열린 성당이 있는 몬트 호수 Mondsee와 오스트리아에서 가장 큰 호수이자 휴양지인 아터 호수 Attersee 등을 볼 수 있다. 산에서 내려오는 도중에 만나는 목초지 Schafbergalpe도 〈사운드 오브 뮤직〉의 촬영지다.

홈페이지 www.wolfgangsee.at

가는 방법 잘츠부르크 중앙역에서 포스트버스 150번을 타고 Ströbl에서 환승(1시간 45분 소요). 또는 장크트 길겐에서 유람선 이용(40분 소요)

샤프베르크 등산열차 Schafbergbahn

100년 역사를 지닌 등산열차. 해발 1,783m 정상에 오르면 잘츠카머쿠트 지역의 호수와 알프스 산에 둘러싸인 눈부신 전경을 한눈에 내려다볼 수 있다.

열차+유람선 안내 홈페이지

www.schafbergbahn.at

요금 왕복 €39.60

※유람선을 함께 이용할 경우 콤비네이션 카드를 구입하는 것이 경제적이다.

장크트 길겐과 장크트 볼프강

샤프베르크 등산열차

그문덴 Gmunden

Map P.274

잘츠카머구트에 있는 호수 중 가장 깊은 트라운 호수 Traunsee를 끼고 있는 휴양도시. 그 옛날 소금무역의 중심지였으며 빼어난 자연경관으로 19세기 예술가들의 사랑을 흠뻑 받은 곳이다. 주요 명소로는 연인들의 결혼식장으로 알려진 호수의 성 Seeschloβ Ort이 있다. 호수 주변에 해변가가 펼쳐져 있어 여름에는 수영도 할 수 있으며, 트라운 호수에는 호수 유람선 중 가장 오래된 '기젤라 Gisela'라는 보트가 19세기부터 운항하고 있는데 기념삼아 한 번쯤 타볼 만하다. 아름다운 마을과 호수를 한눈에 내려다보고 싶다면 케이블카를 타고 산 정상으로 올라가 보자.

홈페이지 www.traunsee.at/gmunden

가는 방법 잘츠부르크 중앙역에서 열차로 1시간 35분

※역에서 호수까지는 도보 약 20분. 열차 도착시각에 맞춰 1량짜리 빨간색 옛날 트램이 운행되고 있으니 편의와 색다른 경험삼아 한번 타보자. 티켓은 운전사에게서 직접 구입한다. 편도 또는 왕복 티켓으로 살 수 있다. 편도 €2.20

그문덴의 빨간색 옛날 트램

그문덴의 트라운 호수

바트 이슐 Bad Ischl

Map P.274

엘리자베트와 인연이 깊은 바트 이슐

엘리자베트를 브랜드화한 기념품들

소금온천으로 유명한 바트 이슐은 할슈타트 · 볼프강 · 트라운 호수로 갈라지는 분기점에 있어 예부터 잘츠카머구트의 문화와 교통의 중심지 구실을 하고 있다. 특히, 이곳은 프란츠 요제프 황제가 엘리자베트(Sisi)에게 첫눈에 반해 그녀를 황후로 삼은 장소이기도 하다.

주요 명소로는 황제의 온천 Kaisertherme이 있는데, 현재 사우나와 수영장 등이 있는 헬스 센터로 운영하고 있다. 이곳 온천의 탁월한 효능은 유럽 전역에 알려져 각국의 원수와 유명 예술가들이 많이 찾아오고 있다. 특히 불임치료에 그 효능이 뛰어나다고 한다.

홈페이지 www.badischl.at

가는 방법 잘츠부르크 중앙역에서 열차로 2시간, 포스트버스 150번으로 1시간 40분

※잘츠카머구트 교통의 중심지로 포스트버스 · 열차 모두 운행된다. 바트 이슐은 온천뿐만 아니라 스키 · 하이킹 등 레포츠도 즐길 수 있는 휴양지여서 위락시설 등이 발달해 있다.

할슈타트 Hallstatt

Map P.274

세계자연문화유산으로 지정된 할슈타트는 '잘츠카머구트의 진주'로 불릴 만큼 빼어난 풍광을 자랑하는 곳이다. 특히 3,000m에 달하는 다흐슈타인 Dachstein 산과 할슈타트 호수가 어우러져 장관을 이룬다. 이 마을은 선사시대부터 암염을 채굴하던 곳이어서 소금광산 Salzwelten의 흔적이 여기저기 남아 있다. 주요 명소로는 소금광산이 있으며 광부복을 입고 가이드의 안내를 받으면서 800m 아래 광산 내부를 돌아볼 수 있다.

그밖에 할슈타트 호수 Hallstattersee에 위치한 오버트라운 Obertraun은 할슈타트와 함께 세계자연유산으로 등록된 다흐슈타인 산이 있어 스키와 얼음동굴 투어로 유명하다.

홈페이지 www.inneres-salzkammergut.at

가는 방법 ①잘츠부르크 중앙역에서 Attnang-Puchheim행 열차를 타고 가다가 Attnang-Puchheim 역에서 내린 후 할슈타트 Hallstatt행 열차로 갈아타고 할슈타트 역에서 하차한다. 역에서 내린 후 바로 역과 연결된 페리 승선장에서 페리를 타고 호수를 건너면 바로 할슈타트이다.

(잘츠부르크 중앙역 – Attnang-Puchheim 역 약 45분 소요, Attnang-Puchheim 역 – 할슈타트 역 약 1시간 20분 소요)

②잘츠부르크 중앙역에서 포스트버스 150번 버스를 타고 바트이슐 버스 터미널에서 하차 후 542번 버스로 환승 후 할슈타트에서 Gosaumühle에 도착해 페리를 타고 호수를 건넌다.

(페리 요금 왕복 일반 €8, 약 25분 소요)

요금 페리 편도 €3

투어로 돌아보는 〈사운드 오브 뮤직〉의 잘츠카머구트

잘츠부르크에서 매일 출발하는 사운드 오브 뮤직 투어 Sound of Music Tour(잘츠카머구트 포함)는 한나절 정도 소요된다. 영화 속의 주요 촬영지를 돌아보는 루트로 잘츠부르크 중앙역→미라벨 정원→레오폴트스크론 성→헬브룬 궁전→논베르크 베네딕투스 수녀원→장크트 길겐 & 장크트 볼프강→몬트제 순으로 돌면서 영화 속의 장면 장면을 설명해 준다. 예약은 숙소나 ⓘ에서 할 수 있는데, 숙소에서 예약하는 경우 투어 당일 숙소까지 마중을 나온다. 요금에는 교통비와 가이드비만 포함돼 있고 입장료나 점심값 등은 별도로 부담해야 한다. 투어를 마치고 나면 에델바이스 씨앗을 기념품으로 줘 여행자들을 즐겁게 한다. 교통이 불편해 개인적으로 하루 만에 모두 돌아볼 수 없는 곳을 짧은 시간 안에 돌아볼 수 있어 좋다. 단, 한국어 가이드는 없고 영어로만 진행되는 게 아쉽다.

죽기 전에 꼭 봐야 할 명소

베르히테스가덴

Berchtesgaden

독일 남동부 바이에른 주에 위치한 도시. 알프스 산맥에 속하며 삼면이 오스트리아 영토에 에워싸여 있는 독일 최고의 휴양지(국립공원)이다. 영국 BBC 방송국에서 선정한 '죽기 전에 봐야 할 100곳' 중 베르히테스가덴 산맥, 쾨니히 호수 Königssee, 바츠만산 Watzmann 등이 모두 베르히테스가덴에 있다. 12세기부터 소금이 채굴되면서 여러 세기에 걸쳐 주변국과 갈등과 대립이 이어졌던 곳이기도 하며, 자연 풍경이 워낙 아름다워 과거에는 바이에른 왕과 귀족들이, 제2차 세계대전 당시에는 나치 간부들의 별장이 있었다.

이곳 탄생 신화에 따르면 천사가 신의 목소리에 놀라 하나씩 떨어뜨려야 할 아름다운 자연의 씨앗을 한꺼번에 이곳에 떨어뜨렸다고 한다. 그 결과 환상적인 전나무 숲과 독일에서 두 번째로 높은 바츠만 산(2,713m), 여섯 개의 장대한 봉우리가 솟아올랐고, 아름다운 산맥을 병풍처럼 휘감은 계곡이 탄생했다. 굽이굽이 이어지는 산맥은 쾨니히 호수와 어우러져 한 폭의 수채화 같은 풍경을 자아낸다.

이런 사람 꼭 가자

독일 바이에른 알프스를 감상하고 싶다면
유유자적 호수 유람을 즐기고 싶다면
여름에는 하이킹, 겨울에는 스키를 타고 싶다면

INFORMATION 인포메이션

유용한 홈페이지

베르히테스가덴 관광청
www.berchtesgadener-land.com
베르히테스가덴 국립공원
www.nationalpark-berchtesgaden.bayern.de
잘츠부르크 포스트버스 www.postbus.at

관광안내소

• 중앙 ⓘ(Map P.281)

켈슈타인하우스 Kehlsteinhaus, 쾨니히 호수, 잘츠부르크, 뮌헨 등으로 가는 버스 시간표와 지도 등을 얻을 수 있다. 하이킹, 스키 등에 대한 정보도 얻을 수 있으며 숙박 예약도 가능하다.
주소 Maximilianstraβe 9(베르히테스가덴 중앙역 길 건너편) 전화 08652 9445 300 운영 월~금 09:00~17:00, 토 09:00~13:00 휴무 일요일 · 공휴일

• 쾨니히 호수 ⓘ(Map P.281)

쾨니히 호수 일대의 관광정보 및 유람선 운행 정보를 얻을 수 있다.
주소 Königsser Straβe 2(쾨히니 호수 버스 정류장 옆) 전화 08652 967 0 운영 월~금 08:30~17:00, 토 09:00~12:00 휴무 일요일 · 공휴일

ACCESS 가는 방법

849번 국립공원 버스. 한 번에 여러 대가 운행돼 버스표에 나와 있는 버스번호를 확인하고 타자.

잘츠부르크 중앙역에서 베르히테스가덴 중앙역 Berchtesgaden Hbf까지 열차 또는 840번 포스트 버스를 이용할 수 있다. 열차는 1시간 15분 정도 소요되며 한번 갈아타야 하는 번거로움이 있다. 그에 비해 포스트 버스는 50분 소요. 운전사한테 원데이 티켓 Tagesticket을 구입하면 잘츠부르크는 물론 베르히테스가덴의 모든 버스를 별도의 추가비용 없이 이용할 수 있어 편리하다.

840번 버스는 잘츠부르크 중앙역, 미라벨 광장 Mirabellplatz 앞 성 앤드류 교회 St. Andräkirche 맞은편 정류장에서 탈 수 있다. 언제나 만원이라 가능하면 출발역인 중앙역에서 타는 게 좋다. 베르히테스가덴 중앙역 앞은 국립공원 각지로 운행되는 버스정류장으로 838번 버스는 켈슈타인하우스로, 841 · 842번 버스는 쾨니히 호수로 운행된다. 840번 버스에서 내리자마자 목적지에 맞는 버스를 발견했다면 재빠르게 갈아타자. 버스 운행 간격이 워낙 길어 버스를 놓치면 30분 이상을 마냥 기다려야 한다.
요금 원데이 티켓 €10.20

미라벨 광장 앞 버스 정류장

베르히테스가덴 완전 정복

master of Berchtesgaden

독일 바이에른주의 주도인 뮌헨보다 잘츠부르크에서 더 가까워 잘츠부르크 근교 당일치기 여행지로 인기가 많다. 히틀러의 별장으로 지어진 켈슈타인하우스, 유람선을 타고 돌아볼 수 있는 쾨니히 호수가 이곳 관광의 하이라이트. 아침 일찍 서두른다면 두 곳 모두를 돌아 볼 수 있지만 여유 있게 돌아보려면 한 곳만 여행하는 게 좋다. 워낙 인기 있는 관광지라 잘츠부르크에서 출발하는 포스트 버스는 물론 국립공원 안에서 운행되는 모든 버스들이 만원이다. 스트레스를 받지 않고 계획한대로 이곳 관광을 마치려면 모든 버스 스케줄을 확인하고 계획을 세워둬야 한다. 만약 버스를 놓쳤다면 과감하게 택시를 이용하자. 당일치기 여행인 만큼 시간이 돈이다.

켈슈타인하우스와 쾨니히 호수를 모두 돌아보려면 중앙역에서 켈슈타인하우스까지 버스를 타고 가다 한 번 갈아타야 하며 도착 후 정상까지는 엘리베이터를 이용해야 한다. 30분~1시간 정도 히틀러의 별장과 그 주변을 돌아본 후 올라온 길을 되짚어 중앙역으로 다시 내려가서 쾨니히 호수행 버스로 갈아탄다. 호수에 도착, 30분 또는 1시간 코스 유람선 여행을 마친 후 다시 중앙역으로 가서 잘츠부르크행 버스로 갈아타야 한다.

★Best Course

잘츠부르크 중앙역 50분 소요 → 베르히테스가덴 중앙역 30분 소요 → 켈슈타인하우스 → 베르히테스가덴 중앙역 15분 소요 → 쾨니히 호수 → 베르히테스가덴 중앙역 → 잘츠부르크 중앙역

- 예상 소요 시간 하루

※잘츠부르크 또는 베르히테스가덴 ⓘ에서 모든 버스 시간표를 얻어두자. 홈페이지를 미리 조회하는 방법도 있다.

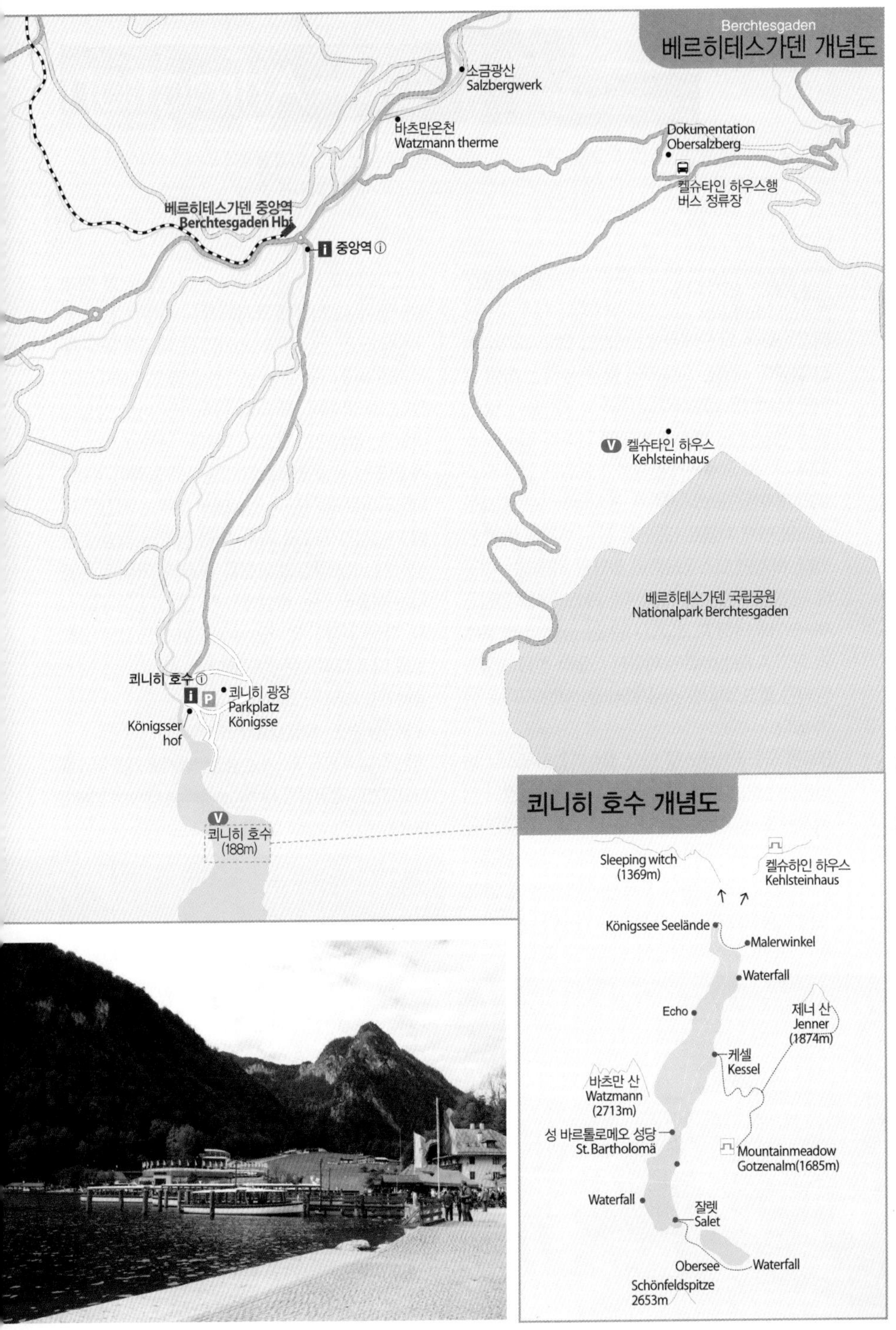
Berchtesgaden
베르히테스가덴 개념도
소금광산
Salzbergwerk
바츠만온천
Watzmann therme
Dokumentation
Obersalzberg
켈슈타인 하우스행
버스 정류장
베르히테스가덴 중앙역
Berchtesgaden Hbf
중앙역
켈슈타인 하우스
Kehlsteinhaus
베르히테스가덴 국립공원
Nationalpark Berchtesgaden
쾨니히 호수
쾨니히 광장
Parkplatz
Königsse
Königsser
hof
쾨니히 호수
(188m)
쾨니히 호수 개념도
Sleeping witch
(1369m)
켈슈하인 하우스
Kehlsteinhaus
Königssee Seelände
Malerwinkel
Waterfall
Echo
제너 산
Jenner
(1874m)
케셀
Kessel
바츠만 산
Watzmann
(2713m)
성 바르톨로메오 성당
St. Bartholomä
Mountainmeadow
Gotzenalm(1685m)
Waterfall
잘렛
Salet
Obersee
Waterfall
Schönfeldspitze
2653m

황금으로 된 엘리베이터를 타고 켈슈타인하우스에 오르면 그림 같은 산 아래 풍경에 반하고 유람선을 타고 미끄러지듯 쾨니히 호수를 유람하다보면 베르히테스가덴과 사랑에 빠지게 된다.

켈슈타인하우스 Kehlsteinhaus

Map P.281

해발 1,834m의 오베르살츠베르크 Obersalzberg 산 정상에 세워진 히틀러의 별장. 부하인 마틴 보어만 Martin Bormann이 히틀러의 50번째 생일 선물로 헌납한 곳이다. 1935년에 건축가 알버트 스피어 Albert Speer가 설계하고 독일은 물론 오스트리아, 이탈리아의 건축가, 엔지니어, 노동자들을 불러와 현재 시세로 1조 원을 들여 13개월 만에 지었다. 하지만 고소공포증이 있었던 히틀러는 이곳에 단 3번만 방문했다고 한다. 1945년 4월 연합군의 공습에 의해 파괴되었지만 산 정상(별명: 독수리 둥지 Adlerhorst)에 세워진 히틀러 전용 별실과 암벽을 뚫고 설치한 황금 엘리베이터는 그대로 남아 있다.

849번 국립공원버스를 타고 켈슈타인하우스로 올라가는 산악도로는 유럽에서도 손꼽는 절경이 펼쳐지는 도로다. 풍경을 제대로 감상하고 싶다면 올라갈 때는 운전석 맞은편에, 내려갈 때는 운전석 쪽 좌석에 앉으면 된다. 오르는 내내 독일어, 영어, 프랑어 등으로 이곳에 대한 안내 방송이 나온다.

켈슈타인하우스 주차장에 도착하면 정상에 오르기 전에 매표소에서 내려가는 버스 시간을 정해 예약해 두자. 티켓에 표시해 주니 출발 시간에 맞춰 내려오면 된다. 124m의 어두운 터널 안으로 들어가면 히틀러를 위해 설치된 황금 엘리베이터가 있다. 엘리베이터를 타고 올라가면 바로 정상이 나오고, 정상까지 오르는 힘겨운 여정을 모두 잊게 만드는 독일 알프스의 아름다운 풍경이 360도 파노라마로 펼쳐진다. 정상에서 머무는 시간은 대략 1~2시간 정도로 하자. 여러 각도의 풍경을 감상하기 위해 약간의 등산을 즐긴 후 카페로 운영되는 히틀러 전용 별실에서 차 한 잔의 여유를 갖자. 다음 일정이 없다면 주차장까지 연결된 산책로를 따라 내려오는 것도 좋다.

홈페이지 www.kehlsteinhaus.de

운영 5월 중순~10월 08:00~17:00

가는 방법 베르히테스가덴 중앙역에서 838번 버스를 타고 5번째 정류장인 Dokumentation Obersalzberg (Kehlstein Busabfahrt)하차(10분 소요). 정류장에서 계

엘리베이터로 향하는 어두운 터널

정상의 카페

단을 내려가면 바로 849번 국립공원버스 정류장이다. 국립공원버스는 관광버스로 별도로 티켓을 구입해야 한다. 티켓 구입 후 티켓에 표시된 차량번호를 확인한 후 해당 차량 앞에서 줄을 섰다 탑승하면 된다. 켈슈타인하우스 주차장까지는 15분 소요(요금 켈슈타인하우스 입장료까지 포함해 왕복 일반 €16.60

쾨니히 호수 Königssee

Map P.281

'왕의 호수'라는 뜻을 가진 쾨니히 호수는 독일인이 사랑하는 세계자연유산 중 하나이다. 바츠만산 Watzmann 동쪽 기슭의 빙하호로, 해발 600m에 있다. 호수의 총 길이는 약 602m, 호수의 평균 수심은 150m, 가장 깊은 곳은 200m에 달한다. 쾨니히 호수의 아름다움을 감상하는 데엔 유람선이 제격이다. 호수 선착장에서 유람선을 타고 돌아보는 동안 스위스의 알프스, 노르웨이의 피요르드를 버금가는 절경이 펼쳐진다.

호수 유람의 백미는 선장의 트럼펫 연주이다. 유유히 호수를 가르던 배가 멈추고 낯선 이방인의 방문을 알리는 선장의 트럼펫 연주가 시작된다. 고요한 계곡 사이로 아름다운 트럼펫 선율이 울려 퍼지고, 자연은 환영의 의미로 백배나 멋진 메아리로 화답한다. 호수와 계곡에 울려 퍼지는 맑고 청아한 선율이 방문객들의 마음속에 깊게 스며들면 유람선은 다시 움직이기 시작한다. 과거엔 트럼펫 연주 대신 총을 7번 쐈다고 한다.

선장의 트럼펫 연주

두 개의 양파 모양 돔과 빨간색 지붕이 돋보이는 성 바르톨로메오 성당

호수 유람 중 가장 유명한 곳은 성 바르톨로메오 성당이다. 1697년부터 잘츠부르크 대성당을 모델로 바로크 양식으로 건축되었는데, 2개의 양파 모양 돔과 빨간색 지붕이 유난히 눈에 띈다. 유람을 마치고 시간이 남는다면 호수 왼편에 있는 해발 1,874m의 제너 Jenner 산으로 올라가보자. 케이블카를 타고 올라가면 쾨니히 호수를 포함한 장엄한 파노라마가 펼쳐진다. 겨울에는 인기 있는 스키장으로 변신한다. 간단한 하이킹을 원한다면 내려올 때는 천천히 걸어 내려오자.

홈페이지 www.seenschifffahrt.de (유람선 코스, 운행 시간, 요금 조회) 운영 첫 배 09:30, 마지막 배 17:05(기간별로 운항 시간이 상이하니 사전에 홈페이지를 통해 확인 후 방문하자)

요금 및 코스 **코스1** 성 바르톨로메오 St. Bartholomä까지 운행. 왕복 일반 €15.50, 편도 €8.50 **코스2** 케셀 Kessel까지 운행. 편도 일반 €6

※성 바르톨레메오 성당에서 하선 후 30분~1시간 정도의 자유 시간을 갖고 다음 유람선을 이용해도 된다. 선장이 트럼펫 연주를 마치면 약간의 팁을 주는 게 전통이다.

가는 방법 베르히테스가덴 중앙역 앞 버스정류장에서 841번 버스로는 12분 소요, 843번 버스로는 30분 소요. 주차장에 도착해 기념품점을 지나 조금만 올라가면 바로 선착장이 나온다.

Travel PLUS

베르히테스가덴에 숙박하면서 며칠 동안 돌아보는 것도 좋다. 켈슈타인하우스와 쾨니히 호수 외에도 바츠만 온천 Watzmann Therme과 소금광산 Salzbergwerk 역시 유명하다. 그 외에도 산을 오르는 다양한 등산코스가 개발돼 있으며 겨울에는 스키 천국으로 변신한다. 베르히테스가덴에서 숙박하면 숙소에서 투숙객을 위해 쿠어카르테 Kurkarte를 발급해준다. 이 카드로 시내 대중교통을 무료로 이용할 수 있으며 켈슈타인하우스행 국립공원버스 요금도 할인해 준다. 바이에른 티켓 Bayern Ticket 역시 같은 혜택을 받을 수 있다.

합스부르크 왕가가 사랑한 알프스의 장미 인스부르크

Innsbruck

알프스 티롤 지방의 주도! 겨울 스포츠의 천국!

인스부르크는 웅장한 알프스 산맥에 둘러싸여 있는 아름다운 꽃으로 뒤덮인 산악도시다. 시내 어디서든 아름다운 알프스의 절경을 감상할 수 있다. 여름에는 피서지와 하이킹 명소로, 겨울이면 본격적인 스키 리조트로 변신한다. 1964년과 1976년 동계 올림픽 개최지인 인스부르크를 비롯한 티롤 지방에만 스키장 120개, 리프트 1,100개가 설치되어 있으며 슬로프의 총연장 길이가 3,500㎞에 이른다니 스키 천국이라는 말이 실감난다. 스키 · 스노보드는 물론 크로스 컨트리와 봅슬레이 등도 즐길 수 있으니 겨울 스포츠에 과감히 도전해 보는 것도 좋을 듯! 일찍이 합스부르크 왕가의 막시밀리안 황제와 마리아 테레지아 여제의 사랑을 받아 왕궁을 비롯한 왕가의 문화유산이 도처에 남아 있어 볼거리가 풍부한 관광지로도 손색이 없다.

지명 이야기

'인 Inn 강에 놓인 다리 Bruck'라는 의미를 갖고 있다.

이런 사람 꼭 가자

오스트리아 알프스를 파노라마로 감상하고 싶다면
알프스에서 다양한 레포츠를 즐기고 싶다면
합스부르크 왕가의 문화유산에 관심이 있다면

INFORMATION 인포메이션

유용한 홈페이지

인스부르크 관광청 www.innsbruck.info
인스부르크 스키 www.innsbruck-pauschalen.com
캠핑 www.camping.info/austria/tyrol/innsbruck

관광안내소

• 중앙 ⓘ (Map P.287)
무료 지도와 이벤트 · 투어 정보 제공. 스키패스 및 대중교통 승차권을 판매하며, 약간의 수수료를 내면 숙소 예약도 해준다.
주소 Burggraben 3
전화 512 598 850
운영 월~토 09:00~18:00, 일 10:00~16:30

우체국 Map P.287

주소 Maximilianstrasse 2 운영 24시간

슈퍼마켓 Map P.287

시내 곳곳에 있다. 인스부르크 중앙역 정면에 M-Preis가 있으며, Museum 거리에 Spar · Hopper · Billa 등이 있다. Markthalle에는 채소 · 과일 · 꽃 등을 파는 대형 실내 재래시장이 들어서 있다.

ACCESS 가는 방법

철도

인스부르크가 위치한 티롤 지방은 알프스의 심장이라고 불릴 만큼 교통이 발달해 있다. 특히 빈 · 잘츠부르크를 비롯해 독일 남부와 스위스 구간을 운행하는 열차편이 많다. 독일의 뮌헨에서는 당일치기로도 다녀올 수 있다. 북부 이탈리아의 베네치아 · 밀라노에서는 베로나로 가서 갈아타면 쉽게 인스부르크에 닿을 수 있다. 야간열차는 취리히나 뮌헨에서 한 번 갈아타면 된다. 비행기 역시 마찬가지다.
인스부르크 중앙역 Hauptbahnhof(Hbf)은 시설이 쾌적하고 편리하다. 감각적인 실내 디자인도 눈길을 끈다. 플랫폼은 1층이며 지하 1층에는 매표소 · ⓘ를 비롯한 편의시설들이 모여 있다. 중앙역 광장은 시내 교통의 중심지로 트램 · 버스 · 포스트버스 등의 정류장이 있다. 중앙역에서 구시가까지는 도보로 10분 소요.

• 코인로커
요금 로커 크기에 따라 €2~3.50(24시간)

인스부르크 중앙역

☑ 알아두세요

인스부르크 공항 Flughafen Innsbruck
시내에서 4㎞ 떨어져 있다. 공항에서 중앙역까지 공항버스(버스 €3) 택시(€15 내외)를 이용하면 된다. 약 10~15분 소요. 주요 항공사와 저가항공사 운항이 많은 뮌헨 공항까지도 공항버스가 운행된다.
예약 0512 584 157
홈페이지 www.innsbruck-airport.com

주간이동 가능 도시

인스부르크 Hbf	▶▶	잘츠부르크 Hbf	열차 1시간 50분
인스부르크 Hbf	▶▶	빈 Hbf	열차 4시간 10분
인스부르크 Hbf	▶▶	뮌헨 Hbf	열차 1시간 43분~2시간 49분
인스부르크 Hbf	▶▶	취리히 HB	열차 3시간 32분
인스부르크 Hbf	▶▶	베네치아 SL(VIA 베로나)	열차 4시간 32분~5시간 24분

※현지 사정에 따라 열차 운행시간 변동이 크니, 반드시 그때그때 확인할 것

THE CITY TRAFFIC 시내 교통

티롤리버스 · 버스 · 트램 등이 있다. 티켓은 공용이며 자동발매기나 담배 가게 등에서 판매한다. 1회권은 운전사한테서 직접 살 수 있지만 약간 더 비싸다. 정류장마다 도착시각을 알리는 전광판과 노선도가 있어 편리하다. 산악도시답지(?) 않게 대중교통 시스템은 최첨단을 갖추고 있다. 자전거 전용도로가 잘 정비되어 있어 자전거를 이용하는 것도 좋다. 중앙역에서 빌릴 수 있으며 철도패스 소지자는 할인도 받을 수 있다.

• 대중교통 요금

1회권 구역에 따라 요금이 달라진다. 요금은 1존 €1.80, 2존 €2.30, 3존 €2.90

4회권 1회권 4장 요금보다 저렴하다. 숙소와 관광명소를 오갈 때 대중교통을 이용해야 한다면 경제적이다. 요금은 €6

24시간권 구입 후 펀칭기에 넣고 개시한 시각부터 24시간 유효하다. 다음날 다른 도시로 이동할 계획이라면 열차 시간에 맞춰 역에 도착할 수 있도록 개시시각을 계산해 두자. 요금은 €4.60

• 자전거 대여소

중앙역 앞에 있으며 24시간 운영한다. 여권 필수.
요금 반일 €16, 1일 €20

인스부르크 카드

구시가도 돌아보고, 케이블카를 타고 알프스 정상인 Seegrube · Hafelekarspitze 등에 오를 예정이라면 ⓘ에서 인스부르크 카드 Innsbruck Card를 구입하자. 대중교통 · 케이블카 · 등산열차 등을 무제한 이용할 수 있으며 박물관 입장료도 포함된다. 다양한 할인혜택도 있어 하루 일정이더라도 경제적이다. 근교의 스와로브스키 수정세계, 암브라스 성, 시티 투어도 포함된다.
요금 24시간 €43, 48시간 €50, 72시간 €59

인스부르크 완전 정복

master of Innsbruck

인스부르크는 잘츠부르크와 뮌헨에서 각각 열차로 2시간 밖에 걸리지 않기 때문에 당일치기 여행지로 인기가 높다. 또한 스키 · 하이킹 등을 좋아하는 레포츠 여행자들은 인스부르크를 기점으로 오스트리아에 걸쳐 있는 아름다운 알프스를 즐기기 위해 더 많은 시간을 이곳에서 보낸다. 뿐만 아니라 북부 이탈리아와 가까워 열차로 주간에 이동하고 싶어 하는 여행자에게도 인기 있다.

도시 전체를 에워싸듯 펼쳐져 있는 알프스는 시내 어디서나 바라볼 수 있다. 황금지붕이 있는 구시가는 볼거리가 옹기종기 모여 있어 한나절 정도면 충분히 돌아볼 수 있다. 하지만 인스부르크 관광의 하이라이트라 해도 과언이 아닌 하펠레카르슈피츠까지 다녀오려면 하루는 할애해야 한다. 그밖에 근교에 있는 티롤의 작은 마을, 스와로브스키 수정세계, 암브라스 성 등까지 섭렵하려면 하루는 더 머물러야 한다. 계절에 따라 다양하게 즐길 수 있는 각종 레포츠도 놓치지 말자.

★이것만은 놓치지 말자!

❶알프스 파노라마가 펼쳐지는 마리아 테레지아 거리의 전경 감상 ❷인스부르크의 상징, 황금지붕 ❸왕궁성당에 있는, 어둠의 친구들로 불리는 '28개의 청동등신상' ❹하펠레카르슈피츠 정상에서 만끽하는 알프스 파노라마

★시내 관광을 위한 Key Point

• 랜드마크

마리아 테레지아 거리 Maria-Theresien-Straβe와 황금지붕이 있는 헤르 크 프리드리히 거리 Herzog Friedrich-Strasse

• 번화가

마리아 테레지아 거리는 최고의 번화가이자 쇼핑가. 마리아 테레지아 거리와 헤르초크 프리드리히 거리가 만나는 사거리에 ⓘ가 있다.

★Best Course

중앙역 → 개선문 → 성 안나 기둥 → 시청탑 → 황금지붕 → 헬블링 하우스 → 왕궁 → 하펠레카르슈피츠

※구시가에서 하펠레카르슈피츠행 케이블카 정류장까지는 트램을 이용해야 한다.

• 예상 소요 시간 하루

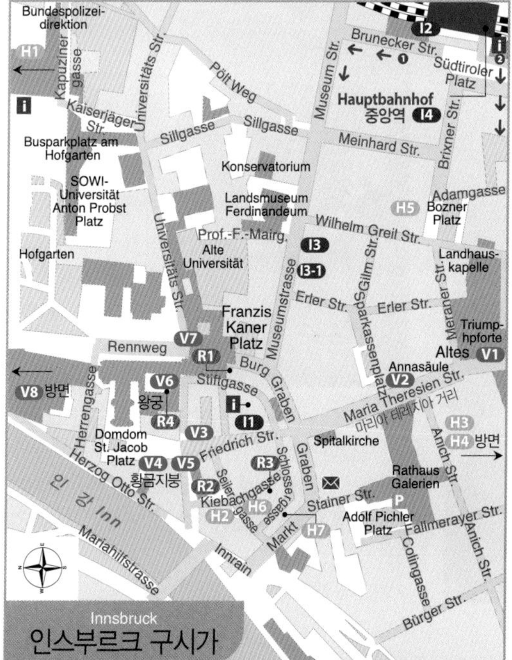

여행의 기술

- I1 중앙 ⓘ
- I2 중앙우체국
- I3 슈퍼마켓 Hopper
- I3-1 슈퍼마켓 Billa
- I4 중앙역

보는 즐거움

- V1 개선문 Triumphpforte
- V2 성 안나 기둥 Annsäule
- V3 시청탑 Stadtturm
- V4 황금지붕 Goldenes Dachl
- V5 헬블링 하우스 Helblinghaus
- V6 왕궁 Hofburg
- V7 왕실성당과 티롤 민속예술박물관 Hofkirche & Tiroler Volkskunstmuseum
- V8 하펠레카르슈피츠 Hafelekarspitze

쉬는 즐거움

- H1 Jugendherfberge Innsbruck
- H2 Nepomuk's B&B
- H3 Youth Hostel Volkshaus
- H4 City-Hotel Goldene Krone
- H5 Hotel Zach
- H6 Weisses Rössl
- H7 Hotel Maximilian

먹는 즐거움

- R1 Stiftskeller
- R2 Restaurant Pizzeria Mamma Mia
- R3 Café Munding Konditorei
- R4 Café Sacher
- ← 구시가 방향

보는 즐거움 Attraction

800년 역사를 간직한 고도(古都) 인스부르크의 구시가는 합스부르크 왕가의 흔적이 고스란히 남아 있는 유적지다.
최대 쇼핑가인 마리아 테레지아 거리, 왕가의 유적이 잘 보존된 구시가, 우윳빛 영롱한 인 강을 거닐다 보면 인스부르크의 아기자기한 매력에 푸욱 빠지게 된다. 무엇보다 알프스의 신선한 공기는 스트레스를 날려주고, 마음의 평화를 찾아준다.

마리아 테레지아 거리 Maria-Theresien-Straße

Map P.287

개선문에서 구시가까지 일직선으로 뻗어 있는 대로. 인스부르크에서 가장 번화한 곳이다. 멀리 보이는 노르트케테 산의 눈 덮인 봉우리는 거리의 운치를 더해준다. 길가에는 600년의 오랜 역사를 간직한 건물과 현대적인 건물들이 함께 늘어서 있어 인스부르크의 과거와 현재를 보여준다. 대로 중심에는 성 안나 기둥이 우뚝 솟아 있다.

가는 방법 중앙역에서 도보 10분

개선문 Triumphpforte

Map P.287

마리아 테레지아의 아들 레오폴트와 스페인 공주의 결혼을 기념하기 위해 1765년에 세운 문. 서쪽 면에는 약혼한 두 사람, 동쪽 면에는 공주의 자매가 조각되어 있다. 남쪽 면에는 마리아 테레지아와 남편 프란츠 1세의 부조가 있는 걸 보면 한 마디로 마리아 테레지아 가족의 기념탑이라고 할 수 있다. 북쪽 면에는 개선문을 짓기 직전 사망한 프란츠 1세를 애도하는 죽음의 천사와 슬픔에 잠긴 여인의 모티프가 새겨져 있다.

가는 방법 중앙역에서 도보 10분

성 안나 기둥 Annsäule

Map P.287

마리아 테레지아 거리 중심에 서 있는 높이 13m의 성 안나 기둥은 인스부르크의 대표 상징물이다. 1703년 7월 26일 스페인 왕위계승전쟁 때 바이에른군의 침략으로부터 도시를 지켜낸 것을 기념하기 위해 1706년에 만든 흰색 돌기둥이다. 맨 꼭대기에는 성모 마리아상이 있고, 기둥 밑에는 성 안나와 티롤 지방의 수호성인인 게오르게, 순찰의 수호성인인 비길리우스와 카시아누스 등이 있다. 기둥 뒤로 멋진 알프스 전경이 펼쳐져 있어 여행자들의 놓칠 수 없는 기념촬영 포인트가 되고 있다.

가는 방법 개선문에서 도보 5분

• 뷰 포인트

시청탑 Stadtturm

Map P.287

14세기의 구시청사 부속 종탑. 원래는 지붕이 뾰족한 첨탑이었으나, 16세기에 양파 모양의 돔을 첨가해 르네상스식 구조로 개축했다. 탑의 높이는 51m로 148개 계단을 따라 전망대에 오르면 구시가를 포함한 멋진 시내 전경을 감상할 수 있다.

중세시대 유럽의 탑은 망을 보는 기능 외에 도시의 부를 상징하기도 했다. 각 도시의 탑이 화려하고 높다면 그 도시는 부유하다는 의미였다.

운영 6~9월 10:00~20:00, 10~5월 10:00~17:00

휴무 겨울 · 월요일 입장료 일반 €4, 학생 €3

가는 방법 성 안나 기둥에서 도보 5분

• 핫스폿

황금지붕 Goldenes Dachl

Map P.287

황금빛 발코니가 있는 3층 건물로 인스부르크의 또다른 상징물이다. 허울 좋은 신성 로마 제국의 황제라는 이미지를 벗고자 막시밀리안 1세가 16세기에 화려한 모습으로 개축했다. 황금빛으로 반짝이는 것은 발코니의 차양으로 2,657개의 동판에 금을 입힌 것이다. 1층 난간에는 오스트리아, 헝가리, 신성 로마 제국, 독일 왕국, 막시밀리안의 아들을, 2층 난간에는 두 명의 아내와 함께 있는 막시밀리안과 왕실의 축제 분위기를 묘사한 조각을 새겨 놓았다. 이 조각은 모조품이고, 진품은 훼손을 막기 위해 티롤 주 박물관에 보관하고 있다.

이곳에서 1494년 막시밀리안 황제와 밀라노의 공주 마리아 비앙카의 결혼식이 거행되기도 했다. 현재 막시밀리안 박물관 Maximilianeum과 올림픽 박물관으로 사용되고 있다.

가는 방법 중앙역에서 도보 10분. 또는 시청탑에서 도보 1분

헬블링 하우스 Helblinghaus

Map P.287

황금지붕 바로 앞에 있는 이 건축물은 유난히 화사한 꽃무늬 장식이 눈길을 끈다. 1560년 후기 고딕 양식으로 건립했다가 1730년 로코코 양식으로 개축했다. 원래는 귀족의 저택이었는데, 이후 가톨릭 신자들의 집회장소로 쓰였다. 건물 3층과 4층 사이에는 어린 예수와 성모 마리아의 그림이 새겨져 있다. 지금은 일반 거주지로 사용하고 있으며 1층에 상점이 있다. 근처에는 600년 역사를 자랑하는 황금독수리 호텔 Goldener Adler Hotel이 있는데, 각국의 대통령 등 유명인사들이 묵은 곳이라고 한다.

가는 방법 황금지붕 바로 앞

인스부르크의 상징 황금지붕

화려한 장식장이 연상되는 헬블링 하우스

화려한 실내장식으로 유명한 왕궁

왕궁 Hofburg

Map P.287

1460년 막시밀리안 황제 때 바로크 양식으로 세웠다가 1754~1773년 마리아 테레지아 여제가 아들 요제프 2세의 결혼식을 위해 내부를 로코코 양식으로 개축했다. 왕궁 내부는 로코코 건축양식의 걸작이라 할 만큼 화려하게 꾸며져 있으며, 각각의 방은 천장화와 태피스트리 · 고가구 등으로 장식되어 있다. 특히, 주목할 만한 것으로는 그랜드 홀의 벽을 가득 채운 마리아 테레지아 자녀들의 초상화와 성 야고보 성당 내부 천장화, 루카스 크라나흐가 그린 제단화 「구원의 성모」 등이 있다.
또 하나 빼놓을 수 없는 것으로는 빈에서 유명한 자허 호텔의 카페가 왕궁 안에 있다는 사실. 오스트리아의 정통 카페 문화를 아직 체험해보지 못했다면 한번 들러보자.

홈페이지 www.hofburg-innsbruck.at

운영 09:00~17:00 **입장료** 일반 €9.50, 학생 €7

가는 방법 황금지붕에서 도보 5분

성 야고보 대성당 Dom zu St. Jakob

본래는 고딕 양식이었지만 제2차 세계대전으로 크게 손상되어 1717~1724년에 건축가 Johann Jakob Herkommer에 의해 바로크 양식으로 다시 지어졌다. 성당 내부는 바로크 양식으로 화려하게 꾸며져 있다. 성당의 보물 가운데 하나는 독일의 위대한 화가 루카스 크라나흐가 그린 제단화 「구원의 성모」이다. 북쪽 통로에는 1618년에 죽은 막시밀리안 황제의 묘와 기념물이 놓여 있다. 매일 낮 12시 15분이면 평화를 비는 탑의 종소리가 인스부르크 시내에 아름답게 울려퍼진다.

주소 Domplatz 7

운영 겨울 07:30~18:30 여름 07:30~19:30

입장료 무료

• 핫스폿

왕실 성당과 티롤 민속예술박물관 Hofkirche & Tiroler Volkskunstmuseum

Map P.287

황제 막시밀리안 1세의 묘를 안치하기 위해 1553~1563년에 지은 성당. 안에는 르네상스 조각으로 꾸민 막시밀리안의 영묘가 있다. 눈여겨볼 것은 '어둠의 친구들'이라고 부르는 28개의 청동등신상. 실물크기보다 크게 제작된 청동상은 황제의 관을 둘러싸고 있는데 마치 진시황릉의 병마용을 연상시킨다. 처음 계획했을 때는 40개의 조각, 34개의 로마 황제상, 100명의 성인상을 만들려고 했다고 한다. 보는 순간 탄성을 내지를 만큼 최고 볼거리이므로 절대 놓치지 말자.
왕실성당와 함께 있는 티롤 민속예술박물관은 티롤 지방의 색다른 생활양식과 생활용품 등을 전시하는 향토박물관이다. 티롤의 독특한 민속의상과 정교한 농기구 · 악기 · 가구를 비롯해 그리스도 탄생을 재현한 티롤 마을 마구간 인형 등을 볼 수 있다.

홈페이지 www.tiroler-landesmuseen.at

운영 월~토 09:00~17:00, 일 · 공휴일 12:30~17:00

입장료 왕실 성당 일반 €7, 학생 €5, 티롤 민속예술박물관 일반 €8, 학생 €6, 공용권 일반 €11, 학생 €8

가는 방법 황금지붕에서 도보 3분

왕실성당의 청동등신상 '어둠의 친구들'

하펠레카르슈피츠

하펠레카르슈피츠로 오르는 등산열차

암브라스 성

• 뷰 포인트

하펠레카르슈피츠 Hafelekarspitze

Map P.287

아름답게 펼쳐진 알프스의 풍경을 감상할 수 있는 전망대로 인스부르크를 대표하는 관광명소. 특히 겨울에는 스키를 타려는 사람들로 북새통을 이룬다. 등산열차를 타고 제일 먼저 흥어부르크 Hungerburg(860m)에 도착하면 유럽에서 가장 높은 곳에 위치한 알펜 동물원 Alpen Zoo을 구경할 수 있다. 다음 케이블카로 갈아타면 제그루베 Seegrube(1,905m)를 지나 정상인 하펠레카르슈피츠(2,334m)에 닿는다. 제그루베에는 늦게까지 영업하는 레스토랑이 있어 식사를 즐기면서 야경을 감상하기에도 더없이 좋다.

홈페이지 www.nordkette.com/en

운영 4~6 · 10월 08:25~17:40, 7~9월 08:10~18:10, 11~3월 08:25~17:10

입장료 인스부르크↔흥어부르크 왕복 €9.50, 인스부르크↔제그루베 왕복 €32.90, 인스부르크↔하펠레카르 왕복 €36.50

가는 방법 구시가 왕궁 뒤 콩그레스 Congress 옆에서 등산열차를 타고 Hungerburg에서 내린 후 케이블카를 타고 올라간다. ※간단한 간식이나 도시락을 준비하자.

암브라스 성 Schloß Ambras

오스트리아에서 가장 아름다운 르네상스 양식의 성. 원래는 11세기에 세운 성관이었으나, 이후 16세기 페르디난트 2세가 평민 출신인 그의 부인을 위해 개축한 것이다. 지금은 박물관으로 개조해 희귀 미술품과 보물 · 무기 등을 전시하고 있다. 14~19세기 합스부르크 왕가의 초상화 갤러리, 전형적인 르네상스풍의 스페인 홀 등이 볼 만하다. 초상화 갤러리에서는 마리아 테레지아의 아름다운 처녀시절 모습도 볼 수 있다. 여름에는 정원에서 음악회가 열린다.

홈페이지 www.schlossambras-innsbruck.at

운영 10:00~17:00 **입장료** 4~10월 일반 €10, 학생 €7, 12~3월 일반 €7, 학생 €5 **가는 방법** 마리아 테레지아 거리에 있는 구시청사 Alteslandhaus 앞에서 미니버스가 1시간에 1편씩 운행한다(20~30분 소요).

스와로브스키 수정세계
Swarovski Kristallwelten

1995년 스와로브스키 창립 100주년을 기념해 안드레 헬러가 디자인한 크리스털 박물관. 손 모양의 동굴 모습을 하고 있다. 초록색 거인의 머리 모양을 한 입구를 통해 안으로 들어가면 세계에서 가장 큰 크리스털과 가장 작은 크리스털을 전시하는 홀이 나온다. 크리스털 돔에서는 음향과 조명에 따라 시시각각 다른 빛을 내는 크리스털을 볼 수 있다. 명상실 · 극장 · 얼음통로 등 테마별로 다양한 볼거리도 선사한다.

홈페이지 www.kristallwelten.swarovski.com
운영 08:30~19:30
입장료 €19 가는 방법 중앙역에서 08:40/10:20/12:40/14:40/16:40에 출발하는 Kristallwelten Wattens행 버스 탑승(Kristallwelten Wattens에서 출발 시 11:35/13:35/15:35/17:35/19:05에 중앙역행 버스 탑승)
요금 왕복 €9.50, 편도 €5

슈투바이 빙하
Stubai Glacier

인스부르크 시내에서 40㎞ 떨어져 있는 세계적으로 유명한 스키 천국. 만년설에 덮여 있어 연중 내내 스키를 탈 수 있다. 무엇보다 스위스에 비해 저렴하게 즐길 수 있어 유럽인의 사랑을 흠뻑 받는 곳이다.

등산열차 Stubaier Gletscherbahn를 타고, 3,300m 정상에 오르면 설원의 세계 알프스를 감상할 수 있으며, 슬로프는 초 · 중 · 고급 코스로 다양하게 개발되어 있어 각자의 수준에 따라 선택하여 즐기면 된다. 스키 장비는 정상에서 빌릴 수 있다. 인스부르크 ⓘ에서 판매하는 1일 패키지를 이용하면 편리하다.

홈페이지 www.stubaier-gletscher.com
버스 운행 중앙역 출발 06:45, 07:15, 07:35, 08:05, 08:35, 09:05, 09:35, 10:05, 슈투바이 출발 14:00~18:00(30분 간격으로 출발) 패키지 요금 €159~(왕복 버스편, 장비 및 스키 대여료, 종일 리프트권 포함)
※인스부르크 카드, 숙소에서 받을 수 있는 '클럽 인스부르크 카드' 소지 시 할인

Say Say Say

크리스털 업계의 선두주자 스와로브스키

스와로브스키는 1895년 크리스털 산지인 보헤미아 지방 출신의 다니엘 스와로브스키 1세가 창업한 세계 제일의 크리스털 업체입니다. 스와로브스키의 비밀은 흠집 하나 없이 크리스털을 절단할 수 있는 절단기에 있죠. 절단기는 창업주 다니엘이 발명했는데 그 비밀을 유지하기 위해 오스트리아 티롤 지방의 작은 마을인 와텐스 Wattens에 공장을 세웠다네요. 지금도 절단기의 비밀은 가족이 경영함으로써 지켜가고 있답니다.

스와로브스키 제품으로는 다양한 액세서리 종류가 있지만 특히 동물 모양 디자인이 유명합니다. 아, 참! 뉴욕의 카네기 홀, 오페라 하우스, 모스크바의 크레믈린 궁전, 사우디아라비아 왕궁에 걸린 샹들리에도 스와로브스키의 작품이라는 사실 아셨나요?

최대 번화가인 마리아 테레지아 거리와 구시가 일대에 티롤 지방의 전통 레스토랑부터 패스트푸드점까지 다양하다. 향토요리는 티롤 지방에서 생산하는 육류와 치즈, 신선한 채소를 사용한 요리가 주를 이룬다. 또한 이곳 역시 전통과 역사를 자랑하는 명문 카페가 많다.

Map P.287

Stiftskeller

왕실성당에 병설되어 있는 티롤 지방의 전통 레스토랑. 원래 수도원 부속 레스토랑으로 500년 역사를 자랑한다. 뿐만 아니라 마리아 테레지아도 자주 찾아와 더욱 유명해졌다. 티롤 지방의 모둠훈제소시지, 모둠치즈 애피타이저를 비롯해 티롤산 버섯요리, 베이컨요리, 그뢰슈틀 Tiroler Gröstl(프라이팬에 고기 · 감자 · 양파 등을 넣고 볶은 요리) 등은 별미니 꼭 먹어보자.

주소 Stiftgasse 1 전화 0512 570 706
홈페이지 www.stiftskeller.eu
영업 10:00~24:00 예산 그뢰슈틀 €9.20~
가는 방법 황금지붕에서 도보 2분

젊은이들에게 인기 만점인 이탈리아 레스토랑 Mamma Mia

Map P.287

Restaurant Pizzeria Mamma Mia

2004년에 오픈한 이탈리아 요리 전문점. 우리나라에서도 흔히 볼 수 있는 스파게티 전문점으로 현지 젊은이들에게 꽤 인기가 높다. 가격 · 양 · 맛 모두 만족스러운 곳. 점심시간에 가면 줄설 확률 100%. 황금지붕에서 인 강 쪽으로 걸어가다가 인 다리 Innbrücke 건너기 전에 있다.

주소 Kiebachgasse 2 전화 0512 562 902 홈페이지 www.mammamia-innsbruck.com 영업 10:30~23:00 예산 스파게티 €6.40~, 피자 €5.90~
가는 방법 황금지붕에서 도보 2분

Map P.287

Café Munding Konditorei

티롤 지방에서 가장 오래된 카페. 구시가와 가까운 마리아 테레지아 거리에 있다. 1803년 오픈 이래 지금까지 제철 과일을 이용한 30여 종의 케이크와 쿠키 등으로 유명하다. 시내 관광 후 잠시 들러 휴식을 취하기에 그만이다.

주소 Kiebachgasse 16 홈페이지 www.munding.at

전화 0512 584 118 영업 08:00~20:00

예산 조각 케이크 €3~, 아이스크림 €5~, 멜랑게 €3~ 가는 방법 황금지붕에서 도보 5분

Map P.287

Café Sacher

왕실에 제과를 납품해 유명해진 오스트리아 제일의 카페, 자허가 왕궁 안에 있다. 120년 전통을 자랑하는 빈 본사에서 직접 운영하기 때문에 자허 토르테와 커피를 원조 맛 그대로 즐길 수 있다.

주소 왕궁 내 전화 0512 565 626

영업 일~수 08:30~22:00, 목~토 08:30~24:00

예산 조각 케이크 €7.10~, 멜랑게 €5.70~

가는 방법 황금지붕에서 도보 3분

Travel PLUS 쇼핑 1번지, 프리드리히 거리

마리아 테레지아 거리와 구시가로 이어지는 헤르초크 프리드리히 거리 Herzog Friedrich-Strasse가 쇼핑 1번지다. 가장 큰 쇼핑센터는 시청사 맞은편에 있는 Rathaus Galerien이며, Herzog Friedrich-Strasse 5번지에는 세계 최대 규모의 스와로브스키 매장이 있다. 매장은 15세기에 여인숙으로 사용하던 건물을 개조한 것이어서 더욱 흥미롭다. 그밖에 구시가 곳곳에 기념품과 공예품을 파는 상점들이 즐비하다. 기념품으로는 알프스 전통 의상과 자수 제품, 농촌 관련 소품, 전통 베이컨 슈팩, 전통 술 슈납스, 초콜릿 등이 있다.

노는 즐거움 Entertainment

인스부르크는 티롤 지방의 주도로 근교에는 크고 작은 산악 마을이 있다. 지형 덕분에 하이킹 코스부터 래프팅, 번지점프 등을 즐길 수 있는데 경비도 저렴해서 더욱 매력적이다. ⓘ에서 자세한 정보를 얻고 예약도 할 수 있으니 시간이 된다면 꼭 즐겨보자. 또한 해마다 여름이면 잘츠부르크와 더불어 인스부르크에서도 고음악 축제가 열려 전 세계 클래식 애호가들의 발길이 끊이지 않는다.

인스부르크의 고음악 페스티벌 Innsbrucker Festwochen der Alten Musik

알프스에 둘러싸인 아름다운 도시, 인스부르크의 여름은 클래식 음악으로 가득 찬다. 1970년에 처음 시작된 페스티벌은 특이하게 고음악 古音樂(바로크 음악 이전의 음악을 통틀어 지칭)만을 연주해 다른 유럽 국가들의 음악 페스티벌과 차별화하는 데 성공했다.

축제는 매년 7~8월 2개월간 진행되고 축제의 하이라이트라 할 수 있는 주립극장의 오페라 공연은 8월 초에 있다. 페스티벌은 다른 음악제에서 선뜻 올리지 못하는 작품들을 과감히 공연해 높이 평가받고 있으며, 르네상스와 바로크 음악 중 잘 알려지지 않은 곡들을 발굴하고, 그 해 지휘를 맡은 지휘자에 의해 오래된 악보가 새롭게 재해석되기도 한다. 뿐만 아니라 바흐와 헨델 중심의 바로크 음악에서 탈피해 독일 드레스덴과 프랑스, 이탈리아에서 유행한 다양한 장르의 음악을 감상할 수 있는 것도 이 페스티벌을 빛내는 매력 중 하나다.

최근에는 동양인에게 좀처럼 문을 열어주지 않는 오페라 무대에 우리나라의 고음악 전문 소프라노 임선혜 씨가 여주인공을 맡아 열연을 펼치기도 했다.

오늘날 축제는 크게 인스부르크 암브라스 성 콘서트, 고음악 콘서트, 레스토랑 콘서트, 오페라 4가지로 분류된다. 이 외에 인스부르크 가이드 투어와 런치타임을 이용한 미니 콘서트, 심포지엄, 교회 연주회 등 다양한 프로그램으로 인스부르크 거리는 활기로 넘친다.

홈페이지 www.altemusik.at

쉬는 즐거움 Hotel

인스부르크의 숙박시설은 현대적인 시설에서 알프스의 전통 가옥 구조를 한 시설까지 다양하다. 숙박비는 꽤 비싼 편이고 저렴한 호스텔은 대부분 대중교통을 이용해야만 갈 수 있는 외곽에 위치하고 있다. 숙소 예약은 ⓘ를 통해서도 가능하다.

Map P.287

Jugendherberge Innsbruck

공식 유스 호스텔. 주택가에 있어서 소음이 없는 대신 방이 약간 어두운 편이다. 개인 사물함, 주방과 세탁시설 · TV룸 등을 갖추고 있다. 가격은 저렴하지만 직원들은 그리 친절하지 않다.

주소 Reichenauerstraβe 147 **전화** 0512 34 61 79

홈페이지 www.youth-hostel-innsbruck.at **요금** 6인 도미토리 €22.50(조식 · 시트 포함, 비회원 €3 추가)

가는 방법 중앙역에서 R번 버스를 타고 2번째 정류장에서 내려 O번 버스를 타고 Jugendher berge(약 15분) 하차 후 도보 20분

ⓒYouth Hostel

©Hotel Zach

Weisses Rössl

Map P.287

Nepomuk's Hostel

황금지붕 근처에 있는 매력 만점의 호스텔. 1803년에 오픈한 문딩 카페 Munding Café 관계자가 운영하고 있다. 호스텔은 카페 바로 옆에 있으며, 1개의 도미토리, 2개의 2인실이 있는 가족적인 분위기가 매력. 주방 · 세탁 시설을 갖추고 있고, 무엇보다 문딩 카페에서 즐기는 아침식사가 여행의 기분을 더욱 살려준다.
주소 Kiebachgasse16 전화 0512 584 118, 휴대폰 664 787 9197 홈페이지 www.nepomuks.at
요금 6인 도미토리 €24, 2인실 1인당 €29~(시트 · 사물함 포함) 가는 방법 중앙역에서 도보 20분 내외

Map P.287

Youth Hostel Volkshaus

티롤 지방 특유의 목재가구로 꾸민 편안한 느낌의 호스텔. TV룸, 테니스 코트, 정원 등도 있다. 게스트하우스도 함께 운영한다.
주소 Radetzkystrasse 47 전화 0512 341 086, 휴대폰 0664 266 7004 홈페이지 www.hostel-innsbruck.at
요금 도미토리 €22~ 가는 방법 중앙역에서 R번 버스를 타고 St.Pirmin/ Volkshaus 하차

Map P.287

City-Hotel Goldene Krone

구시가에서 가장 번화한 마리아 테레지아 거리에 있어 관광하는 데 편리하다. 바로크 양식 건물에 각 방은 모던하고 현대적인 스타일. 자전거 대여도 가능하다.
주소 Maria-Theresienstrasse 46
전화 0512 586 160 홈페이지 www.goldene-krone.at
요금 2인실 €79~ 가는 방법 중앙역에서 도보 10분

Map P.287

Hotel Zach

역에서 매우 가깝고, 구시가까지 이동하기 편리한 3성급 호텔이다. 원목을 이용한 인테리어로 쉬는 사람에게 편안함을 준다. 객실엔 TV, Wifi가 가능하지만 에어컨이 없어서 여름에 머문다면 덥다는 단점이 있다.
주소 Wilhelm-Greil-Straße 11
전화 0512 589 667
홈페이지 www.hotel-zach.at
요금 더블룸 €103~
가는 방법 중앙역에서 도보 7분

Map P.287

Weisses Rössl

구시가에 위치. 600년이 넘은 오래된 건물에 있지만 내부는 화사하고, 현대적이다. 무료 인터넷이 가능하다.
주소 Kiebachgasse 8 전화 0512 583 057
홈페이지 www.roessl.at
요금 2인실 €50~, 3인실 €40~
가는 방법 중앙역에서 도보 15분

Map P.287

Hotel Maximilian

구시가에 있는 4성급 호텔. 여독을 풀고 편안하게 휴식을 취하기에 좋다. 넓은 방은 모던하게 꾸며져 있으며, 인터넷 · 세탁 서비스가 가능하다. 리셉션은 24시간 오픈한다.
주소 Marktgraben 7-9 전화 0512 599 670
홈페이지 www.hotel-maximilian.com
요금 2인실 €120~, 1인실 €90~
가는 방법 중앙역에서 도보 15분

Hungary 헝가리

헝가리, 알고 가자

1 National Profile

국가 기초 정보

정식 국명 헝가리 공화국 Magyar Köztársaság **수도** 부다페스트
면적 9만 3,031㎢(한반도의 약 2/5) **인구** 약 987만 명 **인종** 마자르족
정치체제 의원내각제(대통령 야노시 아데르 Janos Ader) **종교** 로마 가톨릭 51.9%, 칼빈교 15.9%, 루터교 3.0%, 기타 그리스 정교 등 **공용어** 헝가리어(마자르어)
통화 포린트 Forint(Ft), 보조통화 필레 Filler
1Ft=100Filler / 10·20·50·100·200·500·1,000·2,000·5,000·10,000·20,000Ft / 동전 1·2·5·10·20·100·200Ft, 보조단위 2·5·10·20·50 Filler / 1Ft≒4.4원(2019년 3월 기준)

간추린 역사

헝가리는 9세기 후반 유목민인 마자르족이 도나우 강 유역에 거주하는 게르만족을 몰아내고 세운 국가다. 이후 10세기경 기독교를 받아들이고 로마 교황이 승인하는 기독교 왕국이 된다. 초대 국왕 이슈트반 1세는 기독교를 전파하고 국가 발전에 노력하여 번영의 길을 걷는다.
1241~1242년 몽골인들의 침공에 인구의 절반이 죽음을 당하는 재난을 겪었으며, 이어 오스만투르크의 침략을 받게 된다. 그러나 다행히 용맹한 지도자들의 활약으로 위기를 무사히 넘겨, 15세기의 마차시 1세 치하에서는 경제·문화가 발달한 유럽 제일의 강국으로 부상하여 헝가리의 르네상스 시대가 열린다.
1526년, 계속되는 오스만투르크의 침략에 헝가리는 결국 점령당했으며 그들이 물러난 17세기 말에는 오스트리아 합스부르크 왕가에 의해 150년간 지배를 받는다. 합스부르크 왕가의 지배시기는 헝가리 역사의 암흑기로 종교·문화·경제 등 모든 면에서 탄압을 받았다. 이에 저항하는 헝가리 국민들은 지속적으로 독립운동을 전개했으며 1867년 합스부르크 왕가와 대타협을 이루어 오스트리아·헝가리 제국으로 재탄생했다. 그러나 제1차 세계대전 중 독일과 오스트리아에 가담한 헝가리는 패전국이 되어 영토의 절반을 잃는다. 제2차 세계대전에서는 독일군에 협력해 구소련군에 대항했으나 패한 후 수도 부다페스트의 70% 이상이 파괴되고 구소련의 위성국가가 되었다.
1945년 헝가리 공산주의자들은 친소 임시정부를 출범시켰으며, 1949년에는 헝가리 인민공화국을 수립했다.
그후 헝가리인의 끊임없는 노력에 힘입어 1968년에는 동유럽 국가들 가운데 제일 먼저 경제개혁을 단행했고, 1989년에는 일당 독재체제를 버리고 복수정당제를 채택해 사회주의와 결별한다. 2004년에는 EU 회원국이 되었다.

공휴일(2019년)
1/1 신년
3/15 1848년 혁명 기념일
4/21 부활절*
4/22 부활절 다음 월요일*
5/1 노동절
6/1 예수 승천일(부활절 40일 후)
6/9 성령강림절 연휴*
8/20 건국기념일
10/23 공화국선포일
11/1 만성절
12/25~26 크리스마스 연휴
*해마다 날짜가 바뀌는 공휴일

한국과의 관계

1989년 2월 1일 공식 외교관계를 수립했지만, 일찍이 1892년 오스트리아·헝가리 이중제국 시대에 조선 왕조와 우호통상항해 조약을 맺었다.
우리나라를 상징적으로 표현하는 '코리아! 조용한 아침의 나라'는 1900년대 헝가리 민속학자 버라토시가 우리나라를 여행하면서 겪은 기행문의 제목이다. 당시 미지의 나라였던 우리나라를 자국에 제대로 알리고 잘못된 소문을 바로잡는 등 한국과 한국인에 대한 각별한 애정을 담았다고 한다.

사람과 문화

헝가리인들의 조상은 아시아계 유목민인 마자르족이다. 그래서인지 우리나라와 비슷한 점이 많은데 이름의 순서가 성 다음에 이름이 오고, 매운맛의 파프리카를 즐긴다. 헝가리 사람들이 말하는 '비르투시 Virtus'는 헝가리 사람들의 대표적인 정서로 어떤 한 가지 일에 대해 강한 열정 · 믿음 · 신념 등을 나타낸다. 예를 들어 일단 약속을 하면 그 약속을 지키기 위해 불구가 되는 것도 마다하지 않는다. 인생에 대한 강한 열정과 냄비근성, 겉치레를 중시하고, 인생 최고의 가치를 명성과 출세라고 여긴다.
잡학다식한 것도 헝가리 사람들의 특징 중 하나. 특히 기초 과학이 발달하여 노벨상 수상자만 13명을 배출했다.

지역정보

오스트리아 · 슬로베니아 · 슬로바키아 · 세르비아 · 루마니아 · 우크라이나 · 크로아티아 등 무려 7개국과 국경을 접하고 있다. 도나우 강과 티사 강이 북에서 남으로 흐르고, 국토의 3/4이 대평원으로 이루어져 있다.
바다가 없는 내륙국이지만, 헝가리인들 사이에서 '헝가리의 바다'라고 불리는 발라톤 호수가 중앙에 자리잡고 있다. 국토의 2/3는 온천 개발이 가능한 지역으로 전국에 1,000여 개가 넘는 온천이 있다.

여행시기와 기후

지중해와 대서양의 영향을 받아 대서양 기후와 대륙성 기후가 혼재한다. 겨울은 습하고 매우 춥지만 여름은 그다지 덥지 않다. 5 · 6 · 11월은 우기로 비가 많이 오는 편이다.

여행하기 좋은 계절 5~9월
여행 패션 코드 온천을 즐길 만한 곳이 많으므로 수영복을 준비해 가자.

현지 오리엔테이션

2
Orientation

추천 웹사이트 헝가리 관광청 www.hungarytourism.hu **국가번호** 36
비자 무비자로 90일간 체류 가능(솅겐 조약국)
시차 우리나라보다 8시간 느리다(서머타임 기간에는 7시간 느리다).
전압 220V, 50Hz(콘센트 모양이 우리나라와 동일)
전화

국내전화 시내통화는 전화번호만 누르면 된다. 시외통화는 06을 누른 후 지역번호를 누른다.
- 시내전화 : 예) 부다페스트 시내 123 4567
- 시외전화 : 예) 부다페스트→센텐드레 06 26 123 4567

치안과 주의사항

긴급 연락처

응급 전화 SOS(경찰 · 응급) 107, 104
한국대사관 주소 1062 Andrassy ut. 109(부다페스트) 전화 01 462 3080 비상연락 (36 30) 982 9463, (36 30) 824 3106 가는 방법 메트로 1호선 Bajza utca 역 하차

1. 치안은 비교적 안전한 편이나 기차역, 대중교통 등 사람이 많이 모이는 곳은 소매치기가 빈번하다. 사고 다발 지역으로는 켈레티 역(동역), 4 · 6번 트램, 7번 버스, 패스트푸드점 등이 있다. 그밖에 암달러상과 가짜경찰 등의 사기행위도 빈발하고 있으니, 암달러상은 상대하지 말고 무임승차 같은 범법행위도 절대 삼가자.
2. 대중교통수단에 앉기 편한 자리는 노약자석이니 주의하자.
3. 레스토랑 · 카페 · 택시 등을 이용했다면 10~20%의 팁을 주는 게 예의다.

예산 짜기

헝가리 물가는 우리나라보다 저렴한 편이다. 숙박료 · 입장료 · 교통비도 저렴해 부담스럽지 않아 좋다. 단, 숙박료는 여름 성수기와 비수기에 따라 2배 이상 차이가 난다.

영업시간

관공서 월~금 08:30~16:00
우체국 월~금 08:00~20:00
은행 월~금 08:00~18:00
상점 월~금 10:00~18:00
토 10:00~13:00
레스토랑 11:00~24:00

1일 예산 하루 만에 부다페스트와 친구되기 (P.314)

숙박비 도미토리 3,500Ft~
교통비 1일권 또는 10회권 3,000Ft
3끼 식사 아침 빵과 차, 점심 패스트푸드 중국 음식, 저녁 레스토랑 3,000Ft~
입장료 500Ft~
기타 엽서 · 물 · 간식(펄러친터 등) 1,000Ft~

1일 경비 => 11,000Ft≒4만 8,400원(2019년 3월 기준)
※온천은 3,000Ft, 클래식 공연 입장료는 1,000~3,000Ft 정도로 예산을 짜면 된다.

현지어 따라잡기

기초 회화

안녕하세요	[아침] 요 레겔트 키바노크 Jó reggelt Kívánok
	[점심] 요 너포트 키바노크 Jó napot Kívánok
	[저녁] 요 에슈테트 키바노크 Jó estét Kívánok
헤어질 때	비손틀라타슈라 Viszontlátásra
고맙습니다	쾨쇠뇜 세펜 Köszönöm szépen
실례합니다	보차너트 Bocsànat
미안합니다	셔이날롬 Sajnàlom
도와주세요	셰기치에그 Segítsíég
계산서 주세요	께렘 아 쌈 랏 Kérem a számlát
얼마입니까?	미 에즈 Mi ez?
네	이겐 Igen
아니오	넴 Nem

표지판

화장실	모슈도 Mosdo(남 페르피 Férfi, 여 뇌 Nö)
사용 중	파그랄뜨 Foglalt
비어 있음	싸바드 Szabad
경찰서	렌도르셰그 Rendorség
우체국	포슈터 Posta
기차역	파야우두바르 Pàlyaudvar
티켓	예지 Jegy
1등석	엘쓰 오쓰따이 Elso osztàly
2등석	마소도쓰따이 Másodosztàúlyú
출발	인둘러시 Indulas
도착	에르케제시 Érkezés
매표소	예지펜즈타르 Jegypénztàr

숫자

1	에지 Egy
2	케트 Ket
3	하롬 Három
4	네지 Négy
5	외트 öt
6	하트 Hat
7	헤트 Hét
8	뇰츠 Nyolc
9	키렌츠 Kilenc
10	티즈 Tíz
100	사즈 Száz
1000	에제르 Ezer

현지 교통 따라잡기

비행기(P.622 참고)

우리나라에서 출발하는 직항편은 없고 유럽계 항공사 경유편을 이용해야 한다. 유럽

각지에서 저가 항공이 취항하고 있으며, 독일 · 영국 · 프랑스 · 이탈리아 · 스페인 다음으로 운항편수가 많다.

한국↔헝가리 취항 항공사 : KL, AF, LH, BA, SK, OS, AZ 등

유럽↔헝가리 저가 항공사 : Air Berlin, Germanwings, Ryanair, Meridiana, Wizz Air, SkyEurope, Norwegian 등

음식의 특징

헝가리 사람들은 식도락을 즐긴다. 여자의 요리솜씨를 으뜸으로 치고, 아무리 허름한 집이라도 소문난 집이라면 먼 길도 마다하지 않을 만큼 맛있는 것에 대한 열정이 대단하다. 다른 나라에 비해 유난히 뚱뚱한 사람이 많은 이유도 그런 까닭이 아닐까. 손님을 접대할 때도 손사래를 무시하고 끊임없이 음식을 권한다. 물론 손님은 푸짐한 요리를 접시 바닥이 보일 때까지 먹어주는 게 예의다.

추천 음식

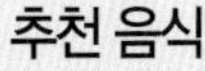

• **구야슈 수프** Gulyàs

유럽 전역 어디서든 먹을 수 있으나 그 원조는 헝가리라는 사실. 여러 가지 채소와 쇠고기에 매콤한 파프리카를 넣고 걸쭉하게 끓인 수프. 양이 많아 빵과 함께 먹으면 한 끼 식사로도 좋다.

• **치르케 파프리카시** Csirke Paprikás

헝가리의 대표적인 전통 음식. 닭을 매콤한 파프리카와 버터로 볶은 후 사워크림을 얹어 먹는 요리. 비슷한 음식으로 한국인 입맛에도 맞는 마르허 포르콜트 Marha Porkolt도 있다.

• **스비츠코바** Svíčkovà

쇠고기를 살짝 익혀 레몬으로 만든 크림 소스를 곁들인 음식

• **펄러친터** Palacsinta

일종의 크레페. 얇은 밀전병에 신선한 과일을 넣고, 생크림 · 초콜릿 · 치즈 등을 끼얹어 먹는 헝가리의 대표적인 디저트. 체코와 오스트리아에서도 이 디저트가 유명하지만 펄러친터는 헝가리가 원조다.

펄러친터
구야슈 수프

동양인의 후예 마자르족의 도시 **부다페스트**

Budapest

도시의 중심에 아름다운 도나우(두나) 강이 흐르고, 지하에는 온천이 흐르는 부다페스트는 일찍이 물의 도시로 잘 알려져 있다. 특히, 도나우 강의 수려한 경관은 부다페스트를 '도나우의 진주' '동유럽의 장미'라고 찬양하고도 남는다. 원래는 도나우 강을 사이에 두고 서쪽의 부다 Buda와 동쪽의 페스트 Pest 지구로 나뉘어 있었다. 그러다가 다리가 놓이면서 양쪽의 교류가 활발해졌고 결국 하나로 합쳐 도시 이름도 부다페스트가 되었다. 896년 동양인의 후예 마자르족이 이곳에 국가를 세웠으나 1873년에 부다페스트가 탄생했으니 부다페스트는 매우 젊은 도시다. 마자르족 특유의 건축과 문화가 도나우 강과 어우러져 더욱 장대해 보이는 도시 풍경, 게다가 온천까지 즐길 수 있어 전 세계에서 찾아오는 여행자들의 발길이 끊이지 않는다.

이런 사람 꼭 가자

수채화 같은 도시 풍경을 감상하고 싶다면
영화 〈글루미 선데이〉의 촬영지를 여행하고 싶다면
도심 속의 터키식 온천을 즐기고 싶다면

저자 추천

이 사람 알고 가자 리스트, 에르제베트, 마차시, 성 이슈트반, 성 겔레르트
이 영화 보고 가자 〈글루미 선데이〉

INFORMATION 인포메이션

유용한 홈페이지

부다페스트 관광청 www.budapestinfo.hu
부다페스트 여행정보 www.budapest.com
부다페스트 호스텔 www.budapesthostel.com

관광안내소

무료 지도와 여행정보 제공. 호텔 · 투어와 도나우 강 크루즈를 예약할 수 있고 환전소와 기념품점도 운영한다. 팸플릿을 주제별로 비치하고 있는 등 자료가 풍부하다.

- 중앙 ⓘ (Map P.312-B2)

주소 Sütő utca 2(M1 · 2 · 3호선 Deák Ferenc tér 역 근처) 전화 01 438 8080 운영 08:00~20:00

- City Park Ice Rink ⓘ (Map P.313-D1)

주소 Olof Palme sétány 5 운영 09:00~19:00

- 페리헤지 국제공항 ⓘ

운영 터미널 2A 08:00~22:00, 2B 10:00~22:00

유용한 정보지

〈Budapest Guide, Funzine〉는 가이드북, 〈Budapest Menu〉는 레스토랑, 〈Budapest Panorama〉는 월별 공연정보 책자로 모두 ⓘ에서 무료로 받을 수 있다. 지도 역시 쇼핑 · 레스토랑 · 숙소가 각각 테마별로 나뉘어 있다.

유용한 현지 투어

부다페스트 시내와 주요 명소 탐방, 여행자의 구미를 당기게 하는 다양한 테마투어, 근교 여행 등 현지 투어 프로그램이 다양하다. 시간이 없거나, 아주 특별한 여행을 하고 싶다면 한번 이용해 보자. ⓘ, 여행사 등을 통해 정보를 얻을 수 있고 예약도 가능하다.

추천 부다페스트 시내 투어,

중앙 ⓘ

환전소

시내 투어와 국회의사당, 사회주의 체험 투어, 헝가리 전통 디너 체험 투어, 헬리콥터 시내 투어, 도나우벤트와 발라톤 호수 투어

환전

대부분의 환전소와 은행은 바치 Váci 거리와 그 주변에 몰려 있다. 시내에서 환율이 좋은 은행은 K&H 은행이다. 환전소 이용시 환율표가 We Buy인지, 수수료가 있는지를 꼼꼼히 따져봐야 한다. 켈레티 역에서는 환전소보다는 역 안에 있는 K&H 은행에서 하는 게 유리하다. 역에는 아직도 암달러상이 있는데 상대하지 말자. 헝가리 돈은 선진국 화폐가 아니므로 돈이 남았을 때는 재환전을 해야 한다. 이때 환전 영수증이 필요하니 잘 보관해 두자.

• AMEX (Map P.313-C1)
주소 Váci út 76
전화 01 777 9 777
영업 월~금 08:00~14:00

• citibank (Map P.312-B2)
주소 Vörösmarty tér 4(바치 거리)
전화 01 288 2376
영업 월~수 · 금 09:00~18:00

우체국

• 중앙우체국 (Map P.312-B2)
주소 Varoshaz utca 18(페스트 지구)
운영 월~금 08:00~20:00, 토 08:00~15:00

• 뉴가티와 켈레티 역 근처 우체국
뉴가티 역 주소 VI. Teréz krt 51
운영 월~금 07:00~20:00, 토 08:00~18:00
켈레티 역 주소 VIII. Barosstetér 11
운영 켈레티 역 24시간

슈퍼마켓

24시간 영업하는 곳이 많고, 시내 어디서나 쉽게 찾을 수 있다. Kaiser · Spar · Match · CBA · ABC 등이 주요 슈퍼마켓 브랜드다. 생필품 전문점 Rossmann도 이용할 만하다.

경찰서

• Tourist Police 전화 01 438 8080(24시간)

인터넷 카페

부다페스트는 인터넷 보급률이 꽤 높아 시내에도 인터넷 카페가 많다. 요금이 천차만별이므로 몇 군데 돌아본 후 이용하는 게 좋다.

• Vist@NetCafe (Map P.313-C1)
주소 Váci út 6 전화 01 320 4332 영업 24시간
요금 1시간/500Ft

• Electriccafe.hu. az internet kávézó (Map P.313-C2)
주소 Dohány u.37 전화 01 781 0098
영업 09:00~24:00 요금 30분/150Ft

ACCESS 가는 방법

비행기와 열차로 가는 게 일반적이다. 유로라인 버스가 드나들고 있지만 헝가리는 유레일패스 통용국이어서 버스 이용자가 적은 편이다. 여름에는 도나우 강을 따라 오스트리아와 헝가리를 오가는 유람선도 운항한다.

비행기

우리나라에서 출발하는 직항편은 폴란드 항공이 주3회 운항, 그 외 경유해야 하는 유럽계 항공사를 이용해야 한다. 국제선이 이착륙하는 페리헤지 국제공항 Ferihegyi Nemzetközi Repulötér-Budapest은 시내에서 남동쪽으로 24㎞ 정도 떨어져 있다. 공항은 터미널 1 · 2로 나뉘며, 터미널 1은 유럽 저가 항공사가, 터미널 2는 A · B로 나뉘어 2A는 헝가리 국영항공사 전용, 2B는 외국계 항공사가 취항한다. 터미널 2A와 2B는 연결되어 있다.

공항에서 시내까지는 택시처럼 원하는 장소까지 태워 주는 공항 미니버스가 가장 편리하다. 또 2007년 7월부터 운행된 터미널 1~뉴가티 역 구간 열차도 이용객이 점점 늘고 있다.

페리헤지 국제공항 홈페이지 www.bud.hu

• 공항 내 ⓘ

위치 터미널 2A · 2B 전화 01 296 7000

운영 터미널 2A 08:00~22:00, 터미널 2B 10:00~22:00

페리헤지 국제공항 ➡ 시내

• 공항 미니버스 Airport Minibus

8인승 소형 버스로 시내 원하는 목적지까지 갈 수 있다. 1층 도착 로비에 있는 미니버스 매표소에서 행선지를 말하고 티켓을 구입하면 된다. 공항에서 운영하는 것이어서 안전하나 인원이 찰 때까지 기다려야 하는 불편함이 있다. 시내에서 공항으로 올 때는 하루 전에 전화로 예약하면 편리하고, 티켓은 운전사에게서 구입한다. 약 40분 소요.

홈페이지 www.minibud.hu **전화** 01 550 0000

운행 04:30~23:00(30분 간격)

요금 €7~(거리, 인원, 편도 또는 왕복에 따라 다르다)

• 열차

터미널 1에서 뉴가티 역까지 30분 간격으로 운행한다. 티켓은 ⓘ나 열차 안에서 운전사에게 구입한다. 뉴가티 역은 메트로 3호선과 연결돼 있다. 약 20~25분 소요.

요금 2등석 370Ft, 1등석 465Ft

• 200E번 버스 + 메트로

터미널 1 · 2에서 200E번 버스를 타고 종점 Kőbánya-Kispest에서 내린 후 메트로 3호선으로 환승해 시내로 들어간다. 티켓은 공항 내 자동발매기나 ⓘ, 우체국, 약간 비싸도 운전사에게서 직접 구입할 수 있다. 총 1시간 이상 소요.

운행 04:00~23:00 **요금** 버스 350Ft(운전사 450Ft), 버스+메트로 490Ft(환승티켓)

• 100E번 버스

2017년 7월에 신설된 직행버스. 터미널 2에서 출발해 M1 · 2 · 3호선이 교차하는 Deák tér가 최종 승 · 하차지다. M2호선 Astoria와 M3 · 4호선 Kálvin tér에서도 승 · 하차한다. 일반 시내버스가 아니기 때문에 버스 티켓을 따로 구입해야 한다.

운행 도심 출발 04:00~23:30, 공항 출발 05:00~00:30 **요금** 900Ft

• 900번 심야버스

터미널 2에서 남부 페스트 지구까지 운행. 심야에 저렴하게 시내까지 이동하고 싶다면 이용해 볼만하다. 티켓은 공항 내 자동발매기나 운전사에게 직접 구입할 수 있다. 그밖에 행선지에 따라 914 · 950 · 950A번 버스도 운행한다.

운행 01:00~04:00 **요금** 400Ft

• 공항 택시 Airport Taxi

공항 택시는 구역별로 정찰요금제. 안전하고 편리하지만 요금이 꽤 비싼 편이다. 그래도 일반 택시는 이용하지 말자. 바가지가 심해 도착 첫날부터 마음 상하기 십상이다.

요금 약 6,000Ft(기본요금 450Ft, Km당 280Ft)

철도

부다페스트는 동 · 서유럽과 발칸유럽, 더 멀게는 러시아까지 연결하는 철도망이 발달해 있다. 시내에는 켈레티 Keleti pu(동역), 뉴가티 Nyugati pu(서역), 델리 Déli pu(남역) 등 3개 역이 있으며 행선지별로 이용하는 역이 달라지니 반드시 확인해야 한다.
헝가리 철도청 www.mavcsoport.hu/en

켈레티(동역)

Keleti pu **Map P.313-D2**

켈레티 역은 중앙역으로 대부분의 국제선이 이곳에서 발착한다. 역은 1층과 지하로 이뤄져 있다. 1층에는 플랫폼, 환전소, 매표소, 여행사, ⓘ, 짐 보관소 등이 있다. 그 중에서 ⓘ는 6번 플랫폼 바로 앞에 있고 매표소와 대합실, 짐 보관소, 환율이 좋은 K&H 은행 등은 6번 플랫폼과 연결된 건물 안에 있다. 에스컬레이터를 타고 지하로 내려가면 상점가와 메트로 2 · 4호선 Keleti pu 역이 연결돼 있다. 역은 숙박업소에서 나온 호객꾼들로 늘 붐빈다. 최근에는 숙박업소 직원을 사칭해 숙소까지 픽업 서비스를 해주는 척하고 강도로 돌변하는 사건도 종종 일어나고 있으니 일행이 많지 않으면 조심해야 한다. 그 외 소매치기와 암달러상도 주의하자. 역에서 시내까지는 메트로가 가장 편리하다.

뉴가티(서역)

Nyugati pu **Map P.313-C1**

19세기 파리의 에펠 사에서 설계한 뉴가티 역은 철골과 유리로 만든 외관이 돋보이는 건축물이다. 일부 동유럽 국가와 국내선 열차가 운행하고 있다. 역은 메트로 3호선 Nyugati pu 역이 연결되어 있어 시내로 이동하는 데 편리하다. 뉴가티 역 주변은 현지인들로 붐비

드라마 〈아이리스〉에도 나온 뉴가티 역

맥도날드

는 쇼핑 중심가로, 역 지하는 부다페스트 최고의 쇼핑센터 Westend와 통한다.
1층에는 세계에서 가장 우아한 맥도날드가 있다. 20세기 초의 레스토랑을 그대로 사용하고 있는데 실내 인테리어가 귀족의 저택같이 고풍스럽고 화려하다. 부다페스트에서 햄버거를 먹는다면 꼭 여기서 먹어보자.

델리(남역)

Déli pu **Map P.312-A2**

유일하게 부다 쪽에 위치한 현대적인 역. 발라톤 호수를 비롯한 남서부 지방행 열차가 운행하고 있다. 역은 메트로 2호선 Déli pu 역과 연결된다.

• 유인 짐 보관소

운영 24시간, 요금 소 240Ft, 대 480Ft

• 코인로커

요금 소 400Ft, 대 600Ft

버스

부다페스트에는 버스터미널이 3군데 있다. 그 가운데 가장 최신식 시설을 갖춘 네플리게트 장거리버스터미널 Népliget Autóbusz-Állomás은 국제선과 헝가리 남부행 버스가 발착하고, 터미널은 메트로 3호선 Népliget 역과 연결된다. 네프슈타디온 장거리버스터미널 Népstadion Autóbusz vé gállomás은 국내선 전용터미널이며, 메트로 2호선 Népstadion 역과 연결된다. 아르파드교 장거리버스터미널 Árpád híd Autóbusz vé gállomás은 도나우벤트의 센텐드레 · 에스테르곰행 버스가 발착하고, 메트로 3호선 Árpád híd 역과 연결되어 있다.

Travel PLUS 빈→부다페스트 유람선 타고 가기!

아름다운 도나우 강이 흐르는 빈과 부다페스트. 4~10월에는 도나우 강을 따라 두 도시를 잇는 유람선이 1일 1편 운항된다. 약 5시간 소요. 특히 빈에서 헝가리로 들어서면서 펼쳐지는 도나우 강 풍경이 아름다워 빈에서 출발하는 부다페스트행 유람선이 인기다. 단, 비용이 우리 돈으로 10만 원 가까이 들어 부담이 크다.

부다페스트 선착장 Nemzetközi hajóállomás은 에르제베트 다리와 자유의 다리 사이, 페스트 지구 쪽에 있다. 바치 거리가 도보 5분 거리에 있어 근처 메트로 역을 이용하면 편리하다.

• 페리 Mahart Passnave 홈페이지 www.mahartpassnave.hu

근교이동 가능 도시

출발		도착	소요
부다페스트	▶▶	센텐드레	HÉV 40~45분
부다페스트	▶▶	비셰그라드	버스 1시간 15분
부다페스트 Nyugati pu	▶▶	에스테르곰(VIA Solymar)	열차 1시간 30분
부다페스트 Déli pu	▶▶	발라톤 호수	열차 2~3시간

주간이동 가능 도시

출발		도착	소요
부다페스트 Keleti pu	▶▶	빈 Hbf	열차 2시간 40분
부다페스트 Keleti pu	▶▶	자그레브 Glavni Kolod	열차 6시간 14분
부다페스트 Keleti pu	▶▶	브라티슬라바 hl.st	열차 2시간 45분

야간이동 가능 도시

출발		도착	소요
부다페스트 Keleti pu	▶▶	베네치아 SL(VIA 빈 Hbf)	열차 13시간 44분
부다페스트 Keleti pu	▶▶	취리히 HB	열차 11시간 40분
부다페스트 Keleti pu	▶▶	크라쿠프 Głowny	열차 11시간 26분
부다페스트 Keleti pu	▶▶	바르샤바	열차 10시간 59분
부다페스트 Keleti pu	▶▶	프라하 hl.n	열차 7시간 40분(새벽 4시 도착)
부다페스트 Keleti pu	▶▶	브라쇼브	열차 13시간 22분
부다페스트 Keleti pu	▶▶	부쿠레슈티 Nord	열차 16시간

※현지 사정에 따라 열차 운행시간 변동이 크니, 반드시 그때그때 확인할 것

THE CITY TRAFFIC 시내 교통

대중교통수단으로는 시내 전역을 누비는 메트로 Metró, 버스 Autóbusz, 트램 Villamos, 트롤리버스 Trolibusz, 그리고 성채를 오르내리는 미니버스 Vár-busz와 등산전차 Fogaskerkü가 있다. 도나우벤트를 포함한 교외를 오가는 국철 HÉV도 있다. 부다페스트는 규모가 크고, 관광명소도 여기저기 흩어져 있어 대중교통 이용은 필수다.

대중교통 www.bkv.hu, www.bkk.hu

메트로 Metró

시내 관광은 주요 관광명소를 연결하는 메트로가 가장 편리하다. 노란색 M1, 빨간색 M2, 파란색 M3, 초록색 M4 노선이 있으며 숫자보다 색으로 구분하는 게 더 알기 쉽다. M1호선은 건국 1,000주년을 기념해 1896년에 개통했는데 유럽에서 런던 다음으로 오랜 역사를 자랑한다. 바치 거리, 안드라시 거리의 국립 오페라 하우스, 테러 하우스, 영웅광장, 시민공원을 지나는 황금노선이므로 M1호선을 테마로 한 시내 관광도 추천한다. 각 역사는 하나같이 앙증맞고 예뻐 기념촬영을 하기에도 그만이다. M2호선은 시내를 동

에서 서로 횡단하는 노선으로 중앙역인 켈레티 역, 부다 지구의 버차니 광장, 모스크바 광장, 델리 역까지 운행한다. M3호선은 시내를 북에서 남으로 종단하는 노선으로 뉴가티 역, 저렴한 숙소가 밀집해 있는 아스토리아 Astoria 역 등이 주요 정류장이다.
부다페스트의 심장부인 데아크 페렌츠 광장 Déak Ferenc tér(Déak F. tér or Déak tér) 역은 M1 · M2 · M3호선이 모두 교차하는 유일의 환승역이다. 역 밖으로 나가면 바치 거리까지 도보 5분 안에 갈 수 있으며, 버스와 트램 정류장도 바로 있어 부다페스트 어디로든 교통이 편하다. 이 역은 언제나 사복경찰의 검표가 있는 곳이니 환승시 반드시 주의해야 한다.
M2 · M3호선은 지하 깊숙한 곳에 들어가 있어 음침하고 칙칙한 데다 엄청난 속도로 에스컬레이터가 움직이니, 조심하자! 현재 M3호선은 전 구간 리뉴얼 공사 중이며, M4호선은 일부 구간 공사 중이다.
운행 04:30~23:30

버스 & 트램 Autóusz & Villamos

버스 · 트램 모두 쾌적하고 현대적이다. 주로 환경 보전을 위해 전기로 운행하는 트롤리버스 Trolibusz가 많다. 각 정류장에는 노선도와 예상 도착시각을 알리는 전광판이 있어 편리하다. 버스 · 트램 등은 메트로가 닿지 않는 어부의 요새, 머르기트 섬, 겔레르트 언덕 등으로 갈 때 이용해 보자. 자세한 노선도는 ⓘ에서 구할 수 있다. M1 · M2 · M3호선이 교차하는 Déak tér 역 앞에는 대부분의 버스 · 트램 등이 정차한다.
운행 04:30~23:00

• 티켓 구입 및 사용방법

티켓은 공용이며 메트로역 · 신문가판대 · 상점 등에서 판매한다. 주의할 점은 1회권의 종류가 다양하므로 목적지

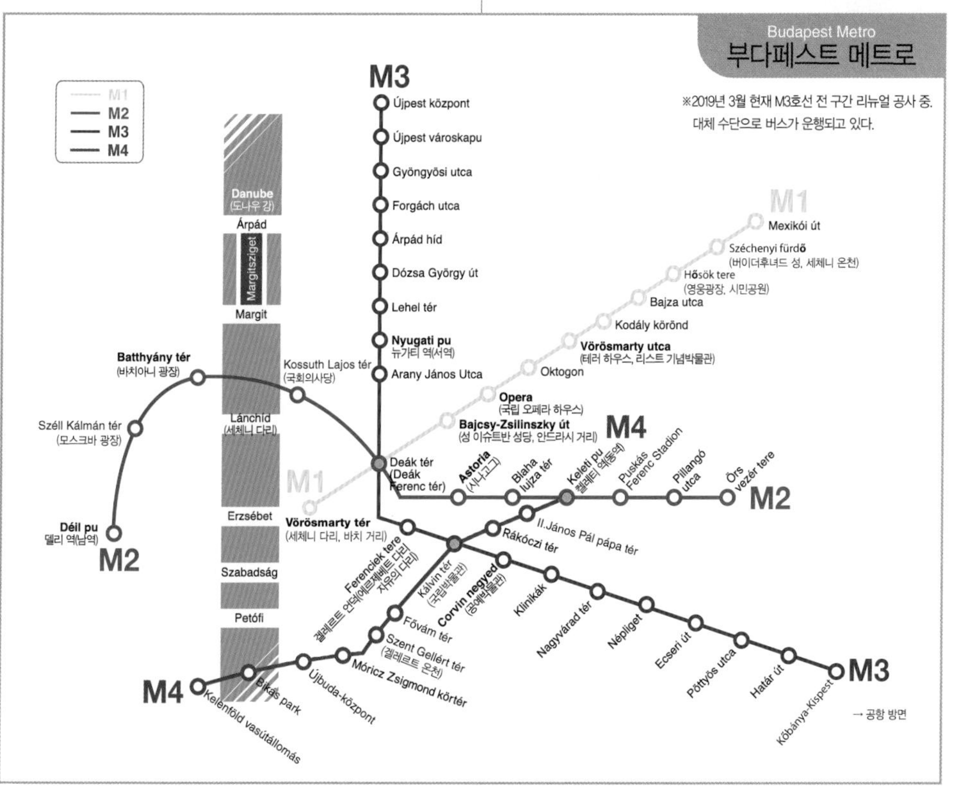

와 일정에 맞춰 구입해야 한다. 하루에 많은 곳을 돌아보려면 자유승차권이 편리하고, 일행이 여럿이거나 여러 날 사용하려면 10회권이나 20회권도 좋다. 승차할 때 반드시 티켓을 개찰기에 넣고 펀칭해야 하며, 모든 교통수단에서 사복경찰의 검표가 매우 심하므로 무임승차는 금물. 소매치기는 각별히 조심하자.

대중교통 요금

• 1회권 Vonaljegy

Section 350Ft 환승 불가, 한 노선에 한해 3정거장 이내 사용 가능

Single 450Ft 환승 불가, 80분간 유효. 한 노선에 한해 정류장 제한 없음

Transfer 530Ft 환승 가능, 90분간 유효. 정류장 제한 없음

• 회수권 Gyüjöegy

마지막 티켓을 사용할 때까지 잘 간수해야 한다. 여러 명이 사용해도 된다. 환승할 때는 반드시 새 티켓을 펀칭해야 한다.

10회권 10db/tömb 3,000Ft

• 자유승차권 Travelcard

24시간권 24hour travelcard 1,650Ft

72시간권 72hour travelcard 4,150Ft

※무임승차시 벌금 3,900Ft

택시

길거리에 대기하고 있는 택시보다 콜택시가 안전하다. 기본요금은 450Ft, ㎞당 280Ft.

전화

6×6 TAXI 1 666 6666

Buda TAXI 2 333 333

RADIO TAXI 7 777 777

교외 전차 HÉV

시내와 근교를 연결하는 교외선. 시내에는 역이 4군데 있고 행선지에 따라 이용하는 역이 달라진다. 이용객이 가장 많은 역은 메트로 2호선 Batthyány tér 역으로 도나우벤트 지역에서 가장 아름다운 센텐드레행 열차가 발착한다. 그밖에 메트로 2호선 Örs vezér tere 역에서는 괴될뢰 Gödöllő행 열차가 운행된다. 티켓은 시내에서는 공용이며, 근교로 벗어나면서 거리에 따라 달라진다. 미처 티켓을 구입하지 못했다면 열차 안에서 운전사에게 지불해도 된다.

부다페스트 카드 Budapest Card

모든 대중교통수단을 자유롭게 이용할 수 있으며 60여 개 박물관 입장료를 포함한다. 공연, 레스토랑, 온천 할인혜택도 있다. 2일 이상 머물면서 구석구석을 돌아볼 예정이라면 경제적이다. 공항 · 역 · 유스호스텔 · ⓘ 등에서 구입할 수 있다.

요금 24시간권 6,490Ft, 48시간권 9,990Ft, 72시간권 12,990Ft

알아두세요

알아두면 편리한 노선

트램 2 · 2A번

국회의사당, 세체니 다리, 자유의 다리, 중앙시장 등 주요 관광명소를 연결한다. 도나우 강을 따라 운행하므로 관광삼아 타볼 것을 권한다. 아름다운 야경도 볼 수 있으니 일석이조! 반대편 도나우 강변은 19번 트램이 운행한다.

트램 4 · 6번

머르기트 섬을 지나 페스트와 부다 지구를 오간다.

버스 16번

페스트 지구의 최고 중심지인 데아크 페렌츠 광장에서 세체니 다리를 지나 왕궁 언덕까지 운행하는 노선

부다페스트는 도나우 강을 사이에 두고 크게 부다와 페스트 지구로 나뉜다. 하지만 실제는 부다 지구의 북 에 속하는 오부다(옛 부다)까지 포함해 세 지구를 합쳐 생긴 도시가 부다페스트다. 부다페스트가 탄생하게 된 것은 뭐니뭐니해도 도나우 강에 최초로 놓인 세체니 다리 덕분이다.

부다 지구는 산과 언덕이 많은 지역으로 크게 세 부분으로 나뉜다. 부다 지구 관광의 하이라이트인 왕궁 주변과 요새 그리고 전망대로 유명한 겔레르트 언덕, 부다페스트에서 가장 역사가 오래된 오부다 주변 등이다.

페스트 지구는 현대적인 상업지구로 국회의사당과 바치 거리 주변, 안드라시 거리와 영웅광장 주변이 메인 거리다.

부다페스트 관광은 여유 있게 잡아서 2~3일 정도가 적당하다. 첫째 날은 부다 지구의 왕궁 주변을 시작으로 세체니 다리와 바치 거리, 안드라시 거리, 시민공원 등 핵심 관광 명소를 돌아보자.

둘째 날부터는 취향에 맞춰 테마관광을 하면 된다. 온천 · 건축 · 박물관 · 쇼핑 등 테마가 다양하지만, 그중에서도 온천이 최고다. 부다페스트에서 제대로 온천욕을 즐기려면 여유 있게 시간을 할애해야 한다. 물놀이를 좋아하는 사람이라면 하루 종일 온천장에서 놀아보자. 대부분의 온천장에는 수영장과 마사지실도 병설되어 있어서 도시락과 책을 준비해 간다면 지루하지 않게 하루 종일 즐길 수 있다. 시내 곳곳에 유서 깊은 온천장과 현지인들이 즐겨 찾는 대중탕까지 종류가 많으므로 온천 애호가라면 두세 군데 더 다녀보자(P.340 참조).

부다페스트는 맛집, 유명 카페, 오페라를 비롯한 클래식 공연으로도 정평이 난 도시이므로 온천욕을 즐긴 후에는 엔터테인먼트를 즐기기에도 그만이다. 또, 유럽에서 야경이 아름답기로도 소문난 곳이니 겔레르트 언덕에 올라 도나우 강과 어우러진 부다와 페스트의 그림 같은 풍경을 감상하거나, 유람선을 타고 도나우 강을 유람해 보자. 그밖에 도나우벤트와 발라톤 호수로 떠나는 근교 여행에 관심이 있다면 1~2일 정도 더 머무는 것도 좋다.

부다페스트는 도시 규모가 제법 큰 편이라 무조건 걷기에는 무리다. 대중교통을 적절히 이용하는 게 시간과 체력을 아끼는 비결이다.

★이것만은 놓치지 말자!

❶어부의 요새에서 내려다보는 아름다운 시내 전경 ❷온천의 도시, 부다페스트에서 즐기는 터키식 온천 즐기기 ❸도나우 강변에서 감상하는 멋진 부다페스트 야경 ❹중앙시장에서 굴라시도 먹어보고, 예쁜 민예품도 구입하기

★시내 관광을 위한 Key Point

• **랜드마크**

❶부다 지구– 모스크바 광장, M2 Moszkva tér 역

❷페스트 지구– 데아크 페렌츠 광장, M1 · M2 · M3호선이 교차하는 Déak Ferenc tér 역

• **베스트 뷰 포인트**

❶부다 지구– 어부의 요새, 겔레르트 언덕의 시타델라 요새

❷페스트 지구– 페스트 지구의 도나우 강변, 성 이슈트반 성당의 탑 전망대

• **부다페스트 ⓘ에서 추천하는 베스트 야경 포인트**

❶세체니 다리 ❷부다 왕궁의 어부의 요새

❸겔레르트 언덕의 시타델라 요새 ❹국회의사당

❺M2호선 바치아니 광장 Battyány tér

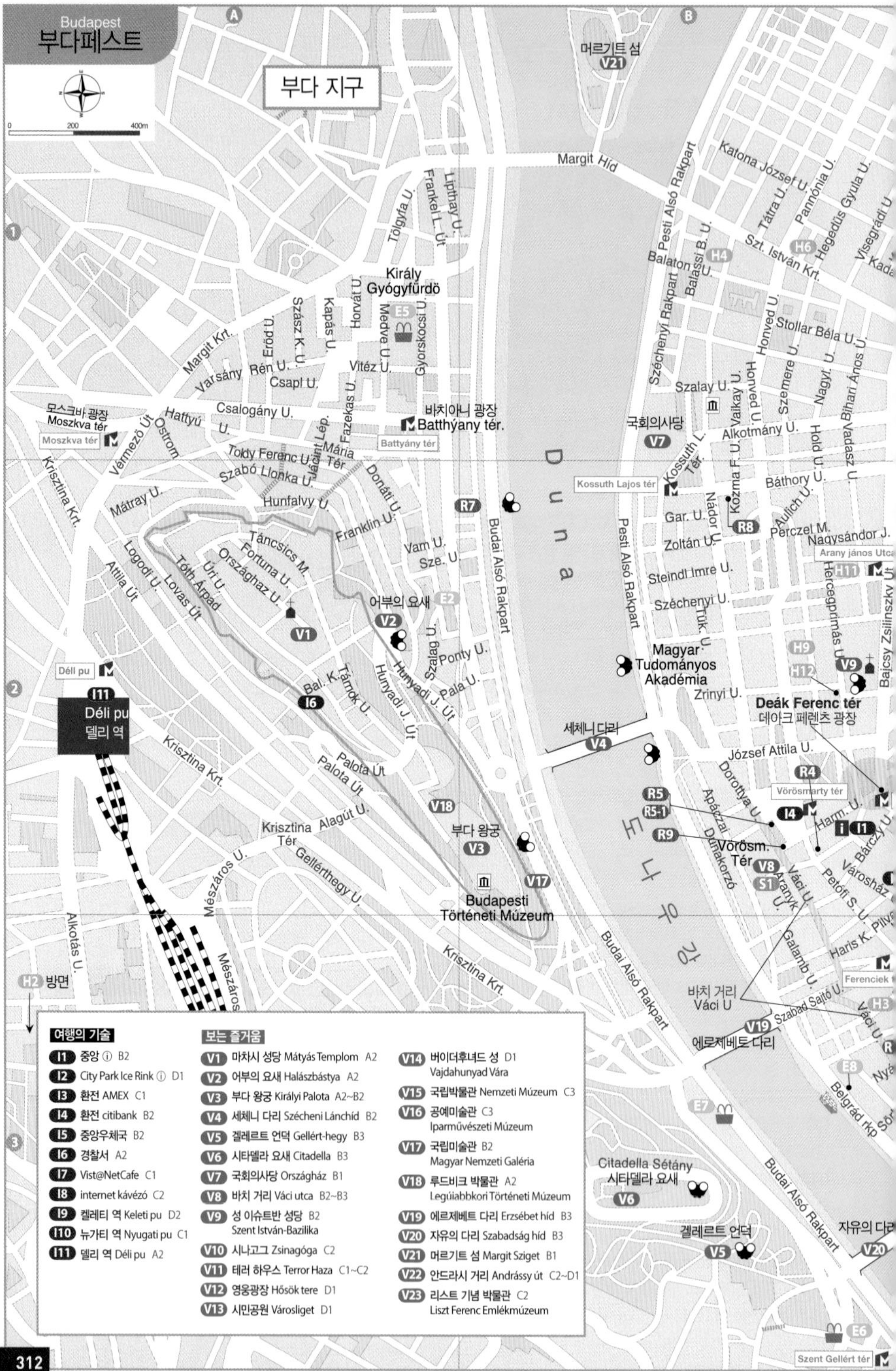
Budapest
부다페스트
부다 지구
0 200 400m
머르기트 섬
V21
Margit Híd
Katona József U.
Pannónia U.
Gyula U.
Visegrádi U.
Tátra U.
Hegedűs Gyula U.
Szt. István Krt.
H6
H4
Pesti Alsó Rakpart
Balaton U.
Balassi B. U.
Király Gyógyfürdő
E5
Tölgyfa U.
Frankel L. Út
Lipthay U.
Horvát U.
Medve U.
Gyorskocsi U.
Kapás U.
Szász K. U.
Erőd U.
Margit Krt.
Varsány
Rén U.
Csapl U.
Vitéz U.
Stollar Béla U.
Honvéd U.
Széchenyi Rakpart
Szalay U.
Szemere U.
Nagyl. U.
Bihari János U.
모스크바 광장
Moszkva tér
Hattyú U.
Csalogány U.
Fazekas U.
바치아니 광장
Batthyány tér
Battyány tér
국회의사당
V7
Alkotmány U.
Vadasz U.
Hold U.
Vérmező Út
Ostrom
Toldy Ferenc U.
Jégút Lép.
Mária Tér
Szabó Llonka U.
Donáti U.
Kossuth L. Tér
Kossuth Lajos tér
Kozma F. U.
Báthory U.
Krisztina Krt.
Mátray U.
Hunfalvy U.
Franklin U.
R7
Duna
Budai Alsó Rakpart
Nádor U.
Gar. U.
R8
Aulich U.
Perczel M.
Nagysándor J.
Táncsics M.
Fortuna U.
Vam U.
Sze. U.
Zoltán U.
Arany jános Utca
Logodi U.
Attila Út
Tóth Árpád
Úri U.
Országház U.
Lovas Út
Steindl Imre U.
H11
Hercegprímás U.
Bajcsy Zsilinszky Út
어부의 요새
E2
V2
Széchenyi U.
V1
Türk U.
Szalag U.
Ponty U.
Magyar Tudományos Akadémia
H9
V9
H12
Déli pu
Hunyadi J. Út
Pala U.
Bal. K.
Tármok U.
I6
I11
Déli pu
델리 역
Zrínyi U.
Deák Ferenc tér
데아크 페렌츠 광장
세체니 다리
V4
József Attila U.
Krisztina Krt.
Palota Út
R4
Dorottya U.
Vörösmarty tér
R5
R5-1
Apáczai
I4
V18
Harm. U.
I1
Krisztina Tér
Alagút U.
부다 왕궁
V3
R9
Dunakorzó
Vörösm. Tér
V8
S1
Aranyk
Váci U.
Bárczy U.
Városház
Mészáros U.
Gellérthegy U.
V17
Budapesti Történeti Múzeum
Petőfi S. U.
Pilvax
Haris K.
도나우 강
Galamb U.
Ferenciek
Alkotás U.
Mészáros
Krisztina Krt.
H2 방면
바치 거리
Váci U
H3
Szabad Sajtó U.
V19
에르제베트 다리
Váci U.
R
E8
Nyár
Belgrád rkp
E7
Citadella Sétány
시타델라 요새
V6
Budai Alsó Rakpart
겔레르트 언덕
V5
자유의 다리
V20
E6
Szent Gellért tér
여행의 기술
I1 중앙 ⓘ B2
I2 City Park Ice Rink ⓘ D1
I3 환전 AMEX C1
I4 환전 citibank B2
I5 중앙우체국 B2
I6 경찰서 A2
I7 Vist@NetCafe C1
I8 internet kávézó C2
I9 켈레티 역 Keleti pu D2
I10 뉴가티 역 Nyugati pu C1
I11 델리 역 Déli pu A2
보는 즐거움
V1 마차시 성당 Mátyás Templom A2
V2 어부의 요새 Halászbástya A2
V3 부다 왕궁 Királyi Palota A2~B2
V4 세체니 다리 Széchenì Lánchíd B2
V5 겔레르트 언덕 Gellért-hegy B3
V6 시타델라 요새 Citadella B3
V7 국회의사당 Országház B1
V8 바치 거리 Váci utca B2~B3
V9 성 이슈트반 성당 B2 Szent István-Bazilika
V10 시나고그 Zsinagóga C2
V11 테러 하우스 Terror Haza C1~C2
V12 영웅광장 Hősök tere D1
V13 시민공원 Városliget D1
V14 버이더후녀드 성 D1 Vajdahunyad Vára
V15 국립박물관 Nemzeti Múzeum C3
V16 공예미술관 C3 Iparművészeti Múzeum
V17 국립미술관 B2 Magyar Nemzeti Galéria
V18 루드비크 박물관 A2 Legúiabbkori Történeti Múzeum
V19 에르제베트 다리 Erzsébet híd B3
V20 자유의 다리 Szabadság híd B3
V21 머르기트 섬 Margit Sziget B1
V22 안드라시 거리 Andrássy út C2~D1
V23 리스트 기념 박물관 C2 Liszt Ferenc Emlékmúzeum

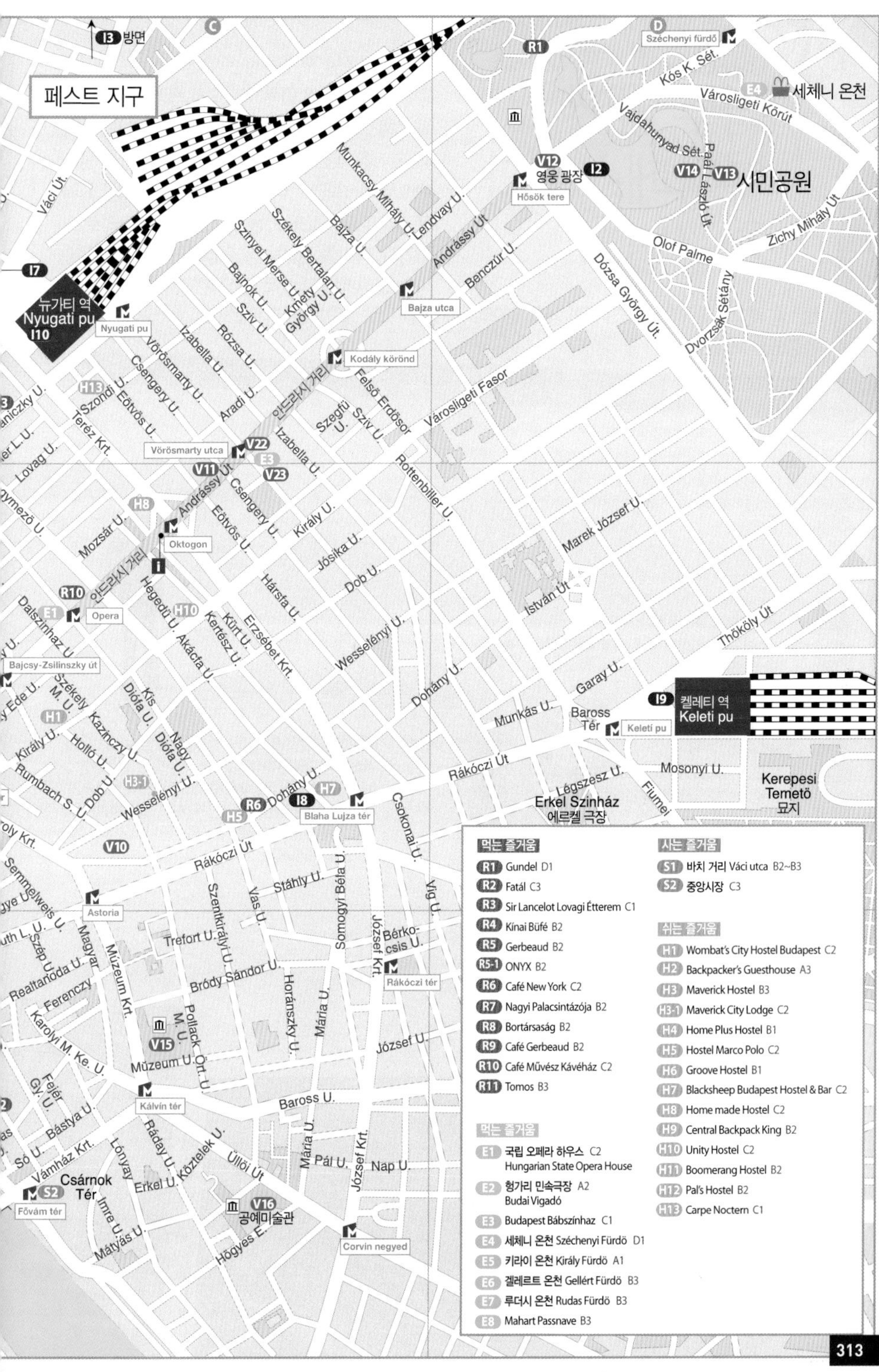

페스트 지구
I3 방면
Széchenyi fürdő
E4 세체니 온천
Városligeti Körút
Kós K. Sét.
Vajdahunyad Sét.
Paál László Út
V14 V13 시민공원
V12 영웅 광장 I2
Hősök tere
Zichy Mihály Út
Olof Palme
Dvorzsák Sétány
Dózsa György Út
Munkácsy Mihály U.
Lendvay U.
Andrássy Út
Benczúr U.
Bajza U.
Székely Bertalan U.
Szinyei Merse U.
Kmety György U.
Bajnok U.
Szív U.
Rózsa U.
Izabella U.
Bajza utca
Kodály körönd
Felső Erdősor
Városligeti Fasor
Szegfű U.
뉴가티 역
Nyugati pu
I10
I7
Nyugati pu
Váci Út
Vörösmarty U.
Csengery U.
Aradi U.
안드라시 거리
H13
Szondi U.
Eötvös U.
Teréz Krt.
Lovag U.
Vörösmarty utca
V22
E3
V23
V11
Rottenbiller U.
H8
Mozsár U.
Oktogon
Király U.
Jósika U.
Dob U.
Marek József U.
István Út
Thököly Út
R10
E1
Opera
Dalszínház U.
Hegedű U.
H10
Kürt U.
Kertész U.
Akácfa U.
Erzsébet Krt.
Hársfa U.
Wesselényi U.
Dohány U.
Garay U.
Munkás U.
Baross Tér
Keleti pu
I9 켈레티 역
Keleti pu
Bajcsy-Zsilinszky út
Székely M. U.
Kazinczy U.
Kis Diófa U.
Nagy Diófa U.
H1
Király U.
Holló U.
Rumbach S. U.
Dob U.
H3-1
Wesselényi U.
R6
H5
Dohány U.
I8
H7
Blaha Lujza tér
Csokonai U.
Rákóczi Út
Légszesz U.
Mosonyi U.
Fiumei
Kerepesi Temető 묘지
Erkel Színház
에르켈 극장
V10
Rákóczi Út
Semmelweis U.
Astoria
Stáhly U.
Szentkirályi U.
Vas U.
Somogyi Béla U.
József Krt.
Bérkocsis U.
Vig U.
Trefort U.
Múzeum Krt.
Magyar U.
Realtanoda U.
Ferenczy
Bródy Sándor U.
Rákóczi tér
Horánszky U.
Mária U.
Pollack M. U.
V15
Károlyi M. Ke. U.
Múzeum U.
Őrt. U.
József U.
Kálvin tér
Baross U.
Fejér Gy. U.
Bástya U.
Ráday U.
Kőztelek U.
Üllői Út
Mária U.
Pál U.
József Krt.
Nap U.
Vámház Krt.
Só U.
Csárnok Tér
S2
Fővám tér
Lónyay U.
Erkel U.
Imre U.
Mátyás U.
V16
공예미술관
Högyes E.
Corvin negyed
먹는 즐거움
R1 Gundel D1
R2 Fatál C3
R3 Sir Lancelot Lovagi Étterem C1
R4 Kínai Büfé B2
R5 Gerbeaud B2
R5-1 ONYX B2
R6 Café New York C2
R7 Nagyi Palacsintázója B2
R8 Bortársaság B2
R9 Café Gerbeaud B2
R10 Café Művész Kávéház C2
R11 Tomos B3
먹는 즐거움
E1 국립 오페라 하우스 C2
Hungarian State Opera House
E2 헝가리 민속극장 A2
Budai Vigadó
E3 Budapest Bábszínhaz C1
E4 세체니 온천 Széchenyi Fürdö D1
E5 키라이 온천 Király Fürdö A1
E6 겔레르트 온천 Gellért Fürdö B3
E7 루더시 온천 Rudas Fürdö B3
E8 Mahart Passnave B3
사는 즐거움
S1 바치 거리 Váci utca B2~B3
S2 중앙시장 C3
쉬는 즐거움
H1 Wombat's City Hostel Budapest C2
H2 Backpacker's Guesthouse A3
H3 Maverick Hostel B3
H3-1 Maverick City Lodge C2
H4 Home Plus Hostel B1
H5 Hostel Marco Polo C2
H6 Groove Hostel B1
H7 Blacksheep Budapest Hostel & Bar C2
H8 Home made Hostel C2
H9 Central Backpack King B2
H10 Unity Hostel C2
H11 Boomerang Hostel B2
H12 Pal's Hostel B2
H13 Carpe Noctern C1

1 day Course

하루 만에 부다페스트와 친구되기

'도나우의 진주'로 칭송받는 부다페스트는 도나우 강을 사이에 두고 펼쳐지는 도시 풍경이 아름답기로 이름난 곳이다. 시내 관광은 헝가리 왕가의 뿌리이자, 가장 멋진 풍경을 감상할 수 있는 바르 언덕 위에서 시작하면 된다. 왕궁과 어부의 요새를 둘러본 후 부다페스트의 탄생 주역인 세체니 다리로 내려가자. 다리를 건너는 동안 영화 〈글루미 선데이〉의 배경이 떠올라 문득 감상에 젖게 된다. 다리를 건넌 후 페스트 지구의 중심인 바치 거리, 안드라시 거리를 모두 돌아보면 부다페스트의 과거와 현재를 모두 경험한 보람찬 하루가 될 것이다.

01 출발
M2호선 Moszkva tér 역

01

미니버스 5분 또는 도보 30분

02 바르 언덕 (P.316)
어부의 요새, 마차시 성당, 왕궁 등이 있는 곳. 부다페스트 관광의 하이라이트이자, 최고의 전망대로 유명한 곳이다. 아마도 이곳에서 바라본 풍경 때문에 부다페스트를 유럽에서 가장 아름다운 수도 중 하나로 꼽는 게 아닐까?
Mission 어부의 요새에서 시내 풍경을 감상한 후 사랑하는 사람에게 엽서 보내기

02

케이블카 2분 또는 도보 15분

03

도보 5분

04

04 바치 거리 (P.322)
우리나라의 명동과 같은 최고 번화가. 명품 도자기점, 와인 전문점, 의류 · 액세서리 · 토산품 가게 등이 즐비하다. 쇼핑 천국 같은 바치 거리에서 기념품을 사자.

도보 10분

05

도보 10분

05 성 이슈트반 성당 or 시나고그 (P.323 · 324)
페스트 지구의 현대적인 모습을 한눈에 보고 싶다면 성 이슈트반 성당 탑 전망대로, 헝가리 유대인의 삶과 제2차 세계대전 당시 희생된 유대인의 넋을 기리고 싶다면 시나고그로! 시나고그에서는 슬픔의 버드나무 밑에서 추모의 기도를 잊지 말자.

03 세체니 다리 (P.319)
부다와 페스트 지구를 연결한 최초의 다리로 영화 〈글루미 선데이〉에서도 자주 나오는 낭만적인 장소다. 멋진 다리를 배경삼아 사진을 찍고 페스트 지구로 건너가 보자. 다리 중간에서 쓸쓸한 표정으로 콘셉트 사진 한 장 찰칵! 왠지 이 다리에서는 그런 표정이 더 어울린다.
Mission 다리 중간에 서서 영화 속 주인공처럼 멋지게 사진찍기!

마차시 성당

세체니 다리

알아두세요

❶산책하듯 도보관광을 즐겨보자. 만약 숙소가 관광지와 멀리 떨어져 있어서 대중교통을 2 · 3회 이상 이용해야 한다면 1일권이나 10회권을 구입하자.

❷우선 ⓘ에서 지도 등 관련 여행정보를 수집하자.

점심 먹기 좋은 곳 바치 거리

천 원의 행복! 부다페스트에서 1유로로 즐기기 좋은 것

❶아름다운 도나우 강변을 따라 운행하는 트램 2 · 19번 타보기 ❷아름다운 풍경에 취했다면 가장 먼저 떠오르는 사람에게 바로 엽서 보내기 ❸저렴한 펄러친터 먹어보기

06 안드라시 거리 (P.324)

일명 부다페스트의 샹젤리제 거리. 오페라 하우스와 테러 하우스가 있다. 테러 하우스는 꼭 관람할 것!

도보 5분

07 영웅광장&시민공원 (P.326)

헝가리 건국 1,000년을 기념해 만든 영웅광장에는 헝가리 조상들의 조각상과 시민들의 휴식처인 시민공원이 있다. 시민공원 안에는 세체니 온천이 있다.

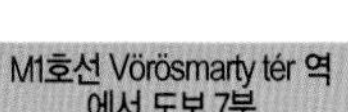

M1호선 Vörösmarty tér 역에서 도보 7분

08 뵈뢰슈마르치 광장 (P.322)

유럽 최초의 메트로 1호선을 타고 바치 거리로 가자.

Mission 광장에 있는 Gerbeaud 카페에서 케이크와 차 한 잔 즐기기

도보 10분

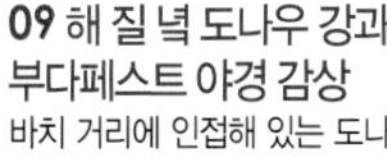

09 해 질 녘 도나우 강과 부다페스트 야경 감상

바치 거리에 인접해 있는 도나우 강 야경은 어느 곳에서 봐도 멋지다. 그중에서도 세체니 다리에서 바라보는 부다 지구 야경이 환상적이다.

테러 하우스

성 이슈트반 성당

영웅광장

뵈뢰슈마르치 광장

마자르족의 유산이 살아 숨쉬는 도시 부다페스트는 도나우 강이 흐르는 유럽의 도시 중 가장 수려한 경관을 자랑한다. 부다 지구의 왕궁 주변과 도시를 가르는 도나우 강 연안의 모든 유적은 현재 세계문화유산으로 지정돼 있다. 왕궁 주변이 부다페스트의 과거를 상징한다면 1896년 건국 1,000년을 기념해 현대적으로 재정비한 페스트 지구의 중심가는 부다페스트의 현재와 미래를 보여준다.

부다 지구

전망 좋기로 소문난 이곳은 해발 50~200m의 산과 언덕으로 이루어져 있으며 예부터 왕과 귀족들이 살던 지역이다. '성채의 언덕'이라는 뜻의 바르 언덕은 세계문화유산으로 지정된 곳으로 어부의 요새를 비롯한 왕궁이 있다. 성 겔레르트의 이름을 딴 겔레르트 언덕에는 시타델라 요새가 있다.

• 유네스코 • 뷰 포인트

부다 왕궁
Királyi Palota

Map P.312-A2~B2

부다 왕궁은 끊임없이 외세의 침략을 받아 온 헝가리 역사와 운명을 함께했다 해도 과언이 아니다. 13세기 중반에 최초로 성을 지었으나 몽골군의 습격을 받아 철저히 파괴되었고, 15세기에 마차시 1세가 르네상스 양식으로 재건했지만 오스만투르크에 의해 또다시 파괴되었다. 17세기가 되어서야 비로소 오늘날과 같은 모습을 갖추었는데, 제1 · 2차 세계대전으로 다시 한 번 막대한 손상을 입은 후 1950년에 복원되었다. 현재 국립현대미술관, 루드비크 박물관, 부다페스트 역사박물관, 국립 세체니 도서관 등으로 사용하고 있다. 도나우 강 쪽으로 난 정원 입구에는 헝가리 민족의 상징인 전설의 새 '투룰 Turul' 조각상이 서 있고, 정원 중앙에는 오스만투르크를 무찌른 외젠 왕자 Eugene 청동상이 있다.

※왕궁과 정원은 무료로 개방하고 있으며 각 건물 안은 박물관으로 유료다. 모든 박물관은 10:00~18:00까지 운영하며 매주 월요일은 휴무이다.

Travel PLUS 헝가리 전설의 새, 투룰 이야기!

매과에 속하는 전설의 새 '투룰'은 마자르인들의 상징물(토템)이다. 투룰 신화는 헝가리의 선조인 알모시 Álmos의 이야기로, 어느날 알모시의 어머니가 그를 잉태하고 태몽을 꾼다. 하늘에서 날아온 투룰 한 마리가 그녀의 자궁 속으로 들어가더니 그녀에게서 큰 샘이 솟아나고 샘은 서쪽으로 흘러가기 시작했다. 샘물은 점점 더 불어나 눈 덮인 산을 넘고, 건너편의 저지대로 흘러가 급류를 이루었다. 그곳에서 물이 멈추더니 황금가지가 있는 아름다운 나무가 물 속에서 자라기 시작했다. 꿈에서 깨어난 그녀는 태어날 아이가 훌륭한 왕이 될 것이며, 지금의 나라뿐만 아니라 꿈 속에 나온 나라의 왕이 될 것이라고 믿었다. 알모시는 헝가리 최초의 왕조인 아르파드의 선조로, 헝가리 전역에 있는 투룰 상의 한쪽 발에는 언제나 왕의 칼이 쥐어져 있다.

페스트 지구 도나우 강변에서 바라본 부다 왕궁 드라마 〈아이리스〉의 배경의 된 왕궁

국립미술관
Magyar Nemzeti Galéria
Map P.312-B2

헝가리의 중세부터 현대에 이르는 회화작품을 소장하고 있는 미술관. 1층은 15세기부터 르네상스까지, 2층은 19세기, 3층은 20세기, 4층은 현대회화 전시장이다. 13세기 유물인 벨러 3세 조각상과 줄러 벤추르, 뭉카치 미하이 같은 헝가리 대표 화가의 작품은 놓치지 말고 감상하자.

홈페이지 www.mng.hu 운영 10:00~18:00 휴무 월요일
입장료 일반 1,800Ft 학생 900Ft(사진촬영 포함)

루드비크 박물관
Legúiabbkori Történeti Múzeum
Map P.312-A2

예전에 초콜릿 공장을 경영한 독일인 루드비크의 저택을 박물관으로 사용하고 있다. 포스터, 전쟁 사진, 그가 수집한 70점의 회화를 전시한다.

그밖의 볼거리

부다페스트 역사박물관 Budapest Történeti Múzeum에는 왕궁을 복구하는 과정에서 발견한 유물들을 전시하고 있으며, 국립 세체니 도서관 Széchenyi Könyvtár은 2만 권의 장서를 소장하고 있다.

Travel PLUS '성채의 언덕'으로 오르는 방법!

❶M2호선 Moszkva tér 역에서 내린 후 육교로 올라가 미니버스 Várbusaz 이용. 버스는 마차시 성당, 왕궁 순으로 정차한다. 메트로역에서 도보 약 30분

❷세체니 다리를 건너면 바로 왕궁과 연결되는 케이블카 Budavári Sikló가 있다. 또는 케이블카 옆에 난 산책로를 걸어 올라가는 방법도 있다. 도보 20분
케이블카 요금 편도 1,200Ft, 왕복 1,800Ft

❸에르제베트 광장 Erzsébet tér에서 16번 버스를 타도 된다. 반대로 16번 버스를 타면 M1 · M2 · M3호선이 교차하는 Déak Ferenc tér 역 근처까지 갈 수 있다.

마차시 성당

Mátyá Templom

Map P.312-A2

13세기 벨러 4세가 건축한 고딕 양식의 건물로 부다 지구의 상징. 헝가리 왕의 대관식과 결혼식을 거행하던 곳이다. 성당의 이름은 1470년 마차시 왕의 명령으로 88m의 뾰족탑을 증축하면서 왕의 이름을 붙인 것이다. 16세기 오스만투르크 통치 시절에는 모스크로 사용했다가 17세기에 가톨릭 성당으로 환원하면서 당시 유행하던 바로크 양식을 도입했다. 그후 19세기 말, 건축가 프리제시 슐렉이 대대적인 보수공사를 맡아 고딕 양식으로 복원했으며 뾰족탑도 원래보다 8m 낮게 만들었다.

눈여겨볼 만한 것은 화려하게 채색된 졸너이제 모자이크 지붕과 섬세한 조각에 둘러싸인 고딕 양식의 건물 외관. 내부는 고딕 양식 외에 헝가리 전통 양식과 아르누보 양식이 가미되어 있어 신비로움을 자아낸다. 예배당에는 벨러 4세와 왕비의 석관이 안치돼 있고, 성 유물실에는 역대 국왕과 사제들의 귀중한 유품 등을 전시한다.

1867년에는 프란츠 요제프 1세와 그의 황후 엘리자베트의 대관식을 이곳에서 치렀다. 이 날을 위해 리스트가 특별히 미사곡을 작곡, 지휘했는데 〈헝가리 대관 미사곡〉이 바로 그 작품이다. 성당에는 2개의 탑이 있는데, 그중 작은 탑은 몽골의 공격 뒤에 이 나라를 통치한 벨러 4세의 이름을 따서 벨러 탑이라 부르고, 큰 탑의 높이는 80m에 이른다. 탑으로 들어서는 '성모 마리아 문'은 오늘날까지 잘 보존된 중세시대의 유산이다.

매주 일요일 아침이면 오르간 연주와 함께 장엄한 미사가 거행된다. 성당 맞은편에는 페스트 기념비인 바로크 양식의 성삼위일체 원주 Szentháromság Szobor가 있다.

홈페이지 www.matyas-templom.hu
운영 월~토 09:00~17:00, 일 13:00~17:00
입장료 일반 1,800Ft, 학생 1,200Ft
※노출이 심한 옷차림으로는 들어갈 수 없다. 특히 여름에 주의할 것!
가는 방법 왕궁에서 도보 5분

Travel PLUS 헝가리의 세종대왕, 마차시 코르비누스

마차시 코르비누스(마차시 1세, 1458~1490) Mátyás Corvinus는 오스만투르크와 싸운 헝가리의 민족영웅, 야노시 후냐디의 아들이다. 코르비누스는 갈가마귀를 뜻하는 라틴어로 '까마귀 왕'으로도 불린다. 15세기 르네상스 문화를 꽃피운 헝가리에서 가장 뛰어난 군주로, 폴란드 · 보헤미아 · 오스만투르크 등에 대항해 강력한 국가를 이룩했다.

부다 지구의 베스트 뷰 포인트, 어부의 요새

• 핫스폿 • 뷰 포인트

어부의 요새
Halászbástya

Map P.312-A2

19세기 말, 마차시 성당을 재건축한 프리제시 슐렉의 또다른 걸작품. 긴 회랑으로 연결된 새하얀 요새는 네오고딕 양식으로 지어졌다. 특히 동화 속에 나올 법한 7개의 아름다운 뾰족탑은 이곳에 뿌리를 내린 7명의 마자르인을 상징한다. 19세기 어부들이 적의 침입을 방어한 데서 그 이름이 유래했고 오늘날 도나우 강과 아름다운 페스트 지구를 감상할 수 있어 전망대로 사랑받고 있다. 특히 석양 무렵의 풍경이 인상적이다. 마차시 성당과 요새 사이에 있는 기마상은 헝가리 최초의 국왕인 성 이슈트반 동상이다.

홈페이지 www.fishermansbastion.com

운영 3/16~4/30 09:00~19:00, 5월 · 10/15 09:00~20:00 입장료 일반 1,000Ft, 학생 500Ft

※어부의 요새 1층은 무료, 2층은 유료.

가는 방법 마차시 성당 앞

• 뷰 포인트 • 무비

세체니 다리
Széchenì lánchíd

Map P.312-B2

1839년부터 10년에 걸쳐 건설된 세체니 다리는 도나우 강에 놓인 최초의 다리다. 19세기 초 헝가리 발전에 큰 공헌을 한 이슈트반 세체니 Istvan Széchenyi가 건설했는데 건설 이전에는 전혀 왕래가 없던 부다와 페스트를 한 도시로 통합하는 견인차 구실을 했다. 뿐만 아니라 다리 설계와 현장 감독을 맡은 사람이 헝가리인이 아닌 영국인 윌리엄 T. 클라크와 애덤 클라크여서 헝가리와 영국 간의 친선의 상징이라고 할 수 있다.

세체니는 아버지의 부음을 받고도 기상 악화 때문에 배를 타지 못한 자신의 안타까운 경험이 계기가 되어 다리를 건설했지만 결과적으로 부다페스트 역사에 한 획을 긋는 중요한 업적을 남기게 된 것이다. 오늘날 세체니 다리는 도나우 강에 놓인 가장 아름다운 다리로, 다리 양 단에 있는 늠름한 사자상 앞에는 기념촬영을 하는 관광객으로 늘 붐빈다. 특히 왕궁과 함께 멋진 야경을 감상할 수 있어 야경 포인트로도 유명하다. 영화 〈글루미 선데이〉의 주요 장면에 나오는 곳이니 영화를 본 사람은 꼭 들러보자. 〈글루미 선데이〉는 1935년 전 세계 수백 명을 자살로 이끈 슬픈 곡 〈글루미 선데이〉에 얽힌 실화를 바탕으로 한 영화로, 한 여인과 그녀를 사랑한 세 남자의 비극적인 운명을 그린 이야기다.

가는 방법 M1호선 Vörösmarty tér 역에서 도보 5분

부다페스트 탄생의 일등공신, 세체니 다리

에르제베트 다리

자유의 다리

에르제베트 다리
Erzsébet híd

Map P.312-B3

1903년에 개통. 합스부르크 왕가, 프란츠 요제프 황제의 아내 에르제베트(엘리자베트 또는 시시) 황후를 기념해 놓은 다리다. 세체니 다리 바로 아래 있다. 제2차 세계대전 당시 파괴되었다가 1964년 지금의 모습으로 재건축되었다. 자유롭고 활달한 성격의 에르제베트는 합스부르크 제국의 황후로서는 그다지 행복한 삶을 살지 못했다. 유난히 엄격한 빈 왕실을 벗어나 심신요양을 핑계로 많은 나라를 여행했는데, 그녀가 자주 찾은 곳이 바로 헝가리다. 어렵다는 헝가리어를 완벽하게 구사했으며, 마차시 성당에서 치른 대관식에서는 헝가리 전통 의상을 입어 헝가리인들을 감동시킨다. 유난히 헝가리를 사랑한 그녀는 헝가리가 오스트리아와 동등한 자격으로 오스트리아 · 헝가리 이중제국이 되는 데 공헌했다. 부다페스트에는 그녀와 인연이 깊은 명소가 많은데 마차시 성당, 바치 거리의 카페 Gerbeaud, 국립 오페라 하우스, 에르제베트 광장, 근교의 괴될뢰 성 등이 있다.

가는 방법 세체니 다리 또는 바치 거리에서 도보 10분. M3호선 Ferenciek tere 역에서 도보 5분

자유의 다리
Szabadság híd

Map P.312-B3

1896년 개통. 에르제베트 다리 바로 아래 있다. 오스트리아 황제 프란츠 요제프를 기념해 놓은 다리지만, 다리에는 식민지시대 마자르족의 자존심을 엿볼 수 있는 헝가리 민족의 상징인 전설의 새 '투룰 Turul'이 조각돼 있다. 투룰은 독수리와 비슷한 모습으로 고대 헝가리에서는 하늘과 땅을 연결해 주는 존재였으며, 헝가리 건국의 아버지 아르파드의 선조를 낳은 전설의 새로 알려져 있다.

가는 방법 에르제베트 다리에서 도보 10분. 또는 트램 2 · 47 · 49번 이용

머르기트 섬
Margit sziget

Map P.312-B1

도나우 강 한가운데 떠 있는 길이 2.5㎞, 폭 500m의 섬. 섬의 역사는 로마 시대로 거슬러 올라간다. 오스만투르크 점령기에는 하렘으로 사용되었고, 합스부르크 제국 통치 시절에는 헝가리 총독 요제프 대공이 수집한 희귀한 식물과 나무로 가득한 공원이었다. 지금의 이름은 13세기 헝가리 공주의 이름을 붙인 것으로, 머르기트는 공주라는 신분을 버리고 이 섬의 빈민굴로 들어가 가난한 사람들을 위해 평생 봉사하며 살았다고 한다. 오늘날에는 도심 속의 오아시스 같은 곳으로 부다페스트 시민들의 휴식처다. 공원 안에는 테니스 코트, 야외수영장, 야외극장, 장미정원 등이 있으며, 헝가리 출

겔레르트 언덕

머르기트 섬

신의 예술가와 문학가들의 동상들이 서 있다.

1869년에 개통한 머르기트 다리 Margit híd 역시 공주의 이름을 딴 것으로 섬과 부다페스트를 연결한다. 다리는 제2차 세계대전 때 파괴되었다가 1948년에 복원해 놓은 것이다.

가는 방법 M2호선 Nyugatipu 역에서 섬 안을 횡단하는 26번 버스 이용. 또는 트램 4 · 6번을 타고 머르기트 다리 중앙에서 내린 후 걸어가도 된다.

Travel PLUS 성 머르기트의 일생

벨러 4세는 하느님이 몽고군의 침입을 막고 그의 나라를 지켜주면 외동딸을 하느님께 바쳐 수녀로 키우겠다고 맹세했다. 실제로 적이 후퇴해 가자 왕은 공주를 수녀원으로 보내 나라를 위한 기도생활로 일생을 바치게 한다. 공주는 가난한 사람들을 늘 사랑으로 보살폈으며, 자신은 땅바닥에 돗자리 하나 깔고 잠을 잤다고 한다. 젊은 나이에 이미 몸의 기력이 다한 공주는 죽음이 가까워 오자 자신이 보물처럼 여기던 것을 원장 수녀에게 주는데, 그것은 허리에 고통을 주기 위해 만든 가시 박힌 혁대와 두 개의 가죽 발목싸개였다. 이 도구들을 착용함으로써 그녀는 자신의 신앙생활을 지켰다고 한다. 자발적으로 수녀가 되지는 않았으나 한 나라의 공주라는 신분을 버리고, 신앙생활에 전념해 훗날 성녀 반열에 올랐다.

겔레르트 언덕 Gellért-hegy

Map P.312-B3

왕궁 언덕의 남쪽 도나우 강가에 있는 해발 235m의 바위산. 전설에 따르면 이 언덕에는 와인 제조 농가가 있었는데 매일 밤 마녀들이 찾아와 와인을 훔쳐갔다고 한다. 지금은 부다페스트의 아름다운 풍경을 내려다볼 수 있는 전망대로 유명하지만, 1900년대 초에는 매춘굴과 도박장이 밀집한 윤락가였다. 지금의 지명은 헝가리인을 가톨릭으로 개종시킨 이탈리아 선교사 성 겔레르트 Szent Gellért의 이름에서 유래한다. 언덕 위에 있는 성 겔레르트 기념상은 1904년 얀코비치 줄러의 작품이다.

가는 방법 에르제베트 다리 옆 계단을 따라 가면 된다. 도보 20분

● 뷰 포인트

시타델라 요새 Citadella

Map P.312-B3

1850년, 합스부르크 제국이 독립을 열망하는 헝가리인들을 감시하기 위해 세운 감시용 망루. 강을 향해 있는 높이 40m의 '자유의 여신상'은 제2차 세계대전 당시 나치를 물리친 소련군이 승리를 기념하기 위해 세웠다고 한다. 공산정권이 무너진 후 치욕의 역사를 상징하는 두 건물을 철거하려 했으나 교훈으로 삼고자 그대로 남겨뒀다고 한다. 현재 요새는 호텔로 사용하고 있으며, 주변에는 기념품점 · 레스토랑 · 공원 등이 자리잡고 있다. 전망대는 부다와 페스트, 도나우 강의 전경이 파노라마로 펼쳐지는 부다페스트 최고의 뷰 포인트다. 차 한 잔의 여유와 멋진 풍경을 즐기기에 이만한 곳이 없다.

운영 08:00~23:00

입장료 무료

가는 방법 19번 트램을 타고 Móriezzsigmond körtér에서 내린 후 27번 버스를 타고 Kelenhegyi에서 하차한다. 또는 자유의 다리를 건너 겔레르트 호텔 옆으로 나 있는 오르막길을 따라 가면 된다. 도보 20~30분

부다와 페스트 그리고 도나우 강을 한눈에 감상할 수 있는 최고의 뷰 포인트, 시타델라 요새

페스트 지구

지형이 평탄한 페스트 지구는 원래 서민들이 살던 곳이었으나 1896년, 건국 1,000년을 기념해 부다와 페스트를 통합한 후 지구 전체를 새롭게 리모델링함으로써 오늘날과 같은 모습을 갖추게 되었다. 헝가리는 마자르족이 이 땅에 정착한 896년을 건국원년으로 삼고 있다.

• 유네스코

국회의사당 Országház

Map P.312-B1

마치 도나우 강에 떠 있는 듯한 아름다운 국회의사당은 건국 1,000년을 기념해 1884~1904년에 지은 것이다. 오랜 식민지 역사를 청산하고 민족의 자존심을 선양하는 의미에서 오직 자국의 건축기술, 인력, 자재만을 사용해 완공한 네오고딕 양식 건물이다. 건물 벽을 따라 헝가리 역대 통치자 88명의 동상이 서 있다. 의사당 안에 691개의 방이 있는 것으로 미루어 엄청난 규모를 짐작할 수 있다. 국회의사당을 둘러싼 4개의 광장에는 헝가리 정치사에서 상징적인 존재인 4명의 인물상이 서 있다. 그 중에서도 정문이 있는 코수트 러요시 광장 Kossuth Lajos tér에는 1848년의 독립투쟁을 지휘한 코수트 러요시의 동상이 있다. 내부는 가이드 투어로만 관람할 수 있으며 늘 만원이므로 미리 예약해야 한다. (1시간~1시간 30분 소요)

홈페이지 www.parlament.hu

운영 4~10월 08:00~18:00, 11~3월 08:00~16:00

가이드 투어(영어) 10:00, 12:00, 12:30, 13:30, 14:30, 15:30

예약방법 국회의사당 건물 우측 지하에 위치한 매표소에서 예약. 당일 티켓이 남아 있으면 다행이지만 없으면 다음날로 예약해야 한다. 여행사에서 주최하는 투어도 있으니 예약을 하지 못했다면 신청해 보자. 국회의사당 앞에서 호객행위를 한다.

입장료 일반 6,700Ft, 학생 3,500Ft

가는 방법 M1호선 Kossuth Lajos tér 역 하차. 역에서 나오자마자 바로 앞에 있다.

※ 국회의사당이라는 특성상 들어가기 전 보안 점검을 받는다. 주머니칼, 스프레이, 라이터, 큰 가방 등은 가지고 들어갈 수 없으며, 투어 시 왕관이 있는 방에서의 촬영은 금지다.

바치 거리 Váci utca

Map P.312~313-B2~C3

메트로 M1호선의 출발역인 뵈뢰슈마르치 광장 Vörösmarty tér 역 오른쪽으로 뻗어 있는 이 거리는 차량 통행이 전면 금지된 보행자와 쇼핑의 천국. 최신 패션을 주도하는 젊은이들이 넘쳐나며 서구식 패스트푸드점도 많아 동유럽에서 가장 먼저 문호를 개방한 헝가리의 일면을 살펴볼 수 있다. 곳곳에 저렴한 식당과 기념품점도 많다. 유난히 아르누보 양식과 현대적인 건물이 즐비해 색다른 호기심을 불러일으킨다.

물 위의 궁전, 국회의사당 국회의사당 내부

전통 기념품점이 즐비한 구 바치 거리

성 이슈트반 성당 앞 광장의 바닥 무늬

부다페스트 가톨릭 성지, 성 이슈트반 성당

가는 방법 M1호선 Vörösmarty tér 역, M3호선 Ferenciek tere 역이나 Kálvin tér 역, M1 · M2 · M3호선 Deák Ferenc tér 역에서 가깝다.

• 뷰 포인트

성 이슈트반 성당 Szent István-Bazilika

Map P.312-B2

부다페스트에서 가장 규모가 크고 헝가리에서 두 번째로 중요한 성당이다. 가톨릭 전도에 크게 기여해 훗날 성인 반열에 오른 헝가리의 초대 국왕 이슈트반 1세를 기리고, 건국 1,000년을 기념하기 위해 3명의 건축가가 1851~1906년에 지은 로마네스크 양식의 건물이다. 성당 안은 9개 공간으로 나뉘어 있으며, 성당의 거대한 돔은 멀리서도 눈에 띈다. 성당 안에는 성 이슈트반의 오른손이 보존되어 있으니 놓치지 말고 보자.

성당의 탑은 높이 96m로 부다페스트 최고를 자랑하며 전망대 Panoráma Körkilátó가 있다. 참고로, 96이라는 숫자는 헝가리 건국원년인 896년을 뜻한다.

홈페이지 www.bazilika.biz

운영 10~6월 10:00~16:30, 7~9월 10:00~18:30

입장료 성당 가이드 투어 일반 1,600Ft, 학생 1,200Ft, 보물관 일반 400Ft, 학생 300Ft, 전망대 일반 600Ft, 학생 400Ft

가는 방법 M1호선 Bajcsy-zsilinszky út 역 하차

Travel PLUS 헝가리 최초의 왕, 성 이슈트반

로마 제국이 멸망한 후 민족 대이동이 시작되면서 여러 민족이 판노니아 Pannonia(헝가리 땅의 기원이 된 로마 제국의 속국)에 정착했는데, 그 가운데 마자르족이 있었다. 9세기 마자르족은 판노니아를 정복했고, 오늘날 헝가리의 기원이 되는 국가를 세웠다. 이때 그들의 지도자는 아르파드 Árpád 대공이었다. 970년, 아르파드의 후계자 가운데 한 명인 게저 Geza의 아들, 성 이슈트반 Szt. István (970~1038)이 태어났는데 그가 바로 헝가리 최초의 국왕이다. 이슈트반은 기독교를 국교로 삼고 서유럽을 모델로 한 행정조직과 중앙집권적인 성당 조직을 도입한 왕으로, 1083년 세상을 떠난 후 성인 반열에 올라 헝가리의 수호성인이 되었다. 매년 8월 20일은 성 이슈트반을 기리는 날로 화려한 거리 퍼레이드 등 다양한 행사가 열린다.

카페와 현대적인 상점이 모여 있는 신 바치 거리

두 개의 양파 모양 돔이 인상적인 시나고그 외관　시나고그 회당 내부

시나고그 Zsinagóga

Map P.313-C2

1859년에 완성된 유럽 최대의 유대교 회당. 비잔틴 양식으로 지은 두 개의 양파 모양 돔이 특징이다. 화려한 내부에는 남녀를 구분한 1,500석의 좌석이 있으며 성당과는 사뭇 다른 분위기가 감돈다. 이곳 오르간은 1859년에 설치한 것으로 프란츠 리스트가 연주해 유명해졌다. 관광객이라도 남자는 반드시 유대인 모자를 써야 회당으로 들어갈 수 있으니 명심하자.

이 시나고그는 제2차 세계대전 당시 부다페스트의 유대인 수용소로 사용되었고, 부다페스트 게토에서 숨진 2,000여 명의 유대인들이 이곳 안뜰 정원에 묻혀 있다. 정원에는 전쟁 때 희생된 유대인을 기리기 위해 은으로 만든 슬픔의 버드나무가 있다. '너의 슬픔은 나의 슬픔보다 크다'라는 히브리어로 된 글귀가 가슴에 와 닿는다. 전쟁이 끝난 뒤에도 유대인들은 파손된 시나고그를 그대로 사용했는데, 1991년부터 복원공사를 시작해 지금의 모습이 되었다.

주소 Dohány u. 2-8 홈페이지 www.greatsynagogue.hu 운영 일~목 3/1~4/25 · 10/2~25 10:00~17:30, 4/28~9/28 10:00~19:30, 10/27~12/31 10:00~15:30, 금 3~10월 10:00~15:30 휴무 토요일 및 유대인 공휴일 입장료 일반 4,000Ft, 학생 3,000Ft, 사진촬영 500Ft 가는 방법 M2호선 Astoria 역에서 도보 5분

안드라시 거리 Andrássy út

Map P.313-C2~D1

1868년, 외무장관이었던 안드라시 백작은 현대적으로 잘 정비된 파리를 다녀온 후 도시계획을 결심한다. 그 계획의 일환으로 1872년에 완성된 안드라시 거리는 에르제베트 광장에서 영웅광장까지 일직선으로 뻗은 총길이 2.3㎞의 대로다. 헝가리의 샹젤리제 거리로 불리는 이 거리에는 정연하게 늘어선 가로수와 5층짜리 대저택들이 즐비하다. 국립 오페라 하우스를 비롯해 크고 작은 극장, 관광명소, 대사관 등이 밀집해 있는 부다페스트 최대의 번화가다. 도시계획과 더불어 건설된 메트로 M1호선은 안드라시 거리 지하를 통과하며 Deák Ferenc tér 역에서 Hösök tér 역까지 총 6개 역을 지난다. 주요 볼거리로는 테러 하우스, 영웅광장과 시민공원이 있으며 헝가리를 대표하는 세계적인 음악가 리스트와 코다이 기념관도 있다.

가는 방법 M1호선 Deák Ferenc tér 역부터 Hösök tér 역까지 총 6개의 역이 연결돼 있어서 목적지에 따라 내리는 역이 달라진다.

테러 하우스 •핫스폿
Terror Haza Map P.313-C1~C2

고색창연한 옛 건물들 사이로 비스듬한 간판에 큼지막하게 새겨진 'Terror Haza'라는 문구가 눈에 들어온다. 제2차 세계대전과 공산체제에 억눌려 희생된 사람들을 애도하고 암울했던 역사를 상기하자는 의미에서 설립된 곳이다. 실제로 나치와 공산당이 사용하던 건물을 사용하고 있고 건물 지붕에 새겨진 화살표 십자가는 헝가리 나치당의 상징, 별은 공산당의 상징이다. 박물관은 총 3개층으로 이뤄져 있다. 입장권을 구입해 1층 중앙홀로 들어가면 위협적인 탱크가 전시되어 있고, 벽면에는 제2차 세계대전 당시 나치에게 희생당한 사람들의 모습을 담은 흑백사진이 3층까지 가득 차 있다. 작가의 의도인지 모르지만 두 전시물을 보노라면 슬픔, 분노, 무기력함, 두려움 등이 교차한다. 2 · 3층에서는 헝가리 유대인이 나치에게 학살당하는 모습과 전쟁의 비극을 다룬 생생한 필름을 상영한다. 또한 반 공산체제 인사들을 감금한 감옥과 고문실 등도 볼 수 있다. 박물관은 매우 세련되고 비주얼한 감각으로 구성되어 있는데 헝가리의 암울했던 현대사를 이해하고 싶다면 꼭 방문해 보자. 이곳은 특히 많은 유럽인의 관심이 쏠려 있는 박물관이어서 늘 사람들로 붐빈다.

주소 Andrássy út 60 홈페이지 www.terrorhaza.hu

운영 10:00~18:00 휴무 월요일

입장료 일반 3,000Ft, 학생 1,500Ft, 오디오 가이드 1,500Ft

가는 방법 M1호선 Oktogon 역 또는 Vörösmarty u. 역에서 도보 5분

리스트 기념박물관
Liszt Ferenc Emlékmúzeum Map P.313-C2

헝가리 음악의 아버지로 불리는 리스트(1811~1886)는 세계적으로 인간의 한계를 뛰어넘는 피아노 연주로 유명하다. 그는 오페라나 교향곡 등을 피아노 하나만으로 완벽하게 표현해내 피아노 음악의 가능성을 확대하는 등 베토벤과 슈베르트의 뒤를 이어 피아노 음악 발전에 기여했다. 또한, 한 해 차이로 태어난 세계적인 음악 천재 쇼팽과는 프랑스에서 함께 활동한 친구이자 평생 라이벌이었다고 한다.

리스트 기념박물관은 리스트가 부다페스트에서 말년을 보낸 집으로, 침실 · 작업실 · 식당 · 거실 등을 일반에게 공개하고 있다. 실제로 리스트가 작곡과 연주에 사용한 그랜드 피아노와 여행용 피아노, 작곡할 때 쓰던 책상 등을 볼 수 있다. 출입구의 '화 · 목 · 토요일 3~4시 귀가'라고 쓰인 문패는 리스트가 1879년 음악학교를 열어 학생들을 가르친 흔적 중 하나다. 우리에게 익숙한 프란츠 리스트 Franz Liszt는 독일식 발음이고, 헝가리식 이름은 리스트 페렌츠 Liszt Ferenc다.

주소 Vörösmarty u. 35

홈페이지 www.lisztmuseum.hu

운영 월~금 10:00~18:00, 토 09:00~17:00

휴무 일요일

입장료 일반 2,000Ft 사진촬영 1,500Ft

가는 방법 M1호선 Vörösmarty u. 역에서 도보 5분

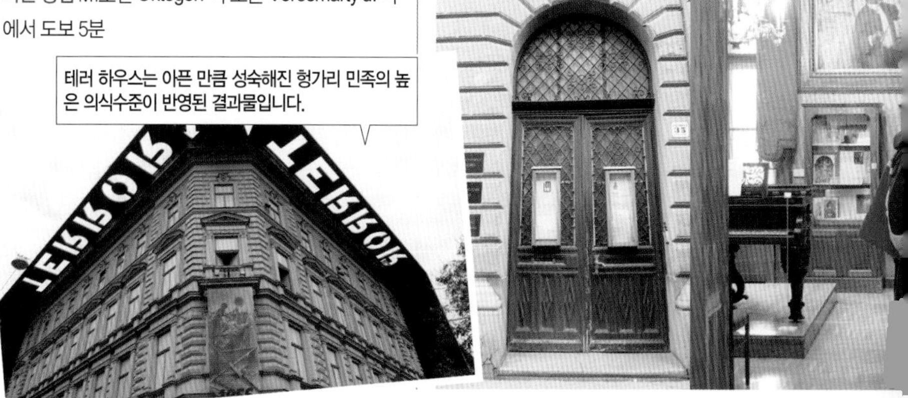

테러 하우스는 아픈 만큼 성숙해진 헝가리 민족의 높은 의식수준이 반영된 결과물입니다.

리스트 기념박물관

꽃미남 스타 리스트!

Say Say Say

리스트는 일찍이 아들의 재능을 알아본 아버지와 후원자들의 도움으로 음악의 도시 '빈'으로 유학을 떠났고, 11살에는 베토벤 앞에서 연주를 해 그를 감동시켰답니다. 22살이 되던 해에는 파리로 건너가 공개 연주회를 열고 대중 앞에 서게 되는데, 출중한 외모와 활달하고 카리스마 있는 성격, 거기에 그의 명연주는 수많은 여성 팬들을 몰고 오죠. 당시 그의 인기가 얼마나 대단했는지, 연주하는 그를 에워싸고 달려드는 여자들의 모습이 신문에 자주 실렸다고 하네요. 이만하면 원조 꽃미남 스타라는 표현에 공감이 가시죠! 식을 줄 모르는 인기와 주체할 수 없는 그의 바람기는 평생 수많은 여성들과 스캔들을 내는 주인공이 되기도 하죠. 오죽하면 그의 아버지는 눈을 감으면서도 "아들아, 너는 여자만 조심하면 모든 일이 잘 될 거란다"라는 말을 유언으로 남겼다네요!
훗날 두 번의 가슴 아픈 실연 후 수도원으로 들어가 한동안 성직자 생활을 하면서 종교음악가로 활동한답니다. 그때 교황에게 공로를 인정받아 3개의 성직을 수여받기도 하죠. 1871년에는 헝가리 왕실 고문으로 임명돼 부다페스트 · 로마 · 바이마르 등을 오가며 왕성한 활동을 합니다. 그러나 1886년 여름, 감기에 걸린 그는 끝내 폐렴으로 생을 마감하죠.

영웅광장
Hősök tere　Map P.313-D1

헝가리 건국 1,000년을 기념하기 위해 1896년에 만든 광장. 광장 한복판에는 높이가 36m 되는 기념비 Mileniumi emlékmü가 우뚝 솟아 있다. 꼭대기에는 민족 수호신인 천사 가브리엘 상, 그 아래로 아르파드를 위시한 초기 부족장 6명의 기마상이 있고, 주변에는 초대 국왕 이슈트반 1세부터 독립운동가 코수트 러요시까지 헝가리의 위대한 영도자 14명의 동상이 있다. 노동절(5월 1일)에는 이 광장에서 행사를 시작해 에르제베트 광장까지 퍼레이드를 펼친다. 광장 한쪽편에 자리잡은 서양 미술관 Szépmüvészeti Múzeum은 스페인을 제외한 나라들 가운데 스페인 미술품을 가장 많이 소장하고 있는 미술관이다. 엘 그레코 · 라파엘로 · 렘브란트 · 루벤스 · 고흐 · 마네 · 모네 · 르누아르 · 세잔 · 로댕 등의 작품을 감상할 수 있다. 반대쪽에는 주로 현대회화를 전시하는 현대 미술관 Mücsarnok이 있다.

가는 방법 M1호선 Hősök tere 역 바로 앞에 있다.

겨울철 시민공원은 스케이트장이 된다.

시민공원
Városliget　Map P.313-D1

19세기 초까지 황량한 벌판이었으나 1817년부터 녹지로 개발해 시민의 휴식처로 사랑받고 있다. 연못에서는 여름이 되면 보트, 겨울이 되면 스케이트를 탈 수 있으며 한가운데에 바이다 후냐드 성이 있다.

가는 방법 영웅광장과 정문이 연결돼 있다.

버이더후녀드 성
Vajdahunyad Vára　Map P.313-D1

로마네스크 · 고딕 · 르네상스 · 바로크 양식이 혼합된 독특한 성. 드라큘라 전설의 무대인 루마니아의 트란실바니아에 있는 바이더 후녀드 성채를 모방한 건축물이다. 지금은 아기자기한 농기구를 전시하는 농업박물관 Magyar Mezőgazdasági Múzeum és Könyvtár으로 이용하고 있다.

• 농업박물관

운영 화~금 10:00~16:00, 토~일 10:00~17:00

휴무 월요일 입장료 일반 1600Ft, 학생 800Ft

국립박물관
Nemezeti Múzuem　Map P.313-C3

헝가리 최대 규모의 박물관. 1837년부터 10여 년에 걸쳐 미하이 폴라크 Mihály Pollack가 지은 신고전주의 양식 건물이다. 고대부터 현대까지의 헝가리 역사와 관련된 문화재들을 전시하고 있으며,

영웅광장

국립박물관

공예미술관

공예미술관 내부

공예미술관의 전시품

특히 제2차 세계대전 중 미국이 가져갔다 반환한 헝가리 왕관과 세체니 다리 건설과정이 기록된 문서와 그림, 중세시대 성 라슬로의 황금마스크 복제품 등이 볼 만하다.

주소 VIII Muézeum krt. 14-16
홈페이지 www.hnm.hu 운영 화~일 10:00~18:00
휴무 월요일 입장료 일반 1,600Ft
가는 방법 M3호선 Kálvin tér 역에서 도보 5분

공예미술관 Map P.313-C3

Iparművészeti Múzeum

19세기 말, 헝가리 출신의 건축가 레흐네르 외된 Lechner Ödön이 아르누보와 마자르풍 양식을 결합해 지은 건물. 무엇보다도 화려한 색상과 섬세한 그림이 그려진 타일을 이용해 지붕과 벽면을 장식한 것이 특징이다. 미술관 안에는 도자기 · 가구 · 목공예품 · 염직물 · 유리공예품 등 헝가리뿐만 아니라 유럽 전역에서 수집한 2만 5,000여 점에 달하는 공예품을 전시하고 있다.

시내에는 공예미술관 건물과 유사하게 지은 우편저금국과 지질학박물관 등이 있다.

주소 IX Üllői út. 33-37 홈페이지 www.imm.hu
운영 화~일 10:00~18:00 휴무 월요일
입장료 일반 2,000Ft, 학생 1,000Ft
가는 방법 M3호선 Corvin-negyed 역에서 도보 5분
※ 현재 미술관은 건물 리노베이션 공사로 인해 휴업 중

멀지만 가까운 나라 헝가리

헝가리인의 조상이 아시아계 유목민이었다는 사실을 아세요? 매운맛의 파프리카를 좋아하고, 이름도 우리처럼 성과 이름 순으로 사용한다네요. 그런데 왜 백인이냐구요? 유럽 땅에 살면서 자연스레 백인들과 결혼하게 되고 종교와 문화 역시 동화된 거죠. 어찌됐든 유난히 다리 짧고, 머리 큰 사람이 많은 이유와 동양인에게 따뜻한 미소를 보내주는 현지인이 많은 이유도 다 그들의 조상 탓이 아닌가 싶네요.

그리고 헝가리의 민속학자 버라토시 벌로그 베네데크는 헝가리 민족의 뿌리를 찾으려고 한국을 여행한 뒤, 1929년에 『코리아! 조용한 아침의 나라』라는 책을 썼다고 합니다. 그는 한국 · 일본 · 중국을 여행하면서 유난히 우리나라에 대한 애정이 각별했다고 하네요. 책 내용에서 한국은 일본과 중국에 비해 귀족적이고 한국의 여성이 가장 아름답다고 칭송했다는데 예나 지금이나 우리나라 여성의 미는 출중한가 봅니다.

매운맛을 좋아하는 헝가리인들은 마늘과 고추의 일종인 파프리카를 넣어 만든 음식을 즐기는 편이다. 덕분에 우리 입맛에도 잘 맞다. 또한, 오스트리아의 영향인지 카페 문화도 발달해 옛 왕족과 귀족이 자주 들렀다는 유서 깊은 카페부터 아르누보 양식의 화려한 카페까지 다양하다. 커피와 함께 곁들여 먹는 펄러친터는 부다페스트가 가장 유명하니 꼭 한번 맛보자. 레스토랑과 카페는 바치 거리, 안드라시 거리, 뉴가티 역 주변에 많이 모여 있다.

레스토랑

수도인 만큼 시내에는 전통 요리는 물론 세계 어디서나 먹을 수 있는 다양한 요리를 내놓는 레스토랑이 즐비하다. 또한 관광객을 상대로 한 테마레스토랑은 요리뿐만 아니라 구경하는 재미가 있어 한 번쯤 가볼 만하다. 그밖에 패스트푸드점 시스템으로 영업하는 중국 음식점은 저렴하면서 맛과 양이 모두 만족스러워 여행자들에게 꽤 인기가 있다.

Map P.313-D1

Gundel

헝가리에서 가장 유명한 고급 레스토랑으로 부유층이 많이 찾는다. 정장을 입은 격식 차린 손님이 대부분이다. 이곳에서는 호두주와 럼주가 들어 있는 초콜릿 소스를 듬뿍 얹은 헝가리의 명물 요리 '군델 펄러친터'를 맛볼 수 있다. 이름에서 알 수 있듯 군델 펄러친터는 이곳이 원조라는 사실. 이 레스토랑은 영화 〈글루미 선데이〉에 자주 등장해 더욱 유명해졌다. 영국의 엘리자베스 여왕도 다녀간 곳이라고 하니 그 명성은 굳이 설명하지 않아도 짐작할 수 있을 것이다.

주소 Gundel Károly út 4 전화 01 889 8111
홈페이지 www.gundel.hu 영업 12:00~24:00
예산 코스 7,500Ft~ 가는 방법 M1호선 Hősök tér 역에서 도보 5분. 영웅광장 옆 동식물원 입구 옆에 있다.

Map P.313-C3

Fatál

구 바치 거리에 있는 전통 헝가리 음식점. 음식들이 우리 입맛에 잘 맞고 양도 푸짐해 인기 있었는데, TV 프로그램에 소개 된 후에 한국 관광객들에게 더욱 유명해졌다. 메뉴에는 가볍게 먹을 수 있는 돈가스나 쌀쌀한 날씨에 더욱 생각나는 헝가리 육개장 굴라쉬가 무난하다.

주소 Váci u. 67 전화 01 266 2607
홈페이지 www.fatalrestaurant.com
영업 12:00~24:00 예산 굴라쉬 2,990Ft~
가는 방법 M3호선 Ferenciek tere 역에서 도보 5분

Map P.313-C1

Sir Lancelot Lovagi Étterem

뉴가티 역 근처에 있는 테마레스토랑. 우리나라 방송에도 소개된 적이 있는 이 식당은 중세 분위기를 재현한 인테리어가 특징. 종업원도 모두 중세기의 옷차림이다. 양이 많아 여럿이 가는 경우 권할 만하다. 4인이면 2인분, 8인이면 4~6인분만 주문해도 충분하다. 음식 맛은 보통이나 기억에 남을 만한 저녁을 먹고 싶다면 추천! 혹시 모르니 미리 예약하는 것이 좋다.

주소 Podmaniczky u. 14 전화 01 302 4456

홈페이지 www.sirlancelot.hu 영업 12:00~01:00 예산 주요리 5,600Ft~ 가는 방법 M3호선 Nygati 역에서 도보 5분

Map P.312-B2

ONYX

원래 카페 제르보의 테이크아웃 매장이었던 것을 현대적으로 새 단장 해 오픈한 최고급 레스토랑이다. 미슐랭의 별점을 받은 곳으로 2013년도에는 헝가리 최고 레스토랑 Top3에도 들었다. 전통과 진화와의 랑데부라는 철학으로 만든 요리를 선보인다. 메뉴에는 5코스로 이뤄진 '헝가리의 진화'라는 메뉴도 있다. 예약은 필수이며 저녁보다 저렴한 점심 메뉴는 3코스로 이뤄져 있다.

주소 Vörösmarty tér 7–8 전화 03 0508 0622

홈페이지 www.onyxrestaurant.hu

영업 화~수 18:30~23:00, 목~토 12:00~14:30, 18:30~23:00

휴무 일·월요일 예산 4코스 점심 19,900Ft~

가는 방법 M1 Vörösmarty tér 역에서 도보 3분

Map P.312-B2

Nagyi Palacsintázója

국회의사당을 한눈에 바라볼 수 있는 버차니 광장 Batthyány tér에 자리잡은 펄러친터 전문점.

20가지 종류의 저렴한 펄러친터를 맛볼 수 있는 곳으로 시내 여러 곳에 지점이 있지만 이곳이 가장 인기가 높다. 늘 현지인들로 붐비는 곳이지만, 디저트의 달콤함에 빠지고, 풍경에 빠지게 되면 그것조차 잊게 된다.

주소 Batthyány tér 5

홈페이지 www.nagyipali.hu 영업 24시간

예산 4가지 종류의 펄러친터와 음료 포함 800Ft~, 펄러친터 1개 220Ft~ 가는 방법 M2호선 Batthyány tér 역에서 도보 1분

Travel PLUS 헝가리의 명물 디저트 '펄러친터'

펄러친터 Palacsinta는 일종의 크레페로, 얇은 밀전병에 신선한 과일을 넣고 생크림 · 초콜릿 · 치즈 등을 끼얹어 먹는 디저트다. 체코와 오스트리아에서도 이와 똑같은 디저트가 유명하지만 펄러친터는 헝가리가 원조라는 사실. 우리나라에서도 먹어볼 수 있으나 본고장의 맛을 느끼고 싶다면 부다페스트에서 꼭 먹어보기를 권한다. 종류는 속 내용물에 따라 수백 가지에 달한다. 가격은 장소에 따라 다른데 고급 레스토랑에서 주문하면 메인 요리 이상으로 비싸지만 서민적인 카페에서는 1,000원 내외로 저렴하게 먹을 수 있다.

카페

합스부르크의 영향으로 카페 문화가 발달한 부다페스트에는 왕가와 인연이 깊은 카페 제르보 Gerbeaud, 세기말에 유행한 아르누보 양식의 화려한 실내장식이 압권인 카페 뉴욕 New York, 오페라 관련 예술가들이 자주 찾은 예술가의 아지트, 카페 뮈베스 카베하즈 Müvész Kávéház까지 관광명소만큼 유명한 카페가 많다.

Map P.313-C2

Café New York

19세기에 오픈한 카페 뉴욕은 건물 1층에 뉴욕 보험회사 지점이 있어 붙여진 이름으로 헝가리의 유명한 작가, 배우, 저명인사들이 사랑한 카페다. 부다페스트의 많은 현지인들이 추천하는 곳으로 그 유명세만큼 충분히 들러볼 만한 가치가 있다.

입구에 들어서면 황금빛의 화려한 아르누보 실내장식과 우아한 분위기에 압도된다. 거기다 잘 차려입은 웨이터까지. 분위기 탓에 사진 한 장 찍을 용기조차 내지 못하겠지만, 이곳 손님의 80% 이상이 관광객이라는 사실. 자연스럽게 포즈도 취하고, 웨이터에게 사진도 찍어달라고 요청해 보자.

주소 Erzsébet krt. 9-11 전화 01 8866 167

홈페이지 www.newyorkcafe.hu

영업 08:00~24:00

예산 커피 1,800Ft~, 케이크 한 조각 2,950Ft~

가는 방법 켈레티 역에서 도보 10분. 또는 M2호선 Blaha Lujza tér 역에서 도보 3분

19세기 말 헝가리 지식인들의 사교장소였던 Café New York

화려한 카페 내부

Café Gerbeaud

Map P.312-B2

부다페스트 최고 중심가인 바치 거리에 자리잡은 200년 전통의 럭셔리 카페. 합스부르크 제국의 지배를 받던 시절에 가장 잘 나가던 카페로 오랫동안 헝가리 귀족의 사랑을 받았다고 한다. 합스부르크 왕가의 에르제베트도 찾아온 곳이어서 더욱 이름이 알려졌으며 카페 내부에는 에르제베트의 방문을 기념하기 위해 걸어 놓은 그녀의 초상화를 볼 수 있다. 유명 메뉴로 마리아 테레지아 커피, 제르보 케이크, 도보시 토르타(초콜릿 케이크) 등이 있다. 부다페스트 최고 쇼핑가에 위치하고 있어 늘 관광객들로 붐빈다.

주소 Vörösmarty tér 7-8
전화 01 429 9000
홈페이지 www.gerbeaud.hu
영업 09:00~21:00
예산 커피 1,050Ft~, 크루아상 2,690Ft~
가는 방법 M1호선 Vörösmarty tér 역에서 도보 1분

Café Művész Kávéház

Map P.313-C2

안드라시 거리의 오페라 하우스 맞은편에 있는 편안한 분위기의 카페. 오페라를 보러 가는 길에 잠시 들러 마음을 차분히 하거나, 멋진 오페라 한 편을 본 후 친구와 함께 감상을 나누기에 좋은 곳이다. 예술가들이 많이 찾는 제법 유명한 곳으로, 무엇보다 이곳이 마음에 드는 이유는 작은 공간, 분위기 있는 실내조명, 무겁지도 가볍지도 않는 실내장식, 드레스 코드에 신경 쓰지 않고도 어느 차림이든 모두 자연스럽게 어울리는 편안한 분위기 때문이다. 대중적이고 편안한 분위기의 부다페스트 카페를 경험하고 싶다면 이곳을 추천한다. 커피 값도 꽤 저렴한 편이다.

주소 Andrássy út 29 전화 01 333 2116
홈페이지 www.muveszkavehaz.hu
운영 월~토 09:00~21:00
예산 커피 590Ft~, 케이크 한 조각 500Ft~, 오믈렛 1,250Ft~ 가는 방법 M1호선 Opera 역에서 도보 3분

오페라 배우와 음악가, 그리고 관람객들이 사랑한 Café Művész Kávéház

합스부르크 왕가와 헝가리 귀족들의 사교장소였던 Café Gerbeaud

사는 즐거움 Shopping

부다페스트는 공산품보다 토산품이 유명하다. 특히, 파프리카 · 도자기 · 와인 · 자수 그리고 푸아그라 통조림 등은 그 품질이 세계적으로 정평이 나 있다. 기념품점은 바치 거리와 왕궁 언덕 등 관광객이 많이 지나는 곳에 모여 있고, 식품류는 시장이나 슈퍼마켓 등이 훨씬 저렴하다. 현지인들이 즐겨 찾는 Westend 같은 대형 쇼핑센터는 뉴가티 역 주변에 있다.

시장

바치 거리 Váci utca

Map P.312~313-B2~B3

부다페스트 최대의 쇼핑 거리로 보행자 천국이다. 공예품 · 골동품 · 옷 · 액세서리 · 와인 전문점 등이 밀집해 있다. 세계적으로도 알려진 헝가리 도자기 전문점 역시 이곳에 있다.

신 바치 거리는 카페와 현대적인 상점이 즐비해 젊은 여심을 사로잡는다. 관광보다는 쇼핑에 몰입하게 만들어 마음을 다잡지 않으면 안 된다. 특히, 유럽 전역 어디서나 만날 수 있는 H&M은 젊은이 취향의 중저가 토털 의류를 취급해 여행 중이라도 부담 없이 사 입기에 좋다. 구 바치 거리는 신 바치 거리에 비해 한산하고, 세련된 상점보다는 공예품과 골동품 등을 취급하는 상점이 많다. 사는 즐거움보다는 보는 즐거움이 더 큰 곳이다.

가는 방법 P.322 참고

중앙시장 Vásárcsarnok

Map P.313-C3

오스트리아의 요제프 황제와 영국의 마거릿 수상, 다이애나 왕비도 방문한 유명한 시장.

1897년에 오픈. 시내에서 가장 큰 재래시장으로, 마차시 성당처럼 건물 지붕이 알록달록한 타일로 돼 있어 건물만으로도 볼거리를 선사한다. 지하는 슈퍼마켓, 1층은 과일 · 채소 · 고기 가게가 있으며, 파프리카와 꿀을 파는 상점 등이 즐비하다. 2층은 직접 짠 레이스와 헝가리 고유의 목각공예품 · 기념품 등을 파는 상점과 푸드코트가 있다. 좁은 복도에 음식점들이 늘어서 있는 푸드코트는 넓지는 않지만, 음식들이 진열되어 있어 메뉴를 고르기가 수월하다. 헝가리 사람들이 가장 일반적으로 먹는 음식이 대부분이고 가격도 저렴해 이용할 만하다. 구경하는 재미, 쇼핑하는 재미, 거기에 먹는 재미까지 다양하게 경험할 수 있으니 꼭 한번 들러보자.

주소 Fövamtér 1/3 영업 월 06:00~17:00, 화~금 06:00~18:00, 토 06:00~15:00 휴무 일요일

가는 방법 M3호선 Kálvin tér 역에서 도보 5분

기념품 하나도 신중하게 고르세요.

재래시장에서는 언제나 사람 사는 정겨운 냄새가 납니다.

대표적인 쇼핑 아이템

파프리카
Paprika

고추의 한 품종으로 '헝가리 고추'로도 불린다. 원래는 중남미가 원산지로 스페인 선원들에 의해 전해졌다. 오늘날 파프리카가 전 세계인에게 사랑받는 이유는 비타민A가 풍부하고 비타민C가 레몬의 3배, 대부분의 요리와 궁합이 잘 맞기 때문이다. 파프리카 식물 세포에서 비타민C를 발견하고 추출하는 데 성공한 앨버트 센죄르지 Albert Szent-Gyorgyi 교수는 1937년 노벨 화학상을 수상했다. 기념품으로 개발한 파프리카 가루는 포장도 예뻐 여행 선물로도 안성맞춤이다. 다양한 색만큼 매운맛의 강도도 각각 다르다.

푸아그라 통조림
Libamáj(Foie gras)

프랑스어로 '살찐 간'을 뜻하는 푸아그라는 프랑스의 최고급 요리에 들어가는 재료지만 헝가리 역시 생산국이다. 억지로 거위 간을 키우는 비윤리적인 방법은 동물학대라는 논란이 있지만, 지방 함량이 높아 맛이 풍부하고 매우 부드럽다. 간단하게 빵에 발라 먹거나 수프에 넣어 먹을 수도 있다. 통조림은 약간 텁텁할 수 있으니 차게 두었다가 꿀을 섞어 먹는 것도 별미다.

자수
hímzés

헝가리 가정에서 가장 일반적인 선물. 헝가리 자수는 평평한 면에 자수를 놓는 것이 아니라 선과 면, 그리고 색을 동시에 엮어 모양을 내고, 선명한 색깔을 사용하는 것이 특징이다. 선물용으로는 장식용 받침대나 식탁보가 인기 있다.

와인
bor

헝가리는 세계 10대 와인 생산국으로 알려져 있다. 대표 와인으로는 토카이 아수 Tokai Aszú, 에게르 비카베르 Egri Bikavér 등이 있으며, 그밖에 각종 경연대회에서 상위를 차지한 빌라니 Villanyi 와인도 맛이 좋다.

도자기
kerámia

헝가리는 명품 도자기 생산국으로 우리나라에도 헝가리산 도자기 마니아가 꽤 많다. 장인의 손길이 느껴지는 헤렌드 Herend를 비롯해, 마차시 성당과 중앙시장, 겔레르트 온천 등에 건축 자재로 쓰여 더욱 유명해진 졸너이 Zsolnay 등은 세계적으로 인정받는 브랜드다. 그밖에 홀로하지 Holóhazy도 품질이 뛰어나다.

명품 이야기 ①
와인 명산지 헝가리의 와인

헝가리가 세계적인 와인 산지라는 사실을 알고 있는가? 제2차 세계대전이 일어나기 전까지만 해도 헝가리 와인의 명성은 대단했다고 한다. 하지만 공산화되면서 그 전통을 이어가지 못하고 서서히 잊혀져 갔다. 다행히 지금은 전통을 계승하려는 포도농원이 생겨나면서 차츰 그 옛날의 명성을 되찾고 있다.

에그리 비카베르 Egri Bikavér

'황소의 피'라는 별명을 가진 이 레드 와인은 포도주 산지로 유명한 에게르 Eger 지방에서 생산하는 가장 대중적인 와인이다. 16세기 오스만투르크군이 에게르 성을 포위하자, 성 안의 부녀자들은 병사들의 사기를 북돋워 주기 위해 계속해서 와인을 주었다고 한다. 덕분에 헝가리 군인들은 숫적으로 불리했으나 용맹하게 싸워 오스만투르크군을 물리쳤다고 한다.

퇴각하는 오스만투르크군은 성 안의 병사들이 황소의 피를 마시고 싸움에 임해 승리한 것으로 믿었다고 한다. '황소의 피'는 여기서 유래했다.

에그리 비카베르는 전설적인 명주로도 알려져 있는데 카베르네 · 오포르토 · 메를로 등 4종의 포도로 빚어 약간 신맛과 독특한 빛깔이 특징이다. 헝가리에서는 레드 와인에 콜라를 섞어 마시기도 하는데 한번 시도해 보자! 가격은 500Ft~.

토카이 아수 Tokai Aszú

헝가리를 대표하는 화이트 와인. 달콤한 맛이어서 디저트로 많이 마신다. '토카이'는 헝가리 북부의 작은 마을 이름이고, '아수'는 곰팡이가 낀 포도라고 한다.

일교차가 심한 늦가을에는 포도밭에서 생성된 곰팡이가 한밤중부터 새벽까지 습한 공기를 타고 포도송이 표면에 내려앉는다. 낮이 되면 기온이 상승하면서 포도송이에 내려앉은 곰팡이가 포도껍질 속으로 들어가 포도의 수분을 50% 이상 증발시킴으로써 당도를 올리는 등 화학변화를 일으켜 독특한 향과 맛을 만들어내게 된다. 그래서일까? 헝가리인들은 토카이 아수를 약물 또는 신이 내린 음료라고 생각한다.

프랑스의 루이 15세는 어느 연회석상에서 그의 애첩, 마담 퐁파두르에게 토카이 와인을 권하면서 "이 와인은 와인들의 왕이고, 왕들의 와인입니다 A Borok Királya, a Királya bora"라는 말을 남겼다. 이후 이 이야기는 토카이 와인의 품질을 보증하는 꼬리표가 되어 더욱 유명하게 만들었다. 합스부르크 제국의 마리아 테레지아도 즐겨 마셨고, 베네딕투스 14세 교황은 마리아 테레지아에게서 이 와인을 선물받고 무척 감격했다는 일화도 있다. 러시아 황제들 사이에서는 생명수로 통해 늘 귀한 대접을 받았다.

토카이 아수의 특징은 절묘한 향기와 맛이며, 포도주의 초벌주에 발효시킨 포도를 첨가해 만드는 독특한 제조법을 사용한다고 한다. 오늘날 우리가 즐겨 먹는 초밥이나, 호두파이, 스위트 타르트 등과도 좋은 궁합을 이뤄 누구나 좋아하는 와인이다. 가격은 700Ft~.

• Bortársaság (Map P.312–B2)

부다페스트 곳곳에 지점을 가진 와인 전문점. 지점에 따라 와인만 파는 곳이 있고, 시음회를 하는 곳도 있다. 와인에 대해 교육받은 전문적인 직원의 도움을 받을 수 있다.

주소 Vécsey u.5 전화 01 269 3286 영업 월~금 10:00~20:00 (토~19:00) 예산 3,000Ft 가는 방법 M1호선 Kossuth Lajos tér 역 하차. 역에서 도보 5분

• Csemege-Delikát (Map P.312–B3)

구 바치 거리에 있는 주류 전문 슈퍼마켓.

주소 Váci utca 48 가는 방법 M1호선 Vörösmarty tér 역, M3호선 Ferenciek tere 역이나 Kálvin tér 역, M1 · M2 · M3호선 Deák Ferenc tér 역에서 가깝다.

명품 이야기 ② 헝가리 도자기의 자존심, 헤렌드 Herend

헤렌드의 역사는 합스부르크 제국 지배 시절로 거슬러 올라간다. 1826년에 빈스 스팅글이 창업하고, 1839년 모리크 피셔 Moric Fischer가 인수한 후 빈과 보헤미아와의 경쟁에서 살아남기 위해 헝가리 양식을 가미한 독창적인 도자기를 만들게 된다.

그후 1845년 빈 박람회에서 처음으로 주목을 받게 되고, 1851년 런던 박람회에서는 빅토리아 여왕의 눈에 띄어 금메달을 수상하는 영광을 안는다. 그 작품이 바로 그릇 마니아들이 꼭 갖고 싶어하는 '빅토리아 부케 시리즈'다. 박람회 직후 윈저성에서 사용할 디너 세트를 주문했다고 한다. 찰스 황태자와 다이애나 비의 약혼 피로연 선물로도 이용되었다. 뿐만 아니라 합스부르크 왕가의 프란츠 요제프 황제와 에르제베트 황후 역시 헤렌드 팬이었다는 사실. 막강한 유럽 왕실의 사랑을 받으면서 유명세를 타기 시작해 오늘날 세계적인 명품 도자기 브랜드로 이름을 떨치고 있다.

헤렌드는 100% 수공예품으로, 제작방법은 작고 예리한 칼을 이용해 섬세하게 도려냄으로써 모양을 만드는 투각법과 은세공에서 영감을 얻어 점토를 실처럼 만든 뒤 틀에 의지하여 형태를 짜 올라가는 망세공법을 사용한다. 그리고 꽃 · 과일 · 새는 헤렌드 제품의 주요 테마다.

뿐만 아니라 이름난 대부호들의 주문제작과 사용하다 흠집 난 그릇을 100% 교환해 주는 서비스로 더욱 유명해졌다. 역시 명품이라는 감탄사가 절로 나온다.

눈과 마음을 사로잡는 헤렌드 시리즈

• 빅토리아 부케 Victoria Bouquet

헤렌드의 대표작. 1851년 런던 박람회에서 첫선을 보였을 때, 영국 빅토리아 여왕이 마음을 빼앗겼다는 유명한 일화의 주인공이다. 화려하고 대담한 색채의 나무와 꽃무늬가 눈길을 끈다. 지금까지 전 세계 여심을 사로잡고 있다.

• 빅토리아 공주 Princess Victoria

헤렌드를 말할 때 빼놓을 수 없는 빅토리아 부케의 딸 격이다. 빅토리아 공주 또한 완벽하게 여왕에 대한 경의를 표하고 있지만 간결하면서도 우아함을 잃지 않은 아름다움으로 원조와는 또다른 기품을 보여준다.

• 인도의 꽃 Fleurs des Indes

1850년대, 인도 동부 무역회사가 유럽으로 발송한 인도의 아름다운 꽃에서 모티프를 가져왔다. 차분한 녹색이 들어간 자기가 동양의 신비로움을 부각시킨다.

• 로스차일드 버드 Rothschild Oiseaux

1850년경, 로스차일드 버드를 감정하기 위해 유럽에서 처음으로 자기 감정단이 탄생했다는 이야기가 있다. 자기는 12가지 시리즈가 있다. 그중 흥미로운 주제는 19세기, 로스차일드 남작 부인이 빈의 별장에 머물렀을 때 그녀의 진주목걸이를 잃어 버리는 일이 있었다. 얼마 후 정원사가 나무에서 목걸이를 가지고 노는 새를 발견했는데 이것이 자기의 도안에 표현되었다고 전해진다.

• 합스부르크의 장미 Vieille Rose d'Habsburg

합스부르크 가에서 대대로 쓰는 식기. 하얀 자기 안에 수줍게 핀 한 송이 분홍 장미가 마리아 테레지아의 마음을 사로잡아 특히 좋아했다고 전해진다.

• 헤렌드 숍

주소 József nádor tér 11 전화 01 317 2622
홈페이지 www.herendusa.com 영업 월~금 10:00~18:00
예산 커피잔 세트 18,000Ft~ 가는 방법 M3호선 Ferenciek tere 역에서 도보 3분. 또는 바치 거리에서 도보 7분

노는 즐거움 Entertainment

헝가리 여행의 최고의 하이라이트는 온천(P.340 참조)과 크루즈가 있다. 그밖에 오페라 · 발레 · 클래식 공연과 팝 콘서트 등 오스트리아 버금가는 수준 높은 공연을 저렴한 값에 감상할 수 있다. 5월 중순과 9월 중순에는 국내외 유명 예술가들의 공연을 감상할 수 있는 음악제도 열린다. 공연 정보 및 티켓 구입은 ⓘ, 여행사, 극장 매표소 등에서 구할 수 있다.

Map P.313-C2

국립 오페라 하우스 Hungarian State Opera House

1884년부터 9년여의 공사 끝에 네오르네상스 양식으로 완공된 아름다운 오페라 하우스. 가을부터 봄까지 전통 오페라 공연이 열린다. 우리나라와는 달리 오페라가 대중화되어 있는 헝가리에서는 영화 한 편 값보다 더 저렴한 값으로도 공연을 즐길 수가 있다. 드레스 코드는 청바지와 하얀 스포츠용 운동화 차림만 아니면 입장하는 데 그다지 까다롭지 않다. 가장 저렴한 보조석은 극장 매표소에서 직접 티켓을 구입해야 한다.

주소 Andrássy út 22 전화 01 814 7100

홈페이지 www.opera.hu 오페라 시즌 9월 중순~6월 말 가는 방법 M1호선 Opera 역 바로 앞

Map P.312-A2

헝가리 민속극장 Hagyományok Háza

헝가리 전통 무용과 음악 등을 공연한다. 화려한 의상과 각 지방의 노래와 춤, 집시 음악 등을 소개하는데, 내용은 매일 바뀐다.

주소 Corvin tér 8 전화 01 225 6056

홈페이지 www.heritagehouse.hu 공연 20:00~

입장료 2,800Ft~ (공연 및 좌석에 따라 다름)

가는 방법 M2호선 Battyány tér 역 하차

Map P.313-C1

Budapest Bábszínház

어린이 인형극을 관람할 수 있는 곳. 어린이를 위한 공연이어서 주로 오전 10:00, 11:30에 시작한다. 자세한 내용은 극장 매표소에서 확인한다.

주소 VI. Andrássy út 69 전화 01 321 5200

홈페이지 www.budapestbabszinhaz.hu

입장료 1,000~3,300Ft

Map P.312-B3

도나우 강 크루즈 Mahart Passnave

'도나우 강의 진주'로 불리는 부다페스트 시내를 선상에서 감상해 보자. 특히 야간 크루즈는 유럽 최고의 야경이라는 말을 실감할 수 있는 절호의 기회다. 투어는 1시간, 2시간짜리가 있으며 저녁에는 디너를 포함한 크루즈도 있다. 부다페스트 카드 및 학생증 소지자는 할인 가능하니, 자세한 프로그램 및 가격은 ⓘ 또는 크루즈 회사에 문의하자.

주소 Mahart Passnave 전화 01 484 4013

홈페이지 www.mahartpassnave.hu

출발 Vigadoé ter 5 · 6번 선착장

운항 1시간 크루즈 11:00~19:00(매시, 단 7인 이상 출발), 디너 크루즈 19:00(1회)

요금 1시간 크루즈 3,500Ft/디너 크루즈 12,000Ft

가는 방법 M1호선 Vörösmarty tér 역에서 도보 5분

쉬는 즐거움 Hotel

요금이 저렴한 사설 호스텔이 많다. 대부분 시설이 현대적이고 깨끗하며 호스텔 사이에서도 경쟁이 치열해 호텔 수준의 서비스를 제공하는 호스텔도 많다. 역에서 광고지를 배포하는 호스텔 직원이나 민박집 주인을 쉽게 만날 수 있으니 위치 · 요금 · 시설 등을 따져보고 이용하자. 흥정도 가능하다. 켈레티 역 ⓘ와 여행사에서는 약간의 수수료를 받고 예약도 해준다. 한여름에만 운영하는 기숙사나 렌트로 내놓은 아파트 등도 있으니 한번 문의해 보자.

Map P.313-C2

Wombats City Hostel Budapest

유럽 여러 곳에 지점을 둔 체인 호스텔. 2012년에 새로 개장, 시내 관광과 교통의 중심지에 위치하고 있어 여행자들 사이에서 꽤 호평을 받고 있다. 깨끗하고 쾌적한 시설, 넓은 공간, 휴식과 잡담을 나누기 좋은 공용시설 등이 잘 갖춰져 있다. 투숙 첫날 환영음료와 과일 등을 무료로 제공해 여행자들의 마음을 기분 좋게 해 준다.

주소 Király utca 20 전화 01 883 5005

홈페이지 www.wombats-hostels.com

요금 8인 도미토리 €7.60~(주말요금 확인)

가는 방법 M2호선 Deák Ferenc Tér 역에서 하차 후 도보 5분

ⓒWombats Hostel

Map P.312-B3

Maverick Hostel

중심가인 바치 거리 근처에 있어 시내 관광이 매우 편리하다. 시설을 새단장해 매우 깨끗하다. 일반 가정집처럼 편안하게 인테리어 돼 있다. 차와 타올, 인터넷 등은 무료로 제공된다. M2 Astoria 역 근처에 City Lodge도 새롭게 오픈했다.

주소 Ferenciek tere 2, 2nd floor/16.apt 전화 01 267 3166 홈페이지 www.maverickhostel.com 요금 10인 도미토리 €10~ 가는 방법 M3호선 Ferenciek tere 역에서 도보 5분

• City Lodge (Map P.312-C2)

주소 Kazinczy street 24-26 전화 01 793 1605

가는 방법 M2호선 Astoria 역에서 도보 5분

ⓒMaverick Hostel

Map P.312-B1

Home Plus Hostel

집 같은 호스텔을 꿈꾸는 주인장의 마음이 담긴 이름처럼 소규모로 운영되는 호스텔. 리셉션은 24시간 운영되며 무료 인테넷 사용, 매주 화 · 목 · 토요일에는 저녁으로 헝가리 가정식을 무료로 제공한다. 가족 같은 분위기의 호스텔을 찾는다면 이곳이 제격이다.

주소 Balassi Bálint utca 27 전화 01 950 2494

홈페이지 www.homeplushostel.hu 요금 8인 도미토리 €15~

가는 방법 M3호선 Nyugati pu 역에서 도보 5분

ⓒHome Plus Hostel
ⓒHome Plus Hostel

Map P.312-B1

Groove Hostel

ⓒGroove Hostel

113년 된 역사적인 건물 안에 위치한 호스텔로 발코니에서 바라보는 전망은 최고다. 객실 안은 넓고 쾌적하며 현대적인 인테리어가 포인트. 무료 인터넷 제공은 물론 부엌 시설도 갖추고 있다.

주소 Szent István körút 16(2층 14번 집)

전화 01 786 8038 홈페이지 www.groovehostel.hu

요금 도미토리 €7~

가는 방법 M3호선 Nyugati pu 역에서 도보 5분

Map P.313-C2

Home made Hostel

ⓒHome made Hostel

몇 년 연속 헝가리 최고의 호스텔 랭킹 10위 안에 선정된 곳. 무엇보다 여행자들이 내 집처럼 편하게 머물 수 있도록 세심한 배려를 아끼지 않는 주인의 센스가 마음에 드는 곳이다. 특히 저녁마다 있는 전통 요리 무료 특강은 투숙객들에게 인기가 높다.

주소 Teréz Körút 22. 전화 01 302 2103

홈페이지 www.homemadehostel.com

요금 6인 도미토리 3,600Ft~

가는 방법 M1호선 Oktogon 역에서 도보 5분. 또는 뉴가티 역에서 도보 10분

Map P.312-B2

Central Backpack King

ⓒCentral Backpack king

밝고 편안한 분위기의 호스텔로 2인실 스튜디오도 운영하고 있다. 무료 인터넷과 커피 등을 제공하며 원한다면 부다페스트의 축제나 투어 등에 대한 안내도 받을 수 있다. 특별히 무료 시티 투어를 진행하고 있으니 관심이 있다면 참여해 보자. 무엇보다 호스텔 위치가 시내 관광과 교통의 중심지에 있어 편리하다.

주소 Október 6. utca 15, 1층 전화 030 200 7184

홈페이지 centralbackpackking.insta-hostel.com

요금 도미토리 €9~

가는 방법 M2호선 Deák Ferenc Tér 역에서 도보 10분

Map P.313-C2

Hostel Marco Polo

ⓒMarco Polo Hostel

현대적인 느낌을 주는 대형 호스텔로 방 종류도 다양하다. 지하에는 레스토랑 겸 바가 있으며 전화카드와 우표도 판다. 근처에 슈퍼마켓 · 레스토랑이 있어 편리하고, 메트로 한두 정류장 거리 안에 주요 관광명소들이 모여 있다.

주소 Nyár utca 6 전화 01 413 2555

홈페이지 www.marcopolohostel.com

요금 도미토리 €7.60~

가는 방법 M2호선 Blaha Lujza tér 역에서 도보 5분

Map P.313-C2

Blacksheep Budapest Hostel & Bar

ⓒBlacksheep Hostel

즐거움이 가득한 호스텔. 인터넷과 취사, 세탁시설 등을 갖추고 있고 조식이 요금에 포함돼 있다. 매달 마지막 주 목요일 밤에는 누구나 노래할 수 있는 가라오케의 밤이 열린다. 날짜가 맞는다면 여행의 스트레스도 풀고 다양한 국적의 친구들도 사귈 겸 도전해 보자.

주소 Akácfa utca 7 전화 030 682 4718 홈페이지 www.facebook.com/blacksheepbudapest 요금 도미토리 €13~ 가는 방법 M2호선 Blaha Lujza tér역에서 나와 마주 보이는 ibis 호텔을 지나서 도보 3분

Map P.312-A3

Shantee House

부다 지구의 한적한 주택가에 자리 잡은 호스텔. 히피스럽고 자유로운 분위기가 매력이다. 저녁에는 맥주 파티가 열려 시끄럽지만, 전 세계에서 온 젊은이들과 자연스럽게 어울리고 싶다면 이곳이 제격. 단, 방 배정에 남녀 구분이 없다. 정원에서 캠핑도 가능하다.

주소 Takács Menyhért u. 33 전화 01 385 8946
홈페이지 www.backpackbudapest.hu 요금 도미토리 4,600Ft~, 2인실 12,000Ft~ 가는 방법 켈레티 역에서 버스 7번 또는 107번(Bornemisssza tér 방향)을 타고 5번째 정류장 Karolina út 역에서 내린 뒤 철도 다리 밑으로 걸어가 Hamzsabégi út로 좌회전 후 오른편 Takács Menyhért ut의 3번 거리 오른편에 위치. 약 25분 소요

Map P.312-B2

Boomerang Hostel

시내 중심에서 약간 떨어져 있지만 메트로로 갈 수 있어 어려움은 없다. 방이 넓고 각 침대 간격이 널찍하게 배치되어 있어 답답하지 않다. 3박 이상 머물 경우 무료 세탁 서비스를 제공한다. 아파트 렌털도 가능하니 원하다면 문의해 보자.

©boomerang Hostel

주소 Bank utca 7, 1st floor
전화 030 479 2971
홈페이지 www.boomeranghostel.com
요금 4인 도미토리 비수기~성수기 €13~15
가는 방법 M3호선 Arany János utca 역에서 도보 5분

Map P.313-C2

Unity Hostel

새로 오픈한 호스텔. 당연히 모든 방과 시설은 깨끗하고 쾌적하다. 체계적인 관리 시스템으로 여행자들에게 좋은 평가를 받고 있다. 리셉션은 24시간 운영.

©Unity Hostel

주소 Király utca 60. 3rd floor. 전화 01 413 7377
홈페이지 www.unityhostel.com
요금 도미토리 €6.90~, 2인실 €14.90~(1인당)
가는 방법 M2호선 Blaha Lujza Tér 역에서 트램 4 · 6번(Moszkva tér 방향)을 타고 2번째 정류장 Kiály utca 하차 후 도보 5분. 뉴가티 역에서 트램 4 · 6번(Fehérvári út / Moéricz Zsigmond행)을 타고 2번째 정류장 Király utca 하차 후 도보 5분

Map P.313-C1

Carpe Noctem

모든 방이 깨끗하고, 인터넷과 취사 · 세탁 시설 등 편의시설이 완비되어 있다. 7박 이상 머무는 장기 투숙객에게는 2박을 무료로 제공한다.

©Carpe Noctem

주소 Szobi utca 5, 3/8a 전화 070 6700 384
홈페이지 carpenoctem.insta-hostel.com
요금 도미토리 8인실 3,400Ft~
가는 방법 뉴가티 역에서 도보 7분

Map P.313-B2

Pal's Hostel

아파트를 개조해 만든 호스텔로 헝가리의 아파트 문화를 살짝 엿볼 수 있다. 위치 및 청결 · 보안 · 직원의 친절 등 투숙객들 사이에 워낙 평이 좋아 예약을 하지 않으면 머물기 힘들다.

주소 Szent István tér 3(초인종 15번) 전화 030 524 2466
홈페이지 www.palshostel.com 요금 도미토리 €15~
가는 방법 M1호선 Bajcsy-Zsilinszky út 역에서 하차, 도보 10분

©Pal's Hostel

Special Column

뿌리치기 힘든 유혹, 부다페스트에서 즐기는 온천

온천에서 즐기는 체스

세계적으로 유명한 헝가리 온천의 역사는 고대 로마로 거슬러 올라간다. 목욕 문화에 익숙한 로마인은 곳곳에서 온천수가 뿜어 나오는 헝가리를 온천지로 개발했다. 온천은 16~17세기에 헝가리를 지배한 오스만투르크에 의해 더욱 발전했는데, 덕분에 지금도 전통 터키 목욕탕으로 운영하는 온천이 많다. 원래 온천은 치료 목적으로 이용되었는데, 물에 함유된 성분에 따라 그 효능도 다르다고 한다. 헝가리에는 전국적으로 450여 곳에 온천이 있으며 그 가운데 100여 군데가 부다페스트에 있다. 오늘날에는 수영장과 함께 운영하는 곳이 많아 치료는 물론 일종의 레저로 자리를 잡아가고 있다. 실제로 온천에서 데이트를 즐기는 연인이나 체스를 두는 시민의 모습을 흔히 볼 수 있다.
(※시즌별 운영시간 및 세부적인 가격 정보는 출발 전 각 온천의 홈페이지를 참조하자)
부다페스트 온천 홈페이지 www.spasbudapest.com

세체니 온천 Map P.313-D1
Széchenyi Fürdö

1931년에 문을 연 유럽 최대의 온천. 건물 외관이 네오바로크 양식의 멋진 궁전 같아서 온천이라고는 짐작도 할 수 없다. 지하 1,000m에서 뿜어 나오는 온천수로 유명하며 시민공원 안에 있어 가족을 동반한 현지인이 많이 온다. 건물 앞에 서 있는 동상은 이곳에서 지하 온천수를 끌어올린 인물, 빌모시 지그몬드다.
주소 XI V. Állatkerti krt. 9-11
전화 01 363 3210 홈페이지 www.szechenyibath.hu
영업 월~일 06:00~22:00(수영장), 06:00~19:00(온천)
시설 실내 온천 · 사우나, 야외 사우나 · 수영장
입장료 입장료 월~금(락커 포함) 5,500Ft, 토~일 5,700Ft
월~금(캐빈 포함) 6,000Ft, 토~일 6,200Ft
가는 방법 M1호선 Széchenyi Fürdö 역 하차

탁 트인 야외 온천

현지인처럼 온천을 즐기는 요령
❶온천 영업시간이 시즌별로 변경되므로 반드시 ⓘ에 들러 정보를 얻자. ❷온천뿐만 아니라 수영장 · 마사지 등 다양한 시설과 프로그램도 실시하고 있으니 시간을 넉넉하게 할애해 즐겨보자. ❸수영복 · 수건 · 세면도구, 거기에 책과 음료 · 간식 등을 준비하면 완벽! 없으면 다 돈이다. ❹매표 후 2시간 이내에 나오면 약간의 돈을 환불해 주는 게 일반적인데 입욕 준비나 나올 때 준비시간 등을 고려하면 실질적으로 1시간밖에 온천을 즐길 수 없으니 환불액에 연연하지 말도록. ❺티켓 구입→실내로 들어가 개인탈의실 안내받기→수영복으로 갈아입은 후 온천장으로 입장, 온천장으로 갈 때 필요한 게 있으면 방수용 가방에 넣어 들고 들어가자! 현지인들 다 그런다→느긋하게 온천과 사우나 즐기기→사우나가 지겨워지면 수영장에서 놀자. 마사지를 원한다면 탈의실 안내원에게 미리 예약해야 한다. 주의할 점은 수영장과 함께 운영하는 곳에서는 반드시 수영복을 입어야 하며 타월 · 비누 사용이 안 된다는 것. 또한 남탕의 경우 벌거벗고 활보하는 게 아니라 중요 부위(?)만 가리는 독특한 모양의 앞가리개를 하고 다니는 게 예의라는 것도 알아두자.

겔레르트 온천
Gellért Fürdö Map P.312-B3

부다페스트에서 가장 대표적인 온천. 겔레르트 언덕 기슭의 겔레르트 호텔에 있다. 1918년에 아르누보 양식으로 세운 가장 호화로운 온천으로 관광객이 많이 찾는다. 20세기 초 헝가리 아르누보의 선두주자 외된 레흐너의 작품이며, 전통 헝가리 양식을 모티프로 하여 근대적인 자재와 기술을 사용한 풀이 인상적이다. 실내에는 마사지 · 사우나 시설은 물론 남녀 온천탕이 완비돼 있다.

주소 XI. Kelenhegyi út. 4 전화 01 466 6166 홈페이지 www.gellertbath.hu 영업 06:00~20:00 시설 남녀 공용 터키탕, 사우나, 실내 · 실외 수영장, 테라스 등 입장료 월~금 (캐빈 포함) 6,300Ft, 토~일 6,500Ft, 월~금 (락커 포함) 5,900Ft, 토~일 6,100Ft 가는 방법 버스 7 · 7A · 86번 또는 트램 18 · 19 · 47 · 49번 이용. 트램 47 · 49번은 메트로 Deak Ferenctér 역 앞에서 탈 수 있다. 또는 메트로 4호선 Szent Gellért tér 역 하차 후 도보 5분

키라이 온천
Király Fürdö Map P.312-A1

헝가리어로 '왕'이라는 뜻의 키라이 온천은 1570년에 오스만투르크의 술탄(=왕)이 세운 터키식 온천이다. 현재 부다페스트에 남아 있는 가장 오래된 오스만투르크 시대 건물로 18세기 리모델링을 거쳐 지금과 같은 바로크 양식 외관을 갖추었다. 키라이 온천의 특징은 천장을 통해 들어오는 태양광을 조명으로 사용한 기술이다. 요일별로 남녀가 따로 이용하는 곳이니 가기 전에 반드시 확인해야 한다.

주소 II. Fő u. 84 전화 01 202 3688
홈페이지 www.kiralyfurdo.hu
영업 09:00~21:00
입장료 2,900Ft (14세 미만 어린이는 이용 불가, 부다페스트 카드는 20% 할인, 입장료에 포함된 보증금 1100Ft은 평일 오전 12시까지만 유효, 보증금은 현금만 가능.)
가는 방법 M2호선 Batthyány tér 역에서 도보 10분

루더시 온천
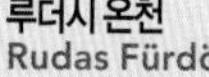
Rudas Fürdö Map P.312-B3

16세기, 부다 지구의 겔레르트 언덕에 문을 연 남성 전용 터키식 온천. '루더시' 외에 여러 이름으로 불리었는데, 그 가운데 '젊음'이라는 뜻의 라틴어 '유벤투스 Juventus'는 이곳에서 목욕을 하면 젊어진다는 전설에서 유래한다. 3개의 샘에서 흘러나오는 온천수와 미네랄워터가 유명하다. 여성은 수영장만 이용할 수 있다.

주소 I. Döbrentei tér 9
전화 01 356 1322
홈페이지 www.rudasfurdo.hu
영업 **수영장** 06:00~22:00, **사우나** 08:00~22:00, **온천** 06:00~20:00(남성 전용–월 · 수~금, 여성 전용–화, 남 · 여 공용–토~일), **야간온천** 금~토 22:00~04:00
입장료 **온천&수영장** 월~금 5,200Ft, 토~일 6,500Ft(락커 포함), **야간온천** 5,500Ft(14세 이하 온천 이용 불가) 가는 방법 버스 112 · 7 · 7A · 8 · 78 · 86번 또는 트램 18 · 19번 이용

도나우 강의 최고 경승지 도나우벤트

Dunakanyar

오스트리아와 슬로바키아를 지나 유유히 동진하던 도나우(다뉴브) 강은 헝가리 국경지대에 이르러 급커브(벤드)를 하면서 남쪽의 부다페스트로 물줄기를 돌린다. 도나우벤트는 바로 이 일대를 가리켜서 부르는 지명인데, 예부터 수려한 자연경관과 유서 깊은 도시가 많아 인기 있는 경승지로 손꼽힌다. 예술가들의 도시로 알려진 센텐드레, 요새도시 비셰그라드, 헝가리의 옛 수도 에스테르곰 등이 대표적인 곳이다.

부다페스트에서 출발하는 페리는 도나우벤트 지역을 오가는 가장 인기 있는 교통수단으로, 아름다운 풍경과 더불어 도나우 강 연안의 작고 예쁜 마을을 관광하는 데도 그만이다.

지명 이야기

다뉴브벤드 Danube Bend는 영어 표기, 헝가리어로는 도나우벤트 Dunakanyar!
다뉴브 Danube는 영어 표기, 헝가리어로는 두나 Duna, 체코어로는 두나이 Dunaj,
세르비아 · 불가리아어로는 두나브 Dunav, 루마니아어로는 두너레아 Dunărea라고 하지만
모두 라틴어 두나비우스 Dunavius에서 유래한다.

이런 사람 꼭 가자

헝가리 여행에서 부다페스트로 만족할 수 없다면
노랫가락이 저절로 나오는 아름다운 풍경에 목말라 있다면
타이트한 도시 관광에 지쳐 있다면

여행의 기술

도나우벤트는 예술가의 도시로 알려진 센텐드레, 중세시대에 지상낙원으로 칭송받은 비셰그라드, 헝가리의 기원이자, 가톨릭 교회의 총본산지인 에스테르곰 등 도나우 강변의 멋진 풍경과 유서 깊은 도시들을 감상할 수 있는 최고의 여행 코스다.

ACCESS 가는 방법

부다페스트와 도나우벤트의 세 도시(센텐드레, 비셰그라드, 에스테르곰)를 연결하는 교통수단이 다양하게 발달해 있다. 계절과 취향에 따라 선택하면 되는데, 이왕이면 골고루 이용해 보는 것도 또 하나의 재미가 된다. 특히, 5~9월에 운항하는 페리가 가장 인기있다. 단 시즌과 요일에 따라 운항 사정이 달라지므로 ⓘ에서 반드시 확인해 두자. 그밖에 정기적으로 운행하는 교외전차(HÉV) · 버스 · 열차 등은 시간과 편의에 따라 그때 그때 이용하면 된다. 어느 도시에 도착하든 다음 행선지로 가는 교통편을 미리 확인해 두는 게 안전하다.

시간이 없다면 여행사에서 주최하는 투어를 이용하면 편리하다. ⓘ에서도 예약할 수 있다. 투어에는 숙소까지 무료 픽업 서비스, 차량, 입장료 등이 포함된다.

• **CITYRAMA Travel Agency**

도나우벤트, 도나우 강, 발라톤 호수 등을 돌아보는 투어 전문 여행사. 5~9월이 가장 이상적이며, 겨울엔 날씨로 인해 투어가 불가능한 경우가 많다.

주소 Báthory utca 22

전화 01 302 4382 홈페이지 www.cityrama.hu

도나우벤트 투어 요금 €56~

주간이동 가능 도시

출발		도착	소요
부다페스트	▶▶	센텐드레	HÉV 40~45분
부다페스트	▶▶	비셰그라드	버스 1시간 15분
부다페스트 Nyugati pu	▶▶	에스테르곰	열차 1시간 30분

도나우벤트 완전 정복

master of Dunakanyar

도나우벤트 지역의 세 도시를 하루 만에 모두 돌아보는 것은 무리다. 당일치기로 다녀오려면 한 도시나 두 도시 정도를 묶어 돌아보자. 중세풍의 아름다운 풍경이 길 떠나 온 나그네의 마음까지 설레게 하는 센텐드레와 요새에 올라 도나우 강의 멋진 전경을 바라볼 수 있는 비셰그라드 또는 헝가리 가톨릭의 성지 에스테르곰과 비셰그라드 등 취향에 따라 고르면 된다.

혹시 세 도시를 하루 만에 모두 돌아보는 무모한 도전을 하고 싶다면 부지런히 발걸음을 옮겨보자. 제일 먼저 열차를 타고 에스테르곰으로 가서 헝가리 가톨릭의 총본산지인 대성당을 방문해 보자. 국경 너머 아름다운 슬로베니아까지 내다보려면 성당 지붕 위에는 반드시 올라가야 한다. 그런 다음 버스를 타고 비셰그라드로 이동한다. 서둘러 요새 정상까지 올라야 하는데 대중교통이 여의치 않다면 시간 절약을 위해 대절택시를 이용하는 것도 좋은 방법. 그리고나서 다시 버스를 타고 센텐드레로 가면 된다. 센텐드레는 예술의 향기가 감도는 예술가의 도시다. 석양 무렵에 센텐드레에 도착했다면 중앙광장에서 블라고베스텐슈카 교회까지 천천히 산책한 후 부다페스트로 가면 된다. 이와 반대 코스로 다녀와도 된다. 낮이 긴 여름에는 조금만 서두르면 그런 대로 하루 일정을 만족스럽게 보낼 수 있지만 겨울철에는 아쉽게도 불가능하다. 부다페스트와 센텐드레 구간 페리가 운항하는 시기에 여행한다면 꼭 이용해 보자.

센텐드레

Szentendre

부다페스트에서 20㎞ 떨어진 곳에 있는 예술가의 도시. 도나우벤트 지역에서 가장 사랑받는 곳이다. 13세기 오스만투르크의 침략을 피해 온 세르비아인이 이곳에 정착하면서 마을이 형성되었고, 17세기 말에 세르비아 상인들에 의해 발전을 거듭하여 독자적인 문화를 꽃피웠다. 오늘날 중세풍 도시에 매료된 젊은 예술가들이 이곳에 모여들면서 예술가의 도시로 탈바꿈했다.

ACCESS 가는 방법

부다페스트에서 당일치기 여행지로 가장 인기 있는 곳으로 교외전차(HÉV) · 버스 · 페리 등을 이용해 갈 수 있다. 교외전차가 가장 편리하고 페리는 5~9월만 운항한다. 어느 교통수단을 이용하든 각 정류장에서 구시가의 중앙광장 Fötér까지는 도보로 10~15분이면 갈 수 있다.

HÉV M2호선 Batthyány tér 역에서 30~45분

버스 M3호선 Árpád híd 역 Árpád híd 버스터미널에서 30분

페리 비거도 광장 Vigadó tér 앞 승선장에서 1시간 30분

교외전차 HÉV

MASTER 완전정복

크고 작은 미술관과 갤러리가 거리 곳곳에 자리잡고 있고 멋스런 카페와 레스토랑, 상점 등이 즐비하다. 관광은 언덕 위에 있는 가톨릭 교회 R.K. Plébánia Templom부터 시작하자. 중앙광장 Fötér에서 좁은 골목길을 따라 계속 올라가면 나온다. 교회 광장에서는 센텐드레의 동화 같은 풍경을 감상할 수 있다. 다시 중앙광장으로 내려와 그리스 정교회의 흔적이 남아 있는 블라고베스텐슈카 교회 BlagovesztenskaTemplom를 둘러보자.

그밖에 헝가리 인상파의 거장으로 불리는 페렌치 카로이 Ferenczy Károly의 작품을 전시하는 페렌치 미술관 Ferenczy Múzeum, 헝가리를 대표하는 여류 도예가 코바치 머르기트 박물관 Kovács Margit Múzeum, 33세에 요절한 헝가리 대표 초현실주의 화가 바이더 러요시 박물관 Vajda Lajos Múzeum 등이 가볼 만하다. 마을은 한나절 정도면 도보로 충분히 돌아볼 수 있지만 박물관까지 모두 돌아보려면 여유 있게 하루를 투자해야 한다.

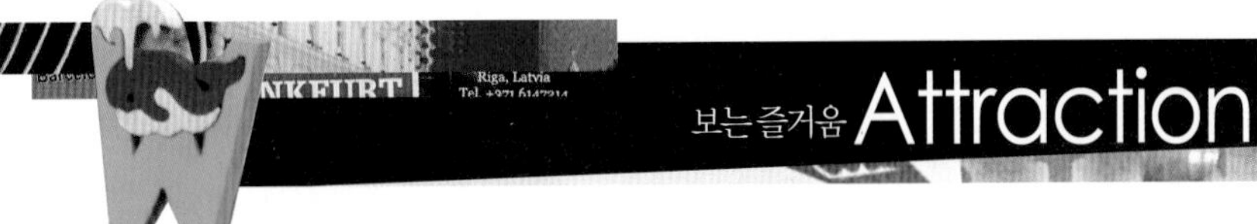

언덕 위의 가톨릭 교회
R.K. Plébánia Templom

언덕 위를 숨차게 올라가면 센텐드레에서 가장 오래된 건물이 나온다. 교회는 13세기에 처음으로 세워졌으나 16세기 오스만투르크의 공격을 받아 훼손되고, 그후 18세기 바로크 양식으로 재건축되었다. 입구 왼쪽에 있는 돌출된 쇠말뚝은 실제로 중세시대에 사용한 해시계의 일부분이며, 내부의 호화로운 제단은 1700년대 만든 것으로 국보급이다. 멋진 전망대 구실을 하는 교회 앞마당은 고색이 창연한 시내 풍경을 감상하기에 좋다. 해마다 여름철 주말에는 교회 앞마당에서 작은 벼룩시장이 선다.

운영 10:00~16:00

블라고베스텐슈카 교회
Blagovesztenska Templom

중앙광장의 상징으로 도나우 강 쪽에 서 있는 타워가 멀리서도 눈에 띈다. 1752~1754년 건축가 안드라슈 마미어호퍼가 세운 아름다운 바로크 양식의 세르비아 정교회다. 옛날에는 남녀 구별이 아주 엄격하여 교회의 출입문이 두 곳으로 나뉘어 있었다고 한다. 하지만 지금은 하나만 사용한다. 입구 위에 그려진 프레스코화는 황제 콘스탄틴과 그리스도의 십자가를 가진 그의 어머니 헬레나가 그려져 있고, 내부의 벽에 그려진 성화는 세르비안 예술가 Michael Zéivkovicé의 작품이다.

주소 Fő tér 5 **전화** 026 314 457 **운영** 3~11월 10:00~17:00 **휴무** 월요일, 12~2월 **입장료** 300Ft

코바치 머르기트 박물관
Kovács Margit Múzeum

바로크 양식의 건물은 18세기에 소금을 만들던 집이었으나 지금은 헝가리를 대표하는 여류 도예가 코바치 머르기트(1902~1977)의 박물관으로 사용하고 있다. 10개의 방에 전시되어 있는 그녀의 작품은 전통 요소에 현대적인 옷을 입힌 도자기 작품이 주류를 이룬다. 소박한 헝가리인의 얼굴과 정서가 그대로 묻어나는 그녀의 작품을 돌아보고 나면 어느새 그녀의 팬이 되고 만다.

주소 Vastagh György u. 1

홈페이지 www.muzeumicentrum.hu

운영 4~9월 10:00~18:00(그 외 ~17:00)

입장료 일반 1,700Ft, 학생 800Ft

언덕 위의 가톨릭 교회
멀리서도 보이는 교회
블라고베스텐슈카 교회
코바치 머르기트 박물관

비셰그라드

Visegrád

'높은 성'이라는 뜻의 비셰그라드는 도시 전체가 산에 둘러싸여 있고, 산 정상에는 13세기에 축성한 요새가 있다. 15세기 헝가리 르네상스 시대에는 화려한 전성기를 누리며 '지상낙원'으로 불리었지만, 오스만투르크의 침략으로 도시는 전설 속에 묻히고 말았다.

비셰그라드 여행정보 www.visegrad.hu

ACCESS 가는 방법

부다페스트에서 45㎞ 정도 떨어져 있으며, 센테드레와 에스테르곰 사이에 있어 두 도시에서도 쉽게 갈 수 있다.

열차 부다페스트 뉴가티 역에서 50분. 도착 후 배를 타고 강을 건너야 한다. **버스** M3호선 Árpád híd 역 Árpád híd 버스터미널에서 에스테르곰행 버스로 1시간 20분
센텐드레 교외전차 HÉV 역 앞에서 에스테르곰행 1번 버스로 40분 **페리** 비거도 광장 Vigadó tér 앞 승선장에서 에스테르곰행 페리로 3시간 20분

MASTER 완전정복

번영했던 시절의 흔적은 아직도 발굴 중인 옛 왕궁 터와 요새뿐이다. 현재 이 요새는 유유히 흐르는 도나우 강의 절경을 관망할 수 있는 명당자리로 손꼽힌다. 고속도로변에 있는 이 작은 마을에는 특별히 볼 만한 것은 없지만 요새에서 바라보는 파노라마 같은 전경은 이곳을 찾은 보람을 충분히 느끼게 한다.

센텐드레나 에스테르곰을 관광한 후 들러보는 것이 좋다. 마을에서 왕궁과 요새로 운행하는 버스는 성수기에만 이용할 수 있으니 비수기에 이곳에 왔다면 택시를 이용하자. 예약은 여행사나 마을의 호텔 프런트 등에서 요청할 수 있다.

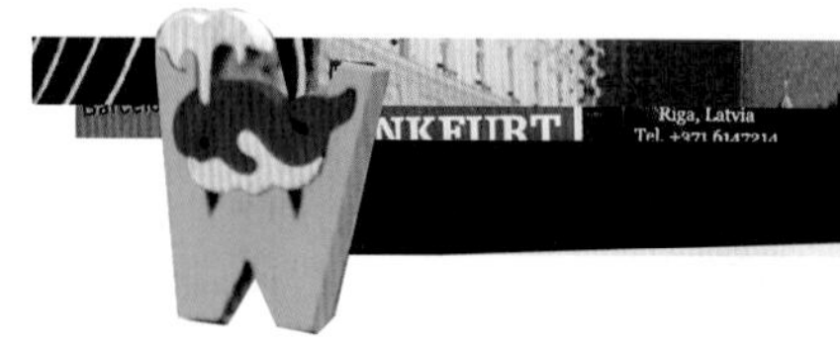

보는 즐거움 Attraction

옛 왕궁터

Királyi Palota

1316년, 카를 1세는 그의 모든 행정직을 비셰그라드로 옮길 것을 명하고 왕궁을 짓기 시작했다. 100여 년 후 비셰그라드는 헝가리 초기 르네상스 양식의 예술과 문화의 중심지로 발전했으며, 마차시 왕은 왕비 베아트리스를 위해 이탈리아 예술가들을 불러들여 왕궁을 새롭게 재건축했다. 다이닝룸의 화려한 천장과 금박을 입힌 기둥들, 대형 대리석 샘이 있는 방과 멋진 무도회장, 견고하게 만든 보물의 방과 정원에 마련된 넓은 회의실 등은 당시의 황홀한 궁중생활을 여실하게 보여준다. 그러나 오스만투르크의 공격으로 이 모든 것이 지하로 사라져 버렸고, 세월에 묻혀 역사 속에서도 잊혀져 갔다. 그러다 1934년에 야노스 슐레크 János Schulek가 왕궁의 일부와 대리석으로 만든 사자 분수 등을 발견한 후, 현재 박물관 Mátyás Király Múzeum으로 사용 중이다.

홈페이지 visegradmuzeum.hu **운영** 10:00~16:00 **휴무** 월요일 **요금** 일반 900Ft~(프로그램에 따라 요금이 다름)

요새
Fellegvár

비셰그라드를 상징하는 높이 315m의 산 정상에 있는 요새. 언제나 위풍당당한 모습으로 도나우 강을 내려다보고 있는 요새는 1250년 벨러 4세가 축성한 것으로, 그후 마차시 왕 시대를 거치면서 정치적으로도 중요한 구실을 하였다. 오스만투르크와 벌인 전쟁에서는 반복되는 포위와 공격에도 살아남았지만, 1702년 라코치 Rákóczi가 합스부르크 가에 대항해 반란을 일으키자 합스부르크 제국은 이에 대한 응징으로 요새를 파괴해 결국 폐허가 되었다.

지금은 새단장을 마치고 박물관으로 오픈해 도나우벤트의 새로운 명승지로 인기를 얻고 있다. 요새 내부에는 전쟁 당시의 상황을 그린 그림이나 왕의 휘장 등을 전시하고 있다. 가파른 계단을 올라 동쪽 탑에 오르면 도나우 계곡의 절경을 감상할 수 있다.

요새 탑에 올라 내려다보는 풍경

운영 11~2월 10:00~16:00, 3 · 4 · 10월 09:00~17:00, 5~9월 09:00~18:00 **입장료** 일반 1,700Ft, 학생 850Ft
가는 방법 산 정상에 있는 요새까지 도보로 1시간 이상 걸린다. 여름에는 마을에서 요새까지 버스가 다니지만 운행시간이 불규칙하다. 교통수단이 여의치 않다면 대절택시를 이용해 보자. 왕복요금으로 흥정은 필수! 요새를 관람하는 동안 운전사는 주차장에서 대기하고 있다.
택시 요금 왕복 3,000~4,000Ft(흥정 가능), 편도 2,000Ft

에스테르곰
Esztergom

도나우 강을 사이에 두고 슬로바키아와 국경을 맞대고 있는 에스테르곰은 10세기 마자르족인 게조 대공이 이곳에 왕궁을 세운 이래 13세기까지 헝가리의 수도였다. 또 그의 아들 이슈트반 1세는 헝가리 최초의 기독교 왕으로 기독교 문화를 꽃피웠다. 이때부터 에스테르곰은 대주교 교구가 되었으며 오늘날에도 헝가리 가톨릭 교회의 총본산지다.
에스테르곰 여행정보 www.esztergom.hu

ACCESS 가는 방법

부다페스트에서 66㎞ 정도 떨어져 있으며, 버스 · 열차 · 페리를 이용한다. 그중 버스가 가장 빠르고 편리하다.
열차 부다페스트 뉴가티 역에서 출발 솔리마르 Solymar에서 환승. 1시간 44분

버스 M3호선 Árpád híd 역 Árpád híd 버스터미널에서 1시간 30분
페리 비거도 광장 Vigadó tér 앞 승선장에서 에스테르곰행 페리로 3~5시간

MASTER 완전정복

언덕에 자리잡고 있는 대성당 Föszékesegyház은 그 규모가 중부 유럽 최대이다. 에스테르곰은 헝가리 역사에서 매우 중요한 의미를 담고 있는 곳이지만 아직 관광지로 개발되지 않아 시골 정서가 역력하다.
역에서 시내까지는 2㎞ 정도 떨어져 있으며 1 · 5번 버스를 타면 대성당 앞까지 갈 수 있다. 관광은 언덕 위에 있는 대성당을 시작으로 내리막길을 따라 시청사가 있는 세체니 광장 Széchenyi tér까지 천천히 걸어오면서 시내를 돌아보면 된다.

대성당
Szent Adalbert Foszékesegyház

언덕 위에 위엄 있는 모습으로 시내를 내려다보고 있는 대성당은 에스테르곰 관광의 하이라이트다. 지금의 모습은 오스만투르크에 의해 파괴된 건물을 1869년에 신고전주의 양식으로 재건축한 것이다. 로마 바티칸의 성 베드로 대성당을 모델로 하여 지었으며 헝가리에서 최대 규모이자, 유럽에서 세 번째로 큰 성당으로 유명하다. 너비 48m, 길이 118m, 중앙의 돔은 높이 102m에 코린트식 기둥 22개가 떠받치고 있다. 중앙의 제단화는 이탈리아 화가 그레고레티의 작품 「성모승천」으로 세계 최대 크기를 자랑한다. 성당의 봉헌식에는 프란츠 리스트가 특별히 작곡한 미사곡이 연주됐는데 리스트는 이 미사곡의 첫 공연을 직접 지휘하기도 했다.

전망대가 있는 성당 지붕에도 올라가 보자. 도나우벤트에 흐르는 도나우 강의 수려한 풍경이 그림같이 펼쳐진다.

주소 Szent István tér 1

홈페이지 www.bazilika-esztergom.hu

운영 성당 1~2 · 10/27~12월 08:00~16:00, 3/2~3/24 08:00~17:00, 3/25~4/28 · 9/2~10/26 08:00~18:00 지하 예배당 1~2 · 10/27~12월 09:00~16:00, 3/2~4/28 · 9/2~10/26 09:00~17:00, 4/29~9/1 09:00~18:00 입장료 성당 무료, 지하 예배당 300Ft, 콤비티켓 1,500Ft

바코치 예배당
Bakócz Kápolna

16세기 초에 건설된 것으로 대성당의 다른 공간보다 역사가 길다. 붉은 대리석 벽이 유달리 아름답다. 특이한 점은 오스만투르크와의 전투 당시 떼어낸 1,600개의 돌조각을 성당 재건과정에서 다시 하나하나 지금의 자리에 조립해 넣었다고 한다. 또한 헝가리에 남은 유일한 르네상스 시대의 유적이니 눈여겨보자.

타워 입장료 700Ft

운영 09:30~17:00

보물관
Kincstár

성당 오른쪽에 있다. 이슈트반 · 겔레르트 · 라슬로 등 헝가리를 대표하는 성인의 뼈가 안치되어 있으며 역대 왕과 종교 관련 보물 300여 점을 소장하고 있다. 그 중에서도 왕의 대관식 때 사용한 선서용 십자가 '마차시 코르비누스 Matthias Corvinus의 십자가'는 놓치지 말고 보자. 마차시 코르비누스(마차시 1세)는 15세기 헝가리 르네상스 시대를 이끈 위대한 군주이자 유럽에서도 가장 뛰어난 군주로 알려져 있다. 코르비누스 Corvinus는 라틴어로 '갈까마귀'를 뜻하며, 머리 좋고 적응력이 뛰어난 새를 대표한다.

이 십자가는 1000년 헝가리 최초의 기독교 왕인 이슈트반부터 1948년 마지막 왕인 카로이 4세까지 사용해 온 '이슈트반의 왕관'의 비뚤어진 십자가의 원조이다.

그밖에 종교박물관 Keresztény Múzeum에는 9~19세기에 이르는 역대 대주교의 의복, 성 유물, 십자가 등 종교 관련 예술품을 전시한다.

운영 3/25~4/28 · 9/2~10/26 09:00~17:00, 4/29~9/1 09:00~18:00, 10/27~1/5 09:00~16:00

입장료 일반 900Ft, 학생 450Ft

Romania 루마니아

루마니아, 알고 가자

1 National Profile

국가 기초 정보

정식 국명 루마니아 Romania **수도** 부쿠레슈티
면적 23만 8,391㎢ (한반도의 1.1배) **인구** 약 2,160만 명 **인종** 라틴계 루마니아인
정치체제 공화제 (대통령 클라우스 요하니스 Klaus Iohannis)
종교 루마니아 정교 86.7%, 가톨릭 4.7%, 신교 3.2%, 기타 **공용어** 루마니아어
통화 레우 Leu, 복수형 Lei(론 Ron), 보조통화 반 Ban, 복수형 Bani (1Ron=100Bani)
지폐 5 · 10 · 50 · 100 · 200 · 500 Ron / 동전 1Ban, 10 · 50 Bani / 1Ron≒270원 (2019년 3월 기준)

2 Orientation

현지 오리엔테이션

추천 웹사이트 루마니아 관광청 www.turism.ro, 루마니아 한인회 ro.korean.net
국가번호 40
비자 무비자로 90일간 체류 가능
시차 우리나라보다 7시간 느리다(서머타임기간에는 6시간 느리다).
전압 220V, 50Hz (콘센트 모양이 우리나라와 동일)
전화

> **국내전화** 이용방법은 우리나라와 같다. 시내통화는 전화번호만, 시외통화는 0을 포함한 지역번호와 번호를 누르면 된다.
> • 시내전화 : 예) 부쿠레슈티 시내 123 4567
> • 시외전화 : 예) 부쿠레슈티→브라쇼브 0268-123 4567

지역 정보

우크라이나 · 몰도바 · 헝가리 · 세르비아-몬테네그로 · 불가리아와 국경을 맞대고 있고 동쪽은 흑해와 면해 있다. 국토의 북서에서 남동방향으로 'ㄱ'자로 카르파티아산맥이 지나 산악지역과 평야지역으로 나뉜다. 루마니아는 크게 트란실바니아 · 왈라키아 · 몰다비아지방으로 나뉘는데 트란실바니아는 헝가리와 가장 잦은 영토분쟁 지역이다. 오늘날 트란실바니아에는 로마인의 후예 루마니아인보다 헝가리 · 독일계 루마니아인이 더 많이 산다. 언어도 헝가리어와 독일어를 쓴다.

여행시기와 기후

국토의 대부분이 사계절이 뚜렷한 대륙성 기후이지만 여름과 겨울은 각각 5개월 정도로 긴 편이다. 여름은 30도를 웃돌아 매우 덥고 겨울은 매우 춥다. 특히 트란실바니아 지방은 -20℃까지 내려간다.

여행하기 좋은 계절 4~10월. 가을이 여행하는 데 가장 쾌적하다.
여행 패션코드 브라쇼브가 있는 트란실바니아 지역은 산악지역에 위치해 겨울이 매우 춥다. 방한에 철저히 대비해야 한다.

치안 및 주의 사항

1. 집시가 많아 치안이 좋다고 할 순 없다. 소지품 관리에 특별히 주의해야 한다.
2. 택시의 바가지가 심해 현지인도 골머리를 앓고 있다. 반드시 콜택시를 이용하자. 상황에 따라 전화를 걸 수 없다면 고급호텔 리셉션에 들러 부탁하는 방법이 있다.
3. 사복 입은 가짜 경찰 행세를 하며 여행자에게 불법 환전 및 체류증 검사 등을 하는 경우가 있다. 시비가 붙지 않게 신중하게 대처하고 주변의 경찰이나 현지인에게 도움을 청하는 게 안전하다.
4. 루마니아 전역에 심각할 수준의 떠돌이 개가 산재해 있다. 개에게 물려 사망하거나 상해를 입은 사고가 빈번하니 매우 조심해야 한다.

긴급 연락처

경찰 ☎955 · 122 **구급차** ☎961

한국대사관

주소 Sky Tower Building S.R.L. Calea Floreasca 246C

전화 (021)230 7198

비상연락 723 540 233

예산 짜기

우리나라 물가에 비해 꽤 저렴한 편. 단 현지물가 대비 숙박비가 조금 비싼 편이다.

부쿠레슈티 1일 예산

숙박비 도미토리 €20~25

교통비 일일권 8Lei

3끼 식사 아침 3Lei(빵+차), 점심 피자 또는 스파게티 10Lei, 저녁 현지 레스토랑 25Lei

입장료 26Lei

기타 엽서, 물 등 10Lei

1일 경비 =〉 82Lei + €25 ≒ 5만 4,140원(2019년 3월 기준)

영업시간

관공서 월~금 08:00~16:00

은행 월~금 09:00~17:00, 토 09:00~12:00

상점 월~금 09:00~18:00, 토 09:00~12:00

레스토랑 11:30~24:00

우체국 월~금 07:00~20:00

현지 교통 따라잡기

비행기(P.622 참고)

우리나라에서 출발하는 직항편은 없어 유럽계 항공사를 이용해야 한다. 저가항공은 다른 서유럽의 수도에 비해 운항회사와 편수가 많지 않으나 이탈리아 · 프랑스 · 스페인 순으로 많다.

한국↔루마니아 취항항공사 : KL, AF, LH, BA, SK, OS, AZ 등

유럽↔루마니아 저가항공사 : SkyEurope, Wizziar, Myair, onair, Blueair 등

열차

열차는 서유럽에 비해 낙후돼 있지만 이용할 만하다. 단, 열차 종류에 따라 도착역과 운행 시간의 차이가 심하니 반드시 특급열차를 이용하자. 열차 종류는 IC, 특급 Rapid, 급행 Accelerat, 보통 페르소아네 Persoane 등이 있다. 티켓 구입은 당일표는 열차 출발 1시간 전에 구입할 수 있고 예약은 국영철도 C.F.R 지점이나 여행사 등을 통해 구입할 수 있다. 관광객이 많이 이용하는 주요도시의 기차역은 늘 집시나 소매치기 등이 모여 있으니 소지품 관리에 특별히 주의해야 한다. 현재 유레일패스 통용국이다.

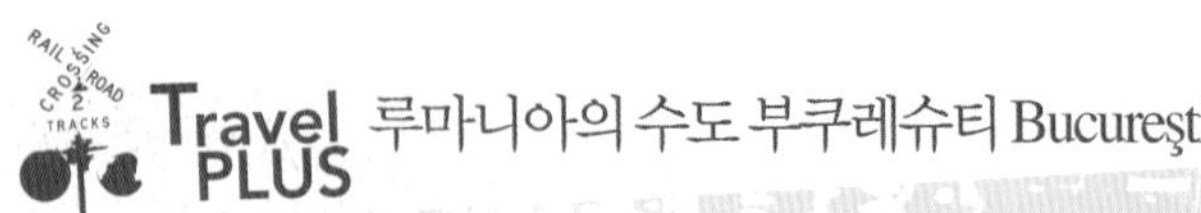

Travel PLUS 루마니아의 수도 부쿠레슈티 Bucureşti

도나우 강과 카르파티아 산맥 사이에 있는 부쿠레슈티 Bucureşti. 한때 '동유럽의 파리'로 불릴 만큼 아름다웠던 도시다. 시내 중심에 딤보비차 강이 흐르는 이곳은 17세기에는 루마니아 공국, 19세기 통일 루마니아 왕국의 수도로 오늘날까지 루마니아 정치 · 경제 · 문화의 중심지로 발달해 왔다. 우리에게는 1989년 12월 시민혁명으로 독재자 체아우셰스쿠를 처형하는 장면으로 기억되는 곳이기도 하다.

관광지로 인기 있는 곳은 아니지만 하루 정도 머물게 된다면 로므너 광장에서부터 대학광장, 통일광장으로 이어지는 일직선으로 난 길 주변으로 주요 관광명소들이 모여 있으니 천천히 걸어서 돌아보면 된다. 시내 관광의 하이라이트는 통일광장 주변의 구시가와 대주교교회, 인민궁전 등이다. 관광객을 위한 저렴한 숙소와 전통 레스토랑 등도 이 일대에 모여 있다.

가는 방법

비행기

우리나라에서 출발하는 직항편이 없어 경유해야 하는 유럽계 항공사를 이용해야 한다. 오토페니 헨리 코안더 국제공항은 부쿠레슈티의 메인 공항으로 시내에서 17㎞ 떨어져 있다. 공항에서 시내까지는 버스 RATB CITY 783번 버스가 가장 편리하며 공항에서 최고 번화가인 통일광장까지 운행한다. 티켓은 입국장 안에 있는 RATB 버스 티켓 부스나 운전사에게 직접 구입하면 된다(1시간 소요, 요금 7Lei). 바네사 국제공항은 시내에서 9㎞ 떨어져 있으며 주로 저가 항공사가 취항한다. 공항에서 시내까지는 일반버스 131, 335번 버스를 이용하는 게 편리하다(30분 소요, 요금 1.50Lei). 택시는 바가지가 너무 심해 공항택시나 콜택시를 이용하는 게 안전하다.

철도

부쿠레슈티는 발칸 반도에 있으면서 동유럽과 지중해 국가를 잇는 교통의 요충지다. 부다페스트, 소피아, 이스탄불 구간은 직통 야간열차가 있어 편리하다. 열차는 모두 중앙역 역할을 하는 북역에서 발착하며 루마니아 최대 관광도시인 브라쇼브, 시기쇼아라, 시나이아 등 모두 이곳에서 발착한다. 시내까지는 지하에 연결된 메트로 3호선을 이용하면 편리하다.

시내교통

메트로, 버스, 트램, 트롤리버스 등 다양한 교통수단이 발달해 있지만 주요 관광명소로 운행되는 메트로가 가장 편리한 교통수단이다. 메트로는 빨간색 1호선, 파란색 2호선, 오렌지색의 3호선, 초록색의 4호선이 있으며 2호선이 주요 관광명소와 연결된 황금노선이다.

트란실바니아의 중세도시 브라쇼브

Brașov

13세기에 독일 이주민이 건설한 브라쇼브는 몰다비아 · 왈라키아 · 트란실바니아 세 지방을 잇는 교통 · 상업의 중심지다. 지리적인 특수성으로 인해 오랫동안 헝가리와 루마니아 사이에서 분쟁의 씨앗이 되었으며, 제1차 세계대전이 종결된 후 루마니아 땅이 되었다. 민족 구성도 루마니아인 50%, 헝가리아인 25%, 독일인 12%로 이루어져 세 나라의 문화가 혼재되어 있다.

브라쇼브는 고 체아우셰스쿠에 의해 파괴된 부쿠레슈티와는 대조적으로 중세시대의 건물과 거리 등이 잘 보존되어 있다. 특히 근교에는 '드라큘라의 성'으로 알려진 브란 성과 드라큘라 생가가 있는 시기쇼아라가 있어 해마다 전 세계에서 몰려드는 관광객으로 북새통을 이룬다. 또 남카르파티아 산맥의 깊은 산 속에 자리잡고 있어서 여름에는 하이킹, 겨울에는 스키 등을 즐길 수 있는 인기 휴양지이기도 하다.

이런 사람 꼭 가자

트란실바니아 지방의 중세풍 마을을 감상하고 싶다면
드라큘라와 관련된 테마여행을 계획했다면

INFORMATION 인포메이션

유용한 홈페이지

브라쇼브 관광청 www.brasovcity.ro, www.brasov.ro

관광안내소

• **중앙** ⓘ Centrul de Informare Turistică (Map P.355-B1)

관광안내, 숙소 · 투어 예약업무를 한다. 무료 지도도 얻을 수 있지만 복사본이어서 작은 골목 등을 찾아갈 때는 알아보는 데 어려움이 있다. 지도는 서점에서 구입하는 게 좋다(13Lei~).

주소 Piaţa Sfatului, nr. 1(스파툴루이 광장)

전화 0268 419 078 홈페이지 www.brasovtourism.eu

운영 09:30~17:30

환전

구시가 광장 주변에 환전소가 여러 군데 있다. 환율과 수수료 등을 확인하고 환전하면 된다. 작은 소액권이라도 반드시 여권을 보여줘야 한다.

ACCESS 가는 방법

빈 · 부다페스트 · 부쿠레슈티에서 브라쇼브로 가는 열차가 운행되고 있다. 부쿠레슈티를 제외한 빈과 부다페스트 구간은 야간열차를 이용하면 편리하다. 또한 시기쇼아라 · 티미쇼아라 · 아라드 · 시나이아 등을 오가는 열차편도 빈번하다. 브라쇼브 중앙역은 규모가 작은 2층 건물로 2층 플랫폼에 도착 후 1층으로 내려가면 바로 중앙홀과 연결된다. 중앙홀에는 매표소 · 카페 · 기념품점 등이 있으며 사설 호스텔에서 운영하는 ⓘ도 있다. 플랫폼에 내리면 호텔이나 호스텔에서 나온 호객꾼과 쉽게 만날 수 있는데 대부분의 관광정보는 그들에게 얻을 수 있다.

역 주변에는 집시 · 소매치기 등이 많은 편이니 소지품 관리에 주의해야 한다. 어린 집시들이 구걸을 하며 따라다니는 당황스런 상황에 부딪칠 수도 있다. 역에서 구시가까지는 약 3㎞ 떨어져 있어 버스를 이용하는 게 편리하다. 역 앞에서 4번 버스를 타고 전화국 Telefoane 앞에서 내리면 된다. 약 10분 소요. 정류장에서 스파툴루이 광장 Piaţa Sfatului까지는 도

주간이동 가능 도시

출발		도착	소요
브라쇼브	▶▶	브란 성	버스 45분
브라쇼브	▶▶	시기쇼아라	열차 2시간 30분~3시간
브라쇼브	▶▶	시나이아	열차 1시간~1시간 30분
브라쇼브	▶▶	부쿠레슈티 Nord	열차 2시간 40분
브라쇼브	▶▶	시비우	열차 2시간 55분~4시간 5분

야간이동 가능 도시

출발		도착	소요
브라쇼브	▶▶	부다페스트 Keleti pu	열차 13시간 31분
브라쇼브	▶▶	빈 Hbf	열차 16시간 44분

※현지 사정에 따라 열차 운행시간 변동이 크니, 반드시 그때그때 확인할 것

보로 5분 거리다. 역에서 구시가까지 도보로 30~40분 정도 걸린다.

• 대중교통

운행 05:00~23:30 요금 1회권 2Lei

검표가 매우 심하고, 관광객이 많이 이용하는 버스에는 소매치기가 많다. 웬만큼 큰 정류장이 아니면 매표소가 없으므로 신문가판대 Kiosk에서 티켓을 필요한 만큼 미리 사 두는 게 안심이다.

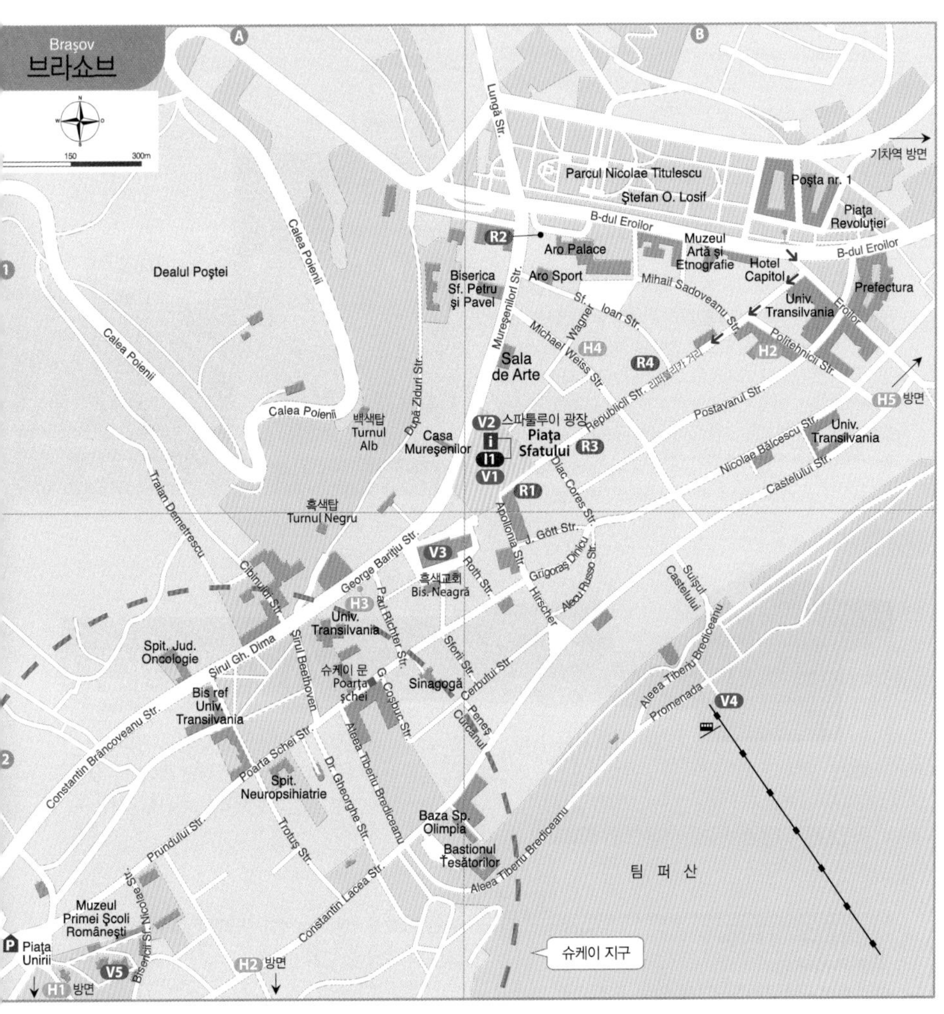

여행의 기술

I1 중앙 ⓘ Centrul de Informare Turistică B1

보는 즐거움

V1 스파툴루이 광장 Piaţa Sfatului B1

V2 역사박물관 Muzeul de Istorie B1

V3 흑색교회 Orga Bisericii Negre A2

V4 팀퍼 산 케이블카 Telecabina Tâmpa B2

V5 성 니콜라에 교회 Biserica Sfintul Nicolae A2

먹는 즐거움

R1 Cerbul Carpaţin B1

R2 Sergiana B1

R3 Mado B1

R4 La Republique B1

쉬는 즐거움

H1 Kismet Dao Villa A2

H2 Rolling Stone Hostel A2

H3 Hostel Boemia A2

H4 Jugendstube B1

H5 Budget Guest House B1

← 구시가 방향

브라쇼브 완전 정복

master of Braşov

루마니아 최고의 관광도시 브라쇼브는 브라쇼브 대학이 있어 문화와 교육의 중심지이기도 하다. 15세기 오스만투르크의 침략에 대비하여 요새화한 도시 풍경이 오늘날까지 그대로 보존되고 있다. 브라쇼브 관광의 중심은 스파툴루이 광장 Piaţa Sfatului. 광장 주변에 볼거리들이 모여 있어 한나절 정도면 충분히 돌아볼 수 있다. 낭만적이고 평화로워 보이는 구시가는 지도 없이 발길 닿는 대로 돌아다니는 것이 가장 멋지게 즐기는 방법이다. 특히, 팀퍼 산과 흑색탑 · 백색탑 등에서는 아름다운 시내 풍경을 여러 각도로 감상할 수 있으니 꼭 올라가 보자.

브라쇼브 관광의 하이라이트는 뭐니 뭐니 해도 근교에 있는 브란 성과 시기쇼아라 관광이다. 하지만 두 곳을 하루 만에 모두 섭렵할 수 없으므로 하루는 브란 성과 브라쇼브 구시가, 하루는 시기쇼아라를 여행하면 된다. 시간이 넉넉한 여정이라면 여유 있게 3일을 머무는 것도 좋다. 레스토랑과 쇼핑가가 형성된 곳은 스파툴루이 광장과 광장에서부터 이어지는 레푸블리키 거리 Str. Republicii다. 보행자 전용도로인 이곳은 늘 현지인과 관광객으로 북적거린다.

★Best Course

• **랜드마크** 스파툴루이 광장

스파툴루이 광장 & 역사박물관 → 흑색교회 → 팀퍼 산 → 슈케이 지구 & 성 니콜라에 교회 → 흑색탑 & 백색탑

• **예상 소요 시간** 한나절

보는 즐거움 Attraction

시장통처럼 북적거리는 역을 빠져 나와 구시가로 가면 신기할 정도로 평화로워 보이는 경치가 펼쳐진다. 관광 유치의 일환으로 산뜻하게 정돈된 스파툴루이 광장을 조금만 벗어나면 옛 모습을 그대로 간직하고 있는 소박한 골목길이 나타난다. 파스텔톤의 예쁜 집과 어울리는 차라도 주차되어 있다면 그림엽서 같은 사진 한 장 찍어보자.

• 핫스폿

스파툴루이 광장 Piaţa Sfatului

Map P.355-B1

브라쇼브 구시가 중심부에 있는 광장으로 13세기 도시 건설과 역사를 함께해 온 곳이다. 광장 중앙에는 구시청사 Casa Sfatului(현재 역사박물관) 건물이 있으며 광장 주변에는 레스토랑 · 기념품점 · 카페 등이 있다. 조약돌이 깔려 있는 광장에서는 겨울을 제외한 나머지 계절에 거리 예술인의 연주회와 노래 · 퍼포먼스 등을 감상할 수 있다.

가는 방법 중앙역에서 4번 버스를 타고 Livada Postei 정류장 하차 후 도보 6분

역사박물관
Muzeul de Istorie

Map P.355-B1

1420년에 트란실바니아 지방의 르네상스 양식으로 지은 건물로 18세기까지 시청사로 사용되었다. 지금은 조각 · 그림 · 공예 · 골동품 등 트란실바니아 지방의 역사 유물 8,000여 점을 전시하는 역사박물관으로 쓰고 있다.

운영 여름 화~일 10:00~18:00, 겨울 화~일 09:00~17:00 휴무 월요일 입장료 일반 7Lei, 학생 4Lei

흑색교회
Orga Bisericii Negre

Map P.355-A2

1383~1477년에 세운 전형적인 독일풍 고딕 양식 흑색교회는 브라쇼브의 상징적인 건축물이다. 1689년 오스트리아 합스부르크군 습격 때 발생한 화재로 교회 외관이 검게 그을린 후 '흑색교회'라고 불리게 되었다. 현재도 독일계 루마니아인이 예배를 드리고 있는데, 특이하게도 교회 바닥에 있는 나무문 사이로 동전을 던진 다음 소원을 비는 기도를 올린다.

교회 내부에는 15~18세기에 터키 등지에서 가져온 양탄자가 전시되어 있으며, 17~18세기에 수집한 119점의 중요한 문화재도 있다. 교회 탑 안에 설치된 종은 무게가 7톤으로 루마니아에서 가장 크다. 4,000여 개의 파이프와 74개의 음역, 4개의 건반으로 이루어진 파이프 오르간도 있다. 1891년부터 매년 7~8월에 오르간 연주회가 열린다.

주소 Curtea Johannes Honterus 2

홈페이지 www.honterusgemeinde.ro 운영 4~9월 화~토 10:00~19:00, 일 12:00~19:00 10~3월 화~토 10:00~16:00, 일 12:00~16:00 휴무 월요일

입장료 일반 10Lei, 학생 6Lei

• 한여름 오르간 콘서트

관람 6 · 9월 화요일, 7 · 8월 화 · 목 · 토요일 18:00

티켓 요금 12Lei

• 뷰 포인트

팀퍼 산 케이블카
Telecabina Tâmpa

Map P.355-B2

시내 남동쪽에 있는 팀퍼 산 정상까지 케이블카로 쉽게 오를 수 있다. 정상에서는 멋진 시내 전경을 감상할 수 있으며, 팀퍼 산 반대쪽으로 구시가를 둘러싼 성벽의 흔적이 보이고 흑색탑 Turnul Neagru과 백색탑 Turnul Alba이 간격을 두고 나란히 서 있는 모습이 인상적이다.

운행 화~일 09:30~17:00

휴무 월요일 요금 케이블카 편도 10Lei, 왕복 17Lei

가는 방법 스파툴루이 광장에서 도보 10분

슈케이 지구
Şchei

Map P.355-A2

13세기 초의 독일인들은 성벽을 쌓고 루마니아인의 입주를 막았다. 성벽 밖에 형성된 루마니아인의 거주지를 '슈케이'라고 불렀는데, 성의 안팎을 슈케이 문 Porţa Şchei으로 막아 출입을 엄격히 통제했다고 한다. 구시가에서 슈케이 문으로 통하는 포르차 슈케이 거리 Str. Porţa Şchei 한쪽에 브라쇼브에서 가장 좁은 거리 Stradă a Sforii가 있다. 긴 터널 같은 골목길을 걷고 있는 현지인을 만나게 되면 기념삼아 사진 한 장 찍어보도록 하자.

가는 방법 스파툴루이 광장에서 도보 20분

성 니콜라에 교회 Map P.355-A2

Biserica Sfântul Nicolae

슈케이 지구의 통일광장에 위치한 그리스 정교회. 1392년 목조건물이던 것을 1495년에 석조건물로 개축하고, 1739년에 확장공사를 거쳐 지금의 모습을 갖추게 되었다. 교회는 왈라키아 공국의 한 귀족인 네아고에 바사라브 Neagoe Basarab가 슈케이 지구에 살고 있는 루마니아인을 위해 지었다고 한다. 정문으로 들어가 왼쪽에 있는 건물은 브라쇼브 최초의 학교로 지금은 16세기 인쇄기와 서적을 전시한 박물관으로 쓰이고 있다.

운영 09:00~17:00

• **박물관**

홈페이지 sfnicolaeselari.ro/en 운영 08:00~19:30

휴무 월요일 입장료 일반 3Lei, 학생 2Lei

가는 방법 스파툴루이 광장에서 도보 20분

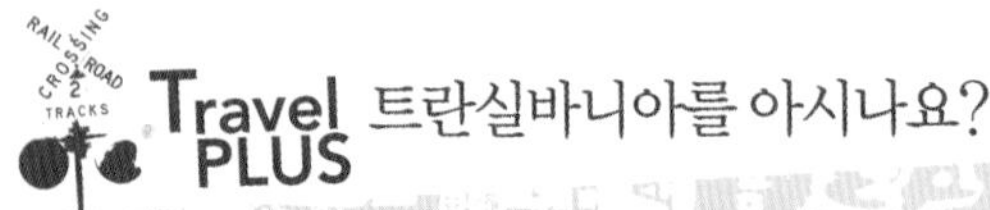

Travel PLUS 트란실바니아를 아시나요?

드라큘라를 주제로 한 수많은 영화와 소설을 읽다 보면 반드시 빠지지 않는 게 트란실바니아 Transilvania다. 2006년에 개봉한 프랑스 영화 중에는 〈트란실바니아〉라는 영화도 있다는 사실. 이쯤 되면 트란실바니아가 궁금하지 아니한가?

트란실바니아는 루마니아를 남북으로 가르는 카르파티아 산맥 서쪽에 위치한 산악 지대로 '숲 저편의 나라'라는 의미처럼 울창한 숲에 둘러싸여 있다. 왠지 신비롭게 느껴지는 이 지역은 그 역사도 독특하다. 중세시대부터 독일 상인(작센인)과 헝가리아인, 루마니아인이 함께 어울려 살았기 때문에 세 민족의 혼성문화가 자연스럽게 형성되었다. 하지만 소수에 불과한 독일인과 헝가리인이 지배층을 이루었으며, 따라서 오늘날 트란실바니아에는 그들이 남긴 문화유산이 주를 이룬다. 기원전 강력한 고대 다키아인이 트란실바니아에 왕국을 건설하고, 한때는 고대 로마 제국의 지배를 받았으며, 중세에는 영주들이 작은 공국을 세워 이곳을 지배했다. 언제나 분쟁의 소용돌이에 말려 있었기에 막강한 힘을 가진 드라큘라 영주의 존재는 너무나 당연했는지 모르겠다. 16세기부터 제1차 세계대전까지 약 300년 동안은 헝가리 영토였다가 전쟁이 끝나고 승전국인 루마니아로 반환되면서 지금의 국경이 정해졌다.

오늘날 트란실바니아 지방은 루마니아 중부와 서북부의 16개 주로 이루어져 있고, 유명한 도시로는 브라쇼브와 시기쇼아라 · 시비우 · 아라드 · 오라데아 등이 있다.

● 핫스폿

드라큘라 성으로 불리는 브란 성 *Castelul Bran*

브라쇼브 근교 여행

브란 성은 브라쇼브에서 남서쪽으로 32㎞ 떨어진 브란 마을에 있다. 1377년 브라쇼브 상인들이 중세기의 전형적인 건축양식으로 지은 것이다. 일명 '드라큘라 성'으로 불리지만 실제 주인공인 블라드 체페슈 3세 Vlad Ţepeaş III가 머문 적은 한 번도 없다. 단지 절벽 위에 음산하게 서 있는 성 분위기가 소설 속 드라큘라 백작(참고 P.360)의 이미지와 비슷해 지은 별명이다. 돌로 지은 성이라기보다는 요새처럼 느껴진다. 가이드 투어는 따로 없고 개인적으로 천천히 둘러보면 된다. 내부는 작고 볼품이 없으며 어둡고 음산하다. 하지만 드라큘라 백작의 마력에 이끌린 호기심 많은 방문객들로 언제나 붐빈다. 성에서 가장 높은 곳으로 올라가면 브란 마을의 녹음 짙은 시골 풍경을 감상할 수 있다. 브란 성의 감상 포인트는 자신만의 상상력 발휘다. 이 멀리까지 와서 시시하다는 생각으로 시간을 낭비하는 것보다 백배 낫다는 사실.

성으로 오르는 입구 옆에는 야외촌락박물관이 있다. 브란 성 입장권 하나로 관람이 가능하니 들러 보자. 매표소 앞은 드라큘라를 모티프로 한 다양한 기념품과 루마니아 민예품을 파는 노천시장이 열린다. 좀 유치해 보이지만 구경하는 재미가 쏠쏠하다.

홈페이지 www.bran-castle.com

운영 10~3월 월 12:00~16:00, 화~일 09:00~16:00
4~9월 월 12:00~18:00, 화~일 09:00~18:00

입장료 일반 40Lei, 학생 25Lei

가는 방법 구시가에서 12번 버스를 타고 버스터미널 Autogară 2에 하차, 10분 소요. 터미널 2번 플랫폼에서 브란 성으로 가는 버스가 출발한다. 티켓은 운전사에게서 직접 구입하면 된다(편도 요금 7Lei). 교통 사정에 따라 약 45분~1시간 소요

Say Say Say

드라큘라는 루마니아의 영웅이었다?

세계적으로 유명한 소설 『드라큘라』는 1897년 아일랜드의 작가 브람 스토커가 루마니아의 전설적인 영웅 블라드 체페슈 3세를 모델로 쓴 작품인데요. 블라드 체페슈 3세는 루마니아 역사상 오스만투르크군과 용감하게 싸운 전쟁 영웅이자 성군으로 용의 아들이라는 뜻의 '드라큘라 Dracula'라는 이름도 함께 사용했습니다.
그가 소설 속 주인공이 된 계기는 적의 포로나 범법자 등을 아주 잔인하게 처형했기 때문인데요. 한 예로 살아 있는 사람에게 뾰족하게 깎은 장대를 항문에서 입으로, 귀에서 귀로 관통시켰으며, 못박힌 큰 바퀴를 산 사람 위로 지나가게 해 온몸에 구멍을 내는 등 상상조차 하기 힘든 잔인한 방법을 서슴지 않았다고 합니다. 그는 물건을 훔치거나 게으른 사람, 거짓말을 하는 사람뿐만 아니라 본인에게 예의를 갖추지 않는 사람들도 잔인한 방법을 사용하여 극형에 처했다고 합니다. 당시 그의 잔인함은 루마니아뿐만 아니라 유럽 전역에 퍼지게 되었고, 마침내 세계적인 소설 『드라큘라』가 탄생하게 된 거죠.
드라큘라 백작은 1427년에 태어나 1476년 오스만투르크와의 전투에 참여했다가 전사했다고 합니다. 하지만 오늘날 그는 루마니아인들에게 '정직함의 절대적 상징'의 존재로 전해지고 있답니다. 현재 그의 무덤은 부쿠레슈티 인근 스나고브 지역 한 수도원에 있답니다. 루마니아 사람들은 드라큘라의 유령이 나와 고 체아우셰스쿠를 위협해 사형에 처하게 했다고 생각한답니다. 하지만 그에 대한 전설과 해석은 체아우셰스쿠가 국가를 통치하는 데도 영향을 끼친 게 아닌가 생각됩니다. 아래 소개된 그에 관한 부정적인 전설이 개인적으로 그렇게 믿게 만드네요. 역시 드라큘라에 대한 전설은 해석하기 나름인가 봅니다.

블라드 체페슈 영주에 대한 잔혹한 전설

• 영주가 말하는 '거지 없는 깨끗한 나라'란!?

체페슈 영주는 문테니아 공국을 통치할 당시 거지들과 집시들을 적대시했다고 합니다. 어느날 영주는 자신의 궁전에 모든 거지들과 방랑자들을 초대하여 이들이 실컷 먹을 수 있도록 음식과 술 그리고 입을 옷을 주었답니다. 그런 후 군사들에게 명하여 이들을 큰 방에 가두고 불에 태워 죽였다고 하네요. 이리하여 그의 공국은 거지가 없는 깨끗한 나라가 되었다고 합니다.

• 거짓을 꾸며내 극형에 처하다.

어느날 영주는 자신의 영토 내 모든 상인들에게 낮에 번 돈을 상점에 그대로 두고 가라고 명령했답니다. 그날 밤, 영주는 몇 개의 상점에 들어가 상인이 두고 간 돈을 다른 상점과 맞바꿔 놓았습니다. 다음날 영주는 상인들을 불러 그들이 상점에 두고 온 돈의 액수를 물었고, 액수가 맞지 않은 상점 주인은 거짓말을 했다는 이유로 항문에 커다란 꼬챙이를 찔러 극형에 처했다고 합니다.

• 로마에서는 로마법을 따르라!

터키의 술탄 모하메드 2세는 그의 외교사절을 영주의 공국에 보냈답니다. 루마니아 영주의 접견실로 들어온 터키 외교사절은 머리에 터번을 그대로 쓴 채 그들의 방식으로 인사를 했습니다. 그때 영주가 그들에게 왜 모자를 쓴 채 무례하게 인사를 하냐고 물었고, 그들은 이것은 우리나라에서 통치자를 위해 드리는 관례라고 답했답니다. 영주는 '너희들의 관습을 존중한다'고 하고는, 신하에게 못을 가져오라고 한 후 터번을 쓴 외교사절단의 머리에 못을 박았답니다. 그는 다른 사절단을 풀어주면서 터키식 예법은 절대 사절이라고 못박아 말했다고 합니다.

먹는 즐거움 Restaurant

루마니아 최대의 관광지답게 노점에서 파는 샌드위치 · 케밥 · 도넛은 물론 서민이 즐겨 찾는 현지 음식점, 값비싼 고급 레스토랑까지 다양하다. 물가가 저렴해서 분위기 있는 고급 레스토랑을 이용해도 부담이 적다. 레스토랑은 스파툴루이 광장과 레푸블리키 거리 Str. Republicii 일대에 모여 있다.

Map P.355-B1

Cerbul Carpaţin

스파툴루이 광장에 있는 히르스케르 하우스 Hirscher House의 레스토랑. 루마니아 전통 음식을 맛볼 수 있다. 대리석 계단, 우아한 와인 저장고 등 고풍스런 실내에서 친절한 서비스를 받으며 맛있는 음식을 먹을 수 있다.

주소 Piaţa Sfatului 12 전화 0722 677 451

영업 10:00~23:00 예산 주요리 12~25Lei

가는 방법 스파툴루이 광장 내

Map P.355-B1

Sergiana

루마니아 전통 요리 전문점. 은은한 조명 아래 루마니아 전통 의상을 입은 종업원들이 손님을 맞는다. 모든 요리가 맛있지만 그중 양배추 속에 고기와 양념을 해서 쪄낸 양배추 찜, 베이컨 속에 야채를 넣고 꼬치에 껴서 구운 요리, 루마니아 전통 스프 등이 맛있다.

주소 Strada Mureşenilor 28 전화 0268 419 775

영업 11:00~24:00 예산 전통음식 Sarmale 25.50Lei

가는 방법 스파툴루이 광장에서 도보 7분

Map P.355-B1

Mado

시내에서 맛있기로 소문난 카페 겸 레스토랑. 1층은 케이크 · 빵과 함께 커피를 마실 수 있는 카페로, 2층은 바 겸 레스토랑으로 운영하고 있다. 1층에서는 아이스크림도 먹을 수 있다. 여유 있게 맛있는 디저트를 먹으면서 담소를 즐기기에 그만이다.

주소 Str. Republicii 10 전화 0268 475 385

홈페이지 www.madobrasov.ro

영업 월~목 09:00~ 24:00, 금~토 09:00~02:00, 일 10:00~24:00 예산 커피 6~12Lei, 파스타 25~28Lei, 피자 23~26Lei

가는 방법 스파툴루이 광장에서 도보 5분

Map P.355-B1

La Republique

길거리 간식 중 최고봉인 크레페를 먹을 수 있다. 고기를 넣은 것과 아이스크림 등을 넣은 것 모두 일품이다. 커피와 함께 먹으면 더욱 맛있다.

주소 Str. Republicii 33 전화 0744 351 668

영업 일~목 09:00~23:00, 금~토 09:00~24:00

예산 2~15Lei

가는 방법 스파툴루이 광장에서 도보 5분

관광명소 답게 숙박시설이 발달했다. 특히 중앙역에는 사설 호스텔에서 고용한 호객꾼이 항상 대기하고 있는데, 숙소 사진과 시설을 소개하는 자세한 안내문, 묵어 간 여행자들이 써준 소개서를 보여주므로 숙소를 정하는 데 도움이 된다. 단, 부대시설과 위치 등을 반드시 확인하고 결정해야 하며 아무리 저렴한 숙박료라도 흥정은 필수. 숙박료는 미국 달러나 유로화로 지불하는 게 일반적이다.

Map P.355-A2

Kismet Dao Villa

깨끗하고 모던한 분위기. 주인은 한국계 미국인이며, 태극무늬에 호랑이 발 모양을 한 마크가 인상적이다. 인터넷, 맥주나 음료, 세탁 서비스를 무료로 제공한다. 여행 관련 정보와 투어 예약 서비스도 가능하다.

주소 Str. Democratiei 2B **전화** 0268 514 296
홈페이지 www.kismetdao.com **요금** 도미토리 €12~ (조식과 맥주 또는 음료 1병 포함, 3일 숙박 경우 4일째 숙박 1일 무료, 단 시즌에 따라 다를 수 있다)
가는 방법 우니리 Piața Unirii 광장에서 도보 3분

©Kismet Dao Villa

Map P.355-B1

Jugendstube

좋은 숙소로 선정될 만큼 브라쇼브의 호스텔 중 손꼽는 곳이다. 실내는 원목 마룻바닥, 가구 등으로 아늑한 분위기가 풍기고 넓은 방, 넓은 공간 활용은 투숙객들을 쾌적하게 한다. 밤늦게 도착하는 여행객을 위해 미리 예약하면 역에서 무료 픽업서비스도 제공한다.

주소 Str Michael Weiss nr 13 **전화** 0771 098 322
요금 도미토리 €11.50~ **가는 방법** 중앙역에서 버스 4번을 타고 7번째 정류장 Livada Postei 하차 후 도보 5분 또는 흑색교회에서 도보 5분

©Jugendstube

Map P.355-A2

Hostel Boemia

가정집을 개조한 호스텔. 실내는 화이트와 블랙을 이용 심플하게 꾸몄고 침대시트, 아침식사, 주방 및 Wi-Fi 사용 등은 무료, 세탁 서비스는 유료이다.

주소 Strada George Barițiu 13 **전화** 0737 795 805
홈페이지 www.hostel-boemia.com **요금** 8인실 도미토리 €11~ **가는 방법** 흑색교회에서 도보 3분

Map P.355-A2

Rolling Stone Hostel

구시가의 한적한 골목에 있는 조용한 숙소. 루마니아 시골 가정집에서 머무는 것 같은 편안한 분위기가 매력이다.

©Rolling Stone Hostel

주소 Strade Piatra Mare 2A
전화 0268 513 965, **휴대폰** 0740 514 989
홈페이지 www.rollingstone.ro **요금** 10인 도미토리 €10~(조식 포함) **가는 방법** 역 앞에서 51번 버스를 타고 8번째 정류장 Piața Unirii(Uniri Square) 하차 후 도보 5분. 또는 스파툴루이 광장에서 도보 10분

그림 같은 중세 마을 시기쇼아라

Sighişoara

시기쇼아라는 『드라큘라』의 주인공 블라드 체페슈 3세 Vlad Ţepeş III가 실제로 태어난 곳이다. 중세의 거리를 거의 완벽하게 보존하고 있어 문화사적으로도 귀중한 지역이다. 12세기 독일 색슨족이 개척해 13세기 도시의 면모를 갖추게 되었고 14세기에는 유럽 상·공업 길드의 자치 도시로 지정되었다. 14세기 말에는 구릉 위에 성벽을 쌓았으나 오스만투르크와의 오랜 전쟁으로 대부분이 파괴되고 지금은 그 흔적만 남아 있다.

오늘날 시기쇼아라는 중부 유럽의 문화와 비잔틴 문화를 경계짓는 구실을 하여 구시가가 1999년 세계문화유산으로 등록되어 있다. 역을 나서면 강 건너 언덕 위에 구시가가 보인다. 언덕 위에 오르면 소박하면서도 한 폭의 그림 같은 중세 마을, 시기쇼아라의 전경이 펼쳐진다.

이런 사람 꼭 가자

루마니아의 작고 아름다운 중세 마을을 감상하고 싶다면
'드라큘라'와 관련된 테마여행을 계획했다면
루마니아의 소박한 마을 풍경과 골목, 예쁜 집 등을 사진 찍고 싶다면

INFORMATION 인포메이션

유용한 홈페이지

시기쇼아라 관광청 sighisoara.dordeduca.ro

관광안내소

• Cultural Heritage info Center Sighişoara ⓘ
유네스코의 협찬으로 운영된다. 시계탑이 있는 무제울루이 광장 Piaţa Muzeului에 있다. 관광안내는 물론 숙소 예약도 가능하다.
주소 Piaţa Muzeului Nr. 6 전화 0788 11 55 11
운영 10:00~18:00

ACCESS 가는 방법

브라쇼브에서 가까워 당일치기 여행지로 인기가 있다. 특히 이 두 도시를 잇는 선로는 유레일패스 회사에서 선정한 경승가도로 열차 여행만으로도 충분히 볼 만한 가치가 있다. 부쿠레슈티에서 4시간 50분, 부다페스트에서는 10시간 정도 소요된다. 부다페스트에서 부쿠레슈티로 가는 야간열차가 시기쇼아라 · 브라쇼브를 경유하므로 중간에 내릴 수도 있다. 단, 역 시설이 열악해 짐 보관소가 따로 없으니 당일치기 여행을 계획했다면 이 점을 염두에 두어야 한다. 역을 나와 길 건너 일직선으로 난 Str. Nicolae Titulescu 거리를 끝까지 내려가 오른쪽으로 조금 걸어가면, 루마니아 정교회 Biserica Ortodoxă Română가 보인다. 정교회 바로 옆에 있는 다리를 건너면 최고 번화가인 12월 1일 거리 Str. 1 Dâecembrie가 나온다. 여기서 다시 언덕으로 난 계단을 올라가면 중세의 풍모가 잘 보존되어 있는 구시가(체터치 Cetăţii)다. 도보로 약 20분.

주간이동 가능 도시

출발		도착	소요 시간
시기쇼아라	▶▶	브라쇼브	열차 2시간 33분~3시간 14분
시기쇼아라	▶▶	부쿠레슈티	열차 5시간 11분~5시간 37분
시기쇼아라	▶▶	부다페스트 Keleti pu	열차 10시간 58분

시기쇼아라 완전 정복
master of Sighişoara

시기쇼아라의 집들은 마치 난쟁이들이 사는 집처럼 아주 작고 깜찍하다. 그리고 언제나 고색창연한 거리의 풍경이 정겹게 다가온다. 시기쇼아라에서는 화려한 건물을 기대하기보다는 소박한 중세의 마을을 감상하는 데 의미를 두자. 중세의 성곽도시가 제 모습을 지키고 있다는 것이 얼마나 신기하고 고마운 일인가. 구시가 자체는 워낙 작아 산책하듯 돌아봐도 2~3시간이면 충분하다. 하지만 보면 볼수록 정감이 어리는 이곳에서 하룻밤 머물러 가는 것도 추억의 한 토막으로 남을 것이다.

ⓘ와 시계탑이 있는 무제울루이 광장 Piaţa Muzeului을 중심으로 볼거리가 모여 있으며, 골목 여기저기에 레스토랑과 카페, 드라큘라를 소재로 한 기념품점이 즐비하다. 구시가가 언덕에 있어 성곽 주변으로 멋진 전망대가 많으니 놓치지 말자. 해마다 7월에는 '중세 페스티벌'이 열리는데 시간이 맞다면 축제를 즐겨보자.

• **예상 소요 시간** 한나절~하루

보는 즐거움 Attraction

전형적인 요새도시의 면모를 고이 간직하고 있는 시기쇼아라는 유네스코의 세계문화유산으로 등재되어 있다. 1㎞에 이르는 성벽이 구시가를 둘러싸고 있고, 성벽 안은 온통 중세풍 건축물로 즐비하다. 구시가지에 발을 들여놓는 순간 타임머신을 타고 중세로 온 듯한 시간여행이 시작된다.

• 핫스폿 • 뷰 포인트

시계탑
Turnul cu Ceas

시기쇼아라의 상징적인 건축물. 14세기에 시기쇼아라가 상 · 공업 길드의 자치도시로 지정된 것을 기념하기 위해 세운 시계탑이다. 지진과 화재로 소실되었다가 1677년에 바로크 양식으로 재건해 현재와 같은 모습을 갖추게 되었다. 높이 64m, 너비 2.35m로 벽이 아주 튼튼하며, 80㎝ 크기의 나무로 독일 색슨족의 신들을 조각한 7개 인형이 시계 안에 내장되어 있다. 7개의 인형은 각각 1주일 중 하루를 의미하는 데, 시간마다 시계 밖으로 나오는 인형들의 움직임을 가까이에서 볼 수 있다.

현재 탑의 내부를 시기쇼아라 역사박물관으로 이용하고 있으며, 시계탑 바로 옆에는 중세 시대의 무기를 전시하고 감옥 등을 재현해 놓은 무기박물관이 있다. 시계탑과 신시가지를 잇는 내리막길은 아름다운 마을 전경을 감상할 수 있는 뷰 포인트이자 시내 관광의 하이라이트이다.

• 시계탑&중세무기박물관

운영 5/15~9/15 화~금 09:00~18:30, 토~일 10:00~17:30, 9/16~5/14 화~금 09:00~15:30, 토~일 10:00~15:30 **휴무** 월요일 **입장료** 14Lei

가는 방법 역에서 도보 20분

드라큘라 백작의 생가
Casa de Vlad Dracul

『드라큘라』 속 주인공인 블라드 체페슈 3세 Vlad Ţepeş III가 1431년에 태어나 1436년까지 살던 곳. 일국의 왕이 거주한 곳이라고는 믿기지 않을 만큼 작고 초라하다. 시계탑 바로 옆에 있으며 화려한 용 문양 간판이 있다. 현재는 레스토랑으로 사용하고 있어 루마니아 전통 요리를 먹을 수 있다.

가는 방법 시계탑 바로 앞

산상교회
Biserica din Deal

17세기 중반, 수도원생을 위해 만들었다는 지붕이 있는 목조계단(학생 계단) 175개를 오르면 14~16세기에 건축된 고딕 양식의 산상교회가 나온다. 교회는 본당과 신부를 양성하는 학교, 부속예배당 등 3개의 건물로 되어 있다.

교회 내부에는 진귀한 조각품과 성화 등이 잘 보존되

어 있는데 15세기에 만든 아름다운 고딕식 지성소와 설교단, 복음 전도자를 상징하는 4개의 나무조각품 등이 볼 만하다.

운영 10:00~18:00

입장료 산상교회&도미니카 수도원 통합 입장권 5Lei

가는 방법 시계탑에서 도보 10분

도미니카 수도원
Biserica Manastirii Dominicane

도시를 건설한 독일 색슨족이 믿는 루터교의 교회. 1298년에 작은 규모로 건립된 후 1848~1515년에 고딕 양식으로 증 · 개축되었다. 하지만 1676년 대화재로 소실되어 대대적인 복구공사가 이뤄졌고, 1680년 바로크 양식이 가미된 현재의 모습을 갖추게 되었다. 교회 안에는 동양에서 가져온 35개의 양탄자가 보존되어 있다.

운영 10:00~17:00

입장료 산상교회&도미니카 수도원 통합 입장권 5Lei

가는 방법 시계탑에서 도보 5분

트란실바니아 지방의 키스 시장
Târgul de Sârutat

트란실바니아 지방의 자라드 Zarad에서는 결혼식을 마친 신부가 화관을 쓰고 한 장소에 서서 그곳에서 만나는 남자들과 키스를 하고 돈을 받는 재미난 풍습이 있답니다. 그런데 이보다 더 흥미로운 건 곁에서 지켜보는 신랑은 전혀 동요하지 않는다네요. 또한, 뭇 남성들의 키스를 받지 못하면 신부는 모욕감에 화를 내며 집으로 돌아갔다고 합니다. 아무래도 키스 세례를 받은 신부는 미인이겠죠, 그리고 미인을 얻은 신랑은 얼마나 자랑스러울까요! 지금도 키스 시장은 루마니아의 시골 마을에서 여전히 행해지고 있다고 합니다.

쉬는 즐거움 Hotel

대도시에서 당일치기로 오는 관광객들이 대부분이라 여행자를 위한 숙박시설이 빈약한 편이다. 역 주변에 숙소가 모여 있고 구시가까지는 꽤 거리가 멀다. 해를 거듭할수록 관광객 수가 많아지고 있어 숙박시설도 점점 늘어나고 있는 추세다.

The legend house

중세풍의 구시가에 반해 하룻밤 머물고 싶다면 이곳을 추천한다. 구시가 안에 있는 오래된 가옥을 개조한 곳으로 객실은 작지만 시골 다락방처럼 하나같이 로맨틱하다. 방마다 이름이 붙여져 있고 이름에 맞춰 인테리어가 돼 있으니 고르는 재미도 있다.

주소 Bastionului str. no. 8 전화 0748 694 368

홈페이지 www.legenda.ro

요금 2인실 €28~ (주말, 시즌에 따라 변동 있음)

가는 방법 구시가 안에 위치. 중앙역에서 도보 20분

Burg Hostel

공식유스호스텔. 2001~2002년에 새단장을 해 비교적 시설이 깨끗한 편이다. 총 18개의 방이 있으며 도미토리 외에 2인실과 가족실도 있다.

주소 Str. Bastionului 4-6

전화 265 77 8489

홈페이지 www.burghostel.ro

이메일 burghostel@ibz.ro

요금 5인 도미토리 50Lei~

가는 방법 역에서 도보 16분

Croatia 크로아티아
&BOSNIA-HERZEGOVINA & 보스니아-헤르체고비나

크로아티아, 알고 가자

1 National Profile

국가 기초 정보

정식 국명 크로아티아 공화국 Republic of Croatia(Republika Hrvatska) **수도** 자그레브
※ 크로아티아 발음은 독어, 크로웨이샤는 영어, 현지인 발음은 '흐르바츠카'
면적 5만 6,594㎢(한반도의 약 1/4) **인구** 약 431만 명 **인종** 크로아티아인, 세르비아인, 보스니아인, 헝가리인 **정치체제** 공화제(대통령 콜린다 그라바르 키타로비치 Kolinda Grabar Kitarović) **종교** 가톨릭 **공용어** 크로아티아어
통화 쿠나 Kuna(Kn), 보조통화 리파 Lipa
1Kn=100lipa / 지폐 5 · 10 · 20 · 50 · 100 · 200 · 500 · 1,000Kn / 동전 1 · 2 · 5 · 10 · 20 · 50lipa, 1 · 2 · 5 · 25Kn / 1Kn≒190원(2019년 3월 기준)

간추린 역사

통일 크로아티아의 역사는 9세기 무렵에 시작된다. 7~9세기 북쪽은 프랑크 왕국, 동쪽은 동로마 제국의 지배를 받아 오다가 10세기경 크로아티아의 트미슬라브 공이 왕위에 오른 뒤 비로소 통일을 이루어 크로아티아 왕국이 수립되었으며 이때 가톨릭을 도입했다. 1091년 헝가리가 왕국의 통치권을 장악하면서 크로아티아는 8세기 동안 헝가리에 합병되는데 법률상으로는 독립왕국의 지위를 인정받았다. 한편 이탈리아와 가까운 일부 달마티아 지역은 베네치아 공국의 지배를 받았다. 15세기 후반 침략해 온 오스만투르크와의 전투에서 헝가리 · 체코슬로바키아 · 슬로베니아 · 크로아티아 연합군이 패하고 합스부르크 제국의 페르디난트 1세가 크로아티아의 왕위를 차지하게 된다. 종국에는 오스트리아 · 헝가리 이중제국의 지배를 받았다.
제1차 세계대전에서 오스트리아 · 헝가리 제국이 패배한 후 세르비아 · 크로아티아 · 슬로베니아 왕국이 탄생되고 제2차 세계대전 이후에는 유고 사회주의 연방에 편입되었다. 사회주의 체제하에서 크로아티아는 발전을 이룩했으며, 연방 내에서 자치권을 더 확보하려는 노력은 계속 이어져 마침내 1990년 4월 사회주의가 붕괴하자 1991년 6월 25일 독립을 선포하기에 이르렀다. 이것이 계기가 되어 베오그라드를 중심으로 연방의 해체를 원하지 않는 세르비아인들은 반란을 일으켰으며 1995년까지 인종과 종교 · 지역 문제 등이 갈등을 빚어 결국 20세기의 추악한 전쟁으로 기억되는 유고 내전을 겪게 된다. 10년이 지난 지금까지도 내전의 상처는 여전히 아물지 않은 채 남아 있다. 그러나 예부터 유럽 귀족의 숨은 휴양지로 각광받아 온 명성은 오늘날에도 계속 되어 '죽기 전에 꼭 가보고 싶은 여행지'로 손꼽힐 만큼 관광대국으로 급부상 중이다.

공휴일(2019년)
1/1 신년
1/6 주현절
4/22 부활절 연휴*
5/1 노동절
6/20 성체축일*
6/22 반파시즘 데이
6/25 제헌절
8/5 승전의 날
8/15 성모 승천일
10/8 독립기념일
11/1 만성절
12/25~26 크리스마스 연휴
*해마다 날짜가 바뀌는 공휴일

사람과 문화

금발머리에 에메랄드빛의 푸른 눈동자, 하얀 피부에 차가워 보이는 인상이 대부분 크로아티아인들의 모습이다. 세르비아인들을 지독히 싫어하며 여전히 보스니아와는 힘겨루기를 하고 있다. 크로아티아인은 겉치레를 중요시 여겨 내면보다는 외향적인 꾸미기에 집착한다. 허풍과 과시욕도 있는 편.

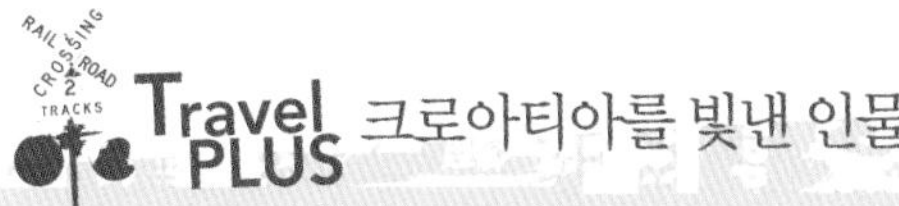

Travel PLUS 크로아티아를 빛낸 인물

어느 도시를 가나 작품으로 쉽게 만날 수 있는 유명한 사람. 그는 바로 크로아티아의 자존심이라 불리는 조각가 이반 메슈트로비치 Ivan Meštrović다. 수도인 자그레브의 역사박물관도 그의 손길을 거쳤다. 그리고 또 한 사람은 전세계 소녀 팬들을 열광시키며 클래식 선율의 매력을 전해주는 음악 전도사 막심 Maksim이다. 그는 각종 피아노 경연대회에서 우승을 하면서 두각을 나타냈으며 전 세계에서 젊은층 팬을 가장 많이 보유하고 있는 유명한 크로스오버 피아노 연주자다.

지역정보

북서쪽으로는 슬로베니아, 북쪽으로는 헝가리, 동쪽으로는 세르비아-몬테네그로, 남쪽으로는 보스니아-헤르체고비나와 국경을 이루며, 서쪽은 아드리아 해에 면해 있다. 국토는 좁고 기다란 달마티아 해안평야, 디나르알프스 산지, 동부의 도나우 평원 등 세 지역으로 나눌 수 있다.

여행시기와 기후

아드리아 해를 향하고 있어서 지중해성 기후와 대륙성 기후가 교차한다. 아드리아 해 연안 지대는 여름에 덥고 건조하며 겨울에는 따뜻하다. 내륙 지방은 겨울에 매서운 바람이 분다. 5~10월은 건기, 11~4월은 우기다.

여행하기 좋은 계절 5~9월이 가장 좋다.
여행 패션 코드 유명 관광도시들이 해안에 접해 있어 휴양지로 인기가 있다. 다양한 해양 스포츠를 즐길 수 있으므로, 특히 수영복과 슬리퍼는 필수!!

현지 오리엔테이션

2 Orientation

추천 웹사이트 크로아티아 관광청 www.htz.hr, 달마티아 지방 관광청 www.dalmatia.hr
국가번호 385 **비자** 무비자로 90일간 체류 가능
시차 우리나라보다 8시간 느리다(서머타임 기간에는 7시간 느리다).
전압 220V, 50Hz(콘센트 모양이 우리나라와 동일)
전화

국내전화 시내 · 시외 전화 모두 0을 뺀 지역번호를 포함해 입력해야 한다.
- 시내전화 : 예) 자그레브 시내 1 1234 5678
- 시외전화 : 예) 자그레브→스플리트 21 1234 5678

치안과 주의사항

1. 관광객이 증가하면서 범죄도 증가하는 추세다. 주로 관광명소로 운행하는 대중교통 수단 안에 소매치기가 있으니 주의해야 하며, 늦은 밤에는 돌아다니지 않는 게 좋다.

2. 팁은 의무적이지는 않지만 약간의 거스름돈을 주는 게 일반적이다. 택시는 5Kn 미만, 레스토랑에서는 금액의 5~10% 등이 적당하다.

예산 짜기

크로아티아의 물가는 비교적 저렴한 편이지만, 인기 있는 관광도시는 하나같이 우리나라보다 물가가 비싸다. 특히 여름 성수기에는 모든 숙소의 요금이 2배 이상 오른다. 평상시 1일 체류 비용은 숙박요금을 포함해 우리나라 돈으로 10만 원이면 적당하지만 여름 성수기에는 인상된 숙박료에 따라 달라진다. 또 하나, 크로아티아는 유레일패스 통용국이지만 지방을 다닐 때에는 지역적인 특성상 버스를 이용해야 하므로 교통비도 만만치 않게 든다.

영업시간

관공서 · 은행 월~금 08:00~16:00, 토 08:00~12:00
우체국 월~금 08:00~18:00 토 08:00~12:00
상점 월~금 08:00~19:00 토 08:00~14:00
레스토랑 12:00~23:00

현지어 따라잡기

기초 회화

안녕하세요	[아침] 도브로 유트로 Dobro Jutro
	[점심] 도바르 단 Dobar Dan
	[저녁] 도브로 베체르 Dobro Vecxer
헤어질 때	즈보곰 Zbogom / 도비데냐 Dovidjenja
고맙습니다	흐발라 Hvala
실례합니다	오프로스티테 Oprostite
도와주세요!	우포노치 Uponoć
얼마예요?	뽀슈토 예 오보 Posxto je ovo?
계산해 주세요	몰림 도네시테 오라춘 Molim donesite racxun
네	다 Da
아니오	네 Ne

표지판

화장실	자호디 Zahodi(남 무슈카르치 Muškarci, 여 제네 Žene)
경찰서	폴리치아 Policija
병원	볼니차 Bolnica
우체국	포슈타 Pošta
기차역	글라브니 콜로드보르 Glavni Kolodvor
매표소	블라가이나 Blagajna
플랫폼	브로이 페로나 Broj Perona
출발	오들라자크 Odlazak
도착	돌라자크 Dolazak
버스정류장	아우토부스니 콜로드보르 Autobusni kolodvor

숫자

1	예단 Jedan
2	드바 Dva
3	트리 Tri
4	체티리 Četiri
5	페트 Pet
6	셰스트 Šest
7	세담 Sedam
8	오삼 Osam
9	데베트 Devet
10	데세트 Deset
100	스토 Sto
1000	티수차 Tisuća

현지 교통 따라잡기

비행기(P.622 참고)

대한항공이 2018년 9월부터 크로아티아의 수도 자그레브에 신규 취항한다. 아시아 항공사 최초의 직항편으로 주 3회(화 · 목 · 토) 운항한다. 유럽계 항공사는 1회 경유하는 스케줄이지만 인/아웃 In/Out 도시를 달리 정할 수 있는 장점이 있다.
스플리트 · 두브로브니크 등 인기 관광도시에는 유럽 각지에서 저가 항공이 취항하고 있다. 특히 영국 · 프랑스 · 오스트리아 · 독일 등에 많다.

한국↔크로아티아 취항 항공사 : KE, AF, LH, BA, OS 등
유럽↔크로아티아 저가 항공사 : Air Berlin, Germanwings, SkyEurope 등

철도 · 버스

2008년부터 유레일패스가 통용되는 크로아티아는 지리적인 특성상 수도 자그레브와

긴급 연락처

응급 전화 SOS (경찰 · 소방 · 응급) 112
경찰 전화 45 63 111(자그레브)
한국대사관
주소 Ksaverska cesta 111/A-B Zagreb **전화** 01 4821 282
비상연락처 385 91 2200 325
가는 방법 반젤라치크 광장에서 14번 트램을 타고 종점인 Mihaljevac 하차 후 도보 10분

오스트리아 · 헝가리 · 슬로베니아 등 서유럽의 다른 도시로 이동하는 데는 열차가 편리하지만, 국내를 여행하는 데는 버스가 최고다. 열차로 갈 수 없는 구석구석까지 노선

이 발달해 있다. 버스는 비 · 성수기, 요일에 따라 운행편수가 달라지고 직행과 완행으로 나뉜다. 정류장마다 서는 완행버스는 요금이 저렴하다. 버스터미널마다 관광안내소 ⓘ가 있으니 시각표와 요금표를 얻어두자. 탑승 시 큰 가방을 짐칸에 실어야 한다면 짐 1개당 약 7~10Kn을 운전사한테 별도로 지불해야 한다.

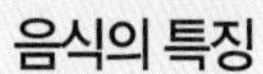

음식의 특징

크로아티아 음식은 기름지고 짠맛이 강한 편이다. 기원은 고대 슬라브족의 시대까지 거슬러 올라가며, 내륙과 해안 지방의 조리방법이 각각 다르다. 아드리아 해에 인접해 있는 해안 지방은 지중해 · 이탈리아 · 프랑스의 요리가 발달했고, 내륙 지방은 헝가리 · 오스트리아 · 터키의 영향을 많이 받았다. 흔히 먹을 수 있는 해산물요리는 싱싱한 맛이 그대로 살아 있으며, 우리도 거부감 없이 즐길 수가 있다. 전통 철냄비에 커다란 문어를 통째로 넣고 삶아 먹는 문어요리와 생선을 통째로 소금에 묻힌 뒤, 오븐에 구워내는 소금생선구이. 오징어 · 새우 · 홍합을 이용한 달마티아 지방의 이색 요리는 입맛을 돋우는 데 그만이다.

구운 치즈 케이크

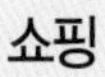

쇼핑

추천 쇼핑 아이템

• 생강과자

빨간색 하트 모양의 장식용 전통 과자. 사랑의 상징이며, 배려 · 존경의 뜻도 내포하고 있다.

• 넥타이

넥타이의 원조가 프랑스도 이탈리아도 아니라는 사실. 넥타이는 크로아티아에서 유래했다. 가장 대표적인 쇼핑 아이템이니 감각적인 디자인과 색상이 돋보이는 넥타이를 구입해 보자.

생강과자

크로아티아에서 유래한 넥타이

택스 리펀드 Tax Refund

740Kn 이상을 구입한 경우 세금을 환급받을 수 있는데, 크로아티아에서는 VAT 대신 PDV라는 생소한 단어를 사용한다.

Theme Route

꽃보다 누나 <크로아티아 편> 루트 따라잡기

꽃누나가 다녀온 열흘간의 크로아티아 일정은 우리나라 여행자들이 가장 좋아하는 황금 루트. 아기자기한 볼거리가 있는 수도 자그레브를 시작으로, 요정들이 살 것 같은 플리트비체에서의 하이킹, 고대 디오클레티아누스 황제의 궁전이 있는 스플리트에서의 여유로운 휴식, 두브로브니크에서의 구시가지 산책과 아드리아해를 물들이는 석양 감상까지. 바쁠 것 없는 크로아티아에서의 여행은 선물 같은 '휴식과 힐링의 시간'이다.

01 자그레브 — 고속버스 2시간 30분 → 02 플리트비체 국립호수공원 — 고속버스 6시간 (이동시간이 길어 자다르에서 1박 및 관광 추천)

자그레브의 아침 **"돌라체 시장 산책하기"**

별처럼 총총 박힌 붉은 파라솔 아래에서 꽃과 각종 야채 · 과일 등을 파는 노천시장. 아침에는 현지인처럼 노천에선 신선한 과일을, 실내에서는 빵과 치즈, 와인을 사오자. 호스텔 테라스에서 꽃누나 스타일의 브런치로 한껏 여유를 즐겨도 좋다. (→P.381)

Swanky Mint Hostel 꽃누나가 머물렀던 호스텔(→P.384)

자그레브 시내 관광 **"너무 좋아서 눈물이 난다"**

랜드 마크 반젤라치크 광장을 지나 언덕을 조금만 올라가면 자그레브인들의 정신적 지주인 대성당이 나온다. 수세기 동안 수많은 사람의 기도가 깃들여서일까? 웅장한 성당 안을 돌아보다 불현듯 눈물이 난다. 타일 모자이크 지붕이 인상적인 성 마르코 성당까지 보고 로트르슈차크 탑으로 걸어가니 석양 무렵의 시내 풍경이 펼쳐진다. (→P.380~381)

플리트비체 **"사진보다 훨씬 아름답구나!"**

인적인 뜸한 여행 비수기 오후 시간임에도 이렇게 아름답다니~! 죽기 전에 꼭 봐야 하는 천혜의 비경이라 불리는 이유를 알겠다. 온통 에메랄드빛으로 물든 호수 빛에 반해 혹시 물감이라도 탄 게 아닐까 확인해 보고 싶어 손으로 호수 물을 떠 본다. (→P.385)

포토존 폭포 아래 이끼 서린 벤치에 앉아 자연에 물든 듯 사진 한 장!

스플리트의 자유 시간

"무작정 걸으면 행운처럼 만나는 풍경"

고대 로마 황제의 궁전 안에 숙소를 정하고, 궁전 노천카페에 앉아 낮술을 즐기고, 대성당 종탑에 올라 도시를 내려다보고, 해변 산책로를 걷다 아이스크림을 먹고…. 그냥 자유롭게 사람 사는 모습이 보고 싶어 무작정 걸은 오르막길 끝, 최고의 뷰포인트 마르얀 언덕 전망대가 감동처럼 펼쳐진다. (→P.399)

Tip 마르몬토바 Marmontova 거리는 꽃누나의 고대기를 살 수 있었던 구시가 최고의 쇼핑거리

돌라체 시장

성 마르코 성당

석양에 물든 로트르슈차크 탑

요정들이 머무는 플리트비체

준비할 것

☑ **유럽계 항공사 추천: 자그레브 In, 두브로브니크 Out**

: 터키항공, 프랑스 항공, 독일 항공 등을 이용하면 경유지인 이스탄불, 파리, 프랑크푸르트 등에서 Stop Over해 꽃누나처럼 덤으로 새로운 도시도 여행할 수 있다.

☑ **도시 간 이동은 렌터카 또는 고속버스 이용**: 티켓은 버스터미널에서 그때그때 구입하자.

☑ **다양한 스타일의 숙박체험**: 자그레브(호스텔), 스플리트 · 두브로브니크(아파트먼트)

스플리트
03
(트로기르 · 시베니크 · 흐바르 섬 등 당일치기 근교여행 추천)

고속버스 4시간 30분
(페리 이동도 가능, 8시간 소요)

두브로브니크
04
(믈레트 섬 · 엘라피티 섬 · 로크룸 섬 · 모스타르 · 몬테네그로 해안도시 등 당일치기 근교여행 추천)

두브로브니크의 첫째 날 "바다가 하늘인지 하늘이 바다인지!"

눈부시게 푸른 지상천국 두브로브니크의 첫날. 어디에 시선을 둬도 그림 같은 풍경에 마냥 행복하다. 플라카 대로를 산책하다 맘에 드는 카페에 앉아 행인을 구경하며 킥킥거려보고, 성모 승천 대성당에 들러 티치아노의 성모 승천성화를 감상한다. 그리고 부자카페에서 아드리아 해를 바라보며 레몬 맥주 한잔~ 천국이 따로 없다. (→P.424)

Buza Cafe 성 이그나티우스 성당 앞 표지판을 따라 가면 된다. (→P.439)

두브로브니크의 둘째 날 "성벽 산책을 하며 두브로브니크를 마음에 새기다"

두브로브니크 여행의 하이라이트 성벽 산책. 2시간의 성벽 산책으로 아드리아 해에 신기루처럼 떠 있는 두브로브니크의 풍경에 반하다. 들뜬 기분을 담아 기념 촬영 한 장~ 그리고 석양으로 물든 구항구의 비현실적인 풍경은 두브로브니크가 주는 마지막 선물이다. (→P.433)

Lokanda Peskarija 꽃누나와 짐꾼이 푸짐하게 한 끼 식사를 즐겼던 구 항구의 레스토랑. (→P.439)

스플리트의 해변 산책로
플라카 대로
부자 카페
아드리아 해와 두브로브니크
마르얀 언덕 전망대에서 바라본 풍경

크로아티아 교통의 요충지 자그레브

Zagreb

자그레바치카 산의 경사면과 사바 강에 걸쳐 있는 자그레브는 원래 13세기 오스만투르크족의 침입을 막기 위한 성벽에 둘러싸인 그라데츠와 16세기에 요새화된 성직자 마을 카프톨, 이 두 마을이 합쳐져 세워졌다. 1093년 로마 가톨릭 주교관구가 되면서 유럽 지도상에 첫 등장했으며, 오랫동안 오스트리아 · 헝가리 제국의 지배를 받아 왔다. 19세기에 접어들어 새 건물들이 들어서고 광장이 생겨나면서 시가지를 확장해 나갔다. 그후 아드리아 해와 발칸 반도로 이어지는 도로와 철도망이 발달해 동 · 서유럽을 연결하는 교통의 요충지 구실을 했지만 1991년부터 1996년까지 종교와 인종 갈등으로 비극적인 내전을 겪기도 했다.

자그레브는 공산주의의 붕괴와 함께 관광지로 유명세를 타고 있는 다른 동유럽 국가들과는 달리 10년이 지난 지금에야 관심의 대상이 되고 있다. 지상낙원이라 칭송받는 크로아티아의 수도라고 하기에는 너무나 초라하고 소박하지만 이제 막 기지개를 펴고 과거의 영광을 되찾기 위해 끊임없이 노력 중이다. 크로아티아의 어느 도시보다 다정다감하고 친절한 현지인을 만날 수 있어 사람이 기억에 남는 도시다.

여행의 기술

INFORMATION 인포메이션

유용한 홈페이지

자그레브 관광청 www.infozagreb.hr
크로아티아 철도청 www.hzinfra.hr
크로아티아 버스 사이트 www.croatiabus.hr

관광안내소 Map P.379-A2

• **중앙 ⓘ**
무료 지도 제공, 숙박 예약은 물론 City Tour도 예약할 수 있다.
주소 Trg βana Josip Jelačića 11(반젤라치크 광장)
전화 01 48 14 051
홈페이지 www.infozagreb.hr
운영 월~금 08:30~20:00, 토 09:00~18:00, 일 · 공휴일 10:00~16:00

환전

은행과 환전소는 구시가에 모여 있다. 은행이 사설 환전소보다 환율이 더 좋다. 24시간 ATM이 시내 곳곳에 있어 편리하다.

우체국 Map P.379-A2

반젤라치크 광장 동쪽 Jurišićeva 거리에 있다. 역 오른쪽에 있는 중앙우체국은 24시간 운영한다.
주소 Jurišićeva 13
운영 월~금 07:00~20:00, 토 07:00~14:00

슈퍼마켓 Map P.379-A1

구시가지 흐르바츠키 호벨리카나 광장 Trg Hrvatskihvelikana의 크로아티아 은행 맞은 편에 크로아티아의 대표 슈퍼마켓 브랜드인 KONZUM이 있다.

인터넷 카페

• **Juice & Juice bar**
주소 Masarykova ulica 26 전화 01 6399 070
홈페이지 www.juiceandjuice.com.hr
영업 월~토 08:00~22:00

Zagreb 자그레브 트램 노선도

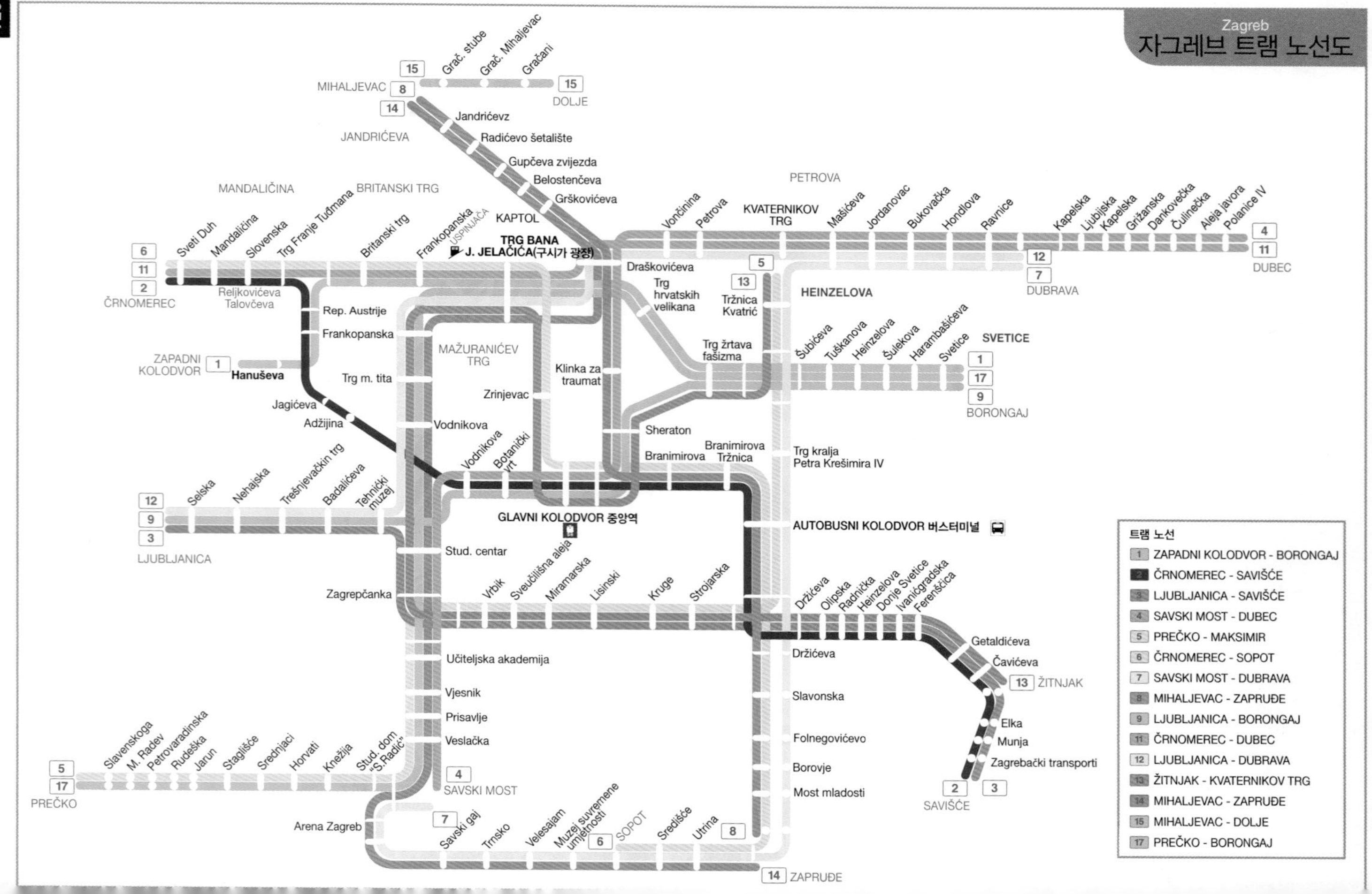

ACCESS 가는 방법

자그레브는 서유럽과 동유럽, 발칸, 아드리아 해를 연결하는 교통의 중심지로 비행기 · 버스 · 열차 등 모든 노선이 발달해 있다. 행선지에 따라 편리한 교통수단을 이용하면 된다.

비행기

대한항공의 자그레브 취항으로 경유해야 하는 번거로움은 사라졌지만 매일 운항은 아니여서 유럽계 항공사가 편리할 수 있다. 자그레브 공항 Zračna Luka Zagreb은 시내에서 남쪽으로 15㎞ 정도 떨어져 있고 공항에서 시내까지는 공항버스나 택시를 이용한다. 공항의 환전소는 환율이 좋지 않으므로 교통비 정도만 환전하고, 너무 늦은 시간에 도착했다면 ATM을 이용하자. 공항버스는 20:00가 막차지만 공항 정규 항공편 도착시각에 맞춰 임시로 추가 운행한다. 20:00 이후 공항버스를 이용해야 한다면 서두르자. 차비는 유로(€)로도 지불할 수 있다. 택시는 바가지가 심해 공항측에서도 콜택시를 이용할 것을 권하고 있다. 아니면 숙소마다 픽업 서비스를 대행하고 있으니 숙소에 미리 예약하는 방법도 안전하다.

자그레브 공항 홈페이지 www.zagreb-airport.hr

• 공항버스 Pleso prijevoz

공항에서 유일한 대중교통으로 자그레브 시내 버스터미널 Autobusni Kolodvor까지 운행한다. 버스터미널에서는 트램 6번을 타면 중앙역(3번째 정류장)을 거쳐 번화가 반젤라치크 광장(5번째 정류장)까지 갈 수 있다. 공항 입국장 출입구 바로 앞에 정류장이 있고 티켓은 운전사에게서 구입하면 된다.

운행 공항 출발 07:00~20:00(30분 간격), 버스 터미널 출발 06:30~20:00(30분 간격)

요금 편도 30kn, 왕복 40kn

소요시간 30~40분

• 택시

공항에서 추천하는 콜택시 회사는 Radio 택시. 공항에 도착해 전화로 예약하자. 현지인의 도움을 받거나 예약한 숙소에 요청해 보는 방법도 있다.

라디오 택시 Radio Taksi Zagreb

전화 1717 홈페이지 www.radio-taksi-zagreb.hr

요금 200~250Kn 소요시간 20~30분

버스

Map P.379-B1

기암절벽과 해안선이 발달한 지형적인 특성을 살려 전국적으로 버스 노선이 발달해 있으며, 교통수단 중 가장 인기가 있다. 국제선으로는 보스니아 · 슬로베니아 · 헝가리행 버스가, 국내선으로는 두브로브니크 · 스플리트 · 자다르 · 플리트비체 등 크로아티아의 구석구석을 연결한다. 버스터미널 Autobusni Kolodvor은 1 · 2층으로 이루어져 있고 매표소와 대기실, 유인 짐 보관소 등 편의시설은 2층에 있다. 터미널에서 시내까지는 도보로 1.5㎞ 정도 떨어져 있어 걸어서 약 30분 걸리므로 트램을 이용하는 게 편리하다. 길 건너 트램 정류장에서 6번(Črnomerec 방향)을 타고 중앙역을 지나 구시가의 반젤라치크 광장 Trg Bana Jelačić 앞에서 내리면 된다. 티켓은 신문가판대나 담배 가게에서 구입할 수 있다.

• 트램 & 버스

운행 04:00~23:50 심야 트램 23:50~04:30(31~34번)

요금 1회권 자동발매기 4kn(30분 유효 환승 불가), 10kn(90분 유효, 운전사에게 구입 시 15kn) ※탔던 진행 방향으로만 가능. 반대 방향으로는 불가.

버스터미널

철도 Map P.379-B2

류블랴나와 부다페스트 · 빈에서 가는 게 일반적이고, 베네치아와 뮌헨 · 사라예보에서는 야간열차도 운행한다. 국내선은 스플리트 구간 열차가 운행되고 있으나 편수가 적고 소요시간이 길어 별로 인기가 없다. 하지만 유레일패스가 통용되면서 열차 이용빈도가 높아졌다. 자그레브 중앙역 Glavni Kolodvor은 단층으로 대부분의 편의시설이 중앙홀에 모여 있다.

역 정문을 빠져나와 일직선으로 난 Petrinjska 거리를 따라 가면 Zrinjevac 공원을 만난다. 이 길을 계속 걸어가면 ⓘ와 크로아티아의 초대 왕인 트미슬라브 왕의 기마상이 있는 반젤라치크 광장이 나오고 광장 뒤쪽으로 가면 구시가가 나온다. 도보 약 15분 소요. 또는 중앙역 맞은편에서 트램 6번(Črnomerec 방향) 또는 13번(Žitnjak 방향)을 타면 반젤라치크 광장 앞에 내릴 수 있다.

짐 보관소 15Kn/24시간

주간이동 가능 도시

출발		도착	소요시간
자그레브	▶▶	플리트비체 국립호수공원	버스 2시간 30분
자그레브	▶▶	자다르	버스 3시간 30분~5시간 또는 열차 11시간 58분(1회 환승)
자그레브	▶▶	시베니크	버스 4시간 40분 또는 열차 5시간 56분(1회 환승)
자그레브 Glavni Kolodvor	▶▶	류블랴나	열차 2시간 30분
자그레브 Glavni Kolodvor	▶▶	사라예보	열차 9시간 28분
자그레브	▶▶	스플리트	버스 5~9시간 또는 열차 6시간
자그레브 Glavni Kolodvor	▶▶	부다페스트 Keleti pu	열차 6시간 11분~6시간 38분

야간이동 가능 도시

출발		도착	소요시간
자그레브 Glavni Kolodvor	▶▶	베네치아 SL(VIA Villach Hbf)	열차 11시간 4분
자그레브 Glavni Kolodvor	▶▶	뮌헨 Hbf	열차 8시간 50분
자그레브 Glavni Kolodvor	▶▶	빈 Hbf	열차 11시간 26분(1회 환승)
자그레브	▶▶	두브로브니크	버스 9시간 10분~45분

현지 사정에 따라 열차 운행시간 변동이 커 반드시 그때그때 확인할 것

자그레브 완전 정복
master of Zagreb

최고 번화가인 반젤라치크 광장을 중심으로 광장 북쪽 언덕의 구시가와 남쪽의 신시가에 볼거리가 모여 있다. 시내 관광은 천천히 도보로 돌아봐도 하루면 충분하다.

우선 반젤라치크 광장 ⓘ에 들러 지도와 관광정보, 각 명소의 운영시간 리스트를 얻자. 북쪽 언덕 지구는 모두 한 방향으로 걸으면 된다. 제일 먼저, 자그레브의 상징 대성당을 둘러본 후 노천시장을 지나 성 마르코 성당으로 가자. 성당 옆 로트르슈차크 탑에서 바라보는 시내 전경은 보기만 해도 시원하다. 광장으로 내려올 때는 탑 옆의 작은 케이블카를 타거나, 돌담길을 따라 걸으면 된다. 명소로 가는 각 골목에는 로맨틱한 분위기의 레스토랑 · 카페 · 기념품점도 많으니 눈이 즐거워지는 구경도 잊지 말자. 해질녘 신시가 Ljudevit Gaj의 카페에서 마시는 커피 한 잔은 하루의 피곤을 말끔히 씻어준다. 하루 더 머물 예정이라면 근교에 있는 플리트비체 국립호수공원을 놓치지 말자.

★시내 관광을 위한 Key Point

• **랜드마크** 반젤라치크 광장

• **쇼핑가** 반젤라치크 광장은 자그레브 최대 번화가이자 문화의 중심지다.

★Best Course

반젤라치크 광장 ➡ 대성당 ➡ 돌라체 시장 ➡ 돌의 문 ➡ 성 마르코 성당 ➡ 로트르슈차크 탑 ➡ 반젤라치크 광장 ➡ 미마라 박물관 • **예상 소요 시간** 6~7시간

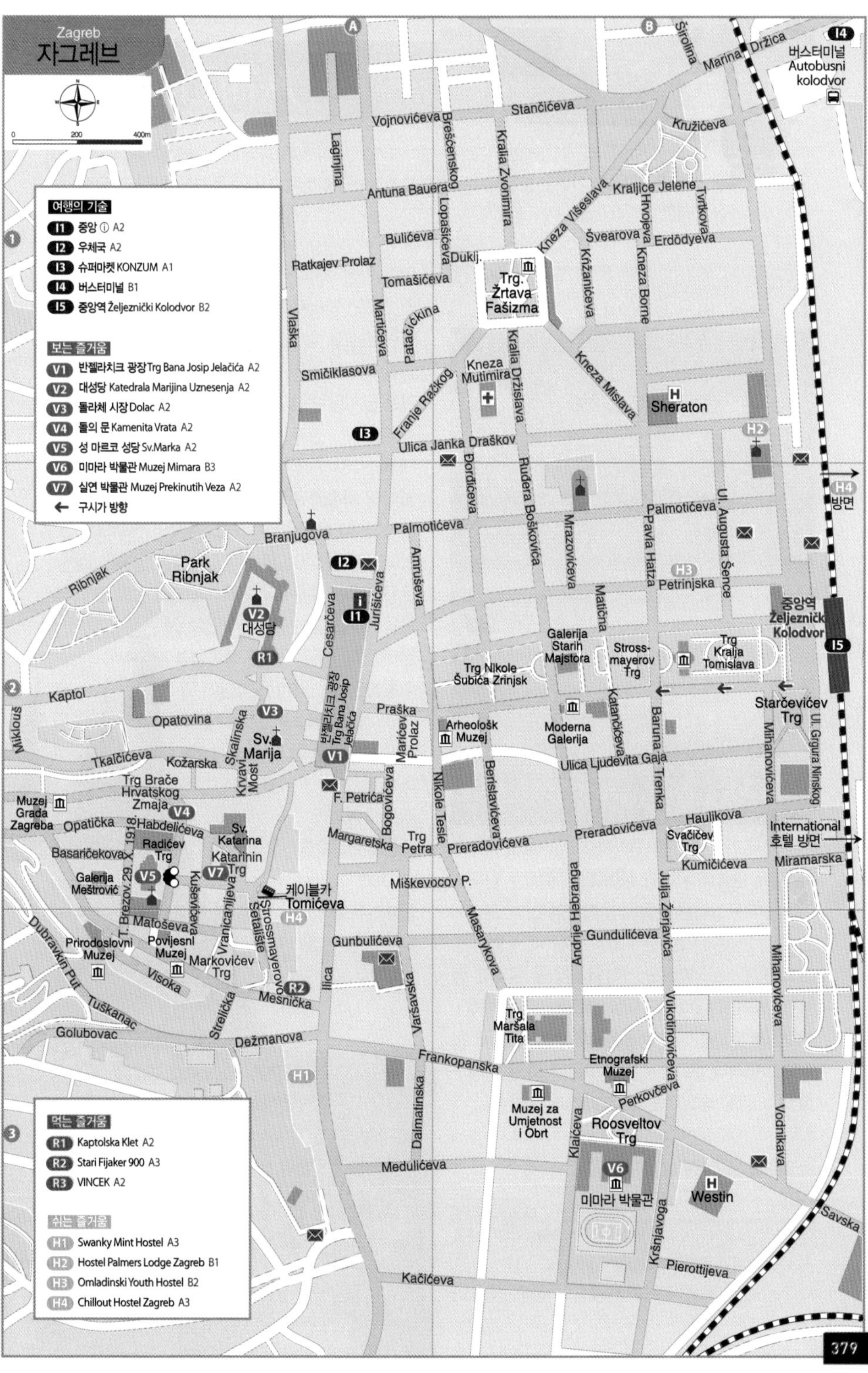

Zagreb
자그레브
여행의 기술
I1 중앙 ⓘ A2
I2 우체국 A2
I3 슈퍼마켓 KONZUM A1
I4 버스터미널 B1
I5 중앙역 Željeznički Kolodvor B2
보는 즐거움
V1 반젤라치크 광장 Trg Bana Josip Jelačića A2
V2 대성당 Katedrala Marijina Uznesenja A2
V3 돌라체 시장 Dolac A2
V4 돌의 문 Kamenita Vrata A2
V5 성 마르코 성당 Sv.Marka A2
V6 미마라 박물관 Muzej Mimara B3
V7 실연 박물관 Muzej Prekinutih Veza A2
← 구시가 방향
먹는 즐거움
R1 Kaptolska Klet A2
R2 Stari Fijaker 900 A3
R3 VINCEK A2
쉬는 즐거움
H1 Swanky Mint Hostel A3
H2 Hostel Palmers Lodge Zagreb B1
H3 Omladinski Youth Hostel B2
H4 Chillout Hostel Zagreb A3
버스터미널
Autobusni kolodvor
H4 방면
International 호텔 방면
중앙역 Željeznički Kolodvor
Trg. Žrtava Fašizma
Sheraton
Westin
Park Ribnjak
대성당
Sv. Marija
반젤라치크 광장 Trg Bana Josip Jelačića
케이블카 Tomićeva
미마라 박물관
Roosveltov Trg
Trg Kralja Tomislava
Starčevićev Trg
Trg Nikole Šubića Zrinjsk
Galerija Starih Majstora
Strossmayerov Trg
Arheološk Muzej
Moderna Galerija
Muzej Grada Zagreba
Galerija Meštrović
Prirodoslovni Muzej
Povijesni Muzej
Etnografski Muzej
Muzej za Umjetnost i Obrt
Trg Maršala Tita
Radićev Trg
Katarinin Trg
Markovićev Trg
Trg Brače Hrvatskog Zmaja
Trg Petra Preradovića
Svačićev Trg
Stančićeva
Vojnovićeva
Antuna Bauera
Kraljice Jelene
Kneza Višeslava
Kneza Mislava
Kneza Borne
Kralja Zvonimira
Kralja Držislava
Palmotićeva
Petrinjska
Ulica Ljudevita Gaja
Praška
Ilica
Frankopanska
Savska
Mihanovićeva
Vodnikava
Kačićeva
Miramarska

보는 즐거움 Attraction

크로아티아의 수도 자그레브는 규모가 그다지 크지 않아 하루 일정이면 충분하다. 대성당이 있는 구시가부터 가벼운 발걸음으로 천천히 돌아보도록 하자. 시간 여유가 있으면 크로아티아에서 가장 유명한 미마라 박물관에도 들러보자.

● 꽃누나 코스

반젤라치크 광장 Map P.379-A2
Trg Bana Josip Jelačića

시내에서 가장 번화한 곳이자 자그레브의 핵심이다. 시내 관광의 시작과 끝이 되는 광장은 현대적이면서 고풍스러운 건물에 둘러싸여 있다. 처음에는 광장 한쪽에 있는 분수의 이름을 따 불렀지만, 1848년 오스트리아 · 헝가리의 침입을 물리친 영웅 '반 조세프 젤라치크'의 이름으로 바꿔 불렀다. 제2차 세계대전 이후 공산정권에 의해 공화국 광장으로 불리다 1991년 독립 후 예전의 이름을 다시 찾았다. 광장 중앙에는 반 젤라치크의 동상이 서 있다.

가는 방법 중앙역에서 도보 15~20분

● 꽃누나 코스

대성당 Map P.379-A2
Katedrala Marijina Uznesenja

자그레브를 대표하는 고딕 양식의 성당. 쌍둥이 탑이 인상적이다. 12 · 13세기에 걸쳐 건축되었지만 1242년 타타르족의 침입과 1880년 지진으로 심각한 손상을 입었고, 지금의 모습은 1990년에 원형을 최대한 살려 복원한 것이다. 108m 쌍둥이 첨탑은 당시의 손상으로 이제는 높이가 같지 않다고 한다.

내부는 13세기 때 그려진 프레스코화, 르네상스 양식의 의자와 계단, 벽에 새겨진 상형문자가 볼만하다. 이 상형문자는 키릴 문자의 원형으로 크로아티아에서 10~16세기에 사용한 글자다. 상형문자 앞에는 예수상과 기도하는 성모상이 있고 사람들이 기도할 수 있는 제단도 마련돼 있다. 성당 앞에는 성모상과 수호성인의 화려한 조각상이 있다. 작품 사진을 찍고 싶다면 조각상을 모델로 삼고 대성당을 찍어보자.

주소 Kaptol 31
운영 월~토 10:00~17:00, 일 13:00~17:00
입장료 무료
가는 방법 반젤라치크 광장에서 도보 5분

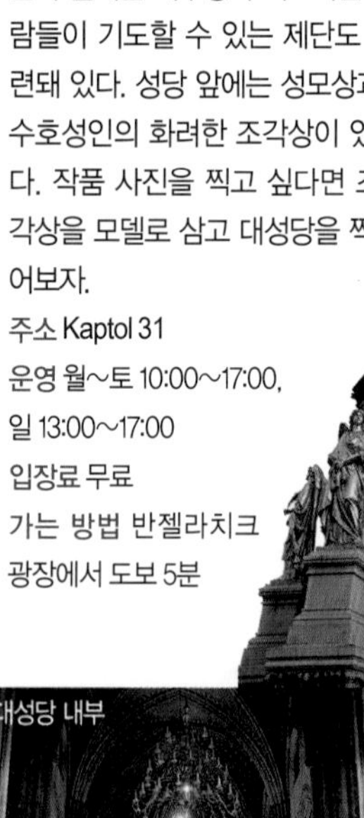

대성당 내부

● 꽃누나 코스

돌라체 시장 Dolac

Map P.379-A2

1926년에 만든 노천광장에서 열리는 중앙시장은 대성당 길을 따라 올라가면 만날 수 있다. 아침 일찍 문을 열어서 대개 오후 3~4시쯤이면 파장 분위기가 역력하니 크로아티아인들의 분주하고 활기찬 모습을 보고 싶다면 아침 일찍 서두르자. 시장 옆 골목길에 있는 작은 식당들은 시장 구경을 하다 허기진 배를 달래기에 그만이다.

휴무 일요일 가는 방법 반젤라치크 광장에서 도보 5분

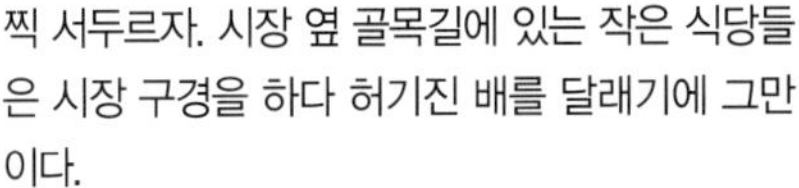

돌의 문 Kamenita Vrata

Map P.379-A2

반젤라치크 광장에서 북쪽으로 라디체바 Radiceva 거리로 올라가는 골목에 아치로 된 작은 터널이 보인다. 지금은 쓸쓸히 하나만 남아 있지만 13세기에는 모두 5개의 문이 있었다고 한다. 전해내려 오는 이야기에 따르면 1731년 화재로 다른 문들이 모두 타 버렸을 때, 성모 마리아와 예수 그림이 놓여 있던 이곳만 무사했다고 한다. 그후 사람들은 이곳에 작은 제단을 만들어 놓고 기적을 바라며 감사기도를 드린다고 한다. 지금도 기도를 드리기 위해 찾아오는 사람들의 발길이 끊이지 않는다.

가는 방법 반젤라치크 광장에서 도보 10분

● 꽃누나 코스 ● 뷰 포인트

성 마르코 성당 Crkva Sv. Marka

Map P.379-A2

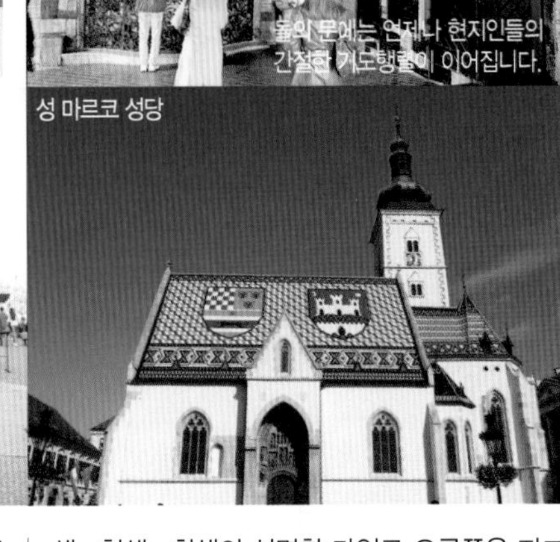
돌의 문에는 언제나 현지인들의 간절한 기도행렬이 이어집니다.

성 마르코 성당

자그레브의 기념엽서에 자주 등장하는 이 성당은 마르코브 광장 중앙에 있다. 멀리서도 눈에 띄는 타일 모자이크의 독특한 지붕이 인상적이다. 갈색 · 청색 · 흰색의 선명한 타일로 오른쪽은 자그레브의 문장을, 왼쪽은 크로아티아의 문장이 새겨져 있다. 15세기에 그라데츠 지구의 정신적 지주로 건축된 성당은 외관은 고딕 양식이지만, 창문만은 로마네스크 양식으로 마무리되었다. 성당 근처에 있는 로트르슈차크 탑 Kula Lotrščak은 13세기에 세운 시내에서 가장 오래된 건축물로, 지금은 멋진 시내 전경을 감상할 수 있는 전망대로 사용하고 있다.

주소 Trg Sretog Marka 5

운영 특별 행사 중에만 입장 가능(ⓘ에서 확인)

가는 방법 반젤라치크 광장에서 도보 15분

자그레브의 베스트 뷰 포인트, 로트르슈차크 탑

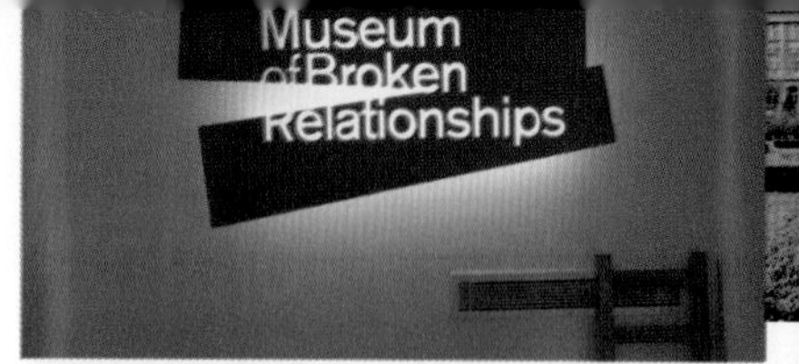

실연 박물관 Map P.379-A2
Muzej Prekinutih Veza

자그레브에서 가장 인기 있는 박물관. 이곳은 실연을 경험한 사람들로부터 기증받은 물품과 이야기를 전시하는 곳으로 실제 커플인 드라젠 그루비식과 올린카 비스티카가 4년의 열애 후 헤어짐을 추억하자는 의도에서 시작되었다. 사랑 · 죽음 · 배신에 의한 이별 및 헤어짐의 추억을 다른 사람에게 얘기하는 것만으로 상처는 치유되는 것일까? 전시품은 개구리 인형 · 빨간 드레스 · 하이힐 · MP3 같은 평범하지만 누군가에겐 의미 있는 물건들이다. 2011년 가장 혁신적인 유럽 박물관이 받는 상인 케네스 허드슨 상을 수상했다. 입구에 위치한 기념품점엔 기발한 상품들이 가득 있다. 특히, "기억을 지우는 지우개"는 누구에게나 인기 만점이다.

주소 Ćirikometodska 2 전화 01 485 10 21
홈페이지 brokenships.com
운영 6~9월 09:00~22:30 10~5월 09:00~21:00
입장료 일반 40kn, 학생 30kn

미마라 박물관 Map P.379-B3
Muzej Mimara

1987년 개관. 안테 토피츠 미마라 Ante Topic Mimara가 평생 수집한 작품들을 기증하면서 건립된 건물 세계 100대 박물관 가운데 하나다. 루즈벨트 광장 서쪽, 거대한 르네상스 양식의 외관과 정원은 멀리서도 한눈에 알아볼 수 있다. 관내에는 렘브란트 · 벨라스케스 등 유명 화가들의 회화와 조각, 아시아 미술품과 중동의 미술품, 유리공예품 등 3,700여 점이 넘는 작품들을 전시하고 있다.
1층은 동양 공예품과 유리공예 · 직물, 2층은 조각 · 응용예술품을 전시한다. 3층은 13~20세기에 걸친 서양 회화를 방대하게 전시하고 있어서 가장 볼 만하다. 기증자에 대한 예의로 미마라실이 따로 있다. 그의 얼굴 조각과 그가 사용하던 카펫 ·

안테 토피츠 미마라

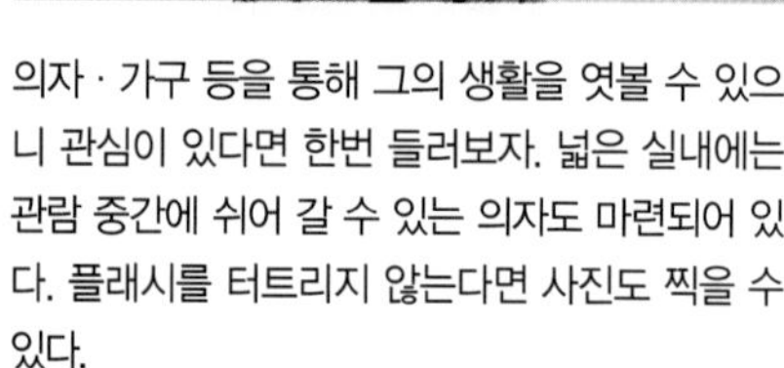
국립극장

의자 · 가구 등을 통해 그의 생활을 엿볼 수 있으니 관심이 있다면 한번 들러보자. 넓은 실내에는 관람 중간에 쉬어 갈 수 있는 의자도 마련되어 있다. 플래시를 터트리지 않는다면 사진도 찍을 수 있다.
박물관 대각선으로 있는 화사한 노란색 건물은 국립극장 Hrvatsko Narodno Kazalište으로 크로아티아에서 가장 규모가 큰 공연장이다. 1890년 대지진으로 붕괴된 것을 오스트리아 황제의 방문을 기념해 빈에서 온 건축가들이 다시 지었다고 하는데 너무 급히 만들어 완성도는 떨어진다.

가는 방법 반젤라치크 광장에서 도보 10분

• 미마라 박물관
주소 Trg Franklina Roosevelta 5
홈페이지 www.mimara.hr
운영 10~6월 화~수 · 금~토 10:00~17:00, 목 10:00~19:00, 일 10:00~14:00, 7~9월 화~금 10:00~19:00, 토 10:00~17:00, 일 10:00~14:00
휴무 월요일 입장료 일반 40Kn, 학생 30Kn

• 국립극장
주소 Trg Maršala Tita 15 티켓 요금 약 150~200Kn

자그레브는 수도인 만큼 크로아티아의 각 지방요리를 맛볼 수 있다. 레스토랑은 대부분 반젤라치크 광장 주변과 노천시장 뒤쪽에 있는 Tralčićeva 거리에 밀집해 있다. Tralčićeva 거리에는 분위기 좋은 카페와 레스토랑이 많아 현지인뿐만 아니라 여행자들의 발길도 끊이지 않는다. 저렴하게 한 끼를 해결하려면 역이나 길거리에서 파는 샌드위치, 조각 피자, 터키식 케밥 등이 적당하다.

Map P.379-A2

Kaptolska Klet

대성당 바로 맞은편에 있는 전통 요리 전문 레스토랑. 1982년에 오픈했다. 실내는 넓고 테이블도 커서 많은 인원을 수용할 수 있다. 특히 아이들 생일잔치 장소로 자주 이용된다. 음식은 푸짐하게 나오는데 약간 짤 수 있으니 주문할 때 미리 소금을 적게 넣어달라고 말하자.

주소 Kaptol 5
전화 01 4876 502
홈페이지 www.kaptolska-klet.eu
영업 11:00~24:00 예산 메인요리 45Kn~
가는 방법 대성당 맞은편

Map P.379-A3

Stari Fijaker 900

자그레브에서 가장 오래된 식당. 실내는 세련된 인테리어는 아니어도 원목을 이용해 차분하게 꾸몄다. 추천할 만한 메뉴로는 Zagrebački odrezaks가 있다. 치즈돈가스와 비슷한데, 치즈로 감싼 부드러운 고기를 튀겨 겉은 바삭바삭하고 속은 촉촉하다. 기호에 따라 약간 짜고 느끼할 수도 있으니 곁들이는 음식으로는 감자튀김보다 샐러드를 추천한다.

주소 Mesnička ulica 6 전화 01 4833 829
홈페이지 www.starifijaker.hr 영업 월~토 11:00~23:00, 일 · 공휴일 11:00~22:00 예산 Zagrebački odrezaks 70kn~
가는 방법 반젤라치크 광장에서 도보 10분

Map P.379-A2

VINCEK

현지인에게 인기 있는 카페 겸 아이스크림 전문점. 자그레브의 달콤한 맛에 빠지고 싶다면 꼭 들러보자. 테이크아웃도 가능하고, 테이블에 앉아 느긋하게 즐길 수도 있다.

주소 Ilica 18 전화 01 483 3612
홈페이지 www.vincek.com.hr
영업 08:30~23:00 예산 아이스크림 5Kn~
가는 방법 반젤라치크 광장에서 도보 5분

맛있는 아이스크림 주문하기!

다른 유명 관광도시에 비해 숙박시설이 적은 편이다. 하지만 종류는 호텔부터 호스텔 · 민박 등 다양하다. 체류기간이 3박 이상이라면 아파트를 렌트하는 것도 좋은 방법이니 ⓘ에 문의해 보자. 여름 성수기에는 방 구하기가 어려우므로 미리 예약하자.

Map P.379-A3

Swanky Mint Hostel

TV 프로그램 〈꽃보다 누나〉에 나온 호스텔. 19세기 후반 드라이클리닝과 섬유 염색 공장을 호스텔로 개조한 곳으로, 편안하고 자연 친화적인 분위기다. 1 · 2인실, 4인실, 8~11인 도미토리가 있다. 조식은 유료지만 주방이 넓고 취사 시설을 잘 갖추고 있어 음식을 해먹기 부담 없다. Wi-Fi · 시트 · 수건을 무료로 이용할 수 있으며, 위치상 구시가 관광을 걸어서 할 수 있다.

주소 Ilica 50 전화 01 4004 248

홈페이지 www.swanky-hostel.com

요금 도미토리 100kn~

가는 방법 반젤라치크 광장에서 도보 5분 또는 버스터미널에서 트램 6번(Črnomerec 방향)타고 7번째 정류장 Frankopanska 역 하차 후 트램을 등지고 왼쪽으로 도보 3분

Map P.379-B1

Hostel Palmers Lodge Zagreb

2014년 우수 호스텔로 선정된 인기 있는 호스텔. 오픈한 지 얼마 안 돼 매우 깨끗하고 쾌적하다. 리셉션은 24시간 운영되고 Wi-Fi, 주방 등은 무료로 이용할 수 있다. 중앙역 근처에 위치 구시가까지도 걸어서 갈 수 있어 시내 관광이 편리한 편이다.

주소 Ulica kneza Branimira 25 전화 01 8892 868

홈페이지 www.palmerslodge.com.hr

요금 8인실 도미토리 102kn~

가는 방법 중앙역에서 도보 5분

Map P.379-B2

Omladinski Youth Hostel

중앙역에서 도보 7분 거리에 있는 공식유스호스텔. 규모가 꽤 큰 편이다. 위치가 좋아 시내 관광이 편리하나 체크아웃 시각이 오전 9시로 이른 편이다.

주소 Petrinjska 77

전화 01 484 1261 홈페이지 www.hfhs.hr

요금 6인 도미토리 €15.70~, 2인실 €40~

가는 방법 중앙역 맞은편에서 오른쪽으로 걸어가다 HOTEL CENTRAL 오른쪽 골목으로 들어가서 3분 정도 걷다 보면 호스텔 간판을 찾을 수 있다.

Map P.379-A3

Chillout Hostel Zagreb

반젤라치크 광장에서 가까운 대형 호스텔. 5층 건물로 약 200명이 머물 수 있다. 방마다 연두색 · 주황색 · 빨간색 · 노란색등 원색을 이용해 꾸며 실내가 화사하다. 1 · 2인실은 개인욕실이 방안에 딸려 있으며 4 · 6 · 8인실 도미토리는 공동 욕실과 화장실을 이용해야 한다. Wi-Fi 및 주방 사용은 무료이다.

주소 Tomićeva ulica 5A

전화 01 4849 605

홈페이지 www.chillout-hostel-zagreb.com

요금 8인 도미토리 75kn~

가는 방법 반 젤라치크 광장에서 도보 7분

죽기 전에 꼭 봐야 하는 천혜의 비경

플리트비체 국립호수공원

Nacionalni Park Plitvička Jezera

버스에서 내리는 순간, 맑은 공기가 머리를 정화시킨다. 요정들이 살 것 같은 아름다운 플리트비체를 보기 전에 자연이 주는 배려 같다. 플리트비체는 말라카펠라 산과 플리에세비카 산에 있는 크로아티아 최초의 국립공원이다. 울창한 숲 속에 16개의 에메랄드빛 호수가 계단식으로 펼쳐지고 호수 위로 크고 작은 폭포가 흘러내려 천혜의 비경을 이룬다. 뿐만 아니라 보호가치가 높은 동 · 식물의 서식지로도 인정되어 세계자연유산으로 지정되어 있다.

아주 먼 옛날 곡식과 동물이 말라 죽을 만큼 심각한 가뭄이 들자 절망에 빠진 사람들은 비가 오기만을 간절히 빌었다. 그들의 기도가 하늘에 닿았는지 어느날 검은 여왕이 나타나 천둥과 번개를 계곡에 보내 며칠 동안 비를 뿌렸다고 한다. 계곡의 생명체들은 초록을 되찾았고 이때 호수와 폭포가 생겼다는 전설이 전해진다. 그 어떤 과학적인 설명보다 동화 같은 전설이 이곳 생성에 대한 설명에 더 어울린다. 천혜의 비경을 자랑하는 이곳 풍경은 유럽의 어느 유명 작품보다 더욱 빛난다.

이런 사람 꼭 가자

유럽에서도 손꼽는 천혜의 비경을 감상하고 싶다면
자연을 벗삼아 등산과 하이킹을 즐기고 싶다면

INFORMATION 인포메이션

유용한 홈페이지

플리트비체 관광청 www.np-plitvicka-jezera.hr
숙박정보 · 예약 www.tzplitvice.hr

관광안내소

• ULAZ 1 · 2의 ⓘ

지도 판매(20Kn), 추천 코스와 소요시간, 숙박정보와 예약, 버스 스케줄 등을 문의해 보자. 동절기에 ⓘ · ULAZ 2가 문을 닫았을 때는 매표소가 ⓘ를 대신한다.
운영 ULAZ 1 동절기 08:00~16:00, 하절기 07:00~20:00, ULAZ 2 6~8월 08:00~19:00, 4~5월 · 9월 09:00~17:00(동절기엔 폐쇄)

ACCESS 가는 방법

자그레브와 자다르 Jadar에서 버스를 이용해 올 수 있다. 플리트비체 국립호수공원은 입구가 두 곳에 있다. ULAZ 1과 ULAZ 2. 버스를 타고 행선지를 말하면 운전사가 어느 입구에서 내릴지 물어보므로 미리 생각해 두는 게 좋다.
플리트비체 버스정류장은 숲 속 한가운데 있는 고속도로에 있다. 내리는 순간 아무 것도 없는 고속도로를 보고 여행자들은 당황하기 쉬운데 당황하지 말고 조금만 주위를 살피면 육교가 보인다. 육교 쪽으로 걸어가면 ULAZ 1과 ULAZ 2 입구를 쉽게 찾을 수 있다. ULAZ 1 · ULAZ 2 입구에는 국립공원 ⓘ와 매표소가 있다. 중앙 ⓘ와 매표소, 호텔, 레스토랑 등이 있는 곳은 ULAZ 2다. ULAZ 1과 ULAZ 2는 도보로 10분 남짓 떨어져 있다. 플리트비체에서 돌아갈 때는 버스가 만석이면 서지 않고 그냥 지나치기 때문에 다음 버스를 기다려야 한다.

• 버스 요금

자그레브 → 플리트비체 93Kn
자다르 → 플리트비체 85Kn

주간이동 가능 도시

출발		도착	소요시간
플리트비체	▶▶	자그레브	버스 2시간 30분
플리트비체	▶▶	자다르	버스 3시간

ULAZ 1 ⓘ

ULAZ 2 입구

ULAZ 1 입구

ULAZ 2 ⓘ

플리트비체 완전 정복

master of Nacionalni Park Plitvička Jezera

플리트비체 관광은 자그레브와 자다르에서 당일치기가 가능하지만, 공원 근처의 숙소에 2~3일 머물면서 국립공원 구석구석을 여유롭게 돌아보는 것이 좋다. 국립공원이 가장 아름다운 시기는 단풍이 물드는 가을. 그리고 눈 녹은 물이 흘러내리는 폭포의 모습이 장관을 이루는 봄이다. 11~3월은 비수기로 전 지역이 눈으로 뒤덮이고 12월과 1월에는 호수가 얼어붙는다.

비수기에는 일부 상부 호수와 하부 호수만 감상할 수 있다. 나무 널판지를 연결해 놓은 국립공원의 등산로는 평탄하고 잘 정비되어 있어 노인이나 어린이도 무난히 걸을 수 있으므로 느긋하게 산책하듯 돌아보는 게 포인트다. ⓘ에서는 개인의 체력 · 시간 · 선호도 · 계절 등을 고려한 루트가 다양하게 개발되어 있다. 또한 국립공원을 순환하는 버스와 아름다운 호수를 돌아보는 유람선을 활용해 관광의 흥취를 한껏 돋운다. ⓘ에 들러 여행 루트를 상담하고 유료 지도를 구입하자. 지도에는 유람선 승선장(P)과 버스정류장(ST) 표시가 있다. 국립공원에서 개발한 모든 루트는 각 정류장이 연결되어 있으니 각 포인트를 찾아가는 길이 감상 포인트다. 국립공원 안에서도 P와 ST 표지판을 쉽게 찾을 수 있으므로 지도와 안내표지판을 따라 가기만 하면 쉽게 돌아볼 수 있다.

★알아두세요

❶산악지대인 만큼 한여름에도 24℃를 넘지 않는다. 등산에 걸맞는 따뜻한 옷과 신발은 필수! ❷공원 안에는 먹을거리를 살 곳이 마땅치 않으니 반드시 도시락 · 음료 · 간식 등을 미리 준비해 가야 한다. ❸입장료에는 유람선과 버스 요금이 포함되어 있다. ❹기념품이나 엽서 등은 ⓘ에서 구입하자. 우표도 판다. ❺메인 출구는 ULAZ 2. 현대적으로 꾸며져 있고 호텔 · 레스토랑 등이 있다.

★Best Course

• 예상 소요 시간 하루

계절에 상관 없이 연중 돌아볼 수 있는 코스. 상 · 하부의 핵심 호수와 폭포를 감상할 수 있고 하이킹 · 유람선 · 버스 등도 모두 경험할 수 있다.

출발

ULAZ 2 시작

↓도보 5분

ST2

유람선을 타고 플리트비체에서 가장 큰 코즈야크 Kozjak 호수를 감상할 수 있다. 크고 작은 폭포와 호수 중앙에 있는, 1888년에 호수를 방문한 스테파니야 Stefanija 공주의 이름을 딴 섬도 구경해 보자.

↓유람선 이용, 약 20분

P3

유람을 마치고 P3에 도착하면 계곡의 뷰 포인트를 향해 오르막길을 오르자. 계곡을 따라 뷰 포인트 표지판이 있는 곳은 하나도 놓치지 말고 감상하자. 마지막 뷰 포인트는 상부 호수에서 90° 각도로 엄청난 소리를 내며 밀라노바츠 Milanovac 호수로 물이 떨어지는 곳이다. 이곳에서 오던 길을 조금만 걸어가면 아래 호수로 내려갈 수 있는 가파른 계단이 나온다.

↓도보 15분

계곡 밑 호수군

굉음을 내며 흘러내리는 폭포 아래서 기념사진을 찍고 천천히 제방을 따라 걸으면서 밀라노바츠 호수 Milanovac, 가바노바츠 호수 Gavanovac, 칼루데로바츠 호수 Kaluderovac 등을 차례로 감상하자.

여기서 반대편으로 건너가 계단을 따라 올라가면 버스를 타고 국립공원 입구로 갈 수 있다. 또는 시간과 에너지가 남는다면 P3까지 호숫가를 따라 산책하듯 걸어가면 된다. 거기에서 유람선을 타고 ULAZ 2까지 간다.

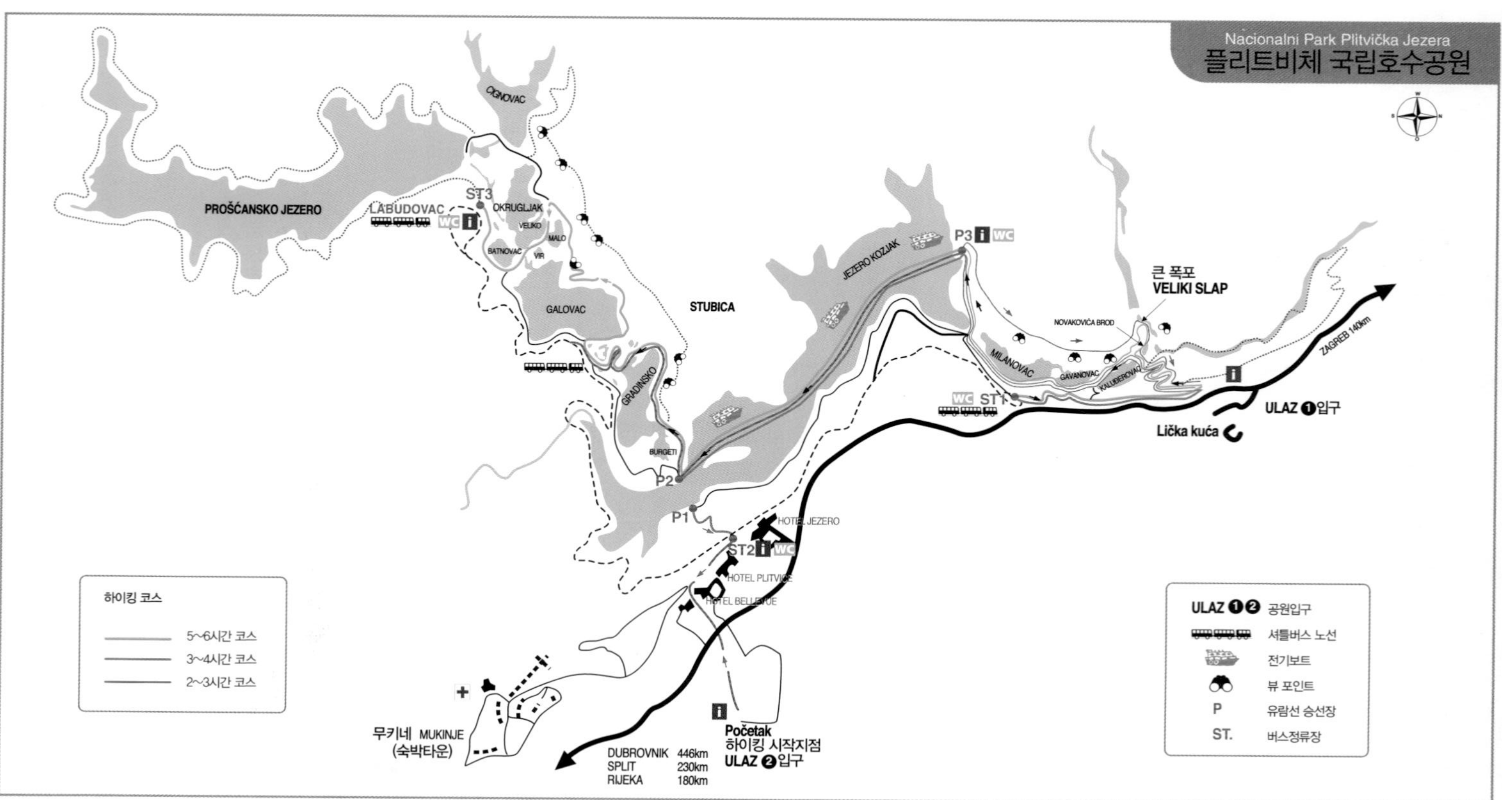
Nacionalni Park Plitvička Jezera
플리트비체 국립호수공원
PROŠĆANSKO JEZERO
LABUDOVAC
ST3
OKRUGLJAK
VELIKO
MALO
BATNOVAC
VIR
CIGINOVAC
GALOVAC
STUBICA
GRADINSKO
BURGETI
P2
P1
JEZERO KOZJAK
P3
MILANOVAC
GAVANOVAC
KALUĐEROVAC
NOVAKOVIĆA BROD
큰 폭포
VELIKI SLAP
ST1
ZAGREB 140km
ULAZ ❶입구
Lička kuća
HOTEL JEZERO
ST2
HOTEL PLITVICE
HOTEL BELLEVUE
Početak
하이킹 시작지점
ULAZ ❷입구
DUBROVNIK 446km
SPLIT 230km
RIJEKA 180km
무키네 MUKINJE
(숙박타운)
하이킹 코스
5~6시간 코스
3~4시간 코스
2~3시간 코스
ULAZ ❶❷ 공원입구
셔틀버스 노선
전기보트
뷰 포인트
P 유람선 승선장
ST. 버스정류장

계곡에서 가파른 계단을 내려와서 호수에 사는 송어떼와 인사를 나누고 아름다운 들꽃 사진도 찍어보자. 가다가 지치면 준비해 온 도시락을 먹고, 몸도 맘도 호수의 정취에 흠뻑 젖었다면 감상문이나 사랑하는 이에게 엽서도 써보자. 지금의 감동을 하나도 빼놓지 말고 실어 보내보자.

• 꽃누나 코스 • 핫스폿 • 유네스코

플리트비체 국립호수공원 Nacionalni Park Plitvička Jezera

Map P.388

플리트비체 국립호수공원은 상층부의 큰 호수와 하층부의 자그마한 호수로 나뉜다. 원래 하나였던 강물이 탄산칼슘과 염화마그네슘으로 분리되는 과정에서 생긴 석회 침전물이 쌓이고 쌓여서 자연스럽게 계단식으로 둑을 이루어 16개의 호수가 생겼으며, 그 호수들 사이에 100여 개의 폭포가 있다. 가장 높은 곳에 있는 호수는 해발 637m, 가장 낮은 곳에 있는 호수는 해발 503m에 있다. 호수면이 유난히 선명한 에메랄드빛을 띠고 있는 것은 물 속의 하단에 석회성분이 눈부신 태양 아래 빛나고 있기 때문이다. 수심에 따라 푸른빛과 짙은 에메랄드빛이 아름답게 교차한다. 상부 호수는 백운석으로 된 계곡과 울창한 숲에 둘러싸여 있고 각각의 호수에는 크고 작은 폭포가 흐른다. 하부 호수는 상부 호수에서 흘러내려온 물의 압력으로 땅 속 동굴이 무너지면서 생성된 것으로 수심이 얕고 그다지 크지 않다. 플리트비체는 대자연의 섭리에 따라 앞으로 얼마나 많은 제방과 호수가 생길지 모른다. 유람선을 타고 상큼한 강바람을 쐬면서 아름다운 자연을 만끽하고 계곡에 올라 제방과 잡목으로 나뉘어 있는 에메랄드빛 호수들의 신비로운 조화를 체험해 보자.

• 백운암층의 상부 호수 Gornja Jezera

Prošćansko · Ciganovac · OkrugljaK · Batinovac · Veliko · Malo · Vir · Galovac · Gradinsko · Burgeti · Kozjak 호수

• 운회암층의 하부 호수 Donja Jezera

Milanovac · Gavanovac · Kaluderoac · Novakovića Brod 호수

• 플리트비체 국립공원

운영 07:00~20:00

입장료 1~3 · 11~12월 일반 60kn, 학생 50kn, 4~5 · 10월 일반 100kn, 학생 75kn, 6~9월 일반 250kn, 학생 160kn(16:00 이후 일반 150kn, 학생 100kn)

위에서 내려다본 호수의 모습입니다.

쉬는 즐거움 Hotel

국립공원 안 ULAZ 2 입구에 Jezero · Plitvice · Bellevje 등 3개의 고급 호텔이 있지만 배낭여행자를 위한 저렴한 숙소는 없다. 그나마 입구에서 도보로 20~30분 거리에 있는 예제르체 Jezerce와 무키네 Mukinje 마을이 베드타운으로 집집마다 민박을 운영한다. 대부분 2~3층의 예쁜 전원주택인 데다 현지인과 친밀감도 더해져서 두고두고 잊지 못할 추억이 된다. 숙박 예약은 ⓘ에서 할 수 있고 또는 민박집 주인이 버스 도착시각에 맞춰 차를 몰고 나와 호객을 하기도 한다. 비수기에는 흥정도 가능하다.
국립공원에서 무키네 마을까지는 고속도로를 따라 걸어가도 되지만 차량 통행이 많아 위험할 수 있으니 숲길을 따라가는 게 안전하다. 슈퍼마켓 · 레스토랑도 있어 편리하고 바로 맞은편 마을이 예제르체다.

편하게 머물렀던 숙소. 할아버지, 할머니의 정을 느낄 수 있었답니다.

원목으로 된 숙소 내부

마을 입구

Milan Brajković

주인 할아버지가 버스 도착시각에 맞춰 차를 몰고 나오셔서 온화한 미소를 던지며 호객행위를 한다. 영어는 단 한 마디도 못하지만 모든 의사소통이 몸짓과 표정으로도 통한다. 3층짜리 전원주택으로 방 · 거실 · 주방 · 화장실이 분리된 넓은 집을 빌려준다. 2~3층은 손님방이고 1층은 친절한 노부부의 안채다. 슈퍼마켓은 길 건너 무키네 마을 정상에 있다.

주소 Jezerce 14

전화 053 53 774 736, 휴대폰 098 975 2260

요금 240Kn(비수기/1박당)

가는 방법 예제르체 마을에 위치. 국립공원에서 도보 20분

달마티아 지방의 주도 主都 자다르

Zadar

고대 로마 시대의 문헌에도 등장하는 자다르는 3,000년 역사를 간직하고 있는 고도 古都다. 중세시대에는 슬라브의 상업 · 문화의 중심지였으며, 오늘날은 달마티아 지방의 주도다. 14세기 말 크로아티아 최초의 대학이 자다르에서 설립되었고, 프랑스의 식민지 시절에는 모국어로 된 최초의 신문을 발행하기도 했다. 19세기 후반에는 달마티아 지역의 문화국가 재건운동의 중심지가 되어 '지식인의 도시'로도 불리었다.

구시가에는 고대 로마와 중세의 유적이 곳곳에 보존되어 있고, 아름다운 해변에는 세계 유일의 바다 오르간이 설치돼 있어 파도의 움직임에 따라 자연의 음악을 토해낸다. 근교에 있는 140여 개의 신비의 섬으로 이뤄진 코르나티 군도 Kornati는 세익스피어의 희곡 『12夜』의 배경으로 알려져 있어 해마다 수많은 관광객이 이곳을 찾는다.

이런 사람 꼭 가자

고대 로마 유적이 있는 달마티아 지방의 주도에 관심이 있다면
세계 최초로 파도가 연주하는 바다 파이프 오르간이 궁금하다면

INFORMATION 인포메이션

유용한 홈페이지

자다르 관광청 www.tzzadar.hr

관광안내소 Map P.394-B2

• 중앙 ⓘ
무료 지도 및 가이드북을 받을 수 있고 근교 플리트비체 국립공원으로 가는 교통정보를 얻을 수 있다.
주소 Mihe Klaića 2(나로드니 광장 내)
전화 023 316 166 운영 9~6월 월~금 08:00~20:00, 토~일 09:00~14:00, 7~8월 월~금 08:00~22:00, 토~일 09:00~22:00

슈퍼마켓

구시가에서 가장 가까운 슈퍼마켓은 나로드니 광장 Trg Narodni에서 시로카 대로 작은 사거리 오른쪽에 있는 Konzum이다.

ACCESS 가는 방법

크로아티아 최대의 관광지인 달마티아 지방의 주도인 만큼 교통의 중심지다. 버스가 가장 편리하고, 운행편수도 많다. 또한 항구도시여서 페리 노선도 발달해 있다.

버스 Map P.394-C2

버스터미널은 스플리트에서 남동쪽으로 115㎞에 위치. 국제선으로는 독일 · 오스트리아 · 스위스행, 국내선으로는 두브로브니크 · 스플리트 · 리예카 · 플리트비체 · 자그레브 등 크로아티아의 각 도시를 연결하는 노선이 발달해 있다. 특히 자그레브와 자다르 구간 버스는 중간에 플리트비체를 경유하기 때문에 가장 많이 이용하는 노선이다.
자다르 버스터미널 Autobusni Kolodvor은 새로 지은 건물이어서 현대적이고 깨끗하다. 버스가 출발하는 각 플랫폼 앞은 노천카페가 즐비해 차를 마시면서 시간을 때우기에 그만이다. 터미널에서 구시가지까지는 도보로 약 20분. 터미널 앞에서 길을 건넌 다음 슈퍼마켓 Konzum 옆으로 직진해 항구까지 내려간 후 성벽을 따라 걸으면 구시가가 나온다.

• 버스 요금
자다르→플리트비체 국립호수공원 편도 85Kn

페리 Map P.394-B1

달마티아 해안의 항구도시 자다르. 대부분의 페리가 이곳에 정박한다. 가장 인기 있는 국제선으로는 이탈리아의 앙코나를 왕래하는 페리다. 성수기에는 매일, 비수기에도 주 3~4회씩 운항한다. 모든 운항편이 밤에 출발해 아침에 도착하는데 대략 9시간 걸린다.
그밖에 리예카를 출발해서 아름다운 섬과 아드리아 해안의 주요 해안도시를 경유해 최종 목적지인 두브로브니크까지 운항하는 페리가 있다. 가장 인기 있는 노선이므로 한여름에는 반드시 예약해야 한다. 크로아티아의 대표적인 페리 회사인 야드롤리니야 사무실은 구시가의 Liburnska obala 거리에 있다. 항구에서 구시가까지 도보 5분.

• 페리 요금
자다르→앙코나 €40~(데크, 비수기)
자다르→두브로브니크 €40~(데크, 비수기)

• 페리 회사
야드롤리니야 Jadrolinija www.jadrolinija.hr

주간이동 가능 도시

자다르	▶▶	스플리트	버스 3시간
자다르	▶▶	플리트비체 국립호수공원	버스 3시간
자다르	▶▶	자그레브	버스 3시간 30분~5시간 또는 열차 7시간
자다르	▶▶	두브로브니크	버스 8~9시간
자다르	▶▶	앙코나	페리 9시간

※현지 사정에 따라 열차 운행시간 변동이 크니, 반드시 그때그때 확인할 것

자다르 완전 정복

master of Zadar

자다르 관광은 한나절이면 충분하지만 당일치기 근교 여행지로 삼기에는 무리가 있다. 일반적으로 스플리트, 자다르, 플리트비체, 자그레브 순으로 여행하는 도중에 들러 1박을 하고 시내 관광을 하면 좋다.

성벽에 둘러싸인 요새도시 자다르의 구시가는 중앙을 가르는 시로카 대로 Široka ulica를 중심으로 관광명소가 흩어져 있다. 그래서 두브로브니크의 구시가와 가장 많이 닮은 곳이기도 하다. 구시가 자체가 워낙 작아 천천히 돌아봐도 한나절이면 충분하다. 가장 먼저 시내 관광의 하이라이트인 대성당과 포룸을 돌아본 후 성당 옆 종탑에 올라가 보자. 마치 바다 위에 떠 있는 듯한 구시가의 아름다운 전경을 한눈에 감상할 수 있다. 그리고 최대 번화가이자 쇼핑가인 시로카 대로를 따라 천천히 걸어보자. 대로와 연결된 골목골목에는 아기자기한 기념품점과 상점 · 레스토랑 등이 곳곳에 숨어 있다. 발길 닿는 대로 구시가를 돌아본 후 바다 오르간이 있는 해변으로 가보자. 세상에서 하나뿐인 계단식으로 된 바다 오르간에 앉아 귀를 기울이면 파도가 연주하는 자연의 음악 소리가 들려온다. 특히 석양 무렵이면 낭만적인 분위기에 여행의 피로가 한순간에 날아간다.

자다르에서는 태고의 자연을 감상할 수 있는 코르나티 국립공원 투어도 인기가 있다. 진정 아드리아 해를 만끽하고 싶다면 시간을 할애해 여행사에서 주최하는 투어에 참여해 보자. 여행사는 구시가 곳곳에 있어 쉽게 찾을 수 있다. ⓘ에 문의하는 것도 좋다.

★시내 관광을 위한 Key Point

- **랜드마크** 시로카 대로 Široka ulica
- **쇼핑가** 시로카 대로가 최대 번화가이자 쇼핑가다.

★Best Course

5개의 우물 → 나로드니 광장 & 시로카 대로 → 성 아나스타샤 대성당 → 포룸 → 성 도나타 성당 → 바다 오르간

- 예상 소요 시간 한나절

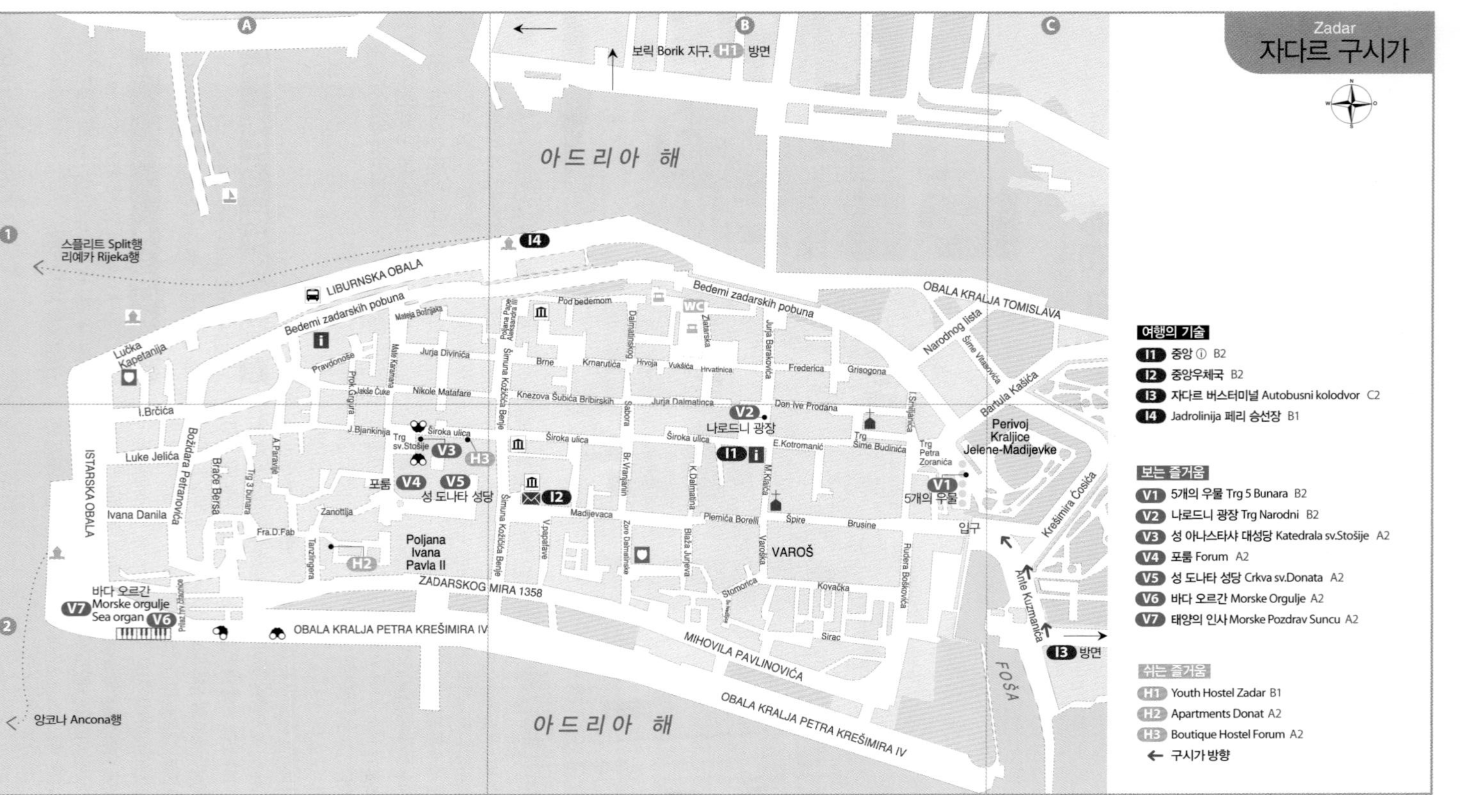
Zadar
자다르 구시가
여행의 기술
I1 중앙 ⓘ B2
I2 중앙우체국 B2
I3 자다르 버스터미널 Autobusni kolodvor C2
I4 Jadrolinija 페리 승선장 B1
보는 즐거움
V1 5개의 우물 Trg 5 Bunara B2
V2 나로드니 광장 Trg Narodni B2
V3 성 아나스타샤 대성당 Katedrala sv.Stošije A2
V4 포룸 Forum A2
V5 성 도나타 성당 Crkva sv.Donata A2
V6 바다 오르간 Morske Orgulje A2
V7 태양의 인사 Morske Pozdrav Suncu A2
쉬는 즐거움
H1 Youth Hostel Zadar B1
H2 Apartments Donat A2
H3 Boutique Hostel Forum A2
← 구시가 방향
보릭 Borik 지구, H1 방면
아드리아 해
스플리트 Split행
리예카 Rijeka행
앙코나 Ancona행
I3 방면
LIBURNSKA OBALA
Bedemi zadarskih pobuna
OBALA KRALJA TOMISLAVA
OBALA KRALJA PETRA KREŠIMIRA IV
MIHOVILA PAVLINOVIĆA
ZADARSKOG MIRA 1358
ISTARSKA OBALA
Lučka Kapetanija
Perivoj Kraljice Jelene-Madijevke
Poljana Ivana Pavla II
VAROŠ
FOŠA
나로드니 광장
5개의 우물
성 도나타 성당
포룸
바다 오르간
Morske orgulje
Sea organ
입구
Ante Kuzmanića
Krešimira Ćosića
Bartula Kašića
Narodnog lista
Šime Vitasovića
Široka ulica
Trg sv.Stošije
Trg Šime Budinića
Trg Petra Zoranića
Don Ive Prodana
E.Kotromanić
Jurja Barakovića
Jurja Dalmatinca
Knezova Šubića Bribirskih
Šimuna Kožičića Benje
Nikole Matafare
Jurja Divinića
Pod bedemom
Dalmatinskog
Zlatarska
Frederica
Grisogona
Kmarutića
Brne
Hrvoja
Vukšića
Hrvatinica
Sabora
Br.Vranjanin
K.Dalmatina
M.Klaića
Plemića Borelli
Špire
Brusine
Rudera Boškovića
Varoška
Stomorica
Kovačka
Sirac
Blaža Jurjeva
Zore Dalmatinske
Madijevaca
V.papafave
I.Smiljanića
J.Bjankinija
Prok.Grgura
Jakše Čuke
Mate Karamana
Mateja Bošnjaka
Pravdonoše
A.Paravije
Trg 3 bunara
Fra.D.Fab
Zanottija
Tanzlingera
Braće Bersa
Božidara Petranovića
Luke Jelića
Ivana Danila
I.Brčića
WC

보는 즐거움 Attraction

로마인은 이곳을 지배하는 동안 포룸 · 신전 · 극장 · 시장을 세우고 전형적인 고대 로마 도시를 건설했다. 중세에는 기독교가 세력을 떨치면서 고대 유적지 옆에 성당을 건축했다. 수차례의 외세 침략으로부터 도시를 지켜내기 위해 세운 견고한 성채에 가려져 있던 자다르는 지금에야 그 베일을 벗고 전 세계인에게 그들의 역사를 보여주고 있다.

5개의 우물
Trg 5 Bunara

Map P.394-B2

16세기 베네치아인들은 오스만투르크의 공격에 대비해 식수를 확보하기 위한 저수지를 만들고 5개의 우물을 팠다. 그후 다행히 공격을 모면하고 지금까지 잘 보존해 오고 있다. 장식이 돋보이는 5개의 우물이 일렬로 서 있는 모습에서 건축 당시 단순한 식수 공급 외에 시각적인 면도 중요시했음을 알 수 있다.

가는 방법 버스터미널에서 도보 20분

Travel PLUS 셰익스피어의 희곡『12夜』의 배경, 코르나티 군도

코르나티는 지중해에서 가장 많은 수의 크고 작은 섬으로 구성된 군도다. 약 147개 섬으로 이루어져 있으며, 그 가운데 100여 개 섬은 빼어난 자연미와 생태학적 가치를 인정받아 국립공원으로 지정되어 있다. 코르나티라는 호칭은 군도 중에서 가장 큰 섬의 이름을 따서 부르게 된 것이다. 사람이 살 수 없는 작은 무인도나 암초들 외에도 대부분의 섬에는 상주 인구가 없으며 다만 별장을 소유하고 올리브 · 포도원 · 과수원 등을 가꾸는 사람들이 내왕하고 있을 뿐이다.

자다르에서 출발하는 코르나티 관광 코스 가운데 가장 인기 있는 것은 무인도에서 색다른 경험을 해볼 수 있는 '로빈슨 투어'와 배를 타고 낚시 · 수영 · 세일링 · 스쿠버다이빙 · 스노클링 등 다양한 해양 스포츠를 즐길 수 있는 프로그램이다.

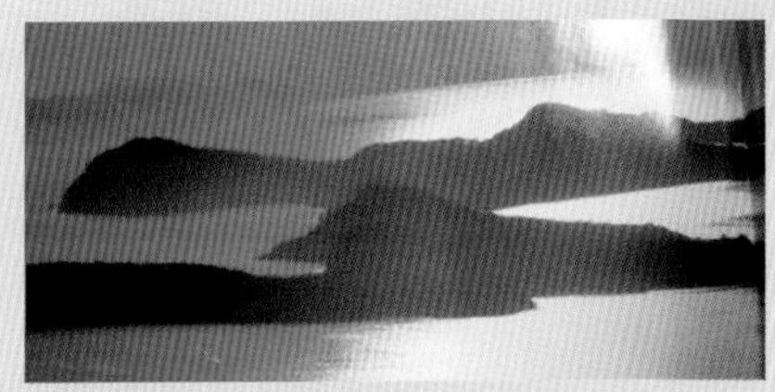

투명한 바다와 크고 작은 섬들이 자아내는 환상적이고 이국적인 풍경은 쉽게 발길을 돌리지 못하게 하며 잊을 수 없는 추억을 만들어준다. 각종 매체마다 섬의 개수가 다르게 나오는 것은 섬이 너무 많아 정확한 개수를 파악하기 어렵기 때문이다.

나로드니 광장 Map P.394-B2
Trg Narodni

구시가의 중심 시로카 대로 Široka ulica 한가운데 있는 중세시대 광장. 아담한 광장 바닥은 하얀 대리석이 깔려 있어 언제나 반짝반짝 윤이 난다. 광장 주위를 시계탑 · 시청사 · 공개재판소 등이 둘러싸고 있으며, 날씨 좋은 날에는 광장 중앙에 노천카페가 열린다. 시민들의 휴식처이자, 만남의 장소인 광장에서 사람 구경도 할 겸 카페에 앉아 차를 마시면서 여유를 즐겨보자.

가는 방법 5개의 우물에서 도보 5분

• 뷰 포인트

성 아나스타샤 대성당 Map P.394-A2
Katedrala Sv. Stošije

시로카 대로가 끝나는 지점에 웅장하게 서 있는 대성당은 9세기에 비잔틴 양식으로 지어졌다가 12 · 13세기에 로마네스크 양식으로 재건축되었다. 달마티아 지방에서 가장 큰 성당으로 3개의 회랑과 2개의 장미 모양 창문이 독특한 것으로 유명하다. 성당 지하에는 9세기 도나타 주교가 헌정한 성 아나스타샤의 대리석 석관과 유품이 진열되어 있다. 성당과 나란히 서 있는 종탑은 15세기에 완공되었고, 바다 위의 구시가 전경을 감상할 수 있는 훌륭한 전망대다.

주소 Trg Svete Stošije

운영 08:00~13:00, 17:00~18:30

가는 방법 나로드니 광장에서 도보 5분

• 핫스폿

포룸 Map P.394-A2
Forum

포룸은 고대 로마 도시 특유의 시민광장으로 집회장이나 시장으로 사용된 장소다. 자다르의 포룸은 AD1~3세기에 로마의 황제 아우구스투스 Augustus가 세웠다. 면적이 90m×45m로 아드리아 해의 동부 해안에서 가장 큰 로마 시대 광장이지만 제2차 세계대전 때 폭격으로 손상되고 말았다. 이후 1964년에 시작한 복구작업이 아직까지 진행 중이다. 1840년까지 형을 선고받은 죄수들이 사슬에 매여 수치심을 느끼는 데 사용한 '수치심 기둥'이 한쪽 구석에 남아 있다. 광장을 중심으로 시대별 다양한 양식의 건축물이 즐비해 자다르의 건축박물관으로도 불린다.

가는 방법 성 아나스타샤 대성당 앞

성 도나타 성당 Map P.394-A2
Crkva Sv. Donata

자다르를 소개하는 안내책자의 표지 모델로 자주 등장하는 대표 건축물. 포룸 동쪽에 있다. 9세기에 도나타 주교에 의해 세워진 이 성당은 달마티아

구시가의 중심, 나로드니 광장

고대의 시민광장, 포룸

성 아나스타샤 대성당

지방에서 보기 드문 비잔틴 건축양식 건물로 원래는 삼위일체 성당이라고 불리었다. 건축 600년 후 성당을 발견한 사람들이 주교에게 경의를 표하기 위해 그의 이름으로 바꾸어 성 도나타 성당이 되었다.

외관은 원통형 모양이며 내부는 이중공간으로 되어 있고, 벽에는 별다른 장식이 없으며 제단은 소박하다. 1797년부터 성당으로 사용하지 않았지만 내부의 울림효과가 좋아 지금은 연주회장으로 사용하고 있다. 바로 옆에 있는 주교 궁전은 11세기에 건축, 15세기에 증축, 지금의 모습은 1830년에 재건축한 것이다.

주소 Trg Rimskog Foruma 운영 4~5월 · 9~10월 09:00~17:00, 6월 09:00~21:00, 7~8월 09:00~22:00 입장료 20Kn 가는 방법 포룸 내 위치

● 핫스폿 ● 뷰 포인트

바다 오르간 Morske Orgulje

Map P.394-A2

세계 유일의 바다가 연주하는 파이프 오르간. 신항구에 있으며, 해변을 따라 만든 75m의 산책로에 넓고 길게 계단식으로 만들어져 있다. 계단 하단에 35개의 파이프가 작은 구멍 안에 설치되어 있다. 파도의 크기 · 속도 · 바람의 세기에 따라 바닷물이 공기를 밀어내며 구멍 사이로 소리를 내는데 그 영롱함이 마치 파이프 오르간 소리와 비슷하다. 이 구멍은 밑에서 올려다보면 커다란 피아노 건반을 연상케 하는데 계단 위 구멍에 발을 대고 있으면 떨림도 느낄 수 있다. 출렁대는 파도와 교묘한 구조물이 빚어낸 바다 오르간은 건축가 니콜라 바시치 Nikola Bašić가 2005년에 만든 작품이다. 섬 마을에서 자란 그는 파도가 칠 때 절벽에서 들려오는 소리와 파도에 부딪히는 뱃소리 등을 듣고 자랐는데 이 소리들이 바로 바다 오르간을 만들게 한 원동력이 되었다고 한다. 2006년 유럽에서 '도시의 공공장소 상'을 받았는데 이는 대자연의 신비로운 소리를 들려준 데 대한 보답이라 할 수 있다.

가는 방법 포룸에서 해안가로 난 대로를 따라 오른쪽으로 5분 정도 걸어가면 나온다.

태양의 인사 Morske Pozdrav Suncu

Map P.394-A2

바다 오르간의 명성을 잇는 건축가 니콜라 바시치의 또 다른 작품. 바다 오르간 바로 옆에 만들어진 해를 본 따 만든 22m의 대형 원형 광장. 태양열 전지판과 LED가 조합해 만들어 한낮에 햇빛을 저장해 두었다가 해가 지면 저장된 에너지가 LED를 통해 빛으로 변해 아름다운 장관을 연출한다. 형형색색으로 변하는 색 때문에 바다 위 나이트클럽을 연상케 한다. 해가 져야 감상할 수 있는 태양의 인사는 하루 여행을 마친 여행객들의 마지막 행선지이자 휴식 공간이 되고 있다.

성 도나타 성당

출렁이는 파도가 연주하는 바다 오르간

유명 관광지들 사이에 끼어 있는 경유 도시여서인지 숙박시설이 빈약한 편이다. 또한 시내 관광이 편리한 구시가의 숙소는 요금이 비싼데도 시설이 그다지 좋은 편이 아니다. 특히 여름 성수기에는 숙소 구하기가 어려워 미리 예약해야 한다. ⓘ나 여행사에서 민박 Sobe을 알선하고 있으니 문의해 보자.

Map P.394-B1

Youth Hostel Zadar

구시가가 아닌 보리크 Borik 지구에 있어 구시가 관광에는 불편한 위치지만 호스텔 근처에 해변이 있어 여름에는 인기 만점이다. 조용한 주택가에 있고, 시설도 쾌적해 지내기에 그만이다. 여름에는 정원에서 투숙객을 위한 다양한 이벤트와 파티가 열린다.

주소 Obala kneza Trpimira 76 전화 023 331 145

홈페이지 www.hfhs.hr 요금 도미토리 €14~

가는 방법 버스터미널에서 보리크 지구로 가는 5번(PUNTAMIKA 방향) 또는 8번(DIKLO 방향) 버스를 타고 Puntamika 하차 후 도보 2분

Map P.394-A2

Apartments Donat

구시가에서 가까운 곳에 위치한 스튜디오. 호텔과 달리 스튜디오나 아파트를 빌려 쓰기 때문에 집처럼 편하게 지낼 수 있지만, 호텔과는 달리 개인이 청소 및 정리를 해야 한다. 주방, 헤어드라이어, 청소도구, 전자레인지, 인터넷, TV, 침대 등의 기본적인 시설을 갖추고 있다.

주소 Fra Donata Fabijanica 2

전화 095 825 6390

홈페이지 www.apartmentsdonat.com

요금 2인실 스튜디오 430kn~

가는 방법 구시가의 성 도나타 성당에서 도보 5분

Map. P394-A2

Boutique Hostel Forum

2012년에 오픈한 부티크 호스텔. 바다를 테마로 모던하게 인테리어 돼 있으며 층에 따라 호텔과 호스텔로 분리 운영하고 있다. 방은 스위트룸 · 2인실 · 4인실 등이 있고 바다 쪽으로 난 방이 좀 더 비싸다. 구시가의 포럼에 위치해 시내 관광이 매우 편리하다.

주소 Široka ulica 20 전화 023 250 705

홈페이지 www.hostelforumzadar.com 요금 4인 도미토리 120kn~ 가는 방법 성 도나타 성당 우측에 위치

해변가에 위치해 여름에 인기 만점인 자다르 유스 호스텔

부티크 호스텔 포럼

부티크 호스텔 포럼

고대 디오클레티아누스 황제의 도시 스플리트

Split

스플리트는 아름다운 아드리아 해 연안에 자리잡고 있는 휴양도시다. 고대 로마의 디오클레티아누스 황제는 달마티아 지방의 해방 노예의 아들로 태어나 로마 황제의 자리까지 오른 인물이다. 그는 훗날 스스로 황제의 자리에서 물러나 여생을 이곳 스플리트에서 보내고자 디오클레티안 궁전을 짓게 된다.

스플리트 하면 쾌적한 지중해성 기후와 눈이 부실 만큼 아름다운 바다, 게다가 이탈리아와 마주하고 있어 황제가 이곳을 자신의 도시로 낙점한 것은 너무나 당연한 일이었는지 모른다. 일찍이 스플리트는 기원전에 지은 황제의 궁전으로 유럽 전역에 이름을 알리게 되었고 지금까지도 궁전이 보존되어 있어 그 명성은 오늘날에도 이어지고 있다. 현재 디오클레티안 궁전은 세계문화유산으로 지정되어 있으며 전설 같은 황제의 궁전을 보기 위해 수많은 관광객이 찾아온다. 뿐만 아니라 해마다 7~8월이면 클래식과 팝 · 댄스 공연을 펼치는 다양한 여름 축제가 열려 여행의 즐거움을 더해주고 있다.

이런 사람 꼭 가자

기적적으로 남아 있는 고대 로마 황제의 궁전에 관심 있다면
한여름에 가장 떠들썩한 달마티아 지방의 휴양도시를 여행하고 싶다면

INFORMATION 인포메이션

유용한 홈페이지

스플리트 관광청 www.visitsplit.com

관광안내소

• 중앙 ⓘ (Map P.403-B1)
무료 지도와 가이드북 제공. 근교행 교통편과 숙박정보 등을 얻을 수 있다.
주소 Peristil bb(디오클레티안 궁전 내)
전화 021 345 606
운영 여름-월~토 08:00~21:00, 일 08:00~13:00, 겨울-월~금 09:00~16:00, 토 09:00~14:00

• 리바거리 ⓘ (Map P.403-A1)
무료지도와 근교행 교통편, 숙박정보 · 시티투어 · 스플리트 카드 · 박물관 휴무 여부 등의 관광정보 등을 얻을 수 있다.
주소 Obala hrvatskog narodnog preporoda 9
운영 여름-월~토 08:00~21:00, 일 08:00~13:00, 겨울-월~금 09:00~16:00, 토 09:00~14:00

중앙 ⓘ입구

유용한 정보지

〈Visit:Split〉는 무료 가이드북. 시내 지도를 포함해 여행 · 레스토랑 · 쇼핑 정보와 페리 · 버스 시각표 등이 실려 있어 유용하다. ⓘ에서 얻을 수 있다.

환전

구시가 곳곳에 환전소와 은행이 있고 ATM도 쉽게 찾을 수 있다. 환율은 환전소마다 다르지만 그중에서도 은행이 가장 좋은 편이다.

우체국

주소 Kralja Tomislava 9
운영 10~5월 월~금 07:00~20:00, 토 07:00~13:00, 6~9월 월~금 07:00~21:00, 토 07:30~14:00

슈퍼마켓

• Konzum (Map P.403-B1)
주소 Pojisanska 3(디오클레티안 궁전 동문에서 10분)
영업 월~금 10:00~20:00

인터넷 카페

• Cyber Club 100D
주소 Sinjska 2/4
전화 021 348 110
영업 08:30~22:00(일 16:00~)
요금 1시간 20Kn, 30분 10Kn

ACCESS 가는 방법

동유럽과 발칸, 아드리아 해를 잇는 교통의 중심지여서 비행기 · 열차 · 버스 · 페리 등 모든 교통편이 발달해 있다. 그 가운데 버스가 가장 경제적이고 편리하다. 열차는 운행편수가 적고 경유지가 많아 인기가 없다. 출발지와 계절 등을 고려해 교통수단을 선택하면 된다.

버스

Map P.403-B2

크로아티아 전역에서 출발한 버스가 이곳에 도착한다. 국제선은 보스니아 · 슬로베니아 · 헝가리 · 독일행, 국내선은 자그레브 · 두브로브니크 · 자다르 · 플리트비체 · 리예카 등 크로아티아 전역을 운행한다. 스플리트 버스터미널 Autobusni Kolodvor은 규모가 작아서 매표소와 대기실이 전부다. 하지만 항구에 자리잡고 있어 주위 경관이 아름답다. 버스터미널 오른쪽은 역, 맞은편에는 항구가 있어 편리하다. 버스터미널 정문을 등지고 오른쪽을 바라보면 디오클레티안 궁전이 있는 구시가가 보인다. 도보로 약 7분.

스플리트 고속버스 홈페이지 www.ak-split.hr

• 버스터미널 유인 짐 보관소

운영 06:00~22:00 요금 가방 1개당 20Kn

• 터미널 내 코인로커

운영 24시간 15Kn

페리

Map P.403-B2

페리는 스플리트로 가는 가장 로맨틱하고 이색적인 교통수단이다. 특히 이탈리아의 앙코나 Ancona와 스플리트를 잇는 노선이 가장 인기 있다. 성수기에는 매일, 비수기에도 주 3~4회 정도 운항한다. 10시간 정도 걸리기 때문에 밤에 출발해서 아침에 도착하는 야간 스케줄이 대부분이다. 그밖에 바리 · 리예카 · 두브로브니크를 오가는 페리가 스플리트와 자다르에 기착한다. 스플리트에서 쉽게 갈 수 있는 아름다운 흐바르 섬과 코르출라 섬으로 운항하는 페리도 매일 있다. 항구는 버스터미널과 기차역 맞은편에 있고 매표소는 페리터미널 외에 항구에도 노천 매표소가 있어 편리하다. 항구에서 구시가까지는 도보로 약 7분.

• 페리 요금

스플리트→앙코나 €34~(데크, 비수기)

스플리트→두브로브니크 €20~ (데크, 비수기)

스플리트→흐바르 섬 40Kn

스플리트→코르출라 섬 60Kn

• 페리 회사 홈페이지

야드롤리니야 Jadrolinija www.jadrolinija.hr

블루라인 Blueline www.blueline-ferries.com

주간이동 가능 도시

스플리트	▶▶	두브로브니크	버스 4시간 30분 또는 페리 8시간
스플리트	▶▶	자다르	버스 3시간
스플리트	▶▶	시베니크	버스 1시간 30분
스플리트	▶▶	모스타르	버스 4시간
스플리트	▶▶	트로기르	버스 40분
스플리트	▶▶	흐바르 섬	페리 1시간 30분

야간이동 가능 도시

스플리트	▶▶	자그레브	버스 5~9시간 또는 열차 6~8시간
스플리트	▶▶	류블랴나	버스 11시간
스플리트	▶▶	앙코나	페리 10시간

※현지 사정에 따라 열차 운행시간 변동이 크니, 반드시 그때그때 확인할 것

스플리트 완전 정복
master of Split

스플리트는 입지조건이 열악한 자그레브를 대신하는 크로아티아의 관광수도다. 해마다 수많은 관광객이 이곳을 찾는 이유는 크로아티아 관광의 하이라이트인 달마티아 지방을 여행하기 위해서다. 스플리트의 구시가는 디오클레티안 궁전과 그 주변으로, 아무리 천천히 돌아봐도 한나절이면 충분하다. 로마의 콜로세움이 상상 외로 작은 것처럼 궁전 역시 생각보다 매우 작다. 궁전에 들러 내부를 꼼꼼히 살펴본 다음 4대문에 있는 시장과 광장을 돌아보자. 4대문 주변은 스플리트의 최대 번화가이자 쇼핑가여서 늘 사람들로 북적인다. 구시가 관광을 마쳤다면 해변에 조성된 산책로를 거닐어보거나 벤치에 앉아 아름다운 아드리아 해를 감상해 보자. 여기에 읽을 만한 책이 있다면 금상첨화다. 조금 더 산책을 즐기고 싶다면 궁전 오른쪽에 있는 마르얀 언덕 Marjan으로 올라가 보자. 또다른 시내 광경을 볼 수 있다. 더욱 흥미로운 스플리트 여행을 하고 싶다면 근교로 나가보자. 하루는 트로기르와 시베니크 Sibenik를 가보고, 하루는 페리를 타고 세상에서 가장 아름답다는 흐바르 Hvar 섬을 다녀오자. 구시가만 돌아보면 스플리트 여행이 싱겁기 그지없다(스플리트의 여행사 P.408 참고).

★시내 관광을 위한 Key Point

• **랜드마크** 디오클레티안 궁전

• 쇼핑가 디오클레티안 궁전과 그 주변, 특히 나로드니 광장이 중심이다.

★Best Course

은의 문(동문) → 열주광장 → 성 도미니우스 대성당 → 주피터 신전 → 황제의 아파트 → 지하궁전 홀 → 그레고리우스 닌 동상 → 나로드니 광장

• 예상 소요 시간 4시간

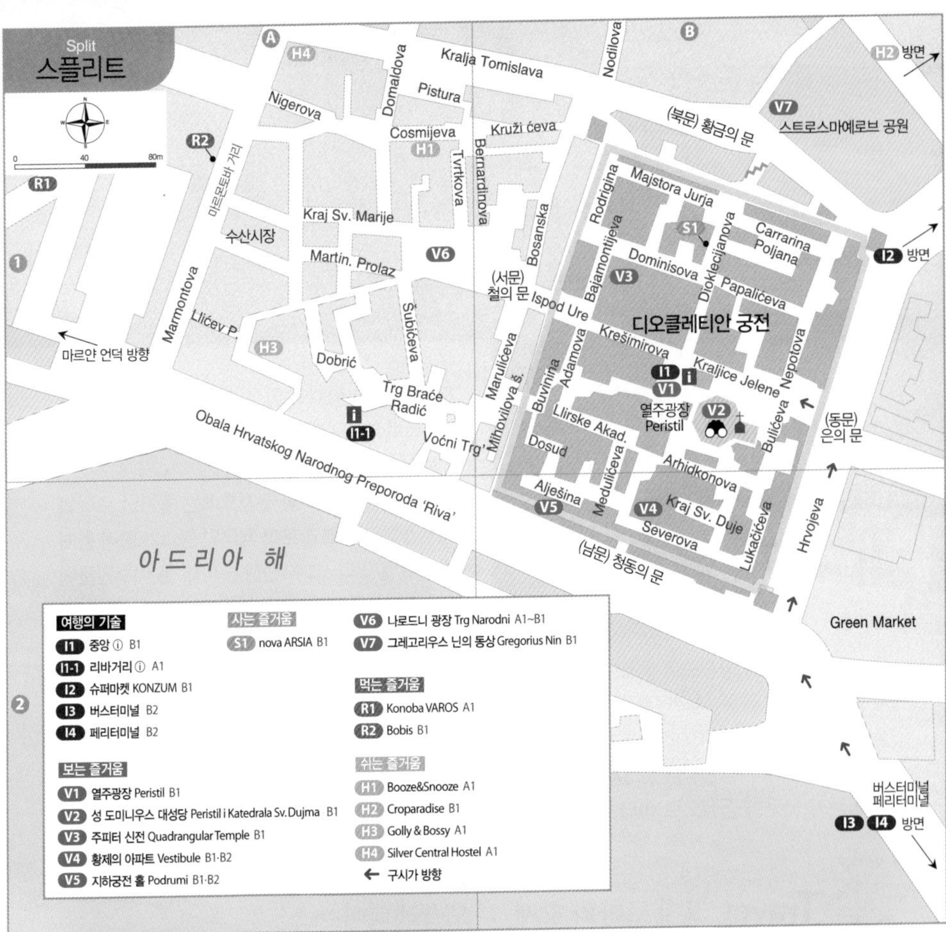

보는 즐거움 Attraction

스플리트 관광의 시작과 끝은 디오클레티안 궁전이다. 고대에는 황제의 궁이었고, 중세에는 외적의 침략을 막아주는 성벽이었다. 그리고 지금은 서민들의 주거지이자 스플리트 최대의 관광명소이다.

• 꽃누나 코스 • 유네스코 • 핫스폿

디오클레티안 궁전 Dioklecijanova Palača

Map P.403-B1~B2

디오클레티아누스 황제는 황제 자리에서 물러나 이곳 스플리트에서 여생을 보내기 위해 295년부터 궁전을 짓기 시작하여 그가 퇴위한 305년에 완성했다. 하지만 안타깝게도 그는 궁전이 완공된 305년에 생을 마감해 퇴위 후 이 궁전에서 보낸 날은 단 하루도 없었다. 궁전의 규모는 동서 215m, 남북 181m, 궁전을 둘러싼 성벽의 높이는 25m. 궁전의 대부분은 스플리트 앞 바다에 있는 브라치 섬에서 가져온 석회암과 이탈리아 · 그리스에서 수입한 대리석 · 화강암을 사용했다. 거기에 이집트에서 스핑크스를 가져와 장식했다.

궁전의 3면은 육지에, 한 면은 바다를 향해 있고

디오클레티안 궁전 앞
해안의 쇼핑가

동 · 서 · 남 · 북에 궁전으로 통하는 출구가 있다. 각 출구는 은의 문(동), 철의 문(서), 황금의 문(북), 청동의 문(남)으로 불린다. 바다를 향해 있는 출구가 청동의 문이다. 궁전 내부는 일직선으로 나 있는 동문과 서문을 중심으로 바다를 향해 전망이 좋은 남쪽에 황제와 황실 가족의 아파트와 신전이, 북쪽에는 시종과 군인들이 기거한 공간으로 나뉘어 있다.

디오클레티아누스 황제 사후에는 쫓겨난 로마의 황제들이 기거했고 로마 제국의 붕괴와 함께 황폐화되고 말았다. 그후 전쟁을 피해 온 이주민들의 피신처로 사용되었으며, 그들에 의해 비잔틴 · 베네치아 · 헝가리 양식 등이 가미된 새로운 성벽이 건설되어 오늘에 이르고 있다. 현재는 일반인들의 주거지로 사용되고 있으며 열주광장, 주피터 신전, 황제의 아파트와 지하궁전 홀, 성 도미니우스 대성당 등이 유적지로 남아 있다.

궁전 안에 있는 미로 같은 골목에는 아기자기한

Travel PLUS 고대 로마의 황제, 디오클레티아누스!

디오클레티아누스 Gaius Aurelius Valerius Diocle tianus (245~316)는 스플리트 근교의 살로나에서 태어난 것으로 추정되지만, 정확한 그의 출생지는 알려져 있지 않다. 본래 그는 고대 로마를 통치한 비운의 황제 누메리아누스 Marcus Aurelius Numerius Numerianus의 경호대장이었다. 294년 페르시아를 토벌하고 돌아오던 중 황제가 새아버지에게 암살당하자, 디오클레티아누스 부하들은 그를 황제로 추대했다. 그후 누메리아누스의 동생도 사망하자 '디오클레스'라는 본래의 이름에서 '디오클레티아누스'로 개명하고 황제의 자리에 오른다.

그는 3세기를 거치면서 20명 이상의 황제가 바뀔 만큼 불안한 로마의 정세를 수습하고 통치권을 강화했는데, 먼저 나라를 동 · 서로 나눈 후 2명의 황제와 2명의 부황제를 뽑아 분할통치하는 사두정치체제를 확립했다. 그렇지만 자신은 다른 호칭으로 황제들과 차별화를 두었고 중요한 결정은 혼자 했다. 또한 군제 · 세제 · 화폐제도의 개혁을 단행하면서 국사를 돌보았지만 무엇보다도 로마 제국에서 마지막이면서 가장 심하게 기독교를 박해한 황제로도 유명하다. 303년 기독교 탄압을 위한 칙령을 발표한 후 교회와 성전을 파괴했으며, 저항하는 사제와 주교들을 가차 없이 탄압했다. 기독교인이라는 소리가 들리면 무조건 찾아내 고문할 수 있는 칙령을 발표했고 로마 신의 제의를 수행하지 않고 이를 어길 시 사형이라는 극형도 서슴치 않았다. 자료에 따르면 2년 동안 약 3,000~4,000명의 신자들이 순교했다고 한다. 그후 305년에 돌연 은퇴를 선언하고 스플리트에서 남은 생을 보내려고 했다. 디오클레티아누스 황제는 스스로 제위를 물려 준 유일한 로마의 황제다.

레스토랑과 카페 · 기념품점이 즐비하고, 시선을 돌려 건물 위를 쳐다보면 집집마다 널어놓은 빨래들이 펄럭인다. 그러나 눈 앞의 광경은 잠시 접어두고 유럽과 아시아 · 아프리카를 지배한 위대한 로마 황제의 호화로운 궁전을 상상하며 궁전을 돌아보자. 고대 로마의 저력이 느껴질 것이다.

가는 방법 버스터미널에서 도보 7분

열주광장

●꽃누나 코스

Peristil Map P.403-B1

스플리트에서 가장 규모가 큰 노천시장이 있는 은의 문(동)을 들어서면 나타나는 궁전 내 최대 광장이다. 황제가 회의나 행사 등을 주재한 장소로 웅장한 16개의 열주식 대리석 기둥에 둘러싸여 있다. 광장을 중심으로 동서남북에 유적지들이 흩어져 있어 이정표 구실을 한다. 광장에는 성 도미니우스 대성당과 이집트에서 가져온 스핑크스가 있다. 광장 주변에는 레스토랑과 노천카페 · ⓘ가 있다.

성 도미니우스 대성당

●꽃누나 코스 ●뷰 포인트

Peristil i Katedrala Sv. Dujma Map P.403-B1

7세기에 세운 로마네스크 양식의 성당. 디오클레티아누스 황제에게 죽임을 당한 성 도미니우스를 위해 지은 성당이다. 재미있는 사실은 170년간 디오클레티아누스의 영묘였던 자리에 성당을 세운 것이다. 어느날 사라진 황제의 시신은 지금까지도 발견되지 않은 채 미스테리로 남아 있다. 하지만 황제와 성 도미니우스의 관계, 성당 자리 등을 고려해 보면 이해도 되지만 어디까지나 미스테리라는 사실.

내부는 로마네스크 · 고딕 양식이다. 천장의 돔은 코린트식 기둥이 받치고 있다. 성 도미니우스의 관이 안치되어 있고 기둥 사이에는 황제와 그의 아내의 얼굴을 조각해 놓았다. 채찍질 당하는 예수의 고난사를 사실적으로 묘사한 성 아나스타시우스의 제단은 15세기 유라이 달마티나츠의 작품으로, 달마티아 지방에서 가장 뛰어난 예술작품이다. 2층 보물관에는 성서와 십자가, 성모상, 도미니우스 동상 등 성 유물이 전시되어 있다. 성당 입구에는 14~16세기에 추가 건설된 높이 60m의 종탑이 있다. 이 종탑에 오르면 궁전과 아름다운 시내 전경을 한눈에 감상할 수 있다. 대성당 입구에는 여전히 로마 황제의 영묘임을 나타내는 두 마리의 로마 사자상이 있다.

열주광장
성 도미니우스 대성당
종탑에서 내려다본 구시가 풍경

운영 월~토 08:00~17:00, 일 12:30~18:30(시즌별로 상이함)

입장료 대성당+지하실+세례장 일반 25kn, 대성당+지하실+세례장+종탑+보물관 일반 45kn, 종탑 20kn

주피터 신전의 머리 없는 스핑크스 상

지붕이 허물어진 황제의 알현실

주피터 신전
Quadrangular Temple Map P.403-B1

대성당 맞은편의 작은 골목길을 들어서면 주피터 신전이 나온다. 자신을 주피터의 아들로 신격화한 황제는 이곳에 신전을 세워 숭배하였다. 신전 앞의 머리 없는 스핑크스는 5세기에 이집트에서 가져온 것이다. 지금은 기독교도의 세례당으로 사용하고 있다.

입장료 일반 10Kn, 학생 5Kn

황제의 아파트
Vestibule Map P.403-B1~B2

광장에서 바다 쪽을 향해 있는 청동의 문(남)과 연결된 계단을 올라가면 황제의 아파트 입구가 나온다. 신하가 황제를 알현하기 위해 대기하던 장소로 커다랗고 둥근 돔이 특징이다. 현재 돔은 천장이 붕괴해 뻥 뚫려 있다. 이곳 안쪽에는 황제의 식사를 준비하던 부엌과 식당이 있다.

지하궁전 홀
Podrumi Map P.403-B1~B2 ●꽃누나 코스

열주광장에서 청동의 문(남)으로 계단을 내려가면 어두침침한 지하에 기념품을 파는 상점가가 있다. 상점가에서 조금 더 안쪽으로 들어가면 1960년에 발굴된 지하궁전 홀이 나온다. 식량창고로 사용한 흔적이 발견되었으며, 내부는 굵은 기둥과 아치형의 천장이 특징이다. 현재 이집트 알렉산드리아에서 가져온 스핑크스가 놓여 있다. 바다를 향해 있는 청동의 문(남)은 원래 바다와 맞닿아 있어서 지금의 모습으로 개발되기 전까지 배를 타고 왕래했다고 한다.

운영 월~금 08:00~20:00, 토 08:00~14:00, 일 08:00~12:00

입장료 일반 42kn, 학생 22kn

그레고리우스 닌의 동상
Gregorius Nin Map P.403-B1

황금의 문(북)을 나가면 바로 보이는 높이 4.5m의 거대한 동상. 10세기에 대주교였던 그레고리우스 닌은 크로아티아인이 모국어로 예배를 볼 수 있도록 투쟁한 인물로, 크로아티아에서 존경받는 종교지도자 가운데 한 사람이다. 1929년 이반 메슈트로비치 Ivan Meštrović가 청동으로 만든 이 동상은 카리스마 넘치는 분위기와 규모가 보는 이를 압도한다. 만지면 행운이 온다는 그의 왼쪽 엄지발가락은 소원을 비는 수많은 사람들의 손을 타 늘 반짝반짝 빛난다. 간절히 바라는 소원이 있다면 카리스마 대왕 그레고리우스 닌 대주교 님께 빌어보자.

지하궁전으로 내려가는 계단 입구

청동의 문(남문)

그레고리우스 닌의 동상

철의 문(서문) 앞 나로드니 광장

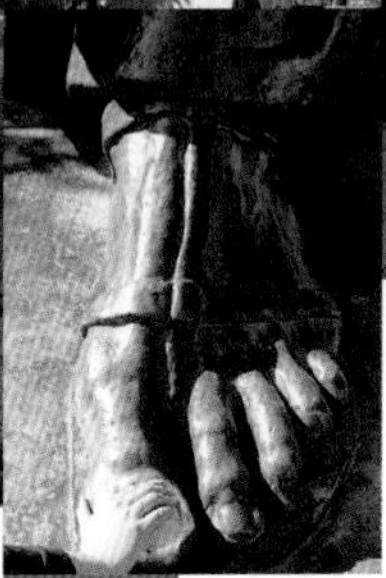

• 꽃누나 코스

나로드니 광장 Trg Narodni

Map P.403-A1~B1

철의 문(서)과 연결된 광장으로 중세의 모습을 간직하고 있다. 베네치아 · 바로크 · 르네상스 양식의 건물이 즐비하다. 그 가운데 15세기 베네치아 · 고딕 양식의 구시청사는 현재 민족학박물관 Ethnographic Museum으로 사용하고 있다. 광장 주변에는 현대적인 쇼핑가와 레스토랑 · 카페 등이 모여 있어 낮보다 밤에 더 활기가 넘친다. 광장 한쪽에는 최초로 크로아티아어로 책을 쓴 마르코 마루리치 Marko Marulic(1450~1524) 동상이 있다.

Say Say Say

마음이 따뜻해지는 못난이 천사 '벨라'

크로아티아의 여성 화가 '엘라'는 불우한 어린 소녀들을 그녀의 부모들을 대신해 돕고 싶어 했습니다. 그래서 그녀는 터너 증후군, 고아, 암, 아동 학대, 실종된 아이들, 당뇨병, 백혈병, 자폐증 등을 겪는 전국의 소녀들에게 '벨라'라는 천사를 만들어 선물합니다. 붉은 머리카락에 등에는 날개를 단 벨라는 못생겼지만 마음까지 따뜻해지는 웃음을 짓고 있습니다. 벨라는 도움의 손길이 필요한 곳은 어디든지 날아간답니다. 천사 벨라의 그림을 파는 곳은 크로아티아 전역에 있습니다. 의미도 있고, 워낙 귀여워 소장할 가치가 충분하니 크로아티아를 여행하다 천사 벨라를 발견했다면 꼭 사보세요.

nova ARSIA
(Map P.403-B1)

크로아티아에서 가장 유명한 여성 화가인 엘라 ELLA의 그림과 소품을 파는 가게다. 마음이 따뜻해지는 그림과 브로치 등은 선물하기에도 부담이 없으니 한번 들러보자.

주소 Dioklecijanova 3

홈페이지 www.angels-by-ella.com

가는 방법 열주광장에서 황금의 문으로 가는 좁은 골목 안

먹는 즐거움 Restaurant

바다를 끼고 있는 항구도시답게 해산물이 풍부하다. 또한 간단하게 먹을 수 있는 이탈리아 음식도 발달해 있어 스파게티 전문점과 피자집을 쉽게 찾을 수 있다. 가장 저렴하게 한 끼 식사를 해결하고 싶다면 조각 피자를 먹어보자. 생각보다 맛 · 가격 · 크기 모두 만족스럽다.

Map P.403-A1

Konoba VAROŠ

100년 이상의 전통을 자랑하는 식당. 전통 달마티아 음식이 식당의 주 메뉴로 그날그날 잡힌 신선한 생선에 따라 오늘의 메뉴가 달라진다. 가장 인기 있는 메뉴로는 영양 만점의 오징어 먹물 리조또와 새콤한 문어를 넣은 샐러드, 구운 농어 등이 있다.

주소 Ulica ban Mladenova 7 전화 021 396 138

홈페이지 www.konobavaros.com

영업 09:00~24:00 예산 오징어 먹물 리조또 85kn~, 해산물 리조또 78kn~

가는 방법 서문에서 도보 5분

Map P.403-B1

Bobis

현지인과 관광객 모두의 입맛을 만족시키는 아담한 카페. 맛있는 빵과 케이크 · 커피를 즐기면서 관광에 지친 다리를 풀 수 있다. Školjkice라는 파이는 속에 달콤한 크림이 들어 있지만 느끼하지 않고, 입 안에서 살살 녹는 맛이 일품이다.

주소 Marmontova ulica 5 전화 021 344 631

영업 06:00~22:00

예산 크림파이 3.50Kn~

가는 방법 서문에서 도보 5분

Travel PLUS 스플리트에서 여행사를 이용하면 편리하다!

크로아티아의 유명 관광도시에는 볼거리 주변에 여행사가 모여 있다. 대부분 페리 · 버스 티켓 등을 취급하고, 민박을 알선해 준다. 뿐만 아니라 근교 투어를 개발해 시간이 없는 여행자들에게 편리를 제공하고 있다. 무인도로 떠나는 크루즈나 해양 스포츠 프로그램은 혼자보다 여럿이 즐겨야 재밌고, 전문인과 안전요원이 필요해 여행사 이용은 필수다.

SPLIT TOURS

가이드와 함께하는 시내 워킹 투어와 근교행 투어를 주최한다. 특히 20:30에 출발하는 스플리트 나이트 투어 Secret Split tour(100kn)와 플리트비체 국립호수공원 투어(400kn), 디오클레티안 궁전 워킹 투어(100kn)와 스플리트 워킹 투어(160kn) 등 다양한 투어 프로그램을 진행하고 있다. 이중 가장 인기가 많은 건 디오클레티안 궁전 워킹 투어와 스플리트 워킹 투어이며, 투어 시간 10분 전에 디오클레티안 궁전의 북문 Golden Gate에서 파란 우산을 들고 있는 그룹을 찾으면 된다. 3~4월에는 10:30/12:00/18:00, 5~10월에는 10:30/12:00/18:00/19:00, 11~2월까지는 11:00에 영어가이드 투어가 있다.

주소 Dioklecjanova 3

전화 099 821 5383

홈페이지 www.splitwalkingtour.com

Split Excursions

스플리트 가이드 투어 외에 근교의 흐바르 섬 투어나 플리트비체 국립호수공원 투어도 진행한다. 한여름에는 래프팅이나 카약 등 해양 스포츠 및 레포츠도 운영한다.

주소 Trg republike 1 전화 021 360 061

홈페이지 www.split-excursions.com

쉬는 즐거움 Hotel

휴양지로 알려진 도시여서 숙소가 발달했지만 호텔은 매우 비싸고, 도미토리가 있는 호스텔은 적은 편이다. 대신 현지인들이 운영하는 민박집이 많다. 민박은 인터넷이나 ⓘ, 현지 여행사 등을 통해 예약할 수 있고 버스터미널과 항구에는 항상 호객꾼이 나와 있다. 3박 이상이면 아파트도 빌릴 수 있다. 숙소는 버스터미널과 항구가 있는 구시가 주변이 편리하다.

- 스플리트 민박 홈페이지 www.croatiasplitapartments.com

Map P.403-A1

Booze&Snooze

나로도니 광장에 있는 라코스테 매장 옆 'Tisak' 가판대 뒷골목 끝에 있다. 방은 약간 좁은 편이지만 오픈한 지 얼마 되지 않아 깨끗하고 쾌적하다. 무엇보다 위치가 좋아 인기가 높다.

주소 Narodni Trg 8 전화 021 342 787
홈페이지 www.splithostel.com
요금 도미토리 150~180Kn
가는 방법 구시가 나로드니 광장에서 도보 3분

Map P.403-B1

Croparadise

크로아티아와 파라다이스를 조합해 이름을 지은 호스텔. 블루·그린·핑크의 각기 다른 콘셉트의 세 개의 호스텔을 운영하고 있다. 구시가와 버스터미널 모두 가까워 시내 관광이나 근교로 이동하는 데 매우 편리하다.

주소 Čulića Dvori 29(그린 Hostel) 전화 091 444 4194
홈페이지 www.croparadise.com
요금 4인 도미토리 €10~
가는 방법 버스터미널에서 도보 8분

Map P.403-A1

Golly & Bossy

오래된 백화점을 리모델링해서 오픈한 디자인 호스텔. 이곳의 가장 큰 특징은 복도와 계단 등 공동 공간은 노란색으로 개인 공간은 흰색으로 재미있게 구분지어 놓았다는 것. 무엇보다 엘리베이터가 있어 무거운 짐을 들고 계단을 올라가지 않아도 된다. 바닷가 마을답게 침대는 선실을 모티브로 꾸며 놓았다. 1층엔 카페 및 레스토랑을 운영하고 구시가에 위치해 관광이 편리하다. 한 가지 단점은 방이 너무 작고 간판이 없어 눈앞에 두고도 헤매기 일쑤다.

주소 Morpurgova Poljana 2 전화 021 510 999
홈페이지 www.gollybossy.com
요금 도미토리 150kn~ 가는 방법 서문에서 도보 5분

Map P.403-A1

Silver Central Hostel

새롭게 리모델링된 깨끗한 호스텔. 방마다 에어컨이 설치되어 있어 도미토리라도 여름에 쾌적하게 머물 수 있다. 개인 로커와 인터넷 사용이 가능하다. 형제격인 Silver Gate Hotel(주소 Hrvojeva 6)을 오픈했다. 버스터미널에서 도보 5분 거리에 위치한다.

주소 Ulica kralja Tomislava 1
전화 021 490 805
홈페이지 www.silvercentralhostel.com
요금 8인 도미토리 145Kn~
가는 방법 버스터미널에서 도보 10분

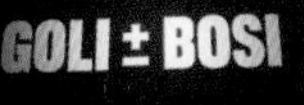

스플리트 호스텔 간판
Golly & Bossy

라벤더 향기 가득한 섬 **흐바르**

Hvar

흐바르는 유명 여행 잡지들이 세상에서 가장 아름다운 섬으로 손꼽은 곳이다. 일찍이 베네치아 공국의 지배를 받은 섬이어서 당시에 지은 화려한 건물들이 시내 곳곳에 남아 있으며, 해수욕을 즐길 수 있는 해안선도 잘 발달되어 있다. 특히 라벤더 최대 산지로 이름난 흐바르는 사시사철 온 섬을 뒤덮고 있는 싱그러운 라벤더 향기를 바다내음에 실어내고 있다. 또한 섬은 아드리아 해에서 일조량이 가장 풍부해서 크로아티아의 2대 와인 생산지로도 유명하다. 고대 그리스 시대부터 발달해 온 이 섬은 한때 베네치아 공국의 아드리아 함대의 본거지로 사용되었으며, 지금은 크로아티아에서 가장 사랑받는 여름 휴양지 중 하나다. 아드리아 해를 유람 중이라면 라벤더 향기 가득한 낭만의 섬, 흐바르에 꼭 들러보자.

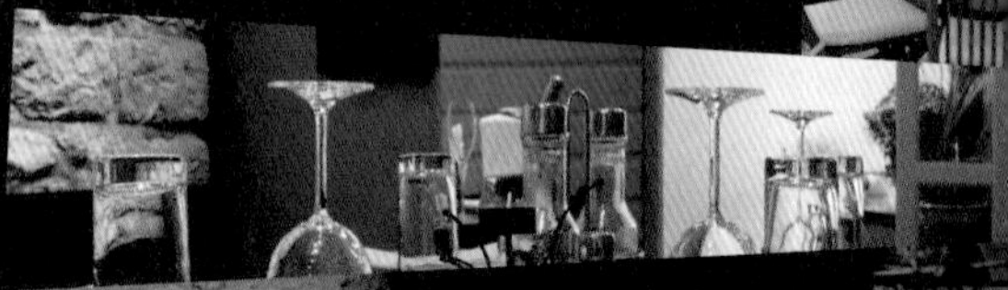

INFORMATION 인포메이션

유용한 홈페이지

호바르 관광청 www.tzhvar.hr

관광안내소

주소 Trg Sv. Stjepana b/b 전화 021 741 059
운영 6~9월 월~토 08:00~13:00, 15:00~21:00, 일 09:00~12:00, 10~5월 월~토 08:00~14:00(휴무 일요일)

슈퍼마켓

구시가 입구 버스터미널 옆에 대형 슈퍼마켓 Konzum이 있다.

ACCESS 가는 방법

스플리트에서 당일치기 여행지로 인기가 높다. 스플리트 항구에서 매일 3회 운항하며, 흐바르 섬(스타리그라드 Stari Grad)까지 약 1시간 30분 소요된다. 섬은 항구가 있는 스타리그라드와 관광명소가 모여 있는 흐바르 타운 Hvar town으로 나뉜다. 페리를 타고 스타리그라드 항구에 도착하면 시내버스가 대기하고 있다. 버스를 타고 섬을 돌아 10분 정도 가면 종점인 흐바르 타운에 닿는다. 흐바르 타운 버스터미널에서 내린 후 오른쪽으로 돌아 50m 걸어가면 보이는 광장이 구시가의 초입이다. 항구에서 버스를 놓칠 경우 택시를 이용해야 한다. 한여름에는 리예카와 두브로브니크 간을 오가는 페리가 흐바르 섬에도 정박하므로 섬을 관광한 후 다음편 페리를 이용할 수도 있다.

• 페리 요금
스플리트→흐바르 섬(스타리그라드) 40Kn~
• 시내버스 요금 스타리그라드→흐바르 타운 17Kn
• 택시 요금 스타리그라드→흐바르 타운 300Kn

흐바르 완전 정복

master of Hvar

섬에는 항구가 있는 스타리그라드와 최대 번화가인 흐바르 타운이 있다. 스타리그라드 항구에 도착해 마을버스를 타면 굽이굽이 섬을 돌아 흐바르 타운에 내려준다. 베네치아를 닮은 중세 마을에는 성 마르코 성당, 무기고, 스테판 광장, 요새 등이 있다. 아드리아 해와 붉은 지붕이 조화를 이루는 풍경을 한눈에 감상하고 싶다면 요새로 올라가 보자. 한가로이 해변을 산책해도 좋고 여름이라면 해양 스포츠와 해수욕도 즐길 수 있다. 골목에 늘어서 있는 예쁜 상점들도 구경해 보고 해산물 전문점에 들러 싱싱한 해산물을 먹어보는 것도 놓치지 말자. 시내 관광은 한나절이면 충분하지만 한여름에 휴양을 목적으로 이 섬에 왔다면 원하는 만큼 머물면서 여름 휴가를 즐겨보자. 매년 6~8월은 클래식 및 각종 음악 공연, 연극, 전시회 같은 예술 축제도 열려 흥을 더해준다.

• **랜드마크** 스테판 광장

스페인 요새에서 바라본 아드리아 해의 풍경

스테판 광장

보는 즐거움 **Attraction**

에메랄드 보석처럼 빛나는 한여름의 흐바르 섬은 여름 휴가를 즐기는 사람들로 언제나 붐빈다. 또한 비수기의 흐바르 섬은 예술사진을 찍기에 그만인 곳이다. 그저 산책하듯 돌아보아도 추억에 남을 만한 풍경이 연달아 눈앞을 스쳐간다.

• 뷰 포인트

스페인 요새
Tvrđava Španjola

16세기 베네치아인들이 오스만투르크의 침입을 막기 위해 축성한 요새. 여름에는 요새 안의 작은 무대에서 콘서트가 열리고 내부 벽에는 종종 그림도 전시한다. 요새 안에는 작은 카페가 있어 쉬어가기에 안성맞춤이며, 흐바르 타운의 풍경을 전망하는 데 최고의 장소다. 스테판 광장 오른쪽 계단을 따라 20분쯤 올라가면 나온다. 요새로 가는 길가에는 알로에 나무와 선인장 외에 이름 모를 야생식물들이 자라고 있고, 소나무가 많아서 진한 향기가 코끝에 머문다.

운영 6~9월 08:00~24:00, 10~5월 08:00~21:00

입장료 40Kn 가는 방법 스테판 광장에서 도보 20분

• 핫스폿

스테판 광장
Trg Sv. Stjepana

달마티아 지방에서 가장 크고 오래된 광장. 'ㄷ'자 모양으로 항구를 둘러싸고 있다. 13세기에는 북쪽으로만 개발되었다가 15세기에 남쪽까지 확장되어 지금의 모습이 되었다. 광장 중앙에 있는 우물은 1520년에 만들어 식수로 사용하였지만 지금은 그 형태만 남아 있다. 광장 북쪽의 클로버 문양이 있는 건축물은 르네상스 양식으로 지은 성 스테판 대성당 Katedrala Sv. Stjepana이다. 내부에는 예술작품이 전시되어 있으며, 대성당 바로 옆에는 17세기에 완성된 종루가 서 있다.

가는 방법 스타리그라드 항구에서 시내버스로 10분

무기고
Arsenal

스테판 광장 동쪽으로 창고처럼 보이는 커다란 아치형 건물은 1611년, 터키인들이 버리고 간 것을 재건축한 무기고다. 지금은 1층에 ⓘ · 쇼핑센터가 있고, 2층에는 1612년에 만든 극장이 있다. 유럽 최초의 소극장으로, 항해 중에 들르는 여행자 · 군인을 위해 지었으며 지금도 여름에는 연극 · 콘서트 장소로 사용한다.

• 소극장

운영 09:00~13:00, 15:00~21:00

입장료 10Kn

가는 방법 스테판 광장에서 도보 3분

삼각지붕 건물이 무기고 입니다

바다가 바라다 보이는 프란체스코 수도원과 박물관

프란체스코 수도원과 박물관
Franjevački Samostan

해안을 따라 항구 남쪽으로 내려가면 15세기의 수도원을 만날 수 있다. 입구의 회랑이 아름다운 이곳에서는 여름마다 작은 연주회가 열린다. 박물관은 바다가 보이는 정원에 있으며 예술적 가치가 높은 소장품들을 전시하고 있다. 그 가운데 마테오 이그놀리 Matteo Ignoli의 「최후의 만찬」은 놓치지 말고 봐야 한다.

운영 월~토 10:00~12:00, 17:00~19:00(비수기에는 오전만 개방) 입장료 25Kn

가는 방법 스테판 광장에서 도보 7분

먹는 즐거움 Restaurant

Damatinol Hvar

흐바르 타운에 위치한 인기 레스토랑. 달마티아 요리가 주 메뉴로 오징어를 통째로 그릴에 구워 야채를 곁들여 먹는 그릴 오징어 요리, 문어를 살짝 익혀 먹는 샐러드와 스테이크 등이 인기메뉴다. 디저트로 수제 케이크도 인기가 있다.

주소 Sveti Marak 1 전화 091 529 3121

홈페이지 www.dalmatino-hvar.com

운영 월~금 12:00~24:00, 토~일 17:00~01:00

예산 70kn~

가는 방법 스테판 광장에서 도보 3분

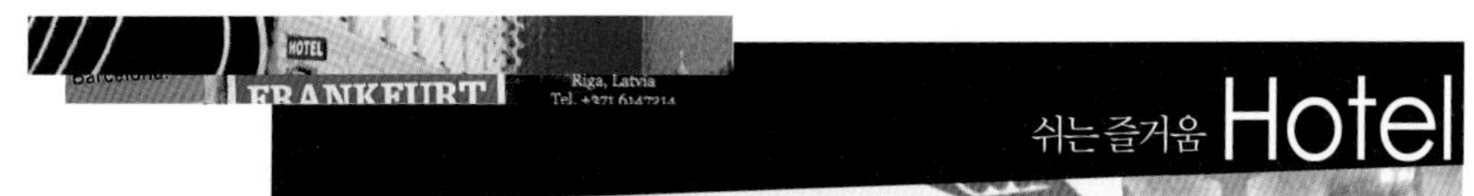

쉬는 즐거움 Hotel

떠오르는 인기 휴양지로 호텔 · 팬션 · 민박 등이 번성하고 있다. 하지만 최고 성수기인 5~9월은 방 구하기가 만만치 않다. 스플리트에서 당일치기 여행이 보통이지만, 만약 숙박할 계획을 세웠다면 스플리트 내의 여행사나 흐바르 관광청 사이트를 통해 미리 예약하는 게 안심이다. 볼거리가 모여 있는 흐바르 타운에 숙소를 정하는 게 가장 좋지만 예약이 모두 차 있다면 항구 지구인 스타리그라드도 고려해 보자. 스타리그라드와 흐바르 타운을 오갈 때는 버스를 이용해야 하고 편수도 많지 않지만 여행객이 몰리는 성수기에는 오히려 조용하고 요금도 더 저렴하다는 장점이 있다. 인원이 2명 이상이라면 작은 아파트를 렌트하는 것도 좋은 방법이다.

시대를 아우르는 작은 건축박물관 트로기르

Trogir

트로기르는 크로아티아 본토와 치오보 Ciovo 섬 사이에 있는 작은 섬으로 본토와는 돌다리로 연결되어 있고 치오보 섬과는 개폐형 다리가 연결된 천혜의 요새도시다. 공중에서 찍은 트로기르의 엽서사진을 보면 두 섬 사이에 있는 모습이 신비롭기만 하다. 도시의 역사는 기원전 3세기 그리스인이 정착하면서 형성되었고 11세기에는 대주교관구로 승격되어 자치권을 인정받았다. 그후 수많은 외세의 침략과 지배를 받아 왔는데 1406년에는 베네치아 공국이 이곳을 사들여 1797년까지 지배했다. 헬레니즘 시대부터 시대별로 건축된 다양한 양식의 건물이 오늘날까지 잘 보존되고 있어서 1997년 세계문화유산으로 지정되어 작은 건축박물관으로도 불리고 있다.

이런 사람 꼭 가자

스플리트 근교의 당일치기 여행지를 찾는다면
중부 유럽에서 보존상태가 우수한 바다 위 은둔의 도시에 관심 있다면
로마네스크와 고딕 · 르네상스 · 바로크 양식의 건축물을 한 곳에서 모두 보고 싶다면

INFORMATION 인포메이션

유용한 홈페이지

트로기르 관광청 www.dalmacija.net/trogir.htm

관광안내소

• **중앙** ⓘ

무료 지도 제공. 스플리트와 자다르행 버스 시각표를 얻어두면 유용하다.

주소 Trg Ivana Pavla II /1 전화 21 881 412

운영 09:00~19:00

ACCESS 가는 방법

트로기르는 스플리트에서 당일치기 여행지로 가장 인기 있는 곳이다. 고속버스와 37번 시내버스가 운행하고 있다. 고속버스는 스플리트 버스터미널에서 자다르행 버스가 수시로 출발하며 트로기르에 정차한다. 소요시간은 약 40분. 37번 시내버스는 스플리트 구시가에서 북동쪽으로 1km 떨어진 Domo-vinscog 거리 시내버스터미널에서 출발한다. 정류장마다 서기 때문에 1시간 정도 걸린다. 스플리트에서 트로기르로 갈 때는 고속버스를 이용하는 게 편리하고 돌아올 때는 고속버스와 37번 시내버스 중 먼저 오는 버스를 이용하면 된다. 버스는 모두 트로기르 버스터미널에 도착한다. 버스에서 내린 후 돌다리를 건너면 구시가의 입구인 북문(육지의 문)이 나온다. 북문으로 들어서면 오른쪽에 ⓘ가 있다.

• **버스 요금**

고속버스 30Kn 시내버스 21Kn

☑ 알아두세요

스플리트에서 자다르행 버스를 타면 트로기르 · 프리모슈텐 · 시베니크를 경유한다. 트로기르가 워낙 작아 시베니크 · 트로기르 또는 프리모슈텐 · 트로기르 등 두 도시를 묶어 돌아볼 것을 추천한다.

트로기르 완전 정복

master of Trogir

마을의 수호성인인 이반 오르시니 St. Ivan Orsini 조각상이 있는 북문으로 들어서면 골목길이 미로처럼 얽혀 있는 구시가가 나온다. 어느 골목길로 들어서든 구시가의 중심 이바나 파블라 광장 Trg Ivana Pavla으로 통한다. 트로기르는 워낙 작아 섬 전체를 돌아보는 데 2~3시간이면 충분하다. 지도 없이 마음 가는 대로 발길 닿는 대로 미로 같은 골목길을 거닐어 보자. 분위기가 다른 좁은 골목이 계속 나타나 흥미롭다. 기념품점도 기웃거리며 아름다운 건물들을 살펴보면서 돌아보는 게 트로기르 관광의 포인트다. 해산물요리가 유명하니 점심은 해안가에 있는 해산물 레스토랑에서 즐겨보자.

• **랜드마크** 이바나 파블라 광장

• **예상 소요 시간** 4시간

트로기르의 구시가지는 헬레니즘 시대부터 세월 따라 건축된 다양한 양식의 건물이 잘 보존되어 있어 1997년 세계문화유산에 등록되었다. 바다 위에 떠 있는 성 안에 들어서는 순간 과거로의 여행이 시작된다. 그리고 해안가로 나가면 그림 같은 풍경에 감탄사가 절로 나온다.

구시가

구시가 관광은 이바나 파블라 광장에서 시작해 보자. 광장 주변에 성 로렌스 대성당과 종탑, 시청사, 치피코 궁전 등 주요 명소들이 모여 있고 레스토랑 · 카페 · 기념품점도 많이 있다. 먼저 트로기르를 대표하는 성 로렌스 대성당을 둘러본 후 종탑에 올라가 보자. 구시가와 바다 위에 떠 있는 멋진 섬 풍경을 감상할 수 있다. 성 로렌스 대성당 맞은편에는 시계탑을 중심으로 오른쪽에는 15세기에 지은 아름다운 회랑 모양의 트로기르 시 복도가 있고, 왼쪽에는 시청사가 있다. 시청사와 시계탑 사이를 걸어가면 14~17세기의 회화 · 조각 · 문서 등을 전시하는 미술관이 있는 세례 요한 성당이 나온다. 성당은 13세기 로마네스크 양식 건물이다. 해안가 산책로로 나오면 멋진 요트들이 정박해 있고 그 맞은편으로 치오보 섬이 보인다. 푸른 바다, 흰색 요트, 아름다운 섬이 조화를 이루는 풍경은 마치 한 폭의 그림을 펼쳐 놓은 것만 같다. 해안선을 따라 오른쪽으로 걸어가면 남쪽 성벽의 일부가 남아 있는 루치 궁전이, 궁전 옆에는 11세기의 성 니콜라스 성당과 14세기에 지은 성 도미니쿠스 성당이 있다. 해안선을 따라 더 걸어가면 13~15세기 베네치아의 해군기지로 사용된 카메를렌고 요새가 나온다. 현재 내부는 각종 공연을 펼치는 이벤트홀로 사용하고 있다.

해안선을 따라 산책하듯 유적지를 돌아본 후에는 다리를 건너 치오보 섬으로 가보자. 특별한 유적지는 없지만 반대편에서 트로기르 섬을 감상하는 데 더 없이 좋은 곳이다.

구시가로 들어가는 입구

• 뷰 포인트

성 로렌스 대성당
Katedrala Sv. Lovre XIII

트로기르를 대표하는 건축물. 13~15세기에 로마네스크 양식으로 지은 이 성당은 크로아티아에서도 가장 걸작으로 꼽히는 건물로 조각 하나하나가 정교하기 그지없다.

이바나 파블라 광장

특히 라도반 Radovan이 조각한 성당 정문을 보면 문 양쪽 기둥에는 베네치아의 상징인 사자 조각, 그 위에는 달마티아 지방에서 가장 오래된 누드 조각인 아담과 이브가 새겨져 있다. 독특함과 정교함의 극치로 찬사를 받고 있다. 뿐만 아니라 기둥에는 예수 탄생이 섬세하게 묘사되어 있다.

성당 안으로 들어서면 달마티아에서 가장 아름다운 15세기 르네상스 유물인 성 이반 예배당이 있다. 47m의 종탑은 15세기 초기 고딕 양식이었으나 그후 2세기 동안 베네치아 · 고딕 · 르네상스 양식이 추가된 모습이다. 이곳에서 트로기르를 한눈에 내려다볼 수 있다.

운영 08:00~12:00, 16:00~19:00

입장료 성당+종탑 25Kn 가는 방법 북문에서 도보 5분

시청사
Gradska vijećnica

광장 남쪽의 시계탑 옆에 서 있는 시청사는 소박한 모습을 하고 있다. 15세기에 성당의 예배당을 설계한 니콜라스 플로렌스가 로마네스크 양식으로 지었는데, 복도를 따라 들어가면 아름다운 안마당과 계단을 볼 수 있다. 당시 중세 베네치아의 유행을 따라 만들었으며, 계단 아래를 보면 조각가 마테예 고예코비체의 머리 조각을 찾을 수 있다. 시청사 옆 시계탑은 원래 뱃사람들의 수호성인인 성 세바스티안을 위해 세운 교회였다고 한다. 앞부분에는 예수와 성 세바스티안의 동상이 있고, 내부에는 독립운동가들의 작은 묘비가 있다.

가는 방법 성 로렌스 대성당 맞은편

성 도미니크 수도원과 성당

성 도미니크 수도원과 성당
Crkva I samostan Sv. Dominika

지금은 사라진 성벽의 일부인 루치츠 궁전 옆에 지은 성 도미니크 수도원과 성당은 14세기 로마네스크 · 고딕 양식 건물이다. 백악관과 베네치아의 궁전에도 사용된, 브라치 섬에서 캐낸 돌로 만들었으며, 1469년에 니콜라 피렌티낙이 르네상스 스타일로 재건축해 지금의 모습을 갖추었다.

운영 08:00~12:00, 16:00~19:00

가는 방법 이바나 파블라 광장에서 도보 10분

카메를렌고 요새
Kula Kamerlengo

트로기르 섬 가장 서남쪽, 야자수 길이 끝나는 곳에 위치한 요새로 한때는 도시를 둘러싼 성벽의 일부였다. 13 · 15세기에 베네치아인들이 축성해 군사기지로 사용했다. 당시 사령관이던 카메를리우스의 이름을 붙인 것이 지금까지 남아 있게 되었다고 한다. 지금은 야외극장 · 이벤트 장소로 이용되고 있다. 요새 바로 옆에 홀로 서 있는 건물은 마르코 탑. 15세기 터키와의 전쟁 때 방어 목적으로 지은 것으로 당시에는 요새와 연결되어 있었다고 한다.

운영 09:00~22:00 입장료 25Kn

가는 방법 이바나 파블라 광장에서 도보 10분

산책로를 따라 심어져 있는 야자수 카메를렌고 요새

스플리트에 비해 소박하고 한적해서 1박 2일 머물며 차분한 시간을 보내기에 그만이다. 요금에 비해 숙박 시설이 훌륭하다는 게 가장 큰 매력이다. 단 시설이 많지 않아 미리 예약하는 게 좋다.

Rooms & Apartments Buble

구시가와 300m 떨어진 곳에 있는 집으로 최근에 지어졌다. 멀리서도 보이는 하얀색 외관과 작은 정원이 인상적인 곳이다. 실내는 파스텔 톤으로 꾸며져 있어 편안함을 준다.

주소 Ulica Kardinala Alojzija Stepinca 118
전화 091 250 6800
홈페이지 www.apartments-buble.com
요금 2인실 250Kn~
가는 방법 구시가에서 도보 5분

Vanjaka Bed&Breakfast

대성당 옆에 위치. 방마다 에어컨 · 인터넷 · 텔레비전 · 샤워시설과 헤어드라이어도 갖춘 최적의 시설을 자랑한다. 요금에 아침 식사도 포함되어 있다. 조용한 2인실을 찾는 여행자에게 그만이다.

주소 Radovano Trg 9 전화 021 884 061
홈페이지 www.vanjaka.hr
요금 2인실 비성수기 530kn~
가는 방법 이바나 파블라 광장, 대성당 옆으로 도보 3분

Carol Rooms

구시가에 있는 민박집. 친절한 주인장과 깨끗한 시설로 여행자들에게 제법 입소문이 난 곳. 미리 말하면 애완동물도 환영받는다. 근처에 슈퍼마켓도 있어 장보기도 편하다. 요금은 시즌에 따라 달라진다.

주소 Matice Hrvatske 43
전화 092 238 9959 홈페이지 www.trogirhostel.com
요금 3인 도미토리 €150kn~, 2인실 €330kn~(비수기 요금)
가는 방법 버스터미널에서 300m

Apartments Smuketa

치오보 섬에 있는 숙박시설로 원목과 파스텔 톤 가구로 꾸며져 아늑하고 화사한 느낌이 난다. 2인실과 가족을 위한 4~5인실이 있고, 방마다 텔레비전, 헤어드라이어, 에어컨 시설 등을 갖추고 있으며 부엌도 있다. 꽃으로 만발한 정원도 아름답다. 구시가까지는 500m 정도 떨어져 있다.

주소 Gospe kraj mora 28 전화 091 592 1950
홈페이지 www.apartmentsintrogir.com
요금 2인실 €350kn~
가는 방법 치오보 섬에 위치. 구시가에서 도보 15분

해산물이 맛있는 집, Fontana!

크로아티아의 맛집으로 여러 번 상을 받은 유명한 집이다. 부두를 따라 카메를렌고 요새로 가는 길에 위치하고 있다. 초록으로 인테리어한 내부는 깔끔하면서도 편안한 분위기를 풍긴다. 종업원이 모두 영어가 능숙하며 친절하다. 주방이 오픈되어 있어서 더욱 청결하게 느껴지며, 음식 맛 또한 훌륭하다.

주소 Obrov 1
영업 11:00~24:00
예산 꼬치그릴구이 50Kn~, 맥주 15Kn~, 리조토 40Kn~.

크로아티아인이 건설한 도시 시베니크

Šibenik

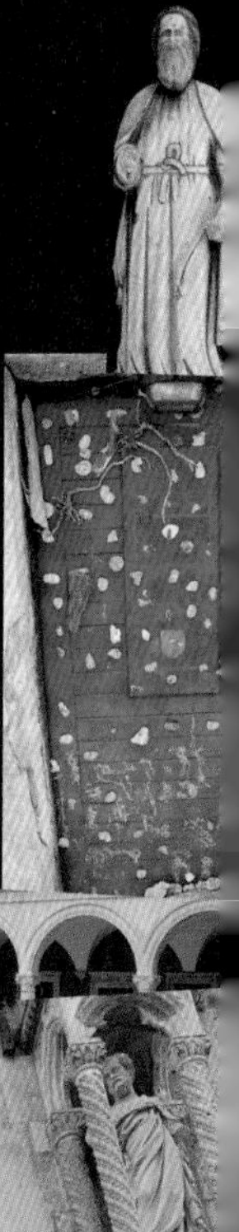

인구 4만 명이 살고 있는 시베니크는 우리에게 잘 알려지지 않은 작은 항구 도시다. 이 도시를 특별하게 여기는 이유는 달마티아의 다른 해안도시들은 일리리아인이나 로마인이 건설한 반면, 크로아티아인이 건설한 유일한 도시기 때문이다.

시베니크는 11세기, 크레시미르 4세가 성 미카엘 지역에 방어용 요새를 만들기 위해 문서를 발행하면서 처음 문헌에 기록되었다. 그리고 1412년부터 200년간 베네치아의 지배를 받은 동안 오스만투르크의 침략을 막기 위해 요새를 쌓았다. 이후 합스부르크 제국의 지배를 받았으며, 제1차 세계대전이 지나서야 독립할 수 있었다.

시베니크의 상징인 성 야고보 성당에는 달마티아 지방 사람들의 희로애락을 표현한 조각이 새겨져 있다. 그 역사만큼 고단한 삶을 살아온 이곳 사람들의 모습이 생생하게 담겨 있어 2000년 유네스코 세계문화유산에 등록됐다. 아름다운 산과 바다에 둘러싸인 시베니크의 구시가는 중세의 모습 그대로 간직한 아름다운 해변 마을이다.

이런 사람 꼭 가자

스플리트 근교의 한적하고 작은 마을을 여행하고 싶다면
크로아티아를 상징하는 소박한 달마티아인 얼굴 조각을 보고 싶다면

INFORMATION 인포메이션

유용한 홈페이지

시베니크 관광청 www.sibenik-tourism.hr
프리모슈텐 관광청 www.primosten.hr

관광안내소

무료 지도와 가이드북을 받을 수 있고 근교 트로기르나 스플리트로 가는 교통정보를 얻을 수 있다.
주소 Obala palih omladinaca 3
전화 022 214 441
운영 7~8월 08:00~22:00, 9월 09:00~20:00, 일 08:00~14:00, 그 외 08:00~20:00

ACCESS 가는 방법

스플리트에서 당일치기 여행지로 인기가 있다. 스플리트 고속버스터미널에서 자다르행 버스를 타면 트로기르, 프리모슈텐을 경유해 시베니크에 도착한다. 버스는 수시로 운행되며, 직행 · 완행 버스에 따라 소요시간과 요금 등이 달라진다. 스플리트 대학교의 경제학과가 시베니크에 있어 통학시간대의 버스는 언제나 학생들로 만원이다. 비 · 성수기에 따라 운행편수도 달라지니 돌아오는 버스 시각은 미리 확인해 두는 게 안전하다.

시베니크 버스터미널에서 구시가까지는 버스에서 내린 후 왼쪽의 해안가 Obala Dr.Franje Tudmana를 따라 약 150m 걸으면 구시가가 시작되는 성 야고보 대성당이 나온다. 도보 7분 소요.

• 버스터미널 코인로커

운영 06:00~22:00 요금 15Kn

• 버스 요금

시베니크→트로기르 40Kn~
시베니크→스플리트 75Kn~
시베니크→플리트비체 국립호수공원 108Kn~

시베니크 버스터미널

주간이동 가능 도시

시베니크	▶▶	스플리트	버스 1시간 50분
시베니크	▶▶	자다르	버스 1시간 30분
시베니크	▶▶	트로기르	직행버스 40분 또는 로컬버스(현지 버스) 1시간 10분
시베니크	▶▶	두브로브니크	버스 6시간
시베니크	▶▶	자그레브	버스 6시간 30분 또는 열차 6시간 30분

※현지 사정에 따라 열차 운행시간 변동이 크니, 반드시 그때그때 확인할 것

시베니크 완전정복

master of Šibenik

스플리트에서 트로기르와 묶어 당일치기 여행지로 삼으면 좋다. 버스터미널에서 나와 왼쪽으로 걸어가면 시베니크 관광의 하이라이트인 성 야고보 대성당이 나온다. 성당은 이곳 관광의 시작이자 끝나는 지점이다. 먼저 계단과 오르막길을 따라 가장 높은 곳에 있는 성 미카엘 요새로 올라가자. 이곳에서는 시베니크의 아름다운 풍경과 앞 바다의 섬까지 내려다볼 수 있다. 그리고 Sv. Luce 대로를 따라 내려오면 Don Krste Stošica 거리에 있는 성 이바나 성당 Crkva Sv. Ivana과 성 두하 성당 Crkva Sv. Duha이 나온다. 다시 Pomislava 거리를 따라 내려오면서 작은 골목길을 구경하다 보면 어느새 성 야고보 대성당이 있는 광장에 닿는다. 구시가는 워낙 작아 도보로 한나절이면 충분히 돌아볼 수 있다. 시간이 없다면 성 야고보 대성당만 관광해도 된다. 만약 시베니크에서 하루를 보낸다면 근교의 프리모슈텐 Primošten 또는 크르카 국립공원 Nacionalni Park Krka을 추천한다.

★시내 관광을 위한 Key Point

- **랜드마크** 야고보 대성당
- **베스트 뷰 포인트** 성 미카엘 요새

★Best Course

버스터미널 → 성 야고보 대성당 → 시청사 → 성 미카엘 요새

- 예상 소요 시간 3~4시간

정말 작은 해안도시 시베니크는 꾸밈새 없는 매력으로 여행자들의 마음을 사로잡는다. 특히 언덕 위에 미로처럼 얽혀 있는 좁은 골목길들은 소박한 서민들의 삶이 묻어나 정겹다. 그리고 경험하지 못한 또다른 이국적인 풍경에 매료돼 며칠이고 머물면서 사색에 빠지고 싶은 곳이다.

• 유네스코

성 야고보 대성당
Katedrala Sv. Jakova

시베니크의 혼이자 상징인 건축물. 1432년 착공된 이후 여러 건축가들의 손을 거쳐 120여 년 만에 완공되었다. 건축 초기에는 베네치아 출신의 건축가인 안토니오 달 마세녜 Antonio Dalle Masegne가 맡아 고딕 양식으로 짓기 시작했으나, 1444년부터 유라이 달마티나츠 Juraj Damaltinac가 바통을 이어받아 르네상스 양식으로 완성지었다. 유라이는 기존에 있던 성당을 허물고 그 부서진 조각들을 사용해 짓기 시작했지만 나중에는 스플리트 앞 바다 브라츠 섬에서 석회암과 대리석을 가져다 사용하였다. 측면의 측랑을 올리고 작은 예배당의 외벽을 만들어 사람의 얼굴 표정을 담은 조각상들로 장식했는데, 이것이 그 유명한 84인의 당시 시베니크 시민의 얼굴 조각이다. 얼굴 조각은 평온함 · 짜증 · 교만함 · 공포 등 각기 다른 표정으로 인간의 희로애락을 표현했다.

유라이 사후 후임자 니콜라 피렌티나츠 Nikola Firentinac는 측면 측랑을 완성했고 돔 지붕과 돌로 된 타일로 교회 복도의 긴 천장을 만들었다. 성 야고보 대성당은 건축학적으로 석조 외의 다른 재질을 전혀 사용하지 않은 유일한 건물로 매우 유명하다. 19세기 이전에는 석조기술로만 세운 건물이 없었는데, 이 건물은 벽과 천장 볼트, 돔 지붕의 모든 부분을 사전에 만들어 놓은 돌조각들을 정확히 조립하는 과정을 통해 완성했다. 천장의 돔은 돌이 맞물리는 유일한 구조였는데 안타깝게도 1991년에 심각한 손상을 입었다. 고딕 양식의 정문은 아치형으로 생겼으며 겹겹의 문틈에는 성자들의 모습이 조각되어 있고, 2개의 장미 모양 창문이 장식되어 있다. 내부의 천장과 아치 부분은 르네상스 양식으로 구성되어 있다. 세월의 무게에 빛바랜 돌들은 오히려 성당의 아름다움을 완성시킨다.

세례장은 제단 오른쪽의 무거운 철문을 열고 들어가면 볼 수 있는데, 한가운데 세례를 위한 작은 분수가 있고 천장에는 유라이 달마티나츠의 조각들이 새겨져 있다. 또다른 입구인 사자의 문은 보니니 다 밀라노 Bonini da Milano가 만들었다. 사자가 양쪽에서 기둥을 지탱하고 그 위에는 아담과 이브의 누드상이 있다.

시베니크의 상징, 성 야고보 대성당

시청사

미사 시간에 맞춰 가면 미사에 참석할 수는 있지만 사진 촬영은 금지하고 있다.
주소 Trg Repulike Hrvatske 1
운영 09:30~18:30 입장료 25Kn
가는 방법 버스터미널에서 도보 7분

시청사
Gradska vijećnica

대성당 맞은편에 있는 르네상스 양식의 건물. 16세기에 지어졌으나 제2차 세계대전 때 폭격으로 파괴된 것을 지금의 모습으로 복원해 현재 시청사로 사용하고 있다. 2층은 베란다식 복도로 되어 있는데 16세기 베네치아 지배 당시 공개재판소로 이용된 곳이다. 1층은 9개의 큰 아치가 회랑을 이루고 있고, 안쪽에는 귀족풍의 카페가 들어서 있다.
주소 Trg Republike Hrvatske 3
가는 방법 성 야고보 대성당 맞은편

• 뷰 포인트

성 미카엘 요새
Tvrdava Sv. Mihovila

중세시대부터 있던 가장 오래된 요새로 화약고가 낙뢰를 맞아 파괴된 적이 있다. 그후 필요 이상의 방어 목적으로 세운 탑은 제외하고 복원되었다. 원래는 성 안나 요새였으나 지금은 성 미카엘 요새로 이름이 바뀌었고 이곳에서 내려다보이는 도시 풍경이 아름다워 시베니크 제일의 뷰 포인트로 사랑받고 있다.
운영 3·10월 10:00~18:00, 4~5·9월 09:00~20:00, 6~8월 09:00~22:00, 11~2월 09:00~16:00(공휴일 휴무)
입장료 일반 50Kn, 학생 30Kn
가는 방법 성 야고보 대성당에서 오르막길을 따라 도보 20분

시청사 1층 카페

Travel PLUS 그 섬에 가고 싶다! 프리모슈텐

시베니크에서 스플리트로 달리는 버스를 타고 가다 차창 밖의 바다 위에 떠 있는 신비로운 섬마을을 발견했다면 그곳이 바로 프리모슈텐 Primošten이다. 시베니크에서 남동쪽으로 30km 정도 떨어진 곳에 있는 이 섬은 인구 1,700명이 모여 사는 아주 작은 어촌이다. 외세의 침략을 수없이 받아온 달마티아 지방 사람들이 침략자들을 피해 이 섬에 정착하면서 마을이 형성되었고, 살기 위해 바다를 메워 본토와 연결하는 '다리를 놓다'라는 뜻의 프리모슈텐이 마을 이름이 됐다. 수려한 경관 덕분에 일찍이 관광산업이 발달하여 달마티아 지방에서 가장 많은 관광객이 찾는 곳이다. 섬에서 가장 높은 언덕에는 성 조지 성당 St. George이 우뚝 서 있고, 좁은 골목길이 미로처럼 이어진다. 세계적으로 알려진 유명 유적지는 없지만 바다 위에 떠 있는 그림 같은 작은 섬마을 산책은 아주 특별하다. 그리고 이왕이면 점심시간에 들러서 프리모슈텐 전통 랍스터 요리와 화이트 와인 한 잔으로 프리모슈텐인의 식도락을 만끽해 보자.
가는 방법 시베니크에서 출발해 트로기르 · 스플리트로 가는 모든 버스가 프리모슈텐을 경유한다.

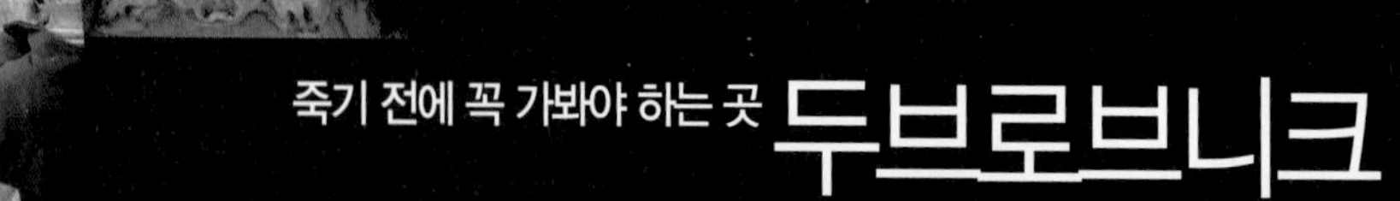

죽기 전에 꼭 가봐야 하는 곳 두브로브니크

Dubrovnik

세상에서 이름만 들어도 설레게 하는 여행지가 있다면 그게 바로 여기가 아닐까? 영국의 극작가 버나드 쇼는 "두브로브니크를 보지 않고 천국을 논하지 말라"라는 말을 남겼고, 유럽인과 일본인이 가장 가고 싶은 여행지 1순위, 죽기 전에 꼭 가봐야 하는 여행지 1순위로 선정된 바로 그곳!

'아드리아 해의 진주'로 불리는 두브로브니크는 7세기에 도시가 형성되고 베네치아 공국과 경쟁한 유일한 해상무역 도시국가였다. 지리적인 이점 덕분에 발칸과 이탈리아를 잇는 중계무역을 통해 부를 축적했고, 11~13세기에는 금 · 은 수출항으로 황금기를 맞이했다. 그러나 두 번의 대지진과 오랜 외세의 침략, 내전 등이 계속되면서 도시의 상당 부분이 파괴되고 말았다. 하지만 끊임없는 시민들의 자발적인 복원사업에 힘을 얻어 구시가 대부분의 유적들이 복원되고 현재 세계문화유산으로 등록되어 있다.

한없이 푸르른 아드리아 해에 신기루처럼 떠 있는 성채도시, 그곳은 15세기에 세계 최초로 노예매매제를 폐지할 만큼 수준 높은 의식을 지닌 사람들이 살던 지상천국이었다.

지명 이야기

두브로브니크는 이곳에서 흔하게 볼 수 있는 두브라바 Dubrava라는 떡갈나무에서 유래한다. 15세기 이전에는 '바위'라는 뜻의 라우사 Rausa(라틴어로 라구사 Ragusa)로 불리었다.

이런 사람 꼭 가자

세계인이 칭송하는 아드리아 해의 진주를 감상하고 싶다면
전 세계적으로 유례가 없는 '자유도시국가'가 궁금하다면
역사 · 유산 · 자연 등 천혜의 관광지를 여행하고 싶다면

INFORMATION 인포메이션

유용한 홈페이지

두브로브니크 관광청 www.tzdubrovnik.hr

관광안내소

• 필레 ⓘ (Map P.431-B1)
무료 지도, 시내 정보, 근교행 버스 시각표를 제공한다. 각종 투어와 숙소에 대한 정보도 얻을 수 있고 예약도 해준다. 인터넷 카페도 함께 운영한다(1시간 25Kn).
주소 Pile, Brsaue 5(구시가 필레 문 앞 힐튼 호텔 맞은 편) 전화 20 312 011
운영 월~토 08:00~19:00, 일 08:00~15:00

여행사

• Perla Adriatica (Map P.431-B3)
플로체 문(동문) 앞에 위치. 크루즈, 몬테네그로 · 모스타르 등 근교행 투어, 항공 · 열차 티켓, 숙소 예약 등을 할 수 있다.
주소 Frana Supila 2 전화 20 422 766
운영 09:00~20:00

유용한 정보지

무료 가이드북 〈VODIČ GUIDE STADT- FUHRER〉은 영문으로 발간되는 월간지. 여행정보뿐만 아니라 지도, 레스토랑 · 호텔 정보, 근교행 버스시각표 등이 실려 있어 매우 유용하다. ⓘ에서 얻을 수 있다.

환전

시중 은행이 환전소보다 환율이 더 좋고 안전하다. ATM은 시내 어디서나 쉽게 찾을 수 있어 편리하다. 구시가와 가까운 은행은 필레 문 앞 힐튼 호텔과 버스정류장 사이에 있다.

우체국

주소 Pile, Branitelja Dubrovnika 2 운영 월~금 08:00~17:00, 토 08:00~14:00 휴무 일요일

슈퍼마켓

플로체 문(동문) 앞에 Konzum이 있고, 구시가 내 군둘리체바 광장에 Zoro Trade가 있다.

• Konzum 주소 Frana Supila 6 (Map P.431-B3)
• Zoro Trade d.o.o
주소 Ulica od Puča 4(Map P.431-B2)

ACCESS 가는 방법

비행기 · 버스 · 페리를 타고 가는 게 일반적이다. 출발 도시, 계절 등에 따라 이용하는 교통수단이 달라진다.

비행기

대한항공이 자그레브에 신규 취항해, 편리한 직항 노선이 생겼지만, 두브로브니크로 갈 경우엔 여전히 다른 비행기로 한 번 갈아타야 한다. 그래서 두브로브니크로 가는 편리한 스케줄은 매일 취항하는 독일항공, 에어프랑스, 오스트리아 항공 등의 유럽계 항공사다. 이때, 스톱오버를 이용해 경유지에서 며칠 여행을 한 후 두브로브니크로 가는 것도 좋은 방법이다. 워낙 인기 있는 여행지여서 유럽 전역에서 비행기가 취항한다. 빈 · 뮌헨 · 런던 · 로마 등에서 출발하는 저가 항공사가 많다. 단, 성수기와 비수기에 따라 운항 편수가 크게 달라진다.

두브로브니크 공항 Zračna Luka Dubrovnik은 시내에서 남쪽으로 20㎞ 정도 떨어져 있으며, 작고 시설도 간소하다. 공항에서 시내까지는 공항버스와 택시가 운행되며 약 30~40분 소요된다. 공항에서의 환전은 교통비 정도만 하자.

공항 홈페이지 www.airport-dubrovnik.hr

• 공항버스

아틀라스 Atlas 사에서 공항버스를 운영하며, 시내로 가는 가장 경제적인 교통수단이다. 버스는 시내 버스터미널을 거쳐 구시가의 필레 문 버스터미널에 도착한다. 티켓은 출국장으로 나와 오른편에 있는 Atlas 여행사 카운터에서 구입 가능하며, 늦은 항공편으로 카운터가 문을 닫았을 때는 운전사에게 직접 구입하면 된다.

요금 편도 40Kn

• 택시

요금 300~350Kn(20~30분 소요)

버스

Map P.430-A1

비 · 성수기에 상관 없이 매일 운행한다. 기암절벽이 이어지는 해안선을 따라 가면서 펼쳐지는 아름다운 창 밖 풍경을 감상할 수 있어 여행자들에게 가장 인기 있는 교통수단이다. 국제선으로는 보스니아 · 슬로베니아 · 독일 · 스위스 행의 유로라인 버스가, 국내선으로는 자그레브 · 스플리트 · 자다르 · 플리트비체 · 리예카 등을 연결한다.

두브로브니크 버스터미널 Autobusni Kolodvor은 규모가 작아서 시설도 매표소와 작은 편의점, 대합실이 전부다. 대합실에는 화장실, ATM, 유인 짐 보관소가 있다. 버스터미널에서 구시가까지는 도보로 약 30분 거리이므로 터미널 앞에서 1a · 3 · 6 · 9번 버스를 이용하는 게 편리하다. 티켓은 신문가판대나 운전사한테서 직접 구입한다.

• 유인 짐 보관소

운영 06:00~21:00 요금 15Kn

• 버스 요금

두브로브니크→자그레브 225Kn~ (1일 7회)

두브로브니크→스플리트 125Kn~ (1일 10회)

두브로브니크→모스타르 115Kn~ (1일 2회)

• 시내버스

요금 1회권 12Kn(운전사에게 구입 시 15Kn)

페리 Map P.430-A1

페리는 '아드리아의 진주' 두브로브니크로 가는 가장 로맨틱하고 이색적인 교통수단이다. 국제선은 이탈리아의 바리 Bari, 앙코나 Ancona에서 출항한다. 대부분 야간 페리를 운항하기 때문에 밤에 출발해 다음날 아침에 도착하는 스케줄이다. 국내선은 스플리트와 리예카에서 출항한다. 스플리트와 두브로브니크 구간 페리가 가장 인기 있으며, 성수기에는 환상의 섬으로 알려진 흐바르 Hvar 섬과 코르출라 Korčula 섬을 경유한다. 데크를 이용하는 경우 1주일에 한해 스톱오버도 가능하다. 그밖에 두브로브니크에서 가장 인기 있는 근교 여행지, 믈레트 Mljet 섬까지도 페리를 이용할 수 있다. 국제선과 국내선 모두 크로아티아의 야드롤리니야 Jadrolinija 페리 사에서 운영한다. 페리는 비 · 성수기, 날씨에 따라 운항편수와 경유지 등의 변수가 많으니 반드시 스케줄을 미리 확인해야 한다.

페리는 라파드 지역에 있는 그루즈 항구 Luka Gruz에 도착한다. 구시가까지 2㎞ 정도 떨어져 있으니 버스터미널에서 출발하는 1a · 3 · 6 · 9번 버스를 이용하면 구시가의 필레 문 앞까지 갈 수 있다. 버스터미널과 항구 사이에는 대형 슈퍼마켓 Konzum이 있다.

• 야드롤리니야 페리

홈페이지 www.jadrolinija.com

요금 스플리트→두브로브니크

쾌속정 데크 €36.50, 4인 캐빈 €55

일반 페리 데크 €29, 4인 캐빈 €46

야간 페리 바리→두브로브니크

데크 €40~48, 4인 케빈 €75~96

※주말에는 20~30% 더 비싸다.

주간이동 가능 도시

출발		도착	소요시간
두브로브니크	▶▶	스플리트	버스 4시간 30분 또는 페리 9시간
두브로브니크	▶▶	모스타르	버스 3시간
두브로브니크	▶▶	사라예보	버스 5시간

야간이동 가능 도시

출발		도착	소요시간
두브로브니크	▶▶	자다르	버스 8시간
두브로브니크	▶▶	자그레브	버스 12~13시간
두브로브니크	▶▶	류블랴나	버스 15시간
두브로브니크	▶▶	바리	페리 11시간

※현지 사정에 따라 열차 운행시간 변동이 크니, 반드시 그때그때 확인할 것

본토와 단절된 두브로브니크

크로아티아의 어느 도시에서 출발하든 버스를 타고 두브로브니크로 가려면 여권 검사를 두 번 거쳐야 합니다. 이유는 두브로브니크 바로 위쪽에 있는 네움 Neum이라는 해안도시가 보스니아-헤르체고비나 연방의 땅이기 때문입니다. 21㎞의 해안도시 네움 덕분에 보스니아는 내륙국을 면했지만 두브로브니크는 본토와 단절된 고아 신세가 되었답니다. 세상에 이런 일도 있습니다. 첫 번째 여권 검사를 마쳤다면 이미 버스는 보스니아 영토를 달리는 중입니다. 짧지만 색다른 경험이니 네움 터미널에 도착하면 버스에서 잠시 내려 기념촬영이라도 해보세요.

보스니아-헤르체고비나의 해안도시 네움

Travel PLUS 근교 섬으로 가는 크루즈!

시내에서 운영하는 여행사가 모두 근교 섬으로 떠나는 1일 투어를 진행한다. 모든 투어 요금에는 교통편 · 입장료 · 점심식사가 포함되어 있고, 한여름에는 해수욕도 즐길 수 있어 수영복을 준비해 가면 좋다. 국립공원으로 유명한 믈레트 섬 Mljet, 두브로브니크 앞 바다에 있는 세 개의 섬을 돌아보는 엘라피티 섬 Elafiti 크루즈가 가장 인기 있다.

Glass Boat Trip

구항구에서 출발해 근처의 로크룸 섬을 돌아 두브로브니크 주변을 돌아보는 1시간 크루즈. 배 밑이 투명한 유리로 되어 있어 더욱 흥미롭다. 티켓은 구항구 노천 매표소에서 구입한다.
운항 11:00~17:30 3~4회, 야간 21:00~22:00 2~3회 요금 75Kn

THE CITY TRAFFIC 시내 교통

두브로브니크의 성벽 안 구시가는 끝에서 끝까지 걷는 데 10분도 채 걸리지 않을 만큼 작지만 시내는 크게 버스터미널과 항구가 있는 그루즈 Gruz, 호텔과 리조트 등이 모여 있는 라파드 Lapad와 바빈쿠크 Babin Kuk, 구시가 성문 밖 필레 Pile와 플로체 Ploče 지구로 나뉜다. 구시가에서 필레 · 플로체 지구는 도보로도 오갈 수 있지만 그밖의 지구는 시내버스를 이용해야 한다. 구시가로 들어오는 모든 버스는 구시가 교통의 중심이자 주차장 구실도 하는 필레 문 앞에 정차한 다음 플로체 지구로 운행한다. 티켓은 신문가판대나 버스 안에서 직접 구입할 수 있다. 단, 운전사한테서 구입하는 경우 요금이 약간 더 비싸다. 승차 후에는 티켓을 펀칭기에 넣고 직접 개시해야 한다.

• 대중교통 요금

1회권 60분 유효 12Kn(운전사에게서 구입 시 15Kn)

구시가가 시작되는 필레 문 앞 버스 정류장. 언제나 혼잡합니다.

두브로브니크 완전 정복

master of Dubrovnik

구시가는 워낙 작아 천천히 아껴 봐야 한다는 말이 맞을 것이다. 안내지도가 없어도 걷다 보면 모든 볼거리들이 저절로 눈에 띈다. 구시가 관광의 포인트는 여유! 제일 먼저, 오랜 세월 두브로브니크를 지키고 있는 성벽에 올라 짙푸른 아드리아 해와 붉은 지붕이 어우러진 두브로브니크의 아름다움에 풍덩 빠져보자. 시내 관광에서 가장 많은 시간을 보내게 되는 곳으로 대략 2~3시간 여유를 갖고 돌아보자. 다음은 필레 문에서 플라차 대로를 따라 주요 명소를 돌아본 다음 구항구에 있는 카페에서 잠시 휴식을 취한 뒤 플로체 문으로 나오면 된다. 플로체 문을 지나 곧장 걸어가다 뒤를 돌아보면 구시가의 풍경이 좀전에 본 것과는 또다른 느낌으로 다가온다. 다시 플로체 문 쪽으로 걸어가다 주차장 쪽으로 올라가면 부자 문이 나온다. 부자 문으로 들어가면 가파른 계단이 플라차 대로까지 이어진다. 골목마다 서민들의 삶이 묻어나는 빨래들이 넘실거린다. 어기시 내려가면 다시 구시가가 나온다. 구시가 관광은 하루면 충분하지만 봐도 봐도 질리지 않는 게 이곳의 매력이다.

유럽 땅끝 마을에 가까운 이곳까지 왔다면 평생 잊지 못할 추억을 남길 수 있도록 시간을 충분히 할애하자. 하루는 시내 관광을 하고, 하루는 새벽과 석양 무렵에 스르지 산에 올라 구시가의 일출과 일몰 광경을 감상해 보자. 낮에는 근교에 있는 섬으로 투어를 다녀오고 해수욕과 해양 스포츠를 즐겨보는 것도 좋다. 근교에 있는 몬테네그로의 아름다운 해안 마을과 기독교와 이슬람 사이의 화해의 장소가 된 모르타르도 놓치지 말자.

★이것만은 놓치지 말자!

❶성벽을 따라 걸으면서 보는 두브로브니크의 풍경
❷아기자기 하다못해 앙증맞은 구시가 도보 관광
❸아드리아 해를 만끽할 수 있는 근교 섬으로 떠나는 보트 투어

★시내 관광을 위한 Key Point

- **랜드마크** 플라차 대로
- **쇼핑가** 플라차 대로는 구시가의 최대 쇼핑가이자 번화가다. 레스토랑 역시 이 주변에 많다.

★Best Course

필레 문 → 성벽 → 성 사비오르 성당 → 오노프리오스 분수 → 프란체스코 수도원 → 플라차 대로 → 스폰자 궁전 → 오를란도브 게양대 → 성 브라이세 성당 → 총령의 집무실 → 대성당

- **예상 소요 시간** 하루

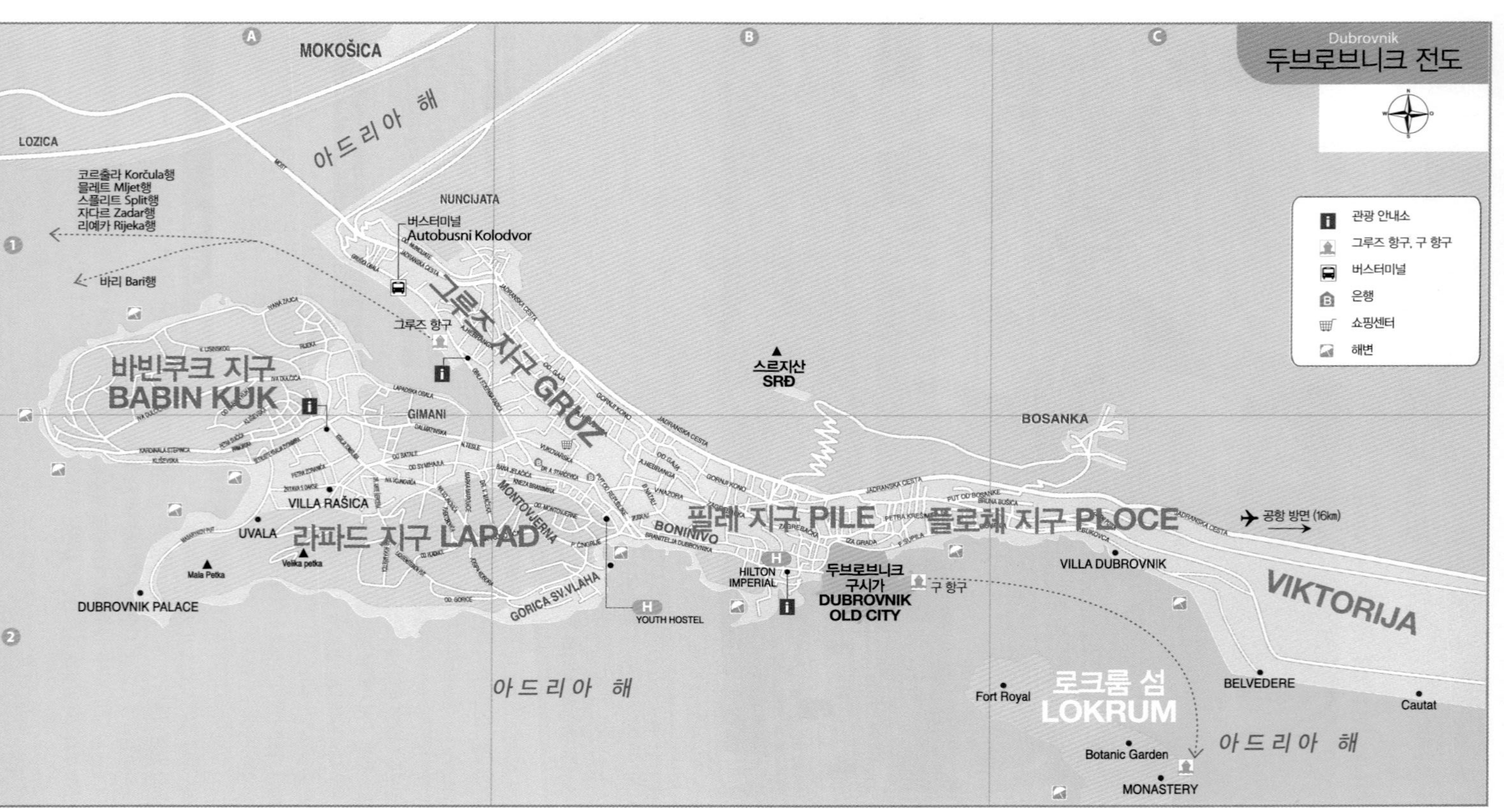
Dubrovnik
두브로브니크 전도
관광 안내소
그루즈 항구, 구 항구
버스터미널
은행
쇼핑센터
해변
MOKOŠICA
LOZICA
아드리아 해
코르출라 Korčula행
믈레트 Mljet행
스플리트 Split행
자다르 Zadar행
리예카 Rijeka행
바리 Bari행
NUNCIJATA
버스터미널
Autobusni Kolodvor
그루즈 항구
그루즈 지구 GRUZ
바빈쿠크 지구
BABIN KUK
GIMANI
VILLA RAŠICA
UVALA
라파드 지구 LAPAD
MONTOVJERNA
Mala Petka
Velika petka
DUBROVNIK PALACE
GORICA SV.VLAHA
YOUTH HOSTEL
BONINOVO
스르지산
SRĐ
필레 지구 PILE
HILTON
IMPERIAL
두브로브니크
구시가
DUBROVNIK
OLD CITY
구 항구
BOSANKA
플로체 지구 PLOCE
공항 방면 (16km)
VILLA DUBROVNIK
VIKTORIJA
Fort Royal
로크룸 섬
LOKRUM
Botanic Garden
MONASTERY
BELVEDERE
Cautat

Dubrovnik
두브로브니크 구시가
Hilton Imperial
H1 그루즈 항구 · 버스터미널 방면
I2 시내버스 정류장
V1 필레 문 (서문) Pile
성벽 입구(매표소) V2
V3 성 사비오르 성당
V4
V5 프란체스코 수도원과 박물관
아드리아 해
Peline
성벽 산책로
Gariště
D. Zlatarića
M. Getaldića
Čubranovićeva
M. Đordića
Široka
Za Rokom
Od Puča
V6 플라차 대로
C. Medovića
H2
Od Sigurate
Palmotićeva
Antuninska
Nalješkovićeva
Kunićeva
Petilovrijenci
M. Vetranića
R2
Zamanjina
Dropčeva
Boškovićeva
Zudioska
Kovačka
Prijeko
R4
Placa(Stradun)
Od Kaštela
Od Rupa
N. Božidarevića
Mrtvo Zvono
M. Pracata
M.pracata
Uska
C. Zuzorić
M. Kaboge
I5
부자 문 Buza
V12 방면
케이블카, R3 방면
Od Margarite
Strossmayerova
군둘리체바 광장
V9 성브라이세 성당
V8 오블란도브 게양대
V7
Ul. Sv. Dominika
V2 성벽 입구(매표소)
Poljana R. Boškovića
Pred Dvorom
V10 총령의 집무실
대성당 V11
Poljana M. Držića
R1
구 항구
플로체 문 (동문) Ploče
I3 I4 방면
Pobijana
Kaneza Damjana Jude
Od Pustijerne
Brace Andrijica
Iza Mira
성벽 산책로
R5
공항 방면
아쿠아리움
여행의 기술
I1 중앙 ⓘ B1
I2 시내버스정류장 B1
I3 여행사 Perla Adriatica B3
I4 슈퍼마켓 KONZUM B3
I5 슈퍼마켓 ZORO TRADE B2
보는 즐거움
V1 필레 문 (서문) Gradska Vrata Pile B1
V2 성벽 B1·B2 Ulaz u Gradske Zidline
V3 성 사비오르 성당 B1 Crkava Sv.Spasa
V4 오노프리오스 분수 B1 Onofríjera Česma
V5 프란체스코 수도원과 박물관 B1 Franjevački Samostan-Muzej
V6 플라차 대로 Pláca (Stradun) B1~B2
V7 스폰자 궁전과 국립기록보관소 B2 Palača Sponza-Pvijesni Arhiv
V8 오를란도브 게양대 Orlandov Stup B2
V9 성 브라이세 성당 Crkva Sv.Vlaha B2
V10 총령의 집무실 Knežev Dvor B2
V11 대성당 Katedrala Velike Gospe A2
V12 스르지 산 SRĐ B2
먹는 즐거움
R1 Lokanda Peskarija B3
R2 Dalmatino B2
R3 Panorama Restaurant B2
R4 Lady Pipi B1~B2
R5 부자카페 Trgovina Buža A3
쉬는 즐거움
H1 Youth Hostel Dubrovnik B1
H2 Apartment Peppino B2
← 구시가 방향

보는 즐거움 Attraction

구시가 관광의 기점은 필레 문이다. 문으로 들어서면 번화가이자 중심지인 플라차 대로가 나온다. 수 세기에 걸쳐 도시국가로 번창한 두브로브니크 여행이 여기서부터 시작된다.

• 유네스코

필레 문(서문) Gradska Vrata Pile

Map P.431-B1

견고한 요새도시로 들어갈 수 있는 3개의 문 가운데 하나. 16세기에 지은 이중문으로, 다리를 들어 올려 외부의 침입을 완전히 차단할 수 있는 첫 번째 문을 통과하면 구시가의 플라차 대로로 들어서는 두 번째 문이 나온다. 두 번째 문 위에는 도시의 수호성인 성 브라이세 St. Braise가 두브로브니크의 지진 전 모습의 모형을 들고 있는 조각상이 있다. 조각은 크로아티아 최고 조각가 이반 메슈트로비츠 Ivan Meštrović의 작품이다. 필레 문 반대쪽에는 구조가 비슷한 플로체 문(동문) Gradska Vrata Ploče이 있다. 필레 문과 플로체 문 사이 북쪽 언덕에는 부자 Buza 문이 있다. 성벽으로 통하는 문은 총령이 엄격하게 관리했다고 한다.

Say Say Say

왜? 두브로브니크를 지상천국으로 불렀을까?

구항구에 있는 스베티 이반 요새 입구에는 '세상의 돈을 모두 준다 해도 자유를 팔 수 없다'라는 의미심장한 문구가 있습니다. 두브로브니크에는 유럽 어느 나라에나 있는 왕이 없습니다. 이곳에 사는 사람들은 귀족 · 시민 · 기술자, 세 신분으로 구성되어 있었고 귀족이 국가를 통치했습니다.

두브로브니크 사람들은 막강한 경제력만이 그들을 지킬 수 있다는 철학을 지니고 해상무역을 통해 부를 축적했습니다. 그리고 지금과 같은 민주정치는 아니었지만 대 · 소평의회, 의회(원로원)를 구성하여 대내외적인 정치를 펼쳤답니다. 14세기부터 총령을 선출했는데, 독재를 막기 위해 재임기간을 1개월로 제한했고 보수도 없는 명예직이었습니다. 뿐만 아니라 재임기간 중에는 궁 밖으로의 출입도 제한해 오직 국가의 독립과 자치를 수호하는 데 힘썼답니다. 렉터 궁전에 있는 총령 집무실에는 '사적인 일은 잊고 오직 공사에 철저하자'라는 문구가 있어 깨끗한 정치인의 이미지를 보여줍니다. 또 국가는 시민들을 위한 사회복지에도 힘써 14세기에는 상상할 수도 없는 복지국가를 이루었습니다.

이렇게 번영의 길을 걸어오던 두브로브니크도 자연의 재앙은 피할 수 없었나 봅니다. 두 번의 대지진을 겪게 되는데요. 첫 번째 대지진 후 재력과 시민들의 자발적인 복구사업으로 어느 정도 재건에 성공하지만, 다시 두 번째 지진을 겪으면서 도시가 쇠락해져 말로 형언할 수 없이 화려했다는 두브로브니크의 모습은 상상에 맡겨야 합니다.

수 세기에 걸쳐 전 세계에서도 유례가 없는 자유도시국가로 번창할 수 있었던 이유는 자유와 자치를 수호하기 위해 사회 구성원 모두가 자발적으로 노력한 결과랍니다. 아름다운 아드리아 해가 바라다보이는 성채도시 두브로브니크, 그곳에는 자유를 사랑한 지혜로운 사람들이 살고 있었습니다. 두브로브니크는 분명 지상천국이었습니다.

필레 문(서문)
부자 문(북문)
성벽 위에서 내려다본 구시가 풍경

●꽃누나 코스 ●뷰 포인트

성벽
Map P.431-B1·B2
Ulaz u Gradske Zidine

수많은 외세의 침략을 막고 자유와 독립을 수호하기 위해 지은 성벽은 오늘날 두브로브니크의 존재를 지켜준 보호막이었다. 10세기에 축성한 성벽은 13·14세기에 보완하였고 15세기 오스만투르크의 위협이 있자 방어를 위해 더욱 견고하고 두껍게 증축해 지금과 같은 모습이 되었다. 구시가를 에워싸고 있는 성벽의 총길이는 약 2㎞이며 최고 높이는 25m, 내륙 쪽의 높이는 6m, 두께는 1.5m·3m나 된다.

두브로브니크의 역사를 한눈에 보여주는 성벽에 올라 구시가와 아드리아 해의 풍경을 감상하면 이곳을 천국이라고 칭송한 호사가들의 말을 실감하게 된다. 성벽으로 오르는 출입구는 모두 3개로 필레 문, 플로체 문, 구항구에 있는 스베티 이반 요새 쪽에 있다. 성벽 전체를 천천히 산책하듯 돌아보는 데 걸리는 시간은 약 2시간으로 간단한 음료나 간식 등은 챙겨 가는 게 좋다. 무료 화장실은 성벽 중간쯤에 있고, 작은 해양박물관과 카페·갤러리도 있다.

홈페이지 www.wallsofdubrovnik.com
운영 4~5·8~9월 08:00~18:30, 6~7월 08:00~19:30, 10월 08:00~17:30, 11~3월 10:00~15:00
입장료 일반 200kn, 학생 50kn (두브로브니크 카드 소지시 무료) 가는 방법 필레 문에서 도보 2분

성 사비오르 성당
Map P.431-B1
Crkava Sv. Spasa

필레 문을 들어서자마자 왼쪽에 있는 첫 번째 성당. 1520년 첫 번째 지진 당시 사람들이 무사히 살아남자 감사의 기도를 드리기 위해 지었다고 한다. 1667년 두 번째 지진이 발생했을 때도 교회는 아무런 피해를 입지 않아 더욱 성스럽게 여겨졌다. 르네상스 양식의 간결한 외관은 소박하고 단출한 내부를 짐작케 한다. 평소에는 성당 문이 닫혀 있어서 유리창 너머로 들여다볼 수밖에 없지만 콘서트가 열리는 날에는 내부를 구경할 수 있다.

가는 방법 필레 문에서 도보 1분

오노프리오스 분수
Map P.431-B1
Onofríjera Česma

성 사비오르 성당 앞에 있는 분수. 척박한 땅에 자리잡은 두브로브니크는 늘 식량과 물 부족으로 고민했다. 오노프리오스 분수는 1438년, 20㎞ 떨어져 있는 스르지 산에서 물을 끌어들여 만든 거창한 수도시설이다. 명칭은 설계를 담당한 나폴리 건축가의 이름을 붙인 것이다. 돔 모양의 지붕 아

래 16개의 수도꼭지가 있는데, 각기 다른 사람의 얼굴 모양과 여러 동물의 형상이 조각되어 있다. 건축 당시에는 화려한 조각이 있었으나 지진과 오랜 세월로 훼손된 상태다. 그러나 여전히 수도꼭지에서는 맑은 물이 나오고 시민들과 여행자들의 쉼터로 사랑받고 있다. 일직선으로 난 플라차 대로 반대편에는 대지진에도 끄떡하지 않은 오노프리오스 소분수 Mala Onofrijeva Česma가 있으니 놓치지 말자.

가는 방법 필레 문 앞

프란체스코 수도원과 박물관

Franjevački Samostan-Muzej Map P.431-B1

성 사비오르 성당 바로 옆에 있다. 14세기에 지은 프란체스코 수도원은 17세기의 대지진으로 많은 피해를 입어 화려한 조각이나 장식을 거의 찾아볼 수 없다. 다행히 입구에 성모 마리아가 죽은 그리스도를 안고 슬픔에 잠겨 있는 모습을 조각한 「피에타」(1498년작)가 남아 있어 감동을 주고 있다. 피에타 조각은 지진으로 수도원의 일부가 파괴되어 그 슬픔을 표현한 작품이라는 이야기도 전해진다. 수도원 안으로 들어가면 14세기 후기 로마네스크 양식으로 만든 회랑이 나온다. 사람과 동물의 얼굴, 꽃이 조각되어 있고 회랑 한쪽에는 유럽에서 세 번째로 오래된 약국이 있다. 당시 수도원에서 약국을 운영하는 것은 당연한 규율이었으나 1391년 세계 최초로 일반인들에게 개방한 약국이어서 그 의미가 크다. 14세기에 이미 시민들을 위한 의료 서비스를 실시한 것으로 보아 시대를 앞선 그들의 복지행정에 놀라지 않을 수 없다. 약국은 지금도 운영되고 있고, 내부 한쪽은 중세시대의 약 제조과정, 약품, 처방전 등을 전시하는 제약박물관이다. 회랑 안쪽에는 종교박물관과 수도사들이 기거하는 방이 있다.

주소 Placa 2

운영 11~3월 09:00~14:00, 4~10월 09:00~18:00

입장료 수도원박물관 일반 30Kn, 학생 15Kn

가는 방법 성 사비오르 성당 바로 옆

● 꽃누나 코스

플라차 대로 Map P.431-B1~B2
Placa-Stradun

필레 문에서 루자 광장 Trg. Luza까지 뻗어 있는 300m 대로. 우리 기준에 대로라고 하기에는 어색하지만 성 안에서 보면 가장 넓은 중앙로다. 성채를 쌓기 전에는 바닷물이 흐르는 운하였으나 성채 도시가 된 후 바다를 메워 길을 만들었다. 17세기 두 번째 지진이 발생하기 전까지 플라차 대로 주변은 아름답고 화려한 건물이 즐비했다고 한다. 지금의 건물들은 두 번째 지진 후 복원사업과정에서 새로 지은 건물들이다. 두 번의 지진을 겪은 두브로브니크는 화재를 막기 위해 건축물을 모두 석재와 대리석으로 지었다고 한다. 플라차 대로는 ⓘ · 기념품점 · 카페 · 서점 · 상점 등이 모여 있는 구시가 최고의 번화가다. 두브로브니크에 있는 동안 하루에도 몇 번씩 오가게 되는 곳이니 상점원들과 눈인사라도 나누자. 번잡한 분위기가 싫다면 대로 뒷골목에 나만의 루트를 개발해 다녀보는 것도 좋다.

가는 방법 필레 문에서 도보 3분

플라차 대로

스폰자 궁전과 국립기록보관소

스폰자 궁전과 국립기록보관소
Palača Sponza-Povijesni Arhiv Map P.431-B2

스폰자 궁전은 두브로브니크 경제의 중심지로 무역을 통해 엄청난 부를 쌓은 국가경제의 중추 구실을 했다. 건축 당시에는 전 세계 상인들이 드나들면서 물건을 거래하는 무역센터 기능과 도시민 상인들의 모임장소로 사용되었고, 조폐국도 운영되었다. 16세기에는 지식인들이 과학 · 문학 · 예술을 논하는 문화센터로 이용되었다.

1516년에 착공해 1520년에 완성된 건물은 르네상스 양식과 후기 고딕 양식이다. 17세기 두 번째 지진의 피해를 모면한 건물 가운데 하나다. 현재 내부는 고문서와 역사를 기록한 문서들을 보관하는 장소로 사용되고 1층에는 크로아티아 내전의 참상을 보여주는 영상실이 있으며, 희생자들에 대한 사진과 유물 등을 전시하고 있다. 두브로브니크의 고유 양식도 가미된 아름다운 건축과 조각 등을 꼼꼼히 살펴보면서 전성기의 화려했던 궁전을 상상해 보고 내부 전시물을 통해 두브로브니크의 과거와 현재를 음미해 보자.

• 국립기록보관소

운영 5~10월 09:00~21:00, 11~4월 10:00~15:00

입장료 일반 25Kn

가는 방법 필레 문에서 플라차 대로 끝 왼쪽에 위치

오를란도브 게양대 Map P.431-B2

Orlandov Stup

성 브라이세 성당 앞, 루자 광장에 세운 국기 게양대. 게양대에는 프랑스 서사시에 나오는 중세의 영웅 롤랑 기사가 조각되어 있다. 롤랑(오를란도브)은 요정들이 만들었다는 명검 뒤랑달 Durendal을 쥐고 있다.

카를 대제의 조카 롤랑은 이베리아 반도를 침략한 북아프리카의 이슬람 세력과 맞선 당대 최고의 기사로 이슬람 교도로부터 기독교세계를 지켜낸 그의 공로는 유럽 각지에서 크게 칭송을 받았다. 발칸 지역의 이슬람 국가들에 둘러싸여 있는 유일한 가톨릭 국가인 두브로브니크에서 기독교인의 자유와 독립을 위해 싸운 롤랑을 상징적 인물로 추대한 것은 당연한 일인지도 모른다.

두브로브니크의 팔꿈치로 불리는 롤랑의 오른

오를란도브 게양대

팔꿈치는 51.1㎝로 공화국 시절의 길이 단위인 1엘(ell)에 해당한다. 오를란도브 게양대는 새로운 법령을 시민들에게 알리는 게시판으로 사용되었고 오늘날에는 여름 축제 때마다 공화국 시절의 국기를 게양하고 내리는 의식을 통해 축제의 시작과 끝을 알린다.

성 브라이세 성당 Map P.431-B2

Crkva Sv. Vlaha

두브로브니크의 수호성인 성 브라이세를 모시는 성당. 루자 광장의 오를란도브 게양대 뒤에 있다. 1368년 로마네스크 양식으로 지었으나 1369년 화재와 1667년 지진으로 완전히 파괴되었다. 그후 1717년, 약 11년에 걸친 공사를 끝내고 지금의 바로크 양식 건물로 완성되었다. 성당의 보물은 입구 위에 있는, 두브로브니크 시가의 모형을 들고 있는 성 브라이세 조각상이다. 화재와 지진에서 기적적으로 피해를 입지 않은 유일한 유물이어서 두브로브니크의 귀중한 보물이기도 하다.

성 브라이세는 아르메니아에서 온 순교자이자 성인이다. 10세기 도시를 공략하려는 베네치아의 선박이 밤에 위장 침투하려는 계략을 품고 물 공급을 핑계삼아 항구에 정박해 있었는데, 이 사실을 알게 된 성 브라이세가 도시 지도자에게 알려줘 도시를 구했다고 한다. 이때부터 도시의 수호성인이 되었고 조각의 모습은 지도자의 목격담을 토대로 만든 것이다. 공화국 시절의 국기에는 그의 이니셜 SB와 그의 모습을 화폐에도 새겨 넣었다. 뿐만 아니라 매년 2월 3일을 성 브라이세 축일로 정해 성인을 기리고 있다. 성 브라이세는 치유의 성인으로도 잘 알려져 있으니 아픈 곳이 있거나 건강에 대한 간절한 소원이 있다면 한번 빌어보자.

운영 08:00~12:00, 16:30~19:00

총령의 집무실 Knežev Dvor

Map P.431-B2

스폰자 궁전이 두브로브니크의 경제 중심지였다면 총령의 집무실은 정치 중심지였다. 도시에 총령과 행정기관이 생긴 1238년, 50세 이상의 귀족 중에서 한 명을 선출해 1개월간 총령직을 맡겼는데 재임기간 중에는 총령의 집무실을 떠날 수 없었다고 한다. 총령 아래에는 지금의 국회와 같은 대평의회와 소평의회가 있었고 평의회의 고문 구실을 하는 의회가 있었다. 이 행정기관의 탁월한 외교술은 강대국의 침략과 위협에도 꿋꿋하게 독립과 자치를 수호할 수 있었고, 당시에는 상상할 수 없는 선진적인 행정 · 복지 서비스를 시민들에게 제공했다고 한다. 부와 이상적인 정치는 도시민의 긍지와 자부심을 불러 일으켰고 수세기 동안 국가를 지켜 온 원동력이 되지 않았을까.

1441년에 지은 이곳은 두 번의 화약고 폭발이 일어난 뒤 후기 고딕 양식과 르네상스 양식으로 복원되었다. 외관은 이탈리아 르네상스의 특징인 7개의 기둥과 아치로 이뤄져 있으며, 건물 안과 밖은 15세기의 정교한 조각들로 장식되어 있다. 두브로브니크의 엽서사진에도 자주 등장하는 청동문을 통해 안으로 들어가면 사후 엄청난 유산을 국가에 기증해 존경을 받은 선박왕 미카이로 프라카트르의 흉상이 보인다. 1638년 그를 기리기 위해 세운 조각상이다. 2층에는 집무실, 침실, 평의회실 등이 있고 현재 내부는 당시 귀족들의 생활상을 엿볼 수 있는 다양한 유물을 전시하는 박물관으로 사용하고 있다. 여름 축제 때는 안뜰에서 클래식 공연이 열린다.

주소 Knežev Dvor 1 운영 09:00~18:00

입장료 일반 120Kn

가는 방법 성 브라이세 성당 옆

고대 두브로브니크의 경제 1번지, 총령의 집무실

선박왕 미카이로 프라카트르의 흉상

● 꽃누나 코스

대성당
Katedrala Velike Gospe

Map P.431-A2

총령의 집무실에서 바라보이는 대성당은 7세기 비잔틴 양식의 건축물. 12세기에는 로마네스크 양식 건물이었으나, 17세기 두 번째 지진이 일어난 뒤 1672~1713년에 이탈리아 건축가가 로마 바로크 양식으로 재건축했다. 그러나 지금의 건물도 내전 당시 상당 부분이 파괴되어 1986년에 복원된 형태이다. 성당 안은 단아하고 소박하지만 이곳 보물실에는 성 브라이세의 유품과 두브로브니크의 금세공사가 만든 138개의 귀중한 금 세공품이 보관되어 있다. 그밖에 라파엘로의 「마돈나」와 제단 앞에 그려진 티치아노의 「성모승천」 그림도 이곳에서 볼 수 있다.

주소 ul. Damjana jude 1 운영 09:00~16:00
휴무 화요일 입장료 무료 가는 방법 총령의 집무실 뒤

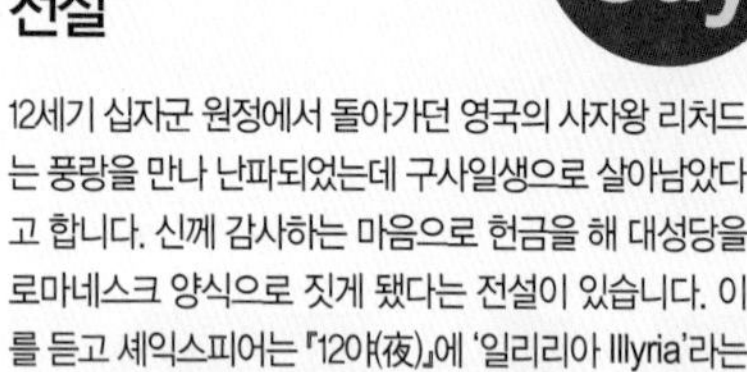

대성당에 얽힌 전설

12세기 십자군 원정에서 돌아가던 영국의 사자왕 리처드는 풍랑을 만나 난파되었는데 구사일생으로 살아남았다고 합니다. 신께 감사하는 마음으로 헌금을 해 대성당을 로마네스크 양식으로 짓게 됐다는 전설이 있습니다. 이를 듣고 셰익스피어는 『12야(夜)』에 '일리리아 Illyria'라는 곳을 언급했죠. 일리리아는 고대 발칸 반도의 서부 지역이니 아마도 두브로브니크가 아니었을까요?!

● 뷰 포인트

스르지 산
SRĐ

Map P.430-B1

구시가 뒤에 있는 높이 412m의 산. 정상에는 1808년 나폴레옹이 정복 후 세운 하얀색 십자가와 옛 요새, 라디오 탑이 있다. 이곳에서 감상하는 일몰과 일출은 잊을 수 없는 추억을 선물한다. 아름다운 두브로브니크의 전경을 감상하기 위해서는 사방이 탁 트인 케이블카를 이용하자. 도보로 1~2시간 소요.

• 케이블카

홈페이지 www.dubrovnikcablecar.com
요금 일반 편도 85kn, 왕복 150kn
운영 5월 09:00~21:00, 6~8월 09:00~24:00, 9월 09:00~22:00, 2~3 · 11월 09:00~17:00, 12~1월 09:00~16:00, 4 · 10월 09:00~20:00
가는 방법 1. 필레 문 입구 2. 플로체 문 입구 3. 플라차 대로에서 바로 가는 길

총령의 집무실 내부  조명을 받아 더욱 빛이 나는 대성당 외관

1시간 정도 스르지 산을 오르면 아드리아 해에 떠 있는 아름다운 구시가 풍경을 감상할 수 있답니다.

바닷가에 있어 싱싱한 해산물요리가 단연 으뜸이다. 뿐만 아니라 파스타와 피자는 이탈리아에서 먹는 것만큼 맛있다. 해산물 레스토랑은 구시가 항구에 모여 있고, 그밖의 레스토랑은 중앙로를 중심으로 골목 사이사이 흩어져 있다. 유명 관광지여서인지 음식 값은 비싸다.

• 꽃누나 코스

Map P.431-B3

Lokanda Peskarija

항구에 위치하고 있어서 여행자와 현지인 모두에게 인기있는 식당이다. 모든 음식이 검은 냄비에 담겨 나오는데 신선한 재료를 사용해서 더욱 맛있다. 특히, 독특한 마늘 냄새가 나는 새우구이는 짭조름하면서도 톡 쏘는 맛이 일품이다.

주소 Na ponti bb **전화** 020 324 750 **홈페이지** www.mea-culpa.hr **운영** 11:00~24:00 **예산** 새우구이 99Kn, 맥주 22Kn **가는 방법** 구시가 항구에 위치

Map P.431-B2

Panorama Restaurant

스르지 산 정상에 있는 레스토랑으로 이탈리아 요리와 간단한 커피를 즐길 수 있다. 멋진 풍경과 함께 즐기는 커피 한 잔은 몸과 마음을 힐링 시켜준다.

주소 스르지 산 **전화** 020 312 664 **홈페이지** www.nautikarestaurants.com **운영** 1 · 12월 09:00~16:00, 2~3 · 11월 09:00~17:00, 4 · 10월 09:00~20:00, 5월 09:00~21:00, 6~8월 09:00~24:00, 9월 09:00~22:00 **예산** 스파게티 94Kn~, 커피 24Kn~

가는 방법 구시가에서 케이블카 이용

Map P.431-B2

Dalmatino

구시가 골목에 안뜰에 위치한 세련되고 매력적인 레스토랑. 내부는 전통적으로 돌 벽과 두브로브니크의 오래된 사진들을 액자로 만들어 장식해 두었다. 재철 재료를 가지고 하는 요리로 문어 샐러드와 송아지 꼬치, 크림 리조또가 맛있다. 인기 메뉴는 통통한 오징어를 겉은 바삭하고 속은 쫄깃하게 튀겨낸 오징어튀김.

주소 Prijeko ul. 15 **전화** 020 323 070 **홈페이지** www.dalmatino-dubrovnik.com **영업** 11:00~23:00 (1~2월은 휴업) **예산** 오징어튀김 65Kn, 주 요리 128Kn~

가는 방법 구시가 내 위치

Map P.431-B1·B2

Lady Pipi

주문 즉시 화덕에 고기와 생선을 구워주는 바비큐 식당. 언덕 꼭대기에 위치해 두브로브니크의 전망을 한눈에 볼 수 있어 한국 여행자들 사이에서 입소문이 자자하다. 1인 1메뉴가 기본이며, 두툼한 스케이크는 한우와 달리 기름기가 적어 약간 질길 수 있다.

주소 Antuninska 23 **전화** 020 321 154

영업 09:00~12:00, 12:00~15:00, 18:30~22:30(우천 시 휴무) **예산** 소고기 스테이크 150kn~

가는 방법 필레 문을 등지고 구시가 북쪽의 플라차 대로 왼편에 위치

• 꽃누나 코스

Map P.431-A3

부자카페 Trgovina Buža

TV 프로그램 〈꽃보다 누나〉에 등장해 유명해진 카페. 아드리아 해를 바라보며 커피를 마실 수 있다. 성벽 사이 절벽에 위치해 있어 뜨거운 날씨에 이곳에서 선탠을 하거나 다이빙을 하는 젊은이들도 종종 볼 수 있다.

주소 Crijevićeva ulica 9 **전화** 091 589 4936

영업 10:00~24:00 **예산** 커피 22kn~, 맥주 40kn~

가는 방법 대성당에서 도보 5분

인기 관광지여서 호텔 · 팬션 · 민박 등이 언제나 성황이다. 숙박요금은 비 · 성수기, 구시가와의 거리 등에 따라 천차만별이고 5~9월 최고 성수기에는 방 구하기도 쉽지 않지만 숙박료가 몇 배로 오른다. 구시가에 있는 숙소를 구하는 게 가장 좋지만 이미 예약이 차 있다면 다른 지역이라도 생각해 보는 게 현명하다. 관광객이 몰리는 성수기에는 오히려 구시가를 피해야 쾌적하게 묵을 수 있다.

Map P.431-B1

Youth Hostel Dubrovnik

공식유스호스텔. 두브로브니크에서 가장 저렴한 숙소여서 늘 만원이다. 버스터미널과 구시가 사이에 있지만 두 곳 모두 도보로 갈 수 있다. 버스터미널과 구시가를 오가는 모든 버스가 호스텔과 가까운 버스정류장에 정차한다. 가파르고 좁은 골목길 안에 있으니 찾아갈 때는 현지인에게 도움을 청하는 게 현명하다. 현대적인 흰색 건물이며 테라스가 있다.

주소 Vinka Sagrestana 3 전화 020 423 241

홈페이지 www.hfhs.hr

요금 도미토리 €15~

가는 방법 필레 문 앞 버스터미널에서 도보 15분

Map P.431-B2

Apartment Peppino

구시가에 위치한 마음 따뜻한 부라 아주머니의 아파트. 홈페이지가 따로 없으니 이메일 또는 전화로 문의해보자. 아늑한 다락방에 폭신한 침대와 따뜻한 이불, 취사가 가능한 주방과 개인 화장실이 딸린 아파트를 기분 좋은 가격에 빌릴 수 있다. 만약 공용 화장실을 사용하고 방만 빌린다면 성수기라도 저렴하다.

주소 Palmotićeva 20

전화 098 850 826

홈페이지 www.booking.com

이메일 tonka.bura@gmail.com

요금 2인용 아파트 €100~

가는 방법 필레 문에서 도보 5분

Travel PLUS 숙소 구하기

❶두브로브니크에는 도미토리를 갖춘 호스텔이 거의 없다. 민박과 아파트를 빌리자.

❷숙박료는 구시가와의 거리에 따라 달라진다. 버스를 타고 이동하더라도 현대적인 숙박업소가 모여 있는 라파드 Lapad 지구에서 방을 구하자.

❸성수기에는 시내 모든 집이 민박 Sobe과 아파트를 빌려준다고 생각하면 된다. 버스터미널과 항구에는 민박집에서 나온 호객꾼들이 있으니 위치 · 시설 · 요금 등을 따져보고 결정하면 된다. 단, 숙소를 먼저 확인한 후 숙박여부를 정하는 게 좋다. 또는 ⓘ나 현지 여행사에서도 민박이나 아파트를 예약할 수 있으며, 예약 웹사이트를 통해 미리 예약할 수도 있다.

홈페이지 www.dubrovnikapartmentsource.com, www.croatianvillas.com, www.only-apartments.com

❹3박 미만의 숙박은 추가비용이 발생할 수 있으니 미리 확인해야 한다.

❺아파트나 민박을 빌릴 때는 먼저 구시가, 구시가를 도보로 갈 수 있는 필레 또는 플로체 지구, 라파드, 그밖의 지역 순으로 알아보자.

기독교와 이슬람이 공존하는 곳 모스타르

Mostar

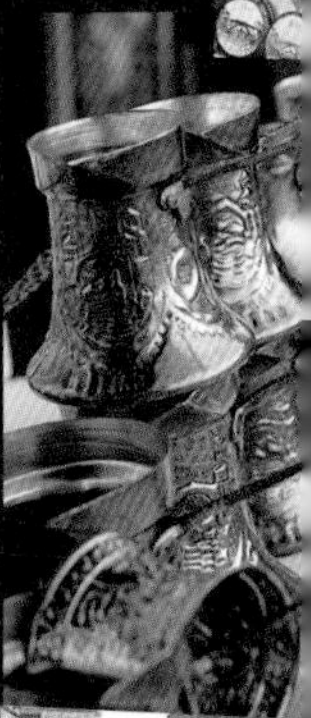

기독교와 이슬람이 각축을 벌인 발칸 반도에서 분명 그 두 종교가 공존하는 도시가 있을 거라는 상상을 해 보았는가? 모스타르가 바로 그런 도시다. 모스타르는 보스니아-헤르체고비나 연방도시로 15세기부터 400년간 오스만투르크의 지배를 받아 주민 대부분이 이슬람교를 믿었다. 그러다가 19세기 합스부르크의 지배를 받으면서 기독교인들이 이곳에 정착하기 시작해 네레트바 Neretva 강을 사이에 두고 한쪽은 이슬람 지구, 한쪽은 기독교 지구로 나뉘어 평화롭게 공존하며 살았다. 이 두 지역을 이어준 상징적인 존재가 바로 '스타리 모스트'다. 하지만 유고 연방의 해체와 보스니아 내전, 모스타르 전쟁 등을 치루면서 이슬람과 기독교 사이의 500년 평화는 산산이 깨져 버리고 만다. 종교문제와 크로아티아의 영토확장이라는 이유를 들어 양 세력간의 인종청소가 자행되었고 형제처럼 지내던 이웃간에 죽고 죽이는 생지옥이 전개되었다. 1994년 2월에 국제사회의 중재로 평화를 되찾았지만 거리 곳곳에 남아 있는 포탄 자국은 아직 아물지 않은 시민들의 상처를 대변해 주고 있다. 500년간 두 문화가 공존해 온 역사적인 도시는 과거의 명예를 회복하기 위해 지금도 눈물겨운 노력을 계속하고 있다.

ACCESS 가는 방법

크로아티아를 여행하는 김에 꼭 한번 들러볼 것을 권한다. 자그레브에서는 야간 버스가 운행되고, 스플리트와 두브로브니크에서는 버스로 3~4시간 정도 소요된다. 특히 두브로브니크에서 당일치기 여행지로 인기 있는 곳인데, 시간이 많이 걸리므로 새벽에 출발하거나 현지 여행사에서 주최하는 투어에 참여하는 방법이 효율적이다. 비 · 성수기에 따라 운행편수도 달라지니 왕복 교통편을 미리 확인하는 게 안전하다. 이때, 반드시 여권을 챙기자.

모스타르에서 두브로브니크행 버스를 놓쳤다면 택시를 이용하는 방법도 있다. 중앙 ⓘ(Map P.444-B2)에 문의하면 도움을 준다. 버스터미널에서 구시가까지는 정문에서 직진하다가 두 번째 블록에서 좌회전한 후 Mladena Balorde 거리를 따라 곧장 걸어가면 된다. 약 15~20분. 환전은 은행에서 하는 게 안전하고 환율도 좋다.

• 버스 요금

스플리트→모스타르 117~120Kn

두브로브니크→모스타르 120Kn~

Travel PLUS

보스니아 화폐 단위는 마르카 BAM이며, 1BAM=약 700원 정도로 환산하면 된다. 유로는 통용되지만 크로아티아 화폐인 쿠나kn는 받지 않는다. 환전은 은행에서 하는 게 안전하고 환율도 좋다.

모스타르 완전 정복

master of Mostar

모스타르는 네레트바 강을 사이에 두고 이슬람 지구와 기독교 지구로 나뉜다. 스타리 모스트가 있는 이슬람 지구가 관광명소가 모여 있는 구시가다. 구시가는 그다지 크지 않아 여유있게 걸어다녀도 한나절이면 충분하다. 버스터미널에서 구시가까지만 잘 찾아오면 지도 없이 마음 가는 대로 돌아다녀도 아무런 지장이 없다. ⓘ는 스타리 모스트를 건너면 나오는 Rade Bitange 거리에 있다. 시간 여유가 있다면 1박을 하고 스타리 모스트의 야경을 감상해 보자. 아름다운 강변 풍경도 감상하고 저녁식사나 커피를 마실 수 있는 분위기 있는 레스토랑에서 시간을 보내는 것도 좋다.

• **랜드마크** 스타리 모스트 Stari Most

보는 즐거움 Attraction

이슬람 풍조가 짙게 배어 있는 구시가에 들어서면 중동의 어느 국가를 여행하는 듯한 착각이 든다. 이슬람풍의 좁은 골목길을 지나 스타리 모스트를 건너면 그 맞은편은 다시 유럽의 어느 기독교 도시가 시작된다.

이슬람 문화의 정취가 감도는 모스타르의 풍경은 정말 이색적이다. 구시가가 시작되는 터키인의 거리 Kujundziluk에 들어서면 자갈길이 펼쳐진다. 400년간 오스만투르크가 지배한 흔적이 그대로 남아 있는 곳으로, 레스토랑과 기념품점 · 갤러리 등이 늘어서 있다. 건물들이 하나같이 우리나라의 한옥을 닮은 돌기와집이다. 모스타르의 전통 가옥이라는데 먼 이국 땅에 우리나라와 비슷한 건축양식이 있다는 게 정말 신기할 뿐이다. 터키인 거리에서는 17세기에 지은 모스타르 최고의 이슬람 사원인 코스키 메흐메드 파샤 모스크 Koski Mehmed Pasha Mosque가 단연 돋보인다. 모스크 내부도 볼 만하지만 탑에 올라 내려다보는 구시가 풍경이 정말 아름답다.

터키인의 거리를 지나면 모스타르 관광의 하이라이트인 스타리 모스트가 나온다. 이곳 시민들이 다리를 통해 도시의 평화를 염원하듯 세계평화를 염원하며 다리를 건너보자. 다리 한쪽에 있는 'Don't forget 93'이라는 의미심장한 메시지를 담고 있는 스타리 모스트의 돌 앞에서 기념촬영하는 것도 잊지 말도록. 다리를 건 면 기념품점 · 레스토랑 · 카페 · ⓘ 등이 있는 구시가의 중심 광장이 나온다. 여기서 강쪽으로 더 내려가면 스타리 모스트보다 더 오래 전에 세운 크리바 쿠프리야 모스트 Kriva Cuprija Most가 있다.

크리바 쿠프리야 모스트

스타리 모스트에서 기념촬영을 하고 있는 관광객들

강변에서 올려다본 아름다운 스타리 모스트

코스키 메흐메드 파샤 모스크

시내 관광은 느긋하게 산책하듯 돌아보고 여러 각도에서 스타리 모스트를 감상할 수 있도록 전망대, 전망 좋은 카페, 강가 등으로 가보자. 구시가를 돌아다니다 보면 이곳에서 1박을 하며 사색에 젖어보고 싶다는 마음이 절로 인다.

● 핫스폿 ● 유네스코

스타리 모스트 Stari Most

Map P.444-B1

스타리는 '오래된', 모스트는 '다리'라는 뜻. 즉 '오래된 다리'를 말한다. 슬라브어에서 '다리'라는 뜻의 Most는 모스타르 지명의 유래가 된다. 다리는 1557년에 오스만투르크의 미마르 하이레딘 Mimar Hairedin이 설계해 9년이 지난 1566년에 완성되었다. 길이 28.6m, 높이 19m의 단일교각으로 된 아치형 다리는 그 완벽한 설계로 오랜 세월 아름다움을 유지해 세계문화유산으로 지정되었지만 1993년 모스타르 전쟁 때 크로아티아계의 포격으로 그 해 11월에 붕괴되고 말았다.

스타리 모스트는 이슬람과 기독교를 이어주는 평화의 상징이자, 전쟁의 피로 얼룩진 민족분단의 비극을 증언해 주는 상징이기도 하다. 1994년 평화를 되찾은 후 유네스코의 총괄 아래 세계 각국의 후원금을 지원받아 터키의 건축가들이 2004년 7월에 복원하여 다시 세계문화유산에 등록되어 있다. 터키를 여행하면 스타리 모스트와 같은 양식으로 지은 다리를 많이 볼 수 있다.

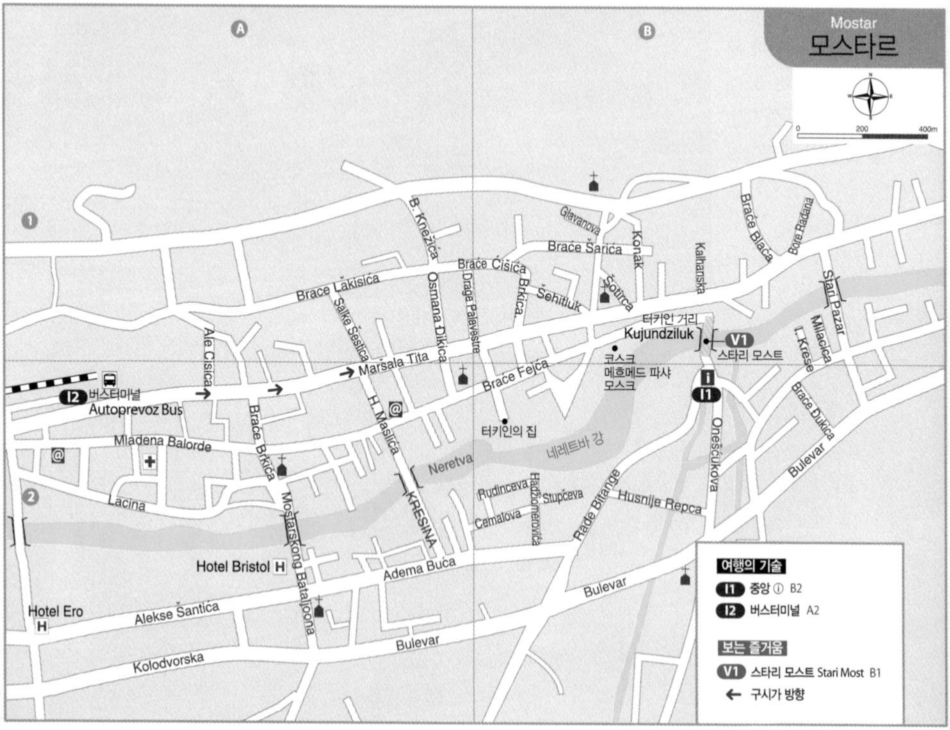

Mostar
모스타르

여행의 기술
I1 중앙 ⓘ B2
I2 버스터미널 A2

보는 즐거움
V1 스타리 모스트 Stari Most B1
← 구시가 방향

SLOVENIA 슬로베니아

슬로베니아, 알고 가자

1
National Profile

국가 기초 정보

정식 국명 슬로베니아 공화국 Republic of Slovenia **수도** 류블랴나 **면적** 2만 273㎢(한반도의 약 1/11) **인구** 약 2,011만 명 **인종** 슬로베니아계(83%), 세르비아계(2%), 크로아티아계(1.8%), 기타(13.2%) **정치체제** 의회민주제 (대통령 보루트 파호르 Borut Pahor)
종교 가톨릭 **공용어** 슬로베니아어 **통화** 유로 Euro(€), 보조통화 센트 Cent(¢) / 1€=100Cent / 지폐 €5 · 10 · 20 · 50 · 100 · 200 · 500 / 동전 1 · 2 · 5 · 10 · 20 · 50¢/
1€≒1,305원(2019년 3월 기준)

간추린 역사

6세기 남슬라브족 일부가 사바강 유역에 정착하면서 627년 슬로베니아 왕국을 건설했다. 8세기 프랑크왕국 제국에 합병되어 가톨릭으로 개종했으며, 9세기 프랑크 제국이 분할될 때 독일 왕국의 영토로 편입되었다. 10세기에 신성 로마 제국, 14세기에는 오스트리아의 합스부르크 제국의 지배를 받았다. 제1차 세계대전 당시 연합국에 가담해 독립하게 되었고 남슬라브족으로 구성된 세르비아 · 크로아티아 · 슬로베니아 왕국을 세웠다. 그 후 1918년 12월에는 보스니아-헤르체고비나 · 크로아티아 · 보이보디나 · 달마티아 · 마케도니아 등을 포함한 베오그라드 왕국을 수립하게 된다. 제2차 세계대전 중에는 독일군에 점령되었으나 종전 후 유고슬라비아의 사회주의 공화국의 일원이 되었다. 1989년 베를린 장벽 붕괴로 상징되는 사회주의체제의 몰락과 함께 유고슬라비아 연방 내에서도 다당제 선거가 실시되었는데, 슬로베니아에서는 유고슬라비아를 구속력이 없는 독립공화국 연방으로 전환할 것을 주장하는 연합세력 '데모스'가 승리함으로써 사회주의 청산의 기틀을 마련하게 된다.
마침내 1991년 6월 밀란 쿠찬 대통령은 공식적으로 슬로베니아의 연방탈퇴를 선언, 독립을 선포하게 되는데 베오그라드 연방정부의 저항에 부딪쳐 10일간의 치열한 내전이 발생한다. 1992년 1월 유럽연합공동체로부터, 1992년 5월에는 UN가입을 통해 국제사회에 주권국가로서 인정을 받게 되었고, 2004년 4월 EU에 가입했다.

공휴일(2019년)
1/1 신년
2/8 문화의 날(프레셰렌의 날)
4/21~22 부활절 다음 월요일*
4/27 저항의 날
5/1 노동절
6/25 개천절
8/15 성모 승천일
10/31 종교개혁의 날
11/1 만성절
12/25~26 크리스마스 연휴
*해마다 날짜가 바뀌는 공휴일

한국과의 관계

1988년 6월 KOTRA 사무소가 류블랴나에 개설된 이후 지속적인 협력관계 체계를 이루고 있다. 정치적으로 1992년 4월 우리나라는 슬로베니아의 독립을 승인하였고, 11월 양국 간 정식 외교 관계가 수립되었다. 따로 비자면제 협정을 맺고 있지는 않지만 90일 동안 무비자로 여행이 가능하며, 한국은 자동차 · 부품 · 가전제품을 주로 수출한다.
서유럽 시장 개척을 위한 주요 교통지인 슬로베니아는 발칸반도에서 가장 먼저 서유럽 식 자본주의 시스템이 정착되었고, 우리나라와 비슷한 수출주도형 경제 체제를 갖추고 있다.

사람과 문화

발칸반도에 위치한 슬로베니아는 다른 동유럽 국가에 가려 빛을 보지 못했지만 최근 '발칸의 스위스'란 슬로건을 내세워 관광산업에 주력하고 있다. 도시마다 '깨끗함 Clean'과 '안전함 Safe'을 내걸고 관광객을 유치할 만큼 자신 있어 한다. 국민들의 대부분은 영어를 불편함 없이 구사하며 친절하고 정이 많은 편이다. 종교는 국민의 90% 이상이 가톨릭을 믿지만 1991년부터 발생한 유고슬라비아 내전과 1992년 일어난 보스니아 내전의 영향으로 난민들이 넘어와 거주하면서 이들을 중심으로 이슬람과 무슬림이 점차 늘어나는 추세다.

여행시기와 기후

대륙성 · 지중해성 · 알프스성 기후가 복합적으로 나타난다. 해안지역은 겨울에 따뜻하고 알프스 지역은 여름에 선선하고 겨울은 매우 춥다.

여행하기 좋은 계절 5~9월이 가장 좋다.
여행 패션 코드 아드리아해 연안을 여행한다면 간편한 옷차림이 좋고, 율리안 알프스를 여행한다면 여름에도 긴소매 옷과 등산화는 필수다.

현지 오리엔테이션

2 Orientation

추천 웹사이트 슬로베니아 관광청 www.slovenia.info **국가번호** 386 **비자** 무비자로 90일간 체류 가능(셍겐 조약국) **시차** 우리나라보다 8시간 느리다(서머타임 기간에는 7시간 느리다).
전압 220V, 50Hz(콘센트 모양이 우리나라와 동일)
전화

국내전화 시내 · 시외 전화 모두 0을 뺀 지역번호를 포함해 입력해야 한다.
- 시내전화 : 예) 류블랴나 시내 1 1234 5678
- 시외전화 : 예) 류블랴나→블레드 4 1234 5678

치안과 주의사항

1. 치안상태가 비교적 좋은 편이라 밤늦게 다녀도 상관없다. 단 버스 같은 대중교통을 이용하거나 관광객이 많은 장소에서는 소지품 관리에 주의해야 한다.
2. 팁 문화가 발달하지는 않았지만 약간의 거스름돈을 주는 게 일반적이다. 택시는 1유로 미만의 거스름돈, 레스토랑은 요금의 5~10% 등이 적당하다.

긴급 연락처

응급전화 SOS(경찰 · 소방 · 응급) ☎113 **경찰** ☎1 428 40 00(루블랴나)
한국명예 영사관
주소 Zigonova 22(루블랴나) 전화 1 252 7117 핸드폰 00386 41 743 256
※주 오스트리아 한국 대사관에서 정무를 겸임하고 있다.
※슬로베니아에서 여권 분실시 여권 발급 신청 후 오스트리아에서 우편으로 보내지기까지 7~10일 정도 소요된다.

예산 짜기

슬로베니아의 물가는 우리나라에 비해 아직은 저렴한 편이다. 특히 숙박비와 교통비 · 식당이 저렴하니 서유럽에서 이용해 볼 수 없는 호텔이나 고급 레스토랑 등을 이용해 보자.

※슬로베니아에서의 일일경비는 7~8만 원 미만으로 적당하다.

영업시간

관공서 운영 월~금 08:00~17:00, 토 08:00~12:00
은행 월~금 08:00~17:00 토 08:00~12:00
상점 월~금 09:00~20:00, 토 09:00~14:00
레스토랑 10:00~24:00
우체국 월~금 07:00~20:00 토 07:00~13:00

1일 예산 류블랴나 완전정복(P.452)

숙박비 도미토리 €20~
3끼 식사 아침 €5(간단한 빵+차), 점심 피자 또는 파스타 €10, 저녁 현지 레스토랑 €20~
입장료 €10
기타 경비 엽서, 물 등 €5

1일 경비 => €70 ≒ 9만 1,350원 (2019년 3월 기준)

현지어 따라잡기

기초 회화

안녕하세요	[아침] 도브로 유트로 Dobro Jutro
	[점심] 도베르 베체르 Dober Večer
	[저녁] 라흐코 노치 Lahko No?
헤어질 때	나스비데네 Nasvidenje
고맙습니다	흐발라 Hvala
실례합니다	오프로스티테 Oprostite
미안합니다	오프로스티테 Oprostite
도와주세요	나 포모치 Na Pomoč
네	다 Da
아니오	네 Ne
얼마예요?	콜리코 스타네 Kolifo Stane?

표지판

화장실	자호드 Záchod
경찰서	폴리치아 Policia
병원	네모츠니차 Nemocnica
약국	레카르노 Lekarno
우체국	포슈타 pošta
기차역	젤레즈니슈카 스타니차 Železniška stanica
출발	오드호드 Odchod
도착	프리호드 Prichod
플랫폼	페론 Peron
시장	트라지니차 Tržnica

숫자

1	에나 Ena
2	드바 Dva
3	트리 Tri
4	슈트리 Sxtiri
5	피트 Pet
6	쉬스 Sxest
7	시템 Sedam
8	오섬 Osem
9	드비트 Devet
10	디시트 Deset
100	스토 Sto
1000	티서치 Tisocx

현지 교통 따라잡기

비행기(P.622 참고)

국제선은 모두 류블랴나에 도착한다. 우리나라에서 출발하는 직항편은 없고 경유편을 이용해야 한다. 저가항공은 영국 · 이탈리아에서 취항하는 편수가 가장 많다. 이로 인해 시간을 절약할 수도 있다.

한국↔류블랴나 취항항공사 : AF, LH, OS 등
유럽↔슬로베니아 저가항공사 : easy jet, Ryanair, Volareweb 등

철도 & 버스

베네치아 · 자그레브 · 잘츠부르크 등에서는 열차를 이용하면 편리하다. 유레일패스가 통용되어 열차 여행이 수월하다. 단, 종류에 따라 좌석 예약은 필수. 근교나 크로아티아로 갈 때는 버스가 편리하다.

음식의 특징

밀과 보리가 주로 이용되던 슬로베니아 음식은 국경을 맞대고 있고, 한때 지배를 받았던 오스트리아 · 헝가리 · 이탈리아 등의 영향을 많이 받았다. 오스트리아의 대표 음식 슈니첼은 두나체스키 즈레체크 Dunajski zrezek로, 헝가리의 굴라시는 골라즈 golaz로, 이탈리아의 라비올리는 즐리크로피 zlikrofi로 불리며 인기 있는 메뉴로 자리 잡은 지 오래다. 또한 율리안 알프스라는 지형적 특성상 고기요리와 따듯한 음식인 스튜 요리가 발달했다.

추천 음식

• 포티차 Potica

대표적인 전통 음식으로 가족 행사에 빠지지 않고 등장하는 요리다. 롤케이크와 비슷한 모양을 하고 있다. 각 가정마다 저마다의 요리법으로 만들지만 가장 인기 있는 포티차는 호도 롤 · 양귀비씨 · 포도 · 허브 · 치즈 · 꿀 등의 재료를 이용해 만든 것이다.

• 크라스키 프르수트 Kraski prsut

카르스트 지형적인 특징으로 생긴 음식. 다양한 해물과 치즈 · 올리브와 와인을 재료로 카르스트 동굴 안에서 건조해서 만든 햄으로 담백한 맛이 일품이다.

• 스트루클이 strukllji

밀과 호밀을 이용해 만든 꽈배기 모양과 동그란 도너츠 모양의 빵. 기호에 따라 빵 속에 고기와 야채를 넣어 먹으면 그 맛은 고로케와 비슷하다.

• 송아지 스튜 Teleja obara

뜨거운 볼에 나오는 송아지 스튜. 후추와 고기 맛이 조화롭게 어우러져 헝가리의 굴라시를 연상케 한다.

스포츠

'발칸의 스위스'라 불리는 슬로베니아는 율리안 알프스라는 지형적인 특성 때문에 스포츠의 천국이라 불린다. 그 중 겨울 운동인 스키는 가장 인기 있는 스포츠로 슬로베니아 국민 4명 중 한 명이 즐긴다. 특히 플라니차 Planica 산에 세계 최초로 100~200m 스키 점프대를 설치해 전 세계 스키 마니아를 불러 모았다.

그밖에 경치가 아름다운 산과 계곡이 많아 하이킹으로도 유명하다. 등산과 카약 · 카누는 세계 최고의 코스를 자랑하며 유럽의 스포츠 강국 스위스와 경쟁 중이다. 여러 놀이시설과 산악 경기를 위한 조건을 골고루 갖춘 슬로베니아는 관광객을 사로잡기 위해 끊임없이 노력중이다.

사랑을 꿈꾸는 도시 류블랴나

Ljubljana

류블랴나는 수도라는 거창한 타이틀과는 달리 사방이 아름다운 산에 둘러싸인 전원적인 도시다. 뿐만 아니라 예부터 대학도시로 발달해 지적인 분위기가 감돌고 젊은이들로 생기가 넘쳐흐른다. 사랑과 자유를 노래한 민족시인 프레셰렌 동상은 언제나 그의 연인 유리아를 바라보고 있고, 동상 뒤로는 아름다운 류블랴니차 강이 흐른다. 강을 따라 낭만이 흐르는 카페가 즐비하고 주위에는 활기차게 자전거 페달을 밟고 지나가는 시민도 많아 더욱 멋스러운 곳이다.

수면제를 먹고 죽음을 기다리는 순간 베로니카는 우연히 잡지에 소개된 글을 읽는다. '슬로베니아는 어디에 있는가?' 세상 사람들이 슬로베니아라는 나라 이름도 잘 모르는데 류블랴나는 과연 알까? 설마 어느 전설 속에 묻힌 도시쯤으로 생각하는 건 아닐까?

조금은 엉뚱한 상상처럼 들리겠지만 사실 그녀의 말이 맞는지도 모른다. 공산국가 시절 유고 연방의 공화국 중 하나인 슬로베니아와 수도 류블랴나를 아는 사람은 그다지 많지 않았다. 2018년 2월 종영한 TV 드라마가 등장하기 전까진.

지금 류블랴나는 드라마 속 주인공들처럼 사랑을 꿈꾸는, 사랑을 이루기 위한 도시로 거듭나고 있다.

지명 이야기

'사랑한다'라는 의미의 슬라브어 Ljubit에서 유래했다.

이런 사람 꼭 가자

소설 『베로니카 죽기로 결심하다』의 배경지가 보고 싶다면
옛 유고 연방 중 가장 부유하고 발달한 도시를 여행하고 싶다면
아주 낯설고 생소한 이름의 도시를 여행하고 싶다면

INFORMATION 인포메이션

유용한 홈페이지

류블랴나 관광청 www.visitljubljana.com

관광안내소

친절하기로 소문난 류블랴나 ⓘ는 상세하고, 풍부한 정보를 제공하고 있다. 관광산업 발전을 위해 얼마나 노력하고 있는지를 실감할 수 있다.

• 중앙 ⓘ (Map P.453-A2)

구시가 광장 중심인 트로모스토베 다리 앞에 있다. 무료 지도를 제공하고, 관광안내, 숙박 예약 등의 업무를 한다. 류블랴나 카드도 판매한다.

주소 Adamič-Lundrovo Nabrežje 2

운영 6~9월 08:00~21:00, 10~3월 08:00~19:00

전화 01 306 12 15

• 중앙역 내 ⓘ (Map P.453-A1)

시내 관광안내 및 무료 지도 제공, 무료 숙소 예약 서비스도 대행한다. 시내 교통 · 관광명소 입장료가 포함된 류블랴나 카드(72시간 유효)를 판매한다. 블레드 · 포스토이나 등 근교에 관한 여행정보도 얻을 수 있다.

운영 6~9월 08:00~22:00, 10~3월 월~금 10:00~19:00, 토 08:00~15:00 휴무 일요일 · 공휴일

환전

유로를 사용해서 환전하는 데 어려움은 없다. 역과 버스터미널에도 환전소가 있지만, 역 맞은편 은행이나 슬로벤스카 Slovenska 거리의 환전소가 환율이 좋은 편.

중앙우체국 Map P.453-A1

역 오른쪽에 있는 노란색 건물. 국제전화카드(€14/50분)도 판매한다.

주소 Slovenska 32 홈페이지 www.posta.si 운영 월~금 08:00~19:00, 토 08:00~12:00 휴무 일요일

ACCESS 가는 방법

이탈리아 · 오스트리아 · 크로아티아에서 열차를 이용하는 게 일반적이다. 유레일패스 사용국가여서 여행이 수월한 편이다. 류블랴나와 크로아티아 구간은 버스 노선이 발달해 있어 자그레브를 제외한 크로아티아의 다른 도시에서는 버스를 이용하는 게 편리하다.

중앙역

철도

이탈리아의 베네치아, 크로아티아의 자그레브, 오스트리아의 잘츠부르크 등에서 쉽게 갈 수 있다. 유레일패스가 통용되고 있으나 열차 종류에 따라 좌석 예약은 필수! 미리 확인하는 게 좋다. 두 건물이 연결되어 있는 류블랴나 중앙역 Železniška Postaja Ljubljana은 플랫폼에 내려 중앙홀로 가면 ⓘ · 매표소 · 환전소 · 식당 · 서점 · 맥도날드 등이 있다. 코인로커는 중앙홀과 연결

버스터미널

된 1번 플랫폼 끝에 있다. 역 정문으로 나오면 바로 앞이 버스터미널이다. 대형 버스 주차장처럼 보여 그냥 지나치기 쉬운데 머리 위로 버스 정류장 플랫폼 표시판이 펄럭이고, 플랫폼 중앙에 간이 매표소와 대합실이 있다.

역에서 구시가까지는 도보로 20분쯤 걸린다. 정문을 빠져 나와 오른쪽으로 나 있는 길 끝까지 걸어가면 쇼핑가이자 번화가인 슬로벤스카 거리 Slovenska Cesta가 나온다. 이 거리를 따라 1㎞쯤 내려가면 왼쪽으로 보행자 전용도로 나조레바 Nazorjevaul가 나오고, 이 거리를 천천히 구경하면서 강 쪽으로 내려가면 바로 관광의 핵심지구인 구시가에 닿게 된다. 역 정문에서 길을 건너 일직선으로 뻗어 있는 길을 따라 가도 구시가에 쉽게 갈 수 있다.

슬로베니아 철도청 www.slo-zeleznice.si

코인로커 운영 24시간 요금 €2

주간이동 가능 도시

※현지 사정에 따라 열차 운행시간 변동이 크니, 반드시 그때그때 확인할 것

출발		도착	소요 시간
류블랴나	▶▶	자그레브 Glavni Kolod	열차 2시간 18분~2시간 55분
류블랴나	▶▶	잘츠부르크 Hbf	열차 4시간 25분
류블랴나	▶▶	베네치아 SL(VIA Villach)	야간 열차 8시간 29분 또는 버스 4시간
류블랴나	▶▶	블레드	버스 1시간 20분 또는 열차 40~50분
류블랴나	▶▶	포스토이나	버스 1시간 10분

류블랴나 완전 정복

master of Ljubljana

류블랴나 시내는 그다지 넓지 않아 도보로도 충분히 돌아볼 수 있다. 웬만한 볼거리는 류블랴니차 강 주변에 모여 있어 지도 없이도 가능하다. 우선 시내가 한눈에 내려다보이는 류블랴나 성에 올라 지리를 대략 파악한 다음 구시가로 향하자. 트리플 다리인 토모스토베와 프레셰르노브 광장 등 주요 명소를 모두 돌아본 다음에는 강변에 늘어서 있는 펍이나 카페에 앉아 담소를 나누는 것도 좋고, 아기자기한 칸카레보 Cankarjevo Nabrezje 거리에서 쇼핑을 즐기는 것도 즐겁다. 대학생들로 생동감이 넘치는 젊음의 도시답게 상점 · 카페 · 레스토랑 · 펍 등이 젊은이들 취향이어서 배낭여행자들을 더욱 매료시킨다. 구시가 관광을 마쳤다면 중앙역 근처에 있는 메텔코바 메스토 Metelkova Mesto도 놓치지 말자. 7개의 건물을 개성 있는 예술가들 입맛에 맞게 새 단장해 건물 자체만 구경해도 재밌다. (P.460 참조) 하루 만에 시내 관광을 마쳤다면 슬로베니아 관광에서 빼놓을 수 없는 포스토이나 동굴과 블레드 호수로 한 걸음 나서보자.

★알아두세요

ⓘ에서는 시내 건축 관련 정보도 얻을 수 있으니 관심 있는 사람은 건축을 주제로 한 테마관광도 놓치지 말자. 특히 세기말 아르누보 양식의 건물이 볼 만하다.

★Best Course

• **랜드마크** 성 니콜라스 대성당

류블랴나 성 → 시청사 → 성 니콜라스 대성당 → 보든코브 광장 → 용의 다리 → 프레셰르노브 광장 → 트로모스토베 → 슬로베니아 과학 · 예술 학교 → 유르치체브 광장 → 성 제임스 성당

※중앙역 부근에 있는 메텔코바 메스토는 구시가 관람 전 또는 관람 후에 돌아보자. 클럽 마니아라면 저녁 때 가는 것도 좋다.

• **예상 소요 시간** 6~7시간

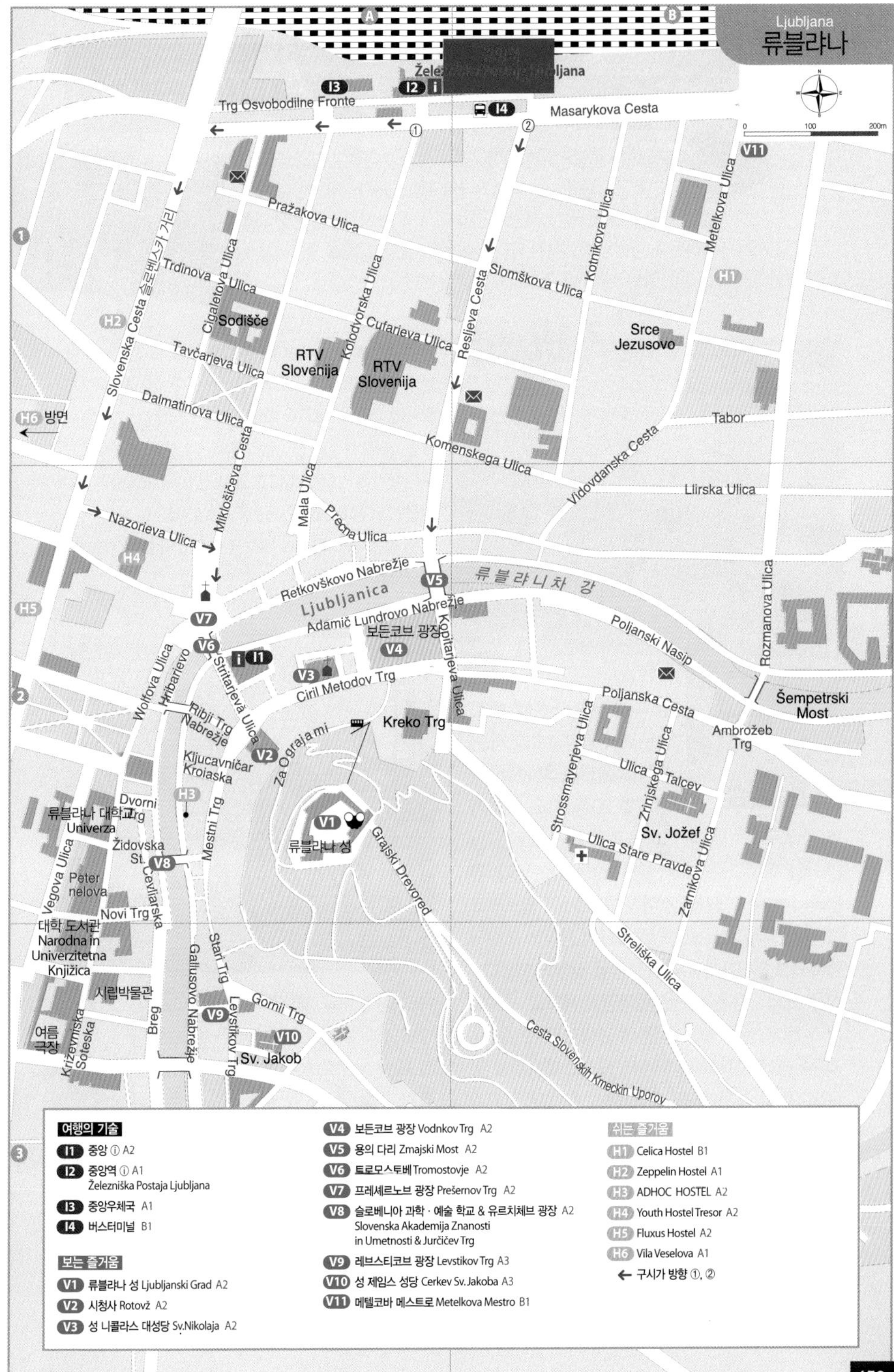
Ljubljana
류블랴나
Železniška Postaja Ljubljana
Trg Osvobodilne Fronte
Masarykova Cesta
Pražakova Ulica
Slovenska Cesta 슬로벤스카 거리
Trdinova Ulica
Cigaletova Ulica
Sodišče
Kolodvorska Ulica
Cufarjeva Ulica
Resljeva Cesta
Slomškova Ulica
Kotnikova Ulica
Metelkova Ulica
Srce Jezusovo
RTV Slovenija
RTV Slovenija
Tavčarjeva Ulica
Dalmatinova Ulica
H6 방면
Miklošičeva Cesta
Komenskega Ulica
Vidovdanska Cesta
Tabor
Ilirska Ulica
Mala Ulica
Prečna Ulica
Nazorieva Ulica
Retkovškovo Nabrežje
Ljubljanica
류블랴니차 강
Adamič Lundrovo Nabrežje
보든코브 광장
Kopitarjeva Ulica
Poljanski Nasip
Rozmanova Ulica
Šempetrski Most
Ciril Metodov Trg
Wolfova Ulica
Hribarjevo
Stritarjeva Ulica
Ribji Trg
Nabrežje
Kreko Trg
Poljanska Cesta
Ambrožev Trg
Za Ograjami
Ključavničar
Kroiaska
Strossmayerjeva Ulica
Zrinjskega Ulica
Ulica Talcev
Sv. Jožef
Dvorni Trg
류블랴나 대학교
Univerza
Židovska St.
Mestni Trg
류블랴나 성
Grajski Drevored
Ulica Stare Pravde
Zarnikova Ulica
Vegova Ulica
Peter nelova
Cevljarska
Novi Trg
대학 도서관
Narodna in Univerzitetna Knjižica
Stari Trg
Gallusovo Nabrežje
Streliška Ulica
시립박물관
Breg
Gornji Trg
Levstikov Trg
Sv. Jakob
여름 극장
Križevniška
Soteska
Cesta Slovenskih Kmeckin Uporov
여행의 기술
I1 중앙 ⓘ A2
I2 중앙역 ⓘ A1
Železniška Postaja Ljubljana
I3 중앙우체국 A1
I4 버스터미널 B1
보는 즐거움
V1 류블랴나 성 Ljubljanski Grad A2
V2 시청사 Rotovž A2
V3 성 니콜라스 대성당 Sv.Nikolaja A2
V4 보든코브 광장 Vodnkov Trg A2
V5 용의 다리 Zmajski Most A2
V6 트로모스토베 Tromostovje A2
V7 프레셰르노브 광장 Prešernov Trg A2
V8 슬로베니아 과학 · 예술 학교 & 유르치체브 광장 A2
Slovenska Akademija Znanosti in Umetnosti & Jurčičev Trg
V9 레브스티코브 광장 Levstikov Trg A3
V10 성 제임스 성당 Cerkev Sv.Jakoba A3
V11 메텔코바 메스트로 Metelkova Mestro B1
쉬는 즐거움
H1 Celica Hostel B1
H2 Zeppelin Hostel A1
H3 ADHOC HOSTEL A2
H4 Youth Hostel Tresor A2
H5 Fluxus Hostel A2
H6 Vila Veselova A1
← 구시가 방향 ①, ②

구시가는 관광명소뿐만 아니라 시청사와 대학이 자리잡고 있고 중앙시장이 서는 류블랴나의 핵심지구다. 거리는 늘 사람들로 붐비고, 노천시장에서는 물건을 사고 파는 사람들의 흥정 소리가 여기저기서 들려온다. 강변의 로맨틱한 카페에서는 연인들이 사랑을 속삭이고, 밤이 되면 펍에 모인 젊은이들이 맥주를 마시면서 인생을 논한다.

●핫스폿 ●뷰 포인트

류블랴나 성 Ljubljanski Grad

Map P.453-A2

성 니콜라스 대성당 뒤로 보든코브 광장과 이어지는, 고풍이 물씬한 Studentov 거리를 20분 정도 올라가면 성 입구가 나온다. 가파른 길을 따라 오르는 동안 내내 아름다운 시내 전경을 감상할 수 있다. 류블랴나 성은 11세기에 지어진 후, 15세기 합스부르크 왕가 지배 시절 오스만투르크의 공격에 대비해 증축되고 17세기에 지금의 모습을 갖추게 되었다.

성은 요새 · 감옥 · 병원 등 다양한 용도로 사용되다가 1905년에 시에서 사들여 관광지로 개발했다. 지금은 각종 전시회와 이벤트 장소로 애용하고 있는데, 특히 지하예배당은 결혼식 장소로 인기가 높다고 한다. 운이 좋으면 예쁜 신랑 · 신부의 탄생을 구경할 수 있다. 성 내부에는 시내를 360도 파노라마로 전망할 수 있는 탑 Razgledni stolp이 있다. 탑에는 도시의 역사를 한눈에 볼 수 있는 3D 입체관도 있다. 성 입구에는 아름다운 색상들이 눈길을 사로잡는 토산품점과 통유리로 된 모던한 스타일의 카페가 있으니 꼭 들러보자.

홈페이지 www.ljubljanskigrad.si 운영 성 & 푸니쿨라 1~3 · 11월 10:00~20:00, 4~5 · 10월 09:00~21:00 6~9월 09:00~23:00, 12월 10:00~22:00
요금 성 외부 무료 푸니쿨라 왕복 €4, 편도 €2.20
푸니쿨라 & 박물관 & 성 & 탑 일반 €10, 학생 €7
박물관 & 성 & 탑 일반 €7.50, 학생 €5.20
가는 방법 성 니콜라스 대성당 뒤 오르막길 Studentov을 따라 약 도보 20분

시청사 Rotovž

Map P.453-A2

1484년에 처음 세웠으며 1718년에 그레고르 마체크 Gregor Maček가 재건축한 건물. 청사 안 일부를 일반인에게 무료로 공개하고 있다. 안에는 세월의 주름살이 역력히 드러나는 오래된 정원이 있다. 화려한 조각으로 장식한 아치형 난관과 분수, 우물 등이 볼 만하고 한쪽에 작은 갤러리도 있으니 그림에 관심이 있다면 들러보자.

시청 앞 광장에는 이탈리아 출신의 프란체스코 롭

바 Francesco Robba가 조각한 분수상이 있는데, 슬로베니아의 사바 Sava, 크르카 Krka, 류블랴니차 Ljubljanica, 이 세 강을 표현한 것이라고 한다. 시청과 멋진 분수를 배경으로 기념촬영을 해보자.

가는 방법 중앙역에서 도보 20분. 성 니콜라스 대성당에서 도보 2분

성 니콜라스 대성당 Map P.453-A2
Ljubljanska Stolnica Sv. Nikolaja

보든코브 광장 오른쪽, 류블랴나를 대표하는 성당으로 쌍둥이 종탑은 구시가에서 방향을 가늠해주는 랜드마크다. 이 성당은 뱃사공과 어부의 수호성인인 니콜라스를 기리기 위해 13세기에 지은 로마네스크 양식의 목조건물인데, 1701~1708년에 예수교의 한 신자인 안드레아 푸조 Andrea Puzzo의 손길을 거쳐 지금과 같은 모습을 갖추게 되었다.

둥근 천장은 그레고르 마체크가 나중에 추가 건축했으며, 성 니콜라스의 생애를 담은 천장화는 19세기에 마테브즈 란구스 Matevz Langus가 그린 프레스코화다. 성당의 정면과 측면 2개의 청동문은 1996년 교황 바오로 2세의 류블랴나 방문을 기념해 새로 만든 것이다. 한쪽은 공화국 시절의 기독교를 묘사했고, 다른 한쪽은 성당 발전에 기여한 6명의 주교가 누워 있는 예수를 바라보고 있는 모습을 입체감을 살려 생생하게 묘사해 놓았다.

모두 현대 감각이 돋보이는 작품이므로 꼭 감상해 보자. 예수와 6명의 주교 모습은 사진 찍는 방향에 따라 느낌이 달라지니 여러 각도에서 감상해 보자.

운영 08:00~12:00, 15:00~17:00 입장료 무료

가는 방법 시청사에서 도보 2분

보든코브 광장 Map P.453-A2
Vodnkov Trg

류블랴나 최대의 시장. 매일 아침 열리는 노천시장은 사고 파는 사람들의 흥정 소리로 활기가 넘친다. 광장 한쪽에는 실내 재래시장이 있고, 강 쪽으로는 흥미로운 기념품을 파는 노점이 즐비하다. 채소 · 과일 · 꽃 가게는 물론 빵집과 정육점, 양초와 유리 세공품 같은 슬로베니아 전통 기념품 등 없는 게 없는 류블랴나의 쇼핑 1번지다.

가는 방법 성 니콜라스 대성당에서 도보 3분

용의 다리
Zmajski Most

Map P.453-A2

보든코브 광장 근처에 있는 용의 다리는 원래 1901년 '푸줏간의 다리'라는 이름으로 건설된 목조다리였으나 이후 아르누보 양식으로 다시 건축되었다. 건설 당시, 황제 프란츠 요제프의 이름이 다리 이름으로 거론되었지만 실제로는 채택되지 않았다고 한다. 늠름한 4마리의 용이 다리의 각 귀퉁이에 앉아 입을 벌리고 있는 모습으로, 날개부터 꼬리까지 섬세하게 조각되어 있다. 철근 콘크리트 다리로는 유럽에서 최초라고 한다.

가는 방법 성 니콜라스 대성당에서 도보 7분

류블랴나의 상징, 용!

옛날 옛적에 그리스 왕자 야존은 임금님에게서 아티라는 황금깃털을 훔쳐 바다로 달아났는데요, 도나우 강에서 사바로, 사바에서 다시 류블랴나까지 흘러오게 되었답니다. 이때 그는 엄청난 괴물을 만나 죽을힘을 다해 싸우게 되는데, 그 괴물이 바로 류블랴나의 용이었답니다. 야존은 용을 물리쳐 성에 가두고, 승리를 기념해 다리를 놓았다고 합니다. 류블랴나의 건국신화에서 야존은 류블랴나의 창시자로 등장하고, 이때부터 용은 류블랴나의 상징이 되었다고 하네요.

프레셰르노브 광장
Prešernov Trg

Map P.453-A2

시내 관광의 중심지이자, 약속 · 이벤트 · 공공집회 장소로 시민들의 사랑을 받는 곳이다. 광장에 있는 동상은 슬로베니아 국가를 작사한 민족시인 프란체 프레셰렌 France Prešeren이다. 그의 시선을 따라 가보면 그의 연인 유리아의 조각을 찾을 수 있다. 유리아 조각상은 건물의 창과 창 사이에 있으니 호기심이 발동한다면 찾아보자!

광장에 있는 분홍색 건물은 17세기에 세운 바로크 양식의 성 프란체스카 성당 Franciskanska Cerkev이다. 그리고 광장 바로 앞에는 류블랴나에만 있다는 트리플 다리, 트로모스토베가 있다.

가는 방법 성 니콜라스 대성당에서 도보 5분

민족시인 프란츠 프레셰렌

슬로베니아의 민족시인, 프란츠 프레셰렌

프란츠 프레셰렌 France Prešeren(1800~1849)은 슬로베니아에서 가장 사랑받는 시인 중 한 사람입니다. 그가 쓴 『축배 Zdravljica』는 슬로베니아 국가의 가사로 쓰여 오늘날 그를 국민의 아버지로 추앙하고 있답니다. 합스부르크 제국의 지배를 받던 시절 농부의 아들로 태어나 빈 대학에서 교육을 받은 그는 고국으로 돌아와 시를 통해 독립운동을 펼쳤답니다.

독립운동 외에 그에게는 애틋한 사랑 이야기가 전해지고 있습니다. 어느날 성당에 들른 프레셰렌은 부유한 상인의 딸, 유리아를 만나게 됩니다. 그녀를 보는 순간 첫눈에 반해 사랑에 빠지지만 신분의 차이로 다시는 그녀를 만날 수 없었다고 하네요. 첫 만남이 마지막 만남이었지만 그녀를 향한 그의 사랑은 수십 편의 로맨스 시를 낳게 했답니다. 49세에 병으로 짧은 생을 마감했지만 독립운동과 한 여자를 향한 플라토닉한 사랑은 한 편의 영화 같습니다. 프레셰르노브 광장 중앙에 서 있는 프란츠 프레셰렌 동상을 보면 애틋한 눈빛으로 한 곳을 응시하고 있는데요, 그 시선을 따라 가면 다른 남자의 아내가 된 유리아가 있답니다. 이루지 못한 둘의 사랑이 동상으로나마 함께 있는 모습이라면 얼마나 좋을까 하는 바람을 스치게 하네요. 슬로베니아의 민족시인을 이야기하다 보니 갑자기 28세에 세상을 떠난, 인생과 조국의 아픔을 시로 노래한 우리나라의 윤동주 시인이 생각나네요. 류블랴나 여행에는 윤동주 선생님의 시집을 준비해 가면 어떨까요?

● 핫스폿

트로모스토베 Tromostovje

Map P.453-A2

1842년 건축. 류블랴나의 상징 중 하나이자 구시가로 통하는 최초의 다리. 1931년에 건축가 요제 플레츠니크 Jože Plečnik가 안전성을 고려해 2개의 다리를 더 만들면서 붙인 별명은 '트리플 다리'다. 마치 3개의 다리가 옆으로 나란히 붙어 있을 것 같지만 W에 하니 더 그어진 듯한 모양으로 매우 이색적이다. 현재 가운데 다리는 차도로 이용하고 양 옆의 다리는 인도로 이용하고 있다. 저녁이 되면 야경을 감상하려는 사람들과 데이트를 즐기는 연인들로 붐빈다.

가는 방법 성 니콜라스 대성당에서 도보 5분

슬로베니아 과학 · 예술 학교 & 유르치체브 광장 Slovenska Akademija Znanosti in Umetnosti & Jurčičev Trg

Map P.453-A2

슬로베니아 과학 · 예술 학교는 18세기 후반의 외관을 간직하고 있는 바로크 양식 궁전 안에 있다. 학교 앞 노비 광장 Novi Trg은 류블랴나 귀족들이 자주 모이던 장소로 특히 부유층 carniola이 소유한 저택에 둘러싸여 있다. 광장 주위에 있는 모든 건물의 외관 또한 바로크 양식을 그대로 보존하고 있어서 눈여겨볼 만하다. 광장에서 왼쪽으로 가면 국립대학교와 르네상스 양식의 도서관 건물이 나오고, 오른쪽으로 가면 유르치체브 광장 Jurčičev Trg과 만나게 된다.

유르치체브 광장 Jurčičev Trg 오른쪽에는 이탈리아 피렌체의 베키오 다리와 닮은꼴로 유명한 체블랴르스키 다리 Čevljarski most가 있다. 지붕이 달린 이 다리는 슬로베니아를 대표하는 기념품부터 아기자기한 수공예품까지 다양한 물건을 파는 노천시장이 열려 여행자의 눈길을 사로잡는다. 뿐만 아니라 다리 건너편에는 붉은 지붕과 바로크 양식으로 지은 아름다운 집들이 즐비해 이곳에서 바라보는 풍경도 볼 만하다.
가는 방법 프레셰르노브 광장에서 도보 10분

레브스티코브 광장 & 성 제임스 성당 Levstikov Trg & Cerkev Sv. Jakoba

Map P.453-A3

류블랴니차 강을 끼고 칸카레보 나브레제 Cankarjevo Nabrezje 거리를 따라 내려가다 보면 갈루소보 나브레제 Gallusovo Nabrežje 거리가 나온다. 이 거리가 끝나는 지점 오른쪽에 레브스티코브 광장이 있다. 광장 오른쪽에는 류블랴나에서 처음으로 세운 고등학교 및 음악학교였던 성 제임스 성당 Cerkev Sv. Jakoba이 있다. 1613~1615년에 성당 소속 예수회 수도원에서 재건축한 것으로, 내부의 아름다운 제단은 1732년에 롬바가 만든 작품이고 예배당의 조각들은 성 프란체스카의 작품이다. 1895년의 대지진 이후 2개의 종루가 무너져 내렸고, 나중에 종루 하나만 재건했는데 현재 류블랴나에서 가장 높다고 한다. 성당 중앙에 우뚝 서 있는 메리 신전은 17세기에 오스만투르크의 공격을 피할 수 있게 해준 신께 감사하기 위해 지은 것이라고 한다. 지금은 1927년 요제 플레체니크 Joze Plecnik가 현대적인 외관으로 산뜻하게 개조한 모습이다.

광장 북쪽에는 후기 바로크 양식의 그루버 Gruber 궁전이 있다. 1770년 가브리엘 구르버가 건축하였고 1층 예배당과 돔이 유명하다. 예배당에 걸려 있는 그림들은 메리 신전의 역사를 간결하게 묘사해 놓았고, 돔은 시내 풍경을 감상할 수 있는 멋진 전망대다. 돔으로 오르는 타원형의 계단이 매우 이색적이니 눈여겨보자.
가는 방법 프레셰르노브 광장에서 Cankarjevo Nabrežje 거리를 따라 걷다 보면 Gallusovo Nabrežje 거리와 만난다. 이 거리 오른쪽에 위치. 도보 20분

Say Say Say

베로니카, 죽기로 결심하다

우리에게 연금술사로 잘 알려진 파울로 코엘료의 또다른 작품『베로니카, 죽기로 결심하다』를 읽어 보셨나요? 소설은 매일 반복되는 일상이 공허하고 지겨워 1997년 11월 어느날, 죽기로 결심한 베로니카가 약을 먹고 나서 일어나는 사건들을 차례대로 그려 나갑니다.
수면제를 먹고 죽음을 기다리던 그녀는 잡지를 보다 우연히 '슬로베니아는 어디에 있는가?'라는 제목의 글을 읽게 되죠. 자신의 조국과 도시에 대해 모르는 사람들을 위해 잡지사에 슬로베니아에 관한 편지를 보내는 것을 자신의 삶의 마지막 행위로 삼죠.
이게 끝일까요? 그렇지 않답니다.
베로니카는 죽지 않고 삶의 부족한 2%를 채워주는 사람을 만나 세상을 살아가는 힘을 얻게 되죠. 시한부 인생을 사는 것처럼 누구에게나 찾아오는 죽음을 인간이 죽음을 의식하고 하루하루를 산다면 무의미하다고 느껴지는 하루하루가 얼마나 소중한지를 소설을 통해 일깨워 줍니다.

또, 소설 속 이야기처럼 슬로베니아라는 나라가 잘 알려지지 않은 건 사실이죠! 하지만 그 덕분에 우리나라에서도 많은 사람들이 슬로베니아에 대해 관심을 갖게 되었고, 이야기 곳곳에 소개되는 류블랴나의 풍경을 상상하며 이곳으로의 여행을 꿈꾸게 만들었답니다.

쉬는 즐거움 Hotel

깔끔한 도시 분위기에 매료되어 류블랴나를 사랑하는 여행자도 있지만, 현대적이고 쾌적한 숙소가 마음에 들어 류블랴나에 오래 머무는 여행자도 있다. 인기 있는 테마호스텔은 1년 내내 사람들로 붐비므로 미리 예약하는 게 좋다. ⓘ에서도 숙소를 예약할 수 있으니 문의해 보자.

※ 류블랴나는 관광 규정에 따라 관광객에게 투어리스트 택스를 직접 부과하고 있다. 세금은 숙박비에 같이 청구되며, 정부법에 따라 적용 지역 및 금액이 예고 없이 변경될 수 있다.
2019년 투어리스트 택스: €3.13 (1일 기준).

Map P.453-A1

Zeppelin Hostel

19세기에 지어진 역사적인 건물 안에 있다. 객실 안 벽지와 침대 시트를 붉은색과 초록색으로 통일해 상큼한 분위기가 난다. 인터넷과 조식이 무료로 제공된다.

주소 Slovenska 47, 2nd floor 전화 059 19 1427
홈페이지 www.zeppelinhostel.com
요금 도미토리 €15~ 가는 방법 중앙역에서 도보 8분

Map P.453-A2

AdHoc HOSTEL

2인실, 3인실, 8인 도미토리 등이 있고 방마다 침대와 개인 사물함이 있다. 무료로 침대시트 제공 및 Wi-Fi, 주방을 이용할 수 있다. 단 수건은 유료다.

주소 Cankarjevo nabrežje 27 전화 051 268 288
홈페이지 www.adhoc-hostel.com
요금 8인 도미토리 €15.50~
가는 방법 중앙역에서 Resljeva Cesta 거리를 따라 걷다가 용의 다리를 건너 류블랴니차 강변을 따라 우측으로 도보 3분, 또는 류블랴나 성에서 도보 5분

Map P.453-A2

Fluxus Hostel

2005~2006년 2년 연속 최고의 호스텔로 뽑혀 상을 받은 만큼 예쁘고 깨끗한 시설을 자랑한다. 타월 · 인터넷 · 주방을 무료로 사용할 수 있다.

주소 Tomšičeva ulica 4 전화 01 251 5760 홈페이지 www.fluxus-hostel.com 요금 도미토리 €15~ 가는 방법 구시가 프레셰르노브 광장에서 도보 7분

Map P.453-A2

Youth Hostel Tresor

2013년 시내 중심인 트로모스토베 근처에 새롭게 문을 연 호스텔. 28개의 객실에 약 130명을 수용할 수 있다. 객실엔 무료 Wifi와 에어컨 및 개인 사물함을 갖추고 있다. 깨끗하게 잘 관리되고 있으며, 구시가와 가까워 관광에 편리하다.

주소 Čopova Ulica 38 전화 01 200 9060
홈페이지 www.hostel-tresor.si 요금 6인 도미토리 €17~ 가는 방법 구시가 프레셰르노브 광장에서 슬로벤스카 거리 방향으로 도보 5분

Travel PLUS 류블랴나에 가면 꼭 들러보세요! 흉물스런 건축물이 예술작품으로 탈바꿈했어요!

●군사시설을 대안 문화 커뮤니티로 바꾸다!

메텔코바 예술촌 AKC Metelkova Mestro

Map P.453-B1

메텔코바 예술촌은 옛 유고슬라비아 군대가 주둔했던 중앙역 근처의 메텔코바 지구에 조성됐다. 반전 운동을 하던 젊은 예술가들이 슬로베니아의 독립 후 군대 막사를 점거, 예술 활동을 시작하면서 형성됐다. 하지만 정부에서는 불량히피들의 집단 거주지로 간주해 철거하기로 결정했다. 이에 대항해 예술가들은 1993년 메텔코바 메스토라는 단체를 결성해 강렬히 저항하게 된다. 그 후 많은 예술가, 시민단체, 대학생들의 지지를 받으며 세계적인 명성의 대안 문화 공간으로 재탄생하게 됐다. 현재 30여 명의 화가, 조각가, 예술가들의 아틀리에가 밀집해 있으며 미술관, 대안학교, 라이브 공연장 등이 있다. 밤이면 이곳 클럽을 찾는 젊은이들로 북새통을 이룬다. 옛 유고슬라비아 연방군의 감옥을 개조해 탄생한 첼리차 호스텔 Celica Hostel은 메텔코바 예술촌의 소문난 명소 중 하나이다.

가는 방법 중앙역에서 도보 5분

홈페이지 www.metelkovamesto.org

●죄수들의 감옥이 호스텔로 탈바꿈!

첼리차 호스텔 Celica Hostel

Map P.453-B1

첼리차 호스텔은 류블랴나를 대표하는 명물이다. 원래 죄수들을 수감하던 감옥을 류블랴나 시와 대학이 후원하여 80명이 넘는 슬로베니아 예술가들이 참여, 1993년부터 10년에 걸친 공사를 마치고 2003년 세계 젊은이들을 위한 쾌적한 숙소로 재탄생했기 때문이다. 이곳의 명성은 류블랴나를 찾는 여행자의 10명 중 8명이 오로지 이곳에 한번 묵어보고 싶어 온다는 이야기가 있을 정도다.

빨강 · 주황 · 노랑 · 자주색 등 강렬한 색으로 칠해진 건물 외벽에 젊은이들의 상징인 그래피티가 그려져 있어 공터에 있는 건물이 멀리서도 눈에 곧잘 띈다. 그리고 옥상에는 철사로 만든 사람 형상의 조각들이 마치 탈출을 하는 듯한 모습을 하고 있다.

건물 안은 감옥 분위기를 온몸으로 느껴볼 수 있도록 쇠창살과 두꺼운 철문 등을 그대로 남겨 놓았고, 객실을 각각 독특한 테마로 꾸며 놓아 재미를 더해준다. 1층에는 공용식당과 바가 있어 전 세계에서 온 젊은이들과 친구가 되어 늦은 저녁까지 어울리기에 그만이다. 매주 화요일은 슬로베니아와 전세계에서 온 인디밴드의 공연이 있고, 수시로 전시회도 열린다. 매일 14:00에는 감옥을 돌아보는 투어가 있으니 숙박 기회를 놓쳤다면 구경이라도 해보자.

정말 믿겨지는가? 우리 같은 일반인들이 감옥에서 잠을 청할 수 있다는 사실을? 사연 많은 건물이 이제는 젊은이들의 사랑방이 되어 또 하나의 여행 추억을 만들어주고 있다. 오래된 흉물스런 건물이라면 무조건 허무는 우리나라와는 대조적으로 새로운 의미를 찾아 역사적인 건물을 보존하는 그들의 사고와 행동이 부러울 따름이다.

첼리차 호스텔

첼리차 호스텔

몇 개월 전부터 예약하지 않으면 숙박이 불가능하니 인터넷이나 전화로 일찌감치 예약해야 한다. 방은 테마별로 꾸며져 있는데 마음에 드는 방을 선택할 수도 있다.

주소 Metelkova 8 **전화** 01 230 9700

홈페이지 www.hostelcelica.com

요금 12인 도미토리 €19~, 2인실 €27~

가는 방법 중앙역을 나와 길 건너 왼쪽으로 큰 길을 따라 가다 보면 오른쪽에 골목이 보인다. 도보 5~7분

율리안 알프스의 보석 블레드

Bled

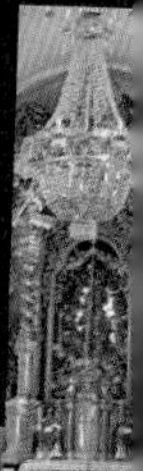

알프스의 서쪽, 인구 6,000명이 살고 있는 작은 마을 블레드는 소박하면서도 싱그러운 자연경관으로 '율리안 알프스의 보석'이라고 불린다. 1855년 스위스 출신의 의사 아놀드 리클리가 요양소를 운영하면서 유럽 전역에 알려지게 되었고, 골프 · 스키 · 하이킹 · 온천을 즐기기에 최적인 유럽의 휴양지로 각광받게 되었다. 특히, 1937년에 자연 속의 외교 무대로 개설된 골프장은 유럽에서 가장 오래되었으며, 유럽 최고의 필드와 경관을 자랑한다.

지금은 호텔이 되어 버린 구 유고 연방 대통령 '티토'의 별장을 방문한 북한의 김일성은 블레드의 아름다움에 반해 정상회담이 끝난 뒤에도 2주나 더 머물렀다는 일화가 있다. 동방정책을 펼쳐 노벨평화상을 받은 독일의 정치가 빌리 브란트는 그의 저서 『동방정책과 독일의 재통합』을 이곳에서 마무리했다고 하니 더욱 의미 있는 도시가 아닐 수 없다. 그밖에도 영국의 찰스 왕세자, 요르단의 후세인 국왕, 인디라 간디, 비비안 리 같은 유명인들도 방문한 적이 있다.

이런 사람 꼭 가자

김일성도 반한 풍경이 궁금하다면
슬로베니아의 아름다운 호수 마을을 여행하고 싶다면
사랑과 소원을 이루고 싶다면

INFORMATION 인포메이션

유용한 홈페이지

블레드 관광청 www.bled.si
슬로베니아 관광청 www.slovenia.info
블레드 골프 클럽 www.golfbled.si

관광안내소

• 중앙 ⓘ
무료 지도를 제공하고 여행안내와 숙박 예약 업무를 한다. 보히니·빈트가르 등 근교행 버스 시각도 알려준다.
주소 Cesta Svobode 10 전화 04 574 1122
운영 1~4/9·9~12월 월~토 08:00~18:00, 일·공휴일 09:00~16:00, 4/10~6월 월~토 08:00~19:00, 일·공휴일 09:00~17:00, 7~8월 월~토 08:00~21:00, 일·공휴일 09:00~17:00

ACCESS 가는 방법

류블랴나 중앙역 앞에 있는 버스터미널에서 보히니 Bohinj행 버스를 타면 된다. 버스가 30분 간격으로 운행하고 있어 편리하다. 블레드에는 2개의 터미널이 있다. 호수에서 떨어진 블레드 유니언 Bled Union과 호수에 인접해 있는 블레드 믈리노 Bled Mlino 터미널이다. 버스는 유니언을 지나 믈리노에 정차한다. 믈리노에 도착하면 호수가 보이는 체스타 스보보데 Cesta Svobode를 따라 내려가면 된다. 이 거리 오른쪽에 ⓘ가 있고, 왼쪽으로 가면 절벽 위의 성이 보인다. 오스트리아나 크로아티아에서 열차를 이용하면 호수에서 4㎞ 정도 떨어진 레스체블레드 Lesce-Bled 역에 정차한다. 역 맞은편에서 믈리노 터미널까지 가는 시내버스를 탈 수 있다.

• 버스 요금
류블랴나→블레드 편도 €7(운전사에게 살 경우, 창구에서 살 경우 예약비 €1.50 추가

주간이동 가능 도시

출발		도착	소요
블레드	▶▶	류블랴나	버스 1시간 20분
블레드	▶▶	보히니	버스 40분
블레드 Lesce	▶▶	잘츠부르크 Hbf	열차 3시간 45분
블레드 Lesce	▶▶	자그레브 Glavni Kolod	열차 3시간 20분

※현지 사정에 따라 열차 운행시간 변동이 크니, 반드시 그때그때 확인할 것

블레드 완전 정복

master of Bled

버스에서 내려 호수가 보이는 길을 따라 내려가면 블레드 관광의 중심인 호수와 성이 한눈에 들어온다. 특별한 지도 없이도 충분히 돌아볼 수 있다. 언덕길을 따라 올라가면 성이 나오고, 호숫가를 산책하면 한 폭의 그림 풍경을 내 눈 가득 담을 수 있다.

한 걸음 더 나아가 베네치아의 곤돌라를 연상케 하는 멋드러진 나룻배를 타고 블레드 섬으로 가보자. 아름다운 성당도 볼거리지만 사랑의 소원을 이루어준다니 꼭 빌어보자.

블레드는 류블랴나에서 당일치기 여행지로 인기가 있지만 자연경관이 수려하고 휴양지로도 개발되어 있으니 1박 이상 머무는 것도 좋을 것이다. 시간 여유가 있다면 슬로베니아 최대의 호수가 있는 보히니나 하이킹을 즐길 수 있는 빈트가르 국립공원도 가보도록 하자.

• 예상 소요 시간 하루

보는 즐거움 Attraction

블레드는 호수, 성 그리고 섬이 어우러진 풍경이 환상적이다. 뿐만 아니라 전통 나룻배인 플레트나가 여기저기 떠 있어 운치를 더해준다. 호수 주변에는 분위기 있는 카페와 레스토랑도 많으니 한번 들러보자.

● 뷰 포인트

블레드 호수
Blejsko Jezero

빙하의 침식작용으로 생성된 블레드 호수는 슬로베니아에서 제일가는 관광명소다. 길이 2,120m, 폭 1,380m, 수심 30m이며, 바닥이 보일 정도로 투명하고 짙은 옥색을 띠고 있다. 호수의 북쪽에서는 온천수가 솟아 봄부터 가을까지 수영을 즐길 수 있다. 또한 절벽 위에는 블레드 성이 있고, 호수 한가운데에는 아름다운 블레드 섬이 자리잡고 있다. 뿐만 아니라 전통 나룻배 플래트너가 한가롭게 떠다니는 정겨운 풍경은 마치 한 폭의 그림과 같다. 호숫가의 산책로를 따라 천천히 풍경을 감상하고 돌아보는 데 2시간 정도 소요된다. 호수 주변으로 호텔을 비롯해 분위기 좋은 레스토랑과 카페도 있으니 한번 들러보자. 여름 성수기에는 호수를 순환하는 미니관광열차가 운행된다(약 40분 소요).

블레드 성
Blejski Grad

아름다운 마을 전경을 조망을 조망할 수 있는 곳으로 마을의 상징이다. 블레드 호숫가, 약 100m의 깍아지른 듯한 절벽 위에 서 있는 이 성은 1004년 브릭센 Brixen 대주교가 독일 황제 헨리크 2세 Henrik II에게 블레드 지역을 하사받은 후 짓기 시작해 18세기에 지금의 모습을 갖추었다. 성의 맨 위쪽에 있는 예배당은 16세기에 만든 것이며, 형태조차 희미할 만큼 빛바랜 벽화도 볼 수 있다. 왼쪽 그림이 블레드를 하사한 독일 황제 헨리크 2세, 맞은편 인물은 그의 아내 쿠니군다이다. 예배당 옆, 작은 박물관에는 블레드 지역에서 발굴한 유물들을 전시하고 있다. 성에는 레스토랑도 있는데 이곳 테라스에서 내려다보는 전경이 정말 멋지다. 값은 좀 비싸지만 전망 좋은 곳에서 현지 음식을

호수에서 여유를 즐기는 낚시꾼들

맑은 날 성에 오르면 근교 마을까지 보입니다.

먹어보고 싶다면 추천한다. 아니면 커피 한 잔이라도 마시면서 즐거운 한때를 누려보자.

홈페이지 www.blejski-grad.si

운영 11~3월 08:00~18:00 4~6 · 9~10월 08:00~20:00, 7~8월 08:00~21:00

입장료 일반 €11, 학생 €7

가는 방법 블레드 믈리노 버스터미널에서 도보 5분

• 핫스폿

블레드 섬
Blejski Otok

엽서에 자주 등장하는 호수 위에 떠 있는 섬. 이 섬에 성모 마리아 승천 성당 Družba Sv. Martina이 있다. 원래는 6세기 슬라브인들이 지바 여신을 모신 신전 자리였는데 8세기에 들어와 기독교로 개종하면서 세운 성당으로, 처음에는 로마네스크 양식이었으나 보수공사를 여러 번 거치면서 바로크 양식으로 재건되었다.

성당 내부는 소박하지만, 소원이나 사랑을 빌면 이루어진다는 '행복의 종'이 있는 것으로 유명하다. 종의 유래는 사랑하는 남편이 살해되자 슬픔에 잠긴 어느 여인이 남편의 넋을 기리기 위해 이 곳에 종을 달기를 소원했다고 한다. 하지만 그 소원을 이루지 못하고 결국 수녀가 되고 마는데, 그 소식을 전해 들은 로마 교황청이 그 여인을 위해 종을 기증했다고 한다.

아름다운 사랑 이야기가 전해져 성당은 슬로베니아에서 가장 인기 있는 결혼식 장소가 되었고, 식을 마친 신혼부부는 종을 치면서 사랑과 소원을 빈다고 한다. 종을 치는 밧줄은 예배당 바로 앞에 있으니 힘껏 줄을 잡아당기면서 사랑과 행복을 빌어보자. 또한 신랑은 신부를 안고 성당 앞 순백의 99개 계단을 올라가야 한다고 한다. 2019년부터 종탑은 리모델링 작업에 들어갔다. 작업이 끝난 후에는 계단으로 종탑을 올라갈 수 있게 된다.

홈페이지 www.blejskiotok.si

운영 1~3 · 11 · 12월 09:00~16:00, 4 · 10월 09:00~18:00, 5~9월 09:00~19:00 입장료 일반 €6, 학생 €4

가는 방법 ① 플레트나 (일반 1인 €14, 왕복 30분). 섬에서 30분 정도 자유 시간을 준다.

② 전기 보트 (일반 1인 €11, 블레드 선착장 출발시간 10:00 · 12:00 · 14:00 · 16:00 · 18:00, 블레드 섬 출발시간 11:00 · 13:00 · 15:00 · 17:00 · 19:00)

Say Say Say

블레드 섬은 플레트나를 타고 가자!

베네치아의 운하는 곤돌라를 타야 제 맛이듯 블레드 호수는 전통 나룻배인 플레트나 Pletna가 제 맛이죠. 물론 잘 빠진 검은색 곤돌라에 비하면 소박하기 그지없지만 햇볕을 가려주는 차양도 있고, 무엇보다 즐거운 일은 순박한 플레트나 뱃사공이 친절하게 가이드 노릇도 해준다는 것. 18세기부터 이어 오는 이 뱃사공 일은 오직 몰리노 남자만이 자격이 되기 때문에 그 자부심도 대단하답니다. 사진을 찍자고 청하면 멋진 포즈도 취해준답니다. 호수에 도착하면 제일 마음에 드는 뱃사공과 플레트나를 찾아보세요. 6명 이상 모여야 출발하니 관광객이 적은 비수기라면 좀 기다려야 합니다. 인원이 차면 바로 출발~! 뱃사공의 힘찬 노젓기와 함께 호수유람이 시작됩니다. 요금은 유람을 마친 후 지불하면 됩니다. 간혹 센스 있는 뱃사공은 영수증 대신 기념엽서를 선물해 줍니다. 온몸으로 호수의 아름다움을 담았다면 바로 사랑하는 이에게 엽서를 써보세요.

빈트가르
Vintgar

블레드에서 북서쪽으로 약 4.5㎞ 떨어져 있는 빈트가르는 수려한 자연경관으로 유명한 국립공원이다. 1891년 2월, 빈트가르를 지나는 라드우바 강의 수위가 아주 낮아졌을 때 이곳을 연구하며 지나가던 지도 제작자와 사진사가 처음 발견했다. 이곳 풍경에 반한 그들은 곧바로 슬로베니아의 관광협회에 알렸고, 협회는 최대한 자연을 보존한 상태에서 등산로를 만들어 1893년 8월 26일 처음으로 대중에게 선보였다.

'바위 사이의 좁은 협곡'이라는 뜻을 가진 빈트가르는 약 1.6㎞의 골짜기에 폭포와 급류가 흘러내려 장관을 이룬다. 특히 슘 Šum 폭포에서 성 카트린 St. Catherine 성당까지 이어지는 산책로는 절경을 감상할 수 있는 최고의 뷰 포인트다. 초보자들도 쉽게 돌아볼 수 있는 한나절 하이킹 코스이며, 입구에서 슘 폭포까지는 아기자기한 카페들이 즐비해 등산객들에게 인기 만점. 입구에서 출구까지 연결된 등산로는 약 1시간~1시간 30분 소요된다.

가는 방법 블레드의 버스터미널에서 Krnica행 버스(20분 간격으로 운행. 약 15분 소요)를 타고 Spodnje Gorje 역에서 내린 후 15분 정도 걸으면 국립공원 입구가 나온다. 비 · 성수기에 따라 버스 시각과 운행편수의 변동이 심하므로 터미널이나 ⓘ에 미리 확인하는 게 안전하다.

여름을 포함해 하이킹을 즐기기 좋은 계절에는 블레드에서 빈트가르까지 이어지는 산책로를 따라 하이킹을 즐기는 사람이 많다. 편도 1시간 30분 소요.

먹는 즐거움 Restaurant

여행자들을 위한 레스토랑과 카페도 많지만 이 책에서는 현지인들이 추천하는 레스토랑과 카페를 소개한다. Penzion Mlino는 현지 플레트나 뱃사공이, Irish Pub Bled와 Slaščičarna Šmon은 ⓘ에서 추천하는 곳. 믈리노 스테이크를 먹은 후, 카페에 들러 차와 함께 달콤한 블레드 전통 케이크를 맛보면서 호수를 감상하는 즐거움을 놓치지 말자.

Penzion Mlino

호숫가 한쪽에 자리잡은 운치 있는 식당. 종업원들의 세련되고 친절한 서비스를 받을 수 있다. 블레드의 전통 음식인 후추 스테이크와 식당 추천 메뉴인 믈리노 스테이크를 먹어보자. 스테이크 맛이 짜거나 느끼할 수 있으니 샐러드를 곁들여 먹는 게 좋다. 만약 메뉴를 고르기 어렵다면 웨이터의 추천 또는 '오늘의 메뉴'를 고르는 것도 좋은 방법이다.

주소 Cesta Svobode 45 **전화** 04 5741 404
예산 후추 스테이크 €15.30~, 스테이크 €7~
가는 방법 호숫가에 위치한 ⓘ 왼쪽 산책로에 있다. 도보 15분

Irish Pub Bled

호숫가로 가는 길에 있는 작은 식당. 밤에는 펍으로, 낮 동안에는 편하게 앉아 쉴 수 있는 카페로 운영한다. 카페 앞 테라스에 앉아 호수를 감상하면서 친구나 가족에게 엽서를 쓰기에 그만이다.

주소 Svobode Cesta 19
예산 카푸치노 €1.10, 에스프레소 €1~
가는 방법 믈리노 버스터미널에서 호숫가로 내려오는 갈림길에서 블래드 성쪽으로 꺾으면 오른쪽 코너에 있다.

Slaščičarna Šmon

블레드의 전통 케이크 Kremna rezina를 맛볼 수 있는 카페. 바닐라와 크림이 반반씩 섞인 케이크는 바삭하면서도 입 안에서 살살 녹는 맛이 일품이다. 보기와는 달리 너무 달거나 느끼하지 않아 앉은 자리에서 2조각은 거뜬히 먹을 수 있다.

주소 Grajska 3
전화 04 574 1616
예산 kremna rezina €2~
홈페이지 www.smon.si
가는 방법 믈리노 버스터미널에서 왼쪽으로 도보 3분. 문 앞에 곰돌이 간판이 보인다.

노는 즐거움 Entertainment

블레드 호숫가를 따라 한 바퀴 걷다 보면 여행사들이 눈에 많이 띈다. 모두 근교에서 즐길 수 있는 다양한 레포츠 1일 투어 상품을 판매한다. 예약할 때는 레포츠 외에 교통편, 입장료, 식사 등도 요금에 포함되어 있는지 꼼꼼히 살펴야 하며, 래프팅과 캐니어닝은 초급부터 중급 · 상급으로 나뉘어 있으니 먼저 상담한 후 예약하면 된다.

3glav Adventures

영어에 능통한 직원이 친절하게 안내해 주며, 캐니어닝 외에 다양한 프로그램도 개발되어 있어 선택의 폭이 넓다.

주소 Ljubljanska 1 전화 041 683 184

홈페이지 www.3glav.com

가는 방법 믈리노 버스터미널에서 도보 7분

Travel PLUS 이색적인 레포츠, 캐니어닝을 즐기자!

캐니어닝 canyoning(협곡타기)은 계곡의 급류로 들어가 고속으로 하류까지 내려가는 스포츠로, 유럽에서는 스위스와 슬로베니아에서 즐길 수 있다. 좁은 협곡을 빠른 속도로 내려오는 게 무척 위험해 보이지만 조금만 교육을 받으면 수영을 못하는 초보자도 쉽게 즐길 수 있다고 한다. 전문교육을 받은 안전요원도 늘 함께한다고 하니 한 번 도전해 보자!

쉬는 즐거움 Hotel

휴양지로 명성이 높은 만큼 휴가를 보내기 위한 여행자들로 성황을 이룬다. 호텔을 비롯해 호스텔 등 다양한 숙박시설이 있으나, 늘어나는 여행자 수에 비해 숙박시설 수는 부족한 편이다. 특히 여름 성수기에는 미리 예약하고 가는 게 안전하다. **2019년 투어리스트 택스 €3.13 (1일 기준)**

Penzion Bledec Youth Hostel

오픈한 지 70년 된 블레드의 공식유스호스텔. 인터넷을 사용할 수 있고, 믈리노 버스터미널과 호수가 모두 가까워 인기가 높다. 유스호스텔 회원이 아닌 경우 약간의 추가요금을 내야 한다.

주소 Grajska 17 전화 04 574 5250

홈페이지 www.bledec.si

요금 도미토리 €12~

가는 방법 믈리노 버스터미널에서 도보 5분

Bled Back Packers

빈티지를 콘셉트로 한 인테리어가 특징. 마치 예쁜 찻집에 와 있는 듯한 느낌이다. 입구에서 펄럭이는 만국기가 여행자를 반갑게 맞아준다.

주소 Grajska 21 홈페이지 www.back-hostel.com

전화 40 743 398

요금 도미토리 €17~

가는 방법 공식유스호스텔 옆에 위치

Traveller's Haven

믈리노 버스터미널과 호수가 모두 가깝다. 원목을 사용한 인테리어는 편안함을 더해주고 인터넷 · 주방 등을 무료로 사용할 수 있다. 자전거도 빌릴 수 있다.

주소 Riklijeva cesta 1 전화 05 904 4226

홈페이지 www.travellers-haven.si

요금 도미토리 €10~

가는 방법 믈리노 버스터미널에서 도보 10분

인간물고기가 사는 **포스토이나 동굴**

Postojnska Jama

포스토이나 동굴은 중국 장가계 용왕굴 다음으로 세계에서 두 번째로 긴 카르스트 동굴이다. 이곳에는 한 번도 들어보지 못한 인간물고기라는 희귀생물이 산다. 인간물고기는 동굴 속의 척박한 환경에서 살아남기 위해 눈은 도태되고, 피부색이 백인처럼 하얀 데다 수명이 100년이나 되기 때문에 붙인 이름이다. 슬로베니아의 화폐에도 등장했었다고 하니 매우 휘귀한 물고기임이 틀림없다. 지금은 포스토이나 동굴의 마스코트로 엽서뿐만 아니라 시내 곳곳의 휴지통과 간판에서도 볼 수 있다.

동굴은 19세기 합스부르크 왕가가 동굴 안을 운행하는 열차를 개발하면서 전 세계에 알려졌다. 그 유명세는 지금까지 이어져 이곳을 찾는 관광객이 하루 평균 1만여 명이 넘을 만큼 슬로베니아의 대표 관광명소가 되어 있다.

이런 사람 꼭 가자

유럽에서 가장 아름다운 석회동굴을 감상하고 싶다면

눈 · 코도 없이 100년을 산다는 인간물고기를 꼭 보고 싶다면

INFORMATION 인포메이션

유용한 홈페이지

포스토이나 동굴 www.postojnska-jama.eu

관광안내소

버스터미널에서 5분 거리에 있다. 포스토이나 동굴 관련 정보뿐만 아니라 슈코치안 동굴과 프레드야마 성에 관한 정보를 얻을 수 있다. 무료 지도도 제공한다.

주소 Trzaska Cesta 4

전화 05 720 1610

운영 5~10월 09:00~18:00

ACCESS 가는 방법

류블랴나에서 버스를 타고 당일치기로 다녀오는 게 제일 좋다. 버스는 류블랴나 중앙역 바로 앞에 있는 버스터미널에서 출발한다. 운행편수는 많지만 성수기에는 티켓을 미리 예약해 두는 게 좋다. 도착 후 버스터미널에서 오른쪽으로 돌아가면 류블랴나 거리 Ljubljanska Cesta가 나온다. 이 길을 따라 50m 정도 올라가면 ⓘ가 있는 티토브 광장 Titov Trg이 나온다. ⓘ에서 필요한 정보를 얻은 다음, 동굴 안내표지판을 따라 가로수길을 걸으면 동굴 입구가 나타난다. 버스터미널에서 도보 15분.

• 버스 요금

류블랴나→포스토이나 편도 €7.50(30분 간격 운행)

주간이동 가능 도시

※현지 사정에 따라 열차 운행시간 변동이 크니, 반드시 그때그때 확인할 것

출발		도착	소요
포스토이나	▶▶	류블랴나	버스 1시간 20분
포스토이나	▶▶	블레드	버스 1시간 40분

포스토이나 완전 정복

master of Postojnska Jama

동굴 관람은 가이드 투어로만 할 수 있으며 늘 인원 제한이 있다. 관광객이 몰리는 여름 성수기에는 일찌감치 서두르는 게 좋다. 동굴 안은 10℃를 유지하고 있기 때문에 여름이라도 긴소매 옷이 필요하고 동굴보호정책으로 카메라 촬영을 금지하고 있으니 주의하자. 동굴은 가이드 투어를 포함해 3시간 정도면 충분하다. 동굴 투어만으로는 아쉬움이 남는다면 근교에 있는 프레드야마 성 Predjamski Grad을 관광해 보자. 여름에는 동굴 앞에서 성까지 셔틀버스를 운행해 편리하게 오갈 수 있다. 티켓은 동굴과 성을 세트로 한 콤비네이션 티켓을 판매한다. 티켓을 구입할 때 셔틀버스 운행시간도 미리 확인해 두자.

• 예상 소요 시간 하루

유럽에서 좀처럼 경험하기 어려운 동굴 투어에 나서보자. 빨려 들어가듯 빠른 속도로 달리는 열차를 타고 동굴 깊숙이 들어가면 바깥세상과는 너무 다른 환상적인 동굴세계가 펼쳐진다. 말로는 다 표현할 수 없는 기이한 풍경에 흠뻑 빠져보자.

• 핫스폿

포스토이나 동굴
Postojnska Jama

동굴은 현재 20㎞까지 개발되어 있으나 일반인에게는 5.2㎞만 개방하고 있다. 투어 시간에 맞춰 입구로 들어서면 가슴을 설레게 하는 동굴열차가 기다리고 있다. 원하는 자리를 찾아 앉으면 출발! 열차는 생각보다 빠른 속도로 동굴 속에 빨려 들어가듯 달린다. 옛 철로를 그대로 쓰기 때문에 들어오고 나가는 열차가 같은 시간에 지나가면 좁아서 부딪힐 것 같은 아슬아슬한 기분을 느낄 수 있다. 좁은 터널을 달려 도착한 동굴 안은 말 그대로 환상적이다. 은은하게 조명을 받은 동굴 생성물들이 신기하게 비쳐져 그야말로 별천지를 연상케 한다. 여기서부터 각 나라 언어 표지판을 들고 있는 가이드가 기다리고 있다. 동굴 생성물은 보통 10년에 0.1㎜씩 자라는데, 사람의 손길이 한 번이라도 닿으면 더 이상 자라지 않는다고 하니 만지고 싶은 충동이 생기더라도 자제하자.

홈페이지 www.postojnska-jama.eu

투어 1~3 · 11~12월 10:00/12:00/15:00
4 · 10월 10:00~12:00/14:00~16:00(매시)
5~6 · 9월 09:00~17:00(매시)
7~8월 09:00~18:00(매시)
※시기별 투어 시간이 달라지니 출발 전 홈페이지 참조.

요금 2018/9/3~2019/6/27 포스토이나 동굴 일반 €25.80, 학생 €20.60 포스토이나 동굴 + 프레드야마 성 일반 €39.60, 학생 €31.60 2019/6/28~9/2 포스토이나 동굴 일반 €27.90, 학생 €22.30 포스토이나 동굴 + 프레드야마 성 일반 €42.80, 학생 €34.200

동굴 속으로 빨려들어가듯 빠른 속도로 운행되는 동굴열차, 아무 자리나 앉으세요. 달리는 중에 머리 들면 큰일납니다.

커다란 산
Great Mountain

일명 '골고다 언덕'. 투어가 시작되는 곳이다. 동굴 내부에서 가장 높은 곳으로 입구보다 40m가량 높다. 100만 년 전에 동굴 천장이 떨어져 큰 산을 이뤘다고 한다. 지금도 천장에서 떨어지는 물방울이 만들어낸 석순과 방해석 장식물 등이 계속 생성되고 있는데, 조명 아래 비치는 그 모습이 신비롭기만 하다.

러시안 다리 & 아름다운 동굴
Russian Bridge & Beautiful Cave

제1차 세계대전 때 러시아 포로들이 만든 다리라고 해서 붙인 이름이다. 다리 밑을 지나 만나는 아름다운 동굴은 1891년에 발견되었지만 1926년까지 개방하지 않았다고 한다. 흰색과 붉은색 석순으로 장식한 아치형 천장과 스파게티처럼 생긴 얇은 종유석들이 천장에 매달려 있다. 종유석들을 잘 살펴보면 마치 동물을 닮은 모양도 있고, 어머니가 아이를 안고 있는 듯한 모양도 찾을 수 있으니 상상력을 발휘해 보자.

다이아몬드 홀
Diamond Hall

완벽한 순백색의 석순이며, 동굴 안에서 가장 아름다운 곳이다. 투명하게 비치는 불빛의 일부가 석순을 투과해 빛을 발하는 모습이 마치 다이아몬드와 같아 여성들의 마음을 사로잡는다.

인간물고기
Human Fish

투어의 하이라이트. 살아 있는 인간물고기는 언뜻 보면 마치 작은 도마뱀을 연상시킨다.

어둠 속에서 완벽하게 적응하며 살아온 물고기들은 눈이 퇴화되어 앞을 볼 수 없다. 외부 아가미를 통해서 숨을 쉬며 먹지 않고도 1년 정도를 살 수 있다고 한다. 수명은 80~100세로 사람과 비슷하고 피부색이 백인과 비슷하다고 해서 인간물고기로 불린다.

콘서트홀
Concert Hall

1만 명을 수용할 수 있으며, 울림 현상이 강해서 6초 정도 메아리가 울린다고 한다. 20세기 테너의 거장, 엔리코 카루소 Enrico Caruso가 이곳에서 콘서트를 했으며, 필하모닉 오케스트라와 슬로베니아의 오케스트라의 협연 등 크고 작은 공연들도 열렸다고 한다.

그러나 이곳 천장에서 외부 표면까지 그 두께가 얇기 때문에 연주를 계속 하면 동굴에 균열이 생길 수 있어 당분간 콘서트 계획은 없다고 한다. 플래시를 터뜨리고 사진을 찍을 수 있는 유일한 장소이니 거대한 종유석과 기념촬영 한 컷!

인간물고기

러시안 다리 & 아름다운 동굴 내부

연주회도 열리는 콘서트홀

의적 에라스무스의 프레드야마 성

프레드야마 성
Predjamski Grad

123m의 가파른 절벽 위에 서 있는 프레드야마 성은 12세기 후반에 지은 중세의 고성이다. 오스만투르크의 침략에 대비해 건축한 것이어서 내부는 천혜의 자연요새인 석회동굴과 연결되어 있다. 성 안으로 들어가면 중세시대에 사용한 물건들이 전시되어 있고, 예배실 · 거실 · 부엌을 비롯해 고문실 등을 관람할 수 있다. 여름에는 중세 기사들의 전투 장면 등을 재연한 이벤트 등 관광객을 대상으로 한 재미있고 다채로운 프로그램을 선보인다.

프레드야마 성은 오랜 역사만큼 많은 전설이 전해 내려오는데 그중에서도 의적 에라스무스에 관한 이야기가 가장 유명하다. 14세기에 활동한 슬로베니아의 로빈 후드, 에라스무스는 그를 잡으려는 왕실군을 피해 이곳에 성을 짓고 지냈다고 한다. 그러던 어느날, 왕실의 명을 받은 주지사 라바가 그를 잡기 위해 성을 공격했는데, 어찌된 일인지 성 안에 있어야 할 에라스무스가 성 밖에 있는 라바에게 선물을 보내 그를 조롱한다. 화가 난 라바는 성 어딘가에 또다른 길이 있을 거라 생각해 에라스무스의 하인을 매수한다. 결국 절벽으로 통하는 비밀통로를 알게 되고, 매수한 하인의 신호를 받은 라바는 에라스무스가 이 비밀통로를 지날 때 대포를 쏴 죽이고 만다. 오늘날 '에라스무스의 터널'로 불리는 약 9㎞의 좁은 통로는 방문객의 용기를 시험하는 코스로 개발되어 있다.

운영 1~3 · 11 · 12월 10:00~16:00
4 · 10월 10:00~17:00, 5~6 · 9월 09:00~18:00
7~8월 09:00~19:00

입장료 2018/9/3~2019/6/27 프레드야마 성 €일반 13.80, 학생 €11
2019/6/28~9/2 일반 €14.90, 학생 €11.90

가는 방법 포스토이나 동굴에서 성까지 약 10㎞ 떨어져 있는데 마땅한 교통편이 없다. 여름에는 포스토이나 동굴과 성 사이를 오가는 셔틀버스를 이용하자. 그밖의 시기에는 택시를 이용하는 게 편리하다.

Travel PLUS 중세 기사들의 경연 대회
ERAZMOV VITESKI TURNIR

매년 8월이 되면 프레드야마 성에서 의적 에라스무스를 기리는 중세 기사들의 경연 대회가 열린다. 대회는 귀족 · 농노 · 어린이 등 세 그룹으로 나누어 중세의 의상과 무기 · 전술 등을 사용해 중세 전투를 재연한다. 오전부터 시작한 축제는 오후가 되면서 열기를 더해 먹고 마시는 마을 축제로 이어진다. 어린이들을 위한 마술 공연과 인형극도 열리고, 밸리 댄스 등 다채로운 공연이 축제의 흥을 돋운다. 축제의 하이라이트는 화려했던 중세 귀족의 식사시간! 중세 조리법에 따라 만들어낸 음식을 먹는 즐거운 이벤트로 남녀노소 모두에게 인기가 있다.

Poland 폴란드

폴란드, 알고 가자

1 National Profile

국가 기초 정보

정식 국명 폴란드 공화국 Rzeczpospolita Polska **수도** 바르샤바
면적 31만 2,685㎢(한반도의 약 1.4배) **인구** 3,852만 명 **인종** 슬라브계 폴란드인
정치체제 대통령제 내각책임제(대통령 안제이 두다 Andrzej Sebastian Duda) **종교** 가톨릭
공용어 폴란드어 **통화** 주어티 Złoty(zł), 보조통화 그로시 Grosz(gr)
1zł=100gr / 지폐 10 · 20 · 50 · 100 · 200zł / 동전 1 · 2 · 5zł, 1 · 2 · 5 · 10 · 20 · 50gr
1zł≒300원(2019년 3월 기준)

간추린 역사

폴란드의 역사는 BC 9~10세기 슬라브족이 이 땅에 정착하면서 시작된다. 996년 피아스트 왕조의 미에슈코 1세 Mieszko가 게르만인의 동진에 대항하기 위해 가톨릭을 받아들였는데, 그 해가 건국년이 되었다. 11~14세기 피아스트 왕조는 흩어져 있던 슬라브족들을 하나로 연합해 통일국가를 이룬다. 14세기 말 리투아니아의 대군주 야기에우오가 피아스트 왕조의 왕위계승자인 야드비가 공주와 결혼하여 폴란드와 리투아니아를 같이 통치하는 야기에우오 왕조가 시작되면서 영토 확장과 화려한 문화 발전을 이루었다. 16세기에는 '유럽의 곡창지대'로 불리며 유럽 최대의 왕조로 전성기를 누렸으며, 이 시대에 천재 천문학자 코페르니쿠스가 활동했다.

1572년 야기에우오 왕조가 몰락한 후 폴란드의 귀족 계급은 유럽의 여러 왕가와 폴란드의 귀족 가문에서 왕을 선출하는 선거 왕정시대가 열린다. 선거 왕정은 왕권의 약화를 초래해 결국 18세기에는 영토가 러시아 · 프로이센 · 오스트리아 3국에 분할되어 넘어가고 만다. 19세기에는 분할된 영토를 회복하기 위해 끊임없이 투쟁하지만 1917년 '러시아 10월 혁명'의 소생인 소비에트 정권이 수립되면서 1918년 연합국에 의해 폴란드 공화국으로 독립된다. 하지만 독립의 기쁨도 잠시, 제2차 세계대전의 발발로 1939년에 독일군과 구소련군의 침략을 받는다. 이 전쟁으로 국민의 1/6이 사망했고 주요 도시가 파괴되는 엄청난 피해를 입었으며 전후에는 사회주의국가이자 구소련의 위성국가로 전락하고 만다. 그후 사회주의체제를 유지해 온 폴란드는 1980년 레흐 바웬사가 이끄는 자유노조 출범과 노동자의 끊임없는 민주화투쟁으로 마침내 1989년 민주화에 성공하여 사회주의체제에 종지부를 찍게 된다. 2004년 5월에 EU에 가입했다.

공휴일(2019년)
1/1 신년
1/6 주현절
4/21 부활절*
4/22 부활절 다음 월요일*
5/1 노동절
5/3 제헌절
6/9 성령강림절*
6/20 성체축일*
8/15 성모승천일
11/1 만성절
11/11 독립기념일
12/25~26 크리스마스 연휴
*해마다 날짜가 바뀌는 공휴일

사람과 문화

강대국에 둘러싸여 있어 많은 외세의 침략과 지배를 받았으나 꿋꿋하게 고유의 문화를 지켜 왔다. 제2차 세계대전 이후 독일에 대한 감정이 좋지 않은데 우리나라의 일본에 대한 정서와 거의 같다고 할 수 있다. 뿐만 아니라 사람이 자원이라는 생각에 부모들의 교육열이 꽤 높은 편이고, 노인을 공경하는 등 폴란드인의 정서는 우리와 많이 비슷하다. 시내를 관광하다 보면 거리의 사람들이 하나같이 무표정하고 무뚝뚝해 보이지만 천성적으로 토론하기를 좋아해서 만나기만 하면 대화가 끊임없이 이어진다. 말을 걸어보면 영어도 잘하고 외국인에게 친절한 편이다.

지역정보

국토의 형태가 네모난 폴란드는 독일 · 체코 · 슬로바키아 · 우크라이나 · 벨라루스 · 리투아니아 · 러시아 등과 국경을 맞대고 있고 북서쪽은 발트 해와 접해 있다. 수도 바르샤바와 크라쿠프를 비롯해 독일의 영향을 받은 브로츠와프, 흑해 연안의 대표도시 그단스크, 타트라 산맥이 있는 자코파네 등이 가볼 만한 대표적인 관광도시다.

여행시기와 기후

동부는 여름에는 무덥고 겨울에는 추운 대륙성 기후, 서부는 발트 해의 영향으로 서안해양성 기후다. 폴란드의 겨울은 서유럽에 비해 비와 눈이 많이 내리고 매우 추우며, 월동기간도 긴 편이다.

여행하기 좋은 계절 6~9월로 우리나라처럼 단풍이 물드는 가을이 가장 아름답다.
여행 패션 코드 한겨울에는 눈이 많이 내려 운동화보다는 등산화가 따뜻하고 안전하다.

현지 오리엔테이션

2

Orientation

추천 웹사이트 폴란드 관광청 www.poland.travel **국가번호** 48 **비자** 무비자로 90일간 체류 가능(셍겐 조약국) **시차** 우리나라보다 8시간 느리다(서머타임 기간 7시간 느리다).
전압 220V, 50Hz(콘센트 모양이 우리나라와 동일)
전화

국내전화 시내 · 시외 통화 모두 지역번호를 반드시 입력해야 한다.
- 시내전화 : 예) 바르샤바 시내 022 123 4567
- 시외전화 : 예) 바르샤바→크라쿠프 012 123 4567

치안과 주의사항

1. 유명 관광지가 많은 서유럽에 비해 치안상태는 양호하지만 최근 들어 소매치기가 증가하는 추세. 역이나 대중교통수단을 이용할 때는 각별히 주의해야 한다. 특히 밤 늦게 다니지 않도록 하너무 늦은 시간이면 콜택시를 타는 게 안전하다.
2. 팁은 대부분 계산서에 포함되어 있어 특별히 요구하지 않는다면 지불할 필요가 없다. 단, 고급 레스토랑에서는 10% 정도의 팁을 주는 게 예의다.
3. 한국인 여행자는 일반적으로 현금을 많이 소지한다고 알려져 있어 범죄의 대상이 될 가능성이 높으므로 주의할 것.

긴급 연락처
응급 전화 SOS(경찰 · 소방 · 응급) 997 **앰블런스** 전화 999
한국대사관
주소 ul. Szwolezerow 6(바르샤바)
전화 022 559 2900 비상연락 휴대폰 48 601 32 8893, 16 5600

예산 짜기

폴란드의 물가는 우리나라에 비해 저렴하다고 할 수 있다. 하지만 대부분의 공산품은 거의 수입하고 있는 형편이어서 꽤 비싼 편이다. 숙박요금 역시 물가 수준에 비해 비싸다. 그러나 입장료 · 교통비 · 식비 · 기념품 등은 저렴하다. 음식 중에서는 육류요리가 싼 편이니 고기를 좋아한다면 마음껏 즐기자.

1일 예산 바르샤바 완전정복(P.484)

숙박비 도미토리 50zł~
교통비 1회권 2장 또는 1일권 15zł~
3끼 식사 아침 · 점심은 빵이나 햄버거 등 간단하게, 저녁 레스토랑 40zł~
기타 엽서 · 물 · 아이스크림 등 20zł~

1일 경비 =) 125zł ≒ 3만 7,500원(2019년 3월 기준)

※위의 예산은 매우 넉넉하게 잡은 것이고 보통은 5만 원 미만이면 적당하다. 단, 크라쿠프는 폴란드에서 물가가 가장 비싼 도시로 하루 체류비로 6~7만 원은 예상해야 한다.

영업시간

관공서 월~금 09:00~16:00
우체국 월~금 08:00~20:00
은행 월~금 08:00~18:00
상점 월~금 10:00~18:00
토 10:00~13:00
레스토랑 11:00~24:00

현지어 따라잡기

기초 회화

안녕하세요	[아침] 지엔 도브리 Dzień dobry [저녁] 도브리 비에츠주르 Dobry wieczór
헤어질 때	체시치 Cześć
고맙습니다	지엥쿠예 Dziękuję
미안합니다	프르제프라샴 Przepraszam
도와주세요	포모치 Pomocy
얼마에요?	일레 코슈투예 예드노 Ile kosztuje jedno?
계산해 주세요	프로셴 오라후네크 Proszę o rachunek
네	타크 Tak
아니오	니에 Nie

표지판

화장실	토아레티 Toalety
경찰서	포스테루네크 폴리치 Posterunek Policji
기차역	드보르제츠 Dworzec
매표소	카사 Kasa
플랫폼	페론 Peron
출발	오디야즈디 Odjazdy
도착	프르지아즈디 Przyjazdy
버스터미널	드보제츠 아우토보소비 Dworzec Autobusowy
1등석	피에르프사 클라사 Pierwsza Klasa
2등석	드루가 클라사 Druga Klasa

숫자

1	예덴 Jeden
2	드바 Dwa
3	트트지 Trzy
4	츠테리 Cztery
5	피엥치 Pięć
6	셰시치 Sześć
7	시에뎀 Siedem
8	오시엠 Osiem
9	지에비엥치 Dziewięć
10	지에시엥치 Dziesięć
100	스토 Sto
1000	티시옹치 Tysiąc

현지 교통 따라잡기

비행기(P.622 참고)

2016년 10월 폴란드 항공의 취항으로 우리나라에서 바르샤바까지 가는 직항편이 생겨 폴란드로 향하는 길이 한층 가까워졌다. 유럽 각지에서 운항하고 있는 저가 항공은 영국 · 독일 · 스페인 · 이탈리아 · 프랑스 순으로 편수가 많다.

한국↔폴란드 취항 항공사 : LO, KL, AF, LH, BA, SK, OS, AZ 등
유럽↔폴란드 저가 항공사 : SkyEurope, Wizz Air, Germanwings, Norwegian, Centralwings, Clickair, easyJet 등

철도

2015년 1월부터 유레일패스 이용국가에 가입. 국제선은 독일 · 체코 · 헝가리 · 오스트리아 등에서 열차가 많이 운행된다. 바르샤바를 생략하고 크라쿠프를 중심으로 여행하고 싶다면 프라하에서 크라쿠프행 야간열차를 이용한다. 그리고 크라쿠프에서는 야간열차를 타고 빈이나 부다페스트로 갈 수 있다.
국내선은 열차 종류에 따라 운행시간이 달라지는데 초고속열차 인터시티 IC나 유로시티 EC, 급행열차 Express 등을 이용하는 게 편리하다. 단, 철도패스를 소지하고 있어도 좌석은 반드시 예약해야 한다. 만 26세 미만 청소년이나 학생은 할인받을 수 있으니 티켓을 구입할 때 신분증을 제시해 보자. 그밖에 왕복 티켓이 저렴하고, 주말 · 가족 할인 등 다양한 요금제가 있다. 학생 할인을 받았다면 승차할 때 차장에게 티켓과 학생증을 같이 보여줘야 한다. 모든 역은 금연이므로 흡연자라면 기억해 두자.

음식의 특징

폴란드 음식은 주변국인 독일 · 헝가리 · 러시아 등의 영향을 많이 받았다. 특히 목축업이 발달해 육류요리가 주를 이루며, 고기의 느끼한 맛을 없애기 위해 식초에 절인 양배추 샐러드를 곁들여 먹는데 우리나라의 김치와 같다. 그밖에 추운 날씨 때문에 뜨거운 수프를 즐긴다. 폴란드인은 하루 4끼를 먹는다. 이른 아침에는 차와 빵, 10시쯤 간단한 아침을 한 번 더 먹고, 점심을 13:00~16:00에 가장 푸짐하게 먹는다. 저녁 역시 간단하게 먹는 편. 식사를 하기 전에는 '당신의 건강을 위해서'라는 뜻의 "나 즈드로비에 Na Zdrowie!"를 외친다.

추천 음식

• **비고스 Bigos**
'사냥꾼의 스튜'라는 별명을 가진 비고스는 폴란드의 대표하는 전통 음식. 쇠고기, 돼지고기, 절인 양배추, 온갖 채소류, 소시지, 베이컨 등을 넣고 끓인 요리로 신맛이 특징이다.

• **피에로기 Pierogi**
우리나라의 만두를 연상케 하는 음식. 중국의 교자가 러시아를 통해 폴란드로 전해졌다고 한다. 속재료는 고기 · 버섯 · 양배추 · 치즈 · 양파 · 과일 등 다양하다.

• **골론카 Golonka**
우리나라의 돼지족발을 연상케 하는 음식. 구운 것과 삶은 것 두 종류가 있다.

잃어버린 시간을 되찾은 도시 **바르샤바**

Warszawa

제2차 세계대전 당시 나치에 의해 철저히 파괴된 바르샤바는 유난히 전쟁 영화에 자주 등장하는 비운의 도시로 우리에게 각인되어 있다. 로만 폴란스키 감독의 영화 〈피아니스트〉는 당시의 참상과 유대인의 비극을 잘 보여주는 예다.

오늘날 남아 있는 도시의 모든 건축물은 시민들의 자발적인 복구사업으로 재건된 것들이다. 바르샤바가 전쟁 전 모습 그대로 복원될 수 있었던 것은 1770년, 폴란드 왕 스타니수아프 2세가 채용한 베네치아 출신의 화가 '베르나르도 벨로토 Bernardo Bellotto'가 그린 수많은 바르샤바 풍경화 덕분이다. 선견지명이 있었는지 창고 깊숙이 보관한 그의 그림은 전쟁 속에서도 살아남아 번영기의 바르샤바의 옛 모습을 그대로 감상할 수 있게 되었다. 시민들의 눈물겨운 복구사업에 대한 보답이라 할까, 현재 바르샤바 구시가는 세계문화유산에 등록되어 있다. 전쟁으로 파괴된 구시가의 모습과 재건된 현재의 모습을 담은 엽서를 비교하며 시내를 돌아보면 폴란드인의 강한 의지력에 감탄하지 않을 수 없다.

지명 이야기
바르샤바 Warszawa (폴란드식 발음)
폴란드어는 'W' 발음이 'B' 발음으로 읽혀 바르샤바로 발음한다. 영어로는 워소 Warsaw로 발음한다.

이런 사람 꼭 가자
전후 폴란드 재건의 역사를 감상하고 싶다면
영화 〈피아니스트〉 배경지를 감상하고 싶다면

저자 추천
이 사람 알고 가자 쇼팽, 코페르니쿠스, 퀴리 부인, 요한 바오로 2세
이 책 읽고 가자 최건영의 『바르샤바』
이 영화 보고 가자 로만 폴란스키 감독의 〈피아니스트 The Pianist〉

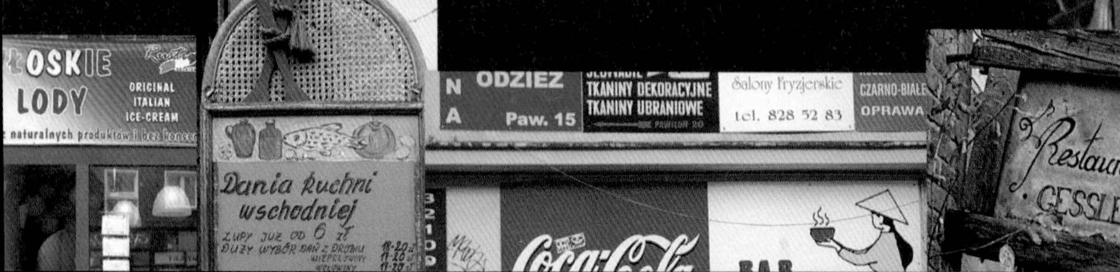

GRAWER
8 September 2007
UNESCO World Heritage Cities
Solidarity Day

여행의 기술

INFORMATION 인포메이션

유용한 홈페이지

바르샤바 관광청 www.warsawtour.pl, www.multifest.pl
시내 관광정보 www.thevisitor.pl

관광안내소

• **문화과학궁전 내 ⓘ (Map P.485-A2)**
문화과학궁전 1층에 위치. 무료지도, 여행정보, 시내 교통정보, 공연정보를 제공하며 숙소 안내도 받을 수 있다.
운영 1~4월 · 10~12월 08:00~18:00, 5~9월 08:00~19:00

• **구시가지 내 ⓘ (Map P.485-B1)**
무료 지도, 여행정보를 제공하며, 투어 · 숙소 예약은 물론, 환전업무도 한다. 기념품점도 함께 운영한다.
주소 Rynek Starego Miasta 19/21/21a
전화 022 635 18 81 이메일 info@warsawtour.pl
운영 1~4월 · 10~12월 09:00~18:00, 5~9월 09:00~20:00

여행사

• **Orbis (Map P.485-B2)**
투어 · 교통편 · 숙박 예약을 해주는 폴란드 국영여행사다. 열차 티켓 예약이 편리하고 영어가 잘 통하는 편이다.
주소 ul. Bracka 16
전화 022 829 39 69
운영 월~금 09:00~19:00, 토 09:00~13:00
휴무 일요일

유용한 정보지

영문으로 된 〈THEViS i TOR, Warsawin Short, What's up〉은 가이드북 수준의 여행정보가 상세히 실려 있다. 지도가 딸려 있어 별도의 가이드북 없이도 시내 관광을 할 수 있다. 격월간으로 발행되며, ⓘ에서 무료로 받을 수 있다.

환전

공항이나 중앙역 내보다 구시가에 있는 환전소 Kantor의 환율이 좋다. 구시가에서 쉽게 찾을 수 있으므로 환율과 수수료 등을 비교해 보고 환전하자. 간혹 'We Sell' 환율표를 밖에 내걸고 여행자들을 속이는 곳도 있으니 주의하자.

• **AMEX (Map P.485-A3)**
주소 Jerozolimskie 65~79(매리어트 호텔 내)
전화 022 630 69 52
영업 월~금 09:00~18:00
휴무 토~일요일

• citibank (Map P.485-B1)
주소 ul. Senatorska 16
전화 022 657 7200
영업 월~금 09:00~18:00(ATM 24시간)

우체국

• **중앙우체국** (Map P.485-B2)
주소 ul. Świętokrzyska 31~33
홈페이지 www.poczta-polska.pl
운영 24시간

슈퍼마켓 Map P.485-A1

대형 슈퍼마켓 Albert는 Galeria Centrum 백화점에, Plus Sam은 구시가가 끝나는 북쪽 Freta 거리에 있다. 중앙역 바로 옆에 대형 쇼핑몰인 Złote Tarasy도 있다. 내부엔 시티뱅크 CitiBank ATM과 패스트푸드점, 카페 등이 있다. 그밖에도 거리 곳곳에 크고 작은 가게 등이 많아 편리하다.

중앙경찰서

주소 Straż Miejska 전화 022 840 00 16

인터넷 카페

중앙역 지하 쇼핑몰을 비롯해 시내 곳곳에 인터넷 카페가 있다. 이용료도 합리적이다.

• C@feNET (Map P.485-B3)
주소 al.Jerozolimskie 46(중앙역 근처)
영업 07:00~24:00
요금 1zł/5분

• CKTeleinter (Map P.485-A1)
주소 Elbląska 67(바르샤바 대학 근처) 영업 월~금 10:00~19:00, 토 10:00~15:00 요금 1zł/5분

ACCESS 가는 방법

비행기나 열차를 타고 가는 방법이 일반적이다. 장거리버스는 도로 사정이 좋지 않고 시설도 낙후해서 불편하다.

비행기

폴란드 항공의 취항으로 우리나라에서 바르샤바까지 가는 직항편이 생겼다. 국제선은 시내에서 남서쪽으로 10㎞ 떨어져 있는 바르샤바 오켕치에 국제공항 Port Lotniczy Warszawa Okęcie(일명 프레데리크 쇼팽 공항 Warsaw Frederic Chopin Airport)에 도착한다.

원래 두 개의 터미널(T1 · T2)로 나뉘어 있었으나 공항 증개축 공사로 한 개의 터미널(Terminal A)로 이어졌다.

공항에서 환전은 입국 심사장을 나오기 전에 하면 된다. 단, 환율이 좋지 않으니 교통비 정도만 환전하도록 하자.

공항 홈페이지 www.lotnisko-chopina.pl

• **공항 내** ⓘ

공항정보 및 지도, 바르샤바와 폴란드 여행 관련 문의 및 시내 무료지도를 얻어두자. 기왕이면 숙소까지 가는 가장 좋은 방법도 문의하자.

운영 1~6월 09:00~19:00

오켕치에 공항 ➡ 시내

• **버스 175번**

가장 경제적이고 편리한 교통수단. 단, 많은 사람들이 이용하는 황금노선이므로 소매치기를 조심해야 한다. 버스정류장은 입국장 출구 앞에 있고, 티켓은 공항 안에 있는 신문가판대나 자동발매기에서 구입할 수 있다. 운전사에게서 직접 구입하는 경우에는 0.60zł를 더 내야 한다. 그밖에 행선지에 따라 148, 188, 331번 버스도 운행하니 홈페이지를 참조해 노선을 확인하고 이용하자.

운행 04:27~22:58 소요시간 30분

요금 일반 4.40zł, 학생 2.20zł

버스노선 공항–최고 중심거리 ŻWIRKI I WIGURY-AL.JEROZOLIMSKIE(중앙역)–KRAKOWSKIE PRZEDMIEŚCIE-PL. PIŁSUDSKIEGO

• **심야버스 N32**

운행 23:15~04:49 소요시간 20~30분 요금 3.60zł

버스노선 공항–중앙역

• **공항철도 Train**

공항에서 시내까지 운행하는 공항철도가 2012년 6월부터 운행 중이다. SKM사의 Fast Urban Railway와 KM사의 Masovian Railways 등 두 개의 회사에서 운영 중이며 SKM 회사의 열차는 행선지에 따라 S2 · S3C · S3S호선 등 3개의 노선으로 나뉜다. SKM사는 바르샤바 교통국에서 운영하는 것으로 요금도 동일하다. (P.483 참조)

홈페이지 www.ztm.waw.pl 운행 05:00~23:00

소요시간 약 25분(행선지에 따라 다르다)

요금 행선지에 따라 4.40~7zł

• **택시**

공항이 시내와 가깝고, 요금이 부담스럽지 않아 이용해 볼 만하다. 입국장 입구에 공인 택시 카운터가 있어 바가지요금을 낼 염려도 없다. 특히 늦은 밤에 도착했다면 가장 안전한 교통수단이다.

소요시간 20~30분 요금 40~50zł

철도

국제선과 주요 국내선은 바르샤바 중앙역 Warszawa Centralna(Map P.485–A3)에서 발착한다. 시내 교통의 요충지 구실을 하는 역은 규모가 매우 크고, 구조도 매우 복잡해 처음 방문한 대부분의 여행자는 당황하게 된다. 일단 지하 2층 플랫폼에 내린 다음 중앙홀 Hola Głowna 표지판을 따라 1층으로 가자. 매표소로 가서 다음 행선지 티켓을 예매하자. 매표소는 국제선 · 국내선 예약창구, 당일 티켓 구입창구 등이 구분되어 있으니 주의하자. 시내 관광을 위해 버스나 트램 등을 이용할 예정이라면 신문가판대 Relay에서 대중교통 티켓을 구입하면 된다.

중앙역 지하보도 방향 표시판

구시가까지 가는 방법은 두 가지가 있다. 1층에서 바로 문화과학궁전 방향으로 나가 길을 건넌 후 Galeria Centrum 백화점에서 구시가지까지 걸어가거나, 미로처럼 연결된 지하보도를 따라 이동하는 방법이 있다. Hotel Marriot 또는 문화과학궁전 Pałac Kulturyi Nauki 표지판을 따라 가면 Galeria Centrum 백화점으로 나갈 수 있다. 여기서 신세계 거리 Nowy Świat로 가면 된다. 도보로 약 15분. 구시가 광장까지 버스를 이용하고 싶다면 175번 버스가 편리하다. 역과 역 주변은 바르샤바 최고의 번화가로 소매치기가 많으니 각별히 주의해야 한다.

바르샤바에는 중앙역 외에 동역 Warszawa Wschodnia(Map P.485–B1), 서역 Warszawa Zachodnia(Map P.485–A3) 이 있다. 동역은 구시가지에서 비스와 강 건너편에 위치. 열차로 중앙역까지 쉽게 갈 수 있다. 그밖에 트램 26번은 구시가 광장까지, 트램 7 · 8 · 12 · 25번은 중앙역까지 운행한다. 서역은 중앙역에서 서쪽으로 4~5㎞ 정도 떨어져 있고, 중앙역까지 버스 127 · 130번 등을 타면 된다.

폴란드 철도청 www.pkp.pl

• **중앙역 내 코인로커**

위치 지하 1층 요금 크기에 따라 4zł/ 8zł

※티켓 구입시 국제학생증 ISIC 소지자와 만 26세 미만은 25~51% 할인받을 수 있다. 다만, 국내선은 폴란드 학생만 가능. 열차에 승차한 후 차장에게 티켓과 학생증을 같이 보여줘야 한다.

주간이동 가능 도시

※현지 사정에 따라 열차 운행시간 변동이 크니, 반드시 그때그때 확인할 것

바르샤바 Centralna	▶▶	크라쿠프 Głowny	열차 2시간 19분~2시간 28분
바르샤바 Centralna	▶▶	포즈난 Głowny	열차 2시간 27분~3시간
바르샤바 Centralna	▶▶	첸스토호바	열차 2시간 10분
바르샤바 Centralna	▶▶	그단스크 Głowny	열차 2시간 45분
바르샤바 Centralna	▶▶	브로츠와프 Głowny	열차 3시간 56분~4시간 28분

야간이동 가능 도시

바르샤바 Centralna	▶▶	빈 Hbf	열차 9시간 40분
바르샤바 Centralna	▶▶	부다페스트 Keleti pu	열차 11시간 22분
바르샤바 Centralna	▶▶	뮌헨(VIA 베를린 Hbf)	열차 16시간 40분
바르샤바 Centralna	▶▶	프라하 hl. n	열차 9시간 18분

THE CITY TRAFFIC 시내 교통

대중교통수단으로는 버스 Autobus(아우토부스), 트램 Tramwaj(트람바이), 메트로 Metro 등이 있다. 메트로는 노선이 하나뿐이고 관광지와도 연결되어 있지 않아 별로 탈 일이 없다. 여행자가 주로 이용하는 것은 트램과 버스다. 특히 180번 버스는 빌라노프 궁전~와지엔키 공원~바르샤바 대학~구시가~게토 영웅기념비 등 주요 명소를 운행하기 때문에 1일권을 사서 타고 다니면 편리하다. 만약 숙소가 중앙역 주변이나 구시가지 일대에 있다면 구시가지 관광은 도보로도 충분해 교통비를 절약할 수 있다.

시내 교통 홈페이지 www.ztm.waw.pl

운행 버스 · 트램 05:00~23:00, 심야버스(600번대 버스) 23:00~04:30, 메트로 05:00~23:15

티켓 구입 및 사용방법

버스 · 트램 · 메트로 공용이며 1회권 · 1일권 · 1주일권 등이 있으며 1 · 2구역(Zone)에 따라 요금이 달라진다. 구시가를 포함한 시내 중심은 1구역, 그 외 지역은 2구역으로 나뉘는데, 숙소 위치에 따라 티켓 종류를 선택해야 한다. 티켓은 정류장 근처의 신문가판대 RUCH나 키오스크 Kiosk, 교통국 ZTM 등에서 구입할 수 있다. 1회권은 운전사에게서 직접 살 수도 있지만 약간 비싸다. 국제학생증이 있으면 1회권도 50% 할인해 준다. 모든 버스와 트램 정류장에는 버스 번호와 노선도가 상세히 표시되어 있으며, 차내에도 노선도가 있다. 신형 차량인 경우는 전자게시판에 각 도착 정류장 이름이 나와 알기 쉽다. 어느 교통수단이든 탑승할 때 반드시 개찰기에 티켓을 넣고 펀칭해야 하는데, 신형 차량인 경우는 우리나라처럼 자동인식 단말기에 티켓을 대면 된다. 사복경찰의 티켓 검사가 불시에 있을 수 있으니 무임승차는 절대 금물. 소매치기도 주의하자.

대중교통 요금

• 버스 · 트램 · 메트로

1회권 1 · 2Zone 20분 이내 사용 티켓 일반 3.40zł, 학생 1.70zł 1Zone 75분 이내 사용 티켓 일반 4.40zł, 학생 2.20zł 1 · 2Zone 90분 이내 사용 티켓 일반 7zł, 학생 3.50zł

1일권 1Zone 24시간 이내 사용 티켓 일반 15zł, 학생 7.50zł 1 · 2Zone 24분 이내 사용 티켓 일반 26zł, 학생 13zł

애완동물 또는 별도의 큰 짐 무료

※2일 이상 머물 예정이라면 1일권 2매보다 3일권을 구입하는 게 경제적이다. 무임승차 벌금 266zł

• 택시

기본요금 6zł(1㎞당 2~3zł)

전화 콜택시 BAYER TAXI 96 67, MPT TAXI 91 91, ELE SKY TAXI 811 1111, SUPER TAXI 196 22, SAWA TAXI 644 4444

※일반 택시는 바가지요금이 심하므로 콜택시를 이용하는 게 안전하다.

바르샤바 완전 정복

master of Warszawa

Mission

인어동상을 찾아라!

바르샤바에는 인어동상이 2개 있습니다. 하나는 구시가 광장의 '시레나 인어'. 다른 하나는 비스와 강둑에 있는 '은빛 인어'랍니다. 이 두 인어동상을 모두 찾아 멋진 포즈로 기념촬영을 해보세요!

바르샤바는 비스와 강 Wisła을 끼고 동서로 나뉘어 있다. 대부분의 볼거리가 모여 있는 구시가지와 중앙역은 비스와 강 서쪽에 있다. 중앙역에서 서쪽으로 나 있는 신세계 거리 Nowy Świat는 바르샤바 최고의 번화가이며, 그곳에서 크라쿠프 교외 거리 Krakowskie Przedmiéscie를 따라 북쪽으로 가면 구시가지가 나온다. 남쪽으로 내려가면 국립박물관, 와지엔키 공원, 빌라노프 궁전 등이 있다. 중앙역이나 구시가지 주변에 숙소를 정하면 구시가지 관광은 도보로 가능하다. 그밖의 관광명소는 버스나 트램 등을 타고 가야 한다.

바르샤바는 다른 나라의 수도에 비해 볼거리가 그다지 많지 않다. 하루 정도면 주요 관광명소를 충분히 돌아볼 수 있다. 그러나 여유롭게 시내 관광을 만끽하고 싶다면 이틀 정도 할애해 돌아보고, 시 외곽이나 근교의 명소도 가보고 싶다면 더 머무르는 것도 좋다.

바르샤바 관광에서 빼놓을 수 없는 테마는 제2차 세계대전이다. 첫날은 제일 먼저 제2차 세계대전과 관련된 유적지를 둘러본 후 시민들의 피땀으로 새롭게 건설한 구시가와 주요 명소를 돌아보자. 대부분 현대 건물들이어서 볼거리가 없을 거라 생각하지만 눈앞에 펼쳐지는 시내 풍경은 매우 색다르게 다가온다. 둘째 날은 박물관이나 공원, 외곽에 있는 빌라노프 궁전 등을 다녀오면 된다. 한편 바르샤바는 쇼팽의 도시로도 알려져 있다. 구시가지에 쇼팽과 그의 가족이 살던 곳이 있으니 쇼팽의 팬이라면 쇼팽의 발자취를 따라 그의 음악세계를 이해해 보는 테마관광도 추천한다.

★이것만은 놓치지 말자!

❶제2차 세계대전의 참상을 알려주는 바르샤바 민중봉기박물관

❷바르샤바의 수호신 '인어동상'이 있는 구시가 산책

❸바르샤바가 낳은 천재 음악가 쇼팽의 발자취 따라 가기

❹낭만적인 구시가의 야경과 폴란드 전통 음식 즐기기

★시내 관광을 위한 Key Point

• **랜드마크**

❶중앙역 주변 – 마샤우코브스카 거리 Maszalkowska의 쇼핑센터 Centrum. 바르샤바 최고의 쇼핑가이자 번화가인 신세계 거리와 연결된다.

❷구시가 주변– 잠코비 광장 Pl. Zamkowy

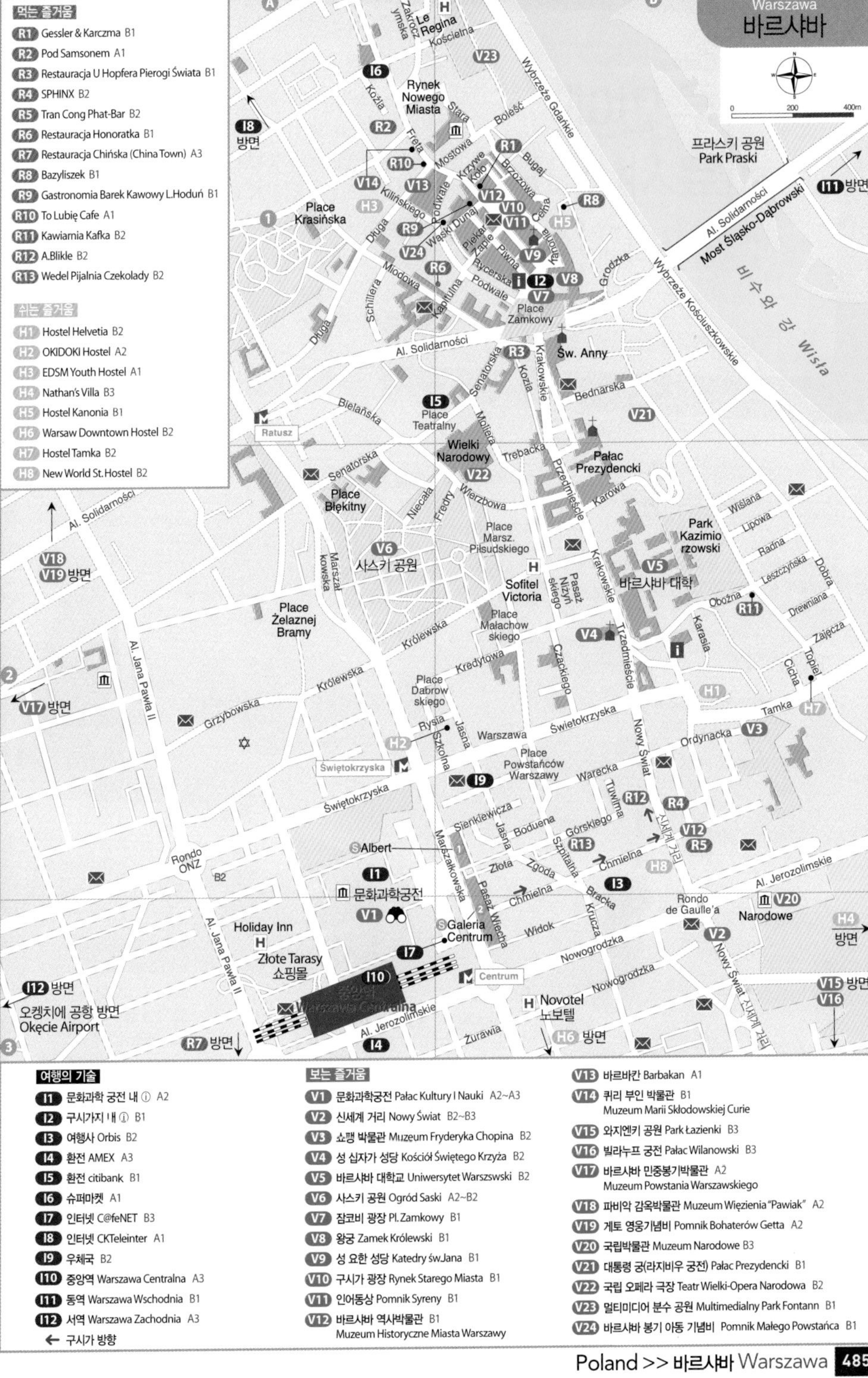
Warszawa
바르샤바
먹는 즐거움
R1 Gessler & Karczma B1
R2 Pod Samsonem A1
R3 Restauracja U Hopfera Pierogi Świata B1
R4 SPHINX B2
R5 Tran Cong Phat-Bar B2
R6 Restauracja Honoratka B1
R7 Restauracja Chińska (China Town) A3
R8 Bazyliszek B1
R9 Gastronomia Barek Kawowy L.Hoduń B1
R10 To Lubię Cafe A1
R11 Kawiarnia Kafka B2
R12 A.Blikle B2
R13 Wedel Pijalnia Czekolady B2
쉬는 즐거움
H1 Hostel Helvetia B2
H2 OKIDOKI Hostel A2
H3 EDSM Youth Hostel A1
H4 Nathan's Villa B3
H5 Hostel Kanonia B1
H6 Warsaw Downtown Hostel B2
H7 Hostel Tamka B2
H8 New World St. Hostel B2
프라스키 공원
Park Praski
I11 방면
I8 방면
V18
V19 방면
V17 방면
I12 방면
오켕치에 공항 방면
Okęcie Airport
R7 방면
H6 방면
H4 방면
V15 방면
V16
사스키 공원
바르샤바 대학
문화과학궁전
Złote Tarasy
쇼핑몰
중앙역
Warszawa Centralna
Novotel
노보텔
Holiday Inn
Sofitel Victoria
Rynek Nowego Miasta
Place Krasińska
Place Zamkowy
Św. Anny
Place Teatralny
Wielki Narodowy
Pałac Prezydencki
Park Kazimierzowski
Place Bankowy
Place Żelaznej Bramy
Place Marsz. Piłsudskiego
Place Małachowskiego
Place Dąbrowskiego
Place Powstańców Warszawy
Rondo ONZ
Rondo de Gaulle'a
Narodowe
Most Śląsko-Dąbrowski
비스와 강 Wisła
신세계 거리
여행의 기술
I1 문화과학 궁전 내 ⓘ A2
I2 구시가지 내 ⓘ B1
I3 여행사 Orbis B2
I4 환전 AMEX A3
I5 환전 citibank B1
I6 슈퍼마켓 A1
I7 인터넷 C@feNET B3
I8 인터넷 CKTeleinter A1
I9 우체국 B2
I10 중앙역 Warszawa Centralna A3
I11 동역 Warszawa Wschodnia B1
I12 서역 Warszawa Zachodnia A3
← 구시가 방향
보는 즐거움
V1 문화과학궁전 Pałac Kultury I Nauki A2~A3
V2 신세계 거리 Nowy Świat B2~B3
V3 쇼팽 박물관 Muzeum Fryderyka Chopina B2
V4 성 십자가 성당 Kościół Świętego Krzyża B2
V5 바르샤바 대학교 Uniwersytet Warszswski B2
V6 사스키 공원 Ogród Saski A2~B2
V7 잠코비 광장 Pl. Zamkowy B1
V8 왕궁 Zamek Królewski B1
V9 성 요한 성당 Katedry św.Jana B1
V10 구시가 광장 Rynek Starego Miasta B1
V11 인어동상 Pomnik Syreny B1
V12 바르샤바 역사박물관 B1
Muzeum Historyczne Miasta Warszawy
V13 바르바칸 Barbakan A1
V14 퀴리 부인 박물관 B1
Muzeum Marii Skłodowskiej Curie
V15 와지엔키 공원 Park Łazienki B3
V16 빌라누프 궁전 Pałac Wilanowski B3
V17 바르샤바 민중봉기박물관 A2
Muzeum Powstania Warszawskiego
V18 파비악 감옥박물관 Muzeum Więzienia "Pawiak" A2
V19 게토 영웅기념비 Pomnik Bohaterów Getta A2
V20 국립박물관 Muzeum Narodowe B3
V21 대통령 궁(라지비우 궁전) Pałac Prezydencki B1
V22 국립 오페라 극장 Teatr Wielki-Opera Narodowa B2
V23 멀티미디어 분수 공원 Multimedialny Park Fontann B1
V24 바르샤바 봉기 아동 기념비 Pomnik Małego Powstańca B1

1 day Course

하루 만에 바르샤바와 친구되기

먼저 당시의 참상을 고스란히 느낄 수 있는 제2차 세계대전 관련 유적지를 돌아보자. 그런 다음 고증을 바탕으로 벽돌 한 장 한 장 정성스레 쌓아 옛 모습 그대로 복원한 구시가지를 돌아보면 된다. 영화 〈피아니스트〉의 거의 마지막 장면을 떠올려 보면 전쟁으로 처참하게 파괴된 거리 모습이 더욱 실감나게 그려질 것이다. 하루가 다르게 변하는 바르샤바 구시가지는 마치 테마파크를 조성한 듯 새 건물 일색이다. 하지만 폴란드인의 불굴의 의지를 느낄 수 있어 보면 볼수록 가슴이 뭉클해진다.

01 출발
중앙역

도보 5분

02 문화과학궁전 (P.488)
바르샤바에서는 드물게 전망대가 있어 시내 전경을 감상할 수 있으니 날씨가 좋다면 올라가 보자.
Mission 한복 입은 북한 여성 조각상을 찾아보자. 사나운 표정이 인상적이다.

도보 20분 또는 자비시 광장 Pl. Zawiszy에서 트램 12 · 20 · 22 · 24 · 32번 이용. Towarowa 거리의 Muzeum Powstania Warszawskiego 하차

03 바르샤바 민중봉기박물관 (P.496)
제2차 세계대전 당시 나치에 대항해 일어난 바르샤바 민중봉기 60주년을 기념해 2004년에 개관. 박물관 한가운데에 전시한 실물의 전투 비행기가 압권이다.

박물관 도착 정류장 맞은편에서 트램 22 · 24 · 32번 이용. Al. Jerozolimskie 하차

04 신세계 거리 (P.489)
바르샤바에서 가장 럭셔리한 쇼핑가. 멋쟁이들과 젊은이들로 항상 붐비는 곳이다. 여기서 점심을 먹고 도보로 천천히 구시가 관광을 시작하자.

도보 5~10분

05 바르샤바 대학 & 성십자가 성당 (P.490 · 491)
Mission 1 대학 정문 오른쪽 광장에 있는 젊은 코페르니쿠스 동상과 기념촬영하기
Mission 2 성당 안에서 쇼팽의 심장이 담긴 기둥을 찾아보자.

도보 10분

쇼팽을 기념해 만든 벤치. 내부에는 수많은 코드가 장착되어 사람이 앉을 때마다 아름다운 쇼팽의 피아노 선율이 흘러나온다.

문화과학궁전

바르샤바 민중봉기박물관

신세계 거리

알아두세요

❶교통 도보와 버스를 적절히 이용하는 게 좋다.
❷점심 먹기 좋은 곳 구시가, 신세계 거리 주변
❸전쟁 관련 유적을 좀 더 돌아본 후 구시가지로 가고 싶다면 중앙역, 바르샤바 민중봉기박물관, 파비악 감옥, 게토 영웅기념비, 구시가의 바르바칸, 구시가 광장, 잠코비 광장, 바르샤바 대학 & 성십자가 성당, 신세계 거리 순으로 도보 관광이 가능하다.

07 성 요한 성당 (P.493)
좁은 골목 안, 바르샤바에서 가장 오래된 성당. 역대 폴란드 왕의 결혼식과 대관식장으로 이용된 곳이다.
Mission 소설 『쿠오바디스』를 감명 깊게 읽었다면 저자의 무덤 앞에서 경의를!

08 구시가 광장 (P.494)
바르샤바 관광의 하이라이트! 중세 모습 그대로 복원한 유네스코 세계 10대 문화유산!
Mission 바르샤바의 수호신 인어동상과 같은 포즈로 사진찍기!

10 저녁식사와 야경감상
근처에 퀴리부인 박물관과 게토 영웅기념비가 있으니 시간이 남는다면 한번 들러보자. 밤이 되면 구시가지 일대는 수수한 조명과 가로등 불빛으로 낭만적인 분위기가 감돈다. 저녁도 먹고 산책도 즐겨보자.

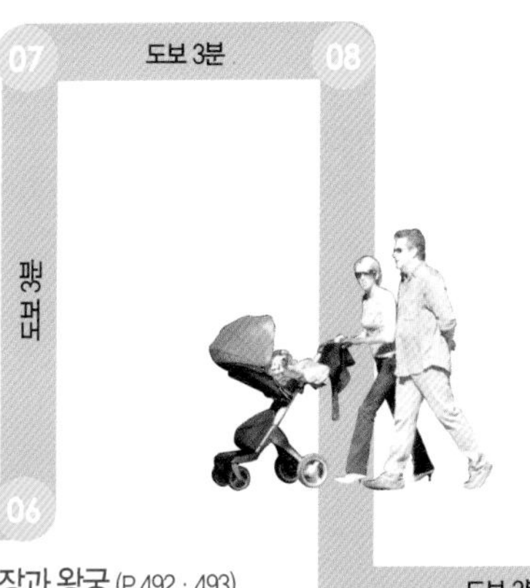

09 구시가의 바르바칸 (P.494)
중세에 화약고와 감옥으로 사용한 말발굽 모양의 성벽. 이곳을 지나면 구시가지가 끝난다.

06 잠코비 광장과 왕궁 (P.492 · 493)
광장은 시민들의 문화공간이다. 야외공연 등이 펼쳐지고 노천시장도 열려 언제나 사람들로 활기가 넘친다. 광장 초입에는 바르샤바로 수도를 천도한 지그문트 3세 동상이 서 있고, 폴란드 왕가를 대표하는 왕궁이 자리 잡고 있다.

잠코비 광장과 왕궁

성 요한 성당

구시가 광장 인어동상

보는 즐거움 Attraction

제2차 세계대전을 떠올리게 하는 도시 바르샤바는 1596년, 지그문트 3세가 수도를 크라쿠프에서 바르샤바로 옮기면서 화려한 전성기를 누리기 시작했다. 당시 북쪽의 파리로 불리며 유럽에서 가장 아름다운 도시로 손꼽혔다고 한다. 오늘날 시내 모습은 전쟁 후 시민들이 한마음이 되어 그 옛날 최고 번영기를 누리던 당시 그대로 복원해 놓은 것이다.

역 주변과 구시가지

대부분의 볼거리가 역과 구시가지 일대에 모여 있다. 신세계 거리 Nowy Świat를 따라 북쪽으로 크라쿠프 교외 거리 Krakowskie Przedmieście, 잠코비 광장까지 이어지는 일직선으로 난 대로만 따라 가면 된다. 그 옛날 왕이 행차하던 '왕의 길'인데, 일명 '쇼팽 루트'로도 불린다.

• 뷰 포인트

문화과학궁전 Map P.485-A2~A3
Pałac Kultury i Nauki

중앙역 바로 옆에 있는 37층 건물. 사회주의 시절 스탈린이 폴란드 국민에 대한 선물이라는 명목으로 지은 것이다. 높이가 234m로 폴란드에서 가장 높으며 바르샤바의 스카이라인을 지배하고 있어 시내 어디서든 쉽게 볼 수 있다. 1952년에 공사를 시작해 4년 뒤에 완성했으며 3,000개가 넘는 실내 공간이 있다. 내부에는 시가지가 한눈에 내려다보이는 전망대(30층)와 폴란드 과학 아카데미, 40여 개의 연구소, 과학박물관, 영사관, 회의장, 극장, 스포츠 센터, 카지노, 천문관, 방송국 등이 있다. 건물 외벽에는 전 세계 공산국가의 여성 투사 부조가 있는데 한복을 입은 북한 여성도 있다.

궁전 정문은 예로졸림스키에 al. Jerozolimskie 거리 쪽에 있다. 별 생각 없이 바라보면 더없이 멋진 건물이지만 가까이서 보면 칙칙한 회색에 딱딱한 조각상으로 위압감마저 느껴진다. 폴란드인들은 이 건물에서 침략자의 권위주의가 느껴진다고 해서 '구소련이 만든 바르샤바의 무덤'이라고 부르기까지 한다.

• **과학박물관** Muzeum Techniki

운영 화~금 09:00~18:00, 토~일 10:00~18:00

휴무 월요일 입장료 일반 25zł, 학생 15zł

• **전망대**

홈페이지 www.pkin.pl 운영 10:00~20:00

입장료 일반 20zł, 학생 15zł

가는 방법 중앙역에서 도보 5분

국립박물관 Map P.485-B3
Muzeum Narodowe W Warszawie

그리스 · 로마 · 비잔틴 미술과 폴란드 미술품을 전시한다. 건물 외관만 얼핏 봐서는 그 역사를 짐작하기가 어렵다. 13세기의 마조비안 Masovian 왕자가 고딕 양식 성으로 지은 것으로, 1596년에 수도를 크라쿠프에서 바르샤바로 옮긴 당시 왕궁으로 사용되었다. 제2차 세계대전 중에 대통령 거주지로 사용되었다가 폭격을 당했다. 1944년 바르샤바 봉기로 독일인에 의해 완전히 파괴되었으나 그후 꾸준한 복구작업을 거치고 1974년에 르네상스 양식의 지금과 같은 모습을 갖추게 되었다. 1862년에는 예술박물관이었으나 1916년부터는 국립박물

문화과학궁전

고급 쇼핑가,
신세계 거리

쇼팽 박물관

관으로 명칭이 바뀌고 16~20세기의 예술품 등을 전시하고 있다.

바로 옆에는 폴란드 육군의 역사를 보여주는 군사박물관 Muzeum Wojska Ploskiego이 있다. 10세기부터 제2차 세계대전까지 온갖 전쟁에서 사용한 무기를 전시하고 있다. 구소련제 헬기 · 탱크 · 미사일 등에 관심이 있다면 들러보자.

• 국립박물관

주소 Al. Jerozolimskie 3

홈페이지 www.mnw.art.pl

운영 화~목 · 토~일 10:00~18:00(금 ~21:00)

휴무 월요일 · 공휴일

입장료 상설전시회 일반 20zł, 학생 12zł

기획전 일반 25zł, 학생 15zł

가는 방법 신세계 거리 초입과 al. Jerozolimskie 거리가 교차하는 곳 오른쪽에 위치. 신세계 거리 남쪽으로 도보 5분 또는 중앙역에서 도보 10분

• 군사박물관

주소 al. Jerozolimskie 3

홈페이지 www.muzeumwp.pl

운영 수 10:00~17:00, 목~일 10:00~16:00

휴무 월~화요일 · 공휴일

입장료 일반 15zł, 학생 8zł, 목요일 무료

신세계 거리 Nowy Świat

Map P.485-B2~B3

최고급 부티크가 밀집해 있는 바르샤바의 대표적인 쇼핑가. 중앙역에서 Galeria Centrum 백화점으로 나와 Chmielna 거리를 따라 가다 보면 나오는 맞닿는 길이다. 파스텔톤의 산뜻한 건물들 앞을 아름다운 가로등과 꽃으로 치장한 바르샤바의 명소다. 17세기에 건설된 이 거리는 전통 카페와 유명 레스토랑 등이 많아 늘 사람들로 붐빈다.

가는 방법 중앙역에서 도보 10분

• 마니아

쇼팽 박물관 Muzeum Fryderyka Chopina

Map P.485-B2

17세기 초에 세운 바로크 양식의 오스트로그스키흐 궁전 Pałac Ostrogskich 안에 쇼팽 기념관이 있다. 1 · 2층은 쇼팽이 사용한 피아노, 자필편지, 악보 등 2,500여 점의 귀중한 자료를 전시하는 박물관이고, 3층은 콘서트홀로 이용하고 있다.

쇼팽의 생가는 바르샤바 근교 젤라조바 볼라 Zelazowa Wola에 있다. 바르샤바 시내에서 버스로 1시간 정도 걸리는데 운행편수가 적으므로 여행사에서 주최하는 버스 투어를 이용하는 게 좋다. 쇼팽의 생가에는 쇼팽의 자화상 · 악보 · 악기 · 가구 등이 전시되어 있으며, 5~9월의 일요일 11:00~13:00에는 유명 피아니스트의 연주회가 열린다. 물론 이 연주회를 보기 위한 버스 투어는 상당히 인기가 높다.

주소 Okólnik 1
홈페이지 www.chopin.museum
운영 화~일 11:00~20:00(12/31 11:00~15:00)
휴무 월요일, 1/1, 부활절, 12/24, 12/25
입장료 일반 22zł, 학생 13zł
가는 방법 신세계 거리에서 구시가 방향으로 도보 5분

Travel PLUS 폴란드를 빛낸 위인① 쇼팽

쇼팽 Chopin(1810. 3~1849. 10.17)은 프랑스식 발음이고, 폴란드식 발음은 쇼펜 Szopen이다. 1830년에 프랑스인 아버지와 함께 폴란드를 떠나 프랑스로 이주해 죽을 때까지 파리에서 활동하여 프랑스식 발음인 쇼팽으로 더 잘 알려져 있다. 쇼팽은 바르샤바 근교에서 태어나 생후 6개월에 바르샤바로 이사한 후 20세까지 바르샤바에서 자라고 교육받았다. 당시 폴란드가 강대국에 의해 3국으로 분할되고 1세기 동안 나라가 없어지는 비운을 겪지 않았다면 평생을 폴란드에서 살았을 것이다. 천재 음악가로 알려진 쇼팽은 폴란드 민속음악 등의 영향을 받아 그만의 독특한 양식으로 시대를 앞선 주옥 같은 작품을 남겼다. 특히 200여 곡의 피아노 연주곡으로 유명하다. 피아노 페달을 이용한 연주법은 훗날 피아노 연주법에도 큰 영향을 끼쳤다.

1949년에 폐결핵으로 사망하였고 그의 장례식은 파리의 성 마들렌 성당에서 치렀다. 바르샤바를 떠날 당시 선물로 받은 바르샤바의 흙을 그의 유해에 뿌렸으며, 유해는 파리의 묘지에 묻혔다. 하지만 쇼팽의 심장만은 평생 조국을 그리워하며 살아 온 그의 유언대로 바르샤바로 돌아왔다.

성 십자가 성당
Kościół Świętego Krzyża

Map P.485-B2

바르샤바 대학 맞은편에 있는 바로크 양식의 성당으로 쇼팽의 심장이 묻혀 있는 곳이다. 1830년, 빈 연주회를 마친 쇼팽은 폴란드가 내란을 겪는 바람

젊은 시절의 코페르니쿠스

에 고국으로 돌아가지 못하고 20여 년을 프랑스에서 활동하다 생을 마감했다. 하지만 그가 늘 바라던 대로 그의 심장만은 여동생에 의해 폴란드에 안치하게 됐다. 제2차 세계대전 당시 독일군이 교회를 폭파하여 건물의 1/3이 파괴되고 쇼팽의 심장도 파헤쳐졌지만, 성당을 복구하면서 쇼팽의 심장도 그의 사망일에 맞춰 10월 17일에 원래 장소에 안치하였다. 심장은 성당 안의 그의 이름이 조각된 기둥 안에 있다. 성십자가 성당 정문에 보이는십자가를 진 예수 조각상은 영화 〈피아니스트〉에도 등장한다. 성십자가 성당과 바르샤바 대학 사이에 서 있는 멋진 동상은 젊은 코페르니쿠스의 모습이다. 이 동상 역시 제2차 세계대전 당시 독일에 빼앗겼다가 다시 찾았다고 한다.

주소 Krakowskie Przedmieście 3
입장료 무료 가는 방법 신세계 거리에서 구시가 방향으로 도보 5분

성십자가 성당

바르샤바 대학 Map P.485-B2
Uniwersytet Warszawski

1816년에 창설된 바르샤바 최초의 대학이자 폴란드 최고의 명문대. 법학 · 의학 · 상경 · 행정 대학이 유명하다. 또한 한국어과를 개설해 2년에 한 번씩 신입생을 뽑고 있다. 캠퍼스는 왕궁처럼 화려한 건물들로 가득하며 녹음이 우거져 있어 공원처럼 느껴지기도 한다. 대학이 자랑하는 도서관은 꼭 들러보자. 19세기에 지은 도서관은 건물 자체도 멋지지만, 향학열에 불타는 학생들의 모습에서 폴란드의 밝은 미래가 보인다. 쇼팽도 이곳에서 공부를 했다고 하니 호기심이 발동한다면 캠퍼스를 거닐어보자.

주소 Krakowskie Przedmieście 26/28

홈페이지 www.uw.edu.pl

가는 방법 성십자가 성당 맞은편

대통령 궁 (라지비우 궁전) Map P.485-B1
Pałac Prezydencki(Pałac Radziwiłłów)

입을 꽉 다물고 반듯하게 서서 궁전 앞을 지키는 근위병들의 표정이 마냥 엄숙하기만하다. 원래는 육군 총사령관이던 코니에츠폴스키 Koni-ecpolski가 1643부터 2년여에 걸쳐 지은 궁전이었다. 1817년까지 라지비우 가의 저택이었으나 왕에게 소유권이 넘어간 후 신고전주의 양식으로 재건축되었다. 1955년 바르샤바 조약과 1970년 독일 정상회담이 열린 역사적인 장소이며, 1994년부터 지금까지 대통령 궁으로 사용하고 있다. 18세기 중엽에는 극장으로도 사용된 적이 있는데 그때 쇼팽도 이곳에서 연주회를 열었다고 한다.

궁전 앞에 있는 말을 타고 있는 늠름한 모습의 동상은 1792년, 나폴레옹이 러시아 정벌에 나선 당시 폴란드군의 총사령관이던 요제프 포니아토브스키 Jozef Poniatowski 왕자 상이다.

주소 Krakowskie Przedmieście 48/50

가는 방법 바르샤바 대학에서 도보 5분

사스키 공원 Map P.485-A2~B2
Ogród Saski

와지엔키 공원과 더불어 바르샤바를 대표하는 공원. 예전에는 귀족의 사냥터였으나 조국 독립을 외치며 희생된 무명용사들을 기리기 위해 1925년에 공원으로 조성했다. 공원 안에는 그들의 유해와 제2차 세계대전의 전쟁터에서 퍼온 흙을 담은 14개의 항아리가 안치돼 있다. 공원의 피우수트스키 광장 Plac Piłsudskiego에는 무명용사를 기리는 불꽃이 타오르고 있으며 매시간 근위병 교대식이 열린다.

또한 사스키 공원은 시민의 휴식처로도 사랑받고 있다. 1979년에는 폴란드 출신의 교황 요한 바오로 2세가 이곳에서 설교를 하기도 했다.

※군악대 연주는 격주 일요일 11:00

가는 방법 바르샤바 대학에서 도보 10분

폴란드 지성의 메카, 바르샤바 대학

대통령 궁

국립 오페라 극장
Teatr Wielki - Opera Narodowa

Map P.485-B2

유럽에서도 규모가 큰 극장 중 하나로 국립 오페라 극장 또는 비엘키 극장이라고 부른다. 1825년에 공사를 시작해 1833년에 신고전주의 양식으로 마무리되었다. 내부는 대극장과 소극장으로 나뉘며, 대극장에서는 주로 오페라와 발레 공연을 한다. 2,000여 명을 수용할 수 있는 대극장은 폴란드의 작곡가 스타니슬라브 모니우슈코 Stanislaw Moniuszko를 기념하기 위해 지었다.

언제나 격조 높은 공연으로 사람들을 감동시키는 이곳 역시 제2차 세계대전에 얽힌 안타까운 사연이 있다. 1939년과 1944년 두 번의 화재로 폐허가 된 이곳에 독일의 나치는 무고한 시민들을 끌고 와 무참히 살해했다고 한다. 그후 복구작업을 끝내고 1965년에 새롭게 오픈하면서 희생자들의 넋을 기리기 위해 그들의 이름을 입구에 새겨 넣었다.

폴란드 제일의 수준 높은 클래식 공연을 감상할 수 있는 곳이니 기회가 있다면 놓치지 말자. 공연 정보는 극장 매표소나 ⓘ에서 얻을 수 있다.

주소 Pl. Teatralny 1 홈페이지 www.teatrwielki.pl
운영 월~금 09:00~19:00, 토~일 11:00~19:00
티켓 요금 입석 28zł(공연장에 따라 다름)
가는 방법 사스키 공원에서 도보 5분

• 유네스코

잠코비 광장
Pl. Zamkowy

Map P.485-B1

구시가의 입구로, 왕궁을 비롯해 ⓘ · 카페 · 기념품점 · 노점상이 즐비한 곳이다. 광장 중앙에 있는 기념비는 바르샤바에서 가장 오래된 것으로 17세기에 세워졌다. 위의 동상은 바르샤바로 수도 천도를 주도한 지그문트 Zygmunt 3세다. 광장은 시민들의 만남의 장소일 뿐 아니라, 주말마다 다양한 야외공연과 각종 행사가 열려 관광객과 현지인들로 항상 붐빈다. 광장과 연결된 크고 작은 골목길에는 아기자기한 건축물과 아름다운 간판 등이 정겨운 면모를 드러내고 있다.

가는 방법 바르샤바 대학에서 도보 10분

구시가 심장부 잠코비 광장. 광장 한쪽에는 기념품을 파는 노천시장도 있습니다.

왕궁
Zamek Królewski
Map P.485-B1

잠코비 광장 Plac Zamkowy 오른쪽에 있는 붉은색 건물. 폴란드의 역사와 문화를 대변하는 곳이다. 13세기에 이곳을 통치한 마조비안 Mazovian 공작의 요새가 왕궁의 전신이며, 14세기에 방어용 탑과 성벽을 세우고 15세기에 고딕 양식의 건물을 추가했다.

스웨덴의 침략과 화재로 옛 수도인 크라쿠프의 바벨 성이 파괴되자 1596년 지그문트 3세가 수도를 천도하면서 이곳을 왕궁으로 정했다. 지금의 형태는 야기에우오 왕조의 마지막 왕 아우구스투스가 르네상스 양식으로 바꾼 것인데, 제2차 세계대전을 겪으면서 완전히 파괴되는 비극을 겪기도 했다. 14세기부터 왕의 거처로, 1918년부터 바르샤바 봉기로 나치에 의해 파괴된 1944년까지 폴란드 공화국의 대통령 관저로 쓰였다. 그후 1971~1984년 국민이 낸 성금으로 복원사업을 거쳐 박물관으로 거듭났다.

주소 Plac Zamkowy 4
홈페이지 www.zamek-krolewski.pl
운영 화~목 · 토 10:00~18:00, 금 10:00~20:00, 일 11:00~18:00 (금요일 일부는 17:00까지)
휴무 월요일, 공휴일
입장료 일반 30zł, 학생 20zł, 수요일은 일부 무료

멀티미디어 분수 공원
Multimedialny Park Fontann
Map P.485-B1

바르샤바의 떠오르는 관광명소. 약 2,200㎡의 넓이에 120m 길이의 선형분수와 어린이들을 위한 얕은 수영장, 휴식을 취할 수 있는 벤치 등을 설치해 2011년 5월에 개장했다. 낮에는 시민들의 휴식

공간으로 저녁에는 관광객을 위한 분수 쇼가 펼쳐진다. 분수 쇼는 367개의 파이프에서 분당 3000L의 물이 25m 높이로 뿜어져 나오고, 295개의 LED 라이트에 의해 색색의 화려한 쇼가 상영된다. 레이저가 물을 통과해 벽에 투사되어 바르샤바의 상징인 인어를 만들어내는 게 쇼의 하이라이트이다. 쇼는 30분 정도이며, 정확한 시간은 미리 ⓘ에서 확인해 두자.

가는 방법 잠코비 광장에서 도보 7분

성 요한 성당
Katedra św. Jana
Map P.485-B1

잠코비 광장에서 구시가 광장으로 들어서는 골목에 있는 붉은색 성당으로 뾰족뾰족한 삼각지붕이 인상적이다. 1339년에 목조건물로 세웠으나 수 세기에 걸쳐 재건축, 수복과정을 거듭하여 1950년에는 고딕 양식으로 복원되었다. 바르샤바에서 가장 오래된 이 성당은 역대 폴란드 왕의 결혼식과 대관식을 치른 곳이며, 1791년 헌법제정 후 폴란드 국회의 서약식을 거행하던 곳이다. 지하에는 폴란드 역사에서 빼놓을 수 없는 스테판 비신스키 주교, 『쿠오바디스』의 저자 헨리크 시엔키에비치, 폴란드 공화국 대통령이었던 나루토 비치 등 위인들의 무덤이 있다. 6~9월 매주 일요일 16:00에는 오르간 연주회가 열린다. 콘서트 정보는 ⓘ에서 얻으면 된다.

주소 Kanonia 6 홈페이지 www.katedra.mkw.pl
운영 성당 08:00~21:00(미사 중 관람 불가) 지하실 월~토 10:00~17:00, 일 15:00~17:00
입장료 성당 무료, 지하실 일반 5zł, 학생 3zł
가는 방법 잠코비 광장에서 도보 3분

●핫스폿 ●유네스코

구시가 광장
Map P.485-B1

Rynek Starego Miasta

잠코비 광장에서 작은 골목길을 따라 북쪽으로 걸어가면 바르샤바 관광의 하이라이트라고 할 수 있는 구시가 광장이 나온다. 중세의 모습을 그대로 간직하고 있어 유네스코 10대 세계문화유산으로 지정되어 있다. 16세기 바로크 · 르네상스 · 고딕 양식 건물이 모여 있는 광장 주변은 바르샤바에서 가장 오래된 지역이자, 가장 낭만적인 분위기가 흐르는 장소다. 건물들은 레스토랑 · 노천카페 · 갤러리 · 기념품점으로 이용되고 있다. 광장 중앙에는 바르샤바 수호신인 인어동상이 있는데 기념촬영하는 여행자들로 늘 붐빈다. 광장 한쪽에는 바르샤바 역사박물관도 자리잡고 있다. 파스텔톤의 아름다운 광장은 놀랍게도 제2차 세계대전 당시 파괴된 것을 완벽하게 복원한 것이라고 한다.

가는 방법 잠코비 광장에서 도보 3분

구시가 관광의 하이라이트, 구시가 광장! 인어동상과 기념촬영을 하기 위한 사람들로 조각상 주변은 항상 붐빕니다.

인어동상
Pomnik Syreny

Map P.485-B1

전설에 의하면 발트 해에 살고 있는 인어 자매가 헤엄을 쳐 한 명은 코펜하겐에, 또 한명은 바르샤바에 정착했다고 한다. 어느날 바르샤바 인근에서 낚시를 하던 어부는 물고기 다리에 사람의 모습을 한 아름다운 인어를 낚게 된다. 하지만 착한 어부는 인어를 풀어주는데, 이에 대한 보답으로 인어는 어부가 바다를 찾을 때면 언제나 아름다운 목소리로 노래를 불러주었다고 한다. 이 소문을 들은 어느 돈 많은 상인은 큰돈을 벌 목적으로 인어를 잡아 가둔다. 슬픔에 잠긴 인어는 매일밤 구슬픈 노래를 부르는데, 이 노래를 들은 착한 어부의 아들이 친구들과 함께 인어를 구해낸다. 은혜를 두 차례나 입은 인어는 이때부터 그들에게 어려운 일이 생기면 언제나 돕기로 결심을 한다. 바르샤바의 시조로 상징되는 어부가족과의 인연으로 14세기 중반부터 인어는 바르샤바의 수호신이자 상징이 되고 있다. 강인한 모습을 보여주는 인어동상은 평화와 번영을 상징하며 한 손에는 창, 다른 한 손에는 방패를 들고 있다. 동상은 구시가 광장 한가운데와 비스와 강의 시레나 다리 밑 두 곳에 있다. 현대적으로 디자인한 인어동상 마크를 시내 곳곳에서 볼 수 있어 바르샤바의 마스코트임을 쉽게 알 수 있다.

바르샤바 박물관
Map P.485-B1

Muzeum Warszawy

전쟁 직후 바르샤바의 처참한 모습을 담은 사진과 현재의 모습을 담은 사진들을 비교 전시하고 있다. 전쟁 관련 영상도 볼 수 있다. 여러 개의 부속 박물관으로 운영되고 있으며, 각각 운영시간과 입장료가 다르니 방문 전에 확인해보자.

홈페이지 www.muzeumwarszawy.pl

운영 화~일 10:00~19:00

휴무 월요일 입장료 일반 20zł, 학생 15zł, 일요일 무료

바르바칸
Map P.485-A1

Barbakan

바르샤바 역사박물관 왼쪽으로 나 있는 Nowomieeska 거리를 따라 가면 말발굽 모양의 특이한 성벽 바르바칸이 나온다. 구시가를 둘러싸고 있는

이 성벽은 구시가와 신시가를 나누는 경계가 된다. 성벽은 16세기 중반에 축성된 것으로, 제2차 세계대전 당시 많은 손상을 입었으나 1956년에 새롭게 복원했다. 이처럼 말발굽 형태를 하고 있는 성벽은 유럽을 통틀어 세 군데밖에 없기 때문에 역사적으로도 보존 가치가 높다.

가는 방법 구시가 광장에서 도보 3분

바르샤바 봉기 아동 기념비
Pomnik Małego Powstańca Map P.485-B1

제2차 세계대전 당시 나치에 대항해 일어난 1944년 바르샤바 민중 봉기에 참여한 어린 영웅들을 기념하기 위해 세워졌다. 동상의 주인공은 구스타브 Gustaw 대대에서 루비츠 Lubicz라는 이름의 전달병이며 동상 뒤 벽면에는 '바르샤바의 아이들이 싸우다 돌 위에 피를 흘리며 쓰러진다'라는 문구가 새겨져 있다. 잠코비 광장에서 성벽을 따라 조금만 걸어가면 만날 수 있는데, 가끔 현지인들이 길을 걷다 멈추고 동상을 향해 묵념하는 모습을 볼 수 있다.

가는 방법 잠코비 광장 또는 바르바칸에서 도보 3분

퀴리 부인 박물관
Muzeum Marii Skłodowskiej Curie Map P.485-B1

노벨상을 두 번이나 받은 세계적인 과학자 퀴리 부인의 생가. 전쟁 때 파괴된 퀴리 부인의 생가를 탄생 100주년을 기념해 1967년 재건하여 박물관으로 쓰고 있다. 프랑스로 가기 전 퀴리 부인이 사용한 실험도구와 기념사진 등을 전시하고 있으며 일생을 담은 영화도 상영한다. 바르바칸을 지나 바로 이어지는 프레타 Freta 거리에 있는데, 일반 가정집으로 착각하고 지나치기 쉬우니 번지수를 꼭 확인하자.

주소 Freta 5

홈페이지 muzeum-msc.pl

운영 6~8월 10:00~19:00, 9~5월 09:00~16:30

휴무 월요일 입장료 일반 11zł, 학생 6zł

가는 방법 바르바칸에서 도보 3분

RAIL ROAD CROSSING 2 TRACKS

Travel PLUS 폴란드를 빛낸 위인② 마리 퀴리

우리에게 퀴리 부인으로 잘 알려진 마리 퀴리 Maria Skłodowska-Curie(1867. 11. 7~1934. 7. 4)는 악성빈혈로 생을 마감할 때까지 과학계에 위대한 업적을 남긴 바르샤바 출생의 과학자다. 24세에 파리로 건너가 유학생활을 했으며, 프랑스 태생의 과학자인 피에르 퀴리와 결혼 후 함께 연구활동에 전념했다.

마리 퀴리는 라듐 연구로 노벨 물리학상과 화학상을 동시에 받은 유일한 인물이자, 최초의 여성 노벨상 수상자다. 뿐만 아니라 파리 소르본 대학에서 학생들을 가르친 최초의 여성 교수였다는 사실은 잘 알려져 있지 않다. 안타깝게도 당시 폴란드가 러시아의 지배를 받던 시절이어서 그녀는 유학 후 대부분을 파리에서 과학활동을 하며 살았다. 사후 그녀는 프랑스가 선정한 77인의 위인으로 추앙받아 파리 판테옹 사원에 안치되어 있다.

그밖의 지역 & 시 외곽

폴란드는 중세부터 유대인에게 유럽에서 유례 없는 관용정책을 펴 한때 바르샤바 인구의 1/3이 유대인이었지만 제2차 세계대전으로 많은 유대인이 죽임을 당했다. 시내 곳곳에는 전쟁의 참상을 그대로 전해주는 유적들이 남아 있다. 그밖에 시 외곽에는 시민들의 휴식처인 와지엔키 공원과 옛 폴란드 왕들의 생활상을 엿볼 수 있는 빌라노프 궁전 등이 있다.

● 핫스폿

바르샤바 민중봉기박물관 Map P.485-A2
Muzeum Powstania Warszawskiego

제2차 세계대전 당시 나치에 대항해 일어난 바르샤바 민중봉기(1944. 8. 1~10. 2) 60주년을 기념해 2004년에 오픈한 박물관. 민중봉기의 성공으로 수도를 탈환하기까지 남녀노소를 막론하고 나치에 항거한 시민군의 활약상과 생활상, 독일군의 철저한 보복공격과 황폐화된 바르샤바의 모습 등 2개월간의 안타까운 바르샤바의 역사를 소개하고 있다. 입구에 들어서자마자 어둠침침한 실내와 심장박동 소리를 울리게 하는 침울한 음악 소리, 그리고 거대한 전투비행기가 있는 1층이 압권이다. 바르샤바 관광에서 하이라이트라 해도 과언이 아닌 곳이니 절대로 놓치지 말자.

주소 ul. Grzybowska 79

전화 022 539 79 05 홈페이지 www.1944.pl

운영 월·수·금 08:00~18:00, 목 08:00~20:00, 토~일 10:00~18:00 휴무 화요일

입장료 일반 25zł, 학생 20zł, 일요일 무료

가는 방법 트램 1·22·24번 또는 버스 102·105번을 타고 Muzeum Powstania Warszawskiego 하차

● 핫스폿

파비악 감옥박물관 Map P.485-A2
Muzeum Więzienia "Pawiak"

제2차 세계대전 당시 독일의 비밀경찰 게슈타포가 세운 감옥으로, 폴란드 저항군과 유대인·지식인들을 이곳에 수감해 고문했다고 한다. 독일 점령기에 10만 명에 달하는 폴란드인을 감금했으며, 3,000명 이상의 죄 없는 사람들이 목숨을 잃었다. 현재는 일부 지하감옥의 원형만 보존하여 박물관으로 이용하고 있고 주변은 터만 남아 있다. 지하감옥의 규모는 그다지 크지 않지만 수감자들의 사진, 죄수복, 수감생활의 고통을 호소하는 낙서 등을 전시하고 있어 감옥생활이 얼마나 처참했는지를 가늠해 볼 수 있다.

주소 ul. Dzielna 24/26

홈페이지 www.muzeum-niepodleglosci.pl

운영 수~일 10:00~17:00 휴무 월~화요일

입장료 일반 10zł, 학생 5zł 가는 방법 트램 16·17·19·33번을 타고 Nowolipki 역에서 도보 3분

파비악 감옥 박물관을 방문 후엔 그들을 위한 묵념의 시간을 가져 보세요.

게토 영웅기념비 Map P.485-A2
Pomnik Bohaterów Getta

게토는 제2차 세계대전 때 독일군이 유대인을 수용하기 위해 만든 수용소로 동유럽 곳곳에 산재해 있다. 폴란드에서는 바르샤바의 무라누프 Muranów 지구에 게토가 있다. 여기 수용된 유대인은 대부분 강제수용소로 끌려가 학살당했으며, 기념비는 당시 학살된 유대인을 추모하기 위해 1980년에 세운 위령탑이다.

주소 ul. Zamenhofa

가는 방법 버스 107·111·166·171·180·512번, 트램 2·4·15·18·31·36번 이용

Say Say Say

바르샤바 게토를 다룬 영화 〈피아니스트 The Pianist〉

1939년 폴란드를 점령한 독일 나치는 바르샤바 시내에 게토를 설치해 도시 인구의 30%를 차지하는 36만 명의 유대인을 이곳으로 강제 이주시켰답니다. 그후 유대인 대량학살을 목적으로 1942년부터 31만 명이나 되는 유대인을 강제수용소로 이동시켰습니다. 게토에 있던 유대인들은 이에 대항해 바르샤바 게토 봉기를 일으켰으나 2년 후 1945년 1월, 이 도시에 살아남은 유대인은 단 20명에 불과했다고 하네요. 이 이야기를 소재로 다룬 영화가 폴란드 출신 로만 폴란스키 Roman Polanski 감독의 〈피아니스트〉입니다. 유대계 폴란드인이자 유명한 피아니스트인 블라디슬라프 스필만의 실화를 다룬 영화로, 실제 그는 유일한 생존자였던 20인 중에 한 사람이었다고 합니다. ⓘ에서 주는 무료 지도에는 구시가와 가까이 위치한 당시 게토 지역을 별도로 표시해 놓아 쉽게 확인할 수 있습니다.

Travel PLUS 비극의 유대인 수난사

유럽에서 유대인에 대한 차별정책이 나온 건 1215년 라테란 종교회의에서였다. 당시 외모로는 구분할 수 없었던 유대인들은 교황 칙령에 따라 외출시 노란 배지나 노란색 천을 몸에 착용해야 했으며 기독교인과 동석을 금했다. 토지 소유를 금했고, 길드에서 쫓겨나 기술자가 될 수 없었으며, 당시 기독교인들에게 금지됐던 고리대금업이나 장사만이 가능했다.

13세기 폴란드의 왕과 귀족들은 농업국가였던 폴란드를 상업과 금융이 발달한 국가로 성장시키기 위해 금융과 상술에 능한 유대인들을 불러들이기 시작했다. 이때부터 많은 유대인이 폴란드에 거주했다.

14세기 유럽 전역에 흑사병이 퍼지자 유럽인들은 유대인들이 우물에 독을 뿌려 흑사병이 생겼다고 여겨 유대인에 대한 대학살과 박해를 시작했다. 가장 많은 폭동이 일어난 독일에서는 유대인을 도시 성 밖으로 내몰고 유대인 거주지구를 만들어 게토 Ghetto라고 불렀다. 그후 유럽 전역에 이와 같은 지구가 생겨났고 그 명칭도 통일됐다. 독일에서의 박해를 피해 또다시 많은 유대인이 폴란드와 같은 동유럽으로 많이 이주했다. 유대인 학살과 박해, 게토, 노란색의 육각형별 등은 제2차 세계대전이 아닌 그 이전부터 반복되어 온 비극적인 유럽 유대인의 역사를 상징했다. 그리고 모진 세월을 이겨내며 게토 안에서 그들만의 종교와 고유 문화를 지켜낸 강인한 유대인 역시 경의로울 뿐이다.

*다윗의 별 : 두 개의 삼각형을 포갠 6각형 별. 다윗 왕의 아들 솔로몬 왕이 유대 왕의 상징으로 사용한 데 유래해 유대인과 유대교를 상징한다. 오늘날 이스라엘 국기에도 있다.

와지엔키 공원 Map P.485-B3
Park Łazienki

러시아의 여제 예카테리나 2세의 연인이자 그녀의 힘으로 왕위에 오른 폴란드 최후의 왕 스타니수와프 아우구스투스 포니아토브스키 Stanisław Augustus Poniatowski가 만든 공원. 정치적으로 무력했던 왕은 공원 조경에만 열중하고 현실을 외면했다고 한다. '와지엔키'는 목욕탕이라는 뜻인데, 사냥을 마친 귀족들이 여기에서 목욕을 했다고 해서 붙인 이름이다. 공원 가운데는 작은 호수가 딸린 와지엔키 궁전이 있고 큰길 쪽으로는 쇼팽 동상과 장미정원이 있다. 쇼팽 동상은 제2차 세계대전 때 히틀러가 폴란드의 정서가 함축돼 있다는 이유로 머리만 남기고 모두 녹여버린 것을 전후 복구한 것이다. 녹음이 짙어 산책하기 좋고, 다람쥐 · 공작 등을 여기저기서 볼 수 있어 흥미롭다. 공원 안에는 수상궁전, 바로크 사냥궁전, 아일랜드 궁전 등 다양한 볼거리가 있으며, 궁전 주변으로 야외 카페가 있어 차 한 잔을 마시면서 휴식하기에도 그만이다.

홈페이지 www.lazienki-krolewskie.pl

운영 공원 내 궁전 및 정원 10~4월 09:00~16:00, 5~9월 10:00~18:00(공원은 해 뜰 무렵부터 해 질 무렵까지 운영)

입장료 공원 무료 아일랜드 궁전 Pałacu na Wyspie 일반 25zł, 학생 18zł, 바로크 사냥궁전 Pałac Myślewicki 일반 10zł, 학생 5zł, 구오랑게리&로얄극장 Stara Oranżeria&Teatr Królewski 일반 20zł, 학생 15zł, 1일권 일반 40zł, 학생 25zł, 목요일 무료

가는 방법 ① 서쪽 입구 Łazienki Królewskie 버스 정류장은 116, 166, 180번 하차 후 도보 3분
② 북쪽 입구 Agrykola 버스 정류장 108, 162번 하차 후 도보 3분

와지엔키 공원의 수상궁전

Travel PLUS 와지엔키 공원에서 열리는 쇼팽 콘서트

6~9월의 일요일 12:00, 16:00에는 와지엔키 공원의 쇼팽 기념비 앞에서 피아노 콘서트가 열린다. 분수와 장미정원이 어우러진 아름다운 공원에서 피아노 연주를 감상하는 일은 말 그대로 감동의 도가니. 콘서트는 현지인에게도 인기 만점이어서 미리 자리를 잡지 않으면 땡볕에서 고생하기 십상이다. 관람은 무료이며, 토요일에도 종종 열린다. 정확한 공연시간은 ⓘ에서 미리 확인해 두자.

빌라누프 궁전 Map P.485-B3
Pałac Wilanowski

바르샤바 남쪽 교외에 있는 빌라누프 궁전은 터키군에게서 유럽 기독교 문명을 구출했다는 영웅 소비에스키 Jan Sobieski 3세가 여름 별궁으로 지은 것이다. 폴란드의 가장 위대한 왕으로 칭송받는 그는 1683년, 터키군이 빈을 침략했을 때 패전 직전의 전쟁을 승리로 이끌어낸 전설적인 인물이다. 이 궁전은 왕비를 위해 프랑스의 베르사유 궁전을 모방한 것으로, 오랜 기간에 걸쳐 공사가 진행됐

소비에스키 3세의 여름 별궁

기 때문에 다양한 건축양식이 혼재해 있다. 궁전으로 들어가는 길에는 18세기에 지은 성 안나 성당이 있으며, 궁전 안에는 왕족과 위인의 초상화 · 소장품 등을 연대순으로 전시하고 있다. 이 궁전은 제2차 세계대전 때 피해를 입지 않은 건물이라는 점에서도 의미가 있다.

홈페이지 www.wilanow-palac.pl

운영 궁전 1/12~4/5 · 10/14~12/16 수~월 09:30~16:00, 4/6~10/13 월 · 수 · 토~일 09:30~18:00, 화 · 목~금(~16:00)

공원 1~3/3 · 10/20~12/31 09:00~16:00,
3/4~3/31 · 10/1~18 09:00~18:00,
4월 09:00~20:00, 5 · 8월 09:00~21:00,
6~7월 09:00~22:00, 9월 09:00~19:00

빛의 정원 (가을과 겨울에만 운영) 10/28~2/25

입장료 루트 1 일반 20zł, 학생 15zł 루트 2 일반 15zł, 학생 10zł, 루트 1+2 일반 30zł, 학생 20zł, 공원 일반 5zł, 학생 3zł 빛의 정원 월~금 일반 10zł, 학생 5zł, 토~일 일반 20zł, 학생 10zł, 목요일 무료

가는 방법 신세계 거리에서 116 · 180번 버스 또는 바르샤바 중앙역에서 519번을 타고 종착역인 Wilanów 하차, 공동묘지 맞은편에 위치. 시내에서 30분 소요.

Say Say Say

심오한(?) 뜻이 있는 폴란드의 화장실 표기법!

폴란드에 처음 가면 화장실 앞에서 당황하기 십상입니다. 급한 마음에 부리나케 달려가 보면 익숙한 남녀 구분 표시는 아무리 찾아봐도 없고, '○ · △'만 달랑 붙어 있기 때문이죠. 자칫하면 엉뚱한 곳으로 들어가 봉변(?)을 당할 수도 있으니 미리 남녀 구별법을 익혀두세요. 폴란드에서는 '파란색 ○'는 여자, '빨간색 △'는 남자 화장실을 뜻하는데, 이 기호는 인체의 특정 부위의 생김새에서 힌트(?)를 얻었다는 설이 있답니다. 어떤 곳은 색깔 구분이 없기도 해 더욱 주의해야 합니다. 참고로, 남자 화장실은 '들라 파누프 Dla Panow' 또는 '멩스키 Męski', 여자화장실은 '들라 판 Dla Pán' 또는 '담스키 Damski'라고 한다는 것도 기억해 두세요.

먹는 즐거움 Restaurant

전통 요리부터 각국의 요리까지 다양한 음식을 먹을 수 있다. 서유럽에 비해 물가가 싸기 때문에 같은 가격으로도 수준 높은 서비스에 질 좋고 푸짐한 식사를 즐길 수 있다. 저렴하게 한 끼를 해결하려면 케밥이나 베트남 음식점을 이용하는 것도 좋다. 식사 후에는 아기자기한 폴란드풍 카페에 들러 차 한 잔의 여유도 즐겨보자.

레스토랑

구시가와 신세계 거리 주변에 폴란드 전통 레스토랑이 많다. 특히, 채식보다는 육식을 좋아하는 여행자라면 폴란드 전통 레스토랑에서 푸짐한 육류요리를 먹어보자. 럭셔리한 레스토랑부터 허름한 베트남 레스토랑까지 어디를 가든 맛과 양 모두 만족스럽다.

전통 레스토랑

Map P.485-B1

Kuchnia Warszawska

폴란드 전통 요리를 맛볼 수 있는 레스토랑으로 유명인사도 많이 찾아오는 곳이다. 1층 입구에는 안소니 퀸, 부시, 힐러리 등 이곳을 다녀간 유명인의 사진이 걸려 있다. 세계적으로 알려진 곳인 만큼 코스 요리가 꽤 비싸다.

주소 Rynek Starego Mias ta 21

영업 12:00~23:00

예산 주요리 34zł~

가는 방법 구시가 광장에 위치

Map P.485-A1

Pod Samsonem

1958년에 개업한 이래 폴란드 전통 음식과 유대계 음식을 내놓는 식당. 벽에는 전쟁 전 폴란드 유대인의 삶을 담은 사진들이 걸려 있으며, 마호가니 테이블과 의자가 아늑한 느낌을 준다. 영어 메뉴판이 있어 주문하기 수월하다. 추천 메뉴는 감자와 양배추를 곁들인 돼지다리요리로, 양이 푸짐하고 담백한 맛이 그만이다. 그밖에 생선 · 쇠고기 · 오리고기 요리도 있다.

주소 ul.Freta 3/5 영업 10:00~23:00

예산 주요리 15~30zł

가는 방법 구시가 광장에서 도보 5분

Map P.485-B1

Restauracja U Hopfera Pierogi Świata

폴란드식 만두요리 전문점. 만두 속에 치즈 · 채소 · 고기 · 과일 등을 넣은 것으로, 한국의 만두처럼 생겼으며, 일반 가정집에서도 흔히 먹는 음식이다. 메뉴는 만두 속 종류에 따라 각각 준비되어 있고 독특한 맛이 일품이다. 여러 종류의 만두를 맛보고 싶다면 모둠 메뉴를 주문하면 된다. 현지인도 추천하는 곳이다.
주소 ul. Krakowskie Przedmieście 53
영업 10:00~23:00
예산 주요리 30zł~
가는 방법 크라쿠프 교회 거리에 위치. 잠코비 광장과 바르샤바 대학 사이에 있다.

퓨전 & 베트남 레스토랑

Map P.485-B2

SPHINX

폴란드 전통 음식에 현대적인 맛을 가미한 퓨전 요리점. 늘 사람들로 붐비는 이 식당의 인기비결은 맛과 푸짐한 양. 메뉴 선택의 좌절을 여러 번 경험한 사람도 이곳에서는 충분히 만족할 수 있을 것이다.
주소 Nowy Świat 40
전화 022 826 0179
영업 10:00~23:00 예산 주요리 10zł~
가는 방법 신세계 거리에서 도보 10분

Map P.485-B2

Tran Cong Phat-Bar

신세계 거리 뒷골목에 위치한 베트남 식당. 분위기는 서민적이지만 푸짐한 양, 다양한 메뉴, 맛있는 음식으로 소문이 나 있어 늘 현지인들로 붐비는 곳이다. 이 식당의 특징은 카운터에 주문을 하고 돈을 먼저 지불해야 한다는 점. 영어 메뉴판도 있어서 주문하는 데 어려움은 없다. 음식이 모두 퓨전식이기 때문에 현지인뿐만 아니라 외국인 입맛에도 알맞다. 종류가 다양하니 여럿이 간 경우 이것저것 주문해서 맛보는 것도 좋다.
주소 Nowy Świat 22/28
영업 11:30~21:00 예산 치킨카레라이스+샐러드 12zł, 버섯두부밥+샐러드 12zł
가는 방법 신세계 거리에서 도보 5분

Map P.485-A~B1

Restauracja Honoratka

'명예로운 식당'이란 뜻의 레스토랑은 1826년에 문을 연 유서 깊은 곳이다. 쇼팽이 즐겨 찾았던 곳으로 그는 이곳에서 열린 애국자 모음에 자주 참석했다고 한다. 실내는 고풍스럽게 인테리어 돼 있으며 은은한 촛불 조명에 언제나 쇼팽의 피아노곡이 연주된다. 쇼팽의 초상화와 그가 쳤던 피아노, 직접 그린 악보도 전시 돼 있다. 구시가에 위치 워낙 관광지화 돼 가격대비 음식 맛은 그저 그런 편이다. 그래도 쇼팽의 팬이라면 잠시 들러 음악도 감상하며 차 한 잔의 여유를 가져 볼 것을 추천한다.
주소 ul. Miodowa 14 전화 022 635 03 97
홈페이지 www.honoratka.com.pl
영업 12:00~23:00 예산 주요리 29zł~
가는 방법 잠코비 광장에서 도보 7분

Map P.485-A3

Restauracja Chińska(China Town)

대사관 직원 및 회사원, 기자 등이 회식 및 미팅 등의 장소로 자주 이용하는 식당인 만큼 맛과 가격 모두 합리적이다. 실망스러워 보이는 허름한 외관과는 달리 내부는 매우 깔끔하다. 좌석이 칸칸이 나뉘어 있어 주변 시선을 신경 쓸 필요 없이 편안하게 식사를 즐길 수 있는 것도 장점이다.
주소 Al. Jerozolimskie 87 전화 022 621 37 90
홈페이지 www.chinatown.pl 예산 주요리 19zł~
가는 방법 중앙역에서 도보 5분

카페 & 아이스크림

카페 문화가 발달한 바르샤바에는 낭만적인 분위기의 카페가 많다. 카페마다 제각각 개성 넘치는 인테리어로 발걸음이 바쁜 여행자의 마음을 유혹한다. 아기자기하고 예쁜 카페에 들러 바르샤바 사람들처럼 수다를 떨어보자.

Map P.485-B1

Bazyliszek

중앙광장에 있는 레스토랑. 시가지를 바라보는 즐거움이 남다른 곳이다. 노천 테이블은 여행자에게 인기가 있지만 관광지인 만큼 값이 비싸다.

주소 Rynek Starego Miasta 1/3 영업 11:00~23:30
예산 커피 9~12zł 가는 방법 구시가 광장 내

Map P.485-B1

Gastronomia Barek Kawowy L.Hoduń

구시가 광장에서 바르바칸으로 가는 좁은 골목길에 있는 아이스크림 가게. 24종 이상의 아이스크림을 판매한다. 길게 줄서 있는 사람들을 보면 호기심에라도 한 번 들러보게 되는 곳이다. 커피와 와플을 먹을 수 있는 작은 카페도 운영한다.

주소 Nowomiejska 9 영업 10:00~19:00 예산 아이스크림 6zł 가는 방법 구시가 광장에서 도보 3분

Map P.485-A1

To Lubię Cafe

구시가 바르바칸 근처에 있는 작은 카페로 실내는 원목으로 인테리어 돼 있어 따뜻하고 편안한 분위기이다. 커피와 디저트 전문점으로 매일 전통방식으로 구워낸 케이크와 쿠키, 파이 등을 맛볼 수 있다. 특히 핫 초콜릿은 이곳의 자랑이다. 원한다면 아침 식사도 가능하다.

주소 Freta 10 전화 022 635 9023
홈페이지 www.tolubie.pl
영업 09:00~22:00
예산 커피 6zł~, 컨티넨탈 아침식사 15zł~
가는 방법 구시가 광장에서 도보 5분

Map P.485-B2

Kawiarnia Kafka

실존주의 문학의 선구자로 알려진 프란츠 카프카의 이름을 딴 북 카페. 한쪽 벽면 가득 책을 꽂아 서재로, 다른 쪽은 밖을 보며 차를 마실 수 있게 시원하게 통유리로 꾸며져 비오는 날엔 안쪽 자리가, 해가 좋은 날은 밖의 테라스가 인기다. 바르샤바 대학 학생들의 미팅이나 토론 장소로도 인기가 있다. 바르샤바의 젊은 지성들의 아지트가 궁금하다면 잠시 들러 보는 것도 좋다.

주소 Oboźna 3 전화 022 826 0822
홈페이지 www.kawiarnia-kafka.pl
영업 월~금 09:00~22:00, 토~일 10:00~22:00
가는 방법 바르샤바 대학교에서 도보 3분

Map P.485-B2

A.Blikle

신세계 거리에 있는 케이크 & 과자 전문점. 1869년에 오픈해 지금까지도 그 전통을 이어온 장인의 손맛이 느껴지는 명소다. 데이트를 즐기는 연인들에게 인기가 높다.

주소 Nowy Świat 33 홈페이지 www.blikle.pl

영업 09:00~22:00

예산 Pączek staropolski(도넛풍 초콜릿 케이크) 2,70 zł~

가는 방법 신세계 거리에서 도보 3분

Map P.485-B2

Wedel Pijalnia Czekolady

수제 초콜릿 전문점. 창업한 지 150년 이상 된 폴란드 전통 초콜릿 회사에서 운영한다. 시내 여기저기에 분점이 있으니 관광 중 간판을 발견하면 휴식 겸 들러보자. 초콜릿도 맛있지만 브라우니와 초콜릿 음료도 끝내준다. 이 회사 초콜릿은 폴란드 전역 슈퍼마켓에서도 살 수 있다.

주소 ul. Szpitalna 8 홈페이지 www.wedelpijalnie.pl

영업 월~금 08:00~22:00, 토 09:00~22:00, 일 09:00~21:00 예산 핫초코 7zł~

가는 방법 신세계 거리에서 도보 10분

Say Say Say

보드카? No! 부드카라 불러다오!!

폴란드 사람들은 술을 즐겨 마십니다. 날씨가 추워서 그런지 독한 술을 원샷에 마셔 버리죠. 보드카 Vodka 하면 흔히 러시아를 떠올리지만, 사실 폴란드와 러시아는 서로 보드카의 종주국임을 주장하고 있답니다. 폴란드에서는 부드카 Wodka라고 부르는데 아주 독한 것이 특징이죠. 부드카는 아주 차가운 상태에서 마시거나 오렌지 주스와 섞어 마십니다. 명품(?) 부드카로는 부드카 대회에서 1등을 차지한 쇼팽 Chopin, 뷔보로바 Wyborowa 그리고 파릇한 잎이 들어 있어 독특한 향을 풍기는 주브로브카 Zubrowka 등이 있습니다. 특히 주브로브카는 사과 주스와 섞어 마시면 그 맛이 끝내주죠. 부드카는 감자와 밀을 발효시켜 만든 증류주여서 뒤끝이 없는 것도 자랑이랍니다.

• 폴란드의 명품 부드카 브랜드

①쇼팽 Chopin

마조비아 지방의 셸체 평원에서 캐낸 100% 유기농 스토브라바 감자로 만드는데, 일일이 손으로 수확한 감자 10파운드에서 추출한 녹말 함량으로 겨우 부드카 한 병이 나온다. 사과 향과 묘한 단맛이 잘 어우러져 깔끔한 맛을 낸다. 차갑게 냉장 보관해 스트레이트로 마셔야 제 맛이다.

②뷔보로바 Wyborowa

보드카 시장에서 가장 오래된 브랜드. 폴란드어로 '아름답다'라는 뜻이다. 100% 호밀로 만들며, 달콤한 맛이 특징이다.

③주브로브카 Zubrowka

주브로브카 차를 담궈 만들어낸 황록색 부드카. 병 속에 주부로브카 잎이 들어 있다. 여기에 사과주스를 섞어 마셔야 제 맛을 즐길 수 있다. 알코올 도수는 40~50° 정도.

쉬는 즐거움 Hotel

한해가 다르게 좋은 시설을 갖춘 저렴한 호스텔이 생겨나고 있으나 수도인 만큼 전체 물가에 비해 숙박료가 꽤 비싼 편이다. 대부분 ⓘ나 ORBIS · ALMATUR · PTTK 같은 여행사를 통해 호텔이나 호스텔 등을 예약할 수 있으나, 저렴한 호스텔은 직접 발품을 팔아 찾아가야 한다. 간혹 역 주변에서 민박집 주인이 호객행위를 하는데, 숙박료 · 시설 · 위치 등을 확인한 후 정하도록 하자.

Map P.485-B2

Hostel Helvetia

여행을 좋아하는 부부가 운영하는 호스텔. 바르샤바 대학 근처에 있어 중앙역과 가깝고 시내 관광에 편리하다. 실내가 전체적으로 파스텔톤이어서 편안하고 가족적인 분위기를 풍긴다. 호스텔 건물은 제2차 세계대전 당시 호텔로 건축된 것인데 그 호텔 이름을 그대로 사용하고 있다고 한다.

주소 ul. Sewerynów 7 전화 022 826 71 08

홈페이지 www.hostel-helvetia.pl 요금 8~6인 도미토리 39zł~ 가는 방법 바르샤바 대학 근처에 위치. 중앙역에서 도보 20분, 신세계 거리에서 도보 5분

Map P.485-A2

OKIDOKI Hostel

바르샤바 중앙역과 주요 관광명소를 모두 걸어서 갈 수 있어 편리하다. 각 방을 테마별로 꾸며 놓아서 흥미롭고, 세탁 · 주방 · 인터넷 · TV룸 등의 설비를 잘 갖추고 있다. 각종 여행정보를 얻을 수 있을 뿐 아니라 시내 투어도 신청할 수 있고, 자전거도 빌려준다.

주소 Pl. Dąbrowskiego 3 전화 022 828 01 22

홈페이지 www.okidoki.pl

요금 도미토리 29~90zł(1인), 2인실 128~260zł(룸당)

가는 방법 중앙역에서 도보 10~15분

Map P.485-A1

Europejski Dom Spotkań Młodzieży (EDSM Youth Hostel)

유럽 청소년 연합 호스텔. 공식적으로 대학생 및 교사등이 먼저 이용할 수 있고 자리가 남으면 그때 일반 예약을 받는다. 주 고객이 학생 및 교육자이다 보니 규칙이 다른 곳보다 엄격하다. 체크인은 16~22시까지, 24시부터 통금이 있다. 숙박은 철저하게 남 · 여 따로 구분되어 있으며, 방에서 취사 및 음식을 먹는 건 금지되어 있다. 규모가 큰 만큼 철저하게 관리가 잘 되는 편이다.

바르샤바 공식 유스호스텔은 현재 문을 닫았다.

주소 ul. Długa 18/20 전화 022 635 01 15

홈페이지 www.edsm.pl

요금 도미토리 일반 70zł, 선생님 및 26세 미만 학생 65zł~ 가는 방법 구시가 광장에서 도보 7분

Map P.485-B3

Nathan's Villa

자칭 폴란드에서 가장 좋은 호스텔이라고 내세우는 곳으로 현대적인 실내와 잘 가꾼 정원, 친절한 서비스가 자랑이다. 웬만한 가이드북에 모두 소개되어 있을 정도로 유명하다.

주소 ul. Piękna 24/26 전화 022 622 29 46

홈페이지 www.nathansvillahostel.com 요금 6~12인 도미토리 35~45zł 가는 방법 중앙역에서 도보 20분. 중앙역에서 버스 525 · 502 · 505 · 514번을 타고 2번째 정류장인 Pl. Konstytucji 하차

Map P.485-B1

Hostel Kanonia

구시가에 위치. 건물은 조금 낡았지만 젊은이들의 취향에 맞춰 강렬한 색상으로 칠한 외관이 인상적이다.

주소 ul. Jezuicka 2 전화 022 635 06 76

홈페이지 www.kanonia.pl

요금 도미토리 성수기 170~200zł

가는 방법 중앙역에서 버스 160번을 타고 Stare Miasto정류장 하차 후 왕궁쪽으로 계단을 올라가면

Szkolne Schronisko Młodziezwe nr 2 유스호스텔
OKIDOKI Hostel
©Hostel Tamka

보인다. 공항에서 올 경우 175번 버스(Pl. Piłsudskiego 방향)를 타고 마지막 정류장인 Pl. Pilsudskiego 하차. 구시가까지 도보 5분

Map P.485-B3

Warsaw Downtown Hostel

중앙역과 가까우며, 쾌적하고 편리한 최신 시설, 저렴한 가격과 최상의 서비스 등으로 인기가 많으며, 무료로 조식을 제공하고 있어 편리하다. 욕실과 화장실은 공용으로 사용하지만 언제나 깨끗하게 관리되고 있다.

주소 Wilcza 33 전화 022 629 3576

홈페이지 www.warsawdowntown.pl

요금 4인 도미토리 €10~, 2인실 €25~

가는 방법 중앙역에서 도보 20분

Map P.485-B2

Hostel Tamka

입구에 들어서면 콜라주 형식으로 장식한 벽이 눈길을 끈다. 전체적으로 붉은색과 파란색을 적절히 조화한 인테리어는 세련되면서도 따뜻한 분위기를 풍긴다.

주소 ul. Tamka 30 전화 022 826 30 95

홈페이지 www.tatamkahostel.pl

요금 8~4인 도미토리 51zł~, 3인실 200zł~, 2인실 200zł~ 가는 방법 중앙역 메리어트 호텔 앞 정류장에서 127번 버스(Mariensztat 방향)를 타고 7번째 정류장 Metro Centrum Nauki Kopernik에서 하차. 다시 교차로로 돌아가 Tamka 거리로 우회전 해서 약 200m 걸으면 우측에 호스텔이 보인다.

Map P.485-B2

New World St. Hostel

신세계 거리에 새로 오픈한 호스텔. 시설이 깨끗하고 쾌적하다. 방마다 바르셀로나 · 암스테르담 · 로마 · 시드니 · 뉴욕 등 세계 유명 도시 이름을 붙여 놓아 재미있다. 무엇보다 중앙역과 구시가지를 모두 도보로 오갈 수 있는 위치여서 좋다.

주소 Nowy Świat 27 전화 022 828 12 82

홈페이지 www.nws-hostel.pl

요금 10인 도미토리 37zł~

가는 방법 중앙역에서 도보 15분. 신세계 거리에 위치

천 년의 역사를 자랑하는 폴란드의 고도 古都 크라쿠프

Kraków

영화 〈쉰들러 리스트〉의 배경이 된 곳! 폴란드 문화와 교육의 중심지!

크라쿠프라는 도시 이름은 낯설겠지만 아우슈비츠 수용소와 영화 〈쉰들러 리스트〉의 배경이 된 곳이라고 말하면 누구나 "아!" 하는 곳이다. 뿐만 아니라 코페르니쿠스와 요한 바오로 2세가 다녔다는, 유럽에서 두 번째로 역사가 오래된 야기엘론스키 대학이 있는 도시라고 하면 또 한 번의 감탄사가 절로 나오게 된다.

크라쿠프는 1138년 수도로 지정된 후 바르샤바 천도 때까지 558년간 폴란드의 수도였으며, 제2차 세계대전 중에는 독일군이 유난히 많이 주둔해 있어서 사적의 파괴 등 전쟁 피해를 면할 수 있었다. 덕분에 폴란드에서 유일하게 중세 모습을 그대로 간직하고 있는 도시로 1978년에 유네스코가 지정하는 세계 12대 유적지로 선정되었다. 규모는 작지만 볼수록 역사의 흥취를 자아내는 크라쿠프는 오늘날 폴란드 제일의 관광도시로 인기를 끌고 있다. 잠시 들러 가려다가 오랜 시간 공들여 돌아보게 만드는 매력 만점의 여행지다.

지명 이야기

'크라쿠프 Kraków'라는 지명은 바베르 구릉에 요새를 구축한 슬라브 종족의 전설적인 지배자, 크라크 Krak에서 유래했다.

이런 사람 꼭 가자

폴란드 중세시대의 유적지를 감상하고 싶다면
유럽 최대의 소금광산과 광부들의 예술품을 감상하고 싶다면
제2차 세계대전 당시의 유적지와 영화 〈쉰들러 리스트〉의 배경지에 관심 있다면

저자 추천

이 사람 알고 가자 카지미에슈 왕, 코페르니쿠스, 요한 바오로 2세
이 영화 보고 가자 〈쉰들러 리스트〉

INFORMATION 인포메이션

유용한 홈페이지

크라쿠프 관광청 www.krakow.pl, www.thevisitor.pl, www.mcit.pl

관광안내소

• 중앙 ⓘ (Map P.511-A2)

무료 지도 · 숙박 · 이벤트 · 관광 정보 등을 제공하며 공연 티켓도 저렴하게 판다. 환전업무를 겸하고 기념품점도 운영하고 있다.

주소 Rynek Głowny 1/3 (중앙광장 직물회관 내)
전화 012 354 27 16
운영 09:00~17:00
이메일 sukiennice@infokrakow.pl

• City Information-1 (Map P.511-B1)

위치 중앙역에서 도보 5분 거리. 역과 구시가 사이인 Basztowa와 Szpitalna 거리 교차점에 있다.
주소 ul. Szpitalna 25
전화 012 354 27 20 운영 09:00~17:00

• City Information-2 (Map P.511-A1)

주소 ul. Świętego Jana 2
전화 012 354 27 25
운영 09:00~19:00

여행사

• Discover Cracow (Map P.511-A1)

비행기 · 열차 티켓, 도시 및 근교 투어등의 예약을 해준다. 영어가 잘 통하고 친절하다.
주소 Plac Szczepański 8 전화 012 346 3899 홈페이지www.discovercracow.com 운영 08:30~18:30

유용한 정보지

〈THE VISITOR〉 〈WELCOME TO CRACOW〉 〈KRAKOW CITY GUIDE〉 등에는 시내 지도를 포함해 여행지 · 호텔 · 이벤트 · 콘서트 · 전시회 정보 등이 풍부하게 실려 있어 매우 유용하다. ⓘ에서 얻을 수 있다.

환전

중앙역보다 중앙광장 주변의 사설 환전소 'KANTOR'에서 환전하는 게 유리하다. 시내 곳곳에 환전소가 있으니 환율과 수수료 등을 비교해 보고 환전하자. 골목이나 구석진 곳의 환전소 환율이 좋은 편이다.

우체국 Map P.511-A1

주소 ul. Westerplatte 20 운영 월~금 08:00~20:30, 토 08:00~15:00 휴무 일요일

슈퍼마켓

Map P.511-A1

시내 중심에 크고 작은 슈퍼마켓이 많으며, 24시간 편의점도 있어 편리하게 이용할 수 있다.

인터넷 카페

크라쿠프 시내에는 인터넷 카페가 많으므로 요금을 잘 비교해 보고 이용하는 게 좋다.

• Internet Klub Garinet

크라쿠프 시내에는 인터넷 카페가 많으므로 요금을 잘 비교해 보고 이용하는 게 좋다.

주소 Floriańska 22
홈페이지 www.garinet.pl
영업 10:00~22:00
요금 4zł/1시간

ACCESS 가는 방법

비행기 · 열차 · 버스를 타고 갈 수 있지만, 일반적으로 운행편수가 많은 열차를 이용하게 된다.

철도

Map P.511-B1

바르샤바에서 출발하는 경우가 일반적이며, 보통열차와 특급열차에 따라 소요시간이 달라진다. 특급열차는 지정좌석제로 운영하고 있어 동유럽 패스가 있는 사람도 반드시 좌석을 예약해야 하며 별도의 비용은 내지 않는다. 프라하 · 부다페스트 · 빈 · 베를린 등에서는 야간열차도 운행한다. 워낙 장시간 여행이니만큼 침대칸을 이용하는 게 좋다.

모든 열차는 크라쿠프 중앙역 Kraków Głowny에 도착한다. 중앙역은 원래 사용하던 건물을 증개축하여 시설은 현대적이지만 처음 찾은 여행자에게는 여간 복잡한 게 아니다. 역에 도착하면 바로 플랫폼과 연결된 지하보도로 내려가자. 번듯한 메인 건물은 매표소로 이용될 뿐 실질적인 역사 구실을 하는 곳은 바로 지하보도다. 지하보도에는 작은 매표소, ⓘ(4번 플랫폼 앞), 유인 짐 보관소(5번 플랫폼 앞), 인터넷 카페, 벤치 등이 있다. 엘리베이터를 이용하면 플랫폼과 택시 승차장까지 편하게 갈 수 있다. 1번과 5번 플랫폼 양쪽 문에는 코인로커가 설치되어 있다. 5번 플랫폼 쪽 문으로 빠져나가면 아우슈비치행 버스를 탈 수 있는 버스 터미널이 나온다.

역에서 시내까지는 도보로 15분. 1번 플랫폼 쪽으로 나 있는 문으로 나가면 중앙역 광장이 나오고 광장을 가로질러 걸어가면 보행자 지하보도가 나온다. 지하보도로 내려가 오른쪽 입구로 나가면 ⓘ가 보이고 여기서 조금만 더 걸어가면 중세의 요새인 바르바칸 Barbakan과 플로리안스카 문 Brama Florianska이 나타난다. 여기서부터 구시가다.

• 코인로커

운영 24시간
요금 크기에 따라 8~22zł

역 구청사 / 쇼핑센터와 연결된 역 신청사 / 버스터미널

- **중앙역 엘리베이터**

1층 택시 승차장. 갈레리아 주차장과 연결되어 있다.
0층 플랫폼
지하1층 역사 구실을 하는 지하보도
지하2층 지하주차장

- **열차 요금**

크라쿠프→바르샤바 EX 100zł, IC 110zł
크라쿠프→프라하 쿠셰트 일반 300zł, 학생 264zł
크라쿠프→빈 슬리핑카 일반 279zł, 학생 244zł
크라쿠프→부다페스트 슬리핑카 일반 360zł, 학생 312zł
크라쿠프→베를린 쿠셰트 225zł(학생요금 없음)
※국제학생증 ISIC소지자와 만 26세 미만은 25% 할인

주간이동 가능 도시

크라쿠프 Głowny	▶▶	바르샤바 Centralna	열차 2시간 21분~2시간 46분
크라쿠프 Głowny	▶▶	쳉스토호바 Czestochowa	열차 2시간
크라쿠프 Głowny	▶▶	브로츠와프 Głowny	열차 3시간 10분
크라쿠프 Głowny	▶▶	자코파네 Głowny	열차 3시간 50분 또는 버스 2시간

야간이동 가능 도시

크라쿠프 Głowny	▶▶	프라하 hl. n	열차 9시간 32분
크라쿠프 Głowny	▶▶	부다페스트 Keleti pu(VIA Breclav)	열차 10시간 47분
크라쿠프 Głowny	▶▶	빈 Hbf	열차 9시간 5분
크라쿠프 Głowny	▶▶	브라티슬라바 hl.st(VIA Breclav)	열차 7시간 46분

※현지 사정에 따라 열차 운행시간 변동이 크니, 반드시 그때그때 확인할 것

THE CITY TRAFFIC 시내 교통

티켓 구입 및 사용방법

대중교통수단으로는 버스, 트램 등이 있다. 구시가만 여행할 계획이라면 도보로 가능하지만 시내와 외곽까지 효율적으로 돌아보려면 대중교통수단을 적절히 이용하자. 티켓은 시내전용티켓과 시외전용티켓으로 나뉘고 각각 1회권과 24시간권 등이 있다. 1회권은 행선지, 환승횟수, 소요시간 등을 고려해 티켓을 구입하면 된다. 단순 왕복이라면 2회 사용 티켓을 구입하자. 외곽에 있는 비엘리치카(소금광산)와 공항 등으로 갈 때에는 시외전용티켓을 구입해야 한다. 요금 차이가 크지 않지만 검표 시 벌금을 물 수 있다. 하루 안에 시내와 외곽까지 바쁘게 돌아봐야 한다면 시외전용티켓의 24시간권이 유용하다. 티켓은 버스 · 트램 공용이며 신문가판대에서 판매한다. 운전사에게서도 티켓을 살 수 있지만 신문가판대보다 조금 비싸다. 버스를 탈 때는 티켓을 개찰기에 넣고 펀칭해야 한다. 검표가 심한 편이므로 무임승차는 절대 금물! 티켓을 구입할 때 국제 학생증 ISIC를 보여주면 할인받을 수 있다. 택시는 콜택시가 바가지요금을 낼 염려도 없고 안전하다.

시내 교통 홈페이지 www.mpk.krakow.pl

- **대중교통 요금**

시내 전용 티켓 Strefa I (1 Zone)
① 환승 없이 1회 사용 티켓 3.80zł
② 2회 사용 티켓 7.20zł
③ 제한시간 안에 무제한 환승 가능 티켓 20분/2.80zł, 40분/3.80zł, 60분/5zł, 90분/6zł, 24시간/15zł, 48시간/24zł

시외 전용 티켓 Strefa I + II (1+2 Zone)
① 환승 없이 1회 사용 티켓 4zł
② 2회 사용 티켓 7.60zł
③ 제한시간 안에 무제한 환승 가능 티켓 60분/5zł, 90분/6zł, 24시간/20zł

- **콜택시 전화**

MPT TAXI 19663 BARBAKAN TAXI 19661
WAWEL TAXI 19666

크라쿠프 완전 정복

master of Kraków

작지만 유서 깊은 중세도시 크라쿠프에서는 지도 한 장만 들고 세심하게 도보로 돌아보는 것이 가장 좋다. 시내 관광은 2일, 근교에 있는 비엘리치카와 오슈비엥침까지 다녀오려면 총 4일 정도의 시간이 필요하다.

시내 관광 첫날은 크라쿠프 관광의 핵심지구인 바벨 성과 중앙시장 광장 주변을 도보로 천천히 돌아보고, 둘째 날은 영화 〈쉰들러 리스트〉의 배경으로 등장해 주목을 받은 카지미에슈와 아름다운 전망대가 있는 코시치우슈코 산을 다녀오자. 남은 이틀 동안은 근교 여행을 하면 된다. 만약 1박 2일을 계획했다면 시내 관광을 하고 근교의 명소를 한 곳만 다녀오거나 하루는 비엘리치카, 하루는 오슈비엥침을 돌아본 후 각각 남은 오후시간을 활용해 시내 관광을 하는 방법이 있다. 시간 여유가 있다면 폴란드 가톨릭 최대 성지인 쳉스토호바도 놓치지 말자. 간절히 이루고 싶은 소원이 있다면 기적의 검은 성모상 앞에서 무릎을 꿇고 간절히 빌어보자.

★이것만은 놓치지 말자!

❶중세의 모습을 고스란히 간직하고 있는 크라쿠프 역사지구 ❷영화 〈쉰들러 리스트〉의 배경이 된 유대인 지구 카지미에슈 ❸단순히 소금뿐만 아니라 광부들의 소금조각 예술품을 감상할 수 있는 비엘리치카 ❹역사상 인류 최대의 비극 '유대인 대량학살의 현장' 오슈비엥침

★시내 관광을 위한 Key Point

- **랜드마크** 중앙시장 광장
- **쇼핑가** 중앙시장 광장 일대. 골목마다 레스토랑과 기념품점 등이 즐비하다. 쇼핑하기 좋은 곳은 중앙역 옆에 있는 갈레리아 Galeria백화점.

★Best Course

플로리안스카 문 → 중앙시장 광장 → 직물회관 → 성 마리아 성당 → 야기엘론스키 대학 → 바벨 성 → 카지미에슈

- **예상 소요 시간** 하루

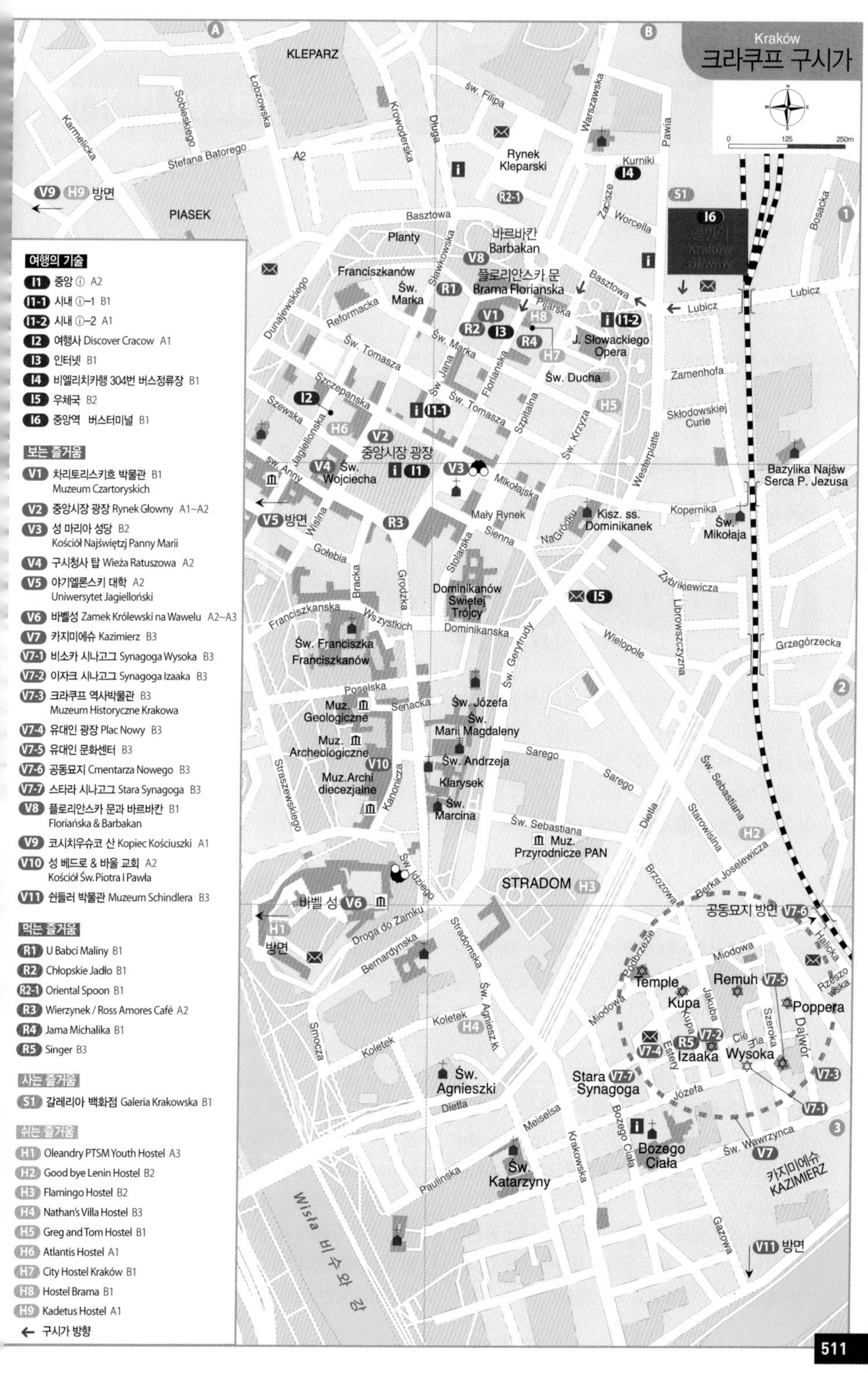
Kraków
크라쿠프 구시가
여행의 기술
I1 중앙 ⓘ A2
I1-1 시내 ⓘ–1 B1
I1-2 시내 ⓘ–2 A1
I2 여행사 Discover Cracow A1
I3 인터넷 B1
I4 비엘리치카행 304번 버스정류장 B1
I5 우체국 B2
I6 중앙역 버스터미널 B1
보는 즐거움
V1 차리토리스키흐 박물관 B1 Muzeum Czartoryskich
V2 중앙시장 광장 Rynek Głowny A1~A2
V3 성 마리아 성당 B2 Kościół Najświętzj Panny Marii
V4 구시청사 탑 Wieża Ratuszowa A2
V5 야기엘론스키 대학 A2 Uniwersytet Jagielloński
V6 바벨성 Zamek Królewski na Wawelu A2~A3
V7 카지미에슈 Kazimierz B3
V7-1 비소카 시나고그 Synagoga Wysoka B3
V7-2 이자크 시나고그 Synagoga Izaaka B3
V7-3 크라쿠프 역사박물관 B3 Muzeum Historyczne Krakowa
V7-4 유대인 광장 Plac Nowy B3
V7-5 유대인 문화센터 B3
V7-6 공동묘지 Cmentarza Nowego B3
V7-7 스타라 시나고그 Stara Synagoga B3
V8 플로리안스카 문과 바르바칸 B1 Floriańska & Barbakan
V9 코시치우슈코 산 Kopiec Kościuszki A1
V10 성 베드로 & 바울 교회 A2 Kościół Św. Piotra I Pawła
V11 쉰들러 박물관 Muzeum Schindlera B3
먹는 즐거움
R1 U Babci Maliny B1
R2 Chłopskie Jadło B1
R2-1 Oriental Spoon B1
R3 Wierzynek / Ross Amores Café A2
R4 Jama Michalika B1
R5 Singer B3
사는 즐거움
S1 갈레리아 백화점 Galeria Krakowska B1
쉬는 즐거움
H1 Oleandry PTSM Youth Hostel A3
H2 Good bye Lenin Hostel B2
H3 Flamingo Hostel B2
H4 Nathan's Villa Hostel B3
H5 Greg and Tom Hostel B1
H6 Atlantis Hostel A1
H7 City Hostel Kraków B1
H8 Hostel Brama B1
H9 Kadetus Hostel A1
← 구시가 방향
KLEPARZ
PIASEK
Rynek Kleparski
바르바칸 Barbakan
플로리안스카 문 Brama Florianska
J. Słowackiego Opera
Św. Ducha
중앙시장 광장
Św. Wojciecha
Mały Rynek
Kisz. ss. Dominikanek
Dominikanów Swiętej Trójcy
Św. Franciszka Franciszkanów
Muz. Geologiczne
Muz. Archeologiczne
Muz. Archi diecezjalne
Św. Józefa
Św. Marii Magdaleny
Św. Andrzeja
Klarysek
Św. Marcina
Muz. Przyrodnicze PAN
STRADOM
바벨 성
Bazylika Najśw Serca P. Jezusa
Św. Mikołaja
Św. Agnieszki
Św. Katarzyny
Stara Synagoga
Temple
Kupa
Remuh
Poppera
Izaaka
Wysoka
Bozego Ciała
카지미에슈 KAZIMIERZ
공동묘지 방면
V9 H9 방면
V5 방면
H1 방면
V11 방면
Wisła 비스와 강
Stefana Batorego
Łobzowska
Krowoderska
Długa
Warszawska
Pawia
Basztowa
Lubicz
Westerplatte
Kopernika
Grzegórzecka
Wielopole
Starowiślna
Dietla
Krakowska
Józefa
Miodowa
Dajwór
Gazowa

중세의 분위기가 그대로 느껴지는 타원형의 구시가는 크라쿠프에서 가장 번화한 지구이자 볼거리가 밀집해 있는 곳이다. 유적지 외에 거리 예술인의 공연, 유서 깊은 카페와 레스토랑, 아기자기한 상점가까지 어느 하나 그냥 지나칠 수 없는 곳이니 골목을 누비며 구시가의 정취를 만끽해 보자.

플로리안스카 문 & 바르바칸
Brama Floriańska & Barbakan Map P.511-B1

중세시대의 크라쿠프는 성벽에 둘러싸여 있었는데, 플로리안스카 문은 성 안으로 들어가는 8개의 문 중 현재 유일하게 남아 있는 문이다. 구시가지로 들어가는 관문으로, 옛 모습 그대로 잘 보존되어 있다. 지붕은 1660년에 바로크 양식으로 건축된 것이고, 1층에는 1885년에 만든 제단이 놓여 있다. 교각에 있는 독수리 마크는 폴란드 왕실의 상징이다.

문으로 들어서자마자 바로 옆 성벽에는 화가들이 그린 강렬한 색채의 그림들이 벽면 가득 붙어 있어 사람들의 시선을 끈다. 그리고 중앙시장 광장으로 이어지는 플로리안스카 Floriańska 거리는 레스토랑과 카페 · 상점 등이 즐비하고 언제나 사람들로 붐벼 활기가 넘친다. 플로리안스카 문에서 중앙시장 광장, 바벨 성으로 이어지는 길은 옛날 왕이 행차하던 '왕의 길'로 크라쿠프 관광의 황금 루트다.

플로리안스카 문으로 들어서기 전에 있는 붉은색 건축물은 15세기에 세운 원형요새, 바르바칸이다.

가는 방법 중앙역에서 도보 10~15분

• 마니아

차리토리스키흐 박물관
Muzeum Czartoryskich Map P.511-B1

규모는 작지만 폴란드에서 둘째 가라면 서러워할 만큼 수준 높은 미술품을 소장하고 있다. 크라쿠프의 한 귀족이 개인 소장품을 기증한 것이 그 시초인데 레오나르도 다 빈치의 「세실리아 갈레라니의 초상(肖像)」「흰 담비를 안은 부인」, 렘브란트의 수채화 등을 볼 수 있다. 그밖에도 17세기 이후 폴란드의 회화 · 조각 등을 전시한다. 입구가 눈에 잘 띄지 않으니 주의!

홈페이지 www.muzeum-czartoryskich.krakow.pl
운영 화~토 10:00~18:00, 일 10:00~16:00
휴무 월요일 입장료 일반 17zł, 학생 11zł
가는 방법 플로리안스카 문에서 도보 2분
※ 현재 박물관은 수리를 위해 휴관중. 다빈치의 작품은 국립 미술관에 전시중

• 유네스코 • 핫스폿

중앙시장 광장
Rynek Głowny Map P.511-A1~A2

구시가지 중심에 있으며, 유럽에 남아 있는 중세의 광장 중 가장 넓은 곳이다. 주변에는 귀족의 저택, 광장 한가운데에는 고딕과 르네상스 양식이 혼재한 직물회관 Sukiennice이 있다. 직물회관은 길이가 100m나 되는 흰색 건물. 1층에는 크라쿠프의 명물로 자리잡은 기념품점이 늘어서 있고, 2층에는 18 · 19세기 폴란드의 조각과 회화를 전시하는 국립박물관이 있다. 직물회관 지하에는 2010년 9월에 개장한 지하 박물관 Podziemia Rynku이

있다. 중앙시장 광장 지하의 많은 부분을 차지하는 이곳은 폴란드 정부가 중앙광장 아래 있던 유적을 수년간 발굴해 박물관으로 만든 곳이다. 출토된 유물들로 과거의 생활상이 설명과 함께 복원 · 전시되어 있어서 매우 흥미롭다. 건물 앞에는 폴란드의 민족시인 아담 미츠키에비치 Adam Mickiewicz의 동상이 서 있다.

• **지하 박물관** Podziemia Rynku

운영 4~10월 월 10:00~20:00 화 10:00~16:00 수~일 10:00~22:00

11~3월 월 · 수~일 10:00~20:00 화 10:00~16:00

휴무 매월 두 번째 월요일 입장료 일반 21zł, 학생 18zł

• **직물회관 전시실**

운영 화~금 09:00~17:00, 토 10:00~18:00, 일 10:00~16:00 휴무 월요일 입장료 일반 20zł, 학생 15zł

• **관광마차**

루트를 직접 정할 수 있고 흥정도 가능하니 한번 타보자. 늦은 오후에는 요금이 저렴해진다.

요금 60zł/30분, 120zł/1시간

가는 방법 플로리안스카 문에서 도보 3분

성 마리아 성당

• 뷰 포인트

Kościół Mariacki Map P.511-B2

13세기 고딕 양식의 성 마리아 성당은 크라쿠프의 상징적인 존재다. 내부에는 천재 조각가 비트스트보슈 Witstwosz가 만든 승천제단과 아름다운 스테인드글라스가 있으며, 벽과 천장에는 금색 · 파란색 · 붉은색으로 무늬를 일정하게 그려 놓았다. 첨탑은 비트스트보슈가 제자들과 함께 12년에 걸쳐 만든 것으로, 1시간마다 헤이나우의 아름다운 선율이 울려퍼진다. 이것은 첨탑에서 보초를 서던 파수병이 타타르족의 침입을 알리기 위해 있는 힘을 다해 헤이나우를 연주하던 도중 화살에 맞아 죽은 데서 유래한다. 실제로 파수병이 1시간마다 헤이나우를 연주하는 모습을 볼 수 있고 파수병과 함께 기념촬영도 가능하다. 성당 첨탑에서는 시내를 한눈에 조망할 수 있으니 꼭 올라가 보자.

운영 성당 월~토 11:30~18:00, 일 14:00~18:00

종탑 4~10월 화~금 10:00~14:00

첨탑 4~10월 화~토 09:10~17:30, 일 13:10~17:30(매 30분마다, 휴식시간 11:30~13:10), 11~12 · 3월 목~토 09:10~17:30 (매 30분마다, 휴식시간 11:30~13:10)

입장료 성당 일반 10zł, 학생 5zł, 종탑 15zł, 첨탑 일반 15zł

※성당 정문은 현지 신도들을 위해 무료로 개방하고 있다. 조금이라도 들여다보고 싶다면 이 문을 이용해 보자.

구시청사 탑

Wieża Ratuszowa Map P.511-A2

중앙시장 광장 오른쪽에 있던 구시청 건물은 1820년에 무너졌지만 탑은 아직도 남아 있다. 꼭대기에는 독수리상과 지름 3m의 대형 시계가 있다. 탑 내부에는 크라쿠프 시립박물관이 있으며, 꼭대기 전망대에서는 크라쿠프 시가지를 내려다볼 수 있다.

지하감옥이던 창고는 현재 카페 · 와인주점 · 극장으로 사용하고 있다. 와인주점은 어두컴컴한 창고를 은은한 조명으로 로맨틱한 분위기를 연출해 현지인에게 사랑받고 있다.

운영 2~12월 11:00~17:00 (1월은 휴무)

입장료 일반 9zł, 학생 7zł

야기엘론스키 대학 Map P.511-A2
Uniwersytet Jagielloński

오랫동안 식민 지배를 받아 온 폴란드의 영원한 민족운동의 구심점이자 학문의 중심지. 1364년에 카지미에슈 왕 Kazimierz Wielki이 세운 크라쿠프 아카데미 Akademia Krakowska가 전신이며, 1400년에 야드비가 Jadwiga왕비가 보석을 팔아 지금의 대학을 세웠다고 한다. 중동부 유럽에서 체코의 카를 대학에 이어 두 번째로 오래된 대학이다. 지동설을 주장한 코페르니쿠스, 1996년 노벨문학상을 받은 비슬라바 쉼보르스카, 교황 요한 바오로 2세가 모두 이 대학 출신이다. 특히 Św.anny와 Jagiellońska 거리가 교차하는 모퉁이에 위치한 콜레기움 마이우스 Collegium Maius는 15세기 고딕 양식이 보존되어 있는 건물로 유명하다.

• 콜레기움 마이우스

주소 ul. Jagiellońska 15 전화 012 422 05 49 홈페이지 www.maius.uj.edu.pl 운영 11~3월 월~금 10:00~14:20, 토 10:00~13:30, 4~10월 월·수·금 10:00~14:20, 화·목 10:00~17:20, 토 10:00 · 13:30 휴무 일요일 입장료 일반 12zł, 학생 6zł, 마당은 무료 ※내부 관람은 가이드 투어로만 가능하므로 미리 예약해야 한다. 가는 방법 중앙시장 광장에서 도보 5분

Travel PLUS 폴란드를 빛낸 위인 ③코페르니쿠스

니콜라스 코페르니쿠스 Nicolaus Copernicus(1473~1543)는 폴란드의 신부이자 천문학자로, 우리에게는 지동설의 창시자로 잘 알려져 있다. 당시엔 우주의 중심이 지구이고 천체가 지구를 중심으로 돈다는 천동설을 믿고 있었는데 코페르니쿠스는 반대로 태양이 우주의 중심이고 지구 역시 태양 둘레를 도는 천체 중 하나라고 주장했다. 종교 중심의 중세 사회에서 교회가 주장하는 천동설은 불변의 진리로 통하여 코페르니쿠스의 이론은 그야말로 충격이었다. 결국 그는 종교재판을 받고 감옥에 투옥되고 말았다. 하지만 지동설은 절대 불변의 진리에 대해 의문을 품고 과학적인 사고를 갖게 만드는 계기가 되었고, 오늘날에는 어느 이론이든 불변의 진리로만 여겨지던 것이 크게 달라지는 현상을 '코페르니쿠스적 전환'이라고 할 만큼 그의 업적과 용기를 높이 평가하고 있다.

성 베드로 & 바울 교회 Map P.511-A2
Kościół Św. Piotra I Pawła

1596~1619년 사이 왕 지그문트 III의 통치기간동안 예수회에 의해 설립되었다. 이는 크라쿠프에서 처음 지어진 바로크 양식의 건축물로 로마의 예수교회와 유사하다. 내부 천장의 정교한 석고 장식은 이탈리아 예술가에 의해 만들어졌고, 1735년에 만들어진 후기 바로크 양식으로 만들어진 "성 피터의 열쇠"라 불리는 제단이 이곳의 하이라이트이다. 중앙시장 광장에서 바벨성으로 가다 섬세하게 조각된 12사도를 발견했다면 들어가 보자. 울림이 좋아 저녁에는 오르간 콘서트도 열린다.

주소 Kanonicza 11 운영 4~10월 화~토 09:00~17:00, 11~3월 화~토 11:00~15:00, 일 · 공휴일 13:30~17:30 휴무 월요일

가는 방법 중앙시장 광장에서 도보 5분

국립 미술관
Muzeum Narodowe w Krakowie

구시가에서 조금 벗어난 곳에 위치한 국립 미술관. 약 8만 개에 이르는 전시품 대부분이 20여 년에 걸쳐 기증을 통해 수집되었다. 전시는 일반과 상설 전시로 나눠진다. 폴란드의 회화, 조각, 장식, 19~20세기 중세 및 현대 미술 등이 주를 이루지만 서양화와 동양 미술 작품들도 볼 수 있다. 복층 구조로 1층에서 관람을 시작해 위층으로 올라가며 자연스럽게 볼 수 있게 되어 있다. 시간에 여유가 있거나 미술에 관심이 있다면 가볼 만하다.

주소 al. 3 Maja 1 전화 012 433 57 44 홈페이지 mnk.pl 운영 화~금 09:00~17:00 토 10:00~18:00 일 10:00~16:00 입장료 일반 10zł, 학생 5zł 가는 방법 구시가에서 버스 109, 124, 134, 152 또는 트램 20번을 타고 Muzeum Narodowe역 하차.

※ 2019년 11월까지 레오나르도 다빈치의 '흰 담비를 안은 부인'이 전시 중이다.

용의 전설이 깃든 바벨 성 전경
바벨성을 둘러싸고 있는 성벽

• 핫스폿

바벨 성
Zamek królewski na Wawelu

Map P.511-A2~A3

비스와 강을 내려다보는 바벨 성은 폴란드의 대표적인 상징물 가운데 하나. 11세기부터 건축되기 시작해 16세기에 이르러서야 지금의 모습을 갖추었다. 따라서 부속건물은 다양한 건축양식을 보여준다. 성문 옆의 조각은 3국 분할에 대항한 폴란드의 영웅 타데우시 코시치우슈코 동상인데, 그는 "나는 전 민족의 자유를 원한다. 우리는 죽는다. 그러나 폴란드는 결코 사라지지 않는다."는 유명한 말을 남겼다.
정문에 매표소가 있고 길을 따라 올라가면 왼쪽에 대성당, 곧장 가면 알현실 · 왕실사궁 · 국고 및 무기고가 나온다. 매표소로 들어가는 문 앞의 갈림길 왼쪽에 용의 동굴 입구가 있다.
바벨 성이 자리잡고 있는 언덕은 힌두교의 차크라 신봉자들이 찾는 곳으로도 알려져 있는데, 세계에서 차크라 에너지가 집중되는 7군데 중 한 곳으로 여겨진다.

폴란드 최대의 종 지그문트 탑

알아두세요

바벨 성 Key Point
바벨 성은 크라쿠프 시내 관광의 하이라이트다. 언덕 위에 있어 시내 전경을 감상할 수 있는 뷰 포인트다. 성 안은 무료로 공개돼 있으며, 주요 건축물 내부 관람은 유료다. 천천히 돌아봐도 1시간이면 충분한데, 내부 관람을 계획했다면 한나절 정도는 생각해야 한다.
각 볼거리의 운영시간은 계절 · 요일별로 변동이 심하므로 가기 전에 ⓘ에 꼭 문의하자. 여름 성수기에는 여행자가 많이 몰려 티켓 구하기가 쉽지 않다. 시간을 낭비하고 싶지 않다면 전날 미리 예약하거나 오픈시각에 맞춰 가는 게 좋다. 대성당에 들어갈 때는 옷차림에 주의하자. 특히 민소매, 너무 짧은 바지는 삼가야 한다.
예약전화 012 422 51 55
홈페이지 www.wawel.krakow.pl
가는 방법 중앙시장 광장에서 도보 7분

대성당
Katedra

1364년에 세운 바로크 양식의 건물. 18세기까지 폴란드 왕의 대관식과 장례식을 거행한 곳이다. 지하묘소에는 왕 · 민족영웅 · 문학가 등의 유해가 안치되어 있다. 마지막으로 1935년에 안치된 인물은 폴란드 독립의 아버지 유제프 피우수트스키다.
3개의 예배당이 있는 대성당 북쪽 지그문트 탑에는 폴란드 최대의 종이 걸려 있다. 이 종은 1520년에 만든 것으로 종교의식과 국가 주요 행사 때만 울린다고 한다. 종의 중심을 왼손으로 만지면 이곳에 다시 돌아온다는 전설이 있으니 소원을 빌며 만져보자.
최초의 폴란드인 교황 요한 바오로 2세가 크라쿠프 교구 주교 시절 이 성당에서 10년간 미사를 집전한 바 있다. 남쪽에 있는 금색지붕의 지그문트 예배당 Kaplica Zygmuntowska은 폴란드에서 가장 아름다운 르네상스 건축물로 꼽힌다.

운영 대성당 및 박물관 · 지그문트 탑 · 지하실 월~토 09:00~16:00, 일 12:30~16:00(박물관은 일요일 휴무)
입장료 대성당 무료, 지그문트 탑+왕가의 묘+대성당 박물관 일반 12zł, 학생 7zł
※기념품점에서는 기타와 비슷하게 생긴 유럽의 전통 악기 '류트' 연주 CD를 판다.

알현실 · 왕실사궁 · 국고 및 무기고

현재 알현실 · 왕실사궁은 박물관으로 이용하고 있으며, 가이드 투어로만 돌아볼 수 있다. 총 71개의 방이 고딕식 회랑으로 이어져 있는데 내부는 단순하고 수수한 편이다. 전시물 가운데는 왕의 대관식 때 사용한 검이나 지그문트 아우구스트 왕이 수집한 16세기의 태피스트리, 1683년 빈 전투의 전리품인 터키 텐트 등이 볼 만하다. 흥미로운 것은 16세기 왕의 침대. 그 무렵 왕은 암살자를 경계하기 위해 앉아서 잠을 잤다는데, 그래서인지 침대의 길이가 무척 짧다. 혹독한 겨울을 이기기 위해 벽난로 외에 5㎝ 두께의 유리창과 태피스트리로 벽을 장식했다. 갑옷 · 칼 등은 국고 및 무기고에서 전시한다.
운영 알현실 · 왕실사궁 4~10월 화~금 09:30~17:00, 토~일 10:00~17:00, 11~3월 화~토 09:30~16:00, 일 10:00~16:00 (왕실사궁은 일요일 휴무)
국고 및 무기고 4~10월 월 09:30~13:00, 화~금 09:30~17:00, 토~일 10:00~17:00, 11~3월 화~토 09:30~16:00(휴무 월 · 일요일)
입장료 알현실 · 국고 및 무기고 4~10월 일반 20zł, 학생 12zł, 11~3월 일반 18zł, 학생 10zł, 왕궁사궁 4~10월 일반 27zł, 학생 21zł, 11~3월 일반 21zł, 학생 16zł
※입장료는 시즌에 따라 다름.
※국고 및 무기고는 보수공사로 인해 휴관, 방문 전 ⓘ에 문의

용의 동굴
Smocza Jama

'옛날 옛날에 비스와 강의 동굴에 살던 용은 아름다운 소녀를 잡아먹곤 했다. 평화롭던 도시가 용 때문에 혼란스러워지자 크라쿠프 왕은 용을 잡는 사람에게 상을 내리겠다고 했다. 이 이야기를 들은 구두 수선공 크라크가 여장을 하고 가서 용에게 타르와 유황을 바른 양가죽을 먹였다. 심한 갈증을 느낀 용은 강물을 정신 없이 마셨고 뱃속의 유황이 끓어오르면서 산산조각이 나 그 자리에서 죽었다. 지혜로운 구두 수선공은 그후 공주와 결혼해 행복하게 살았다'는 전설이 전해오는 작은 동굴. 왕궁에서 동굴까지는 나선형 계단을 통해 내려가는데 현기증이 날 만큼 가파르다. 동굴 앞에 있는 불을 내뿜는 용 조각은 기념사진 모델로 인기 만점.

성 깊숙이 자리한 알현실 · 왕실사궁 · 국고 및 무기고
대성당 내부 예배당
불을 내뿜고 있는 용

운영 4/23~26 · 9~10월 10:00~17:00, 4/27~5/5 · 6/20~23 · 7~8월 10:00~19:00, 5~6월 10:00~18:00
휴무 11~3월 입장료 4~10월 요금 5zł

• 핫스폿

카지미에슈
Kazimierz

Map P.511-B3

바벨 성 남쪽에 위치한 카지미에슈 지구는 일명 '유대인 지구'로 불린다. 14세기 카지미에슈 왕이 유대인에 대한 관용정책을 펴자 이때 유럽 전역에 있는 유대인이 많이 유입되었다. 제2차 세계대전 이전에는 크라쿠프 인구의 1/3을 차지할 정도로

비소카 시나고그
이자카 시나고그

유대인이 많이 살았다고 한다. 수많은 시나고그와 유대인 무덤, 박물관 등 약 500년 동안의 유대인 문화유산이 여기저기에 남아 있다.
제2차 세계대전 후 폐허로 변했지만, 영화 〈쉰들러 리스트〉의 배경이 되고 나서 많은 여행자가 찾는 명소가 되었다. 〈쉰들러 리스트〉에 나온 장소를 가 보고 싶다면 ⓘ에서 리스트를 얻도록 하자.
작고 앙증맞은 핸드메이드 팬시용품을 파는 상점과 카페들이 즐비한 요제파 Józefa 거리, 구 시나고그가 있는 셰로카 Szeroka 거리, 그밖에 옹기종기 모여 있는 작고 큰 시나고그와 벼룩시장, 갤러리 등 색다른 볼거리도 많으니 꼭 방문해 보자.

알아두세요

카지미에슈 Key Point
가는 방법 중앙시장 광장에서 도보로 약 30분. 천천히 산책하듯 거리 구경을 하면서 가면 그다지 멀게 느껴지지 않는다. 또는 트램 6 · 8 · 10번을 타고 Krakowska에서 내리거나 트램 3 · 13 · 34번을 타고 Midowa에서 내리면 된다.

Best Course
요제파 거리 및 카지미에슈 ⓘ → 비소카 시나고그 → 이자카 시나고그 → 크라쿠프 역사박물관 → 유대인 광장 → 유대인 문화센터 → 스타라 시나고그 → 공동묘지

카지미에슈 ⓘ
주소 Józefa 7 운영 09:00~17:00

비소카 시나고그
Synagoga Wysoka Map P.511-B3

기도하는 큰 집이라 불리는 유대교 회당. 1556~1563년에 지어졌고 내부는 넓이 150m, 높이 10m로 꽤 넓다. 폴란드에서 유일하게 1층에 기도하는 방이 있는 게 특징. 제2차 세계대전 당시 폭격으로 파괴되었지만, 현재 유대인 관련 사진 전시관으로 이용하고 있다.

주소 ul. Józefa 38 운영 일~목 10:00~18:00, 금~토 10:00~19:00 휴무 토요일 · 유대교 공휴일 입장료 일반 9zł, 학생 7zł

이자카 시나고그
Synagoga Izaaka Map P.511-B3

초기 바로크 양식의 대규모 시나고그. 1638년에 이자크 자쿠보비치 Izaak Jakubowicz가 발견했다. 제2차 세계대전 당시 나치의 작업장으로 쓰였고, 지금은 옛 폴란드 유대인의 생활과 문화를 보여주는 사진과 카지미에슈 거리를 배경으로 촬영된 영상 등을 볼 수 있다.
주소 ul. Kupa 16
운영 일~목 09:00~19:00, 금 08:30~15:30
휴무 토요일 · 유대인 공휴일 입장료 7zł

크라쿠프 역사박물관
Muzeum Historyczne Krakowa Map P.511-B3

셰로카 Szroka 거리 오른쪽에 유대인의 역사와 문화가 숨쉬고 있는 역사박물관이 있다. 이곳은 15세기에 지은, 폴란드에서 가장 오래된 유대교 회당으로, 대량학살에서 살아남은 남부 폴란드 유대인들의 모습을 담은 사진으로 상을 받은 사진작가 크리스 슈바르츠 Chris Schwarz의 작품들을 감상할 수 있다. 내버려진 듯한 유대인 묘지와 폐허가 된 시나고그, 집단 처형장 등에 관한 기록은 관람하는 내내 가슴을 아프게

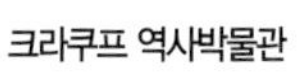
크라쿠프 역사박물관

한다. 그의 작품을 통해 잊혀져 가는 폴란드 유대인의 지난 삶을 되짚어볼 수 있다. 카지미에슈 관광에서 빼놓을 수 없는 필수 코스니 꼭 들러보자.

주소 ul. Dajwor 18

홈페이지 www.galiciajewishmuseum.org

운영 10:00~19:00

입장료 일반 16zł, 학생 11zł

유대인 광장
Plac Nowy Map P.511-B3

유대인 광장은 예전에 무역이 행해졌던 장소다. 넓은 사각광장에는 1900년대 세운 둥근 강당이 있는데 이곳이 바로 무역거래소였다. 지금은 매일 신선한 과일 · 채소 · 생선 등을 판매하는 시장이 열린다. 또한 매주 일요일 08:00부터 14:00까지는 작은 벼룩시장이 열리는데 오래된 그림엽서 · CD 그리고 골동품 안경부터 사진첩 · 가방 등 없는 게 없을 정도다. 운이 좋으면 값비싼 골동품을 저렴한 값에 구입하는 행운도 생길 수 있다.

주소 zwany potocznie

유대인 문화센터 Map P.511-B3
Centrum Kultury Żydowskiej

사람들에게 잊혀져 가는 유대인 문화를 계승시키기 위해 세운 유대인 문화센터는 예전에 기도원이었다. 유대인 관련 전문 서적과 CD도 판매한다. 특별 기획전도 개최한다.

주소 ul. Meiselsa 17

홈페이지 www.judaica.pl

운영 월~금 10:00~18:00 토~일 10:00~14:00

스타라 시나고그(유대인 박물관)
Stara Synagoga Map P.511-B3

15세기와 16세기 중반에 지은 구 시나고그는 폴란드에서 가장 오래된 유대인 건축물로 폴란드 유대인의 역사를 말해준다. 현재 2층에는 제2차 세계대전 당시의 비극적인 모습을 담은 사진 등을 전시하고 있다.

주소 ul. Szeroka 24 홈페이지 www.mhk.pl

운영 4~10월 월~금 09:00~17:00, 11~3월 월 10:00~14:00, 화~목 · 토~일 09:00~16:00, 금 10:00~17:00

입장료 일반 10zł, 학생 8zł, 월요일은 무료

공동묘지
Cmentarz Nowy Map P.511-B3

유대인은 다른 곳에 묻힐 수 없다는 율법에 따라 모든 유대인은 전용묘지에 묻혔다. 이 공동묘지는 유대인 인구가 유독 많았던 19세기와 20세기 초반에 쓰였다. 제2차 세계대전 때 무고하게 죽어간 유대인들이 버려지듯 묻힌 곳이기도 하다. 지금은 돌보는 이 한 명 없어 잡초만 무성해져 있는 모습에 마음이 애잔해진다.

주소 ul. Milodowa 55

운영 일~금 09:00~17:00 휴무 토요일

유대인 광장 안, 벼룩시장
스타라 시나고그 내부
스타라 시나고그 외부
공동묘지

• 뷰 포인트

쉰들러 박물관 Map P.511-B3
Muzeum Schindlera

크라쿠프에 가면 꼭 가봐야 하는 박물관. 영화 '쉰들러 리스트'에서 쉰들러의 공장으로 나왔던 곳으로 2010년 박물관으로 개장했다. 박물관은 1939~1945년 사이 나치에 점령당했던 크라쿠프 역사를 테마로 전시하고 있다.

입구에 들어서면 수용소로 끌려가 희생된 사람들의 사진으로 한쪽 벽면을 장식해 강렬한 인상을 남긴다. 내부는 연대순으로 돌아보게 되어 있으니 아래층에서 차례대로 보면서 위층으로 올라가면 된다. 벽 곳곳에 장식된 포스터나 화면을 통해 소리를 듣고 영상을 보면서 당시의 끔찍했던 일들을 짐작하게 한다. 교수형 당하는 사진이나 그들 앞에서 웃고 있는 독일군의 모습이 찍힌 사진도 전시하고 있고, 이별하는 가족들의 모습을 재현해 놓으면서 전쟁의 참상을 알리고 있다. 박물관에서 가장 인기 있는 곳은 2층에 있는 쉰들러의 실제 집무실로 직접 책상에 앉아 기념 촬영도 할 수 있다. 생존자들이 말하는 쉰들러에 대한 인터뷰 영상을 보거나 짧은 다큐멘터리 영화등도 상영 중이다.

주소 ul. Lipowa 4 홈페이지 www.mhk.pl

운영 4~10월 월 09:00~16:00(매월 첫 번째 월요일은 09:00~14:00), 화~일 09:00~20:00, 11~3월 월 10:00~14:00, 화~일 10:00~18:00 휴무 공휴일

입장료 일반 24zł, 학생 18zł, 월요일은 선착순 무료

가는 방법 구시가에서 도보 20분. Starowiślna거리를 따라 직진해 Powstańców Sląskich 다리를 건너 직진. 만약 구시가에서 트램 19 · 24 · 69를 타고 Pl. Bohaterów Getta에서 하차 후 도보 5분.

※14세 이상 방문할 것을 권함.

코시치우슈코 산 Map P.511-A1
Kopiec Kościuszki

폴란드 최초의 독립운동 지도자이자 민족영웅으로 추앙받는 코시치우슈코(1746~1817)의 이름을 딴 크라쿠프 외곽의 산. 크라쿠프 시내에서 서쪽으로 3㎞ 떨어져 있으며, 높이 333m의 언덕 위에 코시치우슈코 장군이 오스트리아군에 대항해 지은 요새가 있다. 지금은 호텔과 레스토랑으로 이용하고 있어 여행자들의 발길도 끊이지 않는다.

1820년 10월 15일, 크라쿠프의 시민들은 코시치우슈코 장군을 기리기 위해 이곳에 나선형 모양의 산을 짓고, 그 위에 34.1m 높이의 기념비를 세운다. 온전히 시민의 성금으로 짓기 시작해 1823년에 완공했다. 그후 1997년 폴란드 전역을 휩쓴 대홍수로 요새와 기념비 등 일부분이 손상을 입었으나 2002년에 재정비를 마치고 일반인에게 공개했다. 기념비가 있는 정상은 오늘날 크라쿠프 연인들의 데이트 장소로 인기 있으며, 가슴 속까지 시원하게 해주는 멋진 전망대 역할을 하고 있다. 또, 노천카페까지 있어 여유롭게 한나절을 보내기에 그만이다.

주소 al. Waszyngtona 1

홈페이지 www.kopieckosciuszki.pl

운영 09:00~일몰 시(5~9월까지 금~일 · 공휴일은 09:00~23:00) 입장료 일반 14zł, 학생 10zł

가는 방법 ❶구시가에서 트램 1 · 2 · 6번 또는 버스 109 · 209 · 229 · 239 · 249 · 259 · 409번(SALWATOR행)을 타고 Salwator에서 내린 후 100번 버스로 환승해 종점인 Kopiec Kościuszki 하차, 또는 도보 10분 ❷바르바칸의 정면 야기에우오 왕의 비석이 있는 마테이키 광장에서 출발하는 100번 버스를 타고 종점 Kopiec Kościuszki에서 내리면 더 편리하다.

※Kopiec Kościuszki 정류장에서 나오는 막차가 19:55이니 기억해 둘 것!

크라쿠프 시내를 한눈에 내려다볼 수 있는 코시치우슈코 산 전망대는 언제나 연인들의 데이트 장소로 인기가 높습니다.

Special Column

카지미에슈에서 영화 <쉰들러 리스트>를 만나다

'한 생명을 구한 자는 전 세계를 구한 것이다'라는 탈무드의 구절이 새겨진 아름다운 반지를 유대인들에게서 선물받은 쉰들러. 체코의 사업가는 유대인의 공짜 노동력을 이용해 큰돈을 벌겠다는 야망을 품고 크라쿠프로 오지만 아무 이유 없이 학살당하는 유대인을 구하는 휴머니스트로 변하게 됩니다. 스티븐 스필버그 감독이 만든 영화는 당시 우울한 분위기를 고조시키기 위해 흑백으로 촬영했고, 영화에 출연한 배우는 폴란드와 이스라엘의 무명배우들이라고 합니다. 영화의 주무대인 쉰들러의 공장 역시 실제로 당시 사용한 공장이었다고 하네요. 이 영화로 상업영화 전문 감독으로 불리던 스필버그는 감독상을 받았으며 작품성도 인정받았습니다. 영화를 발표한 후 스필버그는 '생존자 영상 역사재단'을 설립해 인종과 종교 간의 이해를 돕는 프로그램을 운영했고, 유대인 대학살을 공론화하는 데 기여해 1998년 9월, 독일 대통령한테서 독일 최고의 명예인 십자훈장을 받았다고 합니다.

나치의 유대인 학살을 일컫는 홀로코스트는 원래 '유대교의 제물'이라는 의미죠. 하지만 오늘날에는 대학살이라는 의미로 확대 해석해 사용하고 있답니다. 약 2,000년이라는 세월 동안 전 세계를 떠돌던 유대인은 제2차 세계대전 이후 이스라엘에 정착하여 유랑시대를 마감하게 된답니다.

-1993년 제66회 아카데미 시상식에서 작품상 · 감독상 등 7개 부문 수상

<쉰들러 리스트> 루트 따라잡기

카지미에슈를 거닐면서 영화 <쉰들러 리스트>를 만나보자. 안타까움과 절망, 가슴 조이며 본 영화 속 장면 장면을 생생하게 느낄 수 있을 것이다.

ul. Szeroka

영화 속에서 크라쿠프 게토를 재현한 곳. 이곳은 유일하게 제2차 세계대전 중 폭격의 피해를 입지 않아 100년 이상 된 건물이 그대로 남아 있다. 영화 속에서 감자를 구우면서 대화하는 장면과 강제노역으로 끌려와 등록하는 장면 등을 찍은 장소다.

ul. Ciemna

ul. Szeroka 거리에서 ul. Ciemna로 돌아오는 길. 유대인만 묵을 수 있는 Eden Hotel을 지나 Ciemna and Jakuba 거리의 코너. 유대인들에게서 빼앗은 여행가방이 가득 놓여 있던 곳이다.

ul. Jakuba

오물통에서 막 나온 한 젊은 남자가 길모퉁이로 뛰어가는 게 보인다. 독일군을 보자 경례를 하면서 자기가 거리를 깨끗이 하라는 명령을 받은 폴란드 군인이라고 말한다. 독일군들은 웃기 시작했고, 덕분에 그는 목숨을 건질 수 있었다. 그가 바로 쉰들러 리스트의 생존자 중 한 사람으로 『쉰들러의 방주 Schindler's Ark』의 창작자인 레오폴트 페이지였다.

ul. Józefa 12거리 중 나치를 피해 딸을 숨겨 두고 엄마가 내려오던 영화 속 계단

ul. Józefa 12
안뜰은 영화의 여러 장면에 등장한다. 특히 나치를 피해 딸을 숨겨두고 숨을 곳을 찾아 계단을 뛰어내려오는 엄마. 엄마와 떨어지는 것이 두려워 곧 뒤따라 달려오는 딸. 그리고 그들에게 능숙한 거짓말을 하는 남자아이가 나오는 장면이 가장 인상 깊다. 독일군이 집을 수색하면서 집안 살림살이를 밖으로 마구 던지는 장면에서도 나온다.

유대인들이 강제로 게토로 이동하던 Powstańów Śląskich 다리

Powstańów Śląskich 다리
1941년 3월 21일 유대인들이 강제로 Podgórze Ghetto로 이동하는 장면의 배경이 된 다리

Lipowa 4
쉰들러의 박물관으로 영화의 주요 장면에 많이 나온다. 1939년에 본래의 에나멜 제품 공장을 산 것으로 영화에서도 똑같은 모습이다. 건물 외관에 걸려 있는 명판은 오스카 쉰들러를 기념하기 위한 것으로 '한 생명을 구한 자는 전 세계를 구한 것이다'라는 탈무드의 한 구절이 새겨져 있다. 현재 공장은 쉰들러 박물관으로 운영되고 있다(P.519 참조).

쉰들러의 공장 앞

Pl. Bohaterów Getta 광장

Pl. Bohaterów Getta 광장
육교를 지나 Kącik거리를 따라 곧장 걸어가면 나오는 광장. 유대인 이송과 유대인 거주 지역 해체와 같은 모든 비극적인 사건들이 실제 일어난 곳이다. 광장의 모퉁이에는 국립추모 박물관이 있다.

Apteka Pod Orlem 약국
Pl. Bohater w Getta 광장 한 켠에 있는 이곳은 유대인 대량학살이 시작됨을 알게 된 의사와 간호사가 환자들에게 독약을 먹여 편하게 생을 마감할 수 있도록 돕는 장면에 나온 실제 장소다.

Apteka Pod Orlem 약국

● 핫스폿 ● 유네스코

소금광산

비엘리치카 Wieliczka

크라쿠프 근교 여행

비엘리치카 Wieliczka

크라쿠프 남동쪽으로 약 10㎞ 떨어져 있는 소금광산. 지하 80m에 형성된 자연동굴로, 폴란드의 왕과 권력자가 소금의 가치를 알게 되면서 본격적으로 개발했다고 한다. 소금으로 만든 예술품은 여기서 일한 광부들의 작품이다. 언제 죽을지 모를 위험 속에서 일하던 그들은 강한 신앙심을 갖게 되었는데 지하 110m에 있는 성 킹카 성당은 그 결정체라고 할 수 있다.

광산 내부는 가이드 투어로만 볼 수 있으며 2시간쯤 걸린다. 이 투어로 볼 수 있는 것이 전체의 1%에 지나지 않는다니 얼마나 방대한지 쉽게 짐작이 갈 듯! 광산으로 들어가면 800개나 되는 계단을 따라 지하로 내려간다. 지하 125m 지점에 있는 우체국에서 기념엽서라도 부쳐보자. 유럽의 지붕이 융프라우라면 가장 밑바닥인 비엘리치카에서 보내는 엽서는 아주 특별한 감동을 전해줄 것이다. 또 하나 색다른 경험은 투어를 마치고 지상으로 올라가는 엘리베이터. 한 치 앞도 보이지 않는 칠흑 같은 어둠 속을 빨려가듯 올라가는 기분은 마치 지옥(?)행으로 가는 기분을 맛보게 한다. 광산박물관은 투어를 마치고 원하는 사람에 한해 관람할 수 있으며, 요금은 별도로 내야 한다.

비엘리치카 소금

광산 지하 카페와 지상 갤러리에서는 비엘리치카 소금을 판다. 이곳의 소금은 피부미용과 건강에 그 효능이 탁월하기로 유명한데, 값도 저렴하고 작은 용기에 들어 있어 여행 선물로도 부담이 없다. 빨강 · 파랑 · 주황 · 노랑 소금 등 색이 다양하다. 하지만 향만 다를 뿐 효능은 같다. 비엘리치카 소금은 목욕물에 타서 쓰거나 손바닥에 녹여 얼굴에 바르고 30초 동안 세안하면 다음날 뽀송뽀송한 피부를 경험할 수 있다고 한다.

세상에서 가장 깊은 곳에 위치한 소금성당

그밖에 발 보호용 레기스 Regis 소금, 요오드 함량이 높아 골다공증 환자에게 좋은 초록색 살비타 Salvita 소금, 저(低)나트륨으로 칼륨 함량이 높아 고혈압 · 심장병 환자에게 좋다는 파란색 살비타 소금 등 기능성 소금이 있다.

전화 012 278 73 02 홈페이지 www.kopalnia.pl

운영 4~10월 07:30~19:30, 11~3월 08:00~17:00

영어 가이드 10~5월 09:00~17:00(매시 정각. 단, 10:00~13:00에는 30분 간격), 6~9월 08:30~18:00(30분 마다)

요금 입장료 일반 94zł, 학생 74zł, 카메라 · 비디오 대여 10zł

※가이드 투어에 입장료가 포함되어 이제 소금광산 입장료만 내고 들어갈 수 없게 되었다. 단, 별도로 받던 광산박물관 투어는 영어 가이드 투어 후 무료로 받을 수 있다.

가는 방법 중앙역 앞 갤러리아 백화점 맞은편 Kurniki 거리 정류장에서 304번 버스를 타면 된다. 버스에 오르기 전에 운전사에게 비엘리치카행인지 다시 확인하자! 버스는 평일 기준 1시간에 4편 정도로 자주 있는 편이다. 내리는 정류장은 Wieliczka Kopalnia Soli지만 운전사에게 미리 소금광산에서 내려달라고 부탁해 두는 게 좋다.

시외전용티켓 Strefa I + II (1+2 Zone)

① 환승 없이 1회 사용 티켓(편도) 4zł

② 2회 사용 티켓(왕복) 7.60zł

③ 24시간권 20zł

☑ 알아두세요

비엘리치카 성수기 티켓 구입 요령

운영시간과 입장료 등이 시즌에 따라 변동이 심하므로 미리 ⓘ에서 확인해 두는 게 좋다. 여름 성수기에는 많은 관광객이 몰려 티켓을 구입하는 데 시간이 꽤 걸리므로 시내에 있는 소금광산 사무실에서 미리 사두는 게 편리하다. 단 약간의 수수료가 붙는다.

주소 ul. Wiślna 12a **전화** 012 426 20 50

Say Say Say

소금광산의 수호성인 킹가 공주

폴란드의 왕자 볼레수와프 브스티들리비와 결혼한 헝가리의 킹가 공주는 결혼 지참 명목으로 마르마로시 소금광산의 일부를 받았습니다. 그녀는 헝가리를 떠날 무렵 무슨 생각에서인지 소금광산의 수직 통로에 자신의 약혼반지를 던졌다는군요. 그리고 크라쿠프로 가던 도중 비엘리치카에서 행렬을 멈추고 그곳의 우물을 파보라고 명령했다고 합니다. 놀랍게도 우물에서는 물 대신 소금이 나왔고 맨 처음 캐낸 암염덩어리 속에서 그녀의 약혼반지를 발견했다죠. 그후 킹가 공주는 소금광산의 수호성인이 되었으며, 왕실의 소금 채굴은 물론 판매 독점권을 획득하는 데 기여했습니다. 지금도 소금광산에서는 그녀의 이름을 붙인 각종 소금 제품이 인기리에 팔리고 있답니다.

● 핫스폿 ● 유네스코 ● 마니아

폴란드 최대의 유대인 홀로코스터

오슈비엥침 Oświęcim

크라쿠프 근교 여행

● 마니아

오슈비엥침 Oświęcim

버스터미널

독일어 지명인 '아우슈비츠 Auschwitz'로 더 잘 알려진 오슈비엥침은 〈쉰들러 리스트〉와 〈안네의 일기〉의 무대가 된 죽음의 수용소다. 소련군이 진입하면서 급히 퇴각한 독일군이 미처 파괴하지 못해 원형 그대로 보존되어 있으며 여기에서 200만 명의 유대인이 학살당했다. 원래는 정치범 수용소가 있었는데 제2차 세계대전 당시 나치가 유대인 · 소련군 · 정치범 · 집시들을 학살하기 위해 대규모로 재건했다고 한다. 수용소 정문에는 '일하면 자유로워진다'는 뜻의 'ARBEIT MACHT FREL'라는 강압적인 문구가 붙어 있다. 안으로 들어가면 고압전류가 흐르던 이중 쇠창살과 음산하게 줄지어 서 있는 막사가 보인다. 이곳으로 끌려온 사람 가운데 70~80%가 도착과 동시에 학살당했으며, 나머지는 감금 · 기아 · 중노동 · 생체실험 · 사형 등으로 죽어갔다. 수용소 4 · 5 · 6 · 7 · 11동에는 당시의 사진과 대량학살에 사용한 사이클론 Cyklon B 가스(1통으로 400명을 죽일 수 있다고 한다), 가방 · 빗 · 안경 등 수감자들의 소지품, 머리카락으로 짠 직물, 번호가 새겨진 죄수복 등을 전시하고 있다. 또 화장터 · 가스실 · 지하감옥 · 집단교수대 등이 옛 모습 그대로 남아 있다. 인상적인 것은 수용소에 도착한 사람을 일일이 찍어 놓은 사진들로 온통 도배한 벽. 그들의 표정에서 고통 · 전율 · 분노가 가슴 깊이 전해져 온다.

홈페이지 www.auschwitz.org 전화 033 844 80 99

운영 12월 07:30~14:00, 1 · 11월 07:30~15:00, 2월 07:30~16:00, 3 · 10월 07:30~17:00, 4 · 5 · 9월 07:30~18:00, 6~8월 07:30~19:00

입장료 무료

가이드 투어 430zł~(3시간 30분)

가는 방법 중앙역 뒤에 위치한 크라쿠프 버스터미널에서 오슈비엥침행 버스가 30분 간격으로 출발한다. 왕복 28zł, 약 1시간 30분 소요

※물과 간단한 먹을거리를 챙겨가는 게 좋다.

브제진카 Brzezinka

나치의 대량학살이 극에 달할 무렵 화장된 시체의 재가 남아 연못을 회색으로 물들이고 있는 곳. 나치는 오슈비엥침의 수감자가 늘어나자 그 몇 배에 이르는 제2수용소를 브제진카(=비르케나우 Birkenau)에 세웠다. 당시 300개동 이상이었다는 이 수용소는 현재 45개동의 벽돌건물과 22개동의 목조건물만 남아 있다. 이 열악한 곳이 폴란드 전역의 수용소 가운데서 시설과 여건이 가장 좋았던 곳이라니, 나치의 만행이 온몸으로 느껴질 것이다. 다큐멘터리를 보고 수용소를 돌아보면 그때의 참상을 더욱 생생히 느낄 수 있다.

가는 방법 오슈비엥침에서 브제진카로 가려면 오슈비엥침 주차장에서 셔틀버스(무료)나 대기하고 있는 택시를 이용. 약 10분 소요

먹는 즐거움 Restaurant

구시가를 중심으로 전통 음식을 먹을 수 있는 레스토랑부터 누구나 즐길 수 있는 다양한 퓨전 음식점, 패스트푸드점 등이 즐비하다. 또 저렴하게 먹을 수 있는 케밥 전문점과 현지인이 직접 만들어 파는 햄버거 · 핫도그 가게 등이 많아 부담 없이 골라 먹을 수 있다. 물가가 저렴한 편이니 레스토랑에서 폴란드 전통 음식도 먹어보자. 시내에는 폴란드의 소박한 농촌 모습을 재현한 인테리어가 돋보이는 레스토랑이 많다. 여행자들의 입맛을 사로잡을 만큼 할머니 손맛을 자랑하는 폴란드 전통 레스토랑에서 현지 음식을 맛보자.

Map P.511-B1

U Babci Maliny

서민적인 폴란드식 전통 음식을 먹고 싶다면 이곳이 최고다. 셀프 서비스 레스토랑이라 값이 저렴할 뿐 아니라 음식 맛과 양이 모두 만족스런 곳이다. 폴란드식 만두 Pierogi, 감자전 Placzkiziemniaczane, 양배추 고기말이 Golabki 같은 간단한 음식부터 왕실 조리법으로 만드는 커틀릿 Kotlet Krolewska까지 한 곳에서 폴란드식 요리를 먹어볼 수 있다.

주소 ul. Sławkowka 17 전화 012 422 76 01
홈페이지 www.kuchniaubabcimaliny.pl
영업 월~금 11:00~21:30, 토~일 12:00~21:30
예산 주요리 13~25zł
가는 방법 구시가 광장에서 도보 약 5분

Map P.511-B1

Oriental Spoon

2014년 3월에 오픈한 한식 패스트푸드 전문점. 젊은 부부가 운영하는 곳으로 새로운 트렌드를 쫓는 현지 젊은이들의 입맛에 맞게 가볍게 즐길 수 있는 퓨전 한국 요리를 판매한다. 모든 요리는 포장이 가능해 아우슈비츠 수용소에 가는 날에는 도시락으로 안성맞춤이다.

주소 ul. paderewskiego 4
홈페이지 www.facebook.com/krakow.spoon
영업 월~금 11:00~20:00, 토 12:00~20:00, 일 12:00~18:00
예산 비빔밥, 김밥, 김치전, 삼각 김밥 36zł~
가는 방법 구시가까지 도보 3분

Map P.511-B1

Chłopskie Jadło

폴란드의 소박한 농촌가옥을 테마로 한 전통 음식점으로 시내에만 분점이 여러 군데 있다. 투박한 원목 테이블이 편안한 느낌을 주는 실내장식과 전통 의상을 입은 종업원들의 서비스가 인상적이다. 추천 메뉴로는 골론카 Golonka, 스하보비 Schabowy 등이 있다. 양이 푸짐해서 일행이 많은 경우 좋다.

주소 ul. Grodzka 9, Św. Agnieszki 1, ul. św. Jana 3
전화 725 100 559/532/535
홈페이지 www.chlopskiejadlo.com.pl
영업 일~목 12:00~22:00, 금~토 12:00~23:00
예산 주요리 37~73zł
가는 방법 거리에 따라 중앙시장 광장에서 각 분점까지 도보 3~15분 소요된다.

카페

전통과 역사를 자랑하는 왕족의 카페부터 현대적인 감각으로 디자인한 테마카페까지 다양하다. 아기자기한 중세풍 거리를 돌아본 후에는 맘에 드는 카페에 들러 여행의 감상을 이야기해 보자.

Map P.511-A2

Wierzynek

1364년, 왕족의 결혼식 피로연장으로 오픈한 전통 카페. 1·2층으로 이루어져 있으며 1층은 카페, 2층은 레스토랑으로 운영한다. 내부는 귀족적이고 고상한 분위기가 감돈다. 부유층이 즐겨 찾는 고급 카페를 경험해 보고 싶다면 이곳으로 가보자.

주소 Rynek Główy 16 전화 012 424 96 00

홈페이지 www.wierzynek.pl

영업 13:00~23:00

예산 커피+케이크 24zł~

가는 방법 중앙시장 광장

Map P.511-B1

Jama Michalika

차 맛이 뛰어나 관광명소로도 이름난 카페. 1895년 개업 이래 크라쿠프의 예술가와 문인들이 즐겨 찾는 곳이다. 어두운 실내에는 오래된 예술품이 가득해 마치 박물관에 온 듯한 느낌이 든다. 예술품 보존을 위해 절대 금연!

주소 ul. Floriańska 45 전화 012 422 15 61 홈페이지 www.jamamichalika.pl 영업 09:00~22:00(금~토 ~23:00) 예산 차 6zł~, 케이크 9zł~

가는 방법 플로리안스카 Floriańska 거리에 위치

Map P.511-B3

Singer

카지미에슈 지구(유대인 지구)에 있는 카페. 이름 그대로 오래된 Singer 재봉틀을 테이블로 이용하는 테마카페. 오붓하게 앉아 차 한잔을 즐기기에 좋다.

주소 ul. Estery 20

영업 11:00~22:00

예산 에스프레소 6zł, 카페라테 8zł~

가는 방법 바벨 성에서 도보 7분

사는 즐거움 Shopping

예부터 폴란드는 금이나 은 · 호박 세공품의 뛰어난 품질을 자랑하지만 많이 알려져 있지는 않다. 특히, 호박으로 만든 다양한 금은 세공품은 여성들의 마음을 사로잡는 선물 리스트 1위다. 또, 달콤한 꿀을 넣어 빚은 꿀술 Miód pitny, 폴란드가 원조인 보드카 Żubrówka, 꿀빵 Piernik도 인기가 높다. 그밖에 희한한 골동품과 섬세한 수공예품들이 언제나 환영받는 쇼핑 아이템이다.

중앙시장 내 기념품점

중앙시장 광장에서 바벨 성으로 가는 길에 있는 노천시장

중앙역 광장에 있는 갈레리아 백화점

크라쿠프에서 가장 매력적인 쇼핑 거리는 플로리안스카 문과 중앙시장 광장을 연결하는 Floriańska 거리, 그리고 중앙시장 광장에서 바벨 성으로 가는 Grodzka 거리다. 화려한 호박 세공품 전문점, 동심을 자극하는 귀여운 나무 수공예품점, 골동품점 등 눈길을 끄는 다양한 상점들이 거리 양쪽으로 늘어서 있어 관광객들의 발걸음을 멈추게 한다. 중앙시장 광장에 있는 직물회관은 크라쿠프 최대의 수공예품과 기념품 전문점으로 여행자들을 가장 신나게 하는 쇼핑 명소다. 그리고 크라쿠프에서만 살 수 있는 소금광산의 건강소금 역시 빼놓지 말자. 그밖에 여행 중에 필요한 물품을 구입하려면 현대적인 쇼핑몰 갈레리아 백화점 Galeria Krakowska으로 가보자. 주로 유명 브랜드 상점 등이 입점해 있지만, 우리나라와 비슷한 분위기의 대형 쇼핑몰이다. 입맛에 꼭 맞는 아메리칸 스타일 커피 전문점과 일식을 포함한 동양 퓨전 음식점 등도 있어서 먹을거리로 고생한 사람들도 한번 들러볼 만하다.

Map P.511-B1

갈레리아 백화점 Galeria Krakowska

주소 ul. Pawia 5

홈페이지 www.galeriakrakowska.pl 참조

영업 월~토 09:00~22:00, 일 10:00~21:00

가는 방법 중앙역 바로 맞은편

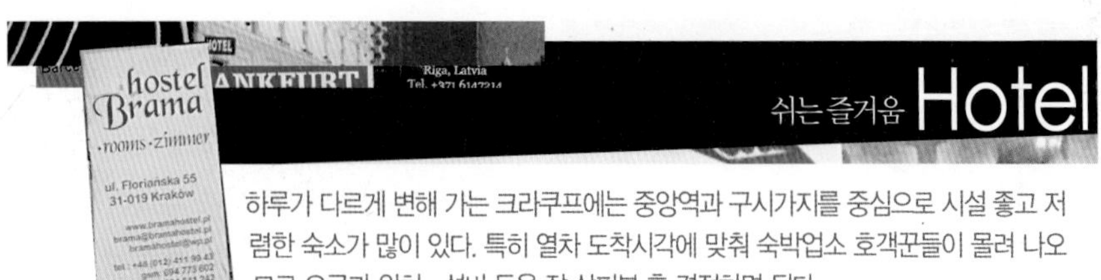

하루가 다르게 변해 가는 크라쿠프에는 중앙역과 구시가지를 중심으로 시설 좋고 저렴한 숙소가 많이 있다. 특히 열차 도착시각에 맞춰 숙박업소 호객꾼들이 몰려 나오므로 요금과 위치 · 설비 등을 잘 살펴본 후 결정하면 된다.

Map P.511-B1, 2

Greg and Tom Hostel

2007년도에 세계 베스트 호스텔 10위 안에, 2011년엔 폴란드 베스트 호스텔에 선정되었다. 크라쿠프에만 3개의 각기 다른 테마로 된 지점이 있다. 편안한 휴식을 원한다면 집을 테마로 한 곳으로, 신나게 놀고 싶다면 파티가 테마인 곳으로, 맛있는 음식과 술이 땡긴다면 맥주와 음악이 테마인 곳으로, 취향에 따라 골라갈 수 있다. 객실은 깨끗하게 관리되며, 스텝들도 모두 친절하다. 매주 요일마다 지점마다 돌아가며 다양한 이벤트를 선보이며, 여행자를 즐겁게 한다.

• Home Hostel

주소 Pawia 12/7 전화 012 422 4100

• Party Time Hostel

주소 Zyblikiewicza 9 전화 012 422 5525

• Beer House Hostel

주소 Floriańska 43 전화 012 421 2864

홈페이지 home.gregtomhostel.com 요금 6인 도미토리 60zł~ 가는 방법 중앙역에서도보 5분

Map P.511-B2

Flamingo Hostel

세계적으로 베스트 호스텔로 손꼽히는 곳 중 하나. 실내는 젊은이들을 위한 공간인 만큼 개성 있고 감각적으로 꾸며졌으며 매일 밤 신나는 파티가 열리는 곳으로 유명하다. 특히 금요일은 전통 폴란드 맥주의 날, 일요일은 폴란드 전통 수프 맛보는 날 등 이색적인 이벤트를 열어 투숙객들을 즐겁게 해 준다. 아침식사 및 침대 시트 사물함 · 커피 등 모두 무료이다.

주소 Szewska 4 전화 012 422 0000

홈페이지 www.krakow.flamingo-hostel.com

요금 도미토리 35zł~ 가는 방법 중앙시장광장 도보 3분

Map P.511-B1

City Hostel Kraków

구시가지에서 가까울 뿐 아니라 깨끗하고 체계적으로 운영하고 있어 늘 인기가 있다. 밋밋해 보이는 외관과는 달리 내부는 모던하고 깔끔하다. 방마다 큰 창문이 있고 침대도 알맞은 간격으로 배치되어 11인용 도미토리라도 답답한 느낌은 없다. 80여 개의 침대가 있으며, 방은 11인 도미토리부터 2인실까지 다양하다. 인터넷 · 타월 등을 무료로 제공한다.

주소 ul. Św. Krzyża 21 전화 012 426 1815

요금 8인 도미토리 45zł~ 가는 방법 중앙역에서 도보 7분. 또는 중앙시장 광장에서 도보 3분

Map P.511-A1

Atlantis Hostel

크라쿠프에서 가장 저렴한 숙소 중 하나. 밝고 깨끗한 인터리어는 편안한 휴식을 제공한다. 기본과 디럭스로 나뉘며 디럭스는 개인 화장실 및 사물함 등이 포함된다. Wi-Fi 및 수건, 침대 시트, 차 등은 무료로 제공된다.

주소 ul. Dietla 58 전화 012 421 0861 홈페이지 www.atlantishostel.pl 요금 4인 도미토리 65zł~, 2인실

198zł~ 가는 방법 중앙역에서 트램 52번(CZerwone Maki 방향)을 타고, 2번째 정류장 Starowiślna 하차 후 도보 5분

Map P.511-B3

Nathan's Villa Hostel

구시가지와 카지미에슈 사이에 위치하고 있어서 관광하는 데 편리하다. 기본적인 숙박시설 외에 바, 당구장, 탁구장, 공용 TV룸, 정원 등도 갖추고 있어 인기가 아주 높다.

주소 ul Sw. Agnieszki 1 전화 012 422 35 45

홈페이지 www.nathansvillahostel.com/krakow-hostel

요금 도미토리 45zł~(아침 포함)

가는 방법 중앙역에서 도보 20분. 또는 52 · 10번 트램을 타고 3번째 정류장 Stradom에서 하차 후 도보 5분

Map P.511-A3

Oleandry PTSM Youth Hostel

공식유스호스텔. 구시가지에서 꽤 떨어져 있지만 현대적이고 깔끔한 시설에 가격도 저렴해서 여행자들에게 인기가 높다.

주소 ul. Oleandry 4 전화 012 633 88 22

홈페이지 www.smkrakow.pl

이메일 schronisko@smkrakow.pl

요금 4~6인 도미토리 40zł~ 가는 방법 중앙역에서 15번 트램을 타고 5번째 정류장 3 Maja 하차. 또는 179번 버스를 타고 5번째 정류장 Al. Mickie wicza에서 하차 후 도보 5분

Map P.511-B2

Good bye Lenin Hostel

Good bye Lenin Hostel

구시가와 유대인 지구 사이에 있는 호스텔. 이름에서 느껴지듯 사회주의를 연상케 하는 포스터와 인테리어를 유머러스하게 표현한 테마호스텔이다. 분위기가 세련되고 편안하다. 호스텔에서 운영하는 바에서 요일별로 밤마다 다른 이벤트를 연다. 2 · 3호점도 인기다.

주소 ul. Berka Joselewicza 23 전화 012 421 2030

홈페이지 www.goodbyelenin.pl

요금 도미토리 36zł~

가는 방법 중앙역에서 도보 20분. 중앙역에서 트램 24 또는 3번을 타고 Midowa 정류장에서 내린 후 도보 5분

Map P.511-B1

Hostel Brama

구시가 중심부에 위치한 인기 있는 호스텔. 객실은 원목을 이용한 인테리어로 편안함을 주며, Wi-Fi, 난방시설, 짐 보관소 등의 시설을 갖추고 있다.

1층 카페에서는 맛있는 조식을 제공한다. 호스텔 이용 시 숙박비의 일부 금액이 불우한 이웃 돕기 등 좋은 일에 쓰인다.

주소 ul. Floriańska 55 전화 012 411 9943

홈페이지 www.bramahostel.pl

요금 2인실 170zł~(수건 및 침대시트 포함)

가는 방법 구시가 플로리안스카 문에서 도보 1분

Map P.511-A1

Kadetus Hostel

구시가와 중앙역 모두 가까워 여러 모로 편리하다. 새로 오픈한 호스텔이어서 산뜻하고 현대적인 인테리어가 맘에 쏙 드는 곳이다. 인터넷 · 타월을 무료로 제공하며 주방시설을 갖추고 있다. 리셉션은 24시간 오픈.

주소 ul. Zwierzyniecka 25 전화 012 422 3617 홈페이지 www.kadetus.com 요금 2인실 105~150zł, 4인실 191~240zł~(아침 포함) 가는 방법 중앙역에서 도보 20분

흑백사진 속의 한장면 같은 카지미에슈

오래된 흑백사진을 보면 컬러에 익숙한 내게, 당시 그들의 눈에 비친 세상은 지금 내가 보고 있는 컬러와 같지 않았을까 하는 생각을 하곤 합니다. 하지만 카지미에슈만큼은 예나 지금이나 변함없이 흑백사진 속의 모습과 같을 거라는 생각이 드네요. 나라 없는 유랑민족의 고달픈 삶과 제2차 세계대전의 비극을 고스란히 기억하고 있는 곳이니까요. 지금도 당시의 아픔이 그대로 전해지는 것 같아 가슴이 저며옵니다. 그런 카지미에슈에 새로운 바람이 불었습니다. 영화 〈쉰들러 리스트〉의 촬영지로 알려지면서 크라쿠프에서 가장 인기 있는 관광명소로 주목받고 있으니까요.

트램을 타고 카지미에슈에 도착하면 화려한 구시가지와는 너무나 대조적인 분위기에 놀라게 됩니다.
하도 낡아 금방이라도 무너질 것 같은 건물, 폭탄과 총알 자국이 그대로 남아 있는 건물 등.
하지만 카지미에슈의 중심가인 ❶ 요제파 Józefa 거리에 들어서면 깜찍한 간판과 아기자기한 상점,
카페들이 여기저기 눈에 띄어 금세 즐거워집니다.
다 쓰러져 가는 건물뿐인 이곳에 ❷ 젊은 예술가들의 손길이 닿은 작은 상점들이 즐비하거든요.
낡은 건물과 가게들이 어쩜 하나같이 잘 어울리는지 놀랍기만 합니다.
그리고 ❸ 요제파 거리 12번지는 〈쉰들러 리스트〉에서 가장 인상적인 장면의 배경이 된 곳입니다.
독일군을 피해 딸을 숨겨주고 숨을 곳을 찾아 계단을 뛰어내려오는 엄마.
엄마와 떨어지는 것이 두려워 곧 뒤따라 달려오는 딸.
그리고 그들에게 능숙한 거짓말을 하는 남자아이가 나온 바로 그 장소죠.
천천히 발걸음을 옮겨 ❹ ul. Dajwor 광장으로 가 보세요.
영화 속에서 유대인들의 여행가방으로 가득했던 광장 기억나세요?
다시 요제프 거리 방향으로 나와 Ciemna와 Izaaka 거리로 가보세요.
이 거리 일대에는 오랜 역사를 자랑하는 ❺ 시나고그가 곳곳에 남아 있답니다.
그리고 ❻ Izaaka거리에서는 생각지도 않은 작은 벼룩시장을 만날 수 있답니다.
놀랍게도 이곳에서 북한의 작은 소품 등을 발견했는데 반갑기도 하고 신기할 따름입니다.
벼룩시장을 실컷 구경한 후에는 옆에 있는 ❼ Singer 카페에 가보세요.
어두운 조명에 차분한 분위기지만 재봉틀 테이블이 무척 신선하고 재밌습니다.
이 카페라면 과거 속 비극의 현장이자 영화 속 배경이 된 장소들을 보면서 느낀
혼란스런 감정을 추스르는 데 제격일 것입니다.
언제나 겨울일 것 같은 카지미에슈,
이제는 우리에게 값진 교훈과 희망의 메시지를 전하는 역사적인 장소로 기억될 것입니다.

–크라쿠프 통신원 박은정–

ABRAHAM
RATTNER
KUPIEC
JÓZEFIŃSKA
JÓZE
KRAKUSA
SYNAGOGA IZAAKA ul.Kupa 18 Kraków
תערוכה
לזכר יהודי
פולין
WYSTAWA
PAMIĘCI
ŻYDÓW
POLSKICH
miodowa
Jakuba
Szeroka
ciemna
Kupa
Pl. Nowy
Nowa
Izaaka 거리
Józefa 거리
ul. Dajwór
시나고그
유대인회당

폴란드 최대의 가톨릭 성지 쳉스토호바

CZĘSTOCHOWA

폴란드 영혼의 안식처! 세계적인 가톨릭 성지! 이곳이 성지로 존경받고 사랑받는 이유는 폴란드를 위해 수많은 기적을 행한 「검은 성모」 그림 때문이다. 그림의 유래는 정확하지 않으나 예루살렘에서 성 루카 St. Luka가 성모 마리아의 요청으로 예수님이 직접 만든 식탁 위에 그림을 그렸다고 한다. 그후 콘스탄티노플을 거쳐 15세기에 폴란드 왕자가 쳉스토호바에 모셔 놓았는데, 폴란드가 외세의 침략을 겪을 때마다 성모 마리아의 은총으로 그들을 물리칠 수 있었다고 한다. 오늘날 폴란드 의회는 성모를 국가의 수호자로 추앙하고 있으며 매년 8월 26일 성모축일이면 신자들은 어김없이 이곳을 찾아와 기도를 드린다. 마음 속 깊은 곳에 간절한 소망이 있다면, 이곳을 방문해 기도를 드려보자.

이런 사람 꼭 가자

동유럽에서 가톨릭 성지를 여행해 보고 싶다면
간절히 이루고 싶은 소원이 있다면

INFORMATION 인포메이션

유용한 홈페이지

쳉스토호바 관광청 www.czestochowa.pl

관광안내소

• 중앙 ⓘ

시내 지도, 수도원이 소개된 팸플릿 등을 얻을 수 있다.

주소 al nmp 65(al.najświętszj maryi panny 65)

전화 034 368 22 50

운영 월~토 09:00~17:00

ACCESS 가는 방법

크라쿠프나 바르샤바에 머무는 동안 열차를 타고 당일치기로 다녀오는 게 좋다. 단, 3시간 가까이 걸리므로 이른 아침부터 서둘러야 한다. 그리고 역에 도착하면 제일 먼저 돌아가는 열차 시각표를 확인해 두자.

역에서 4번 플랫폼 오른쪽 출구로 나와서 길을 건넌 다음 오른쪽으로 쭉 걸어가다가 거리 끝에서 코 를 돌면 야스나 구라 수도원을 향해 시원스럽게 뻗어 있는 nmp(al. najświętszej maryi panny) 대로가 나온다. 역에서 수도원 정문까지는 도보로 약 20분 걸린다. nmp 거리 끝 왼쪽에 중앙 ⓘ가 있으니 필요한 정보가 있다면 이곳을 이용하자.

주간이동 가능 도시

쳉스토호바	▶▶	크라쿠프 Głowny	열차 2시간
쳉스토호바	▶▶	바르샤바 Centralna	열차 2시간 30분
쳉스토호바	▶▶	카토비체 열차 Głowny	열차 1시간 10분~1시간 30분

※현지 사정에 따라 열차 운행시간 변동이 크니, 반드시 그때그때 확인할 것

중앙역에서 나와 야스나 구라 수도원을 향해 가는 길에 시원하게 뻗어 있는 대로입니다.

중앙역 정면

쳉스토호바 완전 정복
master of Częstochowa

폴란드의 역사는 수많은 외세의 침략으로 얼룩져 있다. 이런 이유에서인지 폴란드인의 신앙심은 유럽의 어느 나라보다 독실하다. 국민의 95%가 가톨릭 신자로 어느 성당을 가든 엄숙한 분위기 속에서 간절하게 기도하는 사람들을 볼 수 있다. 그중에서 쳉스토호바의 야스나 구라 수도원은 폴란드의 종교적 성지로 언제나 순례자들의 발길이 끊이지 않는다. 특히 매년 8월 15일 성모 승천일에는 폴란드 각지에서 도보로 이곳까지 오는 순례자들로 붐빈다. 스페인의 산티아고 순례자의 길과 그 의미가 같다.

쳉스토호바에는 수도원 외에 특별한 볼거리는 없다. 하지만 수도원 규모가 꽤 큰 편이어서 모두 둘러보려면 한나절 정도 걸린다. 먼저 ⓘ에 들러 수도원 안내문을 받은 후 지도에 표시해 가면서 천천히 돌아보자. ⓘ는 수도원 안에도 있다.

「검은 성모」 그림은 정해진 미사 시간에만 볼 수 있으므로 시간을 미리 확인해 둬야 한다. 미사 시간이 가까워지면 예배당 안은 발 디딜 틈이 없을 정도로 사람들이 몰려드므로 미사 시간보다 일찍 가 자리를 잡아야 한다. 그밖의 볼거리는 취향에 맞게 천천히 둘러보면 된다. 수도원에는 점심 먹을 만한 곳이 마땅치 않으니 간단한 간식과 음료 정도는 미리 준비해 가도록 하자.

• 예상 소요 시간 한나절

무릎을 꿇고 감격의 눈물을 흘리면서 기도를 드리는 현지인들을 보면 가톨릭 신자가 아니더라도 그 분위기에 동화돼 무릎을 꿇고 간절히 소원을 빌게 된다. 성지로 여겨지는 곳이니 경건한 마음으로 방문해 보자.

NMP 대로

● 마니아

야스나 구라 수도원
Jasna Góra Monastery

1382년, 폴란드 왕자 블라디슬라프 오폴치크 Wladyslaw Opolczyk가 헝가리에서 같이 온 16명의 수도사와 함께 '빛의 언덕'이란 뜻의 야스나 구라 언덕에 세운 수도원이다. 부지가 꽤 넓으며, 수도원까지 가는 길은 공원으로 조성되어 있다. 수도원은 블라디슬라프 오폴치크 왕자가 전리품으로 획득하여 쳉스토호바로 가져온 성모 그림이 기적을 행하면서 알려지게 되었다. 한 예를 들면, 1655년 스웨덴이 폴란드를 공격했을 때 70여 명의 수도사가 1만 2,000명에 달하는 스웨덴군에 맞서 싸워 승리했으며, 1920년 9월 14일에는 바르샤바를 향해 진격하는 러시아 군대를 후퇴시키는 기적을 경험했다. 제2차 세계대전 중에는 히틀러가 「검은 성모」 그림을 모신 곳에 순례를 금지했지만, 국민들은 이에 맞서 수도원까지 행진하였고, 지금까지도 폴란드의 영적 수도로 추앙받고 있다. 오늘날 수도원은 전 세계에서 온 성지 순례자와 관광객으로 늘 붐빈다.

주소 ul. O.A. Kordeckiego 2
홈페이지 www.jasnagora.pl 운영 05:00~19:30
박물관 3~10월 09:00~17:00, 11~2월 09:00~16:00
입장료 무료(기부금으로 운영), 가이드투어 20zł~(5인 이상)

검은 성모 예배당
Kaplica Matki Bożej

수도원 관광의 하이라이트로 '검은 성모상'을 모시고 있는 예배당. 검은 성모상은 금으로 장식된 화려한 제단에 모셔져 있으며, 늘 검은 커튼이 드리워져 있어 공개 미사 시간 외에는 볼 수가 없다.
예배당에서 특히 눈길을 끄는 것은 성모의 은총을 받아 치유된 사람들이 감사의 마음으로 봉헌한 눈 · 심장 · 손 · 발의 모형과 목발 · 십자가 등으로 가득 메워진 벽면이다. 미사 시간이 되면 장중한 음악과 함께 커튼이 천천히 올라가면서 검은 성모상이 모습을 드러낸다. 이때 예배당에 있는 모든 사람들이 일제히 무릎을 꿇고 기도를 드린다.

미사 06:00~18:30
(한 시간마다 있다)
※시즌에 따라 변경되므로 ⓘ에서 확인할 것

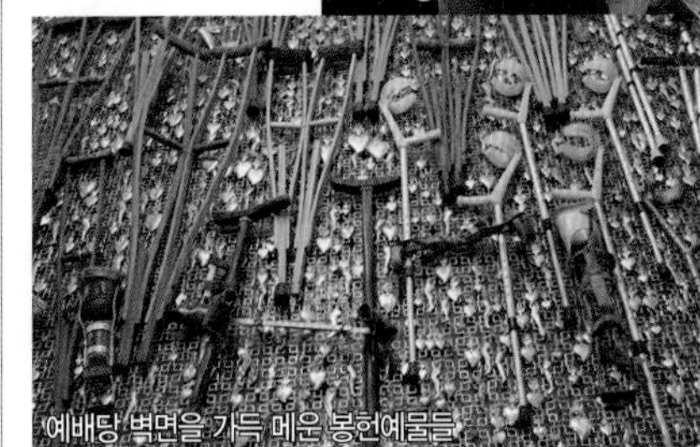
예배당 벽면을 가득 메운 봉헌예물들

그림 「검은 성모」에 난 상처는?

「검은 성모」 그림에는 목과 얼굴에 상처가 있습니다. 목의 상처는 15세기, 벨즈에 있는 소성당에 「검은 성모」 그림을 모셨을 때 타타르족의 침입으로 그들이 쏜 화살에 맞아 생겼구요. 목에 난 두 개의 상처는 1430년에 수도원을 침입한 후스파가 휘두른 칼에 의해 생겼답니다. 이후 많은 화가들이 여러 차례 상처를 복원하려 했지만 매번 다시 나타났다고 합니다.

600주년 기념박물관
Muzeum 600-lecia

「검은 성모」와 6세기 동안 그림을 지켜 온 수도원 부속의 '성 바오로 신부회'와 관련된 자료를 전시하는 곳이다. 600년 세월을 걸어온 수도원의 기초 문서와 회화를 볼 수 있다. 가장 흥미로운 전시품은 아우슈비츠 수용소에서 살아남은 사람들의 봉헌 제물이다. 박물관에는 수녀님이 운영하는 가톨릭 관련 기념품점도 있다.

기념품 검은 성모 액자 20zł~, 검은 성모 사진 4zł~, 성모 관련 서적 45zł~

보물관
Skarbiec nad zakrystia

성모께 바친 보물들을 전시하고 있는데, 가장 오래된 품목들은 14세기의 물건들이다.

15세기 헝가리의 사제복과 합스부르크 왕가의 결혼의복, 교황이 입던 사제복을 볼 수 있으며, 종교 품목으로 성찬배, 묵주, 그리스도 수난상과 종교 관련 보석 등을 전시한다.

탑
Wieża

ⓘ 오른쪽에 있으며, 폴란드의 성당 중에서 가장 높은 106m 첨탑이다. 탑 꼭대기에 올라가면 수도원 전경과 아름다운 쳉스토호바 시내를 내려다볼 수 있다.

무기고
Arsenał

규모는 작지만 중요한 전시품들이 있는 박물관. 이곳의 주제는 창과 방패다. 아치형 천장으로 이루어진 방 중앙에는 다른 대륙에서 건너온 창 · 칼자루 · 방패, 그리고 1655년 스웨덴과의 전쟁 당시 사용한 무기가 전시되어 있다. 또 바르샤바 전쟁 때 사용한 무기와 19 · 20세기의 애국훈장도 있다.

600주년 기념박물관
최고의 뷰 포인트, 탑
무기고

폴란드에서 요즘 뜨는 도시 브로츠와프

Wrocław

폴란드의 4번째 도시인 브로츠와프는 예부터 폴란드와 보헤미아 · 프로이센의 화약고였던 실롱스크(실레지아) 지방의 중심지였다. 실롱스크 지방은 대부분 폴란드령이었지만 지리적으로 독일 · 체코와 가깝고 값나가는 주요 광물들이 생산돼 중세 이래 보헤미아(체코)와 폴란드의 세력에 번갈아 귀속되었다. 14세기에는 보헤미아의 영토였고, 18세기부터 20세기 초반까지는 독일에 병합되어 비약적인 발전을 했다. 하지만 제2차 세계대전 당시 소련과 독일군의 격전지로 많은 피해를 입어 유서 깊은 건축물들이 파괴됐다. 종전 후 폴란드에 반환돼 지금과 같은 모습으로 복원됐으며, 역사상 형성된 이 지방 특유의 혼성문화와 다양한 양식의 건축물 등이 널리 알려지면서 새로운 관광지로 주목받기 시작했다. 뿐만 아니라 폴란드 최대 공업도시로 우리나라의 유수 기업들이 진출해 있어 최근 들어 우리에게도 많이 알려지기 시작했다.

지명 이야기

브로츠와프는 독일어로 브레슬라우 Breslau

폴란드의 실롱스크는 중부 유럽의 역사적인 지역이다. 독일어로 슐레지엔, 영어로는 실레지아, 체코어로는 슬레스코로 부른다.

INFORMATION 인포메이션

유용한 홈페이지

브로츠와프 관광청 www.wroclaw.pl

관광안내소

• **중앙 ⓘ (Map P.541-A2)**
무료 지도, 숙박 · 관광 정보 등을 제공하며 기념품점도 운영한다.
주소 Rynek 14(중앙광장 내)
전화 071 344 3111 운영 09:00~21:00

환전

역보다 중앙광장 주변의 사설 환전소 'KANTOR'에서 환전하는 게 유리하다. 시내 곳곳에 환전소가 있으니 환율과 수수료 등을 비교해 보고 환전하자. 골목이나 구석에 위치한 환전소가 환율이 좋은 편이다.

ACCESS 가는 방법

바르샤바 · 크라쿠프에서 열차로 가는 게 일반적이며, 야간열차는 프라하 · 빈 · 부다페스트 · 베를린 등에서 운행된다. 모든 열차는 브로츠와프 중앙역 Wrcław Głowny에 도착한다. 열차에서 내리면 지하도를 따라 1번 플랫폼으로 나오게 되고 역사는 왼쪽에 있다. 규모는 꽤 큰 편이지만 단순한 구조여서 이용하기 편하고, 매표소 · 코인로커 · 환전소 · KFC · 맥도날드 · 유료 화장실 등의 편의시설을 잘 갖추고 있다. 매표소는 국제선 · 국내선 예약, 당일 티켓 등으로 구입 창구가 나뉘어 있으므로 주의하자. 버스터미널 Dworzec centralny PKS은 중앙역 바로 뒤에 접해 있다.

역에서 구시가까지는, 정문으로 나온 후 광장을 지나 마주보이는 큰 길 왼쪽의 Piłsudskiego 거리로 걷다가 만나는 Świdnicka 거리를 따라 가면 구시가 광장이 나온다. 약 15분 소요.

• **열차 요금**
브로츠와프→크라쿠프
편도+예약료 45~70zł

중앙역

알아두세요

브로츠와프 공항

우리나라에서 출발하는 직항편이 없기 때문에 한 번 경유하는 유럽계 항공사를 이용해야 한다. 그중에서도 인천 · 부산에서 출발, 독일 프랑크푸르트에서 환승해 브로츠와프까지 가는 독일 항공이 운항편수도 많고 편리하다. 브로츠와프 공항은 도심에서 남서 방향으로 10km 정도 떨어져 있다. 106번 버스가 20~30분 간격으로 공항과 중앙역 구간을 운행한다. 약 40분 소요. 심야에는 206번 버스가 운행한다. 하지만 늦은 시간에 도착했다면 택시를 이용하자(중앙역까지 약 60zł).

공항 홈페이지 www.airport.wroclaw.pl

주간이동 가능 도시

브로츠와프 Głowny	▶▶	포즈난 Głowny	열차 2시간
브로츠와프 Głowny	▶▶	크라쿠프 Głowny	열차 3시간 10분
브로츠와프 Głowny	▶▶	바르샤바 Centralna	열차 3시간 30분

야간이동 가능 도시

브로츠와프 Głowny	▶▶	부다페스트 Keleti(VIA Katowice)	열차 11시간 57분
브로츠와프 Głowny	▶▶	빈 Westbahnhof(VIA Katowice)	열차 10시간 15분

※현지 사정에 따라 열차 운행시간 변동이 크니, 반드시 그때그때 확인할 것

THE CITY TRAFFIC 시내 교통

구시가 내에서는 도보로도 충분히 다닐 수 있지만 백년홀과 라츠와비츠카 파노라마는 외곽에 있어 버스 · 트램 같은 대중교통을 이용해야 한다. 버스와 트램 정류장에는 정차하는 버스와 노선도가 상세히 표시돼 있고, 차내에도 노선도가 붙어 있어서 이용하는 데 어려움은 없다. 티켓은 MPK 표시가 있는 자동발매기 또는 신문가판대 RUCH·Bilety에서 구입할 수 있다. 운전사에게서 직접 사도 되지만 약간 비싸다(추가요금 0.40zł). 승차할 때는 반드시 티켓을 개찰기에 넣고 펀칭해야 한다.

• 티켓 요금

1회권 일반 3zł,
학생 1.50zł
1일권 일반 11zł

브로츠와프 완전 정복

master of Wrocław

대부분의 볼거리가 구시가지를 중심으로 모여 있어 하루 정도면 웬만큼 다 챙겨볼 수 있다. 하지만 외곽에 있는 볼거리까지 돌아보려면 이틀 정도 머무는 게 좋다.

첫날은 오드라 Odra 강 위에 있는 '성당의 섬'으로 가보자. 이 섬에서 제일 높은 성 요한 대성당 탑에 올라 아름다운 시내 풍경을 감상하면서 낯선 도시와 친해지자. 그리고나서 중세시대를 상징하는 가톨릭 성당들을 여유롭게 돌아본 후 오랜 전통을 이어온 브로츠와프 대학교와 브로츠와프의 역사를 고이 간직하고 있는 구시가지를 돌아보면 된다. 깔끔하게 새로 단장한 서유럽의 유적지와는 대조적으로 중세풍 광장과 빛바랜 거리가 오히려 정겹게 다가온다.

구시가에서는 브로츠와프의 마스코트로 사랑받는 165개의 숨은 난쟁이 조각을 찾아보자. 50㎝도 안 되는 난쟁이 조각을 하나하나 찾을 때마다 느껴지는 희열은 직접 경험해 보면 알게 된다.

둘째 날은 외곽에 있는 라츠와비츠카 파노라마와 세계문화유산으로 지정된 백년홀 등에 다녀오자. 만약 관광할 시간이 하루밖에 없다면 Best Course를 따라 이동해 보자.

★시내 관광을 위한 Key Point

- **랜드마크** 중앙광장
- **쇼핑가** 백화점을 비롯해 다양한 상점이 있는 Pl. Tadeusza kościuszki 광장 일대

★Best Course

성 요한 대성당 & 성당의 섬 → 중앙광장 & 구시가지 일대 → 라츠와비츠카 파노라마 → 백년홀

- 예상 소요 시간 한나절~하루

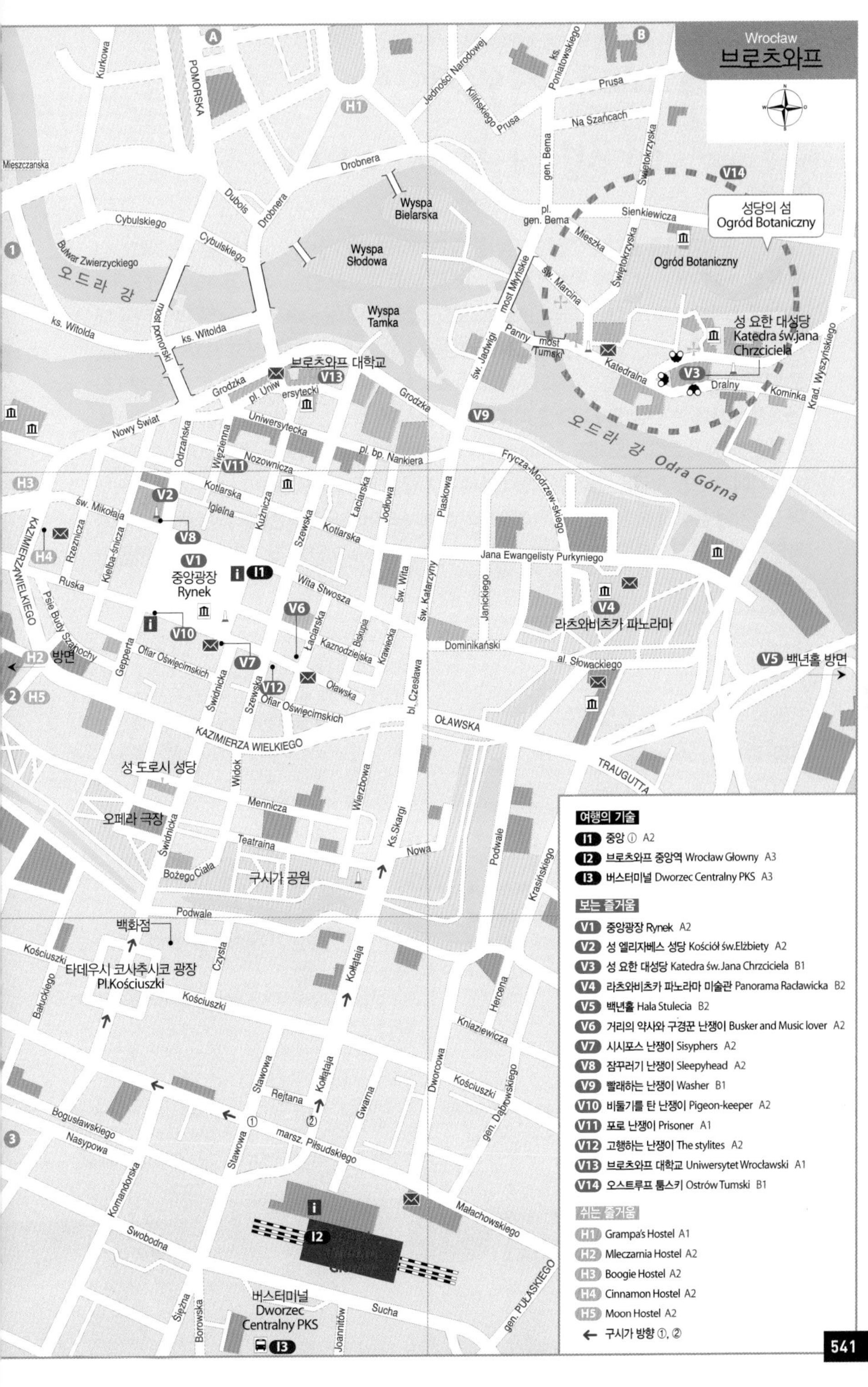
Wrocław
브로츠와프
여행의 기술
I1 중앙 ⓘ A2
I2 브로츠와프 중앙역 Wrocław Główny A3
I3 버스터미널 Dworzec Centralny PKS A3
보는 즐거움
V1 중앙광장 Rynek A2
V2 성 엘리자베스 성당 Kościół św.Elżbiety A2
V3 성 요한 대성당 Katedra św.Jana Chrzciciela B1
V4 라츠와비츠카 파노라마 미술관 Panorama Racławicka B2
V5 백년홀 Hala Stulecia B2
V6 거리의 악사와 구경꾼 난쟁이 Busker and Music lover A2
V7 시시포스 난쟁이 Sisyphers A2
V8 잠꾸러기 난쟁이 Sleepyhead A2
V9 빨래하는 난쟁이 Washer B1
V10 비둘기를 탄 난쟁이 Pigeon-keeper A2
V11 포로 난쟁이 Prisoner A1
V12 고행하는 난쟁이 The stylites A2
V13 브로츠와프 대학교 Uniwersytet Wrocławski A1
V14 오스트루프 툼스키 Ostrów Tumski B1
쉬는 즐거움
H1 Grampa's Hostel A1
H2 Mleczarnia Hostel A2
H3 Boogie Hostel A2
H4 Cinnamon Hostel A2
H5 Moon Hostel A2
← 구시가 방향 ①, ②
성당의 섬
Ogród Botaniczny
성 요한 대성당
Katedra św.Jana
Chrzciciela
Wyspa Bielarska
Wyspa Słodowa
Wyspa Tamka
오드라 강
오드라 강 Odra Górna
브로츠와프 대학교
중앙광장
Rynek
라츠와비츠카 파노라마
V5 백년홀 방면
H2 방면
성 도로시 성당
오페라 극장
구시가 공원
백화점
타데우시 코사추시코 광장
Pl.Kościuszki
버스터미널
Dworzec
Centralny PKS

Theme Route

브로츠와프의 마스코트 난쟁이를 찾아라!

구시가지를 걷다 우연히 난쟁이를 발견했다면 잊지 말고 기념촬영을 해보세요. 성당의 탑 아래, 어느 꽃 가게 앞에, 그리고 가로등 위에 매달려 있는 작고 앙증맞은 난쟁이들은 브로츠와프의 마스코트랍니다. 브로츠와프 난쟁이의 역사는 1982년 공산주의 정권에 대한 반체제 운동이었던 오렌지 운동에서 유래한답니다. 오렌지 모자를 쓰고 활동한 시위대들은 언제나 체제를 비판하는 낙서와 시위를 했죠. 그러던 어느날 반공산주의 구호가 적힌 장난스런 모자를 쓴 난쟁이가 미소를 띠며 시위대 맨 앞에 서 있는 모습이 TV에 방영됐답니다. 이를 본 예술가 토마사 모체크 Tomasz Moczek가 난쟁이를 조각하게 됐죠. 2005년 8월, 구시가지에 첫선을 보인 난쟁이 조각은 5개에서 지금은 약 165개로 늘어나 브로츠와프 시내 여기저기에 흩어져 숨어 있답니다. 예술가의 손에서 태어난 난쟁이는 제각각 독특한 개성과 특별한 사연을 담고 있답니다. 그럼, 청동으로 조각된 50㎝ 미만의 작고 귀여운 난쟁이를 만나 보실래요?

난쟁이 관련 홈페이지 www.krasnale.pl

거리의 악사와 구경꾼 난쟁이 Busker and Music lover

(Map P.541-A2)

1900년 어느 봄날 오후, 한 손에 악기를 든 거리의 악사 난쟁이가 Oławska 거리에 나타났습니다. 그는 거리에 서서 앞에 빨간 모자를 펼쳐 놓고 노래를 부른답니다. 지나가던 사람들은 그의 노래가 끝나면 박수를 치고 모자에 돈을 넣어줍니다. 거리의 악사가 그 자리에 있은 지 100년도 넘었다는 사실을 알고 계신가요? 그만을 바라보는 단 한 명의 팬을 위해 오늘도 그는 신나게 노래를 부른답니다.

Hint Oławska 거리 꽃 가게 앞

시시포스 난쟁이 Sisyphers

(Map P.541-A2)

그리스 신화에 나오는 시시포스를 떠올려 보세요! 시시포스는 코린트의 사악한 왕으로, 사후에 지옥에 떨어져 큰 바위를 산 위로 밀어 올리는 벌을 받아 이 일을 한없이 되풀이했다고 합니다. 이 신화와 관련해 많은 소문이 들려옵니다. 그중 가장 신비로운 이야기는 밤중에 들려오는 소리에 관한 겁니다. "굴려라~굴려라"라는 노래와 함께 공이 굴러가는 소리가 들린다지요?

어느날 아침, 브로츠와프 시민들을 깜짝 놀라게 한 일이 일어났습니다. Świdnicka 거리에 커다란 공을 굴리는 두 명의 난쟁이가 갑자기 나타났습니다.

Hint Świdnicka 거리 중앙우체국 앞

잠꾸러기 난쟁이 Sleepyhead

(Map P.541-A2)

잠보 난쟁이가 잠에서 깨어나는 때는 오직 다음의 두 가지 일이 일어났을 때입니다.

하나는 '잠자리를 옮겨야 하나? 말아야 하나!', 다른 하나는 성 엘리자베스 성당이 재앙에 위협받는다고 생각해 지켜야 할 때입니다. 브로츠와프 시민들은 1976년에 성당에 대형 화재가 일어났을 때 불 끄는 작업을 도와준 잠보 난쟁이를 분명하게 기억하고 있답니다. 아직 자리를 옮기지 않은

거리의 악사와 구경꾼 난쟁이
시시포스 난쟁이
시시포스 난쟁이
잠꾸러기 난쟁이

잠보 난쟁이는 지금도 성당을 지키듯 그 옆에서 자고 있답니다.

Hint 성 엘리자베스 성당 앞

빨래하는 난쟁이 Washer

(Map P.541-B1)

1997년 7월 어느날, 브로츠와프에서 별로 유명하지 않은 난쟁이 하나가 모래섬 해안에서 빨래를 하고 있습니다. 그러던 중 갑자기 그는 수염이 젖고 모자까지 빨갛게 색이 변한 걸 보고 공포를 느꼈습니다. "홍수가 났다!" 그는 소리쳤지요. 그는 모자에 모래를 채우고 강가에 놓아 둑을 쌓기 시작했습니다. 그의 행동은 홍수가 난 툼스키 Tumski지역에서 기억에 남을 만한 용감한 방어행위였답니다. 지금도 강을 따라 걷다 보면 앉아서 빨래를 하는 난쟁이를 볼 수 있답니다.

Hint Włostowica Boulevard. 다리에서 강변을 꼼꼼하게 살펴봐야 한다. 찾기 가장 어렵다.

비둘기를 탄 난쟁이 Pigeon-keeper

(Map P.541-A2)

야생 비둘기를 길들이는 난쟁이의 노력을 아무도 알아주지 않는 것 같습니다. 15세기 비둘기 시장에서부터 시작되어 내려온 Pigeoneo라 불리는 축제가 있답니다. 축제 이벤트 중에는 새를 타는 시합도 있지요. 비둘기를 탄 난쟁이는 바로 이 시합에서 몇 세기 동안이나 우승을 놓치지 않았답니다. 그는 당시만 해도 낯선 하늘을 비행한 첫 번째 난쟁이랍니다. 지금도 식당 앞 창가에서 비둘기를 타고 날아갈 것만 같은 난쟁이를 찾아보세요!

Hint Mini Browor Spig 레스토랑 옆

포로 난쟁이 Prisoner (Map P.541-A1)

포로 난쟁이는 극단적이며 무질서한 태도와 히스테리를 일으켜 감옥에 갇히게 되었습니다. 길고 덤불처럼 길러온 그의 매력 포인트 수염을 면도하기 시작합니다. 당시 수염은 사회적 지위의 상징이기도 했답니다. 수염이 없어지자 자신감을 상실한 난쟁이는 아내조차 그에게 매력을 느끼지 못할 거라고 생각해 감옥에서 평생 나가지 않기로 마음먹습니다. 그리고 감옥에서 행위예술과 1인극을 쓰기 시작합니다. 그 덕분에 훗날 유명해진 그는 성가신 팬들에게서 자신을 보호하기 위해 다시 수염을 길렀다고 하네요. 만약 길을 걷다가 창살에 갇혀 있는 난쟁이를 보게 된다면 꼭 매력적이라고 말해서 힘을 북돋아 주세요!

Hint Kuźnicza 거리 초입 시계점 앞

고행하는 난쟁이 The stylites

(Map P.541-A2)

처음으로 가로등 기둥에 올라간 난쟁이가 무언가를 말했습니다. 그건 아마도 '어이쿠'라는 단어가 아니었을까요. 높은 곳에 올라 '나는 인간의 머리 꼭대기에 있어!' 하며 자만심에 사로잡혔다고 하네요. 이때부터 높은 곳에 올라 고행하는 난쟁이는 사람들에게 닥칠 홍수나 위험과 같은 긴급 상황에 대비할 수 있는 모임을 만들었습니다. 난쟁이는 가로등 위에 올라 평균 18시간 이상을 보냅니다. 오늘날 가로등 곳곳에 붙어서 위험을 살펴주는 난쟁이 덕분에 브로츠와프 시민들은 무사히 잠을 청할 수 있답니다.

Hint 구시가지의 가로등

빨래하는 난쟁이

비둘기를 탄 난쟁이

포로 난쟁이

고행하는 난쟁이

보는 즐거움 Attraction

오드라 강이 흐르는 아름다운 구시가지는 사연 많은 브로츠와프의 역사를 대변해 주는 곳이다. 특히 중세 이래 건설된 다양한 양식의 건물에 둘러싸인 중앙광장은 구시가 관광의 하이라이트다. 시내를 걷다 발견하게 되는 작고 앙증맞은 난쟁이 조각은 브로츠와프를 웃음 가득한 유머의 도시로 기억하게 만든다.

• 핫스폿

중앙광장 Rynek

Map P.541-D2

구시가지의 중앙광장은 유럽에서도 손꼽힐 만큼 큰 광장으로, 1241년 타타르족의 공격 이후 건설되어 시장이 열리던 곳이다. 광장 중앙에 서 있는 13세기 고딕 양식의 시청사 Ratusz는 제2차 세계대전 중에도 유일하게 파괴되지 않은 건물이다. 오늘날 시를 상징하는 건축물로, 건물 중앙에 있는 시계탑(1580년 제작)은 중세에 이 도시가 얼마나 부유했는지를 짐작게 한다. 시청사 1층에 ⓘ가 있고, 2층은 현재 시립미술관으로 쓰고 있다.

광장을 둘러싼 50여 채의 건축물은 고딕에서 아르누보까지 다양한 양식을 보여주고 있으며 저마다 다른 파스텔톤 외관은 보는 것만으로도 눈이 즐거워진다. 또한 2001년에 설치한 유리로 된 분수가 광장의 운치를 한결 더해주고 있다. 중앙광장에서 좀더 시간을 보내고 싶다면 시청사 앞에 있는 벤치에 앉아 광장 주위의 멋진 건물들을 하나하나 감상해 보자. 건물들 1층에는 소문난 레스토랑이 들어 있고, 겨울을 제외하고 언제나 광장 풍경을 즐길 수 있는 노천카페도 많다. 그리고 해마다 겨울이면 크리스마스 마켓과 스케이트장이 열려 연중 시민들의 휴식과 놀이공간으로 사랑받고 있다.

• **시립미술관(Muzeum Narodowe)**

홈페이지 www.mnwr.art.pl

운영 10~3월 화~금 10:00~16:00, 토~일 10:00~17:00, 4~9월 화~금 10:00~17:00, 토~일 10:30~18:00 휴무 월요일 및 공휴일

입장료 상설 전시회 일반 20zł, 학생 15zł, 기획 전시회 일반 10zł, 학생 5zł, 콤비 티켓 일반 25zł, 학생 17zł

가는 방법 중앙역에서 도보 15분

성 엘리자베스 성당 Kościół św. Elżbiety

Map P.541-A2

브로츠와프에서 크고 오래된 건물 중 하나지만 가장 불운한 건축물이기도 하다. 14세기에 고딕 양식으로 완공된 후 1529년의 기록적인 폭설과 제2차 세계대전, 그리고 1976년에는 원인을 알 수 없는 대화재로 복구가 어려울 만큼 크게 손상을 입었다. 처음 건설 당시에는 128m 높이의 첨탑이었으

모던한 분위기의 유리분수

언제나 활기 넘치는 중앙광장

시청사

성 엘리자베스 성당

나 현재 복원된 높이는 91m다. 고딕과 르네상스 양식의 아름다운 내부는 아직까지 수리 중이어서 창문 너머로만 볼 수 있다.

주소 ul. św. Elżbiety 1/2 운영 08:00~18:00, 일 13:00~18:00 가는 방법 중앙광장에서 도보 3분

오스트루프 툼스키 Ostrów Tumski

Map P.541-B1

오드라 강의 북쪽에 위치한 지역. 브로츠와프에서 가장 오래된 지역으로, 구시가지에서 다리를 건너면 등장한다. '오스트루프 툼스키'라는 이름은 폴란드어로 '성당의 섬'이란 뜻이지만, 실제 섬은 아니다. 오스트루프 툼스키는 1861년에 지어져 브로츠와프에서 가장 오래된 다리인 피아스코비 다리 Most Piaskowy에서 시작한다. 9세기 후반 슬라브족이 침투할 수 있다고 생각한 사람들이 이곳으로 이주하면서 이 지역이 형성되었고, 그 후 거의 독점적으로 종교와 왕족의 중심지로 거듭났다.

바로크 시대 대학 도서관, 성모 마리아 축일 교회, 실레지아의 수호성인 성 야드 위가의 동상, 성 십자가 교회, 성 피터&폴 교회 및 성 요한 대성당과 대주교의 궁전 등이 있다.

거리는 모두 자갈로 덮여있어 옛 느낌을 물씬 풍기고, 거리마다 불을 밝히는 가스램프 가로등은 그 자체만으로도 로맨틱한 분위기를 선사한다. 아쉽게도 인근엔 카페 및 레스토랑, 상점 등이 거의 없다. 대부분 예배와 성찰의 명소로 이뤄진 이곳은 브로츠와프라는 도시가 시작된 곳이자, 역사적으로도 중요한 의미를 지녔다 점에 의의가 있다.

가는 방법 중앙광장에서 도보 10분

성당의 섬

성 요한 대성당 Katedra św. Jana Chrzciciela

• 뷰 포인트

Map P.541-B1

성 요한 대성당은 13세기 고딕 양식 건물로, 특이한 점은 이 지역에서 제일 처음 지은 마틴 성당의 예배당 위에 세웠다는 것. 두 번의 화재와 제2차 세계대전으로 상당부분이 파괴되었으나 이후 네오고딕 양식을 가미해 지금의 모습으로 복원해 놓았다. 성당 내 최고의 볼거리는 폴란드에서도 가장 큰 오르간과 바로크 · 고딕 양식을 혼합해 금으로 장식한 내부제단, 장미 모양의 스테인드글라스 창 등이다. 특이하게 아프리카 문화전시관도 있으니 관심이 있다면 들러보자. 우뚝 솟은 2개의 탑이 있는데 40개의 계단을 올라간 후 리프트를 타면 꼭대기까지 올라갈 수 있다. 탑 꼭대기는 브로츠와프 최고의 전망대로 오드라 강과 붉은 지붕이 넘실거리는 아름다운 시내 풍경을 한눈에 담기에 그만이다.

주소 pl. Katedralny 18

홈페이지 www.katedra.archi diecezja.wroc.pl

운영 4~9월 월~토 10:00~17:00, 일 14:00~16:00, 10~3월 화~금 12:00~16:30, 토 11:00~17:00, 일 14:00~16:00

휴무 월요일 입장료 5zł

가는 방법 중앙광장에서 오드라 강 쪽으로 도보 약 15분

성 요한 대성당

브로츠와프 대학교 Uniwersytet Wrocławski

Map P.541-A1

멀리서도 눈에 띄는 노란색 바로크 건물은 1670년 예수회가 창립한 브로츠와프 대학교로 레오폴트 1세에서 받은 유적지 위에 세워졌다.

2차 세계대전 당시 병원으로 그 후엔 감옥, 1757년 식품 저장고가 되었다. 전쟁이 끝난 후 최초로 폴란드인으로만 교수진을 구성했다. 20세기 초부터 9명의 노벨상 수상자를 배출했으며, 지금도 인재 양성에 힘쓰고 있다.

이곳에서 꼭 봐야 할 대표적인 곳은 레오폴트 홀 Aula Leopoldyńska.

후기 바로크 양식의 귀중한 기념비로 1702년 레오폴트 1세를 기리기 위해 이탈리아 건축가였던 학생이 디자인했고, 브람스의 대학축전 서곡이 초연되었다. 1879년 브로츠와프 대학교에서 명예 철학박사를 받은 것에 대한 답례로 브람스가 작곡하여 헌정했다고 한다. 당시 브람스는 옥스퍼드에서 명예박사 제의가 있었지만 거절하고 이곳에서 받았다고 하는데, 옥스퍼드의 제의를 거절한 진짜 이유는 배 멀미가 너무 심해서 영국까지 갈 수가 없어서와 영어를 잘 못해서라고 전해진다.

이 밖에 지금은 음악회가 열리는 홀인 Oratorium Marianum 예배당, 여러 가지가 전시된 고고학 박물관 Sale Wystawowe, 구시가와 오드라 강을 전망할 수 있는 테라스 Wieża Matematyczna가 있다.

주소 pl. Uniwersytecki 1 홈페이지 www.muzeum.uni.wro.pl 운영 10~4월 목~화 10:00~16:00, 5~9월 월~화 · 목~금 10:00~17:00, 토~일 10:00~18:00 휴무 수요일 입장료 일반 14zł, 학생 10zł

백년홀 Hala Stulecia

• 유네스코

Map P.541-B2

20세기 초에 세운 백년홀은 콘크리트 건축 역사에 기념비적인 건축물로 2006년 유네스코에서 지정한 세계문화유산이다.

1911~1913년에 독일의 근대 건축가 막스 베르크 Max berg가 라이프치히 전투 승리 100주년을 기념해 지은 것이다. 건축 당시 브로츠와프는 독일에 편입되어 있었고, 1813년 10월에 벌어진 라이프치히 전투는 독일을 정복하려는 나폴레옹 군대를 물리치는 계기를 마련해 주었기에 역사적인 의미가 크다.

이곳은 원래 경마장이었으나 박람회를 개최하기 위한 목적으로 건설, 기능성을 살린 다목적용 건물을 설계해 지금의 백년홀이 탄생했다. 주로 강화 콘크리트와 철제, 유리를 사용했고 돔 형태의 둥근 지붕은 당시 획기적인 공사기법이었다고 한다. 뿐만 아니라 음향효과를 높이기 위해 내부 벽은 나무와 코르크를 혼합한 콘크리트로 덧칠했다. 건물의 안쪽 지름은 69m, 높이는 42m, 총면적은 1만 4,000㎢로 6,000여 명을 수용할 수 있다. 56개의 전시실에서는 다양한 박람회 · 전시회 · 음악회 등이 열린다. 광장으로 들어서는 입구에는 1924년 디자인한 강화 콘크리트 기둥이 열주로 늘어서 있다.

주소 ul. Wystawowa 1 홈페이지 www.halastulecia.pl 운영 4~10월 월~목 · 일 09:00~18:00, 금~토 09:00~19:00, 11~4월 월~일 09:00~17:00

입장료 일반 12zł, 학생 9zł 가는 방법 구시가의 도미니칸 광장 Pl. Dominikański에서 트램 2 · 10번을 타고 동물원 Ogród Zoologiczny 앞 Wróblewskiego 거리에서 하차. 동물원 바로 맞은편에 있다.

레오폴트 홀

브로츠와프 대학교

백년홀

라츠와비츠카 파노라마 미술관
Panorama Racławicka Map P.541-B2

커다란 원통 모양으로 생긴 형이상학적인 건물로 외관만 보아서는 건물의 용도를 짐작하기 어렵다. 이곳은 폴란드의 명승지 중 하나로 파노라마 벽화 미술관으로 유명하다.

가로 120m, 높이 15m나 되는 거대한 벽화는 1794년 4월 4일에 일어난 라츠와비체 Racła-wice 전투의 승리를 다룬 그림으로, 유명 화가 스티카 J. Styka와 코사크 W. Kossak가 19세기에 전승 99주년을 기념해 그린 작품이다.

라츠와비체 전투는 코시치우슈코 Kościuszko(1746~1817)가 러시아의 지배에 항거해 무장봉기를 일으켜 승리를 거둔 후 민족의식을 고취시킨 폴란드 역사상 중요한 사건이다. 코시치우슈코는 리투아니아 대공국에서 태어나, 바르샤바와 프랑스 군사학교를 졸업한 후 18세기 미국 독립전쟁에 참여해 혁혁한 공을 세웠다. 뿐만 아니라 폴란드 독립을 위해 평생을 바친 폴란드 최초의 독립운동 지도자이자 민족영웅으로 추앙받는 인물이다. 스위스에서 사고로 생을 마감한 그는 훗날 크라쿠프 바벨 성의 대성당 지하묘지에 안치되었고, 미국에서도 독립운동에 기여한 민족영웅으로 추앙받는 위인이다.

원근감을 잘 살려 실제 전투를 보는 것 같이 생동감 있게 묘사된 그림은 제2차 세계대전 당시 러시아의 비위를 상하게 할 수 있다는 이유로 한동안 감춰 두었다가, 그림이 완성된 지 100년이 지난 1985년에 와서야 일반인에게 공개되었다. 폴란드인이라면 꼭 한번 감상해야 하는 그림인지라 미술관 로비는 언제나 현지 학생들로 붐빈다. 이곳을 찾는 외국인을 위해 영어 · 독어 · 불어로 된 가이드 투어를 30분 간격으로 진행하고 있어 생생한 역사를 들으면서 그림을 감상할 수 있다.

주소 ul. Purkyniego 11

홈페이지 www.panoramaraclawicka.pl

운영 11~3월 화~금 · 일 09:00~16:30 토 09:00~17:30, 4~10월 08:00~19:30

입장료 일반 30zł, 학생 23zł

가는 방법 구시가 광장에서 Wita Stwosza 거리를 따라 걷다 św. Katarzyny 거리를 만난다. 이 거리에서 오드라 강 쪽으로 가다가 첫 번째 사거리에서 오른쪽 Jana Ewangelisty Purkyniego 거리로 접어들어 3블록을 가면 저 멀리 박물관이 보인다. 총 도보 20분. 또는 트램 2, 10번을 타고 정류장 Urząd Wojewódzki 하차 후 도보 3분

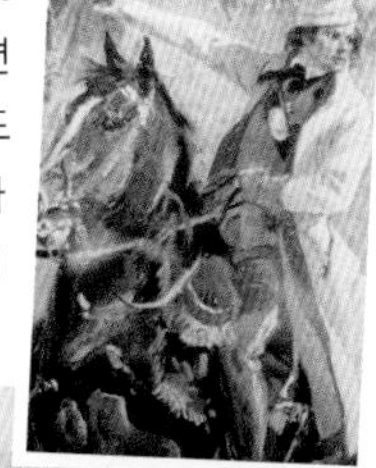

멀리서 보면 삐죽삐죽 커다란 왕관 같기도 한 라츠와비츠카 파노라마 미술관

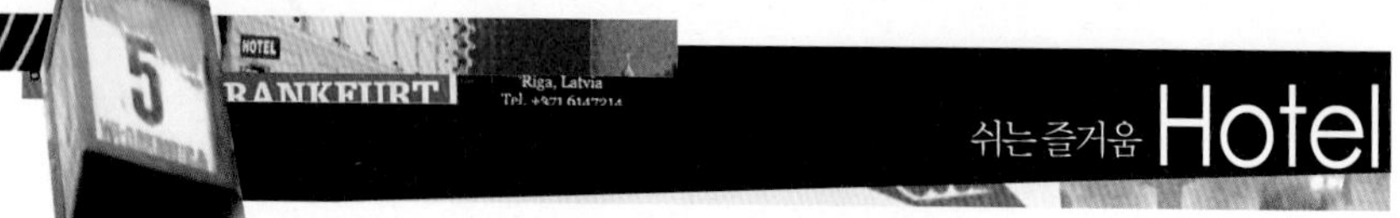

브로츠와프는 폴란드 최대의 공업도시답게 관광산업도 서서히 발전하고 있다. 덕분에 중앙역과 구시가지를 중심으로 다양한 숙박시설이 늘어나고 있다. 숙소 예약은 ⓘ에서도 가능하니 문의해 보자.

Map P.541-A1

Grampa's Hostel

50여 명 정도 수용할 수 있는 제법 규모가 있는 호스텔. 모든 침대는 매트가 아닌 매트리스를 사용하며 항상 청결함을 유지해 쾌적하다. 실내는 복잡한 인테리어는 줄이고 알록달록 다양한 색을 칠해 포인트를 주었다. 투숙객들이 함께 모여 친해질 수 있도록 저녁 식사나 맥주 파티 같은 이벤트도 연다.

주소 Plac świętego Macieja 2

전화 071 321 9240

요금 10인 도미토리 40zł~

가는 방법 중앙역에서 트램 8번(Zawalna 방향)을 타고 5번째 정류장 Pl. Bema 역 하차 후 도보 5분

Map P.541-A2

Mleczarnia Hostel

구시가의 한적한 뒷골목에 위치. 커피와 차 · 다리미 · 드라이어 등을 무료로 제공한다. 학생증이 있으면 할인도 해준다. 간판이 없어 찾기가 쉽지 않으니 번지수를 잘 확인하자. 옆 건물 1층에 WARKA 레스토랑이 있다.

주소 ul. Włodkowica 5 전화 071 787 7570

홈페이지 www.mleczarniahostel.pl

요금 12인 도미토리 35zł~

가는 방법 중앙광장에서 도보 10분

Map P.541-A2

Boogie Hostel

브로츠와프에 최초로 생긴 호스텔 중 하나로 직원들은 투숙객들이 편안하게 머물고 갈 수 있도록 최선을 다한다. 무료 인터넷, 침대시트, 개인 사물함 등이 무료로 제공되며 부엌 시설도 갖추고 있다.

주소 Ruska 34 전화 071 342 4472

홈페이지 www.boogiehostel.com

요금 도미토리 50zł~ 가는 방법 중앙역 출구로 나와서 오른쪽으로 돌면 나오는 거리에서 만나는 버스 정류장에서 K번 버스(Kamienskiego방향)를 타고 4번째 정류장 Rynek역 하차 후 도보 5분

Map P.541-A2

Cinnamon Hostel

중앙역과 구시가 사이에 위치. 침대를 46개 갖추고 있으며 컬러풀한 인테리어가 인상적이다. 직원들이 친절하고 영어도 능통해 의사소통에 문제 없다. 취사시설도 완비되어 있다.

주소 ul. Kazimierza Wielkiego 67

전화 071 344 5858

홈페이지 www.hostelteam.pl

요금 도미토리 45zł~

가는 방법 중앙역 앞 Kołłątaja 거리를 따라 쭉 걸어가면 큰 길인 Kazimierza Wielkiego 거리와 만난다. 여기서 왼쪽으로 꺾으면 보이는 Pl. św. krzysztofa 광장 왼쪽에 위치. 도보 10분

Map P.541-A2

Moon Hostel

새로 문을 연 호스텔. 위치도 좋고 가격도 착한 데다 시설도 깨끗하니 더할 나위 없이 훌륭하다. 케이블 TV와 DVD시설이 잘 갖춰진 휴게실도 완비되어 있다.

주소 ul. Krupnicza 6-8 전화 508 777 200

홈페이지 www.moonhostel.pl

요금 도미토리 30zł~

가는 방법 중앙역에서 도보 15분

동유럽의 알프스

타트리 국립공원

Tatry

우리에게 너무도 낯선 이름의 타트리는 알프스 산맥 중 하나로 폴란드와 슬로바키아 국경 부근을 동서로 잇는 산맥이다. 동유럽 자연의 보고이자 최고의 자연 휴양지로, 모두 국립공원으로 지정돼 있으며 산맥의 1/4은 폴란드령, 나머지 3/4은 슬로바키아령에 속해 있다.

'동유럽의 알프스'로 불릴 만큼 자연경관이 빼어나며 여름에는 등산과 휴양을 위해, 겨울에는 스키를 포함한 겨울 스포츠를 즐기기 위해 유럽 전역에서 사람들이 찾는 곳이다. 폴란드와 슬로바키아를 잇는 산악지대를 여행하며 자연이 선사하는 힐링의 시간을 갖고 싶다면 이곳을 여행해 보자. 물가 비싼 스위스와 오스트리아의 알프스와 비교해서 상대적으로 물가는 저렴하면서도, 자연 경관은 결코 빠지지 않을 만큼 훌륭하다. 게다가 소박한 현지인들과의 만남은 더 큰 선물이다. 여행을 위한 거점 도시로는 폴란드령은 자코파네 Zakopane, 슬로바키아령은 스타리 스모코베츠 Starý Smokovec이다.

지명이야기

폴란드 또는 슬로바이카어로 타트리 Tatry, 영어로는 타트라 Tatra로 발음한다.

이런 사람 꼭 가자

동유럽에서 등산과 하이킹을 즐기고 싶다면
도시여행의 피로를 풀고 재충전의 시간이 필요하다면
겨울 스포츠 마니아라면

INFORMATION 인포메이션

유용한 홈페이지

폴란드령 자코파네 관광청 www.zakopane.com, www.discoverzakopane.com
슬로바키아령 비소케 타트리 관광청 www.vt.sk, www.tatry.sk

ACCESS 가는 방법

타트리 산맥의 산악마을 여행은 버스를 이용해야 한다. 폴란드의 크라쿠프를 여행하고 버스를 이용해 자코파네로 이동. 자코파네에서 슬로바키아가 운영하는 버스를 타고 스타리 스모코베츠로 이동하면 된다. 반대 루트로 여행해도 무관하다. 두 나라의 시골풍경을 감상할 수 있으며 산길을 따라 버스가 굽이굽이 달릴 때마다 타트리 산의 그림 같은 풍경이 펼쳐진다. (자세한 설명은 P.562, P.563 참조)

· 버스요금 크라쿠프 → 자코파네 편도 20zł
자코파네 → 스타리 스모코베츠 편도 20zł

주간이동 가능 도시

크라쿠프	▶▶	자코파네	버스 약 4시간 소요
자코파네	▶▶	스타리 스모코베츠	버스 약 2시간 소요

타트리 국립공원 완전 정복

타트리 여행은 폴란드 자코파네를 기점으로 여행하거나 슬로바키아의 스타리 스모코베츠를 기점으로 여행한다. 좀 더 특별한 여행을 원한다면 폴란드의 자코파네를 중심으로 둘러본 후 산악버스를 타고 국경을 너머 슬로바키아의 스타리 스모코베츠로 가는 것이다. 자코파네는 2~3일, 스타리 스모코베츠는 3~4일 정도가 적당하며 이 두 곳을 제대로 여행하려면 적어도 5~7일은 머물러야 한다. 산악지역을 여행하는 만큼 봄, 여름, 가을에는 등산과 하이킹을, 겨울에는 겨울 스포츠를 즐기기 위한 복장과 장비 등은 기본적으로 갖추어야 한다.

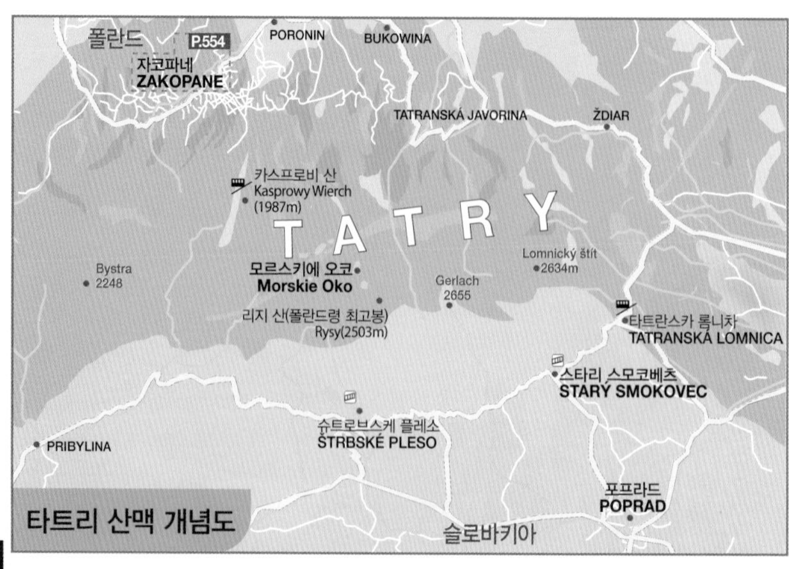

타트리 산맥 개념도

폴란드 최고의 휴양지 자코파네

Zakopane

자코파네는 타트리 산맥 기슭과 접해있으며 슬로바키아 국경 가까이에 있는 산악마을이다. 폴란드 남부 마워폴스카 주에 위치한 이곳은 예부터 화가, 작곡가, 문인 등 많은 예술가들이 이곳 경치에 반해 거처를 옮긴 곳으로도 유명하다. 산장에 머물며 휴가를 보내거나, 등산과 하이킹, 스키 등을 즐기기 위해 우리나라 사람들이 강원도를 찾는 것처럼 자코파네는 폴란드 사람들이 즐겨 찾는 폴란드 최고의 휴양지이다.

특히 12월부터 5월까지 스키를 즐길 수 있어 '폴란드의 겨울 수도', '겨울 왕국'으로 불린다. FIS 세계 스키 챔피언쉽, 스키 점프 월드컵, 노르딕과 알파인 유럽컵, 1993년과 2001년에 두 번의 동계 유니버시아드를 개최하기도 했다.

이런 사람 꼭 가자

하이킹을 즐기며 폴란드의 자연을 감상하고 싶다면
저렴하게 겨울 스포츠를 즐기고 싶다면

INFORMATION 인포메이션

유용한 홈페이지

자코파네 관광청 www.discoverzakopane.com, www.zakopane.com

관광안내소

숙소 추천 및 예약서비스를 제공하며 자코파네 시내를 포함해 주변 여행에 관해 안내를 받을 수 있다. 시내는 물론 등산 및 하이킹을 위한 지도는 유료로 구입할 수 있다. 각 코스별 난이도 및 소요시간, 등산로가 시작되는 곳까지의 교통편, 날씨 등은 꼼꼼히 문의해 두는 게 좋다.

• 코시우스키 ⓘ (Map P.554-B1)
주소 ul. Kościuszki 17 전화 018 20 12 211
운영 월~토 09:00~17:00 휴무 일요일
이메일 info@promocja.zakopanel.pl
가는 방법 중앙역에서 코시우스키 Kościuszki 거리를 따라 직진해서 공원을 가로지르기 전 바로 우측에 위치. 중앙역에서 도보 10분

• 코시치엘리스카 ⓘ (Map P.554-A1)
주소 ul. Kościelisk̀a 7
전화 018 20 12 004
운영 월~토 09:00~17:00
휴무 일요일
이메일 it.zakopane@msit.malopolska.pl

코시치엘리스카 ⓘ

가는 방법 코시치엘리스카 Kościeliska 거리에서 도보 5분

ACCESS 가는 방법

폴란드 최고의 휴양지인 만큼 바르샤바를 비롯해 폴란드의 주요도시에서 열차 또는 버스가 운행된다. 그중 크라쿠프에서 가는 게 가장 인기가 있으며 열차로는 3~5시간, 버스로는 2시간 정도 소요된다. 철도패스로 열차를 이용할 예정이라면 열차 종류에 따라 반드시 좌석을 예약해야 하는 열차도 있으니 주의하자. 버스는 가장 편리한 교통수단으로, 크라쿠프 역 뒤에 있는 버스터미널에서 출발한다.

자코파네 기차역과 버스터미널은 길을 사이에 두고 옆에 위치하고 있다. 숙소와 관광지, 쇼핑가 등이 모여 있는 중심가 Centrum까지는 도보로 15~30분 정도 소요된다. 숙소를 미리 예약했다면 미니버스나 택시를 이용하는 게 편리하다. 걸어서 가려면 버스터미널 정문을 등지고 오른쪽 타데우시 코시추시코 Tadeusza Kósciuszki 거리를 따라 공원을 가로질러 걷다보면 최고 번화가인 크루푸프키 Krupówki 거리와 만난다.

숙소 예약 및 시내 지도, 타트리 산에 대한 정보를 먼저 얻어야 한다면 코시치엘리스카 Kościeliska 거리에 있는 ⓘ부터 들러보자.

버스터미널 정문 앞은 타트리 산맥의 주요명소로 달리는 미니버스가 운행된다. 정문 앞, 맞은편 등 도저히 찾을 수 없다면 운전사들에게 직접 물어보자. 대부분 버스 앞에 행선지가 써 있고 요금은 탑승 후 운전사에게 직접 지불하면 된다.

주간이동 가능 도시

출발		도착	소요시간
자코파네	▶▶	크라쿠프	버스 약 2시간, 열차 약 3시간 50분
자코파네	▶▶	바르샤바 Centralna (VIA 크라쿠프 Glowny)	열차 약 7시간 20분
자코파네	▶▶	스타리 스모코베츠	버스 약 2시간

자코파네 완전 정복
master of Zakopane

타트리 산맥 기슭에 위치한 자코파네는 폴란드령 타트리 국립공원을 여행하기 위한 베이스캠프이다. 인구 3만 명의 목가적인 전원 마을이지만 매년 2백만 명의 여행객들이 이곳을 찾는다. 시내에는 호텔 및 펜션, 쇼핑가, 레스토랑, 기념품점, 스포츠 시설, 나이트클럽, 박물관 등이 있으며 대부분의 여행객들은 이곳 주변에 숙소를 정하고 국립공원을 여행한다. 시내 주요 거리는 상점과 레스토랑 등이 모여 있는 크루푸프키 Krupówki 거리, ⓘ 및 폴란드 산악 마을의 전통 목조 건축이 다수 남아 있는 코시치엘리스카 Kościeliska 거리 등이 있으며 이 일대에 숙소를 정하면 시내 관광 및 주변 여행을 하는 데 편리하다. 국립공원은 수많은 등산 및 하이킹, 스키 코스 등이 개발돼 있고, 그 외에 카약, 뗏목 타기, 래프팅, 패러글라이딩, 동굴 탐험 등 다양한 레져 스포츠 프로그램도 있다. ⓘ또는 여행사를 통해 다양한 프로그램에 참여할 수 있다.

자코파네에서의 일정은 대략 2박 3일에서 3박 4일 정도로 잡아보자. 주요 볼거리는 국립공원 안에 있는 카스프로비산 Mt. Kasprowy과 바다의 눈으로 불리는 산 위의 호수 모르스키에 오코 Morskie Oko 등이다. 하루 만에 모두 둘러보면 좋겠지만 시간이 애매하다. 하루는 카스프로비산을, 하루는 모르스키에 오코를 다녀오고 시내 관광은 남는 시간을 이용해 틈틈이 둘러보는 게 좋다. 시내 관광은 구바우프카산 Mt. Gubałowka부터 올라가 보자. 등산열차를 타고 정상에 가면 타트리 국립공원에 둘러싸여 있는 자코파네 시내를 한눈에 감상할 수 있다. 쇼핑과 식사는 번화가인 크루푸프키 Krupówki 거리에서 하면 된다. 송어구이와 구워주는 염소 치즈는 이곳에서 꼭 맛봐야 하는 향토요리이다. 기념품은 나무, 양모, 가죽 제품 등이 유명하다.

★이것만은 놓치지 말자!

①케이블카를 타고 카스프로비산 정상에 올라가 보기
②마차를 타고 모르스키에 오코로 오르는 내내 아름다운 풍경 감상하기
③산 정상에 있는 신비로운 모르스키에 오코를 따라 산책하기
④전통 목조 가옥으로 된 숙소에서 숙박하기

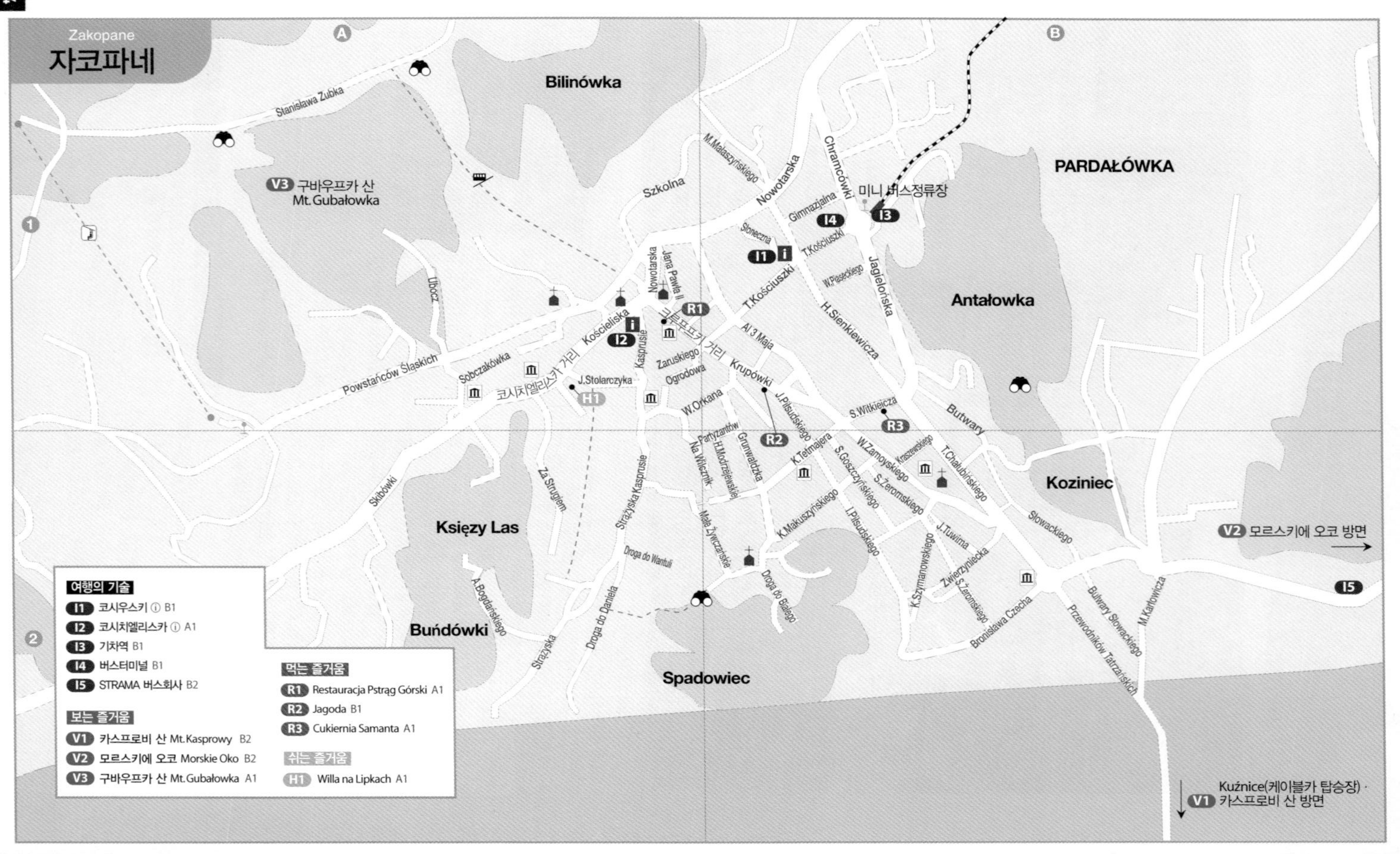
Zakopane
자코파네
Bilinówka
PARDAŁÓWKA
Antałowka
Koziniec
Księzy Las
Bundówki
Spadowiec
V3 구바우프카 산 Mt.Gubałowka
미니 버스정류장
코시치엘리스카 거리
크루프프키 거리
V2 모르스키에 오코 방면
Kuźnice(케이블카 탑승장) ·
V1 카스프로비 산 방면
Stanisława Zubka
Szkolna
M.Małaszyńskiego
Nowotarska
Chramcówki
Gimnazjalna
Słoneczna
T.Kościuszki
Jagiellońska
H.Sienkiewicza
Al 3 Maja
Krupówki
Kościeliska
Kasprusie
Zaruskiego
Ogrodowa
J.Stolarczyka
Sobczakówka
Powstańców Śląskich
Ubocz
W.Orkana
J.Piłsudskiego
S.Witkiewicza
Butwary
T.Chałubińskiego
W.Zamoyskiego
S.Goszczyńskiego
S.Żeromskiego
K.Tetmajera
Grunwaldzka
H.Modrzejewskiej
Na Wilcznik
Małe Żywczańskie
K.Makuszyńskiego
I.Piłsudskiego
Droga do Białego
K.Szymanowskiego
J.Tuwima
Zwierzyniecka
Bronisława Czecha
Słowackiego
Przewodników Tatrzańskich
Bulwary Słowackiego
M.Karłowicza
Za Strugiem
Strążyska Kasprusie
Droga do Wantuli
Droga do Daniela
Strążyska
A.Bogdańskiego
Skibówki
여행의 기술
I1 코시우스키 ⓘ B1
I2 코시치엘리스카 ⓘ A1
I3 기차역 B1
I4 버스터미널 B1
I5 STRAMA 버스회사 B2
보는 즐거움
V1 카스프로비 산 Mt.Kasprowy B2
V2 모르스키에 오코 Morskie Oko B2
V3 구바우프카 산 Mt.Gubałowka A1
먹는 즐거움
R1 Restauracja Pstrąg Górski A1
R2 Jagoda B1
R3 Cukiernia Samanta A1
쉬는 즐거움
H1 Willa na Lipkach A1

자코파네의 문장은 1,894m 주봉인 기에봉트 Giewont에 세워진 철십자가와 천국의 열쇠이다. 도심 여행에 지쳐 자연의 품이 그립다면 이곳에서 휴가를 즐겨보자. 산책로처럼 잘 닦인 등산로를 따라 하이킹을 즐기다보면 이곳이 천국이란 생각이 저절로 든다.

카스프로비 산 Mt. Kasprowy

Map P.554-B2

폴란드령 타트리 국립공원 여행의 하이라이트. 최고봉은 높이 1,985m의 카스프로비 비에르흐 Kasprowy Wierch로, 설악산 정상보다 5m 높다. 한겨울에는 스키장으로, 다른 계절에는 다양한 등산 코스로 개발돼 있어 연중 사람들의 발길이 끊이지 않는다. 정상까지는 케이블카로 쉽게 오를 수 있으며 현지인들은 케이블카를 타고 정상까지 올라간 후 하루에 걸쳐 하이킹을 즐기며 내려온다. 절벽 등반, 동굴 탐험 같은 특별한 체험을 원한다면 전문가와 함께 하는 투어에 참여하는 것도 좋다. 겨울철 스키장은 대여시설이 잘 갖춰져 있으며 고급 스키어와 스노우 보더를 위한 2개의 리프트를 운행한다.

하이킹을 계획했다면 ⓘ에서 미리 지도를 구입하자. 원하는 코스를 선택하고 소요시간 등을 고려해 복장 및 도시락 등을 준비해가자. 시간이 없다면 왕복으로 케이블카를 이용하고 정상에서 1~2시간 걸으며 발아래 펼쳐지는 파노라마를 감상하면 된다.

가는 방법 자코파네 버스 터미널 앞에서 Kuźnice행 미니버스를 타고 종점에서 내리면 된다.
(약 15분 소요, 요금 편도 3zł)

• **케이블카** Polskie Koleje Linowe
홈페이지 www.pkl.pl
운영 11~12월 09:00~16:00, 1월 08:00~16:00, 2월 08:00~17:00, 3~4월 07:30~18:00, 5~6 · 9월 08:00~18:30, 7~8월 07:00~21:00
요금 (비수기) 일반 편도 55zł, 왕복 69zł, (성수기) 일반 편도 79zł, 왕복 99zł
※①겨울과 여름 성수기에는 티켓을 구입하는 데 약 1~2시간을 기다려야 한다. 미리 온라인으로 구입하면 기다리는 수고 없이 바로 탑승할 수 있다. ②티켓을 왕

정상 등산로

산 정상으로 오르는 케이블카

정상에서 내려다본 풍경

복으로 끊었다면 정상에서 머물 수 있는 시간은 2시간 이내로 제한돼 있으니 하산 시간을 미리 계산해 두는 게 현명하다. ③케이블카를 타고 정상까지 오르는 데 중간에 한번 갈아타야 한다. 만석이라면 첫 번째 케이블카는 문 앞에 탑승하자. 두 번째 케이블카를 탈 때 제일 먼저 탈 수 있다. 정상까지 오르는 데 대략 15~20분 정도 소요.

모르스키에 오코 Morskie Oko

Map P.554-B2

카스프로비산과 견줄 만큼 인기 있는 명소. 카스프로비산의 풍경이 경이롭다면 이곳 풍경은 신비롭다. 모르스키에 오코는 '바다의 눈'이라는 의미로, 산 중턱에 형성된 호수를 말한다. 타트리 국립공원에서 폴란드 최고봉인 리지 Rysy(2,499m)산에 있다. 이곳에는 모르스키에 오코 외에 '검은 연못'이란 의미의 오차르니 스탑 Czarny Staw 호수도 있다. 모두 지각 변동에 의해 바닷물이 그대로 융기되어 형성된 소금 호수다. 산 밑 주차장에서 모르스키에 오코까지는 9㎞ 정도로 걸어서 대략 3시간 정도 걸린다. 등산로는 마차가 달릴 만큼 넓고 원만하게 닦여 있으며 산책하듯 3시간을 하이킹을 즐기다보면 바로 호수와 만나게 된다.

호수 입구로 들어서는 순간 시야가 확 트이면서 아름다운 호수의 풍경이 펼쳐진다. 호수의 넓이는 35ha에 이르고 최대 깊이는 51m, 12m까지 속이 보일 정도로 맑고 투명하다. 송어 서식지로 과거에는 '물고기의 연못'이라 불렸다. 입구 바로 옆에는 타트리 국립공원에서 가장 오래된 샬레가 있다. 한 여름에는 77개의 침대를 갖춘 호스텔로, 1층은 연중 식당과 카페로 운영된다. 호수를 따라 산책로가 있으니 원하는 만큼 돌아보자. 한 바퀴 도는 데 대략 50분 정도가 걸린다. 시간과 체력이 허락한다면 모르스키에 오코에서 한 시간 정도 더 올라가보자. 두 번째 호수 오차르니 스탑이 나온다. 리지봉 바로 아래 있어 늘 그늘져 물빛이 검은색을 띈다고 해 검은 연못이라 부른다. 이곳에서 험준한 돌산을 3시간 반 정도 오르면 최고봉인 리지산 정상이 나온다.

요금 국립공원 입장료 5zł

가는 방법 자코파네 버스터미널 맞은편에서 Palenica행 미니버스를 타고 종점인 Polanica Białczańska 주차장까지 가면 된다(약 30분 소요. 요금 편도 10zł).

※모르스키에 오코까지 걷는 데 자신이 없다면 주차장에 있는 마차를 이용하자. 마차를 타고 약 1시간 정도 간 후 내려서 1㎞ 정도 더 걸어 올라가면 바로 호수가 나온다. 내려오는 것도 마차를 이용하거나 걸어서 내려오면 된다(요금 올라갈 때 50zł, 내려올 때 30zł).

구바우프카 산 Mt. Gubałowka

Map P.554-A1

자코파네 최고의 전망대. 번화가인 크루푸프키 Krupówki 거리를 북쪽으로 가다보면 작은 공원이 나오고 지하도를 지나 올라가면 바로 기념품과 길거리 음식을 파는 노천시장이 나온다. 이곳에 산으로 오르는 등산열차 역이 있다. 해발 1,136m 정상까지 등산열차를 타고 5분 정도 올라가면 자코파네를 품은 타트리 국립공원의 멋진 풍경을 감상할 수 있다. 정상에서 시내까지 하이킹을 즐기고 싶다면 반나절 코스인 노란색 트레일 표지판을 따라가 보자. 원래 등산열차는 스키 손님을 위한 설비로 스키 시즌이 시작되면 정상은 스키장으로 변신한다.

가는 방법 크루푸프키 Krupówki 거리에서 도보 5분

• **등산열차** Polskie Koleje Linowe

홈페이지 www.pkl.pl

요금 (비수기)일반 왕복 22zł, 편도 16zł, (성수기) 일반 왕복 23zł, 편도 17zł

운영 1~6·9월 09:00~20:00 7~8월 08:00~21:45 10월 09:00~19:00 11~12월 09:00~18:00

등산열차

구바우프카 산에서 내려다본 자코파네 시내 풍경

먹는 즐거움 Restaurant

자코파네에선 송어와 구운 치즈, 감자 요리를 빼놓지 말고 먹어봐야 한다. 대부분의 음식점에서 송어 요리를 취급하지만 이왕이면 전문점에서 먹어보자. 거리 곳곳에는 구운 치즈와 감자전을 파는 노점상도 많아 오고가며 간식으로 먹기 좋다.

Restauracja Pstrąg Górski

Map P.554-A1

송어 요리 전문점으로 식당 입구 화덕에선 송어가 먹음직스럽게 구워지는 모습을 볼 수 있다. 은박지에 싸여서 나오는 구운 송어는 담백한 맛이 일품이다. 양이 많지 않아 송어와 함께 곁들여 먹을 빵 또는 구운 감자를 주문해 같이 먹으면 된다.

주소 Krupówki 6a 전화 0512 351 746

홈페이지 www.pstrag-zakopane.pl

영업 08:00~22:00

예산 송어구이 22zł~

가는 방법 크루푸프키 거리에 위치

Cukiernia Samanta

Map P.554-A1

1927년 문을 연 전통 있는 카페. 자코파네로 휴가를 왔던 제빵사 요셉이 이곳 과자가게 처녀와 결혼해 정착해 차린 빵집이 시초다. 제2차 세계대전으로 문을 닫았던 가게를 그의 아들이 물려받아서 영업 중이다. 자코파네 시내에서 가장 바쁜 곳으로 인기 메뉴는 생강과 꿀, 초코릿을 넣은 케이크와 치즈를 넣어 만든 크루아상이다.

주소 ul. Krupówki 4a 전화 018 20 159 20
영업 월~금 09:00~21:00, 토~일 10:30~18:00
예산 케이크 4zł~ 가는 방법 크루프프키 거리에 위치

Jagoda

Map P.554-B1

크루푸프키 거리에 위치한 인기 있는 식당. 아침에는 팬케이크, 점심에는 햄버거, 감자튀김 같은 간단한 요리를 저녁에는 칵테일 등을 파는 바 Bar로 변신한다. 맛도 좋은데 간편하게 먹을 수 있다.

주소 Krupówki 38
전화 0512 351 736
영업 10:00~22:00
예산 감자튀김 9zł~
가는 방법 크루푸프키 거리에 위치

쉬는 즐거움 Hotel

자코파네는 휴양지답게 호텔, 민박등 다양한 숙박 시설이 있다. 번화가인 크루푸프키 거리에 숙소를 잡지 못했다면 조금 더 안쪽에 위치한 코시치엘리스카 Kościeliska 거리로 가보자. 통나무집에서 한적한 시골 마을의 기분을 한껏 느끼며 머물 수 있다.

Villa na Lipkach

Map P.554-A1

새로 지은 지 얼마 되지 않아 매우 깨끗한 빌라. 창문을 열면 타트리 산의 풍경이 그림처럼 펼쳐진다. 2인실과 작은 스튜디오가 있다. 실내엔 TV · 작은 냉장고 · 쇼파베드가 있고, 휴지와 수건은 무료로 사용할 수 있다. 주차장을 갖추고 있고, 아이들이 뛰어 놀 수 있는 넓은 마당도 있다. 맞은편에 슈퍼가 있어서 장을 보기도 편리하다.

주소 ul. Ks. Józefa Stolarczyka 9
전화 0691 848 601 홈페이지 www.nalipkach.pl
요금 80zł~ 가는 방법 코시치엘리스카 Kościeliska 거리에서 도보 5분

Slovakia 슬로바키아

스타리 스모코베츠_562

슬로바키아, 알고 가자

1 National Profile

국가 기초 정보

정식 국명 슬로바키아 공화국 The Slovak Republic **수도** 브라티슬라바 Bratislava
면적 49,035㎢ (한반도의 약 1/4) **인구** 544만명
인종 슬로바키아인 85.8% 헝가리인 9.7% 로마인 (집시) 1.7% 기타 1%
정치체제 공화국 (대통령 주사나 카푸토바 Zuzana Caputova)
종교 카톨릭 69% 개신교 9% 그리스정교 4% 무교 및 기타 9% **공용어** 슬로바키아어
통화 유로 Euro(€), 보조통화 센트 Cent(¢) / 1€=100Cent / 지폐 €5 · 10 · 20 · 50 · 100 · 200 · 500 / 동전 1 · 2 · 5 · 10 · 20 · 50¢ / 1€=1,305원 (2019년 3월 기준)

공휴일(2019년)
1/1 신년
1/6 주현절
4/21~22 부활절 연휴*
4/14 성 금요일
5/1 노동절
5/8 광복절
7/5 끼릴과 메토디의 날
8/29 슬로바키아 민중 봉기의 날
9/1 제헌절
9/15 고통의 성모마리아 축일
11/1 만성절
11/17 자유와 항쟁의 날
12/24~26 크리스마스 연휴
*해마다 날짜가 바뀌는 공휴일

2 Orientation

현지 오리엔테이션

추천 웹사이트 슬로바키아 관광청 www.sacr.sk **국가번호** 421
비자 무비자로 90일 체류 가능 (솅겐 조약국)
시차 우리나라보다 8시간 느리다. (서머타임 기간에는 7시간 느리다)
전압 220V
전화

국내전화 시내, 시외 전화 모두 0을 뺀 지역번호를 포함해 입력해야 한다.
- 시내전화 : 예) 브라티슬라바 시내 2 1234 5678
- 시외전화 : 예) 브라티슬라바 → 스타리 스모코베츠 2

여행시기와 기후

북으로는 폴란드 평원과 남으로는 헝가리 사이에 위치한 슬로바키아는 습기가 많은 대륙성 기후로 여름에는 덥고 비가 많이 내리고, 겨울에는 춥고 눈이 많이 내린다. 기온 변화는 완만하다. 가장 건조한 지역은 동부 내륙지방과 서부 평야지대이며 북부 위쪽의 산악지대는 1년 내내 춥고 겨울은 극심한 추위가 몰려온다.

여행하기 좋은 계절 5 · 6 · 9월 꽃이 피고 생동감 넘치는 봄과 초가을이 가장 아름답다(겨울은 스키를 즐기기엔 최고의 계절이지만 슬로바키아의 고성과 유적지들은 대부분 문을 열지 않는다).

치안과 주의사항

응급전화 SOS(경찰, 소방, 응급) 긴급 연락처 112 **경찰** 158 **응급차** 155
대사관 전화번호 421 2 3307 0711 **이메일** slovakia@mofa.go.kr **근무시간 외 비상연락** 421 904 934 053 또는 421 911 743 121 **주소** Štúrova 16, 811 02 Bratislava **공관 업무시간** 월~금 09:00~12:30, 13:30~17:00 **영사민원실** 월~금 09:00~12:00, 14:00~16:00

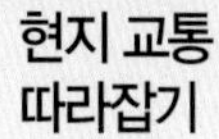

현지 교통 따라잡기

비행기(P.622 참고)

우리나라에서 출발하는 직항편은 없으며 유럽계 항공사 중 체코항공만이 프라하를 경유 브라티슬라바를 운항한다. 유럽 각지에서 운항하고 있는 저가 항공은 영국 · 프랑스 · 이탈리아 · 체코 · 헝가리 · 크로아티아 순이지만 편수가 많지는 않다.

한국 ↔브라티슬라바 취항항공사 : OK

유럽 ↔브라티슬라바 저가항공사 : Ryanair, Smartwings

철도

국제선은 오스트리아 · 헝가리 · 체코 · 폴란드 · 독일 등에서 열차가 많이 운행된다. 독일은 드레스덴까지 야간열차가 한 번에 운행되며, 폴란드의 바르샤바와 크라쿠프도 야간열차가 운행된다. 국내선은 열차 종류에 따라 운행 시간이 달라지는데, 초고속열차 인터시티 IC를 이용하는 게 편리하다. 비소케 타트리의 관문 포프라드 타트리의 기차역은 최신식 시설을 자랑하지만 수도 브라티슬라바는 낡고 허름하다. 소매치기도 있을 수 있으니 주의해야 한다.

Travel PLUS 슬로바키아의 수도 브라티슬라바 Bratislava

공산국가 시절 한나라였던 체코슬로바키아는 1989년 11월 평화로운 시민혁명으로 기억되는 벨벳 혁명으로 민주화되었다. 체코슬로바키아는 여러 차례의 회의 끝에 체코와 슬로바키아라는 두 나라로 분리 독립하게 된다. 브라티슬라바 Bratislava는 슬로바키아의 수도로, 다뉴브 강과 모라바 강이 만나는 지점에 위치해 고대부터 교통의 요충지로 발전해 왔다. 오랜 기간 헝가리와 합스부르크 왕가의 지배를 받았으며, 1541~1784년 오스만투르크의 침입 때는 헝가리의 수도로서 18세기 합스부르크 왕가의 지배를 받으면서 정치 · 문화의 중심지가 됐다.

브라티슬라바는 관광지보다는 교통의 요충지로서의 역할이 크다. 슬로바키아의 유명 도시들을 여행하고 다른 나라로 이동하거나 그 반대의 경우에 이 도시를 스케줄 상 잠시 머무는 경우가 많다. 브라티슬라바의 주요 스폿은 역에서 20~30분 소요되는 아담한 구시가지에 옹기종기 모여 있다. 다뉴브 강이 내려다보이는 브라티슬라바 성에 올라 시내 풍경을 감상하고 마리아 테레지아 여제의 헝가리 여왕 즉위식이 있었던 성 마틴 대성당을 시작으로 중앙광장 및 구시청사, 미하엘 문, 푸른 교회, 국립극장 등을 천천히 도보로 반나절 정도 돌아보면 된다. 구시가지 안에 있는 ⓘ에서 무료 지도 및 다양한 관광정보를 제공하고 있으니 여행 시작 전에 미리 들러보자.

가는 방법

비행기

우리나라에서 출발하는 직항편이 없어 한 번 이상 갈아타야 하는 체코항공을 이용해야 한다. 브라티슬라바 공항은 도심에서 약 12㎞ 정도 떨어져 있으며 공항에서 시내까지는 중앙역까지 운행되는 61번 버스, Námestie SNP 정류장까지 운행되는 X13번 버스, 심야에는 N61번 버스를 이용하면 편리하다. 일행이 여럿이라면 택시를 이용해 보자. 공항에서 시내까지는 버스로는 30분, 택시로는 20분 정도 소요된다.

열차

반나절이면 빈, 부다페스트, 프라하, 포프라드 등 여행자들이 가장 많이 찾는 도시로의 이동이 가능하며 폴란드의 크라쿠프, 드레스덴까지는 야간열차가 운행된다. 브라티슬라바의 중앙역은 Hlavná železničná stanica이다. 중앙역에서 구시가까지는 Pražská 거리를 따라 걷다가 Štefánikova 거리를 만나 그대로 직진해서 걸으면 된다. 대략 20~30분 소요. 걷기 싫다면 역 앞에서 트램 2 · 3 · 7 · 8 · 13번이나 버스 32 · 41 · 61 · 74번을 이용하자.

기타

Autobusova stanica Mlynské Nivy 버스 터미널에서는 유로라인, 스튜던트 에이전시 버스 등이 운행되며 구시가까지는 트롤리버스 205 · 202번을 타고 Rajská 정류장에서 하차 후 Dunajská 거리를 따라 걸으면 바로 구시가가 나온다. 브라티슬라바에서 빈까지는 다뉴브 강을 따라 1시간 정도 유람하는 페리도 운행된다. 특히 여름시즌에 인기가 많다. 색다른 경험을 하고 싶다면 이용해 볼 만하다(페리 운항 정보 www.panorama.sk).

비소케 타트리의 현관

스타리 스모코베츠

Starý Smokovec

'높은 타트리'라는 의미의 비소케 타트리 Vysoké Tatry는 슬로바키아의 북쪽에 위치한, 2,400m가 넘는 5개의 봉우리가 병풍처럼 펼쳐져 있는 국립공원을 말한다. 이곳을 여행하기 위한 산악 거점 마을이 바로 스타리 스모코베츠이다. 비소케 타트리에서 가장 오래된 산악 리조트 마을로 200여 년 동안 동계 스포츠와 산악 스포츠를 즐기려는 사람들의 꾸준한 사랑을 받아왔다.

버스나 열차를 타고 정류장에 내리는 순간 신선한 공기가 온몸을 정화시켜주고 위로는 타트리 산맥이, 아래로는 포프라드 Poprad의 풍경이 펼쳐진다. 통나무로 지어진 샬레 스타일의 전통 가옥들은 하나 같이 동화 속 그림 같고, 따뜻한 미소와 친절한 마을 사람들과의 만남 역시 먼 곳에서 일부러 찾아온 보람을 느끼게 한다.

지명이야기

슬라브어로 비소케 타트리 Vysoké Tatry, 영어로는 하이 타트라 High Tatras로 부른다.

이런 사람 꼭 가자

유럽에서 손꼽히는 천혜의 비경을 감상하고 싶다면
자연을 벗 삼아 하이킹과 등산을 즐기고 싶다면
겨울 스포츠 마니아라면

여행의 기술

INFORMATION 인포메이션

유용한 홈페이지

비소케 타트리 관광청 www.vt.sk, www.tatry.sk

관광안내소

숙소 예약은 물론 무료 시내지도 제공 및 스키와 하이킹 관련 정보를 얻을 수 있다. 주요 산악 마을을 연결하는 타트리 전기 철도 Tatranská Elektr Železnica 시각표를 미리 얻어두면 매우 유용하다. 날씨에 따라 봉우리를 오르는 케이블카와 리프트, 등산열차의 운행 등이 중지될 수 있으니 운행 여부도 이곳에서 확인하자.

• **스타리 스모코베츠** TIK Starý Smokovec ⓘ
주소 Building of Mountain Rescue Service(Starý Smokovec) 전화 052 442 34 40
운영 11~12월 08:00~16:00, 1~3월 08:00~18:00, 4~7월 08:00~20:00 가는 방법 역에서 도보 5분 및 버스터미널에서 도보 5분

• **타트란스카 롬니차** TIK Tatranská Lomnica ⓘ
주소 Tatranská Lomnica 98 전화 052 446 81 19
운영 08:00~18:00
가는 방법 타트라스카 롬니차 전기 철도 역에서 도보 5분 (케이블카 맞은편에 위치)

ACCESS 가는 방법

유럽에서도 꽤 유명한 관광명소인 만큼 비행기, 열차, 버스 등 다양한 교통수단을 이용할 수 있다. 스타리 스모코베츠가 비소케 타트리를 여행하는 거점 마을이라면, 스타리 스모코베츠까지를 오르기 위한 거점 도시는 전기 철도로 30분 거리에 있는 포프라드 Poprad이다. 공항은 포프라드 시내에서 5㎞ 떨어져 있으며 유럽 각지에서 연결된다. 비행 편수는 그리 많지 않으며 주로 주말에 몰려 있는 편이다. 열차는 포프라드–코시체–질리나–브라티슬라바 등을 연결

알아두세요

자코파네→스타리 스모코베츠 버스타고 국경 넘기!
자코파네에서 비소케 타트리로 가려면 사설 버스회사 STRAMA(슬로바키아회사)를 이용해야 한다. 타트란스카 롬니차 Tatranská Lomnica와 스타리 스모코베츠를 거쳐 포프라드가 최종 종착지다. 버스는 40인용 대형버스로 출발시간에 맞춰 자코파네 버스터미널 정문 앞에 정차해 있으며 티켓은 운전사에게 직접 구입하거나 자코파네 시내에 있는 STRAMA 사무실에 들러 구입하면 된다. 여름 성수기에는 워낙 인기가 많아 좌석을 미리 예약해야 탈 수 있다. 시즌에 따라 버스 운행시간의 변동이 있으니 미리 사무소나 ⓘ에 들러 확인해 두자. 스타리 스모코베츠까지 약 1시간 20분 정도 소요되며 달리는 내내 타트리의 산 속 풍경을 감상할 수 있다.

• STRAMA 버스회사
주소 Balzera 30, zakopane
홈페이지 www.strama.eu 영업 월~금 08:00~16:00
가는 방법 자코파네 중앙역에서 나와 왼쪽의 Jagiellońskar 거리를 따라 걷다가 만나는 Tytusa Chałubińskiego 거리를 향해 걷다가 작은 사거리가 나오면 우측의 주유소 방향인 Droga Na Bystre 거리를 향해 걷다보면 사무실을 만나게 된다. 중앙역에서 도보 20분.

• 버스 요금
자코파네→스타리 스모코베츠 편도 일반 20zł
자코파네→포프라드 편도 일반 22zł

하는 특급 열차가 운행되며 프라하에서도 열차가 운행된다. 버스 역시 슬로바키아 전역으로 노선이 발달해 있으며 폴란드의 자코파네에서는 바로 스타리 스모코베츠까지 갈 수 있다. 기차역에서 ⓘ가 있는 스타리 스모코베츠 Starý Smokovec 거리까지는 도보로 5분 정도 소요된다. 버스 터미널은 주차장 한쪽에 위치해 있다. 내린 곳에서 뒤를 보면 타트리 산이 보이고 바로 우측을 보면 계단이 있다. 계단을 올라가면 우측으로 ⓘ가 있다.

주간이동 가능 도시

포프라드 ▶▶ 브라티슬라바 hl.st		열차 3시간 50분~4시간 34분
포프라드 ▶▶ 코시체		열차 1시간 19분~1시간 52분
포프라드 ▶▶ 질리나		열차 1시간 40분~2시간 29분
포프라드 ▶▶ 프라하 hl.n		열차 6시간 54분
포프라드 ▶▶ 빈(VIA Bratislava)		열차 5시간 14분~6시간 17분
포프라드 ▶▶ 부다페스트 Keleti pu (VIA Kosice)		열차 5시간

THE CITY TRAFFIC 시내 교통

비소케 타트리의 봉우리들이 병풍처럼 늘어서 있는 거처럼 각 봉우리로 오르는 주요 마을들 역시 일렬로 늘어서 있다. 스타리 스모코베츠의 기차역을 중심으로 동 · 서 · 남으로 타트리 전기 철도가 운행된다. 동쪽으로는 타트란스카 롬니차 Tatranská Lomnica, 서쪽으로는 슈트로브스케 플레소 Štrbské Pleso, 남쪽으로는 포프라드 Poprad 등으로 운행된다.

티켓은 역내 매표소 또는 자동판매기에서 구입하면 되고 요금은 목적지에 따라 다르다. 탑승 후 바로 티켓을 펀칭기에 넣고 개시해야 한다. 탑승 플랫폼은 전광판을 보고 확인하면 되고 타기 전에 반드시 전기 철도 앞에 표시된 행선지를 확인하자. 열차가 자주 운행되는 게 아니니 타임 테이블은 늘 소지하고 다는 게 좋다.

• 요금 및 소요시간

스타리 스모코베츠 → 타트란스카 롬니차

일반 €1, 약 15분 소요

스타리 스모코베츠 → 슈트로브스케 플레소

일반 €1.50, 약 40분 소요

스타리 스모코베츠 → 포프라드

일반 €1.50, 약 25분 소요

※ 1일 티켓 일반 €4, 3일 티켓 일반 €8, 유레일패스 소지자는 무료. 단, 플랙시 패스 소지자는 사용 날짜에 날짜를 기입해야 한다.

타트리 전기 철도 / 티켓은 펀칭기에 넣고 개시

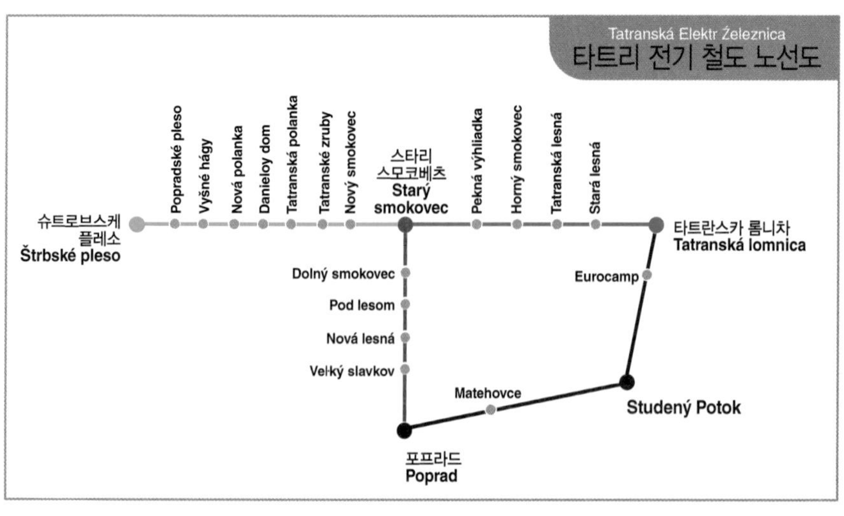

스타리 스모코베츠 완전 정복
master of Starý Smokovec

깊은 산속 마을 스타리 스모코베츠에 왔다면 3박 이상 머물며 다양한 코스의 하이킹을 즐겨보자. 숙소는 스타리 스모코베츠에 두고, 스케줄에 따라 타트리 전기 철도를 타고 이동하면 된다. 가장 많이 방문하게 되는 스타리 스모코베츠 Starý Smokovec 거리는 스타리 스모코베츠에서 가장 큰 대로로, ⓘ, 기념품점, 스키 및 등산 전문 매장, 식료품점, 호텔, 레스토랑 등이 있으며, 거리 아래쪽으로는 버스터미널과 기차역이, 위쪽으로는 산으로 오르는 등산열차 정류장이 있다.

비소케 타트리는 다양한 하이킹 코스가 개발돼 있으며 전문가를 위한 코스는 물론 초보자를 위한 아주 쉬운 코스도 있다. 3일간 머물며 다양한 코스의 하이킹을 즐겨보자. ⓘ에 들러 하이킹 지도를 얻고, 케이블카 및 등산열차 운행시간, 타트리 전기 철도 운행시간 등을 미리 확인해 두자. 슈퍼마켓에 들러 산에서 먹을 음료와 간식도 잊지 말고 준비하자.

첫째 날은 스타리 스모코베츠에 있는 등산열차를 타고 현지인과 어울려 하이킹을 즐겨보자. 코스에 따라 초보자도 쉽게 도전할 수 있다. 둘째 날은 호수가 매력적인 슈트르브스케 플레소로 가보자. 호수에서 배도 탈 수 있고, 약 2~3시간 등산하면 깊은 산속의 신비로운 호수 포프라드스케 플레소 Popradské pleso의 풍경도 감상할 수 있다. 셋째 날은 2,000미터 산 정상에 오를 수 있는 타트란스카 롬니차까지 향해보자. 마을로 가는 타트리 전기 철도의 창밖으로 펼쳐지는 풍경이 한껏 들뜨게 만든다. 걸어서 올라갈 수도 있지만 2번의 케이블카를 타고 오르며 보는 풍경이 아찔한 매력을 선보인다. 정상까지 오르는 리프트를 타고 천길 낭떠러지를 지나 정상에 도착하면 여기가 바로 타트리 산맥에서 3번째로 높은 롬니츠키 슈티트봉 Lomnický štít이다. 일정은 날씨에 따라 유연하게 변경해도 좋다.

★이것만은 놓치지 말자!

①리프트를 타고 해발 2,633.9m의 롬니츠키 슈티트 봉 정상까지 올라가 보기
②해발 1,494m에 있는 Popradské pleso 호숫가 옆 말라차바 산장 Majláthová chata 식당에서 슬로바키아 전통음식 먹어보기
③스모코베츠에서 100년 된 등산열차를 타고 가벼운 하이킹 즐기기

여행의 기술

- I1 스타리 스모코베츠 TIK Starý Smokovec ⓘ
- I2 타트란스카 롬니차 TIK Tatranská Lomnica ⓘ
- I3 기차역
- I4 버스 터미널

먹는 즐거움

- R1 Koliba Kamzík
- R2 Samoobslužné bistro
- R3 Sintra

쉬는 즐거움

- H1 Pension Villa Kunerad
- H2 Villa Dr.Szontagh

보는 즐거움 Attraction

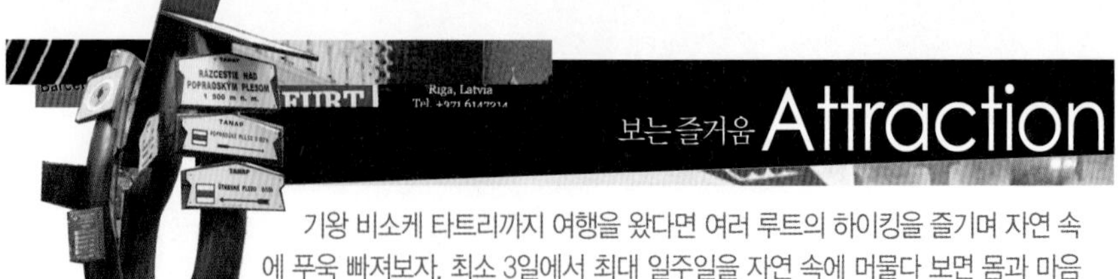

기왕 비소케 타트리까지 여행을 왔다면 여러 루트의 하이킹을 즐기며 자연 속에 푸욱 빠져보자. 최소 3일에서 최대 일주일을 자연 속에 머물다 보면 몸과 마음 모두가 정화된 기분을 만끽할 수 있다.

스타리 스모코베츠 Starý Smokovec

Map P.567

비소케 타트리 여행의 베이스캠프. 그랜드 호텔 맞은편으로 난 오르막길을 오르면 1,285m의 흐레비에노크 Hrebienok까지 오르는 등산열차 역이 나온다. 등산열차는 1908년부터 운행하기 시작해 지금까지 100년의 역사를 자랑하고 있다. 지금은 최신식 열차가 운행되며 창과 천장 모두 커다란 통유리로 돼 있어 오르는 내내 아름다운 차창 밖 풍경을 감상할 수 있다. 흐레비에노크는 해발 2,452.4m의 슬라프코프스키 슈티트봉 Slavkovský štít의 남동쪽 끝자락으로 이곳에서 동서쪽으로 트레킹 루트가 개발돼 있어 하이킹의 시작점으로 그만이다. 등산열차는 15분마다 1대씩 운행되며 약 7분 정도 소요된다.

- **등산열차** Lanovky

홈페이지 www.vt.sk
운영 11~3월 08:30~16:30, 4·5·10월 08:30~18:00, 6~9월 07:30~19:00
요금 상행 편도 일반 €8, 하행 편도 일반 €7, 왕복 일반 €9
가는 방법 스타리 스모코베트 역에서 타트리 산 방향으로 걸어가면 그랜드 호텔 바로 뒤에 위치.

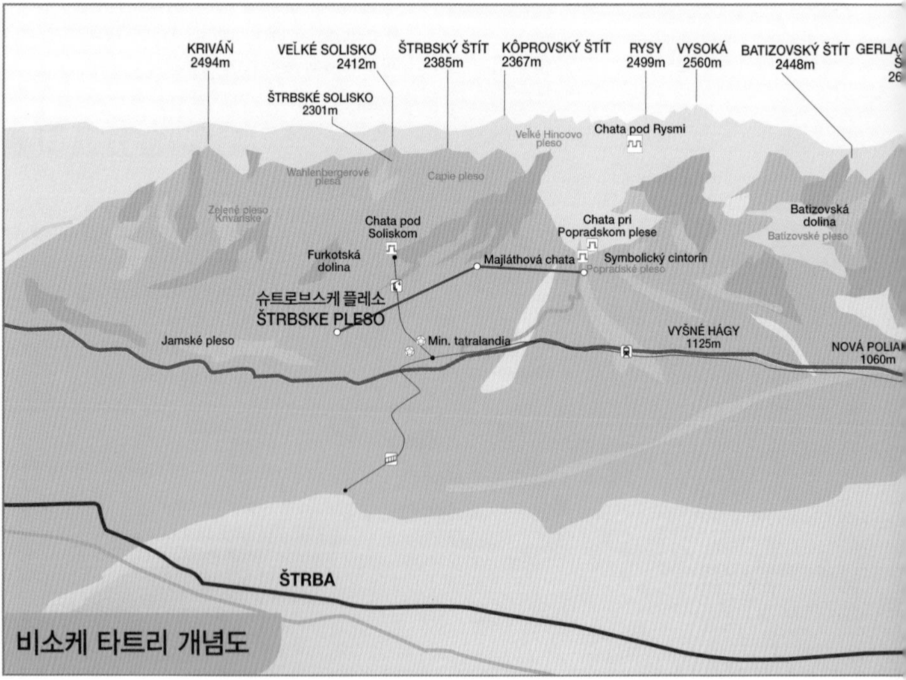

비소케 타트리 개념도

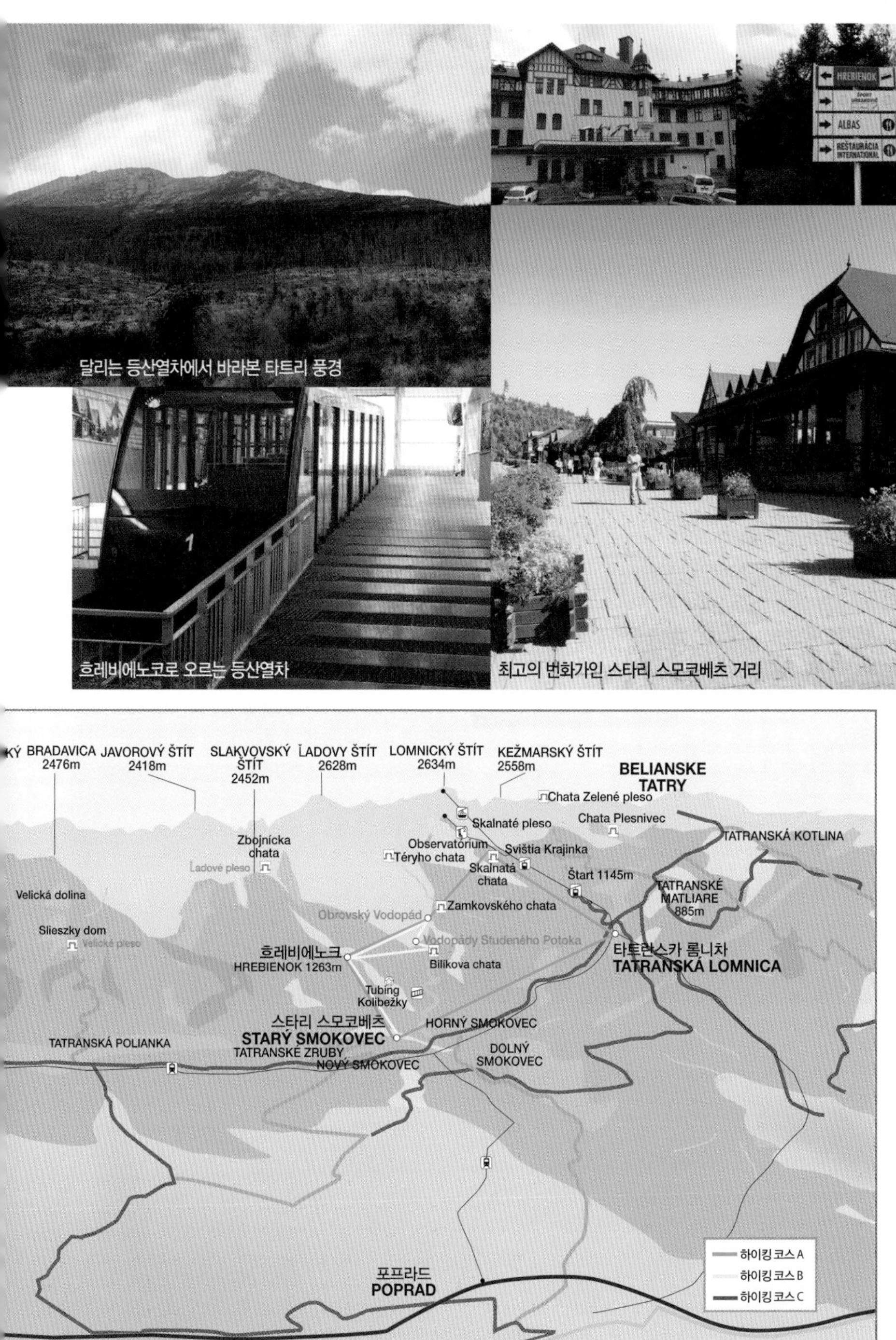

달리는 등산열차에서 바라본 타트리 풍경

흐레비에노코로 오르는 등산열차

최고의 번화가인 스타리 스모코베츠 거리

추천 하이킹코스 ① 종일 코스 A

등산열차를 타고 흐레비에노크에 내려서 조금만 올라가면 양 갈래 길을 안내하는 노란색 표지판이 나온다. 오브로브스키 폭포 Obrovský Vodopád행 왼쪽 길을 따라 40분 정도 걸으면 오브로브스키 폭포가 나온다. 폭포를 지나 40분~1시간 정도 더 올라가면 잠코스케호 차타 Zamkovského chata(산장)이 나온다. 여기서 휴식과 차 한잔의 여유를 갖고 다시 힘을 내서 Tatranská magistrála 방향으로 약 2시간 정도 올라가면 스칼나테 차타 Skalnaté chata에 도착한다. 여기서 케비넷 리프트를 타고 타트란스카 롬니차 Tatranská Lomnica로 내려와 타트리 산악 열차를 타고 스타리 스모코베츠로 돌아오면 된다.

등산로와 소요시간 등이 자세히 표시된 안내 표지판

간략루트 스타리스모코베츠 Starý Smokovec → 흐레비에노크 Hrebienok → 오브로브스키 폭포 Obrovský Vodopád → 잠코스케호 차타 Zamkovského chata → 스칼나테 차타 Skalnaté chata → 타트란스카 롬니차 Tatranská Lomnica → 스타리 스모코베츠 Starý Smokovec

추천 하이킹코스 ② 반나절 코스 B

흐레비에노크에서 오브로브스키 폭포까지의 코스는 종일 코스와 같다. 여기서 오른쪽으로 난 내리막길을 따라 걸으면 작은 시냇물이 흐르는 다리가 보인다. 이곳의 이정표가 Rázcestie Pod Húpačkami(1,285m) 지점인지 확인 후 이곳에서 다리를 건너지 말고 오른쪽 스튜덴호 폭포 Vodopády Studeného Potoka 방향으로 걷자. 걷다보면 작은 폭포가 한번 나오고 5분 정도 더 걸으면 스튜덴호 폭포가 나온다. 두 개의 물줄기가 바위를 따라 시원스럽게 내려와 소리만으로 속이 뻥 뚫리는 느낌이다. 계속 걸으면 빌리코바 차타 Bilíková chata라 불리는 산장을 지나 처음 등산열차를 탔던 곳으로 오게 된다. 오르막길보다 내리막길이 더 많아 산책하듯 가볍게 돌아보기에 안성

하이킹 1, 2 코스를 돌며 펼쳐지는 풍경

하이킹이 시작되는 흐레비에노크 정상

맞춤이다. 또는 반대로 흐레비에노크의 양 갈림길에서 빌리코바 차타 방향으로 가서 오브로브스키 폭포에서 다시 흐레비에노크 방향으로 걸어올 수도 있다.

간략루트 스타리스모코베츠 Starý Smokovec → 흐레비에노크 Hrebienok → 오브로브스키 폭포 Obrovský Vodopád → 스튜덴호 폭포 Vodopády Studeného Potoka → 빌리코바 차타 Bilíkova chata → 흐레비에노크 Hrebienok → 스타리스모코베츠 Starý Smokovec

슈트로브스케 플레소 Štrbské Pleso

Map P.566

해발 1,346.6m에 위치한 스키 리조트. 마을 이름은 비소케 타트리에서 두 번째로 큰 호수 슈트르브스케 플레소의 이름에서 유래했다. 타트리 전기 철도 역에서 나와 우측으로 올라가면 갈림이 나오고 갈림길에서 왼쪽으로 올라가다 작은 길을 따라 가면 바로 호수가 나온다. 가벼운 코스를 원한다면 호수 주변을 산책하거나 호수 건너편으로 보이는 슬리스코산 Štrbské solisko 중턱 슬리스콤 산장 Chata Pod Soliskom까지 체어리프트를 타고 올라가 보자. 리프트 승강장은 호텔 피스 Hotel FIS 왼쪽에 있으며 올라가는 내내 비소케 타트라의 절경을 감상할 수 있다(20분 소요). 조금 아쉽다면 해발 2,093m의 프레드네 슬리스코봉 Predné Solisko까지 올라가 보거나 산 아래 스코콤 호수 Pleso nad Skokom까지 걸어 내려가자. 각각 1시간~1시간 30분 정도 소요된다. 좀 더 강도 높은 하이킹을 즐기고 싶다면 아래 코스를 따라가 보자.

• **체어리프트** Sedačková lanovka

홈페이지 www.lanovky.sk

운영 2~4월 08:30~16:00, 5~6 · 9 · 12~1월 08:30~15:30, 7~8월 08:30~18:00, 10~11월 08:30~15:00

요금 왕복 일반 €15

가는 방법 전기 철도 역에서 나와 우측으로 올라가면 갈림이 나오고 갈림길에서 왼쪽으로 올라가다 작은 길을 따라 가면 나오는 호수 맞은편 호텔 피스 왼쪽에 위치.

추천 하이킹코스 ③ 반나절 코스 C

타트리 전기 철도 역에서 우측으로 걸어서 조금 올라가면 사거리 맞은편에 주차장이 보인다. 주차장을 지나 쭉 걷다가 다리가 나오면 우측으로 꺾어졌다가 작은 다리를 건너 좌측으로 꺾어지면 포프라드스케 플레소 Popradské pleso(1,500m)로 가는 이정표가 나온다. 숲길을 따라 약 3시간 정도 오르막길과 가파른 길을 걷다보면 주변은 온통 산뿐이다. 길이 좀 험한 편이니 트레킹화는 필수. 가

하이킹의 최종 목적지 포프라드스케 플레소 호수

능하면 천천히 걷자. 하이킹의 끝에는 오늘의 목적지 포프라드스케 플레소 호수가 나온다. 험한 산길을 지나 만나는 평화로운 호수라 그런지 호수를 보는 순간 가슴까지 벅차오른다. 호수 입구에는 카페와 레스토랑으로 운영되는 말라토바 차타 Majláthová chata와 숙소로 운영되는 호스키 호텔 Horský Hotel이 있다. 호수 감상을 마쳤다면 말라토바 차타에 들러 따뜻한 차 한잔과 슬로바키아의 전통 음식인 만두 Pirohy를 디저트로 먹어보자. 만두소로 과일과 치즈가 들어 있어 든든하다. 휴식을 마친 후 1시간~1시간 30분 정도 내려가면 타트리 전기 철도 정류장인 포프라드스케 플레소 Popradské pleso 역이 나온다. 걷기 싫다면 호스키 호텔에서 운영하는 자가용 택시를 이용하는 방법도 있다. 역에는 매표소가 따로 없으니 미리 티켓은 구입해두자.

• 간략루트 : 슈트로브스케 플레소 Štrbské Pleso 호수 → 말라토바 차타 Majláthová chata → 포프라드스케 플레소 Popradské pleso → 포프라드스케 플레소 Popradské pleso 역

말라토바 산장

포프라드스케플레스 호수

타트란스카 롬니차 Tatranská Lomnica

Map P.567

두 번의 케이블카, 한 번의 체어리프트를 타고 타트리 산맥 중 3번째로 높은 롬니츠키 슈티트봉 Lomnický štít까지 단숨에 올라가는 다이나믹한 체험을 할 수 있는 곳. 타트리 전기 철도역에 도착하면 산으로 올라가는 케이블카 이정표를 볼 수 있다. 이정표를 따라 약 7분 정도 걸어가면 매표소가 나온다. 이곳에서 스칼나테 플레소Skalnaté Pleso까지 올라가는 왕복 케이블카 표를 구입하자. 2인용 케이블카를 타고 올라간 후 슈타트 Start 지점에서 내려서 6인용 케이블카로 갈아타고 올라가면 해발 1,751m의 스칼나테 플레소 Skalnaté pleso가 나온다. 한겨울에는 스키어들로 붐비는 곳으로, 산봉우리가 그대로 비치는 작은 호수가

있다. 여기서 다시 티켓을 구입해 체어리프트를 타고 정상까지 올라가보자. 별다른 안정장치 없이 천길 낭떨어지를 단숨에 올라간다. 정상에서 머물 수 있는 시간은 30분으로 제한하고 있다. 정상에 올라 풍경을 감상하며 휴식도 취하고, 기념촬영까지 마치려면 시간 안배를 잘해야 한다. 체어리프트를 타고 정상에서 내려오는 건 오르는 것보다 훨씬 스릴이 있다. 워낙 인기가 많아 티켓이 매진되는 사태도 벌어질 수 있으니 가능하면 아침 일찍 서두르는 게 좋다. 한 여름에는 미리 예약해 두는 게 안전하다.

• **케이블카** Lanovku

홈페이지 www.vt.sk

운영 상행 08:30~15:30, 하행 08:30~16:00

요금 왕복 일반 €22, 상행 일반 €19, 하행 €16

가는 방법 타트란스카 롬니차 역에서 케이블카 이정표를 따라 도보 5분

• **체어리프트** Sedačková lanovka

홈페이지 www.vt.sk

운영 08:30~16:00

요금 왕복 일반 €9

가는 방법 스칼나테 플레소 역에서 도보 3분

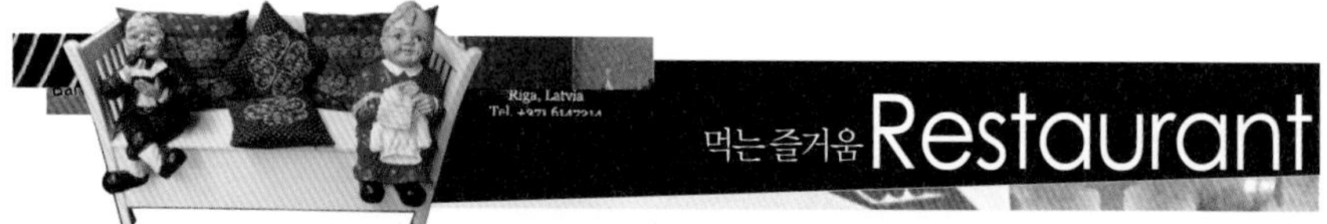

먹는 즐거움 Restaurant

전통 레스토랑부터 패스트푸드까지 대부분의 식당은 그랜드 호텔과 ⓘ주변, 그리고 흐레비에노크로 올라가는 케이블카 정류장 근처에 있다. 언제나 붐비는 관광지지만 서유럽에 비해 물가는 비싸지 않다.

Map P.565

Koliba Kamzik

현지인들이 추천하는 염소 요리 전문점. 목조로 된 타트리 산악마을의 전통 가옥을 아기자기하게 꾸며놓아 레스토랑 안을 구경하는 재미가 쏠쏠하다. 염소 고기 요리는 육질이 수육처럼 부드럽고 담백해 부담이 없다. 점심시간에 들렀다면 '오늘의 메뉴'를 주문하자. 가격도 저렴하고 뭘 시켜야 할지 망설여질 때 딱이다.

주소 Starý Smokovec 8

홈페이지 www.kamzik.sk

영업 11:00~22:00

예산 오늘의 메뉴 €3.90~

가는 방법 그랜드 호텔에서 흐레비에노크로 올라가는 케이블카 정류장 방향으로 도보 3분

Map P.565

Samoobslužné bistro

호텔 스모코베츠 Hotel Smokovec 1층에 위치한 저렴한 식당. 쟁반, 접시, 포크, 나이프 등을 챙겨 진열해 놓은 음식을 보고 주문해 먹는 방식이다. 요리 진열장 바로 위에는 음식사진과 가격 등이 표시 돼 있으니 원하는 음식 번호만 이야기해도 된다. 육류, 생선, 치킨, 야채요리와 밥, 국수류, 빵 등이 준비돼 있으며 모두 무난한 맛이다.

주소 Starý Smokovec 25 영업 월~금 08:00~19:00 토 08:00~20:00 예산 굴라쉬 €3.80~, 샐러드 €1.40~

가는 방법 스타리 스모코베츠 거리에 위치. 중앙역에서 도보 3분

Map P.565

Sintra

마을에서 가장 큰 슈퍼마켓. 직접 요리를 해 먹거나 스키나 하이킹을 위한 도시락 준비가 필요하다면 이용해 보자. 버스터미널에서 계단을 따라 스타리 스모코베츠 거리로 올라가 오른쪽 맞은편에 있다. 슈퍼마켓보다 늦게까지 운영하는 편의점(Cesta slobody 24)은 ⓘ 왼쪽에 있다.

주소 Cesta slobody 4/5

운영 월~토 07:00~17:45
일 08:00~17:45

가는 방법 버스터미널에서 도보 5분

쉬는 즐거움 Hotel

스타리 스모코베츠는 비소케 타트리의 거점 도시답게 3개의 산악 마을 중 호텔 · 빌라 · 펜션 · 게스트 하우스 등 다양한 숙박 시설이 있다. 사계절 내내 관광객들로 붐비는 곳으로 가능하면 숙소는 미리 예약하고 가는 게 좋다. 적당한 숙소를 구하지 못했다면 ⓘ에 들러 도움을 받자.

Map P.565

Pension Villa Kunerad

목조로 된 전통 산악마을 가옥으로 된 펜션. 온통 원목으로 인테리어 돼 있어 실내는 아늑하고 편안하다. 방도 꽤 큰 편이며 입구에는 작은 간이 주방까지 있다. 방과 욕실, 주방 등이 분리돼 있는 것도 장점 중 하나이다.

주소 Starý Smokovec 22 전화 0905 350 448

홈페이지 www.villakunerad.sk

요금 2인실 €50~(조식 불포함)

가는 방법 중앙역에서 도보 5분 또는 버스터미널에서 도보 10~15분

Map P.565

Villa Dr. Szontagh

노비 스모코베츠에서 처음으로 요양원을 설립한 의사 스존타흐 Dr. Szontagh의 집으로 현재 복원을 거쳐 펜션으로 운영 중이다. 역사적인 건물이여서 그런지 늘 인기 있다. 짙은색 원목을 사용한 인테리어로 차분함을 더했다. DVD를 무료로 볼 수 있는 라운지와 사우나 시설을 갖추고 있다. 비수기에도 예약은 필수다.

주소 Nový Smokovec 39 전화 052 4422 061

홈페이지 www.szontagh.eu 요금 더블룸 비수기 €48~(1인당 일별 지방세 €1 불포함)

가는 방법 중앙역에서 도보 10분 또는 버스터미널에서 도보 10분

DĚLNÍCI A ŽENCI PRACÍ T
ODJEZD ABFAHRT
DEPARTURE ODJEZD ABFAHRT

여행 실전

두근두근 비행기 여행

1 인천국제공항에서 출국하기

언제나 여행의 시작과 끝은 공항에서 이뤄진다. 출발 당일 공항에 첫발을 내딛는 순간 동유럽으로의 여행이 시작된다. 낯선 곳을 여행할 기대감으로 한껏 가슴이 설레겠지만 실수 없이 비행기를 탈 수 있도록 들뜬 마음을 가라앉히자. 탑승 수속을 마치고 비행기에 오르기까지 꽤 복잡한 절차를 거쳐야 하므로 공항에는 늦어도 3~4시간 전에 도착해야 한다. 특히 해외 여행객이 가장 많은 6~8월에는 4시간 전에 가는 게 안전하다. 2018년 1월 18일부터는 인천국제공항이 제1 · 2여객터미널로 나뉘니 출발 전 자신의 비행기가 몇 터미널에 위치하는지 확인하자.

- 제1여객터미널 취항 항공사: 아시아나항공, 저비용항공사, 기타 외국항공사
- 제2여객터미널 취항 항공사: 대한항공, 델타항공, 에어프랑스, 네덜란드항공 외 외국항공사

공항으로 가는 법

인천국제공항으로 가는 교통수단으로는 공항버스, 리무진, 공항철도 AREX 등이 있다. 가장 대중적인 교통수단으로는 우리나라 전역으로 운행되는 공항버스와 리무진이다. 공항철도 AREX(Airport Express)는 지하철 5 · 9호선 김포공항역에서 인천공항까지 30분 이내에 연결한다. 그밖에 서울역에서는 공항버스와 지하철이 모두 운행돼 열차를 이용하는 지방 여행객들에게 편리하다. 상세한 공항 교통정보는 홈페이지를 통해 확인해 두자. 어디서 출발하든 공항에는 비행기 출발 3~4시간 전에는 도착해야 한다.

인천국제공항 홈페이지 www.airport.kr
공항철도 홈페이지 www.arex.or.kr

삼성동 도심 공항 터미널 이용하기

대한항공과 아시아나항공을 이용하는 여행자 중 강남 근처에서 출발한다면 이용해 볼 만하다. 공항터미널 1층에서 탑승 수속을 마친 후 2층의 법무부 출입국관리사무소에서 출국심사를 받는다. 체크인을 한 여행자의 짐은 인천국제공항으로 안전하게 운송된다. 도심 공항에서 출국 수속을 받

> **알아두세요**
>
> **인천국제공항 제2여객터미널**
>
> 2018년 1월 18일 인천국제공항 제2여객터미널이 문을 연다. 제2여객터미널은 체크인→보안검색→세관검사→검역→탑승 등 출입국을 위한 모든 절차가 제1여객터미널과 별도로 이뤄진다. 대한항공, 델타항공, 에어프랑스, 네덜란드항공 등 항공사가 이전하고 아시아나항공을 비롯한 그 외 항공사들은 제1여객터미널에 남는다. 제2여객터미널은 무인자동화 서비스를 확대하여 빠르고 편리한 출입국이 가능하며, 버스 · 철도 대합실을 터미널과 연결시켜 대중교통 이용 또한 편리하도록 했다. 만약 터미널을 잘못 찾아간 경우 두 터미널 사이를 오가는 셔틀버스를 탑승하면 되지만, 이동 시간이 30분 이상 소요된다. 따라서 공항 이용 전 이티켓 E-ticket을 확인하거나 항공사에 문의해 터미널을 정확히 확인하고 가야 한다.

은 여행객은 인천국제공항 3층의 도심 공항 심사자를 위한 전용 출국통로를 이용하기 때문에 출국 심사를 거치지 않아도 된다. 참고로 서울역 도심 공항터미널에서도 같은 서비스를 제공하고 있다. 역에 도착해 KARST 안내 표지판만 따라가면 바로 수속장이 나온다.

• 삼성동 도심공항터미널

홈페이지 www.calt.co.kr 전화 02 551 0077~8

이용 가능 항공사 대한항공, 아시아나항공, 제주항공, 타이항공, 싱가포르항공, 카타르항공, 에어 캐나다, 중국동방항공, 상해항공, 중국남방항공, 네덜란드항공, 델타항공, 유나이티드항공, 에어프랑스 등

운영 도심공항→인천국제공항 05:20~18:30

탑승수속 마감시간 비행기 출발 3시간 전

가는 방법 지하철 2호선 삼성역 5 · 6번 출구에서 도보 15분. 터미널에서 인천국제공항까지 1시간 반 소요

• 코레일 공항철도 서울역 터미널(KARST)

홈페이지 www.arex.or.kr 전화 1599 7788

이용 가능 항공사 대한항공, 아시아나항공, 제주항공, 티웨이항공, 이스타항공

※ 미국교통보안청의 항공보안 강화조치에 따라 일부 항공사의 미국노선 탑승수속은 불가할 수 있다.

운영 05:20~19:00

탑승수속 마감시간 비행기 출발 3시간 전

가는 방법 공항철도 역은 지하철 1 · 4호선 서울역 지하 2층에 위치. 공항까지 약 43분 소요

출국 수속

출국장은 제1여객터미널, 제2여객터미널 모두 3층에 있다. 터미널을 잘못 찾은 경우 공항 순환 셔틀버스를 타고 이동하면 된다. 터미널 도착 후 항공 체크인을 위해 해당 항공사 카운터를 찾아보자. 체크인과 간단한 출국 절차를 밟은 후 비행기에 탑승하면 된다. 출국 수속절차는 제1 · 2여객터미널이 동일하다.

1 체크인 Check-in

해당 항공 카운터를 찾아 체크인을 한다. 체크인 시 여권과 항공권을 제출하면 된다. 마일리지 카드가 있다면 함께 제출하자. 10㎏ 이상의 큰 짐이

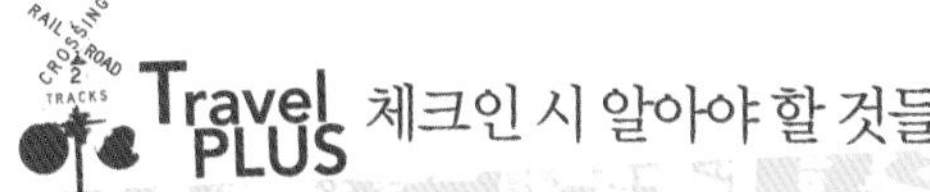

체크인 시 알아야 할 것들

Bording Pass 체크인을 하면 탑승구와 기내 좌석번호가 적힌 보딩패스를 받는다. 이때 직항인 경우 보딩패스는 1장, 1회 환승편인 경우 비행기를 갈아타야 하므로 보딩패스 2장을 준다. 인천공항 수속시 한꺼번에 받을 수 있다. 다만, 2회 환승편인 경우 보딩패스는 총 3장을 받아야 하는데 인천공항에서 모두 받을 수 없다. 우선 인천공항에서는 제3국인 베이징 · 상하이 · 도쿄까지만 보딩패스를 발급하고, 제3국에 도착해 체크인을 한 번 더 해야 남은 두 장의 보딩패스를 받을 수 있다. 수하물은 인천공항에서 최종 목적지까지 부칠 수 있는 경우와 제3국에서 찾은 뒤 다시 부쳐야 하는 경우가 있다.

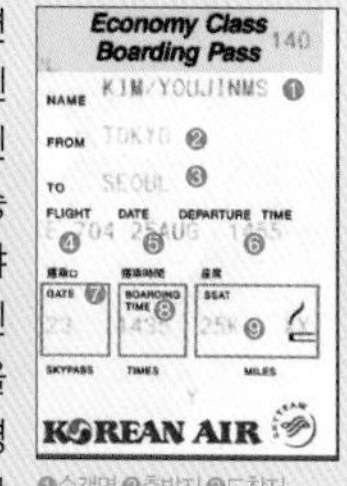

❶승객명 ❷출발지 ❸도착지 ❹편명 ❺출발 날짜 ❻출발 시간 ❼탑승구 ❽탑승시간 ❾좌석번호

좌석 선택 창가석 Window seat과 통로석 Aisle seat 중 선택할 수 있다.

수하물 이코노미 클래스 20㎏, 비즈니스 클래스 30㎏까지 무료로 붙일 수 있고, 기내는 10㎏까지 허용한다.

Baggage Tag 수하물 보관표. 짐을 찾을 때까지 잘 보관해야 하며, 짐을 분실한 경우 신고시 제출해야 하는 증빙서류다.

마일리지 적립 체크인시 마일리지 적립을 잊었다면 항공권과 보딩패스를 잘 보관했다가 귀국 후 6개월 이내에 항공사에 방문해 적립하면 된다.

액체 · 젤류 휴대반입 제한 허용규격

용기 1개당 100ml 이하로 1인당 1L 이하의 투명 지퍼락 비닐봉투 안에 용기를 보관해야 하며 지퍼가 잠겨 있어야 한다. 면세점에서 액체 · 젤류 화장품을 구입한 경우 면세점에서 받은 그대로 개봉하지 않고 최종 목적지까지 가져 가면 된다. 면세점 구입품은 구입 당시 받은 영수증이 훼손탐지가능봉투(STEB) 안에 동봉된 경우에 한해 용량에 관계 없이 반입 가능하다.

있다면 별도로 부쳐야 한다. 수속을 마치면 좌석이 표기된 보딩패스 Bording Pass와 부친 짐에 대한 수하물 보관표 Baggage Tag를 준다.

※2008년 7월부터 군 미필자 공항 병무신고 폐지

2 출국 절차

체크인을 마쳤다면 지체하지 말고 출국장으로 들어가자. 여권과 보딩패스를 보여준 후 출국장으로 들어가면 바로 세관신고대가 나온다. 고가의 전자제품 같은 귀중품이 아니라면 신고할 필요는 없다. 그리고 X-Ray 보안검색, 간단한 출국심사를 마치면 바로 면세구역이 나온다. 비행기 탑승구 Gate까지는 출발 40분 전까지만 가면 된다. 여유시간이 있다면 면세점을 돌아보자.

비행기 타기

보딩패스에 나와 있는 탑승게이트를 확인하자. 1~50번 게이트는 제1여객터미널, 101~132번 게이트는 제1여객터미널의 지하 1층에서 셔틀트레인을 타고 탑승동으로 이동한다. 230~270번 게이트 탑승객은 제2여객터미널에서 탑승한다. 게이트까지는 출발 40분 전까지만 가면 된다.

3 공항 편의시설

• **로밍서비스** 해외 어디든 자동 로밍이 가능하다는 광고 문구가 있지만 휴대폰 사양과 국가에 따라 자동 로밍이 될 수도 있고, 임대해야만 하는 경우가 있다. 각 통신사 웹사이트에 들어가 미리 신청을 하면 인천공항에서 간단한 절차만 밟고 임대폰을 받을 수 있다. 귀국 후 반납은 1층에 위치한 사무실에서 하면 된다.

• SK텔레콤 국제로밍서비스, 이동전화 렌탈 서비스, 멀티어댑터 대여 등
홈페이지 www.skroaming.com
운영 06:00~22:00 전화 1566 0011
위치 제1여객터미널 3층 일반지역 F-G 카운터 사이, 제2여객터미널 3층 면세지역 251번 게이트 맞은편

• LG U+ 국제로밍서비스, 이동전화 렌탈 서비스 등
홈페이지 lguroaming.uplus.co.kr
운영 06:00~22:00 전화 02 3416 7010
위치 제1여객터미널 3층 일반지역 G-H 카운터 사이, 제2여객터미널 3층 면세지역 251번 게이트 맞은편

• KT OLLEH 국제로밍서비스, 이동전화 렌탈 서비스, 멀티어댑터 대여 등
홈페이지 roaming.olleh.com
운영 07:00~21:00 전화 1588 0608
위치 제1여객터미널 3층 일반지역 F-G 체크인 카운터 사이, 제2여객터미널 3층 일반지역 중앙

• **은행**

신한은행 제1여객터미널 3층 C · C카운터 부근, 제2여객터미널 3층 A · H카운터 부근
운영 06:00~21:00 전화 032 743 5100/ 032 226 5113

우리은행 제1여객터미널 F카운터 부근, 제 2여객터미널 3층 A카운터 부근
운영 05:00~21:00 전화 032 743 1056/ 032 743 2050

하나은행 제1여객터미널 D · L카운터 부근, 제2여객터미널 3층 H카운터 부근
운영 05:00~22:00
전화 032 743 2220/ 032 875 1111

Advice 면세점에 관해 자주하는 질문

1. 면세점의 구입 한도는 얼마까지 인가요?
국내 면세점 구매 한도는 최대 $3000입니다. 그러나 해외에서 여행자가 입국할 경우 휴대품 면세 한도는 $600입니다. 즉 여행자가 국내 면세점에서 구입한 상품을 귀국할 때 다시 가져오는 경우 그 금액이 $600 이상인 경우 세금을 내야 한다는 얘기입니다.

2. 면세품도 교환이나 환불이 가능한가요?
사실 면세점에서 산 물건은 교환이나 환불이 수월하지 않습니다. 그 자리에 뜯어서 바로 결함을 발견했다면 바꾸는 게 가장 좋지만 그렇지 못한 경우, 입국일로부터 7~20일 이내에 동일 제품에 한해 교환하거나 환불 받을 수 있습니다.

• **음식점** 제1 · 2여객터미널엔 속을 편하게 해주는 죽집부터 설렁탕, 국수집 등 한식에서 양식, 분식, 유명 패스트푸드점과 커피숍, 베이커리 등 다양한 음식점이 입점해 있다.

• **CGV 영화관** 교통 센터 중앙에 위치.
운영 09:00~23:00

• **스파 온 에어 Spa on Air** 제1여객터미널 지하 1층 동편에 위치. 사우나, 남성 · 여성 전용 수면실 등 24시간 운영. 비행시간 때문에 일찍 도착했거나 대중교통편이 운행 될 때까지 공항에 있어야 한다면 이용할 만하다.
운영 24시간 연중무휴 요금 1만 5,000원~2만 원

• **캡슐호텔 다락 休** 국내 최초로 공항 내에 위치한 캡슐호텔. 전통적인 인테리어로 짧은 시간 동안 휴식이 필요한 여행객에서 최상의 서비스를 제공한다. 시간 단위 과금 방식의 합리적인 가격으로 이용객의 부담을 줄여준다. 제1여객터미널 교통센터에 위치하고 있다.
요금 06:00~20:00 사이 기본 3시간 싱글 + 샤워 26,400원 20:00~06:00 싱글 + 샤워 63,000원
전화 032 743 5000
홈페이지 www.walkerhill.com/darakhyu/t1/kr

• **어린이 놀이방** 제1여객터미널 3층 면세지역 110 · 9 · 41 · 45번 게이트 옆, 제2여객터미널 면세지역 257 · 268 · 231번 게이트 부근에 위치해 있다.
운영 24시간 전화 1577 2600

• **유아 휴게실 제1여객터미널**은 1층 동편 B입국장 옆, 서편 E입국장 옆, 3층 동편 D카운터 신한은행 옆과 서편 J카운터 외환은행 옆에 위치, 면세구역은 3층 동편 25번 게이트 옆, 서편 29번 게이트 옆, **제2여객터미널**은 3층 면세지역 268 · 257 · 243번 게이트 부근, 1층 일반지역 동 · 서편 및 교통 센터에 위치해 있다.

• **세탁소** 제1여객터미널 지하 1층 서편에 위치. 세탁 및 수선 서비스를 제공한다.
운영 평일 08:00~20:00, 주말 08:00~18:00
전화 032 743 1521

• **유실물 관리소** 제1여객터미널 지하 1층, 제2여객터미널 일반지역 2층 중앙 정부종합행정센터 내
운영 07:00~22:00

• **서점** 제1여객터미널 일반지역 3층 2 · 13번 출입구, H카운터, 1층 중앙 밀레니엄홀 부근, 면세지역 3층 25, 29, 122번 게이트, 4층 29번 게이트 부근
운영 06:30~21:00

• **국제운전면허 발급센터** 제1여객터미널 3층 일반지역 경찰치안센터 내에 위치한 도로교통공단 발급센터에서 국제운전면허 발급, 운전면허 적성검사 갱신 및 연기가 가능하다.
운영 09:00~18:00 (점심 12:00~13:00과 주말, 공휴일 휴무)
전화 1577 1120

• **약국** 지하 1층과 일반구역, 면세 구역 3층 및 탑승동 등에 위치하고 있다. 시내보다 약간 비싸다.

• **미용실** 신부화장을 미처 지우지 못하고 왔다면 비행기에 타기 전에 지우는 게 좋다. 미용실이지만 메이크업도 지워주고 무거운 실핀도 빼주는 서비스를 제공해 늘 인기가 있다. 지하 1층 동편에 있다.
운영 10:00~20:00 전화 032 743 5959

Advice 항공권에 관해 자주 하는 질문

외국 항공사도 한국인 승무원이 있나요?
우리나라에서 출발하는 비행기에는 한국인 승무원이 있습니다. 하지만 직항이 아닌 경우 경유지에서 최종 목적지까지는 없습니다. 이유는 출발지에서 목적지를 기준으로 승무원을 배치하니까요. 자, 이제부터 오직 영어로만 의사 소통하셔야 하는거 아시죠!

왜 환승시 2시간 이상 기다려야 하나요?
비행기는 열차처럼 정시 출발, 정시 도착이라는 게 불가능합니다. 착륙 후 플랫폼에 대기까지 시간이 꽤 소요되고 환승시 체크인을 한 번 더 해야 하는 경우도 있습니다. 거기다 갈아타는 비행기 플랫폼이 멀리 있다면 시간이 더 걸리죠. 가장 이상적인 환승시간은 2시간입니다. 항공 예약 시 꼭 확인하세요.

2 기내 서비스 이용하기

낯선 여행지에 대한 설렘을 안고 마침내 비행기에 탑승한다. 직항편을 이용했다면 유럽까지 약 12시간의 비행시간을 예상하게 되지만 직항이 아닌 경우에는 16시간 정도 비행기에서 보내야 한다. 여행의 설렘은 숙어지고 좁고 불편한 장거리 비행기 여행이 시작된다. 지루하기 짝이 없는 긴 비행시간은 기내 서비스를 적절히 이용해 극복해 보자.

기본 서비스 & 기내 매너

동유럽행 비행기의 기내 서비스에는 기본적으로 두 끼의 식사와 중간에 샌드위치나 라면 등을 제공하는 스낵타임이 있다. 지루함을 달래기 위해 영화와 음악이 제공되며, 개인용 모니터가 설치돼 있는 경우 게임도 가능하다. 그밖에 개인용 담요가 제공된다. 승무원의 친절한 서비스에 부응하는 간단한 기내 매너도 기억해 두자.

기내식

하늘에서 즐기는 기내식은 여행의 또다른 즐거움이다. 하지만 마치 미니어처 같은 적은 양의 기내식을 보는 순간 실망하기 쉽다. 성인 한 명의 1일 섭취 권장량은 2000㎉지만 기내식은 권장량 기준으로 한 끼에 500~700㎉로 정한다. 기내는 지상보다 기압이 약 20%가량 낮기 때문에 많이 먹으면 뱃속에 가스가 차고 소화도 잘 되지 않기 때문이다. 만약 당신이 유대교 · 무슬림 등의 특별한 종교를 믿거나 채식주의자라면 미리 항공사에 부탁해 당신에게 맞춘 특별한 기내식을 제공받을 수 있다.

개인용 모니터

내 맘대로 조종이 가능한 개인용 모니터가 장착된 비행기를 탄 경우 다양한 영화 · TV 프로그램, 음악, 게임 등의 서비스가 제공되어 비행기 여행이 한결 즐거워진다.

화장실

노크는 절대 금물. 기내 화장실문에는 비었음 VACANT과 사용중 OCCUPIED이라는 두 가지 표시가 있다. 실수하는 일 없이 확인 후 세련되게 이용하자.

담요

장시간 비행 동안 숙면을 위해 베개와 담요가 제공된다. 더 필요한 사람은 승무원에게 요청하면 된다. 단, 내릴 때 담요를 몰래 챙기는 일은 삼가자.

승무원 부르기

승무원을 부를 때는 좌석 옆에 사람 모양표시가 있는 버튼을 누르면 된다. 큰 소리로 부르거나, 승무원의 몸을 터치하는 건 매우 무례한 행동이다.

신발 벗기

기내에선 신발을 벗어도 된다. 대부분의 항공사 기내에는 수면 양말을 비치해 두기 때문에 요청하면 받을 수 있다. 큰 신발을 벗고 맨발로 기내를 돌아다니는 것은 예의에 어긋난다. 1회용 슬리퍼를 준비하는 것도 센스!

옷 준비하기

기내는 일정한 온도를 유지하기 때문에 에어컨이 계속 가동돼 생각보다 춥다. 사계절 언제나 양말과 긴소매 옷을 챙기자.

자리 이동하기

탑승한 비행기가 빈 좌석이 많다면 좌석을 옮길 수 있다. 누워도 상관 없다. 단, 좌석을 옮길 때는 승무원에게 미리 말하고 동의를 얻은 후 옮겨야 한다.

의자 젖히기

비행기에 올라 자리에 앉자마자 의자를 뒤로 젖히는 사람이 있다. 하지만 비행기 이 · 착륙 때는 의자를 젖히면 안 된다. 물론 식사 때도 의자를 바로 세워야 하는 게 예의다. 또한 나만 편하자고 한없이 뒤로 눕히지 말고 뒷 사람을 배려하자. 내가 불편하면 다른 사람도 똑같이 불편하다는 사실을 늘 기억해 두자.

유아와 어린이를 위한 서비스

유아식부터 어린이를 위한 메뉴, 그리고 24개월 미만이 사용하는 아기바구니 서비스도 제공된다. 단, 비행기 출발 24시간 전까지 항공사로 직접 예약해야 한다. 예민한 아기와 어린이를 위해 모형 비행기와 퍼즐 같은 장난감도 제공한다.

특별 서비스

오늘날 항공사의 기내 서비스는 손님을 끌기 위한 또 하나의 전략이 됐다. 항공사별로 내놓는 기발한 서비스는 당연히 차별화된다. 항공사 선택의 기준이 되기도 하는 기내 서비스, 사전에 홈페이지를 통해 확인해 보고 최대한 누려보자.

플라잉 매직 서비스 : 하늘 위의 깜짝 이벤트

장시간 앉아 있어야 하는 비행기 여행이 지루하다는 것을 안 항공사들이 하나 둘씩 변하고 있다. 탑승 당일 생일이나 결혼기념일인 경우엔 케이크를 선물하고 승무원들이 합창단으로 깜짝 변신해 노래를 불러주기도 한다. 또 마술쇼 등을 펼치며 간소하지만 정성스런 이벤트를 선사한다.

하트 투 하트 서비스: 감동을 선물하세요

직접 여행을 가지 않고도 여행 또는 출장을 떠난 지인에게 기내에서 깜짝 선물을 전달해 주는 것! 연인이나 부모님에게 인기가 놓다. 스튜어디스가 탑승하는 지인에게 미리 주문한 면세품과 정성껏 쓴 메모를 함께 전달해 준다.

차밍 서비스 : 아름다움을 간직하자

건조한 기내 환경 때문에 망가지기 쉬운 승객의 피부에 승무원들이 직접 보습팩도 붙여 주고 메이크업도 수정해 준다. 필요하다면 내가 이용하는 항공사에도 차밍 서비스가 있는지 물어보자.

우편 서비스 : 엽서 한 장으로 마음을 전하세요

해외여행을 마친 후 집으로 돌아오는 비행기내에서 친구나 가족 등 그리운 사람에게 엽서를 쓴 후 승무원에게 요청하면 우편물을 무료로 발송해 준다. 엽서가 없을 경우 승무원에게 요청하면 된다. 단, 국내에 거주하는 사람에게 보내야 한다.

UM (unaccompanied minor) 서비스 : 비동반 소아 서비스

보호자와 함께 가지 않고 혼자 출국하는 어린이의 안전한 여행을 위해 전담 직원이 공항에서 탑승권을 받는 순간부터 도착지에서 보호자를 만날 때까지 보살펴주는 서비스다. 항공권을 예약할 때 미리 말해야 서비스를 받을 수 있다. 이 서비스를 이용할 경우 항공권 요금을 어린이 요금으로 할인받을 수 없거나, 추가요금을 지불해야 한다.

기내에서의 건강관리

장시간 비행기를 타면 유난히 몸이 피곤해지는 것을 느끼게 된다. 목이 마르고, 에어컨 때문에 기침도 나오고, 눈은 뻑뻑하고 발은 퉁퉁 부어오른다. 이는 지상과는 다른 비행기 내부 상황과 오랜 시간 같은 자세로 앉아 있기 때문이다. 약간의 센스를 발휘해 건강관리를 해보자.

얼굴에 수분을 공급하자

기내는 매우 건조하기 때문에 10시간 넘게 비행기에 있다면 지상에서와 같은 피부관리가 필요하다. 메이크업을 하고 탑승했다면 잘 때는 클렌징 티슈를 사용해 지워주는 게 좋다. 또한 보습크림을 수시로 발라주고 워터 스프레이도 필수다. 이 외에 탄산음료나 커피, 홍차보다는 주스나 물을 자주 마셔주는 게 피부에 도움이 된다. 만약 창가석에 앉아 해를 쬐게 된다면 자외선 차단제를 발라주는 게 좋다. 일부 항공사에서는 보습용 마스크팩을 제공하기도 한다.

인공눈물이 필요해

사람이 쾌적하다고 느끼는 습도는 30~40%지만 기내는 15% 내외다. 습도가 낮아지면서 눈물이 증발하기 때문에 비행기 안의 건조함으로 눈은 괴롭다. 눈이 건조해지면 뻑뻑하고 침침해서 사물도 잘 안 보이게 된다. 특히 안구건조증 환자나 시력교정시술을 받은 지 얼마 지나지 않은 경우 각막염까지 걱정해야 할 판이다. 만약 렌즈를 착용하고 탑승했다면 안경으로 바꿔 착용하는 게 좋다. 인공눈물을 수시로 넣어 안구 표면에 수분을 공급하거나 눈 주변에 따뜻한 물수건을 대는 게 좋고, 책 또는 영화를 볼 때는 눈을 자주 깜빡이는 것도 도움이 된다.

기지개를 펴자

장시간 기내에 앉아 있으면 회사에서 야근할 때보다 허리가 더 아픈 것처럼 느껴진다. 그것은 바로 좁은 의자에 같은 자세로 앉아 있을 때 척추가 받는 하중이 서 있을 때보다 더 크기 때문이다. 디스크가 있는 사람은 특히 조심해야 한다. 50분에 한 번씩 5분 정도 통로를 산책하듯 걷거나 기지개를 펴면서 허리를 늘려주는 간단한 스트레칭이 필요하다.

귀가 멍멍하고 잘 안 들려요

비행기 이 · 착륙시나 고도를 변경하면 귀는 멍멍해지고 잘 안 들리게 된다. 기압 변화에 귓속 일부 기관이 막혀 발생하는 것이다. 이를 해결하려면 코를 손으로 막고 입을 다문 채 숨을 코로 내쉬면 된다. 껌을 씹고 하품을 하는 것도 도움이 된다. 기내 환경이 익숙하지 않은 신생아나 유아의 경우 우유를 먹이거나 인공젖꼭지를 빨게 하면 도움이 된다.

다리가 붓고 저려요

장시간 같은 자세로 앉아 있으면서 자주 움직이지 않는 경우 피로, 근육의 긴장, 다리 부종, 어지럼증 등의 증상이 나타날 수 있다. 이를 예방하기 위해서는 몸을 조이지 않는 편안한 옷을 입어야 한다. 자주 일어나 복도를 걸어다니거나 발과 무릎을 주물러 준다. 앉아서 발목을 뒤로 젖혔다 폈다 스트레칭을 반복하자. 다리를 꼬고 앉지 않는 것도 좋은 방법이다.

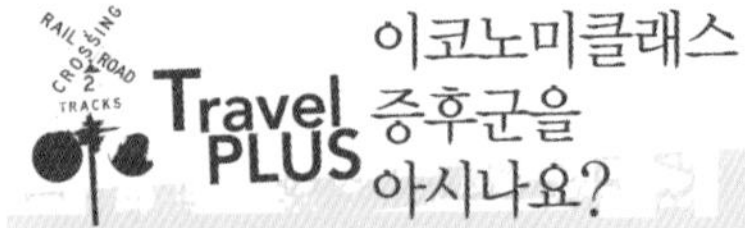

이코노미클래스 증후군을 아시나요?

한때 전 세계를 발칵 뒤집어 놓은 이코노미클래스 증후군. 장시간 비행기를 탄 후 다리가 붓고 혈액순환이 원활하지 않으며 다리 안쪽에 혈전이 생겨 일부 조각이 혈류를 타고 돌다가 폐에 들어가 호흡곤란을 일으켜 사망에 이르는 현상을 일컫는 말이다. 그래서 당시 1, 2등석에 비해 좁고 불편한 이코노미클래스의 좌석 넓이를 더 넓게 해야 한다는 등 많은 의견들이 나왔지만 최근 학계의 발표에 의하면 이코노미클래스 증후군은 좌석의 간격보다는 운동의 차이에서 발생하는 것이라고 한다. 즉 자리에 계속 앉아만 있으면 안 된다는 말이다.

3 환승 및 동유럽 입국하기

직항편을 이용하면 편하겠지만 항공료나 스케줄 때문에 어쩔 수 없이 1회 이상 환승해야 하는 비행기를 이용하게 된다. 환승을 한 번도 경험하지 못한 여행자가 제일 두려워하는 건 환승을 못해 국제미아가 되는 상상이다. 하지만 걱정할 필요 없다. 환승 표지판과 모니터만 확인하면 어느 공항에서든 환승하는 건 식은 죽 먹기보다 더 쉽다. 그리고 목적지에 도착하면 까다로운 입국심사를 거쳐야 하지만 간단한 영어와 환한 미소 하나면 무사통과할 수 있다.

환승하기

한두 번 비행기를 타본 여행자라도 환승에 대한 막연한 두려움을 갖기 마련이다. 그래서 항공사를 선택할 때 비행기를 바꿔타야 하나? 만약 잘못해서 비행기를 놓치면 어떻게 할까? 하고 고민하는데 사실 환승은 몇몇 공항을 빼고는 그다지 어렵지 않다. 더군다나 인천공항에서 부친 짐은 최종 목적지에서 찾으면 되기 때문에 내가 바꿔 탈 비행기만 잘 찾으면 된다.

환승요령

①비행기가 환승지에 도착한 후 밖으로 나오면 환승 Transfer 또는 Transit 또는 Flight Connection이라고 쓰인 표시를 볼 수 있다. 이 표시를 따라 걸어가면 환승 로비가 나오고 면세점과 각 탑승구로 연결된 통로들이 보인다.

②유럽 내에서 한 번 환승해 목적지에 도착하는 유럽 항공사의 경우 인천에서 출발할 때 최종목적지의 보딩패스까지 같이 받는 경우가 대부분이다. 만약 보딩패스를 받지 못했다면 환승을 위한 항공사 카운터로 가서 보딩패스를 받아 출발 30분 전에 탑승구 Gate로 가면 된다. 시간이 남는다면 면세점을 구경하자.

③간혹 각국의 공항 구조에 따라 터미널이 달라지는 경우가 있는데 이럴 때는 공항에서 운행하는 무료 셔틀버스를 이용하면 된다. 만약 찾지 못했

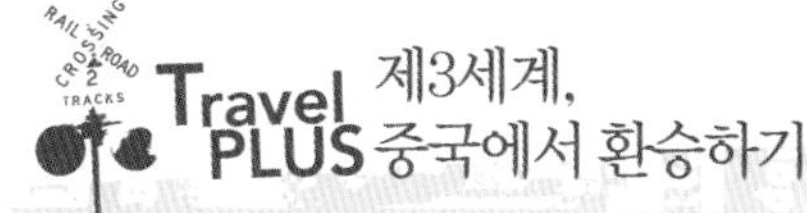

제3세계, 중국에서 환승하기

유럽계 항공사 중 2회 이상 경유해야 하는 항공사는 제3국가인 중국을 경유하는 경우가 많다. 즉, 인천공항에서 대한항공, 아시아나, 중국 항공사를 이용해 상하이나 베이징으로 가 그곳에서 유럽 항공사를 이용하는 것이다. 대부분의 유럽 항공사들이 상하이를 경유하는데 중국에서의 환승은 다른 나라보다 환승 절차가 번거롭고 시간도 많이 걸린다.

중국에서 환승요령

①인천공항에서 출발할 때 목적지가 상하이라고 말하고 짐도 상하이까지 보낸 후 그곳에서 다시 수하물을 포함한 수속을 밟아야 한다.

②기내에서 나눠주는 흰색 검역신고서 및 중국의 출입국카드를 모두 작성해야 한다.

③상하이 푸둥 국제공항에 도착한 후 외국인 전용 입국심사대 앞에서 기다린다. 차례가 오면 출입국카드를 제출하면서 트랜짓 Transit 또는 트랜스퍼 Transfer(경유)라고 말한다.

④입국심사원이 도장을 찍고 돌려준 출국카드는 잘 보관했다가 우리나라로 귀국할 때 푸둥 공항을 다시 경유한다면 그때 출국심사대에 제출해야 한다.

⑤입국심사대를 통과해 20m 정도 직진하면 에스컬레이터가 나온다. 타고 내려가면 바로 짐을 찾는 Baggage Belt가 보인다. 짐을 찾은 후 환승 카운터로 가서 보딩패스를 받으면 된다.

다면 공항 내 유니폼을 입고 돌아다니는 직원에게 비행기 티켓을 보여주고 도움을 요청하는 게 현명하다.

입국하기

동유럽 국가의 입국 절차는 생각만큼 까다롭지 않다. 입국카드도 생략하는 경우가 대부분으로 기내에서 나눠주면 쓰고, 그렇지 않다면 입국심사시 여권만 보여주면 된다. 너무 긴장한 모습은 오해를 불러일으킬 수 있으니 단정하고, 침착한 모습에 미소만 더하면 무사통과다.

입국요령

①비행기에서 내린 후 Arrival이라고 써 있는 표지판을 따라 가다 보면 Passport Control 또는 Immigration이라고 쓰인 입국심사대가 나온다.
②외국인 Foreigner과 내국인 Native으로 구분해 줄을 선 후 여권과 함께 입국신고서를 제출한다. 이때 입국심사관이 얼마나 머물지 또는 어디서 머무는지 등의 간단한 질문을 할 수도 있다.
③입국심사대를 빠져 나오면 Baggage Claim이라고 적힌 곳으로 가 짐을 찾는다. 전광판을 보면 내가 타고 온 항공편명과 수하물 수취대의 번호가 나오니 그곳으로 가서 기다렸다가 짐을 찾은 후 세관신고가 필요 없는 녹색 문 Nothing to Declare으로 나가면 된다.
④공항을 나서기 전 로비에 있는 ⓘ에 들러 시내행 교통편과 관광정보를 대략 얻은 후 시내로 이동하자. 환전을 해야 한다면 환율이 시내보다 좋지 않으니 최소한의 교통비만 환전하자.

☑알아두세요

휴대품 면세범위

여행자의 휴대품 면세범위는 주류 1병(1L 이하이며 US $400 이하), 담배 200개피, 향수 60ml 등 해외에서 구입한 물품은 최대 US $600까지 가능하다. 단, 담배와 주류는 만 19세 이상 여행자에 한한다.

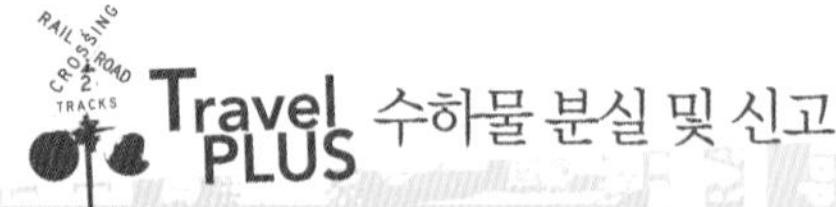

Travel PLUS 수하물 분실 및 신고

아무리 기다려도 내 수하물이 나오지 않았다면? 당황하지 말고 Lost & Found 또는 Lost Baggage라고 쓰인 분실센터로 가자. 짐을 찾지 못했다는 설명과 함께 인천공항에서 짐을 부치고 받은 수하물 보관표 Baggage Tag를 보여주고 분실신고를 하면 된다. 신고시 머물 예정인 숙소 주소와 연락처를 적어야 하며, 만약을 대비해 한국의 집주소와 연락처 등도 남겨두는 게 좋다. 그 도시에 머무는 동안 짐을 찾게 되면 항공사에서 숙소까지 짐을 배달해 주지만 끝까지 찾지 못했다면 귀국 후 항공사에서 정한 규정에 따라 보상받을 수 있다. 단, 무게 기준으로 보상액을 책정해 놓았기 때문에 별도로 부치는 큰 짐에는 귀중품을 넣어선 안 된다.
현지에서 하루 이상 늦어지게 되면 기본적인 생필품(치약 · 칫솔 · 비누 · 샴푸 · 속옷 등)은 구입한 후 영수증을 잘 보관했다가 한국에 귀국 후 항공사에 청구하면 심사를 거쳐 규정된 한도액 내에서 보상받을 수 있다.

유럽 교통수단 적응하기

1 철도(열차)

크로아티아를 제외한 동유럽 대부분의 도시는 열차로 이동하는 게 가장 편리하다. 그러다 보니 저렴한 열차 여행을 위해 철도패스도 구입하게 되고, 기차역을 제집 드나들 듯 이용하게 된다. 뿐만 아니라 열차 타는 노하우 역시 무시할 수 없는 여행의 기술이다. 열차와 역만 제대로 활용해도 동유럽 여행이 훨씬 쉬워진다.

열차의 종류와 시스템

유럽의 열차 종류는 크게 초고속(고속)열차, 일반 주간열차, 관광열차, 지방열차, 호텔(야간)열차 등이 있다. 초고속열차는 시속 300㎞로 주행하는 열차로 대부분 서유럽에서 운행하며 철도패스 소지자라도 반드시 좌석을 예약해야 한다. 주간열차는 고속열차 다음으로 정규속도로 운행하는 국내 InterCity (IC) · 국제 Euro City (EC) 열차를 말한다. 철도패스 소지자라면 예약 없이 탑승이 가능하며 보통 Direct, InterRegio 또는 Express라고 부른다.
관광열차는 주로 스위스에서 운행하는 열차로 아름다운 알프스 풍경을 감상할 수 있도록 개통된 열차다. 지방열차는 유럽의 시골풍경을 맘껏 감상할 수 있는 완행열차다. 호텔열차는 주로 서유럽에서 운행하는 야간열차로 패스 소지자라도 반드시 예약해야 탑승할 수 있다. 동유럽에서 운행하는 야간열차는 좌석에 한해 예약 없이도 탑승이 가능하지만, 국경에서의 잦은 여권검사가 번거롭고 도난사고도 빈발하므로 이용하지 않거나, 쿠셰트 또는 침대칸을 이용할 것을 권한다. 특히, 여름 성수기에는 이용객이 더 많고 열차도 붐비니 일정이 확정됐다면 서둘러서 예약을 하는 것이 좋다.

우리나라와 다른 유럽의 열차 티켓

❶출발날짜 ❷출발시각 ❸출발도시 ❹도착도시 ❺도착날짜 ❻도착시각 ❼클래스 ❽열차번호 ❾열차 종류 ❿열차칸 번호 ⓫ 침대번호 ⓬ 예약료

유럽은 구간 티켓과 예약표가 분리되어 있으며, 현지에서 구간 티켓만 구입하는 경우 날짜와 시각에 상관 없이 예약하지 않은 좌석을 1회 이용할 수 있다. 예약표는 예약 필수인 초특급열차나 특정구간이 붐벼 좌석확보가 불확실한 경우 구입하면 된다. 타임테이블에 Ⓡ마크가 있는 열차는 반드시 예약표가 있어야 탑승 가능한 열차다.
철도패스 역시 유효기간 내에 일반 좌석을 언제든 이용할 수 있는 구간 티켓이라고 생각하면 된다. 단, 초특급열차나 야간열차의 쿠셰트 등을 이용하는 경우 별도의 예약표를 구입해야 한다.

알아두면 유용한 열차 용어

• **컴파트먼트** Compartment

좌석 종류의 하나로, 한 차량에 6 · 8인실 칸이 여러 개 있는 구조를 말한다. 각 컴파트먼트는 의자가 마주보고 나란히 있으며, 대부분 양쪽 의자를 앞으로 잡아당기면 서로 붙어 침대처럼 누워 갈 수도 있다. 유럽 대부분의 열차 좌석이 컴파트먼트 형식으로 되어 있다.

• **코치** Coach

우리나라 열차 내부와 유사하다. 두 개의 좌석이 일렬로 나란히 배치되어 있다.

• **쿠셰트** Couchette

야간열차 이용시 가장 저렴하게 예약할 수 있는 6인실 간이 침대칸. 각 방은 2개의 3층침대가 서로 마주하고 있으며, 잠금장치가 있어 안전하다. 또 담당 차장이 있어 목적지에 도착하기 1시간 전에 깨워주는 서비스도 제공한다. 쿠셰트 경우 다른 사람의 방해를 받고 싶지 않다면 가장 높은 3층(Upper Bed)을, 화장실에 자주 간다면 1층(Lower Bed)이 편리하다.

• **슬리퍼레트** Sleeperette

호텔열차 같은 고급 야간열차에 있는 좌석. 거의 180° 젖혀지는 고급 좌석을 말한다.

• **침대칸** Sleeping Car

쿠셰트보다 한 단계 높은 것으로 1 · 2 · 3 · 4인실로 구성된 최고급 침대칸을 말한다. 쿠셰트와 달리 내부에 개인 세면대를 갖추고 있으며, 객실에 따라서는 샤워시설까지 완비돼 있다. 별도의 예약료도 쿠셰트에 비해 2~4배 정도 비싸다. 비싼 요금 때문에 배낭여행자들이 이용하는 경우는 매우 드물다.

역 완전정복

동유럽은 철도 여행이 특히 발달해 있어 역에는 매표소 · ⓘ · 짐 보관소 · 환전소 · 레스토랑 및 편의점 · 화장실 · 대합실 등 여행자를 위한 최상의 편의시설을 갖추고 있다. 외국인의 왕래가 많은 대도시인 경우는 영어도 잘 통하는 편이고, 역 구내 편의시설 안내표지판이 그림으로 되어 있어 초보 여행자라도 누구나 쉽게 이용할 수 있다. 우리나라에서 미리 철도패스를 구입하고 갔다면 철도패스부터 개시하자(P.628 참조).

새로운 역에 도착했다면

Step 1

도시에 도착하기 전 열차에서 다음 행선지로 갈

날짜 및 열차시간 등을 미리 정해둔다. 또한, 도착할 도시에 대한 안내책자를 꼼꼼하게 읽어본 후 역내 ⓘ에 문의할 사항들을 적어본다(무료 지도, 숙소 찾아가는 방법 또는 저렴한 숙소 소개, 이벤트 및 행사 · 공연 정보, 근교 도시 정보 및 1일 투어 등).

Step 2

열차가 역에 도착하면 매표소에 들러 다음 행선지로 가는 열차시각과 필요하다면 좌석 및 침대칸을 예약한다(철도 여행 첫날이라면 철도패스 개시도 잊지 말자).

알아두세요

철도패스 개시하기

유럽의 어느 역에서나 할 수 있다. 철도패스를 사용하기 전에 역내 매표소 또는 유레일 에이드 센터 Eurail Aid Center에 여권과 철도패스를 보여준 후 개시일을 말하면 된다. 담당 직원은 본인 확인 후 철도패스에 개시일과 만료일을 표기하고 스탬프를 찍어준다. "Start, Please!" 또는 "Open, Please!"라는 짧은 영어 한 마디면 알아 듣는다. 철도패스 개시 후에는 패스 종류와 유효기간에 맞춰 열차를 이용하면 된다.

Step 3

ⓘ에 들러 무료 지도 및 도시 관련 정보를 문의한다.

Step 4

너무 이른 시간에 도착해 숙소 체크인을 할 수 없다면 역내 짐 보관소에 짐을 맡긴 후 우선 시내 관광을 하고 오후에 짐을 찾아 숙소로 가면 된다.

Step 5

굳이 역에서 환전을 해야 한다면 최소한으로 하고, 나머지는 환율이 좋은 시내에서 한다.

역 이용 시 주의할 점

①오스트리아를 제외한 동유럽 대부분의 역은 시설이 낙후한 편이다. 특히, 매표소에서 영어가 잘 통하지 않아 티켓 구입시 어려움이 따른다. 언어 때문에 티켓 구입이 힘들 때는 시내 중심에 있는 각국의 국영 여행사를 이용하는 것도 좋은 방법이다. 약간의 수수료를 내야 하지만 여유롭게 상담을 받을 수 있고 의사소통이 수월해 이용하기에 편리하다.

②동유럽의 역에는 유럽의 다른 도시들에 비해 호텔 호객꾼들이 특히 많다. 만약 적당한 숙소를 정하지 못했다면 숙소 사진 · 위치 · 시설 등을 확인한 후 이용해 보는 것도 좋다. 단, 흥정은 필수이며, 요금에 아침식사가 포함되어 있는지 여부도 미리 확인해 두자.

③역내 환전소는 환율이 낮을 뿐더러 수수료 역시 턱없이 비싸 당황하는 경우가 많다. 가능하면 역에서는 숙소로 이동하는 데 드는 최소한의 교통비 정도만 환전하고 나머지는 시내에서 환전하는 것이 현명하다. 같은 환전소라도 환율과 수수료가 서로 다를 수 있으니 환전소가 여러 군데 있다면 비교해 보고 환전하자.

④어느 도시나 역과 그 주변에는 소매치기와 사기꾼들이 많이 모여 있으니 항상 소지품 관리에 주

의해야 한다. 기차역에 짐을 맡겨야 하는 경우 코인로커보다 유인 짐 보관소를 이용하는 것이 비싸기는 해도 더 안전하다.

티켓 예약 및 구입하기

각국의 초고속열차, 야간열차의 침대칸 또는 쿠셰트를 이용하려면 철도패스 소지자라도 별도의 예약표를 구입해야 한다. 예약은 가능한 서둘러 하는 것이 좋으며, 동유럽 각 열차 시스템이 온라인으로 연결돼 있으므로 날짜와 행선지가 정해져 있다면 한 곳에서 한꺼번에 예약할 수 있다. 단, 여행객으로 붐비는 대도시 기차역은 1인당 예약할 수 있는 구간을 2~3구간으로 제한하고 있어 한 번에 예약이 불가능한 경우도 있다. 만약 예약하지 못한 구간이 있다면 다음 도시에서 하면 된다. 매표소에서 예약하는 방법은 간단하다. 탑승일, 목적지, 대략의 출발시간, 인원, 좌석 종류 등을 말하면 된다. 철도패스가 있으면 직원에게 보여준 후 예약표만 구입하면 되고, 철도패스가 없으면 구간 티켓과 예약표 모두 구입해야 한다. 만약, 시간이 없어 예약을 못했다면 우선 승차한 후 차장의 도움을 받으면 된다. 단, 차장에게서 티켓을 구입하는 경우 역내 매표소에서 구입하는 것보다 더 비싸다는 것을 잊지 말자. 티켓을 예약할 때는 익숙하지 않은 언어로 말하기보다 종이에 적어 보여주면 더 정확하다.

15. JUL. 2018 (예약하고 싶은 날짜)
바르샤바 Warsaw (출발지) ⋯ 빈 Wien (목적지)
Night Train (열차종류)
2 Person (예약하는 인원수) /
Couchette (원하는 좌석의 종류)
1·2·3층 Lower/Middle/Upper (침대 위치)
Eastern Rail Pass Holder (패스 소지 유무)

RAIL ROAD CROSSING 2 TRACKS

Travel PLUS

꼭 탑승해야 하는 날 야간열차가 만석일 경우

①일행이 여럿이라면 각각 다른 칸을 이용하더라도 우선 한 자리씩 남은 좌석이 있는지 매표소에 문의하자.
②쿠셰트를 원했으나 만석이라면 좌석, 비싼 침대칸 순으로 예약을 요청해 본다.
③위 방법이 모두 불가능하다면 도착지와 가까운 도시로 운행하는 열차편을 예약해 보자. 어차피 야간열차는 이른 아침에 도착하는 경우가 대부분이므로 도착 후 목적지까지 환승해 열차를 이용하면 된다.
④그래도 힘들다면 이번에는 출발지와 가까운 다른 도시에서 운행하는 열차를 예약해 본다. 만약 이 열차편도 자리가 없다면 출발지와 목적지가 다른 근교 도시와의 연결편을 예약하는 방법을 고려해 보자.

다른 도시로 출발하려면

Step 1

열차 출발 1시간 전까지는 역에 도착하는 게 안심이다. 열차 안에서 마실 물과 간단한 도시락을 준비하고, 늦은 시간이니 역 구내와, 열차 안 어디서든 도난에 각별히 신경 쓰자.

Step 2

역에는 딱히 안내원이 없기 때문에 전광판을 보고 해당 플랫폼을 확인한 후 각자 알아서 열차에 탑승해야 한다. 출발역인 경우 열차가 이미 1시간 전

부터 플랫폼에 정차하고 있어 여유롭게 탑승할 수 있으나, 중간 정차 역인 경우는 대부분 정시에 도착해 정시에 출발하므로 조금 서둘러야 한다.

Step 3

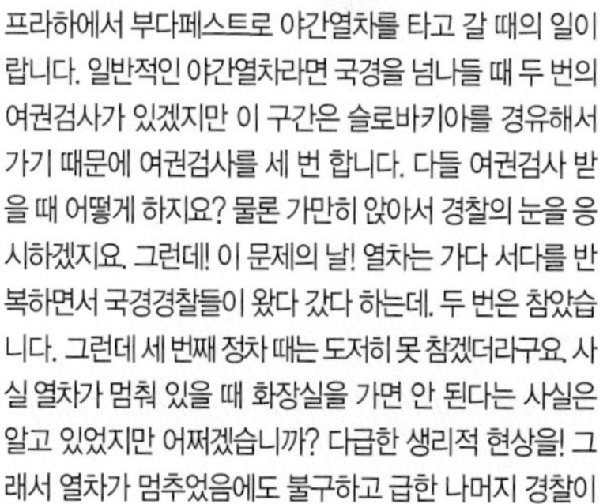

플랫폼 번호는 전광판에서 확인할 수 있다. 플랫폼을 제대로 찾았다면 각 차량에 써 있는 행선지, 1 · 2등석, 예약했다면 차량번호 등을 확인한 후 탑승하자.

Step 4

패스 소지자가 주간에 이동할 경우, 각국의 초특급 열차가 아니라면 예약 없이 탑승이 가능하다. 단, 예약되어 있지 않은 자리에 착석해야 한다. 예약석은 차장이 미리 좌석에 예약표시를 해둔다.

Step 5

야간열차의 쿠셰트나 침대칸을 예약해 이용하는 경우는 예약표에 나와 있는 차량번호를 확인한 후 탑승하면 된다. 차장이 탑승 전에 미리 확인해 주므로 잘못 타는 경우는 거의 없다. 탑승 후 철도패스 · 예약표 · 여권 등을 걷어가며 도착 1시간 전에 돌려준다. 나라에 따라 여권검사는 개별적으로 하고 철도패스와 예약표만 걷어가기도 한다.

Step 6

도착 안내방송이 없으니 시간을 확인한 후 알아서 내려야 한다. 도착할 시간이 되면 미리 짐을 챙기고 나와 있는 것이 좋다.

야간열차 화장실에서 생긴 일!

프라하에서 부다페스트로 야간열차를 타고 갈 때의 일이랍니다. 일반적인 야간열차라면 국경을 넘나들 때 두 번의 여권검사가 있겠지만 이 구간은 슬로바키아를 경유해서 가기 때문에 여권검사를 세 번 합니다. 다들 여권검사 받을 때 어떻게 하지요? 물론 가만히 앉아서 경찰의 눈을 응시하겠지요. 그런데! 이 문제의 날! 열차는 가다 서다를 반복하면서 국경경찰들이 왔다 갔다 하는데, 두 번은 참았습니다. 그런데 세 번째 정차 때는 도저히 못 참겠더라구요. 사실 열차가 멈춰 있을 때 화장실을 가면 안 된다는 사실은 알고 있었지만 어쩌겠습니까? 다급한 생리적 현상을! 그래서 열차가 멈추었음에도 불구하고 급한 나머지 경찰이 저를 따라온다는 사실도 모르고 화장실을 갔습니다. 바지를 내리고 볼일을 보는 순간 문이 덜 잠겼는지 확~ 열리더라구요. 황급히 문을 닫고 마저 볼일을 본 후 벌개진 얼굴을 하고 씩씩대며 자리로 돌아왔습니다. 물론 절 따라 화장실을 온 경찰은 친절하게 제가 볼일을 다 보고 나올 때까지 기다렸다가 제 자리로 따라와 여권검사를 하고 갔습니다. 아~ 한 번도 공개한 적 없는 내 엉덩이를 머나먼 타국에 와서 그것도 국경경찰에게 보일 줄이야! 최악의 야간열차 경험이었습니다. 국경에서 여권검사를 하기 위해 열차가 멈췄을 때는 화장실을 가면 절대 안 된다는 사실 기억해 두세요. 저처럼 창피당하지 마시구요.

2 현지 교통(저가 항공 · 버스 · 페리)

열차 외에 비행기 · 버스 · 페리 등 다양한 교통수단이 발달해 있다. 장거리 이동은 비행기가 시간을 절약할 수 있어 좋고, 대도시에 머물면서 근교를 돌아다니거나, 크로아티아의 달마티아 지방을 여행할 때는 버스를, 아름다운 도나우 강이 흐르는 오스트리아와 헝가리를 오갈 때는 페리를 이용해 보자. 다양한 교통수단을 적절히 활용하면 효율적인 이동과 편리함 외에 색다른 경험이 된다.

저가 항공

동유럽을 취항하는 저가 항공사가 아직은 많지 않지만 여행객 수요가 늘어나면서 운항 횟수나 노선도 증폭하는 추세다. 이들은 저렴한 요금을 앞세워 여행객들에게 손짓한다. 여행할 도시와 각 도시간의 거리가 너무 멀어 마땅한 지상 교통편이 없거나 시간이 빠듯한 여행객에게 추천할 만하다. 예약을 빨리 할수록 요금이 저렴하다. 그러나 저가 항공이 취항하는 공항이 시내에서 멀리 떨어져 있다면 항공요금보다 교통비가 더 들 수도 있다는 점을 감안해야 한다.

이용시 주의사항

• 저가 항공 예약 시 여행사나 항공사를 찾아가지 않아도 된다. 인터넷 웹사이트를 통해 예약 및 결제가 가능하다. 회원 가입도 필요 없다. 오로지 여권과 결제 가능한 신용카드만 있으면 된다.

• 출발일이 같아도 출발시각에 따라 요금이 달라질 수 있다. 새벽이나 밤 시간대 출발 요금이 저렴한 편이다.

• 저가 항공은 대부분 수하물 1개당 15㎏ 내외의 무게를 허용한다. 항공요금이 저렴한 만큼 무게에 관해서는 엄격한 제한을 두기 때문에 정해진 수하물 무게를 넘길 경우 예외 없이 추가료가 발생하니 예약할 때 각 항공사별로 무게 허용 ㎏을 미리 체크하자.

• 결제 후에는 환불이나 일정 변경이 불가능하다. 만약 늦잠을 자거나 길이 막혀 늦어 비행기를 못 탔어도 예외는 아니다.

• 저가 항공 역시 공항에 출발 2시간 전에 도착해야 체크인 후 탑승시간에 늦지 않다.

예약하기

①저가 항공 웹사이트에서 편도 One way 또는 왕복 Return인지 체크한 후 출발지 및 도착지, 원하는 날짜를 입력해 시간대별로 요금을 확인한다.

②원하는 시간대와 요금을 찾았다면 다음 next을 클릭하면 된다.

③예약 시 짐의 개수 및 무게, 보험 가입 여부 등이 나오면 반드시 확인해야 한다.

④인터넷 예약은 카드로만 발권이 가능하다. 해외 사용 가능한 카드로 결제하면 된다.

⑤발권된 티켓을 받을 수 있는 이메일 주소를 입력하자. 약 5분 후에 이메일로 항공권을 확인할 수 있다. 출력해서 공항에 가지고 가면 된다. 만약 프린트 사용이 여의치 않으면 예약번호를 적어 공항에 가면 된다.

목적지별 저가 항공 노선 조회

www.skyscanner.co.kr, www.whichbudget.com

주요 저가 항공사

항공사	홈페이지
Skyeurope	www.skyeurope.com
Germanwings	www.eurowings.com
Wizz Air	www.wizzair.com
Croatia Airlines	www.croatiaairlines.com
Easyjet	www.easyjet.com
Smartwings	www.smartwings.com
Ryanair	www.ryanair.com
Air Berlin	www.airberlin.com

버스

버스의 장점은 비 · 성수기에 상관 없이 매일 운행한다는 점. 동유럽에서는 생각보다 버스를 이용할 일이 많다. 크로아티아의 경우 기암절벽과 해안선이 발달한 지형적인 특성 때문에 전국적으로 버스 노선이 발달해 있고 주요 교통수단도 단연 버스다. 체코와 슬로베니아에서는 대도시와 근교를 오갈 때 열차보다 버스가 더 편리하다. 시간대가 다양하고 요금이 저렴해서 여행자들에게 인기가 높다. 대부분의 동유럽 국가의 버스터미널은 외곽이 아닌 시내에 있어서 이용하기 편하다.

티켓은 미리 예약해 두는 게 안전하고, 요금에 따라 완행과 급행으로 나뉘며, 버스 시설 역시 차이가 있다. 국제학생증 소지자는 할인을 받을 수 있다. 그밖에 크로아티아에서는 짐칸에 큰 짐을 싣는 경우 운전사한테 별도의 돈을 지불해야 하니 미리 챙겨두자.

페리

페리는 가장 이색적이면서 로맨틱한 교통수단으로 여행의 편리보다는 특별한 경험을 하고 싶은 여행자에게 인기가 높다. 특히, 아드리아 해에 펼쳐져 있는 크로아티아의 해변도시와 아름다운 섬을 오가는 크루즈, 이탈리아와 크로아티아를 잇는 노선 등이 유명하다. 페리는 날씨의 영향과 비 · 성수기에 따라 운항편수가 달라진다. 한여름에는 반드시 탑승 전 예약하는 게 좋으며, 페리 내 객실 · 의자 · 데크 등 몇 등석을 이용하는지에 따라 요금도 천차만별이다. 젊은 배낭족이라면 침낭을 들고 데크를 이용해 볼 것을 추천한다. 전 세계 배낭족들과 어울려 노래도 부르고, 데크에 누워 아름다운 아드리아 해의 별빛을 맞으며 젊음의 낭만을 만끽해 보자. 그밖에 빈과 부다페스트 간을 잇는 유람선과 헝가리의 도나우벤트를 따라 운항하는 페리는 아름다운 도나우 강의 자연 풍경을 안내하는 정겨운 유람선이다. 단, 봄부터 가을까지 운항하므로 반드시 홈페이지나 ⓘ 등을 통해 문의하고 이용해 보자.

주요 페리 회사

크로아티아 페리

Jadrolinija www.jadrolinija.com

이탈리아 페리

Blueline www.blueline-ferries.com

헝가리 페리

Mahart Passnave www.mahartpassnave.hu

3 시내 교통(메트로 · 트램 · 버스)

대부분의 동유럽 도시의 대중교통수단으로는 메트로 · 트램 · 버스 등이 있다. 나라마다 차량의 종류나 시스템의 차이가 있지만 기본적인 이용방법은 동일하다. 각 교통수단의 특징과 이용방법 등을 숙지하면 단 한 번의 경험만으로 현지 대중교통을 자연스럽게 이용할 수 있다. 대중교통을 효율적으로 이용하면 시간도 절약할 수 있지만 이동범위도 넓어진다. 대중교통이 가장 발달한 나라는 오스트리아로 모든 시설이 승객 중심으로 개발돼 있어 매우 편리하다. 가장 이상적인 시스템을 갖추고 있으니 이용은 물론 눈여겨보자.

메트로(지하철)

메트로는 가장 쉽게 이용할 수 있는 시내 교통수단이다. 특히 주요 관광명소와 역, 버스터미널 등과 연결돼 있어 매우 편리하다.

이용방법은 우리나라와 거의 같다. 메트로는 M자로 표시하는 게 일반적이며, 티켓을 끊고 플랫폼으로 들어가기 전에 펀칭기에 티켓을 넣고 개시해야 한다. 노선은 대부분 색으로 구별되며, 출구나 환승 표지판만 잘 따라 가면 된다. 역마다 안내방송이 나오지만 현지어 방송이라 별로 도움이 되지 않으니 직접 확인하자. 승하차시 문을 직접 열어야 하는 경우 문 옆에 있는 버튼을 누르면 된다.

트램

바쁘게 돌아가는 요즘 세상에 느리게 운행되는 트램은 공해방지와 도시 미관을 위해 운행하는 유럽의 명물 교통수단이라 할 수 있다. 도심의 골목골목을 천천히 달리는 트램 차창 밖으로 유럽의 낭만적인 풍경을 감상할 수 있어 더욱 운치가 있다. 일제 강점기에는 서울 한복판에도 트램이 운행됐다지만 현대에 사는 우리에게는 낯설기만 하다. 관광삼아서라도 유럽의 트램을 꼭 타보자. 모든 트램 정류장에는 운행하는 트램 번호와 노선이 자세히 나와 있다.

승하차 시 문 옆의 버튼을 누르고 직접 문을 열어야 한다. 탑승 후에는 티켓을 펀칭기에 넣고 개시해야 하며, 트램 안에는 노선도와 도착 정류장을 표시하는 전광판이 있어 알기 쉽다.

버스

버스는 시내 구석구석을 연결하고, 메트로나 트램이 가지 않는 시 외곽까지 운행하지만 여행자에게는 그다지 인기가 없다. 아마도 이용하기 편리한 메트로에 비해 노선이 복잡하고 운치 있는 트램에 비해 별 매력이 없다고 느끼기 때문이다. 이용방법은 트램과 거의 동일하다.

티켓 구입 및 대중교통 이용시 주의할 점

24시간 티켓

대부분 메트로 · 트램 · 버스 티켓이 공용이며, 도시마다 1회권, 1일권 또는 24시간권, 3일권 또는 72시간권 등 티켓 종류가 다양하게 있다. 1일권은 아침부터 저녁까지 사용하는 티켓인 반면, 24시간권은 개시한 시각부터 24시간 이용할 수 있다.

티켓 자동발매기

티켓은 체류일수와 이동횟수 등을 고려해 구입하면 된다. 메트로 역내 매표소, 신문가판대나 담배 가게, 버스나 트램 정류장에서 구입할 수 있다.

대중교통 이용시 주의할 점은 탑승 후 반드시 티켓을 펀칭기에 넣고 개시해야 유효하다. 수시로 사복경찰의 검표도 있으니 무임승차는 꿈도 꾸지 말자. 관광명소와 연결된 주요 역은 소매치기가 많으니 소지품 관리에 각별히 주의해야 한다. 그밖에 시내 전역에 대한 대중교통 노선도가 필요하다면 교통안내센터나 ⓘ에서 얻을 수 있다.

펀칭하기

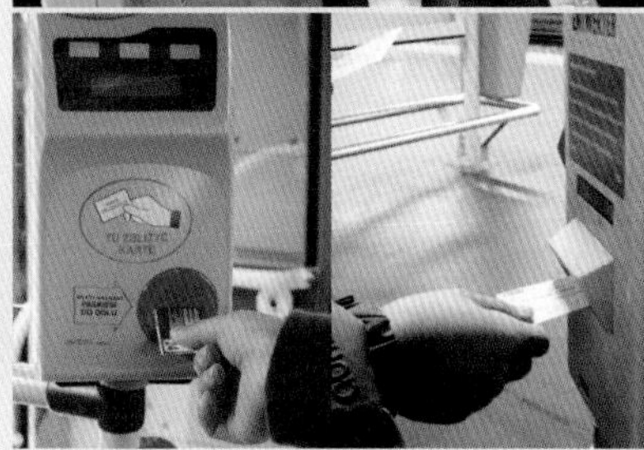

현지 여행 적응하기

1 똑! 소리나는 도시 여행

계획이 아무리 치밀하고 거창해도 현지 적응에 실패했다면 즐거운 여행은 물 건너간 셈이다. 가끔 하는 실수야 여행의 즐거운 에피소드가 되겠지만, 여행 내내 뒤죽박죽 실수투성이 연속이라면 오히려 시간낭비와 피곤함만 더할 뿐이다. 동유럽 어느 도시를 여행하든 기본적인 요령만 익히면 누구나 쉽고 즐겁게 여행할 수 있다. 똑! 소리나는 도시여행의 노하우를 익혀보자.

현지인과의 의사소통? 영어면 OK

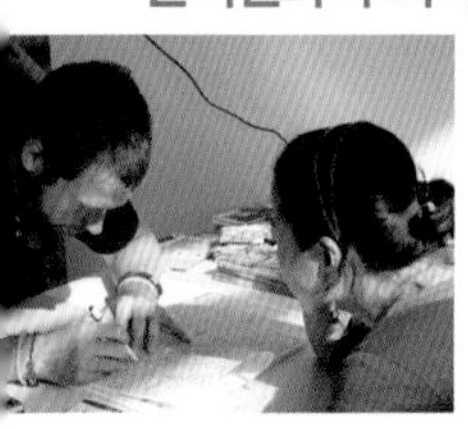

동유럽은 나라마다 다른 고유어를 사용하고 있다. 하지만 역이나 여행사, 관광안내소, 관광명소 등 여행 관련 일에 종사하는 대부분의 사람들은 영어를 할 줄 안다. 뿐만 아니라 우리나라처럼 영어의 중요성을 인식하고 있어 현지 젊은이들은 영어를 꽤 잘 하는 편이다. 거기에 표정과 손짓으로 표현하는 보디랭귀지만 잘 해도 여행에 필요한 의사소통에는 문제가 없다.

관광안내소 ⓘ를 최대한 활용하자

어느 도시든 도착하면 곧바로 ⓘ에 들러보자. 질문은 지도를 하나하나 짚어가면서 하면 되고, 직원은 무엇이든 친절하게 설명해 준다. ⓘ만 잘 활용하면 가이드북도 필요 없다.

ⓘ 활용법

①시내 지도 얻기(무료 또는 유료).

②짧은 시간 안에 효율적으로 시내를 돌아볼 수 있는 코스를 추천받자. 현지인이 아니면 알 수 없는 숨겨진 명소와 관광 코스도 문의해 보자.

③무료 시내 가이드북과 무료 또는 저렴한 특별 공연 등에 대한 안내책자 얻기. 관광명소의 운영시간, 요금, 레스토랑과 숙소 정보까지 실려 있어 매우 유용하다.

④숙소정보 얻기. 예약도 가능하다. 또한 우리나라에서 미리 예약한 숙소의 주소만 말하면 찾아가는 방법도 문의할 수 있다. 지도에 표시, 대중교통도 친절하게 설명해준다.

⑤근교 여행지로 가는 교통편과 운행시간 등도 문의할 수 있다.

⑥추천 현지 음식과 레스토랑도 문의해 보자. 유명한 곳이 싫다면 직원이 개인적으로 즐겨 찾는 레스토랑을 추천받는 것도 좋다.

⑦ⓘ에 비치된 전단지와 무료 할인쿠폰 등도 챙기자. 유적지와 유명 레스토랑 할인쿠폰은 매우 유용하게 쓸 수 있다.

지도를 볼 줄 알면 적응 끝

동유럽의 모든 도시는 구획정리가 잘 돼 있고, 거리마다 이름이 표시돼 있어 지도만 볼 줄 알면 누구나 쉽게 돌아다닐 수 있다. 일반적으로 남자보다 여자들이 지도 보는 걸 헷갈려 하는데 지도만 볼 줄 알면 어디를 가든 자신감이 생긴다. 지도와 친해보자.

지도 활용법

①자신의 현 위치와 진행방향(동 · 서 · 남 · 북)을 찾자.
②도시의 랜드마크를 2개 정도 찾아 지도상에 표시하고, 볼거리 또는 꼭 보고 싶은 것들도 찾아서 동그라미를 치자.
③동선을 그어 루트를 만들자. 지금 있는 위치에서 가려고 하는 곳을 연결해 보면 걸어서 갈지 대중교통을 이용해야 하는지 답이 보인다.
④ⓘ에서 얻은 지도를 잘 살펴보면 대표적인 관광명소의 사진과 설명이 있는데, 가이드북에도 없는 특별한 곳이 소개된 경우도 있으니 꼼꼼히 살펴보자. 어떤 지도는 가이드북보다 설명이 상세해 지도 한 장만으로도 시내 관광하는 데 전혀 어려움이 없다.

무조건 걷지 말고, 대중교통을 잘 활용하자

동유럽 대부분의 도시는 도보로 다녀도 될 만큼 작고 아담하다. 하지만 대도시는 사정이 다르다. 무턱대고 무조건 걷는 것보다는 대중교통수단을 효율적으로 이용해 보자. 시간도 절약할 수 있고, 덕분에 더 많은 볼거리를 감상할 수 있어 더욱 유리하다. 메트로 이용은 기본이고, 시내 중심을 순환하는 트램 이용은 필수다. 현지인처럼 대중교통을 이용하고 싶다면 ⓘ에서 교통지도를 얻자.

무료 화장실이 없다고? 찾아보면 다 나온다

어느 가이드북이나 인터넷을 봐도 서유럽과 동유럽을 통틀어 유럽에서 쉽게 무료 화장실 가는 방법을 알려주지 않는다. 지금 만약 화장실이 급하다면 아래 방법들을 잘 활용해 보자.

①주변에 호텔 또는 호스텔이 있는지 한번 찾아보자. 대부분 자신이 머무는 숙소가 아닌 경우 화장실을 이용할 수 없다고 생각하지만 호텔 · 유스호스텔 등은 1층 또는 2층에 화장실이 있으니 당당하게 들어가 깨끗하게 사용하고 나오면 된다.
②식당이나 카페를 찾아보자. 우리나라와 마찬가지로 화장실은 구석진 곳에 위치하고 있다. 그들은 가게 손님들을 위해 화장실을 개방해 놓기 때문에 당당하게 들어가면 된다. 대부분의 여행객들이 패스트푸드점이 화장실을 무료로 개방할 것이라 생각해서 그곳으로 몰리지만, 사실 패스트푸점 화장실은 영수증에 적힌 번호를 눌러야 하거나 1유로 미만의 돈을 내야 사용할 수 있는 유료 화장실이다.
③박물관 · 미술관을 갔다면 관람전과 관람 후 반드시 화장실을 다녀오자.

가스워터? 미네랄워터? 쉽게 구분하는 방법을 알려주마

아직 우리나라는 탄산이 들어 있는 물이 보편화되지 않았기 때문에 동유럽에서 잘못 사서 마실 경우 한 모금 마시고 죄다 버리는 경우가 있다. 어떤 이들은 아깝다고 하룻밤 뚜껑을 열어 가스를 뺀 뒤 미지근하게 마시는 경우도 있다.
자! 지금부터 100% 가스워터와 미네랄워터를 구분하는 방법을 알아보자.
가스워터는 병 속에 가스를 넣기 때문에 빵빵하다. 한 마디로 말해서 물병 주둥이 부분을 손으로 한번 꾹~ 눌렀을 때 쑥 들어가면 미네랄워터고, 탱탱하면 가스워터다. 그리고 가스워터는 대부분 초록색병이다. 사실 소화 잘 되는 가스워터는 한번 익숙해지면 일반 미네랄워터보다 훨씬 맛있다.

나만의 여행 가이드북, 에세이를 만들자

여행지에서 영수증을 챙기는 것만큼 좋은 습관은 없다. 그날 그날 음식점에서 받은 영수증은 꼭 챙겨서 음식점 이름을 기입하고, 자신이 먹은 메뉴까지 하나하나 적어 놓는다면 더 좋다. 각 도시의 박물관 · 미술관 입장권 또한 스크랩하면 그야말로 예술이다. 일기장에 매일 간단한 메모를 곁들여 붙여보자. 별 것 아닌 거 같지만 이들이 모이면 나만의 훌륭한 여행 가이드북, 에세이가 탄생한다.

2 레스토랑 & 카페 이용하기

동유럽 여행 중 소문난 현지 음식을 먹어보는 일만큼 특별한 경험이 또 있을까? 하지만 우리와는 다른 식사예절과 문화, 조금만 신경 쓰면 제대로 된 서비스를 받으며 즐거운 시간을 보낼 수 있다. 돈 내고 맘 상하는 일! 이제 그만! 로마에 가면 로마 법을 따르자.

이용방법

아래 소개한 이용방법은 레스토랑이나 카페 모두 같다. 격식을 차려야 하는 레스토랑인 경우는 미리 예약하거나, 옷차림과 식사예절에도 반드시 신경 써야 한다. 그렇지 않은 경우에도 시내 관광 중 레스토랑을 이용했다면 옷차림이야 어쩔 수 없지만 최소 음료와 주요리를 주문해야 하고, 팁 역시 신경 써야 한다.

Step 1

테이블 착석은 반드시 웨이터의 안내를 받아라

레스토랑 입구에 들어서면 일단 문 앞에 서 있자. 곧 웨이터가 다가올 것이고 인원과 금연석 또는 흡연석 등을 확인한 후 자리를 안내해 줄 것이다. 우리나라에서처럼 마음대로 자리에 앉으면 그 순간부터 웨이터는 손님을 무례하게 대한다. 혹시, 웨이터가 안내한 자리가 마음에 들지 않는다면 원하는 자리를 말하면 된다.

Step 2

음료부터 시켜라

웨이터가 메뉴판을 주면 먼저 음료부터 정한다. 맥주, 사이다, 콜라, 와인, 그리고 미네랄워터 등

주요리와 적당히 어울릴만한 음료를 고르면 된다. 음료 주문 후 메뉴 선택에 웨이터의 도움이 필요하다면 물어보는 것도 좋다. 음료가 서빙될 때까지 천천히 메뉴를 고르면 된다.

Step 3

음식을 주문하고, 느긋하게 식사시간을 즐기자

음료는 주요리와 함께 마실 수 있도록 천천히 마시고, 주요리가 나오면 현지인들처럼 느긋하게 식사를 즐겨보자. 필요한 게 있다면 웨이터를 큰 소리로 부리지 말고, 눈과 가벼운 손짓으로 신호를 보낸다.

Step 4

계산은 자리에서 하고, 팁도 챙겨주자

식사를 마쳤다면 웨이터에게 계산서를 부탁하자. 더치페이가 일반적인 서양에서는 따로 계산하고 싶다면 한 명씩 별도로 계산할 수 있도록 서비스

를 제공한다. 그들에게는 흔한 일이니 필요하다면 활용하자. 웨이터의 서비스가 괜찮았다면 팁으로 음식값의 10%를 테이블 위에 두는 게 예의다.

테이블에서 생길 수 있는 일

①식사 중에 물을 엎지른 경우

서양식 테이블 매너에서 글라스를 엎는 것은 금기시되고 있다. 만약 식사 중 물이나 와인을 엎지른 경우 소란스럽게 하지 말자. 조용히 오른손을 들고 웨이터나 지배인을 불러 도움을 받으면 된다.

②음식에 문제가 있는 경우

음식을 입에 넣었는데 생각보다 너무 뜨거웠다. 주위에 물이 없을 경우 테이블에 놓여 있는 냅킨에 뱉은 후 안 보이게 잘 싸서 그릇 한쪽에 놓아두면 된다.

③생선가시가 목에 걸렸을 경우

생선가시가 걸렸을 때는 물을 마시면 된다. 그래도 빠지지 않을 경우 냅킨으로 입을 가리고 손가락을 이용해 입에서 꺼내는 것도 실례가 되지 않는다. 기침을 하고 싶다면 양해를 구하고 자리를 떠나서 하는 게 좋다.

④시원하게 코를 풀자

우리나라에서는 사람들이 있는 앞에서 소리를 내서 코를 푸는 행동이 예의에 어긋나지만 유럽에서는 코를 훌쩍거리는 게 오히려 예의에 어긋난다. 어디서든 시원하게 코를 풀자. 또한 땀이 날 때 본인의 손수건을 이용해야 한다. 냅킨으로 닦는 실수는 하지 말자.

테이블 기본 매너

서양에서 테이블 매너는 19세기 영국 빅토리아 여왕 시대에 완성되었다. 형식을 중요하게 여기던 시기로 당시의 식사예절과 매너가 지금까지 이어오고 있다. 서양인의 식사 매너는 어느 나라나 거의 비슷하다.

• 냅킨

냅킨은 음식물을 옷에 떨어뜨리지 않기 위해 사용하는 것으로 음식물이 입에 묻었을 때 가볍게 사용하기도 한다. 냅킨은 앉자마자 무릎에 펼치기보다 식사를 하는 인원이 모두 테이블에 앉았을 때 살그머니 펼쳐 놓는 게 좋다. 식사가 끝난 후 테이블에 올려 놓으면 된다.

• 나이프와 포크

테이블에 세팅되어 있는 접시를 중심으로 나이프는 오른쪽에 포크는 왼쪽에 놓여 있다. 테이블에 나이프와 포크가 여러 개 있는 경우 식사가 나오는 순서대로 바깥쪽에 있는 것부터 순서대로 사용하면 된다. 식사가 끝났다면 접시 위에 나이프와 포크를 나란히 놓고, 나이프의 칼날은 내 쪽을 향해서 놓으면 된다.

• 수프

대부분의 레스토랑에서 애피타이저는 생략되기도 하지만 수프는 그렇지 않다. 뜨거운 수프는 스푼으로 조금씩 저어 식혀가며 먹고, 소리내 먹는 건 삼가야 한다. 손잡이가 달린 그릇에 내온 수프는 손으로 그릇을 들고 마셔도 된다.

• 빵

테이블에 앉았는데 빵이 놓여 있는 경우가 있다고 해도 먼저 먹거나 수프가 나왔을 때 찍어 먹는 게 아니다. 빵은 요리와 함께 시작해 디저트를 먹기 전에 끝내는 것이다. 빵 접시는 항상 왼쪽에 놓여 있다. 습관적으로 오른쪽 접시의 빵을 먹는 일은 없어야겠다.

• 와인

동유럽 식탁에도 와인이 빠지지 않는다. 와인은 요리와 함께 시작해 디저트가 나오기 전까지 요리와 함께 끝내면 된다. 잔에 담긴 와인은 남기지 않고 다 마시는 것이 예의다.

식사 매너

①생선요리는 뒤집어 먹지 않는다

생선요리를 시킨 당신, 집에서처럼 생선 한쪽면을 발라 먹은 다음 뒤집는다? 서양에서 생선요리는 뼈를 따라 왼쪽에서 오른쪽으로 발라서 자신 앞에 놓은 후 먹을 만큼 잘라가면서 먹는다. 한 쪽을 다 먹은 다음에는 뒤집지 말고 그 상태에서 다시 나이프를 이용해 살을 발라 먹으면 된다.

②고기요리는 잘라가며 먹는다

거창하게 한 끼를 즐기기로 마음먹고 시킨 스테이크. 한 번에 다 썰어 놓고 먹기보다는 먹을 때마다 잘라가면서 먹는 것이 예의다. 뼈가 있는 경우 뼈에서 떼어내기 어려운 부분을 손으로 잡고 뜯는 건 매우 무례한 행동이다. 남아 있는 고기가 아깝더라도 그대로 남겨두자.

③소스도 요리다

간혹 웨이터가 주문을 받을 때 소스는 어떻게 하시겠습니까? 라고 묻는 경우가 있다. 소스도 요리로 간주되기 때문이다. 이 경우 주문한 소스는 나중에 영수증에 따로 첨가되어 요금이 부과된다. 생선요리와 함께 나오는 소스는 접시 한쪽에 덜고 조금씩 찍어 먹자. 스테이크와 함께 나오는 소스는 뿌려 먹어도 좋다.

3 알뜰살뜰 쇼핑 노하우

여행에서 보는 즐거움만큼 우리를 즐겁게 하는 게 있다면 사는 즐거움이 아닐까? 특히 현지 고유의 물건들은 우리나라에서 볼 수 없는 특이한 아이템들로 살 만한 가치가 충분하다. 거기에 여행의 추억까지 담긴 물건이라면 어찌 소중하지 않을까? 하지만 관광하는 데도 시간이 빠듯해서 여유 있게 쇼핑을 즐기기가 쉽지 않다. 관광과 쇼핑 두 마리 토끼를 모두 잡고 싶은 오늘, 후회 없는 쇼핑을 위해 몇 가지 쇼핑 노하우를 익혀두자.

똑똑한 쇼핑하기

1 아이템을 먼저 정하자

여행지에 도착해 무작정 물건을 구입한다면 성공할 확률은 낮다. 계획적이고 효율적인 쇼핑을 위해 미리 상세한 쇼핑 리스트를 만들어 보자. 선물해야 할 사람의 리스트도 적어보자. 혹시 우리나라에서도 구입할 수 있는 거라면 미리 가격 조사를 해 두면 큰 도움이 된다.

2 각 나라를 대표하는 완소 아이템을 구입하자

오스트리아는 모차르트 관련 기념품이, 체코는 마리오네트 인형과 체코산 크리스털 등이 가장 유명하다. 이렇게 각 나라를 대표하는 완소 아이템들은 그 나라, 그 도시가 아니면 살 수 없는 기념품이다. 비싸더라도 가치가 있다면 꼭 구입하자.

3 신체 사이즈를 알아두자

동유럽은 우리나라와 기본적으로 사이즈가 다르고, 브랜드별로 약간씩 차이가 있다. 같은 브랜드라도 디자인에 따라 사이즈가 다를 수 있으니 사이즈만 보고 대충 눈짐작으로 선택하지 말고 마음에 든다면 반드시 입어보거나 신어보고 구입하자.

4 영수증을 챙겨두자

동유럽에서 물건을 샀는데 환불이 가능할까? 물론 가능하다. 환불과 교환은 우리나라보다 더 쉽게 이루어진다. 구입 영수증과 상품에 붙은 태그 및 상표를 버리지 않았다면 OK! 만약 이들이 없다면 환불 또는 교환은 불가능하다.

5 부가세 환급(VAT)을 받자

외국인이 물건을 구입한 경우 수출로 간주하여 면세를 받을 수 있다. 하지만 무조건 물건을 산다고 받을 수 있는 것이 아니고 하루 한 곳에서 일정 금액 이상을 사야 환급받을 수 있다. 또한 부가세 환급 서비스 Tax Free에 가맹된 상점에서만 가능하다.

① 현찰로 환급받는 경우

물건을 다 사고 돈을 지불한 후"Tax-free, please" 라고 말한다. 점원이 내민 환급신청서를 작성하고 여권을 보여주면 작성된 용지에 도장을 찍어 부본을 주면 여권 사이에 끼어 잘 보관했다가 출국하는 공항에서 TAX-REFUND 창구를 찾아가 물품들을 보여준 후 도장을 받으면 된다. 그 자리에서 현금을 주는 곳이 있는가 하면, 또다른 CASH TAX-REFUND 창구를 찾아가 도장 찍은 용지를 보여주고 환급받으면 된다.

매장에 따라 물건을 구입하자마자 바로 환급을 해주는 곳도 있다. 이런 경우에도 공항에서 환급서류에 도장을 받아 우체통에 넣어야 한다. 깜박 잊고 비행기를 탔다면 환급 받은 금액보다 많은 금액이 벌금으로 카드에서 빠져 나가게 된다.

② 카드로 환급받는 경우

계산을 카드로 한 경우 대부분 환급 또한 카드로 받는다. 보통 귀국 후 청구된 카드 명세서를 보면 사용한 금액에서 환급금을 뺀 금액이 청구된다. 출국하는 공항에서 TAX-REFUND 창구를 찾아가 구입한 물건을 보여준 후 도장을 받으면 된다. 그리고 서류를 동봉해 우체통에 넣으면 된다.

③ 귀국 후 환급받는 경우

현지에서 미처 부가세 환급 서비스를 신청하지 못했어도 국내에 돌아와 신청할 수 있다. 우선 현지 매장에서 주는 텍스 리펀드 서류와 봉투를 꼭 챙기도록 한다. 이때 서류는 세관도장이 반드시 있어야하므로 출국 전에 꼭 도장을 받아 귀국해야한다. 귀국 후 도장 받은 서류에 필요한 내용 등을 기입하여, 매장에서 받았던 봉투(해당 회사의 주소가 적혀있음)에 넣어 국제 우편으로 발송하면 끝! 수개월이 걸리는 경우도 있지만 리펀드 받을 금액이 크다면 한 번 해보도록 하자. 글로벌 블루 한국지사가 있지만 텍스 리펀드 업무는 하지 않는다.

• 글로벌 블루 홈페이지 www.globalblue.com

품목/의류	여자 사이즈				남자 사이즈		
한국	44	55	66	77	95	100	105
유럽	36	38	40	42	48	50	52
미국	2	4	6	7	13~14	14~15	15~16

품목/신발	여자 사이즈					남자 사이즈				
한국	225	230	235	240	245	255	260	265	270	275
유럽	35½	36	36½	37	37½	40½	41	42	42½	43

※브랜드마다 약간씩 사이즈 차이가 있을 수 있으니, 입어보고 신어본 뒤 사는 게 제일 좋다.

국가별 텍스 리펀드 (TAX REFUND)

국가	부가세율	최소 구매금액	영수증 증빙	세관도장 유효기간	환급증명서 유효기간
오스트리아	20%	€75	필요	3개월	3년
체코	20%	2000Kč	필요	3개월	5개월
헝가리	25%	48000Ft	필요	90일	150일
크로아티아	23%	740Kn	필요	3개월	6개월
폴란드	23%	200zł	필요	3개월	4개월
슬로베니아	20%	€50	필요	3개월	6개월
슬로바키아	20%	€175	필요	3개월	5개월

4 걱정 뚝! 소식 전하기

외국에 나간 자식 걱정하느라 부모님 밤잠 설치게 하는 것도 불효라는 사실을 아는가? 시차 적응하느라 구경하느라 정신 없어서 연락 못 했다고 얘기하겠지? 하지만 이 글을 읽는 지금 '도착은 잘 했을까?' '아프진 않을까?' 하며 집에서 가슴 졸이며 기다리는 부모님이나 가족들의 마음을 생각해 얼른 소식을 띄우자.

전화

가족에게 육성으로 안부를 드리고 나 또한 가족의 목소리를 들으면 힘을 얻는다는 사실! 전화는 여러 종류가 있다. 요금도 지불 방식도 다른 전화, 각자의 편의와 사정에 따라 이용해 보자.

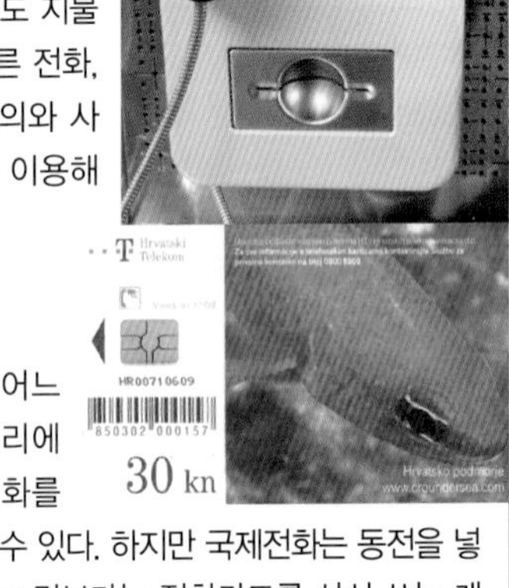

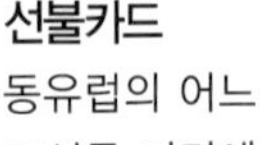

선불카드

동유럽의 어느 도시든 거리에서 공중전화를 쉽게 찾을 수 있다. 하지만 국제전화는 동전을 넣고 사용하는 것보다는 전화카드를 사서 쓰는 게 경제적이다. 우체국 · 신문가판대 · 은행 등에서 살 수 있으며 요금대별로 종류가 다양하다. 전화카드는 칩 내장형과 고유번호형 두 종류가 있다. 칩 내장형은 공중전화에 그대로 넣고 사용하면 되고, 고유번호형은 여러 숫자를 눌러야 접속된다. 당연히 요금은 고유번호형 카드가 저렴하다. Pin Number 전화카드 또는 인터내셔널 전화카드라고 한다.

• 고유번호형 카드 사용방법

카드 접속번호 ···› 비밀번호 Pin Number(즉석복권처럼 스크래치 부분을 긁으면 번호가 나온다) ···› 국가번호(82)를 먼저 누르고 이어서 상대방 전화번호를 누른다. 지역번호와 휴대폰 통신사번호에서 0을 포함해 눌러야 하는 경우와 빼고 눌러야 하는 경우가 있다.

컬렉트콜

수신자 요금 부담 통화 방식으로 전화를 받는 사람이 돈을 내야 한다. 전화요금이 비싼 게 단점이지만 공중전화만 있으면 언제든 이용할 수 있어 편리하다. (컬렉트콜 번호는 각국의 개요 참조)

로밍 휴대폰

대부분의 휴대폰이 동유럽 국가에서도 자동 로밍이 가능하다. 또한 통신사별로 하루에 1만원 미만의 요금으로 해외에서 데이터를 무제한 사용할 수 있는 요금제도 있어 10일 이내의 짧은 여행이라면 해외 데이터 무제한 요금제에 가입해가자. 시간과 장소에 구애받지 않고 인터넷을 사용할 수 있어 편리하다.

현지에서 심 SIM 카드 사용하기

장기 여행자나 핸드폰을 최대한 저렴하게 이용하고 싶다면 출발 전 사용하던 휴대폰을 사용정지 시키고 여행지에 가지고 가자. 여행지에서 국가마다 현지 통신사의 심카드를 구입해 내 휴대폰에 바꿔 끼우기만 하면 바로 사용할 수 있다. 보통 심카드는 신문가판대, 수퍼마켓, 편의점 등에서 쉽게 구입할 수 있으나 Vodafone 같은 현지 통신사 사무실에 가서 직원과의 상담 후 필요한 기능의 심카드를 추천받아 사용하는 게 좋다. 전화통화, 문자, 인터넷 사용량 등을 고려해 상담 후 구입하자.

우편

가장 낭만적인 소식통이다. 새로운 도시를 여행할 때마다 일기를 쓰듯 자신에게 엽서를 보낸다면 나중에 돌아와서도 그 도시를 추억할 수 있어 웬만한 기념품보다 값지다. 엽서는 ⓘ 또는 거리의 기념품 판매점에서 구입할 수 있고, 우표는 우체국, 엽서를 파는 기념품점, 신문가판대 등에서 구입할 수 있다.

호텔이나 호스텔 리셉션에서는 우표를 판매하거나 직접 보내주는 서비스를 제공하기도 한다. 엽서를 부치면 보통 5~7일 후에 우리나라에 도착한다. 주소는 한글로 표기해도 되나 주소 아래에는 반드시 'Republic of Korea' 또는 'South Korea'와 'AIR MAIL'이라고 영어로 써야 한다.

인터넷

동유럽은 우리나라에 비해 인터넷 보급률이 높지 않고, 속도가 너무 느려 답답할 정도다. 성능대비 이용료는 꽤 비싼 편. 여행자가 가장 손쉽게 인터넷을 사용할 수 있는 곳은 숙소로, 호스텔과 민박에서 무료로 제공하고 있다. 그밖에 시내 곳곳에 인터넷 카페가 있다. 노트북이 있다면 ⓘ에서 무료 인터넷존이나 인터넷이 가능한 카페 등을 문의해 보자.

키보드의 자판 배열이 우리나라와 다르지만 자판을 외운다면 사용하는 데 문제는 없다. 하지만 일부 국가에서는 특수문자 기호(@)의 위치가 우리나라와 달라 이메일 작성시 현지인에게 물어봐야 한다. 한글을 읽거나 쓸 수 없다면 아래 프로그램을 설치해 사용해 보자.

Travel PLUS 외국에서 한글 사용하기

외국에서 컴퓨터를 이용할 때 한글 읽기와 쓰기가 불가능한 경우가 있다. 이럴 때 다음을 알아두면 한글을 쓸 수 있다.

• 네이버 SE 검색 이용하기
http://se.naver.com을 치면 가운데 박스가 나오고 바로 옆에 '한/영 입력기'와 '윈도 한글 설정'이 있다. 윈도 한글 설정을 클릭하면 각 컴퓨터에 깔려 있는 윈도 체계별로 한글을 설정하는 방법이 나와 있다. 영문 윈도 기준으로 나오지만 메뉴 순서는 언어에 상관 없이 같으니 참고해 따라 하면 된다.

• http://www.microsoft.com/msdownload/iebuild/ime5_win32/ko/119245.htm으로 접속한다. 파란색의 '다음(Next)'버튼을 누르면 komondo.exe를 실행시키는 작은 창이 하나 뜬다. 이때 Run을 선택한 후 yes를 누르면 된다. 마지막 재부팅을 물으면 No로 답하면 된다.
익스플로러를 종료했다 다시 켜면 화면 오른쪽 아래 시계 옆 시스템트레이의 파란색 정사각형에 글자가 쓰인 아이콘이 나타난다. 이 아이콘을 클릭하면 각국 언어 가운데 선택할 수 있는데 여기서 KOREAN을 클릭하면 된다.

5 편안한 잠자리

쌓인 여독을 풀고 내 집처럼 푸근하게 머무를 수 있는 곳이라면 여행지 숙소로는 더할 나위 없을 것이다. 자칫 인색해지기 쉬운 짠돌이 배낭족이라도 숙소만은 쾌적한 곳을 이용하자. 숙소는 시설과 관광지와의 거리 • 안전도 • 숙박료를 고려해 결정하면 된다.

숙박의 종류

• 유스호스텔 Youth Hostel

International Youth Hostel 또는 YHA가 정식명칭으로, 현지 청소년이나 배낭족을 위한 숙소.

대형으로 운영되며 가격대비 시설 좋고 쾌적해 배낭족에게 인기가 많다. 방은 여럿이 함께 사용하는 도미토리, 2인실, 가족실 등이 있고 샤워실과 화장실은 공용이다. 개인용 로커 · 인터넷 · 세탁 · 취사 시설 등을 완비하고 있고, 여럿이 수다떨기 좋은 TV룸이나 당구 · 탁구 등을 즐길 수 있는 스포츠시설, 정원도 갖추고 있다. 일반적으로 간단한 아침이 포함되어 있다. 숙박료는 회원증의 유무, 만 26세 이상 · 미만에 따라 차이가 있고 예약은 전화나 인터넷 등을 통해 할 수 있다. 우리나라에서는 유스호스텔연맹을 통해 약간의 수수료를 내고 예약할 수 있다. 숙소에 따라 선착순으로 당일 예약만 받는 곳도 있다. 대부분의 유스호스텔은 도심보다는 주택가가 모여 있는 외곽에 있고, 쾌적한 숙박을 위해 공통된 규칙이 있다. 체크인은 15:00~17:00 이후에나 가능하며 리셉션은 07:00~10:00, 17:00~20:00만 운영한다. 체크아웃은 10:00 이전에 해야 하고 24:00~01:00에는 소등과 출입문을 잠그는 시간(Curfew)으로 일제히 잠을 자야 한다. 소등시간 전에 숙소에 들어가지 못했다면 돈을 지불했다고 해도 투숙이 불가능하다.

• 혼자 여행하는 여행자에게 가장 경제적이고 안전한 숙박시설. 같은 또래 같은 처지의 외국인 친구를 사귀기에 그만이다.

• 북유럽과 독일 · 스위스 · 오스트리아 등은 유스호스텔 시설이 좋기로 정평이 나 있다.

• 성이나 유서 깊은 건축물을 개조해 유스호스텔로 운영하는 곳도 있다.

• 한국 유스호스텔 www.hostel.or.kr , 국제 유스호스텔 www.hihostels.com

• 독일은 Jugendherberge, 프랑스는 Augerge de Jeuness, 스페인은 Albergue Juvenil, 이탈리아는 Ostello della Gioventu라 부른다.

• 사설 호스텔

말 그대로 개인이 운영하는 저렴한 숙박시설로 역이나 관광지 주변에 모여 있어 여행자들이 가장 많이 이용한다. 유스호스텔처럼 운영하는 대형 호스텔부터 가족이 경영하는 소규모 호스텔까지 종류가 다양하다. 대형 사설 호스텔은 공식유스호스텔과 거의 수준이 같은 시설을 갖추고 있지만 규칙이 유스호스텔보다 자유롭다. 또 숙박 제공 외에 바를 운영하고 각종 시티투어, 자전거 렌털 등 다양한 서비스를 개발해 제공하고 있다. 사설 호스텔은 운영 형태 · 규모 · 요금 등이 다양하고 각 나라와 도시마다 부르는 방식이 다르고 특색이 있다. 비 · 성수기에 따라 요금 차이가 있는데 비수기에는 흥정이 가능하다. 예약은 인터넷 · 전화로 하는 게 일반적이다.

• 방은 도미토리 · 2인실이 가장 많고 욕실 포함, 공용욕실 사용 여부에 따라 요금이 다르다.

• 아침 포함 여부는 숙소마다 다르다.

• 파티 분위기의 숙소를 좋아한다면 대형 사설 호스텔을, 조용한 분위기를 좋아한다면 가족이 운영하는 소규모 호스텔을 이용하는 게 좋다.

• 한인 민박

유럽의 주요 도시에 많고 시설은 일반 가정집에서 대규모 시설까지 천차만별이다. 대부분은 개인 주택을 민박으로 운영하는 경우가 많아 규모가 작고, 가족적이다. 무엇보다 말이 통해 여행정보를 얻거나 도움을 받기에 좋고 아침으로 한식을 먹을 수 있는 게 가장 큰 매력. 단, 민박은 불법으로 운영하는 경우가 많고, 시설을 제대로 갖추고 있지 않은 경우 화장실과 욕실 사용 등이 매우 불편하다. 대부분의 민박집은 홈페이지가 있으니 미리 알아본 후 예약하자.

• 현지인 민박

일반 가정집을 개조해 소규모로 운영하는 공식 현지인 민박은 영국과 스코틀랜드에 발달한 B&B, 유럽 전역에 있는 게스트 하우스 Guest House와 펜션 Pension 등이 대표적이다. 대개 가족실과 개인실로 운영해 유스호스텔보다는 요금이 비싸고, 시설에 따라 요금이 다양하다. 그밖에 일반 가정집에서 방을 빌려주는 민박이 있다. 동유럽에서 발달한 현지인 민박으로 집주인이 열차나 페리 도착 시각에 맞춰 호객행위를 하는 경우가 많다. 숙소 사진을 가지고 나오니 시설과 위치 · 요금 등을 따져보고 이용하면 된다. 단 숙박 여부는 먼저 숙소를 확인하고 결정하는 게 안전하다.

• 대학 기숙사와 캠핑장

관광객이 몰리는 주요 도시의 대학은 여름이면 기숙사를 저렴한 숙소로 개방한다. 정보는 ⓘ에서 얻을 수 있다. 또한 유럽은 주요 도시 인근에 캠핑장이 발달해 있다. 특히 북유럽 · 독일 · 스위스 · 오스트리아 등은 자연경관이 빼어나고 시설이 좋아 인기가 높다. 텐트와 방갈로에 따라 요금이 달라지고 취사 및 샤워시설이 잘 돼 있어 전원적인 분위기에서 숙박을 하고 싶다면 이용해 볼 만하다.

• 호텔

호텔은 기본적으로 편안하고 쾌적한 시설, 친절한 서비스, 바, 레스토랑, 비즈니스 센터, 헬스클럽 등 각종 편의시설 등을 갖추고 있다. 단, 시내 중심에 있는 호텔은 큰 규모의 현대적인 건물보다는 작고 오래된 건물이 대부분이다. 하지만 외관이 허름해도 내부는 잘 단장돼 있으니 겉모습만 보고 너무 걱정하지 않아도 된다. 호텔은 한국에서 미리 예약하고 가는 게 편리하다. (호텔예약 전문사이트 호텔패스 www.hotelpass.com)

• 역 주변이나 볼거리가 모여 있는 도심에 있는 3성급 미만 호텔은 우리나라의 모텔 수준으로 오래된 호텔이 많다. 흔히 우리가 알고 있는 유명 체인 호텔은 시외곽이나 공항 근처에 있다.

숙소 이용하기

• 체크인 Check in

대부분의 숙소는 12:00~14:00에 체크인이 가능하다. 체크인시 영문 이름으로 예약을 확인하거나, 호텔인 경우에는 호텔 바우처 제시만으로 간단히 할 수 있다. 방 열쇠를 받으면서 아침식사 시간과 장소, 부대시설 이용 등에 대한 문의를 해두자. 요청하면 시내 무료 지도 및 간단한 여행안내도 받을 수 있다.

• 체크아웃 Check Out

체크아웃은 숙소마다 조금씩 다르지만 보통 12:00 이전까지 하는 것이 일반적이다. 호텔의 경우 미니바 · Pay TV · 전화 등 유료 시설물을 이용했다면 요금을 지불하고 방 열쇠를 반납하는 것으로 간단히 끝난다. 대부분 숙소에서는 무료로 짐을 보관해 주니 필요하다면 큰 짐을 맡겨도 좋다.

• 객실 이용

숙소에서는 항상 다른 투숙객에게 피해가 가지 않도록 주의해야 한다. 물론 여행을 가면 밤늦게까지 일행과 즐거운 시간을 갖게 마련이다. 하지만 지나친 행동은 제재를 받거나 심한 경우 경찰이 출동하는 불상사가 발생할 수도 있다. 며칠간 투숙하는 동안에는 매일 아침 메이드가 청소를 해주게 된다. 이때 귀중품 보관에 주의해야 하며, 잠시 객실을 비우더라도 귀중품을 휴대하고 가는 것이 안전하다. 호텔의 객실 문은 닫히면 자동으로 잠기게 되어 있으니 객실을 나올 때 열쇠를 챙기는 것도 잊지 말자.

호텔 이용하기

• 아침식사

호텔의 아침식사는 콘티넨탈식 Continental, 아메리칸식 American, 뷔페식 Buffe 등으로 제공된다. 콘티넨탈식이 가장 기본으로 간단하게 빵과 잼, 커피 또는 차가 제공된다. 간혹 우유와 시리얼이 제공되는 경우도 있다. 아메리칸식은 콘티넨탈식에 과일, 소시지와 햄, 삶은 달걀 또는 오믈렛, 요거트 등이 추가 제공된다. 뷔페식은 Cold Buffe와 Hot Buffe로 나뉘고 Cold는 콘티넨탈식 뷔페, Hot은 아메리칸식 뷔페를 말한다.

• 객실 내에서의 전화 사용

호텔 객실에 있는 전화는 객실간 통화와 시내통화, 그리고 국제전화가 모두 가능하다. 단 객실간 전화 사용은 무료지만, 시내 및 국제통화를 하는 경우 세금과 봉사료가 추가돼 일반 전화에 비해 3~4배 정도 비싸다는 것을 알아두자. 수신자 부담 전화인 경우는 대부분 무료로 쓸 수 있지만, 호텔에 따라서는 시내통화료 정도의 비용을 청구하는 곳도 있다. 전화를 사용했다면 체크아웃할 때 요금을 지불하면 된다.

• Safety Box

일종의 귀중품 보관함으로 객실 내에 작은 금고가 마련되어 있거나 호텔 프런트 데스크에서 직접 보관해 주는 경우가 있다. 무료로 사용할 수 있으며 여권 · 현금 · 항공권 등 귀중품 보관에 유용하다.

• 욕실 사용

욕실에는 기본적으로 수건 · 비누 · 샴푸 · 샤워젤 · 헤어캡 등이 비치되어 있으며 곳에 따라서는 헤어드라이어까지 준비되어 있다. 간혹 욕실 수건을 몰래 챙기는 여행자가 있는데 절대 이런 일이 없도록 하자. 유럽의 욕실 바닥에는 카펫이 깔려 있는 경우가 많으니 샤워할 때 카펫이 젖지 않도록 샤워 커튼을 욕조 안쪽으로 드리워 사용해야 한다. 방심한 사이 물이 흘러 방까지 적시는 경우가 있으므로 주의할 필요가 있다.

• 미니바

미니바는 객실 내 냉장고로 음료수와 주류, 간단한 스낵이 준비되어 있다. 미니바를 이용하면 체크아웃 시 별도 비용을 지불해야 한다. 단, 시중 판매가격보다 3~4배 정도 비싸므로 이용 전에 꼭 가격표를 확인하자.

• Pay TV

객실 내 TV 채널에는 일반 채널과 성인영화, 현재 상영 중인 영화를 볼 수 있는 Pay TV 채널이 있다. 대부분 TV 근처에 Pay TV 안내문이 있으니 꼭 확인하도록 하자. 만약 이용을 했다면 체크아웃시 별도로 지불하면 된다.

Tip 방 청소를 해준 룸메이드에게 팁을 주는 게 매너다. 하루에 €1~2면 적당하다.

Advice 유럽 숙박시설에 대해 자주 하는 질문?

1 도미토리가 뭐죠?

4 · 6 · 8 · 10인 이상이 함께 한 방을 사용하는 방의 형태 중 하나입니다. 2층침대들이 배열돼 있고 개인 로커가 별도로 있는 경우가 많죠. 흔히 배낭족들이 많이 이용하는데 남녀공용인 경우도 흔하니 미리 확인하는 게 좋습니다.

2 공용 샤워실은 우리나라처럼 개방형인가요?

아닙니다. 전 세계에서 온 여행자들이 홀딱 벗고 함께 샤워하는 모습을 상상하셨나요? 공용 샤워실이라도 한 사람이 들어갈 수 있도록 칸막이가 쳐져 있으니 안심하세요.

3 도미토리 형식의 저렴한 숙소를 이용할 때 소지품 관리는 어떻게 해야 하나요?

요즘은 방마다 개인용 로커가 있어 문제가 없지만 그렇지 않다면 늘 소지하셔야 합니다. 나 홀로 여행이라면 샤워시 복대를 비닐에 넣어 보이는 곳에 놓고 샤워를 하는 게 안전합니다. 로커는 있지만 열쇠와 자물쇠가 없는 경우도 있으니 여분의 열쇠와 자물쇠를 들고 다니면 좋습니다.

4 여럿이 사용하는 숙소를 이용하는 데 특별히 주의사항이 있나요?

있습니다. 도미토리 이용시 대화는 소곤소곤, 취침시간은 웬만하면 룸메이트들과 맞추는 게 좋습니다. 공용 샤워실이나 화장실을 이용한 후에는 깨끗하게 정리정돈을 하고 나오는 게 예의인 건 아시죠!?

5 숙박비 지불방식은?

신용카드가 일반화돼 있어 신용카드 결제도 가능하지만 도미토리 같은 저렴한 숙소는 공식유스호스텔이 아닌 경우 대부분 현금지불을 요구합니다.
체크인을 하자마자 숙박비를 꼭 지불할 필요는 없구요. 여권이나 신용카드 사본을 제시했다면 체크아웃 시 지불해도 상관 없습니다.

6 저렴한 호스텔에서 제공하는 아침식사는?

간단하게 빵과 잼, 커피 또는 차 등이 제공됩니다. 양껏 먹을 수 있는 뷔페식과 정해진 양만 제공하는 배급식이 있죠.

6 SOS! 문제 해결 마법사

여행 중에 생기는 문제의 90% 이상이 자신의 부주의로 일어난다는 사실을 아는가! 문제가 생기면 마음 상하는 일 외에 일정에도 큰 차질이 생긴다. 여행 중에는 언제나 긴장을 늦추지 말고, 문제가 생기면 우선 침착하게 대처해야 한다.

여행 중 위급한 사항은 누구에게나 생길 수 있다. 이런 상황을 대비해 아래와 같은 대처요령들을 미리 숙지해 두자. 문제가 발생했다고 해서 힘들게 떠난 여행을 그냥 중단할 순 없지 않은가. 잘만 해결한다면 때론 이런 경험도 귀국 후 웃으며 회상할 수 있는 즐거운 에피소드가 될 것이다.

사건, 사고 예방의 기본 수칙!

①역과 사람이 많이 모이는 관광지, 대중교통 정류장이나 차내 등은 언제나 소매치기가 극성을 부리는 곳으로 가방과 카메라는 손으로 감싸고 있을 필요가 있다.

②노천 레스토랑과 카페를 이용할 때 가방은 의자 위에 올려두는 게 안전하다. 패스트푸드점에서도 마찬가지다.

③귀중품은 되도록 숙소 금고에 넣고 다니고, 하루치 용돈 정도만 들고 다니는 게 안전하다. 사정이 여의치 않다면 복대를 반드시 하자. 특히, 기차로 이동할 때 복대는 필수다.

④돌아가더라도 반드시 사람이 많이 다니는 큰길로 다니는게 현명하다.

⑤여행지에서 만난 어느 누구도 쉽게 믿지 말자.

SOS! 여권 분실 및 도난

출국하기 전에 여권을 3장 정도 복사해 뒀다가 한 장은 숙소에, 두 장은 복대와 큰 가방에 보관하자. 만약 여권을 도난 또는 분실했다면 가장 먼저 가까운 경찰서에 신고하고 Police Report를 받아야 한다.

대사관에 여권복사본, 여권용 사진 2장, Police Report를 제출하면 3~4일 정도 (주말이 끼지 않았다면) 소요된다. 여권 복사본이 없다면 여권번호, 여권 만료일과 발급일만으로도 가능하니 수첩에 따로 적어두면 유용하다.

SOS! 현금 분실

현금을 분실했거나 도난당했을 때는 방법이 없다. 여행자보험 상품에도 현금만은 보상해 주지 않는다. 현금카드나 신용카드가 있다면 사용하고, 다른 해결책이 없다면 우리나라에서 송금받는 방법이 있다. 송금은 전 세계 약 10만 개 지점을 둔 미국 송금 업체인 Western Union을 이용하면 된다. 관광지로 유명한 도시에는 반드시 지점이 있다. 우리나라에서 국민 · 기업 · 부산은행 · 농협 등을 통해 송금할 수 있다. 돈을 부친 사람이 10자리의 송금번호와 송금받을 지점을 알려주면 송금번호와 신분증을 가지고 가서 찾으면 된다.

Western Union 홈페이지 www.westernunion.com

SOS! 신용카드 분실

카드를 분실했다는 걸 안 즉시 카드사로 전화해 분실신고를 함으로써 타인이 사용 못 하게 카드를 정지시켜야 한다. 카드사의 분실신고센터는 24시간 운영하기 때문에 시간에 상관 없이 언제든 신고 접수가 가능하다. 만약 카드사 전화번호를 모를 경우 가족에게 전화해 바로 신고해 줄 것을 부탁하자. 이때 주민등록번호가 필요하다.

알아두세요

카드사별 분실신고 번호

국민카드 1588 1688 신한카드 1544 7200

삼성카드 1588 8900

현대카드 1577 6200 우리카드 1588 9955

씨티카드 1566 1000 하나카드 1800 1111

SOS! 배낭 및 짐 분실

배낭이나 짐을 분실했다고 여행을 중단하는 사례는 극히 드물다. 짐을 분실해도 일단 경찰서로 가서 폴리스 리포트 Police Report를 받아야 한다. 그래야 나중에 귀국 후 보험사에 제출해 보상한도액 내에서 보험금을 받을 수 있다.

단, 분실 Lost이 아닌 도난 Stolen으로 신고해야 보상이 가능하다. 분실은 개인의 부주의로 인한 것으로 확인돼 보험 혜택을 받지 못한다. 가방이 없어졌다면 기분은 상하겠지만 최소한의 생필품을 구입해 남은 여정을 계속하자.

SOS! 몸이 아프거나 상해를 입었을 때

여행 중에 몸이 아프거나 상해를 입은 경우 보험에 가입돼 있어도 현지에서는 바로 혜택을 받을 수는 없다. 일단 현지에서 병원을 이용한 후 진단서와 영수증을 잘 챙기자. 약 처방을 받고 약국에서 약을 사 먹었다면 그 영수증 역시 챙기는 것이 좋다. 귀국 후 보험사에 청구하면 심사 후 보상받을 수 있다.

SOS! 철도패스 분실

철도패스는 분실시 재발행이 되지 않으며 유가증권에 해당하므로 여행자보험을 들었어도 아무런 보상을 받을 수 없다. 만약 여행 초반에 분실했다면 현지에서 다시 구입해 여행을 계속하는 수밖에 없다. 유레일 패스 설명서에 기재된 유럽 내 사무실 주소를 참고하자. 우리나라에서 구입해 보내준다면 약 1주일이 걸리며 DHL또는 FEDEX 같은 특급우편으로 받을 경우 비용도 만만치 않다.

출발 전 불의의 사고에 대한 예방책

외교통상부는 국민의 안전한 해외여행을 위해 다양한 정보를 다룬 홈페이지를 운영하고 있다. 국가별로 여행 금지 또는 여행 자제 지역, 여행 안전 정보 등을 싣고 있으며, 해외여행자 인터넷 등록제를 실시해 위급상황이 발생했을 경우 정부의 신속한 지원을 받을 수 있다.

홈페이지 접속 후 직접 신상정보와 국내 비상연락처, 현지 연락처 및 여행 일정 등을 등록하면 된다.

해외여행 안전정보 www.0404.go.kr

Advice 빈번하게 일어나는 사건! 사고의 유형들

대중교통을 이용할 때!

대중교통 승하차 시 혼잡한 틈을 노리는 소매치기가 늘 극성이다. 많은 사례들이 있겠지만 다음은 흔하게 당하는 방법이다.

사례 1 정류장에서 기다리던 버스가 와서 멈췄다. 줄을 선 사람들 뒤에 서서 천천히 같이 움직였다. 그런데 먼저 타려고 막무가내로 올라가는 승객들과 내리는 승객들 사이에서 내 몸이 다른 사람과 부딪혔다. 일단 버스에 올라 돈을 내려 하는데 가방 속 지갑이 없었다.

사례 2 지하철이 도착하고 출입문 앞에서 열리길 기다렸다. 곧 내리는 사람들과 타는 사람들로 출입문은 잠시 혼잡했고 문은 닫혔다. 이상한 느낌이 들어 가방을 보니 지퍼가 열려 있고 지갑은 없었다. 내리고 타는 틈을 이용해 가방에서 지갑을 훔쳐 갔다.

옆자리에 있던 내 가방 못 봤어?

기차역이나 패스트푸드점에서 종종 일어나는 사고다. 평소와 같이 옆자리에 가방을 놓고 잠시 고개를 돌렸을 뿐인데, 다시 돌아보니 가방은 이미 없다. 아무리 얘기해도 부족함이 없는 잔소리! 무조건 가방은 내 몸과 밀착시켜 놔야 한다.

아직도 경찰로 위장해서?

지금은 많이 좋아졌다고 하지만, 아직도 동유럽 국가 어느 도시의 뒷골목에서는 아직도 경찰로 위장하여 여권을 강탈하는 범죄가 종종 일어나고 있다. 사복을 입은 사람이 다가와 잠복근무를 서는 형사라고 한 후 여권을 보여달라고 한다. 이때 여권을 보여주면 바로 들고 가버린다. 버젓이 경찰복을 입고 여권을 보여달라고 하기도 한다. 최선의 선택은 여권 복사본을 갖고 다니면서 보여달라고 할 때마다 복사본을 보여주면 된다.

7 동유럽, 우리랑 다른 문화 이야기

우리나라에서 볼 때 지구의 반대편에 있는 유럽은 사람도 문화도 참 많이 다르다. 그런 까닭에 많은 사람들이 유럽에 열광하는지도 모르겠다. 여행 중 소소하지만 우리와 달라서 실수하게 되는 일상적인 문화 몇 가지를 소개하겠다. 몰라서 한 실수로 괜한 오해를 받을 수 있으니 알고 가면 좀더 세련되고 당당한 유럽 여행이 될 것이다.

• 환한 미소! 웃어야 산다

입국심사 · 매표소 · ⓘ · 숙소 리셉션 · 레스토랑 등에서 처음 사람을 대할 때는 환한 미소와 함께 인사를 건네는 게 예의다. 입국심사 때 눈도 안 마주치고 짧은 인사말조차 건네지 못했다면 문제가 있는 사람으로 오해를 받을 수 있다. 여행 중 만나는 모든 사람들에게는 무조건 짧은 인사말과 웃음으로 대할 것을 적극 추천한다. 'Please'라는 말도 잊지 말자! 상상해 보라 '계산서!'라고 말하는 거랑 '계산서 주세요!'는 천지 차이다.

• 우측통행

특별히 신경 쓸 건 아니지만 혼잡한 메트로 역에서 원활하게 걷고 싶다면 우측통행을 해라. 에스컬레이터에서는 두 줄 서기로 오른쪽은 안 바쁜 사람, 왼쪽은 바쁜 사람!

• 유럽의 1층은 우리나라의 2층이다

숙박시설이나 대형 박물관을 이용할 때 헷갈릴 수 있다. 우리나라의 1층은 유럽의 G층, 2층은 유럽의 1층이다.

• 화장실에서 노크하면 절대 안 된다

모든 화장실에는 열림, 닫힘 표시가 돼 있다. 한 줄 서기는 기본이고 문에 표시된 열림, 닫힘 표시를 확인한 후 사용해야 한다.

• 출입문 예법

우리나라에도 어서 빨리 정착했으면 하는 문화다. 문을 열고 출입할 때는 반드시 뒤를 돌아보고 뒷사람을 위해 출입문을 잡고 있어야 한다. 나를 위해 출입문을 잡고 있는 사람이 있다면 고맙다는 인사를 잊지 말자.

• 시원하게 코를 풀자
우리나라에서 사람들이 있는 앞에서 소리내 코를 푸는 건 예의에 어긋나지만 유럽에서는 코를 훌쩍이는 게 오히려 예의에 어긋난다. 코를 풀고 싶다면 어디서든 시원하게 코를 풀자. 식탁 앞에서도 상관 없다.

• 소리 높여 일행을 부르는 것도 예의에 어긋난다
특히 실내에서 소리쳐 누군가를 부르면 주위의 반응은 마치 무식한 야만인을 보는 듯한 시선을 느낄 수 있다. 가능하면 가까이 가서 소곤소곤. 역과 역 안, 박물관, 레스토랑, 공연장, 호텔 등 모든 공공장소에서는 일행끼리 거리를 가깝게 두고 조용히 이야기한다.

• 아기나 애완동물을 귀엽다고 함부로 만지면 큰일 난다
길에서 만난 이쁜 아기, 애완동물을 보면 환한 미소와 만지고 싶어 손이 저절로 움직이겠지만 부모나 주인의 허락 없이는 절대로 만지면 안 된다. 애완동물이라도 주인의 허락 없이 사진을 찍어서도 안 된다.

• 레스토랑에서는 웨이터의 안내를 받자
우리는 식당에 들어가면 원하는 자리에 알아서 앉지만 유럽에서는 먼저 웨이터의 안내를 기다려야 한다. 웨이터가 원하는 자리를 권하지 않는다면 양해를 구하고 원하는 자리를 말하면 된다. 불쑥 들어가 아무 곳에나 앉는 실례를 범하지 말자. 입장부터 웨이터와 트러블이 생기면 좋은 서비스를 기대할 수 없다.

• 한 가게에서 여러 물건을 살 예정이라면 들고 다니지 말고 카운터에 맡겨야 한다
도둑이 많아서 그런지 유럽의 상점에는 무섭게 생긴 경비원이 많이 배치돼 있다. 한 곳에서 여러 가지를 사게 된다면 고른 물건은 들고 다니지 말고 카운터에 맡겨두자.

• 하나를 표시할 때는 엄지를 들어라
우리나라에서 '하나만 주세요' 할 때는 검지를 들어 표현하지만 유럽에서는 엄지를 든다. 검지를 들면 두 개로 인식할 수 있다. 손가락으로 숫자를 셀 때 유럽인들은 주먹을 쥐고 엄지 손가락부터 손가락을 하나둘씩 피면서 센다.

• 에스프레스가 마시고 싶다면 그냥 '커피'를 시켜라
유럽에서 그냥 커피 한 잔이요! 할 경우 십중팔구 에스프레소가 나온다. 솔직히 옅은 아메리카노는 없다. 연한 커피를 원한다면 차라리 밀크 커피를 주문해라.

• 식사 예법

음식을 먹을 때 쩝쩝대는 소리를 내는 건 예의에 크게 어긋난다. 입을 다물고 오물오물 조용히 먹어야 한다. 우리나라는 한 손으로 밥을 먹고 한 손은 무릎 위에 올려 놓는 게 예의나 유럽에서는 양 손을 테이블 위에 올려 놓아야 한다. 단, 팔꿈치를 테이블에 올리는 것은 예의에 어긋난다. 레스토랑에서 서비스가 만족스러웠다면 10% 정도의 팁을 테이블에 놓고 나오자. 대부분의 레스토랑이 우리나라와 달리 점심시간과 저녁시간 사이에는 문을 닫는다.

• 윙크는 관심의 표현이 아니라 '안녕하세요'라는 인사

한 곳에 오래 머물다 보면 친구를 사귈 수 있는데 윙크는 관심의 표현이 아니라 '안녕하세요'라는 인사다. 괜한 오해 말길.

• 손가락으로 'V'를 할 때 손등을 보였다면 꺼지라는 뜻

• 메트로 · 버스 · 트램에서 티켓 검사 안해요

유럽의 대중교통은 별도의 검표 없이 타고 내리는 게 자유롭다. 모두 시민의 양심에 맡긴다. 하지만 최근에는 사복경찰의 불시 검문검색이 심해져 무임승차는 절대 금물!

• 대중교통을 이용할 때 문도 내가 직접 열어야 한다

유럽 대부분의 대중교통은 승하차시 문 옆에 있는 버튼을 눌러 직접 문을 열어야 한다. 닫는 건 운전사가 한다.

• 자동차보다 사람이 우선이다

횡단보도 신호등이 빨간불이라도 사람이 지나가려고 하면 자동차가 멈춰주는 곳이 유럽이다. 대부분의 운전자는 길을 건너는 사람을 발견하면 무조건 차를 세워준다.

• 유럽의 커피 값은 우리나라보다 훨씬 싸다

유명 관광지에 있는 카페든 고급 호텔이든 어디를 가나 우리나라보다 커피 값이 비싼 곳은 없다. 커피의 질도 우리나라 것보다 더 좋다는 사실. 가이드북에서 소개하는 곳이 어디든 커피 한 잔의 여유를 강조하는 것도 그런 까닭에서이니 비쌀 거라는 선입견은 버리고 어디서나 커피를 즐겨라.

• 동성끼리 어깨동무를 하면 동성연애자로 오해받는다

동성끼리 손을 잡거나, 팔짱을 끼거나, 어깨동무를 하고 길을 걸으면 현지인들의 묘한 시선을 받게 된다. 십중팔구 동성연애자로 오해를 받을 수 있으니 자제하자.

PRAG
PRAGA
PRAHA
PRAG • PRAGUE
1 : 16 000
PRAGA
MAPPA PANORAMICA
GUIDA DETTAGLIATA
Evropská vodní doprava
Ticket office
1-HOUR TRIP
2-HOUR TRIP
LUNCH AND DINNER
CRUISES
EVD
1-HOUR TRIP

여행 준비

나만의 여행 계획

1 어떤 여행을 할까?

동유럽 여행을 계획한 여행자라면 이미 서유럽을 여행한 경험이 있는 사람이 대부분이다. 그래서 가이드나 인솔자가 따르는 패키지나 단체배낭여행보다는 개개인의 취향에 맞춰 즐기는 자유배낭여행을 선호한다. 10일 미만 일정이라면 항공권과 호텔이 포함된 에어텔이, 10일 이상이라면 자유여행, 호텔팩, 맞춤여행 등 취향과 사정을 고려해 결정하면 된다.

호텔팩과 에어텔

호텔팩은 가장 인기 있는 여행 형태로 상품도 다양하다. 정해진 일정에 여권과 현지 경비를 제외하고 호텔 · 항공권 · 유레일패스 · 여행자보험 등이 가격에 포함되어 있다. 최소 1명부터 최대 20명이 같은 일정, 같은 날짜에 출발한다. 여행에 필요한 모든 준비를 여행사에서 대행하고 여행자는 스케줄에 맞춰 이동, 호텔 투숙, 시내 관광 등을 하면 된다. 자유여행과 달리 숙소가 예약되어 있어 안전하다. 정해진 일정에서 벗어날 수는 없지만 함께 출발한 팀원과의 교류는 개인의 취향에 따라 함께할 수도 안 할 수도 있어 편하다.

에어텔은 항공사가 개발한 상품으로 여행사를 통해 예약할 수 있다. 최근 들어 가장 급부상하고 있는 여행 형태로 항공사에서도 여행자들의 기호를 파악해 다양한 상품을 개발하고 있다. 8~15일 미만 일정이 주를 이루고 저렴한 값에 항공권과 호텔을 이용할 수 있다. 단 항공료가 워낙 저렴해 예약 후 72시간 안에 발권해야 하는 조건이 따른다. 대부분의 에어텔은 여행 일정이 정해져 있지만 항공권은 최대 1개월까지 체류가 가능하므로 예약

시 일정을 추가하거나 변경이 가능하다. 특히 허니문이나 가족여행, 직장인 휴가 등에 아주 적합하다.

• 상품은 같지만 숙소 종류에 따라 민박팩과 호스텔팩 등이 있고, 주요 도시 몇 군데만 숙소를 예약해 주는 점프팩이 있다.

• 호텔팩은 대학생들이 가장 선호하는 여행 형태다. 여행 준비가 미흡해도 함께 출발한 여행자들과 정보를 교환할 수 있어 도움이 된다.

• 호텔팩에는 유레일패스와 항공권, 호텔 등 여행에 필요한 대부분의 것이 포함되어 있지만 항공 및 열차

이동, 호텔 찾기, 현지 관광 등은 일정에 맞춰 여행자가 모두 알아서 해야 한다.

맞춤여행

자유배낭여행과 호텔팩을 접목시킨 형태다. 여행자가 직접 일정을 짜고 항공 · 숙소 예약, 유레일패스 등을 구입한다. 맞춤여행을 하려면 개별적으로 준비하는 방법도 있지만 여행사의 전문가와 상의를 해서 준비하는 게 효율적이다.

상담을 한 후 일정을 정하고 거기에 맞춰 항공권과 호텔 예약, 일정에 맞는 철도패스 등을 구입하면 된다. 출발 전에 개별 오리엔테이션도 받을 수 있고 무엇보다 취향에 맞게 일정을 짤 수 있다는 게 장점이다. 점점 인기가 높아지는 추세다. 맞춤여행을 계획하려면 우선 여행 목적지와 기간 정도는 정하고 나서 전문가와 상담하도록 하자.

• 일정이 정해지자마자 항공과 호텔 예약 상황을 바로 확인할 수 있어 좋고 오리엔테이션 전까지 일정을 변경하거나 수정할 수도 있다.

자유배낭여행

가장 클래식한 여행 스타일. 항공권 구입부터 현지 관광은 물론 의식주 해결까지 여행의 모든 부분을 스스로 해결해야 하기 때문에 다른 형태의 여행보다 심적인 부담이 가장 크다. 그러나 철저한 여행 준비는 비용을 절감하고, 알찬 여행이 될 수 있다. 여행사를 통해 항공권과 철도패스 등을 함께 구입하면 일정 및 예산 짜기, 현지에서의 주의해야 할 점 등에 대한 상담을 받을 수 있어 좋다. 현지에서 문제가 발생했을 때도 도움을 받을 수 있다.

단체배낭여행

같은 날짜에 같은 일정으로 20명 정도의 사람이 함께 출발한다. 여권과 현지 개인 경비를 제외하고 호텔 · 항공권 · 유레일패스 · 여행자보험 등이 가격에 포함되어 있다. 특징은 전문 인솔자(TC)가 함께 가는데 비행기나 열차 이동, 호텔 체크인 · 체크아웃, 여행 전반에 대한 간단한 오리엔테이션, 위급사항 등 여행의 기술적인 부분을 도와주는 역할을 한다. 각 도시에 도착한 후에는 각자 취향에 맞춰 자유롭게 관광하면 된다.

Advice 여행사 상품을 잘 선택하려면 뭘 꼼꼼히 봐야 할까요?

우리나라 사람들은 여행 상품을 고를 때 몇 개국과 몇 개 도시가 포함돼 있는지를 매우 중요하게 생각합니다. 그러나 정해진 기간 안에 많은 도시를 돌아보는 건 불가능합니다. 나라나 도시 수보다 한 도시라도 제대로 관광할 수 있도록 일정이 잘 짜여 있는지를 꼼꼼히 살펴야 합니다. 그리고 야간열차 이용횟수가 적을수록 좋습니다. 시간 절약을 위해 잠자는 시간에 이동하는 게 야간열차지만 되도록 삼가는 게 좋습니다. 야간이동이 적다면 그만큼 호텔 숙박은 늘어서 비용이 늘어난다는 사실도 염두에 두세요. 그밖에 항공사, 호텔의 수준과 위치, 철도패스의 1 · 2등석 여부, 가이드도 따져봐야겠죠? 야간열차 예약비의 포함 여부와 프라하 · 빈 · 부다페스트 등에서 진행되는 전문가이드 투어 포함 여부 등도 확인하세요.

2 효율적인 정보 수집

'아는 만큼 보인다'는 속담대로 여행 관련 정보 수집이 많으면 많을수록 알차고 즐거운 여행을 기대할 수 있다. 하지만 손가락 하나 클릭하면 쏟아지는 수많은 인터넷 정보와 여행 관련 서적까지 너무 많은 게 문제다. 시간 절약과 효율적인 정보 수집을 위해 Step 1 · 2 · 3을 따라해 보자.

Step 1

가이드북으로 전반적인 동유럽을 익히자!

알아야 궁금한 것도 생긴다. 출발 전 동유럽에 대해 알아보고 싶다면 가이드북을 읽자. 각 나라와 도시별 특징, 놓치지 말아야 관광명소, 주의점 등이 요약돼 있어 여행 준비 단계에서 현지 여행까지 가장 많이 도움이 된다. 여행지 선정에는 동유럽을 배경으로 쓴 가벼운 에세이를 읽어보는 것도 많은 도움이 된다.

Step 2

인터넷 정보 수집은 구체적인 검색어로!

인터넷은 다양하고 따끈따끈한 최신 정보를 가장 쉽게 얻을 수 있는 최선의 방법이다. 하지만 방대한 정보 중 내게 꼭 맞는 양질의 정보를 수집하기 위해선 오랜 시간과 정성이 필요하다. 짧은 시간 안에 최상의 정보를 수집하고 싶다면 검색은 구체적인 검색어로 하는 게 현명하다.

①동유럽보다는 나라명, 나라명보다는 도시, 도시명보다는 꼭 보고 싶은 관광명소의 이름과 인물, 사건 등으로 검색하면 책에도 나와 있지 않은 전문지식 정보를 수집할 수 있다.

②현지 교통정보 수집은 각국 철도청 사이트와 저가 항공사 홈페이지에서. 시각 조회 및 예약도 가능하다.

③각국의 관광청 사이트를 조회하면 볼거리 외에 숙소나 식당, 다양한 엔터테인먼트 정보를 수집할 수 있다. 영어라고 겁먹고 찾아보지 않는다면 손해라는 사실.

유용한 정보 사이트

대표적인 여행 커뮤니티

유랑(네이버) cafe.naver.com/firenze

배낭길잡이(다음) cafe.daum.net/bpguide

종합여행정보

외교통상부 www.mofat.go.kr

해외안전여행 www.0404.go.kr

Step 3

전문여행사와 전문가와의 상담

내가 세운 계획을 객관적으로 판단해 줄 수 있고 올바른 정보를 제공받을 수 있다. 여행사에 가서 상담을 받고, 조언을 구하면 가이드북이나 인터넷에서 부족했던 부분들이 채워져 여행의 밑그림이 완성되어 가는 것을 느낄 수 있다. 덤으로 그들만의 노련한 여행 노하우도 얻을 수 있으니 전문가와의 친밀도를 높여라. 일정 짜기와 일정에 꼭 맞는 항공권 · 철도패스 선정, 현지 여행지에 대한 궁금증 해결 등 여행 계획이 구체화된다.

동유럽 전문 여행사-아이엠 투어

주소 부산시 중구 대창동 1가 26-1번지 서진빌딩 2층

전화 051 302 1234

홈페이지 www.iamtour.com

체코 관광청

체코 관광 안내책자와 관광안내, 체코 항공 운항 및 관련 정보 등을 얻을 수 있다. 우편 수령 시 착불이며, 방문 수령시 먼저 메일로 방문 예약을 하고, 회신을 받고 가야 한다.

주소 서울시 강남구 테헤란로 151, 1314호 (역삼하이츠)

홈페이지 www.czechtourism.com (영문)

블로그 blog.naver.com/cztseoul

3 여행 준비 다이어리

'계획한 만큼 보인다'

출발 전 여행 계획은 현지 여행의 양과 질을 좌우한다. 여행 준비과정을 즐기는 사람도 있지만 복잡하고 신경 쓸 게 한두 가지가 아니어서 골치 아파하는 사람이 더 많을 것이다. 더구나 해외여행은 국내여행과 다르니 꼼꼼하게 준비해 보자. 준비가 철저할수록 여행이 한결 즐겁고 여유로워진다.

3~4 개월 전

⇨ 꼭 가고 싶은 여행지 선정하기

내가 동경하고 그리던 나만의 여행지를 찾는 게 매우 중요하다. 평소에 가고 싶은 여행지를 생각해 둔 사람이 아닌 이상 막연하기 그지없겠지만, 여행지를 정하는 가장 쉬운 방법으로는 가이드북을 처음부터 끝까지 읽어보면 마음을 사로잡는 국가나 도시가 분명 있다. 그것만 나열해도 나만의 루트가 된다.

- 여행 잡지, 여행 전문 사이트나 동호회에 올린 기행문, TV에서 방영하는 동유럽 관련 다큐멘터리 등도 도움이 된다.

2~3 개월 전

⇨ 항공권 예약하기

'The early bird catches the worm.' 항공권 구입에는 얼리버드의 정신이 필요하다. 항공료는 전체 여행경비의 1/3을, 여행 준비의 반을 차지한다. 성수기에 저렴한 항공권은 기다려주지 않으므로 미리미리 준비하자. 세부 일정이 없더라도 여행기간, 출 · 도착 도시만 정해지면 예약이 가능하다. 여권도 필요 없다. 여권과 동일한 영문 이름만 있으면 된다.

- 6~7월 출발하는 조기할인 항공권은 2~3월부터 판매한다.
- 저렴한 항공권은 조건에 따라 예약 후 바로 발권해야 하는 경우가 많다. 발권 전에 반드시 취소 규정을 확인하자.

2개월 전

⇨ 세부 일정 짜기 & 숙소 예약하기

꼭 가고 싶은 여행지가 정해졌다면 구체적인 일정을 짜보자. 동유럽 전도에 각 도시를 표시해 동선과 철도 또는 버스나 페리의 소요시간, 체류일정 등을 고려해 계획하면 된다. 일정을 짤 때 욕심은 금물! 이상적인 여행 계획은 한 도시에서 2~3일을 머물면서 그 도시에 대한 깊이 있는 여행을 하고 근교까지 여행한다면 금상첨화다. 일정이 정해지면 철도패스 구입, 숙소 예약 등을 하면 된다.

- 이 기간에는 노트를 준비해 나만의 가이드북을 만들어보자. 관심 있는 기사를 스크랩하거나 인터넷에서 수집한 정보를 복사해 붙여두자. 여행 준비과정에서 느낀 점을 그때 그때 적는 것도 잊지 말자!
- 웹서핑은 상세검색을 해야 좋은 정보를 얻을 수 있다. 동유럽 배낭여행으로 검색해 봤자 득보단 시간과 에너지만 낭비하게 된다.

예 지상낙원 두브로브니크, 영화 〈아마데우스〉 〈글루미선데이〉에 나온 식당, 드라마 〈프라하의 연인〉에 나온 프라하, 영화 〈트리플 엑스〉의 배경 등 구체적인 검색어를 쳐보자.

45일 전

⇨ 여권과 각종 증명서 발급하기

해외에서 신분증으로 통용되는 여권과, 각종 할인혜택을 받기 위한 국제학생증 또는 국제유스증 등을 준비한다. 저렴한 유스호스텔에 묵을 예정이라면 유스호스텔회원증은 필수다. 그밖에 여행기간에 맞는 여행자보험에도 가입하자.

- 이 모든 증명서들을 7일 정도면 준비할 수 있지만, 여권만은 그렇지 않다. 특히 여름 성수기에는 신청자가 워낙 몰려 최소 1~2개월 전에 반드시 신청해야 한다.

15~30일 전

⇨ 최종 점검 & 오리엔테이션

일정과 예약 리스트에 변동사항이 없는지 최종 점검한 후, 잔금을 지불하고 호텔 바우처, 철도패스, 여행자보험증명서 등을 받자. 여행사를 통해 한꺼번에 신청했다면 각종 증빙서류 등을 받을 때 각각의 사용방법과 주의사항에 대해 상세한 안내를 받을 수 있다. 이때 궁금한 것들을 미리 적어서 가면 좋다.

1~7일 전

⇨ 짐 꾸리기 & 환전하기

출발 하루 전에 짐을 꾸리면 몸살난다! 짐은 시간을 두고 여유롭게 싸는 것이 좋다. 천천히 미리 준비하면 가격 비교를 통해 알뜰 쇼핑도 할 수 있어 경비도 절약할 수 있다. 환전은 신분증만 있으면 은행에서 간단히 할 수 있으니 하루 전까지만 준비하면 된다.

- 공항의 환전율은 좋지 않으니 꼭 시내 은행에서 미리 환전해 두자.

이륙 2~3시간 전

⇨ 출국 수속하기

미리 인천국제공항 홈페이지에서 교통편을 확인한 후 비행기 출발 2~3시간 전에는 도착해야 한다.

Advice 여행 준비를 못한 여행자 & 나 홀로 여행자

여행 준비를 못했어요! 한 달 만에도 준비가 가능한가요?

시간이 없다면 가이드북 1~2권을 구입해 마음에 드는 추천 일정대로 여행을 계획하세요. 2~3군데 여행사에 들러 상담원을 정하고 항공권, 숙소, 철도패스, 여권, 각종 증명서를 한꺼번에 신청하면 됩니다. 담당자가 있으니 여행 준비기간 동안 궁금한 것도 물어보고 출발 전에 오리엔테이션도 받을 수 있어 편리합니다. 호텔팩을 이용하는 것도 한 방법입니다. 같은 날짜, 같은 프로그램으로 10~20명 정도가 함께 출발하니 처음에는 어색해도 마음 맞는 친구도 사귈 수 있고 부족한 부분도 채울 수 있을 겁니다.

나 홀로 여행자가 여행 준비시 가장 신경 써야 하는 건 뭘까요?

낯선 곳을 혼자 여행한다는 것은 책에서 소개하는 많은 이야기들처럼 그다지 낭만적이지 않습니다. 하나부터 열까지 스스로 알아서 해야 하고 갈등 빚을 친구가 없는 대신 멋진 유적지에 갔을 때나 맛있는 요리를 먹을 때 즐거움을 함께 나눌 친구도 없답니다. 하지만 현지에서 만나게 될 새로운 사람과의 인연은 두고두고 추억으로 남을 것입니다. 출발 전 각 도시별 숙소 리스트는 최소 3개 정도 뽑아 가는게 좋고요. 만일의 사고에 대한 예방책으로 여행자보험은 가입하는 게 현명합니다. 그리고 여행을 하면서 밀려오는 고독도 즐길 수 있는 마음가짐이면 충분합니다.

4 일정 짜기

일정 짜기가 여행 계획의 큰 그림이라면, 각 도시별 스케줄은 작은 그림이라고 할 수 있다. 항공 예약 및 철도패스 선정, 예산 짜기, 현지 여행의 성공 여부까지 좌우해 여행 준비과정 중 가장 중요한 비중을 차지한다. 복잡하고 까다롭게 느껴져 스트레스 받기 쉬운 부분이지만 즐거운 마음으로 아래와 같이 간단한 일정 짜기의 공식을 따라해 보자.

Step 1

마음을 사로잡는 도시 선정하기

가이드북, 신문, 잡지, 텔레비전에 소개된 다큐멘터리 등을 보면 누구나 자신의 마음을 사로잡는 도시가 있다. 전문가들이 제시하는 여행 일정이야 어디까지나 참고사항이지 여행지 선정은 반드시 꼭 가고 싶은 도시를 위주로 고르자.

Step 2

선정한 도시를 내 여행기간에 맞게 배치하기

계획한 여행기간 안에 선정한 도시들을 적절하게 배열해 보자. 너무 많은 도시를 골랐다면 우선순위를 정하고, 대도시인 경우 3~4일, 중 · 소도시인 경우 1~2일 정도 머물 계획으로 짜면 된다. 도시를 추릴 때 반드시 명심해야 하는 건 욕심은 절대 금물. 되도록 대도시에서 여유 있게 머물면서 근교 도시까지 돌아보는 일정이 이상적이다.다음은 지도상에 선정한 도시를 표시해 시간 동선을 정하고, 항공 예약을 위해 첫날 입국 도시와 마지막날 출국 도시는 대도시로 정하면 된다. 도시간 이동은 현지 교통 사이트에서 소요시간과 요금 등을 확인해 두면 좀더 완벽한 일정을 짤 수 있다. 이렇게 전체 그림이 그려지면 항공 예약 및 철도패스 구입, 예산 짜기가 가능해진다.

Tip EU 회원국의 솅겐조약 Schengen Agreement에 의해 유럽 내에서 체류할 수 있는 기간은 최대 6개월 내 90일로 제한하고 있다.

Step 3

도시별 상세 일정 짜기

전체 일정이 정해졌다면 다음은 도시별 상세 일정을 짜보자. 전반적인 루트도 중요하지만 매일 매일 어떤 여행의 즐거움을 누릴 것인지는 철저한 계획이 필요하다. 가이드북에 나온 모든 관광명소를 돌아보는 건 불가능하다. 도시를 선정한 것처럼 각 도시마다 나만의 명소 리스트를 뽑아보고 지도에 표시해 동선을 만들자. 거기에 그 도시 고유의 향토 음식이나 놀이, 공연 등도 즐길 수 있도록 일정에 넣으면 완벽하다. 도시 여행 첫날은 가장 높은 곳에 올라가 시내 전경을 감상한 후 가장 인기있는 관광명소를 돌아보고, 둘째 날은 뒷골목과 시장을 구경하면서 현지인들의 삶을 엿보고, 셋째 날은 박물관, 미술 · 건축 기행이나 각종 엔터테인먼트 등 관심 테마를 주제로 돌아보는 스케줄을 추천한다. 단, 박물관 및 유적지의 운영은 주말, 공휴일, 축제일 등에 영향을 받으니 오픈시간과 휴관일 등은 미리 확인해 둘 필요가 있다.

Advice 여행을 마친 후 가장 많이 후회하는 여행 일정은?

현지에 대해 잘 모르는 여행자들은 일정을 짤 때 막연하게 짧은 시간 안에 많은 나라와 도시를 여행하려고 무리한 일정을 짭니다. 그리고 현지에서 그 일정을 따라 하다 보면 언제나 시간에 쫓겨 무엇 하나 제대로 보는 게 없게 되죠. 그리고 막연하게 남들이 좋다고 추천한 곳만 따라하는 분이 있는데 자신의 취향을 고려하지 않은 여행지 선정이니 당연히 재미가 없겠죠. 일정은 반드시 여유 있는 자신만의 테마여행이 되어야 한다는 사실 잊지 마세요. 누가 뭐래도 7일간 프라하에 머물면서 온몸으로 프라하를 만끽했다면 분명 기억에 남는 멋진 여행이 될 겁니다. 부디 양보다 질을 추구하는 여행 일정을 짜보세요.

5 여행경비 산출

쓸데 없는 지출을 막기 위해 여행경비 산출은 매우 중요하다. 전체 여행경비에 크게 영향을 미치는 것으로는 여행시기, 항공료와 숙박시설, 이동거리에 따른 교통비 등이 있다. 여름 성수기와 축제기간에는 도시 전체 물가가 몇 배로 오른다는 사실을 기억해 두자. 또한 항공료와 숙박료 역시 여행시기에 따라 큰 폭으로 달라진다. 쓸 때 쓰고, 아낄 때 아끼는 합리적인 소비를 위해 여행경비 산출은 필수다. 아래 리스트의 금액만 더해봐도 대략적인 경비를 산출할 수 있다.

동유럽 여행경비 산출 리스트

출발 전 준비 리스트	품목 & 예상경비
항공권	전체 여행경비의 1/3을 차지한다. 성수기는 피하고, 되도록 빨리 예약해야 저렴한 항공권을 구할 수 있다. → 약 80~120만 원
철도패스	여행 일정, 열차 이동횟수 등을 고려해 유럽 전문여행사에서 구입하면 된다. 일정이 워낙 다양해 일반적으로 사용하는 패스는 없다. → 동유럽패스 1개월 내 5일 2등석은 약 24만 원(철도패스 P.628 참고)
숙박료	호텔부터 호스텔까지 숙박 급수와 방 종류에 따라 요금도 다양하다. → 3성급 호텔 2인실 1박/1인요금 : 약 8만 원, 유스호스텔 도미토리 1박/1인요금 : 약 3~4만 원
기타	여권, 각종 할인카드, 여행자보험, 준비물 구입비 등 → 25만 원

1일 현지 경비 리스트	품목 & 예상경비
식비	아침은 숙소에서, 점심은 패스트푸드, 저녁은 현지 레스토랑을 이용하는 경우 → 저렴한 한 끼 식사 : 약 5,000~1만 원, 괜찮은 식당에서 한 끼 식사 : 약 4~6만 원
입장료	하루에 관람할 수 있는 박물관이나 유적지는 3곳 정도가 최대다. → 1~2만 원
교통비	24시간권 하나면 트램 · 버스 · 메트로를 다양하게 이용할 수 있다. → 5,000~1만 원
기타 잡비	여행 중 필요한 물품 구입, 간식비, 지도 구입, 유료 화장실, 공중전화, 코인로커 이용료, 쇼핑 등의 항목에 대한 지출 경비가 여기에 포함된다. → 1~2만 원

Advice 여행경비 산출의 예

Q. 만 26세 이상의 직장인입니다. 15일간 체코, 오스트리아, 헝가리, 크로아티아를 여행할 예정입니다. 숙박은 2성급 호텔이나, 호스텔이라도 2인실을 이용하고 싶습니다. 전체 여행경비는 얼마나 들까요?

A. 출발 전에 드는 경비는 항공료 : 120만 원+동유럽 철도패스 1등석 1개월 내 5일 34만 원+숙박료 1인/1박당 4만 원 ×10박 = 40만 원+기타 25만 원 = 219만 원입니다. 여기에 현지 경비는 숙박비를 제외한 1일 경비를 5만 원으로 예상 5만 원×15일(전체 여행일수) = 75만 원+50만 원(저가 항공 1회 이용+열차 예약비+버스 예약비+예비비 등)
그래서 전체 여행경비 예산은 219만 원+125만 원 = 344만 원입니다.

출발 전 신나는 여행 준비

1 여행의 필수품, 여권

외국 여행의 가장 기본 준비물인 여권은 해외에서 자신의 신분을 증명해 주는 유일한 수단이다. 국내 공항 출입국심사와 다른 나라 출입국심사, 국내외에서 환전, 호텔 체크인, Tax Refund 등을 할 때 언제나 중요한 신분증으로 사용된다. 여권을 발급받으면 서명란에 바로 서명을 해야 하고 여행 중에 여권을 분실하거나 도난당하지 않도록 주의를 기울여야 한다.

전자여권

우리나라에서는 여권의 보안성을 극대화하기 위해 비접촉식 IC칩을 내장하여 바이오 인식정보와 신원정보를 저장한 전자여권 e-Passport, electronic passport을 발급한다. 바이오 인식정보에는 얼굴과 지문이, 신원정보 수록에는 성명, 여권번호, 생년월일 등을 수록하게 된다. 바이오 인식정보 수록을 위해 여권 신청은 반드시 본인이 해야 하며, 여권 접수는 서울 지역 모든 구청과 광역시청, 지방 도청 여권과에서 한다.

여권의 종류

• 복수여권(10년 유효, 발급 소요기간 7~10일, 발급 수수료 5만 3,000원)

• 단수여권(1년 1회 사용, 발급 소요기간 7~10일, 발급 수수료 2만 원)

• 군 미필자인 경우(단수여권, 1년 1회 사용, 발급 소요기간 7~10일, 발급 수수료 2만 원)

• 미성년자인 경우(일반여권, 5년 유효, 발급 소요기간 7~10일, 발급 수수료 4만 5,000원)

여권 신청 및 발급

Step 1

서류 준비하기

여권 신청서는 외교통상부 사이트에서 다운 받거나 발급기관에 구비돼 있다. 여권 관련 상세한 정보는 외교통상부 사이트에서 확인할 수 있으니 여권 신청 전에 미리 검색해 보자. 또, 접수시 기다리는 수고를 덜기 위해 접수일 예약제도를 실시하고 있으니 이용해 보자. 그밖에 여권 발급에 필요한 각종 서류도 다운받을 수 있다.

외교통상부 여권 안내 홈페이지 www.passport.go.kr

Step 2

신청하기

서류가 준비됐다면 여권을 신청하자. 여권 접수는 서울지역 모든 구청과 광역시청, 지방 도청 여권과에서 한다. 2008년 8월 25일부터 '본인 직접 신청제'를 실시해 여권 신청은 본인이 직접 해야 한다. 대리 신청은 친권자, 후견인 등 법정 대리인, 배우자, 본인이나 배우자의 2촌 이내 친족으로서 18세 이상만 가능하다. 신청과 함께 발급 수수료도 지불해야 한다.

※여권 발급 수수료

복수여권 10년 5만 3,000원, 단수여권 2만 원

여행증명서 7,000원

유효기간 연장 2만 5,000원

☑알아두세요

인천공항 영사 민원서비스센터에서는 긴급한 사유의 당일 출국자에 한해 기존 사진부착식 단수여권을 발급해 주거나 6개월 이내 여권의 유효기간을 연장 또는 여권을 발급해 주고 있다.

인천 외교통상부 영사 서비스 센터

전화 032 740 2773/4

Step 3

신원조회 및 여권 서류심사

여권 발급을 접수하면 각 지방 경찰청에서 신원조회과정을 거친 후 결과 회보, 여권 서류 심사과정을 거쳐 여권을 제작한다.

Step 4

여권 발급 및 수령

접수일로부터 수령일까지 대략 10~14일이 소요된다. 신분증을 가지고 본인이 직접 해당 여권과에 가서 수령하면 된다.

Advice 국내에서 여권을 재발급해야 하는 경우는?

여권을 분실하거나, 만료일이 6개월 미만 남아 있거나, 여권이 훼손되었을 경우 재발급해야 합니다. 여권을 재발급하려면 반드시 구여권이 필요합니다. 재발급 사유가 분실인 경우는 여권과에서 먼저 분실신고 또는 사유서를 작성하셔야 합니다. 잦은 분실신고는 여권 발급에 불이익을 당할 수 있으므로 보관에 주의하세요. 유효기간 만료일이 6개월 미만 남아 있다면 해외에서 입국을 거부당하게 되니 출발 전 반드시 확인해야 합니다. 발급 소요기간이 7일 이상 걸리므로 확인은 미리미리 해두세요. 여권이 훼손되었다면 입국심사를 받을 때 위조여권 등으로 의심을 받을 수도 있습니다.

여권 발급을 위한 구비서류

1 여권 발급 신청서 1통

인터넷 또는 발급기관에서 구할 수 있다.

2 여권용 사진 1매

긴급 사진 부착식 여권 신청시에는 2매 제출

※여권용 사진

① 가로 3.5㎝, 세로 4.5㎝, 얼굴길이 3.2~3.6㎝

② 최근 6개월 이내 촬영한 천연색 정면사진

③ 귀가 보여야 하고, 얼굴 양쪽 끝부분 윤곽이 뚜렷해야 하며, 어깨까지만 나와야 한다.

④ 사진은 무배경으로 흰색, 옅은 하늘색, 옅은 베이지색 바탕에 테두리가 없어야 한다.

⑤ 즉석 사진은 사용 불가

⑥ 모자, 제복, 흰색 계통의 의상 착용은 불가 (일반 여권 발급시 공적인 신분을 나타내는 제복 또한 착용 불가)

⑦ 유아 사진에는 유아만 나와야 하며, 의자, 장난감, 손, 다른 사람이 보이면 안 된다.

3 신분증

주민등록증 또는 운전면허증

4 병역 미필자

국외여행허가서 1통 (25세 이상 35세 이하)

• 국외여행허가서 발급

병무청 홈페이지에서 간단히 신청할 수 있으며, 신청 2일 후에 출력할 수 있다. '국외여행허가서'는 여권 발급시 사용하고, '국외여행허가증명서'는 잘 보관해 두었다가 출국시 공항에서 체크인할 때 여권과 같이 제출하면 된다.

• 병무청 민원 상담

전화 1588 9090 ··· 2번(병무청 민원 상담) ··· 4번(상담원 연결) **홈페이지** www.mma.go.kr

5 미성년자(18세 미만)의 경우

여권 발급동의서(동의자가 직접 신청하는 경우는 생략), 동의자의 인감증명서(여권 발급동의서에 날인된 인감과 동일 여부 확인)

2 각종 카드 만들기

만 26세 미만 여행자는 동유럽에서 다양한 할인혜택을 받을 수 있다. 학생은 반드시 국제학생증을, 만 26세 미만이라면 국제유스증을 발급해 가자. 저렴한 공식유스호스텔에서 묵을 예정이라면 유스호스텔증도 준비하자. 여행 중에 사용한 각종 카드는 마치 훈장처럼 기념품으로 남는 법이니 말이다.

국제학생증

국제학생증은 학생이라면 누구나 발급받을 수 있는 세계 공통의 학생신분증이다. 해외여행 중 비행기 · 버스 · 열차는 물론 시내 교통과 미술관 · 박물관 입장료, 숙박 등에도 할인혜택을 받을 수 있다. 국제학생증은 ISIC · ISEC 카드 두 종류가 있으며, 발급 후 1~2년간 유효하다. 카드는 플라스틱 카드와 모바일 카드가 있다.

구비서류

- 반명함판 또는 여권용 사진 1매
- 신분증(주민등록증 · 여권 등 본인 확인이 가능한 것)
- 재 · 휴학증명서 원본(발급1개월 이내), 학생비자, 해외 교육기관 입학허가서+학비송금 영수증 중 택 1
- 발급 비용 1만 7,000원~3만 4,000원

국제유스증

만 12세 이상 ~26세 미만 청소년이라면 누구나 발급받을 수 있는 국제신분증이다. 국제학생증과 같이 비행기 · 버스 · 열차는 물론 시내 교통과 미술관 · 박물관 입장료, 숙박 등에 다양한 할인혜택이 있다. 국제학생증을 발급받을 수 없는 경우 준비해 가면 매우 유용하다. 국제 청소년증은 IYTC · IYEC 카드 두 종류가 있으며, 발급 후 1년간 유효하다.

구비서류

- 반명함판 또는 여권용 사진 1매
- 신분증(주민등록증 · 여권 등 본인 확인이 가능한 것)
- 발급 비용 1만 7,000원~3만 4,000원

유스호스텔회원증

저렴한 숙소인 유스호스텔은 회원제로 운영하는데 회원과 비회원의 숙박요금이 다르다. 동유럽을 여행하는 동안 대부분의 숙박을 유스호스텔에서 묵을 예정이라면 회원증을 미리 발급받아 가는 게 좋다. 유스호스텔연맹에서 발급받을 수 있으며, 별다른 서류 없이 신청서를 작성하면 바로 발급해 준다.

한국 유스호스텔 연맹

주소 서울시 송파구 송이로30길 13 세안빌딩 2층
전화 02 725 3031 홈페이지 www.hihostels.kr
발급비 (1년 기준) 카드발급 개인회원 2만 2,000원 / 가족회원 2만7,000원
E-멤버쉽 1만 7,000원

알아두세요

국제학생증과 국제유스증 발급처

ISIC와 IYTC는 키세스 여행사에서 발급하며, ISEC는 ISEC 한국 본사 또는 대부분의 여행사에서 발급받을 수 있다. IYEC는 ISEC 한국 본사에서 발급받아야 한다. 신청한 날 바로 받을 수 있으며, 홈페이지를 통해 신청할 수도 있다. 키세스 여행사에서는 국제교사증도 발급해 준다.

- 키세스 여행사

주소 서울시 종로구 종로 2가 YMCA 5층 505호
전화 02 733 9393
홈페이지 www.kises.co.kr

- ISEC 본사

주소 서울특별시 강남구 영동대로 511, 트레이드타워 30층
전화 1688 5578
홈페이지 www.isecard.co.kr

국제운전면허증

현지에서 렌터카를 빌려 운전하려면 국제운전면허증

이 반드시 필요하다. 가까운 운전면허 시험장에 가서 신청하면 1시간 이내 발급받을 수 있다. 발급일로부터 1년간 유효하다.

고객센터 1577-1120

구비서류

- 운전면허증 • 여권
- 반명함판 사진 또는 여권용 사진 1매
- 국제운전면허증 교부 신청서
- 수수료 8,500원

3 유비무환, 여행자보험 가입하기

'나에겐 아무 일 없을거야' '보험 가입하는 돈이 아까워'라는 생각으로 보험 가입을 꺼리는 경우가 있다. 하지만 사고는 누구도 예측할 수 없는 만큼 최소한의 대비책으로 반드시 가입하자. 여행 중 가장 많이 발생하는 사고로는 소지품 도난과 상해 또는 질병이다. 이 품목만큼은 보상액이나 조건 등을 세심하게 따져보고 가입하는 게 현명하다.

Step 1

보험 가입 시 꼼꼼히 따져보기

보험에 가입하기 전 잃어버리기 쉬운 휴대품에 대한 배상액이나 현지에서 갑자기 아파 병원을 이용했을 때 따르는 보상액 등을 자세히 살펴보자. 휴대품의 경우 통틀어 20만 원, 30만 원이라는 한도액을 정해 보상해 주는 곳이 있는가 하면 휴대품목 하나하나에 대해 한도액을 정하는 곳도 있기 때문이다. 보험 가입은 여행사를 통해 신청하는 게 가장 간편하고, 보험사의 홈페이지를 통해서도 직접 신청할 수 있다. 공항에서도 가능하다.

알아두면 유용한 보험 용어

- 휴대품 손해 가입금액 한도 내에서 분실 휴대품에 대한 손해액을 지급받을 수 있다.
- 의료실비 여행 도중 사고를 입어 사고일로부터 180일 이내에 의사의 치료를 요할 경우 진찰비 · 수술비 · 간호비 · 입원비 등의 의료실비가 지급된다.
- 질병 치료실비 여행 도중 발생한 질병으로 보험기간 중 또는 보험기간 만료 후 30일 이내에 의사의 치료를 받은 경우 보상받을 수 있다.
- 질병 사망 여행 도중 발생한 질병으로 보험기간 중 또는 보험기간 만료 후 30일 이내 사망한 경우 보험금이 지급된다.
- 재해상해 사고로 인한 사망시 지급된다.
- 배상책임 여행 도중 우연한 사고로 타인의 신체나 재물의 훼손 등 법률상의 손해배상 책임을 부담함으로써 입는 손해를 보상한다.
- 특별비용 탑승한 항공기나 선박이 행방불명 또는 조난된 경우나 산악 등반 중에 조난되어서 상해나 질병으로 사망하거나 그 원인으로 14일 이상 입원한 경우 등에 수색구조 비용, 구원지의 항공운임 등 교통비 및 숙박비, 유해 이송비용 등이 지급된다.
- 납치 여행 도중 피보험자가 탑승한 항공기가 납치됨에 따라 예정 목적지에 도착할 수 없게 될 때 일정한 날짜 한도 내에 보상받을 수 있다.
- 천재지변 지진이나 해일 등 천재지변으로 입은 손해를 보상받을 수 있다.

해외여행자보험 가입 가능한 보험사

이름	홈페이지	연락처
KB 손해보험	www.kbinsure.co.kr	1544-0800
삼성화재	www.samsungfire.com	1588-3339
AIG 해외 여행자보험	www.aig.co.kr	1544-2792
현대해상	www.hi.co.kr	1588-5656

Step 2

현지에선 증거를 확보하라!

여행자보험은 여행 중 사고가 발생하면 현지에서 바로 보상금이 지불되는 게 아니라 귀국 후 서류 제출 및 심사를 거쳐 보상해 준다. 그래서 여행 중 사고가 발생하면 증거 확보에 최선을 다해야 한다. 가장 빈번하게 일어나는 휴대품 도난과 병원을 이용했을 경우를 소개한다.

①도난을 당했을 때

도난을 당했다면 가장 먼저 가까운 경찰서로 가서 도난신고부터 하자. 경찰은 육하원칙에 따라 질문을 한 후 도난증명서 Police Report를 발급해 준다. 도난증명서는 어느 나라 언어로 쓰든 상관 없다. 그러나 도난 경위와 도난당한 품목은 최대한 자세히 적는 것이 매우 중요하다. 증명서에 도난을 의미하는 thief 또는 stolen 등의 단어가 들어가야 한다. 분실을 뜻하는 lost 라는 단어가 들어간 경우 개인의 부주의로 보고 혜택을 받을 수 없으니 리포트를 받은 즉시 그 자리에서 확인하는 게 좋다. 귀국 후 보험사에 제출하면 심사를 거친 후 보상 한도액 내에서 보상을 해준다. 항공권 · 유레일패스 · 현금 등은 유가증권에 해당하므로 보험혜택을 받을 수 없으며, 소지품이나 쇼핑한 물건 등에 한해서만 보상을 받을 수 있다.

②병원을 이용했다면

해외에서 병원을 간다고? 물론 이런 경우는 없어야겠지만 그래도 부득이하게 생길 수 있다. 상해든 질병이든 여행 중 병원을 이용했다면 진단서 Doctor's description와 영수증을 꼭 챙겨야 한다. 또한 처방전을 받아 약을 사 먹었다면 약 구입 영수증도 중요한 증빙서류가 되니 잘 챙겨두자. 귀국 후 보험사에 이 서류들을 보내야만 보상을 받을 수 있다.

Step 3

귀국 후 보험사에 청구하기

귀국 후 먼저 보험사와 통화를 한 후 요청한 구비서류를 준비해 제출하면 1~2개월 이내에 심사를 통해 보상액을 책정, 개인 통장으로 입금해 준다. 필요서류는 신분증 · 통장사본 · 사고경위서 · 증권번호 · 연락처 등이다. 단 지병으로 생긴 사고피해는 보험회사가 책임을 지지 않는다. 또한 레저 활동을 목적으로 여행을 다녀온 거라면 일반보험으로는 처리가 불가능하니 각자 사정에 맞는 보험을 드는 게 중요하다.

Advice 허위 신고는 금물!

여행자보험은 사고에 대비한 예비책이지 돈을 벌 목적으로 허위 신고를 해서는 절대 안 됩니다. 허위 신고자들 때문에 요즘 보험사들이 내놓은 여행자보험 상품은 요금이 비싸지거나 도난 품목에 대한 보상액이 턱없이 적어지고 있답니다. 그 탓에 다른 여행자들이 불이익을 당하고 있고 더 지나치면 아예 도난을 당해도 혜택을 전혀 받지 못하는 여행자보험 상품이 나올까 걱정됩니다. 허위 신고는 불법행위, 사기행위라는 거 아시죠? 양심에 금가는 일은 절대로 하지 마세요.

4 항공권 구입하기

항공료는 여행 시즌, 항공사, 경유편인지 직항편인지에 따라 차이가 난다. 내가 원하는 최상의 스케줄과 저렴한 요금으로 항공권을 구입하고 싶다면 미리미리 알아보고 서둘러 예약하는 것이 최선이다.

저렴한 항공권을 잡아라

항공권은 경유를 많이 할수록 저렴하며 항공사보다는 여행사를 통해 구입하는 것이 더 저렴하다. 또한, 같은 목적지라도 우리나라 항공사보다 다른 나라 항공사의 요금이, 그리고 편도보다 왕복요금이 더 저렴하다. 항공사에 따라서는 학생 또는 만 25~30세 미만의 Youth 특별할인 요금이 있으니 해당된다면 미리 알아보고 구입하자. 마지막으로 목적지와 귀국지가 같은 도시인 경우, 목적지와 귀국지가 서로 다른 티켓보다 더 저렴하다는 것도 알아두자. 물론 항공요금은 비수기와 성수기에 따라 차이가 난다.

요즘 각 항공사에는 조기할인 항공권이라는 것이 있다. 스케줄도 좋고 요금이 저렴하지만, 출발 3~4개월 전에 구입해야 하고 예약 후 72시간 안에 발권해야만 하는 단점이 있다. 이 점을 고려하여 신중하게 결정해야 한다.

할인 항공권에는 출국일과 귀국일 변경 불가능, 귀국지 변경 불가능, 환불 불가능, 마일리지 적립 불가 등의 제약조건이 비교적 많으니 미리 확인하자. 물론 여행 계획만 잘 세운다면 크게 문제될 일은 없다.

똑 소리나는 예약! 스톱오버 활용하기

동유럽으로 가는 항공편은 대한항공의 프라하와 빈을 제외하고는 직항편이 없다. 또한 우리나라에서 직접 출발하는 항공사도 적어 유럽 또는 아시아를 경유해 1~2회 이상 경유해야 한다. 10일 미만의 단기 여행이라면 1회 경유하는 유럽계 항공사가 효율적이다. 만약 시간 여유가 있다면 좀더 저렴한 2회 이상 경유하는 항공사도 추천한다.

경유편 이용시 스톱오버 Stop Over 시스템을 활용

Travel PLUS 알아두면 편리한 항공 용어

① **오픈 티켓 Open Ticket** : 출발일은 확정이지만 귀국일이 유동적이라 정하지 않고 Open으로 발권하는 티켓

② **픽스 티켓 Fix Ticket** : 출발일과 귀국일을 지정해 발권하는 티켓

③ **스톱오버 Stop Over** : 경유지에서 24시간 내에 출발하지 않고 관광 등을 목적으로 며칠 체류할 수 있는 시스템

④ **트랜스퍼/트랜짓 Transfer/Transit** : 환승

⑤ **리컨펌 Reconfirm** : 귀국시 현지에서 항공 예약을 재확인하는 것

⑥ **스탠바이 Stand By** : 예약이 확약되지 않아 공항에서 빈 자리가 날 때까지 대기하는 것

⑦ **이티켓 E-Ticket** : 기존의 종이항공권에 기재되어 있던 출발일, 편명 등의 발권 정보를 항공사의 시스템에 전자 데이터로 보관하기 때문에 따로 종이에 발권할 필요 없는 전자항공권을 말한다. 발권 후에는 이메일로 받아 프린트해 사용하면 되는 편리한 티켓이다. 선진국 대부분이 E-Ticket으로 바꾸고 있으며 현재 우리나라도 일부 구간을 제외하곤 99%가 E-Ticket을 사용한다. 예약 후 발권 전에 여권번호, 생년월일, 국적 등을 입력하게 돼 있어 여권만 있으면 체크인이 가능해졌다. 항공권 구입을 위해 항공사 또는 여행사를 찾아가야 하는 번거로움이 사라졌으며 분실하거나 도난을 걱정할 염려도 없어졌다. 하지만 만약을 대비해 인쇄한 프린트를 여행을 마칠 때까지 보관해 두는 게 좋다.

하면 무료 또는 약간의 추가비용을 지불하고 유럽에서 도시간 이동도 비행기로 할 수 있다. 시간과 비용 모두 절약할 수 있으니 아래 소개한 사례를 읽어본 후 항공 예약시 응용해 보자.

• **사례 1**

에어프랑스를 이용해 프라하 In, 빈 Out으로 동유럽 왕복 항공권을 예약한 경우, 비행기는 각각 파리를 경유하게 돼 있다. 항공 예약시 현지 입국 또는 출국시 경유지인 파리에서 2~3일 정도 머물 수 있도록 스톱오버를 요청하면 파리 여행도 할 수 있다.

• **사례 2**

오스트리아항공을 이용해 두브로브니크 In, 로마 Out으로 왕복항공권을 예약한 경우, 비행기는 각각 빈을 경유하게 돼 있다. 현지 입국시 경유지인 빈에서 7일 머물 수 있도록 스톱오버를 요청한 후 빈을 포함해 프라하, 부다페스트 등을 여행한 후 빈에서 비행기를 타고 두브로브니크로 간다. 크로아티아의 아름다운 달마치아 지방을 여행한 후 페리를 타고 이탈리아의 앙코나로 간다. 이탈리아의 대표 도시 베네치아, 피렌체, 로마를 돌아보고 나서 귀국행 비행기를 타면 된다. 한 항공사를 이용해 동유럽, 발칸 반도, 서유럽까지 시간을 절약해 효율적으로 여행할 수 있어 그만이다.

항공권 예약 및 발권

먼저 여행 루트, 기간, 선호하는 항공사 등을 정한다. 항공 예약은 출발일 6개월 전부터 가능하며 예약시 정확한 출발일과 귀국일, 목적지와 귀국지, 여권과 동일한 영문 이름만 말하면 된다. 예약 후 티켓이 발권되기 전까지는 날짜 및 현지 입국지 변경이 가능하다.

만약 원하는 항공사에 자리가 없다면 대기자 Waiting List로 예약해 두자. 그리고 만일을 대비해 다른 항공사에도 같은 스케줄을 예약해 두는 것이 좋다. 하지만 여러 여행사에서 같은 항공사를 예약하는 것은 중복예약이 되므로 항공사에서 모든 예약사항을 취소시킬 수 있으니 주의하자! 항공권을 구입했다면 적혀 있는 영문이름이 여권과 동일한지, 출발일과 귀국일, 목적지와 귀국지 등이 제대로 되어 있는지, 예약 상태가 OK로 확약되어 있는지를 반드시 확인해야 한다. 또한 귀국시 현지에서 해당 항공사에 예약재확인 Reconfirm이 필요한지 미리 확인하자. 마지막으로 항공사 마일리지를 적립하면 국내 항공을 저렴하게 이용하거나 무료로 이용할 수 있는 기회가 주어지니 잊지 말고 적립하자.

항공권 구입 시 꼭 확인해야 하는 것들

① 유효기간

정상요금의 이코노미클래스 항공권은 유효기간이 1년인 경우가 일반적이지만 특별할인 티켓은 15일 · 1개월 · 3개월 · 6개월 등 유효기간에 제한이 있다.

② 환불여부

정상요금의 티켓은 환불 요청 시 약간의 취소료 외에 전액 환불을 받을 수 있지만 특별할인 티켓은 환불이 전혀 되지 않거나 금액의 10~20% 정도밖에 환불되지 않는다.

③ 현지에서 귀국지 및 날짜 변경 여부

정상요금의 티켓은 귀국지와 날짜 변경이 가능하지만 저렴한 할인 티켓은 불가능하다. 단, 귀국지 변경은 불가능하나 날짜 변경이 현지에서 1회에 한해 무료 또는 약간의 수수료를 받고 가능한 티켓도 있다.

④ 항공료 외에 공항 Tax 확인

항공권 구입시 항공료 외에 공항이용세 · 전쟁보험료 · 관광진흥기금 · 유류할증료를 포함해 지불해야 한다. USD로 공시되어 구입 당일 환율에 따라 가격변동이 있다. 2015년 3월 현재 동유럽 왕복 공항 Tax는 40~50만 원 정도.

⑤ 경유지 숙박 제공 여부

경유편을 이용하는 경우 항공사 사정상 목적지까지 당일 연결편이 없어 경유지에서 숙박해야 하는 경우가 있다. 이때 무료로 숙박을 제공하는지 반드시 확인해야 한다.

⑥ 마일리지 적립

다국적 마일리지 프로그램이 발달해 협력사끼리는 공동운항하는 경우가 많다. 예를 들어 대한항공을 예약했어도 시간에 따라 에어프랑스를 탈 수도 있다. 예약한 항공사는 하나지만 여러 나라의 항공사를 이용할 수 있는 장점도 있지만 꼭 타보고 싶어 예약한 항공사라면 공동운항인지 확인해 볼 필요가 있다.

마일리지 프로그램

마일리지 적립 카드는 인터넷으로 신청이 가능하다. 카드가 배송되는 데 1개월 정도 걸리니 출발 전에 여유를 두고 신청하자.

스카이팀 SKY TEAM

대한항공 · 델타항공 · 아에로멕시코 · 알이탈리아항공 · 에어프랑스 · 체코항공 · KLM네덜란드항공 · 아에로플로트러시아항공 · 아르헨티나항공 · 에어유로파 · 중화항공 · 중국동방항공 · 중국남방항공 · 가루다인도네시아항공 · 케냐항공 · 중동항공 · 사우디아항공 · 타롬루마니아항공 · 베트남항공 · 샤먼항공

홈페이지 www.skyteam.com

스타얼라이언스 STAR ALLIANCE

아시아나항공 · 루프트한자 · 스칸디나비아항공 · 싱가포르항공 · 에어뉴질랜드 · 에어캐나다 · 오스트리아항공 · 유나이티드항공 · 전 일본 공수 · 타이항공 · 폴란드항공 · 에어차이나 · 이집트항공 · 남아프리카항공 · 스위스국제항공 · 탑 포르투갈 · 터키항공 · 아드리아슬로베니아항공 · 에게안 그리스항공 · 에어인디아 · 크로아티아항공 · 에티오피아항공 · 에바항공 · 코파항공 · 브뤼셀항공 · 아비앙카브라질항공 · 심천항공

홈페이지 www.staralliance.com

원월드 ONE WORLD

아메리칸 에어라인 · 영국항공 · 이베리아항공 · 핀에어 · 캐세이퍼시픽 · 콴타스항공 · 란칠레항공 · 탐브라질항공 · 말레이시아항공 · 일본항공 · 로열요르단항공 · 카타르항공 · 에어베를린 · 스리랑카항공

홈페이지 www.oneworld.com

플라잉블루 FLYING BLUE

에어프랑스 · 네덜란드항공

홈페이지 www.airfrance.co.kr, www.klm.co.kr

동유럽 취항 항공사

직항편

한국에서 동유럽까지 직항

대한항공 Korean Air (KE)

유럽행 직항노선이 발달한 우

Travel PLUS 모든 항공권에 표기되는 기본사항

Passenger Name : PARK, SOYOUNG MS (MR, CH, INF)①

Flight Information

• 출국 스케줄

②LH717 20JUN ③ICN/MUC ④13:30 – 17:50 ⑤Confirmed

LH3276 20JUN MUC/PRG 19:35 – 20:40 Confirmed

• 귀국 스케줄

LH3535 20JUL VIE/FRA 14:50 – 16:15 Confirmed

LH712 20JUL FRA/ICN 18:20 – ⑥11:45+1 Confirmed

① 영문 이름은 여권의 서명과 동일할 것. 다른 경우 탑승을 거부당할 수 있다.
이름 뒤의 MS는 여성, MR은 남성, CH는 어린이, INF는 유아를 뜻한다.

② LH는 루프트한자 항공을 의미한다. 모든 항공사는 2자리의 영문코드로 표기된다.

③ ICN – 인천, MUC – 뮌헨, PRG – 프라하, VIE – 빈 등 출발 · 도착 도시 및 공항 표시

④ 출 · 도착 시각은 모두 현지 시각이다. 환승할 때마다 현지 시간 기준으로 탑승해야 한다.

⑤ 모든 예약사항에는 확약 Confirmed이라는 표기가 있어야 한다.

⑥ 11:45+1는 날짜가 다음날로 넘어간다는 표시

리나라 항공사. 스케줄이 좋고, 짧은 운항시간, 친절한 서비스까지, 요금이 비싸지만 않다면 우리나라 사람들이 가장 선호하는 항공사다. 여름 성수기에는 만 30세 미만을 위한 Youth 할인 요금, 특별할인 요금이 나온다. 특히 인/아웃 도시가 같을 경우 더 저렴할 수 있으니 기회를 놓치지 말자.

취항도시 프라하 · 빈 · 자그레브

운항 스케줄

• 12:50 인천 출발~16:30 프라하 도착(월 · 수 · 금 · 토 운항)

• 18:50 프라하 출발~11:50 인천 도착(월 · 수 · 금 · 토 운항)

홈페이지 www.koreanair.com

1회 경유, 유럽계 항공사

한국에서 동유럽까지 유럽 내에서 환승 1회

독일항공 Lufthansa (LH)

Lufthansa 독일의 국적기로 유럽 주요 도시로 취항한다. 최근에는 크로아티아로 운항하는 가장 좋은 스케줄로 배낭족 · 신혼부부들에게 많은 사랑을 받고 있다. 2014년 한국 취항 30주년을 기념해 하늘의 여왕이라 불리는 보잉 747-8이 인천-프랑크푸르트에 도입되어 매일 정규 운항중이다. 쾌적한 기내 · 깔끔한 서비스 등이 장점이며, 한국 구간에는 한국인 승무원이 함께 탑승한다. 각 좌석에 설치된 12인치 모니터를 통해 60여 편의 최신 영화와 70여 편의 단편물, 다양한 장르의 음악 등 여러 엔터테인먼트 채널을 한국어 서비스로 즐길 수 있다. 한국어 홈페이지에서 출발 23시간 전부터 체크인 및 좌석 지정이 가능하지만 이 경우 별도의 수수료가 발생한다. 스타얼라이언스 팀으로 아시아나와 마일리지 교환도 가능하다.

취항도시 프라하 · 빈 · 바르샤바 · 헝가리 · 부쿠레슈티 외 유럽 전역

운항 스케줄

• 15:30 인천 출발~19:00 프랑크푸르트 도착 (매일 운항)

• 21:45 프랑크푸르트 출발~22:50 프라하 도착

홈페이지 www.lufthansa.com

에어프랑스 Air France (AF) · 네덜란드항공 KLM Royal Dutch Airlines (KL)

AIR FRANCE KLM Royal Dutch Airlines 두 항공사의 합병으로 동유럽으로 가는 노선이 다양해졌다. 한국에서 파리 · 암스테르담까지는 직항이지만 동유럽 도시로 가려면 1회 이상 갈아타야 한다. 비행시간이 거의 직항편과 비슷하고 기내 서비스가 좋아 꽤 인기가 있다. 에어프랑스를 이용하면 공동운항으로 대한항공을 타는 경우도 있지만 할인 항공권의 경우 대한항공 마일리지 적립이 불가능하다. 1시간 미만의 짧은 환승시간은 짐 분실 및 넓디넓은 공항 전체를 뛰어다니거나 혹은 예약한 비행기를 못 타는 불상사가 생길 수 있으니 환승시간은 최소 2시간 이상으로 넉넉하게 잡고 예약하는 게 좋다.

취항도시

프라하 · 빈 · 부다페스트 · 바르샤바 외 유럽 전역

운항 스케줄

에어프랑스

• 09:45, 14:00 인천 출발~13:50, 18:30 파리 도착(매일 운항, 오후편은 대항항공 공동운항)

• 18:10, 20:10 파리 출발~19:45, 21:55 프라하 도착 (20:00 편은 체코항공 공동운항)

네덜란드 항공

• 00:55 인천 출발~04:30 암스테르담 도착(매일 운항)

• 08:25 암스테르담 출발~09:50 프라하 도착(매일 운항)

홈페이지 www.airfrance.co.kr (에어프랑스) www.klm.co.kr (네덜란드항공)

체코항공 Czech Airlines (OK)

CZECH AIRLINES 전 세계적으로 가장 최신 기종을 보유한 항공사로, 90년 역사를 자랑하는 체코 국영항공사. 대한항공과 같은 A330 기종으로 인천-프라하를 직항으로 운항하며, 대한항공 승무원이 기내 서비스를 제공한다. 스카이팀으로 대한항공과 마일리지 교환도 가능하다.

취항도시 프라하 외 유럽 전역

운항 스케줄

• 14:00 인천 출발~17:50 프라하 도착 (주4회 운항)

홈페이지 www.czechairlines.com

폴란드 항공 LOT Polish Airlines (LO)

폴란드의 국영 항공사로 2016년 10월부터 인천과 바르샤바를 연결하는 직항편. 폴란드는 물론 유럽 전역으로 당일 연결되는 노선이 발달해 있다. 특히 크로아티아로 환승하는 노선이 바로 연결돼 있어 편리하다. 인천과 바르샤바까지 보잉 878 드림라이너 기종이 운항되며 스타얼라이언스에 속한다. 2019년부터 매주 3회 인천과 부다페스트 간 직항편이 운항 중이다.

취항도시 바르샤바, 부다페스트 외 유럽 전역

운항 스케줄

- 11:05 인천 출발~14:25 바르샤바 도착(주 5회 운항)
- 07:30 인천 출발~13:15 부다페스트 도착(월·수·토요일 주3회 운항)

홈페이지 www.lot.com

터키항공 Turkish Airlines (TK)

TURKISH AIRLINES 전 세계 98개 지점을 두고 있는 거대한 항공사. 2001년부터 인천~이스탄불 직항노선을 운항하며, 동유럽과 지중해를 묶어 여행하기에 가장 적합한 항공사다. 또한 제 3국행으로 가는 환승 시간이 6시간일 경우 무료 시티투어를 제공하니, 항공사에 문의해보자.

취항도시 빈·부다페스트·부쿠레슈티·바르샤바·프라하·자그레브

운항 스케줄

- 00:40 인천 출발~06:15 이스탄불 도착(매일 운항)
- 08:25 이스탄불 출발~09:05 프라하 도착

홈페이지 www.turkishairlines.com

영국항공 British Airways (BA)

BRITISH AIRWAYS 인천과 런던을 직항으로 이어주는 황금노선이 있어 편리하다. 이동시간도 단축돼 꽤 매력적인 항공사로 주목받고 있다. 또한 약간의 추가 비용을 내면 런던에서 스톱오버가 가능해 런던 관광 후 영국과 유럽의 주요도시 어디든 비행기로 이동이 가능하다. 런던 스톱오버는 돌아오는 항공편에도 가능하다. 단 공항이용세가 유럽에서 가장 비싼 게 단점. 원월드 그룹의 마일리지 적립이 가능하다.

취항도시 런던 외 유럽 전역

운항 스케줄

- 10:55 인천 출발~14:20 런던 도착(매일 운항)
- 16:55 런던 출발~19:55 프라하 도착

홈페이지 www.britishairways.com

핀에어 Finair (AY)

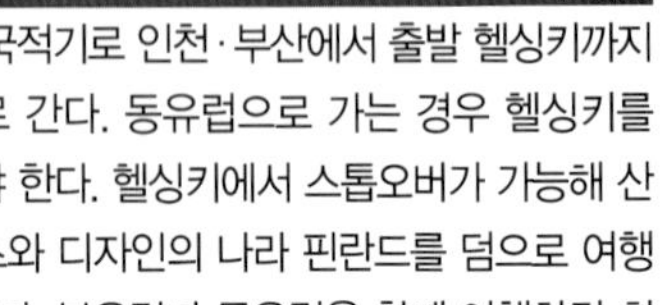

핀란드 국적기로 인천·부산에서 출발 헬싱키까지 직항으로 간다. 동유럽으로 가는 경우 헬싱키를 경유해야 한다. 헬싱키에서 스톱오버가 가능해 산타클로스와 디자인의 나라 핀란드를 덤으로 여행할 수 있다. 북유럽과 동유럽을 함께 여행하길 희망하는 여행자에게 추천한다.

취항도시 프라하·빈·부다페스트·부쿠레슈티·류블랴나·바르샤바·크라쿠프 외 유럽 전역

운항 스케줄

- 11:05 인천 출발~14:15 헬싱키 도착(시즌에 따라 주 5회 또는 매일 운항)
- 17:35 헬싱키 출발~18:45 프라하 도착

홈페이지 www.finnair.co.kr

2회 경유, 유럽계 항공사 및 기타

한국에서 제3국가로, 환승 후 유럽으로, 유럽에서 다시 환승해 목적지로 가는 항공사

오스트리아항공 Austrian Airlines (OS)

Austrian 동유럽과 인도·아시아를 함께 여행할 수 있는 가장 좋은 노선이 발달해 있다. 우리나라에서 베이징·상해·홍콩을 경유하거나 또는 델리·뭄바이를 경유해서 동유럽으로 갈 수 있다. 경유지 빈에서 스톱오버가 가능하다. 저가항공사처럼 유럽에서 저렴하게 비행기를 이용할 수 있는 비엔나패스를 판매하며, 스타얼라이언스팀으로 아시아나와 마일리지 교환이 가능하다.

취항도시 빈 외 유럽 전역

운항 스케줄

- 13:35 인천 출발~16:20 홍콩 도착(항공스케줄 상 경유지 홍콩에서 1박 해야 한다. 북경, 상해 경유도 마찬가지이다)

• 13:15 홍콩 출발~19:15 빈 도착

홈페이지 www.austrian.com

이탈리아항공 Alitalia Airlines (AZ)

Alitalia 우리나라에서 상하이 · 도쿄 · 오사카를 경유해 로마 · 밀라노를 거쳐서 들어가는 노선이 일반적이다. 하지만 스카이팀으로 인천~로마 구간은 주3회 대한항공과 직항으로 공동운항하고 있다. 동유럽뿐만 아니라 지중해 · 아프리카로 가는 노선이 발달해 인기가 있다. 이탈리아인 특유의 성향도 항공사에 묻어나는데 승객의 짐 분실 등에 대한 대처가 미흡하고 짐을 찾는 데도 시간이 오래 걸린다. 귀국 항공권에 대한 리컨펌은 반드시 하는 게 좋다.

취항도시 프라하 · 부다페스트 · 바르샤바 · 자그레브외 유럽 전역

운항 스케줄

• 12:40 인천 출발~ 05:45 아부다비 도착

• 08:45 아부다비 출발~01:10 로마 도착

• 03:00 로마 출발~04:45 부다페스트 도착

홈페이지 www.alitalia.com

아랍에미리트항공 Emirates Airline (EK)

1985년에 설립된 아랍에미리트 국적기로 두바이를 거쳐 유럽 주요 도시로 운항한다. 중동 지역 최대 항공사로 우수한 기내 서비스, 자정에 출발하는 항공 스케줄로 직장인과 허니무너들에게 인기가 있다. 허니무너 요금이 별도로 있으니 예약 전 문의해 보자.

취항도시 취항도시 빈, 부다페스트, 바르샤바, 프라하, 자그레브 등

운항 스케줄

• 23:55 인천 출발~04:25 두바이 도착

• 08:55 두바이 출발~12:55 빈 도착

홈페이지 www.emirates.com/kr/korean

Travel PLUS 셀프 체크인 Self Check-in

종이항공권이 없어졌다. 예전에는 생각도 못했다. 종이항공권을 받아야만 '아! 내가 여행을 가긴 가는구나'라고 실감했기 때문이다. 이티켓에 이어 이제는 셀프 체크인도 점점 늘어나는 추세다. 더 이상 보딩패스를 받기 위해 줄을 길게 서서 기다릴 필요가 없어지는 것이다. 셀프 체크인은 항공권 구입 후 인터넷이나 공항 내에 비치된 무인 시스템을 통해 본인이 직접 체크인에 필요한 사항을 기입하고 기계에서 보딩패스를 발급받는 것을 말한다.

보딩패스를 받을 때 좌석 배치도가 나와 있어 자리까지 고를 수 있다. 단, 인천공항에서는 한국어가 지원되지만 외국에서는 영어 또는 현지어만 가능하기 때문에 언어의 장벽을 뛰어 넘어야만 가능하다.

• 셀프 체크인 절차

키오스크 화면 (무인 시스템 기계)에서 항공권번호 입력 또는 기계에 대고 여권을 스캔 ··· 여권번호, 이름, 국적, 성별 등의 개인 신상정보 입력 ··· 좌석 및 기내식 선택 ··· 보딩패스 출력 ··· 수하물 카운터에서 수하물 수속

• 영어 표기 셀프 체크인 Self-service Check-in easy on-screen instructions to:

Choose English, French, Japanese or Spanish language options ··· Check in for up to flight segments ··· Select or change your seat ··· Print or reprint your boarding pass ··· Check your bags (at ticket counter locations only) ··· Use the check your bags only option if you already checked in on Airlinline.com ··· Add your advantage number ··· Proceed through security then go straight to your gate

5 철도패스 구입하기

동유럽을 여행하는 데 가장 많이 이용하는 교통수단은 열차다. 거기에 유레일패스 통용 국가가 17개국에서 28개국으로, 2019년에는 영국과 리투아니아, 마케도니아가 추가되어 31개국으로 확대돼 많은 유럽 및 동유럽 국가들을 유레일 패스 한 장으로 오갈 수 있어 더욱 편리해졌다. 서유럽을 포함해 동유럽 일대를 여행할 때는 글로벌 패스를, 두세 국가만 여행한다면 플렉시 패스 또는 한나라 패스를 구입하면 된다. 패스 선택을 현명하게 하려면 열차 이동 거리와 횟수 등이 정확해야 한다.

구입처

전 세계 지정 대리점에서 구입할 수 있다. 단, 비유럽 거주자만이 구입할 수 있으며 유럽 외의 국가에서 사야 저렴하다. 따라서 반드시 출발 전 우리나라에서 구입해서 가는 게 좋다. 유럽 전문여행사에서 취급하며 상담 후 자신의 일정에 맞게 패스를 구입하면 된다.

패스 요금은 유로화로 책정돼 있어 구입 당일 유로화로 지불하거나, 은행 현찰매도율을 적용한 원화로 지불하면 된다. 발권 시 €8 정도의 수수료를 받으니 미리 확인해 두자.

패스 구입 시 알아두면 편리한 용어

①연속사용 패스

유효기간 안에 횟수에 관계 없이 열차를 무제한 탈 수 있다.

②선택사용 패스(플렉시 패스 Flexi Pass)

패스에 유효기간과 사용횟수가 표기돼 있다. 기간

Travel PLUS 열차는 출발 전에 우리나라에서 미리 예약하세요!

여행자가 가장 많은 6~8월에는 인기구간의 야간열차 쿠셋이나 침대칸 예약이 쉽지 않다. 거기에다 유럽이 매년 패스 소지자에 대한 예약 좌석을 제한 판매함에 따라 이제는 유레일 패스만 있으면 유럽에서 열차를 무제한 탈 수 있는 시대가 아니라 예약문화의 중요성이 점점 강조되고 있는 추세이다. 따라서 패스를 가지고 있다가 하더라도 예약 가능한 좌석, 쿠셋, 침대칸이 만석이라면 어쩔 수 없이 정상요금을 내고 티켓을 사야하는 불상사가 일어날 수 있으므로 열차여행을 준비한다면 주의해야 한다. 현지에서 열차 예약으로 인해 스트레스와 시간낭비 등을 하고 싶지 않다면 출발 전에 철도패스와 함께 예약표 등을 구입해 가자. 특히, 야간열차의 쿠셋 등은 반드시 우리나라에서 미리 구입할 것을 추천한다.

유레이드 코리아

우리나라에서도 현지 철도청 시스템으로 예약할 수 있는 곳이 있는데 일본 다음으로 아시아에서는 두 번째로 오픈한 독일 철도청 공식 승인 월드레일 예약센터(WATU)가 그곳이다. 독일 철도청 DB Bahn의 현지 시스템 그대로, 저렴하게 전 유럽 열차를 예약·발권하고 있다. 요금은 티켓 요금에 약간의 발권 수수료를 지불해야 한다. 월드레일에서는 유레일패스나 유로스타 뿐만 아니라 전 유럽의 특급열차 및 야간열차는 물론 구간에 따라 실시간 변동하는 저렴한 구간 티켓 등을 바로 구입할 수 있다. 거기에 유럽 열차에 관한 모든 정보와 생생한 현지정보도 얻을 수 있다.

주소 서울시 마포구 신촌로 170번지 이대역 푸르지오시티 313-2호

전화 1544-3685

홈페이지 www.railpackage.co.kr

안에 탑승자가 직접 날짜를 기입하고 선택적으로 열차를 탈 수 있다.

③성인 NORMAL

만 28세 이상의 1인 성인. 정상요금으로 1 · 2등석을 이용할 수 있다.

④경로 Senior

만 60세 이상의 경로 요금. 할인 요금으로 1 · 2등석을 이용할 수 있다.

⑤유스 YOUTH

만 12세 이상~27세 이하 대상. 할인 요금으로 1 · 2등석을 이용할 수 있다.

⑥어린이 CHILD

만 4~11세 어린이 대상. 어른과 동행할 경우 무료로 열차를 이용할 수 있다.

성인 1명당 어린이 2명까지 혜택이 주어진다. 단, 예약비는 동일하다. 만 4세 미만은 무료.

패스 사용조건

대부분 철도패스의 조건은 다음과 같이 공통적이지만 패스에 따라 변경사항이 있으니 패스 구입시 꼼꼼하게 확인해 봐야 한다.

①발권된 패스는 이름이 적혀 있기 때문에 타인에게 양도할 수 없다.

②패스 구입 후, 발권일로부터 6개월 이내에 유럽 현지에서 개시하고 사용해야 한다. 만약 발권한 패스를 분실한 경우 재발권 및 환불이 불가능하다.

③구입한 패스를 사용하지 않아 환불을 할 경우 발권일로부터 12개월 내에 발권한 여행사에 가서 환불을 신청하면 된다. 하지만 이때 약간의 환불 수수료가 발생한다.

④모든 철도패스는 반드시 사용 전에 개시해야 한다. 패스 개시는 현지 기차역 내 매표소에서 가능하며 패스와 여권을 보여준 후 시작일만 말하면 된다.

⑤패스의 유효기간은 정해진 날짜의 마지막 날 자정까지이며, 플렉시 패스로 야간열차를 이용할 경우 19:00 이후라면 탑승한 날짜를 적는 곳에 다음 날 날짜를 적어야 한다.

⑥1개월간 연속 사용할 수 있는 유레일패스를 만약 6월 3일에 개시하면 7월 2일 자정까지 사용이 가능하다. 마지막날 야간열차를 이용한 탓에 날짜를 어겼을 경우 그 구간만큼의 요금을 지불해야 한다.

⑦패스로 다양한 무료 혜택을 받을 수 있지만 만약 개시 전에 사용하게 되면 패스는 하루를 사용한 것으로 적어야 한다.

⑧유레일이 통용되지 않는 나라를 불가피하게 지나갈 경우 패스 요금 외 추가요금이 발생한다.

⑨좌석 · 쿠셰트 · 침대칸은 패스를 소지한 사람에 한해 예약할 수 있다. 이때 추가로 예약비가 발생한다.

⑩패스는 외국인 여행자들을 위해서 만든 제도이기 때문에 현지에서 6개월 이상 거주한 경우 우리나라에서 발급해 가도 소용이 없다.

패스 종류

개개인의 일정에 맞게 선택할 수 있도록 패스 종류도 다양하게 개발돼 있다. 여행기간, 여행 일정, 열차를 이용하는 탑승횟수 등을 고려해 내게 맞는 패스를 골라보자.

☑알아두세요

2019년엔 셀렉트 패스 및 세이버 패스는 판매가 종료되었다. 단, 2018년에 구입한 패스는 아직 사용 가능하지만, 일부 국가에서는 안 될 수 있으니 미리 확인하자. 또한 2인 이상 함께 사용하던 세이버 요금이 없어지고, 대신 성인 2등석과 60세 이상의 경로 요금이 출시되었다.

☑알아두세요

유레일 패스 통용국 31개국

프랑스(모나코) · 스위스 · 독일 · 이탈리아 · 스페인 · 네덜란드 · 벨기에 · 룩셈부르크 · 아일랜드 · 포르투갈 · 그리스 · 덴마크 · 노르웨이 · 핀란드 · 스웨덴 · 터키 · 영국 · 리투아니아 · 마케도니아 · 불가리아 등 그밖에 동유럽 11개국이 있다.

※ 1개국 패스는 영국 제외

유레일패스에 포함된 동유럽 국가

오스트리아(리히테슈타인) · 헝가리 · 루마니아 · 슬로베니아 · 크로아티아 · 체코 · 슬로바키아 · 폴란드 · 보스니아헤르체고비나 · 세르비아 · 몬테네그로

유레일패스 Eurail Pass

유럽 31개국을 정해진 기간 안에 열차를 무제한 이용할 수 있는 철도패스. 정상요금에서 특별할인된 요금으로 유럽 배낭여행의 필수품이다. 유레일패스에는 2종류가 있다.

유레일 글로벌 연속적 패스 EURAIL GLOBAL PASS

개시 후 패스 만료일까지 횟수에 상관 없이 31개국을 무제한으로 쓸 수 있다. 유럽 전역을 15일 이상 여행하는 장기 여행자에게 가장 적합하다.

연속사용	성인 (€)		유스 (€)		경로 (€)	
	1등석	2등석	1등석	2등석	1등석	2등석
15일	590	443	454	341	531	399
22일	690	518	530	398	621	466
1개월	893	670	686	515	804	603
2개월	975	731	750	562	878	658
3개월	1202	902	924	693	1082	812

유레일 글로벌 플렉시 패스 EURAIL GLOBAL FLEXI PASS

개시 후 2개월 내에 원하는 날에만 열차를 이용할 수 있는 패스. 날짜 표기는 직접 하면 되고, 날짜가 적힌 날에는 횟수에 관계 없이 열차를 무제한 이용할 수 있다. 31개국에 적용되며 장기 여행자 중 이동횟수가 불규칙한 경우나 2개월 미만의 현지 교환학생, 파견사원 등에게 적합하다.

연속사용	성인 (€)		유스 (€)		경로 (€)	
	1등석	2등석	1등석	2등석	1등석	2등석
3일(1개월 내)	291	218	224	168	262	196
5일(1개월 내)	376	282	289	217	338	254
7일(1개월 내)	446	335	343	258	401	302
10일(1개월 내)	534	401	411	308	481	361
15일(1개월 내)	657	493	505	379	591	444

중앙 유럽 트라이앵글 패스

2가지 여정 중 하나를 선택해 처음 출발일로부터 1개월 안에 이동이 가능한 패스. 루트 안에 있는 어떤 도시에서든 여행을 시작할 수 있고, 원하는 방향으로 가능하다.

여정 1: 빈–부다페스트–프라하–빈

여정 2: 빈–잘츠부르크–프라하–빈

선택사용 (1개월 이내)	성인	어린이
	2등석	2등석
빈–부다페스트–프라하–빈	124	62
빈–잘츠부르크–프라하–빈	124	62

국철 패스 NATIONAL PASS

동유럽 패스를 포함해 각국 패스. 동유럽 패스는 오스트리아 · 체코 · 헝가리 · 슬로바키아의 국철(동유럽 패스에서 폴란드 제외)을 1개월 동안 선택한 횟수만큼 이용할 수 있는 철도패스로 5일이 기본이며 최대 5일까지 추가 연장해 구입할 수 있다. 그밖에 국가 단위로 발권하는 패스가 있다. 모두 선택적 패스로 유효기간 안에 표기한 날짜에 한해서는 횟수에 관계 없이 열차를 무제한 탑승할 수 있다.

동유럽 패스

선택사용 (1개월 이내)	성인 (€)		어린이 (€)	
	1등석	2등석	1등석	2등석
5일	266	183	133	92
1일 추가	26	24	6.5	6

체코 패스

선택사용 (1개월 이내)	성인 (€)		유스 (€)		경로 (€)	
	1등석	2등석	1등석	2등석	1등석	2등석
3일	78	59	62	51	70	53
4일	99	74	79	64	89	67
5일	119	89	95	77	107	80
6일	139	104	111	90	125	94
8일	176	132	141	114	158	119

오스트리아 패스

선택사용 (1개월 이내)	성인 (€)		유스 (€)		경로 (€)	
	1등석	2등석	1등석	2등석	1등석	2등석
3일	195	146	156	127	176	131
4일	230	173	184	150	207	156
5일	262	197	210	170	236	177
6일	291	218	233	189	262	196
8일	344	258	275	224	310	232

루마니아 패스

선택사용 (1개월 이내)	성인 (€)		유스 (€)		경로 (€)	
	1등석	2등석	1등석	2등석	1등석	2등석
3일	123	92	98	80	111	83
4일	152	114	122	99	137	103
5일	179	134	143	116	161	121
6일	205	154	164	133	185	139
8일	253	190	202	164	228	171

헝가리 패스

선택사용 (1개월 이내)	성인 (€)		유스 (€)		경로 (€)	
	1등석	2등석	1등석	2등석	1등석	2등석
3일	123	92	98	80	111	83
4일	152	114	122	99	137	103
5일	179	134	143	116	161	121
6일	205	154	164	133	185	139
8일	253	190	202	164	228	171

폴란드 패스

선택사용 (1개월 이내)	성인 (€)		유스 (€)		경로 (€)	
	1등석	2등석	1등석	2등석	1등석	2등석
3일	78	59	62	51	70	53
4일	99	74	79	64	89	67
5일	119	89	95	77	107	80
6일	139	104	111	90	125	94
8일	176	132	141	114	158	119

6 환전하기

유럽 대다수의 나라가 유로(€)를 사용하고 있어 환전이 편리해졌지만 동유럽은 사정이 다르다. 책에 소개된 오스트리아와 슬로베니아가 유로화를 사용하는 반면 그밖의 나라는 자국 화폐를 사용하고 있다. 여행 일정을 고려해 경비를 현금, 국제현금카드와 신용카드 등으로 준비해 가자. 사실 환전에는 정답이 없다 모두 적당히 준비해 상황에 맞게 적절히 사용하는 수밖에.

	Nákup Buy	Prodej Sell
1 USD	22·40	23·20
1 GBP	42·30	43·50
1 AUD	17·50	18·50
1 DKK	03·90	04·10
1 EUR	29·30	30·10
100 JPY	21·00	22·00
1 CAD	18·00	19·00

경비 산출과 적절한 경비 분류법의 예

체코 · 오스트리아 · 헝가리 · 크로아티아 등 4개국을 15일 정도 자유여행할 계획이다. 숙박비를 포함해 하루 생활비는 대략 10만 원으로 책정. 여행 총경비를 산출해 적절하게 경비를 분류해 준비해 가자.

1단계 ···› 총경비는 150만 원 외에 + α가 된다.
1일 경비 10만 원 × 15일 = 150만 원 + 저가 항공 1회 이용 + 열차 예약비 + 예비비
2단계 ···› 대략 200만 원 정도로 예상하고 현금, 국제현금카드, 신용카드로 분류한다.
50만 원 현금, 100만 원 국제현금카드, 나머지 숙박비, 저가 항공, 열차 예약비 등은 상황에 따라 신용카드로 결제한다.

우리나라에서 환전하기

현지에서 편리하게 사용할 수 있도록 현금, 여행자수표, 국제현금카드, 신용카드 등으로 준비해 가자. 각각의 장단점을 파악해 환전으로 인한 손해를 최대한 줄여보자. 정답은 없지만 잘 활용하면 지혜로운 환전으로 여행경비에 보탬이 될 수 있다.

• 현금 CASH

현지에서 바로 사용할 수 있어 편리하지만 도난 또는 분실할 경우 아무런 보상을 받을 수 없어 위험부담이 크다. 그렇다고 현금 없이 여행을 떠나는 것도 위험하다. 여행 총경비에서 1/3 정도는 현금으로 준비해 가자.
오스트리아 · 슬로베니아를 제외한 동유럽 국가들은 각기 다른 자국 화폐를 사용한다. 모두 국제적으로 통용되는 화폐가 아니어서 우리나라에서는 구할 수가 없다. 먼저 유로화로 환전한 후 현지에서 필요한 만큼 현지 돈으로 환전해 사용해야 한다.

국제현금카드 International Debit Card

해외 어디서나 국내 예금을 찾아서 사용할 수 있고 환전하는 번거로움이 없다. 또한 현금을 들고 다니면서 도난이나 분실에 대한 불안요소가 없다

우리나라에서 돈 버는 현금 환전법

은행마다 환율이 다르다는 사실을 아는가? 거기다 은행간에 경쟁이 심해져 환전우대쿠폰까지 발행한다. 부지런히 은행 홈페이지만 조회해도 유리한 환율로 환전을 할 수 있다. 은행에서 환전하려면 여권 또는 주민등록증 같은 신분증이 있어야 하는 사실도 잊지 말자.
그리고 화폐는 현지에서 사용하기 편리하게 소액권으로 준비해 가자.
①공항은 우리나라뿐만 아니라 어디나 환율이 좋지 않기로 알려져 있다. 특히 수수료가 시내에 비해 엄청 높은 편이니 가능한 미리 시내 은행에서 해두자.
②외환은행 = 환전은행? 이라는 생각은 버리자.
환전 수수료나 환율을 타 은행과 비교해 보면 큰 차이가 없다. 특별한 경우가 아니면 본인의 주거래 은행을 이용하는 게 더 낫다.
③사이버 환전? 꼭 은행에 가야 한다는 고정관념을 버리자. 은행들은 인터넷으로 환전할 경우 환율우대를 더 해줄 뿐 아니라 여러 사람이 모여 함께 환전하는 공동구매를 이용하면 더 좋은 환율로 환전할 수 있다.
거기에 무료 해외여행자보험 가입은 보너스!

는 장점이 있다. 국내의 통장에 넣어둔 돈을 현지 은행 ATM에서 인출하면 현지 화폐로 찾아 쓸 수 있다. 단, 돈을 인출할 때마다 수수료는 발생한다. 국민은행 · 외환은행 · 시티은행 등 가까운 주거래 은행에서 발급받을 수 있지만 최소 예치금액이 있어야 하고 발급시 수수료가 발생할 수 있다. 현금카드의 분실을 생각해 최소 2개를 더 발급해 가는 게 안전하다.

• 발급자격 만 18세 이상 국민인 거주자
• 발급서류 현금이 인출될 통장과 도장, 신분증
• 사용방법 ATM에 카드 넣기 ··· 언어를 'English'로 선택 ··· 인출 Withdrawal을 선택 ··· 계좌 Account 또는 Saving선택 ··· 필요한 금액을 입력 ··· 비밀번호 Pin Number 입력 ··· 나온 돈을 세어본 후 카드를 뽑는다.

신용카드 Credit Card

대부분의 동유럽 국가에서 신용카드를 사용할 수 있으므로 가지고 가면 편리하다. 신용카드사에서 제공하는 호텔 할인, 렌터카 서비스, 마일리지 적립 등도 함께 누릴 수 있다는 장점이 있다. 단, 해외에서 사용하는 카드 정산은 모두 달러 USD로 이뤄진다. 즉, 프라하에서 1,000Kč 만큼 물건을 구입하더라도 결제는 달러로 환산한 뒤 다시 원화로 청구된다는 뜻이다. 달러로 환산된 거래 금액이 원화로 청구되는 기준은 거래 내역이 카드사로 접수되는 날을 기준으로 하는데 만약 5월 1일에 거래를 했다 하더라도 5월 20일에 접수가 되면 20일에 해당하는 전신환 매도율이 적용된다. 따라서 청구되는 기간이 환율이 하락하는 시점이라면 신용카드를 쓰는 것이 유리하지만 반대로 환율이 상승 중이라면 현금을 쓰는 것이 더 나을 수도 있다. 또한 국제카드를 이용할 경우 카드사마다 약간씩 차이가 있고 국제 거래 처리 수수료도 부과된다. 간혹 현지에서 신용카드를 쓸 경우 본인 여부를 확인하기 위해 여권을 보여달라고 한다. 그럴 경우를 대비해 학생은 패밀리 카드를 만들면 된다. 패밀리 카드는 발급되기까지 최소 10일 정도 소요되므로 출발 전 일찌감치 신청해야 한다. 해외에서 사용 가능한 신용카드는 비자 VISA · 마스터 MASTER · 아멕스 AMERICAN EXPRESS · 다이너스 DINERS가 대표적이다. 도난이나 분실을 대비해 반드시 신고 전화번호 정도는 여러 곳에 적어가자. 단, 카드 재발급은 귀국 후에나 가능하니 신용카드는 2개 정도 준비해 가는 게 좋다.

여행자수표 Traveller's Check (T/C)

여행자수표의 최대 장점은 안전성이다. 분실한 경우에도 미리 복사하거나 적어 놓은 수표의 번호만 있으면 재발행이 가능하기 때문이다. 가장 대표적인 여행자수표는 아멕스 Amex(American Express)와 트래블렉스 Travelex(토머스쿡 Thomas Cook)가 있다. 예전에는 여행자수표 발행 회사를 찾아가서 현금으로 환전할 경우 수수료가 없었지만 요즘은 발행한 회사에서도 재환전 시 수수료를 받는다. 만약 은행 또는 사설 환전소에서 환전한다면 수수료는 배가 된다. 그래서인지 예전에 비해 인기가 많이 떨어졌다.
이용방법은 여행자수표를 구입 시 두 곳의 사인란 중 Purchaser's Signature란에 여권과 동일한 서명을 하고, 복사 또는 일련번호를 적어둔다. 그리고 현지에서 환전시 여권을 제시하고 수표의 Counter Sign란에 같은 서명을 하면 환전해 준다.

• 동유럽에서 환전하기

'Change Money','Exchange'라는 간판을 내건 환전소가 시내 곳곳에 있다. 특히, 관광객이 몰리는 인기 관광명소에 밀집돼 있다. 현지에서의 환전 수칙은 관광객이 많이 지나는 대로변에 있는 환전소보다 조용한 골목에 있는 환전소가 환율이 더 좋다. 환율표는 반드시 We Buy라고 쓰여 있는 환율표로 확인해야 한다. 환전할 때 수수료 유무도 따져야 한다. 공항과 기차역의 환전소는 낮은 환율, 높은 수수료로 악명 높으니 교통비 정도만 환전하도록 하자. 또한 동유럽 각국의 화폐는 국제적으로 통용되지 않는 화폐이므로 반드시 쓸 만큼만 환전하는 게 좋다. 돈이 남았다면 출국 전 재환전을 해야 하지만 수수료가 엄청나 그냥 뭐라도 사는 게 나을 정도다. 환전 시 신분증이 필요하니 환전 계획이 있다면 미리 챙겨두자.

7 짐 꾸리기

배낭이 가벼울수록 여행의 무게도 가벼워진다. 배낭을 꾸리다 보면 방 안에 있는 모든 것들이 여행 중에 꼭 필요한 물건처럼 보이겠지만 막상 여행 중에 사용하는 것은 정해져 있으니 간단하게 꾸리자. 만약 '가지고 갈까? 말까?' 하고 망설여지는 물건이 있다면 필수품은 아니니 빼는 게 좋다. 짐을 꾸릴 때는 먼저 겉옷, 속옷, 세면도구, 화장품, 잡다한 것 등을 분류해 같은 종류끼리 비닐봉투나 작은 손가방 등에 담는다. 이것을 큰 짐에 넣을 때는 각 꾸러미를 가벼운 것부터 부피가 큰 순서대로 넣어 가장 무거운 것이 위쪽으로 오도록 한다. 그리고 자주 사용할 작은 소품들은 가방 바깥쪽 주머니에 넣으면 편리하다.

꼭 챙겨야 하는 물품

• 가방

큰 짐을 넣을 가방은 배낭 또는 캐리어 중 여행 목적과 취향에 맞게 선택하면 된다.

배낭

38~45L의 배낭 크기가 적당하다. 가방을 고를 때는 방수가 되는지 메는 어깨끈의 바느질이 튼튼한지와 끈의 쿠션이 적당한지가 중요하다. 인터넷을 통해 눈으로 보고 사는 것보다는 매장에 가서 직접 메보고 사는 게 좋다. 자물쇠를 이용할 수 있게 지퍼가 만들어졌는지, 주머니가 많이 있는지 등도 꼼꼼하게 살펴보자. 옆으로 뚱뚱하게 퍼지는 것보다는 위로 높은 게 짐을 넣기 좋다. 배낭을 메고 여행을 갈 경우 양 손이 자유로와야 이동할 때도 한결 수월하다. 하지만 몸이 피곤한 날 어깨에 짊어진 짐의 무게는 천근만근이 될 수 있다.

캐리어

무엇보다 바퀴가 튼튼한 것을 골라야 한다. 동유럽의 울퉁불퉁한 돌바닥길을 덜덜거리고 끌고 가다가 바퀴 한 쪽이 툭! 하고 빠진다면 꼼짝없이 새로 사야 하기 때문이다. 또한 짐을 넣고 끌 때 무게가 분산되는지도 중요하다. 무게가 분산되지 않는다면 수트케이스는 한없이 무거운 리어카처럼 느껴질 것이다. 쇼핑을 염두에 두고 이민용 가방 같은 대형 트렁크를 가져간다면 야간열차를 이용하거나 로커에 짐을 넣을 때 매우 불편하니 24~28인치의 크기가 적당하다.

보조가방

큰 짐을 넣을 가방이 결정되었다면 작은 배낭이나 옆으로 멜 수 있는 보조가방도 준비해야 한다. 도시에서 큰 가방은 숙소에 보관하고 작은 보조가방에 카메라 · 가이드북 · 물 등을 넣고 돌아다니자.

• 옷

가장 많은 부분을 차지하는 게 옷이다. 레스토랑이나 격식 있는 자리에 갈 수도 있으니 너무 배낭 여행용 옷만 챙기지는 말자. 패션과 기능을 고려해 현명하게 챙겨보자. 더운 여름에 떠난다고 해서 반소매만 가져가면 안 된다. 아침 저녁이면 쌀쌀해져 기온차를 느끼게 되기 때문이다. 긴바지 한 벌과 카디건 또는 얇은 재킷은 언제나 유용하게 입을 수 있다. 얇은 옷을 여러 벌 겹쳐 입는 것도 센스와 보온이라는 두 마리 토끼를 동시에 잡을 수 있다. 여성의 경우 원피스와 같은 치마가 유용하다. 더운 여름에는 몸에 감기지도 않아 시원하면서도 우아해 보일 수 있다.

• 예 긴바지 1벌 · 긴 남방이나 카디건 또는 얇은 재킷(방

수되는 등산용 재킷도 환영) · 반소매 티셔츠 2~3벌 · 반바지 1벌 · 속옷 3~4벌 · 양말 3켤레 · 원피스

• 신발

하루 종일 걸어야 하는 여행자에게 사실 가장 중요한 것은 신발이다. 신발은 편한 게 제일이다. 간혹 여행간다고 신나서 새 신발 신고 오는 사람도 있다. 길들여지지 않은 신발을 신고 여행을 가는 것만큼 어리석은 행동은 없다. 가벼우면서 쿠션이 있어 오래 걸어도 발에 무리가 가지 않는 경등산화나 운동화가 좋다. 여름엔 스포츠 샌달도 OK. 숙소에서 신을 수 있는 슬리퍼도 잊지 말자. 물에 젖어도 상관 없는 것으로 준비하는 게 좋다.

• 세면도구 및 화장품

치약 · 칫솔 · 비누 · 샴푸 · 린스 · 수건(스포츠 타월은 가볍고 금방 마르기 때문에 쓰기 좋다) · 때타월은 필수다. 화장품은 개인 취향에 따라 준비하면 된다.

• 카메라와 소품

카메라는 전문인이 아니라면 휴대하기 간편하고 작은 것이 좋다. 디지털 카메라를 가져간다면 여행기간과 얼마만큼 찍을지 미리 생각해 메모리 카드와 충전지 및 리더기 또는 USB를 준비하자.

• 비상약품

아무리 영어나 현지어에 능통해도 막상 아프면 머릿속이 하얗게 변해 아무 생각이 안 난다. 따라서 말도 통하지 않는 외국에서 아픈 증세에 따라 약을 구입하기가 쉽지 않으니 한국에서 미리 목록을 정해 가져가면 아플 때 안심이 된다.

기본 상비약

감기약 · 진통제 · 해열제 · 소화제 · 지사제 · 일회용밴드 · 연고 · 파스 · 바르는 모기약 등을 준비하면 된다. 이밖에 피로회복을 위해 영양제 · 비타민도 챙기면 유용하다.

• 일기장 & 필기도구

간단한 필기도구뿐만 아니라 기념으로 남기고 싶은 입장권과 자료들을 붙이고 느낌을 적을 수 있는 일기장. 필통에 넣어 가져가면 유용한 필기구는 스카치테이프 · 작은 칼 · 가위 · 수정 테이프 등이 있다. 만약 그림 그리기 좋아하는 사람이라면 작은 색연필 세트도 챙기자.

• 복대

입이 닳도록 강조하고 또 강조하는 말은 복대착용이다. 얇은 면으로 만든 복대는 여권 · 돈 · 카드 · 패스 등을 넣어두는 주머니다. 복대는 귀중품을 넣는 내 분신이기 때문에 속옷과 겉옷 사이에 착용해야 한다. 여름에는 땀이 차서 안의 내용물이 젖을 수 있으니 내용물을 비닐로 한 번 싸서 복대에 넣어 보관하자.

• 모자 & 선글라스 & 우산

강렬한 햇빛을 피할 수 있는 모자와 선글라스는 필수다. 동유럽의 날씨는 변덕스러워 낮에 해가 쨍쨍해도 갑자기 비가 내릴 수 있으니, 양산으로도 사용할 수 있는 작고 가벼운 우산을 준비하는 게 좋다. 공산품이 비싼 동유럽의 우산은 가격대비 질도 떨어진다.

• 지갑

시내 관광을 하면서 돈이 필요할 때마다 복대에서 꺼내 사용한다면 다른 사람들 눈에 쉽게 띄기 때문에 복대를 하나마나다. 작은 지갑을 가져가 하루치 용돈만 넣고 사용하면 편리하고 안전하다.

• 열쇠와 자물쇠

큰 가방과 작은 가방에 채울 수 있도록 2개 정도 준비하자. 비행기 탑승시 짐을 따로 부치거나, 열차 탑승시 남에게 짐을 맡길 때, 호스텔에서 개인로커를 사용할 때 등 도난 방지용으로 다양하게 쓰인다.

• 빨래비누 & 가루비누

속옷이나 양말을 세탁할 때 빨래비누는 유용하게 쓰인다. 세탁기를 갖춘 숙소라도 세제까지는 제공하지 않기 때문에 가져가지 않으면 돈을 주고 사

야 한다. 비닐팩이나 빈 필름통에 가루비누를 덜어가면 편하다.

• 다용도 휴대용 칼

칼 외에 가위 · 병따개 · 자 등 다양한 기능이 있어서 과일을 깎아 먹거나 잼을 발라 먹는 등 여러모로 쓸모가 많다. 다만 비행기를 탈 때 기내에 가져갈 수 없으니 꼭 별도로 부치는 짐에 넣어야 한다.

• 계산기

통화단위가 다른 돈을 쓰다 보면 계산이 헷갈리는 수가 많다. 이럴 때 계산기가 있으면 바로바로 우리나라 원화로 환산할 수 있기 때문에 편리하다.

• 손톱깎이 & 면봉

10일 이상 일정이라면 꼭 준비해 가자. 여행하다 보면 간혹 손톱이 부러지는 경우도 있고, 귀가 간지러운 경우도 있다. 없으면 엄청 불편하다.

그밖에 없으면 아쉬운 물품

• 휴지 & 물티슈

열차 내 화장실이나 관광명소에 휴지가 없는 곳이 많다. 하지만 현지에서도 살 수 있으니 많이 준비할 필요는 없다. 물티슈는 특히 야간열차 이용 시 씻지 못 할 때 유용하게 쓰인다.

• 비상식량

자신 있게 현지 음식만 먹겠다고 떠났지만 옆에서 참치캔 하나 사서 고추장에 비벼 먹는 친구를 보면 저절로 눈이 가게 마련이다. 미리 큰소리치지 말고 볶은 고추장이나 김 등 부피가 적은 비상식료품을 준비해 가면 느끼한 서양 음식에 질렸을 때 내 몸에 기운을 불어 넣어 준다.

• 비닐봉지

지퍼백과 비닐봉지는 젖은 빨래나 음식물을 보관할 때 필요하다. 쓰레기통 대신 쓸 수도 있고 기념품이나 브로셔 등을 보관할 때도 유용하다. 또한 작은 도시락 통을 한 개 준비해 간다면, 도시락 또는 과일 등을 넣어 가지고 다니기 좋다.

• 책

가방이 무겁다고 빼 놓고 온 책은 비행기를 탄 순간부터 생각난다. 야간열차를 타고 이동하거나 주간에 3~4시간 열차를 타거나 밤에 숙소에 돌아가 일찍 침대에 누웠을 때도 생각난다. 다 읽고 난 책은 여행자끼리 바꿔 읽거나 민박 또는 호스텔에 기증할 수도 있으니 단지 짐 무게 때문이라면 빼지 말 것을 권한다.

기내 가방 꾸리기

장시간 비행을 위해서는 건강관리와 지루한 시간을 달래줄 오락거리 등이 필요하다. 거기에 기내에는 반입금지 물품과 무게에 대한 제한이 있어 신경 써서 짐을 꾸리지 않으면 공항에서 소지품을 빼앗기거나 공항에서 짐을 다시 싸야 하는 불상사가 벌어질 수 있다.

①기내는 일정한 온도를 유지하기 위해 착륙할 때까지 에어컨을 계속 가동한다. 추울 수 있으니 4계절 양말과 상하의 긴소매 옷을 챙겨야 한다.

②기내 복장은 편안한 게 최고다. 오랜 시간 앉아 있다 보면 몸이 붓게 되어 타이트한 스커트나 청바지는 몸을 더욱 피곤하게 한다. 단 트레이닝 복장은 예의에 어긋나니 탑승 후 기내에서 갈아입고 있다가 착륙 전에 평상복으로 갈아입는 게 좋다.

③에어컨 바람으로 피부가 쉽게 건조해진다. 마스크팩, 수분 스프레이, 수분보강 화장품 등을 준비해 가면 도움이 된다.

④구름 위로 나는 비행기 안은 기압이 높고, 에어컨 가동, 오랜 시간 같은 자세로 앉아 있어야 하기 때문에 사람에 따라 수면 부족, 편두통, 목통증 등을 호소하는 경우가 있다. 기내에도 비상약 등을 구비하고 있으나 자기 체질에 맞는 비상약을 준비하는 것도 좋다.

⑤장시간 비행을 즐기기 위해 소설책은 기본이고, 태블릿PC나 MP3 등에 좋아하는 음악이나 영화

Advice 여성 여행자라면?

오랜 기간 여행을 하다 보면 몸도 피곤하고 피부도 쉽게 지치게 마련이다. 그렇다고 집에서 쓰던 모든 것을 일일이 챙겨갈 수도 없는 법. 센스 있는 여성이라면 다음 몇 가지는 가방 속에 넣어 가자. 틀림없이 가져오길 잘했다는 생각이 들 것이다.

마스크팩 요즘에는 1회용 마스크팩을 어디에서나 쉽게 살 수 있다. 낱개 포장이라 필요한 만큼만 챙기면 되니 부담도 안 되고, 여러 종류 중에서 피부에 맞는 것을 선택할 수 있어 만족도가 높다. 특히, 장시간 비행으로 얼굴이 건조해지거나 뜨거운 햇빛에 그을렸을 때 최고다.

헤어용품 피부처럼 머리카락도 민감하기는 마찬가지. 제대로 챙겨 먹지 못하고 돌아다니다 보면 머릿결도 손상된다. 이때 머릿결에 영양을 줄 수 있는 헤어 에센스 종류를 갖고 있으면 도움이 된다. 작은 용기에 필요한 만큼만 덜어서 가져가자.

생리대 한국에서 개인이 선호하는 브랜드 제품을 준비해 가는 것이 편하다. 하지만, 짐이 되는 것이 싫다면 현지 슈퍼마켓 등에서 구입해도 된다.

등을 다운로드해 가자. 지루한 비행시간이 훨씬 빨리 지나간다.

⑥여행지에 도착해 가방을 열었는데 옷들이 축축하고 눅눅하다!? 왜 이런 일이 생긴 것일까? 이것은 비행 중 생긴 기압과 기온 차이로 트렁크 내부에 습기가 차서 생기는 현상이다. 단거리일 경우는 덜하지만 동유럽처럼 12시간이 넘는 장거리 비행 후라면 트렁크 안은 더 냉습해진다.

도착 후에도 보송보송한 옷을 원한다면 짐을 쌀 때 습기 제거제를 가방에 넣는 방법이 있다. 트렁크 바닥에 신문지를 깔거나 옷 사이사이에 습자지를 끼우는 방법도 있다. 가방에서 꿉꿉한 냄새가 난다면 포푸리를 넣어보자. 냄새 대신 향기를 맡을 수 있다.

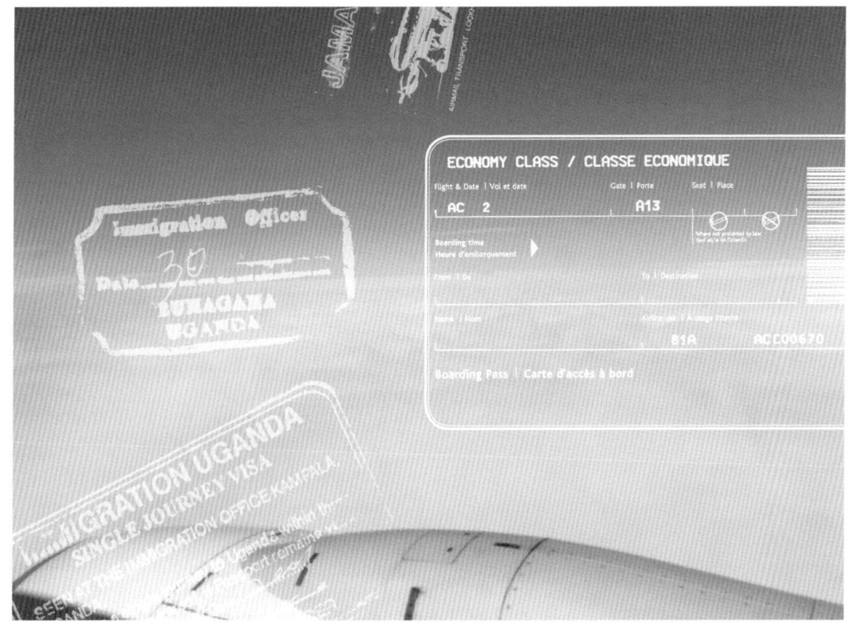

Check List

필수/선택	품목	체크/항목	내용
필수	보조가방	☐ 여권	사진이 나온 부분을 3장 정도 복사해 따로 보관하자
필수		☐ 사진	비상시를 대비한 여권용 사진으로 3~4장 준비하자
필수		☐ 국제학생증	현지에서 할인도 받고! 신분증 대용으로 사용도 하고!
선택		☐ 유스호스텔증	유스호스텔을 많이 이용할 배낭여행자라면!
필수		☐ 철도패스	도시를 이동할 때 유용한 패스
선택		☐ 유레일 타임테이블	열차 시각을 미리 알 수 있다.
필수		☐ 국외여행 허가신고필증	병역 미필자들은 미리 여권 사이에 넣어두자!
필수		☐ 여행자보험	유비무한! 여행자보험
필수		☐ 여행 가이드북	현지 여행을 도와줄 바이블!
필수		☐ 필기구&일기장&수첩	일기도 쓰고, 가계부도 쓰고, 가족에게 엽서도 보내고!
필수	의류	☐ 속옷	3~4벌 정도
필수		☐ 반소매 티셔츠	2~3벌 정도 (계절에 맞게 준비)
필수		☐ 재킷 또는 카디건	1~2벌 정도
필수		☐ 반바지	1~2벌 정도 (계절에 맞게 준비)
필수		☐ 긴바지	1~2벌 정도
필수		☐ 원피스 또는 치마(여성)	1~2벌 정도
필수		☐ 신발	운동화 · 슬리퍼 · 샌들 (계절에 맞게 준비)
필수		☐ 모자 & 선글라스	무난한 것으로 준비
필수	위생용품	☐ 세면도구	칫솔 · 치약 · 샴푸 · 비누 · 때타월 · 스포츠 타월
필수		☐ 화장품	본인이 쓰던 것을 준비하자
선택		☐ 생리용품	본인이 사용하던 제품이 최고다!
필수		☐ 손톱깎이	여행 중에도 손톱은 계속 자라니깐!
선택		☐ 면봉	귓속의 먼지를 제거하거나 화장을 고칠 때 유용
선택		☐ 빗과 면도기	본인이 사용하던 것을 준비하자
필수	카메라 가방	☐ 카메라	작은 소품 가방에 배터리 · 메모리 카드 · USB · 리더기 · 멀티콘센트를 챙겨 놓자
필수	기타	☐ 비상약	일주일 정도의 비상약을 준비하자 – 감기약 · 진통제 · 해열제 · 소화제 · 지사제 · 일회용 밴드 · 연고 · 파스 등
선택		☐ 소형 계산기	환율 계산할 때 또는 가계부를 작성할 때 유용!
선택		☐ 맥가이버칼	과일을 깎거나 호신용으로 유용!
선택		☐ 알람시계	작은 사이즈로, 특히 열차 이동시 유용!
선택		☐ 비닐봉지	젖은 빨래나 쓰레기 등을 처리할 때 유용하다
선택		☐ 옷걸이 2개	숙소에서 빨래를 말리거나 옷을 걸어 놓을 때 유용
선택		☐ 3단 우산	현지에서 비싼 돈 주고 사기 아깝다
선택		☐ 태블릿PC	영화 몇 편 다운받아 오면 장시간 이동시 유용하다
선택		☐ MP3	장시간 이동시 음악을 들으면서 지루함을 달랠 수 있다
선택		☐ 여행용 티슈&물티슈	여러 모로 유용하다. 특히 씻지 못했을 경우!
필수	지갑 속	☐ 한국 돈 약간	공항에 오고 갈 경비!
필수		☐ 현지 여행경비	각종 신용카드 및 체크카드와 약간의 현금

INDEX

Memo

friends 프렌즈 시리즈 08

프렌즈 동유럽

초판 1쇄 2010년 4월 5일
개정 9판 1쇄 2019년 4월 23일
개정 9판 4쇄 2020년 1월 16일

지은이 | 박현숙, 김유진

발행인 | 이상언
제작총괄 | 이정아
편집장 | 손혜린
책임편집 | 문주미
교정·교열 | 김강희
디자인 | 제플린, 양재연, 김미연
일러스트 | 이지혜
표지 사진 | INTERPIXELS/Shutterstock.com
※Shutterstock.com의 라이선스를 받고 사용된 이미지입니다.

발행처 | 중앙일보플러스(주)
주소 | (04517) 서울시 중구 통일로 86 바비엥3 4층
등록 | 2008년 1월 25일 제 2014-000178호
판매 | 1588-0950
제작 | (02) 6416-3981
홈페이지 | jbooks.joins.com
네이버 포스트 | post.naver.com/joongangbooks

ISBN 978-89-278-1006-3 14980
ISBN 978-89-278-0967-8(세트)